Robert Hafner

Wahrscheinlichkeitsrechnung und Statistik

Springer-Verlag Wien New York

o. Univ.-Prof. Dipl.-Ing. Dr. techn. Robert Hafner
Institut für Angewandte Statistik,
Johannes-Kepler-Universität Linz

Softcover reprint of the hardcover 1st edition 1989

Mit 165 Abbildungen

CIP-Titelaufnahme der Deutschen Bibliothek

Hafner, Robert:

Wahrscheinlichkeitsrechnung und Statistik / Robert Hafner. –
Wien ; New York : Springer, 1989
ISBN-13: 978-3-211-82162-6 (Wien)
e-ISBN-13: 978-3-7091-6944-5 (New York)

ISBN-13: 978-3-7091-7443-2 e-ISBN-13: 978-3-7091-6944-5
DOI: 10.1007/978-3-7091-6944-5

Meiner Frau Elisabeth
und
meinen Kindern Robert und Stephan

Vorwort

Dieses Buch ist aus Vorlesungen entstanden, die der Autor in den zurückliegenden zwanzig Jahren an verschiedenen Hochschulen (Technische Universität Wien, Universität Dortmund, Universität Bielefeld, Universität Linz) vor Hörern sehr unterschiedlicher Studienrichtungen (Mathematik, Statistik, technische Wissenschaften, Naturwissenschaften, Sozial- und Wirtschaftswissenschaften, etc.) gehalten hat.

Der Stil der Stoffpräsentation in Vorlesungen und Lehrbüchern der Wahrscheinlichkeitstheorie und Statistik im speziellen, wie der Mathematik im allgemeinen, hat sich in diesen zwanzig Jahren gewaltig verändert. Stand man in den sechziger und beginnenden siebziger Jahren noch voll im Bann Bourbakistischer Strukturmathematik, so ist man heute ganz vom Computer be- und verzaubert. Gab es damals kein noch so elementares und anwendungsorientiertes Lehrbuch der Wahrscheinlichkeitsrechnung, das nicht bereits auf den ersten Seiten auf Meßbarkeitsprobleme einging, Boolesche σ-Algebren von Ereignissen einführte und abstrakte Wahrscheinlichkeitsräume aufspannte, so lautet das Motto heute: wer etwas auf sich hält, bringt Computerprogramme. War man früher struktur-, abstraktions- und theorielastig bis zum Unerträglichen, so scheint heute nur die Vorlesung oder das Lehrbuch etwas zu gelten, wo der Geist des PC über den Wassern schwebt.

Das vorliegende Buch hält zu beiden Positionen deutlich Abstand. Es sollte eine Einführung in die Wahrscheinlichkeitsrechnung und mathematische Statistik entstehen, die den mit guten Kenntnissen der Differential- und Integralrechnung und einigen Grundlagen der linearen Algebra ausgerüsteten Leser auch wirklich einzuführen vermag, ohne ihm durch unnötige Abstraktionen die Sinne zu verdunkeln und sein Problembewußtsein auf falsche Fährten zu locken. Eingeführt sollte aber durchaus in die Grundlagen der Wahrscheinlichkeitsrechnung und Statistik werden und nicht in die Benützung fertiger Programmpakete. Zwar ist es eine Binsenweisheit, daß ein Programmpaket nur der sinnvoll nutzen kann, der über dessen theoretische Grundlagen, das Warum und Wieso, das „Wann-darf-ich" und „Wann-darf-ich-nicht" Bescheid weiß, doch sind Binsenweisheiten bekanntlich dazu da, ignoriert zu werden. Wer zählt die Scharen derer, die PC-bewehrt munter drauflos varianz-, kovarianz-, faktorenanalysieren, ohne Ahnung davon, was sie tun, die ihren *outprint* in rasch erlerntem Technolekt schnoddrig kommentieren und denjenigen anbieten, die nicht einmal ahnen, daß sie es mit Ahnungslosen zu tun haben?

Das erste Ziel: Verzicht auf unnötige Abstraktionen, brachte es mit sich, daß Meßbarkeitsfragen vollständig ausgeschlossen wurden. Es war dem Autor dabei nicht weh ums Herz. Das Bewußtsein davon, wieviel Schaden er selbst im Laufe der zurückliegenden Jahre durch die fast zwanghafte Fixierung auf die *Standardeinführung* in die Wahrscheinlichkeitstheorie: Boolesche Algebra, Boolesche σ-Algebra, Meßraum, Maßraum, etc., etc. bei Anfängern angerichtet hat, verlangte gebieterisch nach Wiedergutmachung. Dabei liegen und lagen die guten Vorbilder so nahe. Welchem der ehrwürdigen alten Klassiker der Analysis wäre es je eingefallen, bei der Besprechung der Flächenbestimmung ebener Bereiche gleich das allgemeine Meß- und Maßproblem aufzurollen? Solche Fragen blieben, einem weisen Instinkt folgend, in einführenden Vorlesungen und Büchern unberührt — sie hatten ihren Platz in Spezialtexten über die Theorie der reellen Funktionen. Auch die Eigenschaften der Zahlen stellte man rasch und ohne viel Hinterfragen zusammen — ihre axiomatische Begründung blieb Spezialisten vorbehalten, Anfängern hätte sie weit mehr geschadet als genützt. Erst in den fünfziger und sechziger Jahren kamen dann die großen Männer, die, von keiner Naturwissenschaft verdorben, in ihren Analysis–Vorlesungen und Büchern nichts als Mengen, Axiome und Strukturen brachten — ihre Schüler benützen heute den Computer, wenn sie zwei und zwei zusammenzählen.

Der Verzicht auf Meßbarkeitsfragen macht das Lehren und Lernen unendlich einfacher. Das Wesentliche tritt hervor, das Vertrackte bleibt im Verborgenen. Kein Satz, kein Beweis wird darum falscher, als er es durch ein gelegentlich und schuldbewußt eingefügtes „fast sicher" oder „falls die Funktion $t(x)$ meßbar ist" wäre. Letzte Strenge ist auf einführendem Niveau weder möglich noch wünschenswert, und — was ist schon letzte Strenge?

Das ist kein Plädoyer für Schlamperei, im Gegenteil, es gibt immer noch genug zu beweisen, und der Lernende hat wahrhaftig ausreichend zu tun, auch dann, wenn ihm jede Menge ein Ereignis ist. Die innere Freiheit, so zu tun, als ob es so wäre, ohne beständig den Stachel des schlechten Gewissens zu fühlen, ganz so wie die erwähnten Altmeister der Analysis handelten, wenn sie von der Fläche ebener Bereiche sprachen, müssen wir von der Maßtheorie geprägten Lehrenden der Wahrscheinlichkeitsrechnung erst noch erringen. Wir tragen diese Prägung in uns wie eine Erbsünde und fühlen uns, wie Priester, erst wohler, wenn wir die Lernenden davon überzeugt haben, daß sie allgegenwärtig ist.

Dabei gibt es soviel Wichtigeres zu tun: der saubere und überzeugende Aufbau der Modelle für stochastische Unabhängigkeit und Abhängigkeit, ein dem Lernenden wirklich einleuchtender Zugang zum Suffizienzbegriff, die klare und anschauliche Durchgestaltung der Dualität zwischen Testen und Bereichschätzen, die bewußte und konsequente Gegenüberstellung von wirklichem Experiment und abbildendem Modell, usw., usw. Der Autor war bemüht, in diesen und zahlreichen anderen Punkten zu motivieren und zu überzeugen — wieweit das gelungen ist, werden die Leser zu beurteilen haben. Sollte auch der eine oder andere Dozent Anregungen für die eigene Lehre empfangen, so wäre das dem Autor eine besondere Freude.

Die Beschränkung auf den klassischen Stoff der Wahrscheinlichkeitsrechnung und Statistik war sowohl durch die inhaltliche Aufgabenstellung, eine

Einführung zu schreiben, wie auch durch den angestrebten Gesamtumfang des Buches geboten. Zahlreiche Beispiele über nichtparametrische und multivariate Modelle weisen aber über diesen Rahmen hinaus, und in der Tat kann man auf der gewonnenen Grundlage bequem weiterbauen — so ist etwa der Hauptteil der Theorie des linearen Modells in drei oder vier Beispielen dargestellt, und Kapitel 15 bringt eine sehr allgemeine Sicht der Grundfragen multivariater Modelle.

Das Buch richtet sich an alle, die Statistik nicht nur nach Kochrezept betreiben, sondern wirklich verstehen wollen — an Mathematiker, Statistiker, Naturwissenschaftler, Techniker, Sozial- und Wirtschaftswissenschaftler, Biologen, etc., etc. Nicht gegen den Computer wurde es geschrieben, sondern aus der Überzeugung, daß dieses heute unverzichtbare Werkzeug nur dann zu fruchtbarem Zweck benutzt werden kann, wenn man die Grundlagen dessen, was man tut, beherrscht.

Abschließend danke ich meinen Mitarbeitern Frau R. Janout, Frau Mag. A. Schusser, Frau Mag. H. Wagner, Herrn M. Schöfecker und Herrn Dipl.-Ing. A. Wagner für ihren Einsatz. Sie alle haben hervorragend gearbeitet. Besonderen Dank möchte ich aber doch meiner Sekretärin Frau R. Janout aussprechen. Sie hat das gesamte Manuskript mit dem zwar wahrscheinlich leistungsfähigsten, ebenso wahrscheinlich aber auch unangenehmsten Textverarbeitungssystem — T_EX — in nimmermüder Sorgfalt geschrieben — nur wer T_EX kennt, weiß, was das bedeutet.

Dank schulde ich auch meiner Frau. Sie hat unsere beiden Cowboys an Sonn- und Feiertagen, bei Wind und Wetter gebändigt, auf die Prärie hinausgeführt und mir dadurch die Ruhe geschaffen, die für ein Unternehmen dieser Art unverzichtbar ist.

Linz, im Mai 1989 R. Hafner

Inhaltsverzeichnis

Teil I: Wahrscheinlichkeitsrechnung

1. Zufallsexperimente

2. Eindimensionale Verteilungen

3. Mehrdimensionale Verteilungen

Teil II: Statistik

9. Was ist Statistik?

10. Punktschätzung

11. Suffizienz und Vollständigkeit

12. Die Prüfverteilungen der Normalverteilung

13. Testen von Hypothesen

14. Bereichschätzung

15. Modellanpassung

Teil I

Wahrscheinlichkeitsrechnung

1. Zufallsexperimente

1.1 Einführung

Die klassischen Zufallsexperimente, deren Untersuchung zur Entwicklung der Wahrscheinlichkeitstheorie führte (Pierre de Fermat: 1601-1665, Blaise Pascal: 1623-1662, Christiaan Huygens: 1629-1695, Jakob Bernoulli: 1654-1705, Abraham de Moivre: 1667-1754, Pierre Simon de Laplace: 1749-1827, u.a.), sind Glücksspiele wie:

ein- oder mehrmaliges Werfen einer Münze oder eines Würfels,
das Ziehen von Karten aus einem Kartenspiel,
das Roulettspiel u.ä.

Aber auch physikalische Experimente, deren Ausgänge man als genau determiniert anzusehen gewohnt ist, wie etwa ein Fallexperiment, wo eine Kugel im luftleeren Raum aus einer vorgegebenen Höhe herabfällt und die Fallzeit t gemessen wird, erweisen sich bei genauerer Betrachtung als Zufallsexperimente. Mißt man nämlich die Fallzeit t hinlänglich genau, dann ergeben sich von Versuch zu Versuch verschiedene Meßwerte, bedingt durch kleinste Zufallsschwankungen der Versuchsbedingungen. Wie sehr man sich auch bemühen mag, diese Störeinflüsse auszuschalten, ganz kann dies letztlich nie gelingen. So gesehen ist das Zufallsexperiment die Regel, das exakt determinierte hingegen eine gedankliche Idealisierung.

Bei der Entwicklung der Wahrscheinlichkeitstheorie werden wir immer wieder verlangen, daß ein gegebenes Zufallsexperiment unter *identischen Versuchsbedingungen* mehrmals wiederholt werden soll. Zum Beispiel sollen wir n-mal würfeln oder n-mal eine Kugel aus einer Urne mit N gleichen Kugeln ziehen, wobei die gezogene Kugel nach jeder Ziehung wieder in die Urne zurückgelegt und deren Inhalt gründlich gemischt wird.

Die Anweisung, identische Versuchsbedingungen herzustellen, wird dabei immer in charakteristischer Weise vage interpretiert. Es wird weder genau präzisiert, wie der Würfel zu werfen ist, noch wie die Kugeln in der Urne liegen sollen oder wie man in die Urne hineinzugreifen hat. Es bleibt stets ein *Unschärfebereich*, und genau in diesem spielt der Zufall. Wer sich bemühen wollte, diesen Unschärfebereich aus dem Experiment zu eliminieren, erkennt bald, daß jedem Schritt der Präzisierung der Versuchsbedingungen ein analoger Schritt der Präzisierung in der Beschreibung der Versuchsausgänge zur Seite gestellt werden kann — etwa wäre beim Würfeln nicht nur die geworfene Augenzahl, sondern auch die genaue Lage des Würfels auf dem Tisch anzugeben —, so daß immer wieder ein Unschärfebereich zurückbleibt, bis man letztlich, im molekularen oder gar atomaren Bereich angelangt, die Waffen strecken muß: vollkommen lassen sich die Versuchsbedingungen nicht beschreiben, ein Rest an Unbestimmtheit bleibt immer — und eben dort ist der Zufall zu Hause.

Diese Betrachtung legt wohl auch die Vermutung nahe, daß das eigentliche Reich des Zufalls im Kleinen und Allerkleinsten liegt, und in der Tat lehrt uns die Physik der Elementarteilchen, daß deren Verhalten nur mit Wahrscheinlichkeitsgesetzen und nicht im Sinne strenger Kausalität zu beschreiben ist. Die scheinbare Kausalität des Verhaltens der Dinge im Großen ist nichts als die Stabilität statistischer Mittelwerte über eine ungeheure Anzahl zufälliger Summanden.

Man mag vielleicht an dieser Stelle den Eindruck gewinnen, daß es nicht sehr aussichtsreich sein kann, angesichts solcher Vagheiten eine brauchbare Theorie zufallsabhängiger Experimente zu entwickeln. Insbesondere könnte man befürchten, daß diese Theorie sehr schwammig und unpräzise und damit eigentlich gar keine richtige mathematische Theorie sein würde.

Hier kann der Leser beruhigt werden. Die Wahrscheinlichkeitstheorie ist als axiomatisch begründete mathematische Theorie völlig exakt. Sie liefert mathematische Modelle für Zufallsexperimente, ebenso wie jede andere mathematisch-naturwissenschaftliche Theorie Modelle für gewisse Bereiche der Wirklichkeit anbietet. Die Betrachtung realer Experimente, also etwa von Würfelexperimenten etc., bei der Entwicklung der Theorie hat letztlich nur den Sinn, die Formulierung der Axiome und Definitionen zu motivieren und induktiv zu stützen, Beweiskraft kommt solchen Betrachtungen nicht zu.

Über die Brauchbarkeit jeder mathematischen, naturwissenschaftlichen Theorie, d.h. über den Grad der Korrespondenz zwischen Wirklichkeit und mathematischem Modell, entscheidet immer die Erfahrung, bei der Wahrscheinlichkeitstheorie ist es nicht anders. Bisher hat sie diesen Praxistest bestanden, dennoch ist nicht auszuschließen, daß neue Beobachtungen irgendwann eine Modifikation der Theorie erfordern. Ereignisse dieser Art sind immer die Sternstunden der Naturwissenschaft.

Spricht der Physiker über ein Experiment, so beginnt er damit, die Versuchsanordnung aufs genaueste darzustellen, er erläutert die dem Experiment zugrundeliegende Theorie, die Meßmethoden, das Maßsystem usw. Dies alles interessiert den Wahrscheinlichkeitstheoretiker erst in zweiter Linie. Er betrachtet ein Experiment welcher Art auch immer als eine *Black box*, in die ein mehr oder weniger komplizierter Apparat und wohl auch ein *Dämon*, der diesen bedient, eingeschlossen ist. Wird das Experiment ausgeführt — **realisiert**, wie der Fachausdruck lautet —, dann mögen sich die Räder und Hebel in der Black box rühren und regen, von alledem erfahren wir nichts. Allein das Versuchsergebnis wird, in der einen oder anderen Weise verschlüsselt, aus dem Inneren der Box gemeldet, und dieses wieder und wieder, so oft das Experiment wiederholt wird. Es leuchtet ein, daß wir auf diese Weise nie erfahren können, was sich in der Box befindet, ja die Entscheidung zwischen einfachsten Alternativen wird unmöglich sein, wie oft wir auch den Versuch wiederholen mögen. Befindet sich in der Box ein Dämon, der würfelt und uns die geworfene Augenzahl nennt, oder einer, der aus einer Urne mit 6 von 1 bis 6 numerierten Kugeln eine zieht und die gezogene Nummer meldet? Es läßt sich von außen nicht entscheiden.

Diese Betrachtung ist wichtig, so einfach sie erscheinen mag, denn wir treten an, eine Theorie solcher schwarzer Schachteln zu entwickeln, und wenn sich zwei von ihnen von außen nicht unterscheiden lassen, dann muß ihnen auch das gleiche mathematische Modell zukommen, sie sind als Zufallsexperimente austauschbar, substituierbar, äquivalent. Wir werden natürlich im Zuge der Entwicklung der Wahrscheinlichkeitstheorie häufig in das Innere unserer Box hineinschauen, aber dies wird immer nur heuristische Zwecke haben, in die zu entwickelnde Theorie wird dieses *Innenleben* nicht eingehen.

Mancher wird angesichts dieser extremen Abstraktion von allem Spezifischen der Experimente fragen, wofür es denn hier noch eine Theorie geben soll. Schließlich sind Theorien ja dazu da, Gesetzmäßigkeiten zu beschreiben und Zusammenhänge zwischen solchen Gesetzmäßigkeiten verstehbar zu machen. Welche Gesetzmäßigkeiten gibt es denn überhaupt noch bei einer Black box, aus der von Zeit zu Zeit eine Zahl oder eine Liste von Zahlen oder ein Name oder sonst eine Nachricht gemeldet wird? Ist hier nicht die Regel-, die Gesetzlosigkeit selbst am Werk? Ist der Zufall nicht gerade der Inbegriff eben dieser Gesetzlosigkeit?

Die Frage ist fürwahr berechtigt und sie muß auch mit allem Nachdruck gestellt werden, will man sich nicht blind und schicksalergeben von Seite zu Seite eines Lehrbuches ziehen lassen, ohne je recht zu erfassen, welche Gesetze es denn eigentlich sind, die hier durch eine Theorie beschrieben und in einen Zusammenhang gebracht werden sollen.

Nehmen wir also etwa eine Black box, in der einer sitzt und würfelt. Von außen gesehen erhalten wir ganze Zahlen von 1 bis 6 in, wie es scheint, regelloser Folge gemeldet. Betrachten wir aber etwa die Anzahl der unter den ersten n Versuchswiederholungen geworfenen Sechsen — wir bezeichnen diese Anzahl, die sogenannte **absolute Häufigkeit** der Zahl 6, mit $H_n(6)$ —, dann zeigt der Quotient $h_n(6) = H_n(6)/n$, die **relative Häufigkeit** der Zahl 6 bei den ersten n Realisierungen des Versuchs, mit wachsender Zahl n der Versuchswiederholungen ein auffällig konvergenzartiges Verhalten. Es scheint so, als wäre: $\lim_{n\to\infty} h_n(6) = 1/6$. Das gleiche Verhalten zeigen auch die Folgen $h_n(1), h_n(2), \ldots, h_n(5)$, der relativen Häufigkeiten der übrigen aus der Black box gemeldeten Zahlen. Abb. 1.1.1 veranschaulicht einen typischen Verlauf von $h_n(6)$.

Diese Beobachtung ist nicht auf das Würfeln beschränkt. Gleichgültig welches unter *identischen Versuchsbedingungen* wiederholbare Experiment sich in der Black box befindet, die Folge der relativen Häufigkeiten irgend eines interessierenden Versuchsausganges A — z.B. $A \hat{=} \{a \leq x \leq b\}$ oder $A \hat{=} \{x \leq a\}$ usw., wenn der Versuchsausgang etwa durch eine Zahl x beschrieben wird — unter den ersten n Realisierungen des Experiments, also $h_n(A)$, zeigt mit wachsendem

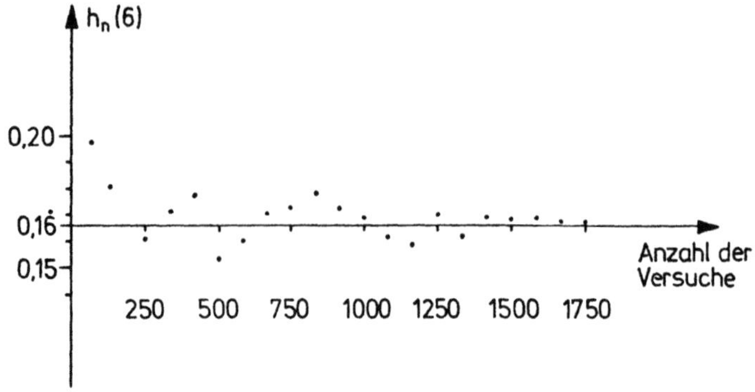

Abb. 1.1.1

n konvergenzartiges Verhalten analog wie $h_n(6)$ beim Würfelexperiment.

Man muß diese Aussage einschränken: sie gilt für die bisher gemachten Beobachtungen. Kritisch betrachtet ist sie auch erkenntnistheoretisch problematisch, denn sie läßt sich weder bestätigen, noch falsifizieren. Konvergiert $(h_n(6) : n = 1,2,\ldots)$ oder allgemein $(h_n(A) : n = 1,2,\ldots)$ nun, oder nicht? Das Anfangsstück der Folge $(h_n(A))$ kann noch so schön *konvergieren*, wer sagt uns, ob sie es sich nicht auf einmal anders überlegt und divergent wird? Wir können prinzipiell nie die ganze Folge beobachten und ein noch so langes Anfangsstück ist doch letztlich ein Nichts in seiner endlichen Länge, gegen den unendlich langen Rest, den wir kennen müßten, um sagen zu können, ob sie konvergiert oder nicht.

Vorsichtig formuliert können wir also nur sagen: Alle bisher gemachten Beobachtungen legen die Vermutung nahe, daß in der Natur ein Gesetz waltet, welches, könnte man Experimente wirklich unendlich oft ausführen, immer zu konvergenten Folgen von relativen Häufigkeiten $(h_n(A) : n = 1,2,\ldots)$ führt, gleichgültig, welches Experiment man hat und welchen Versuchsausgang A man auch betrachten mag. Dabei bedeutet die Formulierung *„ein Experiment unendlich oft ausführen"* nicht etwa, daß wir im Sinne des *potentiell* Unendlichen immer noch eine Wiederholung an die bisherigen anhängen können, was ja ohne weiteres möglich ist, sondern, im Sinne des *actual* Unendlichen, daß wir eine unendliche Folge von Versuchsausführungen fertig vor uns haben, was offenbar nicht verwirklicht werden kann.

Grundsätzlich wäre mit dem vorliegenden Beobachtungsmaterial auch die gegenteilige Hypothese, daß nämlich die Folgen $(h_n(A))$ nicht konvergieren, logisch durchaus vereinbar, doch wäre diese Position, angesichts der beobachteten Tatsachen, weder plausibel noch auch einfach. Andererseits kann man wohl nicht ausschließen, daß sich eine mathematische Theorie des Zufalls entwickeln läßt, die, obwohl mit den Beobachtungen vereinbar, dennoch lehrt, daß die Folgen $(h_n(A))$ zwar anfangs konvergenzähnlich, letztlich aber immer divergent sind. Und vielleicht wird es einmal Zeiten geben, wo das überhaupt mit Mitteln der Mathematik Beschreib- und Formalisierbare solchermaßen in alle Richtungen durchpflügt und durchfurcht sein wird, daß Mathematiker sich damit ergötzen werden, Theorien zu entwickeln, die mit dem gegebenen Beobachtungsmaterial zwar verträglich sind, sonst aber aller Plausibilität Hohn sprechen. Der Insider wird diese Zeiten gar nicht so ferne sehen. Heute sind wir indessen noch nicht ganz so weit, und daher wollen wir bei der plausiblen und einfachen Vermutung bleiben, daß die Natur konvergente Folgen von relativen Häufigkeiten $(h_n(A))$ erzeugt, und uns zum Ziel setzen, die Theorie der Wahrscheinlichkeit so zu entwickeln, daß sie dieses Phänomen als Lehrsatz enthält.

Seitdem man begonnen hatte, sich mit wahrscheinlichkeitstheoretischen Problemen zu beschäftigen, hat es viele Versuche gegeben, die Theorie auf eine solide Grundlage zu stellen. Wir erwähnen P. S. Laplace (1812, 1814, 1820), G. Boole (1854), R. v. Mises (1919), J. M. Keynes (1921) und vor allem A. N. Kolmogorov (1933). Von Mises' Ansatz ist vor allem deshalb bemerkenswert, weil er gerade die Konvergenz der Folgen von relativen Häufigkeiten zur Grundlage hat. Dennoch hat sich dieser Versuch, sowohl der beschränkten und komplizierten Anwendbarkeit wegen, als auch weil ihm die innere Konsistenz fehlt, nicht durchgesetzt. Voll befriedigend ist allein der von Kolmogorov eingeschlagene Weg zur Begründung der Wahrscheinlichkeitstheorie. Er ist obendrein überraschend einfach, so einfach, daß man sich wundern mag, daß er nicht schon lange vorher beschritten worden ist.

1.2 Ereignisse

Beschreibung von Versuchsausgängen

Wie bereits erläutert, sehen wir ein beliebiges Experiment als eine Black box an, aus der bei jeder Realisierung des Experiments der jeweilige Versuchsausgang gemeldet wird. Wir beginnen daher den Aufbau der Wahrscheinlichkeitstheorie mit einer genaueren Betrachtung der Versuchsausgänge, mit dem Ziel, eine einfache und leicht handhabbare Symbolik für das Hantieren mit Aussagen über diese zu entwickeln.

Versuchsausgänge sollen überwiegend mit kleinen lateinischen Buchstaben $x, y, z, u, v, w, \ldots$ bezeichnet werden.

Beispiel 1.2.1 Beschreibung der Ausgänge von Experimenten durch Zahlen

Experiment	Beschreibung des Versuchsausganges
Werfen einer Münze	$x = 0 \hat{=}$ Kopf; $x = 1 \hat{=}$ Adler.
Werfen von n Münzen	$x = (x_1 \dots x_n)$; $x_j = 0 \hat{=}$ Kopf; $x_j = 1 \hat{=}$ Adler, x_j bezieht sich auf die j-te Münze.
Werfen eines Würfels	$x =$ geworfene Augenzahl.
Werfen von n Würfeln	$x = (x_1 \dots x_n)$, $x_j =$ mit dem j-ten Würfel geworfene Augenzahl.
Fallexperiment	$x =$ Fallzeit.
Auswahl einer Person aus einer Grundgesamtheit	$x = (x_1, x_2, x_3) =$ (Alter, Gewicht, Blutdruck).

In den angegebenen Beispielen lassen sich die Versuchsausgänge durch eine oder mehrere Zahlen verschlüsseln. Das ist in der überwältigenden Mehrzahl der in den Anwendungen interessierenden Experimente der Fall. Freilich gibt es auch viele wichtige Experimente, wo eine Beschreibung der Versuchsausgänge mit endlich vielen Zahlen nicht ausreicht.

Beispiel 1.2.2 Beschreibung der Ausgänge von Experimenten durch Funktionen

Experiment	Beschreibung des Versuchsausganges
Messung der Lufttemperatur im Verlauf eines Tages	$x(t) =$ Temperatur als Funktion der Zeit t, für $0 \leq t \leq T$, etwa mit einem Temperaturschreiber aufgezeichnet.
Messung des EEG eines Patienten über eine Minute	$x(t) = (x_1(t) \dots x_k(t))=$ Spannungsverlauf an k Meßstellen als Funktion der Zeit t, für $0 \leq t \leq T$, mit k Schreibstiften aufgezeichnet.
Herstellung eines Siliziumplättchens	$x(u, v) =$ Konzentration der Fremdatome in Abhängigkeit vom Oberflächenpunkt (u, v), für $0 \leq u \leq U$, $0 \leq v \leq V$.

In diesen Fällen werden die Versuchsausgänge zunächst durch Funktionen beschrieben, wenn auch vielleicht im Zuge einer anschließenden Informationsverdichtung dann letztlich nur gewisse Mittel- oder Spitzenwerte interessieren mögen. Überhaupt ist klar, daß die Beschreibung der Versuchsausgänge sehr weitgehend in die Willkür des Experimentators gegeben ist und letzten Endes vom Zweck der jeweiligen Untersuchung abhängt. Nur in so einfachen Fällen wie z.B. beim Würfeln scheint die Wahl der Darstellung des Versuchsergebnisses gewissermaßen zwingend zu sein, natürlich ist das aber auch hier nicht der Fall. Die Angabe „gerade" oder „ungerade" etwa, codiert durch $x = 0$ oder $x = 1$ mag für manchen Zweck durchaus genügen.

Haben wir eine Beschreibung der Versuchsausgänge durch eine Variable x gewählt — x wird in der Regel eine ein- oder mehrdimensionale reelle Variable sein —, dann bezeichne Ω_x eine Menge, die alle nur überhaupt möglichen

Ausprägungen von x bei dem betrachteten Versuch umfaßt. In manchen einfachen Fällen kann man die tatsächlich möglichen Versuchsergebnisse leicht angeben. So etwa beim Münzenwerfen oder Würfeln oder Ziehen einer Karte aus einem Kartenspiel usw. Bei vielen Experimenten ist dies indessen von vornherein nicht möglich. Betrachten wir etwa einen Lebensdauerversuch, wo die Brenndauer von Glühbirnen geprüft wird. x mißt die Brenndauer in Stunden. Sicher gilt $x \geq 0$, doch läßt sich von vornherein keine verbindliche obere Grenze für x angeben, bis zu der jede Brenndauer möglich ist und ab der keine Brenndauer mehr gemessen werden kann. Man wird $\Omega_x = [0, \infty) = \mathbf{R}_+$ wählen, obwohl sicher nicht beliebig große Brenndauern denkbar sind. Auch $\Omega_x = (-\infty, \infty) = \mathbf{R}$ ist vernünftig, und wie wir später sehen werden, aus Gründen einer einheitlichen Theorie zweckmäßig. Man nennt Ω_x den **Wertebereich** der Variablen x bzw. ihren **Stichprobenraum**, letzterer Ausdruck ist vor allem in der mathematischen Statistik üblich. Es ist, wie gesagt, keineswegs notwendig, daß alle Werte aus Ω_x auch tatsächlich als Realisierung des betrachteten Experiments möglich sind.

Aussagen über Versuchsausgänge

Man kann über den Ausgang eines Experimentes die verschiedensten Aussagen formulieren.

Beispiel 1.2.3 Aussagen über Versuchsausgänge

Experiment	Aussage über den Versuchsausgang
Werfen eines Würfels	x ist eine ungerade Zahl. x ist eine Primzahl. Das Quadrat von x vermindert um 7 liegt zwischen 9 und 25.
Werfen von 10 Würfeln	Das Produkt der geworfenen Augenzahlen, also $x_1 \cdots x_{10}$ ist durch 720 teilbar, aber nicht größer als 5430. Es werden nicht mehr als 3 Sechsen oder aber eine Augensumme unter 40 geworfen.
Fallexperiment	Die Fallzeit x gemessen in Sekunden liegt entweder zwischen 2,94 und 3,15 oder sie ist kleiner als 1,57.

Letztlich ist es unser Ziel, die Wahrscheinlichkeit anzugeben, mit der bei einer Ausführung des Versuches die eine oder andere Aussage wahr wird. Zwar ist es nach kurzem Überlegen klar, daß aus logischen Gründen gewisse Beziehungen zwischen den Wahrscheinlichkeiten solcher Aussagen bestehen müssen, etwa wenn die Wahrheit einer Aussage wie: „eine gerade Zahl wird geworfen" die Wahrheit der Aussage „eine Zahl nicht kleiner als 2 wird geworfen" nach sich zieht. Aber erfahrungsgemäß verzweifelt jeder, dem man die Aufgabe stellt, einen Überblick über alle möglichen Aussagen über den Versuchsausgang eines Experimentes zu geben, angesichts der schier unbegrenzt erscheinenden Fülle solcher Aussagen.

In der Tat erwies sich die Einsicht, daß jede Aussage über den Versuchsausgang x durch eine Teilmenge des Wertebereiches Ω_x charakterisiert wird

— nämlich durch die Menge aller jener $x \in \Omega_x$, für die die Aussage wahr ist — als das Ei des Kolumbus für die Entwicklung der Wahrscheinlichkeitstheorie. Erst als dieser Schritt getan war, befand man sich im vertrauten und vor allem übersichtlichen Gelände der Mengenalgebra, und alles Weitere, nämlich die Einführung der Wahrscheinlichkeit als additive Mengenfunktion, folgte fast zwangsläufig. Rückblickend mutet es eigentlich merkwürdig an, daß dieser einfache Gedanke so spät auftauchte, nämlich erst 1933 in A. N. Kolmogorovs Begründung der Wahrscheinlichkeitstheorie, und es ist wohl nicht zuviel gesagt, wenn man behauptet, daß die früheren Versuche wesentlich an der scheinbaren Chaotik der Gesamtheit der sprachlichen Aussagen über den Ausgang eines Experimentes scheiterten.

Wir führen den oben angedeuteten Zusammenhang zwischen Aussagen über die Variable x und Teilmengen von Ω_x näher aus. Ist $A(x)$ eine Aussage über die Variable x, dann bedeutet dies immer, daß $A(x)$ für gewisse $x \in \Omega_x$ wahr und für andere $x \in \Omega_x$ falsch ist. Wir nennen die Teilmenge $A \subset \Omega_x$ aller $x \in \Omega_x$, für die $A(x)$ wahr ist, die **Wahrheitsmenge** der Aussage $A(x)$. Dann sind die beiden Aussagen: $A(x)$ und *„x ist Element von A"* bzw. kurz $x \in A$ äquivalent, d.h. für die gleichen Elemente $x \in \Omega_x$ wahr bzw. falsch.

Beispiel 1.2.4 Wahrheitsmengen von Aussagen

1. Experiment: Werfen eines Würfels
Versuchsausgang: x = geworfene Augenzahl. $\Omega_x = \{1,2,3,4,5,6\}$.

Aussage	Wahrheitsmenge
$A(x)$: x ist eine ungerade Zahl	$A = \{1,3,5\}$
$B(x)$: x ist eine Primzahl	$B = \{1,2,3,5\}$
$C(x)$: $x^2 - 7$ liegt zwischen 9 und 25	$C = \{4,5\}$

2. Experiment: Werfen von n = 10 Würfeln
Versuchsausgang: x = $(x_1 \ldots x_{10})$, x_j=Augenzahl des j-ten Würfels,
$$\Omega_x = \{(x_1 \ldots x_{10}) : x_j = 1, \ldots, 6\}.$$

Aussage	Wahrheitsmenge
$A(x)$: $\prod_{j=1}^{10} x_j$ ist durch 720 teilbar und nicht größer als 5430	$A = \{(x_1 \ldots x_{10})$:720 teilt $\prod_{j=1}^{10} x_j$ und $\prod_{j=1}^{10} x_j \leq 5430\}$
$B(x)$: Es werden nicht mehr als 3 Sechsen geworfen	$B = \{(x_1 \ldots x_{10})$: höchstens 3 der x_j haben den Wert 6$\}$
$C(x)$: Die Augensumme liegt unter 40	$C = \{(x_1 \ldots x_{10}) : x_1 + \ldots + x_{10} \leq 40\}$
$D(x)$: Es werden nicht mehr als 3 Sechsen geworfen oder aber die Augensumme liegt unter 40	$D = B \cup C$

Es gibt offenbar eine Fülle sprachlich zwar verschieden formulierter, aber inhaltlich völlig gleichwertiger Aussagen über x, wobei es auf der Hand liegt, daß zwei Aussagen $A(x)$ und $B(x)$ genau dann gleichwertig oder äquivalent sind, wenn ihre Wahrheitsmengen A und B identisch sind.

Mit der an sich fast selbstverständlichen Beziehung zwischen Aussagen und ihren Wahrheitsmengen ist viel gewonnen. Zunächst ist jede, wie immer kompliziert formulierte Aussage $A(x)$ zu einer **kanonischen Aussage** der Form: *„x liegt in A"*, also: $x \in A$ äquivalent. Ist umgekehrt A eine beliebige Teilmenge von Ω_x, dann gibt es viele sprachliche Aussagen $A(x)$, deren Wahrheitsmenge A ist, $A(x) =$ *„x liegt in A"* ist eine, eben die kanonische, andere zu formulieren wird wohl niemandem Schwierigkeiten bereiten.

Die Klassen äquivalenter Aussagen und die Teilmengen $A \subset \Omega_x$ entsprechen einander also umkehrbar eindeutig. Um wieviel einfacher ist aber die Gesamtheit aller Teilmengen von Ω_x, die sogenannte **Potenzmenge** $\mathcal{P}(\Omega_x)$, als Objekt der weiteren Betrachtung und Untersuchung als die Gesamtheit aller irgendwie sprachlich formulierten Aussagen. Die Vereinfachung liegt zunächst darin, daß wir einen vollständigen Überblick über die Menge der überhaupt möglichen, inhaltlich verschiedenen Aussagen haben und daß wir gewissermaßen mit einem Blick sehen, was eine Aussage denn eigentlich sagt und inwieweit sich zwei Aussagen, nicht in ihren sprachlichen Formulierungen, die himmelweit verschieden sein können, sondern hinsichtlich ihrer *Aussage* unterscheiden.

Beispiel 1.2.5 Anzahl möglicher Aussagen bei $|\Omega_x| = n$

Enthält der Wertebereich Ω_x etwa n Elemente, wir schreiben $|\Omega_x| = n$, dann gibt es 2^n Teilmengen von Ω_x. Das sieht man sofort, wenn man sich die Elemente von Ω_x von 1 bis n numeriert denkt und eine konkrete Teilmenge A durch eine 0-1-Folge der Länge n charakterisiert, wobei alle Elemente aus Ω_x, die in A aufgenommen werden, eine 1 und die übrigen eine 0 erhalten. Sei etwa $\Omega_x = \{1, 2 \dots 10\}$ und $A = \{3, 7, 8, 9\}$, dann entspricht A die 0-1-Folge (0,0,1,0,0,0,1,1,1,0). Es ist evident, daß dabei 0-1-Folgen und Teilmengen von Ω_x einander umkehrbar eindeutig entsprechen. Die aus lauter Nullen bestehende Folge $(0, 0 \dots 0)$ entspricht der leeren Menge $\emptyset$, die aus lauter Einsen bestehende Folge der Menge Ω_x selbst. Da es offenbar 2^n 0-1-Folgen der Länge n gibt, gibt es auch 2^n Teilmengen von Ω_x. Es gibt also im Falle $|\Omega_x| = n$ genau 2^n inhaltlich, d.h. semantisch verschiedene Aussagen über die Variable x, wenn auch die Anzahl der vernünftigen, syntaktisch verschiedenen sprachlichen Aussagen über x ungleich größer und bei unbegrenzter Satzlänge in der Tat unendlich ist.

Verknüpfung von Aussagen

Aber die Vereinfachung geht viel weiter. Sie betrifft vor allem die für die Bildung neuer, komplexerer, aus gegebenen einfachen Aussagen in der Sprache benutzten Formulierungen der *Negation*, des *entweder ... oder...* und des *sowohl... als auch...*, für die es wieder zahlreiche inhaltlich gleichwertige aber syntaktisch völlig verschiedene Möglichkeiten gibt. So drücken die Formulierungen: *„A(x) ist falsch"*, *„A(x) gilt nicht"*, *„das Gegenteil von A(x) gilt (ist richtig)"*, usw. alle die **Negation** der Aussage $A(x)$ aus.

Ebenfalls gleichwertig sind: *„Sowohl A(x) als auch B(x) ist richtig"*, *„A(x) und B(x) sind beide richtig"*, *„A(x) und B(x) treffen zu"*, usw. Man nennt die neue Aussage die **Konjunktion** der beiden Aussagen $A(x)$ und $B(x)$. Ist allgemeiner $(A_i(x) : i \in I)$ eine beliebige endliche oder unendliche Familie von Aussagen über x, dann drücken die sprachlichen Wendungen: *„alle $A_i(x)$, für jedes $i \in I$, sind richtig"*, *„für jedes $i \in I$ ist $A_i(x)$ richtig"*, usw. die Konjunktion aller $(A_i(x) : i \in I)$ aus.

Demgegenüber nennt man die mit den inhaltlich äquivalenten Formulierungen: *„es ist entweder $A(x)$ oder $B(x)$ richtig"*, *„$A(x)$ oder $B(x)$ gilt"*, *„wenigstens eine der beiden Aussagen $A(x)$ oder $B(x)$ gilt (ist richtig)"*, usw. gebildete neue Aussage die **Disjunktion** der Aussagen $A(x)$ und $B(x)$. Ist wieder $(A_i(x) : i \in I)$ eine Familie von Aussagen, dann drücken analog die Formulierungen: *„unter den Aussagen $A_i(x)$, für $i \in I$, ist wenigstens eine richtig"*, *„es gibt (mindestens) eine unter den Aussagen $A_i(x)$, für $i \in I$, die gilt (richtig ist)"*, usw. die Disjunktion der Aussagen $(A_i(x) : i \in I)$ aus.

Es ist nun leicht zu sehen, daß sich die Wahrheitsmengen der durch Negation, Konjunktion und Disjunktion neu gebildeten Aussagen aus den Wahrheitsmengen der gegebenen Aussagen durch einfache mengenalgebraische Operationen gewinnen lassen. Besitzen nämlich die Aussagen $A(x), B(x)$ und $(A_i(x) : i \in I)$ bzw. die Wahrheitsmengen A, B und $(A_i : i \in I)$, dann gilt:

Negation: Die Aussage *„$A(x)$ ist falsch"* besitzt die Wahrheitsmenge $A^c = \Omega_x - A$, also die Komplementärmenge von A gebildet in bezug auf den Wertebereich Ω_x.

Konjunktion: Die Aussage *„$A(x)$ und $B(x)$ sind beide richtig"* besitzt die Wahrheitsmenge $A \cap B$, den Durchschnitt von A und B. Allgemein hat die Aussage *„alle $A_i(x)$, für jedes $i \in I$, sind richtig"* die Wahrheitsmenge $\bigcap_{i \in I} A_i$, den Durchschnitt aller A_i.

Disjunktion: Die Aussage *„wenigstens eine der beiden Aussagen $A(x)$ und $B(x)$ ist richtig"* besitzt die Wahrheitsmenge $A \cup B$, die Vereinigung von A und B. Allgemein gehört zu der Aussage *„unter den Aussagen $A_i(x)$, für $i \in I$, ist wenigstens eine richtig"* die Wahrheitsmenge $\bigcup_{i \in I} A_i$, die Vereinigung aller A_i.

Diese Tatsachen leuchten sofort ein, wenn man sich die verschiedenen Aussagen in ihrer kanonischen Form gegeben denkt, also $A(x)$ in der Form *„x ist Element von A"* oder kurz $x \in A$, $B(x)$ in der Form $x \in B$ und $A_i(x)$ in der Form $x \in A_i$. Dann ist *„$A(x)$ ist falsch"* äquivalent zu *„x liegt nicht in A"*, also $x \notin A$, und dieses wieder ist äquivalent zu *„x liegt in A^c"*, also $x \in A^c$. A^c ist damit die Wahrheitsmenge der Negation von $A(x)$. Die Konjunktion der Aussagen $(A_i(x) : i \in I)$ ist äquivalent zu der Aussage *„$x \in A_i$ für alle $i \in I$"*, und dieses wiederum ist gleichwertig mit $x \in \bigcap_{i \in I} A_i$. Schließlich ist die Disjunktion der Aussagen $(A_i(x) : i \in I)$ gleichwertig mit *„$x \in A_i$ für wenigstens ein $i \in I$"*, und dieses ist äquivalent zu $x \in \bigcup_{i \in I} A_i$.

Wir fassen zusammen: den aussagenlogischen Operationen der Negation, der Konjunktion und der Disjunktion entsprechen im Bereich der Wahrheitsmengen die mengenalgebraischen Operationen der Komplementbildung, des Durchschnitts und der Vereinigung.

Damit haben wir Ordnung und Überschaubarkeit gewonnen im Bereich der Aussagen über das Ergebnis x unseres Experiments. Aussagen $A(x)$ werden mit ihrer Wahrheitsmenge A identifiziert, und wir schreiben auch nur mehr A und meinen damit die kanonische Aussage *„(das Versuchsergebnis) x fällt in A"*, kurz $x \in A$. Logische Verknüpfungen verschiedener Aussagen werden zu mengenalgebraischen Ausdrücken der entsprechenden Wahrheitsmengen und umgekehrt.

Ereignisse

Wir führen schließlich noch den in der Wahrscheinlichkeitstheorie üblichen Sprachgebrauch für die Teilmengen A von Ω_x und ihre mengenalgebraischen Verknüpfungen ein. Haben wir bisher von Aussagen $A(x)$ und ihren Wahrheitsmengen A gesprochen, so hatte dies den doppelten Grund, daß einerseits alle sprachlichen Formulierungen über den Versuchsausgang x, und mit solchen hat man es ja zunächst zu tun, im Sinne der Alltagssprache eben Aussagen sind, und daß andererseits Schritt für Schritt vorgehend deutlich werden sollte, wie sich durch Einführung des Begriffs der Wahrheitsmenge allmählich überschaubare Verhältnisse ergeben, als Grundlage für die Einführung des Wahrscheinlichkeitsbegriffes.

In der Wahrscheinlichkeitstheorie ist es nun üblich geworden, Teilmengen A von Ω_x als **Ereignisse** zu interpretieren. Man sagt *„das Ereignis A tritt ein"* oder *„das Ereignis A wird realisiert"*, wenn das Ergebnis x des Versuchs in die Menge A hineinfällt, wenn also $x \in A$ gilt. Es ist natürlich inhaltlich völlig gleichwertig und damit letztlich eine Geschmacksfrage, ob man etwa den Satz *„es wird eine ungerade Zahl geworfen"* als eine Aussage über den Versuchsausgang beim Würfeln ansieht, die bei einer konkreten Ausführung des Experiments wahr wird oder nicht, oder ob man ihn als ein Ereignis interpretiert, das im gegebenen Fall *„eintritt"* oder *„realisiert"* wird oder nicht. Wesentlich ist allein die Äquivalenz zwischen Aussagen, Ereignissen und Teilmengen von Ω_x. Da, wie betont, in der Wahrscheinlichkeitstheorie die *„Ereignissprache"* die übliche ist, werden wir uns diesem Gebrauch anschließen. Im einzelnen benützt man folgende Terminologie:

1. Die einelementigen Teilmengen von Ω_x heißen **Elementarereignisse**. Die Bezeichnung spricht für sich und bedarf wohl kaum näherer Begründung. Alle Ereignisse $A \subset \Omega_x$ sind Vereinigungen von Elementarereignissen und in diesem Sinne aus solchen zusammengesetzt.

Beispiel 1.2.6 Elementarereignisse bei verschiedenen Versuchsbeschreibungen

Ein Würfel wird geworfen. x ist die geworfene Augenzahl, $\Omega_x = \{1,2,3,4,5,6\}$ der Wertebereich. Die Elementarereignisse sind bei dieser Beschreibung des Versuchsausganges mithin: $\{1\},\{2\}\ldots\{6\}$. Beschreiben wir den Versuchsausgang anders, etwa mit $y = 0$ oder 1, je nachdem ob eine ungerade oder eine gerade Augenzahl geworfen wird, dann ist $\Omega_y = \{0,1\}$ und die Elementarereignisse sind $\{0\},\{1\}$. Die in der y-Beschreibung *„elementaren"*, nicht mehr weiter zerlegbaren Ereignisse $\{0\}$ und $\{1\}$ sind offenbar in der x-Beschreibung gleichwertig zu den Ereignissen $\{1,3,5\}$ und $\{2,4,6\}$ und hier also keineswegs mehr elementar, sondern zusammengesetzt.

2. Ω_x selbst nennt man das **sichere Ereignis**, denn gleichgültig wie der Versuch auch ausgeht, $x \in \Omega_x$ gilt sicher.

3. Die leere Menge, wir bezeichnen sie mit dem Symbol $\emptyset$, nennt man das **unmögliche Ereignis**, denn wie der Versuch auch ausgehen mag, $x \in \emptyset$ gilt nie.

4. Ist $A \subset \Omega_x$ ein Ereignis, dann heißt $A^c = \Omega_x - A$, das zu A **komplementäre Ereignis**, denn A^c tritt genau dann ein, wenn A nicht eintritt. Abb. 1.2.1 veranschaulicht den Zusammenhang zwischen A und A^c.

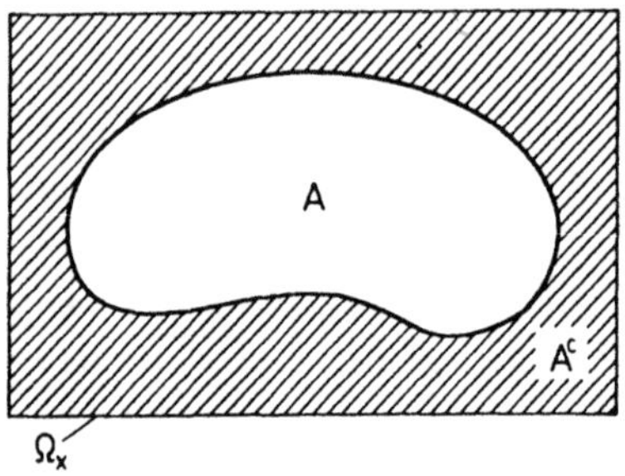

Abb. 1.2.1

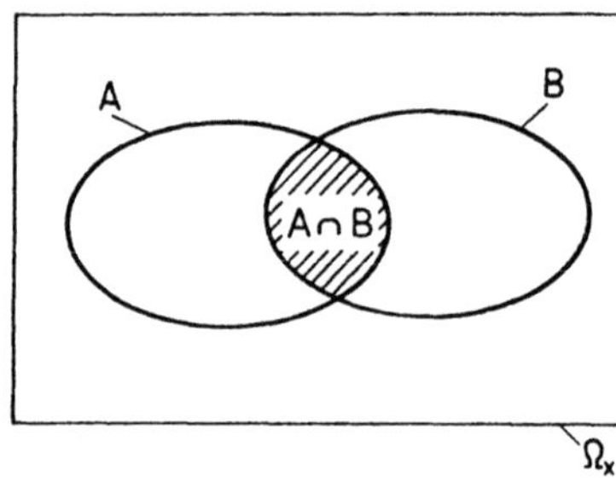

Abb. 1.2.2

Natürlich gilt $(A^c)^c = A$, d.h. das zu A^c komplementäre Ereignis ist wieder A.

5. Sind A und B Ereignisse und gilt $A \subset B$, d.h. jedes x aus A liegt auch in B, dann sagt man **A impliziert B** oder **B folgt aus A**, denn wird A bei einem Versuch realisiert, dann auch B.

6. Zwei Ereignisse A und B sind genau dann gleich, in Zeichen $A = B$, wenn $A \subset B$ und $B \subset A$ gilt.

7. A und B seien zwei Ereignisse. Das Ereignis $A \cap B$ tritt genau dann ein, wenn **sowohl A als auch B** eintritt (Abb. 1.2.2). Ist allgemein $(A_i : i \in I)$ eine beliebige endliche oder unendliche Familie von Ereignissen aus Ω_x, dann tritt das Ereignis $\bigcap_{i \in I} A_i$ genau dann ein, wenn **alle $\mathbf{A_i}$ für jedes $\mathbf{i \in I}$** eintreten.

8. Das Ereignis $A \cup B$ tritt ein, wenn **A oder B** eintritt bzw. noch deutlicher formuliert, wenn **wenigstens eines der Ereignisse A,B** eintritt (Abb. 1.2.3). Allgemein tritt $\bigcup_{i \in I} A_i$ genau dann ein, wenn **wenigstens eines der $\mathbf{A_i}$ für $\mathbf{i \in I}$** eintritt.

9. Gilt für zwei Ereignisse A und B: $A \cap B = \emptyset$ (Abb. 1.2.4), d.h. ist es unmöglich, daß A und B zugleich eintreten, dann nennt man A und B **einander ausschließend** oder **disjunkt**.

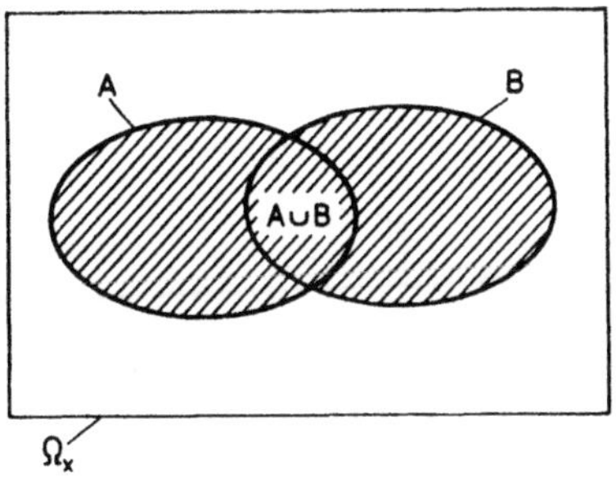

Abb. 1.2.3

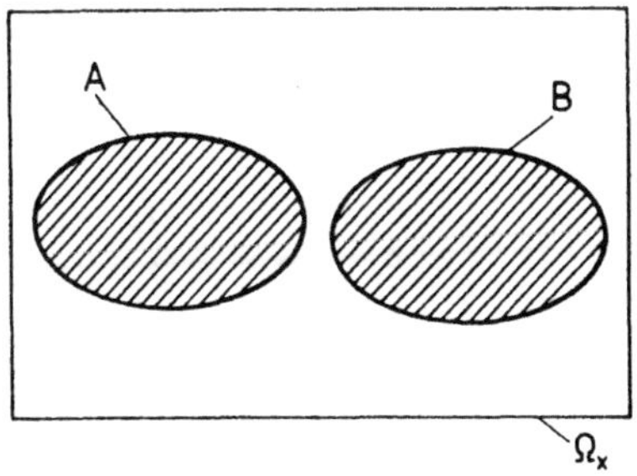

Abb. 1.2.4

Die konjunktive Normalform für Ereignisse

Durch wiederholte Bildung von Komplementen, Vereinigungen und Durchschnitten lassen sich aus gegebenen Ereignissen $A, B, C, \ldots$ mannigfache neue Ereignisse bilden. Es entstehen dabei oft sehr komplizierte Ausdrücke, denen man nur schwer ansieht, welche Ereignisse sie eigentlich darstellen. Auch steht man häufig vor der Aufgabe, die Gleichheit zweier, durch verschiedene mengenalgebraische Ausdrücke definierter Ereignisse zu zeigen. Beispielsweise gilt:

$$[(A \cup B) \cap C]^c \cap (A \cup B^c)^c = A^c \cap B \cap C^c,$$

eine Tatsache, die man dem links stehenden Ausdruck wohl schwerlich ansieht. Man kann ja z.B. mit drei Ereignissen A, B, C unendlich viele, beliebig lange und verschachtelte Ausdrücke bilden, und es ist offenbar, daß viele dieser Ausdrücke äquivalent sind, d.h. das gleiche Ereignis darstellen, es ist nur die Frage, wie man das erkennt. Wir stellen uns die Aufgabe, diese Dinge zu klären, denn in der Wahrscheinlichkeitstheorie, wo man oft die Wahrscheinlichkeiten komplex gebauter Ereignisse zu bestimmen hat, gewinnen solche Probleme dann praktische Bedeutung.

Wir betrachten alle mengenalgebraischen Ausdrücke, in denen allein die n Ereignisse $A_1 \ldots A_n$ vorkommen. Dabei sind die Ereignisse $A_1 \ldots A_n$ als Variable aufzufassen, für die beliebige Teilmengen von Ω_x eingesetzt werden können. Um die Aussagen leichter formulieren zu können, schreiben wir im folgenden häufig A_i^1 für A_i und A_i^0 für A_i^c.

Definition 1.2.1 *Vollkonjunktion von n Ereignissen*

Jedes der 2^n Ereignisse $A_1^{\epsilon_1} \cap A_2^{\epsilon_2} \cap \ldots \cap A_n^{\epsilon_n}$ mit $\epsilon_i = 0,1$ für $i = 1 \ldots n$ heißt eine **Vollkonjunktion** *der Ereignisfamilie $A_1 \ldots A_n$.*

Beispiel 1.2.7 Familie der Vollkonjunktionen von 3 Ereignissen

Hat man etwa 3 Ereignisse A_1, A_2, A_3, dann entspricht jeder der $2^3 = 8$ Vollkonjunktionen $A_1^{\epsilon_1} \cap A_2^{\epsilon_2} \cap A_3^{\epsilon_3}$ eine der 8 Teilflächen in Abb. 1.2.5. Dabei ist es natürlich durchaus möglich, daß einzelne dieser Vollkonjunktionen leer sind.

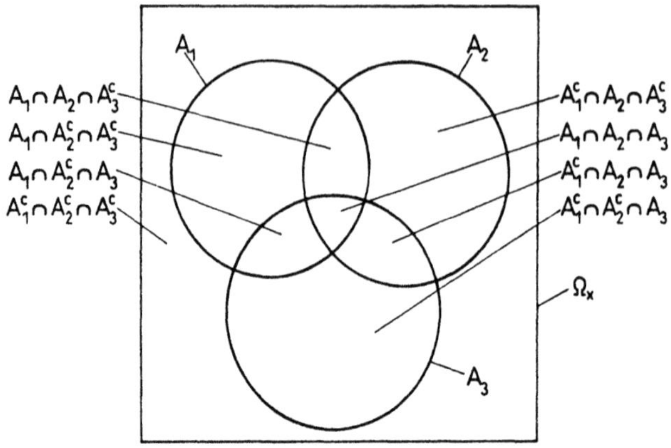

Abb. 1.2.5

Satz 1.2.1 *Die 2^n Vollkonjunktionen $A_1^{\epsilon_1} \cap \ldots \cap A_n^{\epsilon_n}$ sind paarweise disjunkt und ergeben vereinigt Ω_x.*

Beweis: Seien $K_1 = A_1^{\epsilon_1} \cap \ldots \cap A_n^{\epsilon_n}$ und $K_2 = A_1^{\delta_1} \cap \ldots \cap A_n^{\delta_n}$ zwei Vollkonjunktionen mit $(\epsilon_1 \ldots \epsilon_n) \neq (\delta_1 \ldots \delta_n)$, so daß für wenigstens ein i: $\epsilon_i \neq \delta_i$ gilt. Dann ist $K_1 \cap K_2 \subset A_i^{\epsilon_i} \cap A_i^{\delta_i} = A_i^1 \cap A_i^0 = A_i \cap A_i^c = \emptyset$. Also sind K_1 und K_2 disjunkt.

Ist $x \in \Omega_x$ beliebig, dann gilt für jedes i: $x \in A_i^1$ oder $x \in A_i^0$, d.h. es gibt zu jedem Index i ein $\epsilon_i = 0, 1$ mit $x \in A_i^{\epsilon_i}$ und damit gibt es eine Vollkonjunktion mit $x \in A_1^{\epsilon_1} \cap \ldots \cap A_n^{\epsilon_n}$. Die Vereinigung aller Vollkonjunktionen ist somit gleich Ω_x.♠

Satz 1.2.1 zeigt, daß die in Abb. 1.2.5 für 3 Ereignisse A_1, A_2, A_3 dargestellten Verhältnisse immer vorliegen. Natürlich können manche der 2^n Vollkonjunktionen leer sein. In Abb. 1.2.6 ist ein derartiger Fall dargestellt. Hier sind nur 5 der 8 Vollkonjunktionen $A_1^{\epsilon_1} \cap A_2^{\epsilon_2} \cap A_3^{\epsilon_3}$ nicht leer. Es gilt nun der wichtige

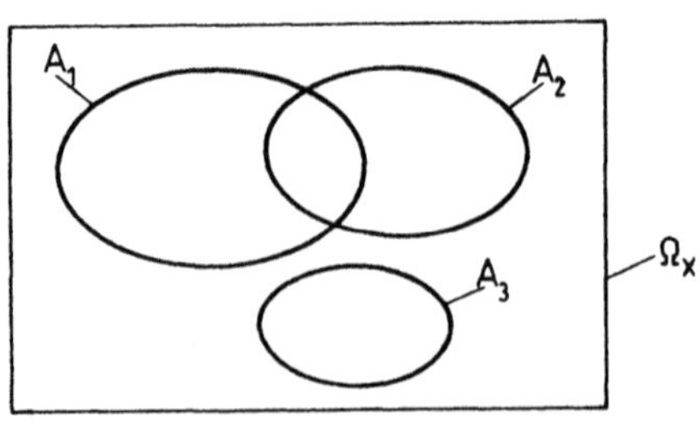

Abb. 1.2.6

Satz 1.2.2 *Darstellungssatz für mengenalgebraische Ausdrücke*
Jeder mengenalgebraische Ausdruck, der nur die Ereignisse $A_1 \dots A_n$ enthält, kann als Vereinigung gewisser der 2^n Vollkonjunktionen $A_1^{\epsilon_1} \cap \dots \cap A_n^{\epsilon_n}$ dargestellt werden. Diese Darstellung ist eindeutig.

Beweis: Zunächst sind alle Ereignisse $A_j^{\delta_j}$ so darstellbar, denn $A_j^{\delta_j}$ ist die Vereinigung aller Vollkonjunktionen $A_1^{\epsilon_1} \cap \dots \cap A_n^{\epsilon_n}$ mit $\epsilon_j = \delta_j$. Es sind dies 2^{n-1} Vollkonjunktionen. Man verdeutliche sich diese Aussage an Hand von Abb. 1.2.5.

Klar ist weiterhin: trifft die Behauptung auf einen Ausdruck $f(A_1 \dots A_n)$ zu, dann auch auf sein Komplement $[f(A \dots A_n)]^c$, denn dieses ist dann gerade die Vereinigung der nicht in $f(A_1 \dots A_n)$ vereinigten Vollkonjunktionen. Gilt weiters die Behauptung für zwei Ausdrücke $f(A_1 \dots A_n)$ und $g(A_1 \dots A_n)$, dann auch für $f \cup g$ und $f \cap g$, denn $f \cup g$ ist die Vereinigung aller in der Darstellung von f mit allen in der Darstellung von g auftretenden Vollkonjunktionen, während $f \cap g$ sich als Vereinigung aller, den Darstellungen von f und g gemeinsamen Vollkonjunktionen schreiben läßt.

Ist $h(A_1 \dots A_n)$ nun ein beliebiger, selbstverständlich endlicher Ausdruck, dann ist er entweder von der Art $h(A_1 \dots A_n) = [f(A_1 \dots A_n)]^c$, d.h. die letzte auszuführende Operation ist eine Komplementbildung, oder von der Art $h = f \cup g$ bzw. $h = f \cap g$, d.h. die letzte auszuführende Operation ist eine Vereinigung oder ein Durchschnitt. Dabei sind die Ausdrücke f und g streng kürzer als h. Auf f und g kann man die gleiche Argumentation anwenden usw. Schließlich landet man bei Ausdrücken, die nur noch aus einem Symbol $A_j^{\delta_j}$ bestehen, und auf diese trifft die Aussage ja zu, also gilt sie auch für h.

Zur Frage der Eindeutigkeit. Zunächst mache man sich klar: die oben beschriebene Darstellung eines Ausdrucks $f(A_1 \dots A_n)$ als Vereinigung von Vollkonjunktionen ist eine Identität in $A_1 \dots A_n$, d.h. sie gilt für beliebige konkrete Wahl der Ereignisse $A_1 \dots A_n$ als Teilmengen von Ω_x.

Wären nun $f(A_1 \dots A_n) = \bigcup_{j \in J} K_j = \bigcup_{j \in J'} K_j$ zwei solche Darstellungen — mit $K_1 \dots K_{2^n}$ seien die 2^n Vollkonjunktionen in irgend einer Reihenfolge bezeichnet — und enthielte die Indexmenge J' etwa ein Element $j' \notin J$, dann hätte man die Mengen $A_1 \dots A_n$ nur so zu wählen, daß die Vollkonjunktion $K_{j'} \neq \emptyset$ ausfällt, was selbstverständlich immer möglich ist, und man hätte sofort $\bigcup_J K_j \neq \bigcup_{J'} K_j$, weil die Vollkonjunktionen ja nach Satz 1.2.1 paarweise disjunkt sind. Also gilt notwendig $J = J'$ und die Darstellung ist eindeutig.♠

Definition 1.2.2 *Begriff der konjunktiven Normalform*
Wir nennen die Darstellung eines Ausdruckes $f(A_1 \dots A_n)$ als Vereinigung von Vollkonjunktionen $A_1^{\epsilon_1} \cap \dots \cap A_n^{\epsilon_n}$ seine **konjunktive Normalform**[1].

[1] In der Logik ist zwar hiefür der Ausdruck *disjunktive Normalform* üblich, doch ziehen wir aus guten Gründen die obige Bezeichnung vor.

Aus dem Beweisgedanken von Satz 1.2.2 läßt sich leicht ein praktisches Verfahren, die sogenannte **Methode der Bewertungstabellen**, zur Konstruktion der konjunktiven Normalform eines Ausdruckes $f(A_1 \dots A_n)$ gewinnen. Wir erläutern das Verfahren für den Fall von Ausdrücken, in denen 3 variable Ereignisse A_1, A_2, A_3 vorkommen. Die Übertragung auf den allgemeinen Fall von n variablen Ereignissen $A_1 \dots A_n$ ergibt sich dann mühelos.

Man entwirft eine Tabelle mit $2^3 = 8$ Zeilen, die den einzelnen Vollkonjunktionen $A_1^{\epsilon_1} \cap A_2^{\epsilon_2} \cap A_3^{\epsilon_3}$ entsprechen. Das Tripel $(\epsilon_1, \epsilon_2, \epsilon_3)$ füllt die ersten 3 Spalten in lexikographischer Reihenfolge von (1,1,1) bis (0,0,0). Damit sind die Zeilen der Tabelle identifiziert. Die weiteren Spalten der Tabelle dienen der Codierung der konjunktiven Normalformen von Ausdrücken $f(A_1, A_2, A_3)$ durch 0-1-Folgen der Länge 2^3. Steht in der Zeile $(\epsilon_1, \epsilon_2, \epsilon_3)$ eine 1, dann ist die Vollkonjunktion $A_1^{\epsilon_1} \cap A_2^{\epsilon_2} \cap A_3^{\epsilon_3}$ in die Normalform von f aufzunehmen, steht hingegen in der Zeile $(\epsilon_1, \epsilon_2, \epsilon_3)$ eine 0, dann ist $A_1^{\epsilon_1} \cap A_2^{\epsilon_2} \cap A_3^{\epsilon_3}$ wegzulassen. Diese *Bewertung* der Vollkonjunktion mit 1 oder 0, je nachdem, ob sie in die Normalform aufzunehmen sind oder nicht, rechtfertigt die Bezeichnung *Methode der Bewertungstabellen.*

Betrachten wir die tieferstehende Tabelle. Die ersten Spalten dienen der Identifikation der Vollkonjunktionen $A_1^{\epsilon_1} \cap A_2^{\epsilon_2} \cap A_3^{\epsilon_3}$. Die 4. Spalte enthält die 0-1-Codierung der konjunktiven Normalform des Ausdruckes $f(A_1, A_2, A_3) =$ $= [(A_1 \cap A_2^c) \cup A_3]^c$.

A_1 ϵ_1	A_2 ϵ_2	A_3 ϵ_3	$f(A_1, A_2, A_3)$	$g(A_1, A_2, A_3)$	f^c	$f \cup g$	$f \cap g$
1	1	1	0	0	1	0	0
1	1	0	1	0	0	1	0
1	0	1	0	0	1	0	0
1	0	0	0	0	1	0	0
0	1	1	0	0	1	0	0
0	1	0	1	0	0	1	0
0	0	1	0	1	1	1	0
0	0	0	1	1	0	1	1

D.h. es gilt: $f(A_1, A_2, A_3) = (A_1^1 \cap A_2^1 \cap A_3^0) \cup (A_1^0 \cap A_2^1 \cap A_3^0) \cup (A_1^0 \cap A_2^0 \cap A_3^0)$ bzw., wenn wir wieder A_i für A_i^1 und A_i^c für A_i^0 setzen:

$$f = \left[(A_1 \cap A_2^c) \cup A_3\right]^c = (A_1 \cap A_2 \cap A_3^c) \cup (A_1^c \cap A_2 \cap A_3^c) \cup (A_1^c \cap A_2^c \cap A_3^c).$$

Es ist hier zunächst nicht die Frage, wie diese Normalform gefunden werden kann, sondern wie sie codiert ist. Die 5. Spalte enthält die 0-1-Codierung der Normalform des Ausdruckes $g(A_1, A_2, A_3) = (A_1 \cup A_2)^c \cap (A_2^c \cup A_3)$. Es gilt also:

$$g = (A_1^0 \cap A_2^0 \cap A_3^1) \cup (A_1^0 \cap A_2^0 \cap A_3^0) = (A_1^c \cap A_2^c \cap A_3) \cup (A_1^c \cap A_2^c \cap A_3^c).$$

Bezeichnen wir die 0-1-Codierungen der Ausdrücke f und g mit $(\alpha_1 \dots \alpha_8)$ bzw. $(\beta_1 \dots \beta_8)$, dann erkennt man unmittelbar:

A. Die Codierung des Ausdruckes f^c ist $(\gamma_1 \dots \gamma_8) = (1-\alpha_1, \dots, 1-\alpha_8)$, denn in die Normalform von f^c sind genau jene Vollkonjunktionen aufzunehmen, die in der Normalform von f nicht vorkommen.

B. Die Codierung von $f \cup g$ ist $(\gamma_1 \dots \gamma_8) = \big(max(\alpha_1, \beta_1) \dots max(\alpha_8, \beta_8)\big)$, denn in die Normalform von $f \cup g$ sind alle jene Vollkonjunktionen aufzunehmen, die in wenigstens einer der Normalformen von f und g auftreten,

C. Die Codierung von $f \cap g$ ist $(\gamma_1 \dots \gamma_8) = \big(min(\alpha_1, \beta_1) \dots min(\alpha_8, \beta_8)\big)$, denn in die Normalform von $f \cap g$ sind genau jene Vollkonjunktionen aufzunehmen, die sowohl in der Darstellung von f als auch in der Darstellung von g auftreten.

Als Beispiel für diese Regeln enthalten die Spalten 6,7,8 der obigen Tabelle bzw. die 0-1-Codierungen der Normalformen von $f^c, f \cup g$ und $f \cap g$. Schließlich sind die 0-1-Codierungen der Normalformen für A_1, A_2 und A_3 identisch mit der ϵ_1-, der ϵ_2- bzw. der ϵ_3- Spalte der Tabelle, denn A_i ist ja die Vereinigung jener 4 Vollkonjunktionen für die $\epsilon_i = 1$ ist. Deswegen haben wir die ersten 3 Spalten sowohl mit ϵ_i als auch mit A_i überschrieben.

Mit dieser Tatsache und den Regeln **A**,**B**,**C** für die Bildung der Normalformen für das Komplement, die Vereinigung und den Durchschnitt von Ausdrücken kann man, ausgehend von den Normalformen für A_1, A_2, A_3 in den Spalten 1,2,3, Schritt für Schritt einen gegebenen Ausdruck f von innen her aufarbeitend, dessen Normalform gewinnen. Wir zeigen dies an den Ausdrücken $f = [(A_1 \cap A_2^c) \cup A_3]^c$ und $g = (A_1 \cup A_2)^c \cap (A_2^c \cup A_3)$ in den beiden folgenden Tabellen.

A_1 ϵ_1	A_2 ϵ_2	A_3 ϵ_3	A_2^c	$A_1 \cap A_2^c$	$(A_1 \cap A_2^c) \cup A_3$	$f = [(A_1 \cap A_2^c) \cup A_3]^c$
1	1	1	0	0	1	0
1	1	0	0	0	0	1
1	0	1	1	1	1	0
1	0	0	1	1	1	0
0	1	1	0	0	1	0
0	1	0	0	0	0	1
0	0	1	1	0	1	0
0	0	0	1	0	0	1

Es ist somit:

$$f = (A_1 \cap A_2 \cap A_3^c) \cup (A_1^c \cap A_2 \cap A_3^c) \cup (A_1^c \cap A_2^c \cap A_3^c). \qquad (1.2.1)$$

A_1 ϵ_1	A_2 ϵ_2	A_3 ϵ_3	$A_1 \cup A_2$	$(A_1 \cup A_2)^c$	A_2^c	$A_2^c \cup A_3$	$g = (A_1 \cup A_2)^c \cap (A_2^c \cup A_3)$
1	1	1	1	0	0	1	0
1	1	0	1	0	0	0	0
1	0	1	1	0	1	1	0
1	0	0	1	0	1	1	0
0	1	1	1	0	0	1	0
0	1	0	1	0	0	0	0
0	0	1	0	1	1	1	1
0	0	0	0	1	1	1	1

Die konjunktive Normalform von g hat somit die Gestalt:

$$g = (A_1^c \cap A_2^c \cap A_3) \cup (A_1^c \cap A_2^c \cap A_3^c). \tag{1.2.2}$$

Mit einiger Übung kann man natürlich so manchen Zwischenschritt überspringen und erhält meist nach ganz wenigen Hilfsspalten die gewünschte Normalform. Die Abbildungen 1.2.7 und 1.2.8 geben schließlich noch eine Veranschaulichung der durch f bzw. g ausgedrückten Ereignisse. f bzw. g sind jeweils die Vereinigungen der schraffierten Vollkonjunktionen.

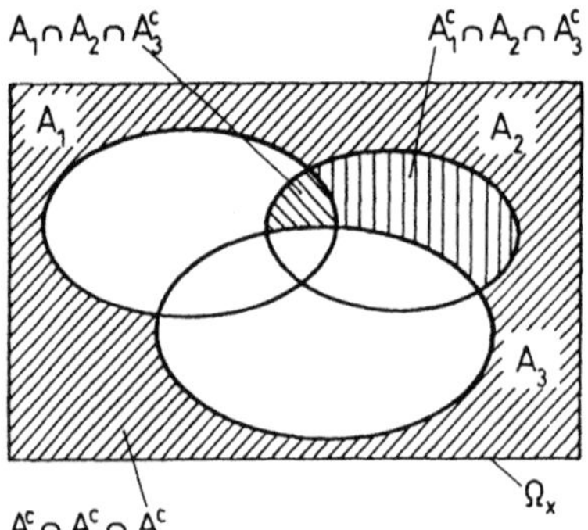

Abb. 1.2.7

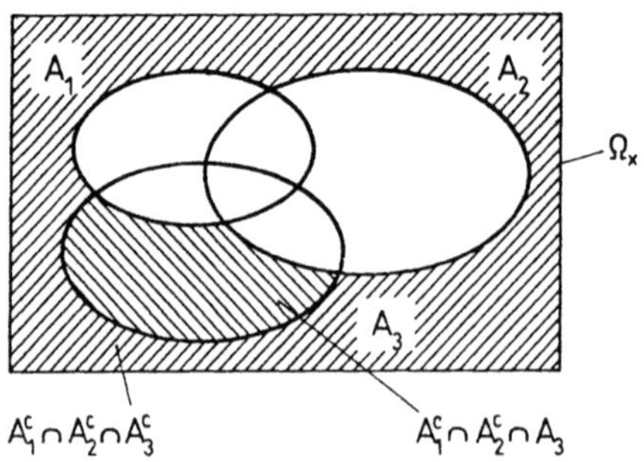

Abb. 1.2.8

Wir können jetzt auch ganz leicht die Frage klären, wieviel wesentlich verschiedene mengenalgebraische Ausdrücke in den Variablen $A_1 \dots A_n$ es gibt. Wesentlich verschieden sind zwei Ausdrücke genau dann, wenn ihre konjunktiven Normalformen verschieden sind. Da es 2^n Vollkonjunktionen $A_1^{\epsilon_1} \cap \dots \cap A_n^{\epsilon_n}$ gibt, und jede dieser Vollkonjunktionen in die Normalform aufgenommen werden kann oder nicht, gibt es $2^{(2^n)}$ verschiedene Normalformen, ebensoviele wie es 0-1-Codierungsfolgen $(\alpha_1 \dots \alpha_{2^n})$ gibt. Es existieren also z.B. $2^{(2^3)} = 256$ wesentlich verschiedene Ausdrücke in A_1, A_2, A_3. Für $n = 1$ sind es $2^{(2^1)} = 4$, für $n = 2 : 2^{(2^2)} = 16$ und für $n = 4$ bereits $2^{(2^4)} = 65536$. Man beachte dagegen, daß sich für jedes n unendlich viele *formal* verschiedene Ausdrücke in $A_1 \dots A_n$ bilden lassen! Die Einführung der konjunktiven Normalform trägt also ganz erheblich zur Vereinfachung und Klärung der Verhältnisse bei, ähnlich wie die Identifikation der Teilmengen von Ω_x mit den Aussagen über den Versuchsausgang x Klarheit und Vereinfachung brachte.

Rechnen mit Ereignissen

Das Umformen mengenalgebraischer Ausdrücke mit dem Ziel, einmal diese, das andere Mal jene Tatsache deutlich zu machen, ist in der Wahrscheinlichkeitstheorie eine häufige Übung. Neben der Umformung in die konjunktive Normalform mit der Methode der Bewertungstabellen benützt man dazu die Rechenregeln, welche für Komplementbildung, Vereinigung und Durchschnitt gelten. Wir stellen diese Regeln zusammen:

A. Kommutative Gesetze für Vereinigung und Durchschnitt:
Es gilt:

$$A \cup B = B \cup A \quad \text{und} \quad A \cap B = B \cap A.$$

Allgemein hängt das Ergebnis von $\bigcup_{i\in I} A_i$ bzw. $\bigcap_{i\in I} A_i$ in keiner Weise von einer allfälligen Ordnung der Indexmenge I ab. Diese Tatsache ist im Grunde in der Definition von Vereinigung und Durchschnitt impliziert, denn $\bigcup_{i\in I} A_i$ ist eben die Menge aller x, die in wenigstens einem A_i enthalten sind und $\bigcap_{i\in I} A_i$ die Menge aller x, die in allen A_i liegen. Eine Reihenfolge der A_i tritt in dieser Formulierung nirgends auf.

B. Assoziative Gesetze für Vereinigung und Durchschnitt:
Es gilt:

$$(A \cup B) \cup C = A \cup (B \cup C) \quad \text{und} \quad (A \cap B) \cap C = A \cap (B \cap C).$$

Allgemein kann man in $\bigcup_{i\in I} A_i$ $(\bigcap_{i\in I} A_i)$ die Mengen A_i in beliebige Gruppen zusammenfassen, deren Vereinigung (Durchschnitt) bilden und dann erst die Vereinigung (den Durchschnitt) dieser Ergebnisse bestimmen. Formal wäre dies:

$$\begin{array}{ll} \text{a.} & \bigcup_{i\in I} A_i = \bigcup_{j\in J}(\bigcup_{i\in I_j} A_i) \\ \text{b.} & \bigcap_{i\in I} A_i = \bigcap_{j\in J}(\bigcap_{i\in I_j} A_i) \end{array} \quad \text{für} \quad \bigcup_{j\in J} I_j = I.$$

Der Nachweis dieser Beziehungen ergibt sich ebenfalls unmittelbar aus den Definitionen von Vereinigung und Durchschnitt und soll dem Leser zur Übung überlassen bleiben.

C. Distributive Gesetze für Vereinigung und Durchschnitt:
Es gilt:

$$A \cup (B \cap C) = (A \cup B) \cap (A \cup C) \quad \text{und} \quad A \cap (B \cup C) = (A \cap B) \cup (A \cap C)$$

bzw. etwas allgemeiner:

$$A \cup \bigcap_{i \in I} B_i = \bigcap_{i \in I} (A \cup B_i) \quad \text{und} \quad A \cap \bigcup_{i \in I} B_i = \bigcup_{i \in I} (A \cap B_i). \qquad (1.2.3)$$

Man beweist solche Identitäten immer nach dem Schema:„*liegt x links, dann auch rechts und umgekehrt*". Wir erläutern dies am Beispiel der ersten Beziehung (1.2.3). Es ist $x \in A \cup \bigcap_{i \in I} B_i$ genau dann, wenn x entweder in A oder in allen B_i liegt. In beiden Fällen liegt aber offenbar x dann in $\bigcap_{i \in I}(A \cup B_i)$. Ist umgekehrt $x \in \bigcap_{i \in I}(A \cup B_i)$, dann liegt x in jeder Menge $A \cup B_i$ und damit entweder in A oder in allen B_i also auch in $A \cup \bigcap_{i \in I} B_i$.

D. Die Regeln von de Morgan:
Es gilt:

$$(A \cup B)^c = A^c \cap B^c \quad \text{und} \quad (A \cap B)^c = A^c \cup B^c.$$

Allgemein ist:

$$\left(\bigcup_{i \in I} A_i\right)^c = \bigcap_{i \in I} A_i^c \quad \text{und} \quad \left(\bigcap_{i \in I} A_i\right)^c = \bigcup_{i \in I} A_i^c. \qquad (1.2.4)$$

Wir beweisen als Beispiel die letzte dieser Identitäten. $x \in (\bigcap_{i \in I} A_i)^c$ bedeutet: „*x liegt nicht in allen A_i*". Das wiederum ist gleichwertig mit der Aussage „*x liegt in wenigstens einem A_i^c*" und dieses wiederum heißt: $x \in \bigcup_{i \in I} A_i^c$.

Beispiel 1.2.8 Disjunktive Normalform

Man nennt die 2^n Ereignisse $A_1^{\epsilon_1} \cup \ldots \cup A_n^{\epsilon_n}$ **Volldisjunktionen** der n Ereignisse $A_1 \ldots A_n$. Jede Volldisjunktion ist das Komplement einer Vollkonjunktion und umgekehrt:

$$A_1^{\epsilon_1} \cup \ldots \cup A_n^{\epsilon_n} = (A_1^{1-\epsilon_n} \cap \ldots \cap A_n^{1-\epsilon_n})^c,$$

das lehren uns die Regeln von de Morgan. Man kann nun jeden Ausdruck $f(A_1 \ldots A_n)$ als Durchschnitt gewisser Volldisjunktionen von $A_1 \ldots A_n$ darstellen, und diese Darstellung ist eindeutig. Wir nennen sie die **disjunktive Normalform** von f. Sie ergibt sich sofort aus der konjunktiven Normalform für f^c. Denn ist $f^c = \bigcup_{i \in I} K_i$, dann folgt mit den Regeln von de Morgan:

$$f = (f^c)^c = \left(\bigcup_{i \in I} K_i\right)^c = \bigcap_{i \in I} K_i^c$$

und das ist bereits die gewünschte Darstellung von f als Durchschnitt der Volldisjunktionen K_i^c. Die Eindeutigkeit der disjunktiven Normalform ergibt sich auf diesem Wege ebenfalls sofort aus der bereits bewiesenen Eindeutigkeit der konjunktiven Normalform für f^c. Betrachten wir als Beispiel $f = [(A_1 \cap A_2^c) \cup A_3]^c$. Die konjunktive Normalform von f wurde bereits an früherer Stelle hergeleitet:

$$f = (A_1 \cap A_2 \cap A_3^c) \cup (A_1^c \cap A_2 \cap A_3^c) \cup (A_1^c \cap A_2^c \cap A_3^c).$$

Damit ist die konjunktive Normalform von f^c die Vereinigung der restlichen 5 Vollkonjunktionen von A_1, A_2 und A_3:

$$f^c = (A_1 \cap A_2 \cap A_3) \cup (A_1 \cap A_2^c \cap A_3) \cup (A_1 \cap A_2^c \cap A_3^c) \cup (A_1^c \cap A_2 \cap A_3) \cup (A_1^c \cap A_2^c \cap A_3)$$

und schließlich ergibt sich die disjunktive Normalform von f zu:

$$f = (A_1^c \cup A_2^c \cup A_3^c) \cap (A_1^c \cup A_2 \cup A_3^c) \cap (A_1^c \cup A_2 \cup A_3) \cap (A_1 \cup A_2^c \cup A_3^c) \cap (A_1 \cup A_2 \cup A_3^c).$$

Die disjunktive Normalform hat allerdings in der Wahrscheinlichkeitstheorie lange nicht die Bedeutung, die dort der konjunktiven Normalform zukommt. Dies liegt daran, daß in der konjunktiven Normalform das Ereignis $f(A_1 \dots A_n)$ als Vereinigung paarweise disjunkter Ereignisse, nämlich von Vollkonjunktionen, dargestellt wird. Damit läßt sich, wie wir später sehen werden, die Wahrscheinlichkeit von f als Summe der Wahrscheinlichkeiten aller Vollkonjunktionen in der konjunktiven Normalform von f schreiben. Eine analoge Aussage für die disjunktive Normalform gibt es nicht.

Wir stellen schließlich noch einige simple Beziehungen zusammen, die man beim Rechnen mit Ereignissen immer wieder braucht:

$$\begin{array}{ll} A \cup A = A & A \cap A = A \\ A \cup \Omega_x = \Omega_x & A \cap \Omega_x = A \\ A \cup \emptyset = A & A \cap \emptyset = \emptyset \\ A \cup A^c = \Omega_x & A \cap A^c = \emptyset \end{array}$$

1.3 Die Grundaxiome der Wahrscheinlichkeitstheorie

Wir gehen aus von einem Experiment, dessen Versuchsbedingungen reproduzierbar sind, so daß wir es, wenigstens im Prinzip, beliebig oft wiederholen können. Die Versuchsausgänge beschreiben wir mit der Variablen x , der Wertebereich sei Ω_x. Die Teilmengen A von Ω_x sind die mit der Variablen x beschreibbaren Ereignisse. Wir führen nun eine Serie von Wiederholungen unseres Experimentes aus. Die Versuchsausgänge seien $x_1, x_2, x_3, \dots$ Ist dann $A \subset \Omega_x$ ein beliebiges Ereignis, dann bezeichnen wir mit

$H_n(A) \dots$ die **absolute Häufigkeit** des Ereignisses A bei den ersten n Versuchswiederholungen,

d.h. es ist $H_n(A)$ die Anzahl der Versuchsausgänge $x_j, j = 1 \dots n$, die in A fallen, und mit

$h_n(A) = \frac{H_n(A)}{n} \dots$ die **relative Häufigkeit** des Ereignisses A bei den ersten n Versuchswiederholungen.

Folgende Tatsachen für absolute Häufigkeiten sind evident:

H1. $0 \leq H_n(A) \leq n$ *gilt für jedes Ereignis A.*

H2. $H_n(\emptyset) = 0, H_n(\Omega_x) = n.$

H3. *Ist* $(A_i : i = 1, 2, \ldots)$ *eine endliche bzw. unendliche Folge paarweise disjunkter Ereignisse, dann gilt:*

$$H_n(\textstyle\bigcup_{i\geq 1} A_i) = \sum_{i\geq 1} H_n(A_i). \tag{1.3.1}$$

Division durch n liefert die entsprechenden Eigenschaften für relative Häufigkeiten:

h1. $0 \leq h_n(A) \leq 1$ *gilt für jedes Ereignis A.*

h2. $h_n(\emptyset) = 0, h_n(\Omega_x) = 1.$

h3. *Ist* $(A_i : i = 1, 2, \ldots)$ *eine endliche bzw. unendliche Folge paarweise disjunkter Ereignisse, dann gilt:*

$$h_n(\textstyle\bigcup_{i\geq 1} A_i) = \sum_{i\geq 1} h_n(A_i). \tag{1.3.2}$$

Soweit die Eigenschaften der Häufigkeiten von Ereignissen nach n Versuchswiederholungen. Darin liegt noch keinerlei tieferliegende Erkenntnis. Die Aussagen **H1,H2,H3** bzw. **h1,h2,h3** sind sozusagen *trivial*, wie die Mathematiker zu scherzen belieben.

Wiederholen wir nun das Experiment immer wieder und bilden wir für ein beliebiges Ereignis A die Folge der relativen Häufigkeiten $(h_n(A) : n = = 1, 2, \ldots)$, dann schwanken mit wachsendem n die Werte $h_n(A)$ immer weniger und scheinen einem Grenzwert zuzustreben. Führen wir eine neue Versuchsserie aus und berechnen wir wieder die Folge $(h_n(A) : n \geq 1)$ für das gleiche Ereignis A, dann bleibt allem Anschein nach der Grenzwert derselbe, er scheint nur von A und nicht von der konkreten Versuchsserie abzuhängen.

Dieses könnte man die *statistische* oder *stochastische* Grunderfahrung nennen. (Statistik von lat. „status": Stand, Zustand; Stochastik von griech. „stochastikos": im Erraten geschickt.) Es liegt die Versuchung nahe, diesen vermuteten Grenzwert, die *Wahrscheinlichkeit des Ereignisses A* zu nennen, ihn mit $P(A)$ (P von lat.„probabilitas") zu bezeichnen und zu behaupten:

Führt man eine unbegrenzte Serie von Versuchswiederholungen aus, dann gilt: $\lim_{n\to\infty} h_n(A) = P(A)$, *und* $P(A)$ *hängt nur von der Versuchsanordnung und dem betrachteten Ereignis A ab.*

Es ist natürlich klar, und wir haben schon an früherer Stelle darauf hingewiesen: Durch Beobachtung kann die Frage, ob $(h_n(A) : n \geq 1)$ konvergiert, nicht geklärt werden. Nehmen wir aber einmal an, es verhielte sich so wie oben behauptet, daß jedes Experiment aus seiner Versuchsanordnung heraus jedem Ereignis $A \subset \Omega_x$ eine gewisse Wahrscheinlichkeit $P(A)$ zuteilt, und daß immer $\lim_{n\to\infty} h_n(A) = P(A)$ gilt, wenn das Experiment unbeschränkt oft wiederholt wird. Dann müßte die *Wahrscheinlichkeitsverteilung* $P(A)$, d.h. die Zuordnung $A \to P(A)$, folgende Eigenschaften haben:

P1. $0 \leq P(A) \leq 1$ *für jedes Ereignis* $A \subset \Omega_x$.

P2. $P(\emptyset) = 0, P(\Omega_x) = 1$.

P3*. *Ist* $(A_i : i = 1 \ldots k)$ *eine endliche Folge von paarweise disjunkten Ereignissen, dann gilt:*

$$P(\bigcup_{i=1}^{k} A_i) = \sum_{i=1}^{k} P(A_i).$$

Das ergibt sich sofort aus den Eigenschaften **h1,h2,h3** für relative Häufigkeiten. Die in **P3*** ausgesprochene Eigenschaft der Wahrscheinlichkeitsverteilung $P(A)$ nennt man ihre endliche (finite) Additivität, die in **H3** bzw. **h3** für $H_n(A)$ bzw. $h_n(A)$ formulierte Eigenschaft, wo auch unendliche Folgen von disjunkten Ereignissen zugelassen waren, die Voll-, Total- oder σ-Additivität dieser Mengenfunktionen. Die endliche Additivität ergibt sich sofort aus der Volladditivität, man braucht nur $A_{k+1} = A_{k+2} = \ldots = \emptyset$ zu setzen, umgekehrt gilt das nicht, wie man mit Beispielen leicht zeigen kann. Die Volladditivität von $P(A)$ kann man aus **h3** aber allein mit Hilfe der Konvergenz $h_n(A_i) \to P(A_i)$ für $i = 1 \ldots \infty$ nicht folgern. Ein Beispiel soll das zeigen.

Beispiel 1.3.1 Sei etwa $(A_i : i = 1 \ldots \infty)$ eine Folge paarweise disjunkter Ereignisse. Angenommen die Folge der Versuchsausgänge $x_1, x_2, \ldots$ fällt so aus, daß der n-te Versuchsausgang x_n in A_n zu liegen kommt. Dann gilt:

$$h_n(A_i) = \begin{cases} 0 \ldots n < i \\ \frac{1}{n} \ldots n \geq i \end{cases} \qquad \text{für} \quad i = 1 \ldots \infty, n = 1 \ldots \infty.$$

Offenbar ist dann $\lim_{n\to\infty} h_n(A_i) = 0$ für alle $i = 1 \ldots \infty$. Dahingegen hat man:

$$h_n(\bigcup_{i=1}^{\infty} A_i) = \sum_{i=1}^{\infty} h_n(A_i) = \sum_{i=1}^{n} h_n(A_i) = n\frac{1}{n} = 1$$

und damit auch $\lim_{n\to\infty} h_n(\bigcup_{i=1}^{\infty} A_i) = 1$. Also gilt nicht:

$$\lim_{n\to\infty} h_n(\bigcup_{i=1}^{\infty} A_i) = \sum_{i=1}^{\infty} \lim_{n\to\infty} h_n(A_i),$$

was aber sein müßte, wenn die Aussage $P(\bigcup_{i=1}^{\infty} A_i) = \sum_{i=1}^{\infty} P(A_i)$ allein aus der Konvergenz $h_n(A_i) \to P(A_i)$ herleitbar wäre.

Das Beispiel lehrt uns, daß wir mehr über die Konvergenz $h_n(A) \to P(A)$ wissen müßten, um $P(\bigcup_{i=1}^{\infty} A_i) = \sum_{i=1}^{\infty} P(A_i)$ folgern zu können. Doch erscheint eine zusätzliche Hypothese über die Art der Konvergenz $h_n(A) \to P(A)$ schon recht verstiegen, angesichts des Umstandes, daß doch nicht einmal die Konvergenz selbst beobachtbar ist. Weit plausibler scheint da schon der Gedanke, daß man beim Aufbau der Wahrscheinlichkeitstheorie möglichst auf die Volladditivität der Wahrscheinlichkeit verzichten und sich mit der endlichen Additivität, wie sie in **P3*** formuliert ist, begnügen sollte.

Versuche in diese Richtung sind gemacht worden, doch wird die Theorie schwierig, unhandlich, und viele wichtige Sätze lassen sich nicht mehr zeigen.

Schließlich dürfen wir nicht vergessen, daß auch die Aussagen **P1,P2,P3*** letztlich aus der empirisch nicht belegbaren Annahme der Konvergenz $h_n(A) \to$ $\to P(A)$ hergeleitet wurden. Ohne irgendwelche, durch Beobachtungen weder belegbare noch widerlegbare Hypothesen scheint es also nicht zu gehen.

Es war nun die glückliche Idee von A. N. Kolmogorov, nicht Hypothesen über das Verhalten der Folgen von relativen Häufigkeiten aufzustellen und die Wahrscheinlichkeitstheorie darauf aufzubauen, wie dies R. von Mises versucht hatte, sondern die aus dieser Konvergenz folgenden Eigenschaften **P1,P2,P3***, letztere erweitert um die Forderung der Volladditivität, axiomatisch zu postulieren. Damit wurden die Grundlagen einfach, um nichts weniger plausibel als irgendwelche Hypothesen über die Konvergenz der Folgen $(h_n(A) : n \geq 1)$, und was letztlich entscheidend ist, die weitere Theorie stellte sich als gut handhabbar und mit den Beobachtungen vollkommen verträglich heraus. A posteriori enthält sie, wie wir sehen werden, Sätze über die Konvergenz der Folgen $(h_n(A) : n \geq 1)$, die der stochastischen Grunderfahrung entsprechen.

Die Kolmogorovsche Axiomatik sieht also folgendermaßen aus: Jedes Experiment ordnet jedem Ereignis $A \subset \Omega_x$ einen Wahrscheinlichkeitswert $P(A)$ zu. Diese Zuordnung heißt die durch das Experiment gegebene **Wahrscheinlichkeitsverteilung.** Für sie gelten folgende Eigenschaften:

P1. $0 \leq P(A) \leq 1$ *für beliebige Ereignisse A.*

P2. $P(\emptyset) = 0,\ P(\Omega_x) = 1.$

P3. *Ist* $(A_i : i = 1, 2, \ldots)$ *eine endliche bzw. unendliche Folge paarweise disjunkter Ereignisse, dann gilt:*

$$P(\textstyle\bigcup_{i \geq 1} A_i) = \sum_{i \geq 1} P(A_i). \tag{1.3.3}$$

Man kann sagen, die Wahrscheinlichkeitsverteilung $P(A)$ ist eine nichtnegative, normierte $(P(\Omega_x) = 1)$, volladditive Bewertung der Ereignisse $A \subset \Omega_x$, die der Versuchsanordnung jedes Experiments innewohnt, wenn sie auch dem Experimentator nicht bekannt sein mag.

Beispiel 1.3.2 Nehmen wir einen symmetrischen Würfel, dann entspricht es der allgemeinen Intuition, daß die Wahrscheinlichkeit für ein Ereignis $A \subset \Omega_x = \{1 \ldots 6\}$ gleich der Anzahl der Elementarereignisse in A mal $\frac{1}{6}$ ist. Man denkt sich nicht viel dabei. Klarer tritt die Idee der Wahrscheinlichkeitsverteilung als Eigenschaft der Versuchsanordnung hervor, wenn wir uns irgendeinen konvexen Körper mit N Seitenflächen aus Holz sägen, die Seitenflächen numerieren und diesen Körper wie einen Würfel werfen, wobei, um eindeutige Verhältnisse zu schaffen, die Nummer x, auf die der Körper zu liegen kommt, den Versuchsausgang beschreiben möge. Nunmehr ist $\Omega_x = \{1 \ldots N\}$, die Teilmengen A von Ω_x sind die durch x beschreibbaren Ereignisse und jedes A hat eine Wahrscheinlichkeit $P(A)$, diese ist eine Eigenschaft unseres Körpers, sie schlummert in ihm, wir kennen sie nicht, keine Symmetriebetrachtung kann sie ihm entlocken, denn der Körper hat keine Symmetrien. Die einzige Möglichkeit, diese Wahrscheinlichkeitsverteilung wenigstens näherungsweise kennenzulernen, ist, den Körper wieder und wieder zu werfen und die relativen Häufigkeiten $h_n(A)$ als Näherungen für die unbekannten Wahrscheinlichkeiten $P(A)$ zu nehmen.

Das Axiom **P3** drückt eine Eigenschaft von Wahrscheinlichkeitsverteilungen aus, die jedem von der Flächen- und der Volumenmessung her bekannt ist. Auch die Fläche bzw. das Volumen einer Vereinigung disjunkter Mengen im $\mathbf{R}^2$ bzw. $\mathbf{R}^3$ ist die Summe der Flächen bzw. Volumina der vereinigten Mengen, das ist die gängige Vorstellung.

Dennoch, so einfach ist die Sache nicht. Es gibt sehr verrückt gebaute Teilmengen der Ebene und des Raumes und man kommt sofort in die größte Not, wenn man etwa sagen sollte, wie groß denn die Fläche der Menge aller Punkte (x,y) im Einheitsquadrat $0 \leq x,y \leq 1$ mit rationalen Koordinaten (x,y) ist. Und doch gibt es noch viel verrücktere Mengen. Die Mathematiker haben die Sache systematisch untersucht und die Frage gestellt: Gibt es eine Möglichkeit der Flächenbestimmung für beliebige Teilmengen des $\mathbf{R}^2$ so, daß:

A. *Jedem Rechteck mit den Seitenlängen a und b die Fläche $a \cdot b$ zukommt,*
B. *kongruente Mengen gleiche Flächen haben,*
C. *die Flächenbestimmung volladditiv ist, d.h. die Fläche einer Vereinigung $\bigcup_{i=1}^{\infty} A_i$ von paarweise disjunkten Mengen A_i die Summe der Flächen der A_i ist?*

Die Antwort lautet: nein, eine Flächendefinition für alle Teilmengen des $\mathbf{R}^2$, die **A**,**B**,**C** erfüllt, ist unmöglich. Es gibt nur zwei Auswege aus dieser Schwierigkeit. Entweder man schwächt die Forderungen **A**,**B**,**C** ab, oder man gibt den Wunsch auf, jeder Teilmenge des $\mathbf{R}^2$ eine Fläche zuzuordnen. Das einzige, was man bei **A**,**B**,**C** allenfalls abschwächen kann, soll der Flächenbegriff nicht seine elementarsten Eigenschaften verlieren, ist die Volladditivität. Verlangt man nur noch die endliche Additivität, dann gibt es in der Tat eine Lösung des Problems, freilich ist sie nicht mehr eindeutig, das hat S.Banach gezeigt. Formuliert man allerdings die gleiche Aufgabe für die Volumenmessung im $\mathbf{R}^3$ oder allgemein im $\mathbf{R}^n$ für $n \geq 3$, dann gibt es auch für die endliche Additivität keine Lösung (F.Hausdorff). Es bleibt also eigentlich nur der Weg, gewisse Mengen hinsichtlich der Flächen- bzw. allgemein hinsichtlich der Volumenbestimmung als *nicht meßbar* auszuscheiden.

Sofort entstehen viele neue Fragen: Welche Mengen sind nun meßbar, welche nicht, bzw. auf welche Typen von Mengen kann man die Flächen- und Volumenmessung unter Wahrung von **A**,**B**,**C** ausdehnen usw.

All dies ist Maßtheorie und nicht unser Thema, es ist aber auch nicht Thema der angewandten Analysis, wo man selbstverständlich auch von Fläche und Volumen spricht, ohne zuerst die Familie der Mengen zu charakterisieren, für die diese Begriffe sinnvoll sind. Es wäre auch sehr unklug, dies zu tun, denn über lauter Grundlagenfragen käme man nicht mehr zum Differenzieren und Integrieren und stünde am Ende da, vollbepackt mit Grundlagenwissen, unfähig, auch nur das einfachste praktische Problem zu lösen, wie ein Bodybuilder, der vor lauter Muskeln keinen Schritt mehr tun kann.

Die gleiche Situation haben wir beim Aufbau der Wahrscheinlichkeitstheorie. Es stellt sich sehr schnell heraus, daß die Forderungen **P1**,**P2**,**P3** zu weit gehen. Man kann nicht verlangen, daß jeder Teilmenge A eine Wahrscheinlichkeit zukommen soll und daß diese Zuordnung auch noch volladditiv sei.

Genauer gesagt, man kann es wohl verlangen, aber dann gibt es nur noch in einem gewissen Sinn triviale Wahrscheinlichkeitsverteilungen. Man muß auch in der Wahrscheinlichkeitstheorie hinnehmen, daß gewisse Teilmengen von Ω_x, also gewisse Ereignisse, keine Wahrscheinlichkeit haben, so wie eben gewisse Teilmengen des $\mathbf{R}^k$ keine Fläche bzw. kein Volumen besitzen.

Das mag dem Praktiker zunächst merkwürdig, ja verwirrend und zutiefst störend vorkommen. Es muß doch, so wird er wohl denken, jedem Ereignis A eine Wahrscheinlichkeit zukommen, schließlich kann man ja auch die relativen Häufigkeiten $h_n(A)$ bestimmen, und diese werden doch, nach allem, was man weiß, gegen irgend etwas konvergieren. Sehen wir einmal genauer hin.

Denken wir an ein Experiment mit stetig variierendem Versuchsausgang x, etwa ein Fallexperiment. x ist die Fallzeit gemessen in Sekunden. A sei das Ereignis *x ist eine rationale Zahl*, d.h. A ist die Menge der rationalen Zahlen in $\mathbf{R}$. Kann man feststellen, ob A eintritt oder nicht? Es leuchtet sofort ein: man kann es nicht. Jede Messung hat beschränkte Genauigkeit. Für x ergibt sich ein Meßwert mit 3, vielleicht 5, jedenfalls aber endlich vielen Dezimalen. Ob die *wirkliche* Fallzeit x eine rationale oder eine irrationale Zahl ist, ist unentscheidbar, ja bei genauem Zusehen begrifflich sinnlos. Die reelle Zahl mit ihren unendlich vielen Dezimalstellen ist eine Idealisierung, in *Wirklichkeit* gibt es sie nicht.

In unserem Experiment, zu dem auch eine Meßmethode und ein Meßinstrument gehören, ist die Fallzeit x eigentlich eine ganze Zahl, nämlich ein ganzzahliges Vielfaches der kleinsten noch meßbaren Einheit, das leuchtet heute im Zeitalter der Digitalisierung jedem ein, bei sogenannten Analogmeßgeräten mit Zifferblatt und Zeiger könnte man da noch Zweifel haben. Dann ist aber jedes mit x beschreibbare Ereignis A eine Teilmenge der ganzen Zahlen und die Berechnung seiner Wahrscheinlichkeit läuft auf die Bildung der endlichen oder unendlichen Summe der Wahrscheinlichkeiten der in A enthaltenen Elementarereignisse hinaus — wir werden das noch genau besprechen — ist also völlig problemlos. Diese Situation ist allgemein, sie liegt immer vor und das Problem der Meßbarkeit oder Nicht-Meßbarkeit eines Ereignisses A verschwindet.

Na also, könnte man erleichtert ausrufen, dann weg mit den reellen Zahlen, die doch nur Probleme schaffen, welche obendrein keine Relevanz besitzen, und bleiben wir bei Experimenten mit ganzzahligem Versuchsausgang. In der Tat, es spricht manches für diesen Standpunkt, doch letztlich wäre die Vereinfachung, die man damit im Grundlagenbereich erzielt, zu teuer bezahlt. Diskrete Mathematik ist nur scheinbar einfacher als stetige. Eine Summe mit 10.000 Summanden, jeder mit seinem eigenen individuellen Rundungsfehler, ist ein Monster an Unhandlichkeit gegen ein schönes, rundes Integral, eine Differentialgleichung meist ein liebenswürdiges Gebilde gegen eine entsprechende Differenzengleichung. Alles würde in uferloser Numerik ertrinken, keine geschlossenen Lösungen und damit auch keine prinzipiellen Einsichten wären mehr möglich, jegliche Asymptotik, die doch so vieles klären hilft, wäre entweder unmöglich oder hoffnungslos kompliziert.

Nein, die reellen Zahlen kann man nicht so ohne weiteres wegen ein paar pathologischer Mengen, die keine Wahrscheinlichkeit haben, opfern. Wir müssen froh sein, daß wir sie haben, werden aber in Zukunft kaum noch über Meßbarkeitsfragen reden, auch keinesfalls Boolesche Algebren und σ-Algebren von Ereignissen einführen und so tun, als ob jede Teilmenge A von Ω_x eine Wahrscheinlichkeit hätte. Das führt zwar manchmal zu ungenauen, ja wenn man will falschen Formulierungen, die im kalten Licht der Maßtheorie nicht bestehen können, doch schadet es nichts, wenn man eher Anwendungen im Sinne hat. Wer letzte Strenge sucht, muß eine maßtheoretische Darstellung der Wahrscheinlichkeitstheorie studieren, doch sollte er dieses nicht tun, ohne zuvor eine elementare Einführung verarbeitet zu haben, will er nicht Gefahr laufen, daß sich in seinem Gehirn die Gewichte total verschieben, und er den statistischen Wald vor lauter meßbaren und unmeßbaren Bäumen nicht mehr sieht.

1.4 Folgerungen aus den Grundaxiomen

Wir wollen in diesem etwas technisch–formalen Abschnitt einige einfache Tatsachen aus den Grundaxiomen **P1, P2, P3** herleiten, die für beliebige Wahrscheinlichkeitsverteilungen $P(A)$ gelten. Zunächst zeigen wir ausführlich, daß die endliche Additivität eine Konsequenz der Volladditivität ist. Ist nämlich $(A_1 \dots A_n)$ eine endliche Folge paarweise disjunkter Ereignisse, dann setzen wir $A_{n+1} = A_{n+2} = \dots = \emptyset$. Damit sind auch die Ereignisse der nunmehr unendlichen Folge $(A_i : i = 1, 2, \dots)$ paarweise disjunkt, und es gilt wegen $\bigcup_{i=1}^n A_i = \bigcup_{i=1}^\infty A_i$ und $P(\emptyset) = 0$:

$$P(\bigcup_{i=1}^{n} A_i) = P(\bigcup_{i=1}^{\infty} A_i) = \sum_{i=1}^{\infty} P(A_i) = \sum_{i=1}^{n} P(A_i),$$

also die endliche Additivität von $P(A)$.

Ist $B = f(A_1 \dots A_n)$ eine mengenalgebraischer Ausdruck in den Ereignissen $A_1 \dots A_n$ und ist

$$B = f(A_1 \dots A_n) = \bigcup_{(\epsilon_1 \dots \epsilon_n) \in I} A_1^{\epsilon_1} \cap \dots \cap A_n^{\epsilon_n} \tag{1.4.1}$$

seine konjunktive Normalform (beachte: $\epsilon_i = 0, 1$; $A_i^1 = A_i$, $A_i^0 = A_i^c$), dann folgt aus dem Umstand, daß die 2^n Vollkonjunktionen $A_1^{\epsilon_1} \cap \dots \cap A_n^{\epsilon_n}$ paarweise disjunkt sind (siehe Satz 1.2.1):

Satz 1.4.1 *Ist (1.4.1) die konjunktive Normalform des Ereignisses $B =$ $= f(A_1 \dots A_n)$, dann gilt:*

$$P(B) = \sum_{(\epsilon_1 \dots \epsilon_n) \in I} P(A_1^{\epsilon_1} \cap \dots \cap A_n^{\epsilon_n}).$$

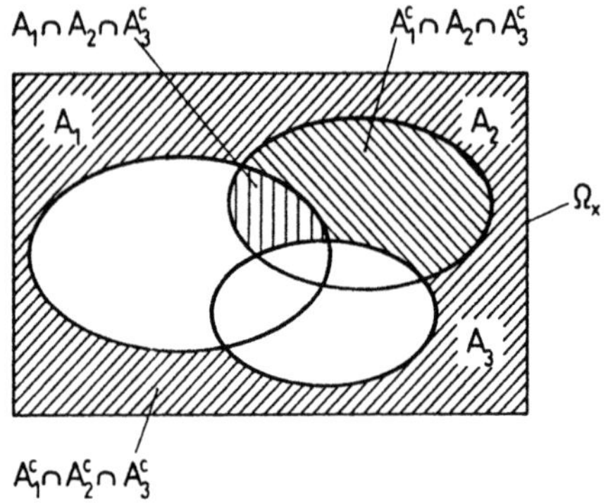

Abb. 1.4.1

Beispiel 1.4.1 Sei $B = [(A_1 \cap A_2^c) \cup A_3]^c$. Die konjunktive Normalform von B lautet (siehe (1.2.1)): $B = (A_1 \cap A_2 \cap A_3^c) \cup (A_1^c \cap A_2 \cap A_3^c) \cup (A_1^c \cap A_2^c \cap A_3^c)$ (siehe auch den schraffierten Bereich in Abb. 1.4.1)
Es ist somit:

$$P(B) = P(A_1 \cap A_2 \cap A_3^c) + P(A_1^c \cap A_2 \cap A_3^c) + P(A_1^c \cap A_2^c \cap A_3^c).$$

Sind die Ereignisse A_1, A_2 nicht mehr disjunkt, dann gilt folgender Satz für die Wahrscheinlichkeit der Vereinigung $A_1 \cup A_2$:

Satz 1.4.2 *Sind A_1, A_2 beliebige Ereignisse, dann gilt:*

$$P(A_1 \cup A_2) = P(A_1) + P(A_2) - P(A_1 \cap A_2). \tag{1.4.2}$$

Beweis: Wir stellen die in der obigen Aussage auftretenden Ereignisse A_1, A_2, $A_1 \cup A_2$ als Vereinigung von Vollkonjunktionen $A_1^{\epsilon_1} \cap A_2^{\epsilon_2}$ dar (siehe Abb. 1.4.2):

$$\begin{aligned} A_1 &= (A_1 \cap A_2) \cup (A_1 \cap A_2^c), \\ A_2 &= (A_1 \cap A_2) \qquad\qquad\quad \cup (A_1^c \cap A_2), \\ A_1 \cup A_2 &= (A_1 \cap A_2) \cup (A_1 \cap A_2^c) \cup (A_1^c \cap A_2). \end{aligned}$$

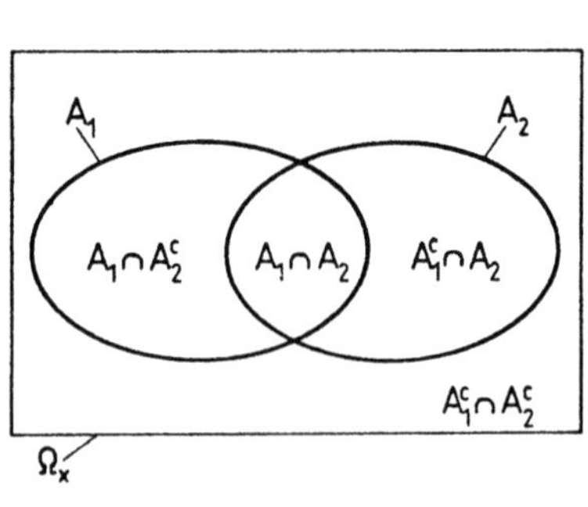

Abb.1.4.2

Bildet man jetzt links und rechts die Wahrscheinlichkeiten und benützt man Satz 1.4.1, dann ergibt sich die Behauptung sofort.♠

Für 3 Ereignisse A_1, A_2, A_3 schließt man durch mehrmalige Anwendung von Satz 1.4.2:

$$\begin{aligned}
&P(A_1 \cup A_2 \cup A_3) = P\big(A_1 \cup (A_2 \cup A_3)\big) = P(A_1) + P(A_2 \cup A_3) - P\big(A_1 \cap (A_2 \cup A_3)\big) = \\
&= P(A_1) + [P(A_2) + P(A_3) - P(A_2 \cap A_3)] - P\big((A_1 \cap A_2) \cup (A_1 \cap A_3)\big) = \\
&= P(A_1) + P(A_2) + P(A_3) - P(A_2 \cap A_3) - [P(A_1 \cap A_2) + P(A_1 \cap A_3) - \\
&- P(A_1 \cap A_2 \cap A_1 \cap A_3)] = \\
&= P(A_1) + P(A_2) + P(A_3) - P(A_1 \cap A_2) - P(A_1 \cap A_3) - P(A_2 \cap A_3) + \\
&+ P(A_1 \cap A_2 \cap A_3).
\end{aligned} \tag{1.4.3}$$

Auf dem gleichen Wege könnte man, allerdings mit rasch steigendem Aufwand, analoge Formeln für 4,5,6 usw. Ereignisse A_i herleiten. Für 4 Ereignisse A_1, A_2, A_3, A_4 ergibt sich:

$$\begin{aligned}
&P(A_1 \cup A_2 \cup A_3 \cup A_4) = P(A_1) + P(A_2) + P(A_3) + P(A_4) - \\
&- P(A_1 \cap A_2) - P(A_1 \cap A_3) - P(A_1 \cap A_4) - P(A_2 \cap A_3) - P(A_2 \cap A_4) - P(A_3 \cap A_4) + \\
&+ P(A_1 \cap A_2 \cap A_3) + P(A_1 \cap A_2 \cap A_4) + P(A_1 \cap A_3 \cap A_4) + P(A_2 \cap A_3 \cap A_4) - \\
&- P(A_1 \cap A_2 \cap A_3 \cap A_4).
\end{aligned} \tag{1.4.4}$$

Spätestens jetzt müßte man eigentlich das allgemeine Bildungsgesetz der Formeln (1.4.2), (1.4.3) und (1.4.4) erkennen und die entsprechende Beziehung für n Ereignisse $A_1 \dots A_n$ hinschreiben können. Das Bildungsgesetz lautet: $P(A_1 \cup \dots \cup A_n)$ kann ausgedrückt werden durch die Wahrscheinlichkeiten der Durchschnitte sämtlicher nichtleerer Teilfamilien der Ereignisse $A_1 \dots A_n$, also aller $2^n - 1$ Ereignisse der Form $\bigcap_{i \in I} A_i$ mit $\emptyset \neq I \subset \{1 \dots n\}$. Dabei ist $P(\bigcap_{i \in I} A_i)$ mit dem Vorzeichen $(-1)^{|I|-1}$ zu versehen, wenn $|I|$ die Anzahl der Elemente der Indexmenge I bezeichnet. Es gilt also kurz und bündig:

Satz 1.4.3 *(H.Poincaré) Sind $A_1 \dots A_n$ beliebige Ereignisse, dann ist:*

$$P(A_1 \cup \dots \cup A_n) = \sum_{\substack{I \subset \{1 \dots n\} \\ I \neq \emptyset}} (-1)^{|I|-1} P\Big(\bigcap_{i \in I} A_i\Big). \tag{1.4.5}$$

Beweis: Wir verallgemeinern den beim Beweis von Satz 1.4.2 benützten Gedanken und stellen die in (1.4.5) auftretenden Ereignisse, also $A_1 \cup \dots \cup A_n$ und alle $\bigcap_{i \in I} A_i$ als Vereinigung von Vollkonjunktionen $A_1^{\epsilon_1} \cap \dots \cap A_n^{\epsilon_n}$ dar. Dazu führen wir folgende Bezeichnungen ein:

$$\boldsymbol{\epsilon} = (\epsilon_1 \dots \epsilon_n); \quad K_{\boldsymbol{\epsilon}} = A_1^{\epsilon_1} \cap \dots \cap A_n^{\epsilon_n}; \quad I(\boldsymbol{\epsilon}) = \{i : \epsilon_i = 1\},$$

also z.B.: $\boldsymbol{\epsilon} = (010110); K_{\boldsymbol{\epsilon}} = A_1^0 \cap A_2^1 \cap A_3^0 \cap A_4^1 \cap A_5^1 \cap A_6^0 (= A_1^c \cap A_2 \cap A_3^c \cap$ $\cap A_4 \cap A_5 \cap A_6^c)$; und $I(\boldsymbol{\epsilon}) = \{2, 4, 5\}$. Dann gilt offenbar:

$$A_1 \cup \dots \cup A_n = \bigcup_{\boldsymbol{\epsilon} \neq (0 \dots 0)} K_{\boldsymbol{\epsilon}} \quad \text{und} \quad \bigcap_{i \in I} A_i = \bigcup_{\boldsymbol{\epsilon} : I(\boldsymbol{\epsilon}) \supset I} K_{\boldsymbol{\epsilon}}. \tag{1.4.6}$$

Denkt man sich diese Darstellungen in (1.4.5) links und rechts eingesetzt, wendet man anschließend Satz 1.4.1. an und faßt gleiche Vollkonjunktionen K_ϵ zusammen, dann folgt einerseits

$$P(A_1 \cup \ldots \cup A_n) = \sum_{\epsilon \neq (0\ldots0)} P(K_\epsilon) \tag{1.4.7}$$

und andererseits für den Ausdruck rechts in (1.4.5):

$$\sum_{\substack{I \subset \{1\ldots n\} \\ I \neq \emptyset}} (-1)^{|I|-1} \sum_{\epsilon: I(\epsilon) \supset I} P(K_\epsilon) = \sum_{\epsilon \neq (0\ldots0)} P(K_\epsilon) \sum_{\substack{I: I \subset I(\epsilon) \\ I \neq \emptyset}} (-1)^{|I|-1}.$$

Ist etwa $|I(\epsilon)| = k$, dann gibt es $\binom{k}{l}$ Teilmengen I von $I(\epsilon)$ mit $|I| = l$, also hat man für $|I(\epsilon)| = k$:

$$\sum_{\substack{I: I \subset I(\epsilon) \\ I \neq \emptyset}} (-1)^{|I|-1} = \sum_{l=1}^{k} \binom{k}{l} (-1)^{l-1} = 1,$$

denn bekanntlich ist ja $\sum_{l=0}^{k} \binom{k}{l}(-1)^l = (1-1)^k = 0$. Damit ist aber die Behauptung bewiesen.♠

Satz 1.4.4 *Für jedes Ereignis A gilt: $P(A^c) = 1 - P(A)$.*

Beweis: Die Ereignisse A, A^c sind disjunkt und es ist $\Omega_x = A \cup A^c$, also folgt $1 = P(\Omega_x) = P(A) + P(A^c)$ und damit die Behauptung.♠

Satz 1.4.5 *Gilt für zwei Ereignisse A, B: $A \subset B$, dann ist $P(A) \leq P(B)$.*

Beweis: Wegen $A \subset B$ ist $B = A \cup (B \cap A^c)$ und die Ereignisse $A, B \cap A^c$ sind disjunkt. Also ist $P(B) = P(A) + P(B \cap A^c) \geq P(A)$.♠

Satz 1.4.6 *Subadditivität der Wahrscheinlichkeit*
Für jede endliche bzw. unendliche Folge von Ereignissen $(A_i : i \geq 1)$ gilt:

$$P(\bigcup_{i \geq 1} A_i) \leq \sum_{i \geq 1} P(A_i). \tag{1.4.8}$$

Man nennt die in (1.4.8) ausgedrückte Eigenschaft die **Subadditivität** *der Wahrscheinlichkeit.*

Beweis: Setzt man $B_1 = A_1$ und $B_i = A_i \cap (A_1 \cup \ldots \cup A_{i-1})^c$ für $i > 1$, dann sind die Ereignisse $(B_i : i \geq 1)$ paarweise disjunkt, es ist $B_i \subset A_i$, somit $P(B_i) \leq P(A_i)$, und es gilt: $\bigcup_{i \geq 1} B_i = \bigcup_{i \geq 1} A_i$ (warum?). Damit folgt aber:

$$P(\bigcup_{i \geq 1} A_i) = P(\bigcup_{i \geq 1} B_i) = \sum_{i \geq 1} P(B_i) \leq \sum_{i \geq 1} P(A_i),$$

wie behauptet.♠

Ist $(A_i: i = 1\ldots\infty)$ eine unendliche Folge von Ereignissen mit $A_1 \subset A_2 \subset \subset A_3 \subset \ldots$, dann nennt man die Folge monoton wachsend und $A = \bigcup_{i\geq 1} A_i$ ihren Limes. Man schreibt $\lim_{i\to\infty} \uparrow A_i = A$ bzw. kürzer $A_i \uparrow A$. Entsprechend nennt man eine Folge $(A_i: i = 1\ldots\infty)$ mit $A_1 \supset A_2 \supset A_3 \supset \ldots$ monoton fallend und $A = \bigcap_{i\geq 1} A_i$ ihren Limes. Man schreibt $\lim_{i\to\infty} \downarrow A_i = A$ bzw. $A_i \downarrow A$. Es gilt dann der wichtige Satz:

Satz 1.4.7 *Stetigkeit der Wahrscheinlichkeit bei monotonen Limiten*
Ist die Folge $(A_i: i = 1\ldots\infty)$ monoton steigend mit $A_i \uparrow A = \bigcup_{i\geq 1} A_i$, dann gilt:

$$\lim_{i\to\infty} \uparrow P(A_i) = P(A), \quad \textit{kurz} \quad P(A_i) \uparrow P(A), \tag{1.4.9}$$

ist die Folge monoton fallend mit $A_i \downarrow A = \bigcap_{i\geq 1} A_i$, dann gilt:

$$\lim_{i\to\infty} \downarrow P(A_i) = P(A), \quad \textit{kurz} \quad P(A_i) \downarrow P(A). \tag{1.4.10}$$

Beweis: Wir zeigen zunächst (1.4.9). Ist die Folge $(A_i: i = 1\ldots\infty)$ monoton steigend, dann sind die Ereignisse $A_1, A_2 \cap A_1^c, A_3 \cap A_2^c, \ldots$ paarweise disjunkt (siehe Abb. 1.4.3), und es gilt:

$$A_i = A_1 \cup (A_2 \cap A_1^c) \cup \ldots \cup (A_i \cap A_{i-1}^c),$$
$$A = \bigcup_{i\geq 1} A_i = A_1 \cup \bigcup_{i\geq 2} (A_i \cap A_{i-1}^c).$$

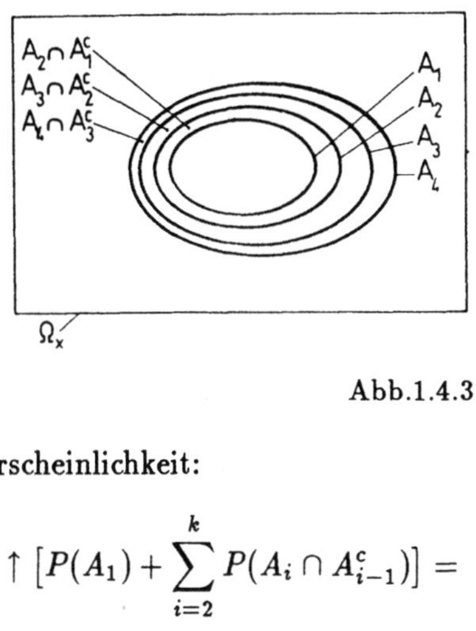

Abb.1.4.3

Somit folgt aus der Volladditivität der Wahrscheinlichkeit:

$$P(A) = P(A_1) + \sum_{i=2}^{\infty} P(A_i \cap A_{i-1}^c) = \lim_{k\to\infty} \uparrow \left[P(A_1) + \sum_{i=2}^{k} P(A_i \cap A_{i-1}^c)\right] =$$
$$= \lim_{k\to\infty} \uparrow P(A_k).$$

Ist andererseits $(A_i: i = 1\ldots\infty)$ monoton fallend gegen $A = \bigcap_{i\geq 1} A_i$, dann ist $(A_i^c: i = 1\ldots\infty)$ monoton steigend gegen $A^c = \bigcup_{i\geq 1} A_i^c$. Aus dem bereits für monoton steigende Folgen Bewiesenen folgt dann:

$$1 - P(A_i) = P(A_i^c) \uparrow P(A^c) = 1 - P(A), \quad \text{also} \quad P(A_i) \downarrow P(A). \spadesuit$$

Die in (1.4.9) bzw. (1.4.10) ausgesprochene Eigenschaft von Wahrscheinlichkeitsverteilungen nennt man ihre **Stetigkeit von unten** bzw. **von oben.**

2. Eindimensionale Verteilungen

2.1 Diskrete und stetige Verteilungen

Die im Abschnitt 1.4 bewiesenen Aussagen gelten für beliebige Wahrscheinlichkeitsverteilungen. Wir werden in diesem Kapitel einige, für die Anwendungen besonders wichtige, spezielle Wahrscheinlichkeitsverteilungen kennenlernen. Dazu betrachten wir Experimente, deren Ausgang durch eine reelle Zahl x beschrieben werden kann. Der Wert, den die Variable x bei einer konkreten Durchführung des Experiments annimmt, hängt vom Zufall ab. Wir nennen x daher eine (reelle) **Zufallsvariable.**

Ist der Wertebereich Ω_x, die Menge aller überhaupt denkbaren Versuchsausgänge x, endlich oder abzählbar unendlich, dann nennt man die Zufallsvariable x **diskret** (lat. discernere: trennen, unterscheiden), denn die Punkte aus Ω_x liegen dann, wenigstens bei realistischen Experimenten, auf der Zahlengeraden $\mathbf{R}$, in die man sich Ω_x ja immer eingebettet denkt, getrennt, so wie etwa die ganzen Zahlen.

Beispiel 2.1.1 Experimente mit diskretem Versuchsausgang

Typische Experimente mit diskretem Versuchsausgang sind:

1. Das Werfen eines Würfels: x sei die geworfene Augenzahl. Dann ist $\Omega_x = \{1 \ldots 6\}$ und endlich. Man kann aber natürlich den Versuchausgang auch durch die Variablen $y = 1/x$ oder $z = x^2$ usw. beschreiben. Dann wäre $\Omega_y = \{1/6, 2/6, \ldots, 6/6 = 1\}$ bzw. $\Omega_z = \{1, 4, 9, 16, 25, 36\}$ usw. Immer ist aber der Wertebereich der gewählten Variablen endlich.

2. Die Staubpartikel von $1cm^3$ Luft werden gezählt — natürlich unter genau beschriebenen Versuchsbedingungen, nach einer ebenso genau beschriebenen Methode. Erst dann liegt ein Experiment vor, andernfalls hätten wir vielleicht ein Thema für eine Diskussion. x ist die Anzahl der gezählten Partikel. Man kann hier nicht, wie beim Würfeln, die für x wirklich realistischerweise möglichen Werte exakt abgrenzen. Das ist auch in keiner Weise notwendig. Wir setzen $\Omega_x = \mathbf{N}_0 = \{0, 1, 2, \ldots\}$ oder gar $\Omega_x = \mathbf{Z} = \{0, \pm 1, \pm 2, \ldots\}$, obwohl natürlich keine negativen Zahlen für x möglich sind. Es ist jedenfalls auf diese Weise gesichert, daß alle wirklich möglichen Werte, die x annimmt, mit umfaßt sind. In beiden Fällen ist Ω_x unendlich aber, und das ist das Entscheidende, abzählbar unendlich und nicht, wie die ganze Zahlengerade $\mathbf{R}$ oder ein Intervall $[a, b]$, überabzählbar.

3. Aus einem Los von $N = 100$ Autoreifen werden, zum Zweck einer Qualitätskontrolle, $n = 10$ Reifen zufällig herausgegriffen und auf Fehler geprüft. x

ist die Anzahl der fehlerhaften Reifen, $y = x/n$ der Anteil der fehlerhaften Reifen in der Stichprobe. x nimmt nur Werte aus $\Omega_x = \{0, 1, \ldots, 10\}$, y aus $\Omega_y = \{0,0; 0,1; \ldots; 1,0\}$ an. Beide Wertebereiche sind endlich, können aber ohne weiteres in die abzählbar unendlichen Mengen $\mathbf{Z}$ bzw. $\{y : y = z.0,1 \text{ mit } z \in \mathbf{Z}\}$ eingebettet gedacht werden.

Liegt ein Experiment vor, dessen Ausgang x, wenigstens im Prinzip, beliebige Werte aus $\mathbf{R}$ oder einem Teilintervall von $\mathbf{R}$ annehmen kann, dann spricht man von einer **stetigen** Zufallsvariablen. Man muß sich darüber im klaren sein, daß es immer eine Idealisierung darstellt, zu sagen, eine Variable x könnte jede reelle Zahl etwa aus $\Omega_x = [a, b]$ annehmen.

Zu jedem Experiment gehört eine wohlbestimmte Meßmethode und ein Meßgerät, und damit kann x nur mit beschränkter Genauigkeit gemessen werden. Der gemessene Versuchsausgang ist somit immer ein Wert auf einer diskreten Skala. Dennoch bietet es zahlreiche Vorteile, derartige Experimente mit stetigen wahrscheinlichkeitstheoretischen Modellen zu beschreiben, ja wir werden sehen, daß man auch Experimente mit ganzzahligem Versuchsausgang, etwa das in Beispiel 2.1.1 betrachtete Zählen von Staubpartikeln, oft besser mit stetigen als mit diskreten Modellen beschreibt.

Beispiel 2.1.2 Wir betrachten ein chemisches Experiment, mit dem eine neue Methode zur Herstellung eines medizinischen Wirkstoffes untersucht wird. x sei die Ausbeute dieses Stoffes, gemessen in Gramm. x ist eine typische stetige Variable. Zwar wird sie nur mit beschränkter Genauigkeit, etwa auf $10^{-3}g$, gemessen, man nimmt aber idealisiert an, daß x im Prinzip beliebige Werte in einem gewissen Bereich annehmen kann, wenn auch, ganz genau besehen, die Menge der erzeugten Substanz immer ein ganzzahliges Vielfaches einer letzten Einheit, nämlich eines Moleküls dieses Stoffes ist.

Als Wertebereich Ω_x wählt man bei stetigen Variablen meistens $\mathbf{R}$ oder $\mathbf{R}_+ = [0, \infty)$, wenn auch bei konkreten Experimenten meistens ganz leicht obere und untere Schranken für die möglichen Beobachtungen angegeben werden können. Durch solche Schranken wird die Mathematik jedoch nicht einfacher, im Gegenteil die Theorie wird viel einheitlicher, wenn man generell $\Omega_x = \mathbf{R}$ setzt. In der Tat tut man dies in der maßtheoretischen Wahrscheinlichkeitstheorie sogar für Experimente mit diskretem Versuchsausgang, so daß dort, wenigstens in der allgemeinen Theorie, der Unterschied zwischen diskret und stetig nebensächlich wird.

Beschreibung diskreter Verteilungen

Es stellt sich zunächst die Frage, wie man spezielle Wahrscheinlichkeitsverteilungen beschreiben soll. Immerhin gibt es bereits beim Würfeln mit $\Omega_x = \{1 \ldots 6\}$, also 6 Elementarereignissen, $2^6 = 64$ verschiedene Ereignisse, wobei man erst dann sagen kann, daß man die Wahrscheinlichkeitsverteilung von x, der geworfenen Augenzahl, kennt, wenn die Wahrscheinlichkeit jedes einzelnen dieser

64 Ereignisse bekannt ist. Enthält Ω_x allgemein N Elementarereignisse, dann gibt es 2^N Ereignisse, und es leuchtet ein, daß bereits die Aufgabe der Beschreibung einer Wahrscheinlichkeitsverteilung mit endlichem Wertebereich Ω_x nahezu hoffnungslos wäre, müßte man die Wahrscheinlichkeiten $P(A)$ für alle möglichen Ereignisse A auflisten, die analoge Aufgabe für $\Omega_x = \mathbf{Z}$ oder $\mathbf{R}$ bräuchte man erst gar nicht mehr anzusehen. Glücklicherweise wird das Problem durch die Additivität von Wahrscheinlichkeiten ganz erheblich vereinfacht. Das leuchtet ein, denn kennt man $P(A)$ und $P(B)$ und ist $A \cap B = \emptyset$, dann kennt man auch $P(A \cup B) = P(A) + P(B)$.

Betrachten wir zunächst den diskreten Fall mit endlichem oder abzählbar unendlichem Wertebereich Ω_x. Kennt man die Wahrscheinlichkeiten der Elementarereignisse $\{x_o\}$, wir setzen $P(\{x_o\}) = P(x = x_o) = f(x_o)$ (es ist üblich, statt der Schreibweise $P(\{x_o\})$ oder $P([a, b])$, die lesbarere Form $P(x = x_o)$ bzw. $P(a \leq x \leq b)$ zu benützen), und ist $A \subset \Omega_x$ ein beliebiges Ereignis, dann folgt aus:

$$A = \bigcup_{x \in A} \{x\},$$

dem Umstand, daß A höchstens abzählbar unendlich viele Elementarereignisse enthält und aus der Volladditivität von P sofort:

$$P(A) = \sum_{x \in A} f(x).$$

Die Wahrscheinlichkeitsverteilung $P(A)$ ist also durch die Funktion $f(x)$, für $x \in \Omega_x$, vollständig bestimmt. Im Falle des Würfelns benötigt man 6 Werte $f(x)$ und kennt damit die Wahrscheinlichkeiten aller 64 Ereignisse. Bei $|\Omega_x| = N$ braucht man N Werte $f(x)$ für die 2^N Wahrscheinlichkeiten $P(A)$. Das ist ganz offensichtlich eine erhebliche Vereinfachung. Eine noch weitergehende Reduktion des Problems ist jedoch nicht möglich. Wir wollen uns davon sofort überzeugen. Zunächst ist klar, die Funktion $f(x)$ über Ω_x erfüllt die folgenden einfachen Bedingungen:

1. $f(x) \geq 0$ für alle $x \in \Omega_x$,
2. $\sum_{x \in \Omega_x} f(x) = P(\Omega_x) = 1$. (2.1.1)

Ist umgekehrt $f(x)$ eine Funktion über Ω_x, die die Eigenschaften (2.1.1) besitzt, und definiert man eine Mengenfunktion $P(A)$ gemäß:

$$P(A) := \sum_{x \in A} f(x) \quad \text{für alle} \quad A \subset \Omega_x,$$

dann ist unmittelbar zu sehen, daß $P(A)$ die Bedingungen **P1**, **P2**, **P3** in (1.3.3) erfüllt, d.h. $P(A)$ ist eine Wahrscheinlicheitsverteilung. Dies ist bei **P1** und **P2** evident. Ist aber, um **P3** zu zeigen, $(A_i : i \geq 1)$ eine Folge disjunkter Ereignisse, dann gilt:

$$P(\bigcup_{i\geq 1} A_i) = \sum_{x\in \bigcup_i A_i} f(x) = \sum_{i\geq 1}\sum_{x\in A_i} f(x) = \sum_{i\geq 1} P(A_i),$$

denn bei absolut konvergenten Reihen darf man bekanntlich die Reihenglieder beliebig in Gruppen zusammenfassen, also ist $P(A)$ volladditiv, mithin eine Wahrscheinlichkeit und außerdem gilt noch: $P(x = x_o) = f(x_o)$. Wir haben also das Ergebnis:

Die Wahrscheinlichkeitsverteilungen $P(A)$ über Ω_x und die Funktionen $f(x)$, die den Bedingungen (2.1.1) genügen, bestimmen einander umkehrbar eindeutig.

Insbesondere folgt aber auch: Kennt man $f(x)$ nicht vollständig, dann ist auch die zugehörige Wahrscheinlichkeitsverteilung $P(A)$ nicht vollständig bekannt. Ganz genaue Beobachter werden natürlich erkannt haben, daß man, auf Grund der Normierungsbedingung **2.** in (2.1.1), auf die Angabe von $f(x)$ für genau ein Elementarereignis $\{x_o\}$ verzichten kann, damit sind aber die Rationalisierungsmöglichkeiten wirklich vollständig ausgeschöpft. Wir geben daher die

Definition 2.1.1 *Dichte einer diskreten Verteilung*
Ist x eine diskrete Zufallsvariable mit Werten in dem höchstens abzählbar-unendlichen Wertebereich Ω_x und $P(A)$ die zugehörige Wahrscheinlichkeitsverteilung — man sagt: **x ist verteilt nach P** *und schreibt:* **x ∼ P** —, *dann nennt man die Funktion $f(x_o) = P(x = x_o)$, für $x_o \in \Omega_x$, die* **Dichte** *der Verteilung P.*

In der Wahrscheinlichkeitstheorie und in der mathematischen Statistik benützt man meistens folgende Ausdrucksweise: *x ist verteilt nach P* oder noch kürzer: $x \sim P$. Damit meint man ausführlich: Es liegt ein Experiment vor, x ist die den Versuchsausgang beschreibende Variable, ihr Wertebereich ist Ω_x (welcher Art Ω_x ist, wird durch die im jeweiligen Einzelfall angegebene Wahrscheinlichkeitsverteilung P zweifelsfrei festgelegt), und die Teilmengen von Ω_x, d.h. die Ereignisse A, haben die durch P gegebenen Wahrscheinlichkeiten $P(A)$. In der Definition 2.1.1 haben wir diese Kurzformulierung zum ersten Mal verwendet.

Die Dichten f von diskreten Wahrscheinlichkeitsverteilungen P veranschaulicht man sich, wie in Abb. 2.1.1, durch sogenannte **Stabdiagramme**, wo über $x \in \Omega_x$ ein Stab der Höhe $f(x)$ aufgetragen ist.

In den Anwendungen benötigt man meistens die Wahrscheinlichkeiten von Intervallereignissen, also $P(a \underset{(}{\leq} x \underset{(}{\leq} b)$ oder $P(x \underset{(}{\leq} a)$ oder $P(a \underset{(}{\leq} x)$. Die sogenannte **Verteilungsfunktion** gestattet eine rasche Berechnung dieser Wahrscheinlichkeiten und erweist sich auch für die Theorie als außerordentlich nützliche Begriffsbildung.

Definition 2.1.2 *Verteilungsfunktion einer diskreten Verteilung*
Die diskrete Zufallsvariable x sei verteilt nach P. Dann nennt man die Funktion $F(x_o) = P(x \leq x_o)$ die **Verteilungsfunktion** *von P bzw. von x.*

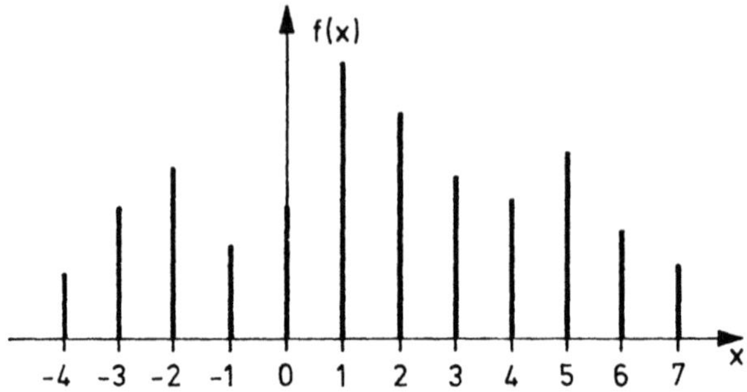

Abb. 2.1.1

$F(x_o)$ gibt die Wahrscheinlichkeit für das Ereignis $(-\infty, x_o] \cap \Omega_x$ an. Ist $f(x)$ die Dichte der Wahrscheinlichkeitsverteilungen P, dann gilt:

$$F(x_o) = \sum_{\substack{x \leq x_o \\ x \in \Omega_x}} f(x). \tag{2.1.2}$$

Es ist zweckmäßig und auch völlig natürlich, $F(x)$ als Funktion über der Zahlengeraden $\mathbf{R}$, in die wir uns Ω_x eingebettet denken, zu interpretieren, und wir wollen das auch immer so halten. F wird damit zu einer Treppenfunktion, mit Sprüngen an den Stellen $x \in \Omega_x$.

Abb. 2.1.2 zeigt den Zusammenhang zwischen Dichte f und Verteilungsfunktion F.

Satz 2.1.1 *Eigenschaften der Verteilungsfunktionen diskreter Verteilungen*
Die Verteilungsfunktion F einer diskreten Zufallsvariablen x hat folgende Eigenschaften:

1. $0 \leq F(x) \leq 1$ *für alle* $x \in \Omega_x$,
2. $F(x)$ *ist monoton wachsend,* (2.1.3)
3. $\lim_{x \to -\infty} F(x) = 0$ *und* $\lim_{x \to +\infty} F(x) = 1$.

Beweis: Eigenschaften **1.** und **2.** sind evident. Um **3.** zu zeigen, benützen wir die in Satz 1.4.7 formulierte Stetigkeit von Wahrscheinlichkeitsverteilungen. Sei etwa $(x_n : n \geq 1)$ eine monoton gegen $+\infty$ wachsende Zahlenfolge. Die Folge der Ereignisse $A_n = (-\infty, x_n] \cap \Omega_x$ ist dann ebenfalls monoton wachsend, mit $\lim_{n\to\infty} A_n = \bigcup_{n \geq 1} A_n = \Omega_x$, und folglich ist (siehe 1.4.9):

$$\lim_{x_n \to \infty} F(x_n) = \lim_{n \to \infty} P(A_n) = P(\Omega_x) = 1.$$

Die Aussage $\lim_{x \to -\infty} F(x_n) = 0$ zeigt man analog.♠

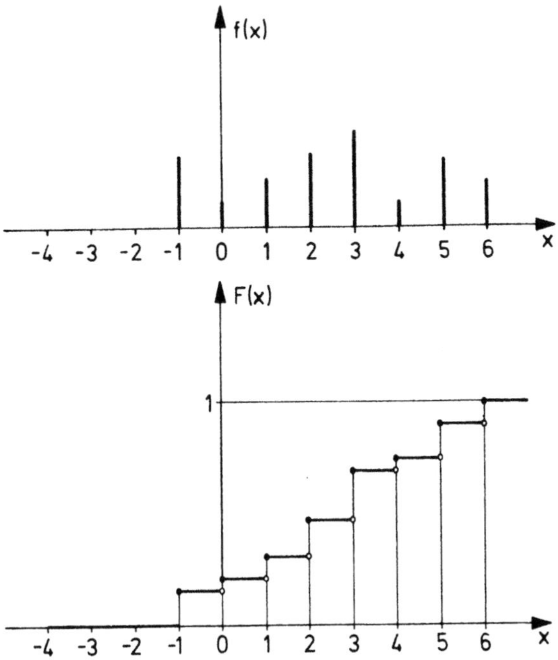

Abb. 2.1.2

Wahrscheinlichkeiten von Intervallereignissen:

Wegen $(-\infty, a] \cup (a, b] = (-\infty, b]$ und wegen $(-\infty, a] \cap (a, b] = \emptyset$, für $a \leq b$, gilt:

$P((-\infty, a]) + P((a, b]) = P((-\infty, b])$, d.h. $F(a) + P((a, b]) = F(b)$, somit:

$$P((a, b]) = P(a < x \leq b) = F(b) - F(a). \tag{2.1.4}$$

Da man in den statistischen Anwendungen hauptsächlich die Wahrscheinlichkeiten von Ereignissen der Art $(a, b]$ braucht, wird es verständlich, daß in Tafelwerken vor allem die Verteilungsfunktionen tabelliert sind.

Beschreibung stetiger Verteilungen

Wir haben für diskrete Zufallsvariable x, mit endlichem bzw. abzählbar unendlichem Merkmalraum Ω_x, einen befriedigenden Überblick über die Gesamtheit aller Wahrscheinlichkeitsverteilungen und die Möglichkeit ihrer Charakterisierung mit Hilfe der Dichte $f(x)$ und der Verteilungsfunktion $F(x)$ gewonnen.

Wenden wir uns nun den Zufallsvariablen mit $\Omega_x = \mathbf{R}$ zu. Hier ist die Sachlage wesentlich komplizierter, dies sei gleich vorweggenommen. Zwar ist auch hier jedes Ereignis $A \subset \mathbf{R}$ die Vereinigung von Elementarereignissen $\{x\}$, und man könnte zunächst meinen, daß man, analog wie im diskreten Fall, die Dichte $f(x) = P(\{x\})$, d.h. die Wahrscheinlichkeiten der Elementarereignisse

$\{x\}$, einführen kann und dann $P(A) = \sum_{x \in A} f(x)$ hätte. Das führt jedoch nicht zum Ziel, denn A enthält im allgemeinen überabzählbar viele Elementarereignisse $\{x\}$ und Summen mit überabzählbar vielen Summanden lassen sich nicht sinnvoll definieren, es sei denn, alle Summanden, bis auf höchstens abzählbar unendlich viele, sind Null, doch dann haben wir wieder den diskreten Fall.

Man kann sich die Schwierigkeit durch die schon erwähnte Analogie der Wahrscheinlichkeitsbestimmung zur Flächen- bzw. Längenmessung verdeutlichen. Man kann die Länge eines Intervalls bzw. die Fläche eines Rechtecks auch nicht als die Summe der Längen bzw. der Flächen der einzelnen im Intervall oder Rechteck enthaltenen Punkte definieren. Ebensowenig geht dies für allgemeinere Teilmengen der Zahlengeraden $\mathbf{R}$ oder der Ebene $\mathbf{R}^2$. Man geht vielmehr von Intervallen und Rechtecken aus, definiert deren Länge bzw. Fläche und trachtet, die Längen bzw. Flächen allgemeinerer Mengen auf Länge und Fläche von Intervallen und Rechtecken zurückzuführen. Weitgehend analog geht man bei Wahrscheinlichkeitsverteilungen vor.

Wir führen zunächst die Verteilungsfunktion einer allgemeinen Wahrscheinlichkeitsverteilung auf $\mathbf{R}$ ein. Hier besteht noch völlige Analogie zum diskreten Fall.

Definition 2.1.3 *Verteilungsfunktion einer allgemeinen Verteilung auf* $\mathbf{R}$
Die Zufallsvariable x (Wertebereich $\Omega_x = \mathbf{R}$) sei verteilt nach P. Man nennt die Funktion $F(x_o) = P(x \leq x_o)$ die **Verteilungsfunktion** *der Wahrscheinlichkeitsverteilung P.*

Welche Information über die Wahrscheinlichkeitsverteilung P gibt uns die Verteilungsfunktion F? Zunächst kennen wir die Wahrscheinlichkeiten der Intervalle $(-\infty, a]$ und damit folgt, genauso wie im diskreten Fall, die Wahrscheinlichkeit von Intervallen $(a, b]$ (siehe (2.1.4)):

$$P((a,b]) = F(b) - F(a)$$

und damit, wegen der Volladditivität, die Wahrscheinlichkeit aller Ereignisse A, die sich als Vereinigung von höchstens abzählbar unendlich vielen, paarweise disjunkten Intervallen vom Typ $(a, b]$ schreiben lassen und damit wieder, unter Benutzung von Satz 1.4.7, die Wahrscheinlichkeit aller Ereignisse A, die als Limes monoton steigender oder fallender Folgen solcher letztgenannter Ereignisse darstellbar sind und — jetzt wollen wir einmal innehalten, denn das sind bereits ungeheuer viele Ereignisse. Viel mehr als man in den meisten Anwendungen benötigt, aber noch lange nicht alle, deren Wahrscheinlichkeit durch die Verteilungsfunktion bestimmt ist. Wir wollen und können diese Frage hier nicht weiter verfolgen, denn sie gehört in die Maßtheorie. Wir stellen lediglich ohne Beweis fest, daß die Wahrscheinlichkeitsverteilung P tatsächlich durch ihre Verteilungsfunktion F vollständig bestimmt ist. Zunächst zeigen wir den, für eine vollkommen allgemeine Wahrscheinlichkeitsverteilung auf $\mathbf{R}$ gültigen

Satz 2.1.2 *Eigenschaften der Verteilungsfunktion einer allgemeinen Verteilung auf* $\mathbf{R}$

Die Verteilungsfunktion F einer allgemeinen Wahrscheinlichkeitsverteilung P auf $\Omega_x = \mathbf{R}$ hat folgende Eigenschaften:

1. $0 \leq F(x) \leq 1$,

2. $F(x)$ *ist monoton wachsend,* (2.1.5)

3. $\lim_{x \to -\infty} F(x) = 0$, $\lim_{x \to +\infty} F(x) = 1$,

4. $\lim_{h \downarrow 0} F(x_0 + h) = F(x_0)$, *d.h. F ist rechtsstetig.*

Beweis: Die Eigenschaften **1.** und **2.** sind wieder evident. Eigenschaft **3.** zeigt man völlig analog wie Eigenschaft **3.** in (2.1.3) für den diskreten Fall, indem man monoton wachsende Ereignisfolgen $A_n = (-\infty, x_n] \uparrow \mathbf{R} = \Omega_x$ bzw. monoton fallende Ereignisfolgen $B_n = (-\infty, x_n] \downarrow \emptyset$ betrachtet. Um die Rechtsstetigkeit zu beweisen, sei $(A_n = (-\infty, x_o + h_n]: n \geq 1)$ und $(h_n: \geq 1)$ eine monoton gegen Null fallende Zahlenfolge. Dann gilt $A_n \downarrow (-\infty, x_o]$ und wegen der Stetigkeit von Wahrscheinlichkeitsverteilungen von oben (siehe Satz 1.4.7) folgt:

$$F(x_o + h_n) = P(A_n) \downarrow P((-\infty, x_o]) = F(x_o),$$

also die Eigenschaft **4.**♠

Es läßt sich aber auch umgekehrt zeigen, daß jede Funktion F, die die Eigenschaften **1.** - **4.** in (2.1.5) besitzt, Verteilungsfunktion einer eindeutig bestimmten Wahrscheinlichkeitsverteilung P auf $\Omega_x = \mathbf{R}$ ist. Man setzt zunächst $P((a, b]) = F(b) - F(a)$, definiert P dann für abzählbare Vereinigungen disjunkter Intervalle vom Typ $(a, b]$, sodann für Limiten monotoner Folgen solcher Vereinigungen usw. — wir haben schon betont, daß das nicht unser Thema ist.

Soll F allerdings die Verteilungsfunktion der Wahrscheinlichkeitsverteilung einer stetigen Zufallsvariablen x sein, dann wird man verlangen müssen, daß $F(x_o + h) - F(x_o - h) = P((x_o - h, x_o + h])$, also die Wahrscheinlichkeit eines Intervalls der Länge $2h$ um den Punkt x_0, gegen Null strebt mit $h \to 0$, d.h., daß F überall stetig ist. Diese Bedingung leuchtet sofort ein, wenn man an konkrete Experimente mit stetigem Ausgang x denkt. Dabei wird offenbar die Chance, daß der *wirkliche*, nicht der durch ungenaue Messung gerundete Wert x in ein Intervall $(x_o - h, x_o + h]$ fällt, mit fallender Intervallänge immer kleiner und geht mit dieser gegen Null.

Zusätzlich zur Stetigkeit von F verlangen wir noch, daß F wenigstens stückweise stetig differenzierbar sei. Diese Einschränkung erleichtert uns das mathematische Leben ganz erheblich, denn wir kommen dann mit den Methoden, insbesondere dem Integralbegriff der elementaren Analysis aus. Wir geben daher die

Definition 2.1.4 *Charakterisierung stetiger Verteilungen*
Ist die Verteilungsfunktion F stetig und einmal stückweise stetig differenzierbar, dann nennen wir die durch F bestimmte Wahrscheinlichkeitsverteilung P selbst **stetig**. *Die Ableitung $f(x) = \frac{dF(x)}{dx}$ heißt die* **Dichte** *der stetigen Wahrscheinlichkeitsverteilung P.*

Satz 2.1.3 *Eigenschaften der Dichte einer stetigen Verteilung*
Die Dichte $f(x)$ einer stetigen Wahrscheinlichkeitsverteilung P hat folgende Eigenschaften:

1. *$f(x)$ ist stückweise stetig,*
2. *$f(x) \geq 0$,*
3. *$\int_{-\infty}^{\infty} f(x)dx = 1$,* (2.1.6)
4. *$P(\langle a,b\rangle) = \int_a^b f(x)dx = F(b) - F(a)$. $\langle a,b\rangle$ bezeichnet ein Intervall von beliebigem Typ (offen, halboffen, abgeschlossen).*

Beweis: 1. Drückt aus, daß F stückweise stetig differenzierbar ist und **2.** folgt aus der Monotonie von F. Wir zeigen als nächstes Eigenschaft **4.** Zunächst folgt aus der Stetigkeit von F, daß die einzelnen Elementarereignisse $\{x_o\}$ die Wahrscheinlichkeit Null haben, denn $\{x_o\}$ ist der Limes der monoton fallenden Folge von Ereignissen $(x_o - 1/n, x_o + 1/n]$ und somit gilt:

$$P(\{x_o\}) = \lim_{n\to\infty} P((x_o-1/n, x_o+1/n]) = \lim_{n\to\infty} ((F(x_o+1/n)-F(x_o-1/n)) = 0. \quad (2.1.7)$$

Damit stimmen die Wahrscheinlichkeiten der Intervalle $[a,b], (a,b], [a,b), (a,b)$ überein und es ist $P(\langle a,b\rangle) = P((a,b]) = F(b) - F(a)$. Die Gleichung $F(b) - F(a) = \int_a^b f(x)dx$ ist natürlich nichts anderes als der Fundamentalsatz der Differential- und Integralrechnung, denn F ist ja eine Stammfunktion von f. Nunmehr ergibt sich Eigenschaft **3.** sofort aus:

$$\int_{-\infty}^{\infty} f(x)dx = \lim_{\substack{b\to+\infty \\ a\to-\infty}} \int_a^b f(x)dx = \lim_{b\to+\infty} F(b) - \lim_{a\to-\infty} F(a) = 1 - 0 = 1. \spadesuit$$

Insbesondere gilt:

$$F(x) = \int_{-\infty}^{x} f(t)dt. \quad (2.1.8)$$

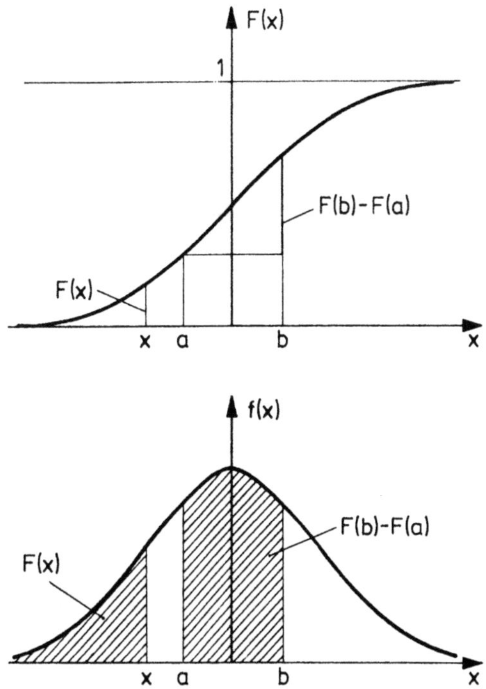

Abb. 2.1.3

Abb. 2.1.3 veranschaulicht den Zusammenhang zwischen Dichte f und Verteilungsfunktion F. Die Bestimmung der Wahrscheinlichkeit des Ereignisses $A = \langle a, b \rangle$ ist nunmehr tatsächlich auf eine Flächenmessung zurückgeführt. $P(\langle a, b \rangle)$ ist die Fläche des über dem Intervall $\langle a, b \rangle$ schraffierten Bereiches in Abb. 2.1.3, wobei als Flächeneinheit die Gesamtfläche unter der Dichte $f(x)$ zu nehmen ist. Ist A eine Vereinigung von höchstens abzählbar unendlich vielen Intervallen, dann ist $P(A)$ die Summe der Flächen über diesen Intervallen unterhalb der Dichte $f(x)$. Wir schreiben dafür kurz:

$$P(A) = \int_A f(x)dx.$$

In Abb. 2.1.4 ist A eine Vereinigung von 6 Intervallen. $P(A) = \int_A f(x)dx$ ist die Gesamtfläche der schraffierten Bereiche. Die Frage, für wie allgemeine Ereignisse das Integral $\int_A f(x)dx$ sinnvoll ist, wissen wir nunmehr bereits einzuordnen: sie gehört in die Maßtheorie. In den Anwendungen haben wir es ausschließlich mit Vereinigungen endlich vieler Intervalle zu tun und stoßen auf keine Grundlagenschwierigkeiten.

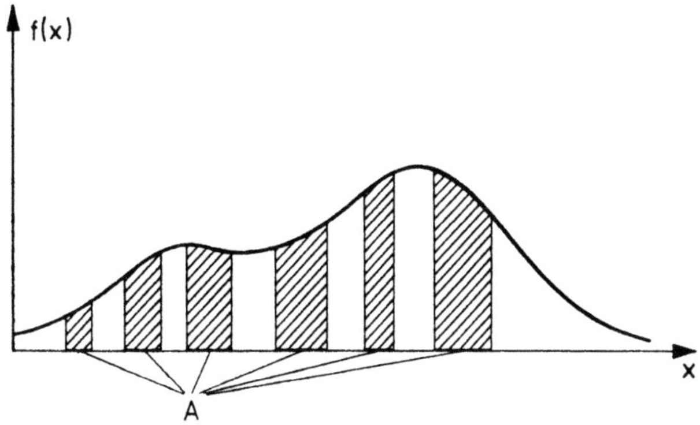

Abb. 2.1.4

Betrachten wir noch einmal die Eigenschaften (2.1.6) der Dichten stetiger Verteilungen, dann wird auch sofort klar, daß jede Funktion f, die die Eigenschaften **1. 2. 3.** besitzt, Dichte einer eindeutig bestimmten stetigen Wahrscheinlichkeitsverteilung ist. Denn $F(x) = \int_{-\infty}^{x} f(t)dt$ ist dann eine stückweise stetig differenzierbare Verteilungsfunktion, d.h. sie hat die Eigenschaften **1.** – **4.** von (2.1.5), bestimmt in eindeutiger Weise eine Wahrscheinlichkeitsverteilung P und es ist $dF(x)/dx = f(x)$. Wir werden praktisch alle speziellen stetigen Wahrscheinlichkeitsverteilungen durch die Angabe ihrer Dichten $f(x)$ einführen. In Tafelwerken tabelliert man allerdings vorwiegend die Verteilungsfunktionen, denn mit ihrer Hilfe können die in den Anwendungen benötigten Wahrscheinlichkeiten von Intervallereignissen ohne Integrationen leicht berechnet werden.

2.2 Die diskrete Gleichverteilung

Wir betrachten Experimente wie das Werfen einer Münze oder eines Würfels, das Ziehen einer Karte aus einem Paket von Karten, das Roulett-Spiel, das Ziehen einer Kugel aus einer Urne mit N gleichen Kugeln usw. Es sind dies die klassischen Zufallsexperimente, bei deren Untersuchung Mathematiker wie Fermat, Pascal, Huygens, Bernoulli u.v.a. die ersten grundlegenden Ideen zur Wahrscheinlichkeitstheorie entwickelt haben.

Allen diesen Experimenten ist gemeinsam, daß sie jeweils endlich viele, gleichwahrscheinliche Versuchsausgänge haben, denn wegen der Symmetrien der Versuchsanordnungen ist offenbar kein Versuchsausgang gegenüber den anderen bevorzugt.

Wir denken uns die N verschiedenen Versuchsausgänge durch eine Variable x codiert. Der Wertebereich Ω_x enthält somit N Elemente und die einzelnen Elementarereignisse in Ω_x haben dann notwendig die Wahrscheinlichkeit $1/N$. Ein beliebiges Ereignis $A \subset \Omega_x$, das etwa k Elementarereignisse enthält, besitzt daher die Wahrscheinlichkeit $P(A) = k/N$. Dies ist eine unmittelbare Konsequenz aus der Additivität der Wahrscheinlichkeit P. Die Gleichung $P(A) = k/N$ in der Formulierung

$$P(A) = \frac{\text{Anzahl der für } A \text{ günstigen Fälle (=Elementarereignisse)}}{\text{Anzahl der möglichen Fälle (=Elementarereignisse)}} \qquad (2.2.1)$$

nennt man häufig die **klassische Wahrscheinlichkeitsdefinition**, denn in der Tat versuchte man zunächst, da ausschließlich Experimente mit gleichwahrscheinlichen Versuchsausgängen Gegenstand der Betrachtung waren, den Wahrscheinlichkeitsbegriff durch diese Formel zu definieren. Es leuchtet ein, daß man damit bei Experimenten ohne Symmetrien, wenn man etwa, statt eines Würfels, einen beliebig unsymmetrisch geformten Körper mit N Seitenflächen wirft, sofort auf unüberwindliche Schwierigkeiten stößt. Man bezeichnet daher heute die Formel (2.2.1) lieber als Abzählregel, die man bei Experimenten mit endlich vielen, gleichwahrscheinlichen Versuchsausgängen zur Bestimmung der Wahrscheinlichkeit beliebiger Ereignisse A benützen kann.

Definition 2.2.1 *Die diskrete Gleichverteilung* $\mathbf{G}_{\Omega_x}$
Besitzt die Wahrscheinlichkeitsverteilung der diskreten Zufallsvariablen x mit dem N Elementarereignisse umfassenden Wertebereich Ω_x die Dichte

$$f(x|\mathbf{G}_{\Omega_x}) = \frac{1}{N} \quad \text{für alle} \quad x \in \Omega_x,$$

dann nennt man x auf Ω_x **gleichverteilt**. *Die Gleichverteilung auf Ω_x wird mit dem Symbol $\mathbf{G}_{\Omega_x}$ bezeichnet.*

Bemerkung: Wir benützen hier und in Zukunft zur Bezeichnung der Dichte bzw. der Verteilungsfunktion einer konkreten Verteilung P die Bezeichnungen $f(x|P)$ bzw. $F(x|P)$.

Für den Fall $\Omega_x = \{1 \ldots N\}$ zeigt Abb. 2.2.1 den Verlauf von Dichte und Verteilungsfunktion der $\mathbf{G}_{\{1 \ldots N\}}$.

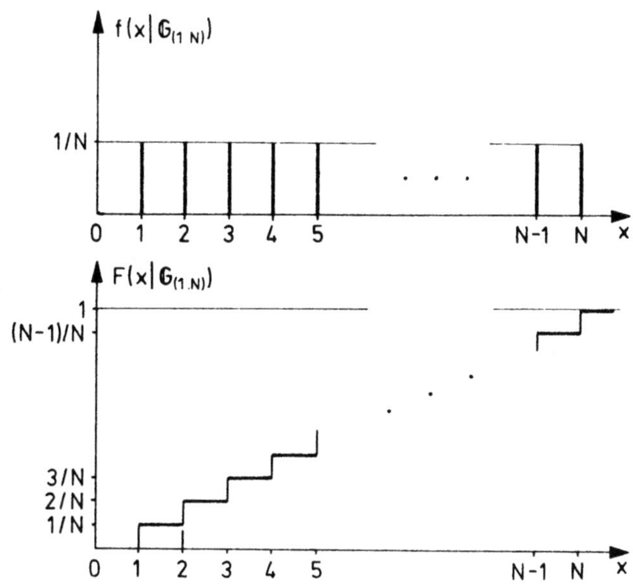

Abb. 2.2.1

Die Gleichverteilung spielt, trotz ihrer Einfachheit, eine wichtige Rolle in der Wahrscheinlichkeitstheorie und Statistik. Man steht nämlich häufig vor der Aufgabe, Zufallsexperimente mit einer vorgegebenen Wahrscheinlichkeitsverteilung zu **simulieren**, d.h. ein künstliches Zufallsexperiment, in der Regel durch ein Computerprogramm, zu erzeugen, dessen Versuchsausgang x einer gewünschten Wahrscheinlichkeitsverteilung folgt. Diese Aufgabe läßt sich, wenigstens approximativ, lösen, wenn man ein Experiment mit diskretgleichverteiltem Versuchsausgang x hat, wobei die Approximation immer besser wird, je mehr verschiedene Elementarereignisse das Experiment mit Gleichverteilung besitzt.

Verschlüsselt man die N Versuchsausgänge des Experiments mit Gleichverteilung mit einer Variablen x die von 1 bis N läuft, dann nennt man die Realisierungen $x_1, x_2, \ldots$ auf der Menge $\{1 \ldots N\}$ **gleichverteilte Zufallszahlen** und nennt das Experiment selbst einen **Zufallszahlengenerator**, der gleichverteilte Zufallszahlen erzeugt. Für die Frage, wie man auf einem Computer Zufallszahlen erzeugen kann, verweisen wir auf Abschnitt 2.12. Hier wollen wir nur kurz ein leicht ausführbares Zufallsexperiment angeben, das auf der Menge der ganzen Zahlen von 0 bis $10^k - 1$ gleichverteilte Zufallszahlen zu erzeugen gestattet.

Beispiel 2.2.1 Erzeugung gleichverteilter Zufallszahlen auf $\Omega_x = \{0, \ldots, 10^k - 1\}$

Man lege in eine Urne 10, von 0 bis 9 numerierte Zettel und ziehe k-mal hintereinander, wobei man den gezogenen Zettel, nachdem man seine Nummer registriert hat, wieder in die Urne zurücklegt und mischt. Das Ergebnis der k Ziehungen sei die k-stellige ganze Zahl $x = x_1 x_2 \ldots x_k$; dabei ist x_j die Nummer des j-ten gezogenen Zettels. Die Zufallsvariable x durchläuft somit die ganzen Zahlen von 0 bis $10^k - 1$, und diese 10^k Elementarereignisse sind aus Symmetriegründen gleich wahrscheinlich, haben also die Wahrscheinlichkeit $1/10^k$.

2.3 Die hypergeometrische Verteilung

Wir betrachten das folgende Experiment: Gegeben ist eine Urne mit N nach Größe, Gewicht, Oberflächenbeschaffenheit etc. absolut gleichen Kugeln. A von diesen Kugeln sind schwarz, die restlichen $N - A$ weiß. Aus der Urne wird eine Stichprobe vom Umfang n ($\leq N$) entnommen. Der Versuchsausgang wird beschrieben durch die Anzahl x der schwarzen Kugeln in der gezogenen Stichprobe.

Wir stellen uns die Aufgabe, die Wahrscheinlichkeitsverteilung der Zufallsvariablen x zu bestimmen. Dieses sogenannte *Urnenexperiment* — der Himmel allein weiß, warum die Statistiker ihre Kugeln immer in Urnen legen — ist natürlich repräsentativ für alle jene Situationen, wo eine Stichprobe rein zufällig aus einer endlichen Grundgesamtheit gezogen wird.

Die Formulierung: *eine Stichprobe vom Umfang n wird zufällig gezogen* bedarf der Präzisierung. Gemeint ist folgendes: denkt man sich die Kugeln in der Urne, etwa mit den schwarzen Kugeln beginnend, von 1 bis N numeriert, um sie einzeln unterscheidbar zu machen, dann gibt es $\binom{N}{n} = N!/n!(N-n)!$ Teilmengen vom Umfang n, die man aus der Menge $\{1 \ldots N\}$ herausgreifen kann. Jede dieser Teilmengen entspricht einer möglichen Stichprobe und umgekehrt. Alle diese $\binom{N}{n}$ verschiedenen Stichproben sollen gleichwahrscheinlich sein — das ist gemeint, wenn wir von einer *Zufallsstichprobe* sprechen.

Beschreiben wir den Versuchsausgang unseres Urnenexperiments zunächst durch Angabe der Nummern der gezogenen Kugeln, d.h. durch die Teilmenge

$y = \{y_1 \dots y_n\}$, wobei es natürlich auf die Reihenfolge der y_i in keiner Weise ankommt, dann haben wir ein Experiment mit $\binom{N}{n}$ gleichwahrscheinlichen Elementarereignissen, die wir zur Menge Ω_y zusammenfassen. Die Variable y, deren Werte Teilmengen vom Umfang n aus $\{1 \dots N\}$ sind, ist damit auf Ω_y gleichverteilt: $y \sim \mathbf{G}_{\Omega_y}$.

Wenden wir uns der Bestimmung der Wahrscheinlichkeitsverteilung der Zufallsvariablen x zu. x nimmt Werte in $\Omega_x = \{0, 1, \dots, n\}$ an. Kennen wir $y = \{y_1 \dots y_n\}$, dann ist offenbar x die Anzahl jener y_j in dieser Stichprobe, die in der Teilmenge $\{1 \dots A\}$ liegen, denn mit den Nummern 1 bis A wurden ja die schwarzen Kugeln numeriert. Das, in bezug auf die Variable x elementare Ereignis $x = a$ ist daher, bei der Versuchsbeschreibung y, zusammengesetzt aus genau jenen y-Elementarereignissen $\{y_1 \dots y_n\}$, in denen a Zahlen y_j in der Menge $\{1 \dots A\}$ liegen.

Man gewinnt eine solche *günstige* Stichprobe $\{y_1 \dots y_n\}$, indem man zunächst aus $\{1 \dots A\}$ eine Teilmenge vom Umfang a zieht — dafür gibt es $\binom{A}{a}$ Möglichkeiten — und diese kombiniert mit einer Teilmenge vom Umfang $(n-a)$ aus $\{A+1 \dots N\}$, wofür man $\binom{N-A}{n-a}$ Möglichkeiten hat. Insgesamt sind somit für das x-Elementarereignis $x = a$ genau $\binom{A}{a}\binom{N-A}{n-a}$ y-Elementarereignisse günstig. Aus der Abzählregel folgt daher:

$$P(x = a) = \frac{\binom{A}{a}\binom{N-A}{n-a}}{\binom{N}{n}} \qquad \text{für} \quad a = 0 \dots n,$$

d.h. die Wahrscheinlichkeitsverteilung der Zufallsvariablen x hat die Dichte

$$f(x) = \frac{\binom{A}{x}\binom{N-A}{n-x}}{\binom{N}{n}} \qquad \text{für} \quad x \in \Omega_x = \{0 \dots n\}. \tag{2.3.1}$$

Man überlegt sich leicht, daß für x tatsächlich nur ganzzahlige Werte aus dem Intervall $[\max\{0, n-(N-A)\}; \min\{n, A\}]$ beobachtet werden können, denn, neben der selbstverständlichen Einschränkung $0 \leq x \leq n$, gilt auch $0 \leq$ $\leq x \leq A$, da in der Stichprobe nicht mehr schwarze Kugeln sein können, als in der Grundgesamtheit, aus der sie gezogen wird, und ebenso ist $0 \leq n - x \leq$ $N - A$, denn $n - x$ ist die Anzahl der weißen Kugeln in der Stichprobe und $N - A$ die Anzahl der weißen Kugeln in der Urne. Wir haben somit:

$$0 \leq x \leq n, \; 0 \leq x \leq A; \quad \text{und} \quad 0 \leq n - x \leq N - A \Leftrightarrow n - (N - A) \leq x \leq n$$

und daher schließlich:

$$\max\{0, n - (N - A)\} \leq x \leq \min\{n, A\}. \tag{2.3.2}$$

Beachtet man die Konvention: $\binom{n}{k} = 0$ für $k < 0$ und $k > n$, dann wird die Dichte $f(x)$ in (2.3.1) tatsächlich Null, wenn x nicht in das Intervall (2.3.2) fällt, und man braucht diese Einschränkung gar nicht erst hinzuschreiben, die Formel (2.3.1) gilt automatisch für beliebige x aus $\Omega_x = \{0 \dots n\}$.

Die Dichte $f(x)$ hängt natürlich, außer von x, noch von den Parametern N, A und n ab, die die Versuchsbedingungen beschreiben. Wir haben es daher mit einer 3-parametrigen Familie von diskreten Wahrscheinlichkeitsverteilungen zu tun und geben die

Definition 2.3.1 *Die hypergeometrische Verteilung* $\mathbf{H}_{N,A,n}$
Besitzt die Wahrscheinlichkeitsverteilung der diskreten Zufallsvariablen x die Dichte

$$f(x|\mathbf{H}_{N,A,n}) = \frac{\binom{A}{x}\binom{N-A}{n-x}}{\binom{N}{n}} \qquad \text{für} \quad x \in \Omega_x = \{0, 1, \ldots, n\},$$

dann sagen wir: x ist **hypergeometrisch** *verteilt mit den Parametern N, A, n. Diese Parameter sind ganzzahlig und unterliegen der Einschränkung: $0 \leq \leq n, A \leq N$. Die hypergeometrische Verteilung wird mit dem Symbol $\mathbf{H}_{N,A,n}$ bezeichnet.*

Abb. 2.3.1 zeigt den Verlauf von $f(x|\mathbf{H}_{N,A,n})$ für $(N, A, n) = (20, 5, 12)$ und $(N, A, n) = (20, 10, 12)$.

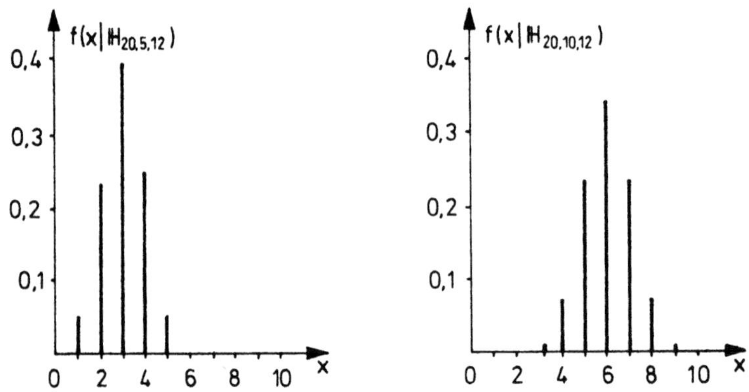

Abb. 2.3.1

Die Tabellierung der Dichte der hypergeometrischen Verteilung ist sehr aufwendig, denn man hat 4 Tafeleingänge: $x; N, A, n$. Deshalb wird man jede Rationalisierungsmöglichkeit ausnützen. Der folgende Satz bietet die Grundlage für Vereinfachungen bei der Tabellierung:

Satz 2.3.1 *Zwischen den Dichten $f(x|\mathbf{H}_{N,A,n})$ der hypergeometrischen Verteilungen bestehen folgende Beziehungen:*

$$f(x|\mathbf{H}_{N,A,n}) = f(n-x|\mathbf{H}_{N,N-A,n}), \tag{2.3.3}$$

$$f(x|\mathbf{H}_{N,A,n}) = f(x|\mathbf{H}_{N,n,A}). \tag{2.3.4}$$

Der Beweis dieser Formeln ergibt sich durch direktes Nachrechnen mühelos, kann aber auch durch inhaltliche Überlegungen erbracht werden. So gibt die linke Seite in (2.3.3) die Wahrscheinlichkeit an, x schwarze Kugeln in der gezogenen Stichprobe zu haben, wenn A schwarze Kugeln in der Urne sind, die rechte Seite hingegen die Wahrscheinlichkeit, $n - x$ weiße Kugeln zu ziehen, wenn die Urne $N - A$ weiße Kugeln enthält. Beide Wahrscheinlichkeiten sind damit natürlich gleich. Nicht ganz so einfach ist (2.3.4) einzusehen, so daß man in diesem Fall doch der formalen Rechnung den Vorzug geben wird. Wegen der Beziehungen (2.3.3) und (2.3.4) genügt es die Dichten $f(x|\mathbf{H}_{N,A,n})$ für

$$0 \leq x \leq n \leq A \leq N/2 \tag{2.3.5}$$

zu tabellieren, denn diese Situation kann man durch wiederholte Anwendung von (2.3.3) und (2.3.4) immer erzeugen.

Beispiel 2.3.1 Es seien die Werte $f(22|\mathbf{H}_{40,30,25})$ und $f(28|\mathbf{H}_{40,30,35})$ aus einer Tabelle der hypergeometrischen Verteilung abzulesen. Es gilt dann:

$$f(22|\mathbf{H}_{40,30,25}) = f(3|\mathbf{H}_{40,10,25}) = f(3|\mathbf{H}_{40,25,10}) = f(7|\mathbf{H}_{40,15,10}),$$

$$f(28|\mathbf{H}_{40,30,35}) = f(7|\mathbf{H}_{40,10,35}) = f(7|\mathbf{H}_{40,35,10}) = \\ = f(3|\mathbf{H}_{40,5,10}) = f(3|\mathbf{H}_{40,10,5}).$$

In beiden Fällen genügen die schließlich erreichten Wertekombinationen $(x|N, A, n) = (7|40, 15, 10)$ bzw. $(3|40, 10, 5)$ der Bedingung (2.3.5).

Daß die Situation (2.3.5) immer erreicht werden kann, sieht man folgendermaßen leicht ein. Betrachten wir die Tabelle:

N	n	N-n
A	x	A-x
N-A	n-x	N-A-(n-x)

(2.3.6)

Aus Satz 2.3.1 folgt die Gleichheit folgender 8 Dichtewerte:

$$\begin{array}{ll}
f(x|\mathbf{H}_{N,A,n}) & f(A - x|\mathbf{H}_{N,A,N-n}) \\
f(x|\mathbf{H}_{N,n,A}) & f(A - x|\mathbf{H}_{N,N-n,A}) \\
f(n - x|\mathbf{H}_{N,N-A,n}) & f(N - A - (n - x)|\mathbf{H}_{N,N-A,N-n}) \\
f(n - x|\mathbf{H}_{N,n,N-A}) & f(N - A - (n - x)|\mathbf{H}_{N,N-n,N-A})
\end{array}$$

Man sucht daher in der ersten Zeile bzw. ersten Spalte von Tabelle (2.3.6) die jeweils kleinere Zahl auf, liest in der 4-Feldertafel rechts unten die im Schnitt der ausgewählten Zeile und Spalte stehende Zahl ab und ordnet diese drei Zahlen nach steigender Größe. Dann hat man die gewünschten Werte (x_o, n_o, A_o), die der Beziehung (2.3.5) genügen und für die gilt:

$$f(x|\mathbf{H}_{N,A,n}) = f(x_o|\mathbf{H}_{N,A_o,n_o}).$$

Beispiel 2.3.2 Wir betrachten die Werte $f(22|\mathbf{H}_{40,30,25})$ und $f(28|\mathbf{H}_{40,30,35})$ aus Beispiel 2.3.1. Die zugehörigen Tabellen (2.3.6) sind:

40	25	**15**
30	22	8
10	3	**7**

40	35	**5**
30	28	2
10	7	**3**

Im linken Fall erhalten wir: $(x_o, n_o, A_o) = (7, 10, 15)$ und somit $f(22|\mathbf{H}_{40,30,25}) = f(7|\mathbf{H}_{40,15,10})$ und rechts: $(x_o, n_o, A_o) = (3, 5, 10)$ und daher $f(28|\mathbf{H}_{40,30,35}) = f(3|\mathbf{H}_{40,10,5})$, also das gleiche Resultat wie in Beispiel 2.3.1.

Die Bedeutung der hypergeometrischen Verteilung für die Anwendungen liegt auf der Hand. Sie beherrscht das Ziehen von Stichproben aus endlichen Grundgesamtheiten, deren Einheiten nach irgend einem dichotomen Merkmal (schwarz-weiß, gut-schlecht, groß-klein, usw.) unterschieden sind.

Beispiel 2.3.3 In der statistischen Qualitätskontrolle werden Warenlieferungen durch Entnahme kleiner Stichproben geprüft. Wir betrachten eine typische Situation. Einer Lieferung von $N = 100$ Glasscheiben wird eine Stichprobe vom Umfang $n = 10$ entnommen und auf wesentliche Glasfehler überprüft. Die Anzahl x der fehlerhaften Scheiben in der Stichprobe ist hypergeometrisch verteilt mit den Parametern $(N, A, n) = (100, A, 10)$, also $x \sim \mathbf{H}_{100,A,10}$, wobei A die Anzahl der fehlerhaften Scheiben in der Lieferung bezeichnet. Die Prüfvorschrift lautet, daß die Lieferung zurückzuweisen und auf Kosten des Herstellers vollzuprüfen ist, falls wenigstens eine fehlerhafte Scheibe in der Stichprobe gefunden wird; wird hingegen keine fehlerhafte Scheibe gefunden, dann ist die Lieferung anzunehmen. Die Wahrscheinlichkeit einer Annahme der Lieferung ist daher:

$$P\big(x = 0|(N, A, n) = (100, A, 10)\big) = \frac{\binom{A}{0}\binom{100-A}{10}}{\binom{100}{10}} = L(A).$$

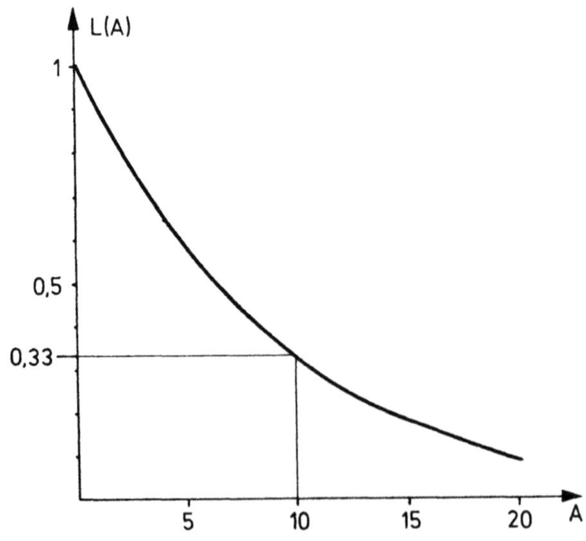

Abb. 2.3.2

Die sogenannte *Annahmekennlinie* $L(A)$ der gewählten Prüfvorschrift, d.h. die Wahrscheinlichkeit der Annahme, in Abhängigkeit von der Ausschußzahl A in der Lieferung, ist in Abb. 2.3.2 dargestellt.

Es ist deutlich zu erkennen, wie die Annahmewahrscheinlichkeit mit wachsender Ausschußzahl A abnimmt. Freilich wäre die gewählte Prüfvorschrift für praktische Zwecke zuwenig streng, denn eine Lieferung mit 10 % Ausschuß, also $A = 10$, hätte immer noch die Wahrscheinlichkeit 0,33, ohne Totalkontrolle zu passieren. Will man eine strengere Prüfung, dann ist die Stichprobe zu vergrößern.

2.4 Die Binomialverteilung

Wir betrachten wieder ein einfaches Urnenexperiment: Eine Urne enthält N gleiche Kugeln, A davon sind schwarz, die restlichen $N - A$ weiß. Es wird eine Kugel zufällig gezogen, ihre Farbe registriert, die Kugel wieder in die Urne zurückgelegt und gründlich gemischt. Dann wird eine zweite Kugel gezogen, ihre Farbe registriert, die Kugel zurückgelegt und gemischt usw. Insgesamt wird diese Prozedur n-mal wiederholt. Es interessiert uns die Anzahl x der insgesamt gezogenen schwarzen Kugeln, x beschreibt also den Versuchsausgang und variiert in $\Omega_x = \{0 \dots n\}$.

Wir haben hier eine sogenannte *Ziehung mit Zurücklegen* im Gegensatz zu der Versuchssituation, die zur hypergeometrischen Verteilung führte, wo ebenfalls n Kugeln, aber ohne Zurücklegen gezogen wurden. Durch das Zurücklegen wird die Ausgangssituation immer wieder *im wesentlichen* hergestellt, so daß wir die Ziehung einer Kugel aus der betrachteten Urne unter gleichen Versuchsbedingungen n-mal wiederholen. Bei der Ziehung ohne Zurücklegen können wir die Kugeln auch einzeln hintereinander ziehen, aber nach jeder Ziehung ist die Versuchssituation verändert, denn der Inhalt der Urne hat um eine Kugel abgenommen, und das Verhältnis weiß zu schwarz hat sich, im Vergleich zur vorigen Ziehung, i.a. ebenfalls geändert.

Wir wollen die Wahrscheinlichkeitsverteilung der Zufallsvariablen x bestimmen. Dazu gehen wir ähnlich vor wie bei der Herleitung der hypergeometrischen Verteilung. Wir numerieren die Kugeln, mit den schwarzen beginnend, von 1 bis N und beschreiben zunächst das Ergebnis des Experiments durch die Folge $y = (y_1 \dots y_n)$ der Nummern der gezogenen Kugeln, in der Reihenfolge ihrer Ziehung. Es kommt bei dieser Beschreibung des Versuchsausganges auf die Reihenfolge der Nummern $(y_1 \dots y_n)$ an, anders als bei der Herleitung der hypergeometrischen Verteilung, wo wir uns nur für die Menge $\{y_1 \dots y_n\}$ der gezogenen Nummern interessiert haben.

Es können offenbar N^n verschiedene Folgen $y = (y_1 \dots y_n)$ als Elementarereignisse auftreten, denn durch das Zurücklegen kann jedes y_j alle N Werte von 1 bis N annehmen. Diese N^n Folgen bilden den Wertebereich Ω_y der Variablen y. Wegen der Willkür der Numerierung der Kugeln ist klar, daß keines der

N^n Elementarereignisse $y = (y_1 \dots y_n)$ wahrscheinlicher ist als ein anderes, die Variable y ist also auf Ω_y gleichverteilt und jedes y-Elementarereignis hat die Wahrscheinlichkeit $1/N^n$.

Wenden wir uns der Variablen x zu. Das x-Elementarereignis $x = a$ ist aus jenen y-Elementarereignissen $(y_1 \dots y_n)$ zusammengesetzt, wo genau a der y_j in der Menge $\{1 \dots A\}$ liegen — denn das sind die Nummern der schwarzen Kugeln — während die restlichen y_j aus der Menge $\{A+1, \dots, N\}$, den Nummern der weißen Kugeln, stammen.

Eine solche *günstige* Folge $(y_1 \dots y_n)$ erhält man, wenn man zunächst aus den n Positionen $(1 \dots n)$ a auswählt — dafür gibt es $\binom{n}{a}$ Möglichkeiten — diese ausgewählten Positionen mit Zahlen aus $\{1 \dots A\}$ und die restlichen $(n - a)$ Positionen mit Zahlen aus $\{A+1, \dots, N\}$ besetzt. Insgesamt erhält man offensichtlich $\binom{n}{a} A^a (N-A)^{n-a}$ für $x = a$ günstige y-Elementarereignisse. Aus der Abzählregel folgt schließlich:

$$P(x = a) = \frac{\binom{n}{a} A^a (N-A)^{n-a}}{N^n} = \binom{n}{a} \left(\frac{A}{N}\right)^a \left(1 - \frac{A}{N}\right)^{n-a}.$$

Führen wir noch die Abkürzung $A/N = p$ ein für die Wahrscheinlichkeit, bei jeder Einzelziehung eine schwarze Kugel zu ziehen, dann ist:

$$P(x = a) = \binom{n}{a} p^a (1-p)^{n-a} \qquad \text{für} \quad a = 0 \dots n.$$

Dies ist die Dichte der Wahrscheinlichkeitsverteilung der diskreten Zufallsvariablen x. Man nennt diese Verteilung die Binomialverteilung oder gelegentlich auch Bernoulli-Verteilung. Die erste Bezeichnung erklärt sich aus dem Umstand, daß der Ausdruck $\binom{n}{a} p^a (1-p)^{n-a}$ der allgemeine Summand in der Entwicklung des Ausdruckes $\big(p + (1-p)\big)^n$ nach dem binomischen Lehrsatz ist, die zweite Bezeichnung ehrt Jakob Bernoulli (1654-1705), der diese Wahrscheinlichkeitsverteilung als erster eingehend untersucht hat. Wir fassen das Wesentliche in der folgenden Definition zusammen:

Definition 2.4.1 *Die Binomialverteilung* $\mathbf{B}_{n,p}$
Besitzt die Wahrscheinlichkeitsverteilung der diskreten Zufallsvariablen x die Dichte

$$f(x|\mathbf{B}_{n,p}) = \binom{n}{x} p^x (1-p)^{n-x} \qquad \text{für} \quad x \in \Omega_x = \{0, 1, \dots, n\},$$

dann nennt man x **binomial** *verteilt mit den Parametern n, p; dabei ist $n \in N$ und $0 \le p \le 1$. Die Binomial-Verteilung wird mit dem Symbol $\mathbf{B}_{n,p}$ bezeichnet.*

Abb. 2.4.1 zeigt den Verlauf der Dichte $f(x|\mathbf{B}_{n,p})$ für $n = 10$ und $p = 0{,}2$; $0{,}5$; $0{,}8$. Wegen

$$\frac{f(x+1|\mathbf{B}_{n,p})}{f(x|\mathbf{B}_{n,p})} = \frac{(n-x)p}{(x+1)(1-p)} \leq 1 \Leftrightarrow (x+1) \geq (n+1)p\,,$$

nimmt die Dichte $f(x|\mathbf{B}_{n,p})$ ihr Maximum für $x = [(n+1)p]$ an. ($[z]$ bezeichnet dabei die größte ganze Zahl $\leq z$; z.B. $[2{,}73] = 2$). So wird etwa $f(x|\mathbf{B}_{10;0,2})$ für $x = [11 \cdot 0,2 = 2,2] = 2$ maximal. D.h. enthält die Urne $A = Np$ schwarze Kugeln, dann ist $x = [(n+1)p]$ der wahrscheinlichste Wert für x.

Die Beziehung $f(x|\mathbf{B}_{n,p}) = f(n-x|\mathbf{B}_{n,1-p})$ ermöglicht wieder, ähnlich wie bei der hypergeometrischen Verteilung, Vereinfachungen bei der Tabellierung der Dichte. Es genügt nämlich offenbar, die Dichte für alle Wertetripel $(x|n,p)$, mit $0 \leq p \leq 0,5$ und $0 \leq x \leq n$ zu tabellieren.

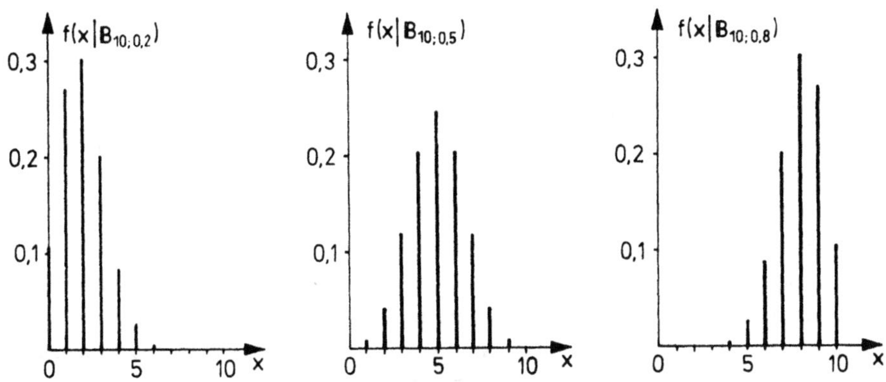

Abb. 2.4.1

Die Binomialverteilung besitzt sowohl für die Theorie als auch für die Anwendungen hervorragende Bedeutung. Darüber könnte man vielleicht im Zweifel sein, wenn man an das Urnenexperiment denkt, das wir zu ihrer Herleitung benützt haben. Betrachten wir aber folgende, erheblich allgemeinere Versuchssituation:

Irgendein Zufallsexperiment $\mathcal{E}$ sei gegeben (z.B. ein physikalisches, medizinisches, psychologisches etc. Experiment), und A sei ein, ebenfalls beliebiges, dazugehöriges Ereignis mit der, natürlich i.a. unbekannten, Wahrscheinlichkeit $P(A) = p$. Das Experiment soll n-mal unter gleichen Versuchsbedingungen wiederholt werden. Bei diesen n Wiederholungen möge das Ereignis A x-mal eintreten. Dann ist die Zufallsvariable x binomial verteilt nach $\mathbf{B}_{n,p}$.

Dieses ist eine Aussage von bemerkenswerter Allgemeinheit, denn es kommt offensichtlich in keiner Weise auf die spezielle Natur des Experimentes, noch auf das Ereignis A an. Wesentlich ist allein, daß das Experiment n-mal, unter gleichen Versuchsbedingungen wiederholt wird, und daß das Ereignis A die Wahrscheinlichkeit p besitzt, sonst geht nichts in die Verteilung von x ein. Wir wollen uns den Sachverhalt genauer ansehen, denn er ist für die Wahrscheinlichkeitstheorie grundlegend.

Betrachten wir zwei beliebige, völlig verschiedene Zufallsexperimente, die wir mit $\mathcal{E}_1$ und $\mathcal{E}_2$ bezeichnen wollen — $\mathcal{E}_1$ könnte ein Fallexperiment sein, $\mathcal{E}_2$ ein medizinisches Experiment —, und zeichnen wir zwei Ereignisse A_1 bzw. A_2 aus, die zu $\mathcal{E}_1$ bzw. $\mathcal{E}_2$ gehören sollen, z.B. $A_1 \hat{=}$ *gemessene Fallzeit* $\leq a$ und $A_2 \hat{=}$ *gemessener Blutdruck* $\geq b$. Nehmen wir weiters an, die beiden Ereignisse A_1, A_2 wären gleich wahrscheinlich, also $P_1(A_1) = P_2(A_2) = p$, wobei P_1 bzw. P_2 die zu $\mathcal{E}_1$ bzw. $\mathcal{E}_2$ gehörigen Wahrscheinlichkeitsverteilungen sind. Denken wir uns nun beide Experimente in je eine *Black box* eingeschlossen und vereinbaren wir, daß einem außenstehenden Beobachter bei einer Durchführung der Experimente nur gemeldet wird, ob das jeweilige Ereignis A_1 bzw. A_2 eingetreten ist oder nicht. Im ersten Fall wird aus den Kästen $z = 1$, im zweiten Fall $z = 0$ gemeldet.

Kann der Beobachter allein auf Grund dieser *z-Meldungen* feststellen, in welchem Kasten das Fallexperiment $\mathcal{E}_1$ und in welchem das medizinische Experiment $\mathcal{E}_2$ ist? Besser gefragt: kann er feststellen, ob in den beiden Kästen unterschiedliche Experimente ausgeführt werden? Er kann es nicht, wie oft die Experimente auch wiederholt werden und wie lange die gemeldeten Folgen $(z_1, z_2, \ldots)$ auch sein mögen. Die beiden Kästen sind ununterscheidbar, wenn nichts anderes aus ihrem Inneren gemeldet wird, als *A realisiert* oder *A nicht realisiert.* Dies ist eine Erfahrungstatsache von grundlegender Wichtigkeit für den Aufbau der Wahrscheinlichkeitstheorie. Wir können sie nicht beweisen, sondern nur beobachten und beim Aufbau der Wahrscheinlichkeitstheorie als Grundpostulat einbringen.

In der Tat sind wir auch bisher schon von dieser Annahme ausgegangen, wenn wir dies auch nicht so explizit deutlich gemacht haben, denn bei der mathematischen Beschreibung eines Zufallsexperiment haben wir uns beschränkt auf die Angabe einer Variablen x mit Wertebereich Ω_x, die den Versuchsausgang beschreibt und einer Werteverteilung der Wahrscheinlichkeiten für die Ereignisse $A \subset \Omega_x$, also von $P(A)$. Die spezifische Eigenart des Experiments blieb immer in einem imaginären schwarzen Kasten. Denn sind $\mathcal{E}_1$ und $\mathcal{E}_2$ zwei Experimente, beschrieben durch die Variablen x_1 und x_2 mit den Wertebereichen Ω_1 und Ω_2 und den Wahrscheinlichkeitsverteilungen P_1 und P_2, und ist $\Omega_1 = \Omega_2 = \Omega$ und $P_1(A) = P_2(A)$ für alle Ereignisse $A \subset \Omega$, dann sind diese Experimente, beide eingeschlossen in Kästen, aus denen nur die beobachteten Werte x_1 bzw. x_2 gemeldet werden, nicht zu unterscheiden und wurden daher auch durch das gleiche mathematische Modell beschrieben.

Diese Gleichheit oder Ununterscheidbarkeit hat sich bisher, ganz genau besehen, immer nur auf eine einmalige Durchführung der jeweiligen Experimente bezogen, nicht auf ihre n-malige Wiederholung, für die wir in der Tat noch gar keine Entsprechung in der Theorie haben.

Das Postulat der Ununterscheidbarkeit zweier Experimente $\mathcal{E}_1$ und $\mathcal{E}_2$ mit gleichem Wertebereich Ω der beschreibenden Variablen und gleichen Wahrscheinlichkeitsverteilungen, bezieht sich aber wesentlich auf deren beliebig oftmalige Wiederholung als des einzigen *physikalischen Versuchs*, den wir mit einem Experiment, aufgefaßt als Black box, ausführen können.

Kehren wir zu unserem Problem der n-maligen Wiederholung eines gegebenen Zufallsexperimentes, wir wollen es jetzt $\mathcal{E}_1$ nennen, zurück. Bezeichnen wir das ausgewählte Ereignis nunmehr mit A_1, sei weiters $P_1(A_1) = p$, und sei x_1 die Anzahl der Realisierungen von A_1 bei diesen n Wiederholungen. Wir hatten behauptet, daß x_1 nach $\mathbf{B}_{n,p}$ verteilt ist. Wir wählen für $\mathcal{E}_2$ ein Urnenexperiment, wo aus einer Urne mit N gleichen Kugeln, von denen A schwarz und $N - A$ weiß sind, eine Kugel gezogen wird. A_2 sei das Ereignis *schwarze Kugel gezogen*, und wir bestimmen den Inhalt der Urne so, daß $P_2(A_2) = A/N = p$ ist. (Wir unterstellen für dieses Gedankenexperiment natürlich, daß p eine rationale Zahl sei.) Mit x_2 bezeichnen wir die Anzahl der Realisierungen von A_2 bei n Wiederholungen des Experimentes $\mathcal{E}_2$.

Wir wissen: x_2 ist nach $\mathbf{B}_{n,p}$ verteilt und vor allem: die Experimente $\mathcal{E}_1$ und $\mathcal{E}_2$ sind, aufgefaßt als Kästen aus denen nur die Realisierung oder Nichtrealisierung von A_1 bzw. A_2 gemeldet wird, vollkommen ununterscheidbar. Dann aber muß auch x_1 notwendig nach $\mathbf{B}_{n,p}$ verteilt sein, denn die Wahrscheinlichkeiten $P_1(x_1 = a)$ und $P_2(x_2 = a)$ müssen übereinstimmen, wenn nicht doch ein Unterschied zwischen den beiden Kästen bestehen soll.

Die Frage, wie zwei Experimente $\mathcal{E}_1, \mathcal{E}_2$ mit verschiedenen Wahrscheinlichkeitsverteilungen P_1 bzw. P_2 tatsächlich als unterschiedlich erkannt werden können, ist zunächst irrelevant. Wesentlich benötigen wir nur das gewissermaßen doppelte Postulat: Experimente mit gleichen Verteilungen sind ununterscheidbar, solche mit verschiedenen Verteilungen sind unterscheidbar. Wie diese Unterscheidung praktisch zu bewerkstelligen ist, braucht uns dabei, wenigstens vorläufig, nicht zu kümmern (siehe Beispiel 13.2.1).

Dieses Postulat ist ein **Invarianzprinzip** und hat für die Wahrscheinlichkeitstheorie genau die fundamentale Bedeutung, welche die Invarianzprinzipe von Galilei und Einstein für die Physik besitzen. Prinzipe dieser Art bestechen durch ihre Einfachheit und Allgemeinheit, sie begeistern durch die konkreten Konsequenzen, die aus ihnen folgen. Wir haben die Allgemeingültigkeit der Binomialverteilung aus dem oben formulierten, wahrscheinlichkeitstheoretischen Invarianzprinzip hergeleitet, wir werden es zum Aufbau der Modelle für unabhängige und abhängige Experimente benützen. Diese Folgerungen sind nicht so spektakulär wie die Herleitung der Lorenz-Transformation aus dem Einsteinschen Invarianzprinzip, weil sie der allgemeinen Intuition entsprechen und damit, anders als in der Relativitätstheorie, keine Korrektur tief verankerter Denkgewohnheiten erfordern, sie liegen aber durchaus auf der gleichen Ebene und sind für die Wahrscheinlichkeitstheorie von eben derselben Bedeutung.

Wir fassen das Ergebnis unserer Überlegungen zusammen:

Satz 2.4.1 *Allgemeingültigkeit der Binomialverteilung*
Sei $\mathcal{E}$ ein Experiment und A ein dazugehöriges Ereignis mit $P(A) = p$. Wird das Experiment n-mal unter gleichen Versuchsbedingungen wiederholt, und bezeichnet x die Anzahl der Realisierungen von A bei diesen n Wiederholungen, dann ist x binomial verteilt nach $\mathbf{B}_{n,p}$.

Beispiel 2.4.1 Wir werfen einen Würfel $n=12$ mal. Wie groß ist die Wahrscheinlichkeit, dabei mindestens 2 mal eine 6 zu werfen? Die Wahrscheinlichkeit, bei einer Durchführung des Experiments das Ereignis $A \hat{=}$ *eine 6 wird geworfen* zu realisieren, ist $p = 1/6$. Also ist x, die Anzahl der insgesamt geworfenen Sechsen, nach $\mathbf{B}_{12;1/6}$ verteilt, und die gesuchte Wahrscheinlichkeit ist:

$$P(x \geq 2) = 1 - P(x \leq 1) = 1 - \sum_{x=0}^{1} \binom{12}{x} (\frac{1}{6})^x (\frac{5}{6})^{12-x} = 0,619.$$

Beispiel 2.4.2 Ein rechnergesteuerter Fertigungsautomat erzeugt im Durchschnitt 1% Ausschuß. Wie groß ist die Wahrscheinlichkeit, daß in einem Los von $n = 1000$ gefertigten Einheiten nicht mehr als 1,5 % Ausschuß enthalten ist? Wir nehmen an, daß die Fertigung jeder einzelnen Einheit eine Versuchsdurchführung unter gleichbleibenden Versuchsbedingungen ist. Annahmen dieser Art müssen immer wieder getroffen werden. Sie idealisieren die Verhältnisse und sind keineswegs unproblematisch. Im vorliegenden Fall könnten sie, etwa bedingt durch Werkzeugabnützung und mehrmaliges Nachstellen der Maschine während der Fertigung der 1000 Einheiten, ganz und gar verkehrt sein. Trifft man die Annahme dennoch, dann sind die Ergebnisse mit großer Vorsicht zu interpretieren.

Ist die Annahme gerechtfertigt, dann ist die Wahrscheinlichkeit, bei der Fertigung einer Einheit Ausschuß zu erzeugen: $p = 0,01\,(\hat{=}1\%)$ und die Anzahl x der Ausschußstücke in einem Los vom Umfang $n = 1000$ ist somit nach $\mathbf{B}_{1000;0,01}$ verteilt. Die gesuchte Wahrscheinlichkeit ist daher:

$$P(x \leq 15) = \sum_{x=0}^{15} \binom{1000}{x} 0,01^x \cdot 0,99^{1000-x} \approx 0,9513. \tag{2.4.1}$$

Die Berechnung dieser Summe ist bereits recht unangenehm, denn Tabellen für die Binomial-Verteilung $\mathbf{B}_{1000;0,01}$ stehen nicht zur Verfügung, eine Programmierung ist viel zu aufwendig, und eine Berechnung mit dem Taschenrechner ist auch nicht eben das reine Vergnügen. Obendrein besteht die Gefahr, daß, bedingt durch Rundungsfehler, das Ergebnis vollkommen daneben liegt. Glücklicherweise gibt es einfache Näherungsverfahren, um derartige Aufgaben, die natürlich in den Anwendungen sehr oft vorkommen, mit geringem Aufwand bewältigen zu können. Bereits im nächsten Abschnitt werden wir ein solches Verfahren kennenlernen.

2.5 Die Poisson-Verteilung

Wir haben in Beispiel 2.4.2 gesehen, daß die praktische Berechnung von Wahrscheinlichkeiten der Art $P(a < x \leq b)$ für binomial verteilte Zufallsgrößen x sehr aufwendig wird, wenn n, die Anzahl der Versuchswiederholungen, groß ist. Das folgende Beispiel zeigt diese Schwierigkeiten besonders deutlich.

Beispiel 2.5.1 Die Binomialverteilung $\mathbf{B}_{n,p}$ für großes n und kleines p

Die Wahrscheinlichkeit, daß eine Sekretärin einen falschen Buchstaben tippt, sei 0,0005, d.h. sie macht im Durchschnitt 5 Tippfehler auf 10^4 Anschläge. Wie groß ist die Wahrscheinlichkeit, daß ein Text von 10 Seiten mit 2000 Zeichen je Seite **a.** weniger als 5 und **b.** mehr als 15 Tippfehler enthält?

Wir interpretieren das Tippen eines Zeichens als ein Zufallsexperiment, das mit Wahrscheinlichkeit $p = 0,0005$ mit einem Tippfehler endet. Weiters nehmen wir, die tatsächliche Situation vereinfachend und idealisierend an, daß das Tippen jedes Zeichens eine Wiederholung des Experiments unter gleichen Versuchsbedingungen ist. Diese Annahme ist sicher nicht unproblematisch, doch wird man sie, gewissermaßen in erster Näherung, treffen, denn andernfalls würde das Problem gleich um Größenordnungen schwieriger. Man wird natürlich auch das Ergebnis mit Vorsicht und Reserve zur Kenntnis nehmen, wenn man sich der Problematik der idealisierenden Annahmen, die man bei Problemen der Statistik immer treffen muß, bewußt ist. Diese Vorsicht und Reserve gehört zur Grundhaltung seriöser Statistik und wird nur allzuleicht vergessen in einer Zeit, wo fertige Programmpakete für fast jede Aufgabe zur Verfügung stehen, und sich kaum noch jemand Rechenschaft darüber gibt, welche Voraussetzungen den einzelnen Verfahren zugrunde liegen.

Da 10 Seiten zu 2000 Zeichen 20.000 Zeichen enthalten, ist unter den getroffenen Annahmen die Anzahl x der Tippfehler nach $\mathbf{B}_{20.000;0,0005}$ verteilt. Die gesuchten Wahrscheinlichkeiten sind daher:

$$P(x \leq 4) = \sum_{x=0}^{4} \binom{20.000}{x} 0,0005^x \cdot 0,9995^{20.000-x} = 0,029, \tag{2.5.1}$$

$$P(x > 15) = 1 - \sum_{x=0}^{15} \binom{20.000}{x} 0,0005^x \cdot 0,9995^{20.000-x} = 0,049. \tag{2.5.2}$$

Die in (2.5.1) und (2.5.2) angegebenen Endresultate können freilich nicht durch direkte Auswertung der Summen gewonnen werden, dazu sind die auftretenden Zahlen zu groß bzw. zu klein.

Die Grundlage für die Behandlung derartiger Aufgaben liefert der folgende

Satz 2.5.1 *Für die Dichte der Binomialverteilung* $\mathbf{B}_{n,p}$ *gilt die Grenzbeziehung:*

$$\lim_{\substack{n\to\infty \\ p\to 0 \\ np=\mu}} \binom{n}{x} p^x (1-p)^{n-x} = \frac{\mu^x}{x!} e^{-\mu} \quad \text{für} \quad x = 0, 1, \ldots \tag{2.5.3}$$

d.h. der Grenzübergang $n \to \infty, p \to 0$ *wird unter der Nebenbedingung* $np = \mu =$*konst. vollzogen.*

Beweis: Beachtet man die Beziehung $np = \mu$, dann gilt:

$$\binom{n}{x} p^x (1-p)^{n-x} = \frac{1}{x!} n(n-1)\cdots(n-x+1) p^x \frac{(1-p)^n}{(1-p)^x} =$$
$$= \frac{1}{x!} \mu(\mu - p)\ldots(\mu - (x-1)p)(1 - \frac{\mu}{n})^n \frac{1}{(1-p)^x}.$$

Läßt man hierin (bei festem x) $n \to \infty$ und $p \to 0$ gehen, dann ergibt sich, wegen $\lim_{n\to\infty}(1 + \frac{z}{n})^n = e^z$, sofort die Behauptung.♠

Für die Anwendungen bedeutet dies, daß man für große n und kleine p $\binom{n}{x}p^x(1-p)^{n-x}$ näherungsweise gleich $e^{-\mu}\mu^x/x!$ mit $\mu = np$ setzen kann. Tatsächlich ist diese Approximation für die meisten Anwendungen schon für $n \geq 10$ und $p \leq 0,1$ hinreichend genau. Wir kommen auf diese Frage aber noch ausführlicher zurück. Vorerst sehen wir uns die Funktion

$$f(x|\mu) = \frac{\mu^x}{x!} e^{-\mu} \quad \text{für} \quad x = 0, 1, \ldots \quad \text{und} \quad \mu \geq 0$$

näher an. Man erkennt sofort:

A. $f(x|\mu) \geq 0$,
B. $\sum_{x=0}^{\infty} f(x|\mu) = e^{-\mu} \sum_{x=0}^{\infty} \frac{\mu^x}{x!} = e^{-\mu} e^{\mu} = 1$,

d.h. $f(x|\mu)$ kann als Dichte einer Wahrscheinlichkeitsverteilung auf $\Omega_x = \mathbf{N}_0 = \{0, 1, \ldots\}$ interpretiert werden. Wir wollen das auch tatsächlich tun und geben die

Definition 2.5.1 *Die Poisson-Verteilung* $\mathbf{P}_\mu$
Besitzt die Verteilung der diskreten Zufallsvariablen x die Dichte

$$f(x|\mathbf{P}_\mu) = \frac{\mu^x}{x!} e^{-\mu} \qquad \text{für} \quad x \in \Omega_x = \mathbf{N}_0 = \{0, 1, \ldots\},$$

dann sagt man, x ist nach **Poisson** *verteilt mit dem Parameter μ. μ unterliegt der Einschränkung: $\mu \geq 0$. Die Poisson-Verteilung wird mit dem Symbol $\mathbf{P}_\mu$ bezeichnet.*

Abb. 2.5.1 zeigt den Verlauf der Dichte $f(x|\mathbf{P}_\mu)$ für $\mu = 2, 10$. Wegen

$$\frac{f(x+1|\mathbf{P}_\mu)}{f(x|\mathbf{P}_\mu)} = \frac{\mu}{x+1} \leq 1 \Leftrightarrow x + 1 \geq \mu$$

nimmt die Dichte $f(x|\mathbf{P}_\mu)$ für $x = [\mu]$ ihr Maximum an.

Die von S. D. Poisson (1781-1840) zuerst untersuchte Verteilung eignet sich zur Beschreibung sehr vieler Naturphänomene und ist überhaupt eine der wichtigsten Verteilungen der Wahrscheinlichkeitstheorie. Man nennt sie auch oft die *Verteilung der seltenen Ereignisse* — die Herleitung der Poisson-Verteilung aus

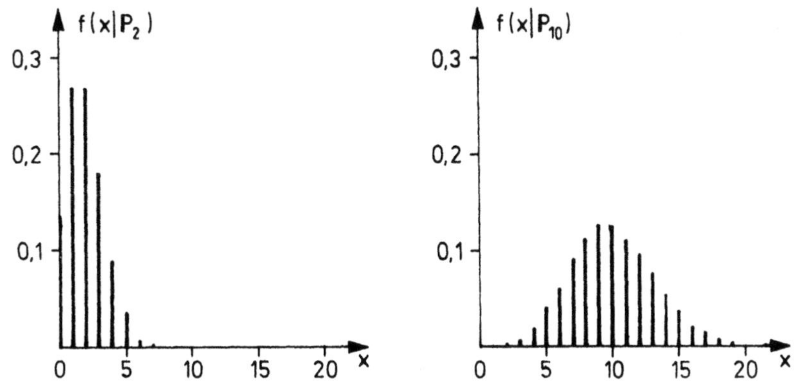

Abb. 2.5.1

der Binomial-Verteilung $\mathbf{B}_{n,p}$ für $p \to 0$ und $n \to \infty$ macht diese Bezeichnung verständlich. Von den vielen Anwendungen der Poisson-Verteilung wählen wir ein berühmtes Beispiel aus der Physik.

Beispiel 2.5.2 Beschreibung des radioaktiven Zerfalls mit der Poisson-Verteilung

Die Physiker Rutherford und Geiger zählten die Anzahl der α-Teilchen, die von einer radioaktiven Substanz in $n = 2.608$ Zeitabschnitten von je 7,5 Sekunden Dauer emittiert wurden. Die Ergebnisse dieser Versuchsreihe sind in den ersten 3 Spalten von Tabelle 2.5.1 zusammengefaßt. x ist die Anzahl der je Zeitintervall gezählten α-Teilchen, und $H_n(x)$ bzw. $h_n(x)$ bezeichnen die absoluten bzw. relativen Häufigkeiten von x.

x	$H_n(x)$	$h_n(x)$	$f(x\|\mathbf{P}_{3,8673})$
0	57	0.0219	0,0209
1	203	0.0778	0,0809
2	383	0.1469	0,1564
3	525	0.2013	0,2016
4	532	0.2040	0,1949
5	408	0.1564	0,1508
6	273	0.1047	0,0972
7	139	0.0532	0,0537
8	45	0.0173	0,0260
9	27	0.0104	0,0112
10	16	0.0061	0,0043
	2.608	1.0000	

Tabelle 2.5.1

Im Durchschnitt wurden $\mu = \frac{1}{n}\sum_{x=0}^{10} x H_n(x) = 10.086/2.608 = 3,8673$ Teilchen je Beobachtungsintervall emittiert. Die 4. Spalte von Tabelle 2.5.1 zeigt die Werte der Dichte $f(x|\mathbf{P}_{3,8673})$ für $x = 0 \ldots 10$. Die Übereinstimmung der Spalten 3 und 4 in Tabelle 2.5.1 ist ausgezeichnet. Warum wir die relativen Häufigkeiten $h_n(x)$ mit der Dichte der Poisson-Verteilung $\mathbf{P}_{3,8673}$ verglichen haben, werden wir später verstehen lernen.

Nach Satz 2.5.1 konvergiert die Dichte der Binomial-Verteilung $\mathbf{B}_{n,p}$ für

$n \to \infty$, $p \to 0$ und $np = \mu$ gegen die Dichte der Poisson-Verteilung $\mathbf{P}_\mu$. Für die Anwendungen ist die Güte der Annäherung der Verteilungsfunktionen $F(x|\mathbf{B}_{n,p})$ und $F(x|\mathbf{P}_\mu)$ für $\mu = np$ wichtiger. Es gilt:

$$\begin{array}{llll} \sup_{x\geq 0} |F(x|\mathbf{B}_{n,p}) - F(x|\mathbf{P}_{np})| < 0,020 & \text{für} \quad n \geq 10 & \text{und} & p \leq 0,1, \\ \sup_{x\geq 0} |F(x|\mathbf{B}_{n,p}) - F(x|\mathbf{P}_{np})| < 0,014 & \text{für} \quad n \geq 20 & \text{und} & p \leq 0,1, \end{array}$$

so daß man für die meisten praktischen Zwecke die Näherung

$$\mathbf{B}_{n,p} \approx \mathbf{P}_{np} \qquad \text{für} \quad n \geq 10 \quad \text{und} \quad p \leq 0,1 \tag{2.5.4}$$

benützen kann.

Beispiel 2.5.3 In Beispiel 2.4.2 war $x \sim \mathbf{B}_{1000;0,01}$ und $P(x \leq 15)$ zu berechnen. Die Verteilung $\mathbf{B}_{1000;0,01}$ kann in ausgezeichneter Näherung durch die Poisson-Verteilung $\mathbf{P}_{10}$ ersetzt werden, und aus einer Tabelle der Poisson-Verteilung liest man ab: $P(x \leq 15) = 0,9513$, das in (2.4.1) angegebene Resultat. In Beispiel 2.5.1 war $x \sim \mathbf{B}_{20.000;0,0005}$ und $P(x \leq 4)$ sowie $P(x > 15)$ zu ermitteln. Wieder gilt in erstklassiger Näherung $\mathbf{B}_{20.000;0,0005} \approx \mathbf{P}_{10}$, und mit Hilfe einer Tabelle der Poisson-Verteilung bestimmt man mühelos die in (2.5.1) und (2.5.2) angegebenen Werte für $P(x \leq 4)$ und $P(x > 15)$.

Nicht nur die Binomial-, auch die hypergeometrische Verteilung kann häufig durch die Poisson-Verteilung approximiert werden. Diese Tatsache ist für viele Anwendungen, beispielsweise für die statistische Qualitätskontrolle, von großer Wichtigkeit, denn das Arbeiten mit der 3-parametrigen Verteilungsfamilie $\mathbf{H}_{N,A,n}$ ist äußerst unangenehm. Wir zeigen zunächst den

Satz 2.5.2 *Näherung der hypergeometrischen durch die Binomialverteilung*

Es gilt: $$\lim_{\substack{N\to\infty \\ A\to\infty \\ A/N=p}} f(x|\mathbf{H}_{N,A,n}) = f(x|\mathbf{B}_{n,p}) \quad \text{für} \quad x = 0,1\ldots n.$$

Beweis: Das Ziehen einer Stichprobe vom Umfang n, aus einer Urne mit N Kugeln, von denen A schwarz sind, wird bei Ziehung ohne Zurücklegen durch die Verteilung $\mathbf{H}_{N,A,n}$, bei Ziehung mit Zurücklegen, durch die Verteilung $\mathbf{B}_{n,p=A/N}$ beschrieben. Es ist klar, daß der Unterschied zwischen Zurücklegen und nicht Zurücklegen vernachlässigbar wird, wenn die Grundgesamtheit im Vergleich zur Stichprobe sehr groß ist. Um den formalen Beweis, den wir auch erbringen wollen, elegant führen zu können, bedienen wir uns der Schreibweise:

$$n(n-1)\cdots(n-k+1) = (n)_k.$$

Damit gilt:

$$f(x|\mathbf{H}_{N,A,n}) = \frac{\binom{A}{x}\binom{N-A}{n-x}}{\binom{N}{n}} = \binom{n}{x}\frac{(A)_x(N-A)_{n-x}}{(N)_n}.$$

Schreibt man die Dichte $f(x|\mathbf{B}_{n,\frac{A}{N}})$ in der Form:

$$f(x|\mathbf{B}_{n,\frac{A}{N}}) = \binom{n}{x}(\frac{A}{N})^x(1-\frac{A}{N})^{n-x} = \binom{n}{x}\frac{A^x(N-A)^{n-x}}{N^n},$$

dann ergibt sich:

$$\frac{f(x|\mathbf{H}_{N,A,n})}{f(x|\mathbf{B}_{n,\frac{A}{N}})} = \frac{(A)_x}{A^x}\frac{(N-A)_{n-x}}{(N-A)^{n-x}}\frac{N^n}{(N)_n} \longrightarrow 1$$

für $N \to \infty, A \to \infty, (N-A) \to \infty$ und n, x fest. Damit ist die Behauptung bewiesen, denn aus $N \to \infty, A \to \infty$ und $A/N = p < 1$ folgt auch $(N-A) \to \infty$, für $p = 1$ aber, ist sie selbstverständlich.♠

Satz 2.5.2 zeigt, daß die hypergeometrische Verteilung unter gewissen Bedingungen durch die Binomialverteilung ersetzt werden kann. Da diese wieder durch die Poisson-Verteilung angenähert wird, ergeben sich schließlich folgende Approximationsregeln, deren Genauigkeit für die meisten Anwendungen vollkommen ausreicht:

Approximationsregeln:

$$\mathbf{H}_{N,A,n} \approx \mathbf{B}_{n,A/N} \quad \text{falls} \quad n \leq N/10 \text{ ist,} \tag{2.5.5}$$

$$\mathbf{H}_{N,A,n} \approx \mathbf{P}_{nA/N} \quad \text{falls} \quad 10 \leq n \leq N/10 \quad \text{und } A/N \leq 0,1 \text{ ist.} \tag{2.5.6}$$

Beispiel 2.5.4 Aus einer Lieferung von $N = 2000$ Gußrohlingen werden, zum Zweck einer statistischen Eingangskontrolle, $n = 100$ Stück entnommen und geprüft. Enthält die Stichprobe nicht mehr als ein fehlerhaftes Stück, dann darf die Lieferung passieren, andernfalls ist sie auf Kosten des Herstellers vollzuprüfen. Wie groß ist die Wahrscheinlichkeit, die Lieferung anzunehmen, wenn sie selbst mehr als 1% Ausschuß enthält?

Es ist klar, je höher der Ausschußanteil in der Lieferung ist, desto größer wird auch die Wahrscheinlichkeit, daß in der Stichprobe mehr als eine fehlerhafte Einheit gefunden wird, d.h. die Annahmewahrscheinlichkeit sinkt mit wachsender Ausschußzahl A im Los. Enthält das Los P% Ausschuß, dann ist $A = NP/100$, und x, die Ausschußzahl der Stichprobe, ist nach $\mathbf{H}_{2000,NP/100,100}$ verteilt. Diese Verteilung kann nach (2.5.6) für $P \leq 10\%$, durch die Poisson-Verteilung $\mathbf{P}_\mu$, mit $\mu = nA/N = nP/100$, ersetzt werden. Für die Annahmewahrscheinlichkeit, ausgedrückt als Funktion des Ausschußprozentsatzes P im Los — man kürzt sie mit dem Symbol $L(P)$ ab —, gilt dann:

$$L(P) = P(x \leq 1|\mathbf{P}_{nP/100}) = F(1|\mathbf{P}_{nP/100}).$$

Abb. 2.5.2 zeigt den Verlauf von $L(P)$, die sogenannte Annahmekennlinie des gewählten Prüfplanes.
Man erkennt, daß $L(P) \leq 0,7358$ für $P \geq 1\%$ ist. Die Annahmekennlinie ist die Grundlage für die Beurteilung der Leistungsfähigkeit eines statistischen Prüfplanes.

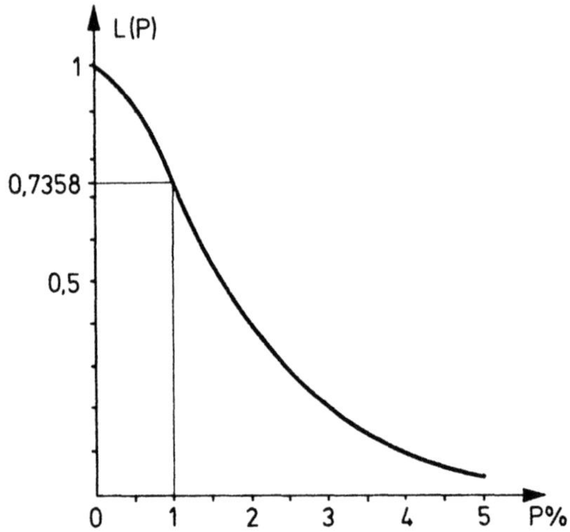

Abb. 2.5.2

2.6 Die stetige Gleichverteilung

Es handelt sich bei dieser Wahrscheinlichkeitsverteilung um das stetige Analogon zu der im Abschnitt 2.2 besprochenen diskreten Gleichverteilung. Wir betrachten dazu ein Experiment $\mathcal{E}$ mit stetig variierendem Versuchsausgang x, wobei x nur Werte im Intervall $\Omega_x = [a, b]$ annehmen soll. Will man den Begriff der Gleichverteilung auf Ω_x einführen, dann hat es keinen Sinn zu verlangen, daß alle Elementarereignisse aus Ω_x gleichwahrscheinlich sein sollen, denn das ist bei jeder stetigen Verteilung auf Ω_x der Fall. Diese Wahrscheinlichkeit ist nämlich immer Null. Vielmehr wird man naheliegenderweise verlangen, daß ein beliebiges Ereignis $A \subset \Omega_x$ genauso wahrscheinlich sein soll, wie jedes zu A parallel verschobene Ereignis $A_c = \{y{:}\, y = x + c, x \in A\}$, soferne A_c noch in Ω_x liegt. Insbesondere wird man das natürlich für Intervalle $A = \langle c, d\rangle$ verlangen. Dann sieht man aber leicht ein, daß die Wahrscheinlichkeit jedes Teilintervalls $\langle c, d\rangle$ von Ω_x proportional zu seiner Länge $d - c$ sein muß. Das hat aber zur Folge, daß die Dichte $f(x)$ der zu definierenden Wahrscheinlichkeitsverteilung auf $\Omega_x = [a, b]$ konstant und damit aus Normierungsgründen gleich $1/(b - a)$ sein muß. Wir geben daher die

Definition 2.6.1 *Die stetige Gleichverteilung* $\mathbf{G}_{[a,b]}$
Besitzt die Verteilung der stetigen Zufallsvariablen x die Dichte

$$f(x|\mathbf{G}_{[a,b]}) = \begin{cases} 1/(b-a) & \ldots \quad \text{für } a \le x \le b, \\ 0 & \ldots \quad \text{sonst,} \end{cases}$$

dann nennt man x auf $[a, b]$ **gleichverteilt**. *Die Gleichverteilung auf $[a, b]$ wird mit dem Symbol $\mathbf{G}_{[a,b]}$ bezeichnet.*

Abb. 2.6.1 zeigt Dichte und Verteilungsfunktion der Gleichverteilung $\mathbf{G}_{[a,b]}$. Es gilt natürlich $\int_{-\infty}^{\infty} f(x|\mathbf{G}_{[a,b]})dx = 1$ und für jedes Intervall $\langle c, d\rangle \subset$ $\subset [a, b]$: $P(\langle c, d\rangle) = (d - c)/(b - a)$.

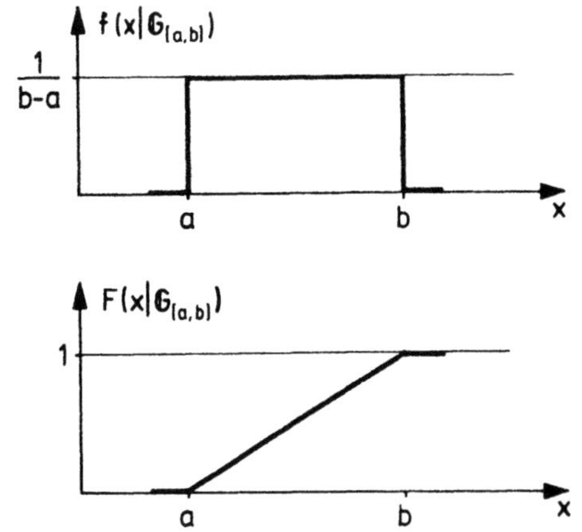

Abb. 2.6.1

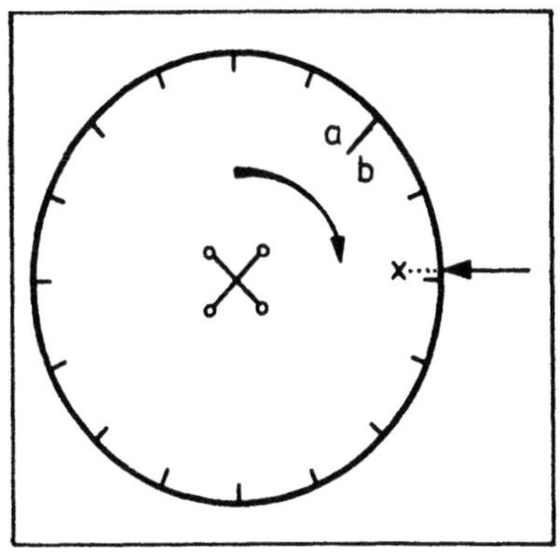

Abb. 2.6.2

Beispiel 2.6.1 Man denke sich den Umfang eines Roulett-Rades stetig von a bis b skaliert, befestige auf dem Roulettisch einen Pfeil und nehme als Versuchsausgang x jene Marke auf dem Rad, auf die der Pfeil zeigt, wenn das Rad zum Stillstand kommt (siehe Abb. 2.6.2).

Es ist klar, daß gleichlange Intervalle gleiche Wahrscheinlichkeiten haben und somit x auf $[a, b]$ gleichverteilt ist. Soweit das Experiment in seiner Idealisierung. Praktisch sehen die Dinge allerdings, bedingt durch die begrenzte Ablesegenauigkeit, anders aus. Nimmt man etwa an, es wäre $[a, b] = [0, 1]$, dann wird man x, je nach Größe des Rades, vielleicht auf 4 Dezimalen genau ablesen können und erhält somit de facto eine auf $\Omega_x = \{x = 0, x_1x_2x_3x_4 : x_j = 0, 1 \ldots 9\}$ diskret-gleichverteilte Variable, deren Wahrscheinlichkeitsverteilung als eine Näherung für die stetige Verteilung $\mathbf{G}_{[a,b]}$ angesehen werden kann. Wir haben diese unvermeidliche Diskretisierung jeder stetigen Variablen schon mehrfach erwähnt. Eine gleichverteilte Zufallszahl $x = 0, x_1x_2 \ldots x_k$ läßt sich aber, mit viel weniger Aufwand, durch k-maliges Ziehen mit Zurücklegen aus einer Urne mit $N = 10$ von 0 bis 9 numerierten Kugeln oder Zetteln gewinnen, und die Güte der Approximation an die stetige Gleichverteilung kann damit leicht beliebig gesteigert werden.

2.7 Die Normalverteilung

Die Normal- oder Gauß-Verteilung, die allerdings fast ein Jahrhundert vor Gauß (1777 — 1855) bereits von de Moivre (1667 — 1754) gefunden und in ihrer Bedeutung erkannt worden war, ist mit Abstand die wichtigste und auch bekannteste Wahrscheinlichkeitsverteilung. Der Glaube, daß die Normalverteilung tatsächlich den Normal- oder Regelfall der Verteilung stetiger Zufallsgrößen darstellt, wurde vor allem durch den berühmten zentralen Grenzverteilungssatz, den wir in Kapitel 8 kennenlernen werden, genährt. Ein weiterer Grund dafür, daß man in der Vergangenheit meistens für stetige Variable die Normalverteilung als gegeben annahm und auch heute noch oft recht unkritisch von dieser Voraussetzung ausgeht, liegt darin, daß die Theorie vieler statistischer Verfahren besonders einfach und elegant wird, wenn die Beobachtungen normal verteilt sind.

Heute weiß man freilich, daß die Normalverteilung einen praktisch nie voll gegebenen Idealfall darstellt, und daß viele stetige Variable ganz andere Verteilungen besitzen. Man hat sich lange Zeit auch damit beruhigt, daß man meinte, die theoretischen Aussagen, die unter Normalverteilung exakt gelten, würden für approximative Normalverteilung eben in guter Näherung richtig sein. Doch auch dieser Glaube erwies sich als trügerisch. Gerade die klassischen Schätz- und Testverfahren sind oft nicht *robust*, wie der Fachausdruck lautet, d.h. ihre Güte nimmt schon bei ganz kleinen, aber ungünstig gewählten Abweichungen von der Normalität der Verteilung der Beobachtungen drastisch ab. Durch die Entwicklung der robusten und vor allem der verteilungsunabhängigen statistischen Verfahren, die für viele Aufgaben existieren, ist man heute nicht mehr so eng an die Voraussetzung der Normalität gebunden, wenn es auch keineswegs für alle Probleme solche Verfahren gibt. Immerhin bleibt die Normalverteilung für viele Fragen der klassische Idealfall, auf den hin andere Verfahren gesehen und beurteilt werden.

Definition 2.7.1 *Die Normalverteilung* $\mathbf{N}(\mu, \sigma^2)$
Besitzt die Verteilung der stetigen Zufallsvariablen x die Dichte

$$f(x|\mathbf{N}(\mu,\sigma^2)) = \frac{1}{\sqrt{2\pi}\sigma} e^{-\frac{(x-\mu)^2}{2\sigma^2}} \qquad \text{für alle } x \in \mathbf{R},$$

dann nennt man x **normal** *verteilt mit den Parametern (μ, σ^2). Dabei ist $\mu \in \mathbf{R}$ beliebig und $\sigma > 0$. Die Normalverteilung wird mit dem Symbol $\mathbf{N}(\mu, \sigma^2)$ bezeichnet. Die spezielle Normalverteilung $\mathbf{N}(0,1)$ heißt Haupt- oder Standard-Normalverteilung.*

Um zu zeigen, daß die Normierungsbedingung $\int_{-\infty}^{\infty} f(x|\mathbf{N}(\mu,\sigma^2))dx = 1$ erfüllt ist, beweisen wir den folgenden Satz:

Satz 2.7.1 *Es gilt: $I = \int_{-\infty}^{\infty} e^{-x^2} dx = \sqrt{\pi}$.*

Beweis: Wir betrachten das Integral $J = \int_{-\infty}^{\infty} \int_{-\infty}^{\infty} e^{-x^2-y^2} dx dy$. Es gilt einerseits:

$$J = \int_{-\infty}^{\infty} e^{-x^2} dx \cdot \int_{-\infty}^{\infty} e^{-y^2} dy = I^2 \tag{2.7.1}$$

und andererseits folgt, wenn man in J Polarkoordinaten einführt:

$$x = r\cos\varphi, \quad \left|\frac{\partial(x,y)}{\partial(r,\varphi)}\right| = \begin{vmatrix}\cos\varphi & -r\sin\varphi\\ \sin\varphi & r\cos\varphi\end{vmatrix} = r, \quad dxdy = rdrd\varphi,$$
$$y = r\sin\varphi,$$

$$J = \int_{\varphi=0}^{2\pi}\int_{r=0}^{\infty} re^{-r^2}drd\varphi = 2\pi\Big(-\frac{1}{2}e^{-r^2}\Big)\Big|_0^{\infty} = \pi. \qquad (2.7.2)$$

Aus (2.7.1) und (2.7.2) ergibt sich sofort die Behauptung.♠

Mit der Substitution $y = (x-\mu)/(\sqrt{2}\sigma), dx = \sqrt{2}\sigma dy$ folgt daher:

$$\int_{-\infty}^{\infty} f\big(x|\mathbf{N}(\mu,\sigma^2)\big)dx = \int_{-\infty}^{\infty}\frac{1}{\sqrt{2\pi}\sigma}e^{-\frac{(x-\mu)^2}{2\sigma^2}}dx = \int_{-\infty}^{\infty}\frac{1}{\sqrt{\pi}}e^{-y^2}dy = 1.$$

Dichte und Verteilungsfunktion der $\mathbf{N}(\mu,\sigma^2)$ bezeichnen wir natürlich mit $f\big(x|\mathbf{N}(\mu,\sigma^2)\big)$ bzw. $F\big(x|\mathbf{N}(\mu,\sigma^2)\big)$, lediglich die Hauptnormalverteilung $\mathbf{N}(0,1)$ macht eine Ausnahme. Für sie benützt man die Symbole $\varphi(x)$ bzw. $\Phi(x)$. Es ist also:

$$\varphi(x) = \frac{1}{\sqrt{2\pi}}e^{-x^2/2}, \quad \Phi(x) = \int_{-\infty}^{x}\frac{1}{\sqrt{2\pi}}e^{-t^2/2}dt. \qquad (2.7.3)$$

Wichtig für das praktische Arbeiten mit der Normalverteilung, insbesondere für die Tabellierung ist:

Satz 2.7.2 *Zwischen den Dichten bzw. Verteilungsfunktionen der* $\mathbf{N}(\mu,\sigma^2)$ *und der* $\mathbf{N}(0,1)$ *bestehen folgende Zusammenhänge:*

$$f\big(x|\mathbf{N}(\mu,\sigma^2)\big) = \frac{1}{\sigma}\varphi\Big(\frac{x-\mu}{\sigma}\Big), \qquad (2.7.4)$$

$$F\big(x|\mathbf{N}(\mu,\sigma^2)\big) = \Phi\Big(\frac{x-\mu}{\sigma}\Big). \qquad (2.7.5)$$

Beweis: Die Formel (2.7.4) ergibt sich unmittelbar aus Definition 2.7.1. Um (2.7.5) zu zeigen, substituieren wir $y = (t-\mu)/\sigma, \quad dt = \sigma dy$ und erhalten:

$$F\big(x|\mathbf{N}(\mu,\sigma^2)\big) = \int_{-\infty}^{x}\frac{1}{\sqrt{2\pi}\sigma}e^{-\frac{(t-\mu)^2}{2\sigma^2}}dt = \int_{-\infty}^{\frac{x-\mu}{\sigma}}\frac{1}{\sqrt{2\pi}}e^{-\frac{y^2}{2}}dy = \Phi\Big(\frac{x-\mu}{\sigma}\Big). \quad ♠$$

Man braucht also nur $\Phi(x)$ zu tabellieren und kann sich dabei wegen:

$$\Phi(-x) = 1 - \Phi(x) \qquad (2.7.6)$$

auf positive x beschänken. (2.7.6) folgt aus $\varphi(-x) = \varphi(x)$, d.h. $\varphi(x)$ ist eine gerade Funktion. Man nennt übrigens jede stetige Wahrscheinlichkeitsverteilung, für deren Verteilungsfunktion die Beziehung (2.7.6) gilt, symmetrisch (um den Nullpunkt).

Unmittelbar aus Definition 2.7.1 ergeben sich für die allgemeine Normalverteilung $\mathbf{N}(\mu, \sigma^2)$ die Symmetriebeziehungen:

$$\begin{aligned} f(\mu - x|\mathbf{N}(\mu,\sigma^2)) &= f(\mu + x|\mathbf{N}(\mu,\sigma^2)), \\ F(\mu - x|\mathbf{N}(\mu,\sigma^2)) &= 1 - F(\mu + x|\mathbf{N}(\mu,\sigma^2)), \end{aligned}$$

d.h. die Verteilung $\mathbf{N}(\mu, \sigma^2)$ ist symmetrisch um den Punkt μ. Abb. 2.7.1 zeigt Dichte und Verteilungsfunktion der $\mathbf{N}(\mu, \sigma^2)$.

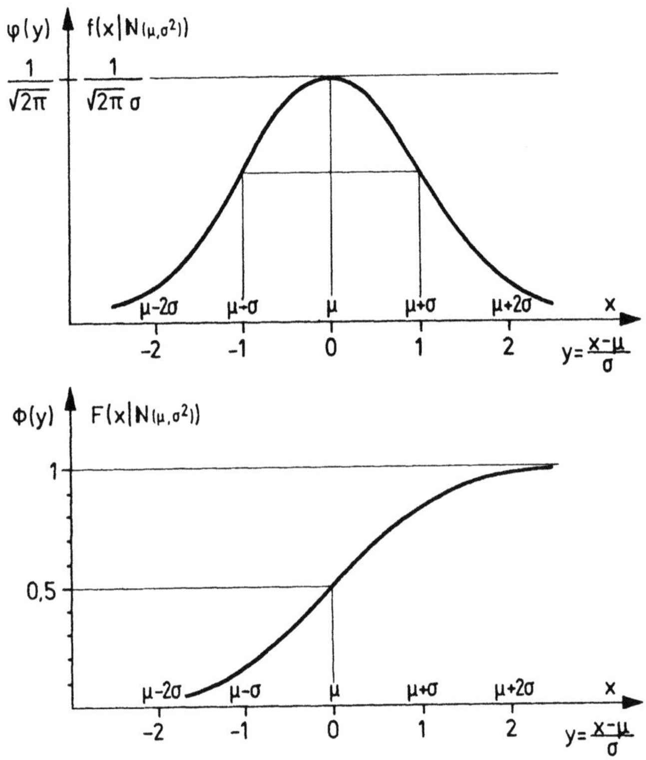

Abb. 2.7.1

Man erkennt sehr schön die in (2.7.4) und (2.7.5) ausgedrückten Beziehungen zwischen $f(x|\mathbf{N}(\mu,\sigma^2))$ bzw. $F(x|\mathbf{N}(\mu,\sigma^2))$ und $\varphi(x)$ bzw. $\Phi(x)$. Wir werden uns im Abschnitt 2.11, bei der Besprechung von Lage- und Skalenfamilien von Wahrscheinlichkeitsverteilungen, mit diesen Zusammenhängen und ihrer praktischen Bedeutung ausführlicher beschäftigen. Hier wollen wir nur die folgende für die Praxis wichtige Tatsache festhalten: Ist x verteilt nach $\mathbf{N}(\mu, \sigma^2)$ dann gilt, wegen (2.7.5) und (2.7.6):

$$P(\mu - k\sigma < x \leq \mu + l\sigma) = \Phi(l) - \Phi(-k) = \Phi(l) + \Phi(k) - 1.$$

Diese Aussage zeigt: Unter der Verteilung $\mathbf{N}(\mu, \sigma^2)$ ist die Wahrscheinlichkeit, daß x in $\langle \mu - k\sigma, \mu + l\sigma \rangle$ fällt, genauso groß wie die Wahrscheinlichkeit, daß unter der Verteilung $\mathbf{N}(0,1)$ x in $\langle -k, l\rangle$ zu liegen kommt. Es ist daher schon an dieser Stelle klar, daß μ ein Lageparameter und σ ein Maßstabs- oder Skalenparameter ist, wenn wir diese Begriffe auch in allgemeinerem Zusammenhang erst später präzise einführen werden.

Beispiel 2.7.1 Bei der Untersuchung der durch Umweltbelastungen entstandenen Schäden an Bäumen werden u.a. auch die Blattflächen gemessen, denn aus der Verkleinerung dieser Blattflächen kann auf Schädigungen geschlossen werden. Der Versuch besteht darin, daß zufällig ein Blatt des zu untersuchenden Baumes genommen und dessen Fläche x in cm^2 gemessen wird. Es sei bekannt, daß bei gesunden Bäumen der untersuchten Art x nach $\mathbf{N}(\mu = 85, \sigma^2 = 15^2)$ verteilt ist. Man beachte: hier ist $\mu = 85cm^2$ und $\sigma = 15cm^2$, d.h. μ und σ sind beide in den gleichen Einheiten zu messen wie x. Wir gehen auf Fragen der physikalischen Dimension von Verteilungsparametern in Abschnitt 6.3 näher ein (siehe auch Beispiel 6.3.4). Wir fragen: Wie groß ist die Wahrscheinlichkeit, daß die Fläche x des gemessenen Blattes weniger als $70cm^2$ bzw. mehr als $115cm^2$ hat, falls der Baum gesund ist? Es ist:

$$P\big(x < 70|\mathbf{N}(85,15^2)\big) = F\big(70|\mathbf{N}(85,15^2)\big) = \Phi(\tfrac{70-85}{15}) = \\ = \Phi(-1) = 1 - \Phi(1) = 1 - 0,8413 = 0,1587,$$

sowie:

$$P\big(x > 115|\mathbf{N}(85,15^2)\big) = 1 - F\big(115|\mathbf{N}(85,15^2)\big) = 1 - \Phi(\tfrac{115-85}{15}) = \\ = 1 - \Phi(2) = 1 - 0,9773 = 0,0227.$$

Die Werte $\Phi(1), \Phi(2)$ entnimmt man einer Tabelle der Normalverteilung.

2.8 Die Gammaverteilung

Die Familie der Gammaverteilungen enthält die Teilfamilien der Exponential-, der Erlang- und der Chi-quadrat-(χ^2-)Verteilungen und besitzt damit vielfältige Anwendungen, insbesondere in der Zuverlässigkeitstheorie, der Theorie der Warteschlangen und vor allem in der mathematischen Statistik. Wir werden sehr oft mit gammaverteilten Zufallsgrößen zu tun haben. Bevor wir diese Verteilungsfamilie definieren, benötigen wir einige Vorbereitungen. Die sogenannte **Gammafunktion** $\Gamma(z)$ ist definiert durch das Integral:

$$\Gamma(z) = \int_0^\infty x^{z-1}e^{-x}dx \quad \text{für } z > 0. \tag{2.8.1}$$

Integriert man (2.8.1), unter der Voraussetzung $z > 1$, einmal partiell mit: $u'(x) = e^{-x}, u(x) = -e^{-x}$ und $v(x) = x^{z-1}, v'(x) = (z-1)x^{z-2}$, dann ergibt sich:

$$\Gamma(z) = -x^{z-1}e^{-x}\Big|_0^\infty + (z-1)\int_0^\infty x^{z-2}e^{-x}dx = (z-1)\Gamma(z-1),$$

also die Rekursionsformel:

$$\Gamma(z) = (z-1)\Gamma(z-1) \qquad \text{für} \quad z > 1. \tag{2.8.2}$$

Ist z eine natürliche Zahl ≥ 2, dann folgt wegen $\Gamma(1) = \int_0^\infty e^{-x}dx = 1$ die Gleichung:

$$\Gamma(z) = (z-1)(z-2)\cdots 2\cdot 1\cdot \Gamma(1) = (z-1)! \quad \text{für} \quad z \in \mathbf{N},$$

die offensichtlich auch noch für $z = 1$ richtig ist.

Man kann daher sagen, die Funktion $\Gamma(z)$, die ja für alle reellen $z > 0$ definiert ist, (man kann $\Gamma(z)$ übrigens auch für komplexe z erklären) *interpoliert* die nur für natürliche Zahlen z definierte Fakultät $(z-1)!$. Man beachte aber, daß die Rekursionsformel (2.8.2) für beliebige $z > 1$ gilt. Abb. 2.8.1 zeigt den Verlauf der Gammafunktion in einem logarithmischen Maßstab für die Ordinatenachse.

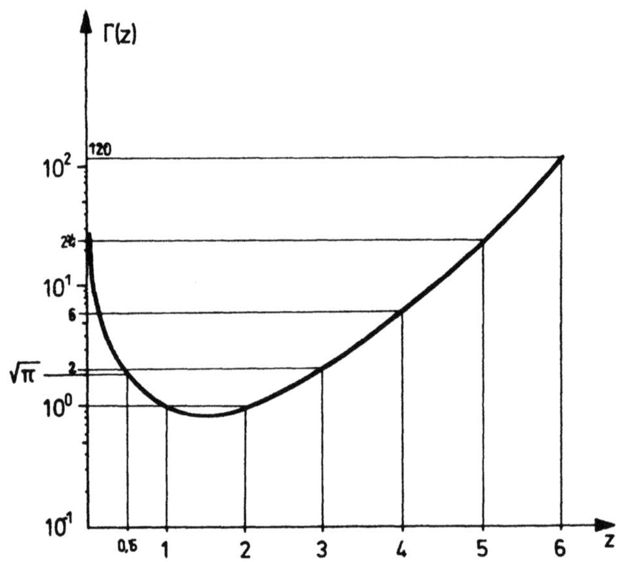

Abb. 2.8.1

Über die Geschwindigkeit des Wachstums von $\Gamma(z)$, für $z \to \infty$, gibt der folgende Satz Auskunft:

Satz 2.8.1 *Stirling*
Es gilt:

$$\lim_{z\to\infty} \frac{\Gamma(z+1)}{\sqrt{2\pi z}z^z e^{-z}} = 1. \tag{2.8.3}$$

D.h. $\Gamma(z+1) = z!$ wächst so schnell wie die Funktion $\sqrt{2\pi z}z^z e^{-z}$. Man benötigt diese sogenannte *Stirlingsche Formel* sehr oft für asymptotische Betrachtungen von Ausdrücken, in denen $\Gamma(z)$ bzw. $z!$ vorkommt.

Schließlich berechnen wir noch $\Gamma(z)$ für $z = (2k+1)/2$, denn diese Werte treten in den statistischen Anwendungen häufig auf. Wegen der Rekursion (2.8.2) genügt es offenbar $\Gamma(1/2)$ zu bestimmen, denn es ist ja:

$$\Gamma(\frac{2k+1}{2}) = \frac{2k-1}{2} \cdot \frac{2k-3}{2} \cdots \frac{1}{2} \cdot \Gamma(\frac{1}{2}) \quad \text{für} \quad k \geq 1.$$

Mit der Substitution $x = y^2$, $dx = 2ydy$ folgt aus Satz 2.7.1.:

$$\Gamma(\frac{1}{2}) = \int_0^\infty x^{-1/2} e^{-x} dx = 2 \int_0^\infty e^{-y^2} dy = \int_{-\infty}^\infty e^{-y^2} dy = \sqrt{\pi}.$$

Also erhalten wir schließlich:

$$\Gamma(\frac{2k+1}{2}) = \frac{2k-1}{2} \cdot \frac{2k-3}{2} \cdots \frac{1}{2}\sqrt{\pi} \quad \text{für} \quad k \geq 1. \tag{2.8.4}$$

Mit diesen Vorbereitungen geben wir die

Definition 2.8.1 *Die Gammaverteilung* $\mathbf{\Gamma}(\lambda, \mu)$
Besitzt die Verteilung der stetigen Zufallsvariablen x die Dichte:

$$f(x|\mathbf{\Gamma}(\lambda,\mu)) = \begin{cases} \dfrac{x^{\lambda-1}}{\Gamma(\lambda)\mu^\lambda} e^{-x/\mu} & \text{für} \quad x > 0, \\ 0 & \text{für} \quad x \leq 0, \end{cases}$$

dann heißt x **gamma-verteilt** *mit den Parametern (λ, μ). Für die Parameter λ, μ gilt die Einschränkung: $\lambda > 0, \mu > 0$. Die Gammaverteilung wird mit dem Symbol* $\mathbf{\Gamma}(\lambda, \mu)$ *bezeichnet.*

Daß die Dichte $f(x|\mathbf{\Gamma}(\lambda,\mu))$ der Bedingung $\int_{-\infty}^\infty f(x|\mathbf{\Gamma}(\lambda,\mu))dx = 1$ genügt, erkennt man sofort, wenn man $y = x/\mu, dy = dx/\mu$ substituiert:

$$\int_{-\infty}^\infty f(x|\mathbf{\Gamma}(\lambda,\mu))dx = \frac{1}{\Gamma(\lambda)} \int_0^\infty y^{\lambda-1} e^{-y} dy = 1.$$

Abb. 2.8.2 zeigt den Verlauf der Dichten $f(x|\mathbf{\Gamma}(\lambda, 1))$ für verschiedene λ-Werte. Der Einfluß des Skalenfaktors μ auf die Gestalt der Dichte ist offensichtlich der einer Umskalierung der Abszissen- und der Ordinatenachse.

Für $0 < \lambda \leq 1$ verläuft die Dichte $f(x|\mathbf{\Gamma}(\lambda,\mu))$ monoton fallend, für $\lambda > 1$ besitzt sie ein Maximum an der Stelle $x = (\lambda - 1)\mu$. Durch Spezialisierung der Parameter (λ, μ) erhält man die eingangs dieses Abschnittes erwähnten Teilfamilien von Wahrscheinlichkeitsverteilungen:

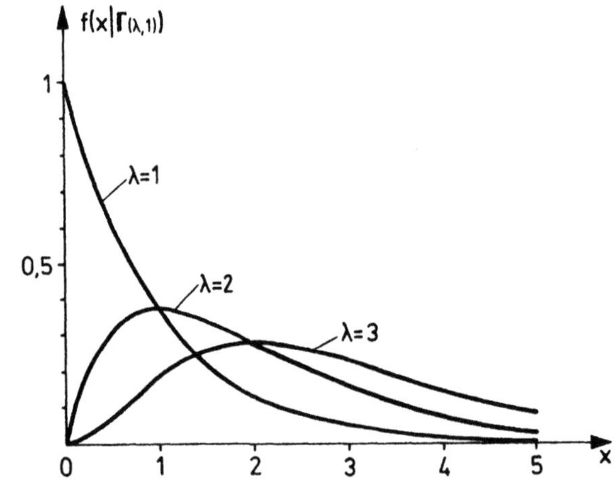

Abb. 2.8.2

Definition 2.8.2 *Exponential-, Erlang- und χ^2-Verteilungen*
Die Verteilungen $\mathbf{\Gamma}(1,\mu)$ $(\mu > 0)$ *nennt man* **Exponentialverteilungen.** *Man bezeichnet sie auch mit dem Symbol* $\mathbf{Ex}_\mu$.
Die Verteilungen $\mathbf{\Gamma}(n,\mu)$ $(n \in \mathbf{N}, \mu > 0)$ *nennt man* **Erlang-Verteilungen.** *(Für sie wollen wir kein eigenes Symbol einführen.)*
Die Verteilungen $\mathbf{\Gamma}(n/2,2)$ $(n \in \mathbf{N})$ *nennt man* **chi-quadrat-Verteilungen** *und bezeichnet sie mit dem Symbol* $\boldsymbol{\chi}^2_n$.

Zur Tabellierung: Natürlich tabelliert man wieder die Verteilungsfunktionen $F(x|\mathbf{\Gamma}(\lambda,\mu))$, wobei es wegen

$$F(x|\mathbf{\Gamma}(\lambda,\mu)) = \int_0^x \frac{t^{\lambda-1}}{\Gamma(\lambda)\mu^\lambda} e^{-\frac{t}{\mu}} dt = \int_0^{x/\mu} \frac{y^{\lambda-1}}{\Gamma(\lambda)} e^{-y} dy = F(\frac{x}{\mu}|\mathbf{\Gamma}(\lambda,1)) \tag{2.8.5}$$

genügt, die Verteilungsfunktionen $F(x|\mathbf{\Gamma}(\lambda,1))$ zu tabellieren. In der Praxis kommt man mit einer Tabelle der χ^2-Verteilungen, also der $\mathbf{\Gamma}(\frac{n}{2},2)$, fast immer aus. Aus (2.8.5) folgt:

$$F(x|\mathbf{\Gamma}(\frac{n}{2},\mu)) = F(\frac{2x}{\mu}|\mathbf{\Gamma}(\frac{n}{2},2)), \tag{2.8.6}$$

d.h. mit der Verteilungsfunktion der $\boldsymbol{\chi}^2_n$-Verteilung verfügt man auch über die Verteilungsfunktionen der Verteilungen $\mathbf{\Gamma}(\frac{n}{2},\mu)$, für beliebiges μ.

Beispiel 2.8.1 Die Lebensdauer x, gemessen in Stunden, eines Lesekopfes sei verteilt nach $\mathbf{\Gamma}(3;1300)$. Wie groß ist die Wahrscheinlichkeit, daß der Lesekopf länger als 2000 Betriebsstunden hält? Man beachte, daß μ als Skalenfaktor ebenfalls in Stunden anzugeben ist, während λ eine dimensionslose Zahl ist. Da λ die Form der Dichte

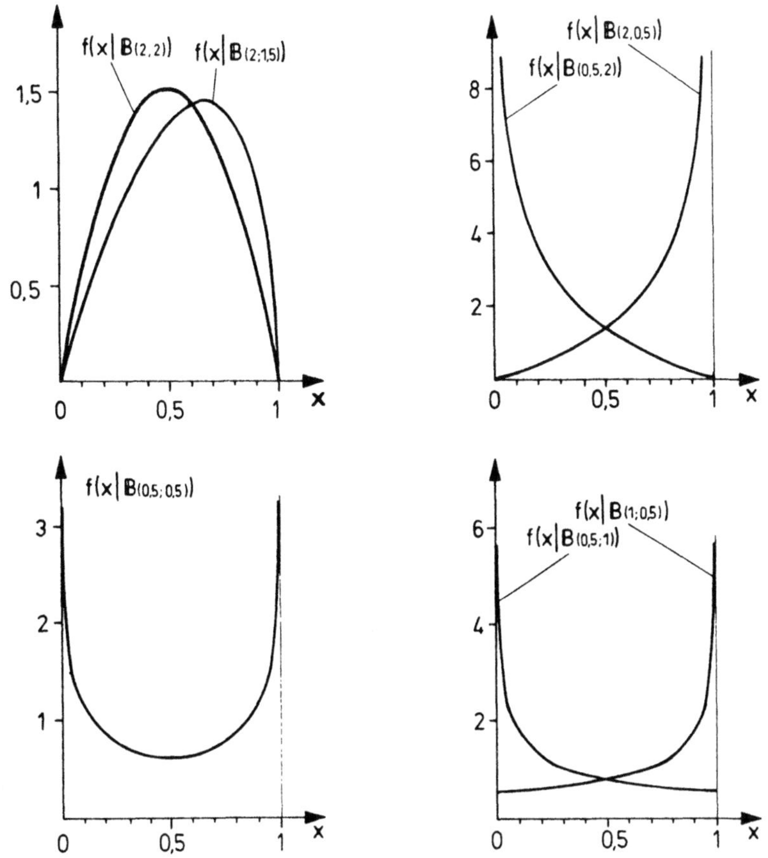

Abb. 2.9.1

Wir führen nunmehr die Familie der Betaverteilungen ein:

Definition 2.9.1 *Die Betaverteilung* $\mathbf{B}(\alpha,\beta)$
Besitzt die Verteilung der stetigen Zufallsvariablen x *die Dichte*

$$f(x|\mathbf{B}(\alpha,\beta)) = \begin{cases} \dfrac{1}{B(\alpha,\beta)} x^{\alpha-1}(1-x)^{\beta-1} & \text{für} \quad 0 < x < 1, \\ 0 & \text{sonst,} \end{cases}$$

dann nennt man x **beta-verteilt** *mit den Parametern* (α,β). *Die Parameter unterliegen der Einschränkung* $\alpha > 0, \beta > 0$. *Die Betaverteilung wird mit dem Symbol* $\mathbf{B}(\alpha,\beta)$ *bezeichnet.*

Die Größen α, β sind beide dimensionslose Formparameter. Abb. 2.9.1 zeigt die typische Gestalt der Dichte $f(x|\mathbf{B}(\alpha,\beta))$ für verschiedene Wertekombinationen von α und β:

Die Normierungsbedingung $\int_{-\infty}^{\infty} f(x|\mathbf{B}(\alpha,\beta))dx = 1$ ist offensichtlich erfüllt. Die Verteilungsfunktion $F(x|\mathbf{B}(\alpha,\beta))$ der Betaverteilung, die man in den Anwendungen nicht allzuoft braucht, ist nur in sehr ausführlichen Tafelwerken wie z.B. in den Biometrika Tables von Pearson und Hartley tabelliert. Es gilt natürlich:

$$F(x|\mathbf{B}(\alpha,\beta)) = \begin{cases} 0 & \ldots x < 0, \\ \dfrac{1}{B(\alpha,\beta)} \displaystyle\int_0^x t^{\alpha-1}(1-t)^{\beta-1}dt & \ldots 0 \leq x \leq 1, \\ 1 & \ldots 1 < x. \end{cases} \tag{2.9.6}$$

Führt man die sogenannte **unvollständige Betafunktion** $B(x|\alpha,\beta)$ ein:

$$B(x|\alpha,\beta) = \int_0^x t^{\alpha-1}(1-t)^{\beta-1}dt \quad \text{für} \quad 0 \leq x \leq 1, \tag{2.9.7}$$

dann kann man in dem ja allein interessanten Bereich $0 \leq x \leq 1$ schreiben:

$$F(x|\mathbf{B}(\alpha,\beta)) = B(x|\alpha,\beta)/B(\alpha,\beta). \tag{2.9.8}$$

Freilich ist damit nicht viel gewonnen und wir erwähnen diese Darstellung nur, weil man bei der Benützung der Tabellen mit diesen Begriffen konfrontiert wird.

Zusammenhang mit der Binomialverteilung

Für ganzzahlige α,β läßt sich die Verteilungsfunktion $F(x|\mathbf{B}(\alpha,\beta))$ allerdings explizit ausintegrieren und es ergibt sich ein nützlicher Zusammenhang mit der Binomialverteilung, den wir noch herleiten wollen.

Integriert man den Ausdruck (2.9.6) einmal partiell mit: $u'(t) = t^{\alpha-1}$, $u(t) = t^\alpha/\alpha$; $v(t) = (1-t)^{\beta-1}, v'(t) = -(\beta-1)(1-t)^{\beta-2}$, und beachtet man die Relation (2.9.3), dann ergibt sich:

$$\begin{aligned} F(x|\mathbf{B}(\alpha,\beta)) &= \frac{B(x|\alpha,\beta)}{B(\alpha,\beta)} = \\ &= \frac{1}{B(\alpha,\beta)}\frac{t^\alpha}{\alpha}(1-t)^{\beta-1}\Big|_0^x + \frac{\beta-1}{\alpha B(\alpha,\beta)}\int_0^x t^\alpha(1-t)^{\beta-2}dt = \\ &= \binom{\alpha+\beta-1}{\alpha}x^\alpha(1-x)^{\beta-1} + \frac{B(x|\alpha+1,\beta-1)}{B(\alpha+1,\beta-1)} = \ldots \\ \ldots &= \sum_{k=\alpha}^{\alpha+\beta-1}\binom{\alpha+\beta-1}{k}x^k(1-x)^{(\alpha+\beta-1)-k}. \end{aligned} \tag{2.9.9}$$

Die Summanden in (2.9.9) sind identisch mit der Dichte der Binomialverteilung $\mathbf{B}_{n,p}$ mit $n = \alpha+\beta-1$ und $p = x$. Wir können daher das Ergebnis (2.9.9) auch folgendermaßen formulieren:

Satz 2.9.1 *Zusammenhang zwischen Beta- und Binomialverteilung*
Für ganzzahlige Werte der Parameter α, β besteht folgende Beziehung zwischen den Verteilungsfunktionen der Beta- und der Binomialverteilung:

$$F\big(x|\mathbf{B}(\alpha,\beta)\big) = 1 - F(\alpha - 1|\mathbf{B}_{\alpha+\beta-1,x}) = F(\beta - 1|\mathbf{B}_{\alpha+\beta-1,1-x}). \quad (2.9.10)$$

Beispiel 2.9.1. Es sei x betaverteilt nach $\mathbf{B}(4,7)$. Gesucht ist die Wahrscheinlichkeit $P(x \leq 0,60)$. Es ist $\alpha = 4, \beta = 7, \alpha + \beta - 1 = 10$, und wir haben in einer Tabelle der Binomialverteilung $\mathbf{B}_{10;0,60}$ bzw. $\mathbf{B}_{10;0,40}$ nachzuschlagen. Da die Binomialverteilung für $0 \leq p \leq 0,5$ tabelliert ist, benützen wir die zweite Formel in (2.9.10) und erhalten:

$$F\big(0,60|\mathbf{B}(4,7)\big) = F(6|\mathbf{B}_{10;0,40}) = 0,9452.$$

2.10 Funktionen von Zufallsvariablen

Um das Thema dieses Abschnittes verständlich zu machen, betrachten wir ein Beispiel. Ein Zufallsexperiment $\mathcal{E}$ sei gegeben. Es handle sich um eine Zuverlässigkeitsprüfung, wo die Lebensdauer t von Transistoren eines gewissen Typs unter exakt definierten Belastungsbedingungen zu ermitteln ist. t soll zunächst in der Einheit *Stunden* gemessen werden. t ist eine Zufallsvariable und möge die Wahrscheinlichkeitsverteilung P_t besitzen. Die Lebensdauer von Transistoren ist unter normalen Belastungsbedingungen sehr groß, so daß es zweckmäßig ist, statt t in Stunden besser den Logarithmus $\tau = lg(t|T_1)$ anzugeben, wobei T_1 eine geeignet gewählte Zeitspanne ist. Damit erhält man vernünftigere Zahlen. Außerdem ist es oft notwendig, die Ausfallzeit nicht unmittelbar vom Betriebsbeginn an, sondern erst ab einem Zeitpunkt T_0 zu messen, ab dem gewisse atypische Anfangsphänomene, sogenannte *Kinderkrankheiten* kaum noch auftreten. Man betrachtet also dann letzten Endes die Variable $\tau = lg\big((t - T_0)/T_1\big)$ und sucht deren Wahrscheinlichkeitsverteilung P_τ aus der Verteilung P_t von t zu bestimmen.

Aufgaben dieser Art sind in der mathematischen Statistik an der Tagesordnung. Wir wollen das Wesentliche daran noch einmal allgemein formulieren. Gegeben ist ein Experiment $\mathcal{E}$, dessen Versuchsausgänge durch die eindimensionale Zufallsvariable x beschrieben seien. x möge die diskrete oder stetige Wahrscheinlichkeitsverteilung P_x besitzen. P_x wird als bekannt angenommen. Außerdem ist eine Funktion $y = t(x)$ gegeben, z.B. $y = (x-a)/b$ oder $y = lg\big((x-a)/b\big)$ oder $y = x^2$ usw. Damit wird bei einer Realisierung des Experimentes $\mathcal{E}$ der Beobachtung x_0, durch die ja der Versuchsausgang zunächst beschrieben ist, der Wert $y_0 = t(x_0)$ zugeordnet. Die Variable y kann man als eine neue Beschreibung der Versuchsausgänge interpretieren. Mit x ist natürlich auch y eine Zufallsvariable und besitzt eine Wahrscheinlichkeitsverteilung P_y.

Aufgabe ist es, zu klären, ob und wie man die Verteilung P_y aus der bekannten Verteilung P_x bestimmen kann.

Prinzipiell ist die Sache ganz einfach. Sind Ω_x und Ω_y die Wertebereiche der Variablen x und y und ist $A_y \subset \Omega_y$ irgend ein *y-Ereignis*, dann definieren wir das *x-Ereignis* $A_x = \{x : x \in \Omega_x, t(x) \in A_y\}$, d.h. A_x enthält genau jene x-Elementarereignisse aus Ω_x, deren Bild $y = t(x)$ in A_y fällt. Man nennt A_x das **Urbild** von A_y unter der Abbildung $y = t(x)$ und schreibt: $A_x = t^{-1}(A_y)$. Es ist nun klar: Realisiert man das Experiment $\mathcal{E}$, dann fällt der beobachtete Wert $y = t(x)$ genau dann in A_y, wenn x in A_x fällt. Anders ausgedrückt: Das y-Ereignis A_y tritt genau dann ein, wenn das zugehörige Urbildereignis A_x eintritt. Damit sind aber notwendig beide Ereignisse, die ja letzten Endes nur verschiedene Beschreibungen ein und desselben Sachverhaltes sind, gleich wahrscheinlich. Es gilt also:

$$P_y(A_y) = P_x\big(A_x = t^{-1}(A_y)\big). \tag{2.10.1}$$

Damit ist die Wahrscheinlichkeitsverteilung P_y durch die Verteilung P_x dargestellt. Dieser Zusammenhang ist vollständig unabhängig davon, von welcher Art die Zufallsvariablen x und y sind, d.h. ob sie stetig oder diskret, ein- oder mehrdimensional sind. Abb. 2.10.1 veranschaulicht den in (2.10.1) ausgedrückten Sachverhalt daher auch in einer allgemeinen Form, die man sich einprägen sollte.

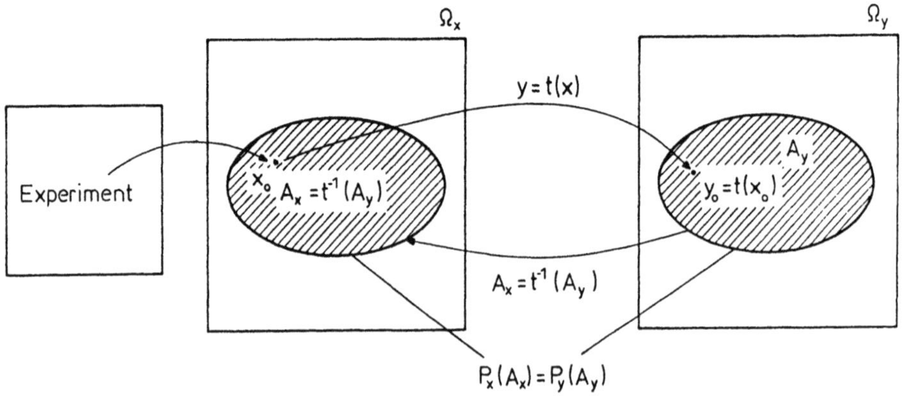

Abb. 2.10.1

Man nennt P_y die aus P_x durch die Abbildung $y = t(x)$ **erzeugte** oder **induzierte** Wahrscheinlichkeitsverteilung, oder auch die **Bildwahrscheinlichkeit** von P_x unter der Abbildung $y = t(x)$.

Auf ein häufiges Mißverständnis sei hingewiesen: Die beiden Ereignisse A_x und A_y hängen *nicht* so zusammen, daß A_x gewählt wird, und dann A_y die Menge aller Bilder $y = t(x)$ für $x \in A_x$ ist — dieses wäre das sogenannte *direkte* Bild von A_x. Sondern vielmehr wird A_y gewählt, und A_x ist die Menge aller Originalpunkte $x \in \Omega_x$ mit $t(x) \in A_y$, also das *Ur-* oder *inverse Bild* von A_y. Das ist i.a. ein wesentlicher Unterschied.

Beispiel 2.10.1 Urbild und direktes Bild von Ereignissen

Betrachten wir etwa die Abbildung $y = x^2$ und sei $A_y = [1,4]$ (siehe Abb. 2.10.2). Dann ist $A_x = t^{-1}(A_y) = [-2,-1] \cup [1,2]$ das Urbild von A_y. Wählt man hingegen $A'_x = [1,2]$, dann ist das direkte Bild von A'_x offenbar ebenfalls $A_y = [1,4]$, aber A'_x ist nicht identisch mit $A_x = t^{-1}(A_y)$, und es gilt i.a. auch nicht $P_y(A_y) = P_x(A'_x)$, denn fällt die x-Beobachtung etwa in das Intervall $A_x = [-2,-1]$, dann ist zwar A_y realisiert, nicht aber A'_x. Entscheidend ist eben, daß $A_x = t^{-1}(A_y)$ und A_y stets gleichzeitig realisiert oder nicht realisiert werden. Man mache sich klar, daß die in diesem Beispiel beschriebene Situation immer dann auftritt, wenn die Abbildung $y = t(x)$, so wie $y = x^2$, nicht umkehrbar eindeutig ist.

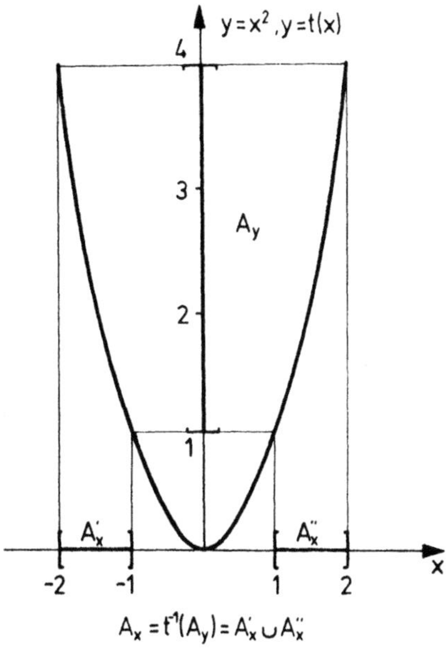

Abb. 2.10.2

Durch die Beziehung (2.10.1) ist die Wahrscheinlichkeitsverteilung P_y durch die bekannte Verteilung P_x ausgedrückt. Andererseits wissen wir, daß die Verteilung P_y durch ihre Dichte f_y bzw. ihre Verteilungsfunktionen F_y vollständig bestimmt ist, und in der Tat benötigt man diese Funktionen für die praktische Arbeit mit Wahrscheinlichkeitsverteilungen. Wir stellen uns daher die Aufgabe, f_y bzw. F_y durch die entsprechenden Funktionen f_x und F_x auszudrücken.

1. Der diskrete Fall

Sei x eine diskrete Zufallsvariable mit dem endlichen oder abzählbar unendlichen Wertebereich Ω_x, der Verteilung P_x mit Dichte f_x bzw. Verteilungsfunktion F_x, und sei $y = t(x)$ irgendeine Funktion von x. Dann ist auch der Wertebereich $\Omega_y = \{y: y = t(x), x \in \Omega_x\}$ höchstens abzählbar unendlich, und wir erhalten aus (2.10.1) sofort die Darstellung der Dichte f_y durch die Dichte f_x:

$$f_y(y_o) = P_y(\{y_o\}) = P_x(\{x: t(x) = y_o\} = t^{-1}(\{y_o\})) = \sum_{x: t(x)=y_o} f_x(x), \tag{2.10.2}$$

d.h. $f_y(y_o)$, die P_y-Wahrscheinlichkeit des Elementarereignisses $\{y_o\}$, ist gleich der P_x-Wahrscheinlichkeit des Urbildes $t^{-1}(\{y_o\}) = \{x: t(x) = y_o\}$, einer jedenfalls höchstens abzählbar unendlichen Menge. Für die Verteilungsfunktion F_y erhalten wir:

$$F_y(y_o) = P_y(y \leq y_o) = P_x(\{x : t(x) \leq y_o\}) = \sum_{x:t(x)\leq y_o} f_x(x).$$

Beispiel 2.10.2 Sei x Poisson-verteilt nach $\mathbf{P}_\mu$ und sei $y = t(x)$ definiert durch:

$$y = t(x) = k \quad \text{für} \quad 10k \leq x < 10(k+1) \qquad k = 0, 1, \ldots$$

Abb. 2.10.3 zeigt den Verlauf dieser Funktion. y gibt offenbar die Nummer k derjenigen Dekade an, in der x liegt. Die Dichte f_y ergibt sich nach (2.10.2) zu:

$$f_y(k) = \sum_{x:t(x)=k} f_x(x) = \sum_{x=10k}^{10k+9} \frac{\mu^x}{x!} e^{-x} \qquad k = 0, 1, \ldots$$

und damit kann f_y, für gegebenes μ, sofort aus einer Tabelle der Poisson-Verteilung bestimmt werden. Abb. 2.10.3 zeigt f_x und f_y für $x \sim \mathbf{P}_{20}$.

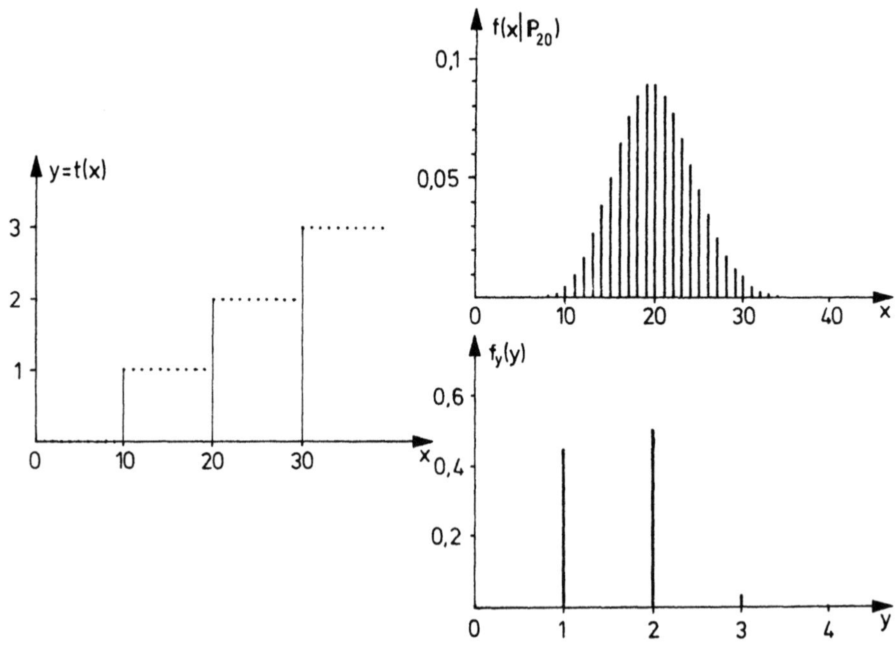

Abb. 2.10.3

2. Der stetige Fall

Die zu (2.10.2) analoge Formel führt hier nicht zum Ziel. Vielmehr müßte man, um gleich die Dichte f_y zu bestimmen, ein Intervall $[y_o, y_o + h]$ nehmen, $P_y([y_o, y_o + h])$ durch P_x ausdrücken und dann h gegen Null streben lassen. Sauberer und einfacher ist es aber, zunächst die Verteilungsfunktionen F_y zu berechnen und aus ihr durch Differentiation die Dichte f_y abzuleiten. Freilich können wir hier nicht mehr, wie im diskreten Fall, völlig allgemein eine beliebige Transformation $y = t(x)$ zulassen, sondern wir beschränken uns zunächst auf stetige, differenzierbare und streng monotone Funktionen $y = t(x)$, wie sie in den allermeisten Anwendungen vorliegen und zeigen anschließend, wie man bei Funktionen $y = t(x)$ verfährt, die abschnittsweise die genannten Eigenschaften besitzen.

Sei zunächst $y = t(x)$ als stetig, differenzierbar und streng monoton wachsend vorausgesetzt, und sei $x = s(y) = t^{-1}(y)$ die dann ebenfalls stetige, differenzierbare und streng monoton wachsende Umkehrfunktion. Dann gilt $t^{-1}\big((-\infty, y]\big) = (-\infty, s(y)]$ (siehe Abb. 2.10.4) und daher folgt:

$$F_y(y) = P_y\big((-\infty, y]\big) = P_x\big((-\infty, s(y)]\big) = F_x\big(s(y)\big). \qquad (2.10.3)$$

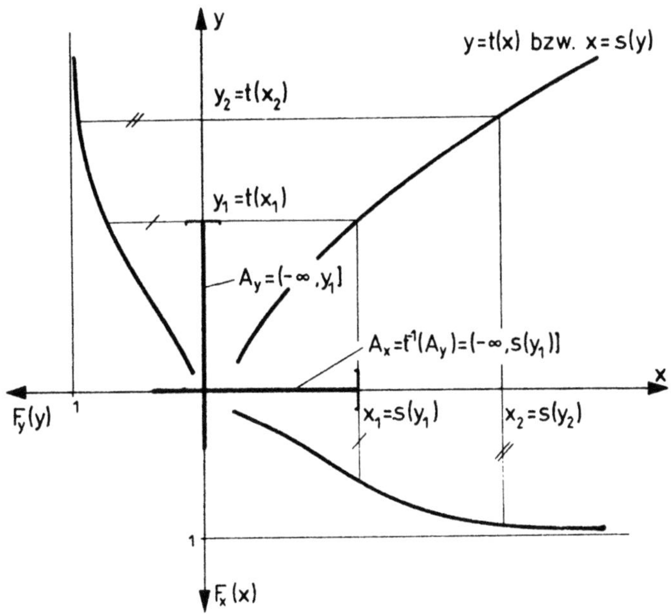

Abb. 2.10.4

Aus (2.10.3) ergibt sich durch Differentiation die Dichte f_y:

$$f_y(y) = \frac{d}{dy} F_x\big(s(y)\big) = f_x\big(s(y)\big)\frac{ds(y)}{dx}. \qquad (2.10.4)$$

(2.10.3) zeigt, daß bei monoton wachsender Transformation $y = t(x)$ die Verteilungsfunktionen F_x und F_y an korrespondierenden Stellen $y_o = t(x_o)$ bzw. $x_o = s(y_o)$ übereinstimmen. Für die Dichten f_x, f_y ist das nach (2.10.4) jedoch *nicht* der Fall, obwohl man dieses, geleitet durch die Situation im diskreten Fall, vielleicht erwarten würde.

Der Zusammenhang zwischen den Verteilungsfunktionen F_x und F_y läßt sich auch so veranschaulichen — und diese Methode ist wohl die einfachste und den Anwendungen am nächsten liegende —, daß man die Abszissenachse als x- und als y-Achse beschriftet und zwar so, daß die zu einem beliebigen Punkt gehörigen x- und y-Werte durch die Beziehungen $y = t(x)$ bzw. gleichwertig $x = s(y)$ zusammenhängen. Dann stimmen die Bilder von $F_x(x)$ und $F_y(y)$ überein. Abb. 2.10.5 zeigt diese Darstellung für die Transformation $y = log_{10}x$ bzw. $x = 10^y$. Dabei ist die x-Skala in gleichen Abständen, also linear geteilt.

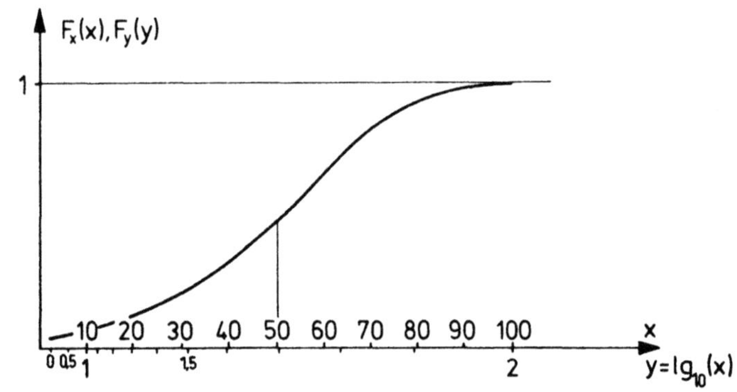

Abb. 2.10.5

Teilt man hingegen die y-Skala linear, dann gewinnt man für die gleichen Verteilungsfunktionen $F_x(x)$ und $F_y(y)$ den in Abb. 2.10.6 dargestellten Graphen.

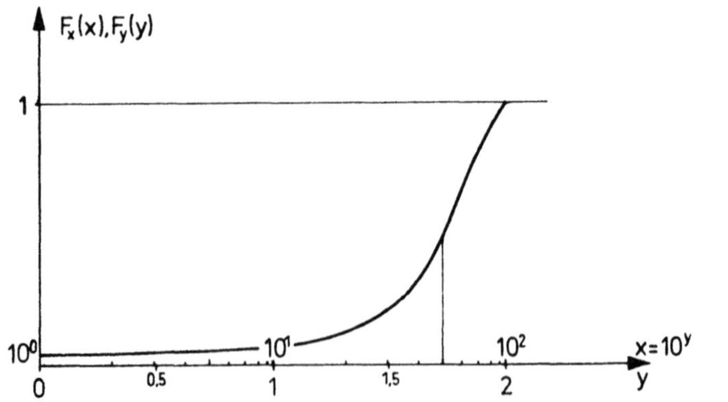

Abb. 2.10.6

Die dabei entstehende Teilung der x-Achse ist die übliche *logarithmische Skala*.

Wir kommen zum zweiten Fall, wo die Transformation $y = t(x)$ stetig, differenzierbar und streng monoton fallend ist. Die Umkehrfunktion $x = s(y) =$

$= t^{-1}(y)$ besitzt die gleichen Eigenschaften und es gilt, wegen $t^{-1}\big((-\infty, y]\big) =$ $= [s(y), \infty)$ (siehe Abb. 2.10.7):

$$F_y(y) = P_y\big((-\infty, y]\big) = P_x\big([s(y), \infty)\big) = 1 - F_x\big(s(y)\big). \qquad (2.10.5)$$

Durch Differentiation gewinnen wir die Dichte f_y:

$$f_y(y) = \frac{d}{dy}\big(1 - F_x(s(y))\big) = -f_x\big(s(y)\big)\frac{ds(y)}{dy}. \qquad (2.10.6)$$

Man beachte, daß $ds(y)/dy$ hier negativ ist und damit, wie es ja sein muß, f_y schließlich wieder positiv ausfällt.

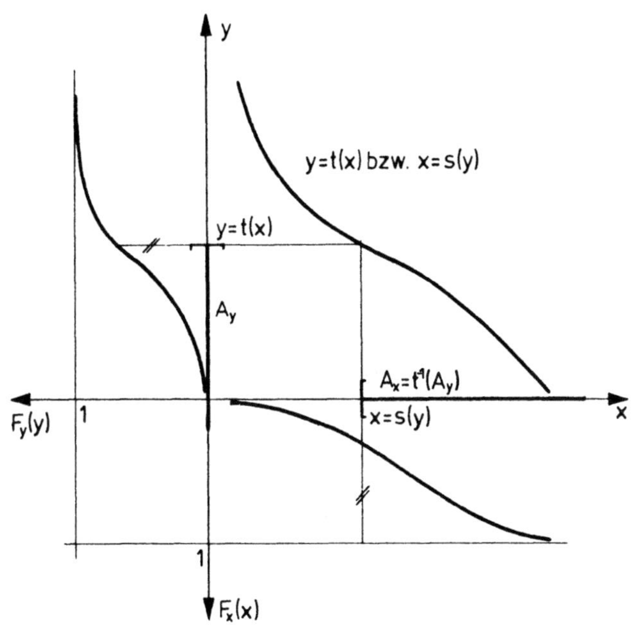

Abb. 2.10.7

Wir fassen unsere Ergebnisse in einem Satz zusammen:

Satz 2.10.1 *Bildwahrscheinlichkeit bei monotoner Transformation*
Sei x eine stetige Zufallsvariable, verteilt nach P_x, mit Dichte f_x und Verteilungsfunktion F_x. Sei weiters $y = t(x)$ eine stetige, differenzierbare und streng monotone Transformation, sowie $x = s(y)$ ihre Umkehrung, und seien f_y und F_y Dichte bzw. Verteilungsfunktion der Bildwahrscheinlichkeit P_y von y.
Ist $y = t(x)$ wachsend, dann gilt:

$$F_y(y) = F_x\big(s(y)\big),$$

ist $y = t(x)$ fallend, dann gilt:

$$F_y(y) = 1 - F_x\big(s(y)\big).$$

In beiden Fällen ist:

$$f_y(y) = f_x\big(s(y)\big)\left|\frac{ds(y)}{dy}\right|.$$

Beispiel 2.10.3 Logarithmische Normalverteilung $\mathbf{LogN}(\alpha,\beta)$
Sei x nach $\mathbf{N}(\mu,\sigma^2)$ verteilt, und sei $y = e^x = t(x)$ bzw. $x = ln\,y = s(y)$. Es ist $\Omega_y = \mathbf{R}_+$, und für die Dichte $f_y(y)$ erhalten wir nach Satz 2.10.1:

$$f_y(y) = f_x\big(s(y)\big)\left|\frac{ds(y)}{dy}\right| = \frac{1}{\sqrt{2\pi}\sigma}exp\Big(-\frac{(ln\,y-\mu)^2}{2\sigma^2}\Big)\frac{1}{y} \quad \text{für} \quad y > 0.$$

Wir setzen $\mu = ln\,\alpha$ und $\sigma = ln\,\beta$ und schreiben $f_y(y)$ in der Form:

$$f_y(y) = \frac{1}{\sqrt{2\pi}ln\,\beta}\cdot\frac{1}{y}\cdot exp\left(-\frac{ln^2(y/\alpha)}{2ln^2\beta}\right).$$

Man erkennt an dieser Darstellung der Dichte $f_y(y)$, daß α ein Skalen- und β ein Formparameter ist (der Begriff *Skalenparameter* wird in Abschnitt 2.11 besprochen). Abb. 2.10.8 zeigt den Verlauf dieser Dichten für $\alpha = 1$ und verschiedene β-Werte. Man sagt, y besitzt eine **logarithmische Normalverteilung** mit den Parametern $\alpha(>0)$ und $\beta(>1)$. Die Familie der logarithmischen Normalverteilungen bezeichnen wir mit dem Symbol $\mathbf{LogN}(\alpha,\beta)$. Wir stellen noch einmal den Zusammenhang mit der Normalverteilung heraus:

$$y \sim \mathbf{LogN}(\alpha,\beta) \quad\Longleftrightarrow\quad x = ln\,y \sim \mathbf{N}(ln\,\alpha, ln^2\,\beta).$$

Es ist interessant, daß die Verteilung der Korndurchmesser von Mahlgut (Sand, Schotter, Kristallzucker ...) sehr genau durch die logarithmische Normalverteilung beschrieben wird.

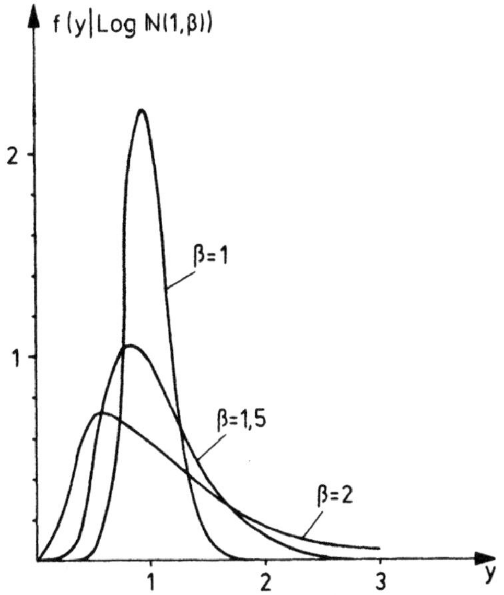

Abb. 2.10.8

Beispiel 2.10.4 Standardisierung der Normalverteilung
Sei x nach $\mathbf{N}(\mu,\sigma^2)$ verteilt und sei $y = (x-\mu)/\sigma = t(x)$, mit der Umkehrung $x = \mu + \sigma y = s(y)$. Die Transformation $x \to y$ bedeutet, daß μ als neuer Koordinatenursprung und σ als neue Einheit eingeführt wird. Es ist dann, wegen $ds(y)/dy = \sigma$:

$$f_y(y) = f_x\big(s(y)\big)\left|\frac{ds(y)}{dy}\right| = \frac{1}{\sqrt{2\pi}\sigma}\, e^{-\frac{\left((\mu+\sigma y)-\mu\right)^2}{2\sigma^2}} \cdot \sigma = \frac{1}{\sqrt{2\pi}} e^{-\frac{y^2}{2}},$$

d.h. die neue Variable y ist nach $\mathbf{N}(0,1)$, also standard-normalverteilt. Wir kommen auf Fragen der *Standardisierung* bzw. allgemeiner der linearen Transformation von Zufallsgrößen im Abschnitt 2.11 noch ausführlich zu sprechen.

Wir haben bisher stetige, differenzierbare und monotone Transformationen $y = t(x)$ betrachtet. Damit kommt man in den Anwendungen nicht immer aus. Zum Beispiel hat man häufig die Verteilung von $y = x^2$ aus derjenigen von x zu bestimmen. Wir setzen daher nur mehr voraus, daß $y = t(x)$ stetig und differenzierbar sei, und daß die Gleichung $t(x) = y$, für jedes y, endlich viele Lösungen $x_1 = s_1(y) \dots x_k = s_k(y)$ besitzen möge, wobei die Anzahl k dieser Lösungen von y abhängen kann. Abb. 2.10.9 zeigt einen typischen Fall. Die Transformation $y = t(x)$ ist stückweise monoton, und für den gewählten y-Wert besitzt die Gleichung $t(x) = y$ die Lösungen $x_1 \dots x_5$.

Wir bleiben bei diesem Beispiel und bestimmen das Urbild des Ereignisses $A_y = (-\infty, y]$. Es ist offenbar:

$$t^{-1}\big((-\infty,y]\big) = \{x\colon t(x) \le y\} = (-\infty,x_1] \cup [x_2,x_3] \cup [x_4,x_5],$$

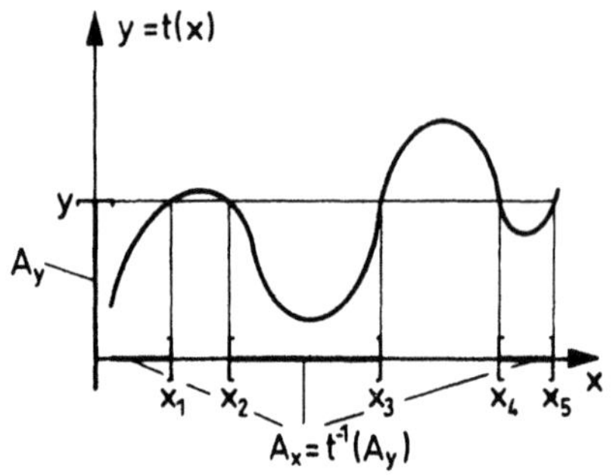

Abb. 2.10.9

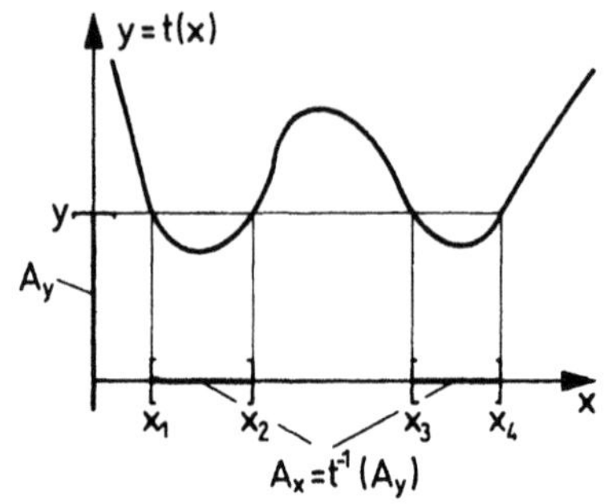

Abb. 2.10.10

und somit gilt:

$$F_y(y) = F_x(x_1) - F_x(x_2) + F_x(x_3) - F_x(x_4) + F_x(x_5).$$

Die Dichte $f_y(y)$ folgt durch Differentiation nach y, wobei natürlich $x_j = s_j(y)$ zu setzen ist:

$$f_y(y) = \sum_{j=1}^{5} f_x\big(s_j(y)\big)(-1)^{j-1}\frac{ds_j(y)}{dy} = \sum_{j=1}^{5} f_x\big(s_j(y)\big)\left|\frac{ds_j(y)}{dy}\right|,$$

denn, wie man aus Abb. 2.10.9 entnimmt, ist $(-1)^{j-1}ds_j(y)/dy$ immer positiv.

Dieses Beispiel stellt aber in der Tat bereits im wesentlichen die allgemeine Situation dar, wobei zwei Fälle zu unterscheiden sind.

Fall 1: $y = t(x)$ ist monoton wachsend für $x < x_1 = s_1(y)$, wie in Abb. 2.10.9, dann gilt allgemein:

$$F_y(y) = \sum_{j=1}^{k}(-1)^{j-1}F_x\big(s_j(y)\big) + \frac{1}{2}\big(1 + (-1)^k\big), \tag{2.10.7}$$

und daher:

$$f_y(y) = \sum_{j=1}^{k} f_x\big(s_j(y)\big)\Big|\frac{ds_j(y)}{dy}\Big|. \tag{2.10.8}$$

Der letzte Summand in (2.10.7) ist offenbar 1 oder 0 je nachdem, ob k gerade oder ungerade ist. Dies deswegen, weil $t^{-1}\big((-\infty, y]\big) = (-\infty, x_1] \cup \ldots \cup (x_{k-1}, x_k]$, für ungerades k, und $t^{-1}\big((-\infty, y]\big) = (-\infty, x_1] \cup \ldots \cup (x_k, \infty)$, für gerades k ist.

Fall 2: $y = t(x)$ ist monoton fallend für $x < x_1 = s_1(y)$, wie in Abb. 2.10.10. In diesem Fall ist:

$$F_y(y) = \sum_{j=1}^{k}(-1)^j F_x\big((s_j(y)\big) + \frac{1}{2}\big(1 - (-1)^k\big) \tag{2.10.9}$$

und somit wieder:

$$f_y(y) = \sum_{j=1}^{k} f_x\big(s_j(y)\big)\Big|\frac{ds_j(y)}{dy}\Big|. \tag{2.10.10}$$

Die Formeln (2.10.7) bis (2.10.10) enthalten natürlich die Aussage von Satz 2.10.1 als Spezialfall.

Beispiel 2.10.5 Verteilung von $y = x^2$ bei $x \sim \mathbf{N}(0,1)$.
Sei x nach $\mathbf{N}(0,1)$ verteilt, und sei $y = x^2 = t(x)$, mit Wertebereich $\Omega_y = \mathbf{R}_+$. Die beiden Lösungen der Gleichung $x^2 = y$ sind $x_1 = -\sqrt{y} = s_1(y)$ und $x_2 = +\sqrt{y} = s_2(y)$ (siehe Abb. 2.10.11).

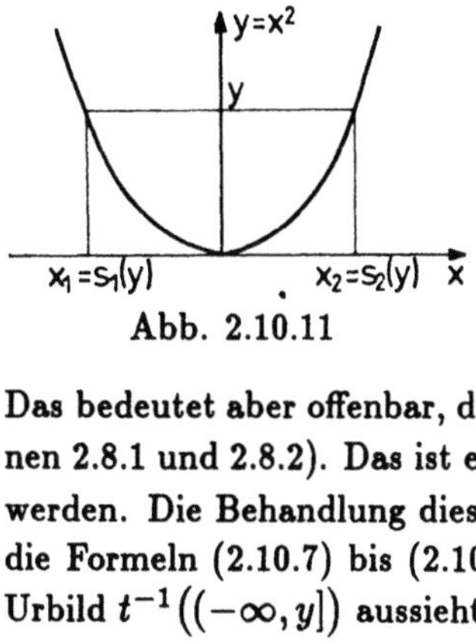

Abb. 2.10.11

Es ist $t^{-1}\big((-\infty,y]\big) = [x_1,x_2]$ und damit: $F_y(y) = -F_x\big(s_1(y)\big) + F_x\big(s_2(y)\big) = -\Phi(-\sqrt{y}) + \Phi(\sqrt{y})$.
$f_y(y) = \varphi(-\sqrt{y})\frac{1}{2\sqrt{y}} + \varphi(\sqrt{y})\frac{1}{2\sqrt{y}} = \varphi(\sqrt{y})\frac{1}{\sqrt{y}} = \frac{1}{\sqrt{2\pi}}e^{-y/2}\frac{1}{\sqrt{y}} = \frac{y^{1/2-1}}{\Gamma(1/2)2^{1/2}}e^{-y/2}$.

Das bedeutet aber offenbar, daß y nach $\mathbf{\Gamma}(\frac{1}{2},2) = \chi_1^2$ verteilt ist (siehe die Definitionen 2.8.1 und 2.8.2). Das ist ein wichtiges Ergebnis, dessen wir uns noch oft bedienen werden. Die Behandlung dieses Beispiels zeigt auch, daß man nicht einfach blind in die Formeln (2.10.7) bis (2.10.10) einsetzt, sondern sich jedesmal überlegt, wie das Urbild $t^{-1}\big((-\infty,y]\big)$ aussieht. Alles Weitere ergibt sich dann von selbst.

Wir wollen noch eine andere Methode der Herleitung von (2.10.8) bzw. (2.10.10) skizzieren, die einerseits auch auf den Fall von mehrdimensionalen Zufallsvariablen übertragen werden kann und andererseits sehr einprägsam ist. Sei wieder $y = t(x)$ eine stetige und differenzierbare Abbildung, die in endlich viele, streng monotone Abschnitte zerfällt, so daß die Gleichung $t(x) = y$ immer nur endlich viele Lösungen $x_1 = s_1(y) \dots x_k = s_k(y)$ besitzt. Abb. 2.10.12 zeigt eine derartige Transformation, und wir beziehen uns im weiteren auf dieses Bild.

Die Wahrscheinlichkeit des kleinen Intervalls $[y, y+\triangle y]$, ausgedrückt durch die Dichte f_y ist, für stetiges f_y, gegeben durch:

$$P_y\big([y, y+\triangle y]\big) = \int_y^{y+\triangle y} f_y(t)dt = \triangle y f_y(y) + o(\triangle y). \tag{2.10.11}$$

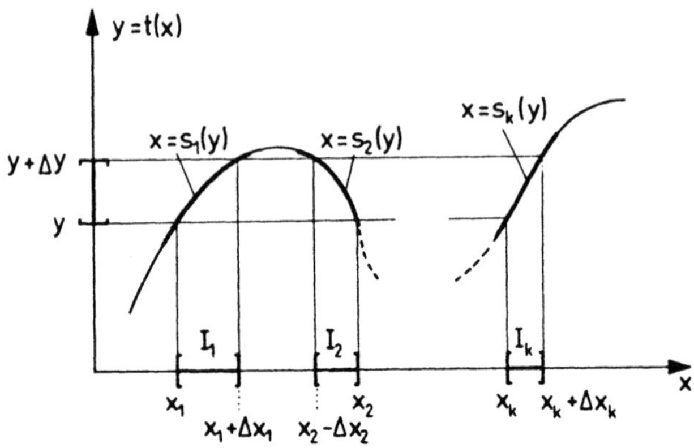

Abb. 2.10.12

Bemerkung: Wir benützen hier und in Zukunft gelegentlich die für Abschätzungen überaus nützlichen Landau-Symbole $o(\triangle)$ bzw. $O(\triangle)$. $o(\triangle)$ steht für eine beliebige Funktion von $\triangle$, die für $\triangle \to 0$ schneller gegen Null geht als $\triangle$ selbst, d.h. für die gilt: $\lim_{\triangle\to 0} o(\triangle)/\triangle = 0$. Dagegen bezeichnet $O(\triangle)$ eine Funktion von $\triangle$, die für $\triangle \to 0$ nicht langsamer gegen Null geht als $\triangle$, d.h. es gilt $|O(\triangle)/\triangle| \leq c$ für eine geeignete Konstante c. Mit diesen Symbolen vereinfacht sich die Behandlung von Restgliedern bei Abschätzungen oft ganz erheblich, und häufig wird mit ihrer Hilfe, aus einer Rechnung, die sonst nur eine Plausibilitätsbetrachtung geblieben wäre, ein sauberer Beweis.

Es ist $t^{-1}([y, y + \triangle y]) = I_1 \cup \ldots \cup I_k$, mit $I_j = [x_j, x_j + \triangle x_j]$ bzw. $I_j = [x_j - \triangle x_j, x_j]$, und daher hat man:

$$P_y([y, y + \triangle y]) = P_x(I_1 \cup \ldots \cup I_k) = \sum_{j=1}^{k} (\triangle x_j f_x(x_j = s_j(y)) + o(\triangle x_j)). \tag{2.10.12}$$

Beachtet man noch:

$$\triangle x_j = \triangle y \left| \frac{ds_j(y)}{dy} \right| + o(\triangle y)$$

und setzt dies in (2.10.12) ein, dann folgt:

$$P_y([y, y + \triangle y]) = \triangle y \sum_{j=1}^{k} f_x(s_j(y)) \left| \frac{ds_j(y)}{dy} \right| + o(\triangle y). \tag{2.10.13}$$

Setzt man (2.10.11) und (2.10.13) gleich, dividiert durch $\triangle y$ und läßt schließlich $\triangle y \to 0$ streben, dann folgt, wegen $o(\triangle y)/\triangle y \to 0$, die Beziehung (2.10.8) bzw. (2.10.10).

Man lasse sich nicht durch die vielleicht etwas ungewohnte Landau-Symbolik verwirren und lese die Ableitung zunächst ohne Restglieder. Dann ist sie zwar nur eine Plausibilitätsbetrachtung, aber sie enthält das Wesentliche, und das sollte dann auch plausibel werden, denn die benützte Methode werden wir, wie bereits betont, im Falle mehrdimensionaler Zufallsgrößen ebenfalls anwenden. Ein ganz strenger Beweis ist die obige Herleitung aber immer noch nicht, weil wir für (2.10.11) die Stetigkeit von f_y, wenigstens in einer Umgebung von y, voraussetzen mußten. Es wurde aber auch nur eine Beweisskizze versprochen, denn wir haben ja in diesem Buch generell das Prinzip, daß wir uns nicht durch übertriebene Anforderungen an die mathematische Strenge der Beweise, die auf diesem Niveau auch gar nicht erfüllt werden könnten, die Freude an der Wahrscheinlichkeitsrechnung und Statistik verderben lassen wollen.

2.11 Lage- und Skalenfamilien von Verteilungen

Wir knüpfen an das Thema des vorigen Abschnittes an und betrachten ein Experiment $\mathcal{E}$, dessen Versuchsausgänge durch die stetige Zufallsvariable x beschrieben sei. x sei verteilt nach P_x, mit Dichte f_x und Verteilungsfunktion F_x. Wählt man auf der x-Skala einen beliebigen Punkt $x_o = a$ als Bezugspunkt, dann kann man die Versuchsausgänge auch durch die Variable $y = x - a$, die Abweichung des Wertes x von diesem Bezugspunkt, beschreiben. Wählt man eine neue Maßeinheit b, dann bedeutet dies, daß die Versuchsausgänge nunmehr durch die Variable $y = x/b$ beschrieben werden. Führt man sowohl einen neuen Bezugspunkt $x_o = a$, als auch eine neue Maßeinheit b ein, dann beschreibt man die Versuchsausgänge durch die Variable $y = (x - a)/b$.

Die Einführung des Bezugspunktes $x_o = a$ bewirkt, daß die y-Skala gegenüber der x-Skala in ihrer Lage parallel verschoben aber sonst gleich geteilt ist, die Wahl einer neuen Maßeinheit b bewirkt eine proportionale Streckung der y-Skala in bezug auf die x-Skala, die Wahl von a und b zugleich bewirkt beides, Verschiebung und Streckung. Abb. 2.11.1 veranschaulicht diese Verhältnisse.

Es liegt daher nahe, die Abbildungen $y = x - a, y = x/b, y = (x - a)/b$ bzw. **Lage-, Skalen-** sowie **allgemeine Lage- und Skalentransformation** und die Größen a und b **Lage-** bzw. **Skalenparameter** zu nennen. Die Darstellungen von F_y durch F_x bzw. f_y durch f_x und umgekehrt folgen sofort aus Satz 2.10.1, denn alle Transformationen sind, wegen $b > 0$, streng monoton wachsend. Es genügt offenbar, die Beziehungen für die allgemeine Lage- und Skalentransformation anzugeben, denn die anderen beiden Fälle folgen ja durch die Spezialisierung $b = 1$ bzw. $a = 0$.

Für $y = (x - a)/b = t(x)$ und $x = by + a = s(y)$ ergibt sich ($b > 0$):

$$F_y(y) = F_x(by + a) \quad \text{bzw.} \quad F_x(x) = F_y\left(\frac{x-a}{b}\right), \tag{2.11.1}$$

$$f_y(y) = bf_x(by + a) \quad \text{bzw.} \quad f_x(x) = \frac{1}{b} f_y\left(\frac{x-a}{b}\right). \tag{2.11.2}$$

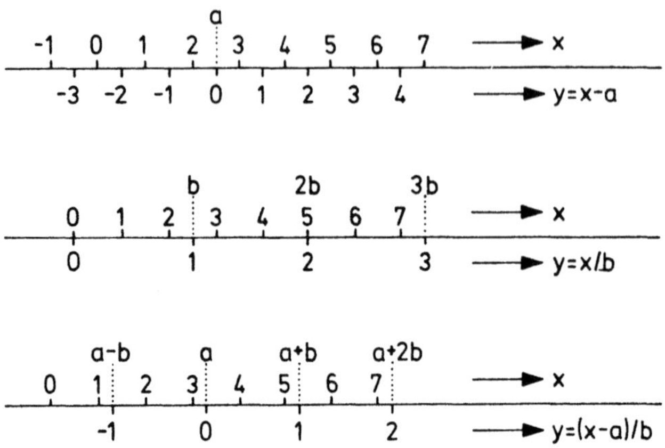

Abb. 2.11.1

Die Dichten f_y und Verteilungsfunktionen F_y gehen aus f_x bzw. F_x offenbar durch Verschiebungen und/oder Streckungen hervor, haben also alle, *im wesentlichen*, die gleiche Gestalt. Die betrachteten Transformationen sind in der naturwissenschaftlichen und damit auch in der statistischen Praxis an der Tagesordnung, und deshalb ist es zweckmäßig, die durch sie, aus einer festen Wahrscheinlichkeitsverteilung P erzeugten Verteilungsfamilien besonders zu benennen.

Definition 2.11.1 *Lage- und Skalenfamilien von Verteilungen*

Sei P eine stetige Wahrscheinlichkeitsverteilung mit Dichte $f(.|P)$ und Verteilungsfunktion $F(.|P)$. Man nennt die Familie der Wahrscheinlichkeitsverteilungen $(P_{a,b}: a \in \mathbf{R}, b > 0)$, deren Verteilungsfunktionen $F(.|P_{a,b})$ und Dichten $f(.|P_{a,b})$ gegeben sind durch:

$$F(x|P_{a,b}) = F(\frac{x-a}{b}|P), \quad f(x|P_{a,b}) = \frac{1}{b} f(\frac{x-a}{b}|P), \tag{2.11.3}$$

die von P erzeugte **Lage- und Skalenfamilie.** *Die Teilfamilie $(P_{a,1}: a \in \mathbf{R})$ heißt die von P erzeugte* **Lagefamilie,** *die Teilfamilie $(P_{0,b}: b > 0)$, die von P erzeugte* **Skalenfamilie.** *Die Parameter a und b heißen* **Lage-** *bzw.* **Skalenparameter.**

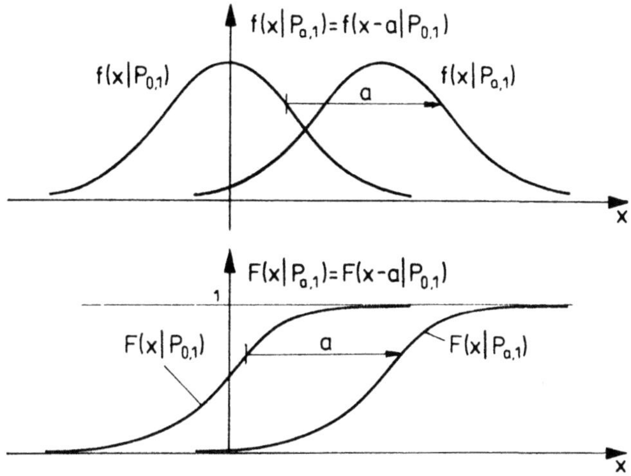

Abb. 2.11.2

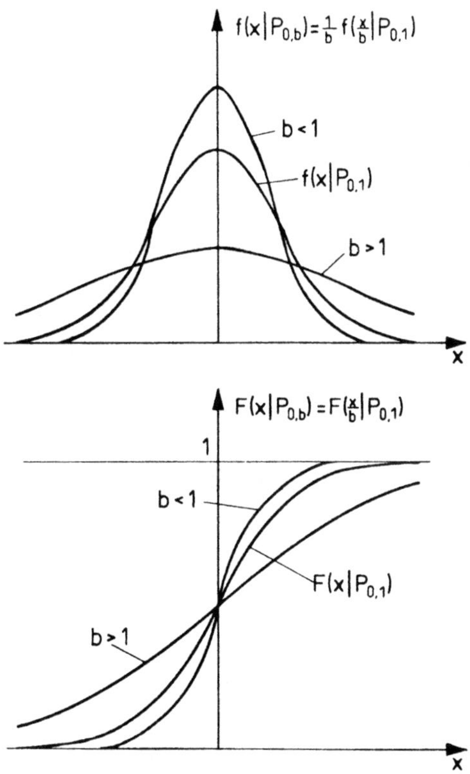

Abb.2.11.2 und Abb.2.11.3 zeigen Verteilungsfunktionen und Dichten der von einer Verteilung P erzeugten Lage- bzw. Skalenfamilie. Verteilungsfunktionen und Dichten der allgemeinen Lage- und Skalenfamilie entstehen durch Verschiebung der Verteilungsfunktionen und Dichten der Skalenfamilie in x-Richtung.

Abb. 2.11.3

Bemerkungen: 1. Die Verteilung $P_{0,1}$ ist offenbar mit P identisch.

2. Die drei Verteilungsfamilien $(P_{a,b}), (P_{a,1})$ und $(P_{0,b})$ sind in dem Sinne abgeschlossen, daß sie von jedem ihrer Elemente auf die gleiche Weise erzeugt

werden, wie sie aus $P = P_{0,1}$ entstehen.
Präzise gesprochen: Sind $P_{a_0,b_0}, P_{a_0,1}, P_{0,b_0}$ irgendwelche Verteilungen aus den betrachteten Familien und bezeichnen wir diese Verteilungen mit Q, dann gilt:

$$(Q_{a,b}) = (P_{a,b}), \quad (Q_{a,1}) = (P_{a,1}), \quad (Q_{0,b}) = (P_{0,b}).$$

Das sollte einem anschaulich vor Augen stehen, wenn man sich die Bedeutung der Definition 2.11.1 vergegenwärtigt. Natürlich kann und soll man es auch formal zeigen. Wir führen den Nachweis zunächst für den Fall $(Q_{a,b}) = (P_{a,b})$. Wegen (2.11.3) gilt:

$$F(x|Q = P_{a_0,b_0}) = F(\frac{x - a_0}{b_0}|P)$$

und damit:

$$F(x|Q_{a_1,b_1}) = F(\frac{x - a_1}{b_1}|Q) = F(\frac{(x - a_1)/b_1 - a_0}{b_0}|P) =$$
$$= F(\frac{x - (a_1 + b_1 a_0)}{b_1 b_0}|P) = F\big(x|P_{a_1+b_1a_0,b_1b_0}\big),$$

d.h. es gilt $Q_{a_1,b_1} = P_{a_1+b_1a_0,b_1b_0}$ und damit $(Q_{a,b}) \subset (P_{a,b})$. Setzt man andererseits $a_1 = a - a_0 b/b_0$ und $b_1 = b/b_0$, dann ist $Q_{a_1,b_1} = P_{a,b}$ und somit folgt: $(Q_{a,b}) \supset (P_{a,b})$. Das heißt aber, die Familien $(P_{a,b})$ und $(Q_{a,b})$ sind identisch. Die anderen beiden Fälle ergeben sich sofort durch die Spezialisierung $b_0 = b_1 = b = 1$ bzw. $a_0 = a_1 = a = 0$.

3. Aus (2.11.3) folgt: Ist x nach $P_{a,b}$ verteilt, dann besitzt $y = (x - a)/b$ die Verteilung $P_{0,1}$. Die Nutzanwendung für die Praxis ist zunächst die, daß man mit einer Tabelle der Verteilung $P_{0,1}$ die ganze Familie $(P_{a,b})$ tabelliert hat, denn ist $x \sim P_{a,b}$, dann gilt: $F(x|P_{a,b}) = F\big(\frac{x-a}{b}|P_{0,1}\big)$, und mit einer Tabelle der Verteilungsfunktion $F(x|P_{0,1})$ kann die gewünschte Wahrscheinlichkeit bestimmt werden.

Beispiel 2.11.1 Die Lage- und Skalenfamilie $\big(\mathbf{N}(\mu, \sigma^2): \mu \in \mathbf{R}, \sigma > 0\big)$
Wir betrachten als Sonderfall die Familie der Normalverteilungen $\mathbf{N}(\mu, \sigma^2)$. Für die Verteilungsfunktion $F\big(x|\mathbf{N}(\mu, \sigma^2)\big)$ gilt (siehe Satz 2.7.2):

$$F\big(x|\mathbf{N}(\mu, \sigma^2)\big) = F\big(\frac{x - \mu}{\sigma}|\mathbf{N}(0,1)\big) = \Phi\big(\frac{x - \mu}{\sigma}\big), \tag{2.11.4}$$

d.h. für $P = P_{0,1} = \mathbf{N}(0,1)$ gilt, mit den Bezeichnungen von Definition 2.11.1: $P_{\mu,\sigma} = \mathbf{N}(\mu, \sigma^2)$. Die Familie der Normalverteilungen ist daher die von $\mathbf{N}(0,1)$ $\big($bzw. von jeder anderen $\mathbf{N}(\mu_0, \sigma_0^2)\big)$ erzeugte Lage- und Skalenfamilie.

Die Auszeichnung der Verteilung $\mathbf{N}(0,1)$, als *Erzeuger* dieser Familie, ist zwar an und für sich willkürlich, aber zweckmäßig, denn die Parameter μ bzw. σ haben für die Verteilung $\mathbf{N}(\mu, \sigma^2)$, wie wir noch sehen werden, die Bedeutung Mittel und Standardabweichung. Die Verteilung $\mathbf{N}(0,1)$ hat Mittel 0 und Standardabweichung 1. Mit der besonderen Einfachheit, etwa der Dichte, ließe sich die Wahl von $\mathbf{N}(0,1)$ ja nicht rechtfertigen, denn die Dichte der Verteilung $\mathbf{N}(0,1/2)$ ist $e^{-x^2}/\sqrt{\pi}$ und damit sicher noch einfacher gebaut.

Beispiel 2.11.2 Die Skalenfamilie $(\mathbf{\Gamma}(\lambda,\mu): \mu > 0)$

Betrachten wir die Familie der Gammaverteilungen $\mathbf{\Gamma}(\lambda,\mu)$ (siehe Definition 2.8.1). Es gilt:

$$f\big(x|\mathbf{\Gamma}(\lambda,\mu)\big) = \frac{1}{\mu} f\big(\frac{x}{\mu}|\mathbf{\Gamma}(\lambda,1)\big).$$

D.h. die Familie $(\mathbf{\Gamma}(\lambda,\mu): \lambda \text{ fest}; \mu > 0)$ ist die von $\mathbf{\Gamma}(\lambda,1)$ erzeugte Skalenfamilie. λ ist natürlich hier kein Lageparameter, und die Gesamtfamilie $\big(\mathbf{\Gamma}(\lambda,\mu)\big)$ ist nicht etwa die von $\mathbf{\Gamma}(0,1)$ erzeugte Lage- und Skalenfamilie. Vielmehr haben die Dichten der von $\mathbf{\Gamma}(\lambda,1)$, bei festem λ, erzeugten Lage- und Skalenfamilie die Form:

$$f(x) = \begin{cases} \dfrac{(x-a)^{\lambda-1}}{\Gamma(\lambda)\mu^\lambda} e^{-\frac{(x-a)}{\mu}} & \text{für} \quad x > a, \\ 0 & \text{für} \quad x \leq a, \end{cases}$$

wobei hier a der Lage- und μ der Skalenparameter ist. (Die Wahl der Buchstaben für die einzelnen Parameter bei den verschiedenen Verteilungsfamilien ist meistens durch die Tradition fixiert und kann nicht ohne beträchtliche Konfusionen geändert werden.) Da die Form des Graphen der Dichte $f\big(x|\mathbf{\Gamma}(\lambda,\mu)\big)$ durch λ bestimmt wird (siehe Abb. 2.8.2), nennt man λ einen **Formparameter** der Familie $\big(\mathbf{\Gamma}(\lambda,\mu)\big)$.

Wir haben die Begriffsbildungen der Lage- und Skalenfamilien für stetige Verteilungen eingeführt. Die Übertragung auf diskrete Verteilungen bereitet keinerlei Probleme, besitzt aber für die statistischen Anwendungen wenig Bedeutung. In der Wahrscheinlichkeitstheorie freilich betrachtet man oft lineare Transformationen diskreter Zufallsgrößen. Wir diskutieren die Fragestellung nicht allgemein, sondern behandeln ein Beispiel, das alles Wesentliche zeigt.

Beispiel 2.11.3 Sei x nach $\mathbf{B}_{n,p}$ verteilt. x nimmt Werte aus $\Omega_x = \{0,1\ldots n\}$ an. Ist $y = (x-a)/b$, dann nimmt y Werte in $\Omega_y = \{\frac{0-a}{b}, \frac{1-a}{b} \ldots \frac{n-a}{b}\}$ an. Die Abbildung $x \longrightarrow y$ ist umkehrbar eindeutig, und damit haben die x-Elementarereignisse $x = x_0$ und die entsprechenden y-Elementarereignisse $y = \frac{x_0-a}{b} = y_0$ die gleiche Wahrscheinlichkeit. Für die Dichten f_x und f_y gilt daher:

$$f_x(x_0) = f_y\big(\frac{x_0-a}{b}\big) \qquad x_0 \in \Omega_x.$$

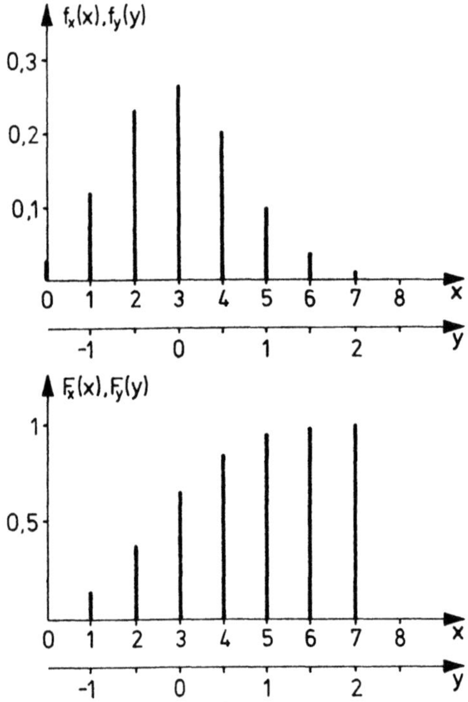

Abb. 2.11.4

Da die Abbildung $y = (x - a)/b$, für $b > 0$, monoton wachsend ist, ergibt sich für die Verteilungsfunktionen F_x und F_y die Beziehung:

$$F_x(x_0) = F_y\left(\tfrac{x_0 - a}{b}\right) \qquad x_0 \in \Omega_x.$$

Abb. 2.11.4 zeigt diese Zusammenhänge, die allein durch Umskalierung der Abszissenachse dargestellt werden können für $n = 10; p = 0,3; a = 3; b = 2$. Im Unterschied zu den Verhältnissen bei stetigen Verteilungen, stimmen hier nicht nur die Verteilungsfunktionen, sondern auch die Dichten, an korrespondierenden x, y-Stellen überein.

2.12 Simulation eindimensionaler Verteilungen

Wir stellen uns die Aufgabe, ein möglichst einfaches Modellexperiment, etwa ein Urnenexperiment, zu konstruieren, dessen Versuchsausgang x entweder exakt oder mit vorschreibbarer Näherung nach einer gegebenen Verteilung P_x verteilt ist.

Diskrete Verteilungen:

Seien x und P_x zunächst diskret, mit Wertebereich Ω_x und Dichte $f(.|P_x)$. Geben wir die Dichte auf k Dezimalen genau an, dann gewinnen wir, wenigstens im Prinzip, ein derartiges Modellexperiment, wenn wir eine Urne mit 10^k Kugeln füllen und für jedes $x_0 \in \Omega_x$ genau $n_{x_0} = 10^k \cdot f(x_0|P_x)$ Kugeln mit der Nummer x_0 beschriften. Ziehen wir dann zufällig eine Kugel, dann ist die Wahrscheinlichkeit für $x = x_0$ offensichtlich $f(x_0|P_x)$, auf k Dezimalen genau.

Weitaus weniger aufwendig und durchaus praktikabel ist es, aus einer Urne, mit 10 von 0 bis 9 beschrifteten Kugeln, k-mal, mit Zurücklegen, eine Kugel zu ziehen. Die 10^k verschiedenen Ziehungsfolgen $y = (y_1 \ldots y_k)$ sind offenbar alle gleichwahrscheinlich. y, als k-stellige ganze Zahl interpretiert, ist auf $\Omega_y = \{0, 1, \ldots, 10^k - 1\}$ gleichverteilt — man spricht von einer auf Ω_y gleichverteilten **Zufallszahl**. Ordnet man nun die Elemente von Ω_x in irgendeiner Reihenfolge: $x_1, x_2, \ldots$, und vereinbart man, daß die ersten $n_1 = 10^k \cdot f(x_1|P_x)$

Zahlen $y \in \Omega_y$ dem Ereignis $x = x_1$, die nächsten $n_2 = 10^k \cdot f(x_2|P_x)$ Zahlen $y \in \Omega_y$ dem Ereignis $x = x_2$ entsprechen sollen usw., dann ist x, im Rahmen der gegebenen Genauigkeit, nach P_x verteilt. Die *Nachbildung* oder *Simulation* eines Experiments mit vorgegebener, diskreter Verteilung bereitet also keinerlei Schwierigkeiten, sie läuft auf die Simulation eines Experiments mit diskret gleichverteiltem Versuchsausgang hinaus. Der verständlicherweise wichtigen Frage, wie man ein derartiges Experiment auf einem Computer nachbilden kann, wenden wir uns später zu.

Stetige Verteilungen:

Sei x jetzt stetig verteilt nach P_x, und sei $F(.|P_x)$ die zugehörige, ebenfalls stetige Verteilungsfunktion. Wir betrachten die neue Variable $y = t(x) = F(x|P_x)$, d.h. wir transformieren x mit seiner eigenen Verteilungsfunktion. Die Zufallsgröße y ist dann auf dem Intervall $[0,1]$ gleichverteilt, also $y \sim \mathbf{G}_{[0,1]}$. Diese Behauptung folgt für streng monotone Verteilungsfunktionen $F(x|P_x)$ sofort aus Satz 2.10.1, denn mit $x = s(y) = F^{-1}(y|P_x)$ ist: $F(y|P_y) = F\big(s(y)|P_x\big) = F\big(F^{-1}(y|P_x)|P_x\big) = y$. Ist hingegen $F(x|P_x)$ nicht streng monoton, dann muß man etwas behutsamer argumentieren.
Führt man auf dem Intervall (0,1) die Funktion $x = s(y) = inf\{x: F(x|P_x) \geq y\}$ ein — natürlich gilt $s(y) = F^{-1}(y|P_x)$, falls $F(x|P_x)$ streng monoton ist —, dann hat man einerseits (siehe auch Abb. 2.12.1):

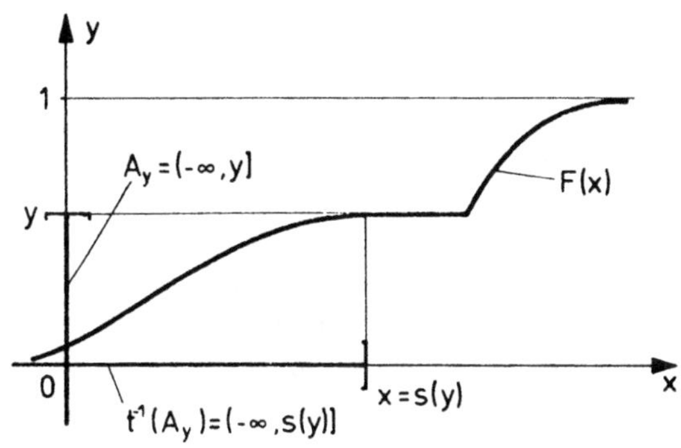

Abb. 2.12.1

$$t^{-1}\big((-\infty, y)\big) = \big(-\infty, s(y)\big) \qquad \text{für} \quad y \in (0,1)$$

und andererseits, wegen der Stetigkeit von $t(x) = F(x|P_x)$:

$$F\big(s(y)|P_x\big) = y \qquad \text{für} \quad y \in (0,1).$$

Damit ergibt sich aber:

$$F(y|P_y) = P_y\big((-\infty, y)\big) = P_x\big((-\infty, s(y))\big) = F\big(s(y)|P_x\big) = y \quad \text{für} \quad y \in (0,1),$$

d.h. y ist in der Tat auf $[0,1]$ gleichverteilt.

Dieses einfache Resultat, das erfahrungsgemäß dem Anfänger immer etwas merkwürdig vorkommt, wird aber erst durch seine Umkehrung interessant:

Satz 2.12.1 *Sei P_x eine stetige Wahrscheinlichkeitsverteilung mit Verteilungsfunktion $F(.|P_x)$, und sei die Zufallsvariable y auf $[0,1]$ gleichverteilt. Dann ist die Variable $x = s(y) = inf\{x: F(x|P_x) \geq y\}$ nach P_x verteilt.*

Beweis: Wieder ist der Beweis für streng monotones $F(.|P_x)$ sehr einfach, denn in diesem Fall ist $x = s(y) = F^{-1}(y|P_x)$, und die Ereignisse $x \in (-\infty, x_0]$ und $y \in (-\infty, F(x_0|P_x)]$ sind äquivalent (siehe Abb. 2.12.1). Es folgt:

$$P_x(x \leq x_0) = P_y\big(y \leq F(x_0|P_x)\big) = F(x_0|P_x),$$

denn y ist ja nach $\mathbf{G}_{[0,1]}$ verteilt. Damit ist der Beweis für diesen Fall erbracht. Im allgemeinen Fall überlegt man sich zunächst:

$$s^{-1}\big((-\infty, x_0]\big) = \big(-\infty, F(x_0|P_x)\big].$$

Das ist leicht einzusehen und sei dem Leser überlassen. Daraus folgt aber wieder:

$$P_x(x \leq x_0) = P_y\big(y \leq F(x_0|P_x)\big) = F(x_0|P_x),$$

also $x \sim P_x$.♠

Satz 2.12.1 bildet die Grundlage zur Simulation beliebiger stetiger Verteilungen, ausgehend von einer auf $[0,1]$ gleichverteilten Zufallsgröße y. So ist etwa $x = \Phi^{-1}(y)$ nach $\mathbf{N}(0,1)$ und damit $z = \sigma x + \mu = \sigma\Phi^{-1}(y) + \mu$ nach $\mathbf{N}(\mu, \sigma^2)$ verteilt usw. Man wird daher wieder auf das Problem der Erzeugung einer, diesmal allerdings stetig-gleichverteilten Zufallsvariablen y geführt. Da y aber selbstverständlich nur mit beschränkter Genauigkeit, etwa auf k Dezimalstellen angegeben werden kann, benötigt man de facto eine auf dem Raster $\Omega_y = \{y : y = z \cdot 10^{-k}; z = 0, \ldots, 10^k - 1\}$ gleichverteilte Zufallsgröße, die man praktisch wieder durch k Ziehungen mit Zurücklegen aus einer Urne mit 10 von 0 bis 9 numerierten Kugeln gewinnen kann, wenn das Ziehungsergebnis $(y_1 \ldots y_k)$ diesmal als Dezimalzahl $0, y_1 y_2 \ldots y_k$ interpretiert wird.

Wie erzeugt man nun auf einem Digitalrechner gleichverteilte Zufallszahlen? Die Frage mutet seltsam an, denn ein Computer gibt doch immer nur genau Vorherprogrammiertes von sich; werden seine Meldungen einmal *zufällig*, dann ist er reif für den Servicetechniker. Eine Möglichkeit ist die, dem Computer einen physikalischen Zufallsprozeß anzuschließen, wo etwa aus der Rauschspannung an einen Widerstand, einer Röhre oder einem Halbleiter Zufallsimpulse und daraus dann Zufallszahlen generiert werden. Versuche dieser Art sind gemacht worden — sie haben sich nicht bewährt. Die physikalischen Generatoren sind zu langsam, zu wenig verläßlich und die erzeugten Zufallszahlen sind nicht reproduzierbar. Man geht heute andere Wege und begnügt sich mit sogenannten **Pseudozufallsgeneratoren**, die **Pseudozufallszahlen** erzeugen.

Es sind dies Zufallszahlen, die, streng genommen, gar keine sind, denn sie entstehen deterministisch, die aber, wenn man das Erzeugungsprinzip nicht kennt, von echten Zufallszahlen, was die Regellosigkeit ihrer Aufeinanderfolge anlangt, nicht zu unterscheiden sind.

3. Mehrdimensionale Verteilungen

3.1 Diskrete und stetige Verteilungen

Zur Beschreibung der Versuchsausgänge eines Experiments benötigt man in der Regel mehr als eine reelle Zahl.

Beispiel 3.1.1 Ein medizinisches Experiment mit Herzpatienten soll ausgeführt werden. Das Versuchsergebnis wird beschrieben durch die Angabe der Veränderungen einiger Blutwerte, durch ergometrische Werte, die Gewichtsveränderung etc., insgesamt durch ein k-Tupel von Zahlen $\mathbf{x} = (x_1 \dots x_k)$, für die selbstverständlich entsprechende Einheiten angegeben sein müssen.

Beispiel 3.1.2 Bei einem soziologischen Experiment wird eine Person zufällig aus einem Kollektiv herausgegriffen. An der Person interessieren Angaben zu Alter, Schulbildung, Beruf, Familienstand, Einkommen etc., die, nach geeigneter Codierung, ein k-Tupel von Zahlen $\mathbf{x} = (x_1 \dots x_k)$ ergeben.

Wir betrachten allgemein Experimente $\mathcal{E}$, deren Ausgänge durch k-Tupel reeller Zahlen $\mathbf{x} = (x_1 \dots x_k)$ beschrieben sind. Dabei unterscheiden wir, ähnlich wie im Eindimensionalen, die beiden Sonderfälle, wo entweder alle Variablen x_j diskret oder alle stetig sind. Natürlich hat man in der Praxis oft gemischte Situationen mit einigen diskreten und einigen stetigen Merkmalen — auch darauf wird kurz eingegangen.

Der diskrete Fall

Wir können uns weitgehend vom eindimensionalen Fall leiten lassen. Die k-dimensionale Variable $\mathbf{x} = (x_1 \dots x_k)$, deren Realisierungen wir als Punkte im $\mathbf{R}^k$ deuten, nimmt nur Werte aus dem endlichen oder abzählbar unendlichen Wertebereich $\Omega_{\mathbf{x}} (\subset \mathbf{R}^k)$ an. $\Omega_{\mathbf{x}}$ ist in den allermeisten Anwendungsfällen eine Teilmenge des ganzzahligen Punktegitters $\mathbf{Z}^k$. Die Wahrscheinlichkeitsverteilung P von $\mathbf{x}$ wird wie im Eindimensionalen durch ihre Dichte $f(\mathbf{x}) = f(x_1 \dots x_k)$ vollständig beschrieben. Es ist:

$$f(\mathring{\mathbf{x}}) = f(\mathring{x}_1 \dots \mathring{x}_k) = P\big((x_1 \dots x_k) = (\mathring{x}_1 \dots \mathring{x}_k)\big),$$

die Wahrscheinlichkeit des Elementarereignisses $\{(\mathring{x}_1 \dots \mathring{x}_k)\}$. Die Wahrscheinlichkeit eines allgemeinen Ereignisses $A \subset \Omega_{\mathbf{x}}$ ist gegeben durch:

$$P(A) = \sum_{\mathbf{x} \in A} f(\mathbf{x}), \tag{3.1.1}$$

denn mit $\Omega_{\mathbf{x}}$ ist auch A höchstens abzählbar. Wie im Eindimensionalen besitzt die Dichte f die Eigenschaften:

1. $f(\mathbf{x}) \geq 0$ für alle $\mathbf{x} \in \Omega_{\mathbf{x}}$,
2. $\sum_{\mathbf{x} \in \Omega_{\mathbf{x}}} f(\mathbf{x}) = 1$,

und jede Funktion f auf $\Omega_{\mathbf{x}}$ mit diesen Eigenschaften ist Dichte der durch (3.1.1) definierten Wahrscheinlichkeitsverteilung. Soweit besteht überhaupt kein Unterschied zum eindimensionalen Fall, denn wir haben den Umstand, daß $\mathbf{x}$ ein k-Tupel von reellen Zahlen ist, nirgends benützt. Ein Unterschied ergibt sich allerdings bei der Definition der Verteilungsfunktion $F(\mathbf{x}) = F(x_1 \dots x_k)$. Ähnlich wie im eindimensionalen Fall setzt man:

$$F(\mathring{\mathbf{x}}) = F(\mathring{x}_1 \dots \mathring{x}_k) = P(x_1 \leq \mathring{x}_1 \dots x_k \leq \mathring{x}_k),$$

d.h. $F(\mathring{\mathbf{x}}) = F(\mathring{x}_1 \dots \mathring{x}_k)$ gibt die Wahrscheinlichkeit des Ereignisses $A = \Omega_{\mathbf{x}} \cap \cap \{(x_1 \dots x_k) : x_1 \leq \mathring{x}_1 \dots x_k \leq \mathring{x}_k\}$ an. Es ist dabei zweckmäßig und völlig natürlich, F als Funktion auf dem $\mathbf{R}^k$ aufzufassen, ähnlich wie wir im eindimensionalen, diskreten Fall $F(x)$ als Funktion auf ganz $\mathbf{R}$ interpretieren.

Mit Hilfe der Verteilungsfunktion ist die Berechnung der Wahrscheinlichkeiten von k-dimensionalen Intervallen besonders einfach.

Definition 3.1.1 *k-dimensionales Intervall*

Ein k-dimensionales Intervall ist eine Teilmenge I des $\mathbf{R}^k$ von der Gestalt:

$$I = \{(x_1 \dots x_k) : \; a_j \underset{(-)}{<} x_j \underset{(-)}{<} b_j \qquad \text{für} \quad j = 1 \dots k\}.$$

Wir betrachten zunächst den Sonderfall $k = 2$ und suchen die Wahrscheinlichkeit $P(a_1 < x_1 \leq b_1; a_2 < x_2 \leq b_2)$ zu bestimmen. Es gilt (siehe Abb. 3.1.1):

$$\begin{aligned}
&P(a_1 < x_1 \leq b_1; a_2 < x_2 \leq b_2) = \\
=&P(a_1 < x_1 \leq b_1; x_2 \leq b_2) - P(a_1 < x_1 \leq b_1; x_2 \leq a_2) = \\
=&P(x_1 \leq b_1; x_2 \leq b_2) - P(x_1 \leq a_1; x_2 \leq b_2) - \\
&-P(x_1 \leq b_1; x_2 \leq a_2) + P(x_1 \leq a_1; x_2 \leq a_2) = \\
=&F(b_1, b_2) - F(a_1, b_2) - F(b_1, a_2) + F(a_1, a_2).
\end{aligned} \tag{3.1.2}$$

Die 4 Punkte $(b_1, b_2), (a_1, b_2), (b_1, a_2), (a_1, a_2)$, die in (3.1.2) als Argumente von F auftreten, sind die Eckpunkte des betrachteten Intervalls I (siehe Abb. 3.1.1). Für allgemeines k zeigt man, etwa mit vollständiger Induktion nach k, die Formel:

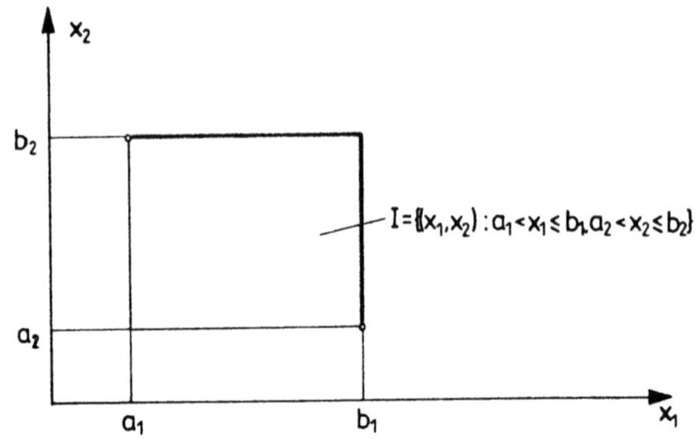

Abb. 3.1.1

$$P(a_1 < x_1 \le b_1; \ldots; a_k < x_k \le b_k) = \sum_{e_j = a_j \text{ oder } b_j} (-1)^{z(e_1 \ldots e_k)} F(e_1 \ldots e_k), \tag{3.1.3}$$

wobei über alle 2^k Ecken $(e_1 \ldots e_k)$ von I mit $e_j = a_j$ oder b_j zu summieren ist, und $z(e_1 \ldots e_k)$ die Anzahl derjenigen e_j angibt, die gleich a_j sind (man vergleiche dies mit Formel (3.1.2)).

Die praktische Bedeutung der Ausdrücke (3.1.2) und (3.1.3) ist allerdings nicht im entferntesten zu vergleichen mit der Wichtigkeit der analogen Formel im eindimensionalen Fall: $P(a < x \le b) = F(b) - F(a)$, denn falls man bei einem statistischen Verfahren konkrete Wahrscheinlichkeiten zu bestimmen hat, beziehen sich diese so gut wie ausschließlich auf eindimensionale Zufallsgrößen. Man tabelliert daher auch die Verteilungsfunktionen mehrdimensionaler Verteilungen nicht; im übrigen wäre das, wegen der vielen Tafeleingänge — es kommen zu den Variablen $(x_1 \ldots x_k)$ ja meistens noch etliche Parameter hinzu — auch kaum möglich.

Wir stellen die Eigenschaften der Verteilungsfunktion einer diskreten Wahrscheinlichkeitsverteilung zusammen:

1. $0 \le F(x_1 \ldots x_k) \le 1$.

2. F ist in allen Variablen monoton, d.h. aus $\overset{\circ}{x}_1 \le \overset{1}{x}_1, \ldots, \overset{\circ}{x}_k \le \overset{1}{x}_k$ folgt:

$$F(\overset{\circ}{x}_1 \ldots \overset{\circ}{x}_k) \le F(\overset{1}{x}_1 \ldots \overset{1}{x}_k).$$

3. Es gilt:

$$\lim_{\min(x_1 \ldots x_k) \downarrow -\infty} F(x_1 \ldots x_k) = 0,$$

$$\lim_{\min(x_1 \ldots x_k) \uparrow +\infty} F(x_1 \ldots x_k) = 1.$$

4. Der Ausdruck rechts in (3.1.3) ist für jedes k-dimensionale Intervall nichtnegativ.

Die Eigenschaften **1.** und **2.** sind klar. **4.** folgt aus (3.1.3), denn der Ausdruck rechts in (3.1.3) stellt ja eine Wahrscheinlichkeit dar. Es ist bemerkenswert, daß **4.**, für $k \geq 2$, nicht aus der Monotonie geschlossen werden kann (siehe Beispiel 3.1.3). Bei **3.** argumentiert man folgendermaßen: Ist $((\overset{n}{x}_1 \dots \overset{n}{x}_k): n \geq 1)$ eine Folge von Punkten mit $\min(\overset{n}{x}_1 \dots \overset{n}{x}_k) \downarrow -\infty$, dann gilt $\{(x_1 \dots x_k): x_j \leq \overset{n}{x}_j, j = 1 \dots k\} \cap \Omega_{\mathbf{x}} \downarrow \emptyset$ und damit $F(\overset{n}{x}_1 \dots \overset{n}{x}_k) \downarrow 0$. Gilt hingegen $\min(\overset{n}{x}_1 \dots \overset{n}{x}_k) \uparrow \infty$, dann ist $\{(x_1 \dots x_k): x_j \leq \overset{n}{x}_j, j = 1 \dots k\} \cap \Omega_{\mathbf{x}} \uparrow \Omega_{\mathbf{x}}$ und somit $F(\overset{n}{x}_1 \dots \overset{n}{x}_k) \uparrow 1$ (siehe Satz 1.4.7).

Der stetige Fall

Wir studieren zunächst den zweidimensionalen Fall $k = 2$; der Übergang zu allgemeinem k ist dann einfach. Als Wertebereich für $\mathbf{x} = (x_1, x_2)$ wählen wir generell $\Omega_{\mathbf{x}} = \mathbf{R}^2$, selbst wenn $\mathbf{x}$ tatsächlich nur Werte in einem Teilbereich von $\mathbf{R}^2$ annehmen kann. Zugeschnitten auf die Bedürfnisse der Anwendungen und in Analogie zum eindimensionalen Fall geben wir die

Definition 3.1.2 *2-dimensionale stetige Verteilungen*
Die Wahrscheinlichkeitsverteilung P der Zufallsvariablen $\mathbf{x} = (x_1, x_2)$ heißt stetig, wenn eine Dichte $f(x_1, x_2)$ existiert mit den Eigenschaften:

1. $f(x_1, x_2) \geq 0$,
2. *f ist nur auf endlich vielen Geraden- oder Kurvenstücken des $\mathbf{R}^2$ unstetig,*
3. $\int_{\mathbf{R}^2} f(x_1, x_2)dx_1\, dx_2 = 1$,

so daß die Wahrscheinlichkeit eines Ereignisses $A \subset \Omega_{\mathbf{x}} = \mathbf{R}^2$ gegeben ist durch das Integral:

$$\int_A f(x_1, x_2)dx_1\, dx_2 = P(A).$$

Interpretiert man $f(x_1, x_2)$ als Fläche über der (x_1, x_2)-Ebene, dann ist $P(A)$ das Volumen über A und unterhalb der Fläche $y = f(x_1, x_2)$ (siehe Abb. 3.1.2).

Die Verteilungsfunktion F einer stetigen Wahrscheinlichkeitsverteilung ist gegeben durch:

$$F(\mathring{x}_1, \mathring{x}_2) = P(x_1 \leq \mathring{x}_1, x_2 \leq \mathring{x}_2) = \int_{x_1=-\infty}^{\mathring{x}_1} \int_{x_2=-\infty}^{\mathring{x}_2} f(x_1, x_2)dx_1\, dx_2. \quad (3.1.4)$$

Ihre Definition ist somit gleich wie im diskreten Fall, die Berechnung allerdings erfolgt durch ein Integral. Die Verteilungsfunktion F besitzt folgende Eigenschaften:

1. $0 \leq F(x_1, x_2) \leq 1$.
2. F ist überall stetig.

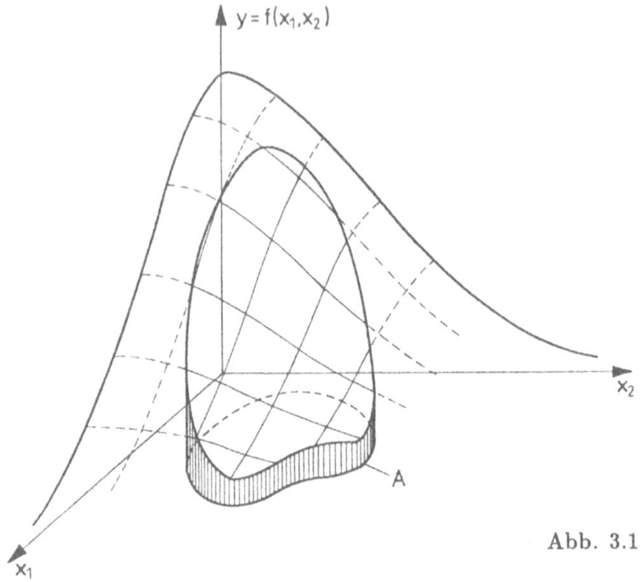

Abb. 3.1.2

3. An den Stetigkeitsstellen der Dichte f gilt: $\frac{\partial^2 F(x_1,x_2)}{\partial x_1 \partial x_2} = f(x_1, x_2)$.

4. F ist in allen Variablen monoton: aus $\overset{\circ}{x}_1 \leq \overset{1}{x}_1$ und $\overset{\circ}{x}_2 \leq \overset{1}{x}_2$ folgt:

$$F(\overset{\circ}{x}_1, \overset{\circ}{x}_2) \leq F(\overset{1}{x}_1, \overset{1}{x}_2).$$

5. Es gilt: $\lim_{\min(x_1,x_2)\downarrow -\infty} F(x_1, x_2) = 0$ und $\lim_{\min(x_1,x_2)\uparrow +\infty} F(x_1, x_2) = 1$.

6. Es ist $P(a_1 < x_1 \leq b_1; a_2 < x_2 \leq b_2) = F(b_1, b_2) - F(a_1, b_2) - F(b_1, a_2) +$ $+F(a_1, a_2) \geq 0.$ (3.1.5)

Die Aussagen **1.** bis **5.** folgen sofort aus den Eigenschaften der Dichte f und der Integraldarstellung (3.1.4) von F. **6.** ist identisch mit Formel (3.1.2), bei deren Herleitung es unwesentlich war, ob die Variable $\mathbf{x}$ stetig oder diskret ist. Es ist im übrigen leicht zu sehen, daß **4.**, die Monotonie von F, eine Konsequenz von **6.** ist. Anders als im eindimensionalen Fall gilt die Umkehrung jedoch nicht. Wir geben ein Gegenbeispiel.

Beispiel 3.1.3 Die Funktion:

$$F(x_1, x_2) = \begin{cases} 0 & \dots \quad x_1 + x_2 \leq 0 \\ x_1 + x_2 & \dots \quad 0 < x_1 + x_2 < 1 \\ 1 & \dots \quad 1 \leq x_1 + x_2 \end{cases}$$

liegt zwischen 0 und 1, ist stetig und in allen Variablen monoton. Betrachtet man aber das Intervall $(0,1] \times (0,1]$, dann ist:

$$F(1,1) - F(0,1) - F(1,0) + F(0,0) = 1 - 1 - 1 + 0 = -1 < 0.$$

Also gilt Eigenschaft **6.** nicht, und F ist nicht Verteilungsfunktion einer Wahrscheinlichkeitsverteilung.

Die Verallgemeinerung auf k Dimensionen bringt nichts wesentlich Neues mehr. Die Dichte $f(x_1 \ldots x_k)$ besitzt die in Definition 3.1.2 angegebenen Eigenschaften, für k Dimensionen formuliert; insbesondere ist f nur auf endlich vielen Hyperflächen der Dimension $< k$ unstetig. Die Verteilungsfunktion $F(x_1 \ldots x_k)$, gegeben durch:

$$\begin{aligned} F(\mathring{x}_1 \ldots \mathring{x}_k) &= P(x_1 \leq \mathring{x}_1, \ldots, x_k \leq \mathring{x}_k) = \\ &= \int_{x_1=-\infty}^{\mathring{x}_1} \cdots \int_{x_k=-\infty}^{\mathring{x}_k} f(x_1 \ldots x_k)\, dx_1 \cdots dx_k, \end{aligned}$$

hat die in (3.1.5) aufgelisteten Eigenschaften **1.** bis **6.**, wobei **3.** folgendermaßen zu formulieren ist:

3. An den Stetigkeitsstellen von f gilt: $\frac{\partial^k F(x_1 \ldots x_k)}{\partial x_1 \ldots \partial x_k} = f(x_1 \ldots x_k)$,

In **6.** ist die Formel (3.1.3) einzusetzen.

Der gemischte Fall

Wir nehmen auch hier, um die Verhältnisse besser darstellen zu können, $k = 2$ an. Es ist daran bereits alles Wesentliche zu erkennen, und die Übertragung auf allgemeines k sollte keine Schwierigkeiten mehr bereiten.

Sei also $\mathbf{x} = (x_1, x_2)$ eine zweidimensionale Zufallsvariable. x_1 ist diskret, mit Werten in Ω_{x_1} (endlich oder abzählbar unendlich) und x_2 stetig, mit Werten in $\Omega_{x_2} = \mathbf{R}$. Der Wertebereich $\Omega_{\mathbf{x}}$ von $\mathbf{x}$ ist somit:

$$\Omega_{\mathbf{x}} = \Omega_{x_1} \times \Omega_{x_2} = \{(x_1, x_2) \colon x_1 \in \Omega_{x_1}, x_2 \in \Omega_{x_2} = \mathbf{R}\}.$$

Wahrscheinlichkeitsverteilungen auf $\Omega_{\mathbf{x}}$ beschreibt man auch in diesem Fall durch Dichten f und Verteilungsfunktionen F. Ist A eine Teilmenge des $\mathbf{R}^2$, in den wir uns $\Omega_{\mathbf{x}}$ eingebettet denken, dann ist die Wahrscheinlichkeit des Ereignisses $A \cap \Omega_{\mathbf{x}}$, das aus den höchstens abzählbar unendlich vielen Schnitten der Menge A mit den Koordinatenlinien $x_1 = \mathring{x}_1 \in \Omega_{x_1}$ zusammengesetzt ist (siehe Abb. 3.1.3 wo $\Omega_{x_1} = \mathbf{Z}$ gewählt wurde) — wir wollen diese Schnitte mit A_{x_1} bezeichnen — gegeben durch:

$$P(A \cap \Omega_{\mathbf{x}}) = \sum_{x_1 \in \Omega_{x_1}} \int_{A_{x_1}} f(x_1, x_2) dx_2.$$

Wir verlangen daher von f folgende Eigenschaften:

1. $f(x_1, x_2) \geq 0$,
2. $f(x_1, x_2)$ ist, bei festem x_1, als Funktion von x_2 stückweise stetig,
3. $\sum_{x_1 \in \Omega_{x_1}} \int_{-\infty}^{\infty} f(x_1, x_2) dx_2 = 1$.

Die Verteilungsfunktion F ist gegeben durch:

$$F(\mathring{x}_1, \mathring{x}_2) = P(x_1 \leq \mathring{x}_1, x_2 \leq \mathring{x}_2) = \sum_{\substack{x_1 \in \Omega_{x_1} \\ x_1 \leq \mathring{x}_1}} \int_{-\infty}^{\mathring{x}_2} f(x_1, x_2) dx_2 .$$

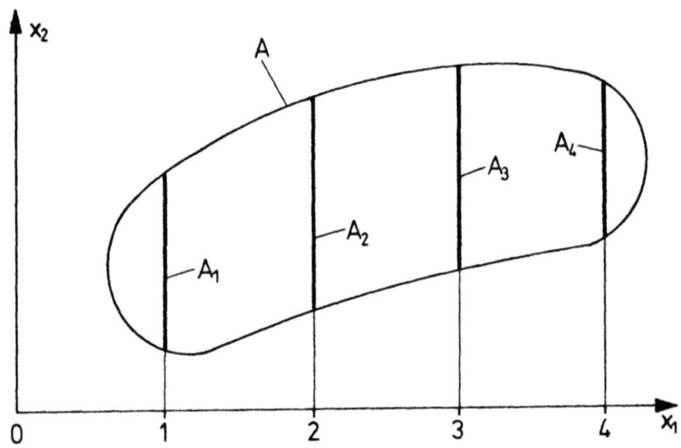

Abb. 3.1.3

Man interpretiert F wieder als Funktion auf dem ganzen $\mathbf{R}^2$. Wir überlassen es dem Leser, sich die Modifikationen der Eigenschaften von F gegenüber dem stetigen Fall zu überlegen.

3.2 Randverteilungen

Sei $\mathcal{E}$ ein Experiment, dessen Ausgang durch die k-dimensionale Variable $\mathbf{x} = (x_1 \dots x_k)$ beschrieben wird. Die Wahrscheinlichkeitsverteilung von $\mathbf{x}$ sei $P_{\mathbf{x}} = P_{x_1 \dots x_k}$. Betrachtet man irgend eine Teilgruppe der k Koordinaten von $\mathbf{x}$, also etwa (x_1, x_2, x_3) oder (x_2, x_4, x_6, x_8) oder allgemein $(x_{j_1}, x_{j_2}, \dots, x_{j_l})$, dann beschreibt diese Teilgruppe ebenfalls die Ausgänge des Experiments, wenn auch unter Informationsverlust, und besitzt eine Wahrscheinlichkeitsverteilung, die durch $P_{\mathbf{x}}$ vollständig bestimmt ist.

Betrachten wir, um die Darstellung nicht durch unnötige Allgemeinheit schwerfällig zu machen, etwa das Teilkollektiv der Variablen $(x_1 \dots x_l)$ für ein $l < k$. Sei $\Omega_{\mathbf{x}}$ der Wertebereich von $\mathbf{x} = (x_1 \dots x_k)$ und $\Omega_{x_1 \dots x_l}$ derjenige von $(x_1 \dots x_l)$. Ist dann $A \subset \Omega_{x_1 \dots x_l}$ ein beliebiges Ereignis, das durch die Variable $(x_1 \dots x_l)$ beschrieben werden kann, und $B \subset \Omega_{\mathbf{x}}$ das Ereignis $\{(x_1 \dots x_k) \in \Omega_{\mathbf{x}} : (x_1 \dots x_l) \in A, (x_{l+1} \dots x_k) \text{ beliebig } \}$, dann sind die Ereignisse $(x_1 \dots x_l) \in A$ und $(x_1 \dots x_k) \in B$ offensichtlich äquivalent und damit auch gleich wahrscheinlich, es gilt also: $P_{x_1 \dots x_l}(A) = P_{\mathbf{x}}(B)$.

Man kann die Situation auch so formulieren: Eine Aussage über die ersten l Koordinaten $(x_1 \dots x_l)$ von $(x_1 \dots x_k)$, nämlich: $(x_1 \dots x_l) \in A$, ist natürlich auch eine Aussage über alle k Koordinaten, nämlich: $(x_1 \dots x_l) \in A$ und $(x_{l+1} \dots x_k)$ beliebig. Der in der Aussage $(x_1 \dots x_l) \in A$ nicht ausgesprochene Zusatz: „$(x_{l+1} \dots x_k)$ ist beliebig" versteht sich, wie in der Alltagssprache, von selbst. Nach diesen prinzipiellen Erörterungen geben wir die

Definition 3.2.1 *Randverteilungen*

Ist $\mathbf{x} = (x_1 \dots x_k)$ verteilt nach $P_{\mathbf{x}}$, dann nennt man die Wahrscheinlichkeitsverteilung $P_{x_{j_1} \dots x_{j_l}}$ des Teilkollektivs von Variablen $(x_{j_1} \dots x_{j_l})$ die **Randverteilung** *dieser Variablengruppe.*

Die Verteilungen $P_{x_1} \dots P_{x_k}$ heißen 1-dimensionale Randverteilungen, die Verteilungen $P_{x_{j_1}, x_{j_2}}$, für $1 \le j_1 < j_2 \le k$, zweidimensionale Randverteilungen usw. Es gibt offenbar $\binom{k}{l}$ l-dimensionale Randverteilungen und somit für $1 \le l \le k-1$ insgesamt $\sum_{l=1}^{k-1} \binom{k}{l} = 2^k - 2$ Randverteilungen von $P_{\mathbf{x}}$. Wir stellen uns die Aufgabe, Dichte und Verteilungsfunktion der Randverteilung $P_{x_{j_1} \dots x_{j_l}}$ aus den entsprechenden Funktionen für $P_{\mathbf{x}}$ zu bestimmen.

Der diskrete Fall

$\mathbf{x} = (x_1 \dots x_k)$ ist k-dimensional, diskret mit Wertebereich $\Omega_{\mathbf{x}}$; $f_{\mathbf{x}}$ bzw. $F_{\mathbf{x}}$ sind Dichte bzw. Verteilungsfunktion von $P_{\mathbf{x}}$. Wir betrachten wieder, der einfacheren Darstellung zuliebe, aber ohne jede Einschränkung der Allgemeinheit, die Teilgruppe der Variablen $(x_1 \dots x_l)$ mit der Randverteilung $P_{x_1 \dots x_l}$, deren Dichte bzw. Verteilungsfunktion mit $f_{x_1 \dots x_l}$ bzw. $F_{x_1 \dots x_l}$ bezeichnet seien. Es gilt dann:

$$
\begin{aligned}
f_{x_1 \dots x_l}(\mathring{x}_1 \dots \mathring{x}_l) &= P_{x_1 \dots x_l}\big((x_1 \dots x_l) = (\mathring{x}_1 \dots \mathring{x}_l)\big) = \\
&= P_{\mathbf{x}}\big((x_1 \dots x_l) = (\mathring{x}_1 \dots \mathring{x}_l), (x_{l+1} \dots x_k) \quad \text{beliebig}\big) = \\
&= \sum_{\substack{(x_1 \dots x_k) \in \Omega_{\mathbf{x}} \\ (x_1 \dots x_l) = (\mathring{x}_1 \dots \mathring{x}_l)}} f_{\mathbf{x}}(x_1 \dots x_k),
\end{aligned}
\tag{3.2.1}
$$

d.h. man hat in $f_{\mathbf{x}}(x_1 \dots x_k)$ den herausgegriffenen Variablen die gewünschten Werte $(\mathring{x}_1 \dots \mathring{x}_l)$ zu erteilen und die restlichen Variablen $(x_{l+1} \dots x_k)$ *herauszusummieren*. Die Summation läuft über alle Punkte $(\mathring{x}_1 \dots \mathring{x}_l; x_{l+1} \dots x_k) \in \Omega_{\mathbf{x}}$.

Für die Verteilungsfunktion $F_{x_1 \dots x_l}$ erhält man:

$$
\begin{aligned}
F_{x_1 \ldots x_l}(\mathring{x}_1 \ldots \mathring{x}_l) &= P_{x_1 \ldots x_l}(x_1 \leq \mathring{x}_1, \ldots, x_l \leq \mathring{x}_l) = \\
&= P_{\mathbf{x}}(x_1 \leq \mathring{x}_1, \ldots, x_l \leq \mathring{x}_l; \quad x_{l+1} < \infty, \ldots, x_k < \infty) = \\
&= F_{\mathbf{x}}(\mathring{x}_1 \ldots \mathring{x}_l; \infty \ldots \infty).
\end{aligned} \tag{3.2.2}
$$

Dieser Zusammenhang ist besonders einfach. Daß in der Verteilungsfunktion $F_{\mathbf{x}}$ als Argument $(k-l)$–mal das Symbol ∞ auftritt, braucht nicht zu befremden. Aus der Definition einer Verteilungsfunktion heraus ist es geradezu selbstverständlich, daß man sie auch für solche Argumente $(x_1 \ldots x_k)$ betrachten wird, wo einzelne Koordinaten $+\infty$ sind, denn das bedeutet eben, daß diese Koordinaten keiner Einschränkung unterliegen. Im übrigen ist die Beziehung (3.2.2) zwar formal einfach aber praktisch von geringer Bedeutung, denn bei mehrdimensionalen Verteilungen verfügt man kaum je über einen expliziten Ausdruck für die Verteilungsfunktion. Man arbeitet überwiegend mit den Dichten und damit ist (3.2.1) die eigentlich wichtige Beziehung.

Beispiel 3.2.1 Die Einheiten einer Grundgesamtheit $\mathcal{M}$ seien nach zwei diskreten Merkmalen klassifiziert. Es könnte sich etwa um die Einwohner einer Gemeinde und um die Merkmale x_1 = Familienstand und x_2 = Beruf handeln. Ein Einwohner wird zufällig herausgegriffen. Versuchsergebnis ist das Merkmalpaar $(x_1, x_2) = \mathbf{x}$, also ein zweidimensionales diskretes Merkmal, wobei die Ausprägungen von x_1 bzw. x_2 mit ganzen Zahlen verschlüsselt seien: $x_1 = 1 \ldots k, x_2 = 1 \ldots l$. Die Dichte $f(x_1, x_2)$ ist in Tabelle 3.2.1 angegeben. Die Randdichten $f_{x_1}(x_1) = \sum_{x_2=1}^{l} f(x_1, x_2)$ bzw. $f_{x_2}(x_2) = \sum_{x_1=1}^{k} f(x_1, x_2)$ erscheinen am rechten bzw. unteren Rand der Tabelle — daher die Namen Randverteilung bzw. Randdichte — als Zeilen- bzw. Spaltensummen der Matrix $\big(f(x_1, x_2)\big)$.

$f(x_1, x_2)$:

$x_1 \backslash x_2$	1	2	3	4	5	l=6	$f_{x_1}(x_1)$
1	0,15	0,01	0,01	0,00	0,00	0,00	0,17
2	0,02	0,20	0,02	0,01	0,01	0,00	0,26
3	0,01	0,02	0,22	0,03	0,01	0,01	0,30
4	0,00	0,01	0,01	0,12	0,02	0,01	0,17
k=5	0,00	0,00	0,01	0,01	0,05	0,03	0,10
$f_{x_2}(x_2)$	0,18	0,24	0,27	0,17	0,09	0,05	1,00

Tabelle 3.2.1

Bei praktischen Rechnungen ist die Notation $f_{x_1}(x_1) = f(x_1, +)$ bzw. $f_{x_2}(x_2) = f(+, x_2)$ meistens günstiger als die theoretischen Zwecken angemessenere Bezeichnungsweise $f_{x_1}(x_1), f_{x_2}(x_2)$. Auch bei höherdimensionalen Randdichten, etwa $f(x_1, x_2, +, x_4, +, +, x_7) = f_{x_1 x_2 x_4 x_7}(x_1, x_2, x_4, x_7)$, ist diese Schreibweise praktisch und unmittelbar verständlich.

Der stetige Fall

Die k-dimensionale stetige Zufallsvariable $\mathbf{x} = (x_1 \ldots x_k)$ sei nach $P_{\mathbf{x}}$, mit Dichte $f_{\mathbf{x}}$ und Verteilungsfunktion $F_{\mathbf{x}}$ verteilt. Der Wertebereich von $\mathbf{x}$ ist $\Omega_{\mathbf{x}} = \mathbf{R}^k$. Wir betrachten wieder die l-dimensionale Variable $(x_1 \ldots x_l)$ und bestimmen die Dichte $f_{x_1 \ldots x_l}$ bzw. die Verteilungsfunktion $F_{x_1 \ldots x_l}$ ihrer Randverteilung $P_{x_1 \ldots x_l}$. Ist $A \subset \mathbf{R}^l = \Omega_{x_1 \ldots x_l}$ ein beliebiges $(x_1 \ldots x_l)$-Ereignis, dann gilt zunächst:

$$P_{x_1 \ldots x_l}(A) = P_{\mathbf{x}}\big((x_1 \ldots x_l) \in A, (x_{l+1} \ldots x_k) \in \mathbf{R}^{k-l} \quad \text{beliebig}\big).$$

Ausgedrückt durch die Dichte $f_{\mathbf{x}}$ folgt daher für $P_{x_1 \ldots x_l}(A)$:

$$P_{x_1 \ldots x_l}(A) = \int_{(x_1 \ldots x_l) \in A} \int_{(x_{l+1} \ldots x_k) \in \mathbf{R}^{k-l}} f_{\mathbf{x}}(x_1 \ldots x_k) dx_1 \cdots dx_k.$$

Führt man zuerst die Integration nach $(x_{l+1} \ldots x_k)$ über den ganzen $\mathbf{R}^{k-l}$ aus, und nennt man das Ergebnis vorläufig $g(x_1 \ldots x_l)$:

$$g(x_1 \ldots x_l) = \int_{\mathbf{R}^{k-l}} f_{\mathbf{x}}(x_1 \ldots x_k) dx_{l+1} \cdots dx_k,$$

dann ergibt sich:

$$P_{x_1 \ldots x_l}(A) = \int_A g(x_1 \ldots x_l) dx_1 \cdots dx_l.$$

Somit ist $g(x_1 \ldots x_l)$ die gesuchte Randdichte $f_{x_1 \ldots x_l}(x_1 \ldots x_l)$:

$$f_{x_1 \ldots x_l}(x_1 \ldots x_l) = \int_{\mathbf{R}^{k-l}} f_{\mathbf{x}}(x_1 \ldots x_k) dx_{l+1} \cdots dx_k.$$

Man hat daher die restlichen Variablen $(x_{l+1} \ldots x_k)$ *herauszuintegrieren*, so wie man sie im diskreten Fall *heraussummieren* muß. Die Verteilungsfunktion $F_{x_1 \ldots x_l}$ ist wie im diskreten Fall gegeben durch:

$$\begin{aligned} F_{x_1 \ldots x_l}(\mathring{x}_1 \ldots \mathring{x}_l) &= P_{\mathbf{x}}(x_1 \leq \mathring{x}_1, \ldots, x_l \leq \mathring{x}_l; x_{l+1} < \infty, \ldots, x_k < \infty) = \\ &= F_{\mathbf{x}}(\mathring{x}_1 \ldots \mathring{x}_l; \infty \ldots \infty). \end{aligned}$$

Beispiel 3.2.2 Randverteilungen der Gleichverteilung auf dem Kreis

Man nennt die Zufallsvariable $\mathbf{x} = (x_1 \ldots x_k)$ auf $A \subset \mathbf{R}^k$ gleichverteilt, wenn die Dichte $f_{\mathbf{x}}$ gegeben ist durch:

$$f_{\mathbf{x}}(\mathbf{x}) = \begin{cases} \dfrac{1}{|A|} & \ldots \quad \text{für} \quad \mathbf{x} \in A, \\ 0 & \ldots \quad \text{sonst.} \end{cases}$$

$|A|$ bezeichnet das n-dimensionale Volumen von A; $0 < |A| < \infty$ muß dabei vorausgesetzt werden.

Sei nun $\mathbf{x} = (x_1, x_2)$ auf den Kreis $K = \{(x_1, x_2): x_1^2 + x_2^2 \leq R^2\}$ gleichverteilt, mit $f_{\mathbf{x}}(\mathbf{x}) = 1/R^2\pi$ auf K und 0 sonst. Wir bestimmen die Randdichten von x_1 und x_2, die wir wieder, der Kürze halber, in der für praktische Rechnungen zweckmäßigen Schreibweise mit $f(x_1, +)$ und $f(+, x_2)$ bezeichnen wollen. Es gilt:

$$f(x_1,+) = \begin{cases} 0 & \text{für } |x_1| \geq R, \\ \displaystyle\int_{-\sqrt{R^2-x_1^2}}^{\sqrt{R^2-x_1^2}} \frac{1}{R^2\pi} dx_2 = \frac{2}{R^2\pi}\sqrt{R^2 - x_1^2} & \text{für } |x_1| < R. \end{cases}$$

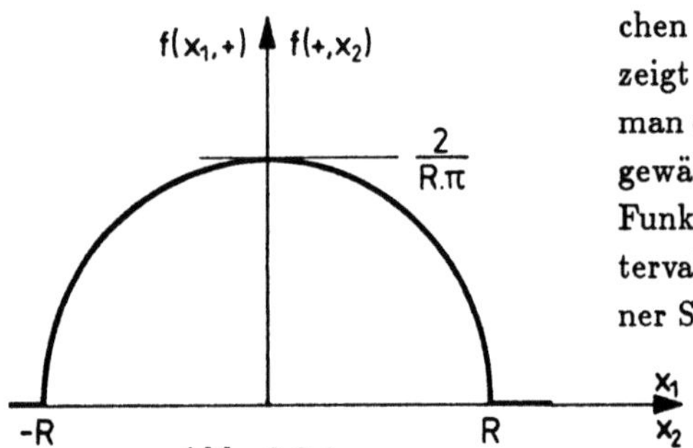

Abb. 3.2.1

Die Randdichte $f(+, x_2)$ ist durch den gleichen Ausdruck in x_2 gegeben. Abb. 3.2.1 zeigt den Verlauf dieser Dichten. Skaliert man die Ordinatenachse in der in Abb. 3.2.1 gewählten Weise, dann ist der Graph der Funktionen $f(x_1, +)$ bzw. $f(+, x_2)$ im Intervall $[-R, R]$ ein Halbkreis (bei allgemeiner Skalierung eine Halbellipse).

3.3 Die polyhypergeometrische Verteilung

Es handelt sich um eine Familie mehrdimensionaler diskreter Verteilungen, die das Ziehen endlicher Stichproben aus ebenfalls endlichen Grundgesamtheiten beschreiben, wobei die Objekte dieser Grundgesamtheiten je eine von mehreren möglichen Eigenschaften besitzen. Wir erläutern das Wesentliche dieser Versuchssituation an einem Urnenexperiment:

Eine Urne enthalte N verschieden gefärbte, aber sonst gleiche Kugeln. Es besitzen A_1 Kugeln die Farbe 1, A_2 Kugeln die Farbe 2 usw. Es gibt insgesamt $k+1$ verschiedene Farben, also ist $A_1 + A_2 + \ldots + A_{k+1} = N$. Aus dieser Urne wird zufällig und ohne Zurücklegen eine Stichprobe vom Umfang n gezogen und das Versuchsergebnis durch $\mathbf{x} = (x_1 \ldots x_k)$ beschrieben, wobei x_j die Anzahl der gezogenen Kugeln mit der Farbe j angibt. x_{k+1}, die Anzahl der Kugeln mit Farbe $k+1$, nehmen wir nicht auf, da sie, wegen $x_{k+1} = n - (x_1 + \ldots + x_k)$, bereits durch $(x_1 \ldots x_k)$ bestimmt ist.

Wir fragen nach der Verteilung $P_{\mathbf{x}}$ von $\mathbf{x} = (x_1 \ldots x_k)$, insbesondere nach der Dichte $f_{\mathbf{x}}$ und nach den Randverteilungen bzw. Randdichten von $P_{\mathbf{x}}$. Um $f_{\mathbf{x}}$ zu bestimmen, gehen wir ähnlich vor wie bei der Herleitung der hypergeometrischen Verteilung, deren Verallgemeinerung auf k Dimensionen hier ja offenbar vorliegt.

Wir numerieren die Kugeln von 1 bis N und beginnen, der besseren Übersicht halber, mit den Kugeln der Farbe 1, setzen fort mit den Kugeln der Farbe 2 usw. Eine konkrete Stichprobe ist identifiziert durch die Menge $y = \{y_1 \dots y_n\}$ der gezogenen Nummern. Es gibt $\binom{N}{n}$ derartige Teilmengen von $\{1 \dots N\}$ und sie sind, als y-Elementarereignisse interpretiert, alle gleichwahrscheinlich — denn das bedeutet die Annahme, daß eine Stichprobe vom Umfang n *zufällig* gezogen wird (siehe auch Abschnitt 2.3). Es bleibt also zu klären, wieviele dieser y-Elementarereignisse für das $\mathbf{x}$-Elementarereignis $\mathbf{x} = (x_1 \dots x_k)$ *günstig* sind. $\{y_1 \dots y_n\}$ ist für $(x_1 \dots x_k)$ günstig, wenn von den Zahlen $y_1 \dots y_n$ genau x_1 aus $\{1 \dots A_1\}$, der Menge der Nummern für die Farbe 1, x_2 aus $\{A_1 + 1, \dots, A_1 + A_2\}$ usw., schließlich $x_{k+1} = n - (x_1 + \dots + x_k)$ aus $\{A_1 + \dots + A_k + 1, \dots, N\}$ stammen. Man erkennt sofort, daß es genau $\binom{A_1}{x_1}\binom{A_2}{x_2} \cdots \binom{A_k}{x_k}\binom{A_{k+1}}{x_{k+1}}$ günstige y-Elementarereignisse gibt. Die gesuchte Dichte $f_{\mathbf{x}}(x_1 \dots x_k)$ ist daher:

$$f_{\mathbf{x}}(x_1 \dots x_k) = \frac{\binom{A_1}{x_1}\binom{A_2}{x_2} \dots \binom{A_k}{x_k}\binom{A_{k+1}}{x_{k+1}}}{\binom{N}{n}} \quad \text{mit} \quad x_{k+1} = n - (x_1 + \dots + x_k).$$

Dieser Ausdruck ist, mit den üblichen Konventionen für Binomialkoeffizienten, nur für $0 \leq x_j \leq A_j$ $(j = 1 \dots k+1)$ von Null verschieden. Für $k = 1$ erhalten wir die bereits in Abschnitt 2.3 eingeführte Dichte der hypergeometrischen Verteilung. Man gibt daher die

Definition 3.3.1 *Polyhypergeometrische Verteilung* $\mathbf{H}_{N;A_1 \dots A_k;n}$

Die k-dimensionale diskrete Zufallsvariable $\mathbf{x} = (x_1 \dots x_k)$ besitzt die **polyhypergeometrische** *Verteilung mit den Parametern $N; A_1 \dots A_k; n$, wenn die Dichte der Verteilung von $\mathbf{x}$ gegeben ist durch:*

$$f(x_1 \dots x_k | \mathbf{H}_{N;A_1 \dots A_k;n}) = \frac{\binom{A_1}{x_1} \dots \binom{A_k}{x_k}\binom{A_{k+1}}{x_{k+1}}}{\binom{N}{n}} \quad \mathit{mit} \quad \begin{aligned} A_{k+1} &= N - \textstyle\sum_1^k A_j, \\ x_{k+1} &= n - \textstyle\sum_1^k x_j. \end{aligned}$$

Die Parameter sind sämtlich ganze Zahlen ≥ 0 und unterliegen der Einschränkung $n, A_1 + \dots + A_k \leq N$. Die Verteilung wird mit dem Symbol $\mathbf{H}_{N;A_1 \dots A_k;n}$ bezeichnet.

Beispiel 3.3.1 Aus einem Paket von $N = 52$ Spielkarten, mit je 13 Karten von den Farben Treff, Pik, Karo, Herz, wird ein Spiel von $n = 12$ Karten gezogen. Wie groß ist die Wahrscheinlichkeit, daß dieses Spiel, in der genannten Reihenfolge der Farben, (1,2,3,6) Karten enthält? Die Antwort ist:

$$f(1,2,3|\mathbf{H}_{52;13,13,13;12}) = \frac{\binom{13}{1}\binom{13}{2}\binom{13}{3}\binom{13}{6}}{\binom{52}{12}} = 0{,}0024.$$

Beispiel 3.3.2 Eine Warenlieferung vom Umfang $N = 200$ enthält 80 % Einheiten der Qualitätsstufe I (sog. 1.Wahl), 15 % Einheiten der Qualitätsstufe II (2.Wahl) und 5 % Ausschuß. Eine Stichprobe vom Umfang $n = 20$ wird entnommen. Wie groß ist die Wahrscheinlichkeit, daß diese Stichprobe ebenfalls 80 % Einheiten 1.Wahl, 15 % Einheiten 2.Wahl und 5 % Ausschuß enthält? Die Zahlen (A_1, A_2, A_3) für 1.Wahl, 2. Wahl und Ausschuß in der Grundgesamtheit sind: $(A_1, A_2, A_3) = (160, 30, 10)$, die entsprechenden Zahlen (x_1, x_2, x_3) in der Stichprobe sind: $(x_1, x_2, x_3) = (16, 3, 1)$. Die gesuchte Wahrscheinlichkeit ist somit:

$$f(16, 3 | \mathbf{H}_{200;160,30;20}) = \frac{\binom{160}{16}\binom{30}{3}\binom{10}{1}}{\binom{200}{20}} \approx 0{,}102.$$

Wir wenden uns der Bestimmung der Randverteilungen der $\mathbf{H}_{N;A_1\ldots A_k;n}$ zu. Aus dem Urnenexperiment erkennt man ohne jede Rechnung, daß etwa $(x_1 \ldots x_l)$ für $l < k$ ebenfalls polyhypergeometrisch verteilt ist nach $\mathbf{H}_{N;A_1\ldots A_l;n}$, denn faßt man die $A_{l+1} + \ldots + A_{k+1}$ Kugeln der Farben $l+1$ bis $k+1$ zu einer neuen Teilgesamtheit zusammen, dann hat man wieder exakt die gleiche Versuchssituation wie für $l = k$. Analog sieht man die etwas allgemeinere Aussage des folgenden Satzes ein:

Satz 3.3.1 *Randverteilungen der* $\mathbf{H}_{N;A_1\ldots A_k;n}$
Ist $(x_1 \ldots x_k)$ *nach* $\mathbf{H}_{N;A_1\ldots A_k;n}$ *verteilt, dann besitzen die Variablen* $(x_{j_1} \ldots x_{j_l})$ *die Randverteilung* $\mathbf{H}_{N;A_{j_1}\ldots A_{j_l};n}$.

Es ist aber auch lehrreich, dieses Ergebnis auf rein formal-rechnerischem Wege herzuleiten, und wir wollen das für die Randdichte von $(x_1 \ldots x_l)$ tun. Es gilt (siehe (3.2.1) und Definition 3.3.1):

$$f_{x_1\ldots x_l}(x_1 \ldots x_l) = \sum_S \frac{\binom{A_1}{x_1}\cdots\binom{A_{k+1}}{x_{k+1}}}{\binom{N}{n}}. \tag{3.3.1}$$

Die Summationsvorschrift S lautet:

1. $(x_1 \ldots x_l)$ fest,
2. $0 \le x_j \le A_j$ für $j = l+1 \ldots k+1$,
3. $\sum_{j=l+1}^{k+1} x_j = n - (x_1 + \ldots + x_l)$.

(3.3.1) kann somit geschrieben werden in der Form:

$$f_{x_1\ldots x_l}(x_1 \ldots x_l) = \frac{\binom{A_1}{x_1}\cdots\binom{A_l}{x_l}}{\binom{N}{n}} \sum_S \binom{A_{l+1}}{x_{l+1}} \cdots \binom{A_{k+1}}{x_{k+1}}. \tag{3.3.2}$$

Setzt man $A_{l+1} + \ldots + A_{k+1} = \bar{A}_{l+1}$ und $x_{l+1} + \ldots + x_{k+1} = n - (x_1 + \ldots + x_l) = \bar{x}_{l+1}$, dann hat die Summe in (3.3.2) den Wert $\binom{\bar{A}_{l+1}}{\bar{x}_{l+1}}$. Diese allgemeine Identität für Binomialkoeffizienten kann man auf verschiedene Weise zeigen. In unserem Zusammenhang wohl am einfachsten mit dem Hinweis auf die Dichte $f_{\mathbf{x}}$ der Verteilung $\mathbf{H}_{N;A_1\dots A_k;n}$ selbst. Die Summe $\sum f_{\mathbf{x}}$, erstreckt über alle Systeme $(x_1 \dots x_{k+1})$ mit $0 \leq x_j \leq A_j$ für $j = 1 \dots k+1$ und $x_1 + \dots + x_{k+1} = n$, hat den Wert 1. Also ist:

$$\sum \binom{A_1}{x_1} \cdots \binom{A_{k+1}}{x_{k+1}} = \binom{N}{n} \quad \text{mit} \quad N = \sum_1^{k+1} A_j \quad \text{und} \quad n = \sum_1^{k+1} x_j,$$

und das ergibt, angewandt auf die Summe in (3.3.2), gerade die obige Behauptung. Also haben wir abschließend:

$$f_{x_1 \dots x_l}(x_1 \dots x_l) = \frac{\binom{A_1}{x_1} \cdots \binom{A_l}{x_l} \binom{\bar{A}_{l+1}}{\bar{x}_{l+1}}}{\binom{N}{n}},$$

die Dichte der Verteilung $\mathbf{H}_{N;A_1\dots A_l;n}$.

3.4 Die Multinomialverteilung

Wir verallgemeinern die Binomialverteilung ähnlich wie im vorigen Abschnitt die hypergeometrische Verteilung und benützen ein weitgehend analoges Urnenexperiment:

Eine Urne enthält N verschieden gefärbte Kugeln, wobei A_1 Kugeln die Farbe 1, A_2 Kugeln die Farbe 2 usw. besitzen. Es gibt $k+1$ Farben und damit ist $A_1 + \dots + A_{k+1} = N$. Aus der Urne werden diesmal n Kugeln hintereinander *mit Zurücklegen* herausgezogen. Den Versuchsausgang beschreibt $\mathbf{x} = (x_1 \dots x_k)$; wieder ist x_j die Anzahl der Kugeln mit Farbe j unter den n gezogenen. $x_{k+1} = n - (x_1 + \dots + x_k)$ führen wir nicht auf, da es durch $(x_1 \dots x_k)$ bestimmt ist. Wir fragen nach der Verteilung von $\mathbf{x} = (x_1 \dots x_k)$, ebenso wie nach den Randverteilungen bzw. Randdichten.

Nach der nun schon mehrmals bewährten Methode vorgehend, numerieren wir die Kugeln mit der Farbe 1 beginnend, mit Farbe 2 fortsetzend usw., von 1 bis N und beschreiben das Versuchsergebnis zunächst mit $\mathbf{y} = (y_1 \dots y_n)$, wobei y_j die Nummer der j-ten gezogenen Kugel angibt. Damit gewinnen wir diesmal N^n gleichwahrscheinliche $\mathbf{y}$-Elementarereignisse.

Die für $\mathbf{x} = (x_1 \dots x_k)$ günstigen $\mathbf{y}$-Elementarereignisse erhält man, wenn man von den n Variablen $(y_1 \dots y_n)$ x_1 auswählt und sie mit einer der A_1 Nummern für Kugeln der Farbe 1 besetzt — das geht auf $\binom{n}{x_1} A_1^{x_1}$ Arten — sodann x_2 von den restlichen $n - x_1$ Variablen y_j auswählt und sie mit einer der A_2 Nummern für Kugeln der Farbe 2 besetzt — man hat dafür $\binom{n-x_1}{x_2} A_2^{x_2}$ Möglichkeiten usw. Insgesamt erhält man auf diese Weise genau

$$\begin{aligned}\binom{n}{x_1}\binom{n-x_1}{x_2}\cdots\binom{n-x_1-\ldots-x_k}{x_{k+1}}A_1^{x_1}\cdots A_{k+1}^{x_{k+1}} &= \\ = \frac{n!}{x_1!\cdots x_{k+1}!}A_1^{x_1}\cdots A_{k+1}^{x_{k+1}}\end{aligned} \tag{3.4.1}$$

günstige **y**-Elementarereignisse, wobei wir der Symmetrie des Ausdruckes zuliebe x_{k+1} nicht durch $x_1 \ldots x_k$ ausgedrückt haben. Dividiert man (3.4.1) durch N^n, die Anzahl der *möglichen* **y**-Elementarereignisse, und beachtet man die Beziehung $x_1 + \ldots + x_{k+1} = n$, dann ergibt sich für die gesuchte Dichte $f_{\mathbf{x}}(x_1 \ldots x_k)$:

$$f_{\mathbf{x}}(x_1 \ldots x_k) = \frac{n!}{x_1!\cdots x_{k+1}!}\left(\frac{A_1}{N}\right)^{x_1}\cdots\left(\frac{A_{k+1}}{N}\right)^{x_{k+1}}. \tag{3.4.2}$$

Wir setzen noch: $A_j/N = p_j$ für $j = 1 \ldots k+1$ — p_j gibt die Wahrscheinlichkeit an, bei einer Einzelziehung eine Kugel mit der Farbe j zu ziehen; dabei gilt natürlich: $p_1 + \ldots + p_{k+1} = 1$ — und erhalten abschließend:

$$f_{\mathbf{x}}(x_1 \ldots x_k) = \frac{n!}{x_1!\cdots x_k!x_{k+1}!}p_1^{x_1}\cdots p_k^{x_k}p_{k+1}^{x_{k+1}}.$$

Wir geben daher die

Definition 3.4.1 *Multinomialverteilung* $\mathbf{B}_{n;p_1\ldots p_k}$
Die k-dimensionale, diskrete Zufallsvariable $\mathbf{x} = (x_1 \ldots x_k)$ ist **multinomial** *verteilt mit den Parametern $n; p_1 \ldots p_k$ — wir bezeichnen die Multinomialverteilung mit dem Symbol $\mathbf{B}_{n;p_1\ldots p_k}$ —, wenn die Dichte der Verteilung von $\mathbf{x}$ gegeben ist durch:*

$$f(x_1 \ldots x_k|\mathbf{B}_{n;p_1\ldots p_k}) = \frac{n!}{x_1!\cdots x_k!x_{k+1}!}p_1^{x_1}\cdots p_k^{x_k}p_{k+1}^{x_{k+1}},$$

mit $x_{k+1} = n - (x_1 + \ldots + x_k)$ und $p_{k+1} = 1 - (p_1 + \ldots + p_k)$. Die Parameter unterliegen den Einschränkungen: $n \geq 1$, ganz; $0 \leq p_j$, $p_1 + \ldots + p_k \leq 1$. Die Variablen $x_1 \ldots x_k$ sind ganzzahlig, ≥ 0 und es ist $x_1 + \ldots + x_k \leq n$.

Führt man in Analogie zu den Binomialkoeffizienten die sogenannten **Multinomialkoeffizienten** ein:

$$\binom{n}{x_1 \ldots x_k} = \frac{n!}{x_1!\cdots x_k!(n - x_1 - \ldots - x_k)!},$$

dann kann man die Dichte f auch in der folgenden Form schreiben:

$$f(x_1 \ldots x_k|\mathbf{B}_{n,p_1\ldots p_k}) = \binom{n}{x_1 \ldots x_k}p_1^{x_1}\cdots p_k^{x_k}(1 - p_1 - \ldots - p_k)^{n-x_1-\ldots-x_k},$$

in der die Ähnlichkeit zur Binomialverteilung vollkommen wird.

Um die praktische Bedeutung der Multinomialverteilung zu erkennen, betrachten wir ein beliebiges Zufallsexperiment $\mathcal{E}$ und $k+1$ einander ausschließende Ereignisse $A_1 \ldots A_{k+1}$, deren Vereinigung das sichere Ereinis ergibt: $A_1 \cup \ldots \cup A_{k+1} = \Omega$. Mit anderen Worten: bei einer Durchführung von $\mathcal{E}$ wird immer genau ein A_j realisiert.

Wir wiederholen das Experiment $\mathcal{E}$ unter identischen Versuchsbedingungen n-mal und beschreiben das Ergebnis des Gesamtversuchs — der n-maligen Wiederholung von $\mathcal{E}$ — durch die k-dimensionale Variable $\mathbf{x} = (x_1 \ldots x_k)$, wo x_j die Anzahl der Realisierungen von A_j angibt. Auch hier ist $x_{k+1} = n-(x_1+\ldots+x_k)$ überflüssig. Ist $P(A_j) = p_j$ für $j = 1 \ldots k+1$ die Wahrscheinlichkeit, beim Einzelexperiment $\mathcal{E}$ das Ereignis A_j zu beobachten, dann ist $\mathbf{x} = (x_1 \ldots x_k)$ nach $\mathbf{B}_{n;p_1 \ldots p_k}$ verteilt.

Diese Aussage ist bemerkenswert allgemein und damit für viele Anwendungssituationen von Bedeutung. Um sie zu beweisen, argumentieren wir ähnlich wie bei der entsprechenden Behauptung für die Binomialverteilung, fassen uns aber naturgemäß wesentlich kürzer. Der Leser sei daher ersucht, sich die Ausführungen in Abschnitt 2.4 zu vergegenwärtigen.

Wir ordnen unserem Experiment $\mathcal{E}$ ein Urnenexperiment $\mathcal{E}'$ zu, wo die Wahrscheinlichkeit, eine Kugel der Farbe j $(j = 1 \ldots k+1)$ zu ziehen, ebenfalls p_j ist. Dieses Ereignis sei mit A'_j bezeichnet. Die beiden Experimente $\mathcal{E}$ und $\mathcal{E}'$ sind dann hinsichtlich der Realisierung von $A_1 \ldots A_{k+1}$ bzw. $A'_1 \ldots A'_{k+1}$ nicht unterscheidbar, gleichgültig wie oft sie wiederholt werden. Daraus folgt aber, daß $(x_1 \ldots x_k)$ die gleiche Wahrscheinlichkeitsverteilung besitzen muß wie $(x'_1 \ldots x'_k)$, die Liste der absoluten Häufigkeiten von $A'_1 \ldots A'_k$. Damit ist der Beweis aber auch schon erbracht. Wir formulieren dieses Ergebnis als

Satz 3.4.1 *Sei $\mathcal{E}$ ein Experiment und $A_1 \ldots A_k$ paarweise disjunkte Ereignisse mit den Wahrscheinlichkeiten $P(A_j) = p_j$ für $j = 1 \ldots k$. Wird $\mathcal{E}$ n-mal unter gleichen Versuchsbedingungen wiederholt, und zählt x_j die Anzahl der Realisierungen von A_j, dann ist $\mathbf{x} = (x_1 \ldots x_k)$ multinomial nach $\mathbf{B}_{n;p_1 \ldots p_k}$ verteilt.*

Beispiel 3.4.1 Sei $\mathcal{E}$ ein Experiment, beschrieben durch die eindimensionale Zufallsvariable y. Wir wiederholen $\mathcal{E}$ n-mal unter gleichen Versuchsbedingungen und erhalten die Werte $(y_1 \ldots y_n)$. Die sogenannte **empirische Verteilungsfunktion** der Daten $(y_1 \ldots y_n)$ ist definiert durch:

$$F_n(y) = F_n(y|y_1 \ldots y_n) = \frac{1}{n} \cdot (\text{Anzahl der} \quad y_j \leq y). \tag{3.4.3}$$

Es gibt also $nF_n(y)$ die absolute Häufigkeit des Ereignisses $(-\infty, y]$ an. Die absolute Häufigkeit des Intervalls $(a, b]$ ist somit $nF_n(b) - nF_n(a)$. Die empirische Verteilungsfunktion $F_n(y)$ ist eine monoton wachsende Treppenfunktion, die an den Beobachtungsstellen $y_1 \ldots y_n$ jeweils um $1/n$ springt und die, wie man wohl vermuten wird, bei großem n die Verteilungsfunktion F der Wahrscheinlichkeitsverteilung P von y mit hoher Wahrscheinlichkeit gut approximiert. Abb. 3.4.1 zeigt F und F_n für 20 beobachtete Werte $(y_1 \ldots y_{20})$.

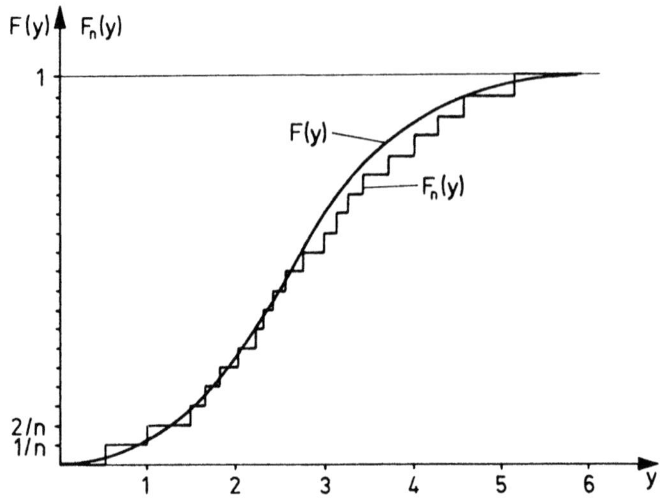

Abb. 3.4.1

Die empirische Verteilungsfunktion F_n ist eine zufällige Treppenfunktion. Wir halten einen Wert a fest und fragen nach der Wahrscheinlichkeitsverteilung der Zufallsvariablen $x = nF_n(a)$, der absoluten Häufigkeit von $(-\infty, a]$ bei den n Versuchswiederholungen. Das Ereignis $(-\infty, a]$ hat die Wahrscheinlichkeit $p = F(a)$ und somit ist x (siehe Satz 2.4.1) nach $\mathbf{B}_{n,p}$ verteilt.

Wählen wir jetzt allgemein k Punkte $a_1 < a_2 < \ldots < a_k$ und betrachten wir die k-dimensionale Zufallsgröße $\mathbf{x} = (x_1 \ldots x_k)$ mit $x_1 = nF_n(a_1), x_2 = n\big(F_n(a_2) - F_n(a_1)\big), \ldots, x_k = n\big(F_n(a_k) - F_n(a_{k-1})\big)$, dann geben die Zahlen x_j die absoluten Häufigkeiten der disjunkten Ereignisse $A_1 = (-\infty, a_1], A_2 = (a_1, a_2], \ldots, A_k = (a_{k-1}, a_k]$ an. Die Wahrscheinlichkeiten der A_j sind: $p_1 = F(a_1), p_j = F(a_j) - F(a_{j-1})$ $j = 2 \ldots k$, und nach Satz 3.4.1 ist $\mathbf{x} = (x_1 \ldots x_k)$ daher nach $\mathbf{B}_{n;p_1 \ldots p_k}$ verteilt. Man beherrscht damit die Wahrscheinlichkeitsverteilung der Abweichungen der empirischen Verteilungsfunktion F_n von der Verteilungsfunktion F der zugrundeliegenden Wahrscheinlichkeitsverteilung.

Wir wenden uns der Bestimmung der Randverteilungen der Multinomialverteilung $\mathbf{B}_{n;p_1 \ldots p_k}$ zu. Es ist sowohl aus dem Urnenexperiment, das wir zur Herleitung der $\mathbf{B}_{n;p_1 \ldots p_k}$ benutzt haben, als auch aus Satz 3.4.1 nunmehr der folgende Satz evident:

Satz 3.4.2 *Randverteilungen der* $\mathbf{B}_{n;p_1 \ldots p_k}$

Ist $(x_1 \ldots x_k)$ *multinomial nach* $\mathbf{B}_{n;p_1 \ldots p_k}$ *verteilt, dann ist die Randverteilung von* $(x_{j_1} \ldots x_{j_l})$ *die Multinomialverteilung* $\mathbf{B}_{n;p_{j_1} \ldots p_{j_l}}$.

Insbesondere sind die eindimensionalen Randverteilungen der x_j die Binomialverteilungen $\mathbf{B}_{n,p_j}$. Wir wollen aber auch für Satz 3.4.2, ähnlich wie bei der Herleitung der Randverteilungen der polyhypergeometrischen Verteilung (siehe Satz 3.3.1), noch einen analytischen Beweis führen.

Die Randdichte $f_{x_1 \ldots x_l}$ ist gegeben durch:

$$f_{x_1 \ldots x_l}(x_1 \ldots x_l) = \sum_S \frac{n!}{x_1! \cdots x_k! x_{k+1}!} p_1^{x_1} \cdots p_k^{x_k} p_{k+1}^{x_{k+1}}, \tag{3.4.4}$$

wobei die Summationsvorschrift S bedeutet:

1. $(x_1 \ldots x_l)$ ist fest,
2. $0 \leq x_j$ für $j = l+1, \ldots, k+1$,
3. $\sum_{j=l+1}^{k+1} x_j = n - (x_1 + \ldots + x_l)$.

Damit folgt:

$$\begin{aligned} f_{x_1 \ldots x_l}(x_1 \ldots x_l) = & \frac{n!}{x_1! \cdots x_l! \big(n - (x_1 + \ldots + x_l)\big)!} p_1^{x_1} \cdots p_l^{x_l} \cdot \\ & \cdot \sum_S \frac{\big(n - (x_1 + \ldots + x_l)\big)!}{x_{l+1}! \cdots x_{k+1}!} p_{l+1}^{x_{l+1}} \cdots p_{k+1}^{x_{k+1}}. \end{aligned} \tag{3.4.5}$$

Die Summe in (3.4.5) ist aber, nach dem **multinomischen Lehrsatz**, offenbar gleich $(p_{l+1} + \ldots + p_{k+1})^{n-(x_1+\ldots+x_l)}$ was, in (3.4.5) eingesetzt, die Dichte der $\mathbf{B}_{n;p_1 \ldots p_l}$ ergibt.

3.5 Die mehrdimensionale Normalverteilung

Wir führen die Familie der k-dimensionalen Normalverteilungen, wie immer bei stetigen Verteilungen, durch Angabe ihrer Dichten ein und bestimmen die Randverteilungen. Weitere Eigenschaften dieser für die Anwendungen wichtigsten stetigen, k-dimensionalen Verteilungsfamilie werden nach und nach in späteren Abschnitten hergeleitet. Vergegenwärtigen wir uns zunächst die Dichte der eindimensionalen Normalverteilung:

$$f\big(x|\mathbf{N}(\mu, \sigma^2)\big) = \frac{1}{\sqrt{2\pi}\sigma} \exp\big(-\frac{(x-\mu)^2}{2\sigma^2}\big).$$

Interpretiert man $(\frac{x-\mu}{\sigma})^2$ als Quadrat des Abstandes $d_\sigma(x,\mu) = |\frac{x-\mu}{\sigma}|$, des Punktes x vom Bezugspunkt μ, gemessen in der Einheit σ, dann kann man $f\big(x|\mathbf{N}(\mu,\sigma^2)\big)$ auch folgendermaßen schreiben:

$$f\big(x|\mathbf{N}(\mu, \sigma^2)\big) = C(\sigma) \exp\big(-\frac{1}{2} d_\sigma^2(x,\mu)\big), \tag{3.5.1}$$

wobei für die Normierungskonstante $1/\sqrt{2\pi}\sigma$ die Abkürzung $C(\sigma)$ gesetzt wurde. In dieser Form geschrieben und interpretiert, bietet sich aber sofort eine ganz natürliche Verallgemeinerung auf k Dimensionen an: Die Dichte für die k-dimensionale Zufallsvariable $\mathbf{x} = (x_1 \dots x_k)$ sollte von der gleichen formalen Gestalt sein wie (3.5.1), wobei $\boldsymbol{\mu} = (\mu_1 \dots \mu_k)$ ein Bezugspunkt im $\mathbf{R}^k$ wäre und die Normierungskonstante C von der Wahl der Abstandsfunktion $d(\mathbf{x}, \boldsymbol{\mu})$ abhängen müßte.

Für $d(\mathbf{x}, \boldsymbol{\mu})$ wird man die allgemeine euklidische Abstandsbestimmung im $\mathbf{R}^k$ wählen, d.h.:

$$d_{\mathbf{\Gamma}}^2(\mathbf{x}, \boldsymbol{\mu}) = \sum_{ij=1}^{k} \gamma_{ij}(x_i - \mu_i)(x_j - \mu_j) = (\mathbf{x} - \boldsymbol{\mu})'\mathbf{\Gamma}(\mathbf{x} - \boldsymbol{\mu}), \tag{3.5.2}$$

wobei $\mathbf{\Gamma} = (\gamma_{ij})_{i,j=1\dots k}$ eine symmetrische, positiv-definite (k, k)-Matrix ist.

Bemerkung: Wenn man sich der Matrizenschreibweise bedient, wie etwa in (3.5.2), dann interpretiert man Punkte im $\mathbf{R}^k$, wie $\mathbf{x}, \boldsymbol{\mu}$ etc., immer als Spaltenvektoren. Wir schreiben daher in solchen Zusammenhängen in Hinkunft $\mathbf{x} = (x_1 \dots x_k)', \boldsymbol{\mu} = (\mu_1 \dots \mu_k)'$ etc., um keine Verwirrung zu stiften. Vektoren und Matrizen werden mit fetten Typen bezeichnet.

Wir werden also auf folgenden Ansatz für die Dichte von $\mathbf{x} = (x_1 \dots x_k)'$ geführt:

$$f_{\mathbf{x}}(\mathbf{x}) = f_{\mathbf{x}}(x_1 \dots x_k) = C(\mathbf{\Gamma}) \exp\left(-\frac{1}{2}(\mathbf{x} - \boldsymbol{\mu})'\mathbf{\Gamma}(\mathbf{x} - \boldsymbol{\mu})\right), \tag{3.5.3}$$

wobei es schon an dieser Stelle klar ist, daß der Lageparameter $\boldsymbol{\mu}$ nicht in die Normierungskonstante C eingeht. Bevor wir $C(\mathbf{\Gamma})$ bestimmen, überlegen wir uns die Gestalt von $f_{\mathbf{x}}(x_1 \dots x_k)$. Setzt man $\mathbf{x} = \boldsymbol{\mu} + t\mathbf{z}$ mit $t \in \mathbf{R}$ und $\mathbf{z} \in \mathbf{R}^k$, d.h. bewegt man sich längs der durch den Vektor $\mathbf{z}$ bestimmten Geraden durch den Bezugspunkt $\boldsymbol{\mu}$, dann gilt:

$$f_{\mathbf{x}}(\mathbf{x} = \boldsymbol{\mu} + t\mathbf{z}) = C(\mathbf{\Gamma}) \exp\left(-\frac{1}{2}\mathbf{z}'\mathbf{\Gamma}\mathbf{z} \cdot t^2\right).$$

Als Funktion von t ist dies die Gestalt der Dichte einer eindimensionalen Normalverteilung, der sogenannten Glockenkurve, denn $f_{\mathbf{x}}$ nimmt bei Entfernung von $\boldsymbol{\mu}$ längs der Geraden $\mathbf{x} = \boldsymbol{\mu} + t\mathbf{z}$ so wie $\exp(-kt^2)$ ab.

Wir fragen weiter nach den Niveauflächen von $f_{\mathbf{x}}$, d.h. nach den Flächen $f_{\mathbf{x}}(x_1 \dots x_k) = konst.$ Es sind dies die Hyperflächen $(\mathbf{x} - \boldsymbol{\mu})'\mathbf{\Gamma}(\mathbf{x} - \boldsymbol{\mu}) = konst.$, und diese sind bekanntlich die Oberflächen von im Punkt $\boldsymbol{\mu}$ zentrierten, zueinander ähnlichen, k-dimensionalen Ellipsoiden, deren Hauptachsen die Eigenrichtungen von $\mathbf{\Gamma}$ sind und deren Hauptachsenabschnitte im Verhältnis $1/\sqrt{\lambda_1} : \dots : 1/\sqrt{\lambda_k}$ stehen, wenn $\lambda_1 \dots \lambda_k$ die Eigenwerte von $\mathbf{\Gamma}$ bezeichnen. Da wir diese Tatsachen auch noch für andere Zwecke benötigen, skizzieren wir kurz ihre Herleitung.

$\mathbf{\Gamma}$ besitzt als symmetrische Matrix nur reelle und als symmetrische, positiv-definite Matrix nur positive Eigenwerte, etwa: $\lambda_1 \geq \lambda_2 \geq \dots \geq \lambda_k > 0$.

Sei $\mathbf{a}_1 \ldots \mathbf{a}_k$ ein System von Eigenvektoren in korrespondierender Numerierung. Die Vektoren $\mathbf{a}_1 \ldots \mathbf{a}_k$ können, wie bei jeder symmetrischen Matrix, als paarweise orthogonal und normiert vorausgesetzt werden. Mit den Matrizen $\mathbf{\Lambda} = diag(\lambda_1 \ldots \lambda_k)$ und $\mathbf{A} = (\mathbf{a}_1 \ldots \mathbf{a}_k)$ — $\mathbf{A}$ ist eine orthogonale Matrix, d.h.: $\mathbf{AA}' = \mathbf{A}'\mathbf{A} = \mathbf{I}$ — gelten die Beziehungen:

$$\mathbf{\Gamma A} = \mathbf{A\Lambda} \Longrightarrow \mathbf{\Gamma} = \mathbf{A\Lambda A}' \quad \text{und} \quad \mathbf{A}'\mathbf{\Gamma A} = \mathbf{\Lambda}. \tag{3.5.4}$$

Die erste Gleichung drückt aus, daß die Spalten $\mathbf{a}_j$ von $\mathbf{A}$ Eigenvektoren von $\mathbf{\Gamma}$ zu den Eigenwerten λ_j sind, die beiden anderen folgen durch Multiplikation mit $\mathbf{A}'$ von rechts bzw. von links. Führen wir jetzt im $\mathbf{R}^k$ ein neues Koordinatensystem ein, mit dem Ursprung in $\boldsymbol{\mu}$, den Einheitsvektoren $\mathbf{a}_1 \ldots \mathbf{a}_k$ und den neuen Koordinaten $\mathbf{y} = (y_1 \ldots y_k)'$, dann ist $(\mathbf{x} - \boldsymbol{\mu}) = \mathbf{Ay}$ und es folgt aus (3.5.4):

$$(\mathbf{x} - \boldsymbol{\mu})'\mathbf{\Gamma}(\mathbf{x} - \boldsymbol{\mu}) = \mathbf{y}'\mathbf{A}'\mathbf{\Gamma A y} = \mathbf{y}'\mathbf{\Lambda y} = \sum_{j=1}^{k} \lambda_j y_j^2 = konst.,$$

und dies ist offensichtlich die Gleichung für die Oberfläche eines Ellipsoides mit Hauptachsenrichtungen $\mathbf{a}_1 \ldots \mathbf{a}_k$ und Hauptachsenabschnitten im Verhältnis $1/\sqrt{\lambda_1} : \ldots : 1/\sqrt{\lambda_k}$.

Damit hat man einen brauchbaren Überblick über den Verlauf der Funktion $f_{\mathbf{x}}$ in (3.5.3). Eine Veranschaulichung für $k = 2$ gibt Abb. 3.5.1.

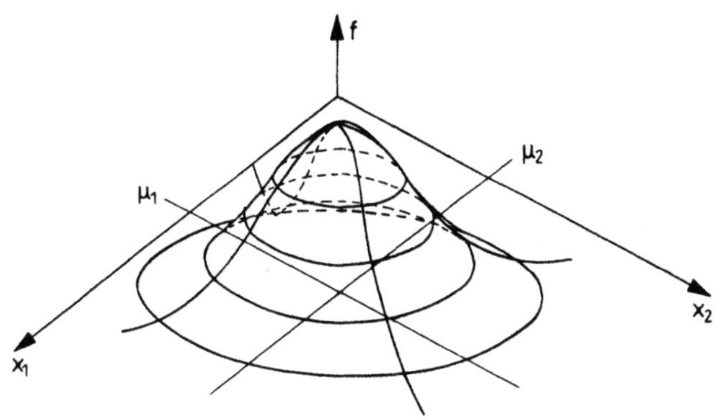

Abb. 3.5.1

Einfacher zu zeichnen, numerisch aussagefähiger und als Vorstellungsbild eher für den höherdimensionalen Fall verallgemeinerungsfähig ist Abb. 3.5.2, wo die Niveaulinien von f wie bei einer Landkarte, mit konstantem Höhensprung von Linie zu Linie, gezeichnet sind. Zusätzlich ist noch der Schnitt durch den Mittelpunkt $\boldsymbol{\mu}$, parallel zur x_1-Achse gezeichnet.

Wir kommen zur Bestimmung der Konstanten $C(\mathbf{\Gamma})$ in (3.5.3). Die Normierungsbedingung $\int_{\mathbf{R}^k} f_{\mathbf{x}}(x_1 \ldots x_k) = 1$ ergibt:

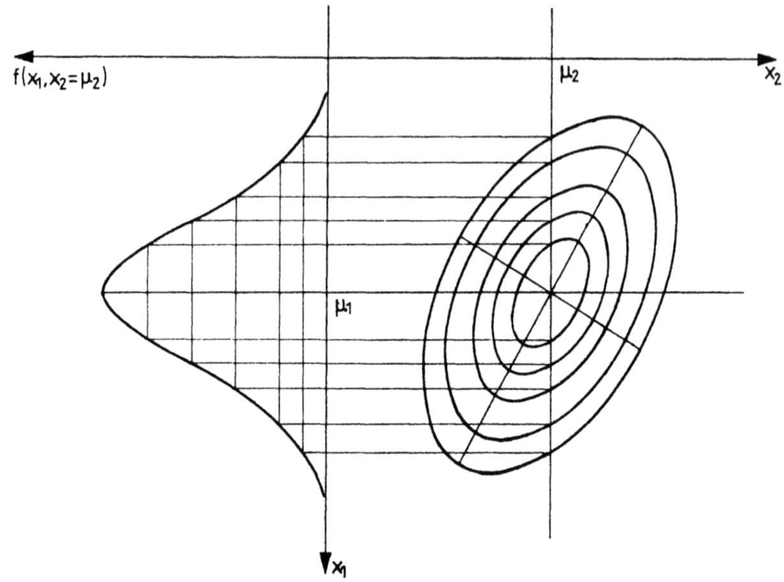

Abb. 3.5.2

$$1/C(\mathbf{\Gamma}) = \int_{\mathbf{R}^k} exp(-\frac{1}{2}(\mathbf{x}-\boldsymbol{\mu})'\mathbf{\Gamma}(\mathbf{x}-\boldsymbol{\mu}))d\mathbf{x}. \tag{3.5.5}$$

Substituiert man $\mathbf{x} = \boldsymbol{\mu} + \mathbf{B}\mathbf{y}$, wobei $\mathbf{B}$ eine reguläre (k,k)-Matrix sein soll, für die $\mathbf{B}'\mathbf{\Gamma}\mathbf{B} = \mathbf{I}$ gilt — es gibt viele derartige Matrizen, $\mathbf{A}\mathbf{\Lambda}^{-1/2}$, mit $\mathbf{\Lambda}^{-1/2} = diag(\lambda_1^{-1/2}\ldots\lambda_k^{-1/2})$, ist eine spezielle (siehe 3.5.4) — dann folgt wegen $\frac{\partial(x_1\ldots x_k)}{\partial(y_1\ldots y_k)} = \mathbf{B}$ und $1 = |\mathbf{B}'\mathbf{\Gamma}\mathbf{B}| = |\mathbf{\Gamma}||\mathbf{B}|^2$, also $\big||\mathbf{B}|\big| = |\mathbf{\Gamma}|^{-1/2}$ ($|\mathbf{B}|$ bezeichnet die Determinante der Matrix $\mathbf{B}$):

$$\begin{aligned} 1/C(\mathbf{\Gamma}) &= \int_{\mathbf{R}^k} exp(-\frac{1}{2}\mathbf{y}'\mathbf{B}'\mathbf{\Gamma}\mathbf{B}\mathbf{y})\big||\mathbf{B}|\big|d\mathbf{y} = \\ &= |\mathbf{\Gamma}|^{-1/2}\int_{\mathbf{R}^k} \exp(-\frac{1}{2}\sum_1^k y_j^2)dy_1\cdots dy_k = \\ &= |\mathbf{\Gamma}|^{-1/2}\Big(\int_{\mathbf{R}} e^{-y^2/2}dy\Big)^k = (2\pi)^{k/2}|\mathbf{\Gamma}|^{-1/2}. \end{aligned} \tag{3.5.6}$$

Die Dichte (3.5.3) hat damit, in richtiger Normierung, die Gestalt:

$$f_{\mathbf{x}}(x_1\ldots x_k) = \Big(\frac{1}{2\pi}\Big)^{k/2}|\mathbf{\Gamma}|^{1/2}exp(-\frac{1}{2}(\mathbf{x}-\boldsymbol{\mu})'\mathbf{\Gamma}(\mathbf{x}-\boldsymbol{\mu})), \tag{3.5.7}$$

und in der Tat haben wir damit die gesuchte Verallgemeinerung der Normalverteilung auf k Dimensionen. Zur Parametrisierung dieser Verteilungsfamilie benützt man nicht $\boldsymbol{\mu}$ und $\mathbf{\Gamma}$, wie es nach unserer Herleitung zunächst naheläge, sondern $\boldsymbol{\mu}$ und $\boldsymbol{\Gamma}^{-1} =: \boldsymbol{\Sigma} = (\sigma_{ij})_{i,j=1\dots k}$, durchaus in Konsistenz mit dem eindimensionalen Fall. Wir geben daher die

Definition 3.5.1 *k-dimensionale Normalverteilung* $\mathbf{N}(\boldsymbol{\mu}, \boldsymbol{\Sigma})$
Sei $\boldsymbol{\mu} \in \mathbf{R}^k$ *und* $\boldsymbol{\Sigma} = (\sigma_{ij})_{i,j=1\dots k}$ *eine symmetrische, positiv-definite* (k, k)-*Matrix. Die* **k-dimensionale Normalverteilung** *mit den Parametern* $\boldsymbol{\mu}$ *und* $\boldsymbol{\Sigma}$ *— bezeichnet durch das Symbol* $\mathbf{N}(\boldsymbol{\mu}, \boldsymbol{\Sigma})$ *— besitzt die Dichte:*

$$f(\mathbf{x}|\mathbf{N}(\boldsymbol{\mu},\boldsymbol{\Sigma})) = (\frac{1}{2\pi})^{k/2}|\boldsymbol{\Sigma}|^{-1/2} exp(-\frac{1}{2}(\mathbf{x}-\boldsymbol{\mu})'\boldsymbol{\Sigma}^{-1}(\mathbf{x}-\boldsymbol{\mu})). \tag{3.5.8}$$

Wir wenden uns den Randverteilungen der $\mathbf{N}(\boldsymbol{\mu}, \boldsymbol{\Sigma})$ zu und bestimmen die Randdichte von $\mathbf{x}_1 = (x_1 \dots x_l)'$. Um die restlichen Variablen $\mathbf{x}_2 = (x_{l+1} \dots x_k)'$, in f ausintegrieren zu können, schreiben wir zunächst die quadratische Form $(\mathbf{x}-\boldsymbol{\mu})'\boldsymbol{\Gamma}(\mathbf{x}-\boldsymbol{\mu})$ etwas anders. Wir zerlegen dazu die Matrizen $\mathbf{x}, \boldsymbol{\mu}, \boldsymbol{\Gamma}$ und $\boldsymbol{\Sigma}$ in Blöcke, wobei wir die ersten l und die letzten $k - l$ Zeilen bzw. Spalten zusammenfassen:

$$\mathbf{x} = \left(\frac{\mathbf{x}_1}{\mathbf{x}_2}\right), \boldsymbol{\mu} = \left(\frac{\boldsymbol{\mu}_1}{\boldsymbol{\mu}_2}\right), \ \boldsymbol{\Gamma} = \left(\begin{array}{c|c} \boldsymbol{\Gamma}_{11} & \boldsymbol{\Gamma}_{12} \\ \hline \boldsymbol{\Gamma}_{21} & \boldsymbol{\Gamma}_{22} \end{array}\right), \ \boldsymbol{\Sigma} = \left(\begin{array}{c|c} \boldsymbol{\Sigma}_{11} & \boldsymbol{\Sigma}_{12} \\ \hline \boldsymbol{\Sigma}_{21} & \boldsymbol{\Sigma}_{22} \end{array}\right) \tag{3.5.9}$$

und setzen außerdem zur Abkürzung: $\mathbf{x}-\boldsymbol{\mu} = \mathbf{z}; \mathbf{x}_1-\boldsymbol{\mu}_1 = \mathbf{z}_1$ sowie $\mathbf{x}_2-\boldsymbol{\mu}_2 = \mathbf{z}_2$. Dann gilt (man beachte $\boldsymbol{\Gamma}'_{21} = \boldsymbol{\Gamma}_{12}$):

$$(\mathbf{x}-\boldsymbol{\mu})'\boldsymbol{\Gamma}(\mathbf{x}-\boldsymbol{\mu}) = \quad (\mathbf{z}'_1|\mathbf{z}'_2) \left(\begin{array}{c|c} \boldsymbol{\Gamma}_{11} & \boldsymbol{\Gamma}_{12} \\ \hline \boldsymbol{\Gamma}_{21} & \boldsymbol{\Gamma}_{22} \end{array}\right) \left(\frac{\mathbf{z}_1}{\mathbf{z}_2}\right) =$$

$$\begin{aligned} &= \mathbf{z}'_1\boldsymbol{\Gamma}_{11}\mathbf{z}_1 + \mathbf{z}'_1\boldsymbol{\Gamma}_{12}\mathbf{z}_2 + \mathbf{z}'_2\boldsymbol{\Gamma}_{21}\mathbf{z}_1 + \mathbf{z}'_2\boldsymbol{\Gamma}_{22}\mathbf{z}_2 = \\ &= (\mathbf{z}_2 + \boldsymbol{\Gamma}_{22}^{-1}\boldsymbol{\Gamma}_{21}\mathbf{z}_1)'\boldsymbol{\Gamma}_{22}(\mathbf{z}_2 + \boldsymbol{\Gamma}_{22}^{-1}\boldsymbol{\Gamma}_{21}\mathbf{z}_1) + \mathbf{z}'_1(\boldsymbol{\Gamma}_{11} - \boldsymbol{\Gamma}_{12}\boldsymbol{\Gamma}_{22}^{-1}\boldsymbol{\Gamma}_{21})\mathbf{z}_1. \end{aligned} \tag{3.5.10}$$

Setzen wir (3.5.10) in (3.5.7) ein, dann kann die Dichte f in der folgenden Form faktorisiert werden:

$$\begin{aligned} f(\mathbf{x}|\mathbf{N}(\boldsymbol{\mu},\boldsymbol{\Sigma})) = &\Bigg[(\frac{1}{2\pi})^{l/2}|\boldsymbol{\Gamma}_{11} - \boldsymbol{\Gamma}_{12}\boldsymbol{\Gamma}_{22}^{-1}\boldsymbol{\Gamma}_{21}|^{1/2} \cdot \\ &\cdot exp(-\frac{1}{2}(\mathbf{x}_1-\boldsymbol{\mu}_1)'(\boldsymbol{\Gamma}_{11} - \boldsymbol{\Gamma}_{12}\boldsymbol{\Gamma}_{22}^{-1}\boldsymbol{\Gamma}_{21})(\mathbf{x}_1-\boldsymbol{\mu}_1))\Bigg] \cdot \Bigg[(\frac{1}{2\pi})^{\frac{k-l}{2}}|\boldsymbol{\Gamma}_{22}|^{1/2} \cdot \\ &\cdot exp(-\frac{1}{2}((\mathbf{x}_2-\boldsymbol{\mu}_2) + \boldsymbol{\Gamma}_{22}^{-1}\boldsymbol{\Gamma}_{21}(\mathbf{x}_1-\boldsymbol{\mu}_1))'\boldsymbol{\Gamma}_{22}((\mathbf{x}_2-\boldsymbol{\mu}_2) + \boldsymbol{\Gamma}_{22}^{-1}\boldsymbol{\Gamma}_{21}(\mathbf{x}_1-\boldsymbol{\mu}_1)))\Bigg] \cdot \\ &\cdot \left[\frac{|\boldsymbol{\Gamma}|^{1/2}}{|\boldsymbol{\Gamma}_{11} - \boldsymbol{\Gamma}_{12}\boldsymbol{\Gamma}_{22}^{-1}\boldsymbol{\Gamma}_{21}|^{1/2}|\boldsymbol{\Gamma}_{22}|^{1/2}}\right] = A(\mathbf{x}_1)B(\mathbf{x}_1,\mathbf{x}_2)C. \end{aligned} \tag{3.5.11}$$

Betrachten wir diesen zunächst ja nicht gerade einladenden Ausdruck näher. Offenbar ist $A(\mathbf{x}_1)$ die Dichte der l-dimensionalen Normalverteilung $\mathbf{N}(\boldsymbol{\mu}_1, (\boldsymbol{\Gamma}_{11} - -\boldsymbol{\Gamma}_{12}\boldsymbol{\Gamma}_{22}^{-1}\boldsymbol{\Gamma}_{21})^{-1})$, soferne die Matrix $\boldsymbol{\Gamma}_{11} - \boldsymbol{\Gamma}_{12}\boldsymbol{\Gamma}_{22}^{-1}\boldsymbol{\Gamma}_{21}$ wirklich positiv-definit ist. Wir zeigen mehr. Es gilt:

$$\boldsymbol{\Gamma}_{11} - \boldsymbol{\Gamma}_{12}\boldsymbol{\Gamma}_{22}^{-1}\boldsymbol{\Gamma}_{21} = \boldsymbol{\Sigma}_{11}^{-1}. \tag{3.5.12}$$

Man sieht das sofort, wenn man das Produkt $\boldsymbol{\Sigma\Gamma} = \mathbf{I}$, mit den in (3.5.9) eingeführten Blöcken bildet und auch die k-reihige Einheitsmatrix entsprechend in Blöcke zerlegt:

$$\boldsymbol{\Sigma\Gamma} = \left(\begin{array}{c|c} \boldsymbol{\Sigma}_{11} & \boldsymbol{\Sigma}_{12} \\ \hline \boldsymbol{\Sigma}_{21} & \boldsymbol{\Sigma}_{22} \end{array}\right) \left(\begin{array}{c|c} \boldsymbol{\Gamma}_{11} & \boldsymbol{\Gamma}_{12} \\ \hline \boldsymbol{\Gamma}_{21} & \boldsymbol{\Gamma}_{22} \end{array}\right) = \left(\begin{array}{c|c} \mathbf{I}_{11} & \mathbf{I}_{12} \\ \hline \mathbf{I}_{21} & \mathbf{I}_{22} \end{array}\right). \tag{3.5.13}$$

Es ist dann:

$$\boldsymbol{\Sigma}_{11}\boldsymbol{\Gamma}_{11} + \boldsymbol{\Sigma}_{12}\boldsymbol{\Gamma}_{21} = \mathbf{I}_{11} \ ; \ \boldsymbol{\Sigma}_{11}\boldsymbol{\Gamma}_{12} + \boldsymbol{\Sigma}_{12}\boldsymbol{\Gamma}_{22} = \mathbf{I}_{12}. \tag{3.5.14}$$

Beachtet man, daß $\mathbf{I}_{12}$ eine $(l, k-l)$-Matrix mit lauter Nullen und $\mathbf{I}_{11}$ die l-reihige Einheitsmatrix ist, dann folgt aus dem rechten Ausdruck in (3.5.14) zunächst:

$$\boldsymbol{\Sigma}_{12} = -\boldsymbol{\Sigma}_{11}\boldsymbol{\Gamma}_{12}\boldsymbol{\Gamma}_{22}^{-1}$$

und damit aus der linken Beziehung in (3.5.14):

$$\boldsymbol{\Sigma}_{11}(\boldsymbol{\Gamma}_{11} - \boldsymbol{\Gamma}_{12}\boldsymbol{\Gamma}_{22}^{-1}\boldsymbol{\Gamma}_{21}) = \mathbf{I}_{11},$$

also in der Tat die Behauptung (3.5.12). Es gilt daher:

$$A(\mathbf{x}_1) = f(\mathbf{x}_1 | \mathbf{N}(\boldsymbol{\mu}_1, \boldsymbol{\Sigma}_{11})).$$

Der Ausdruck $B(\mathbf{x}_1, \mathbf{x}_2)$ in (3.5.11), aufgefaßt als Funktion von $\mathbf{x}_2$, bei festem $\mathbf{x}_1$, ist ebenfalls die Dichte einer Normalverteilung, nämlich:

$$B(\mathbf{x}_1, \mathbf{x}_2) = f(\mathbf{x}_2 | \mathbf{N}(\boldsymbol{\mu}_2 - \boldsymbol{\Gamma}_{22}^{-1}\boldsymbol{\Gamma}_{21}(\mathbf{x}_1 - \boldsymbol{\mu}_1), \boldsymbol{\Gamma}_{22}^{-1})).$$

Die Konstante C schließlich hat den Wert 1, denn subtrahiert man in $\boldsymbol{\Gamma}$ das $\boldsymbol{\Gamma}_{12}\boldsymbol{\Gamma}_{22}^{-1}$-fache des unteren Blocks $(\boldsymbol{\Gamma}_{21} | \boldsymbol{\Gamma}_{22})$ — von links multipliziert — vom oberen Block $(\boldsymbol{\Gamma}_{11} | \boldsymbol{\Gamma}_{12})$, dann ändert sich die Determinante $|\boldsymbol{\Gamma}|$ nicht, und es ist:

$$|\boldsymbol{\Gamma}| = \operatorname{Det} \left(\begin{array}{c|c} \boldsymbol{\Gamma}_{11} - \boldsymbol{\Gamma}_{12}\boldsymbol{\Gamma}_{22}^{-1}\boldsymbol{\Gamma}_{21} & \mathbf{O} \\ \hline \boldsymbol{\Gamma}_{21} & \boldsymbol{\Gamma}_{22} \end{array}\right) = |\boldsymbol{\Gamma}_{11} - \boldsymbol{\Gamma}_{12}\boldsymbol{\Gamma}_{22}^{-1}\boldsymbol{\Gamma}_{21}||\boldsymbol{\Gamma}_{22}|, \tag{3.5.15}$$

also ist in der Tat $C = 1$.

Wir gewinnen somit abschließend die folgende Faktorisierung für die Dichte $f(\mathbf{x}|\mathbf{N}(\boldsymbol{\mu}, \boldsymbol{\Sigma}))$:

$$f(\mathbf{x}|\mathbf{N}(\boldsymbol{\mu}, \boldsymbol{\Sigma})) = f(\mathbf{x}_1|\mathbf{N}(\boldsymbol{\mu}_1, \boldsymbol{\Sigma}_{11}))f\Big(\mathbf{x}_2|\mathbf{N}(\boldsymbol{\mu}_2 - \boldsymbol{\Gamma}_{22}^{-1}\boldsymbol{\Gamma}_{21}(\mathbf{x}_1 - \boldsymbol{\mu}_1), \boldsymbol{\Gamma}_{22}^{-1})\Big). \tag{3.5.16}$$

Jetzt kann aber $\mathbf{x}_2$ sofort ausintegriert werden — der zweite Faktor in (3.5.16) ergibt nach $\mathbf{x}_2$ integriert 1, der erste ist dabei konstant. Der erste Faktor in (3.5.16) ist also die gesuchte Randdichte von $\mathbf{x}_1$. Wir formulieren das Ergebnis für die Randverteilung der allgemeinen Variablengruppe $(x_{j_1} \dots x_{j_l})$:

Satz 3.5.1 *Randverteilungen der* $\mathbf{N}(\boldsymbol{\mu}, \boldsymbol{\Sigma})$
Ist $\mathbf{x} = (x_1 \dots x_k)$ *nach* $\mathbf{N}(\boldsymbol{\mu}, \boldsymbol{\Sigma})$ *verteilt, dann ist die Randverteilung der Variablen* $(x_{j_1} \dots x_{j_l})$ *die Normalverteilung* $\mathbf{N}\big((\mu_{j_r}\colon r = 1 \dots l); (\sigma_{j_r, j_s}\colon r, s = = 1 \dots l)\big)$

Beispiel 3.5.1 $x = (x_1 \dots x_5)$ sei nach $\mathbf{N}(\boldsymbol{\mu}, \boldsymbol{\Sigma})$ verteilt mit:

$$\boldsymbol{\mu} = \begin{pmatrix} 2 \\ 1 \\ -3 \\ 0 \\ -1 \end{pmatrix} \quad \text{und} \quad \boldsymbol{\Sigma} = \begin{pmatrix} 1 & 0 & 2 & 2 & 2 \\ 0 & 4 & -2 & 4 & 4 \\ 2 & -2 & 9 & -2 & 6 \\ 2 & 4 & -2 & 16 & 8 \\ 2 & 4 & 6 & 8 & 25 \end{pmatrix}.$$

$\boldsymbol{\Sigma}$ ist positiv-definit. Das zeigt man etwa mit dem folgenden Determinantenkriterium: $\boldsymbol{\Sigma}$ ist genau dann positiv definit, wenn die Determinanten der Untermatrizen $(\sigma_{ij})_{i,j=1\dots l}$ für $l = 1 \dots k$, die sogenannten Hauptminoren von $\boldsymbol{\Sigma}$, streng positiv sind (siehe etwa Gantmacher: Matrizenrechnung). In unserem Fall gilt:

$$D_1 = 1, D_2 = 4, D_3 = 16, D_4 = 64, D_5 = 576,$$

also ist $\boldsymbol{\Sigma}$ positiv definit.

Die eindimensionalen Randverteilungen von $x_1 \dots x_5$ sind:

$$x_1 \sim \mathbf{N}(2,1); x_2 \sim \mathbf{N}(1,4); x_3 \sim \mathbf{N}(-3,9); x_4 \sim \mathbf{N}(0,16); x_5 \sim \mathbf{N}(-1,25).$$

Die Randverteilung etwa von (x_2, x_3, x_5) ist:

$$\begin{pmatrix} x_2 \\ x_3 \\ x_5 \end{pmatrix} \sim \mathbf{N}\left(\begin{pmatrix} 1 \\ -3 \\ -1 \end{pmatrix}; \begin{pmatrix} 4 & -2 & 4 \\ -2 & 9 & 6 \\ 4 & 6 & 25 \end{pmatrix}\right)$$

d.h. man greift aus $\boldsymbol{\mu}$ die Elemente (μ_2, μ_3, μ_5) und aus $\boldsymbol{\Sigma}$ die durch die Zeilen- und Spaltennummern 2,3,5 bestimmte Untermatrix heraus.

3.6. Funktionen von mehrdimensionalen Zufallsvariablen

Wir knüpfen an das Thema von Abschnitt 2.10 an. Es liege ein Experiment $\mathcal{E}$ vor, dessen Ausgang durch die k-dimensionale Variable $\mathbf{x} = (x_1 \ldots x_k)$ mit der Wahrscheinlichkeitsverteilung $P_\mathbf{x}$ beschrieben ist, und es sei $\mathbf{y} = (y_1 \ldots y_l) = = (t_1(x_1 \ldots x_k) \ldots t_l(x_1 \ldots x_k)) = \mathbf{t}(\mathbf{x})$ eine Funktion von $\mathbf{x}$. $\mathbf{y}$ ist damit eine l-dimensionale Zufallsvariable, deren Verteilung $P_\mathbf{y}$ wir aus $P_\mathbf{x}$ zu bestimmen suchen. Die Darstellung von $P_\mathbf{y}$ durch $P_\mathbf{x}$ wurde bereits im Abschnitt 2.10 hergeleitet. Es gilt allgemein:

$$P_\mathbf{y}(A_\mathbf{y}) = P_\mathbf{x}(\mathbf{t}^{-1}(A_\mathbf{y})), \tag{3.6.1}$$

wobei $A_\mathbf{y} \subset \Omega_\mathbf{y}$ ein beliebiges $\mathbf{y}$-Ereignis, und $\mathbf{t}^{-1}(A_\mathbf{y}) = \{\mathbf{x}: \mathbf{t}(\mathbf{x}) \in A_\mathbf{y}\} \subset \Omega_\mathbf{x}$, dessen inverses Bild unter der Abbildung $\mathbf{t}$ ist (siehe auch Abb. 2.10.1.). Ausgehend von (3.6.1) behandeln wir den diskreten und den stetigen Fall gesondert.

Der diskrete Fall

Sei $\mathbf{x} = (x_1 \ldots x_k)$ k-dimensional, diskret, mit endlichem oder abzählbar unendlichem Wertebereich $\Omega_\mathbf{x}$ und $\mathbf{y} = (y_1 \ldots y_l) = \mathbf{t}(\mathbf{x})$ l-dimensional, mit dem dann ebenfalls höchstens abzählbar unendlichen Wertebereich $\Omega_\mathbf{y}$. Besitzt die Verteilung $P_\mathbf{x}$ die Dichte $f_\mathbf{x}$, dann gilt für die Dichte $f_\mathbf{y}$:

$$f_\mathbf{y}(\mathring{\mathbf{y}}) = P_\mathbf{y}(\mathbf{y} = \mathring{\mathbf{y}}) = P_\mathbf{x}(\{\mathbf{x}: \mathbf{t}(\mathbf{x}) = \mathring{\mathbf{y}}\} = \sum_{\mathbf{x}: \mathbf{t}(\mathbf{x}) = \mathring{\mathbf{y}}} f_\mathbf{x}(\mathbf{x}). \tag{3.6.2}$$

Es besteht also hier keinerlei Unterschied zu der für den eindimensional-diskreten Fall hergeleiteten Formel (2.10.2).

Beispiel 3.6.1 Zwei Würfel, ein weißer und ein schwarzer, werden geworfen. Das Ergebnis des Versuches sei $\mathbf{x} = (x_1, x_2)$ — x_1 ist die Augenzahl des weißen, x_2 die des schwarzen Würfels. Wir fragen nach der Wahrscheinlichkeitsverteilung der Summe $y = x_1 + x_2 = t(\mathbf{x})$. Es ist $\Omega_\mathbf{x} = \{(x_1, x_2): x_j = 1 \ldots 6\}$ mit $f_\mathbf{x}(x_1, x_2) = 1/36$ auf $\Omega_\mathbf{x}$ und $\Omega_y = \{2, 3 \ldots 12\}$. Zur Bestimmung der Dichte f_y betrachten wir Abb. 3.6.1, wo das Gitter $\Omega_\mathbf{x}$ und die Teilmengen $t^{-1}(y)$ dargestellt sind.

So ist etwa $t^{-1}(5) = \{(1,4)\ (2,3)\ (3,2)\ (4,1)\}$ und somit ist $f_y(5) = 4/36$. Den Gesamtverlauf der Dichte f_y zeigt die Graphik rechts in Abb. 3.6.1. Löst man die gleiche Aufgabe für 3 Würfel, dann ist $\Omega_y = \{3 \ldots 18\}$, und f_y hat den in Tabelle 3.6.1 bzw. Abb. 3.6.2 gezeigten Verlauf. Die Herleitung dieses Ergebnisses sei dem Leser als Übung empfohlen.

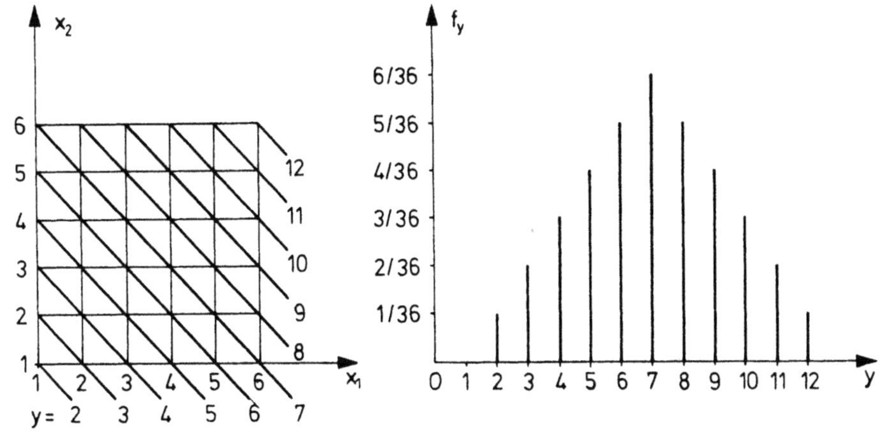

Abb. 3.6.1

y	$f_y \cdot 6^3$	y	$f_y \cdot 6^3$
3	1	11	27
4	3	12	25
5	6	13	21
6	10	14	15
9	15	15	10
8	21	16	6
9	25	17	3
10	27	18	1

Tabelle 3.6.1

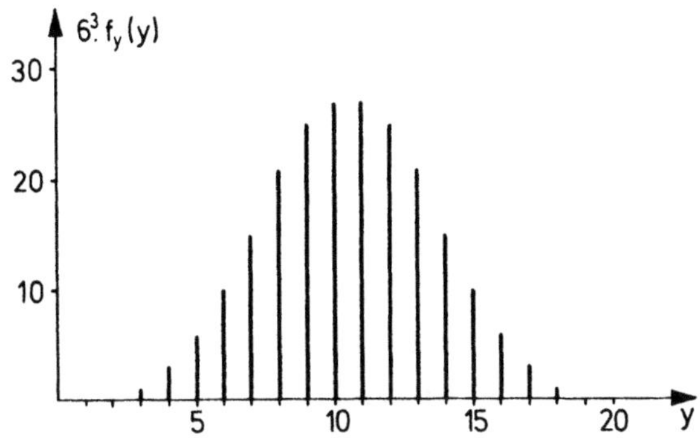

Abb. 3.6.2

Der stetige Fall

Wir setzen zunächst voraus, daß die Variablen $\mathbf{x}$ und $\mathbf{y}$ von gleicher Dimension k sind. Außerdem müssen wir, auch das wird nicht weiter verwundern, von der Transformation $\mathbf{y} = \mathbf{t}(\mathbf{x})$ gewisse Regularitätseigenschaften verlangen, um zu rechnerisch brauchbaren Ergebnissen zu kommen. Wir verlangen:

1. Die Abbildung $\mathbf{y} = \mathbf{t}(\mathbf{x})$ von $\Omega_\mathbf{x} \subset \mathbf{R}^k$ nach $\Omega_\mathbf{y} \subset \mathbf{R}^k$ sei umkehrbar eindeutig. Ihre Umkehrung sei $\mathbf{x} = \mathbf{s}(\mathbf{y})$. In Koordinaten aufgelöst haben wir:

$$\mathbf{y} = \mathbf{t}(\mathbf{x}): \quad \begin{array}{c} y_1 = t_1(x_1 \ldots x_k) \\ \ldots\ldots\ldots\ldots \\ y_k = t_k(x_1 \ldots x_k) \end{array} \qquad \mathbf{x} = \mathbf{s}(\mathbf{y}): \quad \begin{array}{c} x_1 = s_1(y_1 \ldots y_k) \\ \ldots\ldots\ldots\ldots \\ x_k = s_k(y_1 \ldots y_k) \end{array}$$

2. Die Abbildungen $\mathbf{y} = \mathbf{t}(\mathbf{x})$ und $\mathbf{x} = \mathbf{s}(\mathbf{y})$ seien beide, bis auf gewisse (höchstens $(k-1)$-dimensionale) Randhyperflächen von $\Omega_\mathbf{x}$ bzw. $\Omega_\mathbf{y}$, stetig und einmal stetig differenzierbar.

Für derartige Abbildungen $\mathbf{y} = \mathbf{t}(\mathbf{x})$ zeigt man in der Analysis die folgende **Substitutionsformel** für mehrdimensionale Integrale:

Sind $A_\mathbf{x} \subset \Omega_\mathbf{x}$ und $A_\mathbf{y} \subset \Omega_\mathbf{y}$ einander durch $\mathbf{y} = \mathbf{t}(\mathbf{x})$ bzw. $\mathbf{x} = \mathbf{s}(\mathbf{y})$ entsprechende Teilmengen von $\Omega_\mathbf{x}$ und $\Omega_\mathbf{y}$ (d.h. es ist: $A_\mathbf{y} = \{\mathbf{y} = \mathbf{t}(\mathbf{x}) : \mathbf{x} \in A_\mathbf{x}\} = \mathbf{t}(A_\mathbf{x})$ das direkte Bild von $A_\mathbf{x}$ unter der Abbildung $\mathbf{t}(\mathbf{x})$, aber, wegen der umkehrbaren Eindeutigkeit von $\mathbf{y} = \mathbf{t}(\mathbf{x})$, ebenso $A_\mathbf{x} = \{\mathbf{x} = \mathbf{s}(\mathbf{y}) : \mathbf{y} \in A_\mathbf{y}\} = \mathbf{s}(A_\mathbf{y})$ das direkte Bild von $A_\mathbf{y}$ unter der Abbildung $\mathbf{x} = \mathbf{s}(\mathbf{y})$), und ist $g(x_1 \ldots x_k)$ eine über $A_\mathbf{x}$ integrierbare Funktion, dann gilt:

$$\int_{A_\mathbf{x}} g(x_1 \ldots x_k) dx_1 \cdots dx_k =$$

$$= \int_{A_\mathbf{y}} g\big(s_1(y_1 \ldots y_k) \ldots s_k(y_1 \ldots y_k)\big) |J(y_1 \ldots y_k)| dy_1 \cdots dy_k, \tag{3.6.3}$$

wobei $|J(y_1 \ldots y_k)|$ der absolute Betrag der sogenannten **Funktional- oder Jacobi-Determinante** $J(y_1 \ldots y_k)$ der Abbildung $\mathbf{x} = \mathbf{s}(\mathbf{y})$ ist. Die Funktionaldeterminante $J(y_1 \ldots y_k)$ ist gegeben durch:

$$J(y_1 \ldots y_k) = Det \begin{pmatrix} \frac{\partial s_1(y_1 \ldots y_k)}{\partial y_1} & \cdots & \frac{\partial s_1(y_1 \ldots y_k)}{\partial y_k} \\ \frac{\partial s_2(y_1 \ldots y_k)}{\partial y_1} & \cdots & \frac{\partial s_2(y_1 \ldots y_k)}{\partial y_k} \\ \cdots & \cdots & \cdots \\ \frac{\partial s_k(y_1 \ldots y_k)}{\partial y_1} & \cdots & \frac{\partial s_k(y_1 \ldots y_k)}{\partial y_k} \end{pmatrix}. \tag{3.6.4}$$

Für die in (3.6.4) stehende Matrix, die sogenannte **Funktionalmatrix** der Abbildung $\mathbf{x} = \mathbf{s}(\mathbf{y})$, benützt man meistens das Symbol $\frac{\partial(s_1 \ldots s_k)}{\partial(y_1 \ldots y_k)}$. Die Funktionalmatrix der Abbildung $\mathbf{y} = \mathbf{t}(\mathbf{x})$ wäre dann: $\frac{\partial(t_1 \ldots t_k)}{\partial(x_1 \ldots x_k)}$. Wir erwähnen noch, daß diese beiden Matrizen an korrespondierenden Stellen $\mathbf{x}$ und $\mathbf{y}$ zueinander invers sind. $|J|$ gibt das **lokale Volumensverzerrungsverhältnis** bei der Transformation $\mathbf{x} = \mathbf{s}(\mathbf{y})$ an. In Abb. 3.6.3 sind die Verhältnisse für $k = 2$ dargestellt.

Die Abbildung $\mathbf{x} = \mathbf{s}(\mathbf{y})$ erzeugt aus dem geradlinigen Koordinatennetz der Linien $y_1 = konst.$ und $y_2 = konst.$ in der (y_1, y_2)-Ebene ein krummliniges Netz in der (x_1, x_2)-Ebene. Außerdem gehen $A_\mathbf{y}$ in $A_\mathbf{x}$ und das kleine Rechteck $I_\mathbf{y}$, mit den Seitenlängen dy_1 und dy_2, in das krummlinige Viereck $I_\mathbf{x}$ über. Die Fläche von $I_\mathbf{y}$ ist $dy_1 dy_2$, diejenige von $I_\mathbf{x}$, in erster Näherung, gleich der Fläche des von den Punkten $\mathbf{x}_1, \mathbf{x}_2$ und $\mathbf{x}_4$ erzeugten Parallelogramms, also: $\big||\mathbf{x}_2 - \mathbf{x}_1, \mathbf{x}_4 - \mathbf{x}_1|\big|$. Die Vektoren $\mathbf{x}_2 - \mathbf{x}_1$ bzw. $\mathbf{x}_4 - \mathbf{x}_1$ sind, wieder in erster Näherung, gegeben durch:

$$\mathbf{x}_2 - \mathbf{x}_1 = \begin{pmatrix} \frac{\partial s_1(y_1, y_2)}{\partial y_1} \\ \frac{\partial s_2(y_1, y_2)}{\partial y_1} \end{pmatrix} dy_1 \quad \text{und} \quad \mathbf{x}_4 - \mathbf{x}_1 = \begin{pmatrix} \frac{\partial s_1(y_1, y_2)}{\partial y_2} \\ \frac{\partial s_2(y_1, y_2)}{\partial y_2} \end{pmatrix} dy_2,$$

wobei die Ableitungen an der Stelle $\mathbf{y}_1$ zu bilden sind. Also folgt in erster Näherung:

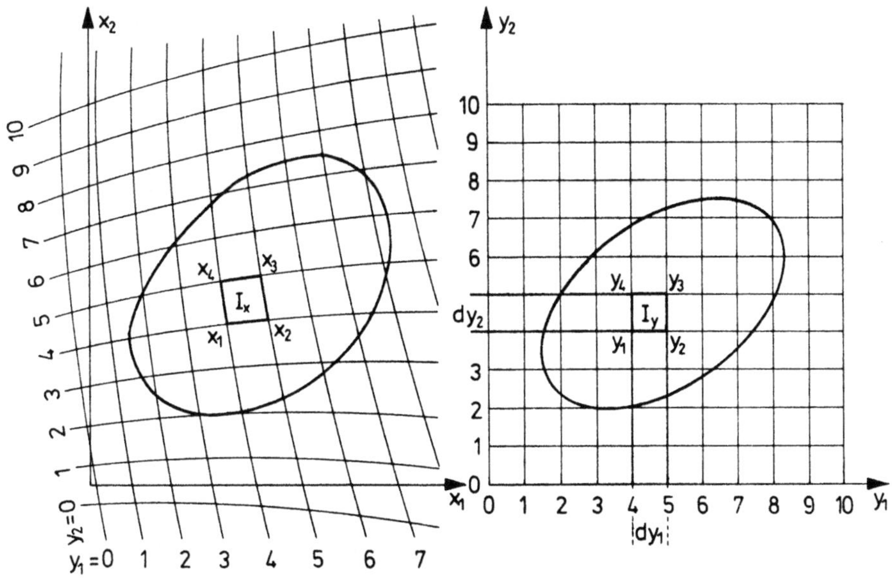

Abb. 3.6.3

$$\text{Fläche}(I_{\mathbf{x}}) = |I_{\mathbf{x}}| = \big||\mathbf{x}_2 - \mathbf{x}_1, \mathbf{x}_4 - \mathbf{x}_1|\big| = \left|\text{Det}\begin{pmatrix} \frac{\partial s_1}{\partial y_1} & \frac{\partial s_1}{\partial y_2} \\ \frac{\partial s_2}{\partial y_1} & \frac{\partial s_2}{\partial y_2} \end{pmatrix}\right| dy_1 dy_2 =$$
$$= |J(\mathbf{y}_1)| dy_1 dy_2.$$

Der Beitrag des kleinen Flächenstückes $I_{\mathbf{x}}$ zum Integral $\int_{A_{\mathbf{x}}} g(\mathbf{x}) d\mathbf{x}$ ist daher in erster Näherung: $g(\mathbf{x}_1)|I_{\mathbf{x}}| = g\big(\mathbf{s}(\mathbf{y}_1)\big)|J(\mathbf{y}_1)|dy_1 dy_2$. Der Beitrag des Rechteckes $I_{\mathbf{y}}$ zum Integral $\int_{A_{\mathbf{y}}} g(\mathbf{s}(\mathbf{y}))|J(\mathbf{y})|d\mathbf{y}$ ist aber in erster Näherung ebenfalls: $g\big(\mathbf{s}(\mathbf{y}_1)\big)|J(\mathbf{y}_1)|dy_1 dy_2$. Summiert man über den ganzen, $A_{\mathbf{y}}$ und $A_{\mathbf{x}}$ überdeckenden Raster geradliniger bzw. krummliniger Vierecke, dann folgt die Formel (3.6.3). Dies ist, natürlich nur in groben Zügen, eine Beweisskizze für (3.6.3).

Setzen wir nun in (3.6.3) für $g(x_1 \dots x_k)$ die Dichte $f_{\mathbf{x}}(x_1 \dots x_k)$ ein, dann erkennt man unmittelbar, daß $f_{\mathbf{x}}\big(\mathbf{s}(\mathbf{y})\big)|J(\mathbf{y})|$ die gesuchte Dichte $f_{\mathbf{y}}(\mathbf{y})$ der neuen Variablen $\mathbf{y} = (y_1 \dots y_k)$ ist. Wir formulieren dieses wichtige Ergebnis als

Satz 3.6.1 *Transformationssatz für Dichten stetiger Verteilungen*

Besitzt die k-dimensionale stetige Zufallsvariable $\mathbf{x} = (x_1 \dots x_k)$ die Dichte $f_{\mathbf{x}}(\mathbf{x})$, und ist $\mathbf{y} = (y_1 \dots y_k) = \big(t_1(x_1 \dots x_k) \dots t_k(x_1 \dots x_k)\big) = \mathbf{t}(\mathbf{x})$ eine umkehrbar eindeutige Abbildung von $\Omega_{\mathbf{x}}$ auf $\Omega_{\mathbf{y}}$ (beide Teilmengen von $\mathbf{R}^k$), die samt ihrer Umkehrung $\mathbf{x} = \mathbf{s}(\mathbf{y})$ stetig und 1-mal stetig differenzierbar ist (Ausnahmemengen sind höchstens $(k-1)$-dimensionale Ränder), dann ist die Dichte $f_{\mathbf{y}}$ von $\mathbf{y}$ gegeben durch:

$$f_{\mathbf{y}}(y_1 \dots y_k) = f_{\mathbf{x}}\big(s_1(y_1 \dots y_k) \dots s_k(y_1 \dots y_k)\big)\big|J(y_1 \dots y_k)\big|.$$

$J(y_1 \dots y_k)$ bezeichnet die Funktionaldeterminante der Abbildung $\mathbf{x} = \mathbf{s}(\mathbf{y})$ und ist gegeben durch (3.6.4).

Beispiel 3.6.2 Reguläre lineare Transformation der $\mathbf{N}(\boldsymbol{\mu}, \boldsymbol{\Sigma})$

Wir betrachten die allgemeine lineare Transformation $\mathbf{y} = \mathbf{Ax} + \mathbf{b} = \mathbf{t}(\mathbf{x})$ mit regulärer (k, k)-Matrix $\mathbf{A}$. Die Abbildung ist umkehrbar eindeutig von $\mathbf{R}^k$ auf $\mathbf{R}^k$ und samt ihrer Umkehrung $\mathbf{x} = \mathbf{A}^{-1}(\mathbf{y} - \mathbf{b}) = \mathbf{s}(\mathbf{y})$ stetig und stetig differenzierbar. Die Funktionaldeterminante $J(y)$ ist offenbar $|\mathbf{A}^{-1}| = 1/|\mathbf{A}|$. Es ergibt sich folglich:

$$f_{\mathbf{y}}(\mathbf{y}) = f_{\mathbf{x}}\big(\mathbf{A}^{-1}(\mathbf{y} - \mathbf{b})\big)\frac{1}{||\mathbf{A}||}.$$

Wir spezialisieren das Ergebnis auf die Dichte $f_{\mathbf{x}}$ der k-dimensionalen Normalverteilung $\mathbf{N}(\boldsymbol{\mu}, \boldsymbol{\Sigma})$ (siehe 3.5.8):

$$f_{\mathbf{x}}(\mathbf{x}) = f\big(\mathbf{x}|\mathbf{N}(\boldsymbol{\mu}, \boldsymbol{\Sigma})\big) = \frac{1}{(2\pi)^{k/2}|\boldsymbol{\Sigma}|^{1/2}} \exp\big(-\frac{1}{2}(\mathbf{x} - \boldsymbol{\mu})'\boldsymbol{\Sigma}^{-1}(\mathbf{x} - \boldsymbol{\mu})\big).$$

Es ergibt sich für die Dichte $f_{\mathbf{y}}$ von $\mathbf{y} = \mathbf{Ax} + \mathbf{b}$:

$$\begin{aligned} f_{\mathbf{y}}(\mathbf{y}) &= \frac{1}{(2\pi)^{k/2}|\boldsymbol{\Sigma}|^{1/2}||\mathbf{A}||} \exp\big(-\frac{1}{2}(\mathbf{A}^{-1}(\mathbf{y}\text{-}\mathbf{b})\text{-}\boldsymbol{\mu})'\boldsymbol{\Sigma}^{-1}(\mathbf{A}^{-1}(\mathbf{y}\text{-}\mathbf{b})\text{-}\boldsymbol{\mu})\big) = \\ &= \frac{1}{(2\pi)^{k/2}|\mathbf{A}\boldsymbol{\Sigma}\mathbf{A}'|^{1/2}} \exp\big(-\frac{1}{2}(\mathbf{y}\text{-}(\mathbf{A}\boldsymbol{\mu}\text{+}\mathbf{b}))'(\mathbf{A}\boldsymbol{\Sigma}\mathbf{A}')^{-1}(\mathbf{y}\text{-}(\mathbf{A}\boldsymbol{\mu}\text{+}\mathbf{b}))\big) = \\ &= f\big(\mathbf{y}|\mathbf{N}(\mathbf{A}\boldsymbol{\mu}\text{+}\mathbf{b}, \mathbf{A}\boldsymbol{\Sigma}\mathbf{A}')\big), \end{aligned}$$

d.h. die linear transformierte Variable $\mathbf{y} = \mathbf{Ax} + \mathbf{b}$ ist ebenfalls normal nach $\mathbf{N}(\mathbf{A}\boldsymbol{\mu}\text{+}\mathbf{b}, \mathbf{A}\boldsymbol{\Sigma}\mathbf{A}')$ verteilt. Das ist ein außerordentlich wichtiges Ergebnis, dessen wir uns noch oft bedienen werden.

Bisher haben wir den Fall $k = l$ betrachtet, d.h. die transformierte Variable $\mathbf{y}$ war von der gleichen Dimension wie die ursprüngliche Variable $\mathbf{x}$. Für die Anwendungen ist aber vor allem der Fall von Bedeutung, wo die Dimension l der Variablen $\mathbf{y}$ kleiner ist als diejenige von $\mathbf{x}$, denn in der Statistik ist man bemüht, die in den Beobachtungen $\mathbf{x} = (x_1 \dots x_k)$ enthaltene Information in möglichst wenigen *Statistiken* $y_1 = t_1(\mathbf{x}) \dots y_l = t_l(\mathbf{x})$ zusammenzufassen.

Der umgekehrte Fall $l > k$ ist ohne Bedeutung, und wir behandeln ihn nicht. Sei also $\mathbf{y} = (y_1 \dots y_l) = \big(t_1(x_1 \dots x_k) \dots t_l(x_1 \dots x_k)\big) = \mathbf{t}(\mathbf{x})$ und $l < k$. Die Methode, die Dichte $f_{\mathbf{y}}$ aus $f_{\mathbf{x}}$ zu bestimmen, ist kurz gesagt folgende:

1. Man ergänzt die Abbildung $\mathbf{y} = \mathbf{t}(\mathbf{x})$ durch Hinzunahme von $(k - l)$ Hilfsfunktionen $y_{l+1} = t_{l+1}(x_1 \dots x_k) \dots y_k = t_k(x_1 \dots x_k)$ zu einer umkehrbar eindeutigen und samt ihrer Umkehrung stetigen und stetig differenzierbaren Abbildung. Die Hilfsfunktionen müssen nur so gewählt werden, daß diese Regularitätseigenschaften gegeben sind, im übrigen sind sie willkürlich. Freilich hängt es im konkreten Einzelfall von der geschickten Wahl der Hilfsfunktionen ab, ob die weiteren Rechnungen einfach oder hoffnungslos werden.

2. Man bestimmt zunächst die Dichte von $\mathbf{y} = (y_1 \dots y_k)$ gemäß Satz 3.6.1.

3. Man berechnet die Randdichte der ersten l Koordinaten $(y_1 \dots y_l)$ durch Ausintegrieren der Hilfsvariablen $(y_{l+1} \dots y_k)$. Das Ergebnis ist die gesuchte Dichte $f_\mathbf{y}$ von $(y_1 \dots y_l)$; sie hängt nicht von der Wahl der Hilfsfunktionen $t_{l+1} \dots t_k$ ab.

Wir demonstrieren das Verfahren an einigen Beispielen.

Beispiel 3.6.3 Sei $\mathbf{x} = (x_1, x_2)$ verteilt nach $\mathbf{N}\left(\boldsymbol{\mu} = \binom{0}{0}, \boldsymbol{\Sigma} = \left(\begin{smallmatrix}1&0\\0&1\end{smallmatrix}\right)\right)$ — wir werden später sagen: Die beiden Koordinaten x_1, x_2 sind *unabhängig* nach $\mathbf{N}(0,1)$ verteilt. Es soll die Dichte der Verteilung der Variablen $y_1 = x_2/x_1$ bestimmt werden. y_1 ist der Tangens des Winkels α, den der Radiusvektor $\mathbf{x}$ mit der x_1-Achse einschließt (siehe Abb. 3.6.4).

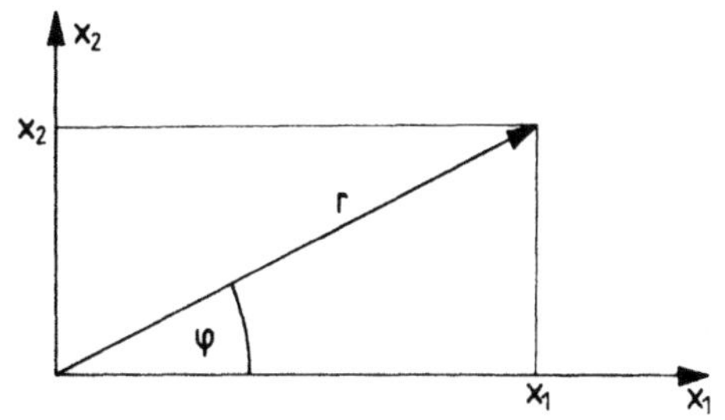

Abb. 3.6.4

Wir führen als Hilfsvariable $y_2 = x_1$ ein und haben damit die Transformationen:

$$\mathbf{y} = \mathbf{t}(\mathbf{x}): \quad \begin{array}{l} y_1 = x_2/x_1 = t_1(\mathbf{x}) \\ y_2 = x_1 \quad\;\; = t_2(\mathbf{x}) \end{array} \qquad \mathbf{x} = \mathbf{s}(\mathbf{y}): \quad \begin{array}{l} x_1 = y_2 \quad\; = s_1(\mathbf{y}) \\ x_2 = y_1 y_2 = s_2(\mathbf{y}) \end{array},$$

die, streicht man aus der (x_1, x_2)-Ebene die Gerade $x_1 = 0$ und aus der (y_1, y_2)-Ebene die Gerade $y_2 = 0$, beide umkehrbar eindeutig, stetig und stetig differenzierbar sind. Die Funktionaldeterminante $J(y_1, y_2) = \frac{\partial(s_1, s_2)}{\partial(y_1, y_2)}$ ist gegeben durch:

$$J(y_1, y_2) = \begin{vmatrix} 0 & 1 \\ y_2 & y_1 \end{vmatrix} \quad = \quad -y_2.$$

Also folgt nach Satz 3.6.1 für die Dichte $f_\mathbf{y}$ von $\mathbf{y} = (y_1, y_2)$:

$$f_\mathbf{y}(y_1, y_2) = f_\mathbf{x}(s_1(y_1, y_2), s_2(y_1, y_2))|J(y_1, y_2)| = \frac{1}{2\pi} \exp\left(-\frac{1}{2} y_2^2 (1 + y_1^2)\right)|y_2|.$$

Die Randdichte f_{y_1} von y_1 ergibt sich durch Integration nach y_2 über $(-\infty, \infty)$ zu:

$$\begin{aligned} f_{y_1}(y_1) &= 2 \int_0^\infty \frac{1}{2\pi} \exp\left(-\frac{1}{2} y_2^2 (1 + y_1^2)\right) y_2 dy_2 = \\ &= \frac{1}{\pi} \frac{-1}{1 + y_1^2} \exp\left(-\frac{1}{2} y_2^2 (1 + y_1^2)\right)\Big|_{y_2=0}^{\infty} = \frac{1}{\pi(1 + y_1^2)}. \end{aligned} \tag{3.6.5}$$

Abb. 3.6.5 zeigt den Verlauf der Dichte $f_{y_1}(y_1) = 1/\pi(1+y_1^2)$, der sogenannten **Cauchy**-Verteilung, die viele interessante Eigenschaften besitzt. Die Dichte erinnert an die Normalverteilung, ist aber im Außenbereich stärker besetzt. Die Verteilungsfunktion $F_{y_1}(y_1)$ ist gegeben durch:

$$F_{y_1}(y_1) = \int_{-\infty}^{y_1} \frac{1}{\pi(1+t^2)} dt = \frac{1}{\pi} arctg(t)\Big|_{-\infty}^{y_1} = \frac{1}{\pi} arctg(y_1) + \frac{1}{2} \tag{3.6.6}$$

und ebenfalls in Abb. 3.6.5 dargestellt. Zum Vergleich sind auch Dichte und Verteilungsfunktion der $\mathbf{N}(0, \pi/2)$ eingetragen.

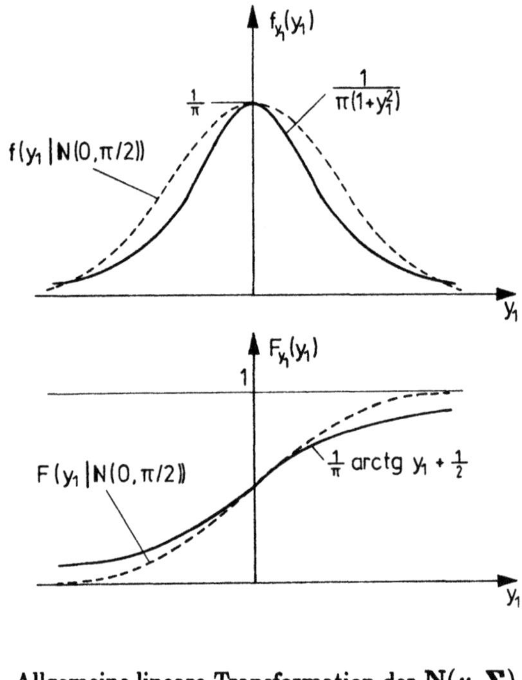

Abb. 3.6.5

Beispiel 3.6.4 Allgemeine lineare Transformation der $\mathbf{N}(\boldsymbol{\mu}, \boldsymbol{\Sigma})$

Sei $\mathbf{x} = (x_1 \dots x_k)'$ nach $\mathbf{N}(\boldsymbol{\mu}, \boldsymbol{\Sigma})$ verteilt. Sei weiters $\mathbf{A}_1$ eine (l, k)-Matrix vom Rang l (wir setzen $l < k$ voraus) und $\mathbf{b}_1 = (b_1 \dots b_l)'$ ein beliebiger l-Vektor. Wir stellen uns die Aufgabe, die Verteilung der l-dimensionalen Variablen

$$\mathbf{y}_1 = \begin{pmatrix} y_1 \\ \vdots \\ y_l \end{pmatrix} = \mathbf{A}_1\mathbf{x} + \mathbf{b}_1 \tag{3.6.7}$$

zu bestimmen.

Wir erweitern zunächst die Abbildung (3.6.7) des $\mathbf{R}^k$ auf den $\mathbf{R}^l$ zu einer regulären, linearen Transformation des $\mathbf{R}^k$ auf sich. Sei dazu die $(k-l, k)$-Matrix $\mathbf{A}_2$ so gewählt, daß die geblockte (k, k)-Matrix:

$$\mathbf{A} = \left(\frac{\mathbf{A}_1}{\mathbf{A}_2}\right)$$

regulär ausfällt, sei $\mathbf{b}_2 = (b_{l+1} \ldots b_k)'$ beliebig und $\mathbf{b}' = (\mathbf{b}_1' | \mathbf{b}_2')$. Wir bilden dann die reguläre, samt ihrer Umkehrung stetige und stetig differenzierbare Transformation des $\mathbf{R}^k$ auf sich:

$$\mathbf{y} = \left(\frac{\mathbf{y}_1}{\mathbf{y}_2}\right) = \mathbf{A}\mathbf{x} + \mathbf{b}, \tag{3.6.8}$$

deren erste l Koordinaten mit (3.6.7) identisch sind. Im Beispiel 3.6.2 wurde gezeigt, daß $\mathbf{y}$ nach $\mathbf{N}(\mathbf{A}\boldsymbol{\mu}+\mathbf{b}, \mathbf{A}\boldsymbol{\Sigma}\mathbf{A}')$ verteilt ist. Benützen wir nun noch Satz 3.5.1 über die Randverteilungen der k-dimensionalen Normalverteilung, dann sehen wir, daß wegen:

$$\mathbf{A}\boldsymbol{\mu} + \mathbf{b} = \left(\frac{\mathbf{A}_1\boldsymbol{\mu} + \mathbf{b}_1}{\mathbf{A}_2\boldsymbol{\mu} + \mathbf{b}_2}\right) \quad \text{und} \quad \mathbf{A}\boldsymbol{\Sigma}\mathbf{A}' = \left(\begin{array}{c|c} \mathbf{A}_1\boldsymbol{\Sigma}\mathbf{A}_1' & \mathbf{A}_1\boldsymbol{\Sigma}\mathbf{A}_2' \\ \hline \mathbf{A}_2\boldsymbol{\Sigma}\mathbf{A}_1' & \mathbf{A}_2\boldsymbol{\Sigma}\mathbf{A}_2' \end{array}\right)$$

$\mathbf{y}_1$ nach $\mathbf{N}(\mathbf{A}_1\boldsymbol{\mu} + \mathbf{b}_1, \mathbf{A}_1\boldsymbol{\Sigma}\mathbf{A}_1')$ verteilt ist. Dieses Ergebnis, das eine Verallgemeinerung des in Beispiel 3.6.2 hergeleiteten Resultats darstellt, formulieren wir seiner Wichtigkeit wegen als Satz:

Satz 3.6.2 *Allgemeine lineare Transformation der* $\mathbf{N}(\boldsymbol{\mu}, \boldsymbol{\Sigma})$
Ist $\mathbf{x} = (x_1 \ldots x_k)'$ *nach* $\mathbf{N}(\boldsymbol{\mu}, \boldsymbol{\Sigma})$ *verteilt,* $\mathbf{A}$ *eine* (l, k)*-Matrix vom Rang* $l (\leq k)$ *und* $\mathbf{b}$ *ein* l*-Vektor, dann ist die* l*-dimensionale Variable* $\mathbf{y} = \mathbf{A}\mathbf{x} + \mathbf{b}$ *nach* $\mathbf{N}(\mathbf{A}\boldsymbol{\mu} + \mathbf{b}, \mathbf{A}\boldsymbol{\Sigma}\mathbf{A}')$ *verteilt.*

Bemerkung: In dem wichtigen Sonderfall $l = 1$ ist $\mathbf{A} = (a_1 \ldots a_k)$, $\mathbf{b} = b$ ein Skalar und damit $y = \mathbf{A}\mathbf{x} + \mathbf{b} = \sum_{i=1}^k a_i x_i + b$ verteilt nach $\mathbf{N}(\sum_{i=1}^k a_i \mu_i + b,$ $\sum_{i,j=1}^k \sigma_{ij} a_i a_j)$.

4. Stochastische Unabhängigkeit

4.1 Unabhängige Experimente

Haben wir uns bisher mit der mathematischen Beschreibung von vorgegebenen Zufallsexperimenten beschäftigt, so stellen wir jetzt die Aufgabe, Experimente zu beschreiben, die durch n-malige Wiederholung eines festen Experimentes $\mathcal{E}$ unter gleichen Versuchsbedingungen oder allgemeiner, durch Zusammenfassung mehrer verschiedener Einzelexperimente $\mathcal{E}_1 \dots \mathcal{E}_n$ zu einem Gesamtexperiment $\mathcal{E}$ entstehen.

Präzise gesprochen betrachten wir die in Abb. 4.1.1 dargestellte Situation: Es sind n Zufallsexperimente $\mathcal{E}_1 \dots \mathcal{E}_n$ gegeben, deren Versuchsausgänge $x_1 \dots x_n$ zunächst keinerlei Einschränkung hinsichtlich Dimension, Stetigkeit oder Diskretheit etc. unterliegen und die Wahrscheinlichkeitsverteilungen $P_1 \dots P_n$ besitzen. Diese Experimente werden je einmal, in beliebiger zeitlicher Reihenfolge oder auch gleichzeitig, ausgeführt. Diese Beliebigkeit drückt aus, daß die n Einzelexperimente gewissermaßen „nichts voneinander wissen", sie beeinflussen einander in keiner Weise, sie sind, wie man sagt, voneinander **unabhängig**.

Wir interpretieren nun die je einmalige Durchführung von $\mathcal{E}_1 \dots \mathcal{E}_n$ als die Ausführung eines komplexen, **zusammengesetzten** Experimentes $\mathcal{E}$, mit dem Versuchsausgang $\mathbf{x} = (x_1 \dots x_n)$, schreiben dafür $\mathcal{E} = \mathcal{E}_1 \otimes \dots \otimes \mathcal{E}_n$ — man nennt $\mathcal{E}$, aus Gründen die bald verständlich werden, auch das **Produkt** der Experimente $\mathcal{E}_1 \dots \mathcal{E}_n$ — und stellen uns die Aufgabe, die Verteilung von $\mathbf{x} = (x_1 \dots x_n)$ zu bestimmen.

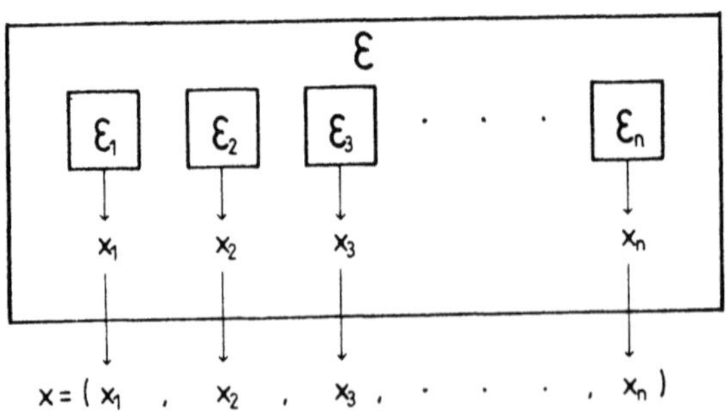

Abb. 4.1.1

Die Experimente $\mathcal{E}_1 \dots \mathcal{E}_n$ sind, aufgefaßt als schwarze Schachteln mit Ausgängen $x_1 \dots x_n$, durch die Wahrscheinlichkeitsverteilungen $P_1 \dots P_n$ vollständig beschrieben, d.h. von anderen Experimenten $\mathcal{E}'_1 \dots \mathcal{E}'_n$ mit gleichen Verteilungen $P_1 \dots P_n$ ununterscheidbar. Es ist somit klar, daß die Verteilung P von $\mathbf{x} = (x_1 \dots x_n)$ allein durch $P_1 \dots P_n$ bestimmt sein muß.

Zunächst ein Wort zum Wertebereich $\Omega_{\mathbf{x}}$ von $\mathbf{x}$, dem Versuchsausgang von $\mathcal{E}$. Haben die Experimente $\mathcal{E}_1 \dots \mathcal{E}_n$ die Wertebereiche $\Omega_{x_1} \dots \Omega_{x_n}$, dann ist offenbar:

$$\Omega_{\mathbf{x}} = \{(x_1 \dots x_n): \quad x_j \in \Omega_{x_j} \quad \text{für} \quad j = 1 \dots n\} \tag{4.1.1}$$

die Menge aller n-Tupel $(x_1 \dots x_n)$, deren j-te Koordinate in Ω_{x_j} liegt. Man nennt diese Menge das **kartesische Produkt** von $\Omega_{x_1} \dots \Omega_{x_n}$ und schreibt kurz:

$$\Omega_{\mathbf{x}} = \Omega_{x_1} \times \Omega_{x_2} \times \dots \times \Omega_{x_n}. \tag{4.1.2}$$

In dieser Schreibweise ist etwa $\mathbf{R}^2 = \mathbf{R} \times \mathbf{R}$ und allgemein $\mathbf{R}^n = \mathbf{R} \times \dots \mathrm{x}\,\mathbf{R}$ (n-mal) oder das ganzzahlige n-dimensionale Punktegitter $\mathbf{Z}^n = \mathbf{Z} \times \dots \times \mathbf{Z}$ (n-mal).

Die $\mathbf{x}$-Ereignisse sind die Teilmengen von $\Omega_{\mathbf{x}}$. Sind $A_1 \dots A_n$ Ereignisse aus $\Omega_{x_1} \dots \Omega_{x_n}$, dann nennt man

$$A = A_1 \times \dots \times A_n \tag{4.1.3}$$

ein allgemeines oder abstraktes **Rechteck(ereignis)**. A ist genau dann realisiert, wenn das Ergebnis x_j des Teilexperiments $\mathcal{E}_j$ in A_j liegt. Ist $n = 2$ und sind A_1, A_2 Intervalle in $\mathbf{R}$, dann ist A ein Rechteck im $\mathbf{R}^2$ im elementargeometrischen Sinn — daher der Name. Abb. 4.1.2 zeigt ein etwas allgemeineres Rechteckereignis A für $n = 2$ und $\Omega_{x_1} = \Omega_{x_2} = \mathbf{R}$. A besteht hier aus 6 elementargeometrischen Rechtecken.

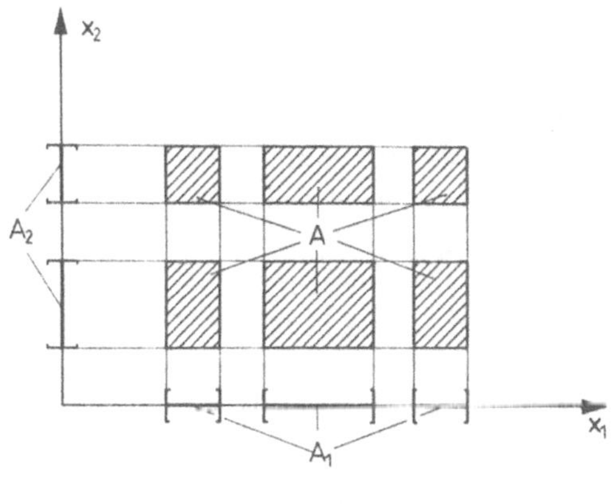

Abb. 4.1.2

Wir fragen zunächst nach den Wahrscheinlichkeiten solcher Rechteckereignisse $A = A_1 \times \ldots \times A_n$ und behaupten es gilt:

$$P(A = A_1 \times \ldots \times A_n) = P_1(A_1) \cdots P_n(A_n). \tag{4.1.4}$$

Um diese Produktformel zu beweisen, überlegen wir folgendermaßen: Sei zur Abkürzung $P_j(A_j) = p_j$ gesetzt, und seien $\mathcal{E}'_1 \ldots \mathcal{E}'_n$ Urnenexperimente, wo bei $\mathcal{E}'_j$ aus einer Urne mit N_j Kugeln, von denen s_j schwarz und w_j weiß sind, eine Kugel zufällig gezogen wird. Die Wahrscheinlichkeit, eine schwarze Kugel zu ziehen, sei ebenfalls p_j: $s_j/N_j = p_j$. Den Versuchsausgang von $\mathcal{E}'_j$ beschreiben wir durch die Variable $y'_j = 1$ oder 0, je nachdem, ob eine schwarze oder eine weiße Kugel gezogen wird; damit ist $P'_j(y'_j = 1) = p_j$.

Analog verschlüsseln wir die Versuchsausgänge der ursprünglichen Experimente $\mathcal{E}_j$ mit $y_j = 1$ oder 0, je nachdem, ob $x_j \in A_j$ oder $x_j \notin A_j$ gilt; es ist daher auch $P_j(y_j = 1) = p_j$. Wir fassen nun die Experimente $\mathcal{E}'_1 \ldots \mathcal{E}'_n$ zu dem Gesamtexperiment $\mathcal{E}'$ ebenso zusammen wie $\mathcal{E}_1 \ldots \mathcal{E}_n$ zu $\mathcal{E}$ und bilden $\mathcal{E}' = \mathcal{E}'_1 \otimes \ldots \otimes \mathcal{E}'_n$. Abb. 4.1.3 veranschaulicht die Gegenüberstellung von $\mathcal{E}$ und $\mathcal{E}'$ in der Beschreibung der Versuchsausgänge durch $\mathbf{y} = (y_1 \ldots y_n)$ bzw. $\mathbf{y}' = (y'_1 \ldots y'_n)$.

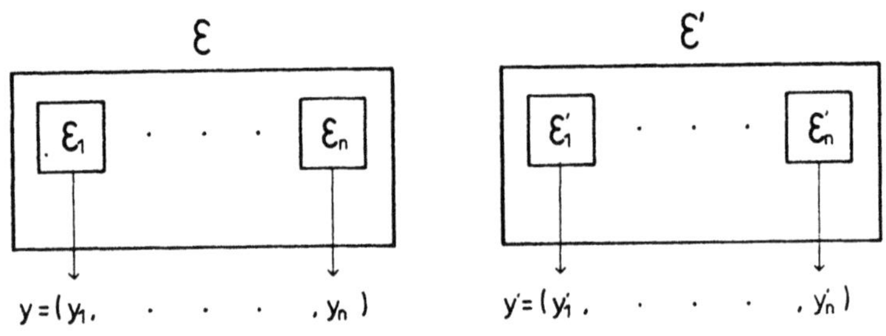

Abb. 4.1.3

Legt man diese Beschreibung der Ausgänge von $\mathcal{E}_j$, $\mathcal{E}'_j$ bzw. $\mathcal{E}$ und $\mathcal{E}'$ zugrunde, dann sind zunächst $\mathcal{E}_j$ und $\mathcal{E}'_j$ und damit $\mathcal{E}$ und $\mathcal{E}'$ ununterscheidbar, und es muß daher gelten: $P\big(\mathbf{y} = (1 \ldots 1)\big) = P'\big(\mathbf{y}' = (1 \ldots 1)\big)$. Das Ereignis $\mathbf{y} = (1 \ldots 1)$ ist natürlich nichts anderes als: $\mathbf{x} \in A = A_1 \times \ldots \times A_n$ und $\mathbf{y}' = (1 \ldots 1)$ bedeutet: aus jeder Urne wird eine schwarze Kugel gezogen.

Die Wahrscheinlichkeit dieses letzteren Ereignisses kann aber ganz leicht durch eine Symmetriebetrachtung, die bei $\mathcal{E}$ nicht möglich ist, bestimmt werden. Numerieren wir nämlich die Kugeln in $\mathcal{E}'_j$ von 1 bis N_j — in irgendeiner Reihenfolge —, und nennen wir x'_j die Nummer der bei $\mathcal{E}'_j$ gezogenen Kugel, dann haben wir in dieser Beschreibung der Ausgänge von $\mathcal{E}'$ $N_1 N_2 \ldots N_n$ aus Symmetriegründen gleichwahrscheinliche Versuchsausgänge $\mathbf{x}' = (x'_1 \ldots x'_n)$, von denen offenbar $s_1 s_2 \cdots s_n$ günstig für das Ereignis $\mathbf{y}' = (1 \ldots 1)$ sind. Es gilt daher:

$$P(A = A_1 \times \ldots \times A_n) = P\big(\mathbf{y} = (1 \ldots 1)\big) =$$

$$= P'\big(\mathbf{y}' = (1\ldots1)\big) = \frac{s_1\cdots s_n}{N_1\cdots N_n} = p_1\cdots p_n = P_1(A_1)\cdots P_n(A_n),$$

also in der Tat die behauptete Formel (4.1.4).

Wir wollen noch einen Augenblick verweilen und uns deutlich machen, was wir beim Beweis von (4.1.4) an Hilfsmitteln benützt haben. Es war wieder, wie schon in den Abschnitten 2.4 und 3.4, die Hypothese der Ununterscheidbarkeit von Experimenten mit gleichen bzw. der Unterscheidbarkeit von Experimenten mit verschiedenen Wahrscheinlichkeitsverteilungen der Versuchsausgänge. Diese an der Basis der Wahrscheinlichkeitstheorie liegende Annahme genügt, um die obige Produktformel zu beweisen, wir brauchen uns nicht auf Plausibilitätsbetrachtungen zu stützen, wie sie in elementaren Lehrbüchern meistens gebracht werden, noch müssen wir die Beziehung (4.1.4) einfach als Postulat unmotiviert hinnehmen, wie dies in der maßtheoretischen Wahrscheinlichkeitstheorie üblich ist. Daß wir bei dem zusammengesetzten Urnenexperiment $\mathcal{E}'$ die Wahrscheinlichkeit des Ereignisses $\mathbf{y}' = (1\ldots1)$ berechnen können, liegt an der evidenten Gleichwahrscheinlichkeit der Elementarereignisse $\mathbf{x}' = (x_1'\ldots x_n')$, einer Situation also, die bei $\mathcal{E}$ im allgemeinen nicht gegeben ist.

Waren bisher die Experimente $\mathcal{E}_1\ldots\mathcal{E}_n$ völlig allgemein, so wollen wir jetzt die für die Anwendungen wichtigsten Sonderfälle genauer betrachten.

1. Der diskrete Fall

Die Versuchsausgänge $x_1\ldots x_n$ von $\mathcal{E}_1\ldots\mathcal{E}_n$ sind diskret. Die Wahrscheinlichkeitsverteilungen $P_1\ldots P_n$ besitzen die Dichten $f_1(x_1)\ldots f_n(x_n)$ auf $\Omega_{x_1}\ldots\Omega_{x_n}$ (alle endlich oder abzählbar unendlich). $\mathbf{x} = (x_1\ldots x_n)$, der Versuchsausgang von $\mathcal{E}$, ist dann ebenfalls diskret und $\Omega_{\mathbf{x}} = \Omega_{x_1}\times\ldots\times\Omega_{x_n}$ ist endlich oder abzählbar unendlich. Da jedes $\mathbf{x}$-Elementarereignis $\{(\mathring{x}_1\ldots\mathring{x}_n)\}$ ein Rechteckereignis ist: $\{(\mathring{x}_1\ldots\mathring{x}_n)\} = \{\mathring{x}_1\}\times\ldots\times\{\mathring{x}_n\}$, folgt aus (4.1.4) sofort die Dichte $f(x_1\ldots x_n)$ der Verteilung P von $\mathbf{x} = (x_1\ldots x_n)$:

$$f(\mathring{x}_1\ldots\mathring{x}_n) = P\big(\{\mathring{x}_1\ldots\mathring{x}_n\}\big) = P_1(\{\mathring{x}_1\})\cdots P_n(\{\mathring{x}_n\}) = f_1(\mathring{x}_1)\cdots f_n(\mathring{x}_n). \tag{4.1.5}$$

Damit ist die Wahrscheinlichkeitsverteilung P vollständig bekannt und für jedes Ereignis $A\subset\Omega_{\mathbf{x}}$ hat man:

$$P(A) = \sum_{(x_1\ldots x_n)\in A} f_1(x_1)\cdots f_n(x_n).$$

Daß mit dieser Dichte $f(x_1\ldots x_n)$ die Beziehung (4.1.4) für allgemeine Rechteckereignisse $A = A_1\times\ldots\times A_n$ gilt, verifiziert man übrigens ebenfalls sofort. Setzen wir noch voraus, daß die Variablen $x_1\ldots x_n$ eindimensional sind, eine Einschränkung, die für die Dichteformel (4.1.5) in keiner Weise notwendig war, und sind $F_1\ldots F_n$ die Verteilungsfunktionen von $P_1\ldots P_n$, dann ergibt sich für die Verteilungsfunktion $F(x_1\ldots x_n)$ der gemeinsamen Verteilung P von $\mathbf{x} = (x_1\ldots x_n)$:

$$F(\mathring{x}_1 \dots \mathring{x}_n) = P(x_1 \le \mathring{x}_1 \dots x_n \le \mathring{x}_n) =$$

$$= P_1(x_1 \le \mathring{x}_1) \cdots P_n(x_n \le \mathring{x}_n) = F_1(\mathring{x}_1) \cdots F_n(\mathring{x}_n), \tag{4.1.6}$$

denn $\{(x_1 \dots x_n) : x_1 \le \mathring{x}_1 \dots x_n \le \mathring{x}_n\} = \{x_1 : x_1 \le \mathring{x}_1\} \times \dots \times \{x_n : x_n \le \mathring{x}_n\}$ ist natürlich ebenfalls ein Rechteckereignis. Die Beziehungen (4.1.5) und (4.1.6) zeigen:

Die Dichte $f(x_1 \dots x_n)$ und die Verteilungsfunktion $F(x_1 \dots x_n)$ des Versuchsausganges $\mathbf{x} = (x_1 \dots x_n)$ von $\mathcal{E} = \mathcal{E}_1 \otimes \dots \otimes \mathcal{E}_n$ sind das Produkt der Dichten $f_1(x_1) \dots f_n(x_n)$ bzw. der Verteilungsfunktionen $F_1(x_1) \dots F_n(x_n)$ der Versuchsausgänge von $\mathcal{E}_1 \dots \mathcal{E}_n$.

Dieses Ergebnis haben wir zunächst für den diskreten Fall gezeigt. Nach der Behandlung zweier Beispiele wenden wir uns dem stetigen Fall zu.

Beispiel 4.1.1 Die Ausgänge $x_1 \dots x_n$ der Experimente $\mathcal{E}_1 \dots \mathcal{E}_n$ seien Poisson-verteilt nach $\mathbf{P}_{\mu_1} \dots \mathbf{P}_{\mu_n}$. Wir bestimmen zunächst die gemeinsame Dichte von $\mathbf{x} = (x_1 \dots x_n)$, dem Ausgang von $\mathcal{E} = \mathcal{E}_1 \otimes \dots \otimes \mathcal{E}_n$. Es ist:

$$f(x_1 \dots x_n) = \prod_{j=1}^{n} f_j(x_j) = \prod_{j=1}^{n} \frac{\mu_j^{x_j}}{x_j!} e^{-\mu_j} = \Big(\prod_{j=1}^{n} \frac{\mu_j^{x_j}}{x_j!}\Big) e^{-(\mu_1 + \dots + \mu_n)},$$

für $x_j = 0, 1, \dots$. Wir stellen nun die Frage: Wie ist die Summe $y = x_1 + \dots + x_n$ verteilt? Der Wertebereich Ω_y ist offenbar ebenfalls $\mathbf{N}_0$. Bezeichnen wir die Dichte der Verteilung von y mit f_y, dann folgt aus dem multinomischen Lehrsatz:

$$f_y(y) = \sum_{\substack{x_1 + \dots + x_n = y \\ x_j \ge 0}} f(x_1 \dots x_n) = e^{-(\mu_1 + \dots + \mu_n)} \sum_{\substack{x_1 + \dots + x_n = y \\ x_j \ge 0}} \frac{\mu_1^{x_1} \cdots \mu_n^{x_n}}{x_1! \cdots x_n!} =$$

$$= e^{-(\mu_1 + \dots + \mu_n)} \frac{(\mu_1 + \dots + \mu_n)^y}{y!},$$

d.h. $y = x_1 + \dots + x_n$ ist nach $\mathbf{P}_{\mu_1 + \dots + \mu_n}$ verteilt. Dieses wichtige **Additionstheorem der Poisson-Verteilung** hat viele praktische Anwendungen. Betrachten wir etwa n Verkehrskreuzungen in einer Stadt, und bezeichne x_j die Anzahl der Unfälle an der j-ten Kreuzung im Verlauf einer bestimmten Vormittagsstunde. Die Erfahrung zeigt, daß die Verteilung solcher Anzahlen gut durch die Poisson-Verteilung beschrieben wird. Es ist somit $x_j \sim \mathbf{P}_{\mu_j}$ für $j = 1 \dots n$, in brauchbarer Näherung. Die Gesamtzahl der Unfälle $y = x_1 + \dots + x_n$ ist dann angenähert nach $\mathbf{P}_{\mu_1 + \dots + \mu_n}$ verteilt, soferne die Kreuzungen genügend weit voneinander entfernt liegen, so daß die Verkehrsverhältnisse an diesen Stellen als voneinander unabhängig angesehen werden können.

Beispiel 4.1.2 Wir nehmen diesmal an, daß die Ausgänge $x_1 \dots x_n$ von $\mathcal{E}_1 \dots \mathcal{E}_n$ binomial nach $\mathbf{B}_{m_1,p} \dots \mathbf{B}_{m_n,p}$ verteilt sind. Die Dichte von $\mathbf{x} = (x_1 \dots x_n)$, dem Versuchsausgang von $\mathcal{E} = \mathcal{E}_1 \otimes \dots \otimes \mathcal{E}_n$, ist gegeben durch:

$$f(x_1 \dots x_n) = \prod_{j=1}^{n} f_j(x_j) = \prod_{j=1}^{n} \binom{m_j}{x_j} p^{x_j}(1-p)^{m_j - x_j} =$$

$$= [\prod_{j=1}^{n} \binom{m_j}{x_j}] p^{x_1+\dots+x_n}(1-p)^{(m_1+\dots+m_n)-(x_1+\dots+x_n)}.$$

Wir fragen auch hier nach der Verteilung der Summe $y = x_1 + \dots + x_n$. Für die Dichte f_y von y ergibt sich mit der Abkürzung $m = m_1 + \dots + m_n$:

$$f_y(y) = \sum_{x_1+\dots+x_n=y} f(x_1 \dots x_n) = p^y(1-p)^{m-y} \sum_{x_1+\dots+x_n=y} \binom{m_1}{x_1} \cdots \binom{m_n}{x_n}. \tag{4.1.7}$$

Die Summe in (4.1.7) hat den Wert $\binom{m}{y}$. Diese Beziehung für Binomialkoeffizienten ergibt sich sofort, wenn man in der Identität $(1+z)^{m_1} \cdots (1+z)^{m_n} = (1+z)^m$ nach dem binomischen Lehrsatz entwickelt und links und rechts den Koeffizienten von z^y bestimmt. Er ist rechts $\binom{m}{y}$ und links die Summe in (4.1.7). Damit ist aber $f_y(y) = \binom{m}{y} p^y(1-p)^{m-y}$ und y verteilt nach $\mathbf{B}_{m,p}$. Dieses Resultat nennt man das **Additionstheorem der Binomialverteilung**.

2. Der stetige Fall

Die Versuchsausgänge $x_1 \dots x_n$ von $\mathcal{E}_1 \dots \mathcal{E}_n$ sind eindimensional und stetig. Die zugehörigen Verteilungen $P_1 \dots P_n$ besitzen die Dichten $f_1 \dots f_n$ und die Verteilungsfunktionen $F_1 \dots F_n$. Wir bestimmen zunächst die Verteilungsfunktion F der Verteilung P von $\mathbf{x} = (x_1 \dots x_n)$. Da $\{(x_1 \dots x_n): x_1 \leq \mathring{x}_1 \dots x_n \leq \mathring{x}_n\} = \{x_1 : x_1 \leq \mathring{x}_1\} \times \dots \times \{x_n : x_n \leq \mathring{x}_n\}$ ein Rechteckereignis ist, gilt wie im diskreten Fall:

$$F(\mathring{x}_1 \dots \mathring{x}_n) = P(x_1 \leq \mathring{x}_1 \dots x_n \leq \mathring{x}_n) =$$

$$= P_1(x_1 \leq \mathring{x}_1) \cdots P_n(x_n \leq \mathring{x}_n) = F_1(\mathring{x}_1) \cdots F_n(\mathring{x}_n). \tag{4.1.8}$$

Daraus folgt die Dichte $f(x_1 \dots x_n)$ durch Differenzieren:

$$f(x_1 \dots x_n) = \frac{\partial^n F(x_1 \dots x_n)}{\partial x_1 \partial x_2 \dots \partial x_n} = f_1(x_1) \cdots f_n(x_n), \tag{4.1.9}$$

d.h. die zu (4.1.5) analoge Beziehung.

Im übrigen erkennt man sofort, daß die Formeln (4.1.5), (4.1.6), (4.1.8) und (4.1.9) völlig ungeändert bleiben, wenn man annimmt, daß die Variablen $x_1 \dots x_n$ selbst mehrdimensional diskret bzw. stetig sind — für (4.1.5) war ja ohnehin keine Einschränkung gemacht worden. Die Herleitung ist nur geringfügig zu modifizieren und sei dem Leser als Übung empfohlen. Wir fassen die Ergebnisse zusammen:

Satz 4.1.1 *Sind $\mathcal{E}_1 \dots \mathcal{E}_n$ unabhängige Einzelexperimente, deren Versuchsausgänge $x_1 \dots x_n$ die Verteilungen $P_1 \dots P_n$ mit den Dichten $f_1 \dots f_n$ und den Verteilungsfunktionen $F_1 \dots F_n$ besitzen, und ist $\mathcal{E}$ das aus $\mathcal{E}_1 \dots \mathcal{E}_n$ zusammengesetzte* **Produktexperiment**: *$\mathcal{E} = \mathcal{E}_1 \otimes \dots \otimes \mathcal{E}_n$ mit Ausgang $\mathbf{x} = (x_1 \dots x_n)$, dann gilt für die Dichte f bzw. für die Verteilungsfunktion F der Verteilung von $\mathbf{x}$:*

$$\begin{aligned} f(x_1 \dots x_n) &= f_1(x_1) \cdots f_n(x_n), \\ F(x_1 \dots x_n) &= F_1(x_1) \cdots F_n(x_n). \end{aligned}$$

Bemerkung: Satz 4.1.1 wurde für den Fall gezeigt, wo alle x_j entweder diskret oder stetig sind. Es ist aber nicht schwer, ihn auch für den gemischten Fall zu beweisen. Auch das sei dem Leser als Übung überlassen.

Beispiel 4.1.3 Die Ausgänge $x_1 \dots x_n$ der unabhängigen Experimente $\mathcal{E}_1 \dots \mathcal{E}_n$ seien nach $\mathbf{N}(\mu_1, \sigma_1^2) \dots \mathbf{N}(\mu_n, \sigma_n^2)$ verteilt. Wir suchen die Dichte der gemeinsamen Verteilung von $\mathbf{x} = (x_1 \dots x_n)$, des Ausgangs von $\mathcal{E} = \mathcal{E}_1 \otimes \dots \otimes \mathcal{E}_n$. Es gilt:

$$f(x_1 \dots x_n) = \prod_{j=1}^{n} f_j(x_j) = \prod_{j=1}^{n} \frac{1}{\sqrt{2\pi}\sigma_j} \exp\Big(-\frac{1}{2}\frac{(x_j - \mu_j)^2}{\sigma_j^2}\Big) =$$

$$= \Big(\frac{1}{2\pi}\Big)^{n/2} \frac{1}{\sigma_1 \cdots \sigma_n} \exp\Big(-\frac{1}{2}\sum_{j=1}^{n} \frac{(x_j - \mu_j)^2}{\sigma_j^2}\Big),$$

und das ist offenbar die Dichte der n-dimensionalen Normalverteilung:

$$\mathbf{N}\left(\boldsymbol{\mu} = \begin{pmatrix} \mu_1 \\ \vdots \\ \mu_n \end{pmatrix}, \boldsymbol{\Sigma} = \begin{pmatrix} \sigma_1^2 \dots 0 \\ \ddots \\ 0 \dots \sigma_n^2 \end{pmatrix}\right)$$

(siehe Definition 3.5.1).

Wir bestimmen, wie in den Beispielen 4.1.1. und 4.1.2, die Verteilung der Summe $y = x_1 + \dots + x_n$. Aus Satz 3.6.2 (siehe auch die anschließende Bemerkung) folgt sofort: y ist verteilt nach $\mathbf{N}(\mu_1 + \dots + \mu_n; \sigma_1^2 + \dots + \sigma_n^2)$ — das **Additionstheorem der Normalverteilung**.

Beispiel 4.1.4 Die Ausgänge $x_1 \dots x_n$ von $\mathcal{E}_1 \dots \mathcal{E}_n$ seien nach $\mathbf{\Gamma}(\lambda_1, \mu) \dots$ $\dots \mathbf{\Gamma}(\lambda_n, \mu)$ verteilt. Die Dichte der gemeinsamen Verteilung von $\mathbf{x} = (x_1 \dots x_n)$ ist gesucht. Es gilt für $x_j \geq 0$ (siehe Definition 2.8.1):

$$f(x_1 \dots x_n) = \prod_{j=1}^{n} f_j(x_j) = \prod_{j=1}^{n} \frac{x_j^{\lambda_j - 1}}{\Gamma(\lambda_j)\mu^{\lambda_j}} e^{-x_j/\mu}. \tag{4.1.10}$$

Auch hier ist es interessant, die Dichte der Verteilung der Summe $y = x_1 + \ldots + x_n$ zu bestimmen. Wir setzen zunächst $n = 2$ und betrachten die umkehrbar eindeutigen, stetigen und stetig differenzierbaren, zueinander inversen Transformationen:

$$\mathbf{y} = \mathbf{t}(\mathbf{x}): \begin{array}{l} y_1 = x_1 + x_2 = t_1(x_1, x_2) \\ y_2 = \phantom{x_1 + {}} x_2 = t_2(x_1, x_2) \end{array}; \quad \mathbf{x} = \mathbf{s}(\mathbf{y}): \begin{array}{l} x_1 = y_1 - y_2 = s_1(y_1, y_2) \\ x_2 = \phantom{y_1 - {}} y_2 = s_2(y_1, y_2) \end{array}$$

mit der Funktionaldeterminante:

$$J(y_1, y_2) = \begin{vmatrix} \frac{\partial s_1}{\partial y_1} & \frac{\partial s_1}{\partial y_2} \\ \frac{\partial s_2}{\partial y_1} & \frac{\partial s_2}{\partial y_2} \end{vmatrix} = \begin{vmatrix} 1 & -1 \\ 0 & 1 \end{vmatrix} = 1.$$

Nach Satz 3.6.1 und wegen (4.1.10) ist die Dichte $f_{\mathbf{y}}(y_1, y_2)$ gegeben durch:

$$f_{\mathbf{y}}(y_1, y_2) = \frac{(y_1 - y_2)^{\lambda_1 - 1}}{\Gamma(\lambda_1)\mu^{\lambda_1}} \frac{y_2^{\lambda_2 - 1}}{\Gamma(\lambda_2)\mu^{\lambda_2}} e^{-y_1/\mu} \quad \text{für} \quad 0 \le y_2 \le y_1.$$

Zur Berechnung der Randdichte von y_1 ist nach y_2 zu integrieren:

$$f_{y_1}(y_1) = \frac{e^{-y_1/\mu}}{\Gamma(\lambda_1)\Gamma(\lambda_2)\mu^{\lambda_1+\lambda_2}} \int_0^{y_1} (y_1 - y_2)^{\lambda_1 - 1} y_2^{\lambda_2 - 1} dy_2.$$

Wir substituieren $y_2 = y_1 z$, $dy_2 = y_1 dz$ und erhalten (siehe (2.9.1) und (2.9.3)):

$$f_{y_1}(y_1) = \frac{e^{-y_1/\mu}}{\Gamma(\lambda_1)\Gamma(\lambda_2)\mu^{\lambda_1+\lambda_2}} y_1^{\lambda_1+\lambda_2-1} \int_0^1 (1 - z)^{\lambda_1 - 1} z^{\lambda_2 - 1} dz =$$

$$= \frac{y_1^{\lambda_1+\lambda_2-1}}{\Gamma(\lambda_1 + \lambda_2)\mu^{\lambda_1+\lambda_2}} e^{-y_1/\mu},$$

d.h. y_1 ist nach $\mathbf{\Gamma}(\lambda_1 + \lambda_2, \mu)$ verteilt.

Für allgemeines n wird man vermuten, daß $y = x_1 + \ldots + x_n$ nach $\mathbf{\Gamma}(\lambda_1 + \ldots + \lambda_n, \mu)$ verteilt ist. In der Tat läßt sich diese Vermutung nunmehr ohne jede Rechnung leicht bestätigen. Man argumentiert mit vollständiger Induktion durch Schluß von n auf $n+1$. Sind $n+1$ unabhängige Experimente $\mathcal{E}_1 \ldots \mathcal{E}_n, \mathcal{E}_{n+1}$ gegeben, dann setzen wir: $\mathcal{E} = \mathcal{E}_1 \otimes \ldots \otimes \mathcal{E}_n \otimes \mathcal{E}_{n+1} = (\mathcal{E}_1 \otimes \ldots \otimes \mathcal{E}_n) \otimes \mathcal{E}_{n+1}$, d.h. wir denken uns zunächst die ersten n Teilexperimente zu einem Gesamtexperiment $\mathcal{E}' = \mathcal{E}_1 \otimes \ldots \otimes \mathcal{E}_n$ zusammengefaßt und fassen $\mathcal{E}'$ dann mit dem davon unabhängigen Experiment $\mathcal{E}_{n+1}$ zusammen. Abb. 4.1.4 deutet das an.

$z = x_1 + \ldots + x_n$ ist nach Induktionsannahme nach $\mathbf{\Gamma}(\lambda_1 + \ldots + \lambda_n, \mu)$ verteilt. Wegen $x_{n+1} \sim \mathbf{\Gamma}(\lambda_{n+1}, \mu)$ folgt dann, mit dem für $n = 2$ bewiesenen Induktionsanfang, unmittelbar die Behauptung für $n + 1$. Wir haben damit das **Additionstheorem für die Gammaverteilung** bewiesen.

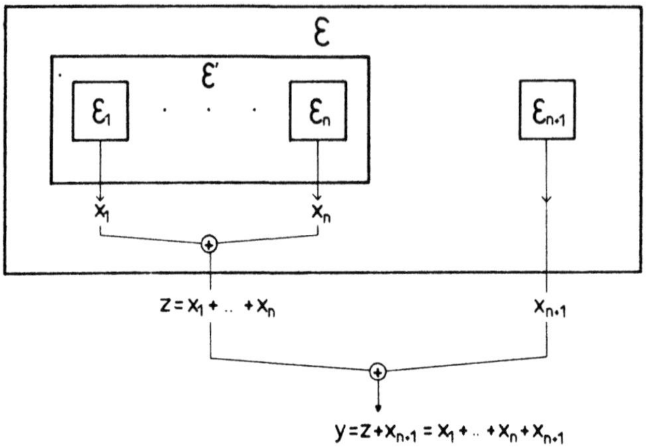

Abb. 4.1.4

4.2 Unabhängige Zufallsvariable

Wir betrachten noch einmal die im vorigen Abschnitt behandelte Situation eines aus den unabhängigen Teilexperimenten $\mathcal{E}_1 \dots \mathcal{E}_n$ zusammengesetzten Experimentes $\mathcal{E} = \mathcal{E}_1 \otimes \dots \otimes \mathcal{E}_n$ mit dem Versuchsausgang $\mathbf{x} = (x_1 \dots x_n)$ und fragen nach der Randverteilung irgendeiner Teilgruppe von Variablen, etwa von $(x_1 \dots x_k)$.

Die Dichte von $\mathbf{x}$ ist $f_{\mathbf{x}}(x_1 \dots x_n) = f_1(x_1) \cdots f_n(x_n)$ — $f_j(x_j)$ bezeichnet natürlich wieder die Dichte von x_j beim Einzelexperiment $\mathcal{E}_j$. Summiert oder integriert man über die Variablen $(x_{k+1} \dots x_n)$, je nachdem, ob der diskrete oder der stetige Fall vorliegt, dann erhält man sofort die Randdichte von $(x_1 \dots x_k)$:

$$f_{x_1 \dots x_k}(x_1 \dots x_k) = f_1(x_1) \cdots f_k(x_k).$$

Insbesondere sind $f_j(x_j)$ die Randdichten der einzelnen Variablen x_j selbst. Diese simplen Tatsachen leuchten auch unmittelbar ein, wenn man $\mathcal{E}$ in der Form $\mathcal{E} = (\mathcal{E}_1 \otimes \dots \otimes \mathcal{E}_k) \otimes (\mathcal{E}_{k+1} \otimes \dots \otimes \mathcal{E}_n) = \mathcal{E}' \otimes \mathcal{E}''$ schreibt (siehe Abb. 4.2.1) und bedenkt, daß die Randverteilung von $(x_1 \dots x_k)$ eben die Verteilung des Versuchsausganges von $\mathcal{E}' = \mathcal{E}_1 \otimes \dots \otimes \mathcal{E}_k$ ist, wo der Versuchsausgang des davon unabhängigen Experimentes $\mathcal{E}'' = \mathcal{E}_{k+1} \otimes \dots \otimes \mathcal{E}_n$ ignoriert wird.

Es versteht sich nun von selbst, daß die Randdichte der allgemeinen Variablengruppe $(x_{j_1} \dots x_{j_k})$ durch $f_{x_{j_1} \dots x_{j_k}}(x_{j_1} \dots x_{j_k}) = f_{j_1}(x_{j_1}) \cdots f_{j_k}(x_{j_k})$ gegeben ist. Völlig analoge Aussagen hat man für die Verteilungsfunktionen; es gilt:

$$F_{x_{j_1} \dots x_{j_k}}(x_{j_1} \dots x_{j_k}) = F_{j_1}(x_{j_1}) \cdots F_{j_k}(x_{j_k}).$$

Den Satz 4.1.1 kann man nunmehr auch so formulieren:

Ist $\mathcal{E}$ das aus den unabhängigen Einzelexperimenten $\mathcal{E}_1 \dots \mathcal{E}_n$ zusammengesetzte Experiment: $\mathcal{E} = \mathcal{E}_1 \otimes \dots \otimes \mathcal{E}_n$, dann ist die Dichte f und die Verteilungsfunk-

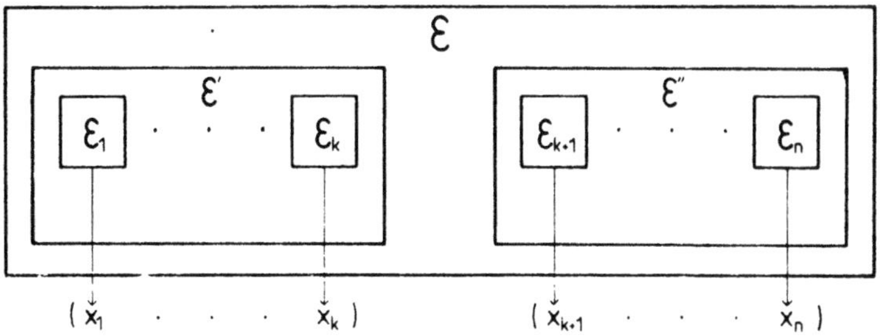

Abb. 4.2.1

tion F der gemeinsamen Verteilung von $\mathbf{x} = (x_1 \dots x_n)$, dem Versuchsausgang von $\mathcal{E}$, gleich dem Produkt der Dichten bzw. Verteilungsfunktionen der Randverteilungen von $x_1 \dots x_n$.

Wir wollen, ausgehend von dieser Formulierung, den Begriff der Unabhängigkeit präziser fassen. Bisher hatten wir Experimente $\mathcal{E}_1 \dots \mathcal{E}_n$ als unabhängig bezeichnet, wenn sie einander nicht beeinflussen. Das ist eigentlich, wie es die Logiker nennen würden, eine *metatheoretische* Definition, d.h. sie ist mit Begriffen formuliert, die in der Wahrscheinlichkeitstheorie selbst nicht vorkommen — nämlich die Wendung *nicht beeinflussen* — und in die Welt gehören, die mit der Theorie — die ja eine eigene Welt für sich ist — beschrieben werden soll. Diese Vorgangsweise ist beim Aufbau einer Theorie unvermeidlich, denn die Theorie soll ja schließlich ein möglichst genaues Abbild der Wirklichkeit werden. Dann müssen wir aber auch dem **intuitiven** Unabhängigkeitsbegriff in unserer Anschauungswelt, den wir bisher benützt haben, in der Theorie einen entsprechenden **formalen** Unabhängigkeitsbegriff gegenüberstellen, ganz ähnlich wie wir dies bei den Begriffen Ereignis und Wahrscheinlichkeit ja auch bereits getan haben.

Um zu diesem formalen Unabhängigkeitsbegriff zu kommen, betrachten wir ein Experiment $\mathcal{E}$ mit Versuchsausgang $\mathbf{x} = (x_1 \dots x_n)$, dessen Verteilung P die Dichte $f_\mathbf{x}$ bzw. Verteilungsfunktion $F_\mathbf{x}$ besitzen möge. Mit f_j bzw. F_j bezeichnen wir die Dichten bzw. Verteilungsfunktionen der Randverteilungen der x_j. Über das *Innenleben* des schwarzen Kastens $\mathcal{E}$ treffen wir keinerlei Annahmen — wir kennen es nicht, es interessiert uns auch nicht. Nehmen wir nun weiter an, wir hätten n Einzelexperimente $\mathcal{E}_1 \dots \mathcal{E}_n$, die einander nicht beeinflussen, also im intuitiven Sinn unabhängig sind, und deren Ausgänge $x_1 \dots x_n$ mit den Dichten f_j bzw. Verteilungsfunktionen F_j, d.h. nach den obigen Randverteilungen von $\mathcal{E}$ verteilt sind, und bilden wir damit das zusammengesetzte Experiment $\mathcal{E}' = \mathcal{E}_1 \otimes \dots \otimes \mathcal{E}_n$. Sein Ausgang $\mathbf{x} = (x_1 \dots x_n)$ hat die Dichte $f'_\mathbf{x}(x_1 \dots x_n) = f_1(x_1) \cdots f_n(x_n)$ und die Verteilungsfunktion $F'_\mathbf{x}(x_1 \dots x_n) = F_1(x_1) \cdots F_n(x_n)$. Abb. 4.2.2 stellt $\mathcal{E}$ und $\mathcal{E}'$ einander gegenüber.

Es ist nun klar: Gelten für $f_\mathbf{x}$ und $F_\mathbf{x}$ ebenfalls die Produktbeziehungen $f_\mathbf{x}(x_1 \dots x_n) = f_1(x_1) \cdots f_n(x_n)$ bzw. $F_\mathbf{x}(x_1 \dots x_n) = F_1(x_1) \cdots F_n(x_n)$, ist also $f_\mathbf{x} \equiv f'_\mathbf{x}$ und $F_\mathbf{x} \equiv F'_\mathbf{x}$, dann sind die beiden Experimente $\mathcal{E}$ und $\mathcal{E}'$

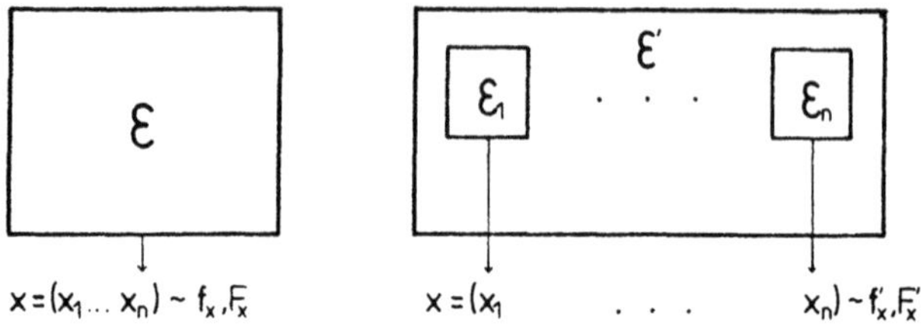

Abb. 4.2.2

von außen gesehen, d.h. nur nach den Verteilungen ihrer Versuchsausgänge beurteilt, ununterscheidbar. Man kann auch sagen: Die Wahrscheinlichkeitsverteilung von $\mathbf{x} = (x_1 \dots x_n)$ bei $\mathcal{E}$ ist so, als wären die Koordinaten $x_1 \dots x_n$ Realisierungen von Teilexperimenten $\mathcal{E}_1 \dots \mathcal{E}_n$, die einander nicht beeinflussen, also im bisherigen, intuitiven Sinn unabhängig sind.

Damit sind wir aber bereits am Ziel. Wir stützen den Unabhängigkeitsbegriff nicht auf das Innenleben der Kästen $\mathcal{E}$ oder $\mathcal{E}'$, sondern auf das, was dem Beobachter von außen zugänglich ist: die Realisierungen $\mathbf{x} = (x_1 \dots x_n)$ und ihre Verteilung und sagen:

Definition 4.2.1 *Unabhängigkeit von Zufallsvariablen*
Ist $\mathbf{x} = (x_1 \dots x_n)$ der Versuchsausgang des Experimentes $\mathcal{E}$, dann heißen die Zufallsvariablen $x_1 \dots x_n$ **statistisch** *oder* **stochastisch unabhängig,** *wenn die Dichte $f_{\mathbf{x}}(x_1 \dots x_n)$ und die Verteilungsfunktion $F_{\mathbf{x}}(x_1 \dots x_n)$ der gemeinsamen Verteilung von $\mathbf{x} = (x_1 \dots x_n)$ das Produkt der Dichten $f_j(x_j)$ bzw. der Verteilungsfunktionen $F_j(x_j)$ der Randverteilungen der x_j ist. In Formeln:*

$$\begin{aligned} f_{\mathbf{x}}(x_1 \dots x_n) &= f_1(x_1) \cdots f_n(x_n), \\ F_{\mathbf{x}}(x_1 \dots x_n) &= F_1(x_1) \cdots F_n(x_n). \end{aligned}$$

Der Zusatz *statistisch* bzw. *stochastisch* deutet an, daß dieser Unabhängigkeitsbegriff nunmehr ein formaler, wahrscheinlichkeitstheoretischer ist. Er soll aber auch darauf hinweisen, daß stochastische Unabhängigkeit in keiner Weise bedeutet, die einzelnen x_j wären *ohne gegenseitige Beeinflussung*, also durch im intuitiven Sinn unabhängige Experimente $\mathcal{E}_1 \dots \mathcal{E}_n$ erzeugt, sie verhalten sich nur so, als ob es so wäre.

Beispiel 4.2.1 Die Versuchsausgänge x_1, x_2 der — im intuitiven Sinn — unabhängigen Experimente $\mathcal{E}_1, \mathcal{E}_2$ seien beide nach $\mathbf{N}(0,1)$ verteilt. Wir bilden das zusammengesetzte Experiment $\mathcal{E} = \mathcal{E}_1 \otimes \mathcal{E}_2$ und betrachten die neuen Variablen $y_1 = x_1 + x_2$ und $y_2 = x_1 - x_2$. $\mathbf{y} = (y_1, y_2)$ beschreibt jetzt den Versuchsausgang von $\mathcal{E}$. Wir bestimmen zunächst die Dichten der Verteilungen von $\mathbf{x} = (x_1, x_2)$ und $\mathbf{y} = (y_1, y_2)$. Es ist:

$$f_{\mathbf{x}}(x_1, x_2) = f_{x_1}(x_1) f_{x_2}(x_2) = \frac{1}{\sqrt{2\pi}} e^{-\frac{x_1^2}{2}} \frac{1}{\sqrt{2\pi}} e^{-\frac{x_2^2}{2}} = \frac{1}{2\pi} \exp\left(-\frac{1}{2}(x_1^2 + x_2^2)\right),$$

d.h. $\mathbf{x} = (x_1, x_2)$ ist nach $\mathbf{N}(\boldsymbol{\mu}_\mathbf{x} = \binom{0}{0}; \boldsymbol{\Sigma}_\mathbf{x} = \begin{pmatrix} 1 & 0 \\ 0 & 1 \end{pmatrix})$ verteilt (siehe Definition 3.5.1). Die linear transformierte Variable $\mathbf{y} = \mathbf{A}\mathbf{x}$, mit $\mathbf{A} = \begin{pmatrix} 1 & 1 \\ 1 & -1 \end{pmatrix}$ hat daher, nach Satz 3.6.2, die Verteilung $\mathbf{N}(\boldsymbol{\mu}_\mathbf{y} = \mathbf{A}\boldsymbol{\mu}_\mathbf{x}; \boldsymbol{\Sigma}_\mathbf{y} = \mathbf{A}\boldsymbol{\Sigma}_\mathbf{x}\mathbf{A}') = \mathbf{N}(\boldsymbol{\mu}_\mathbf{y} = \binom{0}{0}; \boldsymbol{\Sigma}_\mathbf{y} = \begin{pmatrix} 2 & 0 \\ 0 & 2 \end{pmatrix})$, mit den Randverteilungen: $y_1 \sim \mathbf{N}(0,2)$ und $y_2 \sim \mathbf{N}(0,2)$ (siehe Satz 3.5.1). Multipliziert man die Randdichten von y_1 und y_2, dann erhält man aber gerade die Dichte der gemeinsamen Verteilung $\mathbf{N}(\boldsymbol{\mu}_\mathbf{y}, \boldsymbol{\Sigma}_\mathbf{y})$:

$$f_{y_1}(y_1) f_{y_2}(y_2) = \frac{1}{\sqrt{2\pi}\sqrt{2}} e^{-\frac{y_1^2}{4}} \frac{1}{\sqrt{2\pi}\sqrt{2}} e^{-\frac{y_2^2}{4}} =$$
$$= \frac{1}{4\pi} \exp\left(-\frac{1}{2}\left(\frac{y_1^2}{2} + \frac{y_2^2}{2}\right)\right) = f_\mathbf{y}(y_1, y_2).$$

Das bedeutet: Die Zufallsvariablen (y_1, y_2) sind *stochastisch* unabhängig im Sinne der Definition 4.2.1, obwohl sie ganz offensichtlich nicht durch im intuitiven Sinn unabhängige Experimente mit den Ausgängen y_1 bzw. y_2 erzeugt sind, denn es werden ja (siehe Abb. 4.2.3) die Ausgänge x_1,x_2 der unabhängigen Experimente $\mathcal{E}_1, \mathcal{E}_2$ additiv bzw. subtraktiv verknüpft. Es ist damit keine Rede von unabhängiger Erzeugung der Variablen y_1, y_2, dennoch sind sie so verteilt, als wäre dies der Fall, und allein darauf kommt es an. Abb. 4.2.3 zeigt neben $\mathcal{E}$ das Experiment $\mathcal{E}' = \mathcal{E}_1' \otimes \mathcal{E}_2'$, wo die Ausgänge y_1 bzw. y_2 beide nach $\mathbf{N}(0,2)$ verteilt sind. Von außen gesehen sind $\mathcal{E}$ und $\mathcal{E}'$ nicht unterscheidbar, also bleibt auch bei $\mathcal{E}$ gar keine andere Wahl, als zu sagen: y_1 und y_2 sind unabhängig — im *stochastischen*, d.h. auf ihre Verteilung bezogenen Sinn.

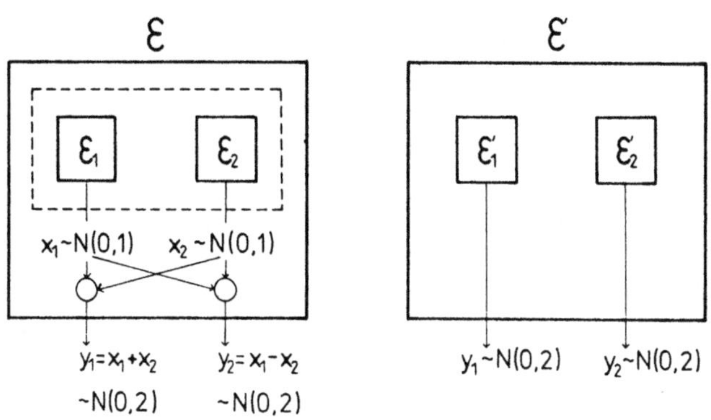

Abb. 4.2.3

Beispiel 4.2.2 Wir betrachten, allgemeiner als in Beispiel 4.2.1 ein Experiment $\mathcal{E}$, dessen Ausgang $\mathbf{x} = (x_1 \ldots x_n)$ nach $\mathbf{N}(\boldsymbol{\mu} = (\mu_1 \ldots \mu_n)', \boldsymbol{\Sigma} = (\sigma_{ij}))$ verteilt ist. Die eindimensionalen Randverteilungen der x_j sind (Satz 3.5.1) $\mathbf{N}(\mu_j, \sigma_{jj})$. Das Produkt der Randdichten ist daher:

$$\prod_{j=1}^{n} f(x_j | \mathbf{N}(\mu_j, \sigma_{jj})) =$$

$$= \left(\frac{1}{2\pi}\right)^{n/2} \frac{1}{(\sigma_{11}\cdots\sigma_{nn})^{1/2}} \exp\left(-\frac{1}{2}\left(\frac{(x_1-\mu_1)^2}{\sigma_{11}} + \ldots + \frac{(x_n-\mu_n)^2}{\sigma_{nn}}\right)\right),$$

und dieses ist die Dichte der n-dimensionalen Normalverteilung $\mathbf{N}\big(\boldsymbol{\mu} = (\mu_1 \ldots \mu_n)', \boldsymbol{\Sigma}_1 = diag(\sigma_{11} \ldots \sigma_{nn})\big)$, wo die Matrix $\boldsymbol{\Sigma}_1$ eine (n,n)-Diagonalmatrix mit den Elementen $\sigma_{11} \ldots \sigma_{nn}$ in der Diagonale ist. Diese Verteilung stimmt mit der ursprünglich gegebenen Verteilung von $\mathbf{x} = (x_1 \ldots x_n)'$ offenbar genau dann überein, wenn bei dieser die Matrix $\boldsymbol{\Sigma} = (\sigma_{ij})$ eine Diagonalmatrix ist. (Der einfache Nachweis, daß zwei Normalverteilungen genau dann identisch sind, wenn ihre Parameter $\boldsymbol{\mu}, \boldsymbol{\Sigma}$ übereinstimmen sei dem Leser überlassen). Wir haben damit den wichtigen

Satz 4.2.1 *Ist $\mathbf{x} = (x_1 \ldots x_n)'$ nach $\mathbf{N}\big(\boldsymbol{\mu} = (\mu_1 \ldots \mu_n)', \boldsymbol{\Sigma}\big)$ verteilt, dann sind die Koordinaten $x_1 \ldots x_n$ genau dann stochastisch unabhängig nach $\mathbf{N}(\mu_j, \sigma_{jj})$ verteilt, wenn $\boldsymbol{\Sigma}$ die Diagonalmatrix $diag(\sigma_{11} \ldots \sigma_{nn})$ ist.*

Folgerung: Ist $\mathbf{x} = (x_1 \ldots x_n)' \sim \mathbf{N}(\boldsymbol{\mu}, \boldsymbol{\Sigma})$ und ist $\mathbf{y} = (y_1 \ldots y_n)' = \mathbf{A}\mathbf{x} + \mathbf{b}$, dann ist nach Satz 3.6.2 $\mathbf{y} \sim \mathbf{N}(\mathbf{A}\boldsymbol{\mu} + \mathbf{b}, \mathbf{A}\boldsymbol{\Sigma}\mathbf{A}')$. Wählt man $\mathbf{A}$ so, daß $\mathbf{A}\boldsymbol{\Sigma}\mathbf{A}'$ eine Diagonalmatrix ist, dann sind die Variablen $y_1 \ldots y_n$ unabhängig.

Beispiel 4.2.3 Simulation der $\mathbf{N}(\boldsymbol{\mu}, \boldsymbol{\Sigma})$

Wir behandeln das Problem der Simulation eines Zufallsexperiments $\mathcal{E}$ mit n-dimensional-normalverteiltem Ausgang. Sind die Variablen $(x_1 \ldots x_n)$ unabhängig nach $\mathbf{N}(0,1)$ verteilt, dann ist nach Satz 4.2.1 $\mathbf{x} = (x_1 \ldots x_n)'$ nach $\mathbf{N}(\boldsymbol{\mu}_{\mathbf{x}} = (0 \ldots 0)', \boldsymbol{\Sigma}_{\mathbf{x}} = \mathbf{I})$ verteilt. Setzt man $\mathbf{y} = \mathbf{A}\mathbf{x} + \mathbf{b}$, dann ist $\mathbf{y} \sim \mathbf{N}(\boldsymbol{\mu}_{\mathbf{y}} = \mathbf{b}, \boldsymbol{\Sigma}_{\mathbf{y}} = \mathbf{A}\mathbf{A}')$. Soll nun $\mathbf{y}$ nach $\mathbf{N}(\boldsymbol{\mu}, \boldsymbol{\Sigma})$ verteilt sein, dann ist $\mathbf{b} = \boldsymbol{\mu}$ zu setzen und $\mathbf{A}$ so zu bestimmen, daß $\mathbf{A}\mathbf{A}' = \boldsymbol{\Sigma}$ gilt.

Es gibt viele Möglichkeiten $\mathbf{A}$ so zu wählen. Eine ist $\mathbf{A} = \mathbf{B}\boldsymbol{\Lambda}^{1/2}$, wobei die Spalten von $\mathbf{B}$ ein System orthonormierter Eigenvektoren $\mathbf{b}_1 \ldots \mathbf{b}_n$ von $\boldsymbol{\Sigma}$ bilden, und $\boldsymbol{\Lambda}^{1/2}$ die Diagonalmatrix der Wurzeln aus den zugehörigen Eigenwerten von $\boldsymbol{\Sigma}$ ist: $\mathbf{B} = \big(\mathbf{b}_1 \ldots \mathbf{b}_n\big)$, $\boldsymbol{\Lambda}^{1/2} = diag\big(\sqrt{\lambda_1} \ldots \sqrt{\lambda_n}\big)$. Es gilt dann offenbar $\mathbf{A}\mathbf{A}' = \mathbf{B}\boldsymbol{\Lambda}^{1/2}\boldsymbol{\Lambda}^{1/2}\mathbf{B}' = \mathbf{B}\boldsymbol{\Lambda}\mathbf{B}' = \boldsymbol{\Sigma}$. (Beachte: $\boldsymbol{\Sigma}\mathbf{B} = \mathbf{B}\boldsymbol{\Lambda}$, nach Definition von $\mathbf{B}$ und $\boldsymbol{\Lambda}$ und $\mathbf{B}' = \mathbf{B}^{-1}$, wegen der Orthonormalität der Basis $\mathbf{b}_1 \ldots \mathbf{b}_n$).

Einfacher ist es $\mathbf{A}$ als Dreiecksmatrix anzusetzen. Man nennt dann die Darstellung $\boldsymbol{\Sigma} = \mathbf{A}\mathbf{A}'$ die **Cholesky-Zerlegung** von Σ. Die Elemente von $\mathbf{A}$ sind leicht rekursiv zu berechnen und man benötigt nicht die vergleichsweise aufwendige Bestimmung von Eigenwerten und Eigenvektoren. Setzt man $\mathbf{A}$ als untere Dreiecksmatrix an, d.h. $a_{ij} = 0$ für $j > i$, dann gilt:

$$\begin{aligned} a_{11} &= \sigma_{11}^{1/2}, \\ a_{lk} &= \big(\sigma_{lk} - \textstyle\sum_{j=1}^{k-1} a_{lj}a_{kj}\big)/a_{kk} \quad \text{für} \quad 1 \le k \le l-1, \\ a_{ll} &= \big(\sigma_{ll} - \textstyle\sum_{j=1}^{l-1} a_{lj}^2\big)^{1/2} \quad \text{für} \quad l = 2 \ldots n. \end{aligned}$$

Hat man also ein Zufallsexperiment, dessen Ausgang nach $\mathbf{N}(0,1)$ verteilt ist, und wiederholt man dieses Experiment n-mal unabhängig mit dem Ergebnis $\mathbf{x} = (x_1 \ldots x_n)'$, dann besitzt $\mathbf{y} = \mathbf{A}\mathbf{x} + \boldsymbol{\mu}$ die gewünschte Verteilung $\mathbf{N}(\boldsymbol{\mu}, \boldsymbol{\Sigma})$. Das Problem der Simulation reduziert sich also auf die Erzeugung $\mathbf{N}(0,1)$-verteilter Zufallszahlen. Dafür haben wir im Abschnitt 2.12 ein Verfahren kennengelernt: Man erzeugt eine in $[0,1]$ gleichverteilte Zufallsvariable z und bildet $x = \Phi^{-1}(z)$. Diese Methode ist universell und elegant, doch ist Φ^{-1} eine unangenehme Funktion und schlecht zu programmieren. Wir behandeln daher im folgenden Beispiel ein für praktische Zwecke besser geeignetes Verfahren.

Beispiel 4.2.4 Simulation $\mathbf{N}(0,1)$ verteilter Zufallszahlen.

Die Variablen x_1, x_2 seien unabhängig nach $\mathbf{N}(0,1)$ verteilt. $\mathbf{x} = (x_1, x_2)'$ ist dann nach $\mathbf{N}\big(\boldsymbol{\mu} = \binom{0}{0}; \boldsymbol{\Sigma} = \left(\begin{smallmatrix}1 & 0\\ 0 & 1\end{smallmatrix}\right)\big)$ verteilt, mit der Dichte:

$$f_{\mathbf{x}}(x_1, x_2) = \frac{1}{2\pi}\exp\big(-\frac{1}{2}(x_1^2 + x_2^2)\big).$$

Wir führen in der (x_1, x_2)-Ebene Polarkoordinaten (r, φ) ein:

$$\begin{aligned} x_1 &= r\cos\varphi = s_1(r,\varphi) \\ x_2 &= r\sin\varphi = s_2(r,\varphi) \end{aligned} \qquad J(r,\varphi) = \begin{vmatrix} \cos\varphi & -r\sin\varphi \\ \sin\varphi & r\cos\varphi \end{vmatrix} = r$$

und erhalten für die Dichte der Variablen (r, φ) (siehe Satz 3.6.1):

$$f_{r,\varphi}(r,\varphi) = f_{\mathbf{x}}\big(s_1(r,\varphi), s_2(r,\varphi)\big)|J(r,\varphi)| = \frac{1}{2\pi}\exp\big(-\frac{r^2}{2}\big)r \qquad \begin{matrix} 0 \le \varphi < 2\pi, \\ 0 < r. \end{matrix}$$

Die Randdichten von r und φ ergeben sich sofort zu:

$$\begin{aligned} f_r(r) &= r\exp(-r^2/2) & &\text{für } 0 < r, \\ f_\varphi(\varphi) &= \quad 1/2\pi & &\text{für } 0 \le \varphi < 2\pi, \end{aligned}$$

d.h. es gilt: $f_{r,\varphi}(r,\varphi) = f_r(r) f_\varphi(\varphi)$ und die Variablen (r, φ) sind stochastisch unabhängig. φ ist offenbar auf $[0, 2\pi]$ gleichverteilt. Die Verteilungsfunktion $F_r(r)$ ist leicht zu bestimmen. Es gilt:

$$F_r(r) = \int_0^r t e^{-t^2/2} dt = -e^{-t^2/2}\Big|_0^r = 1 - e^{-r^2/2}.$$

Setzt man $F_r(r) = z$, dann ist $F_r^{-1}(z) = \sqrt{-2ln(1-z)}$.

Um nun nach $\mathbf{N}(0,1)$ verteilte Zufallszahlen x zu gewinnen, erzeugt man zunächst zwei unabhängige, auf $[0,1]$ gleichverteilte Zufallsvariable (z_1, z_2). Dann ist $r = F_r^{-1}(z_1) = \sqrt{-2ln(1-z_1)}$ so verteilt, wie oben die Variable r, und $\varphi = 2\pi z_2$ so verteilt, wie oben die Variable φ, nämlich gleichverteilt auf $[0, 2\pi]$, und die Variablen (r, φ) sind natürlich unabhängig. Setzt man daher:

$$\begin{aligned} x_1 &= r\cos\varphi = \sqrt{-2ln(1-z_1)}\cos 2\pi z_2, \\ x_2 &= r\sin\varphi = \sqrt{-2ln(1-z_1)}\sin 2\pi z_2, \end{aligned}$$

dann sind x_1, x_2 unabhängig nach $\mathbf{N}(0,1)$ verteilt. Man gewinnt also mit diesem Verfahren durch einfachste Rechnungen aus zwei unabhängigen, gleichverteilten Variablen (z_1, z_2), zwei ebenfalls unabhängige, $\mathbf{N}(0,1)$-verteilte Variable (x_1, x_2).

Wir haben mit dem in Definition 4.2.1 eingeführten, ***stochastischen*** Unabhängigkeitsbegriff zu dem, von uns zunächst benützten, ***intuitiven*** Unabhängigkeitsbegriff einander nicht beeinflussender Experimente, ein theoretisches, begriffliches Gegenstück geschaffen, wie es für den sauberen Aufbau einer Theorie notwendig ist. Die Zuordnung zwischen diesen Begriffen wird aktuell, wenn ein aus einander nicht beeinflussenden Teilexperimenten $\mathcal{E}_1 \ldots \mathcal{E}_n$ zusammengesetztes Experiment $\mathcal{E} = \mathcal{E}_1 \otimes \ldots \otimes \mathcal{E}_n$ in der Theorie darzustellen oder, wie der Statistiker sagt, zu *modellieren* ist. Das wahrscheinlichkeitstheoretische Modell ist dann das Kollektiv der stochastisch unabhängigen Zufallsvariablen $(x_1 \ldots x_n)$, deren Einzelverteilungen $P_1 \ldots P_n$ in das Modell einzubringen sind, mit der gemeinsamen Verteilungsdichte $f = f_1 \cdots f_n$.

Besonders wichtig ist der Sonderfall, wo ein Experiment $\mathcal{E}$ n-mal unter identischen Versuchsbedingungen wiederholt wird. Das wahrscheinlichkeitstheoretische Modell dafür ist eine Folge von stochastisch unabhängigen Zufallsvariablen $x_1 \ldots x_n$, wo alle x_j nach derselben Randverteilung P verteilt sind. Man unterläßt dann, bei der Beschreibung der Voraussetzungen einer derartigen statistischen Situation, den an sich selbstverständlichen Hinweis auf das Experiment $\mathcal{E}$ und seine n-malige Wiederholung und sagt einfach: ***die Zufallsvariablen $x_1 \ldots x_n$ sind unabhängig und identisch verteilt nach P.*** (In der angelsächsischen Literatur schreibt man meistens kurz: the random variables $x_1 \ldots x_n$ are **iid** $\hat{=}$ independent, identically distributed. Die deutsche Entsprechung: **uiv** ist ungebräuchlich.)

Als Demonstration dieser Sprechweise formulieren wir die in den Beispielen 4.1.1 bis 4.1.4 hergeleiteten Ergebnisse noch einmal als Sätze.

Satz 4.2.2 *Additionstheorem der Poisson-Verteilung*
Sind die Zufallsvariablen $x_1 \ldots x_n$ unabhängig nach $\mathbf{P}_{\mu_1} \ldots \mathbf{P}_{\mu_n}$ verteilt, dann ist ihre Summe $y = x_1 + \ldots + x_n$ nach $\mathbf{P}_{\mu_1+\ldots+\mu_n}$ verteilt.

Beweis: Siehe Beispiel 4.1.1.

Satz 4.2.3 *Additionstheorem der Binomialverteilung*
Sind die Zufallsvariablen $x_1 \ldots x_n$ unabhängig nach $\mathbf{B}_{m_1,p} \ldots \mathbf{B}_{m_n,p}$ verteilt, dann ist ihre Summe $y = x_1 + \ldots + x_n$ nach $\mathbf{B}_{m_1+\ldots+m_n,p}$ verteilt.

Beweis: Siehe Beispiel 4.1.2.

Satz 4.2.4 *Additionstheorem der Normalverteilung*
Sind die Zufallsvariablen $x_1 \ldots x_n$ unabhängig nach $\mathbf{N}(\mu_1, \sigma_1^2) \ldots \mathbf{N}(\mu_n, \sigma_n^2)$ verteilt, dann ist ihre Summe $y = x_1 + \ldots + x_n$ nach $\mathbf{N}(\mu_1 + \ldots + \mu_n; \sigma_1^2 + \ldots + \sigma_n^2)$ verteilt.

Beweis: Siehe Beispiel 4.1.3.

Satz 4.2.5 *Additionstheorem der Gammaverteilung*
Sind die Zufallsvariablen $x_1 \dots x_n$ unabhängig nach $\Gamma(\lambda_1, \mu) \dots \Gamma(\lambda_n, \mu)$ verteilt, dann ist ihre Summe $y = x_1 + \dots + x_n$ nach $\Gamma(\lambda_1 + \dots + \lambda_n, \mu)$ verteilt.

Beweis: Siehe Beispiel 4.1.4.

4.3 Unabhängige Ereignisse

Der Begriff der stochastischen Unabhängigkeit von Ereignissen $A_1 \dots A_n$ ergibt sich durch eine einfache Spezialisierung des Unabhängigkeitsbegriffs für Zufallsvariable.

Wir gehen aus von einem beliebigen Experiment $\mathcal{E}$, beschrieben durch die Zufallsvariable x mit der Verteilung P und betrachten n Ereignisse $A_1 \dots A_n$ aus Ω_x. Das Eintreten oder Nichteintreten von A_j beschreiben wir durch die Indikatorvariable $\epsilon_j = 1$ oder 0, falls $x \in A_j$ oder $x \notin A_j$ ist. Die 2^n 0-1-Folgen $\boldsymbol{\epsilon} = (\epsilon_1 \dots \epsilon_n)$ entsprechen den 2^n Vollkonjunktionen $A_1^{\epsilon_1} \cap \dots \cap A_n^{\epsilon_n}$, d.h. $x \in A_1^{\mathring{\epsilon}_1} \cap \dots \cap A_n^{\mathring{\epsilon}_n}$ ist genau dann erfüllt, wenn $\boldsymbol{\epsilon} = \mathring{\boldsymbol{\epsilon}}$ gilt (siehe Definition 1.2.1).

Die Verteilungsdichte der Zufallsvariablen $\boldsymbol{\epsilon} = (\epsilon_1 \dots \epsilon_n)$ ist daher gegeben durch:

$$f_{\boldsymbol{\epsilon}}(\epsilon_1 \dots \epsilon_n) = P(A_1^{\epsilon_1} \cap \dots \cap A_n^{\epsilon_n}),$$

die Randdichten von $\epsilon_1 \dots \epsilon_n$ sind:

$$f_{\epsilon_j}(\epsilon_j) = P(A_j^{\epsilon_j}) \qquad j = 1 \dots n.$$

Sind nun die Variablen $(\epsilon_1 \dots \epsilon_n)$ stochastisch unabhängig, dann gilt:

$$f_{\boldsymbol{\epsilon}}(\epsilon_1 \dots \epsilon_n) = \prod_{j=1}^{n} f_{\epsilon_j}(\epsilon_j)$$

also:

$$P(A_1^{\epsilon_1} \cap \dots \cap A_n^{\epsilon_n}) = P(A_1^{\epsilon_1}) \cdots P(A_n^{\epsilon_n}).$$

Genau dann wollen wir aber die Ereignisse $A_1 \dots A_n$ selbst stochastisch unabhängig nennen, denn in diesem Fall verhalten sich die Indikatorvariablen, die das Eintreten oder Nichteintreten der Ereignisse A_j anzeigen so, als kämen sie von Teilexperimenten $\mathcal{E}_1 \dots \mathcal{E}_n$, die einander nicht beeinflussen. Wir geben daher die

Definition 4.3.1 *Unabhängigkeit von Ereignissen*
Die Ereignisse $A_1 \dots A_n$ heißen stochastisch unabhängig, wenn für alle 2^n Vollkonjunktionen $A_1^{\epsilon_1} \cap \dots \cap A_n^{\epsilon_n}$ ($A^1 \hat{=} A, A^0 \hat{=} A^c$) gilt:

$$P(A_1^{\epsilon_1} \cap \dots \cap A_n^{\epsilon_n}) = P(A_1^{\epsilon_1}) \cdots P(A_n^{\epsilon_n}). \tag{4.3.1}$$

Ein oft benütztes Kriterium und damit eine alternative Definition für die Unabhängigkeit von n Ereignissen gibt der folgende Satz.

Satz 4.3.1 *Kriterium für die Unabhängigkeit von n Ereignissen*
Die Ereignisse $A_1 \dots A_n$ sind genau dann stochastisch unabhängig, wenn für jedes Teilkollektiv $A_{j_1} \dots A_{j_k}$ gilt:

$$P(A_{j_1} \cap \dots \cap A_{j_k}) = P(A_{j_1}) \cdots P(A_{j_k}) \quad \text{für } 2 \leq k \leq n. \tag{4.3.2}$$

Beweis: 1. $A_1 \dots A_n \dots$ unabhängig: Es gilt für die k Ereignisse $A_{j_1} \dots A_{j_k}$:

$$A_{j_1} \cap \dots \cap A_{j_k} = \bigcup_{\substack{(\epsilon_1 \dots \epsilon_n): \\ \epsilon_{j_1} = \dots = \epsilon_{j_k} = 1}} A_1^{\epsilon_1} \cap \dots \cap A_n^{\epsilon_n}$$

und daher offenbar:

$$P(A_{j_1} \cap \dots \cap A_{j_k}) = \sum_{\substack{(\epsilon_1 \dots \epsilon_n): \\ \epsilon_{j_1} = \dots = \epsilon_{j_k} = 1}} P(A_1^{\epsilon_1}) \cdots P(A_n^{\epsilon_n}) = P(A_{j_1}) \cdots P(A_{j_k}),$$

also die Beziehung (4.3.2).

2. Sei (4.3.2) gegeben: Ersetzt man eines der Ereignisse $A_1 \dots A_n$, etwa A_1, durch sein Komplement, dann gilt (4.3.2) auch für die n Ereignisse $A_1^c, A_2 \dots A_n$. Denn ist in (4.3.2) $j_1 \neq 1 \dots j_k \neq 1$, dann ist nichts zu zeigen. Ist aber etwa $j_1 = 1$, dann gilt:

$$A_{j_2} \cap \dots \cap A_{j_k} = (A_1 \cap A_{j_2} \cap \dots \cap A_{j_k}) \cup (A_1^c \cap A_{j_2} \cap \dots \cap A_{j_k})$$

und damit, unter Benützung von (4.3.2) für die Folge $A_1 \dots A_n$:

$$P(A_1^c \cap A_{j_2} \cap \dots \cap A_{j_k}) = P(A_{j_2}) \cdots P(A_{j_k}) - P(A_1)P(A_{j_2}) \cdots P(A_{j_k}) =$$

$$= \big(1 - P(A_1)\big)P(A_{j_2}) \cdots P(A_{j_k}) = P(A_1^c)P(A_{j_2}) \cdots P(A_{j_k}).$$

Wendet man diesen Schluß wiederholt an, dann wird klar, daß (4.3.2) für jede der 2^n Folgen $A_1^{\epsilon_1} \dots A_n^{\epsilon_n}$ gilt, d.h. man hat:

$$P(A_{j_1}^{\epsilon_1} \cap \dots \cap A_{j_k}^{\epsilon_k}) = P(A_{j_1}^{\epsilon_1}) \cdots P(A_{j_k}^{\epsilon_k}) \quad 2 \leq k \leq n,$$

für jede Folge $(\epsilon_1 \dots \epsilon_n)$. Setzt man $k = n$, dann folgt (4.3.1), also die Unabhängigkeit der $A_1 \dots A_n$. ♠

Sowohl aus der Definition 4.3.1 als auch aus Satz 4.3.1 erkennt man sofort: Sind die Ereignisse $A_1 \dots A_n$ unabhängig, dann ist auch jedes Teilkollektiv $A_{j_1} \dots A_{j_k}$ unabhängig. Gilt die Beziehung (4.3.2) für jedes $k\colon 2 \le k \le l$, dann ist jedes Teilkollektiv der $A_1 \dots A_n$ mit maximal l Ereignissen unabhängig.

Um einem oft begangenen Irrtum vorzubeugen, sei betont, daß n Ereignisse $A_1 \dots A_n$ keineswegs unabhängig sein müssen, wenn für je zwei von ihnen gilt: $P(A_{j_1} \cap A_{j_2}) = P(A_{j_1})P(A_{j_2})$, d.h. wenn sie paarweise unabhängig sind. Ein interessantes Beispiel von S.N.Bernstein zeigt, daß selbst dann, wenn jedes echte Teilkollektiv der $A_1 \dots A_n$ unabhängig ist — also maximal $(n-1)$ dieser Ereignisse —, nicht auf die Unabhängigkeit aller n Ereignisse $A_1 \dots A_n$ geschlossen werden kann.

Beispiel 4.3.1 Wir betrachten auf der Menge der 0-1-Folgen $\epsilon = (\epsilon_1 \dots \epsilon_n)$ die durch die Dichte:

$$f(\epsilon_1 \dots \epsilon_n) = \begin{cases} 1/2^{n-1} & \text{für } \Sigma\epsilon_i \text{ gerade,} \\ 0 & \text{für } \Sigma\epsilon_i \text{ ungerade} \end{cases}$$

gegebene Wahrscheinlichkeitsverteilung und führen die Ereignisse $A_j \hat{=} \epsilon_j = 1$, für $j = 1 \dots n$, ein. Es gilt dann:

$$P(A_j) = 2^{n-2}/2^{n-1} = 1/2 \qquad \text{für} \quad j = 1 \dots n,$$

denn es gibt natürlich 2^{n-2} Folgen ϵ, mit $\epsilon_j = 1$ und $\Sigma\epsilon_i$ gerade. Ebenso folgt, für $2 \le k \le n-1$:

$$P(A_{j_1} \cap \dots \cap A_{j_k}) = 2^{n-1-k}/2^{n-1} = 1/2^k = P(A_{j_1}) \cdots P(A_{j_k}),$$

da es 2^{n-1-k} Folgen ϵ mit $\epsilon_{j_1} = \dots = \epsilon_{j_k} = 1$ und $\Sigma\epsilon_i$ gerade gibt. Hingegen ist:

$$P(A_1 \cap \dots \cap A_n) = f(1 \dots 1) = \begin{cases} 1/2^{n-1} & \text{für } n \text{ gerade,} \\ 0 & \text{für } n \text{ ungerade,} \end{cases}$$

in beiden Fällen von $P(A_1) \cdots P(A_n) = 1/2^n$ verschieden. Mithin sind je k der Ereignisse $A_1 \dots A_n$ für $2 \le k \le n-1$ unabhängig, alle n hingegen sind abhängig.

5. Stochastische Abhängigkeit

5.1 Abhängige Experimente

Wird eine Folge von Experimenten $\mathcal{E}_1, \mathcal{E}_2, \ldots$ zeitlich hintereinander ausgeführt, dann sind diese Experimente sehr oft so miteinander verkoppelt, daß die Versuchsausgänge der bereits durchgeführten Experimente die Versuchsbedingungen und damit auch die Wahrscheinlichkeitsverteilung des nächsten auszuführenden Experimentes beeinflussen. Bei unabhängigen Experimenten, die wir in Kapitel 4 studiert haben, war keinerlei gegenseitige Beeinflussung gegeben, in diesem Abschnitt beschäftigen wir uns mit der Beschreibung endlicher Folgen von Experimenten, die voneinander in dem obigen Sinn abhängen.

Beispiel 5.1.1 Aus einer Urne mit N Kugeln, von denen A schwarz und $N - A$ weiß sind, wird eine Stichprobe vom Umfang n_1 gezogen. Dieses ist das erste Experiment $\mathcal{E}_1$, dessen Ausgang durch die Anzahl x_1 der gezogenen schwarzen Kugeln beschrieben sei. Wir wissen: x_1 ist hypergeometrisch nach $\mathbf{H}_{N,A,n_1}$ verteilt. Anschließend wird aus der Urne eine zweite Stichprobe vom Umfang n_2 gezogen. Das ist das Experiment $\mathcal{E}_2$; x_2 zählt wieder die Zahl der gezogenen schwarzen Kugeln.

Die Versuchsbedingungen von $\mathcal{E}_2$ hängen vom Ausgang x_1 von $\mathcal{E}_1$ ab, denn die Urne enthält jetzt $N - n_1$ Kugeln, von denen $A - x_1$ schwarz und $(N - n_1) - (A - x_1)$ weiß sind. Folglich ist x_2 nach $\mathbf{H}_{N-n_1;A-x_1;n_2}$ verteilt, und diese Verteilung hängt von x_1 ab. Ziehen wir, als drittes Experiment $\mathcal{E}_3$, anschließend eine Stichprobe vom Umfang n_3, dann ist x_3, die Zahl der dabei gezogenen schwarzen Kugeln, nunmehr nach $\mathbf{H}_{N-n_1-n_2;A-x_1-x_2;n_3}$ verteilt. Diese Verteilung hängt ersichtlich von x_1 und x_2 ab.

Die hier beschriebene Versuchssituation liegt etwa in der statistischen Qualitätskontrolle vor, wenn mit einem sogenannten *mehrstufigen Prüfplan* durch eine Folge von Stichproben aus einer Warenlieferung mit N Einheiten, von denen A Ausschuß sind, auf die Annahme oder Ablehnung der Lieferung entschieden werden soll.

Allgemein haben wir die in Abb. 5.1.1 dargestellte Situation: Die Folge der gegebenen, hintereinander auszuführenden Einzelexperimente bezeichnen wir mit $\mathcal{E}_1, \mathcal{E}_2^1, \mathcal{E}_3^{12} \ldots \mathcal{E}_n^{1\ldots(n-1)}$ um anzuzeigen, daß etwa das Experiment $\mathcal{E}_4^{123}$ von den Versuchsausgängen der drei vorher ausgeführten Experimente abhängt. Der Versuchsausgang von $\mathcal{E}_k^{1\ldots(k-1)}$ ist x_k — ein- oder mehrdimensional, diskret oder stetig. Die Wahrscheinlichkeitsverteilung von x_k hängt von den Ausgängen $x_1 \dots x_{k-1}$ der vorher ausgeführten Experimente ab und wird mit $P_k^{1\dots(k-1)}(A_k|x_1 \dots x_{k-1})$ bezeichnet. A_k ist dabei ein Ereignis aus Ω_{x_k}, dem Wertebereich von x_k. Man liest: $P_k^{1\dots(k-1)}(A_k|x_1 \dots x_{k-1})$ ist die Wahrscheinlichkeit des Ereignisses A_k unter der **Bedingung** $x_1 \dots x_{k-1}$ und nennt $P_k^{1\dots(k-1)}(.|x_1 \dots x_{k-1})$ die **bedingte Verteilung von** x_k für die Werte $x_1 \dots x_{k-1}$ der bedingenden Variablen.

Die Dichte von $P_k^{1\dots(k-1)}(.|x_1 \dots x_{k-1})$ bezeichnen wir mit $f_k^{1\dots(k-1)}(x_k|x_1 \dots x_{k-1})$, die zugehörige Verteilungsfunktion mit $F_k^{1\dots(k-1)}(x_k|x_1 \dots x_{k-1})$. Immer handelt es sich um Dichten bzw. Verteilungsfunktionen in der Variablen x_k, bei festgehaltenen Werten der bedingenden Variablen $x_1 \dots x_{k-1}$.

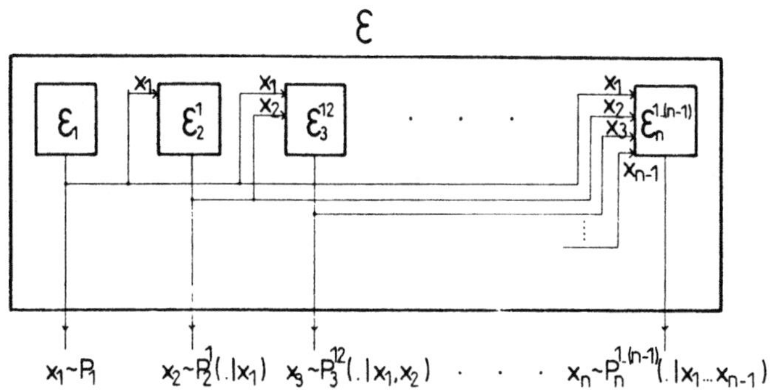

Abb. 5.1.1

Die Verteilung, Dichte bzw. Verteilungsfunktion von x_1 bezeichnen wir konsequenterweise mit $P_1, f_1(x_1)$ und $F_1(x_1)$, denn sie hängen ja von keinem vorhergehenden Versuchsergebnis ab.

Wir fassen nun, wie in Abb. 5.1.1 dargestellt, die n Einzelexperimente $\mathcal{E}_1, \mathcal{E}_2^1 \dots \mathcal{E}_n^{1\dots(n-1)}$ zu einem Gesamtexperiment $\mathcal{E}$ zusammen und schreiben, ähnlich wie bei unabhängigen Experimenten: $\mathcal{E} = \mathcal{E}_1 \otimes \mathcal{E}_2^1 \otimes \mathcal{E}_3^{12} \otimes \dots \otimes \mathcal{E}_n^{1\dots(n-1)}$.

Das Experiment $\mathcal{E}$ realisieren heißt, die Experimente $\mathcal{E}_1, \mathcal{E}_2^1 \dots \mathcal{E}_n^{1\dots(n-1)}$ je einmal in dieser Reihenfolge ausführen. Der Versuchsausgang von $\mathcal{E}$ ist $\mathbf{x} = (x_1 \dots x_n)$, der Wertebereich von $\mathbf{x}$, wie im unabhängigen Fall $\Omega_{\mathbf{x}} = \Omega_{x_1} \times \dots \times \Omega_{x_n}$, das kartesische Produkt der Wertebereiche von x_1 bis x_n, denn wir wollen annehmen, daß die Wertebereiche von $x_2 \dots x_n$ nicht von den Ausgängen der jeweils vorher realisierten Experimente abhängen. Praktisch wird man so gut wie immer $\Omega_{x_j} = \mathbf{R}$ oder $\mathbf{R}^k$ bzw. $\mathbf{Z}$ oder $\mathbf{Z}^k$ haben.

Wir stellen uns, analog wie im Falle unabhängiger Experimente, die Aufgabe, die gemeinsame Verteilung von $\mathbf{x} = (x_1 \dots x_n)$, dem Ausgang von $\mathcal{E}$, mit Hilfe der Wahrscheinlichkeitsverteilungen $P_1, P_2^1 \dots P_n^{1\dots(n-1)}$ für die Einzelexperimente zu bestimmen.

Wir wollen behutsam vorgehen und betrachten zunächst nur zwei verkoppelte Experimente $\mathcal{E}_1$ und $\mathcal{E}_2^1$; $\mathcal{E}$ sei also $\mathcal{E}_1 \otimes \mathcal{E}_2^1$. Weiters sollen die Versuchsausgänge x_1 und x_2 diskret sein und überdies nehmen wir an, daß der Wertebereich Ω_{x_1} endlich ist. Ohne Einschränkung der Allgemeinheit, aber zur Erleichterung der Darstellung sei $\Omega_{x_1} = \{1 \ldots N\}$ angenommen.

Um nun die Verteilung des Ausganges $\mathbf{x} = (x_1, x_2)$ von $\mathcal{E}$ zu gewinnen, betrachten wir ein zweites Experiment $\mathcal{E}'$, dessen Innenleben etwas anders aussieht als dasjenige von $\mathcal{E}$ und dessen mathematische Beschreibung mit den in Kapitel 4 über unabhängige Experimente hergeleiteten Resultaten möglich ist, dessen Versuchsausgang $\mathbf{x} = (x_1, x_2)$ aber genauso verteilt ist, wie der von $\mathcal{E}$ selbst.

Dazu seien $\mathcal{F}_1 \ldots \mathcal{F}_N$ unabhängige Einzelexperimente mit den Ausgängen $z_1 \ldots z_N$, wobei z_j mit der Dichte $f_2^1(z_j|x_1 = j)$, also nach der Verteilung $P_2^1(.|x_1 = j)$ verteilt ist. Mit anderen Worten: $\mathcal{F}_j$ ist identisch mit dem Experiment $\mathcal{E}_2^1$, wenn in $\mathcal{E}_2^1$ der Parameter x_1, der ja zur Durchführung von $\mathcal{E}_2^1$ zuerst eingegeben werden muß, den Wert j hat. Wir stellen uns also vor, wir hätten N Exemplare von $\mathcal{E}_2^1$, und beim j-ten Exemplar wird der Parameter x_1 — gewissermaßen auf einer Einstellschraube — auf den Wert j gesetzt.

Nunmehr bilden wir das zusammengesetzte Experiment $\mathcal{E}_1 \otimes \mathcal{F}_1 \otimes \ldots \otimes \mathcal{F}_N = \mathcal{E}'$ mit Ausgang $(x_1; z_1 \ldots z_N)$, beschreiben aber letzten Endes den Ausgang von $\mathcal{E}'$ durch die Variable $(x_1, x_2) = (x_1; z_{x_1})$. All dieses ist in Abb. 5.1.2 dargestellt.

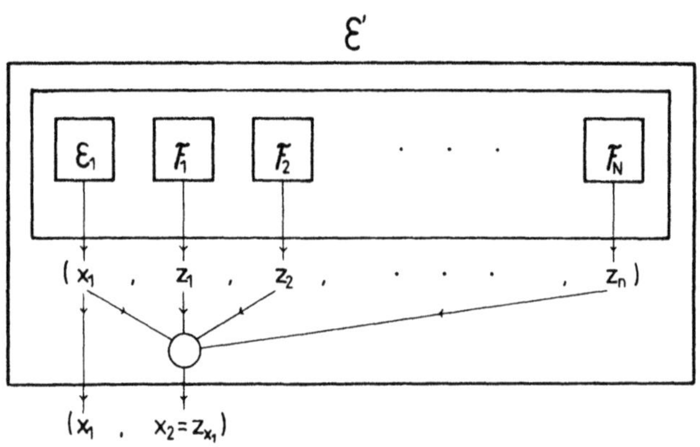

Abb. 5.1.2

Leuchtet es ein, daß der Ausgang (x_1, x_2) von $\mathcal{E}'$ genauso verteilt ist wie derjenige von $\mathcal{E}$?

Nun bei $\mathcal{E}$ führen wir zuerst $\mathcal{E}_1$ aus. Kommt etwa der Wert $x_1 = 7$ heraus, dann realisieren wir anschließend $\mathcal{E}_2^1$ mit der Einstellung des Parameters $x_1 = 7$; das Ergebnis ist x_2.

Bei $\mathcal{E}'$ realisieren wir auch $\mathcal{E}_1$ und, gewissermaßen für alle Fälle und vorsorglich, $\mathcal{E}_2^1$ mit allen möglichen Einstellungen von x_1. Das gibt x_1 und die N Ausgänge $(z_1 \ldots z_N)$ für diese N vorsorglich ausgeführten Experimente. Ist nun $x_1 = 7$, dann betrachten wir nur z_7 und setzen $x_2 = z_7$. Damit ist x_2 der

Ausgang jenes Experiments $\mathcal{E}_2^1$, dessen Einstellparameter x_1 auf den Wert 7 gesetzt wurde. Die Ausgänge der übrigen Teilexperimente $\mathcal{E}_2^1$ mit $x_1 \neq 7$ werden einfach ignoriert, das ist alles.

Damit ist aber wohl klar, daß die Ausgänge (x_1, x_2) von $\mathcal{E}$ und $\mathcal{E}'$ identisch verteilt sind, denn die Ausgänge der ignorierten Experimente beeinflussen ja (x_1, x_2) bei $\mathcal{E}'$ in keiner Weise, und ob $\mathcal{E}_2^1$ mit der Einstellung $x_1 = 7$ erst nach Realisierung von $\mathcal{E}_1$ oder schon vorher in Reserve ausgeführt wurde, ist natürlich ebenfalls belanglos.

Alles Weitere ist aber jetzt einfach. Die gemeinsame Dichte von $(x_1; z_1 \ldots \ldots z_N)$ ist, nach den Ergebnissen von Kapitel 4 über unabhängige Experimente, gegeben durch:

$$f(x_1; z_1 \ldots z_N) = f_1(x_1) f_2^1(z_1|1) \cdots f_2^1(z_N|N).$$

Daraus folgt aber für die Dichte von $(x_1, x_2) = (x_1; z_{x_1})$, die wir mit f_{12} bezeichnen, sofort:

$$f_{12}(\mathring{x}_1, \mathring{x}_2) = \sum_{\substack{(x_1; z_1 \ldots z_N): \\ x_1 = \mathring{x}_1; z_{\mathring{x}_1} = \mathring{x}_2}} f(x_1; z_1 \ldots z_N) = f_1(\mathring{x}_1) f_2^1(\mathring{x}_2|\mathring{x}_1),$$

denn bei der Summation sind die beiden Faktoren $f_1(\mathring{x}_1)$ und $f_2^1(\mathring{x}_2|\mathring{x}_1)$ konstant, und die Summation über die restlichen Faktoren gibt offenbar 1.

Damit sind wir am Ziel, und wir haben es durch eine strenge und saubere Argumentation erreicht, ohne mit relativen Häufigkeiten, Gesetzen der großen Zahlen und Ähnlichem in unbefriedigender Weise zu argumentieren. Insbesondere haben wir die mathematische Beschreibung abhängiger Experimente auf das einfachere und fundamentalere Problem der Beschreibung unabhängiger Experimente zurückgeführt.

Die Einschränkung, daß der Ausgang x_1 von $\mathcal{E}_1$ nur endlich viele verschiedenen Werte annehmen darf, wurde getroffen, weil wir im Abschnitt 4 auch nur endliche Folgen von unabhängigen Experimenten betrachtet haben. Mit mehr Aufwand an Mathematik erledigt man den abzählbaren, ja sogar den stetigen Fall ganz genauso. Es ist nicht unsere Absicht, in diese mathematisch-technischen Details zu gehen. Es soll uns der Hinweis genügen, daß man jedes vernünftige Experiment durch eines mit diskretem Ausgang x, mit nur endlich vielen verschiedenen Ausprägungen, beliebig genau approximieren kann.

Wir können also sagen: Die Dichte der gemeinsamen Verteilung des Ausganges $\mathbf{x} = (x_1, x_2)$ von $\mathcal{E} = \mathcal{E}_1 \otimes \mathcal{E}_2^1$ ist gegeben durch: $f_{12}(x_1, x_2) = f_1(x_1) f_2^1(x_2|x_1)$, und zwar im diskreten wie auch im stetigen Fall und gleichgültig, ob die Variablen x_1, x_2 ein- oder mehrdimensional sind.

Der Übergang zu einer endlichen Folge von Experimenten ist nun einfach. Schreiben wir: $\mathcal{E} = \mathcal{E}_1 \otimes \mathcal{E}_2^1 \otimes \ldots \otimes \mathcal{E}_n^{1\ldots(n-1)} = (\ldots((\mathcal{E}_1 \otimes \mathcal{E}_2^1) \otimes \mathcal{E}_3^{12}) \otimes \ldots) \otimes \otimes \mathcal{E}_n^{1\ldots(n-1)}$, dann erkennt man sofort, daß die gemeinsame Dichte $f_{1\ldots n}$ von $\mathbf{x} = (x_1 \ldots x_n)$, dem Ausgang von $\mathcal{E}$, gegeben ist durch:

$$f_{1\ldots n}(x_1\ldots x_n) = f_1(x_1)f_2^1(x_2|x_1)f_3^{12}(x_3|x_1,x_2)\cdots f_n^{1\ldots(n-1)}(x_n|x_1\ldots x_{n-1}),$$

denn es wird immer an ein Gesamtexperiment, für dessen Ausgang die Dichte bereits bekannt ist, ein weiteres Teilexperiment angehängt. In der Behandlung von $\mathcal{E}_1 \otimes \mathcal{E}_2^1$ konnte ja $\mathcal{E}_1$ selbst bereits eine beliebig lange Kette von hintereinander ausgeführten Einzelexperimenten sein.

Wir fassen das Ergebnis zusammen:

Satz 5.1.1 *Koppelung abhängiger Experimente*
Ist $\mathcal{E} = \mathcal{E}_1 \otimes \mathcal{E}_2^1 \otimes \ldots \otimes \mathcal{E}_n^{1\ldots(n-1)}$ das aus den n zeitlich nacheinander auszuführenden Teilexperimenten $\mathcal{E}_1, \mathcal{E}_2^1 \ldots \mathcal{E}_n^{1\ldots(n-1)}$ gebildete Gesamtexperiment, und ist $f_j^{1\ldots(j-1)}(x_j|x_1\ldots x_{j-1})$ die bedingte Dichte von x_j, dem Ausgang von $\mathcal{E}_j^{1\ldots(j-1)}$, bei gegebenen Werten $x_1\ldots x_{j-1}$ und $f_1(x_1)$ die Dichte von x_1, dem Ausgang von $\mathcal{E}_1$, dann ist die gemeinsame Dichte von $\mathbf{x} = (x_1\ldots x_n)$ gegeben durch:

$$f_{1\ldots n}(x_1\ldots x_n) = f_1(x_1)f_2^1(x_2|x_1)\cdots f_n^{1\ldots(n-1)}(x_n|x_1\ldots x_{n-1}), \tag{5.1.1}$$

gleichgültig ob die Variablen x_j diskret oder stetig, ein- oder mehrdimensional sind.

Beispiel 5.1.2 Wir setzen Beispiel 5.1.1 fort und fragen nach der gemeinsamen Dichte von (x_1, x_2, x_3). Nach Satz 5.1.1 erhält man sofort:

$$f_{123}(x_1,x_2,x_3) = \frac{\binom{A}{x_1}\binom{N-A}{n_1-x_1}}{\binom{N}{n_1}}\cdot \quad \ldots = f_1(x_1) \ \ldots \text{Dichte der } \mathbf{H}_{N,A,n_1}$$

$$\cdot\frac{\binom{A-x_1}{x_2}\binom{N-n_1-(A-x_1)}{n_2-x_2}}{\binom{N-n_1}{n_2}}\cdot \quad \ldots = f_2^1(x_2|x_1) \ \ldots$$

$\ldots$ Dichte der $\mathbf{H}_{N-n_1,A-x_1,n_2}$

$$\cdot\frac{\binom{A-x_1-x_2}{x_3}\binom{N-n_1-n_2-(A-x_1-x_2)}{n_3-x_3}}{\binom{N-n_1-n_2}{n_3}} \quad \ldots = f_3^{12}(x_3|x_1,x_2) \ \ldots$$

$\ldots$ Dichte der $\mathbf{H}_{N-n_1-n_2,A-x_1-x_2,n_3}$

Man kann jetzt zum Beispiel die Frage nach der Randverteilung von x_3 stellen. Dazu hat man in $f(x_1, x_2, x_3)$ die Variablen x_1, x_2 herauszusummieren. Das erscheint zunächst hoffnungslos, doch geschickt angepackt löst sich die Aufgabe fast von selbst. Schreibt man nämlich:

$$f_{123}(x_1,x_2,x_3) =$$

$$= f(x_1|\mathbf{H}_{N,A,n_1})f(x_2|\mathbf{H}_{N-n_1,A-x_1,n_2})f(x_3|\mathbf{H}_{N-n_1-n_2,A-x_1-x_2,n_3}),$$

dann bestätigt man sofort:

$$f_{123}(x_1, x_2, x_3) =$$

$$= f(x_3|\mathbf{H}_{N,A,n_3})f(x_1|\mathbf{H}_{N-n_3,A-x_3,n_1})f(x_2|\mathbf{H}_{N-n_3-n_1,A-x_3-x_1,n_2}),$$

d.h. es ergibt sich die gleiche gemeinsame Dichte, wenn man die Stichproben in der Reihenfolge 3,1,2 mit den Umfängen n_3, n_1, n_2 zieht, ja für jede der $3! = 6$ möglichen Reihenfolgen erhält man die gleiche gemeinsame Dichte. Jetzt ist aber die Bildung der Randdichte von x_3 einfach, um nicht zu sagen trivial, denn ist allgemein $f(x_1 \ldots x_n) = f_1(x_1)f_2^1(x_2|x_1)\cdots f_n^{1\ldots(n-1)}(x_n|x_1\ldots x_{n-1})$, so ist die Randdichte des Anfangsstückes $(x_1 \ldots x_k)$ natürlich $f_1(x_1)f_2^1(x_2|x_1)\cdots f_k^{1\ldots(k-1)}(x_k|x_1\ldots$ $\ldots x_{k-1})$, was ja sowohl formal, durch aussummieren bzw. ausintegrieren von $(x_{k+1}\ldots x_n)$, als auch inhaltlich — man betrachtet eben nur das Experiment $\mathcal{E}_1 \otimes \ldots \otimes \mathcal{E}_k{}^{1\ldots(k-1)}$ — evident ist. Im obigen Fall ist die Randverteilung von x_3 die hypergeometrische Verteilung $\mathbf{H}_{N,A,n_3}$ gleichgültig, ob die Stichprobe mit Umfang n_3 als erste, als zweite oder als letzte gezogen wird. Die Randverteilungen von x_1 und x_2 sind damit ebenfalls klar. Der Leser prüfe sich, ob dieses Resultat seiner statistischen Intuition entspricht — es sollte ihn eigentlich nicht überraschen.

Beispiel 5.1.3 Der Ausgang x_1 von $\mathcal{E}_1$ sei nach $\mathbf{N}(\mu_1, \sigma_1^2)$ verteilt, die bedingte Verteilung von x_2, dem Ausgang von $\mathcal{E}_2^1$, bei gegebenem x_1 sei $\mathbf{N}(\mu_2(x_1) = \beta_0 + +\beta_1 x_1, \sigma_2^2)$. μ_2, der Lageparameter der Verteilung von x_2, hängt also von x_1 ab. Abb. 5.1.3 veranschaulicht diese Situation, die für viele praktische Anwendungen ein Modell darstellt.

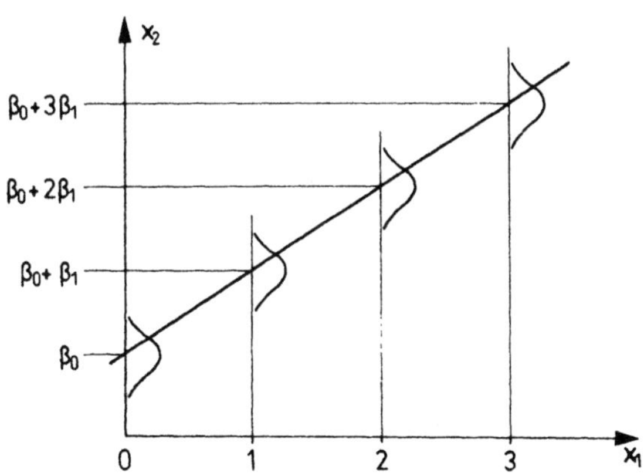

Abb. 5.1.3

Die kleinen Glocken deuten die Dichte der Verteilung von x_2 bei gegebenem x_1 an. Die typische Anwendungssituation ist die folgende: Bei einem Versuch hängt die Variable x_2 exakt, oder für ein genügend kleines Variationsintervall der Variablen, näherungsweise linear von der Variablen x_1 ab: $x_2 = \beta_0 + \beta_1 x_1$. x_1 wird eingestellt, x_2 gemessen . Auf Grund von Meßfehlern und Störeinflüssen kann x_2 jedoch nicht exakt bestimmt werden, sondern nur ein Näherungswert, der bei wiederholten Messungen verschiedene Werte nach einer Wahrscheinlichkeitsverteilung annimmt. Diese Situation wird häufig gut beschrieben durch die Annahme, daß x_2 normal nach $\mathrm{N}(\beta_0 + \beta_1 x_1, \sigma_2^2)$ verteilt ist. x_1 ist dabei meistens nicht zufällig, sondern vom Experimentator gewählt. Ist x_1 aber zufällig und normal verteilt, dann haben wir die Modellsituation unseres Beispiels. Wir bestimmen zunächst die gemeinsame Dichte von $\mathbf{x} = (x_1, x_2)$. Es gilt:

$$f_{12}(x_1, x_2) = f_1(x_1) f_2^1(x_2|x_1) = f\big(x_1|\mathrm{N}(\mu_1, \sigma_1^2)\big) f\big(x_2|\mathrm{N}(\beta_0 + \beta_1 x_1, \sigma_2^2)\big) =$$

$$= \frac{1}{\sqrt{2\pi}\sigma_1} exp\big(-\frac{(x_1 - \mu_1)^2}{2\sigma_1^2}\big) \frac{1}{\sqrt{2\pi}\sigma_2} exp\big(-\frac{(x_2 - (\beta_0 + \beta_1 x_1))^2}{2\sigma_2^2}\big).$$

Diesen Ausdruck kann man offenbar in der folgenden Form schreiben:

$$f_{12}(x_1, x_2) = \frac{1}{2\pi\sigma_1\sigma_2} exp\big(-\frac{1}{2} Q(x_1 - \mu_1, x_2 - (\beta_0 + \beta_1 \mu_1))\big).$$

Dabei ist, wie man leicht nachrechnet, $Q(z_1, z_2) = \sum_{i,j=1}^{2} \gamma_{ij} z_i z_j$ eine quadratische Form mit der Koeffizientenmatrix:

$$\mathbf{\Gamma} = (\gamma_{ij}) = \frac{1}{\sigma_1^2 \sigma_2^2} \begin{pmatrix} \beta_1^2 \sigma_1^2 + \sigma_2^2 & -\beta_1 \sigma_1^2 \\ -\beta_1 \sigma_1^2 & \sigma_1^2 \end{pmatrix}$$

und der Inversen:

$$\mathbf{\Sigma} = \mathbf{\Gamma}^{-1} = \begin{pmatrix} \sigma_1^2 & \beta_1 \sigma_1^2 \\ \beta_1 \sigma_1^2 & \beta_1^2 \sigma_1^2 + \sigma_2^2 \end{pmatrix},$$

mit $|\mathbf{\Sigma}| = \sigma_1^2 \sigma_2^2$. Damit ist aber $f_{12}(x_1, x_2)$ die Dichte der zweidimensionalen Normalverteilung $\mathrm{N}(\boldsymbol{\mu} = (\mu_1, \beta_0 + \beta_1 \mu_1)', \mathbf{\Sigma})$ mit der obigen Matrix $\mathbf{\Sigma}$.

Dieses Resultat ist bemerkenswert, und wir werden uns mit ihm noch unter mannigfachen Aspekten beschäftigen. Es können jetzt verschiedene weitergehende Fragen beantwortet werden, so z.B. die Frage nach der Randverteilung von x_2. Nach Satz 3.5.1 ist die Randverteilung von x_2 die Normalverteilung $\mathrm{N}(\beta_0 + \beta_1 \mu_1, \beta_1^2 \sigma_1^2 + \sigma_2^2)$. Auch die Frage der Verteilung irgendwelcher linearer Ausdrücke in x_1 und x_2, also von $z = a_1 x_1 + a_2 x_2 + b$ erledigt man mit Satz 3.6.2 sofort.

5.2 Bedingte Verteilungen

Im Kapitel 4 haben wir für unabhängige Experimente folgende Ergebnisse gewonnen:

1. Für unabhängige Einzelexperimente $\mathcal{E}_1 \dots \mathcal{E}_n$ ist die Dichte $f_{1\dots n}(x_1 \dots x_n)$ des Ausganges von $\mathcal{E} = \mathcal{E}_1 \otimes \dots \otimes \mathcal{E}_n$ das Produkt der Dichten $f_1(x_1) \dots$ $\dots f_n(x_n)$ der Ausgänge von $\mathcal{E}_1 \dots \mathcal{E}_n$.

2. Ist $\mathcal{E}$ ein Experiment, dessen Ausgang $\mathbf{x} = (x_1 \dots x_n)$ die Dichte $f_{1\dots n}(x_1 \dots$ $\dots x_n)$ besitzt, sind weiters $f_1(x_1) \dots f_n(x_n)$ die Randdichten von $x_1 \dots x_n$ und gilt $f_{1\ldots n}(x_1 \ldots x_n) = f_1(x_1) \cdots f_n(x_n)$, dann kann das Experiment $\mathcal{E}$ durch ein aus unabhängigen Einzelexperimenten $\mathcal{E}_1 \ldots \mathcal{E}_n$ zusammengesetztes Experiment $\mathcal{E}' = \mathcal{E}_1 \otimes \ldots \otimes \mathcal{E}_n$ *dargestellt* werden in dem Sinne, daß der Ausgang $\mathbf{x} = (x_1 \ldots x_n)$ von $\mathcal{E}'$ genauso verteilt ist, wie derjenige von $\mathcal{E}$.

Wir hatten die letztere Tatsache zur Grundlage der stochastischen Unabhängigkeitsdefinition gemacht. Wir stellen nun eine analoge *Darstellungsfrage* für ein völlig allgemeines Experiment $\mathcal{E}$ mit Ausgang $\mathbf{x} = (x_1 \ldots x_n)$ und Dichte $f_{1\ldots n}(x_1 \ldots x_n)$. Genau fragen wir: Ist es möglich $\mathcal{E}$ darzustellen durch ein Experiment $\mathcal{E}'$ der Form $\mathcal{E}' = \mathcal{E}_1 \otimes \mathcal{E}_2^1 \otimes \ldots \otimes \mathcal{E}_n^{1\ldots(n-1)}$ so, daß der Ausgang von $\mathcal{E}'$ die gleiche Verteilung besitzt wie der von $\mathcal{E}$?

Beschränken wir uns zunächst auf den Fall $n = 2$. Es müßte dann gelten:

$$f_{12}(x_1, x_2) = f_1(x_1) f_2^1(x_2|x_1), \tag{5.2.1}$$

wobei $f_1(x_1)$ zugleich die Randdichte von x_1, wie auch die Dichte des Ausganges x_1 von $\mathcal{E}_1$ und $f_2^1(x_2|x_1)$ die bedingte Dichte des Ausganges x_2 von $\mathcal{E}_2^1$ bei gegebenem x_1 ist. Wir setzen daher:

$$f_2^1(x_2|x_1) := f_{12}(x_1, x_2)/f_1(x_1). \tag{5.2.2}$$

Mit dieser Wahl von $f_1(x_1)$ und $f_2^1(x_2|x_1)$ ist $f_2^1(x_2|x_1)$, bei festem x_1, eine Wahrscheinlichkeitsdichte in x_2, es gilt offensichtlich $f_{12}(x_1, x_2) = f_1(x_1) f_2^1(x_2|x_1)$ und das gegebene Experiment $\mathcal{E}$ ist in der gewünschten Form durch $\mathcal{E}' = \mathcal{E}_1 \otimes \mathcal{E}_2^1$ dargestellt, d.h. $\mathcal{E}$ und $\mathcal{E}'$ sind, was die Verteilung ihrer Ausgänge anbetrifft, ununterscheidbar.

Eine zweite Darstellung von $\mathcal{E}$ ergibt sich, wenn man mit der Randdichte $f_2(x_2)$ beginnt und definiert:

$$f_1^2(x_1|x_2) := f_{12}(x_1, x_2)/f_2(x_2). \tag{5.2.3}$$

Wieder gilt $f_{12}(x_1, x_2) = f_2(x_2) f_1^2(x_1|x_2)$, und $\mathcal{E}$ ist durch das Experiment $\mathcal{E}'' = \mathcal{E}_2 \otimes \mathcal{E}_1^2$ dargestellt; dabei ist der Ausgang x_2 von $\mathcal{E}_2$ nach $f_2(x_2)$ und der Ausgang x_1 von $\mathcal{E}_1^2$, bei festem x_2, nach $f_1^2(x_1|x_2)$ verteilt.

So wie wir den Begriff der stochastischen Unabhängigkeit in Abschnitt 4.2 allein durch Eigenschaften der gemeinsamen Verteilung des Ausganges $\mathbf{x} = (x_1 \ldots x_n)$ eines Experimentes $\mathcal{E}$ erklärt haben, definieren wir nun den Begriff der bedingten Verteilung von x_2, bei festem x_1, bzw. von x_1, bei festem x_2, ebenfalls allein mit Hilfe der gemeinsamen Verteilung von (x_1, x_2), ohne dabei von *inneren* Eigenschaften des Experiments $\mathcal{E}$, also etwa vorhandenen kausalen Zusammenhängen zwischen dem Ausgang x_1 von $\mathcal{E}_1$ und der Verteilung von x_2, dem Ausgang von $\mathcal{E}_2^1$, in irgendeiner Weise Gebrauch zu machen.

Definition 5.2.1 *Begriff der bedingten Verteilung*
Ist $\mathcal{E}$ ein Experiment mit dem Ausgang (x_1, x_2) — die Variablen x_1, x_2 können stetig oder diskret, ein- oder mehrdimensional sein —, und ist $f_{12}(x_1, x_2)$ die

Dichte der Wahrscheinlichkeitsverteilung P_{12} von (x_1, x_2), dann ist die bedingte Verteilung $P_2^1(x_2 \in A_2|x_1)$ von x_2, bei festem x_1, gegeben durch die Dichte:

$$f_2^1(x_2|x_1) = f_{12}(x_1, x_2)/f_1(x_1).$$

Analog ist die bedingte Verteilung $P_1^2(x_1 \in A_1|x_2)$ von x_1, bei festem x_2, gegeben durch die Dichte:

$$f_1^2(x_1|x_2) = f_{12}(x_1, x_2)/f_2(x_2).$$

Dabei sind $f_1(x_1)$ und $f_2(x_2)$ die Randdichten von x_1 bzw. x_2.

Die Definition 5.2.1 erklärt den Begriff der bedingten Verteilung rein formal durch die gemeinsame Verteilung von (x_1, x_2). Die anschauliche Bedeutung der Verteilungen P_2^1 und P_1^2 ergibt sich aus den Darstellungen von $\mathcal{E}$ durch die Experimente $\mathcal{E}_1 \otimes \mathcal{E}_2^1$ bzw. $\mathcal{E}_2 \otimes \mathcal{E}_1^2$, wo der Ausgang x_2 von $\mathcal{E}_2^1$ nach $P_2^1(.|x_1)$ und der Ausgang x_1 von $\mathcal{E}_1^2$ nach $P_1^2(.|x_2)$ verteilt ist.

Betrachten wir nun allgemeiner ein Experiment $\mathcal{E}$ mit Ausgang $(x_1 \dots x_n)$ und der Verteilung $P_{1\dots n}$ mit Dichte $f_{1\dots n}(x_1 \dots x_n)$, dann gibt es eine Fülle von Darstellungen von $\mathcal{E}$ durch hintereinandergeschaltete, voneinander abhängige Experimente.

Zunächst ergibt sich aus Definition 5.2.1: Die bedingte Dichte der Variablengruppe $(x_{j_{k+1}} \dots x_{j_l})$, bei festem Wert der Variablengruppe $(x_{j_1} \dots x_{j_k})$, ist der Quotient der gemeinsamen Dichte aller Variablen $(x_{j_1} \dots x_{j_l})$ durch die Randdichte der bedingenden Variablen $(x_{j_1} \dots x_{j_k})$ — $\{j_1 \dots j_k\} \cap \{j_{k+1} \dots j_l\} = \emptyset$ ist natürlich vorausgesetzt. Formal:

$$f_{j_{k+1}\dots j_l}^{j_1\dots j_k}(x_{j_{k+1}} \dots x_{j_l}|x_{j_1} \dots x_{j_k}) = \frac{f_{j_1\dots j_l}(x_{j_1} \dots x_{j_l})}{f_{j_1\dots j_k}(x_{j_1} \dots x_{j_k})}.$$

Das folgt sofort aus Definition 5.2.1, wenn man den Ausgang von $\mathcal{E}$ allein durch die Variablen $(x_{j_1} \dots x_{j_l})$ beschreibt und diese dann in der Form $(x_1', x_2') = ((x_{j_1} \dots x_{j_k}), (x_{j_{k+1}} \dots x_{j_l}))$ zusammenfaßt.

Damit ergibt sich zunächst die Darstellung: $\mathcal{E} \hat{=} \mathcal{E}_1 \otimes \mathcal{E}_2^1 \otimes \dots \otimes \mathcal{E}_n^{1\dots(n-1)}$, wo der Ausgang x_j von $\mathcal{E}_j^{1\dots(j-1)}$ nach der bedingten Dichte

$$f_j^{1\dots(j-1)}(x_j|x_1 \dots x_{j-1}) = f_{1\dots j}(x_1 \dots x_j)/f_{1\dots j-1}(x_1 \dots x_{j-1})$$

verteilt ist. Allgemeiner und völlig analog gewinnt man $n!$ Darstellungen $\mathcal{E} \hat{=} \mathcal{E}_{j_1} \otimes \mathcal{E}_{j_2}^{j_1} \otimes \mathcal{E}_{j_3}^{j_1 j_2} \otimes \dots \otimes \mathcal{E}_{j_n}^{j_1\dots j_{n-1}}$, wobei $(j_1 \dots j_n)$ eine beliebige Permutation von $(1 \dots n)$ bezeichnet.

Noch allgemeiner kann man die Indexmenge $I = \{1 \dots n\}$ in k paarweise disjunkte Teilindexmengen $I_1 \dots I_k$ zerlegen (d.h. $I = I_1 \cup \dots \cup I_k$), die Variablen $\mathbf{x}_{I_j} = (x_i : i \in I_j)$ einführen und erhält, in naheliegender Schreibweise, die Darstellung: $\mathcal{E} \hat{=} \mathcal{E}_{I_1} \otimes \mathcal{E}_{I_2}^{I_1} \otimes \dots \otimes \mathcal{E}_{I_k}^{I_1\dots I_{k-1}}$. Alle diese $\mathcal{E}$ darstellenden Experimente haben die gleiche Verteilung für ihren Ausgang $(x_1 \dots x_n)$ und können folglich, als schwarze Schachteln, von außen gesehen, nicht unterschieden werden.

Beispiel 5.2.1 Bedingte Verteilungen bei der k-dimensionalen Normalverteilung

Sei $\mathcal{E}$ ein Experiment, dessen Ausgang $\mathbf{x} = (x_1 \dots x_k)'$ nach $\mathbf{N}(\boldsymbol{\mu}, \boldsymbol{\Sigma})$ verteilt ist. Wir betrachten die Variablengruppen $\mathbf{x}_1 = (x_1 \dots x_j)'$ und $\mathbf{x}_2 = (x_{j+1} \dots x_k)'$ und bestimmen die bedingte Verteilung von $\mathbf{x}_2$ bei festem $\mathbf{x}_1$. Dazu zerlegen wir $\mathbf{x}, \boldsymbol{\mu}, \boldsymbol{\Sigma}$ und $\boldsymbol{\Gamma} = \boldsymbol{\Sigma}^{-1}$, wie auch schon bisher immer bei ähnlichen Betrachtungen, in Blöcke (siehe auch (3.5.9) usw.):

$$\mathbf{x} = \begin{pmatrix} \mathbf{x}_1 \\ \hline \mathbf{x}_2 \end{pmatrix}; \ \boldsymbol{\mu} = \begin{pmatrix} \boldsymbol{\mu}_1 \\ \hline \boldsymbol{\mu}_2 \end{pmatrix}; \ \boldsymbol{\Sigma} = \left(\begin{array}{c|c} \boldsymbol{\Sigma}_{11} & \boldsymbol{\Sigma}_{12} \\ \hline \boldsymbol{\Sigma}_{21} & \boldsymbol{\Sigma}_{22} \end{array}\right); \ \boldsymbol{\Sigma}^{-1} = \boldsymbol{\Gamma} = \left(\begin{array}{c|c} \boldsymbol{\Gamma}_{11} & \boldsymbol{\Gamma}_{12} \\ \hline \boldsymbol{\Gamma}_{21} & \boldsymbol{\Gamma}_{22} \end{array}\right). \tag{5.2.4}$$

In Abschnitt 3.5 wurde die Darstellung (3.5.16) für die Dichte der $\mathbf{N}(\boldsymbol{\mu}, \boldsymbol{\Sigma})$ hergeleitet. Es gilt:

$$f\big(\mathbf{x}|\mathbf{N}(\boldsymbol{\mu}, \boldsymbol{\Sigma})\big) = f\big(\mathbf{x}_1|\mathbf{N}(\boldsymbol{\mu}_1, \boldsymbol{\Sigma}_{11})\big) f\big(\mathbf{x}_2|\mathbf{N}(\boldsymbol{\mu}_2 - \boldsymbol{\Gamma}_{22}^{-1}\boldsymbol{\Gamma}_{21}(\mathbf{x}_1 - \boldsymbol{\mu}_1), \boldsymbol{\Gamma}_{22}^{-1})\big). \tag{5.2.5}$$

Diese Formel haben wir im Abschnitt 3.5 benützt, um die Randverteilung von $\mathbf{x}_1$ zu bestimmen. In der Tat ist ja der zweite Faktor in (5.2.5) rechts bei festem $\mathbf{x}_1$ eine Dichte in $\mathbf{x}_2$ und ergibt nach $\mathbf{x}_2$ integriert den Wert 1. Der erste Faktor ist somit die Randdichte von $\mathbf{x}_1$. Damit ist aber notwendig der zweite Faktor $f_2^1(\mathbf{x}_2|\mathbf{x}_1)$, die Dichte der bedingten Verteilung von $\mathbf{x}_2$ bei festem $\mathbf{x}_1$. Wir wollen dieses Resultat als Satz formulieren:

Satz 5.2.1 *Bedingte Verteilungen bei der* $\mathbf{N}(\boldsymbol{\mu}, \boldsymbol{\Sigma})$

Ist $\mathbf{x} = (x_1 \dots x_k)'$ *nach* $\mathbf{N}(\boldsymbol{\mu}, \boldsymbol{\Sigma})$ *verteilt, dann ist die bedingte Verteilung von* $\mathbf{x}_2 = (x_{j+1} \dots x_k)'$, *bei festem* $\mathbf{x}_1 = (x_1 \dots x_j)'$, *die Normalverteilung* $\mathbf{N}(\boldsymbol{\mu}_2 - \boldsymbol{\Gamma}_{22}^{-1}\boldsymbol{\Gamma}_{21}(\mathbf{x}_1 - \boldsymbol{\mu}_1), \boldsymbol{\Gamma}_{22}^{-1})$ *(für die Bezeichnungen siehe (5.2.4)).*

Bemerkungen: 1. Man beachte, daß bei der bedingten Verteilung von $\mathbf{x}_2$ allein der Parameter $\boldsymbol{\mu}_2(\mathbf{x}_1) = \boldsymbol{\mu}_2 - \boldsymbol{\Gamma}_{22}^{-1}\boldsymbol{\Gamma}_{21}(\mathbf{x}_1 - \boldsymbol{\mu}_1)$ (wir werden ihn später als Mittelwertvektor von $\mathbf{x}_2$ ansprechen) von $\mathbf{x}_1$ abhängt, während die Matrix $\boldsymbol{\Gamma}_{22}^{-1}$ (in ihr werden wir später die Kovarianzmatrix von $\mathbf{x}_2|\mathbf{x}_1$ erkennen) konstant und nicht von $\mathbf{x}_1$ abhängig ist.

2. Natürlich liefert Satz 5.2.1 auch die bedingte Verteilung jeder beliebigen Variablengruppe $\mathbf{x}_2 = (x_{i_{j+1}} \dots x_{i_k})$ bei festem $\mathbf{x}_1 = (x_{i_1} \dots x_{i_j})$.

Beispiel 5.2.1 (Fortsetzung)

$\mathcal{E}$ kann somit dargestellt werden in der Form $\mathcal{E}_1 \otimes \mathcal{E}_2^1$ (siehe Abb. 5.2.1), wo der Ausgang $\mathbf{x}_1$ von $\mathcal{E}_1$ nach $\mathbf{N}(\boldsymbol{\mu}_1, \boldsymbol{\Sigma}_{11})$ und der Ausgang $\mathbf{x}_2$ von $\mathcal{E}_2^1$ nach $\mathbf{N}\big(\boldsymbol{\mu}_2 - \boldsymbol{\Gamma}_{22}^{-1}\boldsymbol{\Gamma}_{21}(\mathbf{x}_1 - \boldsymbol{\mu}_1), \boldsymbol{\Gamma}_{22}^{-1}\big)$ verteilt ist.

Beispiel 5.2.2 Simulation einer allgemeinen, mehrdimensionalen Verteilung

Die Aufgabe der Simulation besteht darin, ein Experiment $\mathcal{E}$ zu konstruieren, dessen Ausgang $\mathbf{x}$ eine vorgegebene Verteilung besitzt. Ist $\mathbf{x} = (x_1 \dots x_n)$, dann setzen wir $\mathcal{E}$ in der Form $\mathcal{E}_1 \otimes \mathcal{E}_2^1 \otimes \dots \otimes \mathcal{E}_n^{1 \dots (n-1)}$ an. Wir bezeichnen hier die Verteilungsfunktion

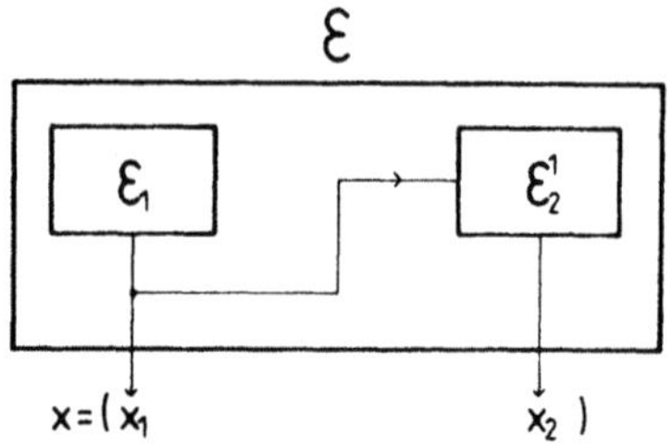

Abb. 5.2.1

der bedingten Verteilung von x_l, bei festem $x_1 \dots x_{l-1}$, mit $F_l(x_l|x_1 \dots x_{l-1})$ — die oberen Indizes $1 \dots (l-1)$ werden weggelassen, um im Folgenden klarere Ausdrücke zu erhalten. Sind dann die Zufallsvariablen $(y_1 \dots y_n)$ unabhängig und auf dem Intervall $[0,1]$ gleichverteilt, dann setzen wir der Reihe nach:

$$\begin{aligned}
x_1 &= F_1^{-1}(y_1),\\
x_2 &= F_2^{-1}(y_2|x_1),\\
x_3 &= F_3^{-1}(y_3|x_1, x_2),\\
&\vdots\\
x_n &= F_n^{-1}(y_n|x_1 \dots x_{n-1}).
\end{aligned}$$

Nach Satz 2.12.1 ist zunächst x_1 nach F_1 verteilt. Der Wert $x_1 = F_1^{-1}(y_1)$ geht in die Definition von x_2 ein, und dieses ist, wieder auf Grund von Satz 2.12.1, nach $F_2(.|x_1)$ verteilt usw. (Wir haben angenommen, daß die Verteilungsfunktionen streng monoton sind.) Die Simulationsaufgabe reduziert sich also:

A. Auf die Erzeugung unabhängig nach $\mathbf{G}_{[0,1]}$ verteilter Zufallsgrößen $(y_1 \dots y_n)$ und
B. auf die Bestimmung der inversen Verteilungsfunktionen $F_l^{-1}(\dots|\dots)$.

Teil **B.** dieser Aufgabe kann schwierig und aufwendig sein, weswegen man unter Umständen zu anderen Verfahren greift, prinzipiell hat man aber eine brauchbare Methode.

Als konkretes Beispiel betrachten wir die Simulation einer 2-dimensionalen Normalverteilung nach diesem Verfahren, auch wenn wir für diese Aufgabe bereits eine andere Lösung kennengelernt haben (siehe Beispiele 4.2.3 und 4.2.4). Ist $\mathbf{x} = (x_1, x_2)'$ nach $\mathbf{N}(\boldsymbol{\mu} = (\mu_1, \mu_2)', \boldsymbol{\Sigma} = (\sigma_{ij})_{i,j=1,2})$ verteilt, dann ist die Randverteilung von x_1 die Normalverteilung $\mathbf{N}(\mu_1, \sigma_{11})$ (siehe Satz 3.5.1) und die bedingte Verteilung von x_2, bei festem x_1, wegen:

$$\boldsymbol{\Gamma} = \boldsymbol{\Sigma}^{-1} = \frac{1}{\sigma_{11}\sigma_{22} - \sigma_{12}^2} \begin{pmatrix} \sigma_{22} & -\sigma_{21} \\ -\sigma_{12} & \sigma_{11} \end{pmatrix},$$

die Normalverteilung $\mathbf{N}\left(\mu_2 + \frac{\sigma_{12}}{\sigma_{11}}(x_1 - \mu_1), \frac{\sigma_{11}\sigma_{22} - \sigma_{12}^2}{\sigma_{11}}\right) =: \mathbf{N}(\mu_2(x_1), \sigma_2^2)$ (siehe Satz 5.2.1).

Die zugehörigen Verteilungsfunktionen, ausgedrückt durch die Verteilungsfunktion Φ der Hauptnormalverteilung $\mathbf{N}(0,1)$ haben die Gestalt:

$$\begin{aligned}
F_1(x_1) &= \Phi\left(\tfrac{x_1 - \mu_1}{\sqrt{\sigma_{11}}}\right),\\
F_2(x_2|x_1) &= \Phi\left(\tfrac{x_2 - \mu_2(x_1)}{\sigma_2}\right).
\end{aligned}$$

Sind daher die Variablen (y_1, y_2) unabhängig nach $\mathbf{G}_{[0,1]}$ verteilt, dann haben wir zu setzen:

$$\begin{aligned} x_1 &= F_1^{-1}(y_1) = \sqrt{\sigma_{11}}\Phi^{-1}(y_1) + \mu_1, \\ x_2 &= F_2^{-1}(y_2|x_1) = \sigma_2\Phi^{-1}(y_2) + \mu_2(x_1), \end{aligned}$$

und $\mathbf{x} = (x_1, x_2)'$ hat die gewünschte 2-dimensionale Normalverteilung.

5.3 Bedingte Wahrscheinlichkeiten

Wir betrachten ein beliebiges Experiment $\mathcal{E}$, dessen Ausgang x nach P verteilt sei und zwei ebenfalls beliebige Ereignisse A_1 und A_2 aus Ω_x. Das Eintreten oder Nichteintreten dieser Ereignisse beschreiben wir durch die Indikatorvariablen ϵ_1 bzw. ϵ_2, d.h. $\epsilon_i = 1$ oder 0, je nachdem, ob $x \in A_i$ oder $x \in A_i^c$ ist. Setzen wir $\boldsymbol{\epsilon} = (\epsilon_1, \epsilon_2)$, dann ist, in der schon mehrfach benützten Schreibweise: $A^1 = A$ und $A^0 = A^c$:

$$\boldsymbol{\epsilon} = (\epsilon_1, \epsilon_2) \Longleftrightarrow x \in A_1^{\epsilon_1} \cap A_2^{\epsilon_2},$$

und $\boldsymbol{\epsilon}$ besitzt die Dichte:

$$f_{1,2}(\epsilon_1, \epsilon_2) = P(A_1^{\epsilon_1} \cap A_2^{\epsilon_2}),$$

mit den Randdichten:

$$f_1(\epsilon_1) = P(A_1^{\epsilon_1}), \; f_2(\epsilon_2) = P(A_2^{\epsilon_2}).$$

Die bedingte Dichte etwa von ϵ_2, bei festem ϵ_1, ist damit:

$$f_2^1(\epsilon_2|\epsilon_1) = \frac{f_{1,2}(\epsilon_1, \epsilon_2)}{f_1(\epsilon_1)} = \frac{P(A_1^{\epsilon_1} \cap A_2^{\epsilon_1})}{P(A_1^{\epsilon_1})}. \tag{5.3.1}$$

Insbesondere ist $f_2^1(\epsilon_2 = 1|\epsilon_1 = 1) = P(A_1 \cap A_2)/P(A_1)$.

Man nennt diesen Ausdruck die **bedingte Wahrscheinlichkeit des Ereignisses A_2 unter der Bedingung A_1** und schreibt dafür $P(A_2|A_1)$. Analog ist $P(A_1|A_2) = P(A_1 \cap A_2)/P(A_2)$ die bedingte Wahrscheinlichkeit von A_1 unter der Bedingung A_2. Wir wollen aber klarstellen, daß es sich nicht etwa um einen neuen Begriff handelt, sondern, wie (5.3.1) zeigt, lediglich um einen besonders einfachen Spezialfall des Bisherigen.

Dem Ausdruck $P(A_2|A_1) = P(A_1 \cap A_2)/P(A_1)$ kann man eine anschauliche Deutung geben, die, in einer allerdings etwas unscharfen Weise, meistens zur Einführung des Begriffes der bedingten Wahrscheinlichkeit benützt wird.

Wir denken uns das Experiment $\mathcal{E}$ so lange wiederholt (natürlich immer unter den gleichen Versuchsbedingungen, also unabhängig), bis zum ersten Mal A_1 eintritt und fragen nach der Wahrscheinlichkeit, daß dann auch A_2 realisiert wird. Z.B. könnte $\mathcal{E}$ das Werfen eines Würfels bedeuten, A_1 bedeutet:

gerade Zahl geworfen, und A_2 heißt: *6 geworfen*. Wir fragen dann nach der Wahrscheinlichkeit, daß bei dem Wurf, wo zum ersten Mal eine gerade Zahl aufscheint, diese gerade Zahl die 6 ist.

Tritt bei der n-ten Wiederholung des Experiments zum ersten Mal A_1 auf und auch zugleich A_2, dann liegt $\mathbf{x} = (x_1 \ldots x_n)$, der Ausgang der n-maligen Wiederholung von $\mathcal{E}$, in

$$\underbrace{A_1^c \times A_1^c \times \ldots \times A_1^c}_{(n-1)-\text{mal}} \times (A_1 \cap A_2). \tag{5.3.2}$$

Die Wahrscheinlichkeit für dieses Ereignis ist, wegen der Unabhängigkeit der Wiederholungen von $\mathcal{E}$, mit der Abkürzung $P(A_1) = p$: $(1-p)^{n-1} P(A_1 \cap A_2)$. Summiert man über alle $n \geq 1$, denn das Ereignis: *„bei der ersten Realisierung von A_1 tritt auch A_2 auf"* setzt sich ja aus den miteinander unvereinbaren Ereignissen (5.3.2) für $n = 1, 2, \ldots$ zusammen, dann folgt:

$$P(\textit{bei der ersten Realisierung von } A_1 \textit{ tritt auch } A_2 \textit{ auf}) =$$

$$= P(A_1 \cap A_2) \sum_{n=1}^{\infty} (1-p)^{n-1} = P(A_1 \cap A_2) \frac{1}{1-(1-p)} = \frac{P(A_1 \cap A_2)}{P(A_1)},$$

also genau der Wert $P(A_2|A_1)$ der bedingten Wahrscheinlichkeit für A_2 unter der Bedingung A_1.

Man könnte etwas allgemeiner die Frage nach der Wahrscheinlichkeit stellen, daß dann, wenn zum k-ten Mal A_1 auftritt, zugleich auch A_2 realisiert wird. Man erhält die gleiche Lösung, die gesuchte Wahrscheinlichkeit ist wieder $P(A_2|A_1)$.

Sei allgemein E irgend ein Ereignis, das irgendwann bei fortgesetzter Wiederholung des Experiments $\mathcal{E}$, etwa nach k Wiederholungen eintritt — die Nummer k ist natürlich zufällig, denn manchmal tritt E früher ein und manchmal später.

Wir geben einige Beispiele, um die Allgemeinheit der Situation deutlich zu machen:

1. E tritt ein, wenn zum ersten (j-ten) Mal $\sum_{i=1}^{n} x_i > c$ (oder allgemein $> c_n$) gilt.

2. E tritt ein, wenn zum ersten (j-ten) Mal die relative Häufigkeit eines Ereignisses B die Bedingung $c_n \leq h_n(B) \leq d_n$ erfüllt, wo (c_n) und (d_n) vorgegebene Zahlenfolgen sind.

3. Allgemein läuft jede Bedingung E darauf hinaus, $\mathcal{E}$ solange zu wiederholen, bis die Folge der beobachteten Versuchsausgänge $(x_1 \ldots x_n)$ eine gewisse, eben durch E charakterisierte Bedingung erfüllt.

Wir fragen nach der Wahrscheinlichkeit, daß, wenn zum ersten Mal nach der k-ten Wiederholung von $\mathcal{E}$ — also nach der Realisierung von E — das Ereignis A_1 eintritt, zugleich auch A_2 realisiert wird. Sei $n > k$ diejenige Wiederholung von $\mathcal{E}$, wo zum ersten Mal A_1 eintritt. n ist natürlich auch eine Zufallsvariable und soll die Werte $n =$ $= 1, 2, \ldots$ mit den Wahrscheinlichkeiten $q_1, q_2, \ldots$ annehmen. Wir setzen $\sum_{n=1}^{\infty} q_n =$

$= 1$ voraus, d.h. die Serie der notwendigen Wiederholungen von $\mathcal{E}$ bricht mit Sicherheit nach endich vielen Schritten ab. Das ist nicht selbstverständlich und hängt von dem gewählten Ereignis E ab. Bedeutet etwa E die Anweisung: „Das Experiment ist so lange zu wiederholen, bis die relative Häufigkeit von A_1 den Wert c_n zum ersten Mal übersteigt", dann kann man die Zahlenfolge (c_n) so nahe an 1 wählen, daß E mit Wahrscheinlichkeit > 0 nicht eintritt und mithin die Folge der Wiederholungen von $\mathcal{E}$ mit eben dieser positiven Wahrscheinlichkeit nicht abbricht. (Für $c_n \equiv 1$ ist dies evident, doch könnte man dieses Beispiel als „entartet" empfinden.)

Fassen wir nun die Ausgänge $\mathbf{x} = (x_1, x_2, \ldots)$ aller Wiederholungsfolgen von $\mathcal{E}$, die zum „Zeitpunkt" $n = n_0$ abbrechen zu der Menge X_{n_0} zusammen, dann gilt einerseits $P(X_{n_0}) = q_{n_0}$. Andererseits ist X_{n_0} ein Rechteckereignis der Form $X_{n_0} = Y_{n_0-1} \times A_1$, d.h. zum Zeitpunkt n_0 wird abgebrochen, wenn E bis zum Zeitpunkt $n_0 - 1$ bereits realisiert ist, das Anschlußereignis A_1 jedoch noch nicht, und zum Zeitpunkt n_0 dann A_1 eintritt. Soll nun zum Zeitpunkt n_0 auch noch A_2 realisiert sein, dann haben wir das Ereignis $Z_{n_0} = Y_{n_0-1} \times (A_1 \cap A_2)$ zu betrachten. Offenbar gilt, wegen der Unabhängigkeit der Wiederholungen von $\mathcal{E}$:

$$\begin{aligned} q_{n_0} =& P(X_{n_0}) = P(Y_{n_0-1})P(A_1) \Rightarrow P(Y_{n_0-1}) = q_{n_0}/P(A_1), \\ & P(Z_{n_0}) = P(Y_{n_0-1})P(A_1 \cap A_2) \end{aligned}$$

und somit:

$$P(Z_{n_0}) = q_{n_0} \frac{P(A_1 \cap A_2)}{P(A_1)}.$$

Summation über n_0 liefert schließlich, wegen $\sum_{n \geq 1} q_{n_0} = 1$, die gesuchte Wahrscheinlichkeit des Ereignisses:

$$\begin{aligned} &P\,(\textit{Wenn zum ersten Mal nach der Realisierung von } E \textit{ das Ereignis} \\ &A_1 \textit{ eintritt, tritt auch } A_2 \textit{ ein}) = P(A_1 \cap A_2)/P(A_1) = P(A_2|A_1), \end{aligned}$$

also die bedingte Wahrscheinlichkeit von A_2 unter der Bedingung A_1.

Man erkennt, daß E keinen Einfluß auf das Ergebnis hat. Man sagt daher kurz: „$P(A_2|A_1)$ ist die Wahrscheinlichkeit, daß A_2 eintritt, unter der Bedingung, daß A_1 realisiert wird", auch wenn diese verkürzte Formulierung, genau besehen, problematisch und insbesondere für die Einführung des Begriffes der bedingten Wahrscheinlichkeit nicht geeignet ist. Denn „A_2 tritt ein unter der Bedingung, daß A_1 realisiert wird" ist ein Konditionalsatz und keine Aussage über den Ausgang eines Experiments. Wahrscheinlichkeiten wurden aber für Aussagen (=Ereignisse) definiert, nicht für Konditionalsätze. Wollte man bedingte Wahrscheinlichkeiten für Konditionalsätze (die dann durch zwei Teilmengen A_1, A_2 von Ω_x zu formalisieren wären) als den Basisbegriff der Wahrscheinlichkeitstheorie einführen, müßte man die Axiomatik der Wahrscheinlichkeitstheorie anders aufbauen. Das ist gemacht worden[2] und hat für gewisse Anwendungen seine Vorteile, doch eignet sich dieser Zugang zur Wahrscheinlichkeitstheorie sicher nicht für eine Einführung — ebensowenig allerdings auch

[2]RÉNYI, A.: On a new axiomatic theory of probability. Acta Math. Acad. Sci. Hung. 6, 285-335 (1955).

ein schlampiges und oberflächliches Vorbeimogeln an dem Problem, wie es (fast?) ausnahmslos in einführenden Lehrbüchern geübt wird.

5.4 Das Theorem von Bayes

Wir betrachten das zusammengesetzte Experiment $\mathcal{E} = \mathcal{E}_1 \otimes \mathcal{E}_2^1$ mit Ausgang (x_1, x_2). Die Dichte von x_1 sei $f_1(x_1)$, diejenige von x_2, bei festem x_1, sei $f_2^1(x_2|x_1)$. Die gemeinsame Dichte von (x_1, x_2) ist folglich $f_{1,2}(x_1, x_2) = = f_1(x_1) f_2^1(x_2|x_1)$. Die Dichte der bedingten Verteilung von x_1 bei festem x_2, also $f_1^2(x_1|x_2)$, ist somit, je nachdem, ob die Variablen diskret oder stetig sind, gegeben durch:

$$f_1^2(x_1|x_2) = \frac{f_{1,2}(x_1, x_2)}{f_2(x_2)} = \frac{f_1(x_1) f_2^1(x_2|x_1)}{f_2(x_2)} = \begin{cases} \dfrac{f_1(x_1) f_2^1(x_2|x_1)}{\sum_{x_1} f_1(x_1) f_2^1(x_2|x_1)}, \\ \dfrac{f_1(x_1) f_2^1(x_2|x_1)}{\int f_1(x_1) f_2^1(x_2|x_1) dx_1}. \end{cases} \tag{5.4.1}$$

Diese Formel, die die bedingte Verteilung von x_1, bei festem x_2, ausdrückt durch die Randverteilung von x_1 und die bedingte Verteilung von x_2, bei festem x_1, ist der formale Inhalt des **Theorems von Bayes**.

Natürlich ist (5.4.1) im Rahmen der bisher entwickelten Theorie geradezu selbstverständlich, und die Bezeichnung *Theorem* erscheint zu hoch gegriffen. Sie wird allerdings begreiflich, wenn man bedenkt, daß diese Formel zum Angelpunkt eines Prinzipienstreits unter den Statistikern wurde, der diese in zwei Lager — die Bayesianer und die Nicht-Bayesianer — spaltete. Heute sieht man diese Fragen gelassener an, es gibt aber wieder eine Gruppe von Neo-Bayesianern, die mit viel Emotion ihren Standpunkt verteidigen.

Um diese Auseinandersetzungen zu verstehen, müssen wir uns die Problemstellung der Statistik vergegenwärtigen. Dem Statistiker liegt ein Experiment $\mathcal{E}$ vor, dessen Ausgang x nach einer Wahrscheinlichkeitsverteilung P verteilt ist, die er nicht oder wenigstens nicht vollständig kennt. Typisch ist der Fall, wo er weiß (oder aus mehr oder minder guten Gründen annimmt), daß P einer gewissen ein- oder mehrparametrischen Verteilungsfamilie angehört. P könnte etwa eine Normal-, eine Gamma- oder eine Poisson-Verteilung sein. Im ersten Fall haben wir eine zweiparametrische Verteilungsfamilie mit Parametern (μ, σ^2), im zweiten ebenfalls eine zweiparametrische Familie mit Parametern (λ, μ), und im dritten Fall liegt eine einparametrische Verteilungsfamilie mit Parameter μ vor.

Der Verteilungstyp ist also bekannt, die exakten Werte der Parameter nicht, und der Statistiker steht vor der Aufgabe, diese aus einer Serie von Beobachtungen $(x_1 \dots x_n)$, einer sogenannten Stichprobe vom Umfang n, die er durch wiederholte Realisierung des Experiments $\mathcal{E}$ gewinnt, zu schätzen, denn darauf reduziert sich nunmehr sein eigentliches Ziel: die unbekannte Verteilung P zu bestimmen.

Beispiel 5.4.1 In der statistischen Qualitätskontrolle entscheidet man auf der Grundlage von Stichproben, die umfangreichen Warenlieferungen entnommen werden, auf deren Annahme oder Ablehnung. Im einzelnen hat man folgende Situation:

Eine Lieferung mit N Einheiten einer Ware enthält A untaugliche Einheiten (Ausschuß). A ist zunächst unbekannt. Man entnimmt der Lieferung eine Zufallsstichprobe vom Umfang n und bestimmt die Anzahl x der Ausschußstücke in der Stichprobe. Diese Ziehung von n Einheiten bildet das Zufallsexperiment $\mathcal{E}$. Sein Ausgang x ist hypergeometrisch verteilt nach $\mathbf{H}_{N,A,n}$. Die Parameter N und n sind bekannt, A hingegen nicht. Es liegt also eine einparametrische Familie möglicher Verteilungen für x vor. Es gilt somit A zu schätzen, dann kennt man die Verteilung von x und — was natürlich wesentlicher, aber offenbar gleichwertig ist — die Zusammensetzung der Lieferung.

Kehren wir zur allgemeinen Situation zurück. Der Statistiker, der vor der Aufgabe steht, einen oder mehrere unbekannte Parameter zu schätzen, ist selten ohne jede Vorinformation über die zu erwartenden Werte dieser Parameter. Im obigen Beispiel weiß er, etwa auf Grund längerer Erfahrung mit einem Lieferanten, von dem die konkreten Wahrenlieferungen kommen, daß deren Ausschußprozentsatz $P_{\%} = 100A/N\%$ kaum je über 2 % liegt, ja er wird auf Aufzeichnungen zurückgreifen können, die ihm eine Häufigkeitsverteilung des Ausschußprozentsatzes $P_{\%}$ aufzustellen gestatten. Es könnte sich, geeignet geglättet, etwa die in Abb. 5.4.1 gezeigte Häufigkeitsdichte $f_A(A)$ für die Anzahl A der Ausschußstücke in einer Reihe bereits geprüfter Lieferungen ergeben.

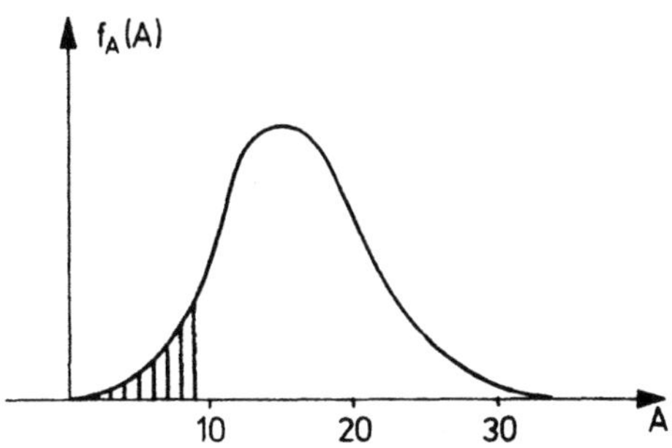

Abb. 5.4.1

Der Statistiker geht also mit einer gewissen *a priori-Information*, wie der Fachausdruck für dieses Vorwissen lautet, an sein Problem heran. Es fragt sich, wie er dieses Wissen zur Lösung seiner Aufgabe nützen kann.

Bleiben wir bei unserem Beispiel, an Hand dessen sich die Methode sehr schön verständlich machen läßt. Wir haben die Lieferfirma, die die Ware herstellt, und die Empfängerfirma, die sie weiterverarbeiten soll. In der Empfängerfirma sitzt der Statistiker und führt sein Zufallsexperiment aus: er zieht eine Stichprobe. Aber auch die Erzeugung der Warenlieferung kann mit gutem Grund als ein Zufallsexperiment angesehen werden, entsteht doch eine Gesamtheit, deren Ausschußprozentsatz $P_{\%}$ nicht exakt vorhersehbar und damit wohl als zufällig anzusehen ist.

Die Gesamtsituation kann daher in offensichtlicher Weise durch zwei verkoppelte Experimente $\mathcal{E}_1 \otimes \mathcal{E}_2^1$ dargestellt, besser *modelliert* werden. $\mathcal{E}_1$ ist das Experiment der Herstellerfirma, die Erzeugung der Warenlieferung vom Umfang N. Die relevante Zufallsgröße, die den Ausgang dieses Experiments beschreibt, ist A, die Anzahl der Ausschußstücke in der Lieferung. $\mathcal{E}_2^1$ ist das Experiment des Statistikers. Sein Ausgang ist beschrieben durch die Zahl x der Ausschußstücke in der Stichprobe.

Besitzt A die Verteilungsdichte $f_A(A)$ und x, bei gegebenem A, die Dichte $f_x^A(x|A) = f(x|\mathbf{H}_{N,A,n})$, dann ist die Dichte für den Ausgang (A, x) von $\mathcal{E}_1 \otimes \mathcal{E}_2^1$ gegeben durch:

$$f_{A,x}(A,x) = f_A(A) f_x^A(x|A) = f_A(A) f(x|\mathbf{H}_{N,A,n}).$$

Vorausgesetzt also, man kennt die **a priori-Verteilung** $f_A(A)$, dann kennt man auch die Verteilung des Gesamtexperiments $\mathcal{E}_1 \otimes \mathcal{E}_2^1$.

Für den Statistiker, dem nur die Beobachtung von x, nicht hingegen die von A möglich ist, liegt es nun nahe, die bedingte Verteilung von A, bei festem, beobachteten $x = x_0$, also $f_A^x(A|x_0)$ zu bilden. Sie ist in unserem Fall diskreter Zufallsgrößen A und x gegeben durch:

$$f_A^x(A|x_0) = \frac{f_{A,x}(A,x_0)}{f_x(x_0)} = \frac{f_A(A) f_x^A(x_0|A)}{\sum_A f_A(A) f_x^A(x_0|A)},$$

ist also nach (5.4.1), dem Bayes'schen Theorem zu berechnen.

Man nennt diese Verteilung die **a posteriori-Verteilung** von A, da sie erst *nach* der Beobachtung von x_0 angegeben werden kann. Für den Statistiker liegt es nun weiterhin nahe, den unbekannten Wert A etwa durch jenen Wert $\hat{A}$ zu schätzen, für den die Dichte $f_A^x(A|x_0)$, der a posteriori-Verteilung von A, maximal wird — dieses wäre ein vernünftiges Verfahren. Als das Wesentliche der Vorgangsweise erscheint aber, daß der Statistiker die a priori-Information $f_A(A)$ besitzt und auf der Grundlage der a posteriori-Information $f_A^x(A|x_0)$ handelt (schätzt, entscheidet etc.). Insofern entspricht die Methode durchaus dem, was wir im täglichen Leben beständig zu tun gewohnt sind, wenn auch natürlich nicht in so präzise formalisierter und quantifizierter Form.

Beispiel 5.4.1 (Fortsetzung)
In der Herstellerfirma werden Warenlieferungen vom Umfang N erzeugt. Nimmt man an, daß jede hergestellte Wareneinheit mit Wahrscheinlichkeit p Ausschuß ist, dann ist A, die Anzahl der Ausschußstücke in der Lieferung, nach $\mathbf{B}_{N,p}$ verteilt. Die Wahrscheinlichkeit p wird durch den Ausschußanteil über einen langen Beobachtungszeitraum geschätzt und kann somit als bekannt angenommen werden. Die a priori-Verteilung von A ist somit die Binomialverteilung $\mathbf{B}_{N,p}$; sie beschreibt das erste Teilexperiment, das nach seinem Ausgang nunmehr $\mathcal{E}_A$ heißen soll.

Anschließend wird in der Empfängerfirma eine Stichprobe vom Umfang n gezogen. Die Anzahl x der Ausschußstücke in der Stichprobe ist nach $\mathbf{H}_{N,A,n}$ verteilt; dies ist die bedingte Verteilung von x, bei gegebenem A und beschreibt das zweite Teilexperiment — sinngemäß mit $\mathcal{E}_x^A$ bezeichnet. Die Dichte der gemeinsamen Verteilung von (A, x), dem Ausgang des Gesamtexperiments $\mathcal{E}_A \otimes \mathcal{E}_x^A$, ist damit:

$$f_{A,x}(A,x) = f_A(A) f_x^A(x|A) = f(A|\mathbf{B}_{N,p}) f(x|\mathbf{H}_{N,A,n}) =$$
$$= \binom{N}{A} p^A (1-p)^{N-A} \frac{\binom{A}{x}\binom{N-A}{n-x}}{\binom{N}{n}}.$$

Dieser Ausdruck kann, wie man sofort nachrechnet, in der folgenden Gestalt geschrieben werden:

$$f_{A,x}(A,x) = \left[\binom{n}{x} p^x (1-p)^{n-x}\right] \cdot \left[\binom{N-n}{A-x} p^{A-x} (1-p)^{(N-n)-(A-x)}\right] =$$
$$= f(x|\mathbf{B}_{n,p}) f(A-x|\mathbf{B}_{N-n,p}) = f_x(x) f_A^x(A|x),$$

und man erkennt sofort, daß der erste Faktor die Randdichte $f_x(x)$ von x und damit der zweite Faktor die bedingte Dichte $f_A^x(A|x)$ von A, bei gegebenem x, also die a posteriori-Verteilung von A ist. Das Ergebnis entspricht vollkommen der Intuition. Die Warenlieferung wird letzten Endes aus zwei unabhängig erzeugten Kollektiven mit den Umfängen n und $N-n$ zusammengesetzt, deren Ausschußzahlen x und y nach $\mathbf{B}_{n,p}$ bzw. $\mathbf{B}_{N-n,p}$ verteilt sind. Die Gesamtausschußzahl ist dann $A = x + y$. Abb. 5.4.2 veranschaulicht diese Darstellung von $\mathcal{E}$ in der Form $\mathcal{E} = \mathcal{E}_x \otimes \mathcal{E}_A^x$.

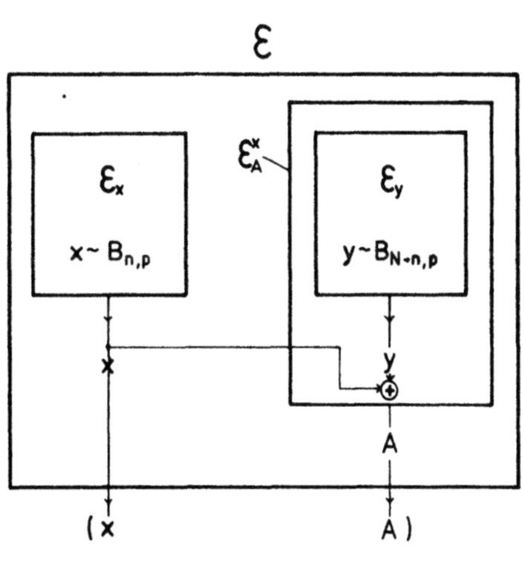

Abb. 5.4.2

Man beachte dabei, daß zwar die Teilexperimente $\mathcal{E}_x$ und $\mathcal{E}_y$ unabhängig sind, nicht aber $\mathcal{E}_x$ und $\mathcal{E}_A^x$, denn der Ausgang A von $\mathcal{E}_A^x$ ist ja die Summe der Ausgänge von $\mathcal{E}_x$ und $\mathcal{E}_y$.

Um einen Eindruck von dem Informationszuwachs durch das Stichprobenergebnis x zu gewinnen, vergleichen wir die a priori-Dichte $f_A(A) = f(A|\mathbf{B}_{N,p})$ mit der a posteriori-Dichte $f_A^x(A|x) = f(A - x|\mathbf{B}_{N-n,p})$ für konkrete und realistisch gewählte Zahlen. Sei $N = 1000$ der Umfang der Warenlieferung, $n = 100$ der Umfang der Stichprobe und $p = 0,01$, d.h. im Schnitt wurde in der Vergangenheit 1% Ausschuß produziert. Es ist dann:

$$\text{a priori-Verteilung:} \quad A \sim \mathbf{B}_{1000;0,01} \approx \mathbf{P}_{10},$$

$$\text{a posteriori-Verteilung:} \quad A - x \sim \mathbf{B}_{900;0,01} \approx \mathbf{P}_{9},$$

wobei wir die für diese Zahlenwerte vollkommenen befriedigende Näherung $\mathbf{B}_{n,p} \approx$ $\approx \mathbf{P}_{np}$ verwendet haben (siehe (2.5.4)). Die a posteriori-Dichte von A ist also die Dichte der Poisson-Verteilung $\mathbf{P}_9$, um x nach rechts verschoben.

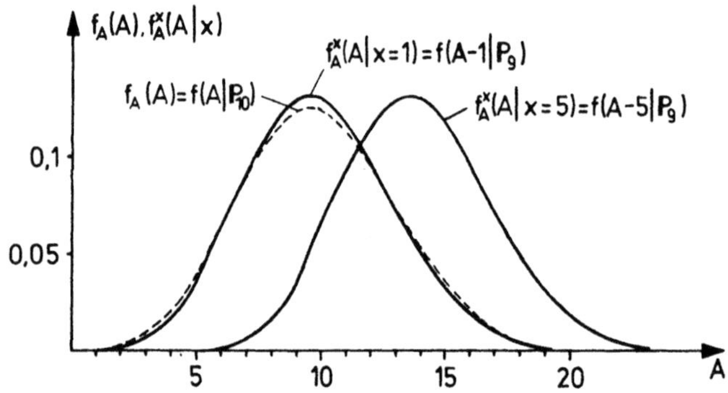

Abb. 5.4.3

Abb. 5.4.3 zeigt den Verlauf von a priori-Dichte $f_A(A)$ und a posteriori-Dichte $f_A^x(A|x)$ für $x = 1$, dem zu erwartenden Wert für die Ausschußzahl x in einer Stichprobe vom Umfang $n = 100$, bei 1% Ausschuß in der Fertigung und für $x = 5$, einem x-Wert, den man bei 5% gefertigtem Ausschuß erwarten würde. Man erkennt deutlich den Einfluß der in der Beobachtung x enthaltenen Information: Die a posteriori-Verteilung von A ist weniger breit, als die a priori-Verteilung — d.h. sie streut weniger und grenzt damit den Bereich, in dem A zu vermuten ist, enger ein — und sie wird gewissermaßen mit x *mitgezogen*: Wächst x, dann verschiebt sich die Glocke $f_A^x(A|x)$ und damit der Bereich, innerhalb dessen A erwartet wird, nach rechts. Wir wollen das Beispiel hier abbrechen, obwohl sehr viel dazu zu sagen wäre, doch ist dies Thema der Statistik und wird uns erst später beschäftigen.

Um nun den sogenannten *Bayes'schen Standpunkt* der Statistik zu erklären, kehren wir zu der allgemeinen Problemstellung zurück: Der Statistiker untersucht ein Experiment $\mathcal{E}$, dessen Ausgang x nach einer Verteilung $P_x(.|\vartheta)$ verteilt ist, die aus einer ein- oder mehrparametrischen Verteilungsfamilie $(P_x(.|\vartheta): \vartheta \in \Theta)$ stammt. Der unbekannte Parameter ϑ ist zu schätzen. Kehrt die Aufgabestellung häufig wieder, dann wird sich allmählich Information über die Verteilung des Parameters ϑ anhäufen, und es liegt nahe, ein analoges wahrscheinlichkeitstheoretisches Modell zu unterstellen, wie wir es in unserem Beispiel aus der statistischen Qualitätskontrolle verwendet haben:

Das vom Statistiker auszuführende Experiment entsteht dadurch, daß, ganz allgemein gesprochen, die diesem Experiment zeitlich vorgelagerten *Verhältnisse* ein Vorexperiment $\mathcal{E}_\vartheta$ ausführen, dessen Ausgang der Parameter ϑ ist. Das Experiment des Statistikers heißt dann sinngemäß $\mathcal{E}_x^\vartheta$, und die Gesamtsituation ist beschrieben durch das zusammengesetzte Experiment $\mathcal{E}_\vartheta \otimes \mathcal{E}_x^\vartheta$, mit dem Ausgang (ϑ, x). Kennt man, auf Grund von Vorinformationen, die a priori-Verteilung von ϑ, also deren Dichte $f_\vartheta(\vartheta)$, dann ist die Dichte der gemeinsamen Verteilung von (ϑ, x) gegeben durch $f_\vartheta(\vartheta) f_x^\vartheta(x|\vartheta)$, wenn $f_x^\vartheta(x|\vartheta)$ die dem Statistiker ja bekannte Dichte von $P_x(.|\vartheta)$ bezeichnet.

Der nächste Schritt ist die Ausführung von $\mathcal{E}_x^\vartheta$ mit der Beobachtung $x = x_0$ und die Berechnung der a posteriori-Verteilung von ϑ, mit der Dichte $f_\vartheta^x(\vartheta|x_0)$, nach dem Bayes'schen Theorem etc. etc., alles völlig analog wie im Beispiel 5.4.1.

Über die Berechtigung oder, nüchtern gesehen, die Zweckmäßigkeit dieser Modellbildung und mit ihr des Bayes'schen Standpunktes, kann man Vieles sagen, und Vieles ist in der Tat an Für und Wider vorgebracht worden. Wir treten hier natürlich nicht in diese Diskussion ein, sondern verweisen den Leser auf die Fachliteratur[3]. Unser Ziel war lediglich, die Bedeutung des Theorems von Bayes für die Statistik verständlich zu machen.

[3]Siehe etwa: BOX, G. and G. TIAO: Bayesian inference in statistical analysis. Addison-Wesley (1973).

6. Parameter von Wahrscheinlichkeitsverteilungen

In den Anwendungen benötigt man meistens nicht die exakte Beschreibung der untersuchten Wahrscheinlichkeitsverteilungen etwa durch ihre Dichte oder Verteilungsfunktion, sondern es genügt die Angabe einiger weniger Kennzahlen, wie Lage- und Streuungsparameter, Korrelationskoeffizienten u.ä. Grundlage für die Definition der meisten dieser Verteilungskennzahlen ist der Begriff der **Erwartung**, den wir zunächst einführen.

6.1 Die Erwartung

Wir betrachten ein Experiment $\mathcal{E}$ mit dem ein- oder mehrdimensionalen, stetigen oder diskreten Ausgang x und eine zunächst beliebige reellwertige Funktion $y = t(x)$. Das Experiment wird n-mal unter identischen Versuchsbedingungen, also unabhängig, wiederholt — $x_1 \dots x_n$ seien die beobachteten Werte. Anschließend bilden wir den arithmetischen Mittelwert der Größen $y_j = t(x_j)$:

$$\bar{y} = \frac{1}{n}\sum_{j=1}^{n} y_j = \frac{1}{n}\sum_{j=1}^{n} t(x_j). \tag{6.1.1}$$

Die Erfahrung zeigt: Der Mittelwert $\bar{y}$ streut bei mehreren Versuchsserien der Länge n weit weniger, als die Einzelwerte y_j dies tun. Die Mittelung kompensiert gewissermaßen Schwankungen der y_j nach oben und nach unten, und je länger die Versuchsreihe wird, umso stabiler wird $\bar{y}$, ja mit $n \to \infty$ scheint $\bar{y}$ einem festen Grenzwert zuzustreben.

Machen wir uns klar: Diese Erfahrungstatsachen müssen sich in der von uns entwickelten Theorie bereits als Lehrsätze ergeben, soferne freilich diese Theorie ein brauchbares Abbild der Wirklichkeit darstellt. Denn hat x irgendeine Wahrscheinlichkeitsverteilung P_x, dann besitzt $y = t(x)$ die dann ebenfalls bekannte Verteilung P_y, mit $P_y(A_y) = P_x\big(t^{-1}(A_y)\big)$. Die Zufallsgrößen $y_1 = t(x_1) \dots y_n = t(x_n)$ sind unabhängig und identisch verteilt nach P_y, also ist die gemeinsame Verteilung von $(y_1 \dots y_n)$ ebenfalls gegeben und mit dieser die Verteilung von $\bar{y} = (y_1 + \dots + y_n)/n$.

In der Tat werden wir dieses Programm im Kapitel 8 durchführen. Die Tatsache, daß $\bar{y}$ mit wachsendem n immer weniger streut und schließlich, für $n \to \infty$, einem festen Grenzwert zustrebt, läßt sich aber bereits mit viel einfacheren Mitteln zeigen, man benötigt dazu nicht die schwierig zu bestimmende

Verteilung von $\bar{y}$.

Wir wollen uns zunächst an Hand einer einfachen heuristischen Betrachtung überlegen, wie dieser Grenzwert, der sogenannte *Erwartungswert* von $y = t(x)$, aussehen muß, um dann, nach Bereitstellung einiger technischer Hilfsmittel, das vermutete Ergebnis zu beweisen.

Ist der Ausgang x von $\mathcal{E}$ diskret mit dem endlichen oder abzählbar unendlichen Wertebereich Ω_x, und bezeichnet $H_n(x)$ die absolute, sowie $h_n(x)$ die relative Häufigkeit der Elementarereignisse $\{x\}$ bei den n Wiederholungen von $\mathcal{E}$, dann gilt offenbar:

$$\bar{y} = \frac{1}{n}\sum_{j=1}^{n} t(x_j) = \frac{1}{n}\sum_{x\in\Omega_x} t(x)H_n(x) = \sum_{x\in\Omega_x} t(x)h_n(x). \tag{6.1.2}$$

Bedenkt man nun, daß die relative Häufigkeit $h_n(A)$ irgendeines Ereignisses A mit wachsendem n, wenigstens nach der intuitiven Vorstellung des Wahrscheinlichkeitsbegriffes, gegen die Wahrscheinlichkeit $P(A)$ strebt, so daß daher $h_n(x) \to f(x)$ gilt, wenn $f(x)$ die Dichte der Verteilung von x bezeichnet, dann müßte wohl $\bar{y}$ mit $n \to \infty$ gegen den Wert $\sum_{x\in\Omega_x} t(x)f(x)$ konvergieren.

Ist andererseits $\mathbf{x} = (x_1 \dots x_k)$ eine stetige Zufallsgröße mit Wertebereich $\Omega_{\mathbf{x}} = \mathbf{R}^k$ und Dichte $f(x_1 \dots x_k)$, dann denken wir uns über den $\mathbf{R}^k$ einen Raster gelegt mit den Schrittweiten $\Delta x_1 \dots \Delta x_k$ für die einzelnen Koordinatenrichtungen. Die Rasterrechtecke wollen wir, in irgendeiner Numerierung, mit $(I_i : i = 1, 2, \dots)$ bezeichnen — $\mathbf{z}_i$ sei der Mittelpunkt von I_i, den wir uns als einen repräsentativen Punkt aus jedem I_i auswählen. Abb. 6.1.1 veranschaulicht die Verhältnisse für $k = 2$.

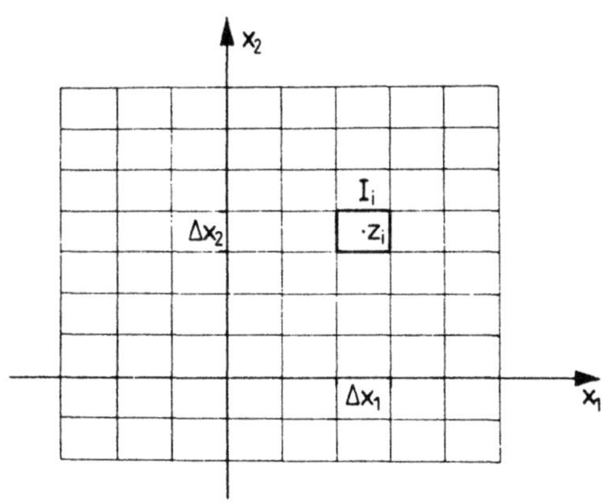

Abb. 6.1.1

Es gilt dann näherungsweise, und zwar in umso besserer Näherung je kleiner die Rasterschritte $\Delta x_1 \dots \Delta x_k$ sind:

$$\bar{y} = \frac{1}{n}\sum_{j=1}^{n} t(\mathbf{x}_j) \approx \frac{1}{n}\sum_{i} t(\mathbf{z}_i)H_n(I_i) = \sum_{i} t(\mathbf{z}_i)h_n(I_i).$$

Läßt man jetzt wieder n unbegrenzt wachsen und setzt man für die relativen Häufigkeiten $h_n(I_i)$ ihre *Grenzwerte* $P(I_i) = \int_{I_i} f(x_1 \dots x_k) dx_1 \cdots dx_k$ ein, dann folgt:

$$\bar{y} \to \sum_i t(\mathbf{z}_i) \int_{I_i} f(x_1 \dots x_k) dx_1 \cdots dx_k \approx$$

$$\approx \int_{\mathbf{R}^k} t(x_1 \dots x_k) f(x_1 \dots x_k) dx_1 \cdots dx_k,$$

so daß $\bar{y}$ gegen den Wert $\int_{\mathbf{R}^k} t(x_1 \dots x_k) f(x_1 \dots x_k) dx_1 \cdots dx_k$ streben müßte.

Die obige Rechnung ist natürlich kein Beweis, sondern nur eine recht saloppe heuristische Betrachtung, wie man sie aber in den Naturwissenschaften häufig und mit Gewinn ausführt, um zu vernünftigen Vermutungen zu gelangen. Der strenge Beweis geht dann häufig, wie auch in diesem Fall, ganz andere Wege. Immerhin sind wir durch diese Betrachtung nunmehr motiviert, die folgende Definition für den Erwartungswert von $y = t(x)$ auszusprechen:

Definition 6.1.1 *Die Erwartung*
Ist x eine ein- oder mehrdimensionale, diskrete Zufallsvariable mit Dichte $f(x)$ und $y = t(x)$ eine reelle Funktion von x, dann nennt man

$$E\big(t(x)\big) = \sum_{x \in \Omega_x} t(x) f(x),$$

den **Erwartungswert**, *die* **Erwartung** *oder das* **Mittel** *von $y = t(x)$, soferne $\sum_{x \in \Omega_x} |t(x)| f(x) < \infty$ ist (d.h. soferne die betrachtete Reihe, für den Fall, daß Ω_x unendlich ist, absolut konvergiert). Ist $\mathbf{x} = (x_1 \dots x_k)$ stetig mit Dichte $f(x_1 \dots x_k)$, dann ist der Erwartungswert von $y = t(\mathbf{x})$ definiert durch:*

$$E\big(t(\mathbf{x})\big) = \int_{\mathbf{R}^k} t(x_1 \dots x_k) f(x_1 \dots x_k) dx_1 \cdots dx_k = \int_{\mathbf{R}^k} t(\mathbf{x}) f(\mathbf{x}) d\mathbf{x},$$

soferne $\int_{\mathbf{R}^k} |t(\mathbf{x})| f(\mathbf{x}) d\mathbf{x} < \infty$ ist.

Bemerkungen: 1. Soll die der Berechnung von $E\big(t(x)\big)$ zugrundeliegende Verteilung P_x deutlich gemacht werden, dann schreiben wir: $E_{P_x}\big(t(x)\big)$ oder auch $E\big(t(x)|P_x\big)$.

2. Die Voraussetzung der Konvergenz von $\sum_{x \in \Omega_x} |t(x)| f(x)$ ist eigentlich selbstverständlich, denn anders ist $\sum_{x \in \Omega_x} t(x) f(x)$ gar nicht vernünftig interpretierbar, da ja bei allgemeinem Ω_x keine bestimmte, sozusagen zwingende Ordnung der Summanden gegeben ist und man bekanntlich bei bedingt konvergenten Reihen durch Umordnen der Summanden jeden beliebigen Grenzwert erzeugen kann. Im stetigen Fall ist $\int_{\mathbf{R}^k} t(\mathbf{x}) f(\mathbf{x}) d\mathbf{x}$ auch nur für $\int_{\mathbf{R}^k} |t(\mathbf{x})| f(\mathbf{x}) d\mathbf{x} < \infty$

sinnvoll, wenn man von einigen, für spezielle Zwecke benötigten Sonderdefinitionen des Integrals absieht (Cauchy'scher Hauptwert etc.).

Beispiel 6.1.1 Faktorielle Momente der Binomialverteilung

Sei x nach $\mathbf{B}_{n,p}$ verteilt. Wir betrachten die Funktion $y = t(x) = x(x-1)\cdots(x-k+1)$, für die wir die in der Kombinatorik übliche abkürzende Bezeichnung $(x)_k$ benützen wollen (beispielsweise ist mit dieser Schreibweise: $\binom{n}{k} = (n)_k/k!$). Wir stellen uns die Aufgabe, $E\big(t(x)\big)$ zu berechnen.

Da die Dichte $f(x) = f(x|\mathbf{B}_{n,p})$ nur auf $\Omega_x = \{0, 1, \ldots, n\}$ positiv ist, gilt:

$$E\big(t(x)\big) = \sum_{x\in\Omega_x} t(x)f(x) = \sum_{x=0}^{n} (x)_k \binom{n}{x} p^x(1-p)^{n-x}. \tag{6.1.3}$$

Konvergenzfragen treten hier natürlich keine auf, denn die Summe ist endlich. Da $(x)_k$ für $0 \le x < k$ verschwindet, genügt es in (6.1.3) von $x = k$ bis n zu summieren. Beachtet man (für $x \ge k$):

$$(x)_k \binom{n}{x} = (x)_k \frac{(n)_x}{x!} = \frac{(n)_k(n-k)_{x-k}}{(x-k)!} = (n)_k \binom{n-k}{x-k},$$

so ergibt sich:

$$E\big(t(x)\big) = (n)_k p^k \sum_{x=k}^{n} \binom{n-k}{x-k} p^{x-k}(1-p)^{(n-k)-(x-k)}.$$

Führt man nun noch $z = x - k$ als neuen Summationsindex ein, dann folgt:

$$E\big(t(x)\big) = (n)_k p^k \sum_{z=0}^{n-k} \binom{n-k}{z} p^z (1-p)^{(n-k)-z} = (n)_k p^k,$$

denn die Summe ist offensichtlich $\big(p + (1-p)\big)^{n-k} = 1$. Wir werden im Abschnitt 6.2 Momente von Wahrscheinlichkeitsverteilungen einführen und dort den Erwartungswert $E\big((x)_k\big) = m_{(k)}$ das k-te **faktorielle Moment** der Verteilung von x nennen. Mit diesen Vorgriff lautet unser Ergebnis:

Das k-te faktorielle Moment der Binomialverteilung $\mathbf{B}_{n,p}$ ist gegeben durch:

$$m_{(k)} = E\big((x)_k\big) = (n)_k p^k = n(n-1)\cdots(n-k+1)p^k.$$

Speziell für $k = 1$ erhält man den Erwartungswert von x selbst: $E(x) = np$.

Wir wollen uns überlegen, ob dieses Resultat plausibel ist. Erinnern wir uns: Ist $\mathcal{E}$ ein Experiment, A ein beliebiges Ereignis mit Wahrscheinlichkeit p, und bezeichnet x die Anzahl der Realisierungen von A bei n unabhängigen Wiederholungen des Experimentes $\mathcal{E}$, dann ist x nach $\mathbf{B}_{n,p}$ verteilt. Andererseits wird man bei n Wiederholungen von $\mathcal{E}$ *erwarten*, daß im Schnitt np-mal das Ereignis A eintritt. Auch entspricht es der allgemeinen Erfahrung, daß bei einer Serie von N-mal je n Versuchswiederholungen, mit den Ausgängen $x_1, \ldots, x_N$, der Mittelwert $(x_1 + \ldots + x_N)/N$

dem erwarteten Wert np weit näher liegen wird, als die einzelnen x_j selbst. Das Ergebnis $E(x) = np$ entspricht daher vollkommen der Erfahrung und damit unserer statistischen Intuition, die wir uns von all den Formeln ja nicht verschütten lassen dürfen.

Beispiel 6.1.2 Momente der $\mathrm{N}(0,1)$-Verteilung

Sei diesmal x nach $\mathrm{N}(0,1)$ verteilt. Wir betrachten die Potenzen von x: $y = t(x) = x^k$ für $k = 0, 1, \ldots$ und stellen uns die Aufgabe, die Erwartungswerte $m_k = E(x^k)$ zu bestimmen. Im Abschnitt 6.2 werden wir diese Größen die **Momente** der Verteilung von x nennen. Nach Definition 6.1.1 gilt:

$$m_k = E(x^k) = \int_{-\infty}^{\infty} x^k f(x)dx = \int_{-\infty}^{\infty} x^k \frac{1}{\sqrt{2\pi}} e^{-x^2/2} dx, \tag{6.1.4}$$

falls diese Integrale absolut existieren.

Wir betrachten die Integrale $\int_0^\infty x^k e^{-x^2/2} dx$ und substituieren: $y = x^2/2$ bzw. $x = (2y)^{1/2}, dx = (2y)^{-1/2} dy$. Es folgt dann (siehe (2.8.1)):

$$\int_0^\infty x^k e^{-x^2/2} dx = 2^{\frac{k-1}{2}} \int_0^\infty y^{\frac{k-1}{2}} e^{-y} dy = 2^{\frac{k-1}{2}} \Gamma(\frac{k+1}{2}),$$

so daß m_k für beliebige $k \geq 0$ existiert. Da der Integrand in (6.1.4) für ungerades k ungerade und für gerades k gerade ist, erhalten wir schließlich für die Momente m_k (man beachte: $\Gamma(\frac{1}{2}) = \sqrt{\pi}$):

$$E(x^k) = m_k = \begin{cases} 0 & \text{für } k \text{ ungerade,} \\ 2\frac{1}{\sqrt{2\pi}} 2^{\frac{k-1}{2}} \Gamma(\frac{k+1}{2}) = \ldots = 1 \cdot 3 \cdot 5 \cdots (k-1) & \text{für } k \text{ gerade.} \end{cases}$$

Eigenschaften der Erwartung

Wir wenden uns dem Studium der wichtigsten Eigenschaften der Erwartung zu. Für ein Experiment $\mathcal{E}$ mit Ausgang x hatten wir den Erwartungswert von $y = t(x)$ mit Hilfe der Verteilung von x, deren Dichte wir jetzt $f_x(x)$ nennen, definiert. Ebensogut könnten wir aber y selbst als Ausgang von $\mathcal{E}$ interpretieren; der Erwartungswert von y, dargestellt mit Hilfe der Dichte $f_y(y)$ der Verteilung von y, müßte dann aber lauten:

$$E_{P_y}(y) = \begin{cases} \sum_{y \in \Omega_y} y f_y(y) & \text{im diskreten Fall,} \\ \int_{\mathbf{R}} y f_y(y) dy & \text{im stetigen Fall.} \end{cases}$$

Soll der Begriff der Erwartung überhaupt einen Sinn haben, dann muß hier natürlich das gleiche herauskommen wie bei

$$E_{P_x}\big(t(x)\big) = \begin{cases} \sum\limits_{x \in \Omega_x} t(x) f_x(x) & \text{im diskreten Fall,} \\ \int_{\mathbf{R}^k} t(x) f_x(x) dx & \text{im stetigen Fall.} \end{cases}$$

Das trifft auch wirklich zu, und wir formulieren etwas allgemeiner den

Satz 6.1.1 *Ist x eine Zufallsvariable, $y = t(x)$ und $z = u(y) = u\big(t(x)\big)$, dann gilt:*

$$E_{P_y}\big(u(y)\big) = E_{P_x}\big(u(t(x))\big), \tag{6.1.5}$$

wobei die linke Erwartung mit Hilfe der Verteilung P_y von y, die rechte hingegen mit Hilfe der Verteilung P_x von x zu berechnen ist.

Beweis: 1. Der diskrete Fall: Sind $f_x(x)$ und $f_y(y)$ die Dichten von P_x bzw. P_y, dann ist (siehe (3.6.2)):

$$E_{P_x}\big(u(t(x))\big) = \sum_{x \in \Omega_x} u\big(t(x)\big) f_x(x) = \sum_{y \in \Omega_y} \sum_{x:t(x)=y} u\big(t(x)\big) f_x(x) =$$
$$= \sum_{y \in \Omega_y} u(y) \sum_{x:t(x)=y} f_x(x) = \sum_{y \in \Omega_y} u(y) f_y(y) = E_{P_y}\big(u(y)\big).$$

Insbesondere erkennt man an dieser Umformung auch, daß $E_{P_y}\big(u(y)\big)$ genau dann existiert, wenn dies für $E_{P_x}\big(u(t(x))\big)$ zutrifft.

2. Der stetige Fall: Wir beschränken uns auf den Fall, wo x eindimensional und die Abbildung $y = t(x)$ samt ihrer Umkehrung $x = s(y)$ streng monoton, stetig und differenzierbar ist, so daß gilt: $f_y(y) = f_x\big(s(y)\big)|s'(y)|$.

Es hätte keinen Sinn, mit den Mitteln der elementaren Analysis einen allgemeinen Beweis zu versuchen — das erledigt man in der maßtheoretischen Wahrscheinlichkeitstheorie einfach und elegant mit anderen Methoden. Daß solche Fragen im Rahmen einer Einführung in die Wahrscheinlichkeitstheorie nicht völlig befriedigend behandelt werden können, spielt für das Verständnis der Dinge keine Rolle, kann aber als Motivation dafür dienen, sich in einem zweiten Anlauf mit der abstrakten Theorie zu beschäftigen.

In unserem Sonderfall, der aber durchaus das Wesentliche zeigt, ist der Beweis rasch erledigt. Führt man in

$$E_{P_x}\big(u(t(x))\big) = \int_{-\infty}^{\infty} u\big(t(x)\big) f_x(x) dx$$

$y = t(x)$ als neue Integrationsvariable ein, dann erhält man mit $x = s(y)$, und $dx = s'(y)dy$ sofort (siehe Satz 2.10.1):

$$E_{P_x}\big(u(t(x))\big) = \int_{-\infty}^{\infty} u(y) f_x\big(s(y)\big)|s'(y)|dy = \int_{-\infty}^{\infty} u(y) f_y(y) dy = E_{P_y}\big(u(y)\big),$$

also die Behauptung des Satzes. Auch in diesem Fall erkennt man, daß aus der Existenz von $E_{P_x}\big(u(t(x))\big)$ diejenige von $E_{P_y}\big(u(y)\big)$ folgt und umgekehrt. ♠

Die in Satz 6.1.1 ausgedrückte Invarianzeigenschaft der Erwartung erleichtert deren praktische Berechnung oft ganz erheblich. Häufig ist es nämlich recht schwierig, die Verteilung einer Variablen $y = t(x)$ zu bestimmen. Benötigt man indessen nur die Erwartung einer Funktion $z = u(y)$, dann kann man diese ebensogut durch $E_{P_x}\big(u(t(x))\big)$ berechnen und kann auf die Bestimmung der Bildwahrscheinlichkeit von y verzichten.

Es kann aber auch umgekehrt die Berechnung von $E_{P_y}\big(u(y)\big)$ einfacher sein als diejenige von $E_{P_x}\big(u(t(x))\big)$. Dies ist zum Beispiel dann der Fall, wenn $\mathbf{x} = (x_1 \dots x_n)$ eine mehrdimensionale Zufallsvariable ist und die Erwartung einer Funktion von nur einigen Koordinaten von $\mathbf{x}$, etwa von $(x_1 \dots x_k)$, bestimmt werden soll. Ist etwa $z = u(x_1 \dots x_k)$, dann kann die Erwartung $E(z)$ offenbar durch $E_{P_{1\dots k}}\big(u(x_1 \dots x_k)\big)$, also vermöge der Randverteilung von $(x_1 \dots x_k)$ bestimmt werden. Das erkennt man sofort, wenn man z in der Form $z = u\big(t(\mathbf{x})\big)$ mit $t(\mathbf{x}) = t(x_1 \dots x_n) = (x_1 \dots x_k) = \mathbf{y}$ schreibt und Satz 6.1.1 anwendet.

Wir wollen es aber direkt zeigen, schließlich wurde Satz 6.1.1 nicht in vollem Umfang bewiesen, und die oben beschriebene Situation ist so häufig und wichtig, daß hier keine Zweifel bestehen bleiben sollen. Ist etwa $\mathbf{x} = (x_1 \dots x_n)$ stetig mit Dichte $f_{1\dots n}(x_1 \dots x_n)$, dann gilt:

$$\begin{aligned} E_{P_{1\dots n}}\big(u(x_1 \dots x_k)\big) &= \int_{\mathbf{R}^n} u(x_1 \dots x_k) f_{1\dots n}(x_1 \dots x_n) dx_1 \cdots dx_n = \\ &= \int_{\mathbf{R}^k} u(x_1 \dots x_k) \Big(\int_{\mathbf{R}^{n-k}} f_{1\dots n}(x_1 \dots x_n) dx_{k+1} \cdots dx_n \Big) dx_1 \cdots dx_k = \\ &= \int_{\mathbf{R}^k} u(x_1 \dots x_k) f_{1\dots k}(x_1 \dots x_k) dx_1 \cdots dx_k = E_{P_{1\dots k}}\big(u(x_1 \dots x_k)\big). \end{aligned}$$

Man kann also in der Tat mit der Randdichte $f_{1\dots k}$ von $(x_1 \dots x_k)$, den tatsächlich in der Definition von z auftretenden Variablen, rechnen. Insbesondere erübrigt es sich in den meisten Fällen, die der Erwartung zugrundeliegende Verteilung explizit anzugeben, und wir schreiben in Zukunft meistens $E\big(u(y)\big)$ bzw. $E\big(u(t(x))\big)$.

Beispiel 6.1.3 Momente der Multinomialverteilung

Sei $(x_1 \dots x_k)$ multinomial nach $\mathbf{B}_{n;p_1 \dots p_k}$ verteilt. Wir bestimmen die Erwartung von $y = \big[x_j(x_j-1)\cdots(x_j-r+1)\big] \cdot \big[x_l(x_l-1)\cdots(x_l-s+1)\big] = (x_j)_r \cdot (x_l)_s$.

Die Dichte der Multinomialverteilung ist ein umständlich zu handhabender Ausdruck, und es bringt erhebliche Erleichterung, daß man sich auf die Randverteilung von (x_j, x_l) beschänken kann. Nach Satz 3.4.2 ist (x_j, x_l) nach $\mathbf{B}_{n;p_j,p_l}$ verteilt und wir haben:

$$E\big((x_j)_r(x_l)_s\big) = \sum_{x_j,x_l} (x_j)_r(x_l)_s \frac{n!}{x_j!x_l!(n-x_j-x_l)!} p_j^{x_j} p_l^{x_l}(1-p_j-p_l)^{n-x_j-x_l} =$$

$$= (n)_{r+s}p_j^r p_l^s \sum_{\substack{x_j \geq r\\ x_l \geq s}} \Big[\frac{(n-r-s)!}{(x_j-r)!(x_l-s)!\big((n-r-s)-(x_j-r)-(x_l-s)\big)!}\cdot$$

$$\cdot p_j^{x_j-r} p_l^{x_l-s}(1-p_j-p_l)^{(n-r-s)-(x_j-r)-(x_l-s)}\Big].$$

Die Summe in diesem Ausdruck ist aber offenbar 1, denn es wird über die Dichte der Multinomialverteilung $\mathbf{B}_{n-r-s;p_j,p_l}$ für die Variablen $(z_j, z_l) = (x_j - r, x_l - s)$ summiert. Das Ergebnis lautet also:

$$E\big((x_j)_r(x_l)_s\big) = (n)_{r+s}p_j^r p_l^s. \tag{6.1.6}$$

Insbesondere ist

$$E(x_j x_l) = n(n-1)p_j p_l \tag{6.1.7}$$

eine häufig benutzte Beziehung.

Die wohl wichtigste Eigenschaft der Erwartung ist ihre Linearität.

Satz 6.1.2 *Linearität der Erwartung*
Sind $t(x), t_1(x), t_2(x)$ reelle Funktionen der Zufallsvariablen x, dann gilt:

A. $E\big(c \cdot t(x)\big) = c \cdot E\big(t(x)\big)$ *für beliebiges* $c \in \mathbf{R}$,
B. $E\big(t_1(x) + t_2(x)\big) = E\big(t_1(x)\big) + E\big(t_2(x)\big)$,

und die jeweils links stehenden Erwartungen existieren, wenn dies für die rechts stehenden zutrifft.

Beweis: Die Aussagen folgen sofort aus der Definition 6.1.1 der Erwartung, und wir begnügen uns mit einer knappen Erledigung des stetigen Falles:

A. $E\big(c \cdot t(x)\big) = \int_{\mathbf{R}^k} c \cdot t(x)f(x)dx = c \cdot \int_{\mathbf{R}^k} t(x)f(x)dx = c \cdot E\big(t(x)\big)$, und die Existenz des Integrals $\int_{\mathbf{R}^k} |c \cdot t(x)|f(x)dx$ folgt natürlich sofort aus derjenigen von $\int_{\mathbf{R}^k} |t(x)|f(x)dx$.

B. $E\big(t_1(x) + t_2(x)\big) = \int_{\mathbf{R}^k} \big(t_1(x) + t_2(x)\big)f(x)dx = \int_{\mathbf{R}^k} t_1(x)f(x)dx + \int_{\mathbf{R}^k} t_2(x)f(x)dx = E\big(t_1(x)\big) + E\big(t_2(x)\big)$.

Die Existenz von $E\big(t_1(x)+t_2(x)\big)$ ergibt sich aus $|t_1(x)+t_2(x)| \leq |t_1(x)|+|t_2(x)|$ und der Existenz von $E\big(t_1(x)\big)$ und $E\big(t_2(x)\big)$, womit der Satz bewiesen ist. ♠

Aus Satz 6.1.2 folgt für beliebige Linearkombinationen $\sum_{j=1}^{k} c_j t_j(x)$:

$$E\left(\sum_{j=1}^{k} c_j t_j(x)\right) = \sum_{j=1}^{k} c_j E\big(t_j(x)\big), \tag{6.1.8}$$

und in dieser Form wendet man den Satz auch meistens an. Schließlich zeigen wir den ebenfalls ganz wichtigen

Satz 6.1.3 *Erwartung eines Produktes unabhängiger Faktoren*
Sind die Zufallsvariablen $x_1 \dots x_n$ unabhängig, dann ist

$$E\big(t_1(x_1) \cdots t_n(x_n)\big) = E\big(t_1(x_1)\big) \cdots E\big(t_n(x_n)\big). \tag{6.1.9}$$

In Worten: Die Erwartung eines Produktes unabhängiger Faktoren ist gleich dem Produkt der Erwartungen dieser Faktoren.

Bemerkung: Man mache sich bewußt, daß die Variablen $x_1 \dots x_n$ selbst von beliebigem Typ und von beliebiger Dimension sein können.

Beweis: Wir führen den Beweis für den stetigen Fall, den diskreten erledigt man analog. Die Dichte der gemeinsamen Verteilung von $(x_1 \dots x_n)$ hat die Gestalt: $f_{1\dots n}(x_1 \dots x_n) = f_1(x_1) \cdots f_n(x_n)$. Damit folgt aber:

$$E\big(t_1(x_1) \cdots t_n(x_n)\big) = \int_{\Omega_1 \times \dots \times \Omega_n} t_1(x_1) \cdots t_n(x_n) f_1(x_1) \cdots f_n(x_n) dx_1 \cdots dx_n =$$

$$= \Big[\int_{\Omega_1} t_1(x_1) f_1(x_1) dx_1\Big] \cdots \Big[\int_{\Omega_n} t_n(x_n) f_n(x_n) dx_n\Big] = E\big(t_1(x_1)\big) \cdots E\big(t_n(x_n)\big),$$

und man erkennt, daß die Existenz der linken Seite in (6.1.9) aus der Existenz der rechten Seite folgt. ♠

Beispiel 6.1.4 Die Zufallsvariablen $x_1 \dots x_n$ seien unabhängig und 1-dimensional. Wir berechnen die Erwartung der Funktion $\sum_{i,j=1}^{n} c_{ij} x_i x_j$, einer quadratischen Form von $x_1 \dots x_n$. Es gilt:

$$E\Big(\sum_{i,j=1}^{n} c_{ij} x_i x_j\Big) = \sum_{i,j=1}^{n} c_{ij} E(x_i x_j) = \sum_{i=1}^{n} c_{ii} E(x_i^2) + \sum_{\substack{i,j=1 \\ i \neq j}}^{n} c_{ij} E(x_i x_j)$$

und folglich, da für $i \neq j$ die Variablen x_i, x_j unabhängig sind:

$$E\Big(\sum_{i,j=1}^{n} c_{ij} x_i x_j\Big) = \sum_{i=1}^{n} c_{ii} E(x_i^2) + \sum_{\substack{i,j=1 \\ i \neq j}}^{n} c_{ij} E(x_i) E(x_j).$$

Man benötigt also letzten Endes nur die Erwartungen $E(x_i)$ und $E(x_i^2)$ für $i = 1 \dots n$, die allein mit Hilfe der Randverteilungen der x_i zu bestimmen sind.

Ein sehr häufig benutztes Hilfsmittel ist die sogenannte Schwarz'sche Ungleichung:

Satz 6.1.4 *Schwarz'sche Ungleichung*
Es gilt stets:

$$\left[E\big(t_1(x)t_2(x)\big)\right]^2 \leq E\big(t_1^2(x)\big) \cdot E\big(t_2^2(x)\big). \tag{6.1.10}$$

Dabei steht in (6.1.10) genau dann das Gleichheitszeichen, wenn zwischen $t_1(x)$ und $t_2(x)$ eine lineare Beziehung der Form: $\alpha_1 t_1(x)+\alpha_2 t_2(x) \equiv 0$ mit $\alpha_1^2+\alpha_2^2 >$ > 0 besteht.

Beweis: Zur Vereinfachung der Schreibweise führen wir folgende Abkürzungen ein:

$$A = E\big(t_1^2(x)\big); \; B = E\big(t_1(x)t_2(x)\big); \; C = E\big(t_2^2(x)\big). \tag{6.1.11}$$

Es gilt natürlich immer $A, C \geq 0$. $A = 0$ bzw. $C = 0$ tritt nur ein, wenn $t_1(x)$ bzw. $t_2(x)$ auf Ω_x identisch verschwindet (einzelne Ausnahmepunkte oder Linien, falls x stetig ist, wollen und dürfen wir ignorieren); in diesem Fall sind aber, wie man sofort sieht, sämtliche Aussagen des Satzes richtig, so daß wir $A > 0, C > 0$ und damit $t_1(x) \not\equiv 0$ und $t_2(x) \not\equiv 0$ voraussetzen dürfen. Es gibt dann zwei Fälle:

A. $\alpha_1 t_1(x) + \alpha_2 t_2(x) \not\equiv 0$ für beliebige α_1, α_2 mit $\alpha_1^2 + \alpha_2^2 > 0$,
B. $\alpha_1 t_1(x) + \alpha_2 t_2(x) \equiv 0$ für ein geeignetes Paar α_1, α_2 mit $|\alpha_1|, |\alpha_2| > 0$.

Im Fall **A.** gilt:

$$E\Big(\big(\alpha_1 t_1(x) + \alpha_2 t_2(x)\big)^2\Big) = \alpha_1^2 A + 2\alpha_1\alpha_2 B + \alpha_2^2 C > 0 \quad \text{für} \quad \alpha_1^2 + \alpha_2^2 > 0 \tag{6.1.12}$$

Setzen wir $\alpha_1 = \pm 1/\sqrt{A}$ und $\alpha_2 = 1/\sqrt{C}$, dann ergibt sich:

$$-1 < \frac{B}{\sqrt{AC}} < 1, \tag{6.1.13}$$

bzw. gleichwertig: $B^2 < AC$, also (6.1.10) in der strengen Form mit dem Ungleichheitszeichen.

Im Fall **B.** ist $t_2(x) = -(\alpha_1/\alpha_2) \cdot t_1(x) = \beta t_1(x)$ und damit $B = \beta A$ und $C = \beta^2 A$. Das aber ergibt: $B^2 = AC$, d.h. (6.1.10) mit dem Gleichheitszeichen. Damit ist der Satz vollständig bewiesen. ♠

Anwendungen der Schwarz'schen Ungleichung werden wir noch in diesem Kapitel kennenlernen.

Schließlich formulieren wir noch, freilich diesmal ohne Beweis, einen Satz, den man in eher theoretischen Passagen der Wahrscheinlichkeitsrechnung und der mathematischen Statistik immer wieder braucht und den auch wir in diesem Buch gelegentlich benützen werden. Thematisch gehört dieser Satz in die maßtheoretische Wahrscheinlichkeitstheorie und in der Tat muß man den richtigen Integralbegriff zugrundelegen, wenn er streng gelten soll. Auf diese Fragen können wir hier natürlich nicht eingehen, wie ja überhaupt letzte mathematische Strenge nicht unser Anliegen ist.

Satz 6.1.5 *Satz von der dominierten Konvergenz*
Sei $t_n(x): n = 1, 2, \dots$ *eine Folge reeller Funktionen der Zufallsvariablen* x *die gegen die Grenzfunktion* $t(x)$ *konvergiert:*

$$\lim_{n\to\infty} t_n(x) = t(x) \quad \text{für alle} \quad x \in \Omega_x.$$

Gilt für eine nichtnegative Funktion $s(x)$ *mit* $E(s(x)) < \infty$: $|t_n(x)| \leq s(x)$ *für alle* $n \geq 1$ *und alle* $x \in \Omega_x$ *(d.h. alle* $|t_n(x)|$ *sind von* $s(x)$ **dominiert**), *dann gilt auch:*

$$\lim_{n\to\infty} E(t_n(x)) = E(t(x)),$$

d.h. man kann den Grenzübergang unter dem Erwartungszeichen ausführen.

Auch für diesen Satz werden wir an späterer Stelle Anwendungen kennenlernen.

6.2 Momente eindimensionaler Verteilungen

Besonders wichtige Verteilungsparameter, sowohl für Zwecke der Theorie als auch der Praxis, sind die Momente, deren systematischer Behandlung wir uns jetzt zuwenden. Dabei beschäftigen wir uns in diesem Abschnitt überwiegend mit den technischen Fragen der Existenz und der Berechnung, sowie mit den Zusammenhängen zwischen den einzelnen Typen von Momenten. Die Diskussion der anschaulichen Bedeutung der Momente sowie anderer Verteilungsparameter bildet das Thema des nächsten Abschnittes.

Definition 6.2.1 *Momente 1-dimensionaler Zufallsgrößen*
Ist x *eine eindimensionale Zufallsvariable, dann nennt man:*

$m_k(a) = E((x-a)^k)\dots$ *das* **k-te Moment** *von* x *in bezug auf den Punkt* a,
$M_k(a) = E(|x-a|^k)\dots$ *das* **k-te absolute Moment** *von* x *in bezug auf* a,
$m_{(k)} = E(x(x-1)\cdots(x-k+1))\dots$ *das* **k-te faktorielle Moment** *von* x.

Die Momente $m_k(a)$ *und* $m_{(k)}$ *betrachtet man nur für ganzzahlige* $k \geq 0$ ($m_{(0)}$ *wird zu 1 gesetzt), die absoluten Momente* $M_k(a)$ *hingegen für beliebiges reelles* $k \geq 0$.

Ist $a = 0$, dann schreibt man statt $m_k(0)$ und $M_k(0)$ kürzer m_k und M_k und spricht einfach vom k-ten bzw. k-ten absoluten Moment von x. Das erste Moment $m_1 = E(x)$, das Mittel von x, bezeichnet man üblicherweise mit dem Buchstaben μ. Also: $\mu = m_1 = E(x)$. Die Momente in bezug auf $a = \mu$, d.h. $m_k(\mu)$ bzw. $M_k(\mu)$, nennt man **zentrale** bzw. **zentrale absolute** Momente, denn das Mittel μ kann man als das Zentrum einer Verteilung ansprechen. Das besonders wichtige zweite zentrale Moment $m_2(\mu)$ heißt die **Varianz** von x — man benützt dafür das Symbol σ^2 —, die positive Wurzel $\sigma =_+ \sqrt{m_2(\mu)}$ die **Standardabweichung** von x. Die ausführliche Diskussion dieser Größen verschieben wir, wie schon betont, auf den nächsten Abschnitt.

Existenz von Momenten

Wir wenden uns zunächst der Frage der Existenz der Momente zu. Eines ist klar: Mit $M_k(a)$ existiert $m_k(a)$ und umgekehrt (soferne k ganzzahlig ist), denn für die Existenz der Erwartung $E\big((x-a)^k\big)$ muß ja voraussetzungsgemäß (siehe Definition 6.1.1) $E\big(|x - a|^k\big)$ existieren.

Bei der Berechnung von $E\big(|x - a|^k\big)$ muß die für $x \to \pm\infty$ stark anwachsende Funktion $|x - a|^k$ (siehe Abb. 6.2.1), gewichtet mit der Dichte $f(x)$, integriert bzw. summiert werden.

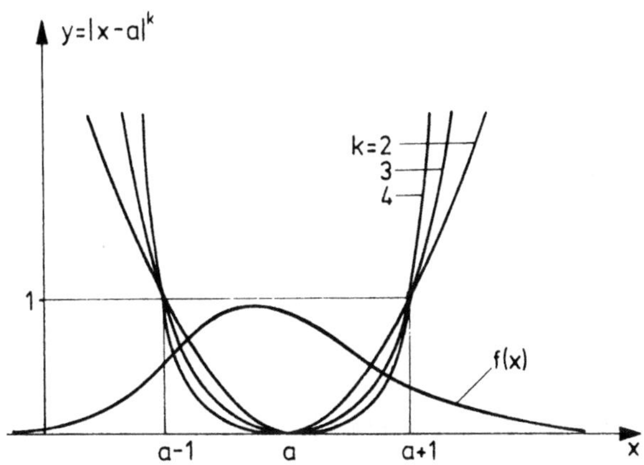

Abb. 6.2.1

Für die Existenz der Erwartung $E\big(|x - a|^k\big)$ ist es daher offenbar notwendig, daß die Dichte $f(x)$ das Produkt $|x - a|^k f(x)$ für $x \to \pm\infty$ hinreichend stark *dämpft*. Ist $f(x)$ überhaupt nur in einem endlichen x-Intervall positiv, wie etwa bei der Binomialverteilung, der hypergeometrischen Verteilung oder der Gleichverteilung, dann entstehen offenbar keine Schwierigkeiten. Die Summen sind endlich bzw. die Integrale eigentlich und es existieren alle Momente von beliebig hoher Ordnung.

Im allgemeinen Fall existieren die Momente bis zu einer gewissen **Grenzordnung** k_0 und darüber nicht mehr. Genau lautet die Aussage folgendermaßen:

Satz 6.2.1 *Existenz der Momente $M_k(a)$*
Existiert das Moment $M_k(a)$, dann existiert auch jedes Moment $M_l(b)$ für jedes $l\colon 0 \le l \le k$ und beliebiges b.

Beweis: Wir schätzen die Funktion $|x-b|^l$ durch $|x-a|^k$ ab. Zunächst gilt für $0 \le A \le B$:

$$(A+B)^k = B^k\Big(\frac{A}{B}+1\Big)^k \le 2^k B^k$$

und damit für beliebige Zahlen $A, B \ge 0$:

$$(A+B)^k \le 2^k(A^k + B^k).$$

Beachtet man nun noch für $0 \le A$ und $0 \le l \le k$:

$$A^l \le \left\{\begin{matrix} 1 & \text{für} & 0 \le A \le 1 \\ A^k & \text{für} & 1 \le A \end{matrix}\right\} \le 1 + A^k,$$

dann hat man:

$$|x-b|^l \le 1 + |x-b|^k \le 1 + |(x-a)+(a-b)|^k \le 1 + (|x-a| + |a-b|)^k \le$$

$$\le 1 + 2^k(|x-a|^k + |a-b|^k),$$

d.h. wir haben eine Abschätzung der Form $|x-b|^l \le C|x-a|^k + D$, und folglich existiert die Erwartung $E\big(|x-b|^l\big)$, wenn dies für $E\big(|x-a|^k\big)$ zutrifft. ♠

Was die Existenz der faktoriellen Momente $m_{(k)}$ anbetrifft, zeigen wir den

Satz 6.2.2 *Existenz der faktoriellen Momente*
Existiert für ganzzahliges $k > 0$ M_k, dann existiert auch $m_{(k)}$ und umgekehrt.

Beweis: Offenbar gilt $|(x)_k/x^k| \to 1$ für $|x| \to \infty$. Also ist für $|x| > A(\epsilon)$:

$$1 - \epsilon \le \frac{|(x)_k|}{|x^k|} \le 1 + \epsilon$$

und damit für beliebige x:

$$|(x)_k| \le C|x^k| + D, \quad |x^k| \le C'|(x)_k| + D',$$

für geeignete Konstante C,D und C',D'. Daraus folgt aber die Behauptung unmittelbar. ♠

Die Sätze 6.2.1 und 6.2.2 geben einen vollständigen Überblick über die Frage der Existenz der Momente.

Beispiel 6.2.1 Sei x eine stetige Zufallsvariable mit der Dichte:

$$f(x|p) = \begin{cases} \dfrac{p}{x^{p+1}} & \dots \text{ für } x \geq 1, \\ 0 & \dots \text{ sonst} \end{cases}$$

für ein $p > 0$. Man überzeugt sich sofort, daß die Bedingung $\int_{-\infty}^{\infty} f_p(x)dx = 1$ erfüllt ist. Es gilt nun, da die Dichte $f_p(x)$ für $x < 1$ verschwindet, für $k < p$:

$$M_k = \int_1^\infty x^k \frac{p}{x^{p+1}} dx = \frac{p}{-p+k} x^{-p+k}\Big|_1^\infty = \frac{p}{p-k}.$$

Für $k > p$ existiert M_k offenbar nicht, ebensowenig für $k = p$, denn das Integral $\int_1^\infty dx/x$ ist nicht endlich. Die absoluten Momente $M_k(a)$ existieren also für $0 \leq$ $\leq k < p$. Die Momente $m_k(a)$, die wir ja nur für ganzzahlige $k \geq 0$ betrachten, existieren dann für alle ganzen k mit $0 \leq k < p$. (Man könnte hier natürlich für $a \leq 1$ die Momente $m_k(a)$ auch für nicht-ganzzahliges k definieren, sie stimmen ja mit $M_k(a)$ überein. Doch für $a > 1$ ist $(x-a)^k$ für beliebig reelles k und $x < a$ im allgemeinen nicht reell und damit $E\big((x-a)^k\big)$, wenigstens im Reellen, nicht sinnvoll. Dieses ist der Grund weswegen man sich bei den Momenten $m_k(a)$ auf ganzzahlige Ordnungen beschränkt.) Das gleiche trifft für die faktoriellen Momente $m_{(k)}$ zu. Ist übrigens die Dichte $f(x|p)$ etwa von der Form:

$$f(x|p) = \begin{cases} \dfrac{c_p}{x^{p+1} \cdot ln^2 x} & \dots \text{ für } x \geq 2, \\ 0 & \dots \text{ sonst,} \end{cases}$$

dann existieren die Momente $M_k(a)$ für $0 \leq k \leq p$, also auch noch für $k = p$, denn das Integral $\int_2^\infty dx/x ln^2 x$ ist endlich. Es gibt also sowohl Verteilungen, wo das Moment der *Grenzordnung* noch existiert, als auch Verteilungen, wo dies nicht mehr der Fall ist.

Beispiel 6.2.2 Momente der Student-Verteilung $\mathbf{t}_n$

In der Statistik spielt die Familie der t- oder Student-Verteilungen eine wichtige Rolle. Wir werden diese Verteilungen im Kapitel 12 systematisch einführen. Man sagt, die stetige Zufallsvariable x wäre t- oder Student-verteilt mit n Freiheitsgraden (in Zeichen: $x \sim \mathbf{t}_n$), wenn die Dichte von x gegeben ist durch den Ausdruck:

$$f(x|\mathbf{t}_n) = C(n) \frac{1}{(1 + \frac{x^2}{n})^{\frac{n+1}{2}}} \quad \text{für} \quad -\infty < x < \infty.$$

Die Normierungskonstante $C(n)$ hat den Wert $C(n) = \Gamma(\frac{n+1}{2}) / \sqrt{n\pi}\Gamma(\frac{n}{2})$. Für $n = 1$ erhält man als Spezialfall die Cauchy-Verteilung (siehe auch Beispiel 3.6.3).

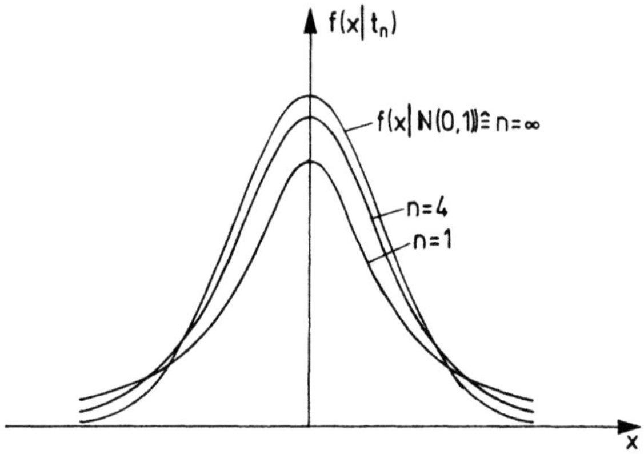

Abb. 6.2.2

Abb. 6.2.2 zeigt den Verlauf der Dichten $f(x|\mathbf{t}_n)$, die sich für wachsendes n immer mehr der Dichte $\varphi(x)$ der Normalverteilung $\mathbf{N}(0,1)$ nähern.

Wir fragen auch hier nach der Existenz der Momente M_k bzw. m_k. Man erkennt sofort, daß die Dichte $f(x|\mathbf{t}_n)$ für $|x| \to \infty$ von der Ordnung $1/x^{n+1}$ ist, d.h. es gilt:

$$A\frac{1}{|x|^{n+1}} \leq f(x|\mathbf{t}_n) \leq B\frac{1}{|x|^{n+1}},$$

etwa für $|x| > 1$ und geeignete Konstanten A und B. Daraus folgt unmittelbar, daß die Integrale $\int_{-\infty}^{\infty} |x|^k f(x|\mathbf{t}_n)dx$ für $0 \leq k < n$ existieren. Wir haben also das Ergebnis:

Die Student-Verteilung mit n Freiheitsgraden besitzt absolute Momente $M_k(a)$ für $0 \leq k < n$ und Momente $m_k(a)$ bzw. $m_{(k)}$ für alle ganzzahligen k: $0 \leq k \leq n-1$. Insbesondere existiert für die Cauchy-Verteilung ($= \mathbf{t}_1$) nur das (triviale) Moment $m_0 = m_0(a) = 1$, nicht aber der Mittelwert $\mu = m_1$, obwohl die Verteilung um den Nullpunkt symmetrisch ist und man eigentlich $m_1 = 0$ erwarten würde.

Zusammenhänge zwischen Momenten

Zwischen den Momenten $m_k(a)$, m_k und $m_{(k)}$ bestehen verschiedene Zusammenhänge, die man zur praktischen Berechnung dieser Größen häufig benötigt. Es gilt zunächst für beliebige Bezugspunkte a und b:

$$\begin{aligned} m_k(a) &= E\big((x-a)^k\big) = E\big(((x-b)+(b-a))^k\big) = \\ &= E\Big(\sum_{j=0}^{k}\binom{k}{j}(x-b)^j(b-a)^{k-j}\Big) = \sum_{j=0}^{k}\binom{k}{j}(b-a)^{k-j}E\big((x-b)^j\big) = \\ &= \sum_{j=0}^{k}\binom{k}{j}(b-a)^{k-j}m_j(b). \end{aligned} \tag{6.2.1}$$

Setzt man in (6.2.1) $b = 0$, dann folgt insbesondere

$$m_k(a) = \sum_{j=0}^{k} \binom{k}{j} (-a)^{k-j} m_j, \tag{6.2.2}$$

wählt man hingegen in (6.2.1) $a = 0$ und ersetzt man den Buchstaben b wieder durch a, dann ergibt sich die reziproke Beziehung:

$$m_k = \sum_{j=0}^{k} \binom{k}{j} a^{k-j} m_j(a). \tag{6.2.3}$$

Insbesondere für $a = m_1 = \mu$ ergeben sich für die Ordnungen $k = 1, 2, 3, 4$ die folgenden Zusammenhänge zwischen den zentralen Momenten $m_k(\mu)$ und den gewöhnlichen Momenten m_k (man beachte: $m_1 = \mu$):

$$\begin{aligned}
m_1(\mu) &= m_1 - \mu = 0,\\
m_2(\mu) &= \sigma^2 = m_2 - 2\mu m_1 + \mu^2 = m_2 - \mu^2,\\
m_3(\mu) &= m_3 - 3\mu m_2 + 3\mu^2 m_1 - \mu^3 = m_3 - 3\mu m_2 + 2\mu^3,\\
m_4(\mu) &= m_4 - 4\mu m_3 + 6\mu^2 m_2 - 4\mu^3 m_1 + \mu^4 = m_4 - 4\mu m_3 + 6\mu^2 m_2 - 3\mu^4
\end{aligned}$$

usw.

$$\begin{aligned}
m_1 &= m_1(\mu) + \mu = \mu \quad (\text{denn } m_1(\mu) = 0),\\
m_2 &= m_2(\mu) + 2\mu m_1(\mu) + \mu^2 = \sigma^2 + \mu^2 \quad (\text{denn } m_2(\mu) = \sigma^2),\\
m_3 &= m_3(\mu) + 3\mu m_2(\mu) + 3\mu^2 m_1(\mu) + \mu^3 = m_3(\mu) + 3\mu\sigma^2 + \mu^3,\\
m_4 &= m_4(\mu) + 4\mu m_3(\mu) + 6\mu^2 m_2(\mu) + 4\mu^3 m_1(\mu) + \mu^4 =\\
&= m_4(\mu) + 4\mu m_3(\mu) + 6\mu^2\sigma^2 + \mu^4
\end{aligned}$$

usw.

Die Formel (6.2.1) hat für $k = 2$ und $b = \mu$ die Gestalt:

$$m_2(a) = m_2(\mu) - 2(\mu - a)m_1(\mu) + (\mu - a)^2 = \sigma^2 + (\mu - a)^2. \tag{6.2.4}$$

Man erkennt an dieser Formel, die in der Literatur gelegentlich als **Steinerscher Verschiebungssatz** bezeichnet wird, daß die zweiten Momente $m_2(a)$ für $a = \mu$ den minimalen Wert σ^2 annehmen.

Bei diskreten Verteilungen lassen sich oft die faktoriellen Momente $m_{(k)}$ leicht bestimmen, während die direkte Berechnung der Momente m_k Schwierigkeiten bereitet. Es ist daher von Interesse, die Zusammenhänge zwischen diesen Momenten zu studieren.

Das Produkt $(x)_k = x(x-1)\cdots(x-k+1)$ ergibt ausmultipliziert ein Polynom in x vom Grade k, dessen Koeffizienten wir, wie in der Kombinatorik üblich, mit $s(k,l)$ bezeichnen wollen. Es ist also:

$$(x)_k = s(k,0) + s(k,1)x + s(k,2)x^2 + \ldots + s(k,k)x^k = \sum_{l=0}^{k} s(k,l)x^l. \qquad (6.2.5)$$

Man nennt die Zahlen $s(k,l)$ **Stirling-Zahlen erster Art.** Offensichtlich gilt $s(k,0) = 0$ und $s(k,k) = 1$ für beliebige $k = 1,2,\ldots$. Es ist natürlich leicht, die Stirling-Zahlen $s(k,l)$ für kleine Werte von k direkt auszurechnen. Einfacher ist es, die folgende Rekursionsformel zu benützen (noch einfacher wäre es, wie der Schlaumeier weiß, die Zahlen einer Tafel zu entnehmen, doch besitzen nur die wenigsten Schlaumeier so eine Tafel). Es gilt:

$$s(k+1,l) = s(k,l-1) - ks(k,l) \quad \text{für} \quad 1 \le l \le k, \qquad (6.2.6)$$

denn man hat:

$$\begin{aligned}(x)_{k+1} &= (x)_k(x-k) = \sum_{l=0}^{k} s(k,l)x^l(x-k) = \\ &= \sum_{l=0}^{k} s(k,l)x^{l+1} - \sum_{l=0}^{k} s(k,l)kx^l.\end{aligned} \qquad (6.2.7)$$

Vereinbart man, daß generell $s(k,l) = 0$ gelten soll für $l < 0$ und $l > k$, dann kann (6.2.7) folgendermaßen geschrieben werden:

$$(x)_{k+1} = \sum_{l=0}^{k+1} s(k,l-1)x^l - \sum_{l=0}^{k+1} s(k,l)kx^l.$$

Andererseits ist aber $(x)_{k+1} = \sum_{l=0}^{k+1} s(k+1,l)x^l$, woraus durch Koeffizientenvergleich die Rekursionsformel (6.2.6) folgt. Tabelle 6.2.1 gibt die Stirling-Zahlen erster Art $s(k,l)$ für $0 \le l \le k \le 7$ (man setzt $s(0,0) = 1$ und $(x)_0 \equiv 1$, so daß dann auch $(x)_0 = s(0,0)x^0$ gilt).

$s(k,l)$

$k\backslash l$	0	1	2	3	4	5	6	7
0	1							
1	0	1						
2	0	-1	1					
3	0	2	-3	1				
4	0	-6	11	-6	1			
5	0	24	-50	35	-10	1		
6	0	-120	274	-225	85	-15	1	
7	0	720	-1764	1624	-735	175	-21	1

Tabelle 6.2.1: Stirling-Zahlen erster Art $s(k,l)$

Bildet man in (6.2.5) links und rechts den Erwartungswert, dann ergibt sich:

$$m_{(k)} = \sum_{l=0}^{k} s(k,l) m_l, \tag{6.2.8}$$

eine Beziehung, die die faktoriellen Momente durch die gewöhnlichen Momente ausdrückt. In der Praxis benötigt man allerdings meistens die umgekehrte Darstellung, nämlich einen Ausdruck, der die Momente m_k durch die faktoriellen Momente $m_{(l)}$ zu berechnen gestattet. Diese Darstellung gewinnt man, wenn man die Potenzen x^k als Linearkombinationen der Polynome $(x)_0, (x)_1 \ldots (x)_k$ darstellt. Beispielsweise gilt, wie man sofort nachrechnet:

$$\begin{aligned} x^1 &= (x)_1, \\ x^2 &= x(x-1) + x = (x)_2 + (x)_1, \\ x^3 &= x(x-1)(x-2) + 3x(x-1) + x = (x)_3 + 3(x)_2 + (x)_1, \\ &\text{usw.} \end{aligned}$$

Für allgemeines k setzen wir an:

$$\begin{aligned} x^k &= S(k,k)(x)_k + S(k,k-1)(x)_{k-1} + \ldots + S(k,1)(x)_1 + S(k,0)(x)_0 = \\ &= \sum_{l=0}^{k} S(k,l)(x)_l, \end{aligned} \tag{6.2.9}$$

(man beachte: $(x)_0 \equiv 1$). Es ist ganz leicht zu sehen, daß diese Darstellung von x^k immer existiert und daß sie eindeutig bestimmt ist. Die Koeffizienten $S(k,l)$ nennt man **Stirling-Zahlen zweiter Art.** Man bestimmt auch diese Zahlen durch eine Rekursionsformel. Zunächst setzen wir, analog wie bei den Stirling-Zahlen erster Art: $S(0,0) = 1$ und $S(k,l) = 0$ für $l < 0$ und $l > k$. Damit sind die Zahlen $S(k,l)$ für $k \geq 0$ und beliebige l definiert. Aus der Darstellung (6.2.9) entnimmt man sofort $S(k,k) = 1$ und $S(k,0) = 0$ für $k \geq 1$. Nun zu der angekündigten Rekursion. Es gilt:

$$\begin{aligned} x^{k+1} &= x^k \cdot x = \sum_{l=0}^{k} S(k,l)(x)_l\big((x-l)+l\big) = \\ &= \sum_{l=0}^{k} S(k,l)(x)_{l+1} + \sum_{l=0}^{k} S(k,l)l(x)_l = \\ &= \sum_{l=0}^{k+1} S(k,l-1)(x)_l + \sum_{l=0}^{k+1} S(k,l)l(x)_l. \end{aligned}$$

Da aber natürlich auch $x^{k+1} = \sum_{l=0}^{k+1} S(k+1,l)(x)_l$ gilt, folgt durch Koeffizientenvergleich:

$$S(k+1,l) = S(k,l-1) + lS(k,l). \qquad (6.2.10)$$

Diese Rekursion ist, mit den oben eingeführten Festsetzungen für $l < 0$ und $l > k$, für alle $k \geq 0$ und beliebige l richtig. Tabelle 6.2.2 gibt die Stirling-Zahlen zweiter Art für $0 \leq l \leq k \leq 7$.

$S(k,l)$

$k \backslash l$	0	1	2	3	4	5	6	7
0	1							
1	0	1						
2	0	1	1					
3	0	1	3	1				
4	0	1	7	6	1			
5	0	1	15	25	10	1		
6	0	1	31	90	65	15	1	
7	0	1	63	301	350	140	21	1

Tabelle 6.2.2: Stirling-Zahlen zweiter Art $S(k,l)$

Bildet man in (6.2.9) links und rechts den Erwartungswert, dann folgt:

$$m_k = \sum_{l=0}^{k} S(k,l)m_{(l)}. \qquad (6.2.11)$$

Die Beziehungen (6.2.8) und (6.2.11) sind zueinander reziprok und man erkennt, daß die Matrizen $\mathbf{s}_n = \big(s(k,l) : k,l = 0\ldots n\big)$ und $\mathbf{S}_n = \big(S(k,l) : k,l = 0\ldots n\big)$ zueinander invers sind, was man an Hand der Tabellen 6.2.1 und 6.2.2

für $n = 0, 1 \dots 7$ direkt bestätigen kann. Wir demonstrieren die Anwendung insbesondere der Formel (6.2.11) für die praktische Berechnung der Momente an einigen Beispielen.

Beispiel 6.2.3 Momente der hypergeometrischen Verteilung

Sei x nach $\mathbf{H}_{N,A,n}$ verteilt. Wir bestimmen zunächst die faktoriellen Momente $m_{(k)}$. Es gilt:

$$m_{(k)} = E\big((x)_k\big) = \sum_{x=0}^{n} (x)_k \frac{\binom{A}{x}\binom{N-A}{n-x}}{\binom{N}{n}} = \sum_{x=k}^{n} \frac{(A)_k \binom{A-k}{x-k}\binom{(N-k)-(A-k)}{(n-k)-(x-k)}}{\frac{(N)_k}{(n)_k}\binom{N-k}{n-k}} =$$

$$= (n)_k \frac{(A)_k}{(N)_k} \sum_{z=0}^{n-k} \frac{\binom{A-k}{z}\binom{(N-k)-(A-k)}{(n-k)-z}}{\binom{N-k}{n-k}}.$$

Im letzten Schritt der Umformung wurde $x - k = z$ gesetzt. Man erkennt, daß die Dichte der hypergeometrischen Verteilung $\mathbf{H}_{N-k,A-k,n-k}$ von $z = 0$ bis $z = n - k$ aufzusummieren ist. Die Summe ergibt daher den Wert 1, und wir erhalten für die faktoriellen Momente der hypergeometrischen Verteilung $\mathbf{H}_{N,A,n}$:

$$m_{(k)} = (n)_k \frac{(A)_k}{(N)_k} \qquad \text{für} \quad k = 0, 1, \dots \tag{6.2.12}$$

Daraus können nun mit der Formel (6.2.11) die Momente m_k und aus diesen wieder, vermöge der Beziehung (6.2.2), die zentralen Momente $m_k(\mu)$ bestimmt werden. Für die Praxis sind vor allem die ersten beiden Momente von Interesse. Es ergibt sich:

$$m_1 = m_{(1)} = \mu = n\frac{A}{N} \quad \dots \text{der Mittelwert von } x,$$

$$m_2 = m_{(2)} + m_{(1)} = n(n-1)\frac{A(A-1)}{N(N-1)} + n\frac{A}{N} = n\frac{A}{N}\Big(1 + (n-1)\frac{A-1}{N-1}\Big),$$

und damit folgt die Varianz von x:

$$\sigma^2 = m_2(\mu) = m_2 - \mu^2 = n\frac{A}{N}\Big(1 + (n-1)\frac{A-1}{N-1}\Big) - \Big(n\frac{A}{N}\Big)^2 =$$

$$= n\frac{A}{N}\Big(1 - \frac{A}{N}\Big)\Big(1 - \frac{n-1}{N-1}\Big).$$

Beispiel 6.2.4 Momente der Binomial-Verteilung

Die faktoriellen Momente $m_{(k)}$ der Binomial-Verteilung $\mathbf{B}_{n,p}$ haben wir bereits im Beispiel 6.1.1 bestimmt. Es ergab sich:

$$m_{(k)} = (n)_k p^k \qquad \text{für} \quad k = 0, 1, \dots , \tag{6.2.13}$$

so daß auch hier die Momente m_k bzw. $m_k(\mu)$ für beliebige k vermittels der Formeln (6.2.11) und (6.2.2) berechnet werden können. Insbesondere für $k = 1$ und $k = 2$ hat man:

$$\begin{aligned} m_1 &= m_{(1)} = \mu = np \quad \ldots \quad \text{das Mittel},\\ m_2 &= m_{(2)} + m_{(1)} = n(n-1)p^2 + np = np\bigl(1 + (n-1)p\bigr), \end{aligned}$$

und damit die Varianz:

$$\sigma^2 = m_2(\mu) = m_2 - \mu^2 = np\bigl(1 + (n-1)p\bigr) - (np)^2 = np(1-p).$$

Beispiel 6.2.5 Momente der Poisson-Verteilung
Wir bestimmen auch hier zunächst die faktoriellen Momente $m_{(k)}$. Es ist:

$$m_{(k)} = E\bigl((x)_k\bigr) = \sum_{x=0}^{\infty} (x)_k \frac{\mu^x}{x!} e^{-\mu} = \mu^k e^{-\mu} \sum_{x=k}^{\infty} \frac{\mu^{x-k}}{(x-k)!} = \mu^k, \qquad (6.2.14)$$

denn die Reihe ergibt offenbar den Wert e^{μ}. Das ist eine besonders einfache und leicht einprägbare Beziehung. Aus ihr folgt:

$$E(x) = m_1 = m_{(1)} = \mu,$$

d.h. der Mittelwert der Poisson-Verteilung $\mathbf{P}_\mu$ ist gleich dem Wert des Parameters μ, weshalb dieser ja auch mit dem Buchstaben μ bezeichnet wurde. Weiters ist:

$$\begin{aligned} m_2 &= m_{(2)} + m_{(1)} = \mu^2 + \mu,\\ \sigma^2 &= m_2 - \mu^2 = \mu. \end{aligned}$$

Bei der Poisson-Verteilung $\mathbf{P}_\mu$ haben also Mittelwert und Varianz beide den Wert μ des Parameters dieser Verteilung.

6.3 Lage- und Streuungsparameter

Wir besprechen in diesem Abschnitt die wichtigsten Parameter, die man in den Anwendungen zur summarischen Beschreibung von eindimensionalen Wahrscheinlichkeitsverteilungen benützt. Es sind dies vor allem Lage- und Streuungsparameter.

Allgemein nennt man einen **Verteilungsparameter** eine Funktion, die jeder Wahrscheinlichkeitsverteilung aus einer bestimmten Klasse von Verteilungen eine oder mehrere Zahlen zuordnet. Beispiele sind etwa die Momente $M_k, m_k, m_{(k)}$. Etwas abstrakter schreiben wir gelegentlich $\vartheta = \vartheta(P)$ für den

Verteilungsparameter ϑ, um anzuzeigen, daß ϑ eine Funktion der Wahrscheinlichkeitsverteilung P ist. P durchläuft dabei die Menge aller Verteilungen, für die $\vartheta(P)$ sinnvoll definiert ist. Ist etwa $m_k = m_k(P)$, so läuft P über die Menge aller Verteilungen, für die das k-te Moment m_k existiert.

Besitzt die Zufallsvariable x die Verteilung P_x, dann schreiben wir auch oft statt $\vartheta(P_x)$ kürzer ϑ_x. Diese Schreibweise ist dann zweckmäßig, wenn in einem Zusammenhang mehrere Variable $x, y, z \ldots$ auftreten und die zugehörigen Werte $\vartheta_x, \vartheta_y, \vartheta_z \ldots$ verglichen werden sollen.

Lageparameter

Einen Verteilungsparameter $\vartheta = \vartheta(P)$ nennt man einen **Lageparameter**, wenn, anschaulich gesprochen, bei einer Verschiebung der Verteilung P um den Betrag $a > 0$ nach rechts bzw. nach links, sich ϑ um a vergrößert bzw. verkleinert. Präziser: Besitzt P die Verteilungsfunktion $F(x)$ und P_a die Verteilungsfunktion $F_a(x) = F(x-a)$ (d.h. $(P_a: a \in \mathbf{R})$ ist die von $P_0 = P$ erzeugte Lagefamilie — siehe Definition 2.11.1 und Abb. 6.3.1), dann soll gelten:

$$\vartheta(P_a) = \vartheta(P_0) + a. \tag{6.3.1}$$

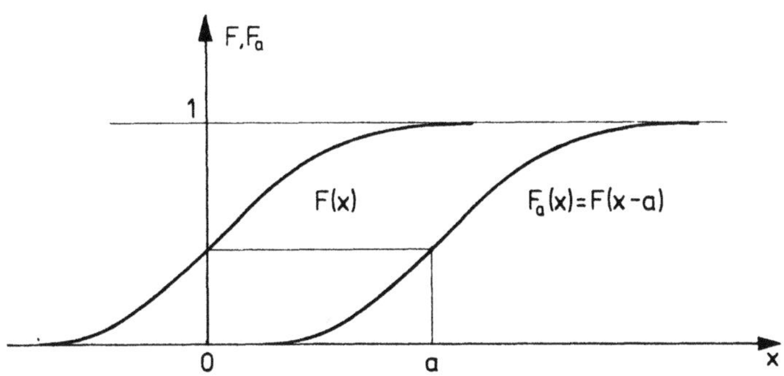

Abb. 6.3.1

Die wichtigsten Lageparameter sind:

A. Das Mittel $\mu = \mu(P) = E_P(x)$.
B. Der Median, allgemeiner das p-Fraktil $x_p = x_p(P)$ für $0 \leq p \leq 1$, bzw. einfache Konvexkombinationen davon, wie etwa $(x_p + x_{1-p})/2$.
C. Der Modus x_{mod}.

Das Mittel: Für den Mittelwert gilt offenbar die Beziehung (6.3.1), denn hat x die Verteilung P_0, dann besitzt $y = x + a$ die Verteilung P_a und es gilt:

$$\mu(P_a) = E_{P_a}(y) = E_{P_0}(x + a) = E_{P_0}(x) + a = \mu(P_0) + a.$$

Das p-Fraktil: Wir definieren zunächst den Begriff des *p-Fraktils* in einer Form, die den Bedürfnissen der Praxis am besten entspricht.

Definition 6.3.1 *Sei x eine eindimensionale (stetige oder diskrete) Zufallsvariable. Gilt $P(x \leq c) = p$, dann nennt man c (ein) p-***Fraktil** *oder p-***Quantil** *oder $100p\%$-***Perzentil** *der Verteilung von x. Man schreibt dafür x_p bzw. $x_{p\%}$ (z.B. $x_{0,3} = x_{30\%}$).*

Zu dieser Definition ist folgendes anzumerken: Besitzt x die Verteilungsfunktion $F(x)$, dann gilt offenbar $F(x_p) = p$ und damit für streng monotones F: $x_p = F^{-1}(p)$ (siehe Abb. 6.3.2).

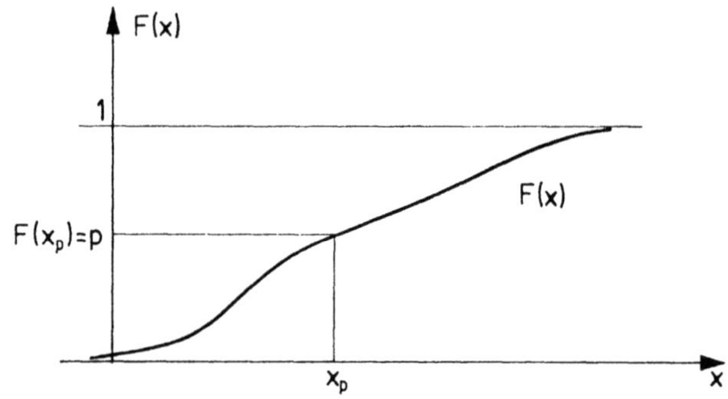

Abb. 6.3.2

Ist x eine diskrete Zufallsgröße, dann gibt es nur für gewisse p-Werte p-Fraktile. Wir betrachten ein Beispiel.

Beispiel 6.3.1 Sei x nach $\mathbf{B}_{10;0,3}$ verteilt. Die tieferstehende Tabelle gibt die Verteilungsfunktion $F(x|\mathbf{B}_{10;0,3})$ auf 4 Dezimalen genau, Abb. 6.3.3 zeigt ihren Verlauf.

x	$F(x\|\mathbf{B}_{10;0,3})$
0	0,0282
1	0,1493
2	0,3828
3	0,6496
4	0,8497
5	0,9527
6	0,9894
7	0,9984
8	0,9999
9	1,0000
10	1,0000

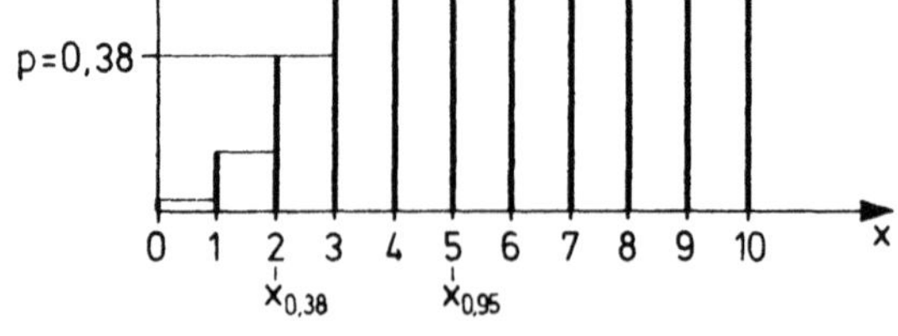

Abb. 6.3.3

Beispielsweise ist dann (auf zwei Stellen gerundet) $x_{0,38} = x_{38\%} = 2$, oder $x_{0,95} = x_{95\%} = 5$, hingegen existieren etwa $x_{0,40}$ oder $x_{0,60}$ nicht.

Man definiert gelegentlich den Begriff des p-Fraktils etwas anders, und zwar nennt man den Wert c ein p-Fraktil der Verteilung von x, falls gilt:

$$P(x < c) \leq p \leq P(x \leq c). \tag{6.3.2}$$

Dann gibt es zwar zu jedem p-Wert immer ein p-Fraktil x_p, aber im obigen Beispiel 6.3.1 wäre etwa der Wert $c = 2$ p-Fraktil für jedes p mit $0,1493 \leq p \leq$ $\leq 0,3828$, und dies ist ein für den Anwender irreführender Umstand. Teilt man nämlich einem Praktiker mit: $x_{0,25}$ ist 2, dann nimmt er an, daß 25% der Werte der Grundgesamtheit kleiner oder gleich 2 sind, tatsächlich trifft dies aber in unserem Beispiel für 38% aller Werte zu. Wir ziehen daher die Definition 6.3.1 für x_p vor und nehmen in Kauf, daß es unter Umständen für gewisse p-Werte kein p-Fraktil gibt.

Ist die Verteilungsfunktion $F(x)$ im Intervall $a \leq x \leq b$ konstant und gilt dort $F(x) = p$, dann ist jeder Wert aus diesem Intervall p-Fraktil. Denkt man sich etwa im Beispiel 6.3.1 der $\mathbf{B}_{10;0,3}$-Verteilung den Wertebereich $\Omega_x =$ $= \{0, 1, \ldots, 10\}$ in $\mathbf{R}$ eingebettet, dann sind alle x-Werte aus $2 \leq x < 3$ 0,38-Fraktile der Verteilung. In der statistischen Praxis — und der Begriff des p-Fraktils ist wesentlich ein Begriff für die Praxis — tut man dies allerdings kaum je bei diskreten Verteilungen, so daß Mehrdeutigkeiten bei x_p eigentlich nur bei stetigen Verteilungen mit Konstanzintervallen von $F(x)$ auftreten können. Tatsächlich besitzen aber die praktisch wichtigen Verteilungen solche Konstanzintervalle nicht, sondern haben streng monotone Verteilungsfunktionen. Das Phänomen der Mehrdeutigkeit von x_p ist also eigentlich ohne praktische Bedeutung.

Das p-Fraktil $x_p = x_p(P_0)$ der Verteilung P_0 besitzt offensichtlich die Translationseigenschaft (6.3.1), denn ist $F_0(c) = p$ — F_0 bezeichnet natürlich wieder die Verteilungsfunktion von P_0 — dann hat man: $F_a(c+a) = F_0\big((c+a)-a\big) = p$ und somit folgt: $x_p(P_a) = x_p(P_0) + a$. Diese Formel ist so zu lesen: „Ist c p-Fraktil von P_0, dann ist $c+a$ p-Fraktil von P_a und umgekehrt." Die Fraktilen sind damit Lageparameter. Für die statistischen Anwendungen sind besonders wichtig:

$x_{0,10} = x_{10\%}$ ... das erste Dezil,

$x_{0,25} = x_{25\%}$ ... das erste Quartil,

$x_{0,50} = x_{50\%}$ ... der Median (=das zweite Quartil),

$x_{0,75} = x_{75\%}$ ... das dritte Quartil,

$x_{0,90} = x_{90\%}$ ... das neunte Dezil.

Der Median ist in gewisser Weise der Mittelpunkt einer Verteilung, und er ist neben dem Mittel $\mu = E_p(x)$ der am häufigsten benützte Lageparameter, der in mancher Hinsicht den Vorzug vor dem Mittel μ verdient.

Es ist klar, daß jede Konvexkombination von Lageparametern wieder ein Lageparameter ist, d.h. sind $\vartheta_1(P) \ldots \vartheta_k(P)$ Lageparameter, und sind $\gamma_1 \ldots \gamma_k$ nichtnegative Zahlen mit $\gamma_1 + \ldots + \gamma_k = 1$, dann ist auch $\vartheta(P) = \gamma_1\vartheta_1(P) +$ $\ldots + \gamma_k\vartheta_k(P)$ ein Lageparameter.

Ein häufig benützter Lageparameter dieser Art ist das arithmetische Mittel von x_p und x_{1-p} das sogenannte $p-(1-p)$-**Fraktilmittel** : $(x_p + x_{1-p})/2$, wobei man für p meistens 0,1 (man spricht auch vom **Dezilmittel**) oder 0,25 (es ergibt sich das **Quartilmittel**) wählt.

Der Modus: Modalwerte einer Verteilung P nennt man jene Zahlen $x_1, x_2, \ldots$ des Wertebereichs der betrachteten Zufallsvariablen, wo die Dichte $f(x)$ der Verteilung von x ein lokales Maximum besitzt (siehe Abb. 6.3.4). Modalwerte sind natürlich Lageparameter, denn bei einer Verschiebung der Verteilung werden sie mitverschoben.

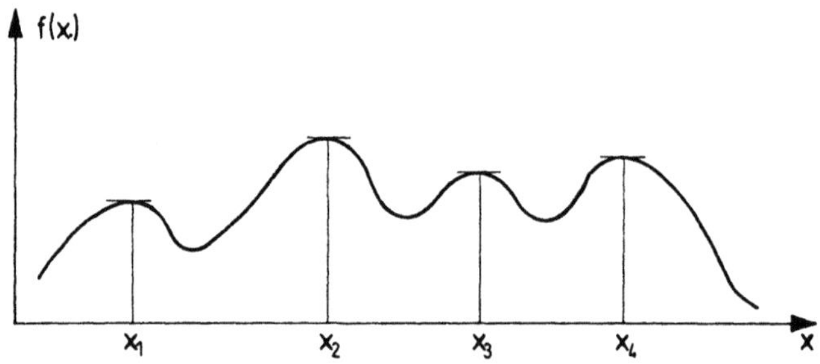

Abb. 6.3.4

Die bisher von uns studierten Verteilungen haben alle, abgesehen von der Gleichverteilung und der Beta-Verteilung $\mathbf{B}(\alpha, \beta)$ für $0 < \alpha, \beta < 1$ (siehe Abb. 2.9.1), nur einen Modalwert — man nennt sie **unimodal** und den Modalwert x_{mod} den **Modus** der Verteilung. In den Anwendungen treten allerdings sehr oft Verteilungen mit zwei, drei und mehr Modalwerten auf (sogenannte bi-, tri- und multimodale Verteilungen). Man hat es dabei in der Regel mit **Mischverteilungen** zu tun, und die Multimodalität ist dafür ein wichtiger Hinweis.

Beispiel 6.3.2 Aus der Grundgesamtheit $\mathcal{M}$ aller Studentinnen und Studenten eines bestimmten Jahrgangs an einer Universität wird zufällig eine Person ausgewählt und ihre Körpergröße x (in cm) gemessen. Dieses Zufallsexperiment $\mathcal{E}$ des Herausgreifens einer Einheit aus einer festen Grundgesamtheit ist geradezu das Muster- oder Standardexperiment für eine Unzahl von Anwendungen. Es ist natürlich letzten Endes ein Urnenexperiment, wenn wir — horribile dictu — die Universität als Urne und die Studierenden als Kugeln ansprechen wollen. Wir betrachten x näherungsweise als stetige Variable, wenn auch de facto nur endlich viele Einheiten in der Urne sind und damit x, genau besehen, natürlich diskret ist. Wir werden etwa die in Abb. 6.3.5 dargestellte Verteilungsdichte $f(x)$ vorfinden (die wir selbstverständlich exakt nur bestimmen könnten, würden wir die Größen aller Studierenden in $\mathcal{M}$ messen).

Die Bimodalität der Dichte $f(x)$ entsteht offenbar durch die Anwesenheit weiblicher und männlicher Studenten in $\mathcal{M}$. Das gleiche Experiment, ausgeführt jeweils mit den Teilkollektiven $\mathcal{M}_w$ und $\mathcal{M}_m$, der weiblichen bzw. männlichen Studenten allein, ergäbe höchstwahrscheinlich unimodale Dichten $f_w(x)$ bzw. $f_m(x)$, deren Modus $x_{mod/w}$ bzw. $x_{mod/m}$ in der Nähe der beiden Modalwerte $x_1 = 160$ und $x_2 = 175$, der in Abb. 6.3.5 dargestellten Mischverteilung $f(x)$ zu liegen kämen. Es ist im übrigen nicht schwer zu sehen, daß die Dichte $f(x)$ der Mischverteilung gegeben ist durch:

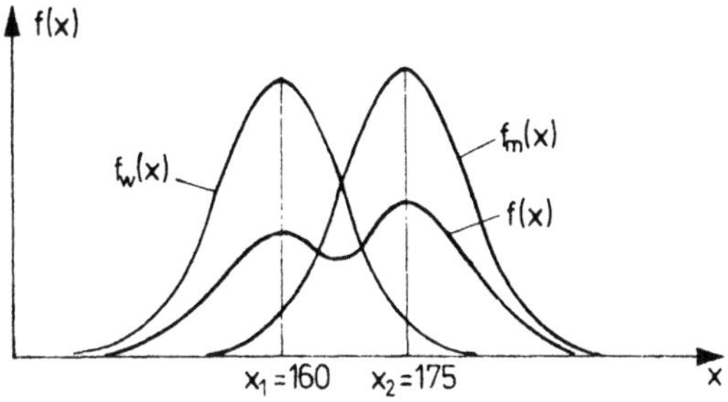

Abb. 6.3.5

$$f(x) = p_w f_w(x) + p_m f_m(x),$$

wenn p_w bzw. p_m die Anteile der weiblichen bzw. männlichen Studenten in $\mathcal{M}$ sind (natürlich ist $p_w + p_m = 1$).

Zwischen den Lageparametern Mittel μ, Median $x_{0,5}$ und Modus x_{mod} besteht im allgemeinen keinerlei Zusammenhang. Ist allerdings die Verteilung P unimodal und um den Punkt a symmetrisch (d.h. $f(a+x) = f(a-x)$), dann stimmen alle 3 Parameter offensichtlich überein und haben den Wert a (siehe Abb. 6.3.6).

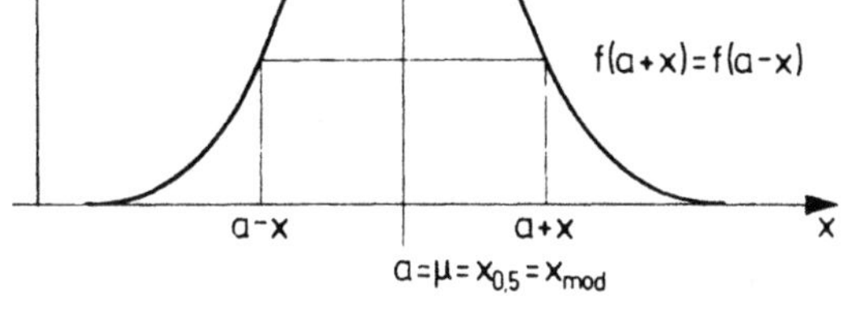

Abb. 6.3.6

Streuungsparameter

Betrachten wir die beiden in Abb. 6.3.7 dargestellten Dichten $f_1(x)$ und $f_2(x)$. Ist x_1 nach f_1 verteilt und x_2 nach f_2, dann sagt man: „x_2 streut stärker, als x_1". Der Grund für diese Ausdrucksweise liegt auf der Hand.

Es gibt die verschiedensten Möglichkeiten ein numerisches Maß für die Streuung einer Zufallsvariablen bzw. ihrer Verteilung, also einen Streuungsparameter, einzuführen. In der statistischen Praxis benützt man vor allem:

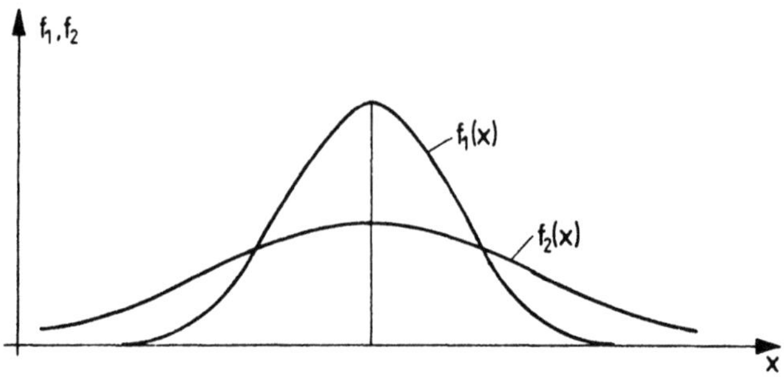

Abb. 6.3.7

A. die Standardabweichung σ bzw. ihr Quadrat, die Varianz σ^2,
B. die mittlere (absolute) Abweichung $M_1(\mu)$ bzw. $M_1(x_{0,5})$,
C. die $(1-p)-p-$ Fraktildistanz.

Fragen wir uns, bevor wir die einzelnen Parameter näher studieren, welche Transformationseigenschaften ein Streuungsparameter vernünftigerweise haben muß. Es leuchtet ein:

1. Bei einer Verschiebung der Verteilung, d.h. bei einem Übergang von x zu $y = x + a$, muß ein Streuungsparameter ungeändert bleiben.

2. Bei einer Skalentransformation, d.h. bei einem Übergang von x zu $y = bx$ $(b > 0)$, verbunden mit dem Übergang von der Verteilungsfunktion $F_x(x)$ zu $F_y(y) = F_x(y/b)$ bzw. von der Dichte $f_x(x)$ zu $f_y(y) = f_x(y/b)/b$ (siehe Abb. 6.3.8), sollte ein Streuungsparameter ebenfalls von ϑ_x zu $\vartheta_y = b\vartheta_x$ transformiert werden.

Fassen wir beide Bedingungen zusammen, dann sollte bei einer allgemeinen Lage- und Skalentransformation: x geht über in $y = bx + a$ $(b \geq 0)$ gelten:

$$\vartheta_y = b \cdot \vartheta_x. \tag{6.3.3}$$

Da es naheliegend, wenn auch nicht selbstverständlich ist, daß ein Streuungsparameter beim Übergang von x zu $y = -x$, also bei Spiegelung der Verteilung am Ursprung, ungeändert bleibt, erhält man etwas allgemeiner als (6.3.3) die

Transformationsbedingung für Streuungsparameter:

Bei einer linearen Transformation $y = bx + a$ $(a, b$ beliebig), soll für einen Streuungsparameter ϑ gelten:

$$\vartheta_y = |b| \cdot \vartheta_x. \tag{6.3.4}$$

Diese Bedingung entspricht der Beziehung (6.3.1) für Lageparameter.

Beispiel 6.3.3 Daß die obige Symmetrieforderung nicht selbstverständlich ist, zeigt das Beispiel: $\vartheta_x = x_{0,95} - x_{0,10}$, die $0,95 - 0,10-$ Fraktildistanz. Setzt man $y = -x$, dann ist, stetige Variable vorausgesetzt, $\vartheta_y = y_{0,95} - y_{0,10} = (-x_{0,05}) -$

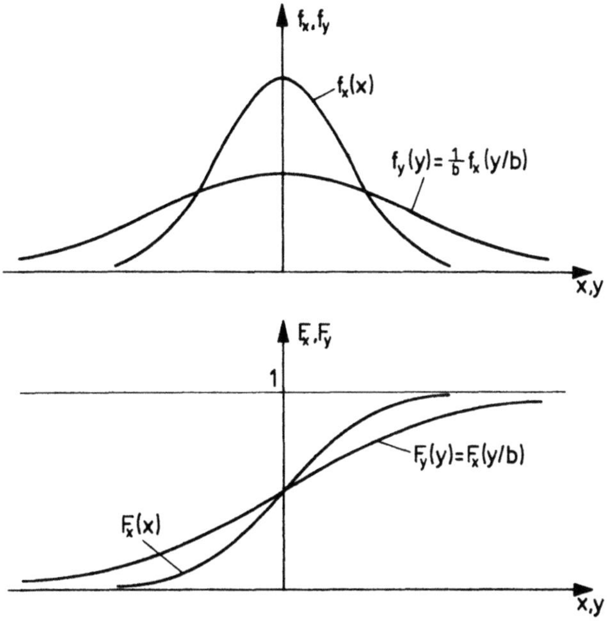

Abb. 6.3.8

$-(-x_{0,90}) = x_{0,90} - x_{0,05}$ und dieses stimmt natürlich im allgemeinen nicht mit ϑ_x überein. Andererseits könnte die Differenz $x_{0,95} - x_{0,10}$ in einem ganz konkreten Zusammenhang durchaus ein vernünftiges Streuungsmaß sein.

Die Standardabweichung — die Varianz

Wie bereits im Abschnitt 6.2, im Anschluß an die Definition 6.2.1 erwähnt, nennt man das zweite zentrale Moment $\sigma^2 = m_2(\mu) = E\big((x-\mu)^2\big)$ einer Verteilung ihre **Varianz** und die positive Wurzel σ ihre **Standardabweichung**. Wir benützen die gleichwertigen Bezeichnungen σ_x^2 bzw. $\sigma^2(P_x)$, je nachdem, ob mehr auf die Zufallsvariable x oder ihre Verteilung P_x hingewiesen werden soll. Gelegentlich schreiben wir auch $V(x)$ für die Varianz der Zufallsgröße x, ähnlich wie $E(x)$ für ihre Erwartung. Es ist also:

$\sigma^2 = \sigma_x^2 = \sigma^2(P_x) = V(x) = E_{P_x}\big((x-\mu)^2\big)\ldots$ die **Varianz** von x bzw. P_x,
$\sigma = \sigma_x = \sigma(P_x) = \sqrt{V(x)} = \sqrt{E_{P_x}\big((x-\mu)^2\big)}\ldots$ die **Standardabweichung** von x bzw. P_x.

Die Varianz ist in Worten *die mittlere (oder erwartete) quadratische Abweichung der Beobachtungen x vom Mittelwert μ* und damit in intuitiv einleuchtendem Sinn ein Streuungsmaß.

Wir wollen nachsehen, wie sich σ^2 bzw. σ bei linearen Transformationen der Variablen x ändern. Sei $y = bx + a$, dann ist zunächst $\mu_y = E(y) = E(bx + a) = b\mu_x + a$ und damit:

$$\sigma_y^2 = E\big(y - \mu_y\big)^2 = E\big(bx + a - (b\mu_x + a)\big)^2 = b^2 E(x - \mu_x)^2 = b^2 \sigma_x^2, \quad (6.3.5)$$

$$\sigma_y = |b|\sigma_x. \quad (6.3.6)$$

Wir erkennen, daß sich eigentlich nur die Standardabweichung gemäß (6.3.4) transformiert und damit die Varianz gar kein richtiger Streuungsparameter wäre. So formal wollen wir die Sache aber doch nicht nehmen, schließlich kann man auch die Temperatur in Celsius-Graden aber ebensogut in (Celsius-Graden)^2 messen, das ist eine Frage der Zweckmäßigkeit und nicht zuletzt der Tradition. In unserem Fall spricht man die Varianz jedenfalls allgemein als Streuungsparameter an, und wir wollen das auch so halten.

Weit wichtiger als die Diskussion, ob man σ^2 oder σ als den eigentlichen Streuungsparameter ansehen soll, ist die Frage der physikalischen Dimensionen dieser Größen. Wir wollen auf diesen Punkt etwas näher eingehen, erstens, weil erfahrungsgemäß bei Anfängern hier viel Unklarheit herrscht, und andererseits, weil diese Dinge üblicherweise in Lehrbüchern der Wahrscheinlichkeitsrechnung kaum angesprochen werden.

Haben wir in der Vergangenheit die Formulierung gebraucht: *Gegeben ist ein Experiment $\mathcal{E}$, dessen Ausgang durch die Variable x beschrieben ist*, dann haben uns nur die numerischen Werte der Variablen x, die Frage, ob sie stetig oder diskret, ein- oder mehrdimensional ist, interessiert, und in der Tat sind diese Angaben für die Mathematik der Wahrscheinlichkeitstheorie das Wesentliche. Dennoch darf man nicht übersehen, daß in der Regel die Größe x auch eine physikalische Dimension, wie *cm* (Zentimeter), *g* (Gramm), *sec* (Sekunde) usw. besitzt. Das ist zwar nicht immer so — etwa Zählvariable, numerisch verschlüsselte Namen (sogenannte nominale Variable) u.ä. sind ihrem Wesen nach dimensionslos —, doch in den allermeisten naturwissenschaftlichen Anwendungen hat man diese Situation. Dann besitzen aber auch Verteilungsparameter wie Momente, Fraktile u.ä. physikalische Dimensionen, die mit derjenigen der Variablen x zusammenhängen und die immer angegeben werden müssen, um Irrtümer und Fehlinterpretationen zu vermeiden. Solche Irrtümer entstehen insbesondere dann unweigerlich, wenn man Maßstabstransformationen oder Änderungen des physikalischen Bezugssystems vornimmt und die Dimensionsangaben unterläßt. Wir betrachten ein Beispiel.

Beispiel 6.3.4 Physikalische Dimension von Verteilungsparametern

Aus einem Kollektiv $\mathcal{M}$ von Personen wird zufällig eine Person ausgewählt und ihre Körpergröße x gemessen. Soweit das Zufallsexperiment $\mathcal{E}$.

Es ist offensichtlich notwendig anzugeben, in welcher Einheit, also $m, cm, mm, \ldots$ x zu messen ist, erst dann wird eine Angabe wie $x = 175,5$ interpretierbar. Man schreibt in der Physik: $[x] = cm$, wenn man angeben will, daß die sogenannte *physikalische Dimension* von x „cm" ist, x also in cm gemessen wird.

Die Dimension der Potenz x^k ist dann: $[x^k] = [x]^k = cm^k$, folglich haben auch die k-ten Momente M_k und m_k die Dimension cm^k.

Die faktoriellen Momente $m_{(k)} = E\big(x(x-1)\cdots(x-k+1)\big)$ benützt man nur für Zählvariable ohne Dimension, das leuchtet eigentlich sofort ein, wenn man physikalisch denkt. Für dimensionsbehaftete Variable x müßten diese Momente nämlich anders definiert werden, wenn sie inhaltlich sinnvoll sein sollen. Man müßte eine Schrittweite h der gleichen Dimension wie x, also $[x] = [h]$, einführen und den Erwartungswert des Produktes $x(x-h)(x-2h)\cdots\big(x-(k-1)h\big)$ bilden. Dieser hätte dann wieder die Dimension $[x]^k = cm^k$.

Damit ist insbesondere auch klar, daß die Parameter $\mu_x, x_p, x_{mod}, \sigma_x, \sigma_x^2$ folgende Dimensionen besitzen: $[\mu_x] = [x_p] = [x_{mod}] = [\sigma_x] = [x] = cm, [\sigma_x^2] = = [x]^2 = cm^2$. Was bewirkt nun die Einführung eines neuen Bezugspunktes a und einer neuen Maßeinheit b? Sei etwa $a = 100cm$ und $b = 0,1cm$ $(= 1mm)$. Die neue Maßzahl y für die Körpergröße errechnet sich dann aus der alten Maßzahl x nach der Formel:

$$y = \frac{x-a}{b}; \tag{6.3.7}$$

a ist dabei in cm anzugeben, und b drückt die neue Einheit in Vielfachen der alten Einheiten aus (nicht umgekehrt!), hat also ebenfalls die Dimension cm. Abb. 6.3.9 zeigt den Zusammenhang zwischen der x- und der y-Skala für die oben getroffene Wahl von a und b.

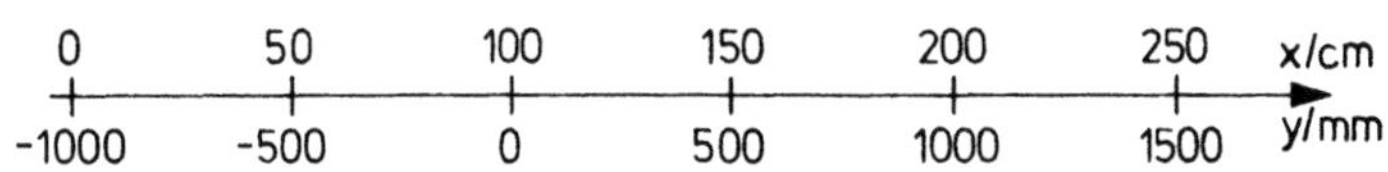

Abb. 6.3.9

In der Formel (6.3.7) ist y eigentlich dimensionslos, denn $[y] = [x]/[b] = cm/cm$, und wir haben auch ausdrücklich gesagt, daß sich die Maßzahlen so transformieren. Eigentlich müßte die Formel lauten:

$$y = \frac{x-a}{b} \cdot c \qquad \text{mit} \quad c = 1mm,$$

d.h. es muß noch ein dimensionsbehafteter Faktor c hinzutreten. Das sieht hier etwas seltsam aus, ist aber im Grunde für jede physikalische Formel selbstverständlich. Soll etwa die Beziehung $y = sinx$ physikalischen Sinn haben, dann muß sie lauten: $y = c \cdot sin(x/b)$, wobei die Dimensionen von x und b ebenso wie diejenigen von y und c übereinstimmen: $[b] = [x], [c] = [y]$. Besser ist es, $y/c = sin(x/b)$ zu schreiben, und in der Tat ist ja die Schreibweise $y/_{mm} = (x-a)/b$ für (6.3.7) so zu verstehen.

Man sollte sich diese an sich einfachen Dinge lieber einmal mehr als einmal zu wenig überlegen, denn die Fehlermöglichkeiten sind mannigfach — irgendwie handelt es sich um eine wenig geliebte Materie.

Die Momente M_k und m_k von y haben jetzt natürlich die Dimension mm^k und damit ist insbesondere: $[\mu_y] = [y_p] = [y_{mod}] = [\sigma_y] = [y] = mm$ und $[\sigma_y^2] = = [y]^2 = mm^2$. Die Maßzahlen dieser Parameter ergeben sich aus den entsprechenden Größen für die Variable x gemäß: $\mu_y = (\mu_x - a)/b$, $y_p = (x_p - a)/b$, $y_{mod} = (x_{mod} - -a)/b$; $\sigma_y = \sigma_x/b$ und $\sigma_y^2 = \sigma_x^2/b^2$ (man beachte, daß bei derartigen Transformationen immer $b > 0$ gilt).

Man hat also bei einer Änderung des Koordinatensystems nicht allein an die Transformation der numerischen Werte der Variablen, sondern stets auch an die Einheiten zu denken.

Betrachten wir das zweite Moment $m_2(a) = E(x-a)^2$, dann gilt:

$$m_2(a) = E\big((x-\mu)+(\mu-a)\big)^2 = E(x-\mu)^2 + 2E(x-\mu)(\mu-a) + (\mu-a)^2 = \\ = \sigma^2 + (\mu-a)^2. \tag{6.3.8}$$

Abb. 6.3.10 zeigt $m_2(a)$ in Abhängigkeit von a — $m_2(a)$ nimmt für $\mu = a$ sein Minimum σ^2 an.

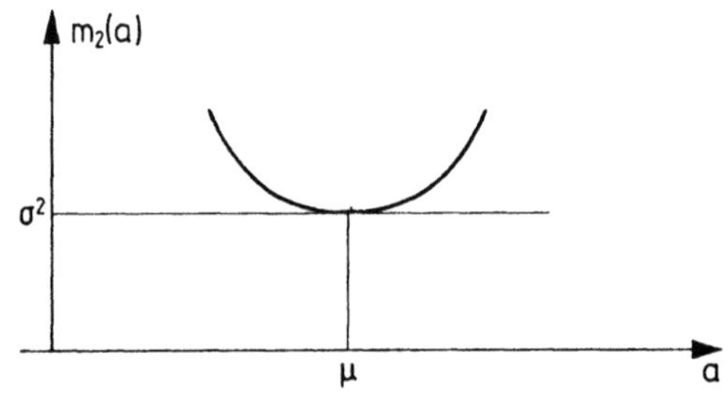

Abb. 6.3.10

Standardisierung einer Zufallsvariablen

Besitzt die Zufallsvariable x das Mittel μ_x und die Standardabweichung σ_x, dann nennt man die Zufallsvariable

$$y = \frac{x-\mu_x}{\sigma_x}$$

die **standardisierte Form** oder kurz die **Standardisierte** von x. Offenbar gilt ja $\mu_y = E\big((x-\mu_x)/\sigma_x\big) = 0$ und $\sigma_y = \sigma_x/\sigma_x = 1$ (siehe (6.3.6)), d.h. y hat Mittel 0 und Standardabweichung 1. y mißt die Abweichung des betrachteten Merkmals vom Bezugspunkt μ_x in der Einheit σ_x; μ_x ist daher, soferne man als Streuungsmaß die Standardabweichung benützt, der *natürliche* Bezugspunkt und σ_x die *natürliche* Maßeinheit für das betrachtete Merkmal.

Beispiel 6.3.5 Bedeutung der Parameter der Normalverteilung $\mathrm{N}(\mu, \sigma^2)$

Wir zeigen, daß die Parameter μ, σ^2 die Bedeutung Mittel bzw. Varianz besitzen, was ja wohl zu erwarten ist, wenn diese Buchstabenwahl nur ein Minimum an Logik besitzen soll. Zunächst wissen wir: Ist x nach $\mathrm{N}(\mu, \sigma^2)$ verteilt, dann ist $y = (x - -\mu)/\sigma$ nach $\mathrm{N}(0,1)$ verteilt. Wir haben das schon mehrmals benützt.

Die Momente der Verteilung $\mathrm{N}(0,1)$ in bezug auf den Ursprung haben wir in Beispiel 6.1.2 hergeleitet. Es ergab sich:

$$m_k = E(y^k) = \begin{cases} 0 & \dots \text{ für } k \text{ ungerade}, \\ 1 \cdot 3 \cdot 5 \cdots (2l-1) \dots & \text{für } k = 2l \text{ gerade}. \end{cases}$$

Insbesondere ist also: $m_1 = \mu_y = 0$ und $m_2 = E(y^2) = E\big((y-\mu_y)^2\big) = \sigma_y^2 = 1$, d.h. bei der $\mathbf{N}(0,1)$-Verteilung stimmen die Werte 0,1 der Parameter μ, σ^2 mit den Werten für Mittel und Varianz überein. Aus $x = \sigma y + \mu$ folgt dann aber sofort:

$$\mu_x = \sigma\mu_y + \mu = \mu,$$
$$\sigma_x = \sigma\sigma_y = \sigma,$$

also das vermutete Resultat. Die Transformation $y = (x-\mu)/\sigma$ bedeutet somit bei der Normalverteilung die Standardisierung von x, und es ist verständlich, daß man die Verteilung $\mathbf{N}(0,1)$ die Standard-Normalverteilung nennt.

Beispiel 6.3.6 Standard-Erzeuger einer Lage- und Skalenfamilie von Verteilungen

Wir betrachten eine Verteilung P und die von ihr erzeugte Lage- und Skalenfamilie $(P_{a,b}: a \in \mathbf{R}, b > 0)$ (siehe Definition 2.11.1). D.h. ist $F(x|P)$ die Verteilungsfunktion von P, dann ist $F(x|P_{a,b}) = F(\frac{x-a}{b}|P)$ die Verteilungsfunktion von $P_{a,b}$; $P_{0,1}$ ist mit P identisch.

Wir haben gezeigt (siehe Bemerkung 2 im Anschluß an Definition 2.11.1), daß die Familie $(P_{a,b})$ von jedem ihrer Elemente erzeugt wird, und es liegt daher für den Fall, daß die Verteilungen $P_{a,b}$ Mittel und Varianz besitzen, nahe, als **Standard-Erzeuger** $P_{0,1}$ jene Verteilung der Familie zu wählen, deren Mittel $\mu = 0$ und deren Standardabweichung $\sigma = 1$ ist; denn dann besitzt die Verteilung $P_{a,b}$ das Mittel $\mu = a$ und die Standardabweichung $\sigma = b$.

Man wird natürlich die Lage- und Skalenfamilie dann nicht mehr mit $(P_{a,b})$ sondern mit $(P_{\mu,\sigma})$ bezeichnen. So gesehen müßte die Familie der Normalverteilungen $\big(\mathbf{N}(\mu,\sigma)\big)$ statt $\big(\mathbf{N}(\mu,\sigma^2)\big)$ heißen. Aber auch in diesem Fall muß man sich wohl der Tradition beugen, will man nicht heillose Verwirrung stiften.

Die mittlere Abweichung

Es liegt nahe, den Erwartungswert von $|x-\mu|$ — das Mittel der Abstände der Beobachtungen x zu deren Mittelwert μ — als Streuungsmaß zu benützen. Es wäre dies also $M_1(\mu) = E\big(|x-\mu|\big)$, das erste absolute Moment von x in bezug auf μ — die Erwartung $E\big((x-\mu)\big) = 0$ kommt als Streuungsmaß natürlich nicht in Frage.

Betrachten wir zunächst allgemeiner $M_1(a)$ als Funktion von a. Es zeigt sich, daß diese Funktion für $a = x_{0,5}$ ihr Minimum annimmt, wenn wir, abweichend von der Definition 6.3.1, den Median $x_{0,5}$ als einen jener Werte c definieren, für den $P(x < c) \le 0,5 \le P(x \le c)$ gilt (siehe auch (6.3.2)).

Wir wollen uns das kurz überlegen. Es gilt zunächst für $a \le b$:

$$\Delta(x|a,b) := |x-b| - |x-a| = \begin{cases} b-a & \dots \text{ für } x \le a, \\ b+a-2x & \dots \text{ für } a < x < b, \\ -(b-a) & \dots \text{ für } b \le x. \end{cases}$$

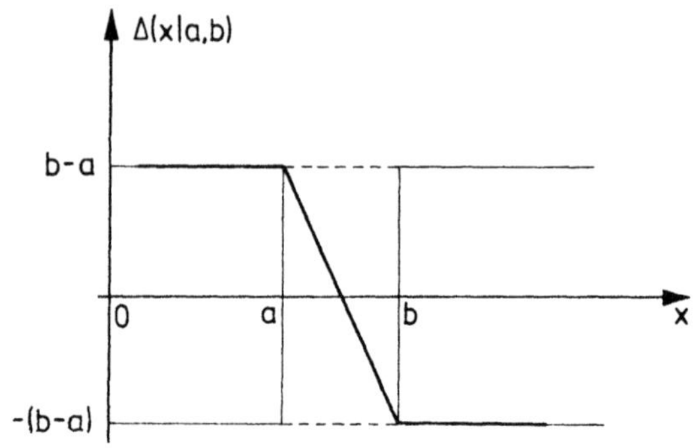

Abb. 6.3.11

Abb. 6.3.11 zeigt den Verlauf der Differenz $\Delta(x|a,b)$.
Daher folgt, wenn man $\Delta(x|a,b)$, wie in Abb. 6.3.11 strichliert angedeutet, nach oben und nach unten abschätzt:

$$(b-a)P(x \leq a) - (b-a)P(a < x) \leq M_1(b) - M_1(a) = E\big(\Delta(x|a,b)\big) \leq$$

$$\leq (b-a)P(x < b) - (b-a)P(b \leq x);$$

bzw. mit der Verteilungsfunktion F von P ausgedrückt:

$$2F(a) - 1 \leq \frac{M_1(b) - M_1(a)}{b-a} \leq 2F(b-) - 1$$

$\big(F(b-) = P(x < b)$ bezeichnet den linksseitigen Grenzwert von F an der Stelle $b\big)$. Wir erkennen an dieser Formel (man beachte die Rechtsstetigkeit von F — vgl. Satz 2.1.2): $M_1(a)$ ist stetig und links- und rechtsseitig differenzierbar mit den Ableitungen:

$$D_+ M_1(a) = \lim_{b \downarrow a} \frac{M_1(b) - M_1(a)}{b-a} = 2F(a) - 1,$$

$$D_- M_1(b) = \lim_{a \uparrow b} \frac{M_1(b) - M_1(a)}{b-a} = 2F(b-) - 1,$$

d.h. $M_1(a)$ hat Ecken an den Sprungstellen von F und besitzt dort die linksseitige Ableitung $2F(a-) - 1$ und die rechtsseitige Ableitung $2F(a) - 1$. An den Stetigkeitsstellen von F ist $M_1(a)$ differenzierbar mit $M_1'(a) = 2F(a) - 1$. Abb. 6.3.12 zeigt den Verlauf von $M_1(a)$ für eine diskrete Verteilung.

Man erkennt nun, daß $M_1(a)$ an der Stelle $a = x_{0,5}$ sein Minimum annimmt, denn für $a < x_{0,5}$ ist $M_1(a)$ monoton fallend und für $a > x_{0,5}$ monoton steigend. Es liegt daher nahe, $M_1(x_{0,5}) = E(|x - x_{0,5}|)$ ... die **mittlere Abweichung vom Median** als Streuungsmaß einzuführen. Gelegentlich benützt man aber auch $M_1(\mu) = E(|x - \mu|)$ ... die **mittlere Abweichung vom Erwartungswert.**

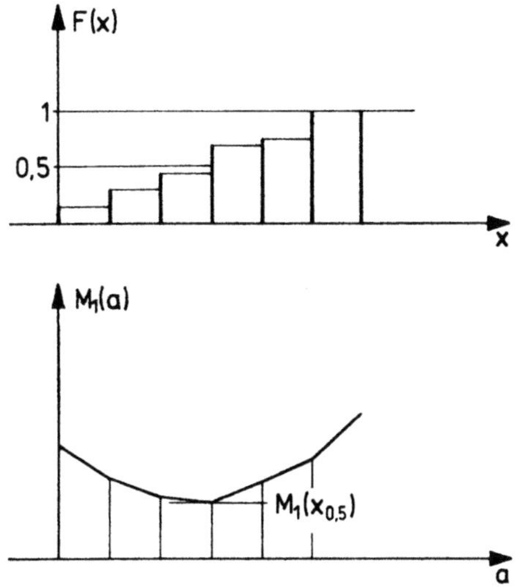

Abb. 6.3.12

Sowohl $M_1(x_{0,5})$ als auch $M_1(\mu)$ ändern sich bei linearen Transformationen gemäß (6.3.4), denn ist $y = (x-a)/b$, dann ist $y_{0,5} = (x_{0,5}-a)/b$ und $\mu_y = = (\mu_x - a)/b$ und damit folgt:

$$M_{1,y}(y_{0,5}) = E(|y - y_{0,5}|) = E(|\frac{x-a}{b} - \frac{x_{0,5}-a}{b}|) = \frac{1}{|b|} M_{1,x}(x_{0,5}),$$

$$M_{1,y}(\mu_y) = E(|y - \mu_y|) = E(|\frac{x-a}{b} - \frac{\mu_x - a}{b}|) = \frac{1}{|b|} M_{1,x}(\mu_x).$$

Die mittlere Abweichung ist in mancher Hinsicht der Standardabweichung als Streuungsmaß vorzuziehen. In der Theorie freilich spielt die Standardabweichung bzw. die Varianz eine überragende Rolle als Streuungsmaß, da sie — etwa bei Summen unabhängiger Zufallsgrößen u.ä. — mathematisch ungleich einfacher zu handhaben ist. Es gilt stets:

$$M_1(\mu) \leq \sigma,$$

das folgt sofort aus der Schwarz'schen Ungleichung (Satz 6.1.4), denn:

$$M_1(\mu) = E(|x-\mu| \cdot 1) \leq \sqrt{E\big((x-\mu)^2\big) \cdot E(1)} = \sigma.$$

Beispiel 6.3.7 Mittlere Abweichung bei der Normalverteilung

Sei zunächst x nach $\mathbf{N}(0,1)$ verteilt. Dann ist $\mu = x_{0,5} = 0$ und somit:

$$M_1(\mu) = M_1(x_{0,5}) = E|x| = 2\int_0^\infty x \frac{1}{\sqrt{2\pi}} e^{-\frac{x^2}{2}}\, dx =$$

$$= -\sqrt{\frac{2}{\pi}} e^{-\frac{x^2}{2}} \Big|_0^\infty = \sqrt{\frac{2}{\pi}} = 0,7979.$$

Für $x \sim \mathbf{N}(\mu, \sigma^2)$ ist daher:

$$M_1(\mu) = M_1(x_{0,5}) = \sqrt{\frac{2}{\pi}} \cdot \sigma \approx 0,8 \cdot \sigma.$$

Der $(1-p)-p-$ Fraktilabstand

Das wohl anschaulichste Streuungsmaß ist die Differenz

$$x_{1-p} - x_p \quad \ldots \quad \text{der } (1-p)-p- \textbf{ Fraktilabstand},$$

denn im Intervall $(x_p, x_{1-p}]$ liegen $(1-2p) \cdot 100\%$ aller x-Beobachtungen. Man nennt es daher auch, mit einem Ausdruck aus der Technik, ein $(1-2p) \cdot 100\%-$ **Toleranzintervall.** Man spricht für $p = 0,1$ vom **Dezilabstand** und für $p = 0,25$ vom **Quartilabstand.**

Es ist leicht zu sehen, daß bei einer linearen Transformation: $y = (x-a)/b$

$$y_{1-p} - y_p = \frac{1}{|b|}(x_{1-p} - x_p)$$

gilt — sich der $(1-p)-p-$Fraktilabstand daher so transformiert, wie wir es für Streuungsmaße in (6.3.4) verlangt haben.

Beispiel 6.3.8 $(1-p)-p-$Fraktilabstand für die Normalverteilung

Sei zunächst x nach $\mathbf{N}(0,1)$ verteilt. Aus einer Tabelle für die Verteilungsfunktion $\Phi(x)$ der $\mathbf{N}(0,1)$-Verteilung entnimmt man:

p	$x_{1-p} - x_p = 2x_{1-p}$
0,25	1,349
0,10	2,563
0,05	3,290
0,01	4,653

Für $x \sim \mathbf{N}(\mu, \sigma^2)$ sind diese Werte mit σ zu multiplizieren.

Vergleich der Lage- und Streuungsparameter

Die Frage: *Welchen Lage- bzw. Streuungsparameter soll man benützen?* hat viele Aspekte und ist komplexer als man zunächst denken möchte. Wir deuten nur einige Gesichtspunkte an.

Für die Verwendung von μ und σ^2 als Lage- bzw. Streuungsparameter spricht vor allem, daß diese Parameter mathematisch viel einfacher zu handhaben sind, als die übrigen Lage- und Streuungsmaße. Es ergeben sich für viele Fragen (Verteilung von Summen unabhängiger Zufallsgrößen, Asymptotik etc.) elegante Theorien. Insbesondere wenn die betrachteten Zufallsgrößen normal verteilt sind — und die klassische Statistik ist sehr weitgehend eine Statistik der Normalverteilung — erhält man schöne Resultate von großer Aussagetiefe und hohem Anwendungswert (Regressionsrechnung, Varianzanalyse etc.).

Gegen die Benutzung von μ und σ^2 spricht hingegen insbesondere, daß diese Parameter unter Umständen sehr wenig über die Lage bzw. die Streuung einer unbekannten Verteilung aussagen. So ist bei stark asymmetrischen Verteilungen der Median $x_{0,5}$ meistens wesentlich angemessener als Lageparameter als μ und bei Verteilungen mit stark besetzten Außenbereichen ist die Fraktildistanz $x_{1-p}-x_p$ ein vernünftigeres Streuungsmaß als σ. Außerdem existieren bei allgemeiner nichtparametrischer Datenmodellierung für μ und σ^2 keine befriedigenden (d.h. verteilungsunabhängigen) Bereichschätzer (siehe Beispiel 14.1.5). Auch unter diesem Gesichtspunkt sind der Median als Lageparameter und von Fraktilen abgeleitete stochastische Toleranzintervalle als Streuungsmaße vorzuziehen.

6.4 Momente mehrdimensionaler Verteilungen

Wir definieren zunächst die verschiedenen Typen von Momenten und spezialisieren die Betrachtung dann sehr rasch auf die für die Anwendungen vor allem wichtigen Momente erster und zweiter Ordnung.

Definition 6.4.1 *Momente mehrdimensionaler Zufallsgrößen*
Sei $\mathbf{x} = (x_1 \dots x_r)$ *eine* r*-dimensionale Zufallsvariable. Man nennt*

$m_{k_1 \dots k_r}(a_1 \dots a_r) = E\big((x_1 - a_1)^{k_1} \cdots (x_r - a_r)^{k_r}\big)$ *das* $(k_1 \dots k_r)$**-Moment** *von* $\mathbf{x}$ *in bezug auf den Punkt* $\mathbf{a} = (a_1 \dots a_r)$,

$M_{k_1 \dots k_r}(a_1 \dots a_r) = E\big(|x_1 - a_1|^{k_1} \cdots |x_r - a_r|^{k_r}\big)$ *das* **absolute** $(k_1 \dots k_r)$**-Moment** *von* $\mathbf{x}$ *in bezug auf den Punkt* $\mathbf{a} = (a_1 \dots a_r)$,

$m_{(k_1 \dots k_r)} = E\big((x_1)_{k_1} \cdots (x_r)_{k_r}\big)$ *das* **faktorielle** $(k_1 \dots k_r)$**-Moment** *von* $\mathbf{x}$.

$k = k_1 + \ldots + k_r$ *nennt man die* **Ordnung** *des betrachteten Moments. Die Momente* $m_{k_1 \dots k_r}(a_1 \dots a_r)$ *und* $m_{(k_1 \dots k_r)}$ *betrachtet man nur für ganze* $k_j \geq 0$, *die absoluten Momente* $M_{k_1 \dots k_r}(a_1 \dots a_r)$ *für beliebige reelle* $k_j \geq 0$.

Für die Anwendungen sind vor allem die Momente erster und zweiter Ordnung für ganzzahlige k_i von Bedeutung. Man benützt für sie vereinfachte Bezeichnungen.

Momente erster Ordnung

Es ist $k_1 + \ldots + k_r = 1$, d.h. etwa $k_i = 1$ und alle $k_j = 0$ für $j \neq i$. Als Bezugspunkt wählen wir $a = (0 \dots 0)$. Man setzt dann:

$$m_{0 \dots 0\underset{i}{1}0 \dots 0}(0 \dots 0) = E(x_i) = \mu_i \quad \text{für} \quad i = 1 \dots r.$$

μ_i ist offensichtlich das Mittel der Randverteilung von x_i.

Momente zweiter Ordnung

Es ist $k_1 + \ldots + k_r = 2$, d.h. entweder hat man $k_i = 2$ für ein i und $k_j = 0$ für alle $j \neq i$, oder $k_i = k_j = 1$ für zwei Indizes $i \neq j$ und $k_l = 0$ für die restlichen $l \neq i, j$. Als Bezugspunkt a wählen wir $(\mu_1 \ldots \mu_r)$, den Vektor der oben definierten Momente erster Ordnung. Man schreibt:

$$m_{0\ldots \underset{i}{2}0\ldots 0}(\mu_1 \ldots \mu_r) = E\big((x_i - \mu_i)^2\big) = \sigma_{ii}, \tag{6.4.1}$$

$$m_{0\ldots \underset{i}{1}0\ldots 0\underset{j}{1}0\ldots 0}(\mu_1 \ldots \mu_r) = E\big((x_i - \mu_i)(x_j - \mu_j)\big) = \sigma_{ij} = \sigma_{ji} \quad \text{für} \quad i \neq j. \tag{6.4.2}$$

Naheliegend wäre es, σ_i^2 für σ_{ii} zu setzen, doch ist die Schreibweise σ_{ii} vorzuziehen, denn dann gilt generell für beliebige i, j — also auch für $i = j$: $E\big((x_i - \mu_i)(x_j - \mu_j)\big) = \sigma_{ij}$. Für die praktische Berechnung der Größen σ_{ij} ist folgende Darstellung nützlich:

$$\sigma_{ij} = E\big((x_i - \mu_i)(x_j - \mu_j)\big) = E\big(x_i x_j - \mu_i x_j - x_i \mu_j + \mu_i \mu_j\big) = E(x_i x_j) - \mu_i \mu_j. \tag{6.4.3}$$

Offenbar ist σ_{ii} die Varianz der Randverteilung von x_i: $\sigma_{ii} = V(x_i)$. $\sigma_{ij} = \sigma_{ji}$ $(i \neq j)$ nennt man die **Kovarianz** der beiden Variablen x_i und x_j. Man schreibt auch:

$$\mathrm{KOV}(x_i, x_j) = \sigma_{ij} \qquad \text{für} \quad i \neq j.$$

Die Kovarianz σ_{ij} ist natürlich wesentlich ein Moment der Randverteilung von (x_i, x_j).

Betrachten wir in irgendeinem Zusammenhang mehrere r-dimensionale Variablen $\mathbf{x} = (x_1 \ldots x_r)$, $\mathbf{y} = (y_1 \ldots y_r)$, dann schreiben wir $\mu_{x_1} \ldots \mu_{x_r}$ bzw. $\mu_{y_1} \ldots \mu_{y_r}$ für die jeweiligen Mittelwerte und $\sigma_{x_i x_j}$, $\sigma_{y_i y_j}$ für die Varianzen bzw. Kovarianzen.

Matrizenschreibweise

Es vereinfacht die Formeln ganz erheblich, wenn man bei mehrdimensionalen Zufallsgrößen konsequent die Matrizenschreibweise benützt. Zunächst vereinbaren wir, daß alle Vektoren $\mathbf{x}, \mathbf{y}, \mathbf{a}, \ldots$ als Spaltenvektoren aufzufassen sind. Sollen sie Zeilenvektoren sein, dann ist $\mathbf{x}', \mathbf{y}', \mathbf{a}', \ldots$ zu schreiben. Betrachten wir daher eine r-dimensionale Zufallsvariable $\mathbf{x}$, dann schreiben wir, falls in dem betrachteten Zusammenhang die Matrizenschreibweise benützt wird, lieber $\mathbf{x} = (x_1 \ldots x_r)'$ als $\mathbf{x} = (x_1 \ldots x_r)$, um die Konvention, daß $\mathbf{x}$ als Spaltenvektor aufzufassen ist, zu unterstreichen.

Wir fassen dann die Mittelwerte $\mu_1 \ldots \mu_r$ ebenfalls zu einem Spaltenvektor $\boldsymbol{\mu} = (\mu_1 \ldots \mu_r)'$ zusammen und schreiben kurz:

$$E(\mathbf{x}) = \begin{pmatrix} E(x_1) \\ \vdots \\ E(x_r) \end{pmatrix} = \begin{pmatrix} \mu_1 \\ \vdots \\ \mu_r \end{pmatrix} = \boldsymbol{\mu},$$

d.h. die Erwartung $\boldsymbol{\mu}$ eines Zufallsvektors $\mathbf{x}$ ist der Vektor der Erwartungswerte seiner Komponenten $x_1 \dots x_r$. Kommen in dem betrachteten Zusammenhang mehrere Zufallsvektoren $\mathbf{x}, \mathbf{y}, \dots$ vor, dann schreiben wir natürlich $\boldsymbol{\mu}_{\mathbf{x}}, \boldsymbol{\mu}_{\mathbf{y}}, \dots$ für deren Erwartungen. Ist etwas allgemeiner $\mathbf{X} = (x_{ij})$ $i = 1 \dots m, j = 1 \dots n$ eine zufällige (m,n)-Matrix, d.h. haben wir eine $m \cdot n$-dimensionale Zufallsvariable, deren Komponenten in Matrixform angeordnet sind, dann soll $E(\mathbf{X})$ die Matrix der Erwartungswerte der x_{ij} bedeuten:

$$E(\mathbf{X}) = E(\begin{pmatrix} x_{11} \dots x_{1n} \\ \dots \\ x_{m1} \dots x_{mn} \end{pmatrix}) = \begin{pmatrix} \mu_{11} \dots \mu_{1n} \\ \dots \\ \mu_{m1} \dots \mu_{mn} \end{pmatrix} = (\mu_{ij}).$$

Dabei bezeichnet, wie üblich, der erste Index, also hier i, die Zeilennummer und der zweite Index, hier j, die Spaltennummer von $\mathbf{X}$.

Der folgende Satz liefert die Grundlage für das Rechnen mit Erwartungen zufälliger Matrizen:

Satz 6.4.1 *Ist* $\mathbf{X}$ *eine zufällige Matrix und sind* $\mathbf{A}, \mathbf{B}, \mathbf{C}$ *konstante Matrizen, dann gilt für die Erwartung der zufälligen Matrix* $\mathbf{Y} = \mathbf{AXB} + \mathbf{C}$*:*

$$E(\mathbf{Y}) = \mathbf{A}E(\mathbf{X})\mathbf{B} + \mathbf{C}. \tag{6.4.4}$$

Beweis: Das allgemeine Element y_{ij} der Matrix $\mathbf{Y}$ hat die Gestalt:

$$y_{ij} = \sum_{k,l} a_{ik} x_{kl} b_{lj} + c_{ij}.$$

Folglich ist:

$$E(y_{ij}) = \sum_{k,l} a_{ik} E(x_{kl}) b_{lj} + c_{ij},$$

und dieses ist das Element in der i-ten Zeile und j-ten Spalte von $\mathbf{A}E(\mathbf{X})\mathbf{B} + \mathbf{C}$, womit die Behauptung auch schon bewiesen ist.♠

Ist insbesondere $\mathbf{x}$ ein Zufallsvektor und $\mathbf{y} = \mathbf{Ax} + \mathbf{b}$ eine linear Transformierte von $\mathbf{x}$, dann ergibt sich für die Erwartung von $\mathbf{y}$:

$$\boldsymbol{\mu}_{\mathbf{y}} = E(\mathbf{y}) = \mathbf{A}E(\mathbf{x}) + \mathbf{b} = \mathbf{A}\boldsymbol{\mu}_{\mathbf{x}} + \mathbf{b}. \tag{6.4.5}$$

Auch die Varianzen σ_{ii}: $i = 1 \dots r$, und die Kovarianzen σ_{ij}: $i,j = 1 \dots r$, $i \neq j$ des Zufallsvektors $\mathbf{x}$ faßt man zweckmäßig zu einer Matrix, der sogenannten **Kovarianzmatrix** von $\mathbf{x}$ zusammen. Man schreibt:

$$\boldsymbol{\Sigma} = (\sigma_{ij}) = \begin{pmatrix} \sigma_{11} \dots \sigma_{1r} \\ \vdots \quad \vdots \\ \sigma_{r1} \dots \sigma_{rr} \end{pmatrix}.$$

Die Kovarianzmatrix $\boldsymbol{\Sigma}$ ist offenbar symmetrisch: $\sigma_{ij} = \sigma_{ji}$, und in ihrer Hauptdiagonalen stehen die Varianzen σ_{ii} (man nennt sie deshalb auch gelegentlich *Varianz-Kovarianzmatrix*).

Für die Kovarianzmatrix $\boldsymbol{\Sigma}$ gilt die folgende einfache Darstellung:

$$\boldsymbol{\Sigma} = E\big((\mathbf{x} - \boldsymbol{\mu})(\mathbf{x} - \boldsymbol{\mu})'\big) = E(\mathbf{x}\mathbf{x}') - \boldsymbol{\mu}\boldsymbol{\mu}', \tag{6.4.6}$$

denn das Element (i,j) der (r,r)-Matrix $(\mathbf{x} - \boldsymbol{\mu})(\mathbf{x} - \boldsymbol{\mu})'$ ist $(x_i - \mu_i)(x_j - \mu_j)$ und seine Erwartung daher σ_{ij}. Die rechte Gleichung in (6.4.6) folgt ebenfalls sofort (Satz 6.4.1):

$$E\big((\mathbf{x} - \boldsymbol{\mu})(\mathbf{x} - \boldsymbol{\mu})'\big) = E\big(\mathbf{x}\mathbf{x}' - \boldsymbol{\mu}\mathbf{x}' - \mathbf{x}\boldsymbol{\mu}' + \boldsymbol{\mu}\boldsymbol{\mu}'\big) =$$
$$= E(\mathbf{x}\mathbf{x}') - \boldsymbol{\mu}E(\mathbf{x}') - E(\mathbf{x})\boldsymbol{\mu}' + \boldsymbol{\mu}\boldsymbol{\mu}' = E(\mathbf{x}\mathbf{x}') - \boldsymbol{\mu}\boldsymbol{\mu}'.$$

Die Kovarianzmatrix $\boldsymbol{\Sigma}_\mathbf{y}$ des linear transformierten Zufallsvektors $\mathbf{y} = \mathbf{A}\mathbf{x} + \mathbf{b}$ ergibt sich mit Hilfe der Matrizenschreibweise besonders einfach. Zunächst ist (siehe (6.4.5)):

$$\mathbf{y} - \boldsymbol{\mu}_\mathbf{y} = \mathbf{A}\mathbf{x} + \mathbf{b} - (\mathbf{A}\boldsymbol{\mu}_\mathbf{x} + \mathbf{b}) = \mathbf{A}(\mathbf{x} - \boldsymbol{\mu}_\mathbf{x})$$

und damit aus (6.4.6):

$$\boldsymbol{\Sigma}_\mathbf{y} = E\big((\mathbf{y} - \boldsymbol{\mu}_\mathbf{y})(\mathbf{y} - \boldsymbol{\mu}_\mathbf{y})'\big) = E\big(\mathbf{A}(\mathbf{x} - \boldsymbol{\mu}_\mathbf{x})(\mathbf{x} - \boldsymbol{\mu}_\mathbf{x})'\mathbf{A}'\big) =$$
$$= \mathbf{A}E\big((\mathbf{x} - \boldsymbol{\mu}_\mathbf{x})(\mathbf{x} - \boldsymbol{\mu}_\mathbf{x})'\big)\mathbf{A}' = \mathbf{A}\boldsymbol{\Sigma}_\mathbf{x}\mathbf{A}', \tag{6.4.7}$$

es gehen also die beiden Lagevektoren $\boldsymbol{\mu}_\mathbf{x}$ und $\mathbf{b}$ in $\boldsymbol{\Sigma}_\mathbf{y}$ nicht ein. Wir fassen die Formeln (6.4.5) und (6.4.7) wegen ihrer Wichtigkeit zu einem Satz zusammen.

Satz 6.4.2 *Ist* $\mathbf{x}$ *ein* r*-dimensionaler Zufallsvektor mit Mittel* $\boldsymbol{\mu}_\mathbf{x}$ *und Kovarianzmatrix* $\boldsymbol{\Sigma}_\mathbf{x}$ *und ist* $\mathbf{y} = \mathbf{A}\mathbf{x} + \mathbf{b}$, *dann sind Mittel* $\boldsymbol{\mu}_\mathbf{y}$ *und Kovarianzmatrix* $\boldsymbol{\Sigma}_\mathbf{y}$ *von* $\mathbf{y}$ *gegeben durch:*

$$\boldsymbol{\mu}_\mathbf{y} = \mathbf{A}\boldsymbol{\mu}_\mathbf{x} + \mathbf{b}, \quad \boldsymbol{\Sigma}_\mathbf{y} = \mathbf{A}\boldsymbol{\Sigma}_\mathbf{x}\mathbf{A}'.$$

Als unmittelbare Konsequenz ergibt sich, daß jede Kovarianzmatrix $\boldsymbol{\Sigma}$ mindestens postiv-semidefinit ist. Ist nämlich $y = \mathbf{a}'\mathbf{x}$ eine skalare Zufallsgröße, dann folgt aus Satz 6.4.2 mit $\mathbf{A} = \mathbf{a}'$ die Varianz von y:

$$\sigma_y^2 = \mathbf{a}'\boldsymbol{\Sigma}_\mathbf{x}\mathbf{a} \geq 0$$

für beliebiges $\mathbf{a}$, d.h. aber, $\boldsymbol{\Sigma}_\mathbf{x}$ ist wenigstens positiv-semidefinit.

Korrelation und Unabhängigkeit

Wir haben bisher die Kovarianzen σ_{ij} rein formal eingeführt und wollen uns jetzt ihre anschauliche Bedeutung näher überlegen. Satz 6.4.2 zeigt, wie sich die Kovarianzmatrix $\mathbf{\Sigma}$ bei einer allgemeinen linearen Transformation und damit insbesondere bei einer Verschiebung des Ursprungs und einem Wechsel der Maßeinheiten auf den einzelnen Koordinatenachsen ändert. Eine derartige Lage- und Skalentransformation wird vermittelt durch eine spezielle lineare Transformation der Gestalt $\mathbf{y} = \mathbf{A}(\mathbf{x} - \mathbf{b})$, wobei $\mathbf{A} = diag(1/a_1, \ldots, 1/a_r)$ eine Diagonalmatrix ist. Dabei ist $\mathbf{b}$ der neue Bezugspunkt und $a_i \quad i = 1 \ldots r$ sind die neuen Einheiten.

Die Elemente $\sigma_{y_i y_j}$ der Kovarianzmatrix $\mathbf{\Sigma_y} = \mathbf{A\Sigma_x A'}$ sind gegeben durch:

$$\sigma_{y_i y_j} = \frac{\sigma_{x_i x_j}}{a_i a_j} \qquad i, j = 1 \ldots r, \tag{6.4.8}$$

d.h. sie hängen offenbar von der Wahl der Einheiten für die betrachteten Merkmale ab (nicht jedoch vom Bezugspunkt $\mathbf{b}$). Um von der willkürlichen Wahl der Einheiten unabhängige und damit eher aussagefähige Verteilungsparameter zu erhalten, standardisiert man die Größen $x_1 \ldots x_r$, d.h. man führt als *natürliche* Maßeinheiten $a_i = \sqrt{\sigma_{x_i x_i}}$, die Standardabweichungen der x_i ein. Damit folgt:

$$\sigma_{y_i y_j} = \frac{\sigma_{x_i x_j}}{\sqrt{\sigma_{x_i x_i}}\sqrt{\sigma_{x_j x_j}}} \qquad i, j = 1 \ldots r \tag{6.4.9}$$

für die Varianzen und Kovarianzen der standardisierten Variablen $y_1 \ldots y_r$. Man nennt die Kovarianz $\sigma_{y_i y_j}$ den *Korrelationskoeffizienten* von x_i und x_j und bezeichnet ihn mit ϱ_{ij} — die Varianzen $\sigma_{y_i y_i}$ haben ja offensichtlich alle den Wert 1.

Definition 6.4.2 *Besitzt die r-dimensionale Zufallsvariable $\mathbf{x} = (x_1 \ldots x_r)'$ die Kovarianzmatrix $\mathbf{\Sigma} = (\sigma_{ij})$, dann nennt man die Größen*

$$\varrho_{ij} = \frac{\sigma_{ij}}{\sqrt{\sigma_{ii}}\sqrt{\sigma_{jj}}} \qquad \text{für} \quad i \neq j;\ i, j = 1 \ldots r$$

die **Korrelationskoeffizienten** *von x_i und x_j. Die symmetrische Matrix $R = (\varrho_{ij})$ mit den Diagonalelementen $\varrho_{ii} = 1$ heißt* **Korrelationsmatrix** *von* $\mathbf{x}$. *Ist $\varrho_{ij} = 0$, dann nennt man die Variablen x_i und x_j* **unkorreliert**, *andernfalls heißen sie* **korreliert**.

Offenbar ist R die Kovarianzmatrix der standardisierten Variablen

$$y_i = \frac{x_i - \mu_i}{\sqrt{\sigma_{ii}}} \qquad i = 1 \ldots r.$$

Damit sind wir zwar noch weit davon entfernt, den nunmehr standardisierten Kovarianzen ϱ_{ij} eine anschauliche Interpretation geben zu können, wir haben aber wenigstens einmal Größen definiert, die nicht mehr von Äußerlichkeiten wie der Einheitenwahl abhängen, die also, wie der Naturwissenschaftler sagt, ***physikalisch bedeutsam*** sind. Um zu der gewünschten Veranschaulichung zu kommen, betrachten wir ein für die Anwendungen fundamentales statistisches Modell.

Beispiel 6.4.1 Lineares Regressionsmodell zur Veranschaulichung von ϱ.

Sei (x, y) eine zweidimensionale Zufallsvariable; $f_x(x)$ bezeichne die Randdichte von x, die bedingte Dichte von y bei gegebenem x sei $f_y^x(y|x) = g(y - \beta x)$. Abb. 6.4.1 veranschaulicht diese Situation der Datenmodellierung, die für sehr viele Anwendungen brauchbar ist — man spricht von einem **linearen Regressionsmodell**. Das Modell beschreibt einen systematischen, linearen Zusammenhang zwischen den Variablen x und y, dem sich ein von x unabhängiger, stochastischer Störeinfluß additiv überlagert. Der Ausdruck *Regression* wird im nächsten Abschnitt erläutert.

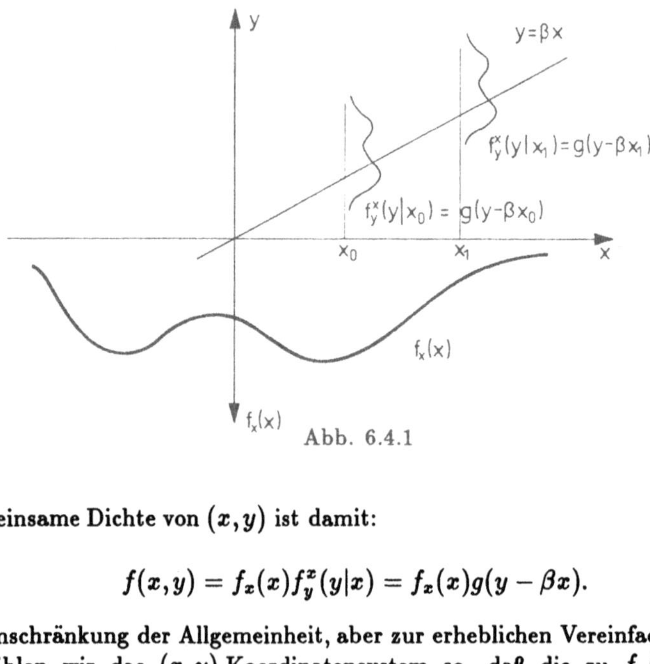

Abb. 6.4.1

Die gemeinsame Dichte von (x, y) ist damit:

$$f(x,y) = f_x(x) f_y^x(y|x) = f_x(x) g(y - \beta x).$$

Ohne Einschränkung der Allgemeinheit, aber zur erheblichen Vereinfachung der Formeln wählen wir das (x, y)-Koordinatensystem so, daß die zu $f_x(x)$ und $g(y)$ gehörigen Verteilungen Mittel 0 und Varianz 1 haben. Wir berechnen den Korrelationskoeffizienten ϱ_{xy}. Es gilt:

$$\begin{aligned}
\mu_x &= E(x) = \int x f_x(x) dx = 0, \\
\mu_y &= E(y) = \int y f(x,y) dx dy = \int f_x(x) \Big(\int y g(y - \beta x) dy \Big) dx = \\
&= \int \beta x f_x(x) dx = 0,
\end{aligned}$$

und somit:

$$\sigma_{xx} = E(x^2) = \int x^2 f_x(x)dx = 1,$$

$$\sigma_{xy} = E(xy) = \int x f_x(x)\Big(\int yg(y-\beta x)dy\Big)dx = \int \beta x^2 f_x(x)dx = \beta,$$

$$\sigma_{yy} = E(y^2) = \int f_x(x)\Big(\int y^2 g(y-\beta x)dy\Big)dx =$$

$$= \int f_x(x)\Big(\int (z^2 + 2\beta zx + \beta^2 x^2)g(z)dz\Big)dx = \int (1+\beta^2 x^2) f_x(x)dx = 1+\beta^2.$$

Damit ergibt sich:

$$\varrho_{xy} = \frac{\sigma_{xy}}{\sqrt{\sigma_{xx}\cdot\sigma_{yy}}} = \frac{\beta}{\sqrt{1+\beta^2}}. \tag{6.4.10}$$

ϱ_{xy} hängt somit allein von β ab, und zwar wächst ϱ_{xy} monoton von -1 bis +1, wenn β von $-\infty$ bis $+\infty$ ansteigt (siehe Abb. 6.4.2).

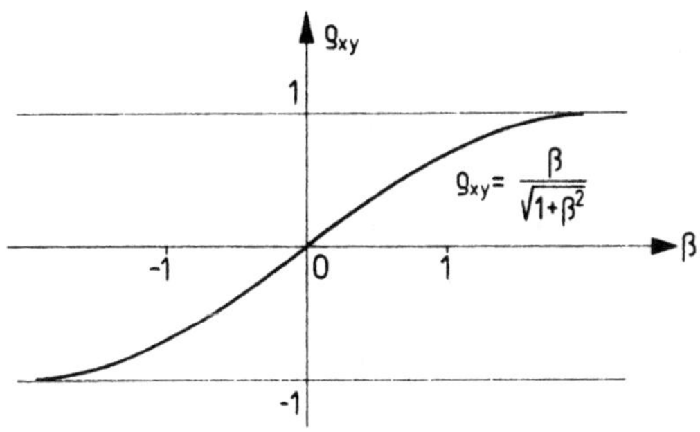

Abb. 6.4.2

Andererseits ist aber β ganz augenscheinlich ein Maß für die stochastische Abhängigkeit der Variablen y von x. Ist nämlich $\beta = 0$, dann sind die Variablen (x, y) stochastisch unabhängig, denn die bedingte Dichte $f_y^x(y|x)$ ist in diesem Fall, unabhängig von x, stets $g(y)$. Wächst β gegen $+\infty$, dann steigt die Gerade $y = \beta x$ immer steiler an, und die bedingte Verteilung von y hängt immer stärker von x ab. Es ist daher intuitiv einleuchtend zu sagen, daß y, mit wachsendem β, in wachsendem Maß stochastisch abhängig von x ist. Das gleiche gilt für $\beta \to -\infty$. Man hat daher in $|\varrho_{xy}|$ ein numerisches Maß für den Grad der stochastischen Abhängigkeit zweier Zufallsvariablen (x, y), zumindestens bei dem obigen Verteilungsmodell, das aber, wie bereits betont, in den Anwendungen außerordentlich häufig und für die Statistik geradezu grundlegend ist. In einer präziseren Sprechweise, die das Vorzeichen von ϱ_{xy} miteinbezieht, sagt man, daß in dem obigen Modell y positiv oder negativ *regressionsabhängig* von x ist je nachdem, ob ϱ_{xy} positiv oder negativ ausfällt. Dabei ist diese Regressionsabhängigkeit umso stärker, je größer $|\varrho_{xy}|$ ist.

Das Beispiel 6.4.1 zeigt, daß ϱ_{xy} unter bestimmten Umständen ein quantitatives Maß für den Grad der stochastischen Abhängigkeit zweier Zufallsgrößen x,y ist — bisher konnten wir ja nur die 0-1-Unterscheidung *abhängig — unabhängig* treffen. Man darf freilich den Korrelationskoeffizienten ϱ in diesem Sinne nicht überinterpretieren. Für eine völlig allgemeine zweidimensionale Verteilung sagt ϱ sehr wenig, ja fast nichts aus. Bevor wir das an einem Beispiel demonstrieren, zeigen wir zunächst zwei Sätze.

Satz 6.4.3 *Für den Korrelationskoeffizienten ϱ zweier Zufallsvariablen x,y gilt stets:*

$$-1 \leq \varrho \leq 1. \tag{6.4.11}$$

Dabei gilt $\varrho = \pm 1$ genau dann, wenn zwischen den Variablen x und y eine lineare Beziehung $\alpha x + \beta y + \gamma = 0$ besteht.

Beweis: Zunächst folgt aus der Schwarz'schen Ungleichung (Satz 6.1.4):

$$\sigma_{xy}^2 = [E((x-\mu_x)(y-\mu_y))]^2 \leq E((x-\mu_x)^2)E((y-\mu_y)^2) = \sigma_{xx}\sigma_{yy}, \tag{6.4.12}$$

woraus sich sofort $\varrho^2 = \sigma_{xy}^2/\sigma_{xx}\sigma_{yy} \leq 1$ und damit (6.4.11) ergibt.

Außerdem steht in (6.4.12) genau dann das Gleichheitszeichen, wenn es zwei Zahlen α, β mit $\alpha^2 + \beta^2 > 0$ gibt, so daß $\alpha(x-\mu_x) + \beta(y-\mu_y) \equiv 0$ gilt. Damit ist auch der zweite Teil der Aussage bewiesen.♠

Satz 6.4.4 *Sind die Zufallsvariablen x,y unabhängig, dann gilt $KOV(x,y) = \sigma_{xy} = 0$, d.h. die Variablen x,y sind unkorreliert.*

Beweis: Die Behauptung ergibt sich sofort aus Satz 6.1.3, denn es ist, wegen der Unabhängigkeit von x,y:

$$\sigma_{xy} = E((x-\mu_x)(y-\mu_y)) = E((x-\mu_x))E((y-\mu_y)) = 0,$$

und damit auch $\varrho_{xy} = 0$. ♠

Bei dem in Beispiel 6.4.1 behandelten linearen Regressionsmodell gilt auch die Umkehrung: Ist $\varrho_{xy} = 0$, dann sind die Variablen x,y unabhängig. Daß diese Umkehrung jedoch allgemein nicht richtig ist, ja daß ϱ über den Grad der Abhängigkeit zwischen x und y bei nicht näher spezifizierter Verteilungssituation kaum etwas aussagt, zeigt das folgende Beispiel.

Beispiel 6.4.2 Nichtlineares Regressionsmodell

Wir betrachten wieder eine zweidimensionale Variable (x,y), mit der Randdichte $f_x(x)$ für x und der bedingten Dichte $f_y^x(y|x) = g(y-\beta(x))$ für y, d.h. die bedingte Dichte von y ist $g(y)$, in Abhängigkeit von x um den Betrag $\beta(x)$ verschoben. Ist $\beta(x) = \beta \cdot x$, dann haben wir das lineare Regressionsmodell von Beispiel 6.4.1, man

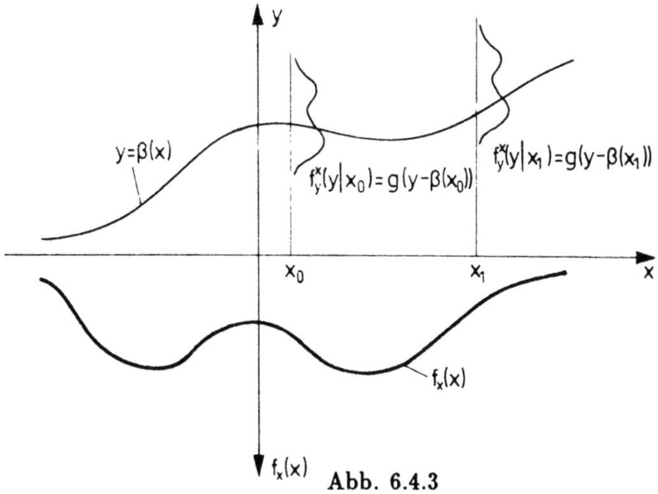

Abb. 6.4.3

spricht daher hier von einem allgemeinen nichtlinearen Regressionsmodell. Abb. 6.4.3 veranschaulicht diese Situation.

Wir wählen wieder das (x, y)-Koordinatensystem so, daß die zu $f_x(x)$ und $g(y)$ gehörigen Verteilungen Mittel 0 und Varianz 1 besitzen. Es gilt dann:

$$\mu_x = E(x) = \int x f_x(x) dx = 0$$

und somit:

$$\sigma_{xy} = E(xy) - \mu_x \mu_y = E(xy) = \int x f_x(x) \Big(\int y g(y - \beta(x)) dy \Big) dx =$$
$$= \int x \beta(x) f_x(x) dx.$$

Man erkennt, daß ohne weiteres $\sigma_{xy} = 0$ und damit auch $\varrho_{xy} = 0$ gelten kann, ohne daß $\beta(x) = \textit{konst.}$ ist —beispielsweise trifft dies, bei symmetrischer Dichte $f_x(x)$, für jede gerade Funktion $\beta(x)$ zu. Dann sind aber die Variablen (x, y) stochastisch abhängig — denn nur für konstantes $\beta(x)$ sind sie unabhängig — und trotzdem unkorreliert: $\varrho_{xy} = 0$.

Besonders wichtig ist in diesem Zusammenhang die mehrdimensionale Normalverteilung, die in der multivariaten Statistik bei der Datenmodellierung eine fundamentale Rolle spielt.

Beispiel 6.4.3 n-dimensionale Normalverteilung — Bedeutung der Parameter — Zusammenhang zwischen Korrelation und Abhängigkeit — Einordnung in das lineare Regressionsmodell.

Sei $\mathbf{x}$ nach $\mathbf{N}(\boldsymbol{\mu}, \boldsymbol{\Sigma})$ verteilt. Schon die gewählte Bezeichnungsweise läßt vermuten, daß die Parametermatrizen $\boldsymbol{\mu}$ und $\boldsymbol{\Sigma}$ die Erwartung bzw. die Kovarianzmatrix von $\mathbf{x}$

sind. Wir weisen das zunächst nach. Ist $\boldsymbol{\mu} = (0\ldots0)' = \mathbf{o}$ und $\boldsymbol{\Sigma} = \mathbf{I}$, dann sind die Komponenten $(x_1 \ldots x_n)$ von $\mathbf{x}$ unabhängig und identisch nach $\mathrm{N}(0,1)$ verteilt (Satz 4.2.1). Daher gilt $\mu_i = E(x_i) = 0$ und $\sigma_{ii} = V(x_i) = 1$ (Beispiel 6.3.5). Außerdem folgt aus der Unabhängigkeit der $(x_1 \ldots x_n)$ das Verschwinden der Kovarianzen: $\sigma_{ij} = 0$ für $i \neq j$ (Satz 6.4.4), so daß für den Sonderfall $\mathbf{x} \sim \mathrm{N}(\mathbf{o},\mathbf{I})$ tatsächlich $\boldsymbol{\mu}_\mathbf{x} = \mathbf{o}$ und $\boldsymbol{\Sigma}_\mathbf{x} = \mathbf{I}$ gilt, also die obige Vermutung richtig ist.

Sei nun $\mathbf{x} \sim \mathrm{N}(\mathbf{o},\mathbf{I})$ und $\mathbf{y} = \mathbf{A}\mathbf{x} + \mathbf{b}$. Dann gilt einerseits (Satz 3.6.2):

$$\mathbf{y} \sim \mathrm{N}\big(\mathbf{A}\boldsymbol{\mu}_\mathbf{x} + \mathbf{b}; \mathbf{A}\Sigma_\mathbf{x}\mathbf{A}'\big) = \mathrm{N}(\mathbf{b}, \mathbf{A}\mathbf{A}')$$

und andererseits (Satz 6.4.2):

$$\boldsymbol{\mu}_\mathbf{y} = \mathbf{A}\boldsymbol{\mu}_\mathbf{x} + \mathbf{b} = \mathbf{b}; \quad \Sigma_\mathbf{y} = \mathbf{A}\Sigma_\mathbf{x}\mathbf{A}' = \mathbf{A}\mathbf{A}'.$$

Wählen wir $\mathbf{b} = \boldsymbol{\mu}$ und $\mathbf{A}$ so, daß $\mathbf{A}\mathbf{A}' = \Sigma$ gilt (siehe Beispiel 4.2.3 über die Möglichkeit $\mathbf{A}$ so zu bestimmen), dann haben wir das vermutete Resultat:

Ist $\mathbf{x}$ nach $\mathrm{N}(\boldsymbol{\mu}, \boldsymbol{\Sigma})$ verteilt, dann ist die Erwartung $\boldsymbol{\mu}_\mathbf{x} = \boldsymbol{\mu}$ und die Kovarianzmatrix $\boldsymbol{\Sigma}_\mathbf{x} = \boldsymbol{\Sigma}$.

Damit folgt aber auch:

Ist $\mathbf{x} = (x_1 \ldots x_n)'$ nach $\mathrm{N}(\boldsymbol{\mu}, \boldsymbol{\Sigma})$ verteilt, dann sind die Variablen $x_1 \ldots x_n$ genau dann unabhängig, wenn sie unkorreliert sind.

Denn nach Satz 4.2.1 sind $x_1 \ldots x_n$ genau dann unabhängig, wenn $\boldsymbol{\Sigma}$ eine Diagonalmatrix ist, also $\sigma_{ij} = 0$ für $i \neq j$ gilt. Das ist aber nach Definition 6.4.2 genau die Bedingung dafür, daß die Variablen $x_1 \ldots x_n$ unkorreliert sind.

Wir ordnen dieses wichtige Ergebnis noch in den allgemeinen Rahmen des in Beispiel 6.4.1 besprochenen linearen Regressionsmodells ein und betrachten dazu eine zweidimensionale normal verteilte Zufallsvariable (x, y): Sei

$$\begin{pmatrix} x \\ y \end{pmatrix} \sim \mathrm{N}\Big(\boldsymbol{\mu} = \begin{pmatrix} \mu_x \\ \mu_y \end{pmatrix}, \boldsymbol{\Sigma} = \begin{pmatrix} \sigma_{xx} & \sigma_{xy} \\ \sigma_{xy} & \sigma_{yy} \end{pmatrix}\Big).$$

Dann ist x verteilt nach $\mathrm{N}(\mu_x, \sigma_{xx})$, und die bedingte Verteilung von y, bei festem x, ist nach Satz 5.2.1 gegeben durch:

$$y|x \sim \mathrm{N}\Big(\mu_y + \frac{\sigma_{xy}}{\sigma_{xx}}(x - \mu_x), \frac{\sigma_{xx}\sigma_{yy} - \sigma_{xy}^2}{\sigma_{xx}}\Big), \tag{6.4.13}$$

denn es ist ja:

$$\boldsymbol{\Gamma} = \boldsymbol{\Sigma}^{-1} = \frac{1}{\sigma_{xx}\sigma_{yy} - \sigma_{xy}^2}\begin{pmatrix} \sigma_{yy} & -\sigma_{xy} \\ -\sigma_{xy} & \sigma_{xx} \end{pmatrix}.$$

D.h. die bedingte Dichte $f_y^x(y|x)$ ist von der Form $g(y - \beta x)$ mit

$$g(y) = f\Big(y|\mathrm{N}\big(\mu_y - \frac{\sigma_{xy}}{\sigma_{xx}}\mu_x, \frac{\sigma_{xx}\sigma_{yy} - \sigma_{xy}^2}{\sigma_{xx}}\big)\Big)$$

und

$$\beta = \sigma_{xy}/\sigma_{xx}.$$

Wir haben daher einen Sonderfall des linearen Regresionsmodells vor uns, und die oben gezeigte Äquivalenz von Unabhängigkeit und Unkorreliertheit erscheint damit ebenfalls als Sonderfall des in Beispiel 6.4.1 hergeleiteten allgemeinen Resultats, wonach im linearen Regressionsmodell x und y genau dann unabhängig ausfallen, wenn sie unkorreliert sind.

6.5 Die bedingte Erwartung

Wir behandeln in diesem Abschnitt eine sowohl für die Theorie, wie auch für die Anwendungen wichtige Verallgemeinerung des Begriffs der Erwartung. Der Ausgang eines Experiments $\mathcal{E}$ soll durch die Zufallsvariable (x, y) beschrieben werden; x und y sind dabei selbst möglicherweise mehrdimensional, stetig oder diskret, und $f_y^x(y|x)$ bezeichnet, wie immer, die bedingte Dichte von y bei festem x. Wir geben dann die

Definition 6.5.1 *Bedingte Erwartung*
Ist $t(x,y)$ eine reelle Funktion der Zufallsvariablen (x,y), dann heißt

$$E\big(t(x,y)|x\big) = \begin{cases} \sum_y t(x,y) f_y^x(y|x) \ldots & \text{im diskreten Fall,} \\ \int t(x,y) f_y^x(y|x) dy \ldots & \text{im stetigen Fall} \end{cases}$$

die **bedingte Erwartung** *von $t(x,y)$ bei gegebenem x (soferne die Reihe bzw. das Integral absolut konvergiert). Die bedingte Erwartung $E\big(t(x,y)|y\big)$ ist analog mittels der bedingten Dichte $f_x^y(x|y)$ definiert.*

Offensichtlich ist $E\big(t(x,y)|x\big)$ eine Funktion der festgehaltenen Variablen x, die bei der Berechnung der bedingten Erwartung die Rolle eines Parameters spielt, ganz ähnlich wie beim partiellen Differenzieren, wo auch alle Variablen festgehalten werden, bis auf die eine, nach der man ableitet. So gesehen handelt es sich um eine ganz natürliche Verallgemeinerung der Erwartung, die man im Zusammenhang mit bedingten Verteilungen selbstverständlich einführen wird.

Es können daher auch die Sätze, die wir für die Erwartung bewiesen haben, bei praktisch unveränderter Beweisführung, auf bedingte Erwartungen übertragen werden. Insbesondere gilt (siehe Satz 6.1.2):

$$E\big(t_1(x,y) + t_2(x,y)|x\big) = E\big(t_1(x,y)|x\big) + E\big(t_2(x,y)|x\big) \tag{6.5.1}$$

und

$$E\big(c(x)t(x,y)|x\big) = c(x)E\big(t(x,y)|x\big), \tag{6.5.2}$$

denn bei der Bildung der bedingten Erwartung ist ja x und damit $c(x)$ konstant.

Schließlich zeigen wir noch einen Satz, der für das Rechnen mit bedingten Erwartungen besonders wichtig ist.

Satz 6.5.1 *Es gilt*

$$E\Big(E\big(t(x,y)|x\big)\Big) = E\big(t(x,y)\big). \tag{6.5.3}$$

In Worten: die Erwartung der bedingten Erwartung von $t(x,y)$ ist gleich der (unbedingten) Erwartung von $t(x,y)$.

Beweis: Wir führen den Beweis für den stetigen Fall, den diskreten Fall erledigt man analog. Es gilt:

$$\begin{aligned} E\Big(E\big(t(x,y)|x\big)\Big) &= \int f_x(x)\Big(\int t(x,y)f_y^x(y|x)dy\Big)dx = \\ &= \int t(x,y)f_x(x)f_y^x(y|x)dxdy = E\big(t(x,y)\big), \end{aligned}$$

denn $f_x(x)f_y^x(y|x)$ ist ja die gemeinsame Dichte von (x,y). ♠

Gelegentlich benötigt man ein etwas allgemeineres Resultat, das wir mit Hilfe von drei Variablen (x,y,z) (jede selbst allenfalls mehrdimensional) formulieren. Es gilt:

$$E\Big(E\big(t(x,y,z)|y,z\big)|z\Big) = E\big(t(x,y,z)|z\big). \tag{6.5.4}$$

Der Beweis läuft genau wie oben:

$$\begin{aligned} E\Big(E\big(t(x,y,z)|y,z\big)|z\Big) &= \int f_y^z(y|z)\Big(\int t(x,y,z)f_x^{y,z}(x|y,z)dx\Big)dy = \\ &= \int t(x,y,z)f_y^z(y|z)f_x^{y,z}(x|y,z)dxdy = \\ &= \int t(x,y,z)f_{x,y}^z(x,y|z)dxdy = E\big(t(x,y,z)|z\big), \end{aligned}$$

denn es ist (siehe Definition 5.2.1):

$$f_y^z(y|z)f_x^{y,z}(x|y,z) = \frac{f_{y,z}(y,z)}{f_z(z)}\frac{f_{x,y,z}(x,y,z)}{f_{y,z}(y,z)} = f_{x,y}^z(x,y|z).$$

Regression

Wir betrachten ein Experiment $\mathcal{E}$ mit Ausgang (x,y). Es ist charakteristisch für sehr viele Anwendungen, daß sich die Durchführung des Experimentes $\mathcal{E}$

über einen längeren Zeitraum erstreckt, im Verlauf dessen die Daten (x,y) anfallen. Nehmen wir an, daß die Größen x relativ früh bekannt sind, hingegen y erst spät. Das Experiment gilt als beendet, nachdem y beobachtet wurde. Es entsteht dann der begreifliche Wunsch, aus den bekannten Daten x den möglicherweise erst nach langer Zeit beobachtbaren Wert y zu prognostizieren, um schon frühzeitig — häufig müßte man besser sagen: noch rechtzeitig — zweckmäßig handeln zu können. Wir betrachten einige Beispiele:

Lebensdauerprognose:
$\mathcal{E}$ steht für das Leben eines, aus einer näher zu beschreibenden Population herausgegriffenen Patienten, nach einem bestimmten Stichtag. Die Variablen $\mathbf{x} = (x_1 \dots x_n)$ bezeichnen gewisse medizinische Parameter des Patienten zum Stichtag (Alter, Gewicht, Blutdruck, Blutfette, ...), y mißt die Zeitspanne vom Stichtag bis zum Tod des Patienten. Eine Prognosefunktion $\hat{y} = \hat{y}(\mathbf{x})$ ist gesucht — die Gründe dafür liegen auf der Hand.

Ernteprognose:
Wir betrachten den Weizenanbau in einem bestimmten Gebiet im Verlauf eines Jahres — soweit das Experiment $\mathcal{E}$. Es interessiert der Hektarertrag y und man ist bemüht — nicht allein für Zwecke der Börsenspekulation — ihn möglichst frühzeitig, etwa Mitte Juni, aus bereits beobachteten Daten $\mathbf{x}$ zu prognostizieren.

Wetterprognose:
Dieses Beispiel bedarf wohl keiner näheren Erläuterung.

Kehren wir zur allgemeinen Situation eines Experiments $\mathcal{E}$ mit Ausgang (x,y) zurück, und nehmen wir an, daß y eindimensional ist — x sei beliebig mehrdimensional. Wir suchen eine Prognosefunktion $\hat{y} = \hat{y}(x)$ derart, daß $\hat{y}$ dem zu prognostizierenden Wert y **im Mittel möglichst nahe kommt.** Wählt man als Maß für die Abweichung der Prognose $\hat{y}$ von tatsächlichen Wert y das **Abweichungsquadrat** $(y-\hat{y})^2$, dann erhält man die Bedingung:

$$E\Big(\big(y-\hat{y}(x)\big)^2\Big) = Min, \tag{6.5.5}$$

wählt man als Abweichungsmaß $|y-\hat{y}|$, dann ergibt sich:

$$E\big(|y-\hat{y}(x)|\big) = Min. \tag{6.5.6}$$

Allgemein kann man den Unterschied zwischen y und $\hat{y}(x)$ mit einer nichtnegativen **Verlustfunktion** $v(y,\hat{y})$ bewerten und erhält dann die Bedingung:

$$E\Big(v\big(y,\hat{y}(x)\big)\Big) = Min. \tag{6.5.7}$$

Schreibt man (6.5.7) folgendermaßen (siehe Satz 6.5.1):

$$E\Big(v\big(y,\hat{y}(x)\big)\Big) = E\Big(E\big(v(y,\hat{y}(x))|x\big)\Big) = Min,$$

dann erkennt man sofort: $\hat{y}(x)$ ist jener Wert $\hat{y}$, für den die bedingte Erwartung

$$E\big(v(y,\hat{y})|x\big) = \int v(y,\hat{y}) f_y^x(y|x)dy$$

minimal wird. Man beachte: x ist bei diesem Problem fest, es handelt sich daher um eine einfache Extremwertaufgabe für $\hat{y}$, wohingegen $E\Big(v\big(y,\hat{y}(x)\big)\Big) \to Min$ zunächst ein **Variationsproblem** ist, denn das Minimum ist zu erzielen durch Variation der Prognosefunktion $\hat{y}(x)$. Das Variationsproblem zerfällt somit in eine Schar einfacher Extremwertaufgaben.

Für die quadratische Verlustfunktion $v(y,\hat{y}) = (y-\hat{y})^2$ ergibt sich $\hat{y}(x) = E(y|x)$, denn $E\big((y-\hat{y})^2|x\big)$, das zweite Moment der bedingten Verteilung von y bezüglich $\hat{y}$ wird ja für $\hat{y} = E(y|x)$, das Mittel der bedingten Verteilung von y, minimal. Ist hingegen $v(y,\hat{y}) = |y-\hat{y}|$, dann ist $\hat{y}(x)$ offenbar der Median der bedingten Verteilung von y, wofür man etwa $y_{0,5}(x)$ schreiben könnte.

In der statistischen Praxis spielt die sogenannte **Methode der kleinsten Quadrate**, d.h. die Minimierung des mittleren Abweichungsquadrates $E\Big(\big(y-\hat{y}(x)\big)^2\Big)$ eine überragende Rolle. Die für diese Bewertung des Prognosefehlers optimale Prognosefunktion $\hat{y}(x) = E(y|x) = \mu_y(x)$ trägt daher auch einen eigenen Namen:

Definition 6.5.2 *Regression*
Man nennt die bedingte Erwartung

$$\mu_y(x) = E(y|x)$$

die **Regression von** y **(in bezug) auf** x, *die Variable* x *heißt* **Regressor(variable).**

Das Wort *Regression* (von lat. regredior - zurückgehen) bedeutet: *Zurückführung der Variablen y auf die Variable x* (aus der heraus y prognostiziert wird).

Beispiel 6.5.1 $\mathbf{x} \sim \mathbf{N}(\boldsymbol{\mu},\boldsymbol{\Sigma})$ — Regression von x_n auf $(x_1 \dots x_{n-1})$.
Sei $\mathbf{x} = (x_1 \dots x_n)'$ nach $\mathbf{N}(\boldsymbol{\mu},\boldsymbol{\Sigma})$ verteilt. Wir bestimmen $E(x_n|x_1 \dots x_{n-1})$ — die Regression von x_n auf $(x_1 \dots x_{n-1})$; x_n soll also aus $x_1 \dots x_{n-1}$ prognostiziert werden. Mit den Bezeichnungen:

$$\mathbf{x}_1 = \begin{pmatrix} x_1 \\ \vdots \\ x_{n-1} \end{pmatrix}, \quad \boldsymbol{\mu}_1 = \begin{pmatrix} \mu_1 \\ \vdots \\ \mu_{n-1} \end{pmatrix}, \quad \boldsymbol{\Gamma} = \boldsymbol{\Sigma}^{-1} = \left(\begin{array}{c|c} \boldsymbol{\Gamma}_{11} & \boldsymbol{\Gamma}_{12} \\ \hline \boldsymbol{\Gamma}_{21} & \boldsymbol{\Gamma}_{22} \end{array}\right)$$

ist die bedingte Verteilung von x_n bei festem $\mathbf{x}_1$ gegeben durch (siehe Satz 5.2.1):

$$x_n|\mathbf{x}_1 \sim \mathbf{N}(\mu_n - \boldsymbol{\Gamma}_{22}^{-1}\boldsymbol{\Gamma}_{21}(\mathbf{x}_1 - \boldsymbol{\mu}_1); \boldsymbol{\Gamma}_{22}^{-1})$$

(das ist eine eindimensionale Normalverteilung!). Damit ergibt sich für die gesuchte bedingte Erwartung:

$$\mu_{x_n}(x_1 \ldots x_{n-1}) = E\big(x_n | \mathbf{x}_1 = (x_1 \ldots x_{n-1})'\big) = \mu_n - \mathbf{\Gamma}_{22}^{-1}\mathbf{\Gamma}_{21}(\mathbf{x}_1 - \boldsymbol{\mu}_1).$$

Offenbar ist die Prognosefunktion $\hat{x}_n = \mu_{x_n}(x_1 \ldots x_{n-1})$ in den Regressoren $x_1 \ldots x_{n-1}$ linear, also von der Form:

$$\hat{x}_n = \mu_{x_n}(x_1 \ldots x_{n-1}) = \beta_0 + \beta_1 x_1 + \ldots + \beta_{n-1}x_{n-1}.$$

Es ist dies die einfachste und angenehmste Situation, die man sich wünschen kann. Für den Fall nur zweier Variablen (x_1, x_2) veranschaulicht Abb. 6.5.1 das Verteilungsmodell (vgl. auch Beispiel 6.4.1).

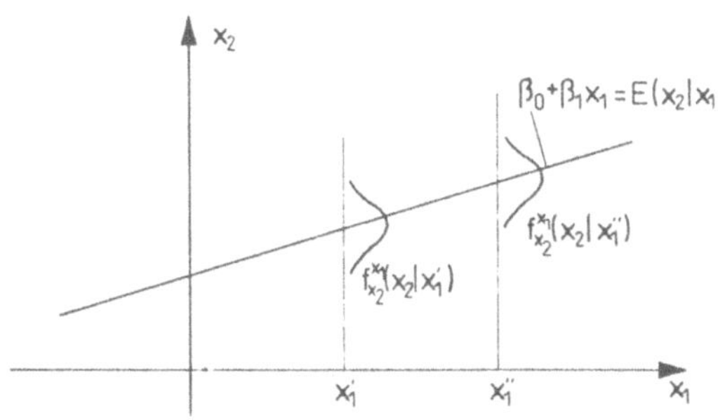

Abb. 6.5.1

Man beachte übrigens, daß die Varianz der Verteilungen von $x_n|\mathbf{x}_1$ konstant ist, diese bedingten Verteilungen daher in der durch $\mathbf{N}(0, \mathbf{\Gamma}_{22}^{-1})$ erzeugten Lagefamilie liegen.

7. Gesetze der großen Zahlen

Wir betrachten in diesem Kapitel unbegrenzte Folgen von Wiederholungen eines Zufallsexperimentes $\mathcal{E}$ mit Ausgang x; insbesondere studieren wir das Verhalten von Folgen relativer Häufigkeiten $(h_n(A): n = 1, 2, \ldots)$ bzw. von Mittelwertfolgen $(y_n = \frac{1}{n}(x_1 + \ldots + x_n): n = 1, 2, \ldots)$ und zeigen, daß, in einem noch zu präzisierenden Sinn, $(h_n(A))$ gegen die Wahrscheinlichkeit $P(A)$ und (y_n) gegen die Erwartung $E(x)$ strebt. Die Wahrscheinlichkeitstheorie enthält damit Konvergenzsätze, die zwar durch die Erfahrung, im streng mathematischen Sinn, weder bestätigt noch widerlegt werden können, die aber der ***statistischen Intuition*** voll entsprechen.

7.1 Das schwache Gesetz der großen Zahlen

Wir beweisen zunächst die Tschebyscheffsche Ungleichung, die, obgleich völlig elementar, ein überraschend leistungsfähiges Hilfsmittel zur Untersuchung dieser Konvergenzfragen ist.

Satz 7.1.1 *Tschebyscheffsche Ungleichung*
Ist x eine 1-dimensionale Zufallsvariable, deren Verteilung Momente bis zur zweiten Ordnung besitzt, dann gilt für jedes a und für $b > 0$:

$$P(|x - a| \geq b) \leq \frac{E\big((x - a)^2\big)}{b^2}.$$

Insbesondere ist für $a = E(x) = \mu$: $P(|x - \mu| \geq b) \leq \sigma^2/b^2$.

Beweis: Wir führen den Beweis für stetige Verteilungen; die für diskrete Verteilungen erforderlichen Modifikationen sind offensichtlich. Es gilt:

$$E\big((x - a)^2\big) = \int_{\mathbf{R}} (x - a)^2 f(x)dx \geq \int_{x:|x-a|\geq b} (x - a)^2 f(x)dx \geq$$

$$\geq b^2 \int_{x:|x-a|\geq b} f(x)dx = b^2 P(|x - a| \geq b).$$

Dividiert man durch b^2, dann folgt auch schon die Behauptung.♠

Bemerkung: Mit der gleichen Methode beweist man die allgemeinere Markovsche Ungleichung:

$$P(|x-a| \geq b) \leq \frac{E(|x-a|^k)}{b^k} = \frac{M_k(a)}{b^k}, \tag{7.1.1}$$

soferne das k-te absolute Moment $M_k(a)$ existiert.

Wir betrachten nun ein beliebiges Experiment $\mathcal{E}$ und ein dazugehöriges Ereignis A mit der Wahrscheinlichkeit $P(A) = p$. Wiederholen wir das Experiment n-mal unabhängig, dann ist $z_n = H_n(A)$, die Anzahl der Realisierungen von A, binomial verteilt nach $\mathbf{B}_{n,p}$; $y_n = z_n/n = h_n(A)$ gibt die relative Häufigkeit von A bei diesen n Wiederholungen an. Wegen

$$\mu_{z_n} = np \quad \text{und} \quad \sigma^2_{z_n} = np(1-p)$$

gilt:

$$\mu_{y_n} = p \quad \text{und} \quad \sigma^2_{y_n} = \frac{p(1-p)}{n}.$$

Wenden wir auf $y_n = h_n(A)$ nunmehr die Tschebyscheffsche Ungleichung an, dann erhalten wir das berühmte **Bernoullische Gesetz der großen Zahlen:**

Satz 7.1.2 *Bernoullisches Gesetz der großen Zahlen*
Wiederholt man ein Experiment $\mathcal{E}$ n-mal unabhängig, und ist A ein Ereignis mit Wahrscheinlichkeit $P(A) = p$, dann gilt für die relative Häufigkeit $h_n(A)$:

$$P\big(|h_n(A)-p| \geq \epsilon\big) \leq \frac{1}{\epsilon^2}\frac{p(1-p)}{n} \leq \frac{1}{\epsilon^2}\frac{1}{4n} \to 0 \quad \textit{für} \quad n \to \infty, \epsilon > 0.$$

Die letzte Ungleichung ergibt sich wegen $p(1-p) \leq 1/4$. Wählt man also ϵ beliebig klein, dann strebt mit wachsender Anzahl der Versuchswiederholungen die Wahrscheinlichkeit, daß die relative Häufigkeit $h_n(A)$ von der Wahrscheinlichkeit $p = P(A)$ um mehr als ϵ abweicht, gegen Null.

Dieses fundamentale Ergebnis liefert der Wahrscheinlichkeitstheorie, wie wir sie bisher entwickelt haben, a posteriori eine entscheidende Stütze, wenn es auch nicht in unzulässiger, weil zirkulärer Weise zur Definition des Wahrscheinlichkeitsbegriffes benützt werden kann.

Beispiel 7.1.1 Bernoullisches Gesetz der großen Zahlen — Konvergenzgeschwindigkeit

Um eine Vorstellung von der Güte der Approximation der Wahrscheinlichkeit $P(A) =$ $= p$ durch die relative Häufigkeit $h_n(A)$ zu bekommen, betrachten wir ein Zahlenbeispiel. Wir fragen: Wie oft muß man das Experiment $\mathcal{E}$ wiederholen, damit die Abweichung $|h_n(A) - p|$ mit einer Wahrscheinlichkeit von höchstens 10^{-k} größer als 10^{-l} ist? Es soll also gelten:

$$P\big(|h_n(A) - p| \geq 10^{-l}\big) \leq 10^{-k},$$

d.h. nach Satz 7.1.2, mit $\epsilon = 10^{-l}$: $1/(10^{-2l}4n) = 10^{-k}$ und damit:

$$n = 10^{2l+k}/4.$$

Für $k = l = 2$, d.h. $h_n(A)$ soll von p mit Wahrscheinlichkeit 0,99 um nicht mehr als 0,01 abweichen, benötigt man somit $n = 2,5.10^5$ Versuchswiederholungen (unter gleichbleibenden Versuchsbedingungen!). Obwohl diese Zahl nur eine obere Schranke für die tatsächlich notwendige Anzahl der Wiederholungen von $\mathcal{E}$ darstellt, gibt sie doch eine Vorstellung von der Aussichtslosigkeit, die Konvergenz $h_n(A) \to p$ empirisch nachzuweisen.

Wir betrachten jetzt ein Experiment $\mathcal{E}$ mit Ausgang x; x sei eindimensional, stetig oder diskret mit Erwartung μ_x und Varianz σ_x^2. Wir wiederholen $\mathcal{E}$ n-mal unabhängig und bilden das arithmetische Mittel der Beobachtungen:

$$y_n = \frac{1}{n}(x_1 + \ldots + x_n).$$

Mittel und Varianz von y_n sind gegeben durch:

$$\mu_{y_n} = \mu_x, \qquad \sigma_{y_n}^2 = \frac{1}{n}\sigma_x^2.$$

Wenden wir daher die Tschebyscheffsche Ungleichung auf y_n an, dann erhalten wir:

Satz 7.1.3 *Schwaches Gesetz der großen Zahlen;* $\sigma_x^2 < \infty$
Sei $\mathcal{E}$ ein Experiment mit Ausgang x; x sei eindimensional mit Erwartung μ_x und Varianz σ_x^2. Wiederholt man $\mathcal{E}$ n-mal unabhängig, dann gilt für $y_n = \frac{1}{n}(x_1 + \ldots + x_n)$:

$$P(|y_n - \mu_x| \geq \epsilon) \leq \frac{1}{\epsilon^2}\frac{\sigma_x^2}{n} \to 0 \quad \text{für} \quad n \to \infty, \epsilon > 0.$$

Die Wahrscheinlichkeit $P(|y_n - \mu_x| \geq \epsilon)$ geht also mit wachsendem n gegen Null; das arithmetische Mittel y_n approximiert in diesem Sinne den Erwartungswert μ_x. Man nennt die obige Aussage das **schwache Gesetz der großen Zahlen**, da es noch eine stärkere Aussage über die Approximation von μ_x durch die Folge (y_n) gibt, eben das *starke Gesetz der großen Zahlen*, auf das wir im nächsten Abschnitt zu sprechen kommen. Satz 7.1.2, das Bernoullische Gesetz der großen Zahlen, ist ein Sonderfall von Satz 7.1.3. Man braucht nur $x = 1$ oder 0 zu setzen, je nachdem, ob das Ereignis A eintritt oder nicht, und erhält $y_n = (x_1 + \ldots + x_n)/n = h_n(A)$, $\mu_x = P(A) = p$ und $\sigma_x^2 = p(1-p)$.

Wir haben bei Satz 7.1.3 $\sigma_x^2 < \infty$ vorausgesetzt. Es gilt aber auch für den Fall, daß die Varianz σ_x^2 nicht existiert, eine ähnliche, freilich etwas schwächere Aussage, die wir ohne Beweis anführen.

Satz 7.1.4 *Schwaches Gesetz der großen Zahlen;* $\sigma_x^2 \leq \infty$
Sei $\mathcal{E}$ ein Experiment mit Ausgang x; x sei eindimensional mit Erwartung μ_x. Wiederholt man $\mathcal{E}$ n-mal unabhängig, dann gilt für $y_n = (x_1 + \ldots + x_n)/n$:

$$P(|y_n - \mu_x| \geq \epsilon) \to 0 \quad \text{für} \quad n \to \infty, \epsilon > 0.$$

Über die Güte der Approximation von μ_x durch y_n wird hier nichts ausgesagt.

Die Sätze 7.1.3 und 7.1.4 zeigen, daß der Begriff der Erwartung $E(x)$, wie wir ihn in Abschnitt 6.1 eingeführt haben, zweckmäßig definiert wurde und wirklich den Wert angibt, den man für das arithmetische Mittel $y_n = (x_1 + \ldots + x_n)/n$ bei großem n *erwarten* kann. Die Ergebnisse dieses Abschnittes legen es nahe, den Begriff der *stochastischen Konvergenz*, einen der vielen Konvergenzbegriffe, die man in der Wahrscheinlichkeitstheorie betrachtet, einzuführen.

Definition 7.1.1 *Stochastische Konvergenz*
Sei $(x_n : n = 1, 2, \ldots)$ eine Folge von eindimensionalen Zufallsvariablen. Man sagt, daß diese Folge **stochastisch** *gegen die Konstante a strebt, in Zeichen: $x_n \xrightarrow{\text{st}} a$, wenn gilt:*

$$\lim_{n \to \infty} P(|x_n - a| \geq \epsilon) = 0 \qquad \text{für beliebiges} \quad \epsilon > 0.$$

Ein einfaches und anschauliches Kriterium für die stochastische Konvergenz gibt der folgende

Satz 7.1.5 *Kriterium für stochastische Konvergenz*
Ist $F_n(x)$ die Verteilungsfunktion der Zufallsvariablen x_n, dann konvergiert die Folge $(x_n : n = 1, 2, \ldots)$ genau dann stochastisch gegen a, wenn gilt:

$$F_n(x) \longrightarrow \begin{cases} 0 & \text{für} \quad x < a, \\ 1 & \text{für} \quad x > a. \end{cases} \tag{7.1.2}$$

Beweis: Möge zunächst (x_n) stochastisch gegen a konvergieren. Es gilt dann:

$$P(|x_n - a| < \epsilon) = P(a - \epsilon < x_n < a + \epsilon) \leq F_n(a + \epsilon) - F_n(a - \epsilon) \to 1,$$

woraus $F_n(a + \epsilon) \to 1$ und $F_n(a - \epsilon) \to 0$ für beliebiges $\epsilon > 0$ folgt. Gilt umgekehrt (7.1.2), dann ist:

$$P(|x_n - a| < \epsilon) \geq P(a - \epsilon/2 < x_n \leq a + \epsilon/2) = F_n(a + \epsilon/2) - F_n(a - \epsilon/2) \to 1,$$

also $x_n \xrightarrow{st} a$. ♠

Mit Hilfe des Begriffes der stochastischen Konvergenz kann man das schwache Gesetz der großen Zahlen folgendermaßen formulieren:

Wiederholt man ein Experiment $\mathcal{E}$ mit Ausgang x n-mal unabhängig, dann strebt $y_n = (x_1 + \ldots + x_n)/n$ mit $n \to \infty$ stochastisch gegen den Erwartungswert $\mu_x = E(x)$.

Diese Aussage ist nicht so zu verstehen, daß bei einer konkreten Folge von Versuchswiederholungen, mit Ausgängen $x_1, x_2, \ldots$, die Folge der Mittelwerte $y_1, y_2, \ldots$ im Sinne der klassischen Analysis gegen μ_x konvergiert, sondern daß die Verteilungen der Zufallsvariablen $(y_n : n = 1, 2, \ldots)$ mit wachsendem n *immer stärker um den Punkt μ_x konzentriert sind*, bis sie in der Grenze in die Einpunktverteilung $P(\{\mu_x\}) = 1$ übergehen.

7.2 Das starke Gesetz der großen Zahlen

Tatsächlich läßt sich aber auch die oben ausgesprochene Konvergenz im Sinne der klassischen Analysis, die ja gewissermaßen die *Basisvermutung* des Beobachters ausdrückt, der sich zum ersten Mal unbefangen mit dem Phänomen Zufall beschäftigt, im Rahmen der Wahrscheinlichkeitstheorie beweisen. Präzise gilt der folgende

Satz 7.2.1 *Starkes Gesetz der großen Zahlen*
Sei $\mathcal{E}$ ein Experiment mit Ausgang x; x sei eindimensional mit Erwartung μ_x. Wiederholt man $\mathcal{E}$ unabhängig unbeschränkt oft, dann konvergiert die Folge der Mittelwerte $\left(y_n = (x_1 + \ldots + x_n)/n : n = 1, 2, \ldots\right)$ mit Wahrscheinlichkeit 1, oder wie man auch sagt: **fast sicher** *gegen μ_x:*

$$P(\lim_{n \to \infty} y_n = \mu_x) = 1. \tag{7.2.1}$$

Ist A ein beliebiges Ereignis und $x = 1$ oder 0, je nachdem, ob A eintritt oder nicht, dann gilt wieder $y_n = h_n(A)$ sowie $\mu_x = P(A) = p$ und der Satz 7.2.1 enthält als Sonderfall das **Borelsche Gesetz der großen Zahlen**, nämlich:

$$P\left(\lim_{n \to \infty} h_n(A) = p\right) = 1. \tag{7.2.2}$$

Wir führen den Beweis dieses Satzes hier nicht, wollen uns aber doch noch etwas genauer mit seiner Aussage beschäftigen. Statt das Experiment $\mathcal{E}$ unbeschränkt zu wiederholen, können wir uns anschaulicher vorstellen, wir hätten eine unendliche Folge mit $\mathcal{E}$ identischer Versuchsanordnungen $\mathcal{E}_1, \mathcal{E}_2, \ldots$ vor uns, die wir zu dem Gesamtexperiment $\mathcal{E}_1 \otimes \mathcal{E}_2 \otimes \ldots = \mathcal{E}^*$ zusammenfassen. $\mathcal{E}^*$ realisieren heißt: jedes Teilexperiment $\mathcal{E}_j$ genau einmal ausführen. Das Ergebnis ist die Folge $\mathbf{x} = (x_1, x_2, \ldots)$; sie ist das Elementarereignis, das den Versuchsausgang von $\mathcal{E}^*$ beschreibt — der Stichprobenraum $\Omega_\mathbf{x}$ ist ersichtlich die Menge aller derartigen Folgen. Abb. 7.2.1 veranschaulicht diese Verhältnisse.

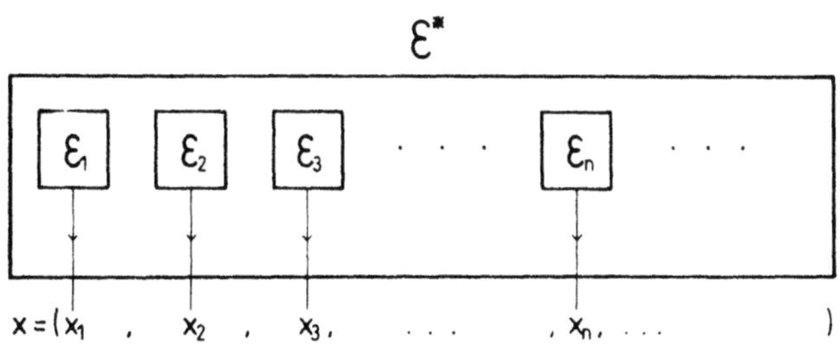

Abb. 7.2.1

Die Wahrscheinlichkeitsverteilung $P_\mathbf{x}$ von $\mathbf{x}$ ist durch die Verteilung P_x, des Ausganges x des Einzelexperimentes $\mathcal{E}$, vollständig bestimmt — das stellen wir ebenfalls ohne Beweis fest. Überhaupt müssen wir zur Kenntnis nehmen, daß wir in diesem Abschnitt ein Thema vor uns haben, bei dessen Behandlung innerhalb der elementaren Wahrscheinlichkeitstheorie der Boden unter den Füßen sehr schnell zu schwanken beginnt. Wir begnügen uns daher mit den wichtigsten Aussagen und deren Veranschaulichung und verzichten auf Beweise, nicht so sehr aus Mangel an Raum als vielmehr, weil diese den Rahmen einer elementaren Einführung sprengen.

Aus der Folge $\mathbf{x} = (x_1, x_2, \ldots)$, dem Ausgang von $\mathcal{E}^*$, erhalten wir die Folge $\mathbf{y} = (y_1, y_2, \ldots)$ der Mittelwerte $y_n = (x_1 + \ldots + x_n)/n$. Die Aussage des starken Gesetzes der großen Zahlen ist nun, daß die Realisierung von $\mathcal{E}^*$ mit Wahrscheinlichkeit 1 eine Folge $\mathbf{x}$ ergibt derart, daß die zugehörige Folge $\mathbf{y}$ gegen den Erwartungswert μ_x konvergiert. Nicht immer, also mit logischer Notwendigkeit, erscheint so eine Folge $\mathbf{x}$ als Versuchsausgang von $\mathcal{E}^*$, sondern mit Wahrscheinlichkeit 1. Diese Form der Aussage kann nicht überraschen, denn schließlich ist ja jede Folge $\mathbf{x}$ *möglich*, aber die Menge aller Folgen $\mathbf{x}$, deren zugehörige Mittelwert-Folgen $\mathbf{y}$ gegen μ_x streben, hat die Wahrscheinlichkeit 1. Mehr kann man nicht erwarten.

Wenn wir auch Satz 7.2.1 nicht beweisen, so wollen wir doch zeigen, daß seine Aussage stärker ist als diejenige von Satz 7.1.4, er also zu Recht als das **starke** Gesetz der großen Zahlen angesprochen wird.

Alle Ereignisse, die wir im folgenden einführen, sind Teilmengen von $\Omega_\mathbf{x}$, der Menge aller Folgen $\mathbf{x} = (x_1, x_2, \ldots)$. Zunächst sei A die Menge aller $\mathbf{x}$-Folgen für die $\lim_{n\to\infty} y_n = \mu_x$ gilt, also jenes Ereignis, das unter den Voraussetzungen von Satz 7.2.1 die Wahrscheinlichkeit 1 hat. Weiters sei:

$$A_n(\epsilon) := \{\mathbf{x}: |y_n - \mu_x| \leq \epsilon\} \quad \text{für} \quad n = 1, 2, \ldots \quad \text{und} \quad \epsilon > 0. \tag{7.2.3}$$

$|y_n - \mu_x| \leq \epsilon$ ist eine Bedingung für das Anfangsstück $(x_1 \dots x_n)$ von $\mathbf{x}$, es kann also allein durch Beobachtung der Ausgänge von $\mathcal{E}_1 \dots \mathcal{E}_n$ entschieden werden, ob $A_n(\epsilon)$ eintritt oder nicht, nichtsdestoweniger ist es natürlich auch ein Ereignis in $\Omega_{\mathbf{x}}$, und als solches fassen wir es auf. Es ist nun klar: liegt $\mathbf{x}$ in A, d.h. gilt $\lim_n y_n = \mu_x$, dann gibt es eine Nummer $N(\mathbf{x}, \epsilon)$, so daß für $n \geq N(\mathbf{x}, \epsilon)$ $|y_n - \mu_x| \leq \epsilon$ gilt und somit $\mathbf{x}$ in $A_n(\epsilon)$ liegt. Kurz, in formaler Schreibweise:

Ist $\mathbf{x} \in A$, dann existiert $N(\mathbf{x}, \epsilon)$, so daß $\mathbf{x} \in \bigcap_{n \geq N(\mathbf{x},\epsilon)} A_n(\epsilon)$ gilt.

Daraus folgt aber wiederum:

Ist $\mathbf{x} \in A$, dann ist $\mathbf{x} \in \bigcup_{N \geq 1} \bigcap_{n \geq N} A_n(\epsilon)$, für jedes $\epsilon > 0$

oder, noch kürzer:

$$A \subset \bigcup_{N \geq 1} \bigcap_{n \geq N} A_n(\epsilon) \quad \text{für jedes} \quad \epsilon > 0. \tag{7.2.4}$$

Das in (7.2.4) rechts stehende Ereignis kann leicht verbal beschrieben werden, und dann leuchtet (7.2.4) unmittelbar ein: Es ist die Menge aller Folgen $\mathbf{x}$, deren zugehörige Mittelwertfolge $\mathbf{y}$ ab irgendeinem Index N um weniger als ϵ von μ_x abweicht; und natürlich trifft das für jedes $\mathbf{x}$ aus A zu.

Man sieht auch sofort: Die Folge der Ereignisse $\bigcap_{n \geq N} A_n(\epsilon) = B_N(\epsilon)$ strebt monoton wachsend gegen $\bigcup_N B_N(\epsilon)$. Daher folgt aus der Stetigkeit der Wahrscheinlichkeit (Satz 1.4.7), dem starken Gesetz der großen Zahlen und (7.2.4):

$$1 = P_{\mathbf{x}}(A) \leq P_{\mathbf{x}}(\bigcup_N B_N(\epsilon)) = \lim_N \uparrow P_{\mathbf{x}}(B_N(\epsilon)).$$

Wegen $A_N(\epsilon) \supset B_N(\epsilon)$ ergibt sich dann aber:

$$\lim_N P_{\mathbf{x}}(A_N(\epsilon)) = 1,$$

und damit, wenn wir die Definition (7.2.3) benützen:

$$\lim_N P_{\mathbf{x}}(|y_N - \mu_x| \leq \epsilon) = 1,$$

und dieses ist in der Tat das schwache Gesetz der großen Zahlen.

Es gibt viele Verallgemeinerungen der Gesetze der großen Zahlen. Dafür und für das vertiefte Studium der klassischen Resultate verweisen wir den Leser auf die weiterführende Literatur.

8. Summen von unabhängigen Zufallsvariablen

Nach dem schwachen Gesetz der großen Zahlen ist die Verteilung des arithmetischen Mittels $y_n = (x_1 + \cdots + x_n)/n$ der unabhängigen, identisch verteilten Zufallsvariablen $x_1 \ldots x_n$ auf die unmittelbare Umgebung des Erwartungswertes μ_x der x_j konzentriert und degeneriert in der Grenze zu der Einpunktverteilung $P(\{\mu_x\}) = 1$. Es läßt sich aber ein viel präziseres Resultat von großer Allgemeinheit und Schönheit erzielen, das auch für die Anwendungen von eminenter Bedeutung ist.

Standardisiert man nämlich die Zufallsgröße y_n, bildet man also

$$z_n = (y_n - \mu_x)/\frac{\sigma_x}{\sqrt{n}},$$

man beachte: $E(y_n) = \mu_x$ und $V(y_n) = \sigma_x^2/n$, dann stellt sich heraus, daß die Verteilung von z_n mit wachsendem n sehr rasch gegen die Standardnormalverteilung $\mathbf{N}(0,1)$ strebt und für $n \to \infty$ in diese übergeht (in einem noch zu präzisierenden Sinn) und zwar gleichgültig wie die Verteilung der $x_1, x_2, \ldots$ beschaffen war, wenn nur $E(x_j) = \mu_x$ und $V(x_j) = \sigma_x^2$ existieren.

Dieses Ergebnis, der sogenannte **zentrale Grenzverteilungssatz**, wurde, wie es der Name andeutet, lange Zeit als das wichtigste Ergebnis der Wahrscheinlichkeitstheorie angesehen, und viele berühmte Namen sind mit ihm, seinen Vorläufern und seinen Verallgemeinerungen verbunden. Die Beiträge von de Moivre (1730), Laplace (1812, 1814, 1820), Ljapunov (1901), Lindeberg (1922) sind die historisch wichtigsten, unüberschaubar ist jedoch die Reihe der Autoren, die bis in die jüngste Zeit Beiträge zu diesem Thema geleistet haben. Der interessierte Leser sei für ausführlichere Informationen auf das Buch von Gnedenko-Kolmogorov, einen Klassiker der Wahrscheinlichkeitstheorie hingewiesen.

Dem zentralen Grenzverteilungssatz und damit zusammenhängenden Fragen ist dieses 8. Kapitel gewidmet, in dem wir auch eine wichtige analytische Methode der Wahrscheinlichkeitstheorie, die Methode der charakteristischen Funktionen kennenlernen werden.

8.1 Die Faltung

Wir studieren in diesem Abschnitt die Verteilungen endlicher Summen von eindimensionalen, unabhängigen Zufallsvariablen $x_1 \ldots x_n$, die entweder alle stetig oder alle diskret sein sollen. Die Verteilungen der x_j seien mit P_j , ihre Dichten mit f_j bezeichnet. Wir stellen uns die Aufgabe, die Verteilungsdichte f_y der Summe $y = x_1 + \cdots + x_n$ zu bestimmen, und behandeln zuerst den einfacheren diskreten Fall.

Die gemeinsame Dichte der n-dimensionalen Zufallsgröße $(x_1 \ldots x_n)$ ist $f_1(x_1) \cdots f_n(x_n)$ und somit folgt:

$$f_y(y) = P(x_1 + \cdots + x_n = y) = \sum_{\substack{(x_1 \ldots x_n): \\ x_1 + \cdots + x_n = y}} f_1(x_1) \cdots f_n(x_n), \tag{8.1.1}$$

d.h. es ist über alle Gitterpunkte $(x_1 \ldots x_n)$ aus dem Stichprobenraum $\Omega = \Omega_1 \times \cdots \times \Omega_n$ zu summieren, deren Koordinatensumme y ist. Diese Punkte liegen auf einer $(n-1)$-dimensionalen Hyperebene im $\mathbf{R}^n$, in den wir uns Ω eingebettet denken, deren Achsenabschnitte alle den Wert y haben. Abb. 8.1.1 zeigt die Verhältnisse für $n = 2$ und den wichtigsten Sonderfall $\Omega_j = \mathbf{Z}$.

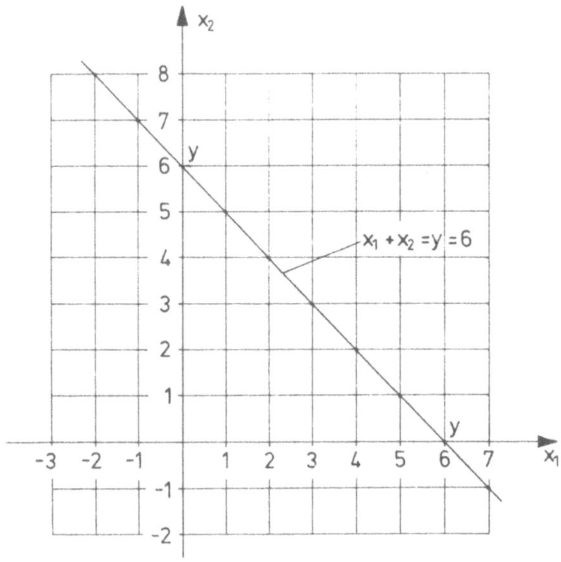

Abb. 8.1.1

In der Summe (8.1.1) sind die Variablen $x_1 \ldots x_n$ durch die Bedingung $x_1 + \cdots + x_n = y$ eingeschränkt. Beim praktischen Rechnen ist es meistens angenehmer, mit frei variierenden Summationsvariablen zu arbeiten. Drückt man etwa x_n durch y und $x_1 \ldots x_{n-1}$ aus, dann erhält man die gleichwertige, freilich nicht mehr so symmetrisch gebaute Formel:

$$f_y(y) = \sum_{x_1 \ldots x_{n-1}} f_1(x_1) f_2(x_2) \cdots f_{n-1}(x_{n-1}) f_n(y - x_1 - \cdots - x_{n-1}), \tag{8.1.2}$$

in der jetzt $x_1 \ldots x_{n-1}$ über $\Omega_1 \ldots \Omega_{n-1}$ frei variieren.

Beispiel 8.1.1 Summe unabhängiger, Poisson-verteilter Zufallsgrößen

Seien $x_1 \ldots x_n$ unabhängig nach $\mathbf{P}_{\mu_1} \ldots \mathbf{P}_{\mu_n}$ verteilt. Für die Dichte von $y = x_1 + \cdots + x_n$ gilt nach (8.1.1) für $y \in N_0$:

$$f_y(y) = \sum_{\substack{x_j \in N_0 \\ x_1+\cdots+x_n=y}} \prod_{j=1}^{n} \frac{\mu_j^{x_j}}{x_j!} e^{-\mu_j} = \frac{e^{-(\mu_1+\cdots+\mu_n)}}{y!} \sum_{\substack{x_j \in N_0 \\ x_1+\cdots+x_n=y}} \frac{y!}{x_1! \cdots x_n!} \mu_1^{x_1} \cdots \mu_n^{x_n}.$$

Die Summe ist nach dem multinomischen Lehrsatz gleich $(\mu_1 + \cdots + \mu_n)^y$ und folglich haben wir:

$$f_y(y) = \begin{array}{ll} \dfrac{(\mu_1 + \cdots + \mu_n)^y}{y!} e^{-(\mu_1+\cdots+\mu_n)} & \text{für } y \in \mathbf{N}_0, \\ 0 & \text{für } y \notin \mathbf{N}_0, \end{array}$$

d.h. $y = x_1 + \cdots + x_n$ ist nach $\mathbf{P}_{\mu_1+\cdots+\mu_n}$ verteilt.

Wir haben dieses Resultat bereits im Beispiel 4.1.1 hergeleitet und in Satz 4.2.2 als Additionstheorem der Poissonverteilung formuliert. Auch Beispiel 4.1.2, in dem die Dichte der Summe unabhängiger, binomial-verteilter Zufallsgrößen hergeleitet ist, nimmt unsere Thematik vorweg.

Für $n = 2$ hat Formel (8.1.2) die Gestalt:

$$f_y(y) = \sum_{x_1} f_1(x_1) f_2(y - x_1) \tag{8.1.3}$$

bzw., wenn man x_2 als unabhängige Summationsvariable wählt:

$$f_y(y) = \sum_{x_2} f_1(y - x_2) f_2(x_2). \tag{8.1.4}$$

Bei der numerischen Berechnung von (8.1.3) sind die Produkte $f_1(x)f_2(y - x)$ zu bilden und über x aufzusummieren. Den Graphen der Funktion $f_2(y - -x)$ — y ist fest, x variiert — erhält man aus demjenigen der Funktion $f_2(x)$, wenn man den letzteren am Ursprung spiegelt und anschließend den Ursprung in den Punkt y verschiebt. Abb. 8.1.2 veranschaulicht diesen Vorgang, den man, in jenen seligen Zeiten, als es noch keine Computer gab und man noch rechnen mußte — und konnte —, praktisch so ausführte, daß man $f_2(x)$ auf durchscheinendes Papier zeichnete, dieses um den Nullpunkt umklappte oder umfaltete und schließlich den Ursprung des umgefalteten Papiers mit dem Punkt y des Koordinatensystems für $f_1(x)$ zur Deckung brachte. Anschließend konnte man dann übereinanderliegende Werte von $f_1(x)$ und $f_2(y - x)$ multiplizieren und die Produkte addieren. Das Umfalten muß die Leute damals so beeindruckt haben, daß sie den ganzen Prozeß der Berechnung von $f_y(y)$, bzw. dann $f_y(y)$

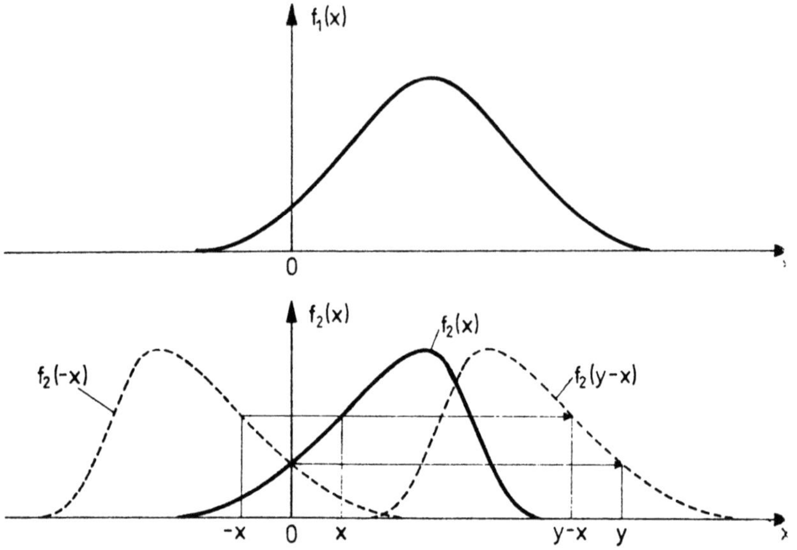

Abb. 8.1.2

selbst, die **Faltung** der beiden Dichten f_1 und f_2 nannten, und bei diesem Namen ist es auch geblieben.

Bevor wir aber den Begriff der Faltung abstrakt definieren, besprechen wir noch den stetigen Fall. Die unabhängigen, aber jetzt stetigen, eindimensionalen Zufallsvariablen $x_1 \dots x_n$ besitzen wieder die Dichten $f_1 \dots f_n$, so daß die gemeinsame Dichte von $(x_1 \dots x_n)$ durch das Produkt $f_1(x_1) \cdots f_n(x_n)$ gegeben ist.

Um die Dichte von $y = x_1 + \cdots + x_n$ zu bestimmen, verfahren wir wie in Abschnitt 3.6 beschrieben. Wir führen $(n-1)$ Hilfsvariable $y_1 \dots y_{n-1}$ ein, so daß die Abbildung $(x_1 \dots x_n) \to (y_1 \dots y_{n-1}, y)$ umkehrbar eindeutig und stetig differenzierbar ist, bestimmen zunächst die gemeinsame Dichte von $(y_1 \dots y_{n-1}, y)$ gemäß Satz 3.6.1 und anschließend, durch Ausintegrieren von $y_1 \dots y_{n-1}$, die gesuchte Randdichte von y.

Wir wählen als Hilfsvariable $y_1 = x_1, \dots, y_{n-1} = x_{n-1}$; damit folgt:

$$\begin{aligned}
y_1 &= x_1 && = t_1(x_1 \dots x_n) \\
y_2 &= \quad x_2 && = t_2(x_1 \dots x_n) \\
&\vdots \\
y_{n-1} &= \qquad x_{n-1} && = t_{n-1}(x_1 \dots x_n) \\
y &= x_1 + \cdots + x_n && = t_n(x_1 \dots x_n)
\end{aligned}$$

und die Umkehrung

$$\begin{array}{llll}
x_1 & = y_1 & & = s_1(y_1 \dots y_{n-1}, y) \\
x_2 & = \quad y_2 & & = s_2(y_1 \dots y_{n-1}, y) \\
& \vdots & & \\
x_{n-1} & = \qquad y_{n-1} & & = s_{n-1}(y_1 \dots y_{n-1}, y) \\
x_n & = y - y_1 - y_2 - \dots - y_{n-1} & & = s_n(y_1 \dots y_{n-1}, y)
\end{array}$$

Diese lineare Abbildung des $\mathbf{R}^n$ auf sich erfüllt samt ihrer Umkehrung alle oben genannten Regularitätsforderungen, und die weiteren Rechnungen gestalten sich besonders einfach.

Zunächst folgt für die Funktionaldeterminante:

$$J(y_1 \dots y_{n-1}, y) = Det \frac{\partial(s_1 \dots s_n)}{\partial(y_1 \dots y_{n-1}, y)} = \begin{vmatrix} 1 & 0 & 0 & \dots & 0 & 0 \\ 0 & 1 & 0 & \dots & 0 & 0 \\ \dots & \dots & \dots & \dots & \dots & \dots \\ 0 & 0 & 0 & \dots & 1 & 0 \\ -1 & -1 & -1 & \dots & -1 & 1 \end{vmatrix} = 1,$$

und folglich (siehe Satz 3.6.1) ist die gemeinsame Dichte von $(y_1 \dots y_{n-1}, y)$ gegeben durch:

$$f_{y_1 \dots y_{n-1}, y}(y_1 \dots y_{n-1}, y) = f_1(y_1) \cdots f_{n-1}(y_{n-1}) f_n(y - y_1 - \dots - y_{n-1}).$$

Integration nach $y_1 \dots y_{n-1}$ liefert die Randdichte von y. Wir bezeichnen die Integrationsvariablen wieder mit $x_1 \dots x_{n-1}$ und erhalten abschließend:

$$f_y(y) = \int_{R^{n-1}} f_1(x_1) f_2(x_2) \cdots f_{n-1}(x_{n-1}) f_n(y - x_1 - \dots - x_{n-1}) dx_1 \cdots dx_{n-1}. \tag{8.1.5}$$

Diese Formel ist bis ins Detail gleich gebaut wie die Formel (8.1.2) für den diskreten Fall. Daß die Variablen $x_1 \dots x_n$ in ihr nicht völlig symmetrisch erscheinen wie in (8.1.1) ist unwesentlich und liegt, ebenso wie bei (8.1.2), daran, daß x_n durch y und $x_1 \dots x_{n-1}$ ausgedrückt wurde. Ebenso hätte man jede andere der Variablen $x_1 \dots x_n$ durch y und die restlichen x_j ausdrücken können und hätte n verschiedene, aber gleichwertige Formeln erhalten, deren arithmetisches Mittel, nebenbei bemerkt, dann eine in $x_1 \dots x_n$ symmetrische Darstellung von $f_y(y)$ ergäbe. Doch bringt das weder für die Theorie noch für die praktische Berechnung irgendwelche Vorteile. Für $n = 2$ ergibt sich insbesondere die zu (8.1.3) analoge Formel:

$$f_y(y) = \int_R f_1(x_1) f_2(y - x_1) dx_1. \tag{8.1.6}$$

Die Erläuterungen zu Abb. 8.1.2 über die Bildung des Produktes $f_1(x)f_2(y-x)$ durch Umfaltung des Graphen von $f_2(x)$ um den Ursprung und anschließende Verschiebung desselben in den Punkt y bleiben auch hier wörtlich gültig. Wir definieren daher nunmehr den Begriff der Faltung von Wahrscheinlichkeitsverteilungen bzw. deren Dichten.

Definition 8.1.1 *Begriff der Faltung*
Die eindimensionalen Zufallsvariablen $x_1 \ldots x_n$ seien unabhängig verteilt nach $P_1 \ldots P_n$. Man nennt die Verteilung P_y der Summe $y = x_1 + \cdots + x_n$ die **Faltung** *der Verteilungen $P_1 \ldots P_n$ und die Dichte f_y von P_y die Faltung der Dichten $f_1 \ldots f_n$ von $P_1 \ldots P_n$.*

Für die Faltung benützt man eine Symbolik, die an die Produktbildung erinnert, weil sie bis zu einem gewissen Grade gleiche Eigenschaften wie das Produkt reeller Zahlen besitzt. Man schreibt:

$$P_y = P_1 * P_2 * \cdots * P_n \quad \text{und} \quad f_y = f_1 * f_2 * \cdots * f_n \tag{8.1.7}$$

und in der Tat folgt aus Definition 8.1.1 sofort:

$$P_1 * P_2 = P_2 * P_1 \quad \text{das kommutative Gesetz,} \tag{8.1.8}$$

denn natürlich stimmt die Verteilung von $x_1 + x_2$ mit derjenigen von $x_2 + x_1$ überein. Weiters gilt:

$$(P_1 * P_2) * P_3 = P_1 * (P_2 * P_3) \quad \text{das assoziative Gesetz,} \tag{8.1.9}$$

denn die Verteilungen von $(x_1 + x_2) + x_3$ und $x_1 + (x_2 + x_3)$ sind klarerweise identisch. Schließlich gibt es ein neutrales Element, nämlich die Einpunktverteilung $P_0(x_0 = 0) = 1$, denn die Verteilungen von x und $x_0 + x$ bzw. $x + x_0$ stimmen offenbar überein. Also gilt:

$$P_0 * P = P * P_0 = P \qquad \text{für beliebiges P.} \tag{8.1.10}$$

Damit enden aber auch schon die Analogien zur Multiplikation, denn ein inverses Element zur Verteilung P, also eine Verteilung Q mit

$$P * Q = Q * P = P_0,$$

wo P_0 das obige neutrale Element ist, gibt es im allgemeinen nicht. Das sieht man sofort ein, wenn man die Varianzen von P_1, P_2 und $P_1 * P_2$ betrachtet. Sie sind bzw. σ_1^2, σ_2^2 und $\sigma_1^2 + \sigma_2^2$. P_0 hat aber die Varianz 0. Besitzt daher P die Varianz $\sigma^2 > 0$, dann müßte Q die Varianz $-\sigma^2$ haben, was natürlich unmöglich ist. Bei Verteilungen, für die die Varianz nicht existiert, führt eine etwas subtilere Argumentation zum gleichen Ergebnis. Es gibt also offensichtlich nur für Einpunktverteilungen $P(x_1 = a) = 1$ ein inverses Element, nämlich die

Einpunktverteilung $Q(x_2 = -a) = 1$. Dann hat natürlich $y = x_1 + x_2$ die Verteilung $P_0(y = 0) = 1$, doch wird man diese Sonderfälle, ohne zu zögern, wohl *trivial* nennen — nichttriviale Beispiele aber gibt es nicht. Wer also schon gehofft hatte, die Wahrscheinlichkeitsverteilungen auf der Zahlengeraden würden bezüglich der Faltung eine kommutative Gruppe bilden, muß enttäuscht werden.

Aber auch die expliziten Formeln für die Faltung der Dichten (8.1.1) bis (8.1.6) taugen für das Studium der Faltung bei großen Anzahlen von Summanden $x_1 \dots x_n$ kaum, denn nur in ausgesuchten Sonderfällen lassen sich die Reihen bzw. Integrale explizit ausrechnen, und dann werden die Formeln meistens hoffnungslos kompliziert.

Beispiel 8.1.2 n-malige Faltung der Gleichverteilung

Wir betrachten als besonders einfachen Sonderfall die n-malige Faltung der Gleichverteilung auf dem Intervall [-1/2, 1/2] mit sich selbst, d.h. die Variablen $x_1 \dots x_n$ sind unabhängig nach $\mathbf{G}_{[-1/2,1/2]}$ verteilt. Wir wählen diese zentrierte Form der Gleichverteilung auf dem Einheitsintervall und nicht $\mathbf{G}_{[0,1]}$, weil sich damit einfachere Formeln ergeben. Die Dichte f der Verteilung $\mathbf{G}_{[-1/2,1/2]}$ ist:

$$f(x) = \begin{cases} 1 & \dots \quad \text{für } |x| \le 1/2, \\ 0 & \dots \quad \text{für } |x| > 1/2, \end{cases}$$

und wir haben

$$f^{*n} := \underbrace{f * f * \cdots * f}_{n-mal}$$

zu bilden. (f^{*n} bzw. P^{*n} bezeichnet, in naheliegender Weise, die n-malige Faltung von f bzw. P mit sich selbst.) Die Formel (8.1.5) ist zwar rasch hingeschrieben, es ergibt sich offenbar:

$$f^{*n}(y) = \int_{A_{n-1}(y)} dx_1 dx_2 \dots dx_{n-1},$$

wobei der Integrationsbereich $A_{n-1}(y)$ gegeben ist durch:

$$A_{n-1}(y) = \{(x_1 \dots x_{n-1}) : |x_j| \le 1/2, |y - x_1 - \cdots - x_{n-1}| \le 1/2\},$$

doch sieht das Integral einfacher aus als es ist, denn das Volumen von $A_{n-1}(y)$, in Abhängigkeit von y, ist alles andere als leicht zu bestimmen. Wir berechnen daher f^{*n} lieber iterativ nach der Formel

$$f^{*n} = f^{*(n-1)} * f,$$

das heißt, wir bilden f^{*n} nacheinander für $n = 2, 3, \dots$, indem wir das jeweilige Ergebnis immer wieder mit f falten. Dafür benützen wir (8.1.6) und es folgt:

$$f^{*n}(y) = \int_R f^{*(n-1)}(x) f(y - x) dx = \int_{y-1/2}^{y+1/2} f^{*(n-1)}(x) dx. \qquad (8.1.11)$$

Das ist eine sehr anschauliche Formel: $f^{*n}(y)$ ist ein gleitendes Mittel von $f^{*(n-1)}(x)$, wobei über das Intervall $[y-1/2, y+1/2]$ gemittelt wird. Die weiteren Rechnungen sind einfach, sie müssen aber mit Sorgfalt ausgeführt werden, weil die Dichten $f^{*n}(y)$ abschnittsweise durch verschiedene Ausdrücke — immer sind es Polynome in y — definiert sind. Wir überlassen dies dem Leser zur Übung und geben die Resultate für $n = 2,3,4$ an $\quad (f^{*1}(y) = f(y)$ ist der Vollständigkeit halber auch angeführt):

$$f^{*1}(y) = f(y) = \begin{cases} 1 & |y| \le 1/2, \\ 0 & |y| > 1/2, \end{cases}$$

$$f^{*2}(y) = \begin{cases} 1 - |y| & |y| \le 1, \\ 0 & |y| > 1, \end{cases}$$

$$f^{*3}(y) = \begin{cases} -y^2 + 3/4 & |y| \le 1/2, \\ \frac{y^2}{2} - \frac{3|y|}{2} + \frac{9}{8} & 1/2 < |y| \le 3/2, \\ 0 & |y| > 3/2, \end{cases}$$

$$f^{*4}(y) = \begin{cases} \frac{|y|^3}{2} - y^2 + \frac{2}{3} & |y| \le 1, \\ -\frac{|y|^3}{6} + y^2 - 2|y| + \frac{4}{3} & 1 < |y| \le 2, \\ 0 & |y| > 2, \end{cases}$$

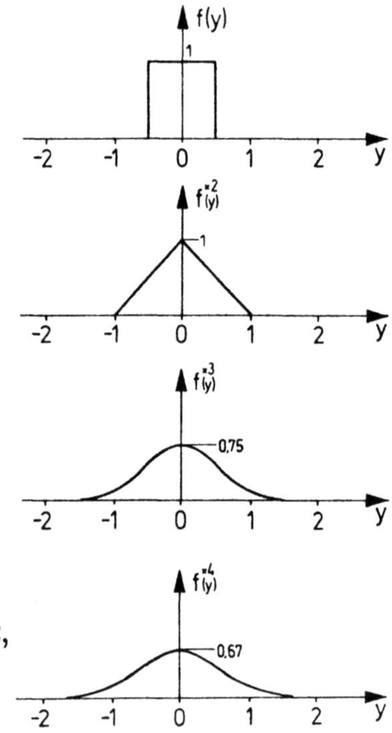

Abb. 8.1.3

So kann man „im Prinzip" fortfahren, immer nach (8.1.11) das gleitende Mittel über $[y-1/2, y+1/2]$ bildend, doch nur wer die obigen Rechnungen selbst ausgeführt hat, „weiß was der Faltende leidet", und einen allgemeinen Ausdruck für $f^{*n}(y)$ auf diesem Wege zu gewinnen, ist ganz offenbar hoffnungslos, so interessant es auch wäre, ihn zu besitzen, denn es muß doch jedem auffallen, wie frappierend schnell die Faltprodukte $f^{*n}(y)$ das Aussehen einer Glockenkurve annehmen. Die Vermutung der Konvergenz gegen eine Normalverteilung drängt sich zwingend auf.

8.2. Die charakteristische Funktion

Die Untersuchung der Verteilungen von Summen unabhängiger Zufallsgrößen wird erheblich vereinfacht durch die Methode der charakteristischen Funktionen, die in ihren Anfängen auf de Moivre (1730) zurückgeht. Statt der sogenannten **erzeugenden Funktion** einer Wahrscheinlichkeitsverteilung P mit

Dichte f, definiert durch:

$$\begin{aligned} \psi(z) &= \sum_{x\in\Omega} z^x f(x) \qquad \text{im diskreten Fall,} \\ \psi(z) &= \int_R z^x f(x)\,dx \qquad \text{im stetigen Fall,} \end{aligned} \tag{8.2.1}$$

wie sie für den diskreten Fall de Moivre und für den stetigen Fall Lagrange benützten — es handelt sich, in moderner Sprache formuliert, um die **Mellin-Transformierte** der Dichte f — arbeitet man in der Wahrscheinlichkeitstheorie seit Laplace zweckmäßiger mit der **Fourier-Transformierten** von f, eben der **charakteristischen Funktion**, doch liegt darin keine grundsätzliche Neuerung.

Der Witz der Methode ist der, daß die charakteristische (erzeugende) Funktion des Faltproduktes $P_1 * \cdots * P_n$ das gewöhnliche Produkt der charakteristischen (erzeugenden) Funktionen von $P_1 \dots P_n$ ist. Die unhandliche Faltung ist damit auf eine einfache Operation zurückgeführt, und es ergeben sich weitreichende Konsequenzen für die Theorie der Verteilungen von Summen unabhängiger Zufallsgrößen.

Definition 8.2.1 *Charakteristische Funktion einer Verteilung*
Ist x eine eindimensionale Zufallsvariable mit Verteilung P und Dichte f, dann nennt man die Funktion:

$$\varphi(t) = E(e^{itx}) = \begin{cases} \displaystyle\sum_{x\in\Omega} e^{itx} f(x) & \textit{im diskreten Fall,} \\ \displaystyle\int_R e^{itx} f(x)\,dx & \textit{im stetigen Fall,} \end{cases} \tag{8.2.2}$$

die **charakteristische Funktion** *von x bzw. von P. Zur größeren Deutlichkeit schreiben wir auch gelegentlich $\varphi(t|P)$.*

Wir haben bisher nur die Erwartung reeller Funktionen $t(x)$ betrachtet. Ist nun

$$t(x) = u(x) + iv(x)$$

eine komplexe Funktion der reellen Variablen x, dann definiert man in naheliegender Weise:

$$E\big(t(x)\big) = E\big(u(x)\big) + iE\big(v(x)\big)$$

und befindet sich damit wieder in vertrautem Gelände. Insbesondere folgt aus der Eulerschen Identität $e^{itx} = \cos tx + i\sin tx$:

$$\varphi(t) = E(e^{itx}) = E(\cos tx) + iE(\sin tx), \tag{8.2.3}$$

d. h. Real- und Imaginärteil von $\varphi(t)$ sind gegeben durch:

$$\Re(\varphi(t)) = E(\cos tx) = \begin{cases} \sum_{x\in\Omega} \cos tx\, f(x), \\ \int_R \cos tx\, f(x)\, dx, \end{cases} \tag{8.2.4}$$

$$\Im(\varphi(t)) = E(\sin tx) = \begin{cases} \sum_{x\in\Omega} \sin tx\, f(x), \\ \int_R \sin tx\, f(x)\, dx. \end{cases} \tag{8.2.5}$$

In der Analysis, wo f keineswegs notwendig die Dichte einer Wahrscheinlichkeitsverteilung sein muß, nennt man $\varphi(t)$ die (komplexe) **Fourier-Transformierte** und $\Re(\varphi(t))$ die **Cosinus-** bzw. $\Im(\varphi(t))$ die **Sinus-Transformierte** von f.

Es handelt sich um Transformationen, die jeder Funktion $f(x)$ (aus einer gewissen zulässigen Gesamtheit von Funktionen) eine Funktion $\varphi(t)$ bzw. $\Re(\varphi(t))$, $\Im(\varphi(t))$ zuordnen. Man nennt solche Abbildungen **Funktionaltransformationen.** Ihr Nutzen liegt vor allem darin, daß gewissen, schlecht zu handhabenden Operationen im Originalbereich der Funktionen f (wie der Faltung) einfache Operationen im Bildbereich der Funktionen φ (das Produkt) entsprechen und damit für die Untersuchung ersterer ein Werkzeug entsteht.

Beispiel 8.2.1 Charakteristische Funktion der Binomialverteilung
Sei x nach $\mathbf{B}_{n,p}$ verteilt. Es gilt:

$$\varphi(t) = E(e^{itx}) = \sum_{x=0}^{n} e^{itx}\binom{n}{x}p^x(1-p)^{n-x} =$$
$$= \sum_{x=0}^{n}\binom{n}{x}(pe^{it})^x(1-p)^{n-x} = \left(pe^{it}+(1-p)\right)^n = \left(1+p(e^{it}-1)\right)^n.$$

Wir haben dabei den binomischen Lehrsatz für $\left(pe^{it}+(1-p)\right)^n$ benützt. Das Ergebnis ist also:

$$\varphi(t|\mathbf{B}_{n,p}) = \left(1+p(e^{it}-1)\right)^n. \tag{8.2.6}$$

Beispiel 8.2.2 Charakteristische Funktion der Poisson-Verteilung
Sei diesmal x nach $\mathbf{P}_\mu$ verteilt. Es folgt:

$$\varphi(t) = E(e^{itx}) = \sum_{x=0}^{\infty} e^{itx}\frac{\mu^x}{x!}e^{-\mu} = e^{-\mu}\sum_{x=0}^{\infty}\frac{(\mu e^{it})^x}{x!} = \exp(\mu(e^{it}-1)).$$

Es wurde dabei die Entwicklung $e^z = \sum_{x=0}^{\infty}\frac{z^x}{x!}$, die ja für beliebige komplexe z gilt, benutzt. Wir stellen das Ergebnis noch einmal heraus:

$$\varphi(t|\mathbf{P}_\mu) = \exp(\mu(e^{it}-1)). \tag{8.2.7}$$

Beispiel 8.2.3 Charakteristische Funktion der Normal-Verteilung $\mathbf{N}(0,1)$
Wir betrachten den Sonderfall, wo x nach $\mathbf{N}(0,1)$ verteilt ist. Es gilt:

$$\begin{aligned}\varphi(t) &= \int_{-\infty}^{\infty} e^{itx} \frac{1}{\sqrt{2\pi}} e^{-\frac{x^2}{2}}\, dx = \\ &= \int_{-\infty}^{\infty} \cos tx \frac{1}{\sqrt{2\pi}} e^{-\frac{x^2}{2}}\, dx + i \int_{-\infty}^{\infty} \sin tx \frac{1}{\sqrt{2\pi}} e^{-\frac{x^2}{2}}\, dx.\end{aligned}$$

Man erkennt, daß der Imaginärteil von $\varphi(t)$ verschwindet, da der Integrand eine ungerade Funktion ist. Um den Realteil zu berechnen, setzen wir abkürzend:

$$\Re(\varphi(t)) = a(t) = \frac{1}{\sqrt{2\pi}} \int_{-\infty}^{\infty} \cos tx\, e^{-\frac{x^2}{2}}\, dx.$$

Es folgt durch Differentiation unter dem Integralzeichen:

$$a'(t) = \frac{-1}{\sqrt{2\pi}} \int_{-\infty}^{\infty} \sin tx \cdot x e^{-\frac{x^2}{2}}\, dx.$$

(Diese Operation ist natürlich nicht so ohne weiteres zulässig, läßt sich aber hier leicht rechtfertigen.) Wir integrieren nun partiell mit:

$$\begin{aligned} u(x) &= e^{-x^2/2}, & u'(x) &= -xe^{-x^2/2}, \\ v(x) &= \sin tx, & v'(x) &= t \cos tx. \end{aligned}$$

Es folgt:

$$a'(t) = \frac{1}{\sqrt{2\pi}} \sin tx\, e^{-\frac{x^2}{2}} \Big|_{x=-\infty}^{\infty} - \frac{1}{\sqrt{2\pi}} t \int_{-\infty}^{\infty} \cos tx\, e^{-\frac{x^2}{2}}\, dx = -ta(t).$$

Wir haben also die Differentialgleichung

$$a'(t) = -ta(t)$$

für $a(t)$, mit der Anfangsbedingung $a(0) = 1$. Schreibt man diese in der Form:

$$\frac{a'(t)}{a(t)} = -t$$

(sog. Trennung der Variablen), dann ergibt sich durch Integration nach t:

$$\lg |a(t)| = -\frac{t^2}{2} + c$$

und damit

$$a(t) = c' e^{-\frac{t^2}{2}}.$$

Die Anfangsbedingung $a(0) = 1$ liefert $c' = 1$ und wir gewinnen das abschließende Ergebnis:

$$\varphi(t|\mathbf{N}(0,1)) = e^{-\frac{t^2}{2}}. \qquad (8.2.8)$$

Man kann dieses Ergebnis auch auf anderen Wegen gewinnen, doch haben wir mit Rücksicht auf Leser, die mit der Theorie der komplexen Funktionen nicht so vertraut sind, eine Methode gewählt, die vollständig im Reellen bleibt.

Beispiel 8.2.4 Charakteristische Funktion der Gammaverteilung

Auch hier betrachten wir zunächst den Sonderfall der Verteilung $\mathbf{\Gamma}(\lambda, 1)$. Die charakteristische Funktion ist gegeben durch:

$$\varphi(t) = E(e^{itx}) = \int_0^\infty e^{itx} \frac{x^{\lambda-1}}{\Gamma(\lambda)} e^{-x}\, dx = \int_0^\infty \frac{x^{\lambda-1}}{\Gamma(\lambda)} e^{-(1-it)x}\, dx.$$

Wir rechnen nun weiter so, als ob es sich um ein reelles Integral handelte (die Rechtfertigung dafür kann hier natürlich nicht geleistet werden; sie ist ein Thema der elementaren Funktionentheorie) und substituieren: $y = (1-it)x$; $dy = (1-it)\,dx$. Es folgt damit:

$$\varphi(t) = \frac{1}{(1-it)^\lambda} \int_0^\infty \frac{y^{\lambda-1}}{\Gamma(\lambda)} e^{-y}\, dy = \frac{1}{(1-it)^\lambda},$$

also schließlich:

$$\varphi\big(t|\mathbf{\Gamma}(\lambda, 1)\big) = \frac{1}{(1-it)^\lambda}. \tag{8.2.9}$$

Nach diesen Beispielen wollen wir die wichtigsten allgemeinen Eigenschaften der charakteristischen Funktion kennenlernen.

1. Existenz und Stetigkeit: Die charakteristische Funktion existiert für jede Verteilung P, denn wegen $|e^{itx}| = 1$ gilt stets:

$$\Big|\sum_x e^{itx} f(x)\Big| \leq \sum_x |e^{itx}| f(x) = \sum_x f(x) = 1. \tag{8.2.10}$$

bzw.:

$$\Big|\int_R e^{itx} f(x)\, dx\Big| \leq \int_R |e^{itx}| f(x)\, dx = \int_R f(x)\, dx = 1. \tag{8.2.11}$$

Für $t \to t_0$ gilt $e^{itx} \to e^{it_0 x}$. Wegen der gleichmäßigen Beschränktheit $|e^{itx}| \leq 1$ folgt daher nach dem Satz von der dominierten Konvergenz (Satz 6.1.5):

$$\varphi(t) = E(e^{itx}) \to E(e^{it_o}) = \varphi(t_0),$$

also die Stetigkeit von $\varphi(t)$ für alle t.

2. $\boldsymbol{\varphi(0) = 1, |\varphi(t)| \leq 1, \varphi(-t) = \overline{\varphi(t)}}$**:** Die Gleichung $\varphi(0) = 1$ ist offensichtlich und $|\varphi(t)| \leq 1$ ergibt sich unmittelbar aus (8.2.10) bzw. (8.2.11). Schließlich ist

$$\varphi(-t) = E(e^{-itx}) = E(\cos tx - i \sin tx) = E(\cos tx) - iE(\sin tx) = \overline{\varphi(t)}$$

($\bar{z}$ bezeichnet die zu z konjugiert-komplexe Zahl!).

3. Differenzierbarkeit: Differenziert man die Identität $\varphi(t) = E(e^{itx})$ zunächst rein formal, ohne nach der Zulässigkeit dieses Vorgehens zu fragen, nach t und bildet rechter Hand die Ableitung unter dem Erwartungszeichen, dann ergibt sich:

$$\varphi'(t) = E(ixe^{itx}).$$

Wiederholt man diesen Vorgang k mal, dann folgt:

$$\varphi^{(k)}(t) = E\big((ix)^k e^{itx}\big)$$

und insbesondere:

$$\varphi^{(k)}(0) = E\big((ix)^k\big) = i^k E(x^k) = i^k m_k.$$

Wir wollen die Zulässigkeit dieser Rechnungen nachweisen. Es gilt:

$$\frac{\varphi(t+h)-\varphi(t)}{h} = E\left(\frac{e^{i(t+h)x}-e^{itx}}{h}\right) = E\left(e^{itx}e^{i\frac{h}{2}x}\frac{e^{i\frac{h}{2}x}-e^{-i\frac{h}{2}x}}{h}\right) =$$

$$= E\left(e^{itx}e^{i\frac{h}{2}x}\frac{i\,\sin\frac{h}{2}x}{\frac{h}{2}}\right).$$

Nun ist aber:

$$\left|\frac{\sin\frac{h}{2}x}{\frac{h}{2}}\right| \le |x| \quad \text{und} \quad \lim_{h\to 0}\frac{\sin\frac{h}{2}x}{\frac{h}{2}} = x$$

und damit auch:

$$\left|e^{itx}e^{i\frac{h}{2}x}\frac{i\,\sin\frac{h}{2}x}{\frac{h}{2}}\right| \le |x|.$$

D.h. der Differenzenquotient $(e^{i(t+h)x} - e^{itx})/h$ strebt, gleichmäßig dominiert durch die Funktion $|x|$, gegen die Ableitung von e^{itx} nach t, also gegen ixe^{itx}. Existiert daher die Erwartung $E(|x|) = M_1$, und das ist ja gleichwertig mit der Existenz von $E(x) = m_1$, dann gilt wirklich:

$$\varphi'(t) = \lim_{h\to 0}\frac{\varphi(t+h)-\varphi(t)}{h} = E(ixe^{itx}).$$

Zusätzlich folgt auch sofort die Stetigkeit von $\varphi'(t)$ aus $|ixe^{itx}| \le |x|$. Bei der zweiten Ableitung schließt man mit dem Differenzenquotienten von $\varphi'(t)$ analog und so weiter bis $\varphi^{(k)}(t)$. Man erhält schließlich den

Satz 8.2.1 *Differenzierbarkeit der charakteristischen Funktion*
Existiert das k-te Moment $m_k = E(x^k)$, dann ist die charakteristische Funktion $\varphi(t)$ k-mal stetig differenzierbar und es gilt:

$$\varphi^{(k)}(t) = E\big((ix)^k e^{itx}\big),$$
$$\varphi^{(k)}(0) = i^k m_k.$$

Beispiel 8.2.5 Momente der $\mathbf{N}(0,1)$
Wir benutzen Satz 8.2.1 zur Bestimmung der Momente der Verteilung $\mathbf{N}(0,1)$. Es gilt (siehe (8.2.8)):

$$\varphi(t) = e^{-\frac{t^2}{2}}$$

und daher:

$$\varphi'(t) = -te^{-\frac{t^2}{2}} = -t\varphi(t).$$

Wir differenzieren diese Beziehung n mal und erhalten:

$$\varphi^{(n+1)}(t) = -t\varphi^{(n)}(t) - n\varphi^{(n-1)}(t)$$

und damit:

$$\varphi^{(n+1)}(0) = -n\varphi^{(n-1)}(0) \qquad \text{für } n = 1, 2, \ldots \tag{8.2.12}$$

Zusammen mit $\varphi(0) = 1$ und $\varphi'(0) = 0$ liefert das:

$$\varphi^{(k)}(0) = \begin{cases} 0 & \text{für } k \text{ ungerade,} \\ (-1)^{\frac{k}{2}} \cdot 1 \cdot 3 \cdot 5 \cdots (k-1) & \text{für } k \text{ gerade.} \end{cases}$$

Berücksichtigt man noch $i^{2l} = (-1)^l$, dann folgt für die Momente m_k:

$$m_k = \begin{cases} 0 & \text{für } k \text{ ungerade,} \\ 1 \cdot 3 \cdot 5 \cdots (k-1) & \text{für } k \text{ gerade,} \end{cases}$$

und dieses Resultat stimmt mit dem in Beispiel 6.1.2 durch direkte Integration gewonnen überein.

4. Die charakteristische Funktion von $y = ax + b$: Sei $\varphi_x(t)$ die charakteristische Funktion von x und $\varphi_y(t)$ diejenige der linear Transformierten $y = ax + b$. Es gilt dann:

$$\varphi_y(t) = E(e^{ity}) = E\big(e^{it(ax+b)}\big) = E\big(e^{iatx}e^{ibt}\big) = e^{ibt}E\big(e^{i(at)x}\big) = e^{ibt}\varphi_x(at).$$

Die Grundlage für diese Umformung bildet natürlich Satz 6.1.1, der auch für die Erwartung komplexer Funktionen gültig bleibt. Man erkennt das sofort, wenn man diese in Real- und Imaginärteil zerlegt. Die Erwartung $E(e^{ity})$, die ja mit Hilfe der Verteilung von y zu bilden ist, ist danach gleich der Erwartung

$E\big(e^{it(ax+b)}\big)$, die aber nunmehr mittels der Verteilung von x berechnet werden kann. Wir formulieren das Ergebnis als

Satz 8.2.2 *Charakteristische Funktion der linear Transformierten $y = ax + b$*
Ist $\varphi_x(t)$ die charakteristische Funktion der Zufallsvariablen x, dann besitzt die linear Transformierte $y = ax + b$ die charakteristische Funktion:

$$\varphi_y(t) = e^{ibt}\varphi_x(at).$$

Beispiel 8.2.6 Charakteristische Funktion der $\mathbf{N}(\mu, \sigma^2)$
Ist x nach $\mathbf{N}(0,1)$ verteilt, dann gilt nach (8.2.8):

$$\varphi_x(t) = e^{-\frac{t^2}{2}}.$$

Die Variable $y = \sigma x + \mu$ hat die Verteilung $\mathbf{N}(\mu, \sigma^2)$ und nach Satz 8.2.2 folgt:

$$\varphi_y(t) = \varphi\big(t|\mathbf{N}(\mu,\sigma^2)\big) = e^{i\mu t}e^{-\frac{\sigma^2 t^2}{2}}. \tag{8.2.13}$$

Beispiel 8.2.7 Charakteristische Funktion der $\mathbf{\Gamma}(\lambda, \mu)$.
Ist x nach $\mathbf{\Gamma}(\lambda, 1)$ verteilt, dann besitzt $y = \mu x$ die Verteilung $\mathbf{\Gamma}(\lambda, \mu)$. Nach (8.2.9) ist:

$$\varphi_x(t) = \frac{1}{(1-it)^\lambda} \quad ,$$

und daraus folgt nach Satz 8.2.2:

$$\varphi_y(t) = \varphi\big(t|\mathbf{\Gamma}(\lambda,\mu)\big) = \frac{1}{(1-i\mu t)^\lambda}. \tag{8.2.14}$$

5. Die charakteristische Funktion einer Summe unabhängiger Variablen: Die Zufallsgrößen $x_1 \ldots x_n$ seien unabhängig verteilt mit den charakteristischen Funktionen $\varphi_1(t) \ldots \varphi_n(t)$. Wir betrachten die Summe $y = x_1 + \cdots + x_n$ und ihre charakteristische Funktion $\varphi_y(t)$. Es ist:

$$\varphi_y(t) = E(e^{ity}) = E\big(e^{it(x_1+\cdots+x_n)}\big) = E\big(e^{itx_1}\cdots e^{itx_n}\big).$$

Wir haben die Erwartung des Produktes der unabhängigen Faktoren e^{itx_1}, $e^{itx_2}, \ldots, e^{itx_n}$ zu bilden und erhalten nach Satz 6.1.3:

$$\varphi_y(t) = E(e^{itx_1})E(e^{itx_2})\cdots E(e^{itx_n}) = \varphi_1(t)\varphi_2(t)\cdots\varphi_n(t).$$

Dieses ist das fundamentale Resultat — wir haben es schon zu Anfang des Kapitels betont —, das die Nützlichkeit der charakteristischen Funktion für das Studium der Verteilungen von Summen unabhängiger Zufallsgrößen begründet. Wir haben zu seiner Herleitung Satz 6.1.3 benutzt, den wir eigentlich nur für reelle Funktionen bewiesen haben. Diesen Schönheitsfehler wollen wir, der Wichtigkeit der Aussage Rechnung tragend, beseitigen und Satz 6.1.3 auch für komplexe Funktionen zeigen.

Es genügt selbstverständlich, sich auf zwei Faktoren zu beschränken. Wir nehmen daher x_1, x_2 als unabhängig an, betrachten zwei komplexe Funktionen $t_1(x_1) = u_1(x_1) + iv_1(x_1)$ und $t_2(x_2) = u_2(x_2) + iv_2(x_2)$ und bestimmen $E\big(t_1(x_1)t_2(x_2)\big)$. Es folgt, wobei wir zur einfacheren Schreibweise die Argumente x_1, x_2 weglassen:

$$\begin{aligned} E(t_1 \cdot t_2) &= E\big((u_1 + iv_1)(u_2 + iv_2)\big) = E\big((u_1u_2 - v_1v_2) + i(u_1v_2 + v_1u_2)\big) \\ &= \big(E(u_1u_2) - E(v_1v_2)\big) + i\big(E(u_1v_2) + E(v_1u_2)\big). \end{aligned}$$

Jetzt können wir Satz 6.1.3 für die reellen Funktionen u_1, u_2, v_1, v_2 anwenden (man beachte: mit 1 indizierte Größen hängen von x_1, mit 2 indizierte von x_2 ab) und erhalten:

$$\begin{aligned} E(t_1 \cdot t_2) &= \big(E(u_1)E(u_2) - E(v_1)E(v_2)\big) + i\big(E(u_1)E(v_2) + E(v_1)E(u_2)\big) \\ &= \big(E(u_1) + iE(v_1)\big) \cdot \big(E(u_2) + iE(v_2)\big) = E(t_1) \cdot E(t_2), \end{aligned}$$

also tatsächlich wieder die Aussage von Satz 6.1.3 für die komplexen Funktionen $t_1(x_1), t_2(x_2)$. Wir formulieren unser Ergebnis als

Satz 8.2.3 *Charakteristische Funktion einer Summe unabhängiger Variablen*
Besitzen die unabhängigen Zufallsvariablen $x_1 \dots x_n$ die charakteristischen Funktionen $\varphi_1(t) \dots \varphi_n(t)$, dann ist die charakteristische Funktion $\varphi_y(t)$ der Summe $y = x_1 + \dots + x_n$ das Produkt der $\varphi_1(t) \dots \varphi_n(t)$:

$$\varphi_y(t) = \varphi_1(t) \cdots \varphi_n(t).$$

Beispiel 8.2.8 Verifikation von Satz 8.2.3 für $\mathbf{B}_{n,p}, \mathbf{P}_\mu, \mathbf{N}(\mu, \sigma^2), \mathbf{\Gamma}(\lambda, \mu)$

1. Seien die Variablen $x_1 \dots x_n$ unabhängig nach $\mathbf{B}_{m_1,p} \dots \mathbf{B}_{m_n,p}$ verteilt. Ihre Summe $y = x_1 + \dots + x_n$ besitzt dann die Verteilung $\mathbf{B}_{m_1+\dots+m_n,p}$ (Satz 4.2.3) Nach (8.2.6) gilt:

$$\varphi_j(t) = \big(1 + p(e^{it} - 1)\big)^{m_j} \qquad j = 1 \dots n$$

und

$$\varphi_y(t) = \big(1 + p(e^{it} - 1)\big)^{m_1 + \dots + m_n}.$$

Es ist also in der Tat: $\varphi_y(t) = \varphi_1(t) \cdots \varphi_n(t)$.

2. Die Variablen $x_1 \dots x_n$ sind unabhängig nach $\mathbf{P}_{\mu_1} \dots \mathbf{P}_{\mu_n}$ und ihre Summe $y = x_1 + \dots + x_n$ damit nach $\mathbf{P}_{\mu_1+\dots+\mu_n}$ verteilt (Satz 4.2.2). Nach (8.2.7) sind die jeweiligen charakteristischen Funktionen gegeben durch:

$$\varphi_j(t) = \exp\big(\mu_j(e^{it}-1)\big) \qquad j = 1 \dots n,$$
$$\varphi_y(t) = \exp\big((\mu_1 + \dots + \mu_n)(e^{it}-1)\big),$$

und auch hier gilt: $\varphi_y(t) = \varphi_1(t) \cdots \varphi_n(t)$.

3. Die Größen $x_1 \dots x_n$ seien unabhängig nach $\mathbf{N}(\mu_1, \sigma_1^2) \dots \mathbf{N}(\mu_n, \sigma_n^2)$ verteilt. Ihre Summe $y = x_1 + \dots + x_n$ hat die Verteilung $\mathbf{N}(\mu_1 + \dots + \mu_n, \sigma_1^2 + \dots + \sigma_n^2)$ (Satz 4.2.4), und die einzelnen charakteristischen Funktionen sind nach (8.2.13) gegeben durch:

$$\varphi_j(t) = e^{i\mu_j t} \cdot e^{-\frac{\sigma_j^2 t^2}{2}} \qquad j = 1 \dots n,$$
$$\varphi_y(t) = e^{i(\mu_1+\dots+\mu_n)t} \cdot e^{-\frac{(\sigma_1^2+\dots+\sigma_n^2)t^2}{2}}.$$

Der Produktsatz 8.2.3 ist also auch hier bestätigt.

4. Seien schließlich die Variablen $x_1 \dots x_n$ unabhängig nach $\mathbf{\Gamma}(\lambda_1, \mu) \dots \mathbf{\Gamma}(\lambda_n, \mu)$ verteilt. Ihre Summe $y = x_1 + \dots + x_n$ hat die Verteilung $\mathbf{\Gamma}(\lambda_1 + \dots + \lambda_n, \mu)$ (Satz 4.2.5), und die charakteristischen Funktionen sind nach (8.2.14) gegeben durch:

$$\varphi_j(t) = \frac{1}{(1-i\mu t)^{\lambda_j}} \qquad j = 1 \dots n,$$
$$\varphi_y(t) = \frac{1}{(1-i\mu t)^{\lambda_1+\dots+\lambda_n}},$$

d.h. es gilt auch hier $\varphi_y(t) = \varphi_1(t) \cdots \varphi_n(t)$, wie es sein muß.

6. Bestimmung der Verteilung aus ihrer charakteristischen Funktion: Von grundlegender Bedeutung ist die Frage, ob eine Wahrscheinlichkeitsverteilung P durch ihre charakteristische Funktion eindeutig bestimmt ist, d.h. anders formuliert, ob die charakteristischen Funktionen $\varphi_1(t)$,$\varphi_2(t)$ zweier verschiedener Verteilungen P_1 und P_2 selbst verschieden sind. Hätten wir diese Aussage zur Verfügung, dann könnten wir zum Beispiel die Additionstheoreme für die Verteilungen $\mathbf{B}_{n,p}; \mathbf{P}_\mu; \mathbf{N}(\mu, \sigma^2); \mathbf{\Gamma}(\lambda, \mu)$ auf einem neuen und sehr eleganten Weg beweisen. Sind nämlich z.B. die Variablen $x_1 \dots x_k$ unabhängig nach $\mathbf{B}_{n_1,p} \dots \mathbf{B}_{n_k,p}$ verteilt, dann sind die charakteristischen Funktionen $\varphi_1 \dots \varphi_k$ gegeben durch:

$$\varphi_j(t) = \big(1 + p(e^{it}-1)\big)^{n_j} \qquad \mathrm{j} = 1 \dots \mathrm{k}$$

und damit, nach Satz 8.2.3, die charakteristische Funktion φ_y von $y = x_1 + \dots + x_k$ durch:

$$\varphi_y(t) = \prod_{j=1}^{k} \varphi_j(t) = \big(1 + p(e^{it}-1)\big)^{n_1+\dots+n_k}.$$

Dies ist offenbar die charakteristische Funktion der $\mathbf{B}_{n_1+\cdots+n_k,p}$ aber, und das ist der springende Punkt, wir wissen zunächst nicht, ob es nicht auch die charakteristische Funktion einer anderen Verteilung ist und können daher nicht zwingend schließen, daß y nach $\mathbf{B}_{n_1+\cdots+n_k,p}$ verteilt ist. Haben wir aber den Eindeutigkeitssatz zur Verfügung, dann ist dieser Schluß gerechtfertigt, und wir besitzen einen neuen Beweis für das Additionstheorem der Binomial-Verteilung.

Man wird natürlich erwarten, daß der Eindeutigkeitssatz gilt, andernfalls wäre der Name „charakteristische Funktion" schwerlich gerechtfertigt. In der Tat lassen sich sogar Umkehrformeln gewinnen, mit deren Hilfe die Verteilungsfunktion bzw. die Dichte der Verteilung P aus der zugehörigen charakteristischen Funktion φ berechnet werden kann. Wir formulieren diese Ergebnisse hier ohne Beweis; es sind klassische Sätze aus der Theorie der Fourier-Transformation.

Satz 8.2.4 *Rekonstruktion der Verteilung aus der charakteristischen Funktion*
Sei x eine eindimensionale Zufallsvariable, verteilt nach P mit Verteilungsfunktion $F(x)$, Dichte $f(x)$ und charakteristischer Funktion $\varphi(t)$, dann gelten folgende Aussagen:

A. *Sind a und b Stetigkeitsstellen von $F(x)$, dann ist:*

$$F(b) - F(a) = \lim_{T\to\infty} \frac{1}{2\pi} \int_{-T}^{T} \frac{e^{-ita} - e^{-itb}}{it} \varphi(t)\, dt. \tag{8.2.15}$$

B. *Ist P eine stetige Verteilung, und existiert das Integral $\int_{-\infty}^{\infty} |\varphi(t)| dt$, dann gilt:*

$$f(x) = \frac{1}{2\pi} \int_{-\infty}^{\infty} e^{-itx} \varphi(t)\, dt. \tag{8.2.16}$$

C. *Ist P eine diskrete Verteilung, und nimmt x nur ganzzahlige Werte an, dann gilt:*

$$f(x) = \frac{1}{2\pi} \int_{-\pi}^{\pi} e^{-itx} \varphi(t)\, dt. \tag{8.2.17}$$

Wir wollen die Formeln (8.2.16) und (8.2.17) an zwei Beispielen verifizieren.

Beispiel 8.2.9 Verifikation der Umkehrformel im Fall der Verteilung $\mathbf{N}(0,1)$

Sei x nach $\mathbf{N}(0,1)$ verteilt. Es ist nach (8.2.8): $\varphi(t) = e^{-\frac{t^2}{2}}$. Wir setzen in die Formel (8.2.16) ein und erhalten:

$$\begin{aligned} \frac{1}{2\pi} \int_{-\infty}^{\infty} e^{-itx} e^{-\frac{t^2}{2}} dt &= \frac{1}{\sqrt{2\pi}} \int_{-\infty}^{\infty} e^{i(-x)t} \frac{1}{\sqrt{2\pi}} e^{-\frac{t^2}{2}} dt = \\ &= \frac{1}{\sqrt{2\pi}} \varphi(-x) = \frac{1}{\sqrt{2\pi}} e^{-\frac{x^2}{2}}, \end{aligned}$$

die Dichte $f(x|\mathbf{N}(0,1))$, wie es sein muß.

Beispiel 8.2.10 Verifikation der Umkehrformel im Fall der $\mathbf{B}_{n,p}$
Die charakteristische Funktion der Binomial-Verteilung $\mathbf{B}_{n,p}$ ist nach (8.2.6):

$$\varphi(t) = \big(1 + p(e^{it} - 1)\big)^n = \big(pe^{it} + (1-p)\big)^n.$$

Wir schreiben sie in der nach dem binomischen Lehrsatz entwickelten Form:

$$\varphi(t) = \sum_{k=0}^{n} \binom{n}{k} e^{itk} p^k (1-p)^{n-k}$$

und setzen in (8.2.17) ein. Es folgt:

$$\frac{1}{2\pi}\int_{-\pi}^{\pi} e^{-itx}\varphi(t)\,dt = \sum_{k=0}^{n} \binom{n}{k} p^k (1-p)^{n-k} \frac{1}{2\pi}\int_{-\pi}^{\pi} e^{it(k-x)}dt. \qquad (8.2.18)$$

Nun gilt aber:

$$\int_{-\pi}^{\pi} e^{itz}dt = \int_{-\pi}^{\pi} \cos tz\,dt + i\int_{-\pi}^{\pi} \sin tz\,dt = \begin{cases} 2\pi & \text{für } z = 0, \\ 0 & \text{für } z \neq 0,\ z \text{ ganz}. \end{cases}$$

Somit ergibt sich in (8.2.18) rechts der Wert $\binom{n}{x}p^x(1-p)^{n-x}$, denn nur für $k = x$ ist das Integral von Null verschieden und hat den Wert 2π. Dies ist aber die Dichte der $\mathbf{B}_{n,p}$, wie es nach (8.2.17) zu erwarten war.

8.3 Verteilungskonvergenz

Wir haben bereits in Satz 2.5.1 gezeigt, daß die Binomial-Verteilung $\mathbf{B}_{n,p}$ für $n \to \infty$ und $p = \mu/n$ gegen die Poisson-Verteilung $\mathbf{P}_\mu$ strebt, und in Satz 2.5.2 haben wir ein ähnliches Resultat für die Konvergenz der hypergeometrischen Verteilung gegen die Binomial-Verteilung bewiesen. In diesen Fällen konvergierten die Dichten $f_n(x)$ der betrachteten Verteilungsfolge gegen die Dichte $f(x)$ der jeweiligen Grenzverteilung. In diesem Abschnitt wollen wir uns allgemein mit der Konvergenz einer Folge von Verteilungen $(P_n\colon n = 1, 2, \ldots)$ gegen eine Grenzverteilung P_0 beschäftigen.

In der Statistik ist folgende Anwendungssituation typisch: Man wiederholt ein Experiment $\mathcal{E}$ n-mal unabhängig und erhält die Daten $x_1 \ldots x_n$. Daraus wird, etwa für Schätz- oder Testzwecke, irgend eine *Statistik* $y_n = t(x_1 \ldots x_n)$, z.B. $y_n = (x_1 + \ldots + x_n)/n$ u.ä., berechnet. Häufig stellt es sich nun heraus, daß y_n, oder eine einfache Transformierte davon, z.B. im obigen Fall $z_n = (y_n - \mu)/(\sigma/\sqrt{n})$, eine Verteilung P_n besitzt, die mit wachsendem n gegen eine Grenzverteilung P_0 strebt — in unserem Fall ist $P_0 = \mathbf{N}(0,1)$ — , so daß man ab einem geeigneten Stichprobenumfang n_0 mit gutem Gewissen mit der Grenzverteilung P_0 statt mit der meist nicht exakt bekannten Verteilung P_n von

y_n rechnen kann. Daraus ergibt sich eine erhebliche Vereinfachung, ja in vielen Fällen wird ein statistisches Verfahren dadurch überhaupt erst anwendbar.

Es stellt sich zunächst die Frage nach einem geeigneten Konvergenzbegriff. Motiviert durch die oben zitierten Sätze 2.5.1 und 2.5.2 könnte man etwa definieren: *Die Folge* (P_n: $n = 1, 2, \ldots$) *konvergiert gegen* P_0, *wenn für die zugehörigen Dichten* $f_n(x) \to f_0(x)$ *für alle* x *gilt.* Ein anderer, wohl noch näher liegender Konvergenzbegriff wäre etwa: *Die Folge* (P_n: $n = 1, 2, \ldots$) *konvergiert gegen* P_0, *wenn für beliebige Ereignisse* A *die Beziehung* $P_n(A) \to P_0(A)$ *richtig ist.* Es sind eher mathematisch-technische Gründe, daß man keine dieser Definitionen wählt, sondern den Begriff der *Verteilungskonvergenz* folgendermaßen definiert:

Definition 8.3.1 *Begriff der Verteilungskonvergenz*
Sei (P_n: $n = 1, 2, \ldots$) *eine Folge von Verteilungen auf* **R** *mit Verteilungsfunktionen* $F_n(x)$, *und sei* P_0 *eine weitere Verteilung mit Verteilungsfunktion* $F_0(x)$. *Man nennt die Folge* (P_n) **verteilungskonvergent** *oder* **schwach konvergent** *gegen* P_0, *wenn gilt:*

$$\lim_{n \to \infty} F_n(x) = F_0(x),$$

für alle Stetigkeitsstellen x *von* $F_0(x)$. *Wir schreiben:* $P_n \xrightarrow{\text{schw}} P_0$.

Man beachte, daß die Konvergenz $F_n(x) \to F_0(x)$ nur für die Stetigkeitsstellen der Grenzverteilung F_0 verlangt ist, ob hingegen eine oder mehrere oder alle Verteilungen F_n an der Stelle x stetig oder unstetig sind, ist uninteressant. Durch diese Einschränkung der Konvergenz auf die Stetigkeitsstellen von F_0 erscheint der Begriff der Verteilungskonvergenz zunächst vielleicht etwas künstlich, und man wird befürchten, daß er dadurch schwierig zu handhaben ist. Das Gegenteil ist der Fall. Er wird erst dadurch handhabbar und für die Anwendungen nützlich. Sind insbesondere a und b Stetigkeitsstellen von F_0, dann ist:

$$P_n(a < x_n \leq b) = F_n(b) - F_n(a) \to F_0(b) - F_0(a) = P_0(a < x_0 \leq b)$$

oder in anderer Schreibweise:

$$P_n\bigl((a, b]\bigr) \to P_0\bigl((a, b]\bigr).$$

Daß die Punkte a, b Stetigkeitsstellen von F_0 sind, kann offenbar gleichwertig durch die Bedingung $P_0(\{a, b\}) = 0$ ausgedrückt werden, und in der Tat gilt das folgende Kriterium (= alternative Definition) für die schwache Konvergenz, das wir ohne Beweis angeben:

Satz 8.3.1 *Erstes Kriterium für Verteilungskonvergenz*
Die Folge (P_n: $n = 1, 2, \ldots$) *konvergiert genau dann schwach gegen* P_0, *wenn* $P_n(A) \to P_0(A)$ *gilt, für alle Ereignisse* A, *deren Rand* $\partial A = \bar{A} - \mathring{A}$ *die* P_0-*Wahrscheinlichkeit 0 hat:* $P_0(\partial A) = 0$.

Bemerkung: $\bar{A}$ bezeichnet die Abschließung, $\mathring{A}$ das Innere von A.

Wesentlich nützlicher für beweistechnische Zwecke und als Grundlage für die Erweiterung des Begriffs der schwachen Konvergenz für Verteilungen auf allgemeineren Stichprobenräumen ist das folgende Kriterium:

Satz 8.3.2 *Zweites Kriterium für Verteilungskonvergenz*
Die Folge (P_n: $n = 1, 2, \ldots$) konvergiert genau dann schwach gegen P_0, wenn für jede auf $\Omega = \mathbf{R}$ stetige und beschränkte Funktion $t(x)$ gilt:

$$E_{P_n}\big(t(x)\big) \to E_{P_0}\big(t(x)\big).$$

Auch für diesen Satz geben wir keinen Beweis — mit den Hilfsmitteln der elementaren Analysis können die Sätze 8.3.1 und 8.3.2 nämlich nicht bewiesen werden. Der Leser sollte sich darüber nicht kränken, sondern im Gegenteil solche Lücken zum Anlaß nehmen, sich in einem zweiten Anlauf mit den eher mathematisch-technischen Problemen der Wahrscheinlichkeitstheorie auf einer höheren Abstraktionsebene zu beschäftigen.

Beispiel 8.3.1 Verteilungskonvergenz der $\mathbf{G}_{\{1/n,\ldots,n/n\}}$ gegen die $\mathbf{G}_{[0,1]}$
Sei P_n die Gleichverteilung auf der Menge $\{1/n, 2/n, \ldots, n/n\}$. Es ist:

$$F_n(x) = \begin{cases} 0 & \ldots \quad x < 1/n, \\ k/n & \ldots \quad k/n \le x < (k+1)/n \ldots \quad \text{für} \quad k = 1 \ldots n-1, \\ 1 & \ldots \quad 1 \le x. \end{cases}$$

Abb. 8.3.1 zeigt den Verlauf der Verteilungsfunktion $F_n(x)$.

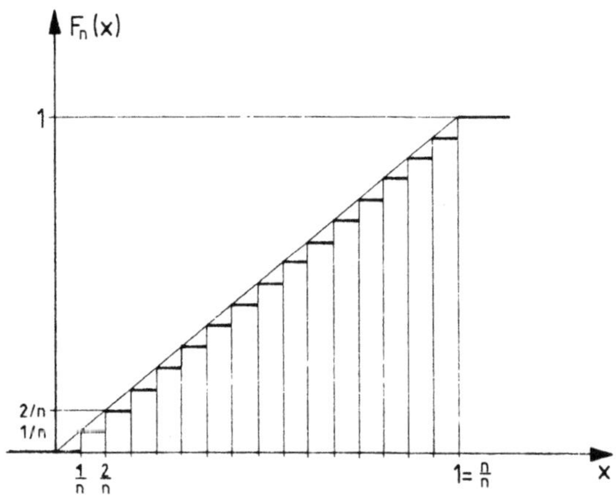

Abb. 8.3.1

Offenbar gilt: $x - 1/n \le F_n(x) \le x$ für $0 \le x \le 1$ und damit:

$$\lim_{n\to\infty} F_n(x) = \begin{cases} 0 & \dots \quad x \le 0, \\ x & \dots \quad 0 < x < 1, \\ 1 & \dots \quad 1 \le x, \end{cases}$$

und dieses ist die Verteilungsfunktion $F_0(x)$ der Gleichverteilung auf dem Intervall $[0,1]$. Also konvergiert die Folge der Gleichverteilungen auf $\{1/n, 2/n, \dots, n/n\}$ schwach gegen die Verteilung $\mathbf{G}_{[0,1]}$.

Wir haben oben ein sehr einfaches Beispiel zur Verdeutlichung des Begriffes der Verteilungskonvergenz gewählt. Es gäbe viel interessantere Beispiele, doch eignen sie sich nicht für diesen Zweck, denn der direkte Nachweis der Konvergenz $F_n(x) \to F_0(x)$ ist in der Regel recht schwierig. Ist etwa $x_n \sim \mathbf{P}_{\mu_n}$ und gilt $\mu_n \to \infty$ für $n \to \infty$, dann strebt die Folge der Verteilungen von $y_n = (x_n - \mu_n)/\sqrt{\mu_n}$ schwach gegen die Normalverteilung $\mathbf{N}(0,1)$. Das ist ein wichtiges Resultat, insbesondere für Anwendungen, und wir werden es auch beweisen, doch auf einem anderen Weg, nicht über die Konvergenz $F_n(x) \to \Phi(x)$, denn so ist es kaum zu schaffen. Grundlegend für die Behandlung solcher Konvergenzfragen ist der Satz von Lévy und Cramér.

Satz 8.3.3 *Lévy-Cramér*

Sei $(P_n\colon n = 1,2,\dots)$ eine Folge von Wahrscheinlichkeitsverteilungen auf $\mathbf{R}$.

A. *Konvergiert die Folge (P_n) schwach gegen die Grenzverteilung P_0, dann gilt für die zugehörigen charakteristischen Funktionen:*

$$\lim_{n\to\infty} \varphi(t|P_n) = \varphi(t|P_0) \quad \text{für alle} \quad t \in \mathbf{R}.$$

B. *Konvergiert die Folge $(\varphi(t|P_n)\colon n = 1,2,\dots)$ für jedes $t \in \mathbf{R}$ gegen eine Grenzfunktion $\varphi(t)$, und ist $\varphi(t)$ im Punkt $t = 0$ stetig, dann ist $\varphi(t)$ charakteristische Funktion einer Wahrscheinlichkeitsverteilung P_0, und die Folge (P_n) konvergiert schwach gegen P_0.*

Der erste Teil des Satzes folgt unmittelbar aus Satz 8.3.2, denn wegen $|e^{itx}| = 1$ folgt aus $P_n \xrightarrow{\text{schw}} P_0$:

$$\varphi(t|P_n) = E_{P_n}(e^{itx}) \to E_{P_0}(e^{itx}) = \varphi(t|P_0) \quad \text{für alle} \quad t \in \mathbf{R}.$$

Wesentlich schwieriger ist der Beweis der Umkehrung **B**. Wir erbringen diesen Beweis hier nicht. Es gilt für ihn das bereits im Anschluß an Satz 8.3.2 Gesagte.

Beispiel 8.3.2 Approximation der Poisson- durch die Normal-Verteilung

Sei x nach $\mathbf{P}_\mu$ verteilt. Wir bilden $y = (x - \mu)/\sqrt{\mu}$, die Standardisierte von x, und stellen uns die Aufgabe zu zeigen, daß die Verteilung von y schwach gegen die Normal-Verteilung $\mathbf{N}(0,1)$ konvergiert, wenn μ gegen ∞ strebt. (Da wir alle Konvergenzbegriffe für Folgen formuliert haben, muß genau genommen μ eine Folge (μ_n) mit $\mu_n \to \infty$ durchlaufen). Wir benützen dazu den Satz 8.3.3 von Lévy-Cramér. Die charakteristische Funktion von x ist nach (8.2.7):

$$\varphi_x(t) = exp\big(\mu(e^{it} - 1)\big)$$

und damit diejenige von $y = (x - \mu)/\sqrt{\mu} = x/\sqrt{\mu} - \sqrt{\mu}$ nach Satz 8.2.2:

$$\varphi_y(t) = exp(-it\sqrt{\mu})exp\big(\mu(e^{it/\sqrt{\mu}} - 1)\big) = exp\big(\mu(e^{it/\sqrt{\mu}} - 1) - it\sqrt{\mu}\big). \quad (8.3.1)$$

Entwickelt man $e^{it/\sqrt{\mu}}$ in eine Reihe, dann folgt für den Exponenten in (8.3.1):

$$\mu(e^{it/\sqrt{\mu}} - 1) - it\sqrt{\mu} = \mu\Big(\sum_{k=0}^{\infty} \frac{(it)^k}{k!\mu^{k/2}} - 1\Big) - it\sqrt{\mu} =$$

$$= \mu \sum_{k=2}^{\infty} \frac{(it)^k}{k!\mu^{k/2}} = -\frac{t^2}{2} + \frac{1}{\mu^{1/2}} \sum_{k=3}^{\infty} \frac{(it)^k}{k!\mu^{(k-3)/2}}. \quad (8.3.2)$$

Wegen

$$\left|\sum_{k=3}^{\infty} \frac{(it)^k}{k!\mu^{(k-3)/2}}\right| \leq \sum_{k=0}^{\infty} \frac{|t|^k}{k!} = e^{|t|} \quad \text{für} \quad \mu \geq 1$$

strebt der Ausdruck in (8.3.2) für $\mu \to \infty$ gegen $-t^2/2$. In (8.3.1) eingesetzt liefert das:

$$\varphi_y(t) \longrightarrow e^{-t^2/2} = \varphi\big(t|\mathbf{N}(0,1)\big) \quad \text{für} \quad \mu \to \infty.$$

Wenden wir jetzt den Teil **B** des Satzes 8.3.3 an, dann ergibt sich das behauptete Resultat: Die Verteilung von $y = (x - \mu)/\sqrt{\mu}$ strebt für $\mu \to \infty$ schwach gegen die Verteilung $\mathbf{N}(0,1)$. Wir demonstrieren seine praktische Anwendung an einem Zahlenbeispiel. Die Zufallsgröße x sei nach $\mathbf{P}_{1000}$ verteilt — es könnte sich um die Anzahl von α-Teilchen handeln, die in einem festen Zeitabschnitt von einer radioaktiven Substanz emittiert werden. Die Wahrscheinlichkeit $P(950 < x \leq 1050)$ ist zu bestimmen. Eine Tabellierung der Poisson-Verteilung bis $\mu = 1000$ oder noch höher wäre sehr aufwendig und erweist sich als unnötig, denn man rechnet in erstklassiger Näherung:

$$P(950 < x \leq 1050) =$$

$$= P\Big(\frac{950 - 1000}{\sqrt{1000}} = -1,581 < y = \frac{x - \mu}{\sqrt{\mu}} \leq \frac{1050 - 1000}{\sqrt{1000}} = 1,581\Big) \approx$$

$$\approx \Phi(1,581) - \Phi(-1,581) = 2\Phi(1,581) - 1 = 0,8861.$$

Zur Güte der Approximation: Die Verteilungsfunktion der um die halbe Schrittweite *adjustierten*, standardisierten Größe $z = (x - \mu + 1/2)/\sqrt{\mu}$ wird von der Verteilungsfunktion der $\mathbf{N}(0,1)$ besser approximiert als diejenige von $y = (x - \mu)/\sqrt{\mu}$. Beispielsweise gilt für $\mu = 20$:

$$\sup_t |F_y(t) - \Phi(t)| < 0{,}060,$$

$$\sup_t |F_z(t) - \Phi(t)| < 0{,}015.$$

Man kann daher für praktische Zwecke ab $\mu = 20$ ohne weiteres mit der Normal-Approximation arbeiten.

Beispiel 8.3.3 Approximation der Gamma- durch die Normal-Verteilung

Sei x nach $\mathbf{\Gamma}(\lambda,\mu)$ verteilt. Betrachtet man die Dichten der $\mathbf{\Gamma}(\lambda,\mu)$ für größere λ-Werte (Abb. 2.8.2), dann wird man sofort die Möglichkeit einer Approximation durch die Normal-Verteilung vermuten. Wir wollen das zeigen. Dazu standardisieren wir zunächst x — auch die vermutete Grenzverteilung $\mathbf{N}(0,1)$ hat ja Mittel 0 und Varianz 1. Es ist $E(x) = \mu\lambda$ und $V(x) = \mu^2\lambda$ und damit:

$$y = \frac{x - \mu\lambda}{\mu\sqrt{\lambda}} = \frac{x}{\mu\sqrt{\lambda}} - \sqrt{\lambda}$$

die Standardisierte von x. Die charakteristische Funktion von y ist nach (8.2.14) und Satz 8.2.2:

$$\varphi_y(t) = e^{-it\sqrt{\lambda}} \frac{1}{(1 - \frac{it}{\sqrt{\lambda}})^{\lambda}} = exp(-it\sqrt{\lambda} - \lambda ln(1 - \frac{it}{\sqrt{\lambda}})).$$

Wir benützen die für $|z| < 1$ konvergente Reihe:

$$ln(1 + z) = z - \frac{z^2}{2} + \frac{z^3}{3} - + \ldots = -\sum_{k=1}^{\infty} \frac{(-z)^k}{k}$$

und erhalten für $\sqrt{\lambda} > |t|$:

$$\varphi_y(t) = exp(-it\sqrt{\lambda} + \lambda \sum_{k=1}^{\infty} \frac{(it)^k}{k\lambda^{k/2}}) = exp(-\frac{t^2}{2} + \frac{1}{\sqrt{\lambda}} \sum_{k=3}^{\infty} \frac{(it)^k}{k\lambda^{(k-3)/2}}).$$

Nun gilt:

$$\left| \sum_{k=3}^{\infty} \frac{(it)^k}{k\lambda^{(k-3)/2}} \right| \le \sum_{k=3}^{\infty} \frac{|t|^k}{k\lambda_0^{(k-3)/2}} \quad \text{für} \quad \lambda > \lambda_0,$$

und mithin haben wir:

$$\lim_{\lambda\to\infty} \varphi_y(t) = e^{-\frac{t^2}{2}} = \varphi(t|\mathbf{N}(0,1)),$$

also in der Tat die vermutete Verteilungskonvergenz. Die praktische Anwendung dieses Resultates erfolgt analog Beispiel 8.3.2:

$$P(a < x \leq b) = P(\frac{a-\mu\lambda}{\mu\sqrt{\lambda}} < y = \frac{x-\mu\lambda}{\mu\sqrt{\lambda}} \leq \frac{b-\mu\lambda}{\mu\sqrt{\lambda}}) \approx$$

$$\approx \Phi(\frac{b-\mu\lambda}{\mu\sqrt{\lambda}}) - \Phi(\frac{a-\mu\lambda}{\mu\sqrt{\lambda}}).$$

Etwas genauer ist allerdings die von R.A.Fisher angegebene Approximation der Verteilung von $z = \sqrt{4x/\mu} - \sqrt{4\lambda - 1}$ durch die $\mathbf{N}(0,1)$, die für $\lambda > 20$ alle Bedürfnisse der statistischen Praxis befriedigt.

8.4 Der zentrale Grenzverteilungssatz

Wir betrachten ein Experiment $\mathcal{E}$ mit dem eindimensionalen Ausgang x und setzen voraus, daß das Mittel $\mu = E(x)$ und die Varianz $\sigma^2 = V(x)$ existieren. Wir wiederholen das Experiment n-mal unabhängig und bilden die standardisierte Summe der Versuchsausgänge $x_1 \dots x_n$:

$$y_n = \frac{(x_1 + \ldots + x_n) - n\mu}{\sigma\sqrt{n}}.$$

Es gilt dann der folgende fundamentale Satz:

Satz 8.4.1 *Zentraler Grenzverteilungssatz für identisch verteilte Variable*
Sind die Zufallsvariablen (x_i: $i = 1, 2, \ldots$) unabhängig und identisch verteilt, existiert weiters die Varianz $\sigma^2 = V(x_i)$, und gilt $\sigma^2 > 0$, dann strebt die Folge der Verteilungen der standardisierten Summe $y_n = ((x_1 + \ldots + x_n) - -n\mu)/\sigma\sqrt{n}$ schwach gegen die Normal-Verteilung $\mathbf{N}(0,1)$ *und zwar gleichgültig, wie die Verteilung der x_i beschaffen ist. Es gilt also:*

$$\lim_{n\to\infty} P(y_n \leq a) = \Phi(a).$$

Bemerkenswert ist, daß die konkrete Verteilung der Variablen x_i gar keinen Einfluß auf die Grenzverteilung hat. Die einzige Voraussetzung ist die Existenz der zweiten Momente und die Unabhängigkeit der x_i.

Dieses in der Tat fundamentale Resultat hat eine lange Geschichte, die bis auf de Moivre zurückgeht, und auch heute noch erscheint jedes Jahr eine große Anzahl von Arbeiten über das Thema der Verteilung von Summen unabhängiger bzw. abhängiger Zufallsgrößen.

Beweis: Wir benützen als beweistechnisches Hilfsmittel den Satz 8.3.3 von Lévy-Cramér und zeigen, daß die Folge der charakteristischen Funktionen

$\varphi_{y_n}(t)$ für jedes t gegen $e^{-t^2/2}$, die charakteristische Funktion der $\mathbf{N}(0,1)$ strebt. Zur Vereinfachung der Rechnungen setzen wir zunächst $\mu = E(x_i) = 0$ voraus. Es ist dann:

$$y_n = \frac{x_1 + \ldots + x_n}{\sigma\sqrt{n}} = \frac{x_1}{\sigma\sqrt{n}} + \ldots + \frac{x_n}{\sigma\sqrt{n}}.$$

Die charakteristische Funktion von $x_i/\sigma\sqrt{n}$ ist nach Satz 8.2.2: $\varphi_x(t/\sigma\sqrt{n})$, wenn $\varphi_x(t)$ die allen x_i gemeinsame charakteristische Funktion bezeichnet. Wegen der Unabhängigkeit der x_i folgt daher (Satz 8.2.3):

$$\varphi_{y_n}(t) = \left(\varphi_x\left(\frac{t}{\sigma\sqrt{n}}\right)\right)^n. \tag{8.4.1}$$

Um den Grenzübergang $n \to \infty$ ausführen zu können, entwickeln wir $\varphi_x(t)$ in ein Taylorpolynom vom 2.Grad. Es gilt:

$$\varphi_x(t) = \varphi_x(0) + \varphi_x'(0)t + \varphi_x''(0)\frac{t^2}{2} + o(t^2),$$

soferne $\varphi_x(t)$ zweimal differenzierbar ist. Da die Existenz der Varianz $\sigma^2 = V(x)$ vorausgesetzt wurde, ist das nach Satz 8.2.1 der Fall. (Das Landau-Symbol $o(t^2)$ für das Restglied bezeichnet eine Funktion, die mit $t \to 0$ schneller gegen Null strebt als t^2, für die also gilt: $\lim_{t\to 0} o(t^2)/t^2 = 0$. Mehr brauchen wir von dem Restglied nicht zu wissen.) Nach Satz 8.2.1 ist $\varphi_x(0) = 1$, $\varphi_x'(0) = im_1$ und $\varphi_x''(0) = -m_2$. Beachten wir noch $\mu = m_1 = 0$ und damit $m_2 = \sigma^2$, dann gewinnen wir die Entwicklung:

$$\varphi_x(t) = 1 - \frac{\sigma^2 t^2}{2} + o(t^2)$$

und damit:

$$\varphi_x\left(\frac{t}{\sigma\sqrt{n}}\right) = 1 - \frac{t^2}{2n} + o\left(\frac{t^2}{\sigma^2 n}\right) = 1 - \frac{t^2}{2n} + o\left(\frac{1}{n}\right).$$

Setzen wir diesen Ausdruck in (8.4.1) ein, dann ergibt sich:

$$\varphi_{y_n}(t) = \left(1 - \frac{t^2}{2n} + o\left(\frac{1}{n}\right)\right)^n. \tag{8.4.2}$$

Schreibt man (8.4.2) in der Form:

$$\varphi_{y_n}(t) = exp\left(n ln\left(1 - \frac{t^2}{2n} + o\left(\frac{1}{n}\right)\right)\right)$$

und benützt man die Taylor-Entwicklung für $ln(1+z)$:

$$ln(1+z) = z - \frac{z^2}{2} + \frac{z^3}{3} - + \ldots = z + o(z) \quad \text{für} \quad |z| < 1,$$

dann ergibt sich:

$$\varphi_{y_n}(t) = exp\Big(n(-\frac{t^2}{2n} + o(\frac{1}{n})) + no(\frac{-t^2}{2n} + o(\frac{1}{n}))\Big) =$$

$$= exp(-\frac{t^2}{2} + no(\frac{1}{n})), \tag{8.4.3}$$

denn alle o-Terme zusammen sind offenbar von der Größenordnung $o(\frac{1}{n})$. Nunmehr können wir den Grenzübergang ausführen und erhalten:

$$\lim_{n\to\infty} \varphi_{y_n}(t) = e^{-t^2/2} = \varphi\big(t|\mathbf{N}(0,1)\big),$$

und damit, gestützt auf Satz 8.3.3, schließlich die Behauptung.

Bisher war $E(x) = \mu = 0$ vorausgesetzt worden. Gilt indessen $\mu \neq 0$, dann braucht man nur

$$y_n = \frac{(x_1 - \mu) + \ldots + (x_n - \mu)}{\sigma\sqrt{n}}$$

zu setzen und statt x_i die zentrierten Variablen $x_i' = x_i - \mu$ einzuführen. Diese sind natürlich ebenfalls unabhängig und identisch verteilt, es ist $E(x_i') = 0$, $V(x_i') = V(x_i) = \sigma^2$, und es gilt:

$$y_n = \frac{x_1' + \ldots + x_n'}{\sigma\sqrt{n}},$$

womit wieder die im ersten Teil des Beweises vorausgesetzten Verhältnisse gegeben sind.♠

Der Beweis ist überraschend einfach, oder, wohl richtiger gesagt, die Beweismethode ist überraschend leistungsfähig, und in der Tat lassen sich auf diesem Wege weit allgemeinere Resultate gewinnen. Zunächst behandeln wir aber einen, sowohl historisch als auch für die Anwendungen wichtigen Sonderfall.

Beispiel 8.4.1 Der Satz von Moivre-Laplace

Wir betrachten ein Experiment $\mathcal{E}$, ein dazugehöriges Ereignis A mit Wahrscheinlichkeit $P(A) = p$ und die Indikatorvariable x, mit $x = 1$ oder 0, je nachdem ob A eintritt oder nicht. x besitzt die Binomial-Verteilung $\mathbf{B}_{1,p}$, die sogenannte Alternativ-Verteilung. Wiederholen wir das Experiment n-mal unabhängig, und nennen wir die Ausgänge $x_1 \ldots x_n$, dann zählt $z_n = x_1 + \ldots + x_n$ die Anzahl der Realisierungen des Ereignisses A — z_n ist nach $\mathbf{B}_{n,p}$ verteilt. Nun sind aber die Variablen x_i unabhängig und identisch verteilt mit Mittel $\mu = p$ und Varianz $\sigma^2 = p(1-p)$. Wir können daher auf die Summe z_n den zentralen Grenzverteilungssatz 8.4.1 anwenden. Danach konvergiert die Folge der Verteilungen von

$$y_n = \frac{(x_1 + \ldots + x_n) - np}{\sqrt{np(1-p)}} = \frac{z_n - np}{\sqrt{np(1-p)}}$$

schwach gegen die Normal-Verteilung $\mathbf{N}(0,1)$. Das Ergebnis kann so formuliert werden:

Satz 8.4.2 *Moivre-Laplace*
Ist z_n nach $\mathbf{B}_{n,p}$ verteilt, dann konvergiert die Folge der Verteilungen von

$$y_n = \frac{z_n - np}{\sqrt{np(1-p)}}$$

schwach gegen die Verteilung $\mathbf{N}(0,1)$.

Der Satz von Moivre-Laplace ist der historisch älteste Spezialfall des zentralen Grenzverteilungssatzes. Ein Zahlenbeispiel soll seine Nützlichkeit für die Anwendungen demonstrieren. Wir fragen nach der Wahrscheinlichkeit, daß die relative Häufigkeit z_n/n des Ereignisses A bei n Versuchswiederholungen im Intervall $(p-\delta, p+\delta]$ liegt. Es gilt:

$$P(p-\delta < \frac{z_n}{n} \leq p+\delta) = P(np - n\delta < z_n \leq np + n\delta) =$$

$$= P\left(\frac{-n\delta}{\sqrt{np(1-p)}} < \frac{z_n - np}{\sqrt{np(1-p)}} \leq \frac{n\delta}{\sqrt{np(1-p)}}\right) \approx 2\Phi(\sqrt{n}\frac{\delta}{\sqrt{p(1-p)}}) - 1.$$

Etwa für $n = 1000$, $p = 0,30$ und $\delta = 0,01$ ergibt sich $2\Phi(0,6901) - 1 = 0,5099$. Bei exakter Rechnung müßte man $P(290 < z_n \leq 310)$ mit Hilfe einer Tabelle der $\mathbf{B}_{1000;0,3}$ bestimmen, doch solche Tabellen stehen nicht zur Verfügung und wären auch schrecklich unhandlich.

Wir führen das Beispiel weiter und fragen nach dem Stichprobenumfang n, der notwendig ist, damit die Wahrscheinlichkeit $P(p-\delta < z_n/n \leq p+\delta) \geq 1-\alpha$ wird. Aus

$$2\Phi(\sqrt{n}\frac{\delta}{\sqrt{p(1-p)}}) - 1 \geq 1 - \alpha$$

folgt:

$$\sqrt{n}\frac{\delta}{\sqrt{p(1-p)}} \geq u_{1-\alpha/2},$$

wobei $u_{1-\alpha/2}$ das $(1-\alpha/2)$-Fraktil der $\mathbf{N}(0,1)$ bezeichnet. Schließlich erhalten wir:

$$n \geq \left(\frac{\sqrt{p(1-p)}u_{1-\alpha/2}}{\delta}\right)^2.$$

Kennt man p nicht, was ja die realistische Annahme ist, dann hat man den ungünstigsten Wert für p, nämlich $p = 0,5$ zu nehmen und erhält:

$$n \geq \left(\frac{u_{1-\alpha/2}}{2\delta}\right)^2.$$

Wählen wir wie oben $\delta = 0,01$ und $1 - \alpha = 0,95$, dann ist $u_{1-\alpha/2} = 1,96$ und mithin $n \geq 9604$, also rund $n = 10^4$ zu wählen.

Die im Beweis von Satz 8.4.1 benützte Methode trägt viel weiter. Wir zeigen das in einer Beweisskizze des berühmten Satzes von Ljapunov über die Grenzverteilung der Summe unabhängiger, aber nicht mehr notwendig identisch verteilter Zufallsgrößen.

Satz 8.4.3 *(Ljapunov) Zentraler Grenzverteilungssatz für nicht identisch verteilte Variable.*
Sind die Zufallsvariablen (x_i: $i = 1, 2, \ldots$) unabhängig und existieren die Momente $\mu_i = E(x_i)$, $\sigma_i^2 = V(x_i) > 0$, $A_i := E(|x_i - \mu_i|^3)$, dann strebt die Folge der Verteilungen von

$$y_n = \frac{(x_1 + \ldots + x_n) - (\mu_1 + \ldots + \mu_n)}{\sqrt{\sigma_1^2 + \ldots + \sigma_n^2}},$$

also der standardisierten Stumme von $x_1 \ldots x_n$, schwach gegen die Standard-Normal-Verteilung $\mathbf{N}(0,1)$, falls die Bedingung

$$\lim_{n\to\infty} \frac{\sqrt[3]{A_1 + \ldots + A_n}}{\sqrt{\sigma_1^2 + \ldots + \sigma_n^2}} = 0 \tag{8.4.4}$$

erfüllt ist.

Beweisskizze: Wie beim Beweis des Satzes 8.4.1 können wir ohne Einschränkung der Allgemeinheit $\mu_i = 0$ annehmen, denn es ist

$$y_n = \frac{(x_1 - \mu_1) + \ldots + (x_n - \mu_n)}{\sqrt{\sigma_1^2 + \ldots + \sigma_n^2}}.$$

und die Variablen $x_i' = x_i - \mu_i$ haben sämtlich Mittel 0 und sind natürlich ebenfalls unabhängig. Mit der Abkürzung

$$S_n = \sqrt{\sigma_1^2 + \ldots + \sigma_n^2}$$

ist die charakteristische Funktion von y_n nach Satz 8.2.2 und Satz 8.2.3 gegeben durch:

$$\varphi_{y_n}(t) = \varphi_1(\frac{t}{S_n}) \cdots \varphi_n(\frac{t}{S_n}); \tag{8.4.5}$$

$\varphi_i(t)$ bezeichnet dabei die charakteristische Funktion von x_i. Da die Variablen x_i Momente bis zur 3. Ordnung besitzen, sind die Funktionen $\varphi_i(t)$ mindestens 3-mal stetig differenzierbar und es gilt die Taylor-Entwicklung:

$$\varphi_i(t) = \varphi_i(0) + \varphi_i'(0)t + \varphi_i''(0)\frac{t^2}{2} + O_i(t^3) = 1 - \sigma_i^2\frac{t^2}{2} + O_i(t^3)$$

bzw., wegen $ln(1+z) = z + O(z^2)$:

$$ln\varphi_i(t) = -\sigma_i^2 \frac{t^2}{2} + O_i(t^3).$$

(Das Landau-Symbol $O(t^3)$ bezeichnet hier eine Funktion, die für $t \to 0$ der Abschätzung $|O(t^3)| \leq c|t|^3$ genügt.) Damit kann (8.4.5) folgendermaßen geschrieben werden:

$$\begin{aligned}\varphi_{y_n}(t) &= exp(\sum_{i=1}^{n} ln\varphi_i(\frac{t}{S_n})) = exp\Big(\sum_{i=1}^{n}\Big(-\frac{\sigma_i^2}{S_n^2}\frac{t^2}{2} + O_i((\frac{t}{S_n})^3)\Big)\Big) = \\ &= exp\Big(-\frac{t^2}{2} + \sum_{i=1}^{n} O_i\Big((\frac{t}{S_n})^3\Big)\Big).\end{aligned} \tag{8.4.6}$$

Bleibt schließlich noch zu zeigen, daß der Term

$$\sum_{i=1}^{n} O_i\Big((\frac{t}{S_n})^3\Big) \tag{8.4.7}$$

in (8.4.6) mit $n \to \infty$ gegen Null strebt. Diesen etwas umständlicheren, jedoch keineswegs schwierigen Nachweis, für den man die Voraussetzung (8.4.4) über die dritten Momente benötigt, wollen wir indessen nicht mehr ausführen. Es sollte ja auch nur eine Beweisskizze werden, die das Wesentliche und die Leistungsfähigkeit der Methode der charakteristischen Funktionen zeigt. Geht (8.4.7) mit $n \to \infty$ gegen 0, dann ist:

$$\lim_{n\to\infty} \varphi_{y_n}(t) = e^{-\frac{t^2}{2}} = \varphi(t|\mathbf{N}(0,1)),$$

und die Behauptung ergibt sich aus dem Satz von Lévy-Cramér. ♠

Wir konnten in diesem Kapitel das außerordentlich umfangreiche und schöne Gebiet der Grenzverteilungen von Summen unabhängiger Zufallsgrößen gerade nur berühren. Der interessierte Leser möge einen Blick in das Buch von Gnedenko-Kolmogorov werfen; er wird dort eine Fülle interessanter Fragen behandelt finden. Wir aber wollen mit dem Satz von Ljapunov diese Einführung in die Wahrscheinlichkeitsrechnung abschließen.

Teil II

Statistik

Ich traue einer Statistik nie —
es sei denn, ich habe sie selbst gefälscht.

W. Churchill

9. Was ist Statistik?

Gegenstand der Statistik sind Methoden zur Gewinnung, Zusammenfassung, Darstellung und Analyse von Daten, ebenso wie die Entwicklung von Strategien für vernünftiges Schließen und Entscheiden auf der Grundlage dieser Daten.

Will man Eigenschaften einer gegebenen Gruppe von Personen oder Dingen untersuchen — z.B. Alter, Gewicht und Blutdruck aller Bürger eines Landes oder die Qualität der in einer Fabrik im Verlaufe eines Monats produzierten Fernsehgeräte —, dann ist es oft unmöglich oder zumindestens unpraktisch, alle Einheiten der Gruppe, der sogenannten **Grundgesamtheit**, zu studieren. Man begnügt sich mit der Untersuchung eines Teiles dieser Grundgesamtheit, einer **Stichprobe**.

Ist die Stichprobe **repräsentativ**, dann können aus ihr brauchbare Schlüsse auf die Gesamtheit gezogen werden. Derjenige Teil der Statistik, der sich mit den Bedingungen und Methoden des Schließens von Stichproben auf die Gesamtheit befaßt, heißt **schließende** oder **mathematische** Statistik. Da solche Schlüsse nie absolut sicher sind, formuliert man sie in der Sprache der Wahrscheinlichkeitstheorie, die die Grundlage für die mathematische Statistik bildet.

Begnügt man sich mit der Untersuchung einer gegebenen Gruppe von Objekten, ohne aus den gewonnenen Daten Schlüsse auf eine umfassendere Grundgesamtheit zu ziehen, dann betreibt man **deskriptive** oder **beschreibende** Statistik. Ihre Aussagen sind zwar sicher, eine Übertragung der an einer Gruppe gewonnenen Ergebnisse auf eine umfassendere ist aber nicht möglich, bzw. nicht mehr Gegenstand der deskriptiven Statistik.

Mit den Fragen der Gewinnung, Organisation, Codierung, Speicherung und Veranschaulichung umfangreicher Datenmassen, kurz mit deskriptiver Statistik werden wir uns nicht beschäftigen. Unser Thema ist, bescheiden formuliert, eine Einführung in die mathematische Statistik. Der zur Verfügung stehende Raum reicht ja bei weitem nicht aus, auf alle Teile dieser Wissenschaft einzugehen, insbesondere den großen und wichtigen Bereich der multivariaten Statistik müssen wir der weiterführenden Literatur überlassen.

9.1 Modellbildung

Die erkenntnistheoretische Methode der mathematischen Statistik ist die gleiche wie bei allen experimentellen Wissenschaften, deren Ziel, über das reine Sammeln von Fakten hinaus, die Erklärung der Beobachtungen aus einer Theorie heraus ist. Dem physisch-realen Experiment, das die Daten liefert, wird ein ideales-theoretisches, in unserem Fall ein wahrscheinlichkeitstheoretisches, **Modell** unterlegt und die Daten in bezug auf dieses Modell, seine Struktur, seine unbekannten Parameter etc. interpretiert. Das Modell ist dabei immer nicht nur ein ideales, sondern auch ein mehr oder weniger idealisiertes Abbild der Wirklichkeit. Je mehr Einzelheiten der Wirklichkeit im Modell berücksichtigt sind, umso komplizierter wird es in aller Regel, bis schließlich auf dem Wege zu immer genauerer Modellierung ein Punkt erreicht wird, wo sowohl die Beschreibung als auch die mathematische Behandlung des Modells so schwierig und aufwendig werden, daß, salopp gesagt, das Modell nichts mehr bringt.

Das Standardmodell der mathematischen Statistik ist ein abstraktes Zufallsexperiment $\mathcal{E}$, also eine Black box, mit mehr oder weniger kompliziertem Ausgang x, der nach einer nicht vollständig bekannten Wahrscheinlichkeitsverteilung P verteilt ist. Ist P durch die Angabe endlich vieler Parameter voll bestimmt, dann spricht man von einem **parametrischen**, andernfalls von einem **nichtparametrischen** Modell. Einige Beispiele sollen diese Begriffe verdeutlichen.

Beispiel 9.1.1 Modelle für eine Befragung

Der Anteil p der Wähler der Partei XPÖ unter den Wahlberechtigten einer Stadt soll zum Zweck einer Wahlprognose bestimmt werden. Das physische Experiment ist die Auswahl von n Personen aus der betrachteten Grundgesamtheit nach einer mehr oder weniger präzisen Methode und deren Befragung nach ihrem voraussichtlichen Wahlverhalten. Das Ergebnis ist die Anzahl x der XPÖ-Wähler in dieser Stichprobe.

Welche wahrscheinlichkeitstheoretischen Modelle kommen hier in Frage? Zunächst, fast zwingend, das Urnenmodell, wo aus einer Urne mit N Kugeln, von denen $A = pN$ schwarz sind, eine Zufallsstichprobe vom Umfang n ohne Zurücklegen gezogen wird, und x die Anzahl der gezogenen schwarzen Kugeln angibt. Also letzten Endes eine Black box, aus der eine hypergeometrisch nach $\mathbf{H}_{N,A,n}$ verteilte Zufallsvariable x herausspringt. Die Parameter N und n sind bekannt und damit fest, A hingegen ist unbekannt, seine Bestimmung ist der Zweck der Untersuchung. Wir haben also ein parametrisches Modell mit einem freien Parameter — nämlich A —, somit ein *einparametrisches* Modell vor uns.

Man könnte meinen, daß hier Modell und Wirklichkeit völlig auswechselbar sind, die Wirklichkeit also gewissermaßen ihr eigenes Modell ist. Es wäre gut, wenn es sich so verhielte, doch tatsächlich ist das nie der Fall. Zunächst ist es praktisch nicht möglich, eine wirklich zufällige Stichprobe zu ziehen, das heißt, eine Auswahl von n Personen so zu treffen, daß alle $\binom{N}{n}$ möglichen Stichproben gleich wahrscheinlich sind. Die Durchführung einer derartigen Erhebung ist aufwendig und kostspielig, und daher ist man bei der Auswahl der zu Befragenden zu Kompromissen gezwungen. Schließlich wird so mancher Befragte die Antwort verweigern oder falsch antworten. Auch dieser Umstand findet in dem Modell keine Entsprechung. Das Modell idealisiert und vereinfacht also die Wirklichkeit ganz beträchtlich, und es stellt sich sofort die Frage, ob es für den angestrebten Zweck auch brauchbar, oder wie man sagt: **adäquat** ist. Wir gehen diesem Problem hier nicht nach, sondern fragen nach weiteren möglichen Modellen.

Da es bei kleineren Stichproben aus großen Grundgesamtheiten unerheblich ist, ob man mit oder ohne Zurücklegen zieht, wird man sofort an die Approximation der hypergeometrischen Verteilung $\mathbf{H}_{N,A,n}$ durch die Binomial-Verteilung $\mathbf{B}_{n,p}$ mit $p = A/N$ denken. Es liegt also nahe, als Modell eine Black box mit Ausgang x, verteilt nach $\mathbf{B}_{n,p}$, zu wählen, namentlich wo der Umfang N der Grundgesamtheit in der Praxis ohnehin nie genau bekannt ist. Auch hier haben wir ein einparametrisches Modell vor uns, denn n ist bekannt und fest, p hingegen unbekannt und frei.

Bedenkt man schließlich, daß das Arbeiten mit der Binomial-Verteilung bei großem n — z.B. $n = 1000$ oder $n = 2000$ wären in diesem Zusammenhang realistisch — recht unangenehm ist, man aber in guter Näherung die $\mathbf{B}_{n,p}$ durch die Normalverteilung $\mathbf{N}\big(np, np(1-p)\big)$ approximieren kann, dann bietet sich als weiteres Modell eine Black box mit Ausgang x, verteilt nach $\mathbf{N}\big(np, np(1-p)\big)$, an; auch dieses ist ein einparametrisches Modell mit nunmehr stetig verteiltem Ausgang.

Die Wahl des Modells hängt immer ganz wesentlich von seiner mathematischen Handhabbarkeit ab. Dieser Aspekt zwingt in der Regel zu erheblichen Zugeständnissen, denn es nützt das schönste und wirklichkeitsgetreueste Modell nichts, wenn seine Mathematik zu kompliziert wird. In unserem Fall ist das letzte Modell, also $x \sim \mathbf{N}\big(np, np(1-p)\big)$, mathematisch bei weitem das angenehmste, und man wird es benützen, wann immer es möglich ist.

Beispiel 9.1.2 Modelle für ein Lebensdauerexperiment

Es soll die Lebensdauer von Glühbirnen eines gewissen Fabrikates untersucht werden. Bedingt durch Schwankungen im Material, in den Fertigungs- und vor allem in den Betriebsbedingungen schwankt auch die Lebensdauer von Glühbirne zu Glühbirne erheblich. Es ist natürlich völlig hoffnungslos, den exakten Mechanismus des Zusammenhanges zwischen den Material-, Fertigungs- und Betriebsbedingungen einerseits und der Lebensdauer andererseits in einem mathematischen Modell beschreiben zu wollen. Hier hilft nur ein wahrscheinlichkeitstheoretischer Ansatz weiter. Man versucht alle irgendwie faßbaren und steuerbaren Einflußgrößen möglichst exakt zu beschreiben und festzulegen; insbesondere müssen die Betriebs- bzw. Belastungsbedingungen, also Betriebsspannung, Umgebungstemperatur, Anzahl der Schaltvorgänge, Vibration der Birnenfassung etc., möglichst genau beschrieben und standardisiert werden. Dann bleibt aber immer noch ein weiter Raum für zufällige Schwankungen von allen möglichen Einflußgrößen, so daß man die Lebensdauer x (gemessen etwa in Stunden) als eine Zufallsgröße mit einer gewissen **Lebensdauerverteilung** P, eben der Wahrscheinlichkeitsverteilung von x, ansehen kann.

Das physisch-reale Experiment eines Lebensdauerversuches, wo eine Glühbirne unter wohldefinierten Betriebsbedingungen bis zu ihrem Ausfallzeitpunkt x brennt, wird somit modelliert durch eine Black box mit Ausgang x, verteilt nach P, wobei P unbekannt ist.

Man wird natürlich versuchen, das Modell weiter zu spezifizieren, indem man die Familie der für P in Frage kommenden Verteilungen eingrenzt. Es kann zum Beispiel sein, daß man aus vielen ähnlichen Lebensdauerversuchen bereits weiß, daß für P nur eine Normal- oder eine Exponential- oder eine Weibull-Verteilung in Frage kommt — besser formuliert: daß eine Verteilung aus einer dieser Familien sich zur Modellierung des Ausfallverhaltens eignet. In diesem Fall gewinnt man parametrische Modelle, und die weiteren Bemühungen des Experimentators konzentrieren sich auf die Bestimmung dieser Parameter und auf andere aus ihnen ableitbare Größen.

Es kann aber auch sein, daß die vorhandenen Vorinformationen zu einer solchen Eingrenzung von P nicht ausreichen. Zwar wird man dann in vielen ähnlich gelagerten Fällen trotzdem irgend eine Verteilungsannahme für P treffen, wenn man anders aus mathematisch-technischen Gründen nicht mehr weiterkommt, man wird aber dann die Ergebnisse mit großer Reserve und Vorsicht interpretieren müssen und sie allenfalls als Vorstufe auf dem Weg zu einer tieferen Einsicht bewerten.

In unserem Fall kommt man aber auch durchaus mit dem Modell $x \sim P$ weiter, wo von P nichts verlangt wird, als daß es sich — was ja hier selbstverständlich ist — um eine stetige Verteilung handeln soll. Wir haben dann ein nichtparametrisches Modell vor uns, denn P ist nun nicht mehr durch die Angabe endlich vieler Parameter voll bestimmt. Man könnte sich in unserem Zusammenhang dann etwa für den Median oder die 90%-Perzentile von P interessieren, denn mit $x_{50\%}$ und $x_{90\%}$ hätte man jene Zeiten, bis zu denen (im Modell exakt, in der Wirklichkeit ungefähr) 50% bzw. 90 % aller Glühbirnen ausgebrannt sind. Statistische Verfahren zur Behandlung dieser Fragen bei so allgemeiner Modellbildung werden wir kennenlernen.

Beispiel 9.1.3 Modelle für den Zusammenhang zwischen Körpergröße und Gewicht

Daß zwischen der Körpergröße und dem Gewicht von Menschen ein Zusammenhang besteht, ist jedem bekannt, ebenso klar ist aber auch, daß es nicht möglich ist, aus der Kenntnis einer dieser Größen die andere exakt auszurechnen.

Um zu klaren Vorstellungen über diesen Zusammenhang zu kommen, fixieren wir zunächst die Grundgesamtheit $\mathcal{M}$, über die wir eine Aussage machen wollen. Das ist wichtig, denn angesichts der Verschiedenheit der Geschlechter, Völker und Rassen kann man sicher keinen universell gültigen Zusammenhang erwarten. Tut man dies aber doch, und wählt man für $\mathcal{M}$ etwa alle männlichen Erdenbürger, dann muß man dies später bei der Datenbeschaffung auch gebührend berücksichtigen. $\mathcal{M}$ muß in jedem Fall klar und explizit abgegrenzt werden, sonst ist alles Folgende sinnlos. Auf diesen Umstand wird nur allzuoft bei statistischen Untersuchungen absichtlich oder unabsichtlich vergessen — entsprechend aussagefähig sind dann die Ergebnisse.

Wir betrachten nun in $\mathcal{M}$ alle *Einheiten* — wie wir uns im Fachjargon ausdrücken wollen — mit fester Körpergröße x, etwa x=170 cm, und nennen dieses Teilkollektiv $\mathcal{M}_x$. Das Gewicht y der Einheiten aus $\mathcal{M}_x$ wird dann durchaus nicht konstant sein. Es ergibt sich eine Häufigkeitsverteilung für y. Setzen wir x auf einen anderen Wert, etwa x=180 cm, dann hat y mit Sicherheit eine andere Häufigkeitsverteilung, die allerdings, das kann man wohl erwarten, mehr zu größeren Gewichten hin verschoben sein wird. Abb. 9.1.1 veranschaulicht diese Verhältnisse.

Bezeichnen wir den Mittelwert der Gewichte y innerhalb des Teilkollektives $\mathcal{M}_x$ mit $\mu_y(x)$, dann wäre es offenbar eine vernünftige Fragestellung, diese Funktion $\mu_y(x)$ wenigstens angenähert zu bestimmen. Als physisch-reales Experiment könnten wir zunächst einige Körpergrößen x_i festlegen — etwa $x_1 = 150, x_2 = 160$, usw. — und dann aus den jeweiligen Kollektiven $\mathcal{M}_{x_i}$ zufällig Stichproben vom Umfang n, oder allgemeiner, mit den Umfängen n_i ziehen. Wir erhielten die Daten $y_{i1} \dots y_{in_i}$ für $i = 1, 2, \dots$ und aus ihnen die Mittelwerte $\bar{y}_i = \frac{1}{n_i} \sum_{j=1}^{n_i} y_{ij}$ und hätten damit Schätzwerte für $\mu_y(x_i)$. Aber langsam, langsam, das ist ja schon ein statistisches Verfahren und so weit sind wir noch lange nicht.

Wir fragen zunächst nach vernünftigen Modellen für unser Experiment, denn, das wird wohl nicht überraschen, die jeweils optimale Auswertungsmethode für die Daten hängt ganz wesentlich vom gewählten Modell ab.

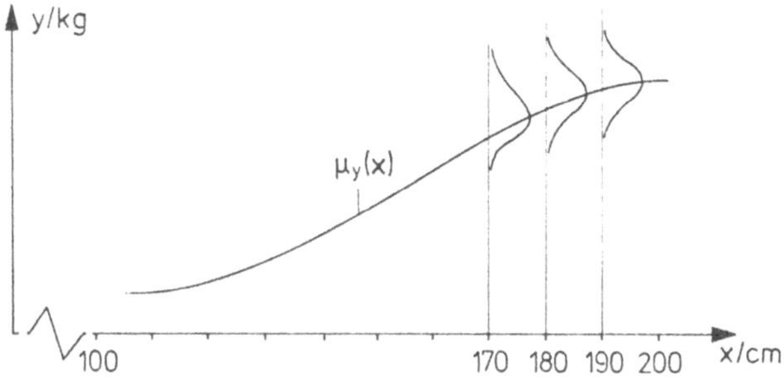

Abb. 9.1.1

Modell 1: Wir sehen die Kollektive $\mathcal{M}_{x_i}$ als Urnen U_i mit N_i Kugeln an, wobei jede Kugel eine Aufschrift y, die Gewichtsangabe, trägt; n_i Kugeln werden zufällig und ohne Zurücklegen aus U_i gezogen. Je nachdem, welche Aufschriften y die Kugeln in U_i tragen, ergibt sich für $(y_{i1} \ldots y_{in_i})$, das Ziehungsergebnis aus der i-ten Urne, eine Wahrscheinlichkeitsverteilung mit allerdings hoffnungslos kompliziert gebauter Dichte $f_i(y_{i1} \ldots y_{in_i})$. Die Ziehungen aus den einzelnen Kollektiven $\mathcal{M}_{x_i}$ sind unabhängig (im intuitiven Sinne des Wortes), also modellieren wir diese Situation durch nunmehr stochastisch unabhängige Urnenexperimente $\mathcal{E}_1, \mathcal{E}_2, \ldots$ und erhalten als Gesamtmodell das Experiment $\mathcal{E} = \mathcal{E}_1 \otimes \ldots \otimes \mathcal{E}_k$ mit dem Ausgang $\mathbf{y} = (y_{ij} \colon i = 1 \ldots k; j = = 1 \ldots n_i)$ verteilt mit der Dichte

$$f(\mathbf{y}) = \prod_{i=1}^{k} f_i(y_{i1} \ldots y_{in_i}).$$

Da in die Dichten $f_i(y_{i1} \ldots y_{in_i})$ die konkreten Gewichtsangaben der Einheiten in den Urnen U_i als Parameter eingehen und andererseits die Dichten f_i durch diese Parameter auch vollständig bestimmt sind, handelt es sich zweifellos um ein parametrisches Modell. Freilich, dieses Modell ist schier zum Verzweifeln. Die Anzahl der Parameter ist riesengroß, die Dichten f_i sind schrecklich kompliziert gebaut, und kein Statistiker wird sich mit diesem Modell näher abgeben wollen.

Andererseits ist das Modell *sehr nahe an der Wirklichkeit*, und diese Nähe hat eben ihren Preis — das lernen wir aus diesem Beispiel.

Modell 2: Wir vereinfachen unser Anfangsmodell jetzt Schritt für Schritt. Dabei entfernen wir uns, so ist zu befürchten, immer mehr von der zu modellierenden Wirklichkeit und müssen gewärtig sein, daß wir mit der Zeit zu Modellen kommen, die mit der Realität nichts mehr zu tun haben. Das Handwerk der Modellbildung erfordert Augenmaß und Erfahrung, und glücklicherweise liefert die mathematische Statistik selbst objektive Verfahren, mit deren Hilfe man bis zu einem gewissen Grad prüfen kann, ob ein Modell noch adäquat ist oder nicht.

Wir greifen in Modell 1 aus den Urnen U_i Stichproben vom Umfang n_i ohne Zurücklegen heraus, und in der Tat geschieht es so auch in der Wirklichkeit. Viel einfacher wäre allerdings die Mathematik, würden wir die Stichproben mit Zurücklegen ziehen, denn dann wären die Einzelziehungen aus U_i stochastisch unabhängig, identisch verteilt, und die Dichten $f_i(y_{i1} \dots y_{in_i})$ wären Produkte der Form $f_i(y_{i1}) \cdots f_i(y_{in_i})$, und nur noch die nunmehr eindimensionalen Randdichten f_i müßten in ihrer Abhängigkeit von den Parametern des Modells, den Gewichten der Einheiten in $\mathcal{M}_{x_i}$, dargestellt werden. Das Gesamtexperiment $\mathcal{E}$ wäre dann zusammengesetzt aus $n_1 + \dots + n_k$ unabhängigen Teilexperimenten und sein Ausgang $\mathbf{y} = (y_{ij}: i = 1 \dots k; j = 1 \dots n_i)$ besäße eine Dichte der Form

$$f(\mathbf{y}) = \prod_{i=1}^{k} \prod_{j=1}^{n_i} f_i(y_{ij}).$$

Dieses Modell — es handelt sich ebenfalls um ein parametrisches — ist zwar immer noch viel zu kompliziert für die statistische Praxis, aber doch schon viel einfacher als Modell 1. Daran, daß es die Wirklichkeit adäquat abbildet, besteht kein Zweifel, denn die Kollektive $\mathcal{M}_{x_i}$ sind mit Sicherheit groß genug, daß die Unterscheidung zwischen Ziehen mit und ohne Zurücklegen belanglos ist.

Modell 3: Die Dichten in den Modellen 1 und 2 sind sämtlich diskret, denn die Kollektive $\mathcal{M}_{x_i}$ sind endlich. Das Arbeiten mit allgemeinen diskreten Verteilungen ist recht unpraktisch. Viel angenehmer sind stetige Verteilungen, und man wird daher nicht zögern, insbesondere da die Kollektive $\mathcal{M}_{x_i}$ und damit auch die Anzahl der verschiedenen Ausprägungen des Gewichtes y bei den Einheiten in $\mathcal{M}_{x_i}$ groß sein werden, ein Modell zu unterstellen, wo alle $(y_{ij}: i = 1 \dots k; j = 1 \dots n_i)$ unabhängig und nunmehr stetig verteilt sind. Die Gesamtdichte hat dann wieder die Form

$$f(\mathbf{y}) = \prod_{i=1}^{k} \prod_{j=1}^{n_i} f_i(y_{ij}),$$

jedoch sind die Randdichten f_i diesmal eindimensional stetig.

Lassen wir für die f_i beliebige stetige Verteilungen zu, allenfalls mit der selbstverständlichen Einschränkung, daß ihre Mittel μ_i und ihre Varianzen σ_i^2 existieren sollen, dann haben wir ein nichtparametrisches Modell vor uns. Dieses hat dann zwar noch viel mehr *Freiheitsgrade*, d.h. innere Unbestimmtheiten als Modell 2, wo ja immerhin nur endlich viele unbestimmte Parameter vorkommen, es ist aber dennoch viel übersichtlicher und mathematisch besser zu handhaben. Mit ihm kann man schon arbeiten. Die Auswertungsmethode ist auch ganz einfach, denn die in einem präzisen Sinn optimalen Schätzwerte für die Mittelwerte $\mu_i = \mu_y(x_i)$ sind hier wirklich die einzelnen Mittel $\bar{y}_i = \frac{1}{n_i}(y_{i1} + \dots + y_{in_i})$, wie es schon vor der Besprechung von Modell 1 vorweggenommen wurde.

Modell 4: Das Modell 3 hat einen entscheidenden Nachteil: man benötigt sehr viele Beobachtungen (y_{ij}), um zu einigermaßen genauen Schätzwerten μ_i zu kommen, und schließlich kostet jede Beobachtung Geld. Man versucht daher, die Freiheitsgrade des Modells in vertretbarer Weise einzuschränken, denn das ist eine allgemeine statistische Faustregel: je weniger Freiheitsgrade das Modell hat, umso kleiner sind die erforderlichen Stichproben bei gleicher Genauigkeit der Aussagen.

Eine naheliegende und in ähnlichen Zusammenhängen immer wieder getroffene Modellannahme ist die, daß die Verteilungsdichten f_i, für die Gewichte in den einzelnen Teilkollektiven $\mathcal{M}_{x_i}$, alle die gleiche Gestalt haben und nur gegeneinander verschoben sind, sich also in der Form $f_i(y) = f(y - \mu_i)$ darstellen lassen, wobei f

offen bleibt und man nur $E(y|f) = 0$ verlangen wird, damit die Parameter μ_i auch wirklich die Mittelwerte der Dichten f_i sind.

Die gemeinsame Dichte aller Beobachtungen $\mathbf{y} = (y_{ij} : i = 1 \ldots k; j = 1 \ldots n_i)$ hat dann die Gestalt:

$$f(\mathbf{y}) = \prod_{i=1}^{k} \prod_{j=1}^{n_i} f(y_{ij} - \mu_i)$$

und ist wiederum einfacher als in Modell 3. Unser Modell enthält jetzt als frei variierende Bestimmungsstücke die Parameter $\mu_1 \ldots \mu_k$ und die Dichte f. Es ist also nicht durch endlich viele Parameter beschrieben und somit immer noch ein nichtparametrisches Modell, wenn auch neben f einige freie Parameter darin vorkommen.

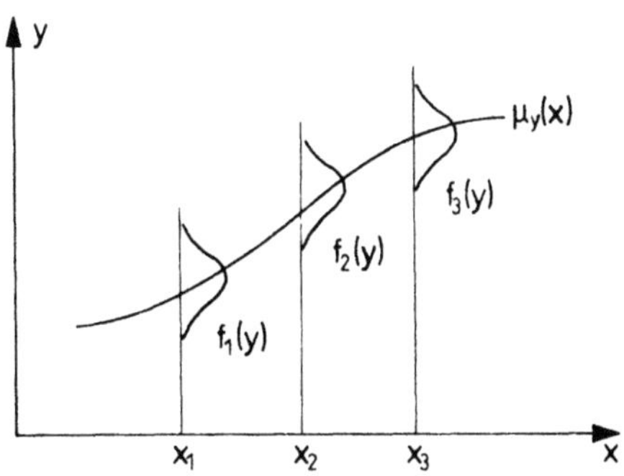

Abb. 9.1.2

Abb. 9.1.2 veranschaulicht die nunmehr vorliegende Modellsituation. Es unterscheidet sich von Abb. 9.1.1 dadurch, daß die Dichten $f_1, f_2, f_3, \ldots$ alle die gleiche Gestalt haben.

Modell 5: Modell 4 ist zwar schon recht einfach vom mathematischen Standpunkt, vielleicht auch schon zu einfach, um die Realität brauchbar abzubilden, dennoch ermöglicht es keine nennenswerte Einsparung bei der Stichprobennahme. Zu solchen Einsparungen kommt man erst, wenn man auch über den Verlauf der Mittelwertfunktion $\mu_y(x)$ Annahmen trifft.

Das mittlere Gewicht $\mu_y(x)$ in Abhängigkeit von der Körpergröße x wird sicher eine monoton wachsende und recht glatt verlaufende Kurve sein. Beschränkt man die Untersuchung auf erwachsene Personen und wählt man als Variationsintervall für x etwa [150 cm, 190 cm], dann wird sich $\mu_y(x)$ in diesem Intervall sicher recht gut durch eine lineare Funktion der Form: $\mu_y(x) = \beta_0 + \beta_1 x$ und noch besser durch ein quadratisches Polynom: $\mu_y(x) = \beta_0 + \beta_1 x + \beta_2 x^2$ annähern lassen.

Enthielt Modell 4 bei k verschiedenen Gewichtseinstellungen $x_1 \ldots x_k$ die k unbestimmten Parameter $\mu_1 = \mu_y(x_1) \ldots \mu_k = \mu_y(x_k)$, so haben wir nun bei dem linearen Ansatz für $\mu_y(x)$ nur mehr die Parameter β_0, β_1 und bei dem quadratischen die Parameter $\beta_0, \beta_1, \beta_2$. Die Dichten $f_i(y)$ haben also jetzt die Form:

$$f_i(y) = f(y - \beta_0 - \beta_1 x_i) \quad \text{bzw.} \quad f_i(y) = f(y - \beta_0 - \beta_1 x_i - \beta_2 x_i^2),$$

die Dichte f allerdings bleibt unbestimmt und das Modell bleibt ein nichtparametrisches.

Modell 6: Benützt man Modell 5, und ist dieses Modell auch vertretbar, dann läßt sich in der Tat bereits sehr viel bei der Stichprobennahme einsparen. Es ist hier natürlich nicht der Ort zu zeigen, warum und in welchem Umfang das möglich ist. Wir begnügen uns mit der Feststellung dieser Tatsache und fragen nach weiteren vertretbaren Modellvereinfachungen.

Der wunde Punkt, wenn man es so nennen will, an Modell 5 ist die unbestimmte Dichtefunktion f; dadurch wird es zu einem nichtparametrischen Modell mit in gewissem Sinne unendlich vielen Freiheitsgraden der Unbestimmtheit. Es liegt daher nahe, auch über f bzw. gleichwertig über die zugehörige Verteilung P einschränkende Annahmen zu treffen. Am weitesten geht die völlige Fixierung $P = P_0$ bzw. $f = f_0$, wenn man auf Grund von genügend viel Vorinformationen diese Verteilung praktisch kennt. Dann bleiben als freie Bestimmungsstücke des Modells nur noch die Parameter β_0, β_1 bzw. $\beta_0, \beta_1, \beta_2$ übrig, und wir haben ein 2- bzw. 3-parametrisches Modell vor uns.

Weniger einschränkend ist die Annahme, daß P einer 1-, 2-, allgemein r-parametrischen Verteilungsfamilie $P(.|\vartheta_1 \ldots \vartheta_r)$ angehört, dann hätte man insgesamt ein $r+2-$(bei $\mu_y(x) = \beta_0 + \beta_1 x$) bzw. ein $r+3-$(bei $\mu_y(x) = \beta_0 + \beta_1 x + \beta_2 x^2$) parametrisches Modell.

Tatsächlich wählt man oft die von einer bekannten Verteilung erzeugte Skalenfamilie (P_σ). Dann ist $f(y) = \frac{1}{\sigma} f_0(y/\sigma)$, bei bekanntem f_0 und freiem σ. Nimmt man nun noch für f_0 die Dichte der Standard-Normalverteilung $\mathrm{N}(0,1)$, dann atmet der Statistiker erleichtert auf, denn jetzt hat er endlich das klassische Modell der Regressionsrechnung vor sich und alle Probleme sind geritzt.

Alle? Sicher, wenn das Modell der Wirklichkeit noch entspricht, aber daran müssen angesichts der einschneidenden Vereinfachungen, die wir durchgeführt haben, wohl massive Zweifel herrschen. Man wird diese Frage sehr genau ansehen müssen, umso genauer, je gewichtiger die Folgerungen aus der jeweiligen statistischen Untersuchung sind, denn sonst kommt sofort ein Kritiker, dem das Ergebnis nicht in den Kram paßt, und entwertet durch einen hämischen Hinweis auf das benutzte Modell und seine *offensichtliche* Unzulässigkeit die ganze schöne Arbeit zu Makulatur. Allzuviele statistische Untersuchungen hat dieses Schicksal schon ereilt und die, denen es erspart blieb, danken dies oft nur dem Umstand, daß ihre Ergebnisse belanglos sind und keinen Kritiker aufzuwecken vermochten.

9.2 Grundaufgaben der mathematischen Statistik

Der Prozeß der Modellbildung einerseits und der Planung des physisch-realen Versuches andererseits, ist in der Regel ein interaktiver und wird namentlich bei komplizierten Aufgaben zu einer eigenen Kunst. Etwa bei biologischen Experimenten mit Tieren oder Pflanzen, wo viele Einflußgrößen wirksam sind, die man aber nicht so schön wie bei den meisten physikalischen Versuchen unter *ceteris paribus*-Bedingungen einzeln variieren kann, gelingt es oft nur mit sehr raffinierten Versuchsplänen und Modellen, Licht in das Spiel der wechselseitigen Abhängigkeiten zu bringen. Dazu gehört viel Erfahrung, ein reicher Schatz an statistischen Modellen und vor allem auch die Zusammenarbeit mit Fachleuten des jeweiligen Anwendungsgebietes, denn allein mit *innerstatistischen* Hilfsmitteln sind solche Aufgaben nie lösbar. Diese gewissermaßen *höheren Weihen* lassen sich freilich nur sehr beschränkt im Trockentraining aus Lehrbüchern lernen, man erwirbt sie in der Praxis, gestützt auf solide Grundkenntnisse des statistischen Handwerks, und einen Teil dieser Grundkenntnisse, beileibe nicht alle, soll diese Einführung vermitteln.

Um zu einem ersten groben Überblick über die Grundaufgaben der mathematischen Statistik zu kommen, nehmen wir an, ein realer Versuch und ein geeignetes Modell dafür wären fixiert. Das Modell enthält eine Reihe freier Bestimmungsstücke, wie Parameter, frei wählbare Funktionen (z.B. Dichten) oder beides. So gesehen ist das Modell eine Familie konkreter wahrscheinlichkeitstheoretischer Experimente, die zur Abbildung des realen Versuchs zur Wahl stehen. Führen wir diesen Versuch n-mal unter gleichen oder systematisch variierten Versuchsbedingungen aus, dann entstehen Beobachtungsdaten, etwa eine Folge $x_1 \dots x_n$ von Zahlen oder k-dimensionalen Vektoren, die wir nun aber als Realisierungen des Modellexperimentes interpretieren.

Die Maximalfrage, die man zu stellen geneigt ist, lautet: *Welches von den zulässigen Modellexperimenten ist das richtige?* So kann die Frage jedoch nicht formuliert werden, denn mit Sicherheit ist keines von ihnen das richtige, wenn damit gemeint sein soll, daß dieses oder jenes Modellexperiment in der Realität wirklich vorliegt. Alle Modelle vereinfachen die Wirklichkeit mehr oder weniger drastisch, das haben wir an den Beispielen in Abschnitt 9.1 deutlich gesehen. Man könnte schon eher fragen: *Welches von den zulässigen Modellexperimenten kommt der Wirklichkeit am nächsten?* Jedoch um dieser Frage mit quantitativen Methoden beikommen zu können, müßte man erst einmal eine mathematisch formale Beschreibung der Wirklichkeit, also gewissermaßen das *wirkliche* Modell haben. Dann aber wäre die Aufgabe zunächst nicht so sehr eine statistische, als viel mehr ein Approximationsproblem für ein Modellexperiment aus einem Modell $\mathbf{M}_0$ — dem *wirklichen* — durch ein Experiment aus einem anderen Modell $\mathbf{M}_1$ — dem idealisierten. Aber, und das ist der springende Punkt, wenn man all dieses mathematisch durchstehen könnte, dann hätte es überhaupt keinen Sinn mehr, mit dem idealisierten Modell $\mathbf{M}_1$ zu arbeiten, man würde die Daten gleich in bezug auf das wirkliche Modell $\mathbf{M}_0$ interpretieren und innerhalb dieser Familie nach dem richtigen Modellexperiment fragen. Indessen, das haben uns die Beispiele in Abschnitt 9.1 deutlich gezeigt, eine exakte mathematische Modellierung der Wirklichkeit ist aussichtslos, und erst nach beträchtlichen Idealisierungen wird ein Modell mathematisch handhabbar.

Wir sind daher gezwungen, die Frage anders zu stellen. Wir fragen: *Gesetzt die beobachteten Daten sind die Realisierungen eines konkreten Modellexperiments aus der (den wirklichen Versuch sicher weitgehend idealisierenden) Modellfamilie* $\mathbf{M}$, *welches unter den zur Wahl stehenden Modellexperimenten ist dann das richtige?* Das Problem, ob das Modell $\mathbf{M}$ der Wirklichkeit gut oder schlecht angepaßt ist, bleibt dabei zunächst unberücksichtigt. Die Methode der mathematischen Statistik dieses Anpassungsproblem, ohne die de-facto unmögliche exakte Modellierung der Wirklichkeit zu behandeln, ist die folgende. Man fragt: *Sind die beobachteten Daten* $x_1 \dots x_n$ *als Realisierungen eines der Modellexperimente der Familie* **M** *plausibel?* (natürlich in einer das Wort „plausibel" geeignet präzisierenden Form). Wenn nein, dann bestehen Zweifel an der Brauchbarkeit des Modells **M**, wenn ja, dann liefern die Daten keinen Hinweis auf mangelhafte Modellanpassung.

Merkwürdig vage ist das gesprochen, wird man vielleicht einwenden. Völlig richtig und in der Tat vage, genauer: mit Unsicherheit behaftet sind Aussagen immer, die sich auf vom Zufall beeinflußte Daten stützen. Daß es aber gelingt, den Grad dieser Unsicherheit bzw. komplementär dazu, denjenigen der Sicherheit der Aussagen zu quantifizieren, ist eine grundlegende Leistung der mathematischen Statistik. Wir vermerken also als

1. Grundaufgabe der mathematischen Statistik: *die Prüfung, ob das benützte Modell der Wirklichkeit hinreichend gut angepaßt ist.*

Die Methoden dafür sind sehr verschieden und hängen weitgehend von der konkreten Situation ab, dennoch gibt man eine gewisse Orientierung, wenn man sie unter dem Schlagwort **Anpassungstests** zusammenfaßt.

Nehmen wir an, der Test fällt positiv aus, d.h. in der vorsichtigen Sprache seriöser Statistik formuliert: die Daten enthalten keinen Hinweis, daß das Modell inadäquat ist. Dann akzeptieren wir das Modell — wenigstens vorläufig, freilich stets bereit, es bei umfassenderer Datensituation zugunsten eines besser angepaßten Modells aufzugeben. Der Statistiker darf nicht an seinen Modellen hängen, wie es etwa der Physiker tut, für den eine Welt einstürzt, wenn er sein Modell ändern muß. Der Statistiker nimmt seine Modelle nie für die Wirklichkeit, oder zutreffender gesagt: er sollte es nie tun, denn man sieht ihnen die Vereinfachungen zu deutlich an.

Welcher Art sind nun die weiteren Aufgaben, die sich dem Statistiker stellen? Das benutzte Modell hat eine Reihe frei wählbarer Bestimmungsstücke: unbestimmte Parameter, Dichten etc. Diese Bestimmungsstücke oder von ihnen abgeleitete Größen wird man aus den beobachteten Daten zu ermitteln suchen. Dabei interessieren in der Praxis meistens keineswegs alle Bestimmungsstücke, also eine vollständige Präzisierung des Modellexperiments, das ist in der Regel nur bei ganz einfachen Modellen mit wenigen freien Parametern der Fall.

Beispiel 9.2.1 Befragung: Fortsetzung von Beispiel 9.1.1

Wir hatten in Beispiel 9.1.1 für eine Befragung von n zufällig aus einer Grundgesamtheit vom Umfang N ausgewählten Personen nach ihrem Wahlverhalten die folgenden Modelle angegeben:

1. $x \sim \mathbf{H}_{N,A,n}$ $N, n \ldots$ bekannt; $A \ldots$ frei (A = Anzahl der XPÖ-Wähler in der Grundgesamtheit)

2. $x \sim \mathbf{B}_{n,p}$ $n \ldots$ bekannt; $p \ldots$ frei ($p = A/N$).

3. $x \sim \mathbf{N}(np; np(1-p))$ $n \ldots$ bekannt; $p \ldots$ frei ($p = A/N$).

Alle drei Modelle sind einparametrisch, und es liegt auf der Hand, daß man A bzw. p bestimmen möchte.

Beispiel 9.2.2 Lebensdauerexperiment: Fortsetzung von Beispiel 9.1.2

Für die Lebensdauer x von Glühbirnen wurden folgende Modelle vorgeschlagen:

1. $x \sim \mathbf{N}(\mu, \sigma^2)$ $\mu, \sigma^2 \ldots$ frei.

2. $x \sim \mathbf{Ex}_\mu = \mathbf{\Gamma}(1, \mu)$ $\mu \ldots$ frei (siehe Definition 2.8.2).

3. $x \sim \mathbf{Wb}(\alpha, \beta)$ $\alpha, \beta \ldots$ frei (sog. Weibull-Verteilung mit den Parametern α, β. Ihre Verteilungsfunktion ist $F(x|\mathbf{Wb}(\alpha,\beta)) = 1 - exp(-(\frac{x}{\alpha})^\beta)$, d.h. $y = (\frac{x}{\alpha})^\beta$ ist exponential-verteilt nach $\mathbf{Ex}_1$).

4. x ist auf $\mathbf{R}_+$ stetig verteilt nach P; $P \ldots$ frei.

Benützt man eines der parametrischen Modelle **1,2,3**, dann wird man die freien Parameter aus den Daten zu ermitteln suchen, arbeitet man hingegen mit dem nichtparametrischen Modell **4**, dann ist der Praktiker in den seltensten Fällen an der Bestimmung der ganzen Ausfallverteilung P interessiert. In der Regel genügt es ihm, etwa ihren Mittelwert μ oder ihren Median $x_{0,50}$ und allenfalls ihre Standardabweichung oder besser ein *hohes* Fraktil, also etwa $x_{0,90}$, zu kennen.

Auch beim nichtparametrischen Modell zielt die Datenauswertung also häufig auf die Ermittlung einiger Parameter, wenn diese auch nicht unmittelbar die Bestimmungsstücke des Modells sind.

Es ist klar: aus den beobachteten Daten $x_1 \ldots x_n$, die ja vom Zufall abhängen, können die gesuchten Parameter oder Funktionen nie exakt bestimmt werden, wir müssen uns mit *Schätzungen* begnügen. Es ist daher die

2. Grundaufgabe der mathematischen Statistik: *die Schätzung unbekannter Parameter oder Funktionen des Modells.*

Dabei unterscheidet man zwischen Punkt- und Bereichschätzung, je nachdem, ob man für einen unbekannten Parameter einen konkreten Schätzwert — also einen Punkt auf der Zahlengeraden — oder einen Schätzbereich, meistens ein Intervall, angibt.

Viele Fragen entstehen hier: Wie findet man brauchbare Punkt- und Bereichschätzer? Was unterscheidet einen guten von einem schlechten Schätzer? Wie gut ist ein Parameter bei gegebenem Datenumfang überhaupt schätzbar? Wie groß muß umgekehrt die beobachtete Datenmenge sein, damit die Schätzung eine gewünschte Genauigkeit besitzt? usw. usw. Wir werden uns mit diesen Fragen ausführlich zu beschäftigen haben.

Nicht immer ist das Ziel der Datenauswertung die Schätzung irgendwelcher unbekannter Bestimmungsstücke des Modells. Sehr häufig hat man eine an das Modell gerichtete Frage im positiven oder negativen Sinn zu beantworten. Ein Beispiel für eine derartige Frage haben wir bereits kennengelernt: *Ist das Modell der Wirklichkeit befriedigend angepaßt, ja oder nein?* Andere Beispiele wären:

Befragungsmodell (Beispiel 9.1.1): Hat die Partei XPÖ mehr als 50% (allgemein P%) Wähler, ja oder nein?

Lebensdauermodell (Beispiel 9.1.2): Ist die mittlere Lebensdauer (das p-Fraktil x_p) größer als 1500 Stunden, ja oder nein?

Körpergröße-Gewicht-Modell (Beispiel 9.1.3): Hängt das Normalgewicht μ_y linear von der Körpergröße x ab, d.h. besteht ein Zusammenhang der Form $\mu_y(x) = \beta_0 + \beta_1 x$, ja oder nein?
Man formuliert solche Fragen üblicherweise in der Form zweier einander ausschließender Behauptungen und spricht von **Hypothesen** über das Modell.

Beispiel 9.2.3 Formulierung von Modellhypothesen

Die Frage: *Ist das Modell der Wirklichkeit befriedigend angepaßt, ja oder nein?* wird übersetzt in die zwei einander ausschließenden Hypothesen:

$\mathbf{H}_0$: Das Modell ist der Wirklichkeit befriedigend angepaßt.
$\mathbf{H}_1$: Das Modell ist der Wirklichkeit nicht befriedigend angepaßt.

Im Befragungsmodell werden aus der gestellten Frage die Hypothesen:

$\mathbf{H}_0$: Die Partei XPÖ hat mehr als 50% (P%) Wähler.
$\mathbf{H}_1$: Die Partei XPÖ hat weniger als 50% (P%) Wähler.

Beim Lebensdauermodell erhalten wir:

$\mathbf{H}_0$: Die mittlere Lebensdauer (das p-Fraktil der Lebensdauerverteilung) ist größer als 1500 Stunden.
$\mathbf{H}_1$: Die mittlere Lebensdauer (das p-Fraktil der Lebensdauerverteilung) ist kleiner als 1500 Stunden.

Schließlich ergeben sich bei dem Körpergröße-Gewicht-Modell die Hypothesen:

$\mathbf{H}_0$: Das Normalgewicht hängt linear von der Körpergröße ab.
$\mathbf{H}_1$: Es besteht keine lineare Abhängigkeit des Normalgewichtes von der Körpergröße.

Dem Statistiker erwächst die Aufgabe, auf der Grundlage beobachteter Daten zu entscheiden, welche der beiden Hypothesen die richtige ist, d.h. im Fachjargon formuliert: die beiden Hypothesen gegeneinander zu **testen** (und sich dann für eine zu entscheiden). Wir haben somit als

3. Grundaufgabe der mathematischen Statistik: *Das Testen von Hypothesen über das benützte Modell.*

Da die Daten vom Zufall abhängen, wird die benützte Entscheidungsregel — die sogenannte **Teststrategie** —, wie sie auch immer geartet sein mag, gelegentlich zu Fehlentscheidungen führen, das ist unvermeidlich. Es heißt aber viel mehr bieten als gerade nur die traurige Feststellung, daß Fehler unvermeidlich sind, wenn man angibt mit welcher Wahrscheinlichkeit sie auftreten, und eben das leistet die mathematische Statistik.

Sofort entstehen viele neue Fragen: Wie konstruiert man vernünftige Teststrategien, insbesondere solche, die möglichst selten Fehler machen? Wie hängt die Wahrscheinlichkeit für Fehlentscheidungen vom Datenumfang ab? Wie groß muß der Datenumfang sein, damit die Wahrscheinlichkeit für Fehlentscheidungen unter einer vorgegebenen Grenze bleibt? usw. usw. Auch mit diesen Dingen werden wir uns eingehend beschäftigen.

Abschließend bemerken wir noch, daß die Grundaufgabe 1 des Prüfens der Modellanpassung selbstverständlich ein Sonderfall der Grundaufgabe 3 ist. Wir haben sie aber bewußt als eigene Grundaufgabe der Statistik herausgestellt, weil sie in der Praxis nur allzu gerne und allzu oft vergessen oder verdrängt wird, obwohl die Beschäftigung mit ihr eigentlich allem anderen vorangehen müßte.

Auch wir werden uns zunächst mit den anderen beiden Grundaufgaben beschäftigen und erst zum Schluß auf Fragen der Modellanpassung zu sprechen kommen, doch dieser Umstand folgt allein aus der inneren Logik des darzustellenden Materials und sagt nichts aus über die Wichtigkeit der Modellüberprüfung.

10. Punktschätzung

Unter einem k-parametrischen, wahrscheinlichkeitstheoretischen Modell für einen realen Versuch versteht man, wir haben es schon mehrfach betont, eine Familie von Zufallsexperimenten mit k freien Parametern. Wir benützen für diese Parameter bei allgemeinen Ausführungen den Buchstaben ϑ, in konkreten Fällen ergibt sich die angemessene Bezeichnung in der Regel aus der inhaltlichen Bedeutung der Parameter. Die Gesamtheit Θ aller für ϑ in Frage kommenden Werte nennt man den **Parameterraum** des Modells. Wir betrachten nur den Fall reeller Parameter, d.h. $\vartheta = (\vartheta_1 \ldots \vartheta_k)$ durchläuft eine Teilmenge Θ des $\mathbf{R}^k$. Das bedeutet, vom Standpunkt der Anwendungen her gesehen, keine Einschränkung der Allgemeinheit.

Die formale Beschreibung eines k-parametrischen Modells kann auf verschiedene Weise erfolgen. Man kann schreiben:

$$\left(\mathcal{E}_x^\vartheta \colon \vartheta = (\vartheta_1 \ldots \vartheta_k) \in \Theta\right),$$

wenn man klarstellen will, daß es sich um eine Familie von Experimenten handelt, oder:

$$\left(P_x(.|\vartheta) \colon \vartheta = (\vartheta_1 \ldots \vartheta_k) \in \Theta\right),$$

wenn die Familie der Wahrscheinlichkeitsverteilungen des (ein- oder mehrdimensionalen) Ausganges x von $\mathcal{E}_x^\vartheta$ hervorgehoben werden soll. Meistens schreibt man einfach:

$$x \sim P_x(.|\vartheta) \quad \text{mit} \quad \vartheta = (\vartheta_1 \ldots \vartheta_k) \in \Theta.$$

Das bedeutet ausführlich gelesen: Gegeben ist eine Familie von Experimenten, deren Ausgang x nach $P_x(.|\vartheta)$ verteilt ist; der Parameter ϑ variiert in dem Parameterraum Θ. Geben wir die Verteilungen $P_x(.|\vartheta)$ durch ihre Dichten an, dann schreiben wir auch:

$$x \sim f_x(x|\vartheta) \quad \text{mit} \quad \vartheta = (\vartheta_1 \ldots \vartheta_k) \in \Theta.$$

Wird das reale Experiment n-mal unter identischen Versuchsbedingungen wiederholt, dann entspricht dem im Modell die Familie der Experimente

$$\left(\mathcal{E}_{x_1}^\vartheta \otimes \ldots \otimes \mathcal{E}_{x_n}^\vartheta \colon \vartheta \in \Theta\right),$$

deren Ausgänge $x_1 \ldots x_n$ unabhängig und identisch nach $P_x(.|\vartheta)$ verteilt sind. Die realen Beobachtungen werden als Realisierungen des n-mal wiederholten

Modellexperimentes $\mathcal{E}_x^\vartheta$ aufgefaßt. Für diese Modellsituation benützt man meistens die kurze Formulierung: *die Zufallsvariablen* $x_1 \dots x_n$ *sind unabhängig und identisch nach* $P_x(.|\vartheta)$ *verteilt*; der Hinweis auf Modellexperimente unterbleibt. Wir werden uns diesem Sprachgebrauch häufig anschließen, wollen aber dennoch nie die Dualität (und keineswegs Identität) zwischen wirklichem Versuch und Modellexperiment vergessen.

10.1 Methoden zur Konstruktion von Punktschätzern

Wir besprechen in diesem Abschnitt die wichtigsten Methoden zur Konstruktion von Punktschätzern, nämlich die Minimum-χ^2-Methode, die Momenten-Methode, die Maximum-Likelihood-Methode und die Bayes-Methode. Das Modell ist eine endliche Folge von ein- oder mehrdimensionalen Zufallsvariablen $x_1 \dots x_n$, die unabhängig und identisch nach $P_x(.|\vartheta)$ verteilt sind. Die Verteilung $P_x(.|\vartheta)$ ist hinsichtlich ihrer *mathematischen Form* bekannt (etwa eine Binomial-, Poisson-, Normal-Verteilung), hängt aber von dem k-dimensionalen unbekannten Parameter $\vartheta = (\vartheta_1 \dots \vartheta_k)$ ab, der Werte aus dem Parameterraum Θ annimmt.

Dem Statistiker erwächst die Aufgabe, ϑ aus den beobachteten Daten $x_1 \dots x_n$ zu schätzen. Schätzwerte für ϑ bezeichnen wir allgemein mit $\hat{\vartheta}$, die Zuordnungsvorschrift $(x_1 \dots x_n) \rightarrow \hat{\vartheta}$ mit $\hat{\vartheta}(x_1 \dots x_n)$ und nennen sie eine **Schätzfunktion** oder einen **Schätzer** für ϑ. Ist ϑ k-dimensional, dann natürlich auch jeder Schätzer: $\hat{\vartheta}(x_1 \dots x_n) = \big(\hat{\vartheta}_1(x_1 \dots x_n) \dots \hat{\vartheta}_k(x_1 \dots x_n)\big)$.

Jeder Schätzer $\hat{\vartheta}(x_1 \dots x_n)$ ist als Funktion der Zufallsvariablen $x_1 \dots x_n$ selbst wieder eine Zufallsvariable. Sind die x_j nach $P_x(.|\vartheta)$ verteilt, mit als bekannt angenommenem ϑ, dann besitzt $\hat{\vartheta} = \hat{\vartheta}(x_1 \dots x_n)$ eine ebenfalls bekannte, wenn auch vielleicht schwierig zu bestimmende Wahrscheinlichkeitsverteilung, die man oft die **Stichprobenverteilung** von $\hat{\vartheta}$ nennt. Diese Stichprobenverteilung ändert sich natürlich i.a. mit variierendem ϑ, und wir erhalten eine neue, mit ϑ indizierte, k-parametrische Verteilungsfamilie: $\big(P_{\hat{\vartheta}}(.|\vartheta)\colon\ \vartheta \in \Theta\big)$.

Ohne an dieser Stelle auf die Frage der Güte von Schätzern näher einzugehen, sollte doch wenigstens qualitativ klar sein, was man sich von einem vernünftigen Schätzer wünschen wird. Man wird offenbar verlangen müssen, daß die Schätzwerte $\hat{\vartheta}(x_1 \dots x_n)$ *in der nächsten Nähe* des richtigen Parameterwertes ϑ zu liegen kommen, daß also die Stichprobenverteilung von $\hat{\vartheta}$ möglichst eng um diesen richtigen Parameterwert konzentriert ist. Aus dieser Forderung lassen sich dann leicht quantitative Gütekriterien für Schätzer ableiten.

Beispiel 10.1.1 Schätzung des Mittelwertes bei einer symmetrischen Lagefamilie

Sei P_0 eine um den Ursprung symmetrische, stetige Verteilung (d.h. $F_0(x) = 1 - F_0(-x)$) und $(P_a\colon\ a \in \mathbf{R})$ die zugehörige Lagefamilie (d.h. ist $x \sim P_0$, dann ist $y = x + a \sim P_a$). Der Parameter a ist sowohl Mittelwert als auch Median von P_a.

Wir betrachten das 1-parametrische Modell $x \sim P_a$ mit $a \in \mathbf{R}$ und stellen uns die Aufgabe, a aus den Daten $x_1 \dots x_n$ zu schätzen. Ohne viel von Schätztheorie gehört zu haben, wird man angesichts der Bedeutung des Lageparameters a für P_a wohl die beiden folgenden Schätzer vorschlagen (wir nehmen der Einfachheit halber n ungerade an):

$$\hat{a}_1 = \hat{a}_1(x_1 \ldots x_n) = \frac{1}{n}(x_1 + \ldots + x_n) = \bar{x} \quad \ldots \quad \text{das Probenmittel,}$$

$$\hat{a}_2 = \hat{a}_2(x_1 \ldots x_n) = x_{(\frac{n+1}{2})} = \tilde{x} \quad \ldots \quad \text{den Probenmedian.}$$

Dabei bezeichnet $x_{(1)}, x_{(2)}, \ldots, x_{(n)}$ die Reihe der nach steigender Größe geordneten Stichprobenwerte, die sogenannte **Ordnungsreihe** von $x_1 \ldots x_n$; $\tilde{x} = x_{(\frac{n+1}{2})}$ ist dann, für ungerades n, der mittlere Wert dieser Reihe. Z.B.:

$$(x_1 \ldots x_5) = (1,7; 0,8; 2,4; 2,1; 2,4) \Longrightarrow (x_{(1)} \ldots x_{(5)}) =$$
$$= (0,8; 1,7; 2,1; 2,4; 2,4) \Longrightarrow \tilde{x} = x_{(3)} = 2,1.$$

Wir bezeichnen mit Q_0' und Q_0'' die Stichprobenverteilungen von $\hat{a}_1 = \bar{x}$ bzw. $\hat{a}_2 = \tilde{x}$ für den Fall, daß die Beobachtungen nach P_0 verteilt sind und mit $(Q_a': a \in \in \mathbf{R})$ bzw. $(Q_a'': a \in \mathbf{R})$ die zugehörigen Lagefamilien. Es ist dann offenbar $\hat{a}_1 \sim Q_a'$ und $\hat{a}_2 \sim Q_a''$, falls die Beobachtungen $x_1 \ldots x_n$ nach P_a verteilt sind. Das ist anschaulich klar. Formal schließt man etwa so: Ist $x_i \sim P_a$, dann ist $y_i = x_i - a \sim P_0$ und somit:

$$\bar{x} = \frac{1}{n}(x_1 + \ldots + x_n) = \frac{1}{n}\big((y_1 + a) + \ldots + (y_n + a)\big) = \bar{y} + a.$$

Wegen $\bar{y} \sim Q_0'$ folgt dann $\bar{x} \sim Q_a'$. Die analoge Schlußfolgerung für $\tilde{x}$ sei dem Leser zur Übung überlassen.

Die Verteilungen Q_0', Q_0'' sind durch P_0 vollständig bestimmt. Für große Stichprobenumfänge n gilt:

$Q_0' \approx \mathbf{N}(0, \frac{\sigma^2}{n})$, falls P_0 die Varianz σ^2 besitzt, und
$Q_0'' \approx \mathbf{N}(0, \frac{1}{4nf^2(0)})$, falls die Dichte $f(x)$ von P_0 an der Stelle $x = 0$ stetig ist.

Die erste Aussage folgt unmittelbar aus dem zentralen Grenzverteilungssatz. Es gilt also für große n:

$$\hat{a}_1 = \bar{x} \sim \mathbf{N}(a, \frac{\sigma^2}{n}), \qquad \hat{a}_2 = \tilde{x} \sim \mathbf{N}(a, \frac{1}{4nf^2(0)}).$$

Wir entnehmen diesem Resultat die folgende qualitative Bewertung: Die Verteilungen beider Schätzer sind um den zu schätzenden Wert a herum konzentriert, und zwar umso enger, je größer der Stichprobenumfang n ist. Es liegt nahe, jenen Schätzer als den *besseren* zu bezeichnen, dessen Varianz die kleinere ist. Ist also $\sigma^2 < 1/4f^2(0)$, dann ist $\hat{a}_1 = \bar{x}$ besser, im andern Fall $\hat{a}_2 = \tilde{x}$. Wir betrachten zwei Sonderfälle:

1. $P_0 = \mathbf{N}(0, \sigma^2)$: Hier ist $f(0) = 1/\sqrt{2\pi\sigma^2}$ und folglich $1/4f^2(0) = \frac{\pi}{2}\sigma^2 > \sigma^2$. In diesem Fall ist also $\hat{a}_1 = \bar{x}$ der bessere Schätzer.

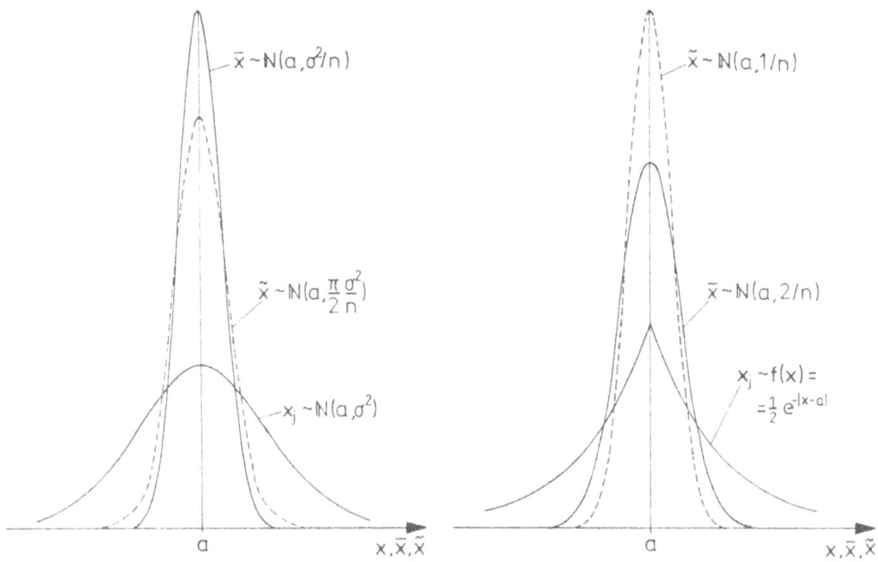

Abb. 10.1.1

2. P_0 besitze die Dichte $f(x) = \frac{1}{2}e^{-|x|}$: Wegen $f(0) = 1/2$ und $\sigma^2 = 2$ gilt hier $1/4f^2(0) = 1 < \sigma^2$ und somit ist in diesem Fall $\hat{a}_2 = \tilde{x}$ der bessere Schätzer.

Abb. 10.1.1 veranschaulicht die Verhältnisse in diesen beiden Sonderfällen.

Die Minimum-χ^2-Methode

Der Grundgedanke dieser Methode zur Konstruktion von Punktschätzern stammt von K. Pearson (1900) und ist bestechend einfach. Weniger bestechend ist allerdings der Umstand, daß die sich ergebenden Bestimmungsgleichungen für den Schätzer immer sehr kompliziert gebaut sind und nur auf numerischem Wege gelöst werden können. Für den Praktiker scheidet diese Methode daher sicher aus, so wichtig und interessant sie vom theoretischen Standpunkt auch sein mag. Wir fassen uns daher auch relativ kurz.

Sei also $x \sim P_x(.|\vartheta)$ und $\vartheta = (\vartheta_1 \dots \vartheta_k) \in \Theta$ ein k-dimensionaler, aus den Daten $x_1 \dots x_n$ zu schätzender Parameter. Ist $A \subset \Omega_x$ ein beliebiges Ereignis, dann konvergiert die Folge der relativen Häufigkeiten $(h_n(A)$: $n = 1, 2, \dots)$ nach dem Bernoullischen Gesetz der großen Zahlen (Satz 7.1.2) stochastisch gegen $P_x(A|\vartheta)$, liegt also für großes n mit hoher Wahrscheinlichkeit in der Nähe der Wahrscheinlichkeit von A für den *richtigen* Parameterwert ϑ. Es läge daher nahe, ϑ durch die Bedingung $h_n(A) = P_x(A|\hat{\vartheta})$ zu schätzen. Das liefert allerdings nur eine Gleichung für $\hat{\vartheta} = (\hat{\vartheta}_1 \dots \hat{\vartheta}_k)$ und reicht für einen k-dimensionalen Parameter nicht. Außerdem ist fraglich, ob die Gleichung stets lösbar ist, da ja $h_n(A)$ zufällig durchaus außerhalb des Bereiches der überhaupt möglichen Werte $\{p = P_x(A|\vartheta)$: $\vartheta \in \Theta\}$ liegen kann.

Man zerlegt daher besser Ω_x in $l > k$ paarweise disjunkte Ereignisse

$A_1 \dots A_l$: $A_1 \cup \dots \cup A_l = \Omega_x, A_i \cap A_j = \emptyset$ für $i \neq j$, und sucht den Vektor der Wahrscheinlichkeiten $(p_1(\vartheta) \dots p_l(\vartheta)) = \big(P_x(A_1|\vartheta) \dots P_x(A_l|\vartheta)\big)$ dem Vektor der beobachteten relativen Häufigkeiten $\big(h_n(A_1) \dots h_n(A_l)\big)$ durch Variation von ϑ bestmöglich anzupassen. Naheliegend ist die Bedingung:

$$\sum_{i=1}^{l} g_i \cdot \big(p_i(\vartheta) - h_n(A_i)\big)^2 \to Min \quad \text{durch Variation von } \vartheta,$$

wobei noch die Gewichte $g_1 \dots g_l$ offen sind. Wiederum naheliegend ist es, die Gewichte g_i so zu wählen, daß $\sqrt{g_i}\big(p_i(\vartheta) - h_n(A_i)\big)$ die standardisierte Abweichung der relativen Häufigkeit $h_n(A_i)$ von der Wahrscheinlichkeit $p_i(\vartheta)$ ist. Dann wäre, wegen $V\big(h_n(A_i)\big) = \frac{1}{n}p_i(\vartheta)(1 - p_i(\vartheta))$

$$g_i = \frac{n}{p_i(\vartheta)(1 - p_i(\vartheta))}$$

zu setzen, und es ergäbe sich die Bedingung:

$$n \sum_{i=1}^{l} \frac{\big(p_i(\vartheta) - h_n(A_i)\big)^2}{p_i(\vartheta)(1 - p_i(\vartheta))} \to Min.$$

Aus Gründen, die eine etwas subtilere Betrachtung zeigt, wählt man besser die Bedingung:

$$\chi^2(\vartheta) := n \sum_{i=1}^{l} \frac{\big(p_i(\vartheta) - h_n(A_i)\big)^2}{p_i(\vartheta)} \to Min \quad \text{durch Variation von } \vartheta. \qquad (10.1.1)$$

Die Bezeichnung χ^2 für die betrachtete Statistik erklärt sich aus dem Umstand, daß diese asymptotisch eine χ^2-Verteilung besitzt, soferne man den optimalen Wert $\hat{\vartheta}$ einsetzt, für den das Minimum eintritt. Den auf diese Weise bestimmten Schätzer $\hat{\vartheta} = \hat{\vartheta}(x_1 \dots x_n)$ nennt man daher **Minimum-χ^2-Schätzer** für ϑ.

Quadriert man in (10.1.1) aus und beachtet man $\sum_{i=1}^{l} p_i(\vartheta) = 1$ sowie $\sum_{i=1}^{l} h_n(A_i) = 1$, dann folgt für $\chi^2(\vartheta)$ (wir setzen zur Abkürzung $p_i(\vartheta) = p_i$ und $h_n(A_i) = h_i$):

$$\chi^2(\vartheta) = n \sum_{i=1}^{l} \frac{p_i^2 - 2p_i h_i + h_i^2}{p_i} = n\Big(\sum_{i=1}^{l} \frac{h_i^2}{p_i} - 1\Big).$$

Differenziert man diesen Ausdruck partiell nach $\vartheta_1, \dots, \vartheta_k$, dann ergeben sich schließlich die k Gleichungen:

$$\frac{\partial \chi^2}{\partial \vartheta_j} = -n \sum_{i=1}^{l} \frac{h_i^2}{p_i^2} \frac{\partial p_i}{\partial \vartheta_j} = 0 \qquad j = 1 \dots k \qquad (10.1.2)$$

zur Bestimmung von $\hat{\vartheta}_1 \dots \hat{\vartheta}_k$.

An dieser Stelle endet allerdings der Traum von einer auf ein elementares Prinzip gegründeten Methode zur Konstruktion von Schätzern, denn selbst bei einfachsten Verteilungsfamilien werden die Gleichungen (10.1.2) sehr kompliziert und lassen keine geschlossene Lösung zu. Man wäre auf numerische Lösung dieses Gleichungssystems angewiesen und das ist für die Praxis viel zu aufwendig. In der Tat können wir auch kein einziges praktisches Beispiel zur Bestimmung eines Schätzers nach dieser Methode anführen. Dennoch werden wir an späterer Stelle, bei der Besprechung des für die Anwendungen sehr wichtigen χ^2-Anpassungstests auf den Gedanken, der dem Minimum-χ^2-Schätzer zugrunde liegt, zurückkommen (siehe: Abschnitt 15.3).

Die Momenten-Methode

Wir unterstellen wieder das allgemeine k-parametrische Modell $x \sim P_x(.|\vartheta)$ mit $\vartheta = (\vartheta_1 \ldots \vartheta_k) \in \Theta$. Ist $t(x)$ irgendeine Statistik, deren Erwartung $\mu_t(\vartheta) = E(t(x)|\vartheta)$ für alle $\vartheta \in \Theta$ existiert, dann liegt das arithmetische Mittel $\bar{t} = \big(t(x_1) + \ldots + t(x_n)\big)/n$ nach dem schwachen Gesetz der großen Zahlen für großes n in der Nähe von $\mu_t(\vartheta)$, wenn für ϑ der richtige Parameterwert eingesetzt wird. Das legt den Gedanken nahe, bei einer k-parametrischen Verteilungsfamilie k Statistiken $t_1(x) \ldots t_k(x)$, mit den Erwartungen $\mu_{t_1}(\vartheta) \ldots \mu_{t_k}(\vartheta)$ zu wählen und $\hat{\vartheta} = (\hat{\vartheta}_1 \ldots \hat{\vartheta}_k)$ als Lösung des Gleichungssystems

$$\begin{array}{l} \mu_{t_1}(\hat{\vartheta}_1 \ldots \hat{\vartheta}_k) = \big(t_1(x_1) + \ldots + t_1(x_n)\big)/n = \bar{t}_1 \\ \ldots\ldots\ldots\ldots\ldots\ldots\ldots\ldots\ldots\ldots\ldots \\ \mu_{t_k}(\hat{\vartheta}_1 \ldots \hat{\vartheta}_k) = \big(t_k(x_1) + \ldots + t_k(x_n)\big)/n = \bar{t}_k \end{array} \tag{10.1.3}$$

zu bestimmen. Man könnte auch auf die Idee kommen, ähnlich wie bei der Minimum-χ^2-Methode $l > k$ Statistiken $t_1(x) \ldots t_l(x)$ zu wählen und den Vektor der Erwartungen $\big(\mu_{t_1}(\vartheta) \ldots \mu_{t_l}(\vartheta)\big)$ dem Vektor der beobachteten Mittelwerte $(\bar{t}_1 \ldots \bar{t}_l)$ durch Variation von ϑ bestmöglich anzupassen, also etwa $\hat{\vartheta}$ aus der Bedingung:

$$n \sum_{i=1}^{l} \frac{\big(\mu_{t_i}(\vartheta) - \bar{t}_i\big)^2}{\sigma_{t_i}^2(\vartheta)} \to Min,$$

oder besser aus der Bedingung:

$$n \sum_{i,j=1}^{l} \gamma_{ij}(\vartheta)(\mu_{t_i}(\vartheta) - \bar{t}_i)(\mu_{t_j}(\vartheta) - \bar{t}_j) \to Min, \tag{10.1.4}$$

mit $\big(\gamma_{ij}(\vartheta)\big) = \big(\sigma_{t_i t_j}(\vartheta)\big)^{-1}$ — um die Korrelationen zwischen den Statistiken $t_1 \ldots t_l$ gebührend zu berücksichtigen — zu bestimmen. Indessen sieht der

Ausdruck (10.1.4) nicht gerade einladend aus, und man wird sich nach den Erfahrungen mit der Minimum-χ^2-Methode nichts Gutes erwarten.

In der Tat ist das Gleichungssystem (10.1.3) viel einfacher zu lösen, insbesondere dann, wenn man die Statistiken $t_1(x) \ldots t_k(x)$ so wählt, daß die Erwartungswerte $\mu_{t_i}(\vartheta)$ einfache Funktionen von ϑ werden. Da bei den für die Anwendungen wichtigsten klassischen Verteilungsfamilien $\mathbf{H}_{N,A,n}$, $\mathbf{H}_{N,A_1\ldots A_k,n}; \mathbf{B}_{n,p}, \mathbf{B}_{n,p_1\ldots p_k}; \mathbf{P}_\mu; \mathbf{N}(\mu,\sigma^2), \mathbf{N}(\boldsymbol{\mu},\boldsymbol{\Sigma}); \boldsymbol{\Gamma}(\lambda,\mu); \mathbf{B}(\alpha,\beta)\ldots$ die Parameter immer aufs einfachste mit den Momenten dieser Verteilungen zusammenhängen, wählt man für die Statistiken $t(x)$ die Funktionen $t(x) = x, x^2, x^3 \ldots$ im Fall eindimensionaler Verteilungen bzw. gemischte Produkte der Koordinaten von x, also etwa $t(x) = x_1^{k_1} \cdots x_r^{k_r}$, falls $x = (x_1 \ldots x_r)$ eine r-dimensionale Zufallsvariable ist. Die Erwartungen $\mu_t(\vartheta)$ sind dann Momente verschiedener Ordnungen der Verteilung $P_x(.|\vartheta)$ und daraus erklärt sich auch die Bezeichnung Momenten-Methode. Die entsprechenden Größen $\bar{t} = \big(t(x_1)+\ldots+t(x_n)\big)/n$ nennt man naheliegenderweise Stichprobenmomente, ein Begriff, den wir bei dieser Gelegenheit gleich systematisch definieren wollen.

Stichprobenmomente und Stichprobenverteilung

Definition 10.1.1 *Stichprobenmomente für 1-dimensionale Zufallsgrößen*
Ist x eine 1-dimensionale Zufallsvariable und $x_1 \ldots x_n$ eine zugehörige Stichprobe, dann nennt man:

${}_s m_k(a) = \frac{1}{n}\sum_{j=1}^n (x_j - a)^k = \overline{(x-a)^k}$ ... *das* **k-te Stichprobenmoment** *(der vorliegenden Stichprobe) in bezug auf den Punkt a,*

${}_s M_k(a) = \frac{1}{n}\sum_{j=1}^n |x_j - a|^k = \overline{|x-a|^k}$ ... *das* **k-te absolute Stichprobenmoment** *(der vorliegenden Stichprobe) in bezug auf den Punkt a,*

${}_s m_{(k)} = \frac{1}{n}\sum_{j=1}^n x_j(x_j-1)\cdots(x_j-k+1) = \frac{1}{n}\sum_{j=1}^n (x_j)_k = \overline{(x)_k}$ ... *das* **k-te faktorielle Stichprobenmoment** *(der vorliegenden Stichprobe).*

Definition 10.1.2 *Stichprobenmomente für mehrdimensionale Zufallsgrößen*
Ist $\mathbf{x} = (x_1 \ldots x_r)$ eine r-dimensionale Zufallsgröße und $\mathbf{x}_1 \ldots \mathbf{x}_n$ eine zugehörige Stichprobe (wir schreiben: $\mathbf{x}_j = (x_{j1} \ldots x_{jr})$ für $j = 1 \ldots n$), dann nennt man:

${}_s m_{k_1\ldots k_r}(a_1 \ldots a_r) = \frac{1}{n}\sum_{j=1}^n (x_{j1}-a_1)^{k_1}\cdots(x_{jr}-a_r)^{k_r} =$
$= \overline{(x_1-a_1)^{k_1}\cdots(x_r-a_r)^{k_r}}$ ... *das* $(k_1 \ldots k_r)$-**Stichprobenmoment** *(der vorliegenden Stichprobe) in bezug auf den Punkt $(a_1 \ldots a_r)$,.*

${}_s M_{k_1\ldots k_r}(a_1 \ldots a_r) = \frac{1}{n}\sum_{j=1}^n |x_{j1}-a_1|^{k_1}\cdots|x_{jr}-a_r|^{k_r} =$
$= \overline{|x_1-a_1|^{k_1}\cdots|x_r-a_r|^{k_r}}$ ... *das* **absolute** $(k_1 \ldots k_r)$-**Stichprobenmoment** *(der vorliegenden Stichprobe) in bezug auf den Punkt $(a_1 \ldots a_r)$.*

${}_s m_{(k_1\ldots k_r)} = \frac{1}{n}\sum_{j=1}^n (x_{j1})_{k_1}\cdots(x_{jr})_{k_r} = \overline{(x_1)_{k_1}\cdots(x_r)_{k_r}}$ ... *das* **faktorielle** $(k_1 \ldots k_r)$-**Stichprobenmoment** *(der vorliegenden Stichprobe).*

Die Stichprobenmomente sind ersichtlich ganz analog definiert wie die Verteilungsmomente und können in der Tat aufgefaßt werden als die Momente der durch die Stichprobe $(x_1 \dots x_n)$ gegebenen sog. **empirischen** oder **Stichprobenverteilung** ${}_sP_x$. Es ist dies diejenige diskrete Verteilung auf ${}_s\Omega_x = \{x_1 \dots x_n\}$, die jedem Punkt $x \in {}_s\Omega_x$ die Wahrscheinlichkeit k/n gibt, wenn x in der Stichprobe $(x_1 \dots x_n)$ k-mal auftritt. (Man beachte: gleiche Beobachtungen werden in die Menge ${}_s\Omega_x$ nur 1-mal aufgenommen!)

Beispiel 10.1.2 Empirische Verteilung ${}_sP_x$

Sei etwa $(x_1 \dots x_{10}) = (2,5; 3,0; 2,1; 4,2; 3,0; 2,1; 2,7; 3,2; 3,0; 4,5)$ eine Stichprobe vom Umfang $n = 10$. Es ist dann:

$$ {}_s\Omega_x = \{2^2,1; 2^1,5; 2^1,7; 3^3,0; 3^1,2; 4^1,2; 4^1,5\}, $$

wobei zur größeren Deutlichkeit über jedem Wert x seine Vielfachheit in der Stichprobe (die sogenannte Bindungszahl) angegeben ist. Die tieferstehende Tabelle gibt die Dichte ${}_sf_x$ und die Verteilungsfunktion ${}_sF_x$ der empirischen Verteilung an, Abb. 10.1.2 zeigt deren Verlauf, wobei wie üblich die empirische Verteilungsfunktion als Treppenfunktion gezeichnet ist.

x	${}_sf_x(x)$	${}_sF_x(x)$
2,1	0,2	0,2
2,5	0,1	0,3
2,7	0,1	0,4
3,0	0,3	0,7
3,2	0,1	0,8
4,2	0,1	0,9
4,5	0,1	1,0

Tabelle 10.1.1

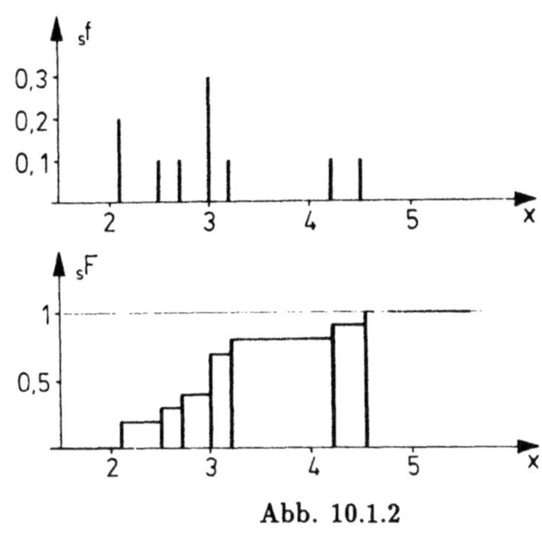

Abb. 10.1.2

Bezeichnet also ${}_sP_x = {}_sP_x(.|x_1 \dots x_n)$ die durch die Stichprobe $(x_1 \dots x_n)$ bestimmte empirische Verteilung, dann sind die Momente dieser Verteilung identisch mit den gleich indizierten Stichprobenmomenten der vorliegenden Stichprobe. So ist etwa $E((x-a)^k|{}_sP_x) = {}_sm_k(a), E(|x-a|^k|{}_sP_x) = {}_sM_k(a)$ usw. Die Stichprobenmomente können demnach aufgefaßt werden als die Erwartungswerte der Funktionen $(x-a)^k$, $|x-a|^k$ usw., gebildet mit der empirischen Verteilung ${}_sP_x$, und alle in den Abschnitten 6.2 und 6.4 für Momente hergeleiteten Beziehungen bleiben auch für Stichprobenmomente unverändert gültig.

Ist allgemeiner $t(x)$ irgend eine Funktion, dann heißt

$$\bar{t} = \frac{1}{n}\sum_{j=1}^{n} t(x_j) = E\big(t(x)|_s P_x\big)$$

das **Stichprobenmittel von** $t(x)$ (gemittelt über die Stichprobe $x_1 \ldots x_n$). Natürlich kann $\bar{t}$ auch interpretiert werden als das erste Stichprobenmoment der Variablen $t = t(x)$ in bezug auf den Punkt $a = 0$.

Die Stichprobenmomente und allgemeiner die Stichprobenmittel $\bar{t}$ sind als Funktionen der Variablen $x_1 \ldots x_n$ natürlich selbst Zufallsvariable mit durch die Verteilung P_x vollständig bestimmten Wahrscheinlichkeitsverteilungen $P_{\bar{t}}$. Diese Verteilungen können in der Regel zwar nicht explizit durch P_x ausgedrückt werden, es gilt aber offensichtlich wegen $\bar{t} = t(x_1)/n + \ldots + t(x_n)/n$:

$$P_{\bar{t}} = \underbrace{P_{t/n} * \ldots * P_{t/n}}_{n-mal} = P_{t/n}^{*n},$$

und dieses lenkt den Blick auf den zentralen Grenzverteilungssatz. Sind nämlich $E\big(t(x)\big) = \mu_t$ und $V\big(t(x)\big) = \sigma_t^2$ Mittel bzw. Varianz der Zufallsvariablen $t = t(x)$ für $x \sim P_x$, dann ist $E(\bar{t}) = \mu_t$ und $V(\bar{t}) = \sigma_t^2/n$ und somit nach Satz 8.4.1 die Folge der Verteilungen von

$$\frac{\bar{t} - E(\bar{t})}{\sqrt{V(\bar{t})}} = \frac{\bar{t} - \mu_t}{\sigma_t/\sqrt{n}}$$

mit wachsendem Stichprobenumfang n schwach konvergent gegen die Standardnormalverteilung $\mathbf{N}(0,1)$. Man drückt diese Tatsache üblicherweise aus durch die Formulierung: $\bar{t}$ ist *asymptotisch* nach $\mathbf{N}(\mu_t, \sigma_t^2/n)$ verteilt.

Existiert nur $\mu_t = E\big(t(x)\big)$, nicht aber die Varianz σ_t^2, dann können wir zwar nichts mehr über die Grenzverteilung von $\bar{t}$ aussagen, aber wir wissen immerhin noch (siehe Satz 7.1.4), daß $\bar{t}$ mit $n \to \infty$ stochastisch gegen μ_t strebt, d.h. es gilt:

$$P(|\bar{t} - \mu_t| \geq \epsilon) \to 0 \quad \text{für} \quad n \to \infty \quad \text{und jedes} \quad \epsilon > 0.$$

Für die Stichprobenmomente haben wir daher, am Beispiel von ${}_s m_k(a)$ formuliert, folgende Ergebnisse, auf die wir noch mehrfach zurückkommen werden:

1. $E({}_s m_k(a)) = m_k(a)$,

2. ${}_s m_k(a) \to m_k(a)$ *für* $n \to \infty$, *im Sinne der stochastischen Konvergenz,*

3. ${}_s m_k(a)$ *ist asymptotisch nach* $\mathbf{N}(m_k(a), \frac{1}{n}\sigma^2_{(x-a)^k})$ *verteilt, falls die Varianz* $\sigma^2_{(x-a)^k} = V\big((x-a)^k\big) = m_{2k}(a) - \big(m_k(a)\big)^2$ *existiert.*

Wir kehren nach diesem Exkurs über Stichprobenmomente zu dem Gleichungssystem (10.1.3) zurück und demonstrieren die Bestimmung von Schätzern nach der Momenten-Methode an einigen Beispielen.

Beispiel 10.1.3 $\mathbf{N}(\mu, \sigma^2)\ldots$ Schätzung von μ und σ^2 nach der Momenten-Methode

Es sind zwei Parameter zu schätzen. Diese Parameter sind selbst Momente der Verteilungen unserer Verteilungsfamilie, die Momenten-Methode liefert daher einfache Formeln. Wir setzen $t_1(x) = x$ und $t_2(x) = x^2$ (natürlich dürfen in den Funktionen $t(x)$ keine unbekannten Parameter auftreten; $t_2(x) = (x - \mu)^2$ zu setzen, führt zu nichts, denn $\bar{t}_2$ kann dann nicht berechnet werden) und erhalten das Gleichungssystem:

$$\begin{aligned} E\big(x|\mathbf{N}(\mu,\sigma^2)\big) &= \mu &&= \bar{x}, \\ E\big(x^2|\mathbf{N}(\mu,\sigma^2)\big) &= \sigma^2 + \mu^2 &&= \overline{x^2}, \end{aligned}$$

mit den Lösungen:

$$\hat{\mu} = \bar{x} = \frac{1}{n}\sum_{j=1}^{n} x_j \tag{10.1.5}$$

und

$$\hat{\sigma}^2 = \overline{x^2} - (\bar{x})^2 = \frac{1}{n}\sum_{j=1}^{n} x_j^2 - \Big(\frac{1}{n}\sum_{j=1}^{n} x_j\Big)^2 = \frac{1}{n}\sum_{j=1}^{n}(x_j - \bar{x})^2. \tag{10.1.6}$$

Die Momente $\mu = m_1(0)$ und $\sigma^2 = m_2(\mu)$ werden also durch die Stichprobenmomente ${}_sm_1(0) = \hat{\mu}$ bzw. ${}_sm_2(\hat{\mu}) = \hat{\sigma}^2$ geschätzt — ein durchaus plausibles Resultat.

Beispiel 10.1.4 $\mathbf{N}(\boldsymbol{\mu}, \boldsymbol{\Sigma})\ldots$ Schätzung von $\boldsymbol{\mu}$ und $\boldsymbol{\Sigma}$ nach der Momenten-Methode.

Sei $\mathbf{x} = (x_1 \ldots x_r)' \sim \mathbf{N}(\boldsymbol{\mu}, \boldsymbol{\Sigma})$. Alle $k = r + r + \binom{r}{2}$ wesentlichen Parameter (d.s. r Mittelwerte μ_i, r Varianzen σ_{ii} und $\binom{r}{2}$ Kovarianzen σ_{ij}, etwa für $i < j$) sind Momente. Man wird daher sofort in Verallgemeinerung der Vorgangsweise in Beispiel 10.1.3 auf das folgende Gleichungssystem geführt:

$$\begin{aligned} E\big(x_i|\mathbf{N}(\boldsymbol{\mu},\boldsymbol{\Sigma})\big) &= \mu_i &&= \overline{x_i} &&= \tfrac{1}{n}\textstyle\sum_{l=1}^{n} x_{li} && i = 1\ldots r, \\ E\big(x_i^2|\mathbf{N}(\boldsymbol{\mu},\boldsymbol{\Sigma})\big) &= \sigma_{ii} + \mu_i^2 &&= \overline{x_i^2} &&= \tfrac{1}{n}\textstyle\sum_{l=1}^{n} x_{li}^2 && i = 1\ldots r, \\ E\big(x_ix_j|\mathbf{N}(\boldsymbol{\mu},\boldsymbol{\Sigma})\big) &= \sigma_{ij} + \mu_i\mu_j &&= \overline{x_ix_j} &&= \tfrac{1}{n}\textstyle\sum_{l=1}^{n} x_{li}x_{lj} && 1 \le i < j \le r, \end{aligned}$$

das so einfach strukturiert ist, daß seine Lösung unmittelbar abgelesen werden kann:

$$\hat{\mu}_i = \overline{x_i} = \frac{1}{n}\sum_{l=1}^{n} x_{li} \quad \ldots\ i = 1\ldots r,$$

$$\hat{\sigma}_{ii} = \overline{x_i^2} - (\overline{x_i})^2 = \frac{1}{n}\sum_{l=1}^{n} x_{li}^2 - \Big(\frac{1}{n}\sum_{l=1}^{n} x_{li}\Big)^2 = \frac{1}{n}\sum_{l=1}^{n}(x_{li} - \overline{x_i})^2 \quad \ldots i = 1 \ldots r,$$

$$\hat{\sigma}_{ij} = \overline{x_i x_j} - \overline{x_i}\,\overline{x_j} = \frac{1}{n}\sum_{l=1}^{n} x_{li}x_{lj} - \frac{1}{n}\sum_{l=1}^{n} x_{li}\cdot\frac{1}{n}\sum_{l=1}^{n} x_{lj} =$$

$$= \frac{1}{n}\sum_{l=1}^{n}(x_{li} - \overline{x_i})(x_{lj} - \overline{x_j}) \quad \ldots 1 \le i < j \le r.$$

Viel übersichtlicher werden diese Formeln in Matrix-Schreibweise. Wir setzen dazu:

$$\mathbf{X} = \begin{pmatrix} x_{11} \ldots x_{1r} \\ x_{21} \ldots x_{2r} \\ \cdots\cdots\cdots \\ x_{n1} \ldots x_{nr} \end{pmatrix} \quad \mathbf{1} = \left.\begin{pmatrix} 1 \\ \vdots \\ 1 \end{pmatrix}\right\}\text{n-mal}; \quad \hat{\boldsymbol{\mu}} = \begin{pmatrix} \hat{\mu}_1 \\ \vdots \\ \hat{\mu}_r \end{pmatrix}; \quad \hat{\boldsymbol{\Sigma}} = \begin{pmatrix} \hat{\sigma}_{11} \ldots \hat{\sigma}_{1r} \\ \cdots\cdots\cdots \\ \hat{\sigma}_{r1} \ldots \hat{\sigma}_{rr} \end{pmatrix}$$

und erhalten:

$$\hat{\boldsymbol{\mu}} = \frac{1}{n}\mathbf{X}'\mathbf{1}; \quad \hat{\boldsymbol{\Sigma}} = \frac{1}{n}\mathbf{X}'\mathbf{X} - \hat{\boldsymbol{\mu}}\hat{\boldsymbol{\mu}}' \tag{10.1.7}$$

als Schätzer für $\boldsymbol{\mu}$ und $\boldsymbol{\Sigma}$.

Beispiel 10.1.5 $\mathbf{H}_{N,A,n}; \mathbf{B}_{n,p}; \mathbf{P}_\mu$ ... Schätzung nach der Momenten-Methode
Die unbekannten Parameter sind A, p bzw. μ, wir haben somit 1-parametrische Verteilungsfamilien vor uns, und es genügt ein Moment, naheliegenderweise das erste, zu betrachten. Da der Buchstabe n hier schon besetzt ist, soll die Stichprobe mit $x_1 \ldots x_m$ bezeichnet sein. Wir erhalten:

$\mathbf{H}_{N,A,n}$: $E(x|\mathbf{H}_{N,A,n}) = n\frac{A}{N} = \bar{x}$, somit: $\hat{A} = \frac{N}{n}\bar{x} = \frac{N}{n}\frac{1}{m}\sum_{j=1}^{m} x_j$ bzw. die diesem Wert am nächsten liegende ganze Zahl. (10.1.8)

$$\mathbf{B}_{n,p}: \quad E(x|\mathbf{B}_{n,p}) = np = \bar{x}, \text{ somit: } \hat{p} = \bar{x}/n = \frac{1}{nm}\sum_{j=1}^{m} x_j. \tag{10.1.9}$$

$$\mathbf{P}_\mu: \quad E(x|\mathbf{P}_\mu) = \mu = \bar{x}, \text{ somit: } \hat{\mu} = \bar{x} = \frac{1}{m}\sum_{j=1}^{m} x_j. \tag{10.1.10}$$

Dabei ist im Hinblick auf die typische Anwendungssituation folgendes zu beachten: Das Modell $x \sim \mathbf{H}_{N,A,n}$ benützt man für das Ziehen einer Stichprobe vom Umfang n aus einer Grundgesamtheit vom Umfang N (ohne Zurücklegen). Man erhält dabei eine Beobachtung x, aus der A zu schätzen ist. Nach der obigen Formel ist daher $\hat{A} = \frac{N}{n}x$, bzw. erhält man für den Anteil A/N den Schätzer: $\widehat{A/N} = x/n$.

Das gleiche gilt für das Modell $x \sim \mathbf{B}_{n,p}$, welches man ja im typischen Fall entweder als Approximation für das Modell $x \sim \mathbf{H}_{N,A,n}$ oder für die Zählung der Realisierungen eines Ereignisses A bei n unabhängigen Versuchswiederholungen benutzt. In beiden Fällen erhält man auch hier nur eine Zahl x als Datenmaterial und nicht eine Folge $x_1 \ldots x_m$ mit $m > 1$, so daß $\hat{p} = x/n$ der Momentenschätzer für p ist.

Beispiel 10.1.6 Logarithmische Normalverteilung $\mathbf{LogN}(\alpha, \beta)$ ... Schätzung der Parameter nach der Momenten-Methode

Wir betrachten das Modell $x \sim \mathbf{LogN}(\alpha, \beta)$, das man zur Beschreibung von Lebensdauerverteilungen und von Korngrößenverteilungen bei Mahlgut (Sand, Kies, etc.) häufig verwendet. Wir rufen in Erinnerung (siehe Beispiel 2.10.3): $x \sim \mathbf{LogN}\ (\alpha, \beta)$ gilt genau dann, wenn $y = lnx$ nach $\mathbf{N}(\mu = ln\alpha; \sigma^2 = ln^2\beta)$ verteilt ist.

Bedeutung der Parameter α, β: Wegen

$$x \leq \alpha\beta^k \Leftrightarrow y = lnx \leq ln\alpha + kln\beta = \mu + k\sigma$$

ist $x_p = \alpha\beta^k$ das p-Fraktil der $\mathbf{LogN}(\alpha, \beta)$ zum gleichen p wie $y_p = \mu + k\sigma$ für die $\mathbf{N}(\mu, \sigma^2)$, also für $p = \Phi(k)$. Insbesondere ist:

α ... der Median,

$\alpha\beta$ ... das $\Phi(1) = 0,8413$-Fraktil, α/β ... das $\Phi(-1) = 0,1587$-Fraktil,

$\alpha\beta^2$ ... das $\Phi(2) = 0,9773$-Fraktil, α/β^2 ... das $\Phi(-2) = 0,0227$-Fraktil

der $\mathbf{LogN}(\alpha, \beta)$.

Hat man aus den Daten $x_1 \dots x_n$ die Parameter α, β zu schätzen, dann berechnet man die Logarithmen $y_1 = lnx_1 \dots y_n = lnx_n$, schätzt aus diesen nach den Formeln (10.1.6) für die Normalverteilung $\mu = ln\alpha$ und $\sigma^2 = ln^2\beta$:

$$\hat{\mu} = ln\hat{\alpha} = \bar{y} \qquad \hat{\sigma}^2 = ln^2\hat{\beta} = \overline{y^2} - \bar{y}^2 \tag{10.1.11}$$

und erhält:

$$\hat{\alpha} = e^{\hat{\mu}} \quad \text{sowie} \quad \hat{\beta} = e^{\hat{\sigma}}. \tag{10.1.12}$$

(In der Praxis arbeitet man mit Zehner-Logarithmen, denn wie man ganz leicht zeigt, ist ja allgemein $y = log_a x \sim \mathbf{N}(\mu = log_a\alpha, \sigma^2 = log_a^2\beta)$ für $x \sim \mathbf{LogN}(\alpha, \beta)$). Dieses Verfahren läuft darauf hinaus, die Statistiken $t_1(x) = lnx = y$ und $t_2(x) = ln^2x = y^2$ zu wählen, und $\hat{\alpha}$ und $\hat{\beta}$ aus den Gleichungen:

$$E\big(t_1(x) = lnx|\mathbf{LogN}(\alpha, \beta)\big) = ln\alpha = \overline{lnx} = \bar{y}$$
$$E\big(t_2(x) = ln^2x|\mathbf{LogN}(\alpha, \beta)\big) = ln^2\beta + ln^2\alpha = \overline{ln^2x} = \overline{y^2}$$

zu bestimmen. Es sind dies die Momentenschätzer von α, β auf der Grundlage der Verteilung von $y = lnx$. Zum Vergleich wählen wir $t_1(x) = x$ und $t_2(x) = x^2$, bestimmen also die Momentenschätzer für α, β direkt aus der Verteilung von x und nicht aus derjenigen von $y = lnx$. Das Resultat wird wegen der Nichtlinearität der Transformation durchaus verschieden ausfallen, soviel muß bereits an dieser Stelle klar sein.

Für die Momente m_k der $\mathbf{LogN}(\alpha, \beta)$ erhält man nach leichter Rechnung:

$$m_k = E\big(x^k|\mathbf{LogN}(\alpha, \beta)\big) = E\big(e^{ky}|\mathbf{N}(ln\alpha, ln^2\beta)\big) = exp(kln\alpha + \frac{k^2}{2}ln^2\beta). \tag{10.1.13}$$

Damit ergeben sich für $k = 1,2$ die Gleichungen:

$$E\big(t_1(x) = x|\mathbf{LogN}(\alpha,\beta)\big) = exp(ln\alpha + \frac{1}{2}ln^2\beta) = \bar{x},$$

$$E\big(t_2(x) = x^2|\mathbf{LogN}(\alpha,\beta)\big) = exp(2ln\alpha + 2ln^2\beta) = \overline{x^2},$$

daraus:

$$ln\alpha + \frac{1}{2}ln^2\beta = ln\bar{x},$$

$$2ln\alpha + 2ln^2\beta = ln\overline{x^2},$$

und schließlich:

$$\begin{aligned} \hat{\mu} &= ln\hat{\alpha} = 2ln\bar{x} - \frac{1}{2}ln\overline{x^2} \quad \Rightarrow \quad \hat{\alpha} = e^{\hat{\mu}}, \\ \hat{\sigma}^2 &= ln^2\beta = ln\overline{x^2} - 2ln\bar{x} \quad \Rightarrow \quad \hat{\beta} = e^{\hat{\sigma}}. \end{aligned} \tag{10.1.14}$$

Diese Schätzer sind von den in (10.1.11) und (10.1.12) angegebenen verschieden, wenn sich auch bei wirklich nach $\mathbf{LogN}(\alpha,\beta)$ verteilten Daten nahe benachbarte Werte ergeben.

Die Maximum-Likelihood-Methode

Das mit Abstand wichtigste Verfahren zur Bestimmung von Schätzern liefert das **Maximum-Likelihood-Prinzip**, welches für den Sonderfall der Normalverteilung bereits von C. F. Gauß und allgemein von R. A. Fisher entwickelt worden ist. Der Grundgedanke ist überaus einleuchtend, die Schätzer sind in der Regel leicht zu berechnen, und sie besitzen eine Reihe wichtiger Optimalitätseigenschaften.

Wir betrachten wieder das parametrische Modell $x \sim P_x(.|\vartheta)$ mit $\vartheta = (\vartheta_1 \ldots \vartheta_k) \in \Theta$; x kann beliebig ein- oder mehrdimensional, stetig oder diskret sein; $f(x|\vartheta)$ sei die Dichte von $P_x(.|\vartheta)$, das Produkt $f(x_1|\vartheta)\cdots f(x_n|\vartheta)$ die Dichte der gemeinsamen Verteilung der Stichprobenvariablen $x_1 \ldots x_n$. Werden nun die konkreten Werte $x_1 \ldots x_n$ beobachtet, dann ist es plausibel, jenen Wert $\hat{\vartheta}$, für den $f(x_1|\vartheta)\cdots f(x_n|\vartheta)$ maximal wird, als Schätzwert für ϑ zu wählen. In der Tat liegt es ja nahe, die Größe $f(x_1|\vartheta)\cdots f(x_n|\vartheta)$ (die beobachteten Werte $x_1 \ldots x_n$ sind fest, ϑ hingegen variabel) als Plausibilitätsmaß für ϑ zu benützen. Ist etwa

$$f(x_1|\vartheta')\cdots f(x_n|\vartheta') = 2f(x_1|\vartheta'')\cdots f(x_n|\vartheta''),$$

dann wird man sagen, ϑ' ist doppelt so plausibel als Schätzwert für ϑ wie ϑ'', denn angenommen, ϑ' ist der richtige Wert für ϑ, dann ist es doppelt so wahrscheinlich, die Beobachtung $x_1 \ldots x_n$ zu machen, wie in dem Fall, wo ϑ'' der richtige Parameterwert ist. (Bei stetigen Variablen müßte man natürlich ein kleines Intervall $[x_1, x_1 + h_1] \times \cdots \times [x_n, x_n + h_n]$ nehmen und sagen, daß unter ϑ' die Wahrscheinlichkeit dieses Intervalls doppelt so groß ist wie unter ϑ'').

Man führt aus diesem Grunde die sogenannte **Likelihood-** oder **Plausibilitäts-Funktion**

$$L(\vartheta|x_1 \ldots x_n) = f(x_1|\vartheta) \cdots f(x_n|\vartheta)$$

ein. Sie ist numerisch mit der gemeinsamen Dichte von $x_1 \ldots x_n$ gleich, doch werden in L die Beobachtungen $x_1 \ldots x_n$ als feste Parameter und ϑ als die freie Variable aufgefaßt.

Definition 10.1.3 *Maximum-Likelihood-Schätzer*
Jeden Wert $\hat{\vartheta}_{ML} = \hat{\vartheta}_{ML}(x_1 \ldots x_n)$, für den die Likelihood-Funktion $L(\vartheta|x_1 \ldots \ldots x_n)$ maximal wird, nennt man einen **Maximum-Likelihood-Schätzer** *(kurz: ML-Schätzer $\hat{\vartheta}_{ML}$) oder* **plausiblen Schätzer** *für ϑ. In Formeln:*

$$L(\hat{\vartheta}_{ML}|x_1 \ldots x_n) = max\{L(\vartheta|x_1 \ldots x_n)\colon\ \vartheta \in \Theta\}.$$

Bemerkungen: 1. In regulären Fällen, wie sie für die Anwendungen alleine von Interesse sind, ist der ML-Schätzer, ebenso wie der Minimum-χ^2-Schätzer und der Momenten-Schätzer, eindeutig bestimmt— namentlich bei größeren Stichprobenumfängen trifft das zu. Ausnahmen von mehr oder weniger pathologischem Charakter lassen sich indessen leicht konstruieren.
2. Da die Funktion $y = lnx$ streng monoton wächst, kann man statt $L(\vartheta|x_1 \ldots x_n)$ ebensogut $lnL(\vartheta|x_1 \ldots x_n)$, die sogenannte **Log-Likelihood-Funktion** maximieren. Wir werden an Beispielen sehen, daß dies manchmal wesentlich einfacher ist.

Die Nützlichkeit der Maximum-Likelihood-Methode für die Anwendungen beruht wesentlich auf dem Umstand, daß die sogenannten Maximum-Likelihood-Gleichungen:

$$\frac{\partial L(\vartheta|x_1 \ldots x_n)}{\partial \vartheta_j} = 0 \qquad j = 1 \ldots k,$$

bzw. gleichwertig:

$$\frac{\partial lnL(\vartheta|x_1 \ldots x_n)}{\partial \vartheta_j} = 0 \qquad j = 1 \ldots k,$$

d.s. die notwendigen Bedingungen für ein Maximum von $L(\vartheta|\ldots)$ bzw. von $lnL(\vartheta|\ldots)$ an einem inneren Punkt des Parameterraumes Θ, meistens viel einfacher zu lösen sind als die entsprechenden Gleichungssysteme bei den anderen Schätzverfahren.

Beispiel 10.1.7 Poisson-Verteilung $\mathbf{P}_\mu \ldots$ ML-Schätzer des Parameters μ
Wir betrachten das Modell $x \sim \mathbf{P}_\mu$. Die Likelihood-Funktion $L(\mu|x_1 \ldots x_n)$ ist gegeben durch:

$$L(\mu|x_1 \ldots x_n) = \prod_{j=1}^{n} \frac{\mu^{x_j}}{x_j!} e^{-\mu} = \frac{1}{x_1! \cdots x_n!} \mu^{x_1+\ldots+x_n} e^{-n\mu}.$$

Somit erhalten wir als notwendige Bedingung für ein Maximum von $L(\mu|\ldots)$:

$$\frac{dL}{d\mu} = \left(\frac{x_1 + \ldots + x_n}{\mu} - n\right)L = 0,$$

und damit den ML-Schätzer:

$$\hat{\mu}_{ML} = \frac{x_1 + \ldots + x_n}{n} = \bar{x},$$

der offenbar mit dem Momentenschätzer übereinstimmt (siehe Beispiel 10.1.5). Will man sich noch formal davon überzeugen, daß es sich wirklich um ein Maximum von $L(\mu|\ldots)$ handelt, dann liefert die zweite Ableitung:

$$\frac{d^2L}{d\mu^2} = -\frac{x_1 + \ldots + x_n}{\mu^2} L + \left(\frac{x_1 + \ldots + x_n}{\mu} - n\right)^2 L$$

an der Stelle $\hat{\mu}$ offenbar einen negativen Wert. Es liegt also in der Tat ein Maximum vor. Meistens ergibt sich diese Tatsache aber aus inhaltlichen Überlegungen oder auch einfach aus einer qualitativen Skizze des Verlaufes von $L(\vartheta|\ldots)$.

Beispiel 10.1.8 Normalverteilung $\mathbf{N}(\mu, \sigma^2)\ldots$ ML-Schätzer für μ und σ^2
Ist x verteilt nach $\mathbf{N}(\mu, \sigma^2)$, dann ist die Likelihood-Funktion für eine Stichprobe vom Umfang n gegeben durch:

$$L(\mu, \sigma^2|x_1 \ldots x_n) = \prod_{j=1}^{n} \frac{1}{\sqrt{2\pi}\sigma} exp\left(-\frac{(x_j - \mu)^2}{2\sigma^2}\right).$$

Wir wollen hier mit der Log-Likelihood-Funktion arbeiten, da die Formeln etwas einfacher werden. Es ist offenbar:

$$lnL(\mu, \sigma^2|x_1 \ldots x_n) = -\frac{n}{2} ln(2\pi) - nln\sigma - \frac{1}{2\sigma^2} \sum_{j=1}^{n} (x_j - \mu)^2.$$

Die notwendigen Bedingungen für ein Maximum sind:

$$\frac{\partial lnL}{\partial \mu} = \frac{1}{\sigma^2} \sum_{j=1}^{n} (x_j - \mu) = 0,$$

$$\frac{\partial lnL}{\partial \sigma} = -\frac{n}{\sigma} + \frac{1}{\sigma^3} \sum_{j=1}^{n} (x_j - \mu)^2 = 0.$$

Aus der ersten Gleichung ergibt sich $\hat{\mu}_{ML}$ und aus der zweiten dann $\hat{\sigma}^2_{ML}$ zu:

$$\hat{\mu}_{ML} = \frac{1}{n}(x_1 + \ldots + x_n) = \bar{x}, \quad \hat{\sigma}^2_{ML} = \frac{1}{n} \sum_{j=1}^{n} (x_j - \bar{x})^2,$$

also auch hier mit den Momenten-Schätzern übereinstimmende Formeln. Den einfachen Nachweis, daß für $\mu = \hat{\mu}_{ML}$ und $\sigma^2 = \hat{\sigma}^2_{ML}$ die Funktion lnL wirklich ein Maximum annimmt, überlassen wir dem Leser.

Beispiel 10.1.9 Multinomialverteilung $\mathbf{B}_{n,p_1\ldots p_k}$ ... ML-Schätzer für $p_1 \ldots p_k$

Wir betrachten ein Experiment $\mathcal{E}$, dessen Ausgang y genau $k+1$ verschiedene Ausprägungen, etwa codiert durch die Zahlen 1,2, ..., $k+1$, mit den dem Experimentator unbekannten Wahrscheinlichkeiten $p_1 \ldots p_{k+1}$ annehmen kann. Aufgabe ist es, diese Wahrscheinlichkeiten zu schätzen.

Diese Modellsituation ist von größter Allgemeinheit, das leuchtet unmittelbar ein, und es ist wohl auch intuitiv naheliegend, die Wahrscheinlichkeiten $p_1 \ldots p_{k+1}$ durch die relativen Häufigkeiten $h_n(y=1) \ldots h_n(y=k+1)$ bei n Wiederholungen des Experimentes zu schätzen. Wir wollen zeigen, daß diese Schätzer die ML-Schätzer, also wirklich die *plausiblen* Schätzer für $p_1 \ldots p_{k+1}$ sind.

Bezeichnen wir mit $x_1 \ldots x_{k+1}$ die absoluten Häufigkeiten der verschiedenen Ausprägungen von y, also $x_j = H_n(y=j)$, dann kann der Ausgang der n Versuchswiederholungen beschrieben werden einerseits durch die Folge $(y_1 \ldots y_n)$ und andererseits, allerdings offenbar unter Informationsverlust, durch die Folge $(x_1 \ldots x_{k+1})$, denn wohl kann die Folge der x_j aus der Folge der y_j bestimmt werden, nicht aber umgekehrt. Zwar sagt einem das Gefühl, daß dieser Informationsverlust unwesentlich ist, doch eine präzise Begründung dafür wird man an dieser Stelle wohl schwerlich angeben können. Wir wollen dies auch gar nicht versuchen, denn das ist ein späteres Thema (Kapitel 11), sondern zunächst nur unseren Blick dafür schärfen, daß beim Arbeiten mit $(x_1 \ldots x_{k+1})$ ein Informationsverlust in Kauf genommen wird. Wir zeigen aber, daß die ML-Schätzer für $p_1 \ldots p_{k+1}$ dieselben sind, gleichgültig ob wir den Ausgang des Gesamtversuches mit den Variablen $(y_1 \ldots y_n)$ oder mit $(x_1 \ldots x_{k+1})$ beschreiben, so daß wenigstens in dieser Hinsicht der Informationsverlust unwesentlich ist.

Die Stichprobenvariablen $y_1 \ldots y_n$ sind unabhängig, identisch verteilt mit der Randdichte $f(y) = p_y$ für $y = 1 \ldots k+1$, so daß ihre gemeinsame Dichte und damit die zugehörige Likelihood-Funktion gegeben sind durch:

$$L(p_1 \ldots p_{k+1} | y_1 \ldots y_n) = f(y_1 \ldots y_n | p_1 \ldots p_{k+1}) = p_{y_1} \cdots p_{y_n} = p_1^{x_1} \cdots p_{k+1}^{x_{k+1}},$$

denn p_j tritt in dem Produkt $p_{y_1} \cdots p_{y_n}$ genau x_j-mal auf.

Andererseits sind die Variablen $(x_1 \ldots x_k)$ — man beachte: $x_{k+1} = n - x_1 - - \ldots - x_k$ — multinomial nach $\mathbf{B}_{n,p_1\ldots p_k}$ verteilt (siehe Abschnitt 3.4), mit Dichte und Likelihood-Funktion:

$$L(p_1 \ldots p_{k+1} | x_1 \ldots x_k) = f(x_1 \ldots x_k | p_1 \ldots p_{k+1}) =$$
$$= \frac{n!}{x_1! \cdots x_k! x_{k+1}!} p_1^{x_1} \cdots p_k^{x_k} p_{k+1}^{x_{k+1}}.$$

Die beiden Likelihood-Funktionen unterscheiden sich offenbar nur um den allein von den Beobachtungen und nicht von $p_1 \ldots p_{k+1}$ abhängigen Faktor $C(x_1 \ldots x_{k+1}) = = n!/x_1! \ldots x_{k+1}!$ und nehmen daher für die gleichen Werte $\hat{p}_1 \ldots \hat{p}_{k+1}$ ihr Maximum an. Die ML-Schätzer stimmen somit in der Tat bei beiden Beschreibungsvarianten der Versuchsausgänge überein.

Wir haben das Maximum des Ausdruckes $L = p_1^{x_1} \cdots p_{k+1}^{x_{k+1}}$ durch Variation von $p_1 \dots p_{k+1}$, unter der Nebenbedingung $p_1 + \dots + p_{k+1} = 1$ und der Einschränkung $0 \leq p_j \leq 1$ für $j = 1 \dots k+1$ zu bestimmen. Zunächst sieht man unmittelbar, daß L in allen Variablen $p_1 \dots p_{k+1}$ monoton wächst. Sind nun einige $x_j = 0$, etwa $x_j = 0$ für $j \in J$, dann hat das Teilprodukt $\prod_J p_j^{x_j}$ wegen $p^o = 1$ stets den Wert 1 (das gilt auch für 0^0 in diesem Zusammenhang). Das verbleibende Teilprodukt $\prod_{J^c} p_j^{x_j}$ von L nimmt daher wegen der Monotonie in den Variablen p_j sein Maximum für $\hat{p}_j = 0 \dots j \in J$ an, und zwar an einem inneren Punkt des für die restlichen Variablen $p_j \dots j \in J^c$ zulässigen Bereichs, also für $0 < p_j < 1 \dots j \in J^c$ und $\sum_{J^c} p_j = 1$. Wir haben also wieder das gleiche Extremalproblem vor uns, nur sind diesmal alle x_j für $j \in J^c$ positiv.

Um die Notation nicht unnötig zu belasten, betrachten wir daher wieder $L = = p_1^{x_1} \cdots p_{k+1}^{x_{k+1}}$ und setzen nunmehr $x_j > 0$ für $j = 1 \dots k+1$ voraus. Da L auf dem Rand des zulässigen Bereiches verschwindet und in seinem Inneren positiv ist, ein allfälliges Maximum also ein inneres Extrem ist, können wir nun in der üblichen Weise die partiellen Ableitungen $\frac{\partial L}{\partial p_j}$ bzw. einfacher $\frac{\partial lnL}{\partial p_j}$ gleich Null setzen, wobei wir zur Berücksichtigung der Nebenbedingung $p_1 + \dots + p_{k+1} = 1$ die Variable p_{k+1} in der Form $p_{k+1} = 1 - p_1 - \dots - p_k$ darstellen. Logarithmieren wir L, dann ergibt sich:

$$lnL = x_1 lnp_1 + \dots + x_k lnp_k + x_{k+1} ln(1 - p_1 - \dots - p_k)$$

und daraus das System der Likelihood-Gleichungen zur Bestimmung von $\hat{p}_1 \dots \hat{p}_{k+1}$:

$$\frac{\partial lnL}{\partial p_j} = \frac{x_j}{p_j} - \frac{x_{k+1}}{1 - p_1 - \dots - p_k} = \frac{x_j}{p_j} - \frac{x_{k+1}}{p_{k+1}} = 0 \quad \text{für} \quad j = 1 \dots k.$$

Mit anderen Worten: Die beiden Vektoren $(x_1 \dots x_{k+1})$ und $(\hat{p}_1 \dots \hat{p}_{k+1})$ sind proportional. Beachtet man $x_1 + \dots + x_{k+1} = n$ und die Nebenbedingung $\hat{p}_1 + \dots + \hat{p}_{k+1} = 1$, dann erhält man die ML-Schätzer:

$$\hat{p}_j = \frac{x_j}{n} \qquad \text{für} \quad j = 1 \dots k+1.$$

Daß L an dieser Stelle nur ein Maximum annehmen kann, ergibt sich aus dem Umstand, daß L auf dem Rand des zulässigen Bereichs verschwindet, in seinem Inneren positiv ist und nur an der Stelle $(\hat{p}_j = x_j/n\colon\ j = 1 \dots k+1)$ alle Ableitungen verschwinden.

Die Formel $\hat{p}_j = x_j/n$ gilt offenbar auch noch, wenn $x_j = 0$ ist, so daß durch sie ohne jede Einschränkung die ML-Schätzer für $p_1 \dots p_{k+1}$ gegeben sind. Die *ML*-Schätzer sind also wirklich, wie wir bereits zu Anfang vermutet hatten, die relativen Häufigkeiten $h_n(y = j)$.

Die vorigen Beispiele haben gezeigt, daß man den ML-Schätzer eines Parameters $\vartheta = (\vartheta_1 \dots \vartheta_k)$ in der Regel durch Nullsetzen der partiellen Ableitungen der Likelihood-Funktion L nach den ϑ_j gewinnt. Aber bereits in Beispiel 10.1.9 wurde deutlich, daß möglicherweise ein Randextrem vorliegen kann und man auf der Hut sein muß. Wir behandeln daher noch ein zwar etwas künstliches, aber dennoch lehrreiches Beispiel, um vor allzu hemmungslosem Differenzieren und Nullsetzen zu warnen.

Beispiel 10.1.10 ML-Schätzung von Stutzungsniveaus (truncation-levels)

Gegeben sei ein Experiment $\mathcal{E}$, dessen 1-dimensionaler, stetiger Ausgang y die bekannte Verteilungsdichte $f(y)$ besitzen möge. Dem Experiment ist ein Selektionsvorgang nachgelagert. Der Versuchsausgang y von $\mathcal{E}$ wird nämlich nur dann akzeptiert, wenn er in das Intervall $[a, b]$ fällt, andernfalls muß $\mathcal{E}$ wiederholt werden, und zwar so lange, bis zum ersten Mal $a \leq y \leq b$ gilt. Der erste y-Wert, der in $[a, b]$ zu liegen kommt, ist das eigentliche Versuchsergebnis; es soll mit x bezeichnet werden.

Man kann etwa an eine Massenproduktion irgendwelcher Güter denken: y ist eine für die Funktion dieses Produktes wesentliche Abmessung, und a bzw. b sind untere und obere Toleranzgrenzen für y. Der Produktion einer Einheit mit der Abmessung y entspricht im Modell die Realisierung von $\mathcal{E}$. Die Einheit wird aber nur dann als tauglich betrachtet, wenn y zwischen den Toleranzgrenzen a und b liegt. Eine akzeptierte Einheit ist folglich immer die erste mit Abmessung $y \in [a, b]$ nach einer mehr oder weniger langen Serie von untauglichen Produkten mit $y \notin [a, b]$.

Wir bestimmen zunächst die Verteilung von x, des ersten y-Wertes in einer Serie $y_1, y_2, \ldots$ unabhängig nach $f(y)$ verteilter Zufallsgrößen, der in $[a, b]$ fällt. In Abschnitt 5.3 haben wir gezeigt: Ist $\mathcal{E}$ ein Experiment und sind A_1, A_2 irgendwelche Ereignisse, dann ist die Wahrscheinlichkeit, daß bei jener Wiederholung von $\mathcal{E}$, wo zum ersten Mal A_1 eintritt, zugleich auch A_2 realisiert wird, die bedingte Wahrscheinlichkeit: $P(A_2|A_1) = P(A_1 \cap A_2)/P(A_1)$. Setzt man in unserem Fall $A_1 = [a, b]$ und ist $A_2 \subset \mathbf{R}$ zunächst völlig beliebig, dann ergibt sich:

$$P_x(A_2) = P_y(A_2|A_1) = P_y(A_1 \cap A_2)/P_y(A_1).$$

Da x zwangsläufig in $A_1 = [a, b]$ liegt, können wir A_2 auf die Teilmengen von A_1 beschränken und haben dann, wenn wir die Dichte $f(y)$ benützen, wegen $A_1 \cap A_2 = A_2$:

$$P_x(A_2) = \frac{P_y(A_2)}{P_y(A_1)} = \frac{\int_{A_2} f(y)dy}{\int_{A_1} f(y)dy} = \int_{A_2} \frac{f(x)}{\int_{A_1} f(y)dy} dx \quad \text{für} \quad A_2 \subset A_1,$$

mit anderen Worten: x besitzt die Dichte:

$$f(x|a, b) = \begin{cases} \dfrac{f(x)}{\int_a^b f(y)dy} & \ldots \text{für} \quad x \in [a, b], \\ 0 & \ldots \text{sonst.} \end{cases}$$

Man sagt: die Verteilung von x entsteht durch **Stutzen** (truncation) der Verteilung von y an den Niveaustellen a und b (siehe Abb. 10.1.3).

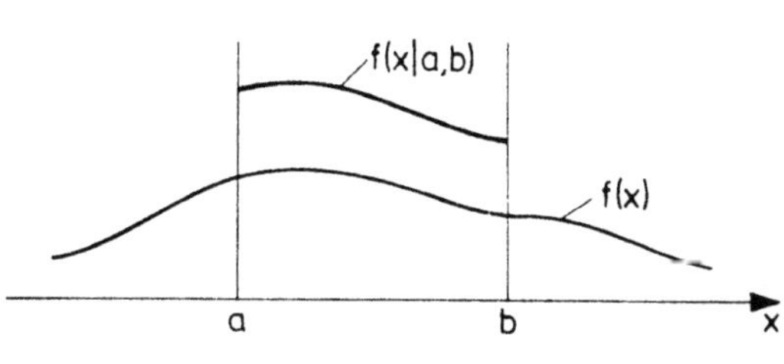

Abb. 10.1.3

Wir stellen uns nun die zugegebenermaßen nicht sehr realistische Aufgabe, die beiden Parameterwerte a und b aus den Daten $x_1 \ldots x_n$ einer Stichprobe zu schätzen. Realistischer wäre es, auch noch die Verteilungsdichte f als nicht vollständig bekannt, sondern als einer ein- oder mehrparametrischen Verteilungsfamilie zugehörig anzunehmen, und nach Schätzern für diese Parameter ebenso wie für die Stutzungspunkte a, b zu fragen. Doch ist dieses Problem sehr schwierig und würde uns auch von dem eigentlichen Zweck des Beispiels völlig ablenken.

Wir setzen daher f als bekannt voraus und bestimmen die ML-Schätzer für a und b. Die Likelihood-Funktion ist gegeben durch:

$$L(a,b|x_1 \ldots x_n) = \begin{cases} \prod_{j=1}^{n} f(x_j|a,b) = \dfrac{f(x_1)\cdots f(x_n)}{(\int_a^b f(y)dy)^n} & \ldots a \leq x_1 \ldots x_n \leq b, \\ 0 & \ldots \text{sonst.} \end{cases}$$

Wer jetzt, ohne weiter zu schauen, nach a und b zu differenzieren beginnt, ist selbst daran schuld. Ein Blick zeigt nämlich: L wird am größten, wenn $\int_a^b f(y)dy$ am kleinsten ausfällt — natürlich unter der Einschränkung $a \leq x_1 \ldots x_n \leq b$ für die Variabilität von a und b. D.h. das Minimum von $\int_a^b f(y)dy$ und damit das Maximum von $L(a,b|\ldots)$ wird erreicht für $\hat{a} = min\{x_1 \ldots x_n\}$ und $\hat{b} = max\{x_1 \ldots x_n\}$, womit wir auch schon die ML-Schätzer für a und b gefunden haben. Differenzieren und Nullsetzen führt nicht zum Ziel, denn es handelt sich um ein Randextrem.

Die Bayes-Methode

Wir haben bereits in Abschnitt 5.4 anläßlich einer Diskussion des Bayes'schen Theorems den sogenannten *Bayes'schen Standpunkt* der Statistik kurz besprochen. Wir wollen uns die Dinge ins Gedächtnis zurückrufen.

Ausgangspunkt ist das parametrische Modell $x \sim P_x(.|\vartheta)$ mit $\vartheta = (\vartheta_1 \ldots \vartheta_k) \in \Theta$ für ein reales Experiment mit der Aufgabe, den unbekannten Parameter ϑ aus Daten $x_1 \ldots x_n$ zu schätzen. Haben wir bisher ϑ als unbekannten, aber festen Punkt im Parameterraum Θ angesehen, so betrachtet der Bayesianer ϑ als Realisierung eines vorgelagerten Experimentes $\mathcal{E}_\vartheta$, das, ganz allgemein gesprochen, von den Verhältnissen ausgeführt wird, die dem eigentlichen Experiment des Statistikers, welches wir hier zweckmäßig mit $\mathcal{E}_x^\vartheta$ bezeichnen, vorangehen. Dieser Standpunkt wird insbesondere dann verständlich, wenn gleichartige Probleme immer wieder auftreten. Sie werden dann in ihrer Gesamtheit modelliert durch das zusammengesetzte Experiment $\mathcal{E}_\vartheta \otimes \mathcal{E}_x^\vartheta$ bzw. durch $\mathcal{E}_\vartheta \otimes (\mathcal{E}_x^\vartheta \otimes \ldots \otimes \mathcal{E}_x^\vartheta)$, wo $\mathcal{E}_x^\vartheta$ n-mal als Faktor steht, falls eine Stichprobe vom Umfang n genommen wird.

Bezeichnet $f_\vartheta(\vartheta)$ die Dichte der Verteilung des Ausganges ϑ von $\mathcal{E}_\vartheta$, der sogenannten a priori-Verteilung von ϑ, und $f_x^\vartheta(x|\vartheta)$ die Dichte der Verteilung $P_x(.|\vartheta)$, dann ist die gemeinsame Dichte von $(\vartheta, x_1 \ldots x_n)$, des Ausganges von $\mathcal{E}_\vartheta \otimes (\mathcal{E}_x^\vartheta \otimes \ldots \otimes \mathcal{E}_x^\vartheta)$, gegeben durch:

$$f_{\vartheta,x_1\ldots x_n}(\vartheta,x_1\ldots x_n)=f_\vartheta(\vartheta)\prod_{j=1}^{n}f_x^\vartheta(x_j|\vartheta).$$

Betrachtet man hierin die a priori-Dichte $f_\vartheta(\vartheta)$ als bekannt, und das wollen wir zunächst tun, dann ist die gesamte Dichte $f_{\vartheta,x_1\ldots x_n}(\vartheta,x_1\ldots x_n)$ bekannt, es kommt darin kein unbekannter Parameter mehr vor. Das statistische Problem besteht somit jetzt nicht mehr darin, einen unbekannten Parameter aus beobachteten Daten zu schätzen, sondern die nicht beobachtbare Realisierung der Zufallsgröße ϑ aus den beobachtbaren Werten $(x_1\ldots x_n)$ approximativ zu bestimmen — zu *prognostizieren* könnte man sagen, wäre das Experiment $\mathcal{E}_\vartheta$ dem Experiment $\mathcal{E}_x^\vartheta\otimes\ldots\otimes\mathcal{E}_x^\vartheta$ zeitlich nach- und nicht vorgelagert.

In der Tat kann man die Aufgabe aber mit vollem Recht als ein Prognoseproblem interpretieren. Dazu müssen wir lediglich die gemeinsame Dichte von $(\vartheta,x_1\ldots x_n)$ in der Form:

$$f_{\vartheta,x_1\ldots x_n}(\vartheta,x_1\ldots x_n)=f_{x_1\ldots x_n}(x_1\ldots x_n)f_\vartheta^{x_1\ldots x_n}(\vartheta|x_1\ldots x_n)$$

darstellen. Das bedeutet, daß wir unser ursprüngliches zusammengesetztes Experiment $\mathcal{E}_\vartheta\otimes(\mathcal{E}_x^\vartheta\otimes\ldots\otimes\mathcal{E}_x^\vartheta)$ durch das wahrscheinlichkeitstheoretisch davon nicht unterscheidbare Experiment $\mathcal{E}_{x_1\ldots x_n}\otimes\mathcal{E}_\vartheta^{x_1\ldots x_n}$ ersetzen, wo der Ausgang $(x_1\ldots x_n)$ des ersten Teilexperimentes die Randdichte $f_{x_1\ldots x_n}$ und der Ausgang des zweiten Teilexperimentes die sogenannte a posteriori-Dichte $f_\vartheta^{x_1\ldots x_n}$ besitzt. Jetzt erscheint das ϑ-Experiment dem $(x_1\ldots x_n)$-Experiment zeitlich nachgelagert, und die Schätzung von ϑ aus den Beobachtungen $(x_1\ldots x_n)$ wird zum Prognoseproblem.

Wir haben uns mit dieser Aufgabe schon im Abschnitt 6.5 anläßlich der Besprechung des Begriffes *Regression* beschäftigt. Von einer vernünftigen Schätz- bzw. Prognosefunktion $\hat\vartheta(x_1\ldots x_n)$ wird man verlangen, daß der Schätzwert $\hat\vartheta$ im statistischen Mittel möglichst nahe dem tatsächlichen Wert ϑ zu liegen kommt, wobei man den Grad der Abweichung zunächst möglichst allgemein mit einer weitgehend beliebigen *Distanz-* oder *Verlustfunktion* $v(\vartheta,\hat\vartheta)$ $(\geq 0, v(\vartheta,\vartheta)=0)$ bewerten wird. Es soll also gelten:

$$V(\hat\vartheta)=E\big(v(\vartheta,\hat\vartheta(x_1\ldots x_n))\big)=Min,$$

wobei beliebige Schätzfunktionen $\hat\vartheta(x_1\ldots x_n)$ zur Konkurrenz zugelassen sind. Die Erwartung ist mittels der bekannten Verteilung von $(\vartheta,x_1\ldots x_n)$ zu bilden. Die Bestimmung der optimalen Schätzfunktion $\hat\vartheta(x_1\ldots x_n)$ erscheint zunächst als ein Variationsproblem — ein Extrem ist durch Variation einer frei wählbaren Funktion zu erreichen — und stimmt daher nicht gerade hoffnungsvoll. Schreiben wir den erwarteten Gesamtverlust $V(\hat\vartheta)$ aber in der Form (siehe Satz 6.5.1):

$$V(\hat\vartheta)=E\Big(E\big(v(\vartheta,\hat\vartheta(x_1\ldots x_n))|x_1\ldots x_n\big)\Big),$$

dann zerfällt das Variationsproblem in eine Schar einfacher Extremwertaufgaben für jedes n-Tupel von Beobachtungen $(x_1\ldots x_n)$, denn wir haben jetzt bei festem $(x_1 \dots x_n)$ die bedingte Erwartung $E\Big(v\big(\vartheta, \hat{\vartheta}(x_1 \dots x_n)\big) | x_1 \dots x_n\Big)$, gebildet mit der a posteriori-Dichte $f_{\vartheta}^{x_1 \dots x_n}$, durch Variation von $\hat{\vartheta}$ zu minimieren. Wir betrachten die wichtigsten Sonderfälle für die Verlustfunktion $v(\vartheta, \hat{\vartheta})$.

1. $\vartheta \dots$ 1-dimensional; $v(\vartheta, \hat{\vartheta}) = (\vartheta - \hat{\vartheta})^2$:

Das Minimum von $E\big((\vartheta - \hat{\vartheta})^2 | x_1 \dots x_n\big)$ ist offenbar die Varianz der a posteriori-Verteilung von ϑ und wird an der Stelle

$$\hat{\vartheta} = \hat{\vartheta}(x_1 \dots x_n) = E(\vartheta | x_1 \dots x_n) = \mu_{\vartheta}(x_1 \dots x_n),$$

der bedingten Erwartung von ϑ bei festem $x_1 \dots x_n$, angenommen. Der Schätzer $\hat{\vartheta}(x_1 \dots x_n)$ ist die Regression von ϑ auf $x_1 \dots x_n$ (siehe Definition 6.5.2).

2. $\vartheta \dots$ 1-dimensional; $v(\vartheta, \hat{\vartheta}) = |\vartheta - \hat{\vartheta}|$:

In diesem Fall wird das Minimum von $E(|\vartheta - \hat{\vartheta}| \,\Big|\, x_1 \dots x_n)$ für

$$\hat{\vartheta} = \hat{\vartheta}(x_1 \dots x_n) = \vartheta_{0,5}(x_1 \dots x_n),$$

den Median der a posteriori-Verteilung von ϑ, angenommen (siehe 6.3 Unterabschnitt: Die mittlere Abweichung).

3. $\boldsymbol{\vartheta} \dots$ k-dimensional; $v(\boldsymbol{\vartheta}, \hat{\boldsymbol{\vartheta}}) = (\boldsymbol{\vartheta} - \hat{\boldsymbol{\vartheta}})' \mathbf{A} (\boldsymbol{\vartheta} - \hat{\boldsymbol{\vartheta}}) \dots$ **A positiv-definit:**

Bezeichnen wir die bedingte Erwartung $E(\boldsymbol{\vartheta} | x_1 \dots x_n)$ für den Augenblick mit $\hat{\boldsymbol{\vartheta}}_0$, dann gilt:

$$v(\boldsymbol{\vartheta}, \hat{\boldsymbol{\vartheta}}) = \big((\boldsymbol{\vartheta} - \hat{\boldsymbol{\vartheta}}_0) + (\hat{\boldsymbol{\vartheta}}_0 - \hat{\boldsymbol{\vartheta}})\big)' \mathbf{A} \big((\boldsymbol{\vartheta} - \hat{\boldsymbol{\vartheta}}_0) + (\hat{\boldsymbol{\vartheta}}_0 - \hat{\boldsymbol{\vartheta}})\big) =$$

$$= (\boldsymbol{\vartheta} - \hat{\boldsymbol{\vartheta}}_0)' \mathbf{A} (\boldsymbol{\vartheta} - \hat{\boldsymbol{\vartheta}}_0) + 2(\hat{\boldsymbol{\vartheta}}_0 - \hat{\boldsymbol{\vartheta}})' \mathbf{A} (\boldsymbol{\vartheta} - \hat{\boldsymbol{\vartheta}}_0) + (\hat{\boldsymbol{\vartheta}}_0 - \hat{\boldsymbol{\vartheta}})' \mathbf{A} (\hat{\boldsymbol{\vartheta}}_0 - \hat{\boldsymbol{\vartheta}}).$$

Bildet man die bedingte Erwartung, dann folgt wegen $E(\boldsymbol{\vartheta} - \hat{\boldsymbol{\vartheta}}_0 | x_1 \dots x_n) = \mathbf{o}$:

$$E\big(v(\boldsymbol{\vartheta}, \hat{\boldsymbol{\vartheta}}) | x_1 \dots x_n\big) = E\big(v(\boldsymbol{\vartheta}, \hat{\boldsymbol{\vartheta}}_0) | x_1 \dots x_n\big) + \underbrace{(\hat{\boldsymbol{\vartheta}}_0 - \hat{\boldsymbol{\vartheta}})' \mathbf{A} (\hat{\boldsymbol{\vartheta}}_0 - \hat{\boldsymbol{\vartheta}})}_{\geq 0},$$

also wird auch in diesem Fall das Minimum an der Stelle der bedingten Erwartung angenommen und es ist:

$$\hat{\boldsymbol{\vartheta}}(x_1 \dots x_n) = E(\boldsymbol{\vartheta} | x_1 \dots x_n)$$

der optimale Schätzer für $\boldsymbol{\vartheta}$.

4. $\boldsymbol{\vartheta} \dots$ k-dimensional; $v(\boldsymbol{\vartheta}, \hat{\boldsymbol{\vartheta}}) = \sum_{j=1}^{k} a_j |\vartheta_j - \hat{\vartheta}_j|$ mit $a_j > 0$:

Hier ist offensichtlich $\hat{\boldsymbol{\vartheta}}$ der Vektor der Mediane der a posteriori-Verteilungen der einzelnen Koordinaten $\vartheta_1 \dots \vartheta_k$.

Damit erscheint das Problem der Bestimmung der optimalen Schätzfunktion $\hat{\vartheta}(x_1 \dots x_n)$, wenigstens in den oben besprochenen wichtigsten Sonderfällen, gelöst. Praktisch sieht die Situation allerdings nicht so rosig aus. Sehen wir zunächst ab von den grundsätzlichen Schwierigkeiten, die a priori-Dichte f_ϑ zu bestimmen, dann benötigen wir zur Berechnung der Schätzer $\hat{\vartheta}(x_1 \dots x_n)$ jedenfalls die a posteriori-Dichte

$$f_\vartheta^{x_1 \dots x_n}(\vartheta | x_1 \dots x_n) = \frac{f_{\vartheta, x_1 \dots x_n}(\vartheta, x_1 \dots x_n)}{f_{x_1 \dots x_n}(x_1 \dots x_n)}. \tag{10.1.15}$$

Zwar ist der Zähler bekannt, doch der Nenner, die Normierungskonstante, bedarf einer Integration oder Summation über ϑ. Schließlich muß man zur Bestimmung der bedingten Erwartung $E(\vartheta | x_1 \dots x_n)$ auch noch das Integral

$$\int \vartheta \cdot f_{\vartheta, x_1 \dots x_n}(\vartheta, x_1 \dots x_n) d\vartheta$$

berechnen. Im allgemeinen führen da nur numerische Methoden zum Ziel. Das ist zwar bei den heutigen Hilfsmitteln kein Hinderungsgrund, sicher aber eine erhebliche Erschwernis für die praktische Anwendung.

Man vermeidet diese Schwierigkeiten, wenn man als Schätzwert $\hat{\vartheta} = \hat{\vartheta}(x_1 \dots x_n)$ jenen Parameterwert ϑ wählt, für den die a posteriori-Dichte $f_\vartheta^{x_1 \dots x_n}$ maximal wird, denn dafür genügt es, den Zähler in (10.1.15), also die gemeinsame Dichte $f_{\vartheta, x_1 \dots x_n}$ bei festem $(x_1 \dots x_n)$ zu maximieren. Es ist dies der gleiche Gedanke, der auch dem Maximum-Likelihood-Verfahren zugrunde liegt, und hier kommt ihm, das muß man einräumen, noch weit mehr Überzeugungskraft zu, denn $\hat{\vartheta}$ ist ja hier wirklich der wahrscheinlichste Wert von ϑ unter der Bedingung, daß $(x_1 \dots x_n)$ beobachtet wurde. Ist die a priori-Dichte f_ϑ konstant, dann ist der neue Schätzer offenbar mit dem ML-Schätzer von ϑ identisch. Natürlich kann f_ϑ nur dann streng konstant sein, wenn der Parameterraum Θ im $\mathbf{R}^k$ endliches Volumen hat, immer kann man f_ϑ jedoch so wählen, daß es in dem realistischerweise in Frage kommenden Bereich für ϑ konstant ist.

Man bezeichnet die über Verlustfunktionen $v(\vartheta, \hat{\vartheta})$ — also durch Minimierung des Gesamtverlustes $V(\hat{\vartheta}) = E\Big(v(\vartheta, \hat{\vartheta}(x_1 \dots x_n))\Big)$ — ebenso wie die durch Maximieren der a posteriori-Dichte $f_\vartheta^{x_1 \dots x_n}(\vartheta | x_1 \dots x_n)$ gewonnenen Schätzer $\hat{\vartheta}(x_1 \dots x_n)$ als **Bayes-Schätzer** für ϑ. Wir wollen uns die technischen Details und Schwierigkeiten ihrer Bestimmung an einigen Beispielen ansehen.

Beispiel 10.1.11 Binomialverteilung $\mathbf{B}_{n,p}$ ... Bayes-Schätzer für p

Wir betrachten das Modell $x \sim \mathbf{B}_{n,p}$ mit $p \in [0,1]$. Die a priori-Dichte $f_p(p)$ lassen wir vorläufig noch offen. Die gemeinsame Dichte von $(p, x_1 \dots x_m)$ — wir wiederholen das $\mathbf{B}_{n,p}$-verteilte Experiment m-mal — ist:

$$f_{p, x_1 \dots x_m}(p, x_1 \dots x_m) = f_p(p) \prod_{j=1}^{m} \binom{n}{x_j} p^{x_j} (1-p)^{n-x_j} =$$

$$= \binom{n}{x_1} \cdots \binom{n}{x_m} f_p(p) p^{\Sigma x_j} (1-p)^{nm - \Sigma x_j}.$$

Man erkennt sofort: die zur Bestimmung der a posteriori-Dichte $f_p^{x_1 \dots x_m}$ notwendige Integration über p ist leicht ausführbar, wenn $f_p(p)$ die Dichte einer Beta-Verteilung ist. Für die a priori-Verteilung $\mathbf{B}(\alpha, \beta)$ ist ja $f_p(p) = p^{\alpha-1}(1-p)^{\beta-1}/B(\alpha,\beta)$, und es folgt:

$$f_{p,x_1 \dots x_m}(p, x_1 \dots x_m) = \frac{\binom{n}{x_1} \cdots \binom{n}{x_m}}{B(\alpha,\beta)} p^{\Sigma x_j + \alpha - 1}(1-p)^{mn - \Sigma x_j + \beta - 1}.$$

Ohne jede Rechnung ist daraus sofort zu sehen: die a posteriori-Verteilung von p, bei gegebenem $(x_1 \dots x_m)$, ist ebenfalls eine Beta-Verteilung und zwar die $\mathbf{B}(\Sigma x_j + \alpha; mn - \Sigma x_j + \beta)$.

So einfach läuft die Geschichte allerdings nur bei dieser speziellen Wahl der a priori-Verteilung. Im allgemeinen hat man zur richtigen Normierung und dann für die Bestimmung des Erwartungswertes $E(p|x_1 \dots x_n)$ die Integrale

$$\int_0^1 f_p(p) p^{\Sigma x_j}(1-p)^{mn-\Sigma x_j} dp \quad \text{und} \quad \int_0^1 p f_p(p) p^{\Sigma x_j}(1-p)^{mn-\Sigma x_j} dp$$

zu berechnen. Das ist in der Regel nur auf numerischem Wege zu machen und sicher kein Vergnügen, wenngleich heute, im Zeitalter der leistungsfähigen Kleincomputer, solche Schwierigkeiten kein Hinderungsgrund für die Anwendung einer Methode sind. Außerdem muß man sehen, daß mit der 2-parametrischen Verteilungsfamilie $\mathbf{B}(\alpha, \beta)$ die meisten realistischen a priori-Verteilungen, die in der Praxis ohnehin nicht so genau bekannt sind, hinlänglich gut modelliert werden können — wenigstens ist das zu hoffen. (Man ist noch flexibler und damit jeder praktischen Situation gewachsen, wenn man für die a priori-Verteilung von p eine Mischverteilung: $\gamma_1 \mathbf{B}(\alpha_1, \beta_1) + \ldots + \gamma_k \mathbf{B}(\alpha_k, \beta_k)$ mit $\gamma_1 + \ldots + \gamma_k = 1$ ansetzt. Die a posteriori-Verteilung ist dann ebenfalls eine Mischung: $\gamma_1' \mathbf{B}(\sum x_j + \alpha_1, mn - \sum x_j + \beta_1) + \ldots + \gamma_k' \mathbf{B}(\sum x_j + \alpha_k, mn - \sum x_j + \beta_k)$ mit allerdings von den Beobachtungen $x_1 \dots x_n$ abhängigen Gewichten $\gamma_1' \dots \gamma_k'$).

Kehren wir zu unserer a posteriori-Verteilung $p|x_1 \dots x_m \sim \mathbf{B}(\sum x_j + \alpha, mn - \sum x_j + \beta)$ zurück. Eine leichte Rechnung zeigt: Ist $z \sim \mathbf{B}(\alpha, \beta)$, dann ist $E(z) = \alpha/(\alpha+\beta)$, und für $\alpha, \beta > 1$ liegt der Modus der Verteilung an der Stelle $z_{mod} = (\alpha-1)/(\alpha+\beta-2)$. Damit ist der Bayes-Schätzer von p auf der Grundlage der quadratischen Verlustfunktion, also das Mittel der a posteriori-Verteilung:

$$\hat{p}_1(x_1 \dots x_m) = \frac{1}{mn + \alpha + \beta}\left(\sum_{j=1}^{m} x_j + \alpha\right), \tag{10.1.16}$$

und der Bayes-Schätzer auf der Grundlage des Maximums der a posteriori-Dichte:

$$\hat{p}_2(x_1 \dots x_m) = \frac{1}{mn + \alpha + \beta - 2}\left(\sum_{j=1}^{m} x_j + \alpha - 1\right). \tag{10.1.17}$$

Zum Vergleich: Momenten- und ML-Schätzer sind beide:

$$\hat{p} = \frac{1}{mn} \sum_{j=1}^{m} x_j. \tag{10.1.18}$$

Der Median der a posteriori-Verteilung, d.h. der Bayes-Schätzer zur Verlustfunktion $v(p, \hat{p}) = |p - \hat{p}|$, läßt sich nur mit verhältnismaßig großem Aufwand oder allenfalls mit einer Tabelle der unvollständigen Betafunktion bestimmen.

Um die Größenordnung der Modifikationen in den Bayes-Schätzern (10.1.16) und (10.1.17) gegenüber dem ML-Schätzer (10.1.18) zu zeigen, betrachten wir ein konkretes Beispiel aus der Qualitätskontrolle. Eine Firma bezieht von einem Lieferanten laufend eine bestimmte Ware in großen Losen und nimmt aus jedem Los zum Zweck einer Wareneingangskontrolle eine Stichprobe vom Umfang n. Die Anzahl x der Ausschußstücke in der Stichprobe ist (in erstklassiger Näherung) nach $\mathbf{B}_{n,p}$ verteilt.

Aufzeichnungen über einen längeren Zeitraum zeigen, daß sich der Ausschußprozentsatz $P = 100p\%$ der gelieferten Lose um 1% bewegt und die a priori-Verteilung von p recht gut mit der Beta-Verteilung $\mathbf{B}(\alpha = 1, \beta = 100)$ modelliert werden kann (Abb. 10.1.4 zeigt den Verlauf der Dichte dieser Verteilung).

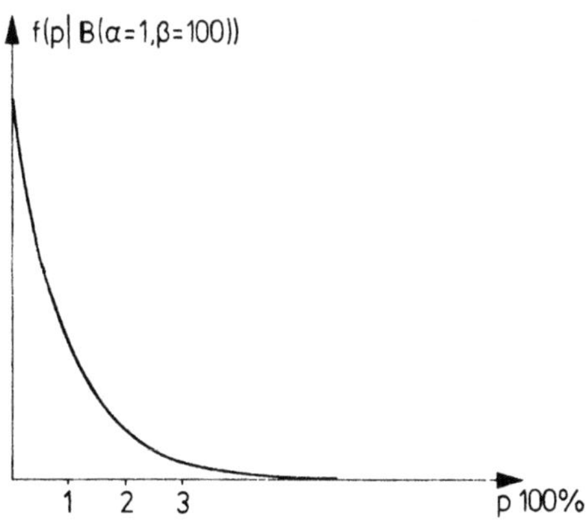

Abb. 10.1.4

Nehmen wir an, der Stichprobenumfang wäre $n = 100$ — die Anzahl der Stichproben je Los ist hier $m = 1$ —, und sei etwa $x = 5$ beobachtet worden. Die einzelnen Schätzer für p bzw. $P = 100p\%$ sind in diesem Fall:

$$\hat{p}_1 = \frac{x + \alpha}{n + \alpha + \beta} = \frac{5 + 1}{100 + 1 + 100} \approx 0,03, \quad \hat{P}_1 = 3\%,$$

$$\hat{p}_2 = \frac{x + \alpha - 1}{n + \alpha + \beta - 2} = \frac{5}{199} \approx 0,025, \quad \hat{P}_2 = 2,5\%,$$

$$\hat{p}_{ML} = \frac{x}{n} = \frac{5}{100} = 0,05, \quad \hat{P}_{ML} = 5\%.$$

Das sind erhebliche Unterschiede, die mit Sicherheit zu ganz verschiedenen Entscheidungen hinsichtlich der Annahme des Loses führen.

Es ließe sich an diesem Beispiel sehr schön die ganze Diskussion um das Für und Wider des Bayes-Ansatzes führen. Wir wollen und können das aber hier nicht tun, sondern überlassen es dem Leser, sich seine Gedanken zu machen und verweisen im übrigen auf die Speziallitertatur über Bayes-Verfahren der Statistik.

Beispiel 10.1.12 $x \sim N(\mu, \sigma_1^2), \sigma_1^2 \ldots$ bekannt. Bayes-Schätzer für μ

Wir betrachten das Modell $x \sim N(\mu, \sigma_1^2)$, wobei die Varianz σ_1^2 als bekannt angenommen ist, und μ dem Bayes-Standpunkt entsprechend eine noch näher zu fixierende a priori-Verteilung besitzen soll. Die gemeinsame Dichte von $(\mu, x_1 \ldots x_n)$ hat die Gestalt:

$$f_{\mu,x_1\ldots x_n}(\mu, x_1 \ldots x_n) = f_\mu(\mu) \prod_{j=1}^{n} \frac{1}{\sqrt{2\pi}\sigma_1} exp(-\frac{(x_j-\mu)^2}{2\sigma_1^2}) =$$

$$= f_\mu(\mu)[(\frac{1}{2\pi\sigma_1^2})^{\frac{n}{2}} exp(-\frac{1}{2\sigma_1^2}(\sum_j x_j^2 - 2\mu \sum_j x_j + n\mu^2))] \qquad (10.1.19)$$

und gibt, aufgefaßt als Funktion von μ bei festen Werten $x_1 \ldots x_n$, bis auf die Normierung auch bereits die a posteriori-Dichte $f_\mu^{x_1\ldots x_n}(\mu|x_1 \ldots x_n)$ an.

Der Faktor in der eckigen Klammer in (10.1.19), die Likelihood-Funktion $L(\mu|x_1 \ldots x_n)$, ist als Funktion von μ, wieder bis auf die Normierung, die Dichte der Normalverteilung $N\left(\frac{1}{n}\sum_j x_j, \sigma_1^2/n\right)$. Der Einfluß der a priori-Dichte f_μ auf die a posteriori-Dichte wird damit schön sichtbar. Ist f_μ konstant, was zwar aus Gründen der Normierbarkeit nicht exakt möglich ist, aber als Grenzfall sehr flacher a priori-Verteilungen interpretiert werden kann, dann ist die $N\left(\frac{1}{n}\sum_j x_j, \sigma_1^2/n\right)$ die a posteriori-Verteilung von μ.

Besonders deutlich wird der Einfluß der a priori-Verteilung, wenn man für sie wieder eine Normal-Verteilung, etwa $\mu \sim N(\mu_0, \sigma_0^2)$ ansetzt. Die Rechnungen sind dann sehr einfach, denn es ergibt sich:

$$f_{\mu,x_1\ldots x_n}(\mu, x_1 \ldots x_n) = \frac{1}{\sqrt{2\pi}\sigma_0} exp(-\frac{(\mu-\mu_0)^2}{2\sigma_0^2}) \cdot$$

$$\cdot(\frac{1}{2\pi\sigma_1^2})^{\frac{n}{2}} exp(-\frac{1}{2\sigma_1^2}(\sum_j x_j^2 - 2\mu \sum_j x_j + n\mu^2)) =$$

$$= C\, exp\Big[-\frac{1}{2}(\mu^2(\frac{n}{\sigma_1^2} + \frac{1}{\sigma_0^2}) - 2\mu(\frac{\sum x_j}{\sigma_1^2} + \frac{\mu_0}{\sigma_0^2}) + (\frac{\sum x_j^2}{\sigma_1^2} + \frac{\mu_0^2}{\sigma_0^2}))\Big],$$

d.h. bis auf Normierung die Dichte der $N\left((\frac{\sum x_j}{\sigma_1^2} + \frac{\mu_0}{\sigma_0^2})/(\frac{n}{\sigma_1^2} + \frac{1}{\sigma_0^2}), 1/(\frac{n}{\sigma_1^2} + \frac{1}{\sigma_0^2})\right)$ für μ und dies ist die gesuchte a posteriori-Verteilung.

Der Bayes-Schätzer für die Verlustfunktionen $(\mu - \hat{\mu})^2$ und $|\mu - \hat{\mu}|$ ist daher, als Konvexkombination von Probenmittel $\bar{x}$ — dem ML-Schätzer für μ — und a priori-Mittel μ_0 geschrieben:

$$\hat{\mu}(x_1 \ldots x_n) = E(\mu|x_1 \ldots x_n) = \mu_{0,5}(x_1 \ldots x_n) = \left(\frac{\sum x_j}{\sigma_1^2} + \frac{\mu_0}{\sigma_0^2}\right)/\left(\frac{n}{\sigma_1^2} + \frac{1}{\sigma_0^2}\right) =$$

$$= \bar{x}\frac{n}{n + \sigma_1^2/\sigma_0^2} + \mu_0 \frac{\sigma_1^2/\sigma_0^2}{n + \sigma_1^2/\sigma_0^2} \qquad (10.1.20)$$

und zeigt deutlich den Einfluß der a priori-Information auf das Schätzresultat. Das Maximum der a posteriori-Dichte liefert natürlich ebenfalls diesen Schätzer.

10.2 Erwartungstreue und Konsistenz von Schätzern

Wir haben verschiedene Methoden zur Konstruktion von Schätzern kennengelernt und wollen uns jetzt überlegen, welche Qualitätsmerkmale ein guter Schätzer haben sollte. Die qualitative Forderung: *die Schätzung $\hat{\vartheta}$ soll möglichst nahe bei dem zu schätzenden unbekannten Parameterpunkt ϑ liegen* drückt aus, was man intuitiv von einem brauchbaren Schätzer erwartet. Man kann sie auf verschiedene Weise quantitativ präzisieren.

So liegt es nahe, bei 1-dimensionalem Parameter ϑ die Intervalle $[\vartheta-\epsilon,\vartheta+\epsilon]$ bzw. bei k-dimensionalem ϑ die Kugeln $K_\epsilon(\vartheta)$ mit Mittelpunkt ϑ und Radius ϵ als Umgebungen von ϑ zu fixieren und von dem Schätzer $\hat{\vartheta}(x_1 \ldots x_n)$ zu verlangen, daß er mit möglichst großer Wahrscheinlichkeit in $K_\epsilon(\vartheta)$ fallen soll, falls ϑ der richtige Parameterpunkt ist. Es soll also $\hat{\vartheta}(x_1 \ldots x_n)$ so bestimmt werden, daß gilt:

$$P(\hat{\vartheta}(x_1 \ldots x_n) \in K_\epsilon(\vartheta)|\vartheta) = \pi(\vartheta|\hat{\vartheta}) \to Maximum. \tag{10.2.1}$$

So einleuchtend diese Forderung ist, so schwer läßt sie sich mathematisch handhaben. Außerdem muß man sehen, daß (10.2.1) in dieser Form sicher nicht brauchbar ist, denn $\pi(\vartheta|\hat{\vartheta})$ müßte ja gleichmäßig für alle ϑ zum Maximum werden. Was nützt schließlich ein Schätzer $\hat{\vartheta}(x_1 \ldots x_n)$, der für gewisse Werte ϑ_0 des unbekannten Parameters mit hoher Wahrscheinlichkeit in die Umgebung $K_\epsilon(\vartheta_0)$ fällt, für andere aber nur mit sehr kleiner? Das extreme Beispiel wäre der konstante Schätzer $\hat{\vartheta}(x_1 \ldots x_n) \equiv \vartheta_0$, wo ϑ unabhängig von den Beobachtungen immer durch den Wert ϑ_0 geschätzt wird. In diesem Fall ist offenbar $\pi(\vartheta|\hat{\vartheta}) = 1$ oder 0, je nachdem, ob der unbekannte Parameter in $K_\epsilon(\vartheta_0)$ liegt oder nicht, und natürlich ist dieser Schätzer völlig wertlos. Es müßte also an die Stelle von (10.2.1) die Bedingung treten:

$$Min_{\vartheta\in\Theta}\left\{P\big(\hat{\vartheta}(x_1 \ldots x_n) \in K_\epsilon(\vartheta)|\vartheta\big) = \pi(\vartheta|\hat{\vartheta})\right\} \to Maximum. \tag{10.2.2}$$

Diese Forderung an $\hat{\vartheta}$ ist zwar realistisch, aber, wie bereits betont, mathematisch nicht zu bewältigen. Man kommt aber dennoch, ausgehend von (10.2.2) zu brauchbaren Bedingungen für einen guten Schätzer.

Wir beschränken uns zunächst auf den Fall eines 1-dimensionalen unbekannten Parameters ϑ. Die Tschebyscheffsche Ungleichung (Satz 7.1.1), angewandt auf $\hat{\vartheta}(x_1 \ldots x_n)$ lautet:

$$1-\pi(\vartheta|\hat{\vartheta}) = P(|\hat{\vartheta}(x_1 \ldots x_n) - \vartheta| \geq \epsilon|\vartheta) \leq \frac{E_\vartheta\big((\hat{\vartheta}-\vartheta)^2\big)}{\epsilon^2} =$$

$$= \frac{V_\vartheta(\hat{\vartheta}) + \big(E_\vartheta(\hat{\vartheta})-\vartheta\big)^2}{\epsilon^2}. \tag{10.2.3}$$

Sie bringt die Wahrscheinlichkeit $\pi(\vartheta|\hat{\vartheta})$ in einen einfachen Zusammenhang mit dem Mittelwert $E_\vartheta(\hat{\vartheta}) = \mu_{\hat{\vartheta}}(\vartheta)$ und der Varianz $V_\vartheta(\hat{\vartheta}) = \sigma^2_{\hat{\vartheta}}(\vartheta)$ des Schätzers

$\hat{\vartheta}(x_1 \ldots x_n)$ — beide Größen hängen natürlich vom richtigen Wert des Parameters ϑ ab — und legt es nahe, von einem Schätzer $\hat{\vartheta}(x_1 \ldots x_n)$ zu fordern:

1. Die Differenz $b_{\hat{\vartheta}}(\vartheta) = \mu_{\hat{\vartheta}}(\vartheta) - \vartheta$ — die sogenannte **systematische Abweichung** (engl.: bias) des Schätzers $\hat{\vartheta}$ vom zu schätzenden Wert ϑ — soll möglichst klein, im Idealfall Null sein.

2. Die Varianz $\sigma^2_{\hat{\vartheta}}(\vartheta)$ des Schätzers $\hat{\vartheta}$ soll ebenfalls möglichst klein sein und im Idealfall das Minimum aller möglichen Werte annehmen.

Die Bedingung $b_{\hat{\vartheta}}(\vartheta) = 0$, d.h. $\mu_{\hat{\vartheta}}(\vartheta) = \vartheta$ schließt Schätzer $\hat{\vartheta}(x_1 \ldots x_n)$ aus, die für gewisse Parameterwerte ϑ extrem gut und für andere wieder völlig unbrauchbar sind, wie etwa den konstanten Schätzer $\hat{\vartheta}(x_1 \ldots x_n) \equiv \vartheta_0$. Sie entspricht auch vollkommen der Intuition, denn man wird auch ohne Theorie verlangen, daß das Mittel einer größeren Zahl von Schätzwerten für ϑ eben dieser Wert ϑ ist und nicht eine Größe, die systematisch daneben liegt. Man gibt daher die

Definition 10.2.1 *Erwartungstreue von Schätzern*

Ein Schätzer $\hat{\vartheta}(x_1 \ldots x_n)$ für den Parameter ϑ heißt **erwartungstreu,** *falls $E_\vartheta(\hat{\vartheta}(x_1 \ldots x_n)) = \vartheta$ gilt. Der Schätzer $\hat{\vartheta}(x_1 \ldots x_n)$ heißt* **asymptotisch erwartungstreu,** *falls mit steigendem Stichprobenumfang n gilt: $E_\vartheta(\hat{\vartheta}(x_1 \ldots \ldots x_n)) \to \vartheta$.*

Für erwartungstreue Schätzer $\hat{\vartheta}(x_1 \ldots x_n)$ geben wir außerdem die

Definition 10.2.2 *Lokal- und gleichmäßig varianzminimale Schätzer*

Ein erwartungstreuer Schätzer $\hat{\vartheta}(x_1 \ldots x_n)$ heißt **lokal-varianzminimal** *an der Stelle ϑ_0, falls die Varianz von $\hat{\vartheta}(x_1 \ldots x_n)$ für $\vartheta = \vartheta_0$ nicht größer ist als die Varianz irgend eines anderen erwartungstreuen Schätzers $\tilde{\vartheta}(x_1 \ldots x_n)$: $\sigma^2_{\hat{\vartheta}}(\vartheta_o) \leq \leq \sigma^2_{\tilde{\vartheta}}(\vartheta_o)$. Der erwartungstreue Schätzer $\hat{\vartheta}(x_1 \ldots x_n)$ heißt* **gleichmäßig-varianzminimal,** *falls $\sigma^2_{\hat{\vartheta}}(\vartheta) \leq \sigma^2_{\tilde{\vartheta}}(\vartheta)$ für alle $\vartheta \in \Theta$ gilt.*

Bemerkung: In der englischsprachigen Literatur nennt man einen erwartungstreuen, lokal-varianzminimalen Schätzer: *locally minimum-variance unbiased estimate*, und schreibt dafür kurz: LMVUE. Analog spricht man von: *uniformly minimum-variance unbiased estimate* ... UMVUE. Es bringt keinen Gewinn, diese allgemein gebräuchlichen Abkürzungen einzudeutschen.

Von einem gleichmäßig varianzminimalen Schätzer wird sehr viel verlangt, und man wird fürchten, daß es nur in den seltensten Fällen so ein Ausnahmeexemplar von Schätzer gibt. Umso bemerkenswerter ist es, daß gerade bei den wichtigsten Verteilungsfamilien solche Schätzer existieren und relativ leicht konstruiert werden können.

Man kann bei endlichem Stichprobenumfang von einem Schätzer $\hat{\vartheta}(x_1 \ldots \ldots x_n)$ nicht verlangen, daß er den zu schätzenden Parameterwert ϑ exakt angibt, wohl aber wird man erwarten, daß mit steigendem Stichprobenumfang n die Schätzung immer genauer wird und in der Grenze für $n \to \infty$ der Schätzfehler $\hat{\vartheta} - \vartheta$ verschwindet. Das motiviert die folgende

Definition 10.2.3 *Konsistenz von Schätzern*
Der Schätzer $\hat{\vartheta}(x_1 \ldots x_n)$ (präziser: die Schätzfolge $(\hat{\vartheta}(x_1 \ldots x_n)$: $n = 1, 2, \ldots)$) heißt **konsistent**, *falls $\hat{\vartheta}(x_1 \ldots x_n)$ für $n \to \infty$ stochastisch gegen den richtigen Parameterwert ϑ strebt, d.h. falls gilt:*

$$\lim_{n \to \infty} P(|\hat{\vartheta}(x_1 \ldots x_n) - \vartheta| \geq \epsilon \,\Big|\, \vartheta) = 0 \quad \text{für alle} \quad \vartheta \in \Theta \quad \text{und alle} \quad \epsilon > 0.$$

Bemerkung: In der theoretischen Statistik unterscheidet man verschiedene Konsistenzbegriffe, je nachdem im Sinne welches Konvergenzbegriffes die Konvergenz $\hat{\vartheta}(x_1 \ldots x_n) \to \vartheta$ verstanden wird. Dort nennt man den oben definierten Konsistenzbegriff **schwache** Konsistenz.

Aus (10.2.3) folgt sofort der

Satz 10.2.1 *Hinreichende Bedingung für Konsistenz eines Schätzers*
Ist der Schätzer $\hat{\vartheta}(x_1 \ldots x_n)$ asymptotisch erwartungstreu und gilt für jedes ϑ: $\sigma^2_{\hat{\vartheta}}(\vartheta) \to 0$ mit $n \to \infty$, dann ist er auch konsistent.

Umgekehrt ist aber auch klar: Ist $\hat{\vartheta}(x_1 \ldots x_n)$ nicht wenigstens asymptotisch erwartungstreu und gilt etwa für $n \to \infty$: $\mu_{\hat{\vartheta}}(\vartheta) \to \vartheta + b_{\hat{\vartheta}}(\vartheta)$ mit $b_{\hat{\vartheta}}(\vartheta) \neq 0$, dann ist $\hat{\vartheta}(x_1 \ldots x_n)$ auch nicht konsistent. Es ist also in hohem Maße begründet, nach asymptotisch erwartungstreuen, besser aber erwartungstreuen Schätzern mit möglichst kleiner Varianz zu suchen.

Schätzer für Funktionen des Scharparameters ϑ

Wir haben uns bisher darauf beschränkt, den Scharparameter ϑ des Modells $x \sim P_x(.|\vartheta) \ldots \vartheta \in \Theta$ zu schätzen und haben anhand dieser Aufgabenstellung die Begriffe Erwartungstreue, Konsistenz etc. eingeführt. Häufig steht man aber vor dem allgemeineren Problem, eine Funktion von ϑ, etwa $\gamma = ln\vartheta$, $\gamma = e^{\vartheta}$, $\gamma = \vartheta^2$ usw., allgemein $\gamma = \gamma(\vartheta)$ zu schätzen. Der naheliegende Gedanke, zuerst ϑ etwa durch $\hat{\vartheta}(x_1 \ldots x_n)$ und dann $\gamma = \gamma(\vartheta)$ durch $\hat{\gamma} = \gamma(\hat{\vartheta}(x_1 \ldots x_n))$ zu schätzen, führt zwar in der Praxis zu durchaus brauchbaren Resultaten und wird auch vielfach angewendet, die so gewonnenen Schätzer sind aber in der Regel nicht optimal (z.B. nicht mehr erwartungstreu, wenn auch $\hat{\vartheta}(x_1 \ldots x_n)$ erwartungstreu ist). Wir übertragen daher die Begriffe Erwartungstreue, Konsistenz etc. auf diese allgemeine Situation und sagen:

Definition 10.2.4 *Erwartungstreue und Konsistenz von $\hat{\gamma}(x_1 \ldots x_n)$*

1. *Ein Schätzer $\hat{\gamma}(x_1 \ldots x_n)$ für $\gamma = \gamma(\vartheta)$ heißt erwartungstreu, wenn $E_\vartheta\big(\hat{\gamma}(x_1 \ldots x_n)\big) = \gamma(\vartheta)$ gilt. Der Schätzer heißt asymptotisch erwartungstreu, falls $E_\vartheta\big(\hat{\gamma}(x_1 \ldots x_n)\big) \to \gamma(\vartheta)$ für $n \to \infty$ gilt.*

2. *Ein Schätzer $\hat{\gamma}(x_1 \ldots x_n)$ für $\gamma = \gamma(\vartheta)$ heißt konsistent, falls er mit $n \to \infty$ stochastisch gegen $\gamma(\vartheta)$ strebt: $P\Big(|\hat{\gamma}(x_1 \ldots x_n) - \gamma(\vartheta)| \geq \epsilon \;\Big|\; \vartheta\Big) \to 0$ für jedes $\epsilon > 0$ und jedes $\vartheta \in \Theta$.*

Beispiel 10.2.1 Erwartungstreue und konsistente Schätzer für Mittel und Varianz

Wir stellen uns die Aufgabe, Mittelwert μ und Varianz σ^2 einer beliebigen Verteilung P erwartungstreu und konsistent zu schätzen. Wir unterstellen also kein parametrisches, sondern ein nichtparametrisches Modell $x \sim P$ und verlangen von P lediglich die Existenz der Momente bis zu einer gewissen Ordnung, so daß die ausgeführten Rechnungen sinnvoll sind.

In den Beispielen 10.1.3 und 10.1.8 haben wir für das parametrische Modell $x \sim \sim \mathbf{N}(\mu, \sigma^2)$ die Momenten- bzw. ML-Schätzer für μ und σ^2 hergeleitet und gefunden:

$$\hat{\mu} = \bar{x} = \frac{1}{n}(x_1 + \ldots + x_n), \quad \hat{\sigma}^2 = \frac{1}{n}\sum_{j=1}^{n}(x_j - \bar{x})^2.$$

Wir betrachten diese Schätzer jetzt unter dem allgemeineren Modell $x \sim P$. Für $\hat{\mu}$ folgt sofort:

$$E(\hat{\mu}) = \frac{1}{n} n E(x) = \mu, \; V(\hat{\mu}) = \frac{1}{n^2} n V(x) = \sigma^2/n,$$

d.h. $\hat{\mu} = \bar{x}$ ist ein erwartungstreuer und wegen $V(\hat{\mu}) = \sigma^2/n \to 0$ auch konsistenter Schätzer für das Mittel μ der unbekannten Verteilung P. (Aus Satz 7.1.4 folgt übrigens die Konsistenz von $\hat{\mu}$ auch dann, wenn $V(x) = \sigma^2$ nicht existiert.) Daß $\hat{\mu} = \bar{x}$ bei dem allgemeinen Modell $x \sim P$ auch gleichmäßig varianzminimal unter allen für μ erwartungstreuen Schätzern ist, werden wir später zeigen (Beispiel 11.4.3).

Wir wenden uns $\hat{\sigma}^2$ zu und schreiben es in der Form:

$$\hat{\sigma}^2 = \frac{1}{n}\sum_j (x_j - \bar{x})^2 = \frac{1}{n}\sum_j x_j^2 - \bar{x}^2 = \sum_{ij} c_{ij} x_i x_j,$$

mit $c_{ii} = 1/n - 1/n^2$ und $c_{ij} = -1/n^2$ für $i \neq j$. Da $\hat{\sigma}^2$ offenbar invariant gegenüber Translationen ist, d.h. $\hat{\sigma}^2(x_1 \ldots x_n) = \hat{\sigma}^2(x_1 - a \ldots x_n - a)$, kann man bei der Berechnung von $E(\hat{\sigma}^2)$ und $V(\hat{\sigma}^2)$ immer voraussetzen, daß $E(x) = \mu = 0$ gilt. Das erleichtert die Rechnungen erheblich. Kommen in den Ergebnissen dann Momente $E(x^k)$ vor, so sind diese immer als zentrale Momente der Verteilung P von x zu interpretieren, also $E(x^k) = m_k(\mu)$ und insbesondere $E(x) = 0, E(x^2) = \sigma^2$. Es folgt:

$$E(\hat{\sigma}^2) = E\big(\sum_{i,j} c_{ij} x_i x_j\big) = \sum_i c_{ii} E(x^2) + \sum_{i \neq j} c_{ij} \big(E(x)\big)^2 =$$

$$= n\Big(\frac{1}{n} - \frac{1}{n^2}\Big)\sigma^2 = \frac{n-1}{n}\sigma^2, \tag{10.2.4}$$

$$E(\hat{\sigma}^4) = E\Big(\sum_{i,j,k,l} c_{ij}c_{kl}x_ix_jx_kx_l\Big) =$$

$$= A\cdot E(x^4) + B\cdot E(x^3)E(x) + C\cdot\big(E(x^2)\big)^2 + D\cdot E(x^2)\big(E(x)\big)^2 + E\cdot\big(E(x)\big)^4,$$

wobei es wegen $E(x) = 0$ genügt, die Koeffizienten A und C zu bestimmen. Glieder mit $E(x^4)$ ergeben sich für $i = j = k = l$ und somit ist:

$$A = \sum_i c_{ii}^2 = n\Big(\frac{1}{n} - \frac{1}{n^2}\Big)^2 = \frac{(n-1)^2}{n^3}.$$

Glieder mit $\big(E(x^2)\big)^2$ erhält man für $i = j \neq k = l$, $i = k \neq j = l$ und $i = l \neq j = k$, also:

$$C = \sum_{i\neq k} c_{ii}c_{kk} + \sum_{i\neq j} c_{ij}c_{ij} + \sum_{i\neq j} c_{ij}c_{ji} =$$

$$= n(n-1)\Big(\frac{1}{n} - \frac{1}{n^2}\Big)^2 + 2n(n-1)\frac{1}{n^4} = \frac{(n-1)^3 + 2(n-1)}{n^3}.$$

Schließlich ergibt sich mit $E(x^4) = m_4(\mu)$:

$$\begin{aligned} V(\hat{\sigma}^2) &= E(\hat{\sigma}^4) - \big(E(\hat{\sigma}^2)\big)^2 = \\ &= \frac{(n-1)^2}{n^3}m_4(\mu) + \frac{(n-1)^3 + 2(n-1)}{n^3}\sigma^4 - \frac{(n-1)^2}{n^2}\sigma^4 = \\ &= \frac{(n-1)^2}{n^3}m_4(\mu) - \frac{(n-1)(n-3)}{n^3}\sigma^4. \end{aligned} \tag{10.2.5}$$

Wegen $E(\hat{\sigma}^2) = \frac{n-1}{n}\sigma^2$ ist $\hat{\sigma}^2$ zwar nicht erwartungstreu, wohl aber asymptotisch erwartungstreu. Die Beziehung (10.2.5) zeigt: $V(\hat{\sigma}^2) \to 0$ mit $n \to \infty$, und damit ist $\hat{\sigma}^2$ konsistent. Betrachtet man statt $\hat{\sigma}^2$ die Statistik

$$\frac{n}{n-1}\hat{\sigma}^2 = s^2 = \frac{1}{n-1}\sum_{j=1}^{n}(x_j - \bar{x})^2,$$

dann hat man offenbar einen erwartungstreuen Schätzer für σ^2. Man nennt aus diesem Grunde auch s^2 und nicht $\hat{\sigma}^2 = \frac{1}{n}\sum_j(x_j - \bar{x})^2$ die **Probenvarianz** der Stichprobe $(x_1 \dots x_n)$. Die Varianz von s^2 ist gegeben durch:

$$V(s^2) = \frac{n^2}{(n-1)^2}V(\hat{\sigma}^2) = \frac{1}{n}m_4(\mu) - \frac{n-3}{n(n-1)}\sigma^4.$$

Abschließend stellen wir fest, daß $\hat{\sigma}^2$ und s^2 auch dann konsistent für σ^2 sind, wenn P nur Momente bis zur zweiten Ordnung besitzt. Das liest man unmittelbar ab aus der Darstellung: $\hat{\sigma}^2 = \frac{1}{n}\sum x_j^2 - \bar{x}^2$, denn es ist: $\frac{1}{n}\sum x_j^2 \xrightarrow{st} E(x^2) = \sigma^2 + \mu^2$ und $\bar{x}^2 \xrightarrow{st} \mu^2$. In Beispiel 11.4.3 werden wir zeigen, daß s^2 bei dem Modell $P \in \mathcal{P}$ auch gleichmäßig varianzminimal unter allen erwartungstreuen Schätzern für σ^2 ist.

Will man statt σ^2 die Standardabweichung σ schätzen, dann ist es naheliegend, dafür den Schätzer $s = \sqrt{\frac{1}{n-1}\sum_j (x_j - \bar{x})^2}$ zu benützen. Allerdings ist s nicht erwartungstreu für σ, und es ist auch nicht möglich, s so umzunormieren, daß es für beliebige Verteilungen P erwartungstreu wird.

Wir fassen die Ergebnisse von Beispiel 10.2.1 zusammen:

Satz 10.2.2 *Schätzer für Mittel und Varianz einer allgemeinen Verteilung*
Die Statistiken $\bar{x} = \frac{1}{n}(x_1 + \ldots + x_n)$ *und* $s^2 = \frac{1}{n-1}\sum_{j=1}^n (x_j - \bar{x})^2$ *sind erwartungstreue und konsistente Schätzer für den Mittelwert* μ *bzw. die Varianz* σ^2 *der den Beobachtungen* $(x_1 \ldots x_n)$ *zugrundeliegenden Verteilung* P. *Insbesondere gilt, falls* P *Momente bis zur 4. Ordnung besitzt:*

$$E(\bar{x}) = \mu, \qquad V(\bar{x}) = \sigma^2/n,$$
$$E(s^2) = \sigma^2, \qquad V(s^2) = \frac{1}{n} m_4(\mu) - \frac{n-3}{n(n-1)}\sigma^4.$$

Damit hat man für alle 1- und 2-parametrischen Verteilungsfamilien $(P_\vartheta : \vartheta \in \Theta)$, deren Scharparameter ϑ bzw. $(\vartheta_1, \vartheta_2)$ lineare Funktionen von Mittelwert und Varianz von $P(.|\vartheta)$ sind, ebenfalls erwartungstreue und konsistente Schätzer dieser Parameter. Ist etwa $\vartheta = a\mu + b\sigma^2$, dann ist $\hat{\vartheta} = a\bar{x} + bs^2$ erwartungstreu und konsistent.

Ist hingegen $\vartheta = \vartheta(\mu, \sigma^2)$ eine nichtlineare Funktion von μ und σ^2, etwa $\vartheta = \mu/\sigma$ oder $\vartheta = \sqrt{\sigma^2} = \sigma$ etc., dann ist $\hat{\vartheta} = \vartheta(\bar{x}, s^2)$ — im Falle der vorigen Beispiele wäre dies $\hat{\vartheta} = \bar{x}/s$ bzw. $\hat{\vartheta} = s$ — im allgemeinen nicht mehr erwartungstreu, wohl aber, soferne die Funktion $\vartheta(\mu, \sigma^2)$ stetig ist, immer noch konsistent. Es gilt nämlich der

Satz 10.2.3 *Stetige Transformation konsistenter Schätzer*
Ist $\hat{\gamma}(x_1 \ldots x_n)$ *ein konsistenter Schätzer für* $\gamma = \gamma(\vartheta)$, *und ist* $\tau(\gamma)$ *eine stetige Funktion, dann ist* $\hat{\tau}(x_1 \ldots x_n) = \tau\big(\hat{\gamma}(x_1 \ldots x_n)\big)$ *ein konsistenter Schätzer für* $\tau = \tau(\gamma) = \tau\big(\gamma(\vartheta)\big)$.

Beweis: Ist $\epsilon > 0$ gegeben, dann gibt es wegen der Stetigkeit von $\tau(\gamma)$ ein $\delta(\epsilon) > 0$, so daß aus $|\gamma - \gamma_0| < \delta(\epsilon)$ folgt: $|\tau(\gamma) - \tau(\gamma_0)| < \epsilon$. Ist nun $x \sim P(.|\vartheta_0)$ und $\gamma_0 = \gamma(\vartheta_0)$, dann folgt aus der Konsistenz von $\hat{\gamma}(x_1 \ldots x_n)$:

$$P\big(|\tau(\hat{\gamma}(x_1 \ldots x_n)) - \tau(\gamma_0)| < \epsilon|\vartheta_0\big) \geq P\big(|\hat{\gamma}(x_1 \ldots x_n) - \gamma_0| < \delta(\epsilon)|\vartheta_0\big) \to 1$$

und mithin ist $\hat{\tau}(x_1 \ldots x_n) = \tau\big(\hat{\gamma}(x_1 \ldots x_n)\big)$ konsistent für $\tau = \tau\big(\gamma(\vartheta)\big)$. ♠

Transformation von ML-, Min-χ^2-, Momenten- und Bayes-Schätzern

Wir zeigen noch eine wichtige Transformationseigenschaft, die den ML-Schätzern ebenso wie den nach der Minimum-χ^2- bzw. den nach der Momentenmethode bestimmten Schätzern zukommt.

Satz 10.2.4 *Transformation von ML-, Min-χ^2- und Momenten-Schätzern bei Transformation des Scharparameters.*

Ist $\hat{\vartheta}(x_1 \dots x_n)$ der ML-, Min-χ^2- oder der Momenten-Schätzer des Scharparameters ϑ von $\big(P(.|\vartheta): \vartheta \in \Theta\big)$ und ist $\gamma = \gamma(\vartheta)$ eine umkehrbar eindeutige Transformation des Scharparameters, dann ist $\hat{\gamma}(x_1 \dots x_n) = \gamma\big(\hat{\vartheta}(x_1 \dots x_n)\big)$ der ML-, Min-χ^2- bzw. Momenten-Schätzer von γ.

Beweis: Sei $\vartheta = \vartheta(\gamma)$ die Umkehrung von $\gamma = \gamma(\vartheta)$. Ist dann $L(\vartheta|x_1 \dots x_n)$ die Likelihood-Funktion in der ϑ-Parametrisierung, dann ist $L(\vartheta(\gamma)|x_1 \dots x_n)$ die Likelihood-Funktion in der γ-Parametrisierung. Wird $L(\vartheta|x_1 \dots x_n)$ für $\hat{\vartheta}(x_1 \dots x_n)$ maximal, dann offenbar $L(\vartheta(\gamma)|x_1 \dots x_n)$ für $\hat{\gamma}(x_1 \dots x_n) = = \gamma\big(\hat{\vartheta}(x_1 \dots x_n)\big)$, also ist die Behauptung für ML-Schätzer gezeigt.

Für die beiden anderen Typen von Schätzern schließt man analog. So hat man zur Bestimmung des Min-χ^2-Schätzers $\hat{\vartheta}(x_1 \dots x_n)$, den Ausdruck

$$\chi^2(\vartheta) = n \sum_{i=1}^{l} \frac{\big(p_i(\vartheta) - h_n(A_i)\big)^2}{p_i(\vartheta)}$$

zu minimieren (siehe (10.1.1)), während in der γ-Parametrisierung $\chi^2\big(\vartheta(\gamma)\big)$ zu minimieren ist, dessen Minimum dann für $\hat{\gamma} = \gamma\big(\hat{\vartheta}(x_1 \dots x_n)\big)$ eintritt.

Schließlich ist zur Berechnung des Momenten-Schätzers $\hat{\vartheta}(x_1 \dots x_n)$, falls ϑ k-dimensional ist, das Gleichungssystem

$$E_\vartheta(x^j) = m_j(\vartheta) = \overline{x^j} = \frac{1}{n}\sum_{i=1}^{n} x_i^j \qquad j = 1 \dots k$$

zu lösen. In der γ-Parametrisierung wird daraus:

$$m_j\big(\vartheta(\gamma)\big) = \overline{x^j} \qquad j = 1 \dots k$$

mit der Lösung $\hat{\gamma} = \gamma\big(\hat{\vartheta}(x_1 \dots x_n)\big)$. ♠

Bemerkung: Zu erheblicher Diskussion und Konfusion hat der Umstand geführt, daß, wenigstens oberflächlich betrachtet, eine analoge Transformationseigenschaft für Bayes-Schätzer nicht gilt oder, richtiger gesagt, scheinbar nicht gilt. Zu dieser Ansicht gelangt man etwa durch folgende Argumentation:

Bei quadratischer Verlustfunktion ist der Bayes-Schätzer $\hat{\vartheta}(x_1 \dots x_n)$ das Mittel der a posteriori-Verteilung von ϑ. Ist nun $\gamma = \gamma(\vartheta)$ eine neue Parametrisierung, dann ist der Bayes-Schätzer $\hat{\gamma}$ das Mittel der a posteriori-Verteilung von γ, und dieses ist bei nichtlinearer Transformation $\gamma = \gamma(\vartheta)$ im allgemeinen nicht $\gamma(\hat{\vartheta})$.

Schuld an diesem Ergebnis ist aber allein der Umstand, daß man, ohne es sich bewußt zu machen, auch die Verlustfunktion gewechselt hat. War sie zuerst $v_\vartheta(\vartheta, \hat{\vartheta}) = (\vartheta - \hat{\vartheta})^2$, so ist sie nachher $v_\gamma(\gamma, \hat{\gamma}) = (\gamma - \hat{\gamma})^2$ und natürlich gilt i.a. $v_\gamma(\gamma, \hat{\gamma}) \neq c \cdot v_\vartheta(\vartheta(\gamma), \vartheta(\hat{\gamma}))$. Behält man hingegen, wie es vernünftigerweise sein muß, die Verlustfunktion bei, setzt man also $v_\gamma(\gamma, \hat{\gamma}) := v_\vartheta(\vartheta(\gamma), \vartheta(\hat{\gamma}))$, dann ist:

$$E\big(v_\gamma(\gamma, \hat{\gamma})|x_1 \ldots x_n\big) = E\Big(v_\vartheta\big(\vartheta, \vartheta(\hat{\gamma})\big)|x_1 \ldots x_n\Big),$$

und der Bayes-Schätzer $\hat{\gamma}$ ist offenbar auch hier gegeben durch $\hat{\gamma}(x_1 \ldots x_n) = \gamma\big(\hat{\vartheta}(x_1 \ldots x_n)\big)$. Satz 10.2.4 gilt also in diesem an sich selbstverständlichen Sinn auch für Bayes-Schätzer, die mit Hilfe einer Verlustfunktion bestimmt sind.

Für den Modus der a posteriori-Verteilung, als ebenfalls häufig verwendeten Bayes-Schätzer, gilt freilich dieses Transformationsgesetz nicht mehr, doch kommen auch hier die Dinge wieder ins Lot, wenn man Bereich- statt Punktschätzer betrachtet.

10.3 Die Ungleichung von Rao-Cramér

Wir betrachten 1-parametrische Verteilungsfamilien $(P(.|\vartheta)\colon \vartheta \in \Theta \subset \mathbf{R})$ und erwartungstreue Schätzer $\hat{\gamma}(x_1 \ldots x_n)$ zum Stichprobenumfang n für eine Funktion $\gamma = \gamma(\vartheta)$ des Scharparameters ϑ. Man ist an Schätzern mit möglichst kleiner Varianz interessiert, und es stellt sich die Frage, ob untere Schranken für das erzielbare Varianzminimum angegeben werden können. Durch die Forderung der Erwartungstreue sind Schätzer, die in gewissen ϑ-Bereichen außerordentlich gut, in anderen aber vollkommen nutzlos sind, wie etwa im extremen Fall der konstante Schätzer $\hat{\gamma}(x_1 \ldots x_n) \equiv \gamma_0$, weitgehend ausgeschlossen. Es leuchtet daher von vorneherein ein, daß $V_\vartheta(\hat{\gamma})$ bei festem n nicht beliebig klein ausfallen kann.

Von den vielen Schranken, die für die Varianz erwartungstreuer Schätzer angegeben worden sind, ist die Schranke von Rao-Cramér die wichtigste, nicht nur weil sie unter relativ bescheidenen Regularitätsvoraussetzungen gilt und für die wichtigsten Verteilungsfamilien leicht zu bestimmen ist, sondern vor allem, weil sie asymptotisch, d.h. für $n \to \infty$, streng ist. Das trifft natürlich für schärfere Schranken erst recht zu, doch ist eben asymptotisch deren relativer Schärfegewinn vernachlässigbar. Überdies werden wir sehen, daß für viele wichtige Verteilungsfamilien die Rao-Cramér-Schranke bereits für endliches n streng gilt.

Wir verzichten darauf, eine Liste hinreichender Regularitätsbedingungen anzugeben, unter denen die Ungleichung von Rao-Cramér streng bewiesen werden kann, sondern begnügen uns damit, im Laufe der Beweisskizze auf die heiklen Punkte hinzuweisen.

Satz 10.3.1 *Die Ungleichung von Rao-Cramér*
Sei $x \sim P(.|\vartheta)$ mit der Dichte $f(x|\vartheta)$ und sei $\vartheta \in \Theta \subset \mathbf{R}$ 1-dimensional (x kann stetig oder diskret, 1- oder mehrdimensional sein). Ist $\hat{\gamma}(x_1 \dots x_n)$ ein erwartungstreuer Schätzer für $\gamma = \gamma(\vartheta)$, auf der Grundlage einer Stichprobe vom Umfang n, dann gilt unter relativ allgemeinen Regularitätsvoraussetzungen[1]:

$$\begin{aligned} V_\vartheta\big(\hat{\gamma}(x_1 \dots x_n)\big) &= E_\vartheta\Big(\big(\hat{\gamma}(x_1 \dots x_n) - \gamma(\vartheta)\big)^2\Big) \geq \\ &\geq \frac{\big(\gamma'(\vartheta)\big)^2}{nE_\vartheta\Big(\big(\frac{\partial}{\partial\vartheta} ln f(x|\vartheta)\big)^2\Big)} =: RC(\vartheta). \end{aligned} \tag{10.3.1}$$

Beweisskizze: Wir setzen $\mathbf{x} = (x_1 \dots x_n)$ und $f(\mathbf{x}|\vartheta) = \prod_{j=1}^n f(x_j|\vartheta)$ für die gemeinsame Dichte von $(x_1 \dots x_n)$. Außerdem beschränken wir uns auf den Fall stetiger Verteilungen — der Beweis läuft im diskreten Fall völlig analog.

Wegen der Erwartungstreue von $\hat{\gamma}(\mathbf{x})$ ist:

$$E_\vartheta\big(\hat{\gamma}(\mathbf{x}) - \gamma(\vartheta)\big) = \int \big(\hat{\gamma}(\mathbf{x}) - \gamma(\vartheta)\big) f(\mathbf{x}|\vartheta) d\mathbf{x} = 0.$$

Wir differenzieren diesen Ausdruck nach ϑ und nehmen an, daß die Differentiation unter dem Integralzeichen ausgeführt werden darf. Die angesprochenen Regularitätsbedingungen haben genau den Zweck, dieses zu sichern. Es folgt:

$$0 = \int \big(\hat{\gamma}(\mathbf{x}) - \gamma(\vartheta)\big) f'_\vartheta(\mathbf{x}|\vartheta) d\mathbf{x} - \gamma'(\vartheta) \int f(\mathbf{x}|\vartheta) d\mathbf{x},$$

bzw., wegen $\int f(\mathbf{x}|\vartheta)d\mathbf{x} = 1$ und $\frac{\partial}{\partial\vartheta} ln f(\mathbf{x}|\vartheta) = f'_\vartheta(\mathbf{x}|\vartheta)/f(\mathbf{x}|\vartheta)$:

$$\gamma'(\vartheta) = \int \big(\hat{\gamma}(\mathbf{x}) - \gamma(\vartheta)\big) \frac{\partial ln f(\mathbf{x}|\vartheta)}{\partial\vartheta} f(\mathbf{x}|\vartheta) d\mathbf{x} = E_\vartheta\Big(\big(\hat{\gamma}(\mathbf{x}) - \gamma(\vartheta)\big) \frac{\partial ln f(\mathbf{x}|\vartheta)}{\partial\vartheta}\Big).$$

Wir wenden auf diesen Ausdruck die Schwarz'sche Ungleichung an (siehe Satz 6.1.4) und erhalten:

$$\big(\gamma'(\vartheta)\big)^2 \leq E_\vartheta\Big(\big(\hat{\gamma}(\mathbf{x}) - \gamma(\vartheta)\big)^2\Big) E_\vartheta\Big(\big(\frac{\partial ln f(\mathbf{x}|\vartheta)}{\partial\vartheta}\big)^2\Big). \tag{10.3.2}$$

Damit ist der wesentliche Teil des Beweises geführt, denn aus (10.3.2) folgt sofort die Ungleichung:

$$V_\vartheta\big(\hat{\gamma}(\mathbf{x})\big) = E_\vartheta\Big(\big(\hat{\gamma}(\mathbf{x}) - \gamma(\vartheta)\big)^2\Big) \geq \frac{\big(\gamma'(\vartheta)\big)^2}{E_\vartheta\Big(\big(\frac{\partial}{\partial\vartheta} ln f(\mathbf{x}|\vartheta)\big)^2\Big)}. \tag{10.3.3}$$

[1]Siehe etwa: SCHMETTERER, L.: Einführung in die mathematische Statistik, 2. Aufl. Springer, Wien—New York (1966).

Das ist aber bereits die Behauptung (10.3.1), wie sich nach kurzer Rechnung herausstellen wird. Es ist nämlich zunächst:

$$\frac{\partial}{\partial\vartheta} ln f(\mathbf{x}|\vartheta) = \frac{\partial}{\partial\vartheta} ln \prod_{j=1}^{n} f(x_j|\vartheta) = \sum_{j=1}^{n} \frac{\partial}{\partial\vartheta} ln f(x_j|\vartheta)$$

und daher:

$$\Big(\frac{\partial}{\partial\vartheta} ln f(\mathbf{x}|\vartheta)\Big)^2 = \sum_{i,j=1}^{n} \frac{\partial ln f(x_i|\vartheta)}{\partial\vartheta} \frac{\partial ln f(x_j|\vartheta)}{\partial\vartheta}. \qquad (10.3.4)$$

Beachtet man die Unabhängigkeit der Variablen $x_1 \ldots x_n$ einerseits und

$$E_\vartheta\Big(\frac{\partial ln f(x|\vartheta)}{\partial\vartheta}\Big) = \int \frac{f'_\vartheta(x|\vartheta)}{f(x|\vartheta)} f(x|\vartheta)dx = \frac{d}{d\vartheta}\int f(x|\vartheta)dx = 0 \qquad (10.3.5)$$

andererseits — die Vertauschbarkeit von Integration und Differentiation erfordert wieder gewisse Regularitätsbedingungen — , dann ergibt sich aus (10.3.4):

$$E_\vartheta\Big(\big(\frac{\partial}{\partial\vartheta} ln f(\mathbf{x}|\vartheta)\big)^2\Big) = nE_\vartheta\Big(\big(\frac{\partial}{\partial\vartheta} f(x|\vartheta)\big)^2\Big).$$

Einsetzen dieses Ausdrucks in (10.3.3) liefert die Behauptung (10.3.1) ♠.

Wir wollen schließlich noch die Situation charakterisieren, wo in (10.3.1) die Gleichung steht.

Satz 10.3.2 *Die Gleichung von Rao-Cramér*
Die Rao-Cramérsche Ungleichung wird zur Gleichung (und zwar wenn für ein n, dann automatisch für jedes n) genau dann, wenn:

1. *die Dichte* $f(x|\vartheta)$ *von der Form* $f(x|\vartheta) = exp\big(c_0(\vartheta) + c_1(\vartheta)t(x) + h(x)\big)$ *ist,*
2. $\gamma(\vartheta) = -c'_0(\vartheta)/c'_1(\vartheta)$ *gilt und*
3. $\hat{\gamma}(x_1 \ldots x_n) = \frac{1}{n}\sum_{j=1}^{n} t(x_j)$ *erfüllt ist.*

Es gilt in diesem Fall (unter geeigneten Regularitätsbedingungen):

$$V_\vartheta(\hat{\gamma}) = \frac{1}{n} V_\vartheta\big(t(x)\big) = \frac{1}{n} \frac{c'_0(\vartheta)c''_1(\vartheta) - c''_0(\vartheta)c'_1(\vartheta)}{\big(c'_1(\vartheta)\big)^3} = RC(\vartheta). \qquad (10.3.6)$$

Beweis: 1.2.3. $\Longrightarrow$ Rao-Cramér-Gleichung:

Es gilt wegen **1.**: $\frac{\partial}{\partial\vartheta} ln f(x|\vartheta) = c'_0(\vartheta) + c'_1(\vartheta)t(x)$ und daher, wegen $E_\vartheta\Big(\frac{\partial}{\partial\vartheta} ln f(x|\vartheta)\Big) = 0$ (siehe 10.3.5): $E_\vartheta\big(c'_0(\vartheta) + c'_1(\vartheta)t(x)\big) = c'_0(\vartheta) + {}+c'_1(\vartheta)E_\vartheta\big(t(x)\big) = 0$. Also folgt:

$$E_\vartheta\big(t(x)\big) = -\frac{c_0'(\vartheta)}{c_1'(\vartheta)}, \tag{10.3.7}$$

d.h. $\hat{\gamma}(x_1 \dots x_n) = \frac{1}{n}\big(t(x_1) + \dots + t(x_n)\big)$ ist in der Tat erwartungstreu für $\gamma(\vartheta) = -c_0'(\vartheta)/c_1'(\vartheta)$.

Der Beweis von Satz 10.3.1 zeigt, daß die Rao-Cramér-Ungleichung genau dann zur Gleichung wird, wenn in (10.3.2) das Gleichheitszeichen steht. Dieses wiederum ist nach Satz 6.1.4 genau dann der Fall, wenn die Funktionen $\big(\hat{\gamma}(\mathbf{x}) - \gamma(\vartheta)\big)$ einerseits und $\partial \ln f(x|\vartheta)/\partial\vartheta$ andererseits — bei festem ϑ — linear abhängig sind, d.h. wenn Funktionen $\alpha(\vartheta)$ und $\beta(\vartheta)$ mit $\alpha^2(\vartheta) + \beta^2(\vartheta) > 0$ existieren, so daß

$$\alpha(\vartheta)\big(\hat{\gamma}(\mathbf{x}) - \gamma(\vartheta)\big) = \beta(\vartheta)\Big(\frac{\partial}{\partial\vartheta} \ln f(\mathbf{x}|\vartheta)\Big) \tag{10.3.8}$$

gilt. Diese Abhängigkeit ist hier sofort zu verifizieren, denn wir haben:

$$\hat{\gamma}(\mathbf{x}) - \gamma(\vartheta) = \frac{1}{n}\sum_{j=1}^{n} t(x_j) + \frac{c_0'(\vartheta)}{c_1'(\vartheta)},$$

$$\frac{\partial \ln f(\mathbf{x}|\vartheta)}{\partial\vartheta} = \sum_{j=1}^{n} \frac{\partial \ln f(x_j|\vartheta)}{\partial\vartheta} = \sum_{j=1}^{n}\big(c_0'(\vartheta) + c_1'(\vartheta)t(x_j)\big) =$$

$$= nc_0'(\vartheta) + c_1'(\vartheta)\sum_{j=1}^{n} t(x_j) = nc_1'(\vartheta)\Big(\frac{1}{n}\sum_{j=1}^{n} t(x_j) + \frac{c_0'(\vartheta)}{c_1'(\vartheta)}\Big) = nc_1'(\vartheta)\big(\hat{\gamma}(\mathbf{x}) - \gamma(\vartheta)\big).$$

Die Rao-Cramér-Ungleichung wird daher in der Tat unter den Bedingungen **1.2.3.** für jedes n zur Gleichung. Wir kommen zur Umkehrung.

Rao-Cramér-Gleichung $\Longrightarrow$ 1.2.3:

Wie bereits betont, ist für die Gültigkeit der Rao-Cramér-Gleichung (10.3.8) notwendig und hinreichend. Wir nehmen an, daß (10.3.8) für irgend ein n zutrifft. $\beta(\vartheta) \neq 0$ gilt dabei jedenfalls, denn andernfalls wäre $\hat{\gamma}(\mathbf{x}) = \gamma(\vartheta)$, was sicher unmöglich ist. Man kann daher $\beta(\vartheta) \equiv 1$ wählen und erhält:

$$\frac{\partial}{\partial\vartheta} \ln f(\mathbf{x}|\vartheta) = \alpha(\vartheta)\big(\hat{\gamma}(\mathbf{x}) - \gamma(\vartheta)\big).$$

Wir integrieren nach ϑ, setzen dabei $-\int \alpha(\vartheta)\gamma(\vartheta)d\vartheta = C_0(\vartheta)$ und $\int \alpha(\vartheta)d\vartheta = C_1(\vartheta)$, so daß mit diesen Abkürzungen gilt: $-C_0'(\vartheta)/C_1'(\vartheta) = \gamma(\vartheta)$, und führen eine, natürlich i.a. von $\mathbf{x}$ abhängige, Integrationskonstante $H(\mathbf{x})$ ein. Dann folgt:

$$\ln f(\mathbf{x}|\vartheta) = \sum_{j=1}^{n} \ln f(x_j|\vartheta) = C_0(\vartheta) + C_1(\vartheta)\hat{\gamma}(\mathbf{x}) + H(\mathbf{x}). \tag{10.3.9}$$

Setzt man $x_1 = x_2 = \ldots = x_n = x$, dann ergibt sich mit den Abkürzungen $c_0(\vartheta) = C_0(\vartheta)/n$, $c_1(\vartheta) = C_1(\vartheta)/n$, $h(x) = H(x \ldots x)/n$ und $t(x) = \hat{\gamma}(x \ldots x)$:

$$ln f(x|\vartheta) = c_0(\vartheta) + c_1(\vartheta)t(x) + h(x). \tag{10.3.10}$$

In der Tat hat also $f(x|\vartheta)$ die in **1.** angegebene Gestalt, es gilt **2.**, und es folgt aus (10.3.10):

$$\sum_{j=1}^{n} ln f(x_j|\vartheta) = nc_0(\vartheta) + nc_1(\vartheta)\frac{1}{n}\sum_{j=1}^{n} t(x_j) + \sum_{j=1}^{n} h(x_j),$$

mit Blick auf (10.3.9) daher auch **3.**: $\hat{\gamma}(x_1 \ldots x_n) = \frac{1}{n}\sum_{j=1}^{n} t(x_j)$, so daß auch die Notwendigkeit der Bedingungen **1. 2. 3.** für die Rao-Cramér-Gleichung gezeigt ist.

Abschließend bestimmen wir noch die Varianz des Schätzers $\hat{\gamma}(x_1 \ldots x_n) = = \frac{1}{n}\sum_{j=1}^{n} t(x_j)$ unter den Annahmen **1. 2. 3.** Wegen $E_\vartheta\big(t(x)\big) = \gamma(\vartheta) = = -c_0'(\vartheta)/c_1'(\vartheta)$, genügt es $E_\vartheta\big(t^2(x)\big)$ zu berechnen. Wir benützen dazu die (wieder nur unter gewissen allgemeinen Regularitätsbedingungen gültige) Identität:

$$\frac{\partial^2}{\partial\vartheta^2}\int f(x|\vartheta)dx = \int f_\vartheta''(x|\vartheta)dx = 0. \tag{10.3.11}$$

Aus **1.** folgt (wir lassen zur Vereinfachung der Notation die Argumente weg):

$$\begin{aligned} f_\vartheta' &= (c_0' + c_1't)f, \\ f_\vartheta'' &= \big((c_0' + c_1't)^2 + (c_0'' + c_1''t)\big)f = \big(c_0'^2 + c_0'' + (2c_0'c_1' + c_1'')t + c_1'^2t^2\big)f. \end{aligned}$$

D.h., wenn man (10.3.11) und $E_\vartheta(t) = -c_0'/c_1'$ beachtet:

$$\begin{aligned} \int f_\vartheta'' dx &= E_\vartheta\big(c_0'^2 + c_0'' + (2c_0'c_1' + c_1'')t + c_1'^2t^2\big) = \\ &= c_0'^2 + c_0'' - (2c_0'c_1' + c_1'')c_0'/c_1' + c_1'^2 E_\vartheta(t^2) = 0, \end{aligned}$$

und somit:

$$E_\vartheta(t^2) = \frac{c_0'^2c_1' + c_0'c_1'' - c_0''c_1'}{c_1'^3}. \tag{10.3.12}$$

Abschließend erhalten wir:

$$V_\vartheta(t) = E_\vartheta(t^2) - \big(E_\vartheta(t)\big)^2 = \frac{c_0'c_1'' - c_0''c_1'}{c_1'^3} \tag{10.3.13}$$

und damit (10.3.6). ♠

Bemerkung: Man nennt den Ausdruck

$$I(\vartheta) = E_\vartheta\Big(\big(\frac{\partial}{\partial\vartheta} lnf(x|\vartheta)\big)^2\Big)$$

die **Fisher-Information** der Beobachtung x über ϑ und $nI(\vartheta)$ die Fisher-Information der Stichprobe $(x_1 \dots x_n)$ über ϑ. Mit dieser Abkürzung — mehr ist es in diesem Zusammenhang nicht — gewinnt die Rao-Cramér-Ungleichung die Gestalt:

$$V_\vartheta\big(\hat{\gamma}(x_1 \dots x_n)\big) \geq \frac{\big(\gamma'(\vartheta)\big)^2}{nI(\vartheta)} = RC(\vartheta).$$

Exponentialfamilien

Verteilungsfamilien, deren Dichten von der speziellen Gestalt $f(x|\vartheta) = = exp\big(c_0(\vartheta) + c_1(\vartheta)t(x) + h(x)\big)$ sind, die wir in Satz 10.3.2 als notwendig und hinreichend für die Gültigkeit der Rao-Cramér-Gleichung erkannt haben, spielen in der Statistik eine bedeutende Rolle. Wir geben die

Definition 10.3.1 *Exponentialfamilien*
Eine Verteilungsfamilie $\big(P(.|\vartheta)\colon \vartheta = (\vartheta_1 \dots \vartheta_k) \in \Theta \subset \mathbf{R}^k\big)$, *deren Dichten von der Gestalt*

$$f(x|\vartheta) = exp\big(c_0(\vartheta) + \sum_{j=1}^{k} c_j(\vartheta)t_j(x) + h(x)\big) \quad \dots x \in \Omega_x$$

sind, nennt man eine k-parametrische **Exponentialfamilie,** *soferne die Funktionen* $\big(1, c_1(\vartheta) \dots c_k(\vartheta)\big)$ *auf* Θ *und* $\big(1, t_1(x) \dots t_k(x)\big)$ *auf* Ω_x *linear unabhängig sind.*

Die Voraussetzung **1.** in Satz 10.3.2 bedeutet somit, daß $\big(P(.|\vartheta)\big)$ eine einparametrische Exponentialfamilie ist. Dieses ist, zusammen mit der in **2.** und **3.** angegebenen speziellen Gestalt der zu schätzenden Funktion $\gamma(\vartheta)$ und ihres erwartungstreuen Schätzers $\hat{\gamma}(\mathbf{x})$, die notwendige und hinreichende Bedingung für die Gültigkeit der Rao-Cramér-Gleichung für jeden Stichprobenumfang n.

Beispiel 10.3.1 Familie der Poisson-Verteilungen. Rao-Cramér-Schranke
Die Dichten der Familie der Poisson-Verteilungen $(\mathbf{P}_\mu\colon \mu > 0)$ haben die Gestalt:

$$f(x|\mu) = \frac{\mu^x}{x!}e^{-\mu} = exp(-\mu + x \cdot ln\mu + lnx!).$$

Es handelt sich daher um eine einparametrische Exponentialfamilie mit: $c_0(\mu) = -\mu$; $c_1(\mu) = ln\mu$; $t(x) = x$; $h(x) = lnx!$. Wegen $\partial/\partial\mu(lnf(x|\mu)) = (x-\mu)/\mu$ folgt:

$$I(\mu) = E_\mu\Big(\big(\frac{\partial}{\partial\mu} lnf(x|\mu)\big)^2\Big) = \frac{1}{\mu^2}E_\mu\big((x-\mu)^2\big) = \frac{1}{\mu^2}V_\mu(x) = \frac{1}{\mu},$$

und damit die Rao-Cramér-Schranke für eine Stichprobe vom Umfang n:

$$RC(\mu) = \frac{\left(\gamma'(\mu)\right)^2}{nI(\mu)} = \left(\gamma'(\mu)\right)^2 \frac{\mu}{n}.$$

Dieser Ausdruck stimmt, wie man mühelos nachrechnet, für $\gamma(\mu) = -c_0'(\mu)/c_1'(\mu) = = \mu$, mit der in (10.3.6) angegebenen Formel

$$RC(\mu) = \frac{1}{n} \frac{c_0'(\mu)c_1''(\mu) - c_0''(\mu)c_1'(\mu)}{\left(c_1'(\mu)\right)^3}$$

überein, und in der Tat ist $\hat{\mu} = \frac{1}{n}\sum_{j=1}^{n} t(x_j) = \bar{x}$ erwartungstreuer Schätzer für μ mit $V_\mu(\bar{x}) = \mu/n$.

Das für die Praxis wesentliche Ergebnis dieses Beispiels ist, daß $\hat{\mu} = \frac{1}{n}(x_1 + \ldots + +x_n) = \bar{x}$ ein erwartungstreuer und gleichmäßig varianzminimaler Schätzer für den Parameter μ der Familie $(\mathbf{P}_\mu\colon \mu > 0)$ ist.

Beispiel 10.3.2 Die Familie $(\mathbf{N}(\mu, 1)\colon \mu \in \mathbf{R})$. Rao-Cramér-Schranke

Die Dichten $f(x|\mu) = f\left(x|\mathbf{N}(\mu, 1)\right)$ haben die Gestalt:

$$f(x|\mu) = \frac{1}{\sqrt{2\pi}} exp(-\frac{(x-\mu)^2}{2}) = exp\Big(-(\frac{\mu^2}{2} + ln\sqrt{2\pi}) + \mu x - \frac{x^2}{2}\Big).$$

Wieder liegt daher eine einparametrische Exponentialfamilie vor, mit $c_0(\mu) = -(\frac{\mu^2}{2} + +ln\sqrt{2\pi})$, $c_1(\mu) = \mu$, $t(x) = x$, $h(x) = -x^2/2$, und nach Satz 10.3.2 ist $\sum_{j=1}^{n} t(x_j)/n = (x_1 + \ldots + x_n)/n = \bar{x}$ erwartungstreuer und gleichmäßig varianzminimaler Schätzer für $\gamma(\mu) = -c_0'(\mu)/c_1'(\mu) = \mu$, also $\hat{\mu} = \bar{x}$. Die Varianz von $\hat{\mu} = \bar{x}$ ist natürlich $1/n \cdot V_\mu(x) = 1/n$.

Wir bestimmen die Rao-Cramér-Schranke und verifizieren die Rao-Cramér-Gleichung. Es ist $\partial/\partial\mu\left(lnf(x|\mu)\right) = x - \mu$, folglich

$$I(\mu) = E_\mu\Big(\big(\frac{\partial}{\partial\vartheta} lnf(x|\mu)\big)^2\Big) = E_\mu\Big(\left(x-\mu\right)^2\Big) = V_\mu(x) = 1,$$

und damit:

$$RC(\mu) = \frac{\left(\gamma'(\mu)\right)^2}{nI(\mu)} = \left(\gamma'(\mu)\right)^2/n.$$

Für $\gamma(\mu) = \mu$ daher in der Tat $RC(\mu) = 1/n$.

Beispiel 10.3.3 Die allgemeine Lagefamilie. Rao-Cramér-Schranke

Wir betrachten eine allgemeine Lagefamilie mit den Dichten $f(x|\vartheta) = f(x - \vartheta), \vartheta \in \in \mathbf{R}$. Die Existenz des Erwartungswertes $E_\vartheta(x)$ sei vorausgesetzt, so daß ohne Einschränkung der Allgemeinheit $\vartheta = E_\vartheta(x)$ angenommen werden kann. $\hat{\vartheta}(x_1 \ldots x_n) = = (x_1 + \ldots + x_n)/n = \bar{x}$ ist dann ein erwartungstreuer Schätzer für ϑ mit der Varianz: $V_\vartheta(\hat{\vartheta}) = \frac{1}{n}V_\vartheta(x) = \frac{1}{n}\sigma_x^2 = konst.$ Die Fisher-Information $I(\vartheta)$ ist hier:

$$I(\vartheta) = E_\vartheta\Big(\big(\frac{f'(x-\vartheta)}{f(x-\vartheta)}\big)^2\Big) = E_0\Big(\big(\frac{f'(x)}{f(x)}\big)^2\Big) = konst.$$

und damit

$$RC(\vartheta) = \frac{1}{nI(\vartheta)} = \frac{1}{nE_0\big((\frac{f'(x)}{f(x)})^2\big)} = konst.$$

Im allgemeinen ist $1/I(\vartheta) < \sigma_x^2$. Gleichheit besteht nach Satz 10.3.2 nur, wenn $f(x|\vartheta)$ von der Form $f(x|\vartheta) = exp\big(c_0(\vartheta)+c_1(\vartheta)t(x)+h(x)\big)$ ist und als Lagefamilie überdies $f(x|\vartheta) = f(x-\vartheta|0) = exp\big(c_0(0) + c_1(0)t(x-\vartheta) + h(x-\vartheta)\big)$ gilt. Mit geringer Mühe folgert man daraus, daß $f(x) = f(x|0)$ die Form $f(x) = exp(c_0 + c_1x+c_2x^2)$ haben muß. Beachtet man noch die Normierungsbedingung $\int f(x)dx = 1$ und die Zentrierung $\int xf(x)dx = 0$, dann ergibt sich: $f(x) = f\big(x|\mathbf{N}(0,\sigma_x^2)\big)$, die Dichte einer zentrierten Normalverteilung.

Die Rao-Cramér-Ungleichung, so wichtig und interessant sie ist, liefert kein allgemein brauchbares Werkzeug zur Bestimmung varianzminimaler, erwartungstreuer Schätzer. Wir behandeln deshalb auch die Verallgemeinerung auf mehrparametrische Verteilungsfamilien nicht und wenden uns dem Problem der Konstruktion solcher Schätzer in Kapitel 11 aufs neue, aber mit anderen Hilfsmitteln, zu.

10.4 Asymptotische Eigenschaften von Schätzern

Wir betrachten in diesem Abschnitt Eigenschaften von Schätzern für große Stichprobenumfänge. Präziser gesprochen, studieren wir Schätzfolgen $(\hat\vartheta(x_1\ldots$ $\ldots x_n)$: $n \geq 1)$ für ϑ bzw. allgemeiner $(\hat\gamma(x_1\ldots x_n): n\geq 1)$ für $\gamma = \gamma(\vartheta)$ und interessieren uns für asymptotische Eigenschaften dieser Folgen.

Zwei wichtige asymptotische Eigenschaften von Schätzfolgen, die asymptotische Erwartungstreue und die Konsistenz, haben wir bereits in den Definitionen 10.2.1, 10.2.3 und 10.2.4 eingeführt. Die Konsistenz ist eine praktisch unverzichtbare Minimalforderung, die asymptotische Erwartungstreue ist äußerst wünschenswert — sie folgt übrigens nicht aus der Konsistenz, wie man an Beispielen leicht zeigen kann.

Es stellt sich nun heraus, daß die mit den besprochenen Verfahren (Min-χ^2-, Momenten-, ML-, Bayes-Methode) bestimmten Schätzer, praktisch immer konsistent und außerdem noch asymptotisch normal verteilt sind. Ausnahmen gibt es, aber in den — natürlich noch näher zu präzisierenden — regulären Fällen trifft diese Aussage zu.

Definition 10.4.1 *Konsistente, asymptotisch-normale Schätzfolgen*

Die konsistente Schätzfolge $(\hat\gamma(x_1\ldots x_n)$: $n\geq 1)$ für $\gamma = \gamma(\vartheta)$ heißt asymptotisch-normal (eine sogenannte **KAN-Folge***), wenn eine Folge positiver Funktionen $(\sigma_n(\vartheta)$: $n\geq 1)$, mit $\sigma_n(\vartheta) \to 0$ für alle $\vartheta \in \Theta$ existiert, so daß die Folge der Verteilungen von $\big(\hat\gamma(x_1\ldots x_n) - \gamma(\vartheta)\big)/\sigma_n(\vartheta)$ schwach gegen die Normalverteilung $\mathbf{N}(0,1)$ strebt.*

Bemerkungen: 1. Die Größen $\sigma_n(\vartheta)$ werden natürlich im allgemeinen die Standardabweichungen der Schätzer $\hat{\gamma}(x_1 \dots x_n)$ sein. Ausnahmen sind indessen möglich. So kann etwa $\big(\hat{\gamma}(x_1 \dots x_n)\colon\ n \geq 1\big)$ im obigen Sinn durchaus asymptotisch normal-verteilt sein und doch $\hat{\gamma}(x_1 \dots x_n)$ keine Varianz besitzen. Man nennt daher auch $\big(\sigma_n^2(\vartheta)\colon\ n \geq 1\big)$ eine Folge ***effektiver Varianzen*** der Schätzfolge $\big(\hat{\gamma}(x_1 \dots x_n)\colon\ n \geq 1\big)$.
2. Man drückt den in Definition 10.4.1 charakterisierten Sachverhalt in der Regel etwas salopp so aus: $\hat{\gamma}(x_1 \dots x_n)$ ***ist asymptotisch nach*** $\mathbf{N}\big(\gamma(\vartheta), \sigma_n^2(\vartheta)\big)$ ***verteilt.*** Wir werden uns diesem Sprachgebrauch häufig anschließen.

Die Kenntnis der asymptotischen Verteilung eines Schätzers ist immer nützlich, denn sie erlaubt, wenigstens approximativ Bereichschätzer und Teststrategien anzugeben. Freilich wäre es noch schöner, hätte man die exakte Verteilung des Schätzers $\hat{\gamma}(x_1 \dots x_n)$ zur Verfügung, doch deren Bestimmung ist meistens hoffnungslos kompliziert.

Außerordentlich wichtig für die Anwendungen ist dabei der folgende

Satz 10.4.1 *Transformation von KAN-Folgen*
Sei $\big(\hat{\gamma}(x_1 \dots x_n)\colon\ n \geq 1\big)$ eine KAN-Folge für $\gamma = \gamma(\vartheta)$, die asymptotisch nach $\mathbf{N}\big(\gamma(\vartheta), \sigma_n^2(\vartheta)\big)$ verteilt ist. Ist $\tau = \tau(\gamma)$ 1-mal stetig differenzierbar, dann ist $\big(\hat{\tau}(x_1 \dots x_n) = \tau\big(\hat{\gamma}(x_1 \dots x_n)\big)\colon\ n \geq 1\big)$ ebenfalls eine KAN-Folge für $\tau =$ $= \tau\big(\gamma(\vartheta)\big)$ und asymptotisch nach $\mathbf{N}\Big(\tau\big(\gamma(\vartheta)\big), \big(\tau'(\gamma(\vartheta))\sigma_n(\vartheta)\big)^2\Big)$ verteilt.

Beweisskizze: Nach Satz 10.2.3 ist die Schätzfolge $\big(\hat{\tau}(x_1 \dots x_n)\colon n \geq 1\big)$ konsistent. Sei jetzt $\hat{\gamma}(x_1 \dots x_n)$ asymptotisch nach $\mathbf{N}\big(\gamma(\vartheta); \sigma_n^2(\vartheta)\big)$ verteilt. Wir entwickeln $\tau(\gamma)$ an der Stelle $\gamma(\vartheta)$ in ein Taylor-Polynom:

$$\tau(\gamma) = \tau\big(\gamma(\vartheta)\big) + \tau'\big(\gamma(\vartheta)\big)\big(\gamma - \gamma(\vartheta)\big) + o\big(\gamma - \gamma(\vartheta)\big).$$

Es folgt:

$$\frac{\tau\big(\hat{\gamma}(x_1 \dots x_n)\big) - \tau\big(\gamma(\vartheta)\big)}{\sigma_n(\vartheta)} =$$

$$= \tau'\big(\gamma(\vartheta)\big)\frac{\hat{\gamma}(x_1 \dots x_n) - \gamma(\vartheta)}{\sigma_n(\vartheta)} + \frac{o\big(\hat{\gamma}(x_1 \dots x_n) - \gamma(\vartheta)\big)}{\sigma_n(\vartheta)}.$$

Könnte man das Restglied ignorieren, dann hätte man sofort, daß $\tau\big(\hat{\gamma}(x_1 \dots$ $\dots x_n)\big)$ asymptotisch nach $\mathbf{N}\Big(\tau\big(\gamma(\vartheta)\big), \Big(\tau'\big(\gamma(\vartheta)\big)\sigma_n(\vartheta)\Big)^2\Big)$ verteilt, also eine KAN-Folge mit den effektiven Varianzen $\Big(\big(\tau'(\gamma(\vartheta))\sigma_n(\vartheta)\big)^2\colon\ n \geq 1\Big)$ ist. Den strengen Nachweis, daß das Restglied tatsächlich ohne Einfluß auf diese Aussage ist, wollen wir nicht führen und belassen es in diesem Sinn bei einer Beweisskizze. ♠

Beispiel 10.4.1 Asymptotische Normalität von Momenten-Schätzern

Auf der Grundlage von Satz 10.4.1 bzw. seiner mehrdimensionalen Verallgemeinerung ist sofort zu sehen, daß mit der Momentenmethode gewonnene Schätzer KAN-Schätzer sind. Ist nämlich $\big(P(.|\vartheta)\colon\ \vartheta \in \Theta\big)$ eine 1-parametrische Verteilungsfamilie, dann ist der Momentenschätzer $\hat{\vartheta}(x_1 \ldots x_n)$ die Lösung der Gleichung:

$$\mu(\vartheta) = E_\vartheta(x) = \frac{1}{n}(x_1 + \ldots + x_n) = \bar{x}.$$

Nach dem zentralen Grenzverteilungssatz ist $\bar{x}$ asymptotisch nach $\mathbf{N}\big(\mu(\vartheta), \frac{1}{n}\sigma^2(\vartheta)\big)$ verteilt, soferne die Varianz $\sigma^2(\vartheta)$ der Verteilung $P(.|\vartheta)$ existiert (siehe Satz 8.4.1), mithin also eine KAN-Folge für $\mu = \mu(\vartheta)$. Ist daher $\mu(\vartheta)$ 1-mal stetig differenzierbar und monoton (damit die Gleichung $\mu(\vartheta) = \bar{x}$ auch immer eindeutig lösbar ist), dann trifft das auch auf die Umkehrung $\vartheta = \vartheta(\mu)$ zu, und somit ist auch $\hat{\vartheta} = \vartheta(\hat{\mu}) = \vartheta(\bar{x})$ eine KAN-Folge für ϑ mit asymptotischen Varianzen $\Big(\frac{1}{n}\big(\vartheta'(\mu)\sigma(\vartheta)\big)^2\colon\ n \geq 1\Big)$.

Beispiel 10.4.2 Asymptotische Normalität diverser Schätzer

Wir haben in zahlreichen Beispielen Schätzer für die Parameter der wichtigsten Verteilungsfamilien hergeleitet. Sie sind sämtlich, mit Ausnahme der in Beispiel 10.1.10 für die Stutzungsfamilie bestimmten Schätzer, asymptotisch normal verteilt. Man erkennt das in fast allen Fällen auf den ersten Blick:

$\mathbf{H}_{n,A,n}$ (Beispiel 10.1.5): $\hat{A} = N/n \cdot 1/m \cdot \sum_{j=1}^m x_j$ ... Momenten- und ML-Schätzer.

$\mathbf{B}_{n,p}$ (Beispiele 10.1.5, 10.1.11): $\hat{p} = 1/n \cdot 1/m \cdot \sum_{j=1}^m x_j$ ... Momenten- und ML-Schätzer,

$\hat{p} = 1/(mn + \alpha + \beta) \cdot (\sum_{j=1}^m x_j + \alpha)$ ... Bayes-Schätzer,

$\hat{p} = 1/(mn + \alpha + \beta - 2) \cdot (\sum_{j=1}^m x_j + \alpha - 1)$ ... Bayes-Schätzer.

$\mathbf{P}_\mu$ (Beispiele 10.1.5, 10.1.7): $\hat{\mu} = 1/n \cdot \sum_{j=1}^n x_j$ ... Momenten- und ML-Schätzer.

$\mathbf{B}_{n,p_1 \ldots p_k}$ (Beispiel 10.1.9): $\hat{p}_j = x_j/n$ ... Momenten- und ML-Schätzer.

$\mathbf{N}(\mu, \sigma^2)$ (Beispiele 10.1.3, 10.1.8):

$\hat{\mu} = 1/n \cdot \sum_{j=1}^n x_j$ ... Momenten- und ML-Schätzer;

$\hat{\sigma}^2 = 1/n \cdot \sum_{j=1}^n (x_j - \bar{x})^2$ bzw. $\hat{\sigma}^2 = 1/(n-1) \cdot \sum_{j=1}^n (x_j - \bar{x})^2 = s^2$ ... Momenten- und ML-Schätzer.

$(n-1)s^2/\sigma^2$ ist, wie wir im Kapitel 11 zeigen werden, nach χ^2_{n-1} verteilt. s^2 selbst ist damit asymptotisch nach $\mathbf{N}(\sigma^2, 2\sigma^4/(n-1))$ verteilt.

$\mathbf{LogN}(\alpha, \beta)$ (Beispiel 10.1.6): Die asymptotische Normalität der angegebenen Schätzer $\hat{\alpha}, \hat{\beta}$ folgt aus der asymptotischen Normalität der Schätzer für die Normalverteilung und aus Satz 10.4.1.

$\mathbf{N}(\boldsymbol{\mu}, \boldsymbol{\Sigma})$ (Beispiel 10.1.4): Aus der mehrdimensionalen Verallgemeinerung des zentralen Grenzverteilungssatzes folgt die asymptotische Normalität von $\hat{\boldsymbol{\mu}}$ und $\hat{\boldsymbol{\Sigma}}$.

Nichtparametrisches Modell (Beispiel 10.2.1): Für Mittel und Varianz einer allgemeinen Verteilung P sind die Schätzer $\hat{\mu} = 1/n \cdot (x_1 + \ldots + x_n)$ und $s^2 = = 1/(n-1) \cdot \sum_{j=1}^{n}(x_j - \bar{x})^2$ erwartungstreu und konsistent. Sie sind auch asymptotisch normal, wenn P Momente bis zur 4. Ordnung besitzt.

Stutzungsfamilien (Beispiel 10.1.10): Für die Verteilungsfamilie $\big(P(.|a,b)\colon a < < b\big)$, mit den Dichten $f(x|a,b) = f(x)/\int_a^b f(t)dt$ auf $[a,b]$ und 0 sonst, waren die ML-Schätzer für a und b:

$$\hat{a}(x_1 \ldots x_n) = min\{x_1 \ldots x_n\}, \quad \hat{b}(x_1 \ldots x_n) = max\{x_1 \ldots x_n\}.$$

Diese Schätzer sind, wie sich zeigen läßt, nicht asymptotisch normal verteilt. Vielmehr streben die Verteilungen von $n(\hat{a}(x_1 \ldots x_n) - a)$ und $n\big(b - \hat{b}(x_1 \ldots x_n)\big)$, soferne f stetig ist, schwach gegen die Exponentialverteilungen $\mathbf{Ex}_\alpha$, mit $\alpha = f(a)/\int_a^b f(t)dt$, bzw. $\mathbf{Ex}_\beta$, mit $\beta = f(b)/\int_a^b f(t)dt$.

Es handelt sich hiebei um einen jener zwar formal einfachen, dennoch aber nicht regulären Fälle, wo auch die Rao-Cramér-Ungleichung nicht gilt. Man überzeuge sich davon etwa in dem Sonderfall $f(x) \equiv 1$, d.h. $P(.|a,b) = \mathbf{G}_{[a,b]}$.

Es stellt sich nun weiter heraus, daß bei KAN-Folgen von Schätzern $\big(\hat{\gamma}(x_1 \ldots x_n)\colon n \geq 1\big)$, von Ausnahmen abgesehen, stets gilt:

$$\lim_{n\to} \frac{\sigma_n^2(\vartheta)}{(\gamma'(\vartheta))^2/nI(\vartheta)} \geq 1, \tag{10.4.1}$$

d.h. die effektiven Varianzen $\sigma_n^2(\vartheta)$ sind asymptotisch nicht kleiner als die Rao-Cramér-Schranke für die Varianz erwartungstreuer Schätzer, und daß in sehr allgemeinen Fällen, keineswegs nur bei Exponentialfamilien, KAN-Folgen existieren, für die der Limes in (10.4.1) den Wert 1 hat. Man nennt solche KAN-Folgen: **Beste asymptotisch normale** Schätzfolgen oder **BAN**-Folgen. In diesen Zusammenhang gehören die folgenden beiden Definitionen:

Definition 10.4.2 *Asymptotische Effizienz von KAN-Folgen*

Ist $\big(\hat{\gamma}(x_1 \ldots x_n)\colon n \geq 1\big)$ eine KAN-Folge von Schätzern mit (effektiven) Varianzen $\big(\sigma_n^2(\vartheta)\colon n \geq 1\big)$, dann nennt man:

$$Eff_\vartheta(\hat{\gamma}) = lim_{n\to\infty} \frac{(\gamma'(\vartheta))^2/nI(\vartheta)}{\sigma_n^2(\vartheta)}$$

ihre **asymptotische Effizienz.**

Definition 10.4.3 *Relative asymptotische Effizienz zweier KAN-Folgen*
Sind $\big(\hat{\gamma}_1(x_1 \ldots x_n): n \geq 1\big)$ *und* $\big(\hat{\gamma}_2(x_1 \ldots x_n)\colon\ n \geq 1\big)$ *zwei KAN-Folgen für* $\gamma(\vartheta)$ *mit (effektiven) Varianzen* $\big(\sigma^2_{1,n}(\vartheta): n \geq 1\big)$ *und* $\big(\sigma^2_{2,n}(\vartheta)\colon\ n \geq 1\big)$, *dann heißt*

$$Eff_\vartheta(\hat{\gamma}_1 : \hat{\gamma}_2) = lim_{n\to\infty} \frac{\sigma^2_{2,n}(\vartheta)}{\sigma^2_{1,n}(\vartheta)}$$

die **relative asymptotische Effizienz** *der Schätzfolge* $(\hat{\gamma}_1)$ *in bezug auf die Schätzfolge* $(\hat{\gamma}_2)$.

Bemerkungen: 1. Die Effizienz $Eff_\vartheta(\hat{\gamma})$, wie sie in Definition 10.4.2 eingeführt wurde, kann interpretiert werden als relative Effizienz von $\hat{\gamma}$ in bezug auf irgend eine BAN-Folge $\big(\tilde{\gamma}(x_1 \ldots x_n)\colon\ n \geq 1\big)$. Daraus ergibt sich auch die anschauliche Bedeutung dieses Begriffes. Ist nämlich

$$Eff_\vartheta(\hat{\gamma}) = lim_{n\to\infty} \frac{(\gamma'(\vartheta))^2/nI(\vartheta)}{\sigma^2_n(\vartheta)} = e(\vartheta) > 0,$$

dann gilt:

$$lim_{n\to\infty} \frac{(\gamma'(\vartheta))^2/\big((ne(\vartheta))I(\vartheta)\big)}{\sigma^2_n(\vartheta)} = 1,$$

d.h. die Schätzer $\hat{\gamma}(x_1 \ldots x_n)$ und $\tilde{\gamma}(x_1 \ldots x_{\tilde{n}})$ mit $\tilde{n} = ne(\vartheta)$ haben (asymptotisch) gleiche (effektive) Varianz. Anders gesagt: Der Schätzer $\hat{\gamma}$ ist zum Stichprobenumfang n *genauso gut* wie der BAN-Schätzer $\tilde{\gamma}$ zum Stichprobenumfang $\tilde{n} = ne(\vartheta)$. Man könnte also bei Benützung von $\tilde{\gamma}$ den Stichprobenumfang um $n\big(1 - e(\vartheta)\big) \cdot 100\%$ reduzieren.

Da, wie bereits betont, in regulären Fällen stets $Eff_\vartheta(\hat{\gamma}) \leq 1$ gilt, benötigt man, für gleiche Schätzgenauigkeit $\big($ausgedrückt durch $\sigma^2_n(\vartheta)\big)$, bei einer allgemeinen KAN-Folge stets mehr Beobachtungen als bei einer BAN-Folge.

2. Aus den Definitionen 10.4.2 und 10.4.3 folgt:

$$Eff_\vartheta(\hat{\gamma}_1 : \hat{\gamma}_2) \cdot Eff_\vartheta(\hat{\gamma}_2 : \hat{\gamma}_3) = Eff_\vartheta(\hat{\gamma}_1 : \hat{\gamma}_3),$$

$$Eff_\vartheta(\hat{\gamma}_1)/Eff_\vartheta(\hat{\gamma}_2) = Eff_\vartheta(\hat{\gamma}_1 : \hat{\gamma}_2).$$

Daraus ergeben sich analoge Aussagen über die Stichprobenumfänge wie oben. Nämlich: Ist $Eff_\vartheta(\hat{\gamma}_1 : \hat{\gamma}_2) = e$, dann ist der Schätzer $\hat{\gamma}_1$ beim Stichprobenumfang n_1 ebenso genau (im Sinne effektiver Varianzen), wie der Schätzer $\hat{\gamma}_2$ beim Stichprobenumfang n_2, wenn $n_1 : n_2 = 1 : e$ gilt. Freilich gilt diese Aussage nur für große Stichprobenumfänge.

3. Der Begriff der relativen Effizienz kann unverändert auf mehrparametrische, ja auf parameterfreie Modelle übertragen werden.

Beispiel 10.4.3 Relative Effizienz linearer Schätzer für das Mittel einer Verteilung
Für das Mittel μ einer Verteilung P ist jeder in den Beobachtungen $x_1 \ldots x_n$ lineare Schätzer:

$$\hat{\mu}_{\alpha_1\ldots\alpha_n}(x_1\ldots x_n) = \sum_{j=1}^{n} \alpha_j x_j \quad \text{mit} \sum_{j=1}^{n} \alpha_j = 1$$

erwartungstreu. Die Varianz von $\hat{\mu}_{\alpha_1\ldots\alpha_n}$ ist: $V(\hat{\mu}_{\alpha_1\ldots\alpha_n}) = \sigma_x^2 \sum_{j=1}^{n} \alpha_j^2$. Sind nun $\hat{\mu}_\alpha = (\hat{\mu}_{\alpha_{n1}\ldots\alpha_{nn}}\colon n \geq 1)$ und $\hat{\mu}_\beta = (\hat{\mu}_{\beta_{n1}\ldots\beta_{nn}}\colon n \geq 1)$ zwei lineare Schätzfolgen mit:

$$\sum_{j=1}^{n} \alpha_{nj} = \sum_{j=1}^{n} \beta_{nj} = 1 \quad \text{und} \quad lim_{n\to\infty} \sum_{j=1}^{n} \alpha_{nj}^2 = lim_{n\to\infty} \sum_{j=1}^{n} \beta_{nj}^2 = 0,$$

dann ist deren relative asymptotische Effizienz gegeben durch:

$$Eff(\hat{\mu}_\beta : \hat{\mu}_\alpha) = lim_{n\to\infty} \sum_{j=1}^{n} \alpha_{nj}^2 / \sum_{j=1}^{n} \beta_{nj}^2.$$

Wir zeigen, daß $\sum_{j=1}^{n} \alpha_{nj}^2$ unter der Nebenbedingung $\sum_{j=1}^{n} \alpha_{nj} = 1$ minimal wird für $\alpha_{nj} = 1/n \quad j = 1 \ldots n$. Man erkennt das sofort aus:

$$\sum_{j=1}^{n} \alpha_{nj}^2 = \sum_{j=1}^{n} \left((\alpha_{nj} - 1/n) + 1/n\right)^2 =$$

$$= \sum_{j=1}^{n} (\alpha_{nj} - 1/n)^2 + \frac{2}{n} \underbrace{\sum_{j=1}^{n} (\alpha_{nj} - 1/n)}_{=0} + \frac{1}{n} \geq 1/n.$$

Die Gleichung steht für $\alpha_{nj} = 1/n$. Das arithmetische Mittel ist damit unter allen linearen, erwartungstreuen Schätzern von μ der effizienteste.

Es überschreitet den Rahmen dieses Buches, die asymptotische Theorie der Maximum-Likelihood-Schätzer zu entwickeln, und wir verweisen den Leser auf die weiterführende Fachliteratur. Erwähnt sei lediglich die Tatsache, daß ML-Schätzfolgen unter sehr allgemeinen Regularitätsbedingungen konsistent und unter etwas einschränkenderen Voraussetzungen asymptotisch normal, ja sogar BAN-Folgen sind.

11. Suffizienz und Vollständigkeit

11.1 Suffiziente Statistiken

„Die möglichst vollständige Ausschöpfung der in einer Stichprobe $(x_1 \dots x_n)$ über das zugrundeliegende Experiment $\mathcal{E}$ enthaltenen Information ist das Ziel aller statistischen Bemühungen". Diesem Satz wird man ohne viel Zögern zustimmen; dennoch kommt man sofort in arge Verlegenheit, wenn man sagen soll, worin diese Information besteht, ob man sie etwa mit irgend einem Maß messen kann und auf welche Art man sie aus der Stichprobe *ausschöpfen* könnte.

Zunächst repräsentiert die Stichprobe $(x_1 \dots x_n)$ selbst, in aller Vollständigkeit, einschließlich der Reihenfolge der Beobachtungen x_j, diese Information, aufgefaßt als Botschaft des Experimentes $\mathcal{E}$ an den Beobachter. Aber, so wie sich die in einem Brief, einem Aufsatz, einem Buch enthaltene wesentliche Aussage in der Regel viel kürzer formulieren läßt, ist zu vermuten, daß das auch bei der in $(x_1 \dots x_n)$ enthaltenen Information möglich ist. Wir betrachten zwei Beispiele, wo diese Möglichkeit, der vereinfachten Formulierung der in $(x_1 \dots x_n)$ enthaltenen Information, intuitiv sofort einleuchtet, wenn wir auch den strengen Nachweis, daß wirklich alles Wesentliche ausgeschöpft wurde, erst später erbringen werden.

Beispiel 11.1.1 Die Anzahl der Realisierungen eines Ereignisses als wesentliche Information

Wir betrachten ein Experiment $\mathcal{E}$ und ein dazu gehöriges Ereignis A. Der Versuchsausgang wird mit $x = 1$ oder $x = 0$ verschlüsselt, je nachdem, ob A bei einer Durchführung von $\mathcal{E}$ eintritt oder nicht. Eine Stichprobe $(x_1 \dots x_n)$ ist dann eine 0-1-Folge der Länge n, wobei x_j angibt, ob bei der j-ten Versuchswiederholung A realisiert wurde oder nicht. Dieses ist die vollständige Botschaft von $\mathcal{E}$ an den Beobachter im Rahmen der gewählten Beschreibung der Versuchsausgänge.

Bevor wir über eine knappere Formulierung der in der Folge $(x_1 \dots x_n)$ enthaltenen Information nachdenken, machen wir uns klar: Wir kennen das Experiment $\mathcal{E}$ — im Rahmen der gewählten Beschreibung der Versuchsausgänge — vollständig, wenn die Wahrscheinlichkeit $P_x(x = 1) = P(A) = p$ bekannt ist, denn es ist von keinem anderen Experiment $\mathcal{E}'$ mit 0-1-Versuchsausgang x' und $P_{x'}(x' = 1) = p$ zu unterscheiden. Alle Information in der Stichprobe $(x_1 \dots x_n)$, die in diesem Zusammenhang von Interesse ist, ist somit Information über p.

Ist nun etwa $n = 10$ und lautet die Stichprobe: (0110100010), dann wird jeder sofort sagen: „4-mal ist A eingetreten, 6-mal A^c, das ist die wesentliche Information über p, die konkrete Reihenfolge von Nullen und Einsen in der Stichprobe ist rein zufällig und belanglos." Natürlich genügt die Angabe: 4-mal ist A eingetreten — 6-mal A^c ist dann selbstverständlich. Allgemein enthält also die Statistik $y = \sum_{j=1}^{n} x_j$, dieses Gefühl hat man jedenfalls, die gesamte in der Stichprobe über p und damit über $\mathcal{E}$ enthaltene Information. Wir werden die Richtigkeit dieser Vermutung in Beispiel 11.1.3 bestätigen.

Beispiel 11.1.2 Die Ordnungsreihe als wesentliche Information

Sei diesmal $\mathcal{E}$ ein Experiment, dessen Ausgang durch die 1-dimensionale, diskrete oder stetige Variable x beschrieben wird, und sei $(x_1 \dots x_n)$ eine Stichprobe. Dasjenige, worüber diese Stichprobe Infomation enthalten kann, ist die Verteilung P_x von x. Kennen wir P_x, dann ist $\mathcal{E}$ bekannt, wenigstens soweit die Beschreibung der Ausgänge von $\mathcal{E}$ durch die Variable x betroffen ist.

Sind nun etwa (2,5; 3,1; 1,6; 4,2; 5,9) und (1,6; 5,9; 4,2; 3,1; 2,5) zwei konkrete Stichproben vom Umfang $n = 5$, dann erkennt man: beide Stichproben enthalten die gleichen Einzelbeobachtungen, aber in jeweils unterschiedlicher Reihenfolge. Kaum jemand wird zögern zu sagen: „Die Reihenfolge der Beobachtungen ist gleichgültig, wesentlich sind allein die beobachteten Werte." Einigt man sich darauf, die beobachteten Werte etwa in der Reihenfolge wachsender Größe anzugeben (man könnte sie auch nach fallender Größe oder nach einem anderen Kriterium reihen), gibt man also die sogenannte Ordnungsreihe $(x_{(1)}, x_{(2)} \dots x_{(n)})$ an — im obigen Fall wäre das $(x_{(1)} \dots x_{(5)}) = (1,6; 2,5; 3,1; 4,2; 5,9)$ —, dann hat man, so wenigstens ist zu vermuten, die gesamte in der Stichprobe über P_x enthaltene Information darin enthalten.

Na und? — wird man vielleicht fragen. Das soll eine Vereinfachung sein? Um die Ordnungsreihe zu notieren, brauche ich die gleichen Zahlenangaben wie für die Stichprobe selbst und habe noch einen Haufen Arbeit mit dem Ordnen der Werte!

Alles zugegeben. Dennoch wird uns die Einsicht, wenn wir sie einmal bewiesen haben, daß die Ordnungsreihe alle Information über P_x, die in der Stichprobe enthalten ist, ausschöpft, von erheblichem Nutzen sein.

Das vorige Beispiel ist übrigens ein Sonderfall des gegenwärtigen, denn die Ordnungsreihe der Stichprobe $(x_1 \dots x_{10}) = (0110100010)$ ist $(x_{(1)} \dots x_{(10)}) = (0000001111)$ und diese ist bekannt, sobald man weiß, daß 4-mal die Eins auftritt.

Wir kehren zur allgemeinen Problemstellung zurück. Es ist ein Experiment $\mathcal{E}$ gegeben, dessen Ausgang x nach P_x verteilt ist. P_x ist unbekannt. Bekannt ist hingegen, daß P_x in einer ein- oder mehrparametrischen oder auch einer nichtparametrischen Verteilungsfamilie (z.B. der Familie aller stetigen Verteilungen mit endlicher Varianz u.ä.) liegt. Wir nennen diese Verteilungsfamilie $\mathcal{P}$ und besitzen damit die a priori-Information: $P_x \in \mathcal{P}$. Das Experiment wird n-mal unabhängig wiederholt, mit dem Ergebnis: $(x_1 \dots x_n)$.

Wir stellen nun die Frage nach der Ausschöpfung der in $(x_1 \dots x_n)$ über P_x enthaltenen Information in der folgenden, präzisierten Form: Gesetzt $t_1(x_1 \dots x_n) \dots t_k(x_1 \dots x_n)$ sind k Statistiken der Stichprobenvariablen $x_1 \dots x_n$, wann enthält das k-Tupel $(t_1 \dots t_k) = (t_1(x_1 \dots x_n) \dots t_k(x_1 \dots x_n))$ die gesamte in $(x_1 \dots x_n)$ über P_x enthaltene Information?

Von einer wirklich nennenswerten Informationsverdichtung wird man natürlich nur dann sprechen, wenn $k < n$ ist. Man erinnere sich aber an Beispiel

11.1.2, wo $k = n$ war. Die Frage, wie klein k äußerstenfalls sein kann, interessiert uns zunächst nicht. Allein die Frage, ob beim Übergang von $(x_1 \dots x_n)$ zu $(t_1 \dots t_k)$ ein Informationsverlust eintritt, ist vorläufig von Interesse.

Wir wollen uns dem Problem behutsam nähern, denn die Frage nach dem Informationsgehalt einer Stichprobe ist uns bisher nie begegnet, und wir verfügen ja weder über einen formalen Informationsbegriff noch über ein Verfahren, Information zu messen. All das ist aber für unsere Aufgabe auch nicht notwendig. Wir benötigen lediglich eine klare und überzeugende Einsicht, wann eine Botschaft, also etwa eine Stichprobe $(x_1 \dots x_n)$, über einen Sachverhalt **keine** Information enthält, so daß wir sie beruhigt vergessen können.

Zunächst ist eines selbstverständlich: Hängt eine Botschaft — wir denken natürlich vorzugsweise an naturwissenschaftliche Beobachtungen — von einer Gruppe möglicher (i.a. unbekannter) Ursachen **nicht** ab, dann enthält sie auch keine Information über diese Ursachen. Wir können diese Situation folgendermaßen modellieren (siehe Abb. 11.1.1): Gegeben sind zwei Experimente $\mathcal{E}_1$ und $\mathcal{E}_2$ — wir interpretieren sie wieder als schwarze Schachteln. In der Schachtel $\mathcal{E}_1$ werden irgendwelche Veränderungen vorgenommen — die Schachtel $\mathcal{E}_2$ erfährt davon nichts.

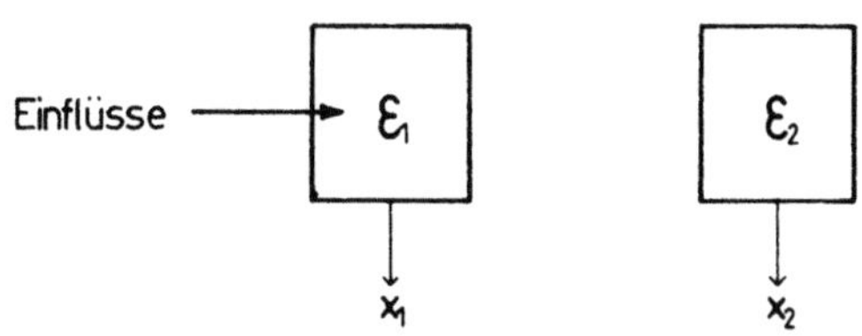

Abb. 11.1.1

Es ist klar, daß Beobachtungen des Experiments $\mathcal{E}_2$ keinerlei Information über die in $\mathcal{E}_1$ vorgenommenen Veränderungen enthalten. Denken wir insbesondere an Zufallsexperimente, dann bedeuten Änderungen im Experiment $\mathcal{E}_1$ Änderungen der Wahrscheinlichkeitsverteilung P_{x_1} seines Ausganges x_1. Bleibt dabei P_{x_2}, die Verteilung des Ausganges von $\mathcal{E}_2$, ungeändert, dann ist ganz offensichtlich die Beobachtung der Ausgänge von $\mathcal{E}_2$ ohne jede Information über die an P_{x_1} vorgenommenen Änderungen. Haben wir also sowohl Beobachtungen der Ausgänge von $\mathcal{E}_1$ als auch solche von $\mathcal{E}_2$ zur Verfügung — etwa in der Form: $(x_{11} \dots x_{1k}; x_{21} \dots x_{2l})$ —, dann können wir die Daten $(x_{21} \dots x_{2l})$ ohne Informationsverlust vergessen.

Betrachten wir nun die allgemeinere Situation zweier gekoppelter Experimente $\mathcal{E}_1$ und $\mathcal{E}_2^1$, wie sie in Abb. 11.1.2 dargestellt sind.

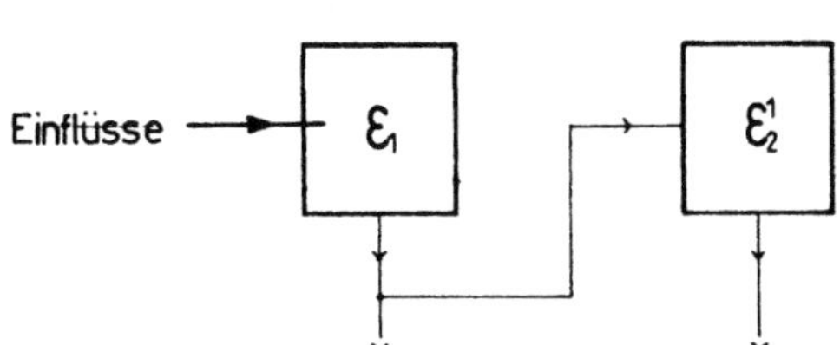

Abb. 11.1.2

Wir nehmen wieder an, daß in dem Kasten $\mathcal{E}_1$ irgendwelche Veränderungen durchgeführt werden, der Kasten $\mathcal{E}_2^1$ aber ungeändert bleibt. Dabei muß klar sein: Wohl hat der Kasten $\mathcal{E}_2^1$ einen Eingang, in den der Ausgang x_1 von $\mathcal{E}_1$ eingespeist wird — er erfährt daher so gesehen etwas von $\mathcal{E}_1$ —, als Kasten aber, d.h. als Versuchsanordnung, die er ja genau genommen erst wird, nachdem der konkrete Wert x_1 eingefüttert ist, bleibt er jedoch von allen an $\mathcal{E}_1$ vorgenommenen Veränderungen völlig unberührt.

Führen wir jetzt das Experiment $\mathcal{E}_1$ durch, mit dem Ergebnis x_1, und anschließend $\mathcal{E}_2^1$ einmal oder auch mehrmals, immer mit dem von $\mathcal{E}_1$ her eingegebenen Wert x_1, und erhalten wir dabei die Beobachtungen $(x_{21} \ldots x_{2l})$, dann ist wiederum offenbar: Die Daten $(x_{21} \ldots x_{2l})$ enthalten, bei Kenntnis von x_1, keinerlei zusätzliche Information über die an $\mathcal{E}_1$ vorgenommenen Veränderungen, denn das Experiment $\mathcal{E}_2^1$, mit dem eingegebenen Wert x_1, ist stets das gleiche, was auch immer an $\mathcal{E}_1$ verändert worden sein mag. Von den Daten $(x_1; x_{21} \ldots x_{2l})$ kann somit $(x_{21} \ldots x_{2l})$, ohne Informationsverlust über die an $\mathcal{E}_1$ vorgenommenen Veränderungen, weggelassen werden; x_1 enthält bereits alle diesbezügliche Information.

Sind $\mathcal{E}_1$ und $\mathcal{E}_2^1$ Zufallsexperimente mit $x_1 \sim P_1$ und $x_2 \sim P_2^1(.|x_1)$, dann bewirken Veränderungen an $\mathcal{E}_1$ Änderungen der Verteilung P_1, d.h. die äußeren oder inneren Einflüsse wählen eine Verteilung $P_1 \in \mathcal{P}$ aus; welche, ist dem Experimentator unbekannt. Die Übergangswahrscheinlichkeit P_2^1 hingegen bleibt von diesen Einflüssen unberührt — ist x_1 bekannt, dann ist $P_2^1(.|x_1)$ immer dieselbe. Beobachtungen von x_2 sind daher, bei bekanntem x_1, ohne Information über P_1, gleichgültig ob man P_2^1 kennt oder nicht.

Wir verallgemeinern die Situation noch um einen letzten kleinen Schritt und nehmen an, ein Zufallsexperiment $\mathcal{E}$ mit dem Ausgang (x_1, x_2) wäre gegeben (siehe Abb. 11.1.3). Auf $\mathcal{E}$ wirken Einflüsse, die die Verteilung $P_{1,2}$ dieses Ausganges im Rahmen gewisser Grenzen $\mathcal{P}$ festlegen.

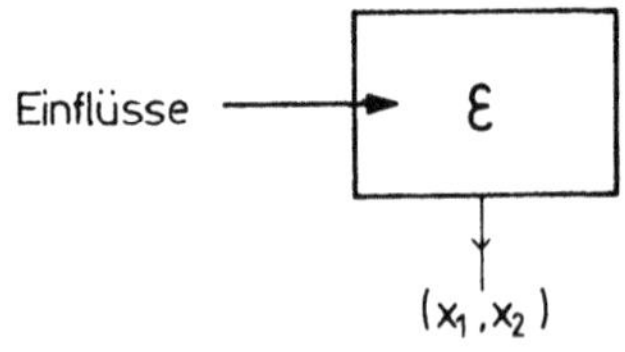

Abb. 11.1.3

Ist dann die bedingte Verteilung der Variablen x_2, bei gegebenem x_1 — also $P_2^1(.|x_1)$ — stets die gleiche, wie auch immer $P_{1,2} \in \mathcal{P}$ sein mag, so ist die gesamte über $P_{1,2}$ in den Daten (x_1, x_2) enthaltene Information bereits durch die Angabe von x_1 ausgeschöpft und x_2 kann vergessen werden. Das leuchtet sofort ein, wenn wir uns $\mathcal{E}$, wie in Abb. 11.1.2, durch ein Experiment der Form $\mathcal{E}_1 \otimes \mathcal{E}_2^1$ dargestellt denken; $\mathcal{E}$ kann ja, aufgefaßt als Black box, davon nicht unterschieden werden. In diesem Fall kann aber x_2, bei Kenntnis von x_1, ignoriert werden, soferne die bedingte Verteilung P_2^1 immer die gleiche ist — davon haben wir uns bereits überzeugt.

Wesentlich umfangreicher werden schließlich die Möglichkeiten der Informationsverdichtung, wenn wir den Ausgang (x_1, x_2) von $\mathcal{E}$ umkehrbar eindeutig, also zunächst ganz offensichtlich ohne Informationsverlust, transformieren:

$$(y_1, y_2) = \big(t_1(x_1, x_2), t_2(x_1, x_2)\big).$$

Ist dann die bedingte Verteilung $P_{y_2}^{y_1}(.|y_1)$ immer dieselbe, gleichgültig welche Verteilung aus $\mathcal{P}$ (x_1, x_2) hat, dann enthält $y_1 = t_1(x_1, x_2)$ alle in den Daten über die Variablität des Experimentes vorhandene Information.

Auf zwei Punkte wollen wir noch besonders hinweisen, bevor wir den allgemeinen Begriff der informationsausschöpfenden (=suffizienten; d.h. eigentlich: zur Informationsausschöpfung *ausreichenden*) Statistik definieren:

1. Wir haben uns bei den obigen Betrachtungen immer wieder der Begriffe *Information*, *Informationsverlust* u.ä. bedient. Diese Begriffe liegen außerhalb der bisher entwickelten Wahrscheinlichkeitstheorie. Insoferne waren die Betrachtungen *metatheoretisch* — ihr Ergebnis ist daher kein Satz, sondern eine Definition, mit der das Wesentliche der Betrachtung in die Theorie herübergenommen wird. Wir haben solche Situationen ja schon mehrfach erlebt (Definition des Wahrscheinlichkeitsbegriffes, der Unabhängigkeit etc.) Die Quintessenz der angestellten Überlegungen war nicht irgend ein Informationsbegriff, sondern einerseits die Einsicht, daß Information über einen Sachverhalt nur dann vorliegt, wenn die Beobachtungen in irgendeiner Weise von diesem Sachverhalt abhängen, und andererseits die Präzisierung der Art dieser Abhängigkeit. Diese Dinge werden durch die folgende Definition erfaßt — ein formaler Informationsbegriff ist dafür nicht nötig.

2. Die in den bisherigen Überlegungen benutzten Experimente $\mathcal{E}$ können beliebig komplex, insbesondere durch n-malige, unabhängige Wiederholung eines einfacheren Einzelexperimentes entstanden sein. Die Versuchsausgänge $x_1, x_2; y_1, y_2$; etc. sind daher selbst beliebig vieldimensional.

Definition 11.1.1 *Begriff der suffizienten Statistik*

Sei $\mathcal{E}$ ein Experiment mit Ausgang $\mathbf{x} = (x_1 \dots x_n)$, dessen Verteilung $P_\mathbf{x}$ der Verteilungsfamilie $\mathcal{P}$ angehört, und sei weiters $\mathbf{y} = (y_1 \dots y_n) = \big(t_1(\mathbf{x}) \dots t_n(\mathbf{x})\big)$ eine umkehrbar eindeutige Transformation von $\mathbf{x}$. Die Statistik $(y_1 \dots y_k) = \big(t_1(\mathbf{x}) \dots t_k(\mathbf{x})\big)$ heißt **suffizient** *oder* **erschöpfend** *für die Familie $\mathcal{P}$, falls die bedingte Verteilung von $(y_{k+1} \dots y_n)$, bei gegebenen Werten $(y_1 \dots y_k)$, nicht davon abhängt, welche Verteilung $P_\mathbf{x} \in \mathcal{P}$ der Versuchsausgang $\mathbf{x}$ besitzt.*

Die obige Definition ist zunächst nicht ganz befriedigend, weil es so aussieht, als hinge die Suffizienz von $(y_1 \dots y_k) = \big(t_1(\mathbf{x}) \dots t_k(\mathbf{x})\big)$ von der Wahl der restlichen Statistiken $\big(t_{k+1}(\mathbf{x}) \dots t_n(\mathbf{x})\big)$ ab. Die Sätze 11.1.1 und 11.1.2 werden diesen Mangel beheben. Überhaupt bedarf es noch einiger Anstrengungen, bis wir zu praktisch handhabbaren Kriterien für die Suffizienz einer Statistik kommen.

Satz 11.1.1 *Fisher-Neyman-Kriterium für die Suffizienz einer Statistik*
Mit den Bezeichnungen von Definition 11.1.1 ist die Statistik $(y_1 \dots y_k) = (t_1(\mathbf{x}) \dots t_k(\mathbf{x}))$ *genau dann suffizient für die Verteilungsfamilie* $\mathcal{P}$, *falls die Dichte der Verteilung* $P_\mathbf{x}$ *von* $\mathbf{x} = (x_1 \dots x_n)$ *von der Form ist:*

$$f_\mathbf{x}(\mathbf{x}|P_\mathbf{x}) = g_1\big(t_1(\mathbf{x}) \dots t_k(\mathbf{x})|P_\mathbf{x}\big)g_2(\mathbf{x}), \tag{11.1.1}$$

d.h. $f_\mathbf{x}(\mathbf{x}|P_\mathbf{x})$ *ist ein Produkt, dessen erster Faktor* g_1 *für jedes* $P_\mathbf{x} \in \mathcal{P}$ *nur über die Statistiken* $t_1(\mathbf{x}) \dots t_k(\mathbf{x})$ *von* $\mathbf{x}$ *abhängt und dessen zweiter Faktor* g_2 *für alle Verteilungen* $P_\mathbf{x} \in \mathcal{P}$ *derselbe ist.*

Beweis: 1. Teil: $\big(t_1(\mathbf{x}) \dots t_k(\mathbf{x})\big)$ ist suffizient $\Longrightarrow$ (11.1.1):

Sei $\mathbf{y} = (y_1 \dots y_n) = \big(t_1(\mathbf{x}) \dots t_n(\mathbf{x})\big) = \mathbf{t}(\mathbf{x})$ eine umkehrbar eindeutige Transformation der Daten $\mathbf{x}$. Ist $\big(t_1(\mathbf{x}) \dots t_k(\mathbf{x})\big)$ suffizient, dann hängt die Dichte der bedingten Verteilung von $(y_{k+1} \dots y_n)$, bei gegebenen Werten $(y_1 \dots y_k)$, nicht von $P_\mathbf{x} \in \mathcal{P}$ ab. Die Randverteilung von $(y_1 \dots y_k)$ hingegen wird i.a. sehr wohl von $P_\mathbf{x} \in \mathcal{P}$ abhängig sein. Die gemeinsame Dichte von $(y_1 \dots y_n)$ hat somit die Gestalt:

$$f_{y_1 \dots y_n}(y_1 \dots y_n|P_\mathbf{x}) = f_{y_1 \dots y_k}(y_1 \dots y_k|P_\mathbf{x}) f^{y_1 \dots y_k}_{y_{k+1} \dots y_n}(y_{k+1} \dots y_n|y_1 \dots y_k); \tag{11.1.2}$$

man beachte: allein der erste Faktor rechts hängt von $P_\mathbf{x}$ ab!

Wir erhalten die Dichte $f_\mathbf{x}(\mathbf{x}|P_\mathbf{x})$, wenn wir in (11.1.2) $y_1 = t_1(\mathbf{x}) \dots y_n = t_n(\mathbf{x})$ einsetzen und im Fall stetiger Variablen $\mathbf{x}, \mathbf{y}$ mit $|J(\mathbf{x})|$, dem Betrag der Funktionaldeterminante $J(\mathbf{x}) = Det\Big(\frac{\partial(y_1 \dots y_n)}{\partial(x_1 \dots x_n)}\Big)$ (siehe Satz 3.6.1) und im Fall diskreter Variablen mit 1 multiplizieren. Wir bezeichnen diesen Faktor kurz mit $C(\mathbf{x})$, wobei allein wesentlich ist, daß er nicht von der Verteilung $P_\mathbf{x} \in \mathcal{P}$ abhängt. Es ergibt sich:

$$\begin{aligned} f_\mathbf{x}(\mathbf{x}|P_\mathbf{x}) &= \big[f_{y_1 \dots y_k}\big(t_1(\mathbf{x}) \dots t_k(\mathbf{x})|P_\mathbf{x}\big)\big] \cdot \\ &\cdot \big[f^{y_1 \dots y_k}_{y_{k+1} \dots y_n}\big(t_{k+1}(\mathbf{x}) \dots t_n(\mathbf{x})|t_1(\mathbf{x}) \dots t_k(\mathbf{x})\big)C(\mathbf{x})\big] = \\ &= g_1\big(t_1(\mathbf{x}) \dots t_k(\mathbf{x})|P_\mathbf{x}\big)g_2(\mathbf{x}), \end{aligned}$$

also in der Tat die behauptete Form von $f_\mathbf{x}(\mathbf{x}|P_\mathbf{x})$ — g_1 bzw. g_2 bezeichnen die in den beiden eckigen Klammern zusammengefaßten Ausdrücke.

2. Teil: $f_\mathbf{x}(\mathbf{x}|P_\mathbf{x})$ hat die Form (11.1.1) $\Longrightarrow$ $\big(t_1(\mathbf{x}) \dots t_k(\mathbf{x})\big)$ ist suffizient.

Wir ergänzen $t_1 \dots t_k$ durch Hinzunahme weiterer $(n-k)$ Statistiken $t_{k+1} \dots t_n$ zu einer 1-1-Abbildung $\mathbf{y} = (y_1 \dots y_n) = \big(t_1(\mathbf{x}) \dots t_n(\mathbf{x})\big) = \mathbf{t}(\mathbf{x})$ und bezeichnen ihre Umkehrung mit $\mathbf{x} = (x_1 \dots x_n) = \big(s_1(\mathbf{y}) \dots s_n(\mathbf{y})\big) = \mathbf{s}(\mathbf{y})$. Hat nun $f_\mathbf{x}(\mathbf{x}|P_\mathbf{x})$ die in (11.1.1) angegebene Form, dann folgt für die gemeinsame Dichte von $\mathbf{y} = (y_1 \dots y_n)$ zunächst:

$$f_{\mathbf{y}}(\mathbf{y}|P_{\mathbf{x}}) = g_1(y_1 \dots y_k|P_{\mathbf{x}})g_2\big(s_1(\mathbf{y})\dots s_n(\mathbf{y})\big)C(\mathbf{y}); \tag{11.1.3}$$

für $C(\mathbf{y})$ gilt die gleiche Bemerkung wie oben für $C(\mathbf{x})$.

Die Randdichte von $(y_1 \dots y_k)$ — gebildet durch Summation bzw. Integration über $y_{k+1} \dots y_n$ — hat daher die Form:

$$f_{y_1\dots y_k}(y_1 \dots y_k|P_{\mathbf{x}}) = g_1(y_1 \dots y_k|P_{\mathbf{x}})h(y_1 \dots y_k); \tag{11.1.4}$$

man beachte wieder: $h(y_1 \dots y_k)$ — die Summe bzw. das Integral von $g_2\big(\mathbf{s}(\mathbf{y})\big) \cdot$ $\cdot C(\mathbf{y})$ über $y_{k+1} \dots y_n$ — hängt nicht von $P_{\mathbf{x}}$ ab!

Division von (11.1.3) durch (11.1.4) ergibt die bedingte Dichte:

$$f^{y_1\dots y_k}_{y_{k+1}\dots y_n}(y_{k+1} \dots y_n|y_1 \dots y_k) = \frac{g_2\big(s_1(\mathbf{y})\dots s_n(\mathbf{y})\big)C(\mathbf{y})}{h(y_1 \dots y_k)}$$

und diese ist offensichtlich von $P_{\mathbf{x}}$ unabhängig, denn $g_1(y_1 \dots y_k|P_{\mathbf{x}})$, der von $P_{\mathbf{x}}$ abhängige Faktor, fällt heraus. Die Statistik $\big(t_1(\mathbf{x})\dots t_k(\mathbf{x})\big)$ ist daher in der Tat suffizient. ♠

Bemerkungen: 1. Der Leser wird wohl die Variablen $x_1 \dots x_n$ bzw. $y_1 \dots y_n$ zunächst als 1-dimensionale Größe interpretiert haben. Das ist jedoch, sowohl in der Definition 11.1.1, als auch im Satz 11.1.1, völlig unnötig. Auch am Beweis von Satz 11.1.1 ändert sich nichts, wenn man an mehrdimensionale Variable denkt.

2. Wir haben beim Beweis von Satz 11.1.1 implizit, ohne besonders darauf hinzuweisen, gewisse Regularitätseigenschaften der involvierten Transformationen benützt — beispielsweise, daß die Statistik $\big(t_1(\mathbf{x})\dots t_k(\mathbf{x})\big)$ immer zu einer hinreichend regulären 1-1-Abbildung $\big(t_1(\mathbf{x})\dots t_n(\mathbf{x})\big)$ ergänzbar ist, etc. Wie schon oft, ist auch hier ein wirklich strenger Beweis, bei großer Allgemeinheit der Aussage, mit elementaren Mitteln nicht zu führen. Der wesentliche Beweisgedanke wurde aber vermittelt.

3. Das Kriterium (11.1.1) für die Suffizienz von $\big(t_1(\mathbf{x})\dots t_k(\mathbf{x})\big)$ ist frei von der weitgehend beliebigen Wahl weiterer Statistiken $\big(t_{k+1}(\mathbf{x})\dots t_n(\mathbf{x})\big)$. Damit ist auch der Mangel in Definition 11.1.1, auf den bereits hingewiesen wurde, behoben.

In den Anwendungen des Suffizienzbegriffes benötigt man oft die in dem folgenden Satz 11.1.2 ausgesprochenen Charakterisierungen suffizienter Statistiken, die meistens zur Definition dieses Begriffes benützt werden.

Satz 11.1.2 *Weitere Charakterisierungen suffizienter Statistiken*
Die Statistik $(y_1 \dots y_k) = \big(t_1(\mathbf{x})\dots t_k(\mathbf{x})\big)$ ist genau dann suffizient für $P_{\mathbf{x}} \in \mathcal{P}$, wenn eine der beiden folgenden gleichwertigen Aussagen **A.** *bzw.* **B.** *gilt:*

A. *Die bedingte Verteilung jeder weiteren Statistik $y_{k+1} - t_{k+1}(\mathbf{x})$, für festes $\big(t_1(\mathbf{x})\dots t_k(\mathbf{x})\big) = (y_1 \dots y_k)$, hängt nicht von $P_{\mathbf{x}} \in \mathcal{P}$ ab.*

B. *Die bedingte Erwartung jeder weiteren Statistik* $y_{k+1} = t_{k+1}(\mathbf{x})$, *für festes* $\big(t_1(\mathbf{x})\dots t_k(\mathbf{x})\big) = (y_1 \dots y_k)$, *hängt nicht von* $P_\mathbf{x} \in \mathcal{P}$ *ab.*

Beweis: Zunächst ist die Äquivalenz von **A.** und **B.** evident. Die restlichen Überlegungen folgen im wesentlichen der Linie des Beweises von Satz 11.1.1. Wir ergänzen $\big(t_1(\mathbf{x})\dots t_k(\mathbf{x})\big)$ zunächst durch die Statistik $t_{k+1}(\mathbf{x})$ und dann durch weitere $(n-k-1)$ geeignete Statistiken zu einer 1-1-Abbildung von $\mathbf{x}$ nach $\mathbf{y} = (y_1 \dots y_n) = \big(t_1(\mathbf{x})\dots t_k(\mathbf{x}), t_{k+1}(\mathbf{x}), t_{k+2}(\mathbf{x})\dots t_n(\mathbf{x})\big)$.

Ist $\big(t_1(\mathbf{x})\dots t_k(\mathbf{x})\big)$ suffizient, dann hängt die Verteilung $P^{y_1\dots y_k}_{y_{k+1}\dots y_n}$ nicht von $P_\mathbf{x} \in \mathcal{P}$ ab, also auch nicht die daraus durch Summation bzw. Integration über $y_{k+2}\dots y_n$ zu bildende Verteilung $P^{y_1\dots y_k}_{y_{k+1}}$.

Ist umgekehrt die Verteilung $P^{y_1\dots y_k}_{y_{k+1}}$ für jede Wahl der Statistik $y_{k+1} = t_{k+1}(\mathbf{x})$ von $P_\mathbf{x} \in \mathcal{P}$ unabhängig, dann trifft das auch notwendig auf $P^{y_1\dots y_k}_{y_{k+1}\dots y_n}$ zu, wie man durch indirekten Schluß sofort sieht. ♠

Wir besitzen mit Definition 11.1.1 und den Sätzen 11.1.1 und 11.1.2 nunmehr vier verschiedene Charakterisierungen suffizienter Statistiken und werden uns nach Bedarf der jeweils geeigneten bedienen.

Beispiel 11.1.3 Fortsetzung von Beispiel 11.1.1: Anzahl der Realisierungen eines Ereignisses als suffiziente Statistik

Wir hatten ein beliebiges Experiment $\mathcal{E}$ und ein dazugehöriges Ereignis A betrachtet. Der Versuchsausgang war mit $x = 1$ oder $x = 0$ codiert, je nachdem, ob A eintritt oder nicht. Die Wahrscheinlichkeit $P(A) = p$ ist unbekannt, und damit wissen wir von der Verteilung P_x von x nur, daß es sich um ein Exemplar aus der 1-parametrischen Verteilungsfamilie $(\mathbf{B}_{1,p}\colon\ 0 \le p \le 1) = \mathcal{P}$ handelt, mit der Dichte $f(x|\mathbf{B}_{1,p}) = p^x(1-p)^{1-x}$. Die gemeinsame Dichte der Stichprobenvariablen $\mathbf{x} = (x_1 \dots x_n)$ ist:

$$f_\mathbf{x}(\mathbf{x}|\mathbf{B}_{1,p}) = \prod_{j=1}^{n} f(x_j|\mathbf{B}_{1,p}) = p^{\sum_1^n x_j}(1-p)^{n-\sum_1^n x_j}.$$

Diese Dichte hängt von den Variablen $(x_1 \dots x_n)$ allein über die Statistik $y = t(\mathbf{x}) = \sum_1^n x_j$ ab, ist also von der Form: $g_1\big(t(\mathbf{x})|P_\mathbf{x}\big)g_2(\mathbf{x})$ in (11.1.1), mit $g_1(t|P_\mathbf{x}) = p^t(1-p)^{n-t}$ und $g_2 \equiv 1$. Die Statistik $y = \sum_1^n x_j$ — die Anzahl der Realisierungen von A — ist daher nach dem Kriterium von Fisher-Neyman suffizient und enthält damit in der Tat die gesamte über P_x, d.h. letzten Endes über $p = P(A)$, in der Stichprobe enthaltene Information, wie wir es bereits in Beispiel 11.1.1 vermutet hatten.

Wir wollen uns aber auch direkt überzeugen, daß die in Definition 11.1.1 geforderte Eigenschaft gegeben ist und betrachten dazu die 1-1-Abbildung $\mathbf{x} \to \mathbf{y} = (y_1 \dots y_n) = \mathbf{t}(\mathbf{x})$ mit: $y_1 = \sum_1^n x_j$ und $y_j = x_j$ für $j = 2\dots n$ (man überlege sich den Wertebereich $\Omega_\mathbf{y}$ von $\mathbf{y}$). Zunächst ist klar: Die Randverteilung von $y_1 = \sum_1^n x_j$ ist die $\mathbf{B}_{n,p}$. Die gemeinsame Dichte von $\mathbf{y}$ ist andererseits offenbar:

$$f_\mathbf{y}(\mathbf{y}|P_\mathbf{x}) = f_\mathbf{x}(\mathbf{x} = \mathbf{t}^{-1}(\mathbf{y})|P_\mathbf{x}) = p^{y_1}(1-p)^{n-y_1} \quad \text{auf } \Omega_\mathbf{y},$$

und damit folgt die bedingte Dichte von $(y_2 \dots y_n)$, bei gegebenem y_1:

$$f^{y_1}_{y_2 \dots y_n}(y_2 \dots y_n | y_1) = \frac{p^{y_1}(1-p)^{n-y_1}}{\binom{n}{y_1} p^{y_1}(1-p)^{n-y_1}} = \frac{1}{\binom{n}{y_1}} \quad \text{auf} \quad \Omega_{\mathbf{y}}|_{y_1 \dots \text{fest}}.$$

Diese Dichte ist offensichtlich von $p = P(A)$ nicht mehr abhängig, und also enthält auch $(y_2 \dots y_n)$, bei bekanntem y_1, keine zusätzliche Information mehr über p. Daß es sich bei dieser bedingten Verteilung um die Gleichverteilung auf $\Omega_{\mathbf{y}}|_{y_1 \dots \text{fest}}$ handelt, ist belanglos, entscheidend ist allein ihre Unabhängigkeit von $p = P(A)$.

Beispiel 11.1.4 Fortsetzung von Beispiel 11.1.2: Suffizienz der Ordnungsreihe

In Beispiel 11.1.2 hatten wir ein Experiment $\mathcal{E}$ mit 1-dimensionalem, diskretem oder stetigem Ausgang x betrachtet, wobei über die Verteilung P_x von x keinerlei a priori-Information gegeben war. Die Familie $\mathcal{P}$ der zulässigen Verteilungen von x ist daher in diesem Fall die Gesamtheit aller Wahrscheinlichkeitsverteilungen auf $\mathbf{R}$, und es liegt ein nichtparametrisches Modell vor.

Wir wiederholen das Experiment n-mal unabhängig, mit dem Ergebnis $\mathbf{x} = (x_1 \dots x_n)$ — die x_j in der Reihenfolge ihrer Beobachtung aufgezählt. Die gemeinsame Dichte der Stichprobenvariablen $\mathbf{x} = (x_1 \dots x_n)$ ist:

$$f_{\mathbf{x}}(\mathbf{x}|P_x) = \prod_{j=1}^{n} f(x_j|P_x).$$

Führen wir jetzt die n Ordnungsstatistiken $(x_{(1)} \dots x_{(n)})$ ein und setzen wir, um in der bisher benützten Schreibweise zu bleiben: $y_1 = x_{(1)} = t_1(\mathbf{x}) \dots y_n = x_{(n)} = t_n(\mathbf{x})$, dann erkennt man unmittelbar die Gültigkeit der Beziehung:

$$\prod_{j=1}^{n} f(x_j|P_x) = \prod_{j=1}^{n} f(x_{(j)}|P_x),$$

d.h. die Dichte $f_{\mathbf{x}}(\mathbf{x}|P_x)$ hängt von den Beobachtungen $(x_1 \dots x_n)$ nur über die Ordnungsstatistiken $(x_{(1)} \dots x_{(n)}) = (t_1(\mathbf{x}) \dots t_n(\mathbf{x}))$ ab; diese sind daher nach dem Kriterium von Fisher-Neyman suffizient für die Familie $\mathcal{P}$ aller Verteilungen auf $\mathbf{R}$.

Auffällig, im Lichte unserer allgemeinen Betrachtungen, ist der Umstand, daß die suffiziente Statistik $(x_{(1)} \dots x_{(n)})$ hier ebenfalls die Dimension n hat und mit der Informationsverdichtung keine Dimensionsreduktion verbunden ist. Das sollte den Leser nicht weiter stören. Es liegt eben hier ein nicht ganz so regulärer Fall vor, dessen mathematisch strenge Behandlung, so einfach das Modell auch ist, gewisse Komplikationen enthält. Das Fisher-Neyman-Kriterium für Suffizienz gilt indessen immer und ist, wie man sieht, ganz einfach zu handhaben.

Die Theorie bestätigt die intuitive Vermutung, daß es bei den Beobachtungen $(x_1 \dots x_n)$ nur auf die beobachteten Werte und nicht auf deren Reihenfolge ankommt, soferne $\mathcal{E}$ unabhängig wiederholt wird.

Beispiel 11.1.5 $\big(\mathbf{N}(\mu,\sigma^2)\colon (\mu,\sigma^2) \in \mathbf{R} \times \mathbf{R}_+\big) \ldots$ Suffizienz von $(\bar{x}, s^2)$

Wir betrachten ein Experiment mit normal-verteiltem Ausgang x. Die Parameter (μ,σ^2) sind unbekannt, d.h. $\mathcal{P}$ ist die 2-parametrische Familie $\big(\mathbf{N}(\mu,\sigma^2)\colon (\mu,\sigma^2) \in$ $\in \mathbf{R} \times \mathbf{R}_+\big)$ — soweit das Modell. Die gemeinsame Dichte der Stichprobenvariablen $\mathbf{x} = (x_1 \ldots x_n)$ kann geschrieben werden in der Form:

$$f_{\mathbf{x}}(\mathbf{x}|\mathbf{N}(\mu,\sigma^2)) = \prod_{j=1}^{n} f(x_j|\mathbf{N}(\mu,\sigma^2)) =$$

$$= \left(\frac{1}{2\pi\sigma^2}\right)^{n/2} exp\Big(-\frac{1}{2\sigma^2}\big(\sum_{j=1}^{n} x_j^2 - 2\mu\sum_{j=1}^{n} x_j + n\mu^2\big)\Big)$$

und hängt von $(x_1 \ldots x_n)$ offenbar nur über die Statistiken $y_1 = t_1(\mathbf{x}) = \sum_1^n x_j$ und $y_2 = t_2(\mathbf{x}) = \sum_1^n x_j^2$ ab. Diese sind daher, nach dem Kriterium von Fisher-Neyman, suffizient.

Das bedeutet: Die Kenntnis der beiden Größen $(y_1, y_2) = (\sum_1^n x_j, \sum_1^n x_j^2)$ schöpft die gesamte in der Stichprobe enthaltene Information darüber, welche Normalverteilung wohl vorliegt, d.h. letzten Endes über (μ,σ^2), aus. Der Grad der Informationsverdichtung, gemessen durch die Dimensionsreduktion von n auf 2, ist bei diesem Modell mithin sehr groß.

Wir unterbrechen unser Beispiel kurz für eine Betrachtung von allgemeiner Bedeutung.

Aus der Definition suffizienter Statistiken, noch einfacher aber an dem Kriterium von Fisher-Neyman, erkennt man sofort:

Satz 11.1.3 *1-1-Transformation suffizienter Statistiken*
Ist die Statistik $\mathbf{y} = (y_1 \ldots y_k) = (t_1(\mathbf{x}) \ldots t_k(\mathbf{x})) = \mathbf{t}(\mathbf{x})$ *suffizient für das zugrundegelegte Modell, und ist* $\mathbf{y} \to \mathbf{z} = (z_1 \ldots z_k) = (s_1(\mathbf{y}) \ldots s_k(\mathbf{y})) = \mathbf{s}(\mathbf{y})$ *eine umkehrbar eindeutige Abbildung, dann ist auch* $\mathbf{z} = \mathbf{s}(\mathbf{t}(\mathbf{x})) =: \mathbf{u}(\mathbf{x})$ *suffizient.*

Beweis: Nach dem Kriterium von Fisher-Neyman (Satz 11.1.1) hat die Dichte $f_{\mathbf{x}}(\mathbf{x}|P_{\mathbf{x}})$ die Form:

$$f_{\mathbf{x}}(\mathbf{x}|P_{\mathbf{x}}) = g_1\big(\mathbf{t}(\mathbf{x})|P_{\mathbf{x}}\big) g_2(\mathbf{x}).$$

Wir drücken die Statistik $\mathbf{y} = \mathbf{t}(\mathbf{x})$ durch $\mathbf{z} = \mathbf{u}(\mathbf{x})$ aus: $\mathbf{y} = \mathbf{t}(\mathbf{x}) = \mathbf{s}^{-1}\big(\mathbf{u}(\mathbf{x})\big)$ und erhalten:

$$f_{\mathbf{x}}(\mathbf{x}|P_{\mathbf{x}}) = g_1\Big(\mathbf{s}^{-1}\big(\mathbf{u}(\mathbf{x})\big)|P_{\mathbf{x}}\Big) g_2(\mathbf{x}),$$

d.h. g_1 hängt wieder nur über die Statistik $\mathbf{u}(\mathbf{x})$ von $\mathbf{x}$ ab.

Weniger formal und anschaulicher kann man sagen: Kennt man $\mathbf{z} =$ $= (z_1 \ldots z_k)$, dann auch $\mathbf{y} = (y_1 \ldots y_k) = \mathbf{s}^{-1}(\mathbf{z})$, also sind beide Statistiken gleich informativ.♠

Beispiel 11.1.5 (Fortsetzung)
Die Statistiken $(z_1, z_2) = (\bar{x}, s^2)$ stehen in einer umkehrbar-eindeutigen Beziehung zu $(y_1, y_2) = (\sum_1^n x_j, \sum_1^n x_j^2)$:

$$z_1 = \bar{x} = \frac{1}{n}\sum_1^n x_j = y_1/n,$$

$$z_2 = s^2 = \frac{1}{n-1}\sum_1^n (x_j - \bar{x})^2 = \frac{1}{n-1}\left(\sum_1^n x_j^2 - n\bar{x}^2\right) = \frac{1}{n-1}\left(y_2 - y_1^2/n\right)$$

und sind daher nach Satz 11.1.3 ebenfalls suffizient für das betrachtete Modell, sie sind aber inhaltlich besser zu interpretieren als (y_1, y_2) und daher, zunächst schon aus praktischen Gründen, vorzuziehen.

11.2 Suffizienz bei Exponentialfamilien

Wir haben in Definition 10.3.1 den Begriff der k-parametrischen Exponentialfamilie von Wahrscheinlichkeitsverteilungen eingeführt. Eine derartige Familie liegt vor, wenn die zugehörigen Dichten die Form

$$f_x(x|\vartheta) = exp\big(c_0(\vartheta) + \sum_{j=1}^{k} c_j(\vartheta) t_j(x) + h(x)\big) \ldots x \in \Omega_x$$

haben. Dabei ist $\vartheta = (\vartheta_1 \ldots \vartheta_k)$ ebenfalls k-dimensional, x hingegen kann beliebig stetig oder diskret, ein- oder mehrdimensional sein.

Bemerkung: Um Ausartungen zu vermeiden, verlangen wir immer, daß die Funktionen 1, $c_1(\vartheta) \ldots c_k(\vartheta)$ einerseits, und die Funktionen 1,$t_1(x) \ldots t_k(x)$ andererseits, linear unabhängig sind und daß die Abbildung $\vartheta = (\vartheta_1 \ldots \vartheta_k) \rightarrow$ $\rightarrow \big(c_1(\vartheta) \ldots c_k(\vartheta)\big)$ umkehrbar eindeutig ist. In allen konkreten Anwendungsfällen sind diese Voraussetzungen erfüllt.

Die gemeinsame Verteilung der Stichprobenvariablen $\mathbf{x} = (x_1 \ldots x_n)$ hat die Gestalt:

$$f_{\mathbf{x}}(x_1 \ldots x_n|\vartheta) = \prod_{i=1}^{n} f_x(x_i|\vartheta) = exp\big(nc_0(\vartheta) + \sum_{j=1}^{k} c_j(\vartheta) \cdot \sum_{i=1}^{n} t_j(x_i) + \sum_{i=1}^{n} h(x_i)\big).$$

Mit den Abkürzungen:

$$T_j(\mathbf{x}) = \sum_{i=1}^{n} t_j(x_i) \ldots j = 1 \ldots k \quad \text{und} \quad H(\mathbf{x}) = \sum_{i=1}^{n} h(x_i)$$

erhalten wir:

$$f_{\mathbf{x}}(\mathbf{x}|\vartheta) = exp\big(nc_0(\vartheta) + \sum_{j=1}^{k} c_j(\vartheta)T_j(\mathbf{x}) + H(\mathbf{x})\big), \tag{11.2.1}$$

d.h. auch die Familie der gemeinsamen Verteilungen der Stichprobenvariablen ist eine k-parametrische Exponentialfamilie. Schreiben wir $f_{\mathbf{x}}(\mathbf{x}|\vartheta)$ in der Form:

$$f_{\mathbf{x}}(\mathbf{x}|\vartheta) = exp\big(nc_0(\vartheta) + \sum_{j=1}^{k} c_j(\vartheta)T_j(\mathbf{x})\big)exp\big(H(\mathbf{x})\big) =$$

$$= g_1\big(T_1(\mathbf{x})\dots T_k(\mathbf{x})|\vartheta\big)g_2(\mathbf{x}),$$

dann lehrt uns das Kriterium von Fisher-Neyman, daß die k-dimensionale Statistik $(y_1 \dots y_k) = \big(T_1(\mathbf{x})\dots T_k(\mathbf{x})\big)$ für die betrachtete Exponentialfamilie suffizient ist. Wir formulieren dieses Ergebnis als

Satz 11.2.1 *Suffizienz bei Exponentialfamilien*
Ist $\big(P(.|\vartheta)\colon\ \vartheta = (\vartheta_1 \dots \vartheta_k) \in \Theta\big)$ *eine k-parametrische Exponentialfamilie mit den Dichten:*

$$f_x(x|\vartheta) = exp\big(c_0(\vartheta) + \sum_{j=1}^{k} c_j(\vartheta)t_j(x) + h(x)\big)\dots x \in \Omega_x,$$

und ist $\mathbf{x} = (x_1 \dots x_n)$ *eine Stichprobe vom Umfang n, dann ist die Statistik* $\big(T_1(\mathbf{x})\dots T_k(\mathbf{x})\big) = \big(\sum_{i=1}^{n} t_1(x_i)\dots \sum_{i=1}^{n} t_k(x_i)\big)$ *suffizient.*

Bemerkenswert daran ist vor allem, daß die vollständige Informationsausschöpfung der Stichprobe für jeden Stichprobenumfang n durch eine k-dimensionale Statistik gelingt.

Es liegt an dieser Stelle nahe, die Frage zu stellen, für welche allgemeinsten Verteilungsfamilien es, unabhängig vom Stichprobenumfang, stets eine k-dimensionale suffiziente Statistik gibt. Man kann zeigen, daß dies, unter gewissen Regularitätsvoraussetzungen, nur für k-parametrische Exponentialfamilien der Fall ist[1]. Wir haben also — unter den angedeuteten Regularitätsannahmen — bereits den allgemeinsten Fall vor uns.

Beispiel 11.2.1 Suffizienz bei Stutzungs-(truncation-) Familien

Einen einfachen Fall von gewisser praktischer Relevanz, wo diese Voraussetzungen nicht gegeben sind, stellen die sogenannten Stutzungs-Familien von Verteilungen dar, die wir bereits in Beispiel 10.1.10 kennengelernt haben.

Man nennt eine Familie von Verteilungen auf $\mathbf{R}$ mit den Dichten

---

[1]Der interessierte Leser sei für diese Frage auf die Monographien von L. Schmetterer und S. Zacks und die dort zitierte Originalliteratur verwiesen.

$$f_x(x|a,b) = \begin{cases} f(x) / \int_a^b f(t)dt \ldots \text{ für } x \in [a,b], \\ 0 \quad \ldots \text{ sonst}, \end{cases}$$

wobei $f(x) \geq 0$ eine feste Funktion ist, eine 2-parametrische Stutzungsfamilie. Die Dichte der Verteilung der Stichprobenvariablen $\mathbf{x} = (x_1 \ldots x_n)$ ist:

$$f_{\mathbf{x}}(\mathbf{x}|a,b) = \begin{cases} (f(x_1) \cdots f(x_n)) / (\int_a^b f(t)dt)^n \ldots \text{ für } a \leq x_1 \ldots x_n \leq b, \\ 0 \quad \ldots \text{ sonst}. \end{cases}$$

Eine für unsere Zwecke geeignetere Darstellung der Dichte $f_{\mathbf{x}}(\mathbf{x}|a,b)$ erhält man, wenn man die Indikatorfunktion $I_{[a,b]}(t)$ einführt:

$$I_{[a,b]}(t) = \begin{cases} 1 \ \ldots \ a \leq t \leq b, \\ 0 \ \ldots \quad \text{sonst}. \end{cases}$$

Es ist dann:

$$f_{\mathbf{x}}(\mathbf{x}|a,b) = \prod_{j=1}^{n} \Big(I_{[a,b]}(x_j) f(x_j) / \int_a^b f(t)dt \Big) =$$

$$= \big[I_{[a,b]}(x_{(1)}) I_{[a,b]}(x_{(n)}) / (\int_a^b f(t)dt)^n \big] \cdot \big[\prod_{j=1}^{n} f(x_j) \big] = g_1\big(x_{(1)}, x_{(n)}|a,b\big) g_2(\mathbf{x}),$$

und nach dem Kriterium von Fisher-Neyman ist die 2-dimensionale Statistik $\big(x_{(1)}, x_{(n)}\big) = (min\{x_1 \ldots x_n\}, max\{x_1 \ldots x_n\})$ suffizient.

Wir betonen aber nochmals, daß dieses Beispiel einen Ausnahmefall darstellt.

Beispiel 11.2.2 Die Exponentialfamilien $(\mathbf{B}_{n,p}), (\mathbf{B}_{n,p_1 \ldots p_k})$

Schreibt man die Dichte der Binomial-Verteilung $\mathbf{B}_{n,p}$ in der Form:

$$f(x|\mathbf{B}_{n,p}) = \binom{n}{x} p^x (1-p)^{n-x} = exp\Big(nln(1-p) + xln\frac{p}{1-p} + ln\binom{n}{x}\Big),$$

dann erkennt man unmittelbar:

A. Es handelt sich um eine 1-parametrische Exponentialfamilie.
B. Bei einer Stichprobe vom Umfang m ist die Statistik $T(x_1 \ldots x_m) = x_1 + \ldots + x_m$ suffizient.

Analog gilt für die Multinomialverteilung $\mathbf{B}_{n,p_1\dots p_k}$:

$$f(x_1\dots x_k|\mathbf{B}_{n,p_1\dots p_k}) = \binom{n}{x_1\dots x_k} p_1^{x_1}\cdots p_k^{x_k}(1-p_1-\dots-p_k)^{n-x_1-\dots-x_k} =$$

$$= exp\big(nln(1-p_1-\dots-p_k) + \sum_{j=1}^{k} x_j ln\frac{p_j}{1-p_1-\dots-p_k} + ln\binom{n}{x_1\dots x_k}\big),$$

und es folgt:

A. Die Familie $(\mathbf{B}_{n,p_1\dots p_k})$ ist eine k-parametrische Exponentialfamilie.
B. Ist $\mathbf{X} = \big((x_{i1}\dots x_{ik}): i = 1\dots m\big)$ eine Stichprobe vom Umfang m, dann ist die Statistik $\big(T_1(\mathbf{X})\dots T_k(\mathbf{X})\big) = \big(\sum_{i=1}^m x_{i1},\dots,\sum_{i=1}^m x_{ik}\big)$ suffizient.

Beispiel 11.2.3 Die Exponentialfamilie $(\mathbf{P}_\mu)$
Es gilt:

$$f(x|\mathbf{P}_\mu) = \frac{\mu^x}{x!}e^{-\mu} = exp(-\mu + xln\mu - lnx!)$$

Somit handelt es sich um eine 1-parametrische Exponentialfamilie, und bei einer Stichprobe vom Umfang n ist $T(x_1\dots x_n) = x_1+\dots+x_n$ suffizient.

Beispiel 11.2.4 Die Exponentialfamilien $\big(\mathbf{N}(\mu,\sigma^2)\big)$ und $\big(\mathbf{N}(\boldsymbol{\mu},\boldsymbol{\Sigma})\big)$
Die Familie $\big(\mathbf{N}(\mu,\sigma^2)\big)$ wurde bereits in Beispiel 11.1.5 behandelt. Ein Blick auf die Dichte lehrt, daß es sich um eine 2-parametrische Exponentialfamilie handelt, mit suffizienter Statistik: $\big(T_1(x_1\dots x_n), T_2(x_1\dots x_n)\big) = \big(\sum_{j=1}^n x_j, \sum_{j=1}^n x_j^2\big)$, bzw. gleichwertig mit: $\big(T_1'(x_1\dots x_n), T_2'(x_1\dots x_n)\big) = (\bar{x}, s^2)$.

Die Familie $\big(\mathbf{N}(\boldsymbol{\mu},\boldsymbol{\Sigma})\big)$ mit $\boldsymbol{\mu} = (\mu_1\dots\mu_k)'$ und $\boldsymbol{\Sigma} = (\sigma_{ij})_{i,j=1\dots k}$ ist, wegen der Symmetrie von $\boldsymbol{\Sigma}$, eine $k+k+\binom{k}{2}$-parametrische Verteilungsfamilie mit den wesentlichen Parametern: $\mu_1\dots\mu_k; \sigma_{11}\dots\sigma_{kk}; \sigma_{ij}$: $1\le i<j\le k$. Zur formalen Darstellung der Dichte benützen wir jedoch besser die Parameter $\boldsymbol{\mu}$ und $\boldsymbol{\Gamma} = (\gamma_{ij}) = \boldsymbol{\Sigma}^{-1}$, von denen selbstverständlich ebenfalls nur $k+k+\binom{k}{2}$ wesentlich sind. Es ist:

$$f\big(\mathbf{x}|\mathbf{N}(\boldsymbol{\mu},\boldsymbol{\Sigma})\big) = \Big(\frac{1}{2\pi}\Big)^{k/2}|\boldsymbol{\Gamma}|^{1/2}exp\big(-\frac{1}{2}(\mathbf{x}-\boldsymbol{\mu})'\boldsymbol{\Gamma}(\mathbf{x}-\boldsymbol{\mu})\big) =$$

$$= exp\big((-\frac{k}{2}ln2\pi + \frac{1}{2}ln|\boldsymbol{\Gamma}| - \frac{1}{2}\boldsymbol{\mu}'\boldsymbol{\Gamma}\boldsymbol{\mu}) + \boldsymbol{\mu}'\boldsymbol{\Gamma}\mathbf{x} - \frac{1}{2}\mathbf{x}'\boldsymbol{\Gamma}\mathbf{x}\big) =$$

$$= exp\big(C_0(\boldsymbol{\mu},\boldsymbol{\Gamma}) + \sum_{j=1}^k\big(\sum_{i=1}^k \gamma_{ij}\mu_i\big)x_j - \frac{1}{2}\sum_{j=1}^k \gamma_{jj}x_j^2 - \sum_{1\le i<j\le k}\gamma_{ij}x_ix_j\big)$$

Wir erkennen an dieser Darstellung der Dichte:

A. Es handelt sich um eine $k+k+\binom{k}{2}$-parametrische Exponentialfamilie.
B. Ist $\mathbf{X} = \big((x_{r1}\dots x_{rk}): r = 1\dots n\big)$ eine Stichprobe vom Umfang n, dann ist die $k+k+\binom{k}{2}$-dimensionale Statistik:

$$\big(T_1(\mathbf{X})\dots T_k(\mathbf{X}); T_{11}(\mathbf{X})\dots T_{kk}(\mathbf{X}); T_{ij}(\mathbf{X}):\ 1 \le i < j \le k\big) =$$

$$= \Big(\sum_{r=1}^{n} x_{r1} \dots \sum_{r=1}^{n} x_{rk}; \sum_{r=1}^{n} x_{r1}^2 \dots \sum_{r=1}^{n} x_{rk}^2; \sum_{r=1}^{n} x_{ri}x_{rj}:\ 1 \le i < j \le k\Big)$$

suffizient. Ebenfalls suffizient ist, wegen Satz 11.1.3, die Statistik:

$$\big(T_1'(\mathbf{X})\dots T_k'(\mathbf{X}); T_{11}'(\mathbf{X})\dots T_{kk}'(\mathbf{X}); T_{ij}'(\mathbf{X}):\ 1 \le i < j \le k\big) =$$

$$= (\bar{x}_1 \dots \bar{x}_k, s_{11} \dots s_{kk}; s_{ij}:\ 1 \le i < j \le k),$$

mit den Probenvarianzen: $s_{jj} = \frac{1}{n-1} \sum_{r=1}^{n} (x_{rj} - \bar{x}_j)^2$ und den Probenkovarianzen: $s_{ij} = \frac{1}{n-1} \sum_{r=1}^{n} (x_{ri} - \bar{x}_i)(x_{rj} - \bar{x}_j)$.

Beispiel 11.2.5 Die Exponentialfamilie$\big(\mathbf{\Gamma}(\lambda,\mu):\ (\lambda,\mu) \in \mathbf{R}_+ \times \mathbf{R}_+\big)$
Die Dichte der Gamma-Verteilung $\mathbf{\Gamma}(\lambda,\mu)$ hat die Form:

$$f\big(x|\mathbf{\Gamma}(\lambda,\mu)\big) = \frac{x^{\lambda-1}}{\Gamma(\lambda)\mu^\lambda} e^{-x/\mu} = exp\big(-ln(\Gamma(\lambda)\mu^\lambda) + (\lambda-1)lnx - x\frac{1}{\mu}\big).$$

Es liegt somit eine 2-parametrische Exponentialfamilie vor, und die Statistik $\big(T_1(x_1 \dots \dots x_n), T_2(x_1 \dots x_n)\big) = \big(\sum_{j=1}^{n} lnx_j, \sum_{j=1}^{n} x_j\big)$ ist suffizient.

Beispiel 11.2.6 Die Exponentialfamilie $\big(\mathbf{B}(\alpha,\beta):\ (\alpha,\beta) \in \mathbf{R}_+ \times \mathbf{R}_+\big)$
Wir schreiben die Dichte der Beta-Verteilung $\mathbf{B}(\alpha,\beta)$ in der Form:

$$f\big(x|\mathbf{B}(\alpha,\beta)\big) = \frac{x^{\alpha-1}(1-x)^{\beta-1}}{B(\alpha,\beta)} =$$

$$= exp\big(-lnB(\alpha,\beta) + (\alpha-1)lnx + (\beta-1)ln(1-x)\big).$$

Es handelt sich offenbar um eine 2-parametrische Exponentialfamilie, und bei einer Stichprobe vom Umfang n ist die Statistik: $\big(T_1(x_1 \dots x_n), T_2(x_1 \dots x_n)\big) = \big(\sum_{j=1}^{n} lnx_j, \sum_{j=1}^{n} ln(1-x_j)\big)$ suffizient. Ebenfalls suffizient ist natürlich: $\big(T_1'(x_1 \dots x_n), T_2'(x_1 \dots x_n)\big) = \big(\prod_{j=1}^{n} x_j, \prod_{j=1}^{n}(1-x_j)\big)$ (siehe Satz 11.1.3).

Sollte der Eindruck entstanden sein, daß praktisch alle Verteilungsfamilien Exponentialfamilien sind, so bemühen wir uns, dieses Bild zu korrigieren. Von den bisher besprochenen Verteilungen bilden etwa die hypergeometrischen und die Cauchy-Verteilungen keine Exponentialfamilien. Andererseits ist die klassische Theorie der statistischen Schätz- und Testverfahren sehr wesentlich von dem Umstand geprägt, daß gerade die wichtigsten Verteilungsfamilien Exponentialfamilien sind.

11.3 Vollständige Verteilungsfamilien

Bevor wir aus unseren Betrachtungen über suffiziente Statistiken die Nutzanwendung für die Konstruktion von Schätzern ziehen, benötigen wir noch den eher technischen Begriff der Vollständigkeit einer Verteilungsfamilie.

Definition 11.3.1 *Vollständigkeit einer Verteilungsfamilie*
Ist $\mathcal{P}$ eine Familie von Verteilungen für die k-dimensionale Zufallsvariable $\mathbf{x} = (x_1 \ldots x_k)$, dann heißt $\mathcal{P}$ **vollständig,** *soferne die Beziehung*

$$E\big(t(\mathbf{x})|P\big) = 0 \quad \text{für alle} \quad P \in \mathcal{P}$$

nur für die triviale Statistik $t(\mathbf{x}) \equiv 0$ erfüllt ist.

Bemerkung: Man kann die Eigenschaft der Vollständigkeit einer Verteilungsfamilie auch so formulieren: Ist $\mathcal{P}$ vollständig und sind $t_1(\mathbf{x})$ und $t_2(\mathbf{x})$ zwei Statistiken mit $E\big(t_1(\mathbf{x})|P\big) = E\big(t_2(\mathbf{x})|P\big)$ für alle $P \in \mathcal{P}$, dann gilt notwendig: $t_1(\mathbf{x}) \equiv t_2(\mathbf{x})$. D.h. ist $\gamma(P)$ ein Parameter, der durch $t_1(\mathbf{x})$ erwartungstreu geschätzt wird: $E\big(t_1(\mathbf{x})|P\big) = \gamma(P)$, dann ist jeder andere erwartungstreue Schätzer $t_2(\mathbf{x})$ von $\gamma(P)$ mit $t_1(\mathbf{x})$ identisch. Anders gesagt: $\gamma(P)$ kann, wenn überhaupt, dann nur auf eine Weise erwartungstreu durch eine Funktion von $\mathbf{x}$ geschätzt werden.

Beispiel 11.3.1 Vollständigkeit der Familie $\big(\mathbf{N}(\mu, \sigma^2)\big)$

Es genügt zu zeigen, daß die Teilfamilie $\big(\mathbf{N}(\mu, 1)\colon\ \mu \in \mathbf{R}\big)$ vollständig ist, die umfassendere Familie aller Normalverteilungen ist es dann automatisch. Ist $t(x)$ eine Statistik, dann gilt:

$$E\big(t(x)|\mathbf{N}(\mu,1)\big) = \frac{1}{\sqrt{2\pi}} \int_{-\infty}^{\infty} t(x) e^{-\frac{(x-\mu)^2}{2}} dx =$$

$$= \frac{1}{\sqrt{2\pi}} e^{-\frac{\mu^2}{2}} \int_{-\infty}^{\infty} \big(t(x) e^{-\frac{x^2}{2}}\big) e^{\mu x} dx. \qquad (11.3.1)$$

Setzen wir für den Augenblick: $t(x)exp(-x^2/2) = u(x)$. Das Integral:

$$\int_{-\infty}^{\infty} u(x) e^{\mu x} dx = U(\mu)$$

nennt man die **zweiseitige Laplace-Transformierte** von $u(x)$. Man zeigt in der Theorie die Laplace-Transformation, daß aus der Bedingung $U(\mu) \equiv 0$ notwendig folgt: $u(x) \equiv 0$, und damit auch: $t(x) \equiv 0$. Damit ist aber bereits der gewünschte Nachweis der Vollständigkeit der Familie $\big(\mathbf{N}(\mu, 1)\colon\ \mu \in \mathbf{R}\big)$ erbracht.

In Verallgemeinerung dieses Beispiels zeigen wir den für die Anwendungen wichtigen

Satz 11.3.1 *Vollständigkeit bei Exponentialfamilien*
Ist $\big(P_x(.|\vartheta): \vartheta = (\vartheta_1 \dots \vartheta_k) \in \Theta\big)$ *eine* k*-parametrische Exponentialfamilie mit den Dichten:*

$$f_x(x|\vartheta) = exp\big(c_0(\vartheta) + \sum_{j=1}^{k} c_j(\vartheta)t_j(x) + h(x)\big) \quad \dots x \in \Omega_x,$$

und ist $\mathbf{x} = (x_1 \dots x_n)$ *eine Stichprobe vom Umfang* $n \geq k$*, dann ist die Familie der gemeinsamen Verteilungen der* k*-dimensionalen Statistik* $\big(T_1(\mathbf{x}) \dots$ $\dots T_k(\mathbf{x})\big) = \big(\sum_{i=1}^{n} t_1(x_i) \dots \sum_{i=1}^{n} t_k(x_i)\big)$ *vollständig, soferne die Menge*

$$C = \Big\{(c_1 \dots c_k)\colon (c_1 \dots c_k) = \big(c_1(\vartheta) \dots c_k(\vartheta)\big) \quad \text{für} \quad \vartheta \in \Theta\Big\}$$

einen inneren Punkt enthält.

Beweis: Die gemeinsame Dichte von $\mathbf{x} = (x_1 \dots x_n)$ ist gegeben durch:

$$f_{\mathbf{x}}(\mathbf{x}|\vartheta) = \prod_{i=1}^{n} f_x(x_i|\vartheta) = exp\big(nc_0(\vartheta) + \sum_{j=1}^{k} c_j(\vartheta)T_j(\mathbf{x}) + H(\mathbf{x})\big)$$

mit $H(\mathbf{x}) = \sum_{i=1}^{n} h(x_i)$ (siehe auch (11.2.1)).

Wir ergänzen die Statistiken $(T_1 \dots T_k)$ durch Hinzunahme weiterer $(n-k)$ geeigneter Funktionen $T_{k+1}(\mathbf{x}) \dots T_n(\mathbf{x})$ zu einer 1-1-Abbildung von $\mathbf{x} =$ $= (x_1 \dots x_n)$ nach $\mathbf{y} = (y_1 \dots y_n) = \big(T_1(\mathbf{x}) \dots T_n(\mathbf{x})\big) = \mathbf{T}(\mathbf{x})$, mit der Umkehrung: $\mathbf{x} = \big(S_1(\mathbf{y}) \dots S_n(\mathbf{y})\big) = \mathbf{S}(\mathbf{y})$ (wir unterstellen, daß das möglich ist, und daß diese Abbildung im stetigen Fall hinreichend regulär ist).

Die gemeinsame Dichte der Variablen $\mathbf{y} = (y_1 \dots y_n)$ hat dann die Form:

$$f_{\mathbf{y}}(\mathbf{y}|\vartheta) = f_{\mathbf{x}}\big(\mathbf{S}(\mathbf{y})\big)C(\mathbf{y}) =$$
$$= exp\Big(nc_0(\vartheta) + \sum_{j=1}^{k} c_j(\vartheta)y_j + H\big(\mathbf{S}(\mathbf{y})\big)\Big)C(\mathbf{y}).$$

Der Faktor $C(\mathbf{y})$ ist im diskreten Fall 1 und im stetigen Fall der Betrag der Jacobi-Determinante der Abbildung $\mathbf{x} = \mathbf{S}(\mathbf{y})$ (siehe Satz 3.6.1). Integration bzw. Summation über $(y_{k+1} \dots y_n)$ liefert die Randdichte der gemeinsamen Verteilung von $(y_1 \dots y_k) = \big(T_1(\mathbf{x}) \dots T_k(\mathbf{x})\big)$:

$$f_{y_1 \dots y_k}(y_1 \dots y_k|\vartheta) = exp\big(nc_0(\vartheta) + \sum_{j=1}^{k} c_j(\vartheta)y_j\big)g(y_1 \dots y_k) \qquad (11.3.2)$$

mit der Abkürzung:

$$g(y_1 \dots y_k) = \sum\!\!\!\!\!\!\int_{y_{k+1}\dots y_n} exp\Big(H\big(\mathbf{S}(\mathbf{y})\big)\Big)C(\mathbf{y}).$$

Ist nun $\tau(y_1 \dots y_k)$ irgendeine Statistik, dann gilt:

$$E\big(\tau(y_1 \dots y_k)|\vartheta\big) = \sum\!\!\!\!\!\!\int_{y_1\dots y_k} \tau(y_1 \dots y_k) f_{y_1\dots y_k}(y_1 \dots y_k|\vartheta) =$$

$$= exp\big(nc_0(\vartheta)\big) \cdot \sum\!\!\!\!\!\!\int_{y_1\dots y_k} \Big(\tau(y_1 \dots y_k) g(y_1 \dots y_k)\Big) exp\Big(\sum_{j=1}^{k} c_j(\vartheta) y_j\Big)$$

Setzen wir $\tau(y_1 \dots y_k) g(y_1 \dots y_k) = u(y_1 \dots y_k)$, dann ist

$$U(c_1 \dots c_k) = \sum\!\!\!\!\!\!\int_{y_1\dots y_k} u(y_1 \dots y_k) exp(c_1 y_1 + \dots + c_k y_k)$$

die k-dimensionale (2-seitige) Laplace-Transformierte von $u(y_1 \dots y_k)$. In der Theorie der Laplace-Transformation[2] zeigt man, daß aus $U(c_1 \dots c_k) \equiv 0$ für $(c_1 \dots c_k) \in C$, soferne C einen inneren Punkt enthält, folgt: $u(y_1 \dots y_k) \equiv 0$. Daraus wieder ergibt sich unter den genannten Bedingungen: $\tau(y_1 \dots y_k) \equiv 0$, womit der Satz bewiesen ist.♠

Bemerkung: Wir lernen aus diesem Satz, daß die Familie der Verteilungen der suffizienten Statistik $\big(T_1(\mathbf{x}) \dots T_k(\mathbf{x})\big)$, unter der Voraussetzung, daß der in gewissem Sinn ***natürliche*** Parameterraum $C = \{\big(c_1(\vartheta) \dots c_k(\vartheta)\big) : \vartheta \in \Theta\}$ einen inneren Punkt im $\mathbf{R}^k$ besitzt, vollständig ist. Die Konsequenzen dieser Tatsache für die Konstruktion erwartungstreuer Schätzer, werden wir im nächsten Abschnitt erkennen.

Bei den Exponentialfamilien $(\mathbf{B}_{n,p})$; $(\mathbf{B}_{n,p_1\dots p_k})$; $(\mathbf{P}_\mu)$; $\big(\mathbf{N}(\mu, \sigma^2)\big)$; $\big(\mathbf{N}(\boldsymbol{\mu}, \boldsymbol{\Sigma})\big)$; $\big(\boldsymbol{\Gamma}(\lambda, \mu)\big)$; $\big(\mathbf{B}(\alpha, \beta)\big)$ (siehe die Beispiele 11.2.2 bis 11.2.6) sind die Voraussetzungen von Satz 11.3.1 über den Parameterraum sämtlich erfüllt und daher die Verteilungsfamilien der jeweiligen suffizienten Statistiken, wie sie in den genannten Beispielen hergeleitet wurden, vollständig.

Vollständigkeit der Ordnungsreihe

Wir betrachten ein Experiment $\mathcal{E}$ mit 1-dimensionalem Ausgang x, dessen Verteilung P_x einer zunächst beliebigen Verteilungsfamilie $\mathcal{P}$ angehören soll. Die Familie der gemeinsamen Verteilungen der Stichprobenvariablen $(x_1 \dots x_n)$ ist dann, für $n \geq 2$, sicher nicht vollständig, gleichgültig wie $\mathcal{P}$ beschaffen ist, denn ist $s(x)$ irgend eine Statistik, deren Erwartung für jedes $P_x \in \mathcal{P}$ existiert, dann gilt natürlich:

$$E\big(s(x_1) - s(x_2)|P_x\big) = 0 \quad \text{für jedes} \quad P_x \in \mathcal{P}$$

[2]Siehe DOETSCH, G.: Handbuch der Laplacetransformation, Bd. 1. Birkhäuser, Basel—Stuttgart (1950).

und klarerweise kann $s(x)$ so gewählt werden, daß $t(x_1, x_2) = s(x_1) - s(x_2)$ nicht identisch verschwindet.

Betrachten wir indessen die Ordnungsreihe $(x_{(1)} \dots x_{(n)})$, dann stellt sich heraus, daß die zugehörige Verteilungsfamilie sehr wohl vollständig ist, soferne $\mathcal{P}$ genügend umfassend gewählt wurde. In den Anwendungen interessieren vor allem die beiden Fälle: $\mathcal{P}$ = Familie aller diskreten Verteilungen auf $\mathbf{R}$ und $\mathcal{P}$ = Familie aller stetigen Verteilungen auf $\mathbf{R}$. In beiden Fällen ist die Familie der Verteilungen der Ordnungsreihe vollständig. Wir skizzieren den Beweis für den wichtigeren stetigen Fall, die Übertragung des Beweisgedankens auf die diskrete Situation ist dann offensichtlich. Sei also:

$$E\big(t(x_{(1)} \dots x_{(n)})|x_j \sim P_x\big) = 0 \quad \text{für jede stetige Verteilung} \quad P_x.$$

Die Funktion

$$s(x_1 \dots x_n) = t\big(x_{(1)}(x_1 \dots x_n) \dots x_{(n)}(x_1 \dots x_n)\big)$$

ist symmetrisch, d.h. $s(x_1 \dots x_n) = s(x_{\pi_1} \dots x_{\pi_n})$ für jede Permutation $(\pi_1 \dots \pi_n)$ von $(1 \dots n)$, und es gilt natürlich:

$$E\big(s(x_1 \dots x_n)|P_x\big) = E\big(t(x_{(1)} \dots x_{(n)})|P_x\big).$$

Wir betrachten für n Zahlen $a_1 < a_2 < \dots < a_n$ und ein h mit $0 < h < min(a_2 - a_1, \dots, a_n - a_{n-1}) = h_0$ die stetige Verteilung P_x, deren Dichte f_x gegeben ist durch (siehe Abb. 11.3.1):

$$f_x(x) = \begin{cases} p_j/h \dots \text{ für } x \in [a_j, a_j + h] \text{ und } j = 1 \dots n, & \sum_{j=1}^{n} p_j = 1, \\ 0 \dots \text{ sonst.} \end{cases}$$

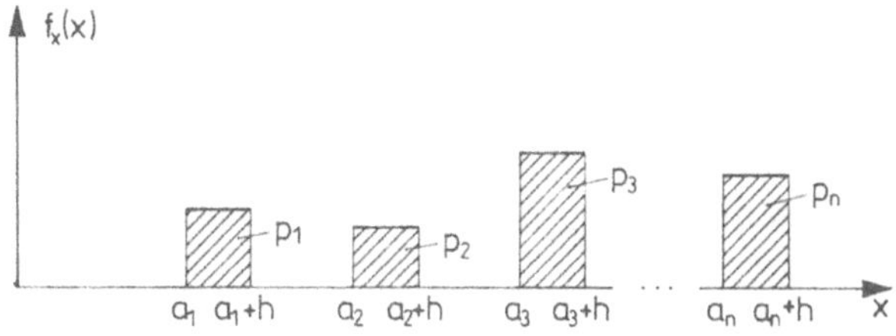

Abb.11.3.1

Ist $s(x_1 \dots x_n)$ stetig, was wir annehmen wollen (Beweisskizze!), dann gilt für diese Wahl von P_x zunächst:

$$E\big(s(x_1 \dots x_n)|x_j \sim P_x\big) = \sum_{j_1 \dots j_n = 1}^{n} s(a_{j_1} \dots a_{j_n}) p_{j_1} \cdots p_{j_n} + o(h).$$

Ordnen wir die Argumente $(a_{j_1} \dots a_{j_n})$ nach steigender Größe und beachten wir die Symmetrie der Funktion $s(x_1 \dots x_n)$, dann folgt:

$$E\big(s(x_1 \dots x_n)|P_x\big) =$$

$$= \sum_{\substack{0 \le k_1 \dots k_n \le n \\ k_1 + \dots + k_n = n}} s(\underbrace{a_1 \dots a_1}_{k_1}, \dots, \underbrace{a_n \dots a_n}_{k_n}) \frac{n!}{k_1! \cdots k_n!} p_1^{k_1} \cdots p_n^{k_n} + o(h).$$

Dieser Ausdruck muß für alle zulässigen n-Tupel $(p_1 \dots p_n)$, d.h. $0 \le p_j \le$ $\le 1, \sum_1^n p_j = 1$ und alle $0 < h < h_0$ verschwinden. Da aber, wie man sich leicht überlegt, die Identität

$$\sum_{\substack{0 \le k_1 \dots k_n \le n \\ k_1 + \dots + k_n = n}} C_{k_1 \dots k_n} p_1^{k_1} \cdots p_n^{k_n} \equiv 0 \quad \text{für alle } p_1 \dots p_n\text{: } 0 \le p_j \le 1, \ \sum_1^n p_j = 1$$

nur gelten kann, wenn sämtliche Koeffizienten $C_{k_1 \dots k_n}$ verschwinden, erkennt man, daß auch notwendig $s(a_{j_1} \dots a_{j_n}) = 0$ für $j_1 \dots j_n = 1 \dots n$ gelten muß. Wegen der Willkür der Zahlen $a_1 < \dots < a_n$ folgt daraus aber $s(x_1 \dots x_n) \equiv 0$, womit die Behauptung bewiesen ist. Wir fassen das Ergebnis zusammen in dem

Satz 11.3.2 *Vollständigkeit der Verteilungsfamilie der Ordnungsreihe. Durchläuft die Verteilung P_x der eindimensionalen Zufallsvariablen x entweder die Familie aller diskreten oder die Familie aller stetigen Verteilungen, dann ist die Familie der Verteilungen der Ordnungsreihe $(x_{(1)} \dots x_{(n)})$ einer Stichprobe $(x_1 \dots x_n)$ vollständig.*

11.4 Varianzminimale erwartungstreue Schätzer

Wir ziehen in diesem Abschnitt die Nutzanwendung der entwickelten Ergebnisse über Suffizienz und Vollständigkeit auf das Problem der Konstruktion von erwartungstreuen Schätzern mit möglichst kleiner Varianz. Zunächst zeigen wir einige einfache Tatsachen über die nach den diversen Methoden bestimmten Schätzer.

Vorausgesetzt sei, daß die Verteilung des Versuchsausganges x in der parametrischen Familie $\big(P_x(.|\vartheta)\text{: } \vartheta \in \Theta\big)$ liegt und $\mathbf{T}(\mathbf{x}) = \big(T_1(\mathbf{x}) \dots T_k(\mathbf{x})\big)$ eine suffiziente Statistik ist — $\mathbf{x} = (x_1 \dots x_n)$ bezeichnet wie immer eine Stichprobe vom Umfang n. Es gelten dann die folgenden Sätze:

Satz 11.4.1 *ML-Schätzer als Funktion suffizienter Statistiken.*
Ist der ML-Schätzer $\hat{\vartheta}$ eindeutig bestimmt, dann ist er eine Funktion der suffizienten Statistik $\mathbf{T}(\mathbf{x})$: $\hat{\vartheta} = \hat{\vartheta}(\mathbf{T}(\mathbf{x}))$. Im Fall der Mehrdeutigkeit kann er immer so gewählt werden.

Beweis: Nach dem Faktorisierungssatz von Fisher-Neyman (Satz 11.1.1) hat die Dichte von $\mathbf{x} = (x_1 \dots x_n)$ und damit die Likelihood-Funktion die Gestalt:

$$L(\vartheta|\mathbf{x}) = f_{\mathbf{x}}(\mathbf{x}|\vartheta) = g_1(\mathbf{T}(\mathbf{x})|\vartheta)g_2(\mathbf{x}).$$

ML-Schätzer sind folglich alle jene Werte $\hat{\vartheta}$, für die, bei festem $\mathbf{x}$, $g_1(\mathbf{T}(\mathbf{x})|\vartheta)$ maximal wird. Die Zuordnung $\mathbf{x} \to \hat{\vartheta}$ ist daher im eindeutigen Fall von der Form $\hat{\vartheta} = \hat{\vartheta}(\mathbf{T}(\mathbf{x}))$ und kann im mehrdeutigen Fall offensichtlich immer so gewählt werden.♠

Bemerkung: Da $\hat{\gamma} = \gamma(\hat{\vartheta})$ ein ML-Schätzer für $\gamma(\vartheta)$ ist, falls $\hat{\vartheta}$ ein solcher für ϑ ist, hat auch $\hat{\gamma}$ die Gestalt $\hat{\gamma} = \hat{\gamma}(\mathbf{T}(\mathbf{x}))$.

Satz 11.4.2 *Bayes-Schätzer als Funktion suffizienter Statistiken*
Bayes-Schätzer $\hat{\vartheta}$ für ϑ — bestimmt auf der Grundlage einer Verlustfunktion $v(\vartheta, \hat{\vartheta})$ oder als Modus der a posteriori-Verteilung von ϑ — können immer als Funktion der suffizienten Statistik $\mathbf{T}(\mathbf{x})$ gewählt werden: $\hat{\vartheta} = \hat{\vartheta}(\mathbf{T}(\mathbf{x}))$.

Beweis: Ist $f_\vartheta(\vartheta)$ die Dichte der a priori-Verteilung von ϑ, dann hat, nach dem Faktorisierungssatz von Fisher-Neyman (Satz 11.1.1), die gemeinsame Dichte von $(\vartheta, \mathbf{x})$ die Form:

$$f_{\vartheta,\mathbf{x}}(\vartheta, \mathbf{x}) = f_\vartheta(\vartheta)g_1(\mathbf{T}(\mathbf{x})|\vartheta)g_2(\mathbf{x}).$$

Die a posteriori-Dichte $f_\vartheta^{\mathbf{x}}(\vartheta|\mathbf{x})$ besitzt daher die Gestalt:

$$f_\vartheta^{\mathbf{x}}(\vartheta|\mathbf{x}) = \frac{f_\vartheta(\vartheta)g_1(\mathbf{T}(\mathbf{x})|\vartheta)}{\int f_\vartheta(\vartheta)g_1(\mathbf{T}(\mathbf{x})|\vartheta)\,d\vartheta} = h(\vartheta|\mathbf{T}(\mathbf{x})),$$

d.h. sie hängt von den Beobachtungen nur über $\mathbf{T}(\mathbf{x})$ ab.

Ist nun $v(\vartheta, \hat{\vartheta})$ irgendeine Verlustfunktion, dann ist der zugehörige Bayes-Schätzer jener Wert $\hat{\vartheta}$, für den die Erwartung $E_\vartheta(v(\vartheta, \hat{\vartheta})|\mathbf{x})$, gebildet mit der a posteriori-Verteilung von ϑ, minimal wird (siehe Abschnitt 10.1: Die Bayes-Methode). Da diese a posteriori-Verteilung nur über $\mathbf{T}(\mathbf{x})$ von $\mathbf{x}$ abhängt, kann somit $\hat{\vartheta}$ im eindeutigen wie auch im mehrdeutigen Fall immer als Funktion von $\mathbf{T}(\mathbf{x})$ gewählt werden. Das gleiche Argument trifft offensichtlich zu, falls $\hat{\vartheta}$ der (oder ein) Modus der a posteriori-Verteilung sein sollte.♠

Momenten-Schätzer

Momenten-Schätzer sind i.a. keine Funktionen der suffizienten Statistik $\mathbf{T}(\mathbf{x})$. Dennoch kann man auch für sie einige nützliche allgemeine Aussagen treffen.

Vergegenwärtigen wir uns das Verfahren ihrer Bestimmung. Ist $\vartheta = (\vartheta_1 \dots \vartheta_k)$, dann ist jede Lösung $\hat{\vartheta}$ des Gleichungssystems:

$$m_j(\vartheta) = E(x^j|\vartheta) = \overline{x^j} = \frac{1}{n}(x_1^j + \dots + x_n^j) \quad j = 1 \dots k$$

ein Momenten-Schätzer für ϑ. Wegen $\overline{x^j} = \frac{1}{n}(x_{(1)}^j + \dots + x_{(n)}^j)$ — d.h. das Stichprobenmoment ${}_sm_j = \overline{x^j}$ hängt von den Beobachtungen $(x_1 \dots x_n)$ nur über deren Ordnungsreihe $(x_{(1)} \dots x_{(n)})$ ab — kann der Momenten-Schätzer, im eindeutigen wie im mehrdeutigen Fall, stets als Funktion der (suffizienten!) Ordnungsreihe bestimmt werden: $\hat{\vartheta} = \hat{\vartheta}(x_{(1)} \dots x_{(n)})$.

Ist $\big(P_x(.|\vartheta)\colon \vartheta \in \Theta\big)$ eine k-parametrische Exponentialfamilie mit den Dichten $f_x(x|\vartheta) = exp\big(c_0(\vartheta) + \sum_{j=1}^k c_j(\vartheta)t_j(x) + h(x)\big)$ und ist $\mathbf{T}(\mathbf{x})$ die Statistik $\mathbf{T}(\mathbf{x}) = \big(T_1(\mathbf{x}) \dots T_k(\mathbf{x})\big) = \big(\sum_i t_1(x_i) \dots \sum_i t_k(x_i)\big)$, dann erhält man, sofern man das Verfahren der Momenten-Methode etwas allgemeiner interpretiert (siehe Abschnitt 10.1: Die Momenten-Methode), ebenfalls von $\mathbf{T}(\mathbf{x})$ abhängige Momenten-Schätzer. Es liegt nämlich in diesem Fall nahe, einen Schätzer $\hat{\vartheta}$ aus dem Gleichungssystem

$$\mu_{t_j}(\vartheta) = E\big(t_j(x)|\vartheta\big) = \overline{t_j} = \frac{1}{n}\big(t_j(x_1) + \dots + t_j(x_n)\big) = \frac{1}{n}\mathbf{T}_j(\mathbf{x}) \; j = 1 \dots k$$

zu bestimmen, und offensichtlich kann hier $\hat{\vartheta}$ immer als Funktion von $\mathbf{T}(\mathbf{x})$ gewählt werden.

Minimum-χ^2-Schätzer

Die Minimum-χ^2-Methode liefert i.a. keine Schätzer $\hat{\vartheta}$, die nur über eine suffiziente Statistik $\mathbf{T}(\mathbf{x})$ von den Beobachtungen abhängen, es sei denn $\mathbf{T}(\mathbf{x})$ ist die Ordnungsreihe $(x_{(1)} \dots x_{(n)})$, die triviale suffiziente Statistik.

Die Sätze von Rao-Blackwell und Lehmann-Scheffé

Die beiden folgenden Sätze zeigen, wie man bei Modellen $P_x \in \mathcal{P}$, für die eine suffiziente Statistik $\mathbf{T}(\mathbf{x})$ mit vollständiger Verteilungsfamilie existiert, ausgehend von einem beliebigen erwartungstreuen Schätzer $\hat{\gamma}_0(\mathbf{x})$ für den Verteilungsparameter $\gamma = \gamma(P_x)$, einen, genauer gesagt: *den* varianzminimalen, erwartungstreuen Schätzer für γ bestimmen kann. Die Aussagen gelten gleichermaßen für parametrische wie für nichtparametrische Modelle.

Satz 11.4.3 *Rao-Blackwell*

Sei $x \sim P_x \in \mathcal{P}$, $\mathbf{x} = (x_1 \dots x_n)$ eine Stichprobe vom Umfang n und $\mathbf{T}(\mathbf{x})$ eine suffiziente Statistik für die Verteilungsfamilie $\mathcal{P}$. Ist $\hat{\gamma}_0(\mathbf{x})$ ein erwartungstreuer Schätzer für den Verteilungsparameter $\gamma = \gamma(P_x)$, dann ist auch $\hat{\gamma}_1\big(\mathbf{T}(\mathbf{x})\big) = E\big(\hat{\gamma}_0(\mathbf{x})|\mathbf{T}(\mathbf{x})\big)$ erwartungstreu für γ, und die Varianz von $\hat{\gamma}_1$ ist nicht größer als diejenige von $\hat{\gamma}_0$: $V(\hat{\gamma}_1) \leq V(\hat{\gamma}_0)$.

Beweis: Zunächst machen wir uns bewußt, daß, wegen der Suffizienz von $\mathbf{T}(\mathbf{x})$, die bedingte Erwartung $\hat{\gamma}_1(\mathbf{T}(\mathbf{x})) = E(\hat{\gamma}_0(\mathbf{x})|\mathbf{T}(\mathbf{x}))$ nicht von der Wahl der Verteilung $P_x \in \mathcal{P}$ abhängt (siehe Satz 11.1.2 **B.**). $\hat{\gamma}_1$ ist damit eine Funktion der Variablen $\mathbf{T}(\mathbf{x})$: $\hat{\gamma}_1 = \hat{\gamma}_1(\mathbf{T}(\mathbf{x}))$, d.h. $\hat{\gamma}_1$ hängt nur über die suffiziente Statistik $\mathbf{T}$ von den Beobachtungen $\mathbf{x}$ ab. Die Erwartungstreue von $\hat{\gamma}_1$ folgt aus der in Satz 6.5.1 formulierten Eigenschaft der bedingten Erwartung:

$$E_{P_x}\Big(\hat{\gamma}_1(\mathbf{T}(\mathbf{x}))\Big) = E_{P_x}\Big(E_{P_x}(\hat{\gamma}_0(\mathbf{x})|\mathbf{T}(\mathbf{x}))\Big) = E_{P_x}(\hat{\gamma}_0(\mathbf{x})) = \gamma(P_x).$$

Um schließlich $V(\hat{\gamma}_1) \leq V(\hat{\gamma}_0)$ nachzuweisen, schreiben wir:

$$\begin{aligned}(\hat{\gamma}_0 - \gamma)^2 &= \big((\hat{\gamma}_1 - \gamma) + (\hat{\gamma}_0 - \hat{\gamma}_1)\big)^2 = \\ &= (\hat{\gamma}_1 - \gamma)^2 + 2(\hat{\gamma}_1 - \gamma)(\hat{\gamma}_0 - \hat{\gamma}_1) + (\hat{\gamma}_0 - \hat{\gamma}_1)^2.\end{aligned}$$

Bildet man links und rechts die Erwartung, dann folgt:

$$V(\hat{\gamma}_0) = V(\hat{\gamma}_1) + 2E\big((\hat{\gamma}_1 - \gamma)(\hat{\gamma}_0 - \hat{\gamma}_1)\big) + E\big((\hat{\gamma}_0 - \hat{\gamma}_1)^2\big). \tag{11.4.1}$$

Wegen $E\big((\hat{\gamma}_0 - \hat{\gamma}_1)^2\big) \geq 0$ ist die Behauptung bewiesen, wenn wir zeigen, daß $E\big((\hat{\gamma}_1 - \gamma)(\hat{\gamma}_0 - \hat{\gamma}_1)\big)$ verschwindet. Dieses ergibt sich aber aus:

$$E\big((\hat{\gamma}_1 - \gamma)(\hat{\gamma}_0 - \hat{\gamma}_1)\big) = E\Big(E\big((\hat{\gamma}_1 - \gamma)(\hat{\gamma}_0 - \hat{\gamma}_1)|\mathbf{T}(\mathbf{x})\big)\Big)$$

und (siehe 6.5.2):

$$\begin{aligned} &E\bigg(\Big(\hat{\gamma}_1(\mathbf{T}(\mathbf{x})) - \gamma(P_x)\Big)\Big(\hat{\gamma}_0(\mathbf{x}) - \hat{\gamma}_1(\mathbf{T}(\mathbf{x}))\Big)|\mathbf{T}(\mathbf{x})\bigg) = \\ &= \Big(\hat{\gamma}_1((\mathbf{T}(\mathbf{x})) - \gamma(P_x)\Big)E\Big(\hat{\gamma}_0(\mathbf{x}) - \hat{\gamma}_1(\mathbf{T}(\mathbf{x}))|\mathbf{T}(\mathbf{x})\Big) = \\ &= \Big(\hat{\gamma}_1(\mathbf{T}(\mathbf{x})) - \gamma(P_x)\Big)\Big(\hat{\gamma}_1(\mathbf{T}(\mathbf{x})) - \hat{\gamma}_1(\mathbf{T}(\mathbf{x}))\Big) = 0, \end{aligned} \tag{11.4.2}$$

denn der Faktor $\Big(\hat{\gamma}_1(\mathbf{T}(\mathbf{x})) - \gamma(P_x)\Big)$ kann, als Funktion der bedingenden Variablen $\mathbf{T}(\mathbf{x})$, aus $E(\ldots|\mathbf{T}(\mathbf{x}))$ herausgehoben werden.♠

Satz 11.4.4 *Lehmann-Scheffé*

Unter den Annahmen von Satz 11.4.3.: $x \sim P_x \in \mathcal{P}$, $\mathbf{x} = (x_1 \ldots x_n)$ … Stichprobe vom Umfang n, $\mathbf{T}(\mathbf{x})$… suffiziente Statistik für $\mathcal{P}$, sei die Familie der Verteilungen von $\mathbf{T} = \mathbf{T}(\mathbf{x})$ vollständig. Sind dann $\hat{\gamma}_1(\mathbf{T}(\mathbf{x}))$ und $\hat{\gamma}_2(\mathbf{T}(\mathbf{x}))$ zwei erwartungstreue Schätzer für den Verteilungsparameter $\gamma = \gamma(P_x)$, dann gilt notwendig: $\hat{\gamma}_1(\mathbf{T}) \equiv \hat{\gamma}_2(\mathbf{T})$.

Beweis: Die Behauptung folgt unmittelbar aus der Definition der Vollständigkeit. Ist nämlich $E(\hat{\gamma}_1(\mathbf{T})) = E(\hat{\gamma}_2(\mathbf{T})) = \gamma(P_x)$, dann gilt:

$$E(\hat{\gamma}_1(\mathbf{T}) - \hat{\gamma}_2(\mathbf{T})) = 0 \quad \text{für alle} \quad P_x \in \mathcal{P}.$$

Ist die Familie der Bildverteilungen von $\mathbf{T} = \mathbf{T}(x)$ vollständig, wie vorausgesetzt, dann muß, nach der Definition der Vollständigkeit (Definition 11.3.1), $\hat{\gamma}_1(\mathbf{T}) - \hat{\gamma}_2(\mathbf{T})$ identisch verschwinden.♠

Folgerungen aus den Sätzen von Rao-Blackwell und Lehmann-Scheffé

Sind die Voraussetzungen des Satzes von Lehmann-Scheffé erfüllt, ist insbesondere die Familie der Verteilungen von $\mathbf{T} = \mathbf{T}(\mathbf{x})$ vollständig, dann ist, ausgehend von einem beliebigen für $\gamma = \gamma(P_x)$ erwartungstreuen Schätzer $\hat{\gamma}_0(\mathbf{x})$, die durch $\mathbf{T}(\mathbf{x}) = \mathbf{T} =$ konst. bedingte Erwartung $\hat{\gamma}_1(\mathbf{T}(\mathbf{x})) = E(\hat{\gamma}_0(\mathbf{x})|\mathbf{T}(\mathbf{x}))$ automatisch varianzminimal unter allen erwartungstreuen Schätzern für $\gamma = \gamma(P_x)$. Bezeichnet nämlich $\hat{\gamma}_{00}(\mathbf{x})$ irgend einen weiteren, erwartungstreuen Schätzer für γ, und setzt man $\hat{\gamma}_2(\mathbf{T}(\mathbf{x})) = E(\hat{\gamma}_{00}(\mathbf{x})|\mathbf{T}(\mathbf{x}))$, dann folgt zunächst aus dem Satz von Rao-Blackwell:

$$V\Big(\hat{\gamma}_1\big(\mathbf{T}(\mathbf{x})\big)\Big) \le V(\hat{\gamma}_0(\mathbf{x})) \quad \text{und} \quad V\Big(\hat{\gamma}_2\big(\mathbf{T}(\mathbf{x})\big)\Big) \le V(\hat{\gamma}_{00}(\mathbf{x})).$$

Da aber notwendig $\hat{\gamma}_1(\mathbf{T}(\mathbf{x})) \equiv \hat{\gamma}_2(\mathbf{T}(\mathbf{x}))$ gilt (Vollständigkeit!), ist auch

$$V\Big(\hat{\gamma}_1\big(\mathbf{T}(\mathbf{x})\big)\Big) \le V(\hat{\gamma}_{00}(\mathbf{x}))$$

und $\hat{\gamma}_1(\mathbf{T}(\mathbf{x}))$ mithin varianzminimal.

Man sieht auch sofort, daß, wieder unter den Voraussetzungen des Satzes von Lehmann-Scheffé, falls $\gamma = \gamma(P_x)$ überhaupt erwartungstreu schätzbar ist, dafür nur ein varianzminimaler, erwartungstreuer Schätzer existiert.

Da man sehr oft einen zwar erwartungstreuen, aber hinsichtlich seiner Varianz vollkommen indiskutablen Schätzer $\hat{\gamma}_0(\mathbf{x})$ erraten kann und dann den keineswegs einfach zu erratenden, varianzminimalen Schätzer $\hat{\gamma}_1(\mathbf{T}(\mathbf{x}))$ durch die Berechnung der bedingten Erwartung *wie durch Zaubermacht* erhält, hat man dieser Operation den geheimnisvoll klingenden Namen *Rao-Blackwellisieren* gegeben. Man erhält also — Vollständigkeit der Verteilungsfamilie $(P_\mathbf{T})$ vorausgesetzt — den varianzminimalen, erwartungstreuen Schätzer für $\gamma = \gamma(P_x)$ durch Rao-Blackwellisieren eines beliebigen, erwartungstreuen Schätzers $\hat{\gamma}_0(\mathbf{x})$. Wir demonstrieren die Methode und auch die bei ihrer Anwendung auftretenden technischen Schwierigkeiten an einigen Beispielen.

Beispiel 11.4.1 $x \sim \mathbf{B}_{n,p}$: varianzminimale, erwartungstreue Schätzung von $\gamma(p)$
Wir betrachten das Modell: $x \sim \mathbf{B}_{n,p}, 0 \le p \le 1$, und stellen uns die Aufgabe, die Größe:

$$\gamma = \gamma(p) = P(x = k|\mathbf{B}_{n,p}) = f(k|\mathbf{B}_{n,p}) = \binom{n}{k} p^k (1-p)^{n-k}$$

auf der Grundlage einer Stichprobe vom Umfang m erwartungstreu und varianzminimal zu schätzen. Der ML-Schätzer für p ist:

$$\hat{p}_{ML} = \frac{1}{mn}(x_1 + \ldots + x_m).$$

Er ist offenbar auch erwartungstreu. Der ML-Schätzer für $\gamma(p)$ kann zwar sofort angegeben werden (siehe Satz 10.2.4):

$$\hat{\gamma}_{ML} = \gamma(\hat{p}_{ML}) = \binom{n}{k} \hat{p}_{ML}^k (1 - \hat{p}_{ML})^{n-k}, \tag{11.4.3}$$

er ist aber, wie wir sehen werden, nicht erwartungstreu für $\gamma(p)$.

Schreiben wir die Dichte der Verteilung $\mathbf{B}_{n,p}$ in der Standardform für Exponentialfamilien:

$$f(x|\mathbf{B}_{n,p}) = exp\Big(nln(1-p) + xln\frac{p}{1-p} + ln\binom{n}{x}\Big),$$

dann sehen wir:

A. Die Statistik $T(\mathbf{x}) = x_1 + \ldots + x_m$ ist suffizient für die Familie $(\mathbf{B}_{n,p}\colon 0 \le p \le 1)$ (Satz 11.2.1).

B. Die Familie der Verteilungen $(P_T = \mathbf{B}_{mn,p}\colon 0 \le p \le 1)$ von $T = T(\mathbf{x})$ ist vollständig, denn die Menge $C = \{c = ln\frac{p}{1-p}\colon p \in [0,1]\}$ besitzt innere Punkte in $\mathbf{R}$ (Satz 11.3.1).

Die Voraussetzungen der Sätze von Rao-Blackwell und Lehmann-Scheffé sind folglich gegeben — fehlt nur noch ein erwartungstreuer Schätzer für $\gamma(p)$ als Ausgangspunkt für das Rao-Blackwellisieren. Einen derartigen Schätzer kann man hier mühelos erraten. Beispielsweise leistet:

$$\hat{\gamma}_0(x_1 \ldots x_m) = \hat{\gamma}_0(x_1) = \begin{cases} 1 \ldots \text{ für } x_1 = k, \\ 0 \ldots \text{ sonst} \end{cases}$$

das Gewünschte, denn es ist natürlich: $E(\hat{\gamma}_0|\mathbf{B}_{n,p}) = P(x_1 = k|\mathbf{B}_{n,p}) = \gamma(p)$. Der Schätzer hat die Varianz: $V(\hat{\gamma}_0) = E(\hat{\gamma}_0^2) - \big(E(\hat{\gamma}_0)\big)^2 = \gamma - \gamma^2 = \gamma(1-\gamma)$ und ist, da er ja nur von einer Beobachtung abhängt, weit von jeder Optimalität. Dennoch können wir ihn als *Rohmaterial* zur Gewinnung des varianzminimalen Schätzers benützen.

Um die bedingte Erwartung $E\big(\hat{\gamma}_0|T(\mathbf{x})\big)$ berechnen zu können, benötigen wir die Verteilung von x_1 unter der Bedingung $T(\mathbf{x}) = x_1 + \ldots + x_m = T$. Wir berechnen zunächst die bedingte Dichte von $(x_1 \ldots x_m)$ für festes T, d.h. $f^T_{x_1 \ldots x_m}(x_1 \ldots x_m|T)$, und daraus die Randdichte $f^T_{x_1}(x_1|T)$. Es gilt:

$$f^T_{x_1\dots x_m}(\overset{\circ}{x}_1\dots\overset{\circ}{x}_m|T_0) = \frac{P\big((x_1\dots x_m)=(\overset{\circ}{x}_1\dots\overset{\circ}{x}_m) \text{ und } T=T_0\big)}{P(T=T_0)} =$$

$$= \begin{cases} \dfrac{f_{x_1\dots x_m}(\overset{\circ}{x}_1\dots\overset{\circ}{x}_m)}{f_T(T_0)} \dots \text{ für } \overset{\circ}{x}_1+\dots+\overset{\circ}{x}_m = T_0, \\ 0 \quad \dots \text{ sonst.} \end{cases}$$

Wegen $T \sim \mathbf{B}_{mn,p}$ folgt weiter für $x_1+\dots+x_m = T$:

$$\frac{f_{x_1\dots x_m}(x_1\dots x_m)}{f_T(T)} = \prod_{j=1}^{m}\binom{n}{x_j}p^{x_j}(1-p)^{n-x_j}\Big/\binom{mn}{T}p^T(1-p)^{mn-T} =$$

$$= \binom{n}{x_1}\cdots\binom{n}{x_m}\Big/\binom{mn}{T},$$

d.h. $(x_1\dots x_m)$ besitzt eine polyhypergeometrische Verteilung (siehe Definition 3.3.1). Da wir, wegen der Nebenbedingung $x_1+\dots+x_m = T$, nur $(m-1)$ Variable, etwa $x_1\dots x_{m-1}$, angeben müssen, haben wir das Ergebnis:

$$(x_1\dots x_{m-1})|T \sim \mathbf{H}_{mn;\underbrace{n\dots n}_{m-1};T},$$

mit der Randverteilung (siehe Satz 3.3.1):

$$x_1|T \sim \mathbf{H}_{mn,n,T}.$$

Damit sind wir am Ziel, denn die bedingte Erwartung $E(\hat{\gamma}_0|T)$ ist jetzt leicht berechnet:

$$\hat{\gamma}_1(T) = E(\hat{\gamma}_0(x_1)|T) = P(x_1 = k|T) =$$

$$= f(k|\mathbf{H}_{mn,n,T}) = \frac{\binom{n}{k}\binom{(m-1)n}{T-k}}{\binom{mn}{T}}.$$

Diese Formel ist zunächst merkwürdig genug, und kein Mensch sieht ihr an, daß $\hat{\gamma}_1(T)$ für $\gamma(p)$ erwartungtreu ist. Rechnet man hingegen die Binomialkoeffizienten ein wenig um, dann erhält man $\big($beachte: $(x)_k = x(x-1)\cdots(x-k+1)\big)$:

$$\hat{\gamma}_1(T) = \binom{n}{k}\frac{(T)_k(mn-T)_{n-k}}{(mn)_n}. \qquad (11.4.4)$$

Jetzt sieht die Sache schon viel sympathischer aus. Zum Vergleich noch einmal der ML-Schätzer $\hat{\gamma}_{ML}$ $\big($siehe (11.4.3) mit $\hat{p}_{ML} = T/mn\big)$:

$$\hat{\gamma}_{ML} = \binom{n}{k}\frac{T^k(mn-T)^{n-k}}{(mn)^n}.$$

Beachtet man noch die Tatsache:

$$x \sim \mathbf{B}_{n,p} \Longrightarrow E\big((x)_k(n-x)_l\big) = (n)_{k+l}p^k(1-p)^l,$$

deren einfachen Beweis (siehe Beispiel 6.1.1) wir dem Leser überlassen, dann erhalten wir zunächst, wegen $T \sim \mathbf{B}_{mn,p}$:

$$E\big((T)_k(mn-T)_{n-k}\big) = (mn)_n p^k(1-p)^{n-k},$$

und damit in der Tat aus (11.4.4):

$$E\big(\hat{\gamma}_1(T)\big) = \binom{n}{k} p^k(1-p)^{n-k} = \gamma(p).$$

Wer es nicht glauben wollte, der hat es jetzt schwarz auf weiß: der Rao-Blackwellsche Dämon hat aus einem schlechten Schätzer den *besten aller* gezaubert, denn daß $\hat{\gamma}_1(T)$ varianzminimal unter allen erwartungstreuen Schätzern von $\gamma(p)$ ist, daran kann, wegen der Vollständigkeit von (P_T), kein Zweifel herrschen. Aus dem gleichen Grund ist übrigens $\hat{\gamma}_{ML}(T)$ nicht erwartungstreu für $\gamma(p)$, denn andernfalls wären $\hat{\gamma}_1$ und $\hat{\gamma}_{ML}$ identisch.

Zahlenbeispiel: Es ist offensichtlich, daß $\hat{\gamma}_1$ und $\hat{\gamma}_{ML}$ für große Stichprobenumfänge m praktisch gleich sind. Wir wählen daher für einen Vergleich eher kleine Zahlen. Sei $n = 10, m = 5, T = x_1 + \ldots + x_5 = 20$ und $k = 3$. Es ergibt sich:

$$\hat{p}_{ML} = T/mn = 0,4; \quad \hat{\gamma}_{ML} = \binom{n}{k} p_{ML}^k(1-p_{ML})^{n-k} = 0,2150,$$

$$\hat{\gamma}_1 = \binom{n}{k}(T)_k(mn-T)_{n-k}/(mn)_n = 0,2259.$$

$\hat{\gamma}_1$ und $\hat{\gamma}_{ML}$ sind ersichtlich kaum verschieden, und die einfachere Berechenbarkeit spricht durchaus dafür, $\hat{\gamma}_{ML}$ zu benützen. Dies trifft umso mehr in jenen Fällen zu, wo der varianzminimale Schätzer nur mit unverhältnismäßig großem Aufwand, wenn überhaupt, bestimmbar ist (siehe Beispiel 11.4.4).

Wir führen das Beispiel noch etwas weiter und fragen, welche Funktionen $\gamma(p)$ in unserem Modell überhaupt, auf der Grundlage einer Stichprobe vom Umfang m, erwartungstreu schätzbar sind.

Zunächst ist klar: Ist $\gamma(p)$ erwartungstreu schätzbar, dann auch durch einen Schätzer der Form $\hat{\gamma}\big(T(\mathbf{x})\big)$. Wegen $T \sim \mathbf{B}_{mn,p}$ hat die Erwartung $E\big(\hat{\gamma}(T)\big)$ die Gestalt:

$$E\big(\hat{\gamma}(T)\big) = \sum_{T=0}^{mn} \hat{\gamma}(T)\binom{mn}{T} p^T(1-p)^{mn-T} = \sum_{k=0}^{mn} C_k p^k,$$

d.h., wie immer $\hat{\gamma}(T)$ aussieht, $E\big(\hat{\gamma}(T)\big)$ ist ein Polynom vom Grad $\leq mn$ in p. Nur solche Funktionen $\gamma(p)$ sind folglich erwartungstreu schätzbar. Ist andererseits $\gamma(p) = \sum_{k=0}^{mn} C_k p^k$, dann ist, wegen $E\big((T)_k\big) = (mn)_k p^k$:

$$\hat{\gamma}(T) = \sum_{k=0}^{mn} C_k \frac{(T)_k}{(mn)_k}$$

erwartungstreu und, als Funktion von T, varianzminimal. Der ML-Schätzer $\hat{\gamma}_{ML}$ lautet zum Vergleich:

$$\hat{\gamma}_{ML}(T) = \gamma(\hat{p}_{ML}) = \sum_{k=0}^{mn} C_k \hat{p}_{ML}^k = \sum_{k=0}^{mn} C_k \frac{T^k}{(mn)^k}.$$

Bemerkung: Den Schätzer $\hat{\gamma}_1(T)$ in (11.4.4) könnte man prinzipiell auf diesem Wege gewinnen, die Umrechnung in die Gestalt (11.4.4) erfordert jedoch einige Routine mit kombinatorischen Ausdrücken.

Beispiel 11.4.2 $x \sim \mathbf{P}_\mu$: varianzminimale, erwartungstreue Schätzung von $\gamma(\mu)$
Schreiben wir die Dichte $f(x|\mathbf{P}_\mu)$ in der Standardform für Exponentialfamilien:

$$f(x|\mathbf{P}_\mu) = \frac{\mu^x}{x!} e^{-\mu} = exp(-\mu + x ln\mu - ln x!),$$

dann folgt aus den Sätzen 11.2.1 und 11.3.1 für eine Stichprobe vom Umfang n:

A. Die Statistik $T = x_1 + \ldots + x_n$ ist suffizient für die Familie $(\mathbf{P}_\mu\colon \mu \geq 0)$,

B. Die Familie der Verteilungen $(P_T = \mathbf{P}_{n\mu}\colon \mu \geq 0)$ ist vollständig.

Die Voraussetzungen der Sätze von Rao-Blackwell und Lehmann-Scheffé sind folglich erfüllt. Wir stellen uns, ähnlich wie im vorigen Beispiel, die Aufgaben:

1. Zu gegebenem $\gamma(\mu)$ den varianzminimalen, erwartungstreuen Schätzer $\hat{\gamma}(T)$ zu bestimmen.
2. Zu klären, welche Funktionen $\gamma(\mu)$ überhaupt erwartungstreu schätzbar sind.

Ist $\hat{\gamma}(T)$ eine zunächst völlig allgemeine Funktion von T, deren Erwartung für jedes $\mu > 0$ existiert, dann gilt wegen $T \sim \mathbf{P}_{n\mu}$:

$$E\big(\hat{\gamma}(T)\big) = \sum_{T=0}^{\infty} \hat{\gamma}(T) \frac{(n\mu)^T}{T!} e^{-n\mu} = \sum_{k=0}^{\infty} C_k \mu^k = \gamma(\mu).$$

Man hat lediglich $e^{-n\mu}$ in eine Potenzreihe zu entwickeln und anschließend nach Potenzen von μ zu ordnen. Die konkrete Gestalt der Koeffizienten C_k interessiert uns nicht, wichtig ist lediglich, daß das Ergebnis eine für alle $\mu > 0$ konvergente Potenzreihe in μ darstellt. $\gamma(\mu)$ ist damit eine analytische Funktion (man beachte: Existenz von $E\big(\hat{\gamma}(T)\big)$ für alle $\mu > 0$ war vorausgesetzt!). Ist umgekehrt:

$$\gamma(\mu) = \sum_{k=0}^{\infty} C_k \mu^k$$

eine analytische Funktion von μ, dann ist wegen $E\big((T)_k\big) = (n\mu)^k$ (siehe Beispiel 6.2.5):

$$\hat{\gamma}(T) = \sum_{k=0}^{\infty} C_k \frac{(T)_k}{n^k}$$

ein erwartungstreuer und, als Funktion von T, varianzminimaler Schätzer für $\gamma(\mu)$. Damit sind die Fragen **1.** und **2.** erschöpfend beantwortet.

Zum Vergleich: Der ML-Schätzer für μ ist: $\hat{\mu}_{ML} = T/n$ und damit folgt:

$$\hat{\gamma}_{ML} = \gamma(\hat{\mu}_{ML}) = \sum_{k=0}^{\infty} C_k \frac{T^k}{n^k}.$$

Beispiel 11.4.3 $x \sim P_x \dots$ stetig bzw. diskret. Erwartungstreue, varianzminimale Schätzung diverser Verteilungsparameter $\gamma(P_x)$

Wir legen diesmal das nichtparametrische Modell $x \sim P_x \in \mathcal{P}$ zugrunde, wobei $\mathcal{P}$ die Familie der stetigen oder der diskreten Verteilungen auf $\mathbf{R}$ bezeichnen soll. Wir haben gezeigt (siehe Beispiel 11.1.4 und Satz 11.3.2), daß in beiden Fällen die Ordnungsreihe $(x_{(1)} \dots x_{(n)})$ suffizient und die Familie ihrer Verteilungen vollständig ist. Haben wir daher für einen beliebigen Verteilungsparameter $\gamma = \gamma(P_x)$, z.B. ein Moment $m_k(a)$, einen erwartungstreuen Schätzer in der Form $\hat{\gamma}(x_{(1)} \dots x_{(n)})$, d.h. letzten Endes in der Gestalt einer in den Variablen $x_1 \dots x_n$ symmetrischen Funktion, dann ist dieser automatisch varianzminimal unter allen erwartungstreuen Schätzern für $\gamma(P_x)$.

Ausgehend von einem beliebigen erwartungstreuen Schätzer $\hat{\gamma}_0(x_1 \dots x_n)$ für $\gamma(P_x)$, ist die symmetrisierte Form von $\hat{\gamma}_0$:

$$\frac{1}{n!} \sum_{(\pi_1 \dots \pi_n)} \hat{\gamma}_0(x_{\pi_1} \dots x_{\pi_n}) = \hat{\gamma}_1(x_1 \dots x_n) = \hat{\gamma}_1(x_{(1)} \dots x_{(n)}),$$

wobei über alle Permutationen $(\pi_1 \dots \pi_n)$ von $(1 \dots n)$ zu summieren ist, offensichtlich ebenfalls erwartungstreu für $\gamma(P_x)$ und, als symmetrische Funktion, varianzminimal. Es gilt natürlich:

$$\hat{\gamma}_1(x_{(1)} \dots x_{(n)}) = E\big(\hat{\gamma}_0(x_1 \dots x_n) | x_{(1)} \dots x_{(n)}\big),$$

d.h. $\hat{\gamma}_1$ entsteht durch Rao-Blackwellisieren aus $\hat{\gamma}_0$, denn setzt man $(x_{\pi_1} \dots x_{\pi_n}) = (x_{(1)} \dots x_{(n)})$, dann ist, wenigstens für $x_{(1)} < \dots < x_{(n)}$, dadurch die Permutation $(\pi_1 \dots \pi_n)$ eindeutig bestimmt und bei festem $(x_{(1)} \dots x_{(n)})$ auf der Menge $\mathcal{S}_n$ aller Permutationen von $(1 \dots n)$ gleichverteilt. Das ist wohl intuitiv einleuchtend, exakt aber doch nur mit einigem Aufwand zu zeigen. (Sind die Ordnungsstatistiken $x_{(j)}$ nicht paarweise verschieden, was bei diskreten Verteilungen durchaus mit positiver Wahrscheinlichkeit sein kann, dann muß man noch ein wenig sorgfältiger argumentieren.) In jedem Fall ergibt sich:

$$E\big(\hat{\gamma}_0(x_1 \dots x_n) | x_{(1)} \dots x_{(n)}\big) = \frac{1}{n!} \sum_{(\pi_1 \dots \pi_n)} \hat{\gamma}_0(x_{\pi_1} \dots x_{\pi_n}) = \hat{\gamma}_1(x_{(1)} \dots x_{(n)}).$$

Von besonderem Interesse ist die Schätzung der Momente $m_k = E(x^k|P_x)$ und $m_k(\mu) = E\big((x-\mu)^k|P_x\big)$. m_k ist sofort erledigt, denn aus dem erwartungstreuen Schätzer $\hat{m}_{k,0}(x_1\dots x_n) = x_1^k$ entsteht durch Symmetrisieren:

$$\hat{m}_{k,1}(x_{(1)}\dots x_{(n)}) = \frac{1}{n}\sum_{j=1}^{n} x_j^k = \frac{1}{n}\sum_{j=1}^{n} x_{(j)}^k,$$

der varianzminimale, erwartungstreue Schätzer für m_k.

Nicht so einfach liegt das Problem bei $m_k(\mu)$, denn $(x_1-\mu)^k$ ist, wegen des unbekannten $\mu = E(x)$, als Schätzer natürlich unbrauchbar. Schreiben wir aber $m_k(\mu)$ in der Form:

$$m_k(\mu) = E\Big((x-\mu)^k\Big) = E\Big(\sum_{l=0}^{k}\binom{k}{l}(-1)^l\mu^l x^{k-l}\Big) = \sum_{l=0}^{k}\binom{k}{l}(-1)^l\mu^l m_{k-l},$$

dann ist zunächst $(x_1x_2\cdots x_l)x_{l+1}^{k-l}$, wegen der Unabhängigkeit der Variablen $x_1\dots$ $\dots x_n$, erwartungstreu für $\mu^l m_{k-l}$ und damit:

$$\hat{m}_{k,0}(\mu)(x_1\dots x_n) = \sum_{l=0}^{k}\binom{k}{l}(-1)^l x_1\cdots x_l x_{l+1}^{k-l}$$

erwartungstreu für $m_k(\mu)$. Wir erkennen übrigens, daß dazu $n \geq k$ vorausgesetzt werden muß. Die symmetrisierte Form einer beliebigen Funktion $t_0(x_1\dots x_l)$ von l der n Variablen $(x_1\dots x_n)$ ist offensichtlich:

$$t_1(x_1\dots x_n) = \frac{1}{(n)_l}\sum_{\substack{\pi_1\dots\pi_l=1\\ \pi_i\neq\pi_j}}^{n} t_0(x_{\pi_1}\dots x_{\pi_l}),$$

und damit folgt die symmetrisierte Form von $\hat{m}_{k,0}(\mu)$:

$$\hat{m}_{k,1}(\mu)(x_{(1)}\dots x_{(n)}) = \sum_{l=0}^{k}\binom{k}{l}(-1)^l\frac{1}{(n)_{l+1}}\sum_{\substack{\pi_1\dots\pi_{l+1}=1\\ \pi_i\neq\pi_j}}^{n} x_{\pi_1}\cdots x_{\pi_l}x_{\pi_{l+1}}^{k-l}.$$

Dieses ist der gesuchte varianzminimale, erwartungstreue Schätzer für $m_k(\mu)$. Wir betrachten, um die Formel etwas zu veranschaulichen, die Sonderfälle $k = 2$ und $k = 3$.

$\mathbf{m_2(\mu) = \sigma^2}$: Es ist $m_2(\mu) = \sigma^2 = m_2 - \mu^2$, somit $\hat{m}_{2,0}(\mu) = \hat{\sigma}_0^2 = x_1^2 - x_1x_2$ und schließlich:

$$\hat{m}_{2,1}(\mu) = \hat{\sigma}_1^2 = \frac{1}{n}\sum_{j=1}^{n}x_j^2 - \frac{1}{n(n-1)}\sum_{\substack{i,j=1\\ i\neq j}}^{n} x_ix_j = \dots = \frac{1}{n-1}\sum_{j=1}^{n}(x_j-\bar{x})^2 = s^2.$$

Damit haben wir das bereits in Beispiel 10.2.1 angekündigte Resultat bewiesen; daß nämlich s^2 der varianzminimale, erwartungstreue Schätzer für die Varianz σ^2 ist, soferne unser nichtparametrisches Modell zugrundeliegt.

$\mathbf{m}_3(\boldsymbol{\mu})$: In diesem Fall gilt $m_3(\mu) = m_3 - 3\mu m_2 + 2\mu^3$, folglich $\hat{m}_{3,0}(\mu) = x_1^3 - 3x_1x_2^2 + 2x_1x_2x_3$ und weiter:

$$\hat{m}_{3,1}(\mu) = \frac{1}{n}\sum_{i=1}^{n} x_i^3 - \frac{3}{n(n-1)}\sum_{\substack{i,j=1\\ i\neq j}}^{n} x_i x_j^2 + \frac{2}{n(n-1)(n-2)}\sum_{\substack{i,j,k=1\\ i\neq j\neq k\neq i}}^{n} x_i x_j x_k = \ldots$$

$$\ldots = \frac{n}{(n-1)(n-2)}\sum_{i=1}^{n} x_i^3 - \frac{3}{(n-1)(n-2)}\sum_{i=1}^{n} x_i \sum_{j=1}^{n} x_j^2 + \frac{2}{n(n-1)(n-2)}\Big(\sum_{i=1}^{n} x_i\Big)^3,$$

wie man nach einfacher Rechnung sieht.

Beispiel 11.4.4 Varianzminimale, erwartungstreue Schätzer bei k-parametrischen Exponentialfamilien — Einordnung des Problems

Bei k-parametrischen Exponentialfamilien $\big(P_x(.|\vartheta)\colon\ \vartheta = (\vartheta_1 \ldots \vartheta_k) \in \Theta\big)$ führt die Aufgabe, für eine (im Rahmen gewisser Grenzen) beliebige Funktion $\gamma(\vartheta)$ den varianzminimalen, erwartungstreuen Schätzer zu konstruieren, auf die Umkehrung der k-dimensionalen Laplace-Transformation; das wollen wir uns — im wesentlichen der Linie des Beweises von Satz 11.3.1 folgend — kurz überlegen.

Sei die Dichte von $P_x(.|\vartheta)$ gegeben durch:

$$f_x(x|\vartheta = (\vartheta_1 \ldots \vartheta_k)) = exp\big(c(\vartheta) + \sum_{j=1}^{k} \vartheta_j t_j(x) + h(x)\big),$$

d.h. wir nehmen zur Vereinfachung der Darstellung, jedoch ohne Einschränkung der Allgemeinheit an, daß die Größen ϑ_j die *natürlichen* Parameter der Verteilungsfamilie sind. (Durch die Umparametrisierung $c_j(\vartheta) = c_j$ führt man den allgemeinen Fall sofort darauf zurück.)

Die gemeinsame Dichte der suffizienten Statistik $\mathbf{y} = (y_1 \ldots y_k) = \big(T_1(\mathbf{x}) \ldots \ldots T_k(\mathbf{x})\big) = \Big(\sum_{i=1}^n t_1(x_i) \ldots \sum_{i=1}^n t_k(x_i)\Big)$ hat dann die Form (siehe (11.3.2)):

$$f_{\mathbf{y}}(y_1 \ldots y_k|\vartheta) = exp\big(nc(\vartheta) + \sum_{j=1}^{k} \vartheta_j y_j\big) g(y_1 \ldots y_k),$$

und die zugehörige Verteilungsfamilie ist vollständig.

Nehmen wir jetzt irgend eine Funktion $\hat{\gamma}(y_1 \ldots y_k)$, dann folgt:

$$\gamma(\vartheta) = E\big(\hat{\gamma}(y_1 \dots y_k) \mid P_x(.|\vartheta)\big) =$$

$$= exp\big(nc(\vartheta)\big) \int_{\mathbf{R}^k} [\hat{\gamma}(y_1 \dots y_k) g(y_1 \dots y_k)] exp(\sum_{j=1}^{k} \vartheta_j y_j) dy_1 \cdots dy_k.$$

Mit anderen Worten: $\gamma(\vartheta) exp\big(-nc(\vartheta)\big)$ ist die k-dimensionale (2-seitige) Laplace-Transformierte der Funktion $\hat{\gamma}(y_1 \dots y_k) g(y_1 \dots y_k)$. Man schreibt dafür:

$$\gamma(\vartheta_1 \dots \vartheta_k) exp\big(-nc(\vartheta_1 \dots \vartheta_k)\big) = \mathcal{L}_k\big(\hat{\gamma}(y_1 \dots y_k) g(y_1 \dots y_k)\big)$$

Bezeichnet man die (eindeutig bestimmte!) Umkehrung von $\mathcal{L}_k$ mit $\mathcal{L}_k^{-1}$, dann ist:

$$\hat{\gamma}(y_1 \dots y_k) = \frac{1}{g(y_1 \dots y_k)} \mathcal{L}_k^{-1}\Big(\gamma(\vartheta_1 \dots \vartheta_k) exp\big(-nc(\vartheta_1 \dots \vartheta_k)\big)\Big).$$

Freilich, viel mehr als eine schöne Formel ist das — wenigstens für die Praxis — nicht, denn nur in den einfachsten Fällen kann man die zur Durchführung dieses Programmes notwendigen Integrationen durchstehen. Immerhin läßt die Überlegung aber doch die *Qualität* des Problems erkennen, und das ist eine durchaus nicht zu verachtende Einsicht. In den Anwendungen stellt sich das Problem nicht in dieser Allgemeinheit, denn man ist praktisch immer nur an der Schätzung einfachster Funktionen $\gamma(\vartheta)$ und dieses auch nur bei den gängigen Verteilungsfamilien interessiert. Auch verliert die erwartungstreue Schätzung bei größeren Stichprobenumfängen weitgehend ihren Reiz, und die ungleich einfacher zu gewinnenden Maximum-Likelihood-Schätzer leisten praktisch das gleiche.

Beispiel 11.4.5 Varianzminimale, erwartungstreue Schätzung im linearen Modell

Das sogenannte **lineare Modell** (in seiner klassischen Formulierung) kann folgendermaßen beschrieben werden: Gegeben ist ein Experiment $\mathcal{E}$ mit dem 1-dimensionalen, stetigen Ausgang y. y ist normalverteilt: $y \sim \mathrm{N}(\mu, \sigma^2)$. Die Varianz σ^2 ist unbekannt und fest, der Mittelwert μ ist ebenfalls unbekannt, er hängt aber in einer bekannten Weise von einigen ebenfalls bekannten Variablen $x_1 \dots x_k$ (den *Regressoren*) und ebensovielen unbekannten Parametern $\beta_1 \dots \beta_k$ (den *Regressionskonstanten*) ab. Diese Abhängigkeit soll die Form haben:

$$\mu(x_1 \dots x_k | \beta_1 \dots \beta_k) = x_1\beta_1 + \dots + x_k\beta_k.$$

Es ist also:

$$y \sim \mathrm{N}(\mu = x_1\beta_1 + \dots + x_k\beta_k; \sigma^2) \quad \begin{array}{ll} \beta_1 \dots \beta_k; \sigma^2 & \dots \text{ unbekannt,} \\ x_1 \dots x_k & \dots \text{ bekannt.} \end{array}$$

Das Ziel ist die Schätzung der unbekannten Parameter $\beta_1 \dots \beta_k; \sigma^2$. Dazu wird das Experiment $n(> k)$-mal unabhängig ausgeführt, allerdings mit verschiedenen *Einstellungen* der Regressoren $x_1 \dots x_k$, denn andernfalls könnte man nur den Mittelwert μ und die Varianz σ^2 schätzen — durch welche β-Werte die Gleichung

$\mu = x_1\beta_1 + \ldots + x_k\beta_k$ zustandekommt, wäre unentscheidbar, die Regressionskonstanten wären *nicht identifizierbar*, wie der Fachausdruck lautet.

Wir beobachten also n unabhängige Größen $y_1 \ldots y_n$:

$$y_j \sim \mathrm{N}(x_{j1}\beta_1 + \ldots + x_{jk}\beta_k, \sigma^2) \quad j = 1\ldots n.$$

Mit den Vektoren und Matrizen:

$$\mathbf{y} = \begin{pmatrix} y_1 \\ \vdots \\ y_n \end{pmatrix}; \quad \boldsymbol{\beta} = \begin{pmatrix} \beta_1 \\ \vdots \\ \beta_k \end{pmatrix}; \quad \mathbf{X} = \begin{pmatrix} x_{11} \ldots x_{1k} \\ \ldots\ldots\ldots \\ x_{n1} \ldots x_{nk} \end{pmatrix}; \quad \mathbf{I}_n \ldots \begin{matrix} n - \text{reihige} \\ \text{Einheitsmatrix} \end{matrix}$$

ergibt sich das (in den Regressionskonstanten $\beta_1 \ldots \beta_k$) lineare Modell:

$$\mathbf{y} \sim \mathrm{N}(\boldsymbol{\mu} = \mathbf{X}\boldsymbol{\beta}, \boldsymbol{\Sigma} = \sigma^2 \mathbf{I}_n).$$

Die Dichte der Variablen $\mathbf{y}$ ist gegeben durch (man beachte: $\boldsymbol{\Gamma} = \boldsymbol{\Sigma}^{-1} = 1/\sigma^2 \cdot \mathbf{I}_n$):

$$f_{\mathbf{y}}(\mathbf{y}|\boldsymbol{\beta}, \sigma^2) = f\big(\mathbf{y}|\mathrm{N}(\mathbf{X}\boldsymbol{\beta}, \sigma^2\mathbf{I}_n)\big) = \big(\frac{1}{2\pi\sigma^2}\big)^{n/2} \cdot$$

$$\cdot exp(-\frac{1}{2\sigma^2}(\mathbf{y} - \mathbf{X}\boldsymbol{\beta})'(\mathbf{y} - \mathbf{X}\boldsymbol{\beta})) =$$

$$= exp\Big(-\big(\frac{n}{2}ln(2\pi\sigma^2) + \frac{1}{2\sigma^2}\boldsymbol{\beta}'\mathbf{X}'\mathbf{X}\boldsymbol{\beta}\big) + \frac{1}{\sigma^2}\boldsymbol{\beta}'\mathbf{X}'\mathbf{y} - \frac{1}{2\sigma^2}\mathbf{y}'\mathbf{y}\Big) =$$

$$= exp\big(c_0(\boldsymbol{\beta}, \sigma^2) + \sum_{j=1}^{k+1} c_j(\boldsymbol{\beta}, \sigma^2) t_j(\mathbf{y})\big), \tag{11.4.5}$$

d.h. es handelt sich um eine $(k+1)$-parametrische Exponentialfamilie mit:

$$c_0(\boldsymbol{\beta}, \sigma^2) = -n/2 \cdot ln(2\pi\sigma^2) - 1/2\sigma^2 \cdot \boldsymbol{\beta}'\mathbf{X}'\mathbf{X}\boldsymbol{\beta},$$

$$\big(c_1(\boldsymbol{\beta}, \sigma^2) \ldots c_k(\boldsymbol{\beta}, \sigma^2); c_{k+1}(\boldsymbol{\beta}, \sigma^2)\big) = (\beta_1/\sigma^2 \ldots \beta_k/\sigma^2; -1/2\sigma^2),$$

$$\big(t_1(\mathbf{y}) \ldots t_k(\mathbf{y}); t_{k+1}(\mathbf{y})\big) = (\mathbf{y}'\mathbf{X}; \mathbf{y}'\mathbf{y}),$$

und folglich ist die $(k+1)$-dimensionale Statistik $(\mathbf{y}'\mathbf{X}; \mathbf{y}'\mathbf{y})$ suffizient für unser Modell und, da $C = \{(c_1(\boldsymbol{\beta}, \sigma^2) \ldots c_{k+1}(\boldsymbol{\beta}, \sigma^2))\colon \boldsymbol{\beta} \in \mathbf{R}^k, \sigma^2 \in \mathbf{R}_+\}$ offensichtlich innere Punkte enthält, die Familie ihrer Verteilungen vollständig.

Wir stellen uns die Aufgabe, die varianzminimalen, erwartungstreuen Schätzer für die Parameter $\beta_1 \ldots \beta_k; \sigma^2$ zu bestimmen. Dazu berechnen wir zuerst die ML-Schätzer für diese Parameter — sie müssen ja nach Satz 11.4.1 ebenfalls von der suffizienten Statistik $(\mathbf{y}'\mathbf{X}, \mathbf{y}'\mathbf{y})$ abhängen und sind, falls sie erwartungstreu ausfallen, bereits die gesuchten Schätzer. Wollen wir hoffen, daß es sich so verhält.

Mit der Loglikelihood-Funktion (siehe (11.4.5)):

$$l(\boldsymbol{\beta}, \sigma^2|y) := ln f_{\mathbf{y}}(\mathbf{y}|\boldsymbol{\beta}, \sigma^2) = -\frac{n}{2}ln(2\pi\sigma^2) - \frac{1}{2\sigma^2}(\mathbf{y} - \mathbf{X}\boldsymbol{\beta})'(\mathbf{y} - \mathbf{X}\boldsymbol{\beta})$$

erhalten wir die notwendigen Bedingungen für ein (inneres) Maximum:

$$\frac{\partial l}{\partial \sigma^2} = -\frac{n}{2\sigma^2} + \frac{1}{2\sigma^4}(\mathbf{y} - \mathbf{X}\boldsymbol{\beta})'(\mathbf{y} - \mathbf{X}\boldsymbol{\beta}) = 0, \tag{11.4.6}$$

$$\frac{\partial l}{\partial \boldsymbol{\beta}} = \frac{-1}{2\sigma^2}\frac{\partial}{\partial \boldsymbol{\beta}}(\mathbf{y}'\mathbf{y} - 2\boldsymbol{\beta}'\mathbf{X}'\mathbf{y} + \boldsymbol{\beta}'\mathbf{X}'\mathbf{X}\boldsymbol{\beta}) = \frac{1}{2\sigma^2}(2\mathbf{X}'\mathbf{y} - 2\mathbf{X}'\mathbf{X}\boldsymbol{\beta}) = \mathbf{o}. \tag{11.4.7}$$

Die Gleichung (11.4.7) liefert — Regularität von $\mathbf{X}'\mathbf{X}(\Leftrightarrow Rang\mathbf{X} = k)$ vorausgesetzt:

$$\hat{\boldsymbol{\beta}}_{ML} = (\mathbf{X}'\mathbf{X})^{-1}\mathbf{X}'\mathbf{y}. \tag{11.4.8}$$

Setzt man dieses in (11.4.6) ein, dann folgt:

$$\hat{\sigma}^2_{ML} = (\mathbf{y}'\mathbf{y} - \mathbf{y}'\mathbf{X}(\mathbf{X}'\mathbf{X})^{-1}\mathbf{X}'\mathbf{y})/n, \tag{11.4.9}$$

und beide Schätzer hängen in der Tat nur über die suffiziente Statistik $(\mathbf{y}'\mathbf{X}, \mathbf{y}'\mathbf{y})$ von den Beobachtungen $\mathbf{y}$ ab. Wegen (siehe Satz 6.4.1):

$$E(\hat{\boldsymbol{\beta}}_{ML}) = (\mathbf{X}'\mathbf{X})^{-1}\mathbf{X}'E(\mathbf{y}) = (\mathbf{X}'\mathbf{X})^{-1}\mathbf{X}' \cdot \mathbf{X}\boldsymbol{\beta} = \boldsymbol{\beta}$$

ist $\hat{\boldsymbol{\beta}}_{ML}$ bereits der gesuchte varianzminimale, erwartungstreue Schätzer für $\boldsymbol{\beta}$. Mit etwas mehr Aufwand zeigt man für $\hat{\sigma}^2_{ML}$ (siehe Beispiel 12.1.2):

$$E(\hat{\sigma}^2_{ML}) = \frac{n-k}{n}\sigma^2,$$

sodaß wir mit

$$\hat{\sigma}^2 := \frac{n}{n-k}\hat{\sigma}^2_{ML} = (\mathbf{y}'\mathbf{y} - \mathbf{y}'\mathbf{X}(\mathbf{X}'\mathbf{X})^{-1}\mathbf{X}'\mathbf{y})/(n-k)$$

ebenfalls den varianzminimalen, erwartungstreuen Schätzer für σ^2 besitzen.

Zusammenfassung der Ergebnisse:

Lineares Modell:

$$\mathbf{y} \sim \mathrm{N}(\boldsymbol{\mu} = \mathbf{X}\boldsymbol{\beta}; \sigma^2\mathbf{I}_n)\ldots \begin{cases} \boldsymbol{\beta} = (\beta_1 \ldots \beta_k)', \sigma^2 \ldots \text{unbekannt}, \\ \mathbf{X} \ldots \text{bekannte } (n,k)\text{-Matrix}. \end{cases}$$

Suffiziente Statistik: $(t_1(\mathbf{y}) \ldots t_k(\mathbf{y}); t_{k+1}(\mathbf{y})) = (\mathbf{y}'\mathbf{X}; \mathbf{y}'\mathbf{y})$.

Erwartungstreue, varianzminimale Schätzer:

$$\hat{\boldsymbol{\beta}} = (\mathbf{X}'\mathbf{X})^{-1}\mathbf{X}'\mathbf{y}; \quad \hat{\sigma}^2 = (\mathbf{y}'\mathbf{y} - \mathbf{y}'\mathbf{X}(\mathbf{X}'\mathbf{X})^{-1}\mathbf{X}'\mathbf{y})/(n-k).$$

12. Die Prüfverteilungen der Normalverteilung

In diesem Kapitel beschäftigen wir uns mit drei Verteilungsfamilien: den χ^2- (eingeführt von Helmert (1876)), den t- oder Student- (eingeführt von Gosset unter dem Pseudonym STUDENT (1908)) und den F-Verteilungen (im wesentlichen eingeführt von Fisher (1921)). Diese Verteilungsfamilien sind für die Statistik der Normalverteilung, aber darüber hinaus, bedingt durch den zentralen Grenzverteilungssatz, auch für die Auswertung nicht normal-verteilter Daten fundamental und begegnen dem angewandten Statistiker auf Schritt und Tritt.

12.1 Die χ^2-Verteilung

Wir haben die Familie der χ^2-Verteilungen (gelesen: chi-quadrat) bereits im Abschnitt 2.8 als Teilfamilie der Gammaverteilungen $(\mathbf{\Gamma}(\lambda,\mu))$ eingeführt (siehe Definition 2.8.2). Man bezeichnet üblicherweise die Gammaverteilung $\mathbf{\Gamma}(n/2,2)$ für $n=1,2,\ldots$ mit dem Symbol $\boldsymbol{\chi}^2_n$ (diese Bezeichnung stammt von K.Pearson (1900)) und nennt sie die **chi-quadrat-Verteilung mit n Freiheitsgraden.** Ihre Dichte ist gegeben durch (siehe Definition 2.8.1):

$$f(x|\boldsymbol{\chi}^2_n) = f\big(x|\mathbf{\Gamma}(\frac{n}{2},2)\big) = \frac{x^{\frac{n}{2}-1}}{\Gamma(\frac{n}{2})2^{n/2}}exp(-\frac{x}{2}) \quad \ldots x \geq 0; n=1,2,\ldots \qquad (12.1.1)$$

Abb. 12.1.1 zeigt den Verlauf dieser Dichten für $n=1,3,5$. Die Bezeichnung *Freiheitsgrade* für den Parameter n wird an späterer Stelle (siehe Satz 12.1.5) verständlich werden.

Momente: Es ist zweckmäßig, zunächst die Momente der Verteilungen $\mathbf{\Gamma}(\lambda,1)$ zu bestimmen. Man hat:

$$m_k\big(\mathbf{\Gamma}(\lambda,1)\big) = \frac{1}{\Gamma(\lambda)}\int_0^\infty x^{\lambda+k-1}e^{-x}dx = \frac{\Gamma(\lambda+k)}{\Gamma(\lambda)} \quad \text{für } k>-\lambda.$$

Daraus ergeben sich die Momente der allgemeinen Gammaverteilung $\mathbf{\Gamma}(\lambda,\mu)$ — man beachte, daß μ ein Skalenfaktor ist — zu:

$$m_k\big(\mathbf{\Gamma}(\lambda,\mu)\big) = \frac{\Gamma(\lambda+k)}{\Gamma(\lambda)}\mu^k \quad \text{für } k>-\lambda. \qquad (12.1.2)$$

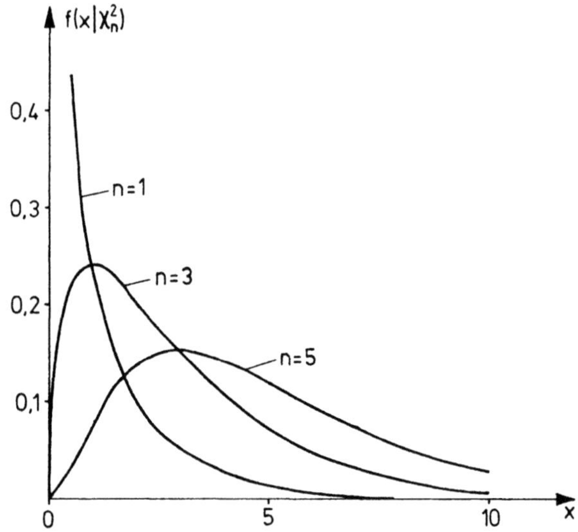

Abb. 12.1.1

Insbesondere sind Mittelwert und Varianz:

$$\mu_{\Gamma(\lambda,\mu)} = \lambda\mu, \quad \sigma^2_{\Gamma(\lambda,\mu)} = m_2 - m_1^2 = \lambda\mu^2. \tag{12.1.3}$$

Für die χ^2_n-Verteilung folgt daraus durch Spezialisierung:

$$m_k(\chi^2_n) = \frac{\Gamma(\frac{n}{2}+k)}{\Gamma(\frac{n}{2})}2^k \quad \text{für } k > -\frac{n}{2} \tag{12.1.4}$$

und:

$$\mu_{\chi^2_n} = n, \quad \sigma^2_{\chi^2_n} = 2n.$$

Modus: Die Gammaverteilungen sind unimodal — wenn man für $0 < \lambda < 1$ den Punkt $x = 0$, bei Annäherung an den die Dichten $f\big(x|\Gamma(\lambda,\mu)\big)$ unendlich werden, als Modus nimmt. Eine leichte Rechnung zeigt:

$$x_{mod}|_{\Gamma(\lambda,\mu)} = \begin{cases} (\lambda-1)\mu & \text{für } \lambda \geq 1, \\ 0 & \text{für } 0 < \lambda < 1. \end{cases}$$

Spezialisiert auf die χ^2_n-Verteilung ergibt das (siehe auch Abb. 12.1.1):

$$x_{mod}|_{\chi^2_n} = \begin{cases} n-2 & \text{für } \; n \geq 2, \\ 0 & \text{für } \; n = 1. \end{cases}$$

Additionstheorem: Aus dem Additionstheorem für die Gammaverteilung (Satz 4.2.5) folgt, ebenfalls durch Spezialisierung:

Satz 12.1.1 *Additionstheorem der χ^2-Verteilung*
Sind die Zufallsvariablen $x_1 \dots x_k$ unabhängig nach $\chi^2_{n_1} \cdots \chi^2_{n_k}$ verteilt, dann ist ihre Summe $y = x_1 + \ldots + x_k$ nach $\chi^2_{n_1+\ldots+n_k}$ verteilt.

Asymptotische Normalität: In Beispiel 8.3.3 haben wir die asymptotische Normalität der Gammaverteilungen gezeigt: Ist x nach $\mathbf{\Gamma}(\lambda, \mu)$ verteilt, dann konvergiert die Verteilung der Standardisierten $y = (x - \lambda\mu)/\mu\sqrt{\lambda}$ für $\lambda \to \infty$ schwach — d.h. im Sinne der Verteilungskonvergenz — gegen die $\mathbf{N}(0,1)$.

Auf die χ^2-Verteilung übertragen bedeutet das, daß die Verteilung $\boldsymbol{\chi}_n^2$ für große n durch die Normalverteilung $\mathbf{N}(n, 2n)$ ersetzt werden kann. Genauer und bereits für $n \geq 40$ für praktisch alle Anwendungen ausreichend, ist die von R. A. Fisher angegebene Approximation:

Ist x nach $\boldsymbol{\chi}_n^2$ verteilt, dann ist $y =_+ \sqrt{2x}$ asymptotisch nach $\mathbf{N}(\sqrt{2n-1}, 1)$ verteilt.

Beispiel 12.1.1 Praktisches Arbeiten mit der Normalapproximation

Man benötigt bei der praktischen Arbeit mit der χ^2-Verteilung meistens ihre Fraktilen, die wir, dem allgemeinen Gebrauch folgend, mit $\chi_{n,p}^2$ bezeichnen, d.h. es gilt: $P(x \leq \chi_{n,p}^2 | \boldsymbol{\chi}_n^2) = p$. Ist x nach $\boldsymbol{\chi}_n^2$ verteilt und approximieren wir mit der $\mathbf{N}(n, 2n)$, dann folgt (u_p bezeichnet das p-Fraktil der $\mathbf{N}(0,1)$):

$$\chi_{n,p}^2 \approx n + u_p\sqrt{2n}. \tag{12.1.5}$$

Approximiert man hingegen die Verteilung von $y =_+ \sqrt{2x}$ mit der $\mathbf{N}(\sqrt{2n-1}, 1)$, dann ergibt sich zunächst:

$$y_p \approx \sqrt{2n-1} + u_p$$

und daraus:

$$\chi_{n,p}^2 = y_p^2/2 \approx (\sqrt{2n-1} + u_p)^2/2. \tag{12.1.6}$$

Zahlenvergleich: Für $n = 40$ und $p = 0,95$ ($u_p = 1,645$) erhält man:

Nach (12.1.5): $\chi_{n,p}^2 \approx n + u_p\sqrt{2n} = 54,713$,
Nach (12.1.6): $\chi_{n,p}^2 \approx (\sqrt{2n-1} + u_p)^2/2 = 55,474$,
Exakter Wert: $\chi_{n,p}^2 = 55,758$.

Die Übereinstimmung ist sehr gut, und man kann für $n \geq 40$ insbesondere mit der Approximation (12.1.6) unbedenklich arbeiten.

Zusammenhänge mit der Normalverteilung

Bereits in Beispiel 2.10.5 haben wir gezeigt: Ist x nach $\mathbf{N}(0,1)$ verteilt, dann besitzt die Variable $y = x^2$ die $\boldsymbol{\chi}_1^2$-Verteilung. Aus dem Additionstheorem der χ^2-Verteilung (Satz 12.1.1) ergibt sich daher:

Satz 12.1.2 *Sind die Zufallsvariablen $x_1 \ldots x_n$ unabhängig nach $\mathbf{N}(0,1)$ verteilt, dann ist $y = x_1^2 + \ldots + x_n^2$ nach $\boldsymbol{\chi}_n^2$ verteilt.*

Wesentlich allgemeiner ist der in der multivariaten Statistik häufig benützte

Satz 12.1.3 *Ist die n-dimensionale Zufallsvariable* $\mathbf{x}$ *nach* $\mathbf{N}(\boldsymbol{\mu}, \boldsymbol{\Sigma})$ *verteilt, dann ist* $y = (\mathbf{x} - \boldsymbol{\mu})'\boldsymbol{\Sigma}^{-1}(\mathbf{x} - \boldsymbol{\mu})$ *nach* χ^2_n *verteilt.*

Beweis: Man vergegenwärtige sich, daß die Größe y gerade die quadratische Form in der Dichte der Verteilung $\mathbf{N}(\boldsymbol{\mu}, \boldsymbol{\Sigma})$ ist:

$$f(\mathbf{x}|\mathbf{N}(\boldsymbol{\mu}, \boldsymbol{\Sigma})) = \left(\frac{1}{2\pi}\right)^{n/2} \frac{1}{|\boldsymbol{\Sigma}|^{1/2}} exp\left(-\frac{1}{2}(\mathbf{x} - \boldsymbol{\mu})'\boldsymbol{\Sigma}^{-1}(\mathbf{x} - \boldsymbol{\mu})\right),$$

und diese hatten wir bei der Einführung der n-dimensionalen Normalverteilung als Abstandsquadrat $d^2_{\boldsymbol{\Gamma}}(\mathbf{x}, \boldsymbol{\mu})$, für $\boldsymbol{\Gamma} = \boldsymbol{\Sigma}^{-1}$, interpretiert (siehe (3.5.2)).

Wir führen die Hilfsvariable $\mathbf{z} = \mathbf{A}(\mathbf{x} - \boldsymbol{\mu})$ ein und wählen die reguläre quadratische Matrix $\mathbf{A}$ so, daß $\mathbf{A}\boldsymbol{\Sigma}\mathbf{A}' = \mathbf{I}$ gilt — die Möglichkeit, $\mathbf{A}$ so zu bestimmen, haben wir bereits mehrmals benützt (siehe etwa die nach (3.5.5) folgenden Ausführungen). Nach Satz 3.6.2 ist $\mathbf{z} \sim \mathbf{N}(\mathbf{o}, \mathbf{A}\boldsymbol{\Sigma}\mathbf{A}' = \mathbf{I})$ — die Koordinaten $z_1 \ldots z_n$ von $\mathbf{z}$ sind also unabhängig nach $\mathbf{N}(0,1)$ verteilt, so daß

$$y = (\mathbf{x} - \boldsymbol{\mu})'\boldsymbol{\Sigma}^{-1}(\mathbf{x} - \boldsymbol{\mu}) = (\mathbf{A}^{-1}\mathbf{z})'\boldsymbol{\Sigma}^{-1}\mathbf{A}^{-1}\mathbf{z} = \mathbf{z}'(\mathbf{A}\boldsymbol{\Sigma}\mathbf{A}')^{-1}\mathbf{z} = \mathbf{z}'\mathbf{z} = \sum_{j=1}^{n} z_j^2,$$

nach Satz 12.1.2, wie behauptet die χ^2_n-Verteilung besitzt. ♠

In diesen Zusammenhang gehört der für die multivariate Statistik wichtige Satz von Cochran, den wir, nach kurzer Vorbereitung, ebenfalls formulieren und beweisen wollen.

Eine symmetrische (n, n)-Matrix $\mathbf{P}$, für die $\mathbf{PP} = \mathbf{P}$ gilt (sog. idempotente Matrix), nennt man eine **Projektionsmatrix**. In der Tat, bezeichnet einerseits $\mathbf{L_P}$ den von den Spalten von $\mathbf{P}$ aufgespannten Teilraum des $\mathbf{R}^n$ — es ist dies die Gesamtheit aller Vektoren $\mathbf{y} = \mathbf{Px}$ für $\mathbf{x} \in \mathbf{R}^n$ — und andererseits $\mathbf{M_P}$ den Orthogonalraum zu $\mathbf{L_P}$ — es ist dies die Gesamtheit aller Vektoren $\mathbf{z}$ mit $\mathbf{Pz} = \mathbf{o}$ —, dann ist

$$\mathbf{x} = \mathbf{Px} + (\mathbf{I} - \mathbf{P})\mathbf{x} = \mathbf{y} - \mathbf{z}$$

die (eindeutige) Darstellung des Vektors $\mathbf{x}$ als Summe zweier Vektoren $\mathbf{y}$ und $\mathbf{z}$, wo $\mathbf{y}$ in $\mathbf{L_P}$ und $\mathbf{z}$ in $\mathbf{M_P}$ liegt (beachte: $\mathbf{Pz} = \mathbf{P}(\mathbf{I} - \mathbf{P})\mathbf{x} = (\mathbf{P} - \mathbf{PP})\mathbf{x} = \mathbf{o}$). Die Abbildung $\mathbf{x} \to \mathbf{y} = \mathbf{Px}$ ist somit die orthogonale Projektion von $\mathbf{x}$ auf $\mathbf{L_P}$.

Besitzt man für einen irgendwie sonst vorgegebenen linearen Teilraum $\mathbf{L}$ des $\mathbf{R}^n$ eine Basis $\mathbf{a}_1 \ldots \mathbf{a}_k$ und bildet man damit die (n, k)-Matrix $\mathbf{A} = (\mathbf{a}_1 \ldots \mathbf{a}_k)$, dann ist, wie man sofort verifiziert, die Matrix $\mathbf{P} = \mathbf{A}(\mathbf{A}'\mathbf{A})^{-1}\mathbf{A}'$ symmetrisch und idempotent und vermittelt die Projektion auf $\mathbf{L}$, d.h. es gilt: $\mathbf{L} = \mathbf{L_P}$.

Für die Dimension des Raumes $\mathbf{L_P}$, auf den $\mathbf{P}$ projiziert, gilt die Beziehung:

$$dim(\mathbf{L_P}) = Rang(\mathbf{P}) = Spur(\mathbf{P}) \quad (:= \sum_{i=1}^{n} p_{ii}). \qquad (12.1.7)$$

Die erste Gleichung ist klar, denn $\mathbf{L_P}$ ist ja der Spaltenraum von $\mathbf{P}$. Um die zweite Gleichung einzusehen, sei $\mathbf{a}_1 \ldots \mathbf{a}_n$ eine orthonormale Basis des $\mathbf{R}^n$, wo die ersten $k = dim(\mathbf{L_P})$ Vektoren eine Basis von $\mathbf{L_P}$ bilden. Mit der orthogonalen Matrix $\mathbf{A} = (\mathbf{a}_1 \ldots \mathbf{a}_n)$ folgt dann einerseits:

$$\mathbf{A}'(\mathbf{PA}) = \mathbf{A}'(\mathbf{a}_1 \ldots \mathbf{a}_k | \mathbf{o} \ldots \mathbf{o}) = \left(\begin{array}{c|c} \mathbf{I}_k & \mathbf{O} \\ \hline \mathbf{O} & \mathbf{O} \end{array}\right),$$

andererseits gilt, wegen $Spur(\mathbf{AB}) = Spur(\mathbf{BA})$:

$$k = Spur\ (\mathbf{A}'\mathbf{PA}) = \quad Spur\ (\mathbf{PAA}') = \ Spur\ (\mathbf{P}),$$

also die Beziehung (12.1.7).

Sind schließlich $\mathbf{P}_1$ und $\mathbf{P}_2$ Projektionsmatrizen mit $\mathbf{P}_1\mathbf{P}_2\ (= \mathbf{P}_2\mathbf{P}_1) = \mathbf{O}$ — $\mathbf{O}$ bezeichnet die (n,n)-Matrix mit lauter Nullen —, dann sind die zugehörigen linearen Räume $\mathbf{L}_{\mathbf{P}_1}$ und $\mathbf{L}_{\mathbf{P}_2}$ zueinander orthogonal. Sind umgekehrt die Räume $\mathbf{L}_1$ und $\mathbf{L}_2$ orthogonal, dann gilt für die zugehörigen Projektionsmatrizen: $\mathbf{P}_1\mathbf{P}_2 = \mathbf{O}$. Man nennt daher $\mathbf{P}_1$ und $\mathbf{P}_2$ selbst orthogonal zueinander.

Mit diesen Vorbereitungen sind wir in der Lage den angekündigten Satz zu beweisen.

Satz 12.1.4 *Cochran*

Ist $\mathbf{x} = (x_1 \ldots x_n)'$ *nach* $\mathbf{N}(\mathbf{o}, \mathbf{I})$ *verteilt, und sind* $\mathbf{P}_1 \ldots \mathbf{P}_r$ *paarweise orthogonale Projektionsmatrizen* ($\mathbf{P}_i\mathbf{P}_j = \mathbf{O}$ *für* $i \neq j$) *mit Spur* $(\mathbf{P}_i) = k_i$, *dann sind die Zufallsgrößen* $y_1 = \mathbf{x}'\mathbf{P}_1\mathbf{x} \ldots y_r = \mathbf{x}'\mathbf{P}_r\mathbf{x}$ *unabhängig nach* $\chi^2_{k_1} \cdots \chi^2_{k_r}$ *verteilt.*

Beweis: Wir wählen eine orthonormale Basis $\mathbf{a}_1 \ldots \mathbf{a}_n$ des $\mathbf{R}^n$, deren erste k_1 Vektoren eine Basis von $\mathbf{L}_{\mathbf{P}_1}$, deren nächste k_2 Vektoren eine Basis von $\mathbf{L}_{\mathbf{P}_2}$ usw. bilden — das ist möglich, da die Räume $\mathbf{L}_{\mathbf{P}_i}$ paarweise orthogonal sind — und führen mit Hilfe der orthogonalen Matrix $\mathbf{A} = (\mathbf{a}_1 \ldots \mathbf{a}_n)$ die n-dimensionale Zufallsvariable $\mathbf{z} = \mathbf{A}'\mathbf{x}$ ein (Umkehrung: $\mathbf{x} = \mathbf{Az}$). $\mathbf{z}$ ist nach $\mathbf{N}(\boldsymbol{\mu}_\mathbf{z} = \mathbf{A}'\boldsymbol{\mu}_\mathbf{x} = \mathbf{o}, \boldsymbol{\Sigma}_\mathbf{z} = \mathbf{A}'\boldsymbol{\Sigma}_\mathbf{x}\mathbf{A} = \mathbf{A}'\mathbf{A} = \mathbf{I}) = \mathbf{N}(\mathbf{o}, \mathbf{I})$, also wie $\mathbf{x}$ verteilt.

Ausgedrückt durch $\mathbf{z}$ gewinnen die quadratischen Formen $y_i = \mathbf{x}'\mathbf{P}_i\mathbf{x}$ die Gestalt:

$$y_i = \mathbf{z}'\mathbf{A}'\mathbf{P}_i\mathbf{Az} \quad \text{für} \quad i = 1 \ldots r.$$

Die (symmetrische und idempotente) Koeffizientenmatrix $\mathbf{A}'\mathbf{P}_i\mathbf{A}$ besitzt aber jetzt eine besonders einfache Struktur, denn zunächst ist:

$$\mathbf{P}_i\mathbf{A} = (\mathbf{o}\dots\mathbf{o}|\mathbf{a}_{k_1+\dots+k_{i-1}+1}\dots\mathbf{a}_{k_1+\dots+k_i}|\mathbf{o}\dots\mathbf{o})$$

und daher:

$$\mathbf{A}'\mathbf{P}_i\mathbf{A} = \left(\begin{array}{c|c|c} \mathbf{O} & \mathbf{O} & \mathbf{O} \\ \hline \mathbf{O} & \mathbf{I}_{k_i} & \mathbf{O} \\ \hline \mathbf{O} & \mathbf{O} & \mathbf{O} \end{array}\right),$$

wobei die ersten $k_1 + \dots + k_{i-1}$, die nächsten k_i und schließlich die letzten $n - (k_1 + \dots + k_i)$ Zeilen und Spalten zu Blöcken zusammengefaßt sind. Es ist daher:

$$y_i = \sum_{j=k_1+\dots+k_{i-1}+1}^{k_1+\dots+k_i} z_j^2 \quad \text{für} \quad i = 1\dots r,$$

woraus, da die z_j ja unabhängig nach $\mathrm{N}(0,1)$ verteilt sind, mit Hilfe von Satz 12.1.2 sofort die Behauptung folgt.♠

Freiheitsgrade: Wir können in diesem Zusammenhang jetzt auch den Sinn der Bezeichnung „Freiheitsgrade" klären und beweisen dazu den

Satz 12.1.5 *Bedeutung der Bezeichnung „Freiheitsgrade"*
Ist $\mathbf{x} = (x_1 \dots x_n)$ *nach* $\mathrm{N}(\mathbf{o},\mathbf{I})$ *verteilt, dann ist die quadratische Form* $y = \mathbf{x}'\mathbf{x} = \sum_{j=1}^n x_j^2$ *unter den* k *linearen Nebenbedingungen* $\mathbf{a}_1'\mathbf{x} = 0 \dots \mathbf{a}_k'\mathbf{x} = 0$ *nach* χ^2_{n-k} *verteilt, soferne die Vektoren* $\mathbf{a}_1 \dots \mathbf{a}_k$ *linear unabhängig sind.*

Bemerkung: Durch die k linear unabhängigen Nebenbedingungen wird die Variabilität des Zufallsvektors $\mathbf{x}$ vom $\mathbf{R}^n$, wo er n *Freiheitsgrade* besitzt, auf einen $(n-k)$-dimensionalen linearen Teilraum des $\mathbf{R}^n$, den Orthogonalraum zu $\mathbf{a}_1 \dots \mathbf{a}_k$, eingeschränkt, so daß er dort nur noch $n-k$ Freiheitsgrade hat.

Beweis: Die obige Bemerkung zeigt, daß die Vektoren $\mathbf{a}_1 \dots \mathbf{a}_k$ ohne Einschränkung der Allgemeinheit als orthonormiert vorausgesetzt werden können. Wir ergänzen sie zu einer orthonormierten Basis des $\mathbf{R}^n$: $\mathbf{a}_1 \dots \mathbf{a}_n$, bilden mit ihnen die orthogonale Matrix $\mathbf{A} = (\mathbf{a}_1 \dots \mathbf{a}_n)$ und führen den Zufallsvektor $\mathbf{z} = \mathbf{A}'\mathbf{x}$ ein, der wie $\mathbf{x}$ nach $\mathrm{N}(\mathbf{o},\mathbf{I})$ verteilt ist.

Es ist dann einerseits: $y = \mathbf{x}'\mathbf{x} = \mathbf{z}'\mathbf{A}'\mathbf{A}\mathbf{z} = \mathbf{z}'\mathbf{z}$, und andererseits nehmen die k Nebenbedingungen jetzt die Form $z_1 = \dots = z_k = 0$ an. Da die Variablen $z_1 \dots z_n$ unabhängig verteilt sind, haben wir letzten Endes die Verteilung von $y = z_{k+1}^2 + \dots + z_n^2$, ohne weitere Nebenbedingung, zu bestimmen. Diese ist aber, wegen $z_j \sim \mathrm{N}(0,1)$, nach Satz 12.1.2 die χ^2_{n-k}-Verteilung.♠

Beispiel 12.1.2 Lineares Modell (Fortsetzung von Beispiel 11.4.5)
Wir haben in Beispiel 11.4.5 das lineare Modell $\mathbf{y} \sim \mathrm{N}(\mathbf{X}\boldsymbol{\beta}, \sigma^2\mathbf{I}_n)$ untersucht und für σ^2 den Schätzer $\hat{\sigma}^2 = (\mathbf{y}'\mathbf{y} - \mathbf{y}'\mathbf{X}(\mathbf{X}'\mathbf{X})^{-1}\mathbf{X}'\mathbf{y})/(n-k)$ gefunden, wobei wir

die Erwartungstreue von $\hat{\sigma}^2$ allerdings an dieser Stelle nicht bewiesen hatten. Als Anwendung des Satzes von Cochran (Satz 12.1.4) wollen wir jetzt zeigen, daß die Statistik $(n-k)\hat{\sigma}^2/\sigma^2$ nach χ^2_{n-k} verteilt ist und mithin die Erwartung $n-k$ besitzt, so daß $\hat{\sigma}^2$ in der Tat σ^2 erwartungstreu schätzt.

Man verifiziert unmittelbar, daß die Matrix $\mathbf{P} = \mathbf{I} - \mathbf{X}(\mathbf{X}'\mathbf{X})^{-1}\mathbf{X}'$ symmetrisch und idempotent ($\mathbf{PP} = \mathbf{P}$), mithin also eine Projektionsmatrix ist. Sie projiziert auf den Orthogonalraum des Spaltenraumes der Matrix $\mathbf{X}$ (man beachte: $\mathbf{X}(\mathbf{X}'\mathbf{X})^{-1}\mathbf{X}'$ projiziert auf den Spaltenraum von $\mathbf{X}$) und hat daher den Rang $n-k$, wenn $\mathbf{X}$ eine (n,k)-Matrix vom Rang k ist, wie es in Beispiel 11.4.5 vorausgesetzt worden war. Wegen $\mathbf{PX} = \mathbf{O}$ gilt für $(n-k)\hat{\sigma}^2/\sigma^2$ die Darstellung:

$$(n-k)\hat{\sigma}^2/\sigma^2 = \Big(\frac{1}{\sigma}(\mathbf{y} - \mathbf{X}\boldsymbol{\beta})\Big)'\mathbf{P}\Big(\frac{1}{\sigma}(\mathbf{y} - \mathbf{X}\boldsymbol{\beta})\Big)$$

bzw., wenn man den $\mathbf{N}(\mathbf{o},\mathbf{I})$-verteilten Vektor $\mathbf{z} = \frac{1}{\sigma}(\mathbf{y} - \mathbf{X}\boldsymbol{\beta})$ einführt:

$$(n-k)\hat{\sigma}^2/\sigma^2 = \mathbf{z}'\mathbf{P}\mathbf{z} \quad \text{mit } \mathit{Rang}\ (\mathbf{P}) = n-k.$$

Die Behauptung ergibt sich damit unmittelbar aus dem Satz von Cochran.

Wir haben in Beispiel 10.2.1 gezeigt, daß wir mit dem Stichprobenmittel $\bar{x} = (x_1 + \ldots + x_n)/n$ und der Stichprobenvarianz $s^2 = 1/(n-1)\cdot\sum_{j=1}^n (x_j - \bar{x})^2$ erwartungstreue und konsistente Schätzer für das Mittel μ bzw. die Varianz σ^2 der den Beobachtungen zugrunde liegenden Verteilung besitzen (siehe auch Satz 10.2.2). Sind die Daten $x_1 \ldots x_n$ normal-verteilt, dann gilt der folgende wichtige Satz über die Stichprobenverteilungen der Statistiken $\bar{x}$ und s^2:

Satz 12.1.6 *Stichprobenverteilungen von $\bar{x}$ und s^2 für normal-verteilte Daten*
Sind die Variablen $x_1 \ldots x_n$ u.a. nach $\mathbf{N}(\mu,\sigma^2)$ verteilt, dann ist

$$\bar{x} = \frac{1}{n}(x_1 + \ldots + x_n) \sim \mathbf{N}(\mu, \sigma^2/n),$$

$$\frac{(n-1)s^2}{\sigma^2} = \frac{1}{\sigma^2}\sum_{j=1}^n (x_j - \bar{x})^2 \sim \chi^2_{n-1},$$

und beide Statistiken, $\bar{x}$ und s^2, sind stochastisch unabhängig.

Bemerkung: Die Familie der Normalverteilungen $\big(\mathbf{N}(\mu,\sigma^2)\colon \mu \in \mathbf{R}, \sigma^2 \in \mathbf{R}_+\big)$ ist, wie wir wissen, die von der Verteilung $\mathbf{N}(0,1)$ erzeugte Lage- und Skalenfamilie. Ist allgemein $(P_{a,b}\colon a \in \mathbf{R}, b \in \mathbf{R}_+)$ die von $P = P_{0,1}$ erzeugte Lage- und Skalenfamilie, dann ist die Stichprobenverteilung der 2-dimensionalen Statistik $\big((\bar{x}-a)/b; (n-1)s^2/b^2\big)$, ebenso wie ihre 1-dimensionalen Randverteilungen, allein durch $P = P_{0,1}$ bestimmt. Das erkennt man sofort aus den Darstellungen:

$$\frac{\bar{x}-a}{b} = \frac{1}{n}\Big(\frac{x_1 - a}{b} + \ldots + \frac{x_n - a}{b}\Big) \quad \text{und}$$

$$\frac{(n-1)s^2}{b^2} = \sum_{j=1}^{n}\Big(\frac{x_j-a}{b} - \frac{\bar{x}-a}{b}\Big)^2 = \sum_{j=1}^{n}\Big(\frac{x_j-a}{b} - \frac{1}{n}\sum_{i=1}^{n}\frac{x_i-a}{b}\Big)^2$$

und dem Umstand, daß die Variablen $\frac{x_j-a}{b}$ u.a. nach $P_{0,1}$ verteilt sind.

Beweis: Nach der obigen Bemerkung können wir uns darauf beschränken, zu zeigen, daß für $x_1 \dots x_n$ u.a. verteilt nach $\mathbf{N}(0,1)$, die Statistiken $\bar{x}$ und $(n-1)s^2$ u.a. nach $\mathbf{N}(0,1/n)$ bzw. χ^2_{n-1} verteilt sind.

Wir denken wieder n-dimensional, führen die Vektoren $\mathbf{x} = (x_1 \dots x_n)'$ und $\mathbf{1} = (1 \dots 1)'$ ein und schreiben $\bar{x}$ bzw. $(n-1)s^2$ in der Form:

$$\bar{x} = \frac{1}{n}\mathbf{1}'\mathbf{x},$$

$$(n-1)s^2 = \sum_{j=1}^{n}(x_j-\bar{x})^2 = \sum_{j=1}^{n} x_j^2 - n\bar{x}^2 = \mathbf{x}'\mathbf{I}\mathbf{x} - \frac{1}{n}\mathbf{x}'\mathbf{1}\mathbf{1}'\mathbf{x} = \mathbf{x}'(\mathbf{I} - \frac{1}{n}\mathbf{1}\mathbf{1}')\mathbf{x}.$$

Die Matrizen $\mathbf{P} = 1/n \cdot \mathbf{1}\mathbf{1}'$ und $\mathbf{Q} = \mathbf{I} - 1/n \cdot \mathbf{1}\mathbf{1}' = \mathbf{I} - \mathbf{P}$ sind, wie man sofort sieht, beide symmetrisch und idempotent. $\mathbf{P}$ projiziert auf den von $\mathbf{1}$ erzeugten 1-dimensionalen Teilraum des $\mathbf{R}^n$ ($\mathbf{P}$ annulliert ja jeden zu $\mathbf{1}$ orthogonalen Vektor und reproduziert $\mathbf{1}$ selbst) und $\mathbf{Q}$ projiziert auf dessen $(n-1)$-dimensionales, orthogonales Komplement, hat also Rang = Spur = $n-1$.

Die Tatsache, daß $\bar{x}$ nach $\mathbf{N}(0,1/n)$ und $(n-1)s^2$ nach χ^2_{n-1} verteilt ist, ist damit bereits an dieser Stelle klar; lediglich der Nachweis der Unabhängigkeit erfordert noch eine Überlegung.

Wir wählen dazu eine orthogonale (n,n)-Matrix $\mathbf{A}$ mit letzter Zeile $(1/\sqrt{n} \dots 1/\sqrt{n}) = 1/\sqrt{n} \cdot \mathbf{1}'$ — diese Zeile ist offensichtlich normiert — und führen den Zufallsvektor $\mathbf{y} = \mathbf{A}\mathbf{x}$ ein (Umkehrung: $\mathbf{x} = \mathbf{A}'\mathbf{y}$). Mit $\mathbf{x}$ ist auch $\mathbf{y}$ nach $\mathbf{N}(\mathbf{o},\mathbf{I})$ verteilt. Wir drücken die Statistiken $\bar{x}$ und $(n-1)s^2$ durch $\mathbf{y}$ aus und erhalten:

$$\bar{x} = \frac{1}{\sqrt{n}}\Big(\frac{1}{\sqrt{n}}\mathbf{1}'\mathbf{x}\Big) = \frac{1}{\sqrt{n}}y_n,$$

$$(n-1)s^2 = \mathbf{x}'\mathbf{Q}\mathbf{x} = \mathbf{y}'\mathbf{A}\mathbf{Q}\mathbf{A}'\mathbf{y} = \mathbf{y}'\left(\begin{array}{c|c} \mathbf{I}_{n-1} & \mathbf{O} \\ \hline \mathbf{O} & 0 \end{array}\right)\mathbf{y} = \sum_{j=1}^{n-1} y_j^2,$$

denn $\mathbf{Q}$ annulliert $1/\sqrt{n}\cdot\mathbf{1}$, die letzte Spalte von $\mathbf{A}'$, und reproduziert die ersten $n-1$ Spalten $\mathbf{a}_1 \dots \mathbf{a}_{n-1}$ dieser Matrix, so daß $\mathbf{Q}\mathbf{A}' = (\mathbf{a}_1 \dots \mathbf{a}_{n-1}, \mathbf{o})$ ist, und $\mathbf{A}\mathbf{Q}\mathbf{A}'$ die obige Blockstruktur besitzt. Aus der Unabhängigkeit der $y_1 \dots y_n$ und dem Umstand, daß sie nach $\mathbf{N}(0,1)$ verteilt sind, folgt nunmehr die Behauptung des Satzes in vollem Umfang. ♠

Die nichtzentrale χ^2-Verteilung:

Als Grundlage für die Definition dieser Verteilungsfamilie zeigen wir den

Satz 12.1.7 *Sind die Zufallsvariablen $x_1 \dots x_n$ unabhängig nach $\mathbf{N}(\mu_1, 1) \dots \dots \mathbf{N}(\mu_n, 1)$ verteilt, dann hängt die Verteilung der Quadratsumme $y = x_1^2 + \dots + x_n^2$ nur von n und der Größe $\delta^2 = \mu_1^2 + \dots + \mu_n^2$ ab.*

Beweis: Ist $\mathbf{A}$ eine orthogonale (n,n)-Matrix mit erster (normierter!) Zeile $1/\delta \cdot (\mu_1 \dots \mu_n) = 1/\delta \cdot \boldsymbol{\mu}'$, dann besitzt der Zufallsvektor $\mathbf{z} = (z_1 \dots z_n)' = \mathbf{Ax}$ die Verteilung $\mathbf{N}(\mathbf{A}\boldsymbol{\mu} = (\delta, 0 \dots 0)', \mathbf{I})$, d.h. die Variablen $z_1 \dots z_n$ sind unabhängig nach $\mathbf{N}(\delta, 1), \mathbf{N}(0,1) \dots \mathbf{N}(0,1)$ verteilt. Wegen

$$y = \mathbf{x}'\mathbf{x} = \mathbf{z}'\mathbf{A}\mathbf{A}'\mathbf{z} = \mathbf{z}'\mathbf{z} = z_1^2 + \dots + z_n^2$$

hängt daher die Verteilung von y in der Tat nur von n und δ^2 ab. ♠

Gestützt auf dieses Ergebnis geben wir die

Definition 12.1.1 *Nichtzentrale χ^2-Verteilung*
Sind die Zufallsvariablen $x_1 \dots x_n$ unabhängig nach $\mathbf{N}(\mu_1, 1) \dots \mathbf{N}(\mu_n, 1)$ verteilt, dann nennt man die — nach Satz 12.1.7 allein von n und der Größe $\delta^2 = \mu_1^2 + \dots + \mu_n^2$ abhängige — Verteilung von $y = x_1^2 + \dots + x_n^2$ die **nichtzentrale χ^2-Verteilung** *mit n Freiheitsgraden und dem* **Nichtzentralitäts-Parameter** *δ^2. Symbol für diese Verteilung ist: $\boldsymbol{\chi}_n^2(\delta^2)$.*

Die Dichte der Verteilung $\boldsymbol{\chi}_n^2(\delta^2)$ wurde erstmals von R. A. Fisher (1928) in Form einer Reihe angegeben. Abb. 12.1.2 zeigt den Verlauf der Verteilungsfunktionen $F(x|\boldsymbol{\chi}_n^2(\delta^2))$ für $n = 20$ und $\delta^2 = 0, 4, 8, 12, 16$.

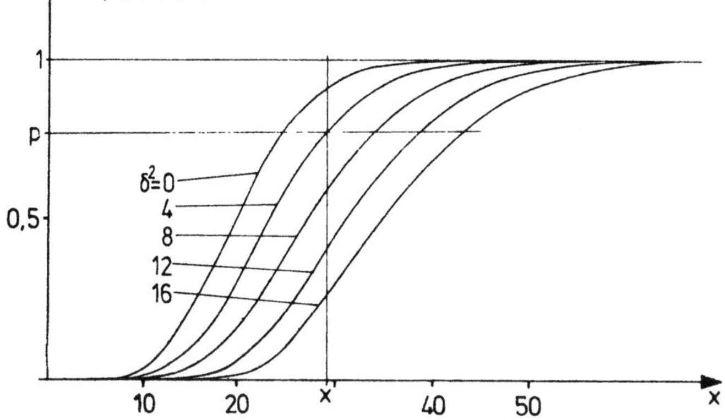

Abb. 12.1.2

Man erkennt, daß mit wachsendem δ^2 (bei festem n) das p-Fraktil der $\chi_n^2(\delta^2)$-Verteilung für jedes p monoton wächst bzw., gleichwertig, der Wert $F(x|\chi_n^2(\delta^2))$, für festes x und n, monoton fällt. Um diese häufige und wichtige Situation begrifflich festzuhalten, gibt man die

Definition 12.1.2 *Stochastische Ordnung*

Sind x und y zwei 1-dimensionale Zufallsgrößen mit den Verteilungen P_x und P_y und gilt: $P_x(x > t) \leq P_y(y > t)$ für alle $t \in \mathbf{R}$, dann nennt man y (bzw. P_y) **stochastisch größer** *als x (bzw. P_x). In Zeichen: x (bzw. P_x) $\overset{st}{\prec} y$ (bzw. P_y).*

Gleichwertig mit dieser Bedingung ist einerseits $F(t|P_x) = P_x(x \leq t) \geq$ $\geq P_y(y \leq t) = F(t|P_y)$ für alle $t \in \mathbf{R}$ und andererseits $x_p \leq y_p$ für alle $p \in [0,1]$. Abb. 12.1.3 veranschaulicht den Begriff der stochastischen Ordnung.

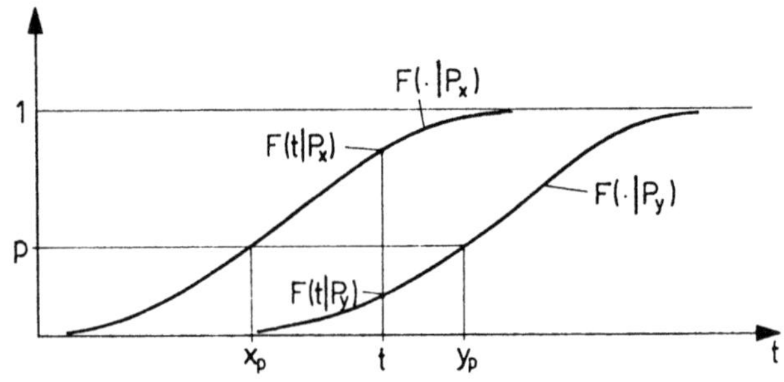

Abb. 12.1.3

Beispiel 12.1.3 Zum Begriff der stochastischen Ordnung

Stochastisch geordnete Größen sind in den Anwendungen sehr häufig. Formulieren wir etwa den Satz: *„Männer sind schwerer als Frauen"*, dann bedeutet das natürlich keineswegs, daß jeder beliebige Mann schwerer als jede beliebige Frau ist — wie leicht wäre es, dafür Gegenbeispiele aufzutreiben —, auch meint man damit durchaus nicht, daß das Durchschnittsgewicht der Männer größer als dasjenige der Frauen ist, sondern man bringt mit diesem Satz zum Ausdruck, daß der Anteil der Männer mit Gewicht $> g_0$ größer ist, als der Anteil der Frauen mit Gewicht $> g_0$, für beliebiges g_0; mit anderen Worten: man hat, in zwar allgemein verständlicher, dafür aber leider auch mißverständlicher, weil unpräziser Form, gesagt: *„Das Gewicht g_m der Männer ist stochastisch größer als das Gewicht g_w der Frauen".* Ob diese Aussage zutrifft, bleibe dahingestellt, sie kann jedenfalls durch einen Vergleich der Mittelwerte μ_m und μ_w — wegen $g_w \overset{st}{\prec} g_m \Longrightarrow \mu_w \leq \mu_m$ — nur widerlegt, nicht aber bewiesen werden.

Mit Hilfe des Begriffes der stochastischen Ordnung können wir nunmehr sagen:

Die Familie der nichtzentralen χ^2-Verteilungen ($\chi_n^2(\delta^2)$: $\delta^2 \geq 0$) ist, für festes n, stochastisch geordnet und zwar gilt:

$$\chi_n^2(\delta_1^2) \overset{st}{\prec} \chi_n^2(\delta_2^2) \quad \text{für} \quad \delta_1^2 \leq \delta_2^2. \tag{12.1.8}$$

Auf den Beweis dieser Tatsache, der durchaus ohne explizite Angabe der Verteilungsfunktionen mit einfachen Mitteln erbracht werden kann, wollen wir jedoch verzichten. Statt dessen zeigen wir den wichtigen

Satz 12.1.8 *Verallgemeinerter Satz von Cochran*

Ist $\mathbf{x} = (x_1 \dots x_n)'$ *nach* $\mathbf{N}(\boldsymbol{\mu}, \mathbf{I})$ *verteilt, und sind* $\mathbf{P}_1 \dots \mathbf{P}_r$ *paarweise orthogonale Projektionsmatrizen* ($\mathbf{P}_i \mathbf{P}_j = \mathbf{O}$ *für* $i \neq j$) *mit Spur* $(\mathbf{P}_i) = k_i$, *dann sind die Zufallsgrößen* $y_1 = \mathbf{x}'\mathbf{P}_1\mathbf{x} \ \dots \ y_r = \mathbf{x}'\mathbf{P}_r\mathbf{x}$ *unabhängig nach* $\chi^2_{k_1}(\boldsymbol{\mu}'\mathbf{P}_1\boldsymbol{\mu}) \dots \chi^2_{k_r}(\boldsymbol{\mu}'\mathbf{P}_r\boldsymbol{\mu})$ *verteilt.*

Beweis: Der Leser sei ersucht, den Beweis des Satzes von Cochran (Satz 12.1.4) noch einmal zu lesen, denn er bildet vollinhaltlich das Anfangsstück der gegenwärtigen Beweisführung. Wir setzen fort bei der Darstellung:

$$y_i = \mathbf{x}'\mathbf{P}_i\mathbf{x} = \mathbf{z}'\mathbf{A}'\mathbf{P}_i\mathbf{A}\mathbf{z} = \sum_{j=k_1+\dots+k_{i-1}+1}^{k_1+\dots+k_i} z_j^2 .$$

Der Zufallsvektor $\mathbf{z} = \mathbf{A}'\mathbf{x}$ hat nunmehr die Verteilung $\mathbf{N}(\boldsymbol{\mu}_z = \mathbf{A}'\boldsymbol{\mu}, \mathbf{I})$, d.h. die Variablen $z_1 \dots z_n$ sind unabhängig nach $\mathbf{N}(\mu_{z_1}, 1) \dots \mathbf{N}(\mu_{z_n}, 1)$ und mithin die quadratischen Formen $y_1 \dots y_r$ ebenfalls unabhängig nach $\chi^2_{k_1}(\delta_1^2) \dots \chi^2_{k_r}(\delta_r^2)$ verteilt, wobei die Nichtzentralitätsparameter δ_i^2 gegeben sind durch (man beachte: $\boldsymbol{\mu}_z = \mathbf{A}'\boldsymbol{\mu} \Leftrightarrow \boldsymbol{\mu} = \mathbf{A}\boldsymbol{\mu}_z$):

$$\delta_i^2 = \sum_{j=k_1+\dots+k_{i-1}+1}^{k_1+\dots+k_i} \mu_{z_j}^2 = \boldsymbol{\mu}_z'\mathbf{A}'\mathbf{P}_i\mathbf{A}\boldsymbol{\mu}_z = \boldsymbol{\mu}'\mathbf{P}_i\boldsymbol{\mu},$$

so daß die Behauptung erwiesen ist.♠

12.2 Die t-Verteilung

Das Problem der Bereichschätzung des Mittelwertes der Normalverteilung $\mathbf{N}(\mu, \sigma^2)$ führte W. Gosset zur Betrachtung der Statistik $t = t(x_1 \dots x_n; \mu) = \sqrt{n}(\bar{x} - \mu)/s$ (das Thema Bereichschätzung wird im Kapitel 14 behandelt). Gosset veröffentlichte seine Ergebnisse 1908 unter dem Pseudonym STUDENT. Zur Anerkennung des für die Statistik Grundlegenden seiner Gedanken nennt man die, wie wir sehen werden, allein vom Stichprobenumfang n, nicht aber von den Parametern μ und σ^2 abhängige Verteilung von t heute die Student- oder t-Verteilung.

In der Tat, schreibt man die Statistik t in der Form:

$$t = \sqrt{n}\frac{\bar{x}-\mu}{s} = \sqrt{n}\frac{\frac{1}{n}\sum_{j=1}^{n}(x_j-\mu)/\sigma}{\sqrt{\frac{1}{n-1}\sum_{j=1}^{n}\left(\frac{x_j-\mu}{\sigma}-\frac{1}{n}\sum_{i=1}^{n}\frac{x_i-\mu}{\sigma}\right)^2}},$$

dann erscheint sie als Funktion der standardisierten Variablen $y_j = (x_j - \mu)/\sigma$ — ihre Verteilung ist daher von μ und σ^2 unabhängig. Das trifft offenbar auch dann zu, wenn die Verteilung der Stichprobenvariablen $x_1 \dots x_n$ einer beliebigen Lage- und Skalenfamilie ($P_{\mu,\sigma}$: $\mu \in \mathbf{R}, \sigma > 0$) angehört — man beachte: $x \sim \mathbf{P}_{\mu,\sigma} \Leftrightarrow (x-\mu)/\sigma \sim P_{0,1}$. Die Verteilung von t ist in diesem Fall allein durch $P_{0,1}$ (d.h. durch die Lage- und Skalenfamilie) bestimmt, könnte tabelliert werden und würde für diese Familie Ähnliches — wenn auch nicht gleich Optimales — leisten, wie die Student-Verteilung für die Lage- und Skalenfamilie der Normalverteilungen.

Um die Dichte von t für normal-verteilte Daten zu bestimmen, können wir daher $x_j \sim \mathbf{N}(0,1)$ voraussetzen und $t = \sqrt{n}\bar{x}/s$ betrachten. Schreiben wir:

$$t = \sqrt{n}\bar{x}/s = \frac{\sqrt{n}\bar{x}}{\sqrt{\frac{1}{n-1}\sum_{j=1}^{n}(x_j-\bar{x})^2}}$$

und benützen wir Satz 12.1.6, d.h. in unserem Fall: $\bar{x} \sim \mathbf{N}(0, 1/n)$ und $(n - -1)s^2 = \sum_{j=1}^{n}(x_j-\bar{x})^2 \sim \chi^2_{n-1}$, bei Unabhängigkeit beider Statistiken, dann wird klar: t kann dargestellt werden in der Form: $t = y/\sqrt{z/(n-1)}$, wobei y und z unabhängig nach $\mathbf{N}(0,1)$ bzw. χ^2_{n-1} verteilt sind. Man gibt daher die

Definition 12.2.1 *Student- oder t-Verteilung*
Sind die Zufallsvariablen y und z unabhängig nach $\mathbf{N}(0,1)$ bzw. nach χ^2_n verteilt, dann nennt man die Verteilung der Statistik $x = y/\sqrt{z/n}$ die **Student-** *oder* **t-Verteilung mit** n **Freiheitsgraden** *— sie wird mit dem Symbol $\mathbf{t}_n$ bezeichnet.*

Zur Bestimmung der Dichte der Verteilung $\mathbf{t}_n$ setzen wir:

$$\begin{aligned} x_1 &= y/\sqrt{z/n} \\ x_2 &= z \end{aligned} \quad\Longleftrightarrow\quad \begin{aligned} y &= x_1\sqrt{x_2/n} \\ z &= x_2 \end{aligned}$$

Die Abbildung $(y,z) \to (x_1,x_2)$ ist umkehrbar eindeutig, stetig und stetig differenzierbar von $\mathbf{R}\times(0,\infty)$ auf $\mathbf{R}\times(0,\infty)$ und erfüllt damit die Regularitätsforderungen von Satz 3.6.1. Die Funktionaldeterminante $J(x_1,x_2)$ der Abbildung $(x_1,x_2) \to (y,z)$ ist:

$$J(x_1,x_2) = Det\frac{\partial(y,z)}{\partial(x_1,x_2)} = Det\begin{pmatrix}\sqrt{x_2/n} & \dots \\ 0 & 1\end{pmatrix} = \sqrt{x_2/n},$$

und somit folgt aus:

$$f_{y,z}(y,z) = \frac{1}{\sqrt{2\pi}} e^{-y^2/2} \frac{z^{n/2-1}}{\Gamma(n/2)2^{n/2}} e^{-z/2},$$

der gemeinsamen Dichte von y und z, die Dichte f_{x_1,x_2} der gemeinsamen Verteilung von x_1 und x_2:

$$f_{x_1,x_2}(x_1,x_2) = f_{y,z}\big(y(x_1,x_2), z(x_1,x_2)\big)|J(x_1,x_2)| =$$

$$= \frac{1}{\sqrt{2n\pi}\Gamma(n/2)2^{n/2}} x_2^{\frac{n+1}{2}-1} exp(-\frac{x_2}{2}(1+\frac{x_1^2}{n})) \ \dots \text{ für } x_1 \in \mathbf{R}, x_2 > 0.$$

Die Berechnung der Randdichte von x_1 führt offenbar auf ein Gamma-Integral (nach x_2) und bereitet keine Schwierigkeiten. Wir substituieren (bei festem x_1):

$$u = \frac{x_2}{2}(1+\frac{x_1^2}{n}), \quad du = \frac{1}{2}(1+\frac{x_1^2}{n})dx_2$$

und erhalten mit:

$$f_{x_1}(x_1) = \int_0^\infty f_{x_1,x_2}(x_1,x_2)dx_2 = \frac{1}{\sqrt{n\pi}\ \Gamma(n/2)} \frac{1}{(1+\frac{x_1^2}{n})^{(n+1)/2}} \cdot$$

$$\cdot \int_0^\infty u^{\frac{n+1}{2}-1} e^{-u} du = \frac{\Gamma(\frac{n+1}{2})}{\sqrt{n\pi}\ \Gamma(\frac{n}{2})} \frac{1}{(1+\frac{x_1^2}{n})^{(n+1)/2}} \quad \text{für } x_1 \in \mathbf{R},$$

die Dichte der t-Verteilung mit n Freiheitsgraden. Wir fassen zusammen:

Satz 12.2.1 *Dichte der* $\mathbf{t}_n$
Die t-Verteilung mit n Freiheitsgraden besitzt die Dichte:

$$f(x|\mathbf{t}_n) = \frac{\Gamma(\frac{n+1}{2})}{\sqrt{n\pi}\ \Gamma(\frac{n}{2})} \frac{1}{(1+\frac{x^2}{n})^{(n+1)/2}} \quad \textit{für } x \in \mathbf{R}.$$

Abb. 12.2.1 zeigt den Verlauf dieser Dichten für verschiedene Freiheitsgrade n.

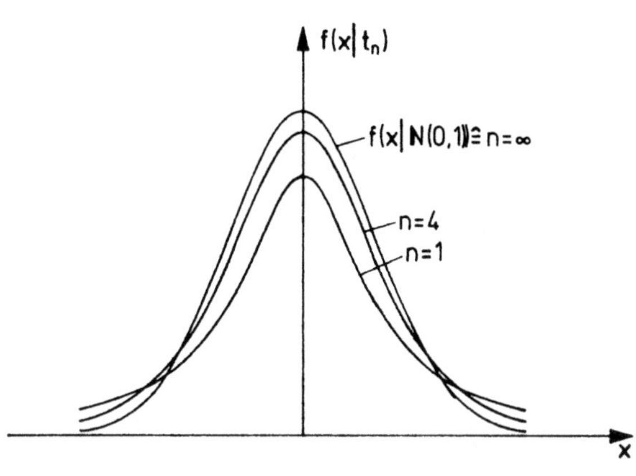

Abb. 12.2.1

Aus der Formel für $f(x|\mathbf{t}_n)$ liest man ab:

1. Symmetrie: Die Dichten $f(x|\mathbf{t}_n)$ sind symmetrisch um den Nullpunkt.

2. Cauchy-Verteilung: Für $n = 1$ erhält man: $f(x|\mathbf{t}_1) = (1+x^2)/\pi$, d.h. die Dichte der **Cauchy**-Verteilung (siehe Beispiel 3.6.3).

3. Asymptotische Normalität: Für $n \to \infty$ geht die Verteilung $\mathbf{t}_n$ in die Verteilung $\mathbf{N}(0,1)$ über. Genauer gilt:

$$\lim_{n\to\infty} f(x|\mathbf{t}_n) = \frac{1}{\sqrt{2\pi}} exp(-\frac{x^2}{2}) = \varphi(x) \quad \text{und} \tag{12.2.1}$$

$$\lim_{n\to\infty} F(x|\mathbf{t}_n) = \Phi(x). \tag{12.2.2}$$

Zunächst folgt die Beziehung (12.2.1) sofort aus: $\Gamma(\frac{n+1}{2})/\sqrt{\frac{n}{2}}\Gamma(\frac{n}{2}) \to 1$ (Beweis etwa mit der Stirlingschen Formel aus Satz 2.8.1) und $(1+\frac{x^2}{n})^{(n+1)/2} \to e^{x^2/2}$ (man beachte: $(1+\frac{z}{n})^n \to e^z$ für beliebiges z). Daraus kann aber noch nicht zwingend auf (12.2.2), die Verteilungskonvergenz $\mathbf{t}_n \xrightarrow{\text{schw}} \mathbf{N}(0,1)$ geschlossen werden, denn die Gleichung:

$$\lim_{n\to\infty} \int_{-\infty}^{x} f(u|\mathbf{t}_n)du = \int_{-\infty}^{x} \lim_{n\to\infty} f(u|\mathbf{t}_n)du,$$

d.h. der Grenzübergang unter dem Integralzeichen, bedarf der Rechtfertigung. Nach dem Satz von der dominierten Konvergenz (Satz 6.1.5) genügt dazu die Angabe einer Funktion $g(x)$ mit: $f(x|\mathbf{t}_n) \le g(x)$ für alle n und $\int_{-\infty}^{\infty} g(x)dx <$ $< \infty$. Eine derartige Funktion ist aber bereits im wesentlichen $f(x|\mathbf{t}_1)$ selbst, denn aus

$$(1+\frac{z}{n})^n = \sum_{k=0}^{n} \binom{n}{k} (\frac{z}{n})^k \ge 1 + z + z^2\frac{n-1}{2n} \ge (1+\frac{z}{2})^2 \quad \text{für } z \ge 0, n \ge 2$$

folgt:

$$(1+\frac{x^2}{n})^{\frac{n+1}{2}} \ge 1 + \frac{x^2}{2} > \frac{1}{2}(1+x^2) \quad \text{für} \quad n \ge 1$$

und damit für geeignetes C:

$$f(x|\mathbf{t}_n) \le C/(1+x^2) =: g(x) \quad \text{für alle } x \text{ und } n.$$

Das Integral $\int_{-\infty}^{\infty} g(x)dx$ existiert aber natürlich, so daß (12.2.2) nunmehr bewiesen ist.

4. Momente der $\mathbf{t}_n$: Die Student-Verteilung $\mathbf{t}_n$ besitzt alle Momente $M_k = E(|x|^k)$ für $0 \le k < n$, denn es gilt offenbar:

$$C_n'|x|^{k-(n+1)} \le |x|^k f(x|\mathbf{t}_n) \le C_n''|x|^{k-(n+1)} \quad \text{für } |x| \ge 1,$$

d.h. $|x|^k f(x|\mathbf{t}_n)$ ist, für $|x| \to \infty$, von der genauen Ordnung $|x|^{k-(n+1)}$ und $\int_1^\infty x^{k-(n+1)}dx$ existiert für $k-(n+1) < -1$, also für $k < n$.

Die Berechnung der Momente m_k oder M_k durch direkte Auswertung der Integrale $\int_0^\infty x^k f(x|\mathbf{t}_n)dx$ ist umständlich und unzweckmäßig. Viel einfacher ist es, die Darstellung $x = y/\sqrt{z/n}$ zu benützen, wo y und z unabhängig nach $\mathbf{N}(0,1)$ bzw. $\boldsymbol{\chi}_n^2$ verteilt sind. Es folgt dann zunächst (siehe Satz 6.1.3 über die Erwartung des Produktes unabhängiger Faktoren):

$$m_k(\mathbf{t}_n) = E_{\mathbf{t}_n}(x^k) = E_{\mathbf{N}(0,1)}(y^k)E_{\boldsymbol{\chi}_n^2}\left(\frac{1}{(z/n)^{k/2}}\right) = m_k\big(\mathbf{N}(0,1)\big)n^{k/2}m_{-k/2}(\boldsymbol{\chi}_n^2)$$

und daraus, mit den Formeln für die Momente der $\mathbf{N}(0,1)$- bzw. der $\boldsymbol{\chi}_n^2$-Verteilung (siehe Beispiel 6.1.2 und (12.1.4)):

$$m_k(\mathbf{t}_n) = \begin{cases} 0 & \text{für } k < n, \text{ ungerade,} \\ 1\cdot 3\cdots(k-1)\cdot n^{k/2}\cdot\dfrac{\Gamma(\frac{n-k}{2})}{\Gamma(\frac{n}{2})}2^{-k/2} = & \\ = \dfrac{1\cdot 3\cdots(k-1)\cdot n^{k/2}}{(n-2)(n-4)\cdots(n-k)} & \text{für } k < n, \text{ gerade.} \end{cases} \tag{12.2.3}$$

Die Momente $m_k(\mathbf{t}_n)$ sind offenbar größer als die entsprechenden Momente $m_k\big(\mathbf{N}(0,1)\big)$, konvergieren aber mit $n \to \infty$ fallend gegen diese (ein Faktum, das aus der Verteilungskonvergenz allein keineswegs folgt!). Für Mittelwert und Varianz der $\mathbf{t}_n$-Verteilung ergibt sich:

$$\mu_{\mathbf{t}_n} = 0 \quad \text{für } n \geq 2; \quad \sigma^2_{\mathbf{t}_n} = \frac{n}{n-2} \quad \text{für } n \geq 3. \tag{12.2.4}$$

Die Cauchy-Verteilung $\mathbf{t}_1$ besitzt weder Mittel noch Varianz, die Student-Verteilung $\mathbf{t}_2$ zwar ein Mittel, aber keine Varianz.

Zusammenhang mit der Betaverteilung

Zur Tabellierung ist der folgende Zusammenhang zwischen der Student- und der Betaverteilung nützlich:

Satz 12.2.2 *Zusammenhang zwischen Student- und Betaverteilung*
Ist x nach $\mathbf{t}_n$ verteilt, dann besitzt $y = 1/(1+\frac{x^2}{n})$ die Verteilung $\mathbf{B}(\frac{n}{2},\frac{1}{2})$ und $z = 1-y = \frac{x^2}{n}/(1+\frac{x^2}{n})$ die Verteilung $\mathbf{B}(\frac{1}{2},\frac{n}{2})$.

Der einfache Nachweis, der nur durch den Umstand, daß die Abbildung $x \to$ $\to y$ nicht eindeutig umkehrbar ist, ein wenig Sorgfalt erfordert, sei dem Leser überlassen.

Die nichtzentrale t-Verteilung

Ähnlich wie die χ^2-Verteilungen sind auch die Student-Verteilungen in eine allgemeinere Verteilungsfamilie eingebettet. Man wird auf diese Verteilungen, wie wir sehen werden, beim Testen von Hypothesen über die Parameter der Normalverteilung geführt.

Definition 12.2.2 *Nichtzentrale t-Verteilung*
Ist y nach $\mathbf{N}(0,1)$ und z nach $\boldsymbol{\chi}^2_n$ verteilt, und sind y, z unabhängig, dann nennt man die Verteilung der Statistik $x = (y+\delta)/\sqrt{z/n}$ die **nichtzentrale** *Student- oder t-Verteilung mit n Freiheitsgraden und dem* **Nichtzentralitätsparameter** *$\delta(\in \mathbf{R})$. Wir bezeichnen diese Verteilung mit dem Symbol $\mathbf{t}_n(\delta)$.*

Die t-Verteilungen $\mathbf{t}_n$ bezeichnet man in diesem Zusammenhang, verständlicherweise, als **zentrale** t-Verteilungen. Die Dichten der Verteilungen $\mathbf{t}_n(\delta)$ sind kompliziert gebaute Funktionen. Wir geben einen Integralausdruck für die Verteilungsfunktionen $F(x|\mathbf{t}_n(\delta))$, der für Zwecke der Tabellierung geeignet ist und an dem wir leicht ablesen können, daß die einparametrischen Teilfamilien $(\mathbf{t}_n(\delta)\colon \delta \in \mathbf{R})$ mit wachsendem δ stochastisch wachsen (siehe Definition 12.1.2). Abb. 12.2.2 zeigt den Verlauf von $F(x|\mathbf{t}_n(\delta))$ für $n = 5$ und verschiedene δ-Werte.
Es gilt, wegen der Unabhängigkeit von y und z:

$$F(x_0|\mathbf{t}_n(\delta)) = P(x = \frac{y+\delta}{\sqrt{z/n}} \le x_0) = P(y \le x_0\sqrt{\frac{z}{n}} - \delta) =$$

$$= \int_0^\infty P(y \le x_0\sqrt{\frac{z}{n}} - \delta|z) f(z|\boldsymbol{\chi}^2_n)dz = \int_0^\infty \Phi(x_0\sqrt{\frac{z}{n}} - \delta) f(z|\boldsymbol{\chi}^2_n)dz. \quad (12.2.5)$$

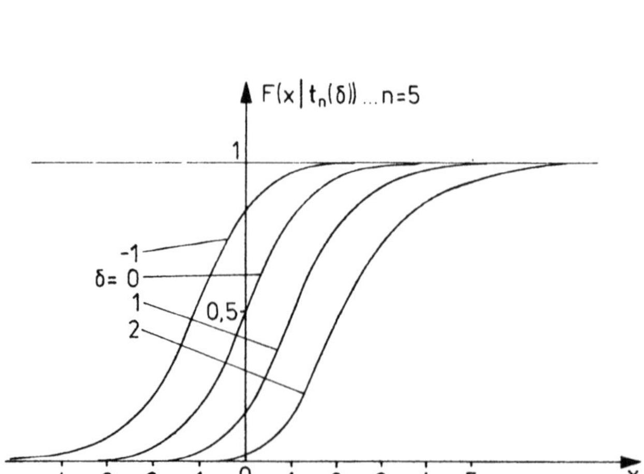

Abb. 12.2.2

Man erkennt, daß $F(x_0|\mathbf{t}_n(\delta))$, bei festem x_0 und n, in δ monoton fallend ist, d.h. man hat:

$$P(x \leq x_0|\mathbf{t}_n(\delta_1)) \geq P(x \leq x_0|\mathbf{t}_n(\delta_2)) \quad \text{für } \delta_1 \leq \delta_2,$$

und mithin ist die Verteilungsfamilie $(\mathbf{t}_n(\delta)\colon \delta \in \mathbf{R})$ in δ monoton wachsend im Sinne der stochastischen Ordnung.
Tabellen der nichtzentralen t-Verteilung findet man in den Biometrika Tables Bd. II von Pearson und Hartley.

Asymptotische Normalität: Wir erwähnen, ohne Beweis, die aus der Definition 12.2.2 fast evidente Tatsache, daß die Folge der Verteilungen $(\mathbf{t}_n(\delta)\colon n = 1, 2, \ldots)$ mit $n \to \infty$ schwach gegen die Normalverteilung $\mathbf{N}(\delta, 1)$ konvergiert.

12.3 Die F-Verteilung

Bei der Schätzung des Varianzquotienten σ_1^2/σ_2^2 zweier normal-verteilter Zufallsgrößen $x_1 \sim \mathbf{N}(\mu_1, \sigma_1^2)$ und $x_2 \sim \mathbf{N}(\mu_2, \sigma_2^2)$ wird man, wie wir sehen werden, auf die folgende, dritte Familie von Prüfverteilungen geführt.

Definition 12.3.1 *Die F-Verteilung*
Sind die Variablen y_1, y_2 unabhängig nach $\chi^2_{n_1}$ bzw. $\chi^2_{n_2}$ verteilt, dann nennt man die Verteilung der Statistik:

$$x = \frac{y_1/n_1}{y_2/n_2}$$

die **F-Verteilung**[3] *mit n_1 und n_2 Freiheitsgraden. Wir bezeichnen die F-Verteilung mit dem Symbol* $\mathbf{F}(n_1, n_2)$.

Zur Berechnung der Dichte $f(x|\mathbf{F}(n_1, n_1))$, bestimmen wir zunächst aus der gemeinsamen Dichte von (y_1, y_2):

$$f_{y_1,y_2}(y_1, y_2) = f(y_1|\chi^2_{n_1}) f(y_2|\chi^2_{n_2}) =$$

$$= \frac{1}{\Gamma(\frac{n_1}{2})2^{n_1/2}} y_1^{\frac{n_1}{2}-1} e^{-y_1/2} \frac{1}{\Gamma(\frac{n_2}{2})2^{n_2/2}} y_2^{\frac{n_2}{2}-1} e^{-y_2/2} \quad \ldots (y_1, y_2) \in \mathbf{R}^2_+,$$

vermittels der umkehrbar eindeutigen, stetig-differenzierbaren Abbildung:

$$\begin{aligned} x_1 &= \frac{n_2}{n_1}\frac{y_1}{y_2} = t_1(y_1, y_2) \qquad & y_1 &= \frac{n_1}{n_2} x_1 x_2 = s_1(x_1, x_2) \\ x_2 &= y_2 \qquad = t_2(y_1, y_2) & y_2 &= x_2 \qquad = s_2(x_1, x_2) \end{aligned} \qquad \left|\frac{\partial(y_1, y_2)}{\partial(x_1, x_2)}\right| = \frac{n_1}{n_2} x_2$$

[3]Die F-Verteilung wird manchmal auch als Snedecor-Verteilung bezeichnet.

von $(0,\infty)\times(0,\infty)$ auf sich, die Dichte der Variablen (x_1,x_2):

$$f_{x_1,x_2}(x_1,x_2)=\frac{n_1/n_2}{\Gamma(\frac{n_1}{2})\Gamma(\frac{n_2}{2})2^{(n_1+n_2)/2}}\Big(\frac{n_1}{n_2}x_1\Big)^{\frac{n_1}{2}-1}\cdot$$
$$\cdot x_2^{\frac{n_1+n_2}{2}-1}exp\Big(-\frac{x_2}{2}(1+\frac{n_1}{n_2}x_1)\Big).$$

Daraus folgt durch Integration über x_2, bei festem x_1 (die Substitution $z = \frac{x_2}{2}(1+\frac{n_1}{n_2}x_1)$ führt auf das Gamma-Integral $\int_0^\infty z^{(n_1+n_2)/2-1}e^{-z}dz$), die Randdichte von x_1 und damit die

Dichte der $\mathbf{F}(n_1,n_2)$:

$$f(x|\mathbf{F}(n_1,n_2))=\begin{cases}\dfrac{\Gamma\Big(\frac{n_1+n_2}{2}\Big)}{\Gamma\Big(\frac{n_1}{2}\Big)\Gamma\Big(\frac{n_2}{2}\Big)}\dfrac{\frac{n_1}{n_2}\Big(\frac{n_1}{n_2}x\Big)^{n_1/2-1}}{\Big(1+\frac{n_1}{n_2}x\Big)^{(n_1+n_2)/2}} & \dots\ x>0,\\ 0 & \dots\ x\le 0.\end{cases}\tag{12.3.1}$$

Abb. 12.3.1 zeigt den Verlauf dieser Dichten für verschiedene Kombinationen von Freiheitsgraden (n_1,n_2).

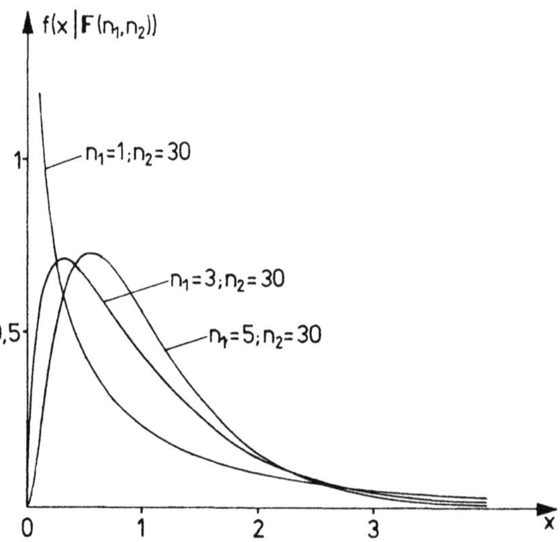

Abb. 12.3.1

Momente: Die Dichte $f(x|\mathbf{F}(n_1,n_2))$ ist für $x\to+\infty$ von der Ordnung $x^{-(n_2/2)-1}$ und für $x\to 0$ von der Ordnung $x^{(n_1/2)-1}$. Folglich existieren alle Momente $m_k(=M_k)$ für $-n_1/2<k<n_2/2$. Die Berechnung dieser Momente ist am einfachsten über die Definition der F-Verteilung als Verteilung des Quotienten zweier unabhängiger χ^2-Variablen. Es folgt (siehe (12.1.4)):

$$m_k(\mathbf{F}(n_1,n_2))=E\Big(\big(\frac{y_1/n_1}{y_2/n_2}\big)^k\Big)=\big(\frac{n_2}{n_1}\big)^k m_k(\chi^2_{n_1})m_{-k}(\chi^2_{n_2})=$$

$$= \left(\frac{n_2}{n_1}\right)^k \frac{\Gamma(\frac{n_1}{2}+k)}{\Gamma(\frac{n_1}{2})} \frac{\Gamma(\frac{n_2}{2}-k)}{\Gamma(\frac{n_2}{2})}. \tag{12.3.2}$$

Insbesondere ist:

$$\mu_{\mathbf{F}(n_1,n_2)} = \frac{n_2}{n_2-2}, \qquad \sigma^2_{\mathbf{F}(n_1,n_2)} = \frac{2n_2^2(n_1+n_2-2)}{n_1(n_2-2)^2(n_2-4)}. \tag{12.3.3}$$

Man erkennt: Mit $min(n_1,n_2) \to \infty$ gilt $\mu_{\mathbf{F}(n_1,n_2)} \to 1$ und $\sigma^2_{\mathbf{F}(n_1,n_2)} \to$ $\to 0$, d.h. mit $min(n_1,n_2) \to \infty$ strebt die Doppelfolge $\big(\mathbf{F}(n_1,n_2)\big)$ stochastisch gegen die im Punkt $x_0 = 1$ konzentrierte Verteilung, eine Tatsache, die auch unmittelbar aus der Definition der $\mathbf{F}(n_1,n_2)$-Verteilung abzulesen ist, denn aus $y \sim \chi^2_n$ folgt $y/n \xrightarrow{st} 1$.

Zusammenhänge mit anderen Verteilungen:

1. Aus Definition 12.3.1 erkennt man: Ist $x \sim \mathbf{F}(n_1,n_2)$, dann ist $z = 1/x \sim$ $\sim \mathbf{F}(n_2,n_1)$. Bezeichnet daher wie üblich $F_p(n_1,n_2)$ das p-Fraktil der Verteilung $\mathbf{F}(n_1,n_2)$, dann gilt:

$$F_p(n_1,n_2) = 1/F_{1-p}(n_2,n_1), \tag{12.3.4}$$

ein Umstand, der für die Tabellenbenützung wichtig ist.

2. Ist x nach $\mathbf{t}_n$ verteilt, dann ist x^2 nach $\mathbf{F}(1,n)$ verteilt; das ergibt sich sofort aus der Darstellung: $x = y/\sqrt{z/n}$ mit $y \sim \mathbf{N}(0,1)$, $z \sim \chi^2_n$ und $y,z\ldots$ unabhängig (siehe Definition 12.2.1). Es ist dann $x^2 = y^2/(z/n)$ mit $y^2 \sim \chi^2_1$, $z \sim \chi^2_n$ und $y,z\ldots$ unabhängig, und folglich ist, nach Definition 12.3.1, $x^2 \sim$ $\sim \mathbf{F}(1,n)$.

3. Ist x nach $\mathbf{F}(n_1,n_2)$ verteilt, dann besitzt $u = 1/(1+\frac{n_1}{n_2}x)$ die Betaverteilung $\mathbf{B}(n_2/2,n_1/2)$ und $v = 1-u = \frac{n_1}{n_2}x/(1+\frac{n_1}{n_2}x)$ die Betaverteilung $\mathbf{B}(n_1/2,n_2/2)$. Umgekehrt ist: $x = \frac{n_2}{n_1}(1-u)/u = \frac{n_2}{n_1}v/(1-v)$. Wir überlassen den Nachweis dieser, insbesondere für die Tabellierung nützlichen Tatsachen dem Leser zur Übung.

4. Von R. A. Fisher wurde ursprünglich (1924) die Familie der Verteilungen von $z = 1/2 \cdot ln\frac{y_1/n_1}{y_2/n_2}$, bei unabhängig nach $\chi^2_{n_1}$ bzw. $\chi^2_{n_2}$ verteilten Größen y_1 und y_2, zur Tabellierung vorgeschlagen, und es spricht manches für diese Verteilungsfamilie. In der Praxis hat sich dennoch die F-Verteilung durchgesetzt.

Die nichtzentrale F-Verteilung

Definition 12.3.2 *Nichtzentrale F-Verteilung*

Ist y_1 nichtzentral nach $\chi^2_{n_1}(\delta^2)$, y_2 hingegen (zentral) nach $\chi^2_{n_2}$ verteilt, und sind y_1, y_2 unabhängig, dann nennt man die Verteilung der Statistik

$$x = \frac{y_1/n_1}{y_2/n_2}$$

die **nichtzentrale** *F-Verteilung mit den Freiheitsgraden n_1, n_2 und dem* **Nichtzentralitätsparameter** δ^2. *Symbol für diese Verteilung ist:* $\mathbf{F}(n_1, n_2|\delta^2)$.

Man wird auf diese Verteilungsfamilie beim Testen von Hypothesen über das lineare Modell geführt (siehe Beispiele 11.4.5, 13.5.7).

Wir geben, wie bei der Familie der nichtzentralen t-Verteilungen, einen für die numerische Berechnung der Verteilungsfunktionen $F(x \mid \mathbf{F}(n_1, n_2|\delta^2))$ geeigneten Integralausdruck an, aus dem auch die Tatsache, daß die einparametrischen Teilfamilien $(\mathbf{F}(n_1, n_2|\delta^2)\colon \delta^2 \geq 0)$ mit wachsendem δ^2, im Sinne der stochastischen Ordnung, monoton wachsen, unmittelbar zu erkennen ist (siehe Definition 12.1.2). Es gilt:

$$F(x \mid \mathbf{F}(n_1, n_2|\delta^2)) = P\Big(\frac{y_1/n_1}{y_2/n_2} \leq x\Big) = P\big(y_1 \leq \frac{n_1}{n_2} x y_2\big) =$$

$$= \int_0^\infty P\big(y_1 \leq \frac{n_1}{n_2} x y_2 \mid y_2\big) f_{y_2}(y_2) dy_2 = \int_0^\infty F\big(\frac{n_1}{n_2} x y_2 | \chi^2_{n_1}(\delta^2)\big) f(y_2 \mid \chi^2_{n_2}) dy_2. \tag{12.3.5}$$

Da die Familie $(\chi^2_n(\delta^2)\colon \delta^2 \geq 0)$ mit wachsendem δ^2, im Sinne der stochastischen Ordnung, wächst (siehe (12.1.8)), fällt $F\big(z|\chi^2_n(\delta^2)\big)$, bei festem z, mit wachsendem δ^2, und folglich trifft das auch auf die Verteilungsfunktionen $F(x \mid \mathbf{F}(n_1, n_2|\delta^2))$ zu. Es ist daher:

$$\mathbf{F}(n_1, n_2|\delta_1^2) \overset{\text{st}}{\prec} \mathbf{F}(n_1, n_2|\delta_2^2) \quad \text{für } \delta_1^2 \leq \delta_2^2. \tag{12.3.6}$$

Ausführliche Tabellen der nichtzentralen F-Verteilung sind, wegen der 4 Tafeleingänge $(x|n_1, n_2; \delta^2)$, sehr umfangreich. Für die meisten Anwendungen, z.B für die Bestimmung der Gütefunktion von F-Tests, genügen indessen Kurvenblätter, wie sie etwa in den Biometrika Tabellen von Pearson und Hartley Bd. II zu finden sind.

13. Testen von Hypothesen

Menschliches Handeln kann angesehen werden als eine Kette von Entscheidungen, die auf der Grundlage unvollständiger Information zu treffen sind. Das Schema dieser Entscheidungen ist immer das folgende:

1. Falls die Wirklichkeit — die gegenwärtige wie die vergangene — diese und diese ist, dann entscheide ich so und so.

2. Auf Grund der mir zugänglichen Information ist die Wirklichkeit höchstwahrscheinlich diese und diese.

Jede Entscheidung greift mit ihren Folgewirkungen in die Zukunft. Diese sind daher, selbst bei exakter Kenntnis des Gegenwärtigen und Vergangenen, immer ungewiß — zufällig oder, wegen der Komplexität der Verhältnisse, unvorhersehbar. Das Urteil über das Sosein des Gegenwärtigen und Vergangenen andererseits — soweit es für die Entscheidung von Bedeutung ist — kann, bei unvollständiger Information, falsch oder richtig sein. Beide Aspekte, die unbekannte oder unüberschaubare Zukunft ebenso wie die nicht vollständig bekannte Gegenwart und Vergangenheit, sind Quellen der Unsicherheit bei der Entscheidung.

In dieser Situation sucht die mathematische Statistik rationale Entscheidungsstrategien zu entwickeln. Die Wege dazu sind verschiedenartig. Der entscheidungstheoretische Ansatz, vorgeschlagen von A. Wald[4], versucht die Konsequenzen einer Entscheidung in Gewinn- und Verlustkategorien numerisch zu bewerten und die Entscheidungsregel so zu gestalten, daß der erwartete Gesamtgewinn maximal (oder gleichwertig: der Gesamtverlust minimal) wird, soferne über alle möglichen Wirklichkeiten, gewichtet mit ihrer a posteriori-Plausibilität — der Plausibilität nach Datenerhebung — gemittelt wird.

So bestechend dieser Ansatz zunächst erscheint, so hat er doch seine entscheidende Schwachstelle in der Bewertung der Entscheidungsfolgen. In kaum einem praktischen Fall wird diese Bewertung unumstritten sein, falls sie überhaupt möglich ist. Die Theorie behilft sich, um zu konkreten Ergebnissen zu gelangen, mit Annahmen über Verlust- und Gewinnfunktionen, die überwiegend von der mathematischen Handhabbarkeit bestimmt sind.

Der ältere und bescheidenere testtheoretische Ansatz beschränkt sich dahingegen auf die mathematische Objektivierung des Punktes **2.** in dem obigen Entscheidungsschema. Die Entscheidung selbst und ihre Folgen sind nicht Thema der Betrachtung. Das Problem reduziert sich darauf, die Wirklichkeit

[4]WALD, A.: Statistical decision functions. J.Wiley, New York (1950).

bzw. deren mathematisches Modell, auf der Grundlage der verfügbaren Daten, mit größtmöglicher Wahrscheinlichkeit richtig zu beurteilen. Die Theorie liefert für verschiedene, mehr oder weniger komplexe Modelle Beurteilungsregeln — man spricht üblicherweise, wenn es auch bis zu einem gewissen Grad irreführend ist, von *Entscheidungsregeln* — mit kalkulierbarer Wahrscheinlichkeit für falsche und richtige Urteile über eben diese Modelle. Damit ist man frei von willkürlichen und schwer zu rechtfertigenden Bewertungen und erhält allein mit Wahrscheinlichkeiten, also gewissermaßen mit universellem Maß bewertete Ergebnisse, die freilich das Entscheidungsproblem selbst ungelöst lassen.

Wir werden im weiteren Verlauf dieses Kapitels den testtheoretischen Ansatz entwickeln und nur kurz in Abschnitt 13.6 auf die mathematische Struktur des entscheidungstheoretischen Lösungsversuches eingehen.

13.1 Grundbegriffe der Testtheorie

Wie immer gehen wir aus von einem wahrscheinlichkeitstheoretischen Experiment $\mathcal{E}$, dessen Ausgang x die Verteilung P_x besitzt, von der wir nur wissen (bzw. unterstellen), daß sie der parametrischen oder nichtparametrischen Verteilungsfamilie $\mathcal{P}$ angehört.

Haben wir uns in der Theorie der Punktschätzung dafür interessiert, für verschiedene Verteilungsparameter von P_x, wie Mittel, Varianz, Momente etc., Schätzwerte aus den beobachteten Daten $x_1 \ldots x_n$ zu gewinnen, so stellen wir jetzt die Aufgabe, eine von zwei alternativen Aussagen über das Modell $P_x \in \mathcal{P}$ — man spricht von **Hypothesen** — auf der Grundlage der Beobachtungen zu bestätigen.

Diese Form der Fragestellung entspricht der praktischen Situation zweier Handlungs- oder Entscheidungsalternativen, in Abhängigkeit davon, welche Hypothese die richtige ist (k Entscheidungsmöglichkeiten lassen sich immer, einem Entscheidungsbaum folgend, in eine Kette von Alternativentscheidungen auflösen). Einige Beispiele sollen das verdeutlichen.

Beispiel 13.1.1 Befragungsmodell (siehe Beispiel 9.1.1)

Aus einer Grundgesamtheit von N Wählern, von denen A die Partei XPÖ wählen, werden n Personen zufällig herausgegriffen und nach ihrem Wahlverhalten befragt; x bezeichnet die Anzahl der XPÖ-Wähler in der Stichprobe. Als wahrscheinlichkeitstheoretische Modelle für dieses Experiment kommen in Frage (siehe Beispiel 9.1.1):

1. $x \sim \mathbf{H}_{N,A,n}$ $A \in \{0,1\ldots N\}\ldots$ unbekannter Parameter; $N, n \ldots$ bekannt.

2. $x \sim \mathbf{B}_{n,p}$ $p = A/N \in [0,1]\ldots$ unbekannter Parameter; $n \ldots$ bekannt.

3. $x \sim \mathbf{N}(np; np(1-p))$ $p = A/N \in [0,1]\ldots$ unbekannter Parameter; $n \ldots$ bekannt.

Für die betreffende Partei könnten die folgenden Hypothesenpaare von grundlegender Bedeutung und mit völlig unterschiedlichen Konsequenzen verbunden sein:

$\mathbf{H}_0$: $p < 0,5$ (die Partei verfehlt die absolute Mehrheit),
$\mathbf{H}_1$: $p \geq 0,5$ (die Partei erreicht die absolute Mehrheit),

oder:

$\mathbf{H}_0$: $p < 0,05$ (die Partei verfehlt die 5%-Hürde),
$\mathbf{H}_1$: $p \geq 0,05$ (die Partei nimmt die 5%-Hürde).

Nicht Punktschätzer für p interessieren in diesem Beispiel, sondern, der Struktur der Konsequenzen entsprechend, zwei alternative Aussagen über die Wirklichkeit bzw. deren Modell. Freilich, das ist intuitiv wohl klar, Zusammenhänge gibt es zwischen diesen verschiedenen Fragestellungen sicher, denn ist $\hat{p}(x_1 \ldots x_n)$ ein Punktschätzer für p, dann wäre etwa die Entscheidungsregel: „Ist $\hat{p}(x_1 \ldots x_n) \geq 0,5$, dann entscheide ich auf $\mathbf{H}_1$: $p \geq 0,5$, im Falle $\hat{p}(x_1 \ldots x_n) < 0,5$ hingegen auf $\mathbf{H}_0$: $p < 0,5$ " naheliegend und, etwas modifiziert, auch brauchbar. Dennoch ergeben sich beim Testen alternativer Hypothesen zahlreiche neue Gesichtspunkte und Problemstellungen.

Beispiel 13.1.2 Vergleich zweier Medikamente

Zwei Medikamente sollen hinsichtlich ihrer Wirkung verglichen werden. Die gröbste, aber auch zugleich der klinischen Realität am ehesten entsprechende Form des Vergleiches ist eine Aussage der Art: „Das Medikament A ist (bei gleicher Dosierung) wirksamer als das Medikament B". Obwohl diese Aussage zunächst sehr einfach erscheint, erfordert ihre einwandfreie statistische Überprüfung eine ganze Reihe von Überlegungen.

Zunächst ist die Aussage „A ist wirksamer als B" zu präzisieren. Handelt es sich um Medikamente mit vorübergehender Wirkung, wie etwa Mittel zur Senkung des Blutdruckes u.ä., die beide an ein und demselben Patienten (oder Versuchstier), bei im wesentlichen gleicher Ausgangssituation, angewendet werden können und deren Wirkung durch eine Zahl x_A bzw. x_B (z.B. die jeweilige Senkung des Blutdruckes) beschreibbar ist, dann wird man die Differenz $y = x_A - x_B$ betrachten und sagen „A ist wirksamer als B", wenn etwa das Mittel μ_y oder (besser) der Median $y_{0,5}$ der Verteilung von y positiv ist. Natürlich ist dabei, ohne ein Wort der Begründung und Rechtfertigung — wie es in der Praxis leider meistens geschieht —, y als eine Zufallsvariable mit einer Verteilung P_y unterstellt bzw. genauer: modelliert worden. Gerechtfertigt ist diese Annahme aber nur dann, wenn der Versuch, um den es sich hier jedenfalls handelt, auch entsprechend geplant ist. In diesem Fall muß die Versuchsperson zufällig aus einem definierten Kollektiv herausgegriffen werden — wenigstens ist das die anzustrebende Idealsituation.

Wiederholt man nun diesen Versuch n-mal unabhängig, greift man also aus einer hinreichend großen Gesamtheit n Versuchspersonen heraus und bestimmt man die jeweiligen Wirkungsdifferenzen $y_1 \ldots y_n$ — aufgefaßt als n unabhängige Realisierungen der Zufallsgröße y —, dann können nunmehr die statistischen Hypothesen :

$\mathbf{H}_0$: $\mu_y \leq 0$ (bzw. $y_{0,5} \leq 0$) ... B ist wirksamer als A,
$\mathbf{H}_1$: $\mu_y > 0$ (bzw. $y_{0,5} > 0$) ... A ist wirksamer als B

als Aussagen über die Verteilung P_y formuliert und mit geeigneten Teststrategien geprüft werden.

Anders liegt die Problematik, wenn an einem Patienten jeweils nur ein Medikament angewendet werden kann (Beispiel: Behandlung einer Krankheit bis zu ihrer

Heilung; Maß für die Wirkung: Dauer der Behandlung bis zur vollständigen Heilung). Hier wird man, beim einfachsten Versuchsplan, aus einem (wohldefinierten und möglichst großen) Kollektiv von Patienten $2n$ Personen (möglichst zufällig) auswählen, sie ebenfalls zufällig in zwei Gruppen von je n Patienten aufteilen und einer Gruppe Medikament A, der anderen Medikament B verordnen. Die Ergebnisse $x_{A,1} \ldots x_{A,n}$ bzw. $x_{B,1} \ldots x_{B,n}$ können dann in vertretbarer Näherung als unabhängige Realisierungen zweier Zufallsgrößen x_A und x_B mit den Verteilungen P_{x_A} und P_{x_B} aufgefaßt werden. Das Modell ist daher, in knappster Formulierung: $x_A \sim P_{x_A}$, $x_B \sim P_{x_B}$; von den Verteilungen P_{x_A} und P_{x_B} wird zunächst weiter nichts vorausgesetzt.

Die natur- und sachgemäße Interpretation der Aussage: „A ist wirksamer als B", im Rahmen dieses Modells ist dann, wenn etwa großes x große Wirkung bedeutet (siehe Definition 12.1.2):

$$A \text{ ist wirksamer als } B \Longleftrightarrow x_A \text{ ist stochastisch größer als } x_B: \quad x_A \overset{\text{st}}{\succ} x_B,$$

woraus sich die Hypothesen ergeben:

$\mathbf{H}_0$: $x_A \overset{\text{st}}{\preccurlyeq} x_B$ ... B ist wirksamer als A,
$\mathbf{H}_1$: $x_A \overset{\text{st}}{\succ} x_B$ ... A ist wirksamer als B,

mit der bei dieser Art der Hypothesenformulierung implizit unterstellten, jedoch keineswegs selbstverständlichen Annahme, daß die Medikamente A und B überhaupt in diesem Sinne vergleichbar sind, denn zwei Verteilungen P_{x_A} und P_{x_B} müssen ja keineswegs stochastisch vergleichbar sein. Das Modell $x_A \sim P_{x_A}$ und $x_B \sim P_{x_B}$ wird daher um die Annahme der stochastischen Vergleichbarkeit von P_{x_A} und P_{x_B} ergänzt.

Jetzt ist der Satz: „A ist wirksamer als B" wieder in eine Aussage über das dem praktischen Versuch unterlegte wahrscheinlichkeitstheoretische Modell übersetzt und kann mit Methoden der mathematischen Statistik geprüft werden.

Die allgemeine Form eines Testproblems

Die allgemeine Form eines Testproblems läßt sich nach diesen Beispielen leicht verständlich machen. Zunächst muß die praktische Versuchssituation durch ein wahrscheinlichkeitstheoretisches Modell beschrieben werden. Dieses Modell ist immer von der Art: Gegeben ist ein Experiment $\mathcal{E}$, dessen Ausgang x die Verteilung P_x besitzt; P_x gehört der Verteilungsfamilie $\mathcal{P}$ (parametrisch oder nichtparametrisch) an.

Wir betrachten nun Aussagen über den praktischen Versuch, die sich in Aussagen über die Verteilung P_x des Modells übersetzen lassen. Diese Einschränkung ist selbstverständlich, denn das Modell ist immer ein sehr vereinfachtes Abbild der Wirklichkeit, über die viele Aussagen gemacht werden können, die im Modell keine Entsprechung haben. (Z.B. die Aussage: „Die Wirkung des Medikamentes A setzt früher ein als diejenige von B", kann in dem Modell $x_A \sim P_{x_A}$ und $x_B \sim P_{x_B}$ nicht dargestellt und daher auch nicht untersucht werden. Soll sie Gegenstand der Betrachtung sein, ist das Modell geeignet zu modifizieren.)

Eine Aussage über P_x ist für gewisse $P_x \in \mathcal{P}$ wahr, für die restlichen $P_x \in \mathcal{P}$ falsch, sie zerlegt also $\mathcal{P}$ in zwei disjunkte Teilmengen $\mathcal{P}_0, \mathcal{P}_1$ — wobei etwa $\mathcal{P}_1$ die Wahrheitsmenge der fraglichen Aussage und $\mathcal{P}_0$ die Wahrheitsmenge ihrer Negation bezeichnet — und ist folglich zu der kanonischen Aussage $P_x \in \mathcal{P}_1$ und ihre Negation zu $P_x \in \mathcal{P}_0$ äquivalent. Wir haben diese Dinge schon im ersten Kapitel, anläßlich der Darstellung von Aussagen $A(x)$ über den Ausgang x eines Experimentes durch Teilmengen A des Stichprobenraumes Ω_x, ausführlich besprochen.

Man nennt in diesem Zusammenhang die Aussagen über P_x, da sie zunächst hypothetisch sind und erst später durch Datenerhebung geprüft werden sollen, **Hypothesen** und erhält damit die allgemeine, in gewissem Sinn kanonische Form zweier alternativer Hypothesen, die man üblicherweise als **Null-** und als **Einshypothesen** bezeichnet, in der Gestalt:

$$\mathbf{H}_0\colon\ P_x \in \mathcal{P}_0 \qquad \mathbf{H}_1\colon\ P_x \in \mathcal{P}_1; \tag{13.1.1}$$

dabei ist $\mathcal{P}_0, \mathcal{P}_1$ eine Zerlegung der im Modell zulässigen Verteilungsfamilie $\mathcal{P}$ in zwei disjunkte Teilmengen.

Welche der beiden Aussagen die Null- und welche die Einshypothese wird, ist an dieser Stelle zunächst noch gleichgültig. Später werden wir sehen, daß die Teststrategie, d.h. die Methode der Beweisführung, sehr wesentlich von dieser Zuordnung abhängt. Wir wollen aber schon jetzt den Merksatz aussprechen:

Was bewiesen werden soll, ist als Einshypothese zu nehmen —
Wer die Einshypothese vertritt, trägt die Beweislast.

Es verhält sich ähnlich, wie bei einem Gerichtsverfahren mit den beiden Hypothesen: „Der Angeklagte ist schuldig" — „der Angeklagte ist unschuldig." Das Gericht wählt üblicherweise die Schuldvermutung zur Einshypothese und trägt die Beweislast. Kann der Beweis nicht erbracht werden, gilt zwar die Unschuld nicht als erwiesen, wird aber fairerweise unterstellt: in dubio pro reo. Wäre die Unschuldvermutung die Einshypothese, läge die Beweislast beim Angeklagten und im Zweifel, bei nicht überzeugender Beweisführung, hätte er als schuldig zu gelten, mit allen Konsequenzen für ihn. Auf diese Fragen werden wir an späterer Stelle noch genauer eingehen.

Sind die Hypothesen formuliert, dann erwächst dem Statistiker die doppelte Aufgabe:

1. Angaben zu machen, über den Umfang der zu erhebenden Daten.
2. Eine Regel zu formulieren, wann die Hypothese $\mathbf{H}_0$ und wann $\mathbf{H}_1$ zu akzeptieren ist.

Beide Teile dieser Aufgabe hängen, wie wir sehen werden, eng miteinander zusammen.

Die allgemeine Form einer Teststrategie

Ist der Datenumfang bekannt, also etwa eine Stichprobe $\mathbf{x} = (x_1 \dots x_n)$ vom Umfang n zu nehmen, mit dem Stichprobenraum $\Omega_\mathbf{x} = \Omega_{x_1} \times \dots \times \Omega_{x_n}$, dann ist die allgemeine Form einer Entscheidungsregel die folgende:

0. Fällt die Beobachtung $\mathbf{x} = (x_1 \dots x_n)$ in den Bereich $A_0 \subset \Omega_\mathbf{x}$, dann entscheide auf $\mathbf{H}_0$.

1. Fällt die Beobachtung $\mathbf{x} = (x_1 \dots x_n)$ in den Bereich $A_1 \subset \Omega_\mathbf{x}$, dann entscheide auf $\mathbf{H}_1$.

Die Bereiche A_0 und A_1 sind disjunkt und ergeben vereinigt den gesamten Stichprobenraum $\Omega_\mathbf{x}$. Abb. 13.1.1 veranschaulicht diese Vorgangsweise.

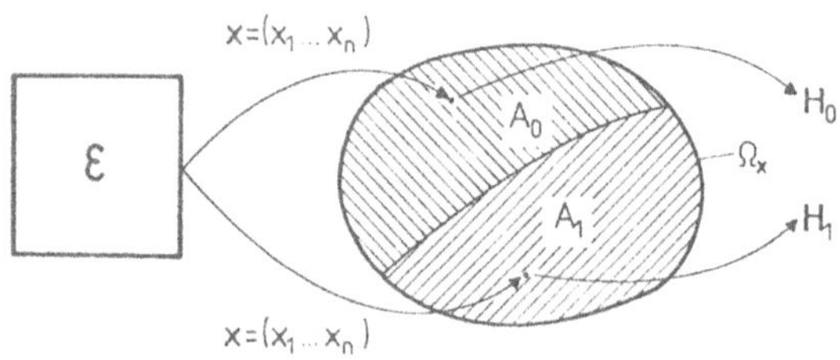

Abb. 13.1.1

Man nennt in der Statistik, auch wenn das gelegentlich zu Mißinterpretationen führt, A_0 den **Annahmebereich** und A_1 den **Ablehn-** oder **kritischen Bereich** des Tests. Vorsicht ist bei dieser Ausdrucksweise deshalb geboten, weil $\mathbf{x} \in A_0$, also *Annahme* von $\mathbf{H}_0$, bei einem Test nie den Nachweis von $\mathbf{H}_0$ bedeutet. Klarer weist der Ausdruck **kritischer Bereich** auf das Wesentliche. Eine Beobachtung $\mathbf{x} \in A_1$ ist geeignet zum Beweis von $\mathbf{H}_1$ und ist in dem Sinne **kritisch** oder **überkritisch**, weil sie oder eine Statistik $t(\mathbf{x})$ über einem kritischen Niveau liegt, ab dem eine Beweisführung (zu einer vorgegebenen, kleinen Irrtumswahrscheinlichkeit) möglich ist. Wir werden diese Dinge bald klarer sehen.

Man benützt in der Statistik für derartige Entscheidungsregeln den Ausdruck **Teststrategie** oder kurz **Test**. Genauer handelt es sich um die allgemeine Form eines sogenannten **nichtverzufälligten** oder **nichtrandomisierten Tests**, denn man betrachtet in der statistischen Theorie einen etwas allgemeineren Typ von Entscheidungsregeln, die **randomisierten Teststrategien**. In der statistischen Praxis benützt man zwar immer nur nichtrandomisierte Testverfahren, die theoretischen Grundlagen werden aber runder und leichter zu handhaben, wenn man sich diese in die umfassendere Familie der randomisierten Teststrategien eingebettet denkt.

Randomisierte Teststrategien

Eine randomisierte Entscheidungsregel liegt vor, wenn für jede mögliche Beobachtung $\mathbf{x} = (x_1 \dots x_n) \in \Omega_\mathbf{x}$ eine Wahrscheinlichkeit $\varphi(\mathbf{x}) = \varphi(x_1 \dots x_n) \in$

$\in [0,1]$ angegeben wird, mit der auf $\mathbf{H}_1$ zu entscheiden ist — mit der Wahrscheinlichkeit $1 - \varphi(\mathbf{x})$ wird auf $\mathbf{H}_0$ entschieden. In diesem Fall wird nach der Datenerhebung, die das Ergebnis $\mathbf{x} = (x_1 \ldots x_n)$ liefert, ein Hilfsexperiment ausgeführt, das mit Wahrscheinlichkeit $\varphi(\mathbf{x})$ den Ausgang 1 und mit Wahrscheinlichkeit $1 - \varphi(\mathbf{x})$ den Ausgang 0 hat — z.B. ein Urnenexperiment mit schwarzen und weißen Kugeln im Verhältnis $\varphi(\mathbf{x}) : 1 - \varphi(\mathbf{x})$ in der Urne.

Der randomisierte Test ist durch die Funktion $\varphi(\mathbf{x})$ auf $\Omega_\mathbf{x}$ vollständig beschrieben. Ein nichtrandomisierter Test mit Annahmebereich A_0 und kritischem Bereich A_1 kann offenbar als Sonderfall davon angesehen werden, man braucht ja nur zu setzen:

$$\varphi(\mathbf{x}) = \begin{cases} 1 \\ 0 \end{cases} \quad \text{je nachdem, ob} \quad \mathbf{x} = (x_1 \ldots x_n) \in \begin{matrix} A_1 \\ A_0 \end{matrix} \text{ ist,} \tag{13.1.2}$$

also kurz: $\varphi(\mathbf{x}) = I_{A_1}(x)$, die Indikatorfunktion des kritischen Bereichs A_1. Ab nun werden wir daher einen Test, gleichgültig ob randomisiert oder nicht, durch die zugehörige Funktion $\varphi(\mathbf{x})$ beschreiben. Die Bezeichnung mit dem Buchstaben φ ist in der Testtheorie üblich — eine Verwechslung mit der charakteristischen Funktion einer Wahrscheinlichkeitsverteilung ist nicht zu befürchten.

Es mag dem Leser zunächst vielleicht etwas merkwürdig und unmotiviert erscheinen, daß man nach erfolgter Stichprobennahme noch ein künstliches Hilfsexperiment ausführen soll, von dessen Ausgang die Entscheidung auf $\mathbf{H}_0$ oder $\mathbf{H}_1$ abhängt, und er wird fragen: was soll das bringen? In der Tat, für die Praxis bringt es nichts, aber die Theorie wird, wie bereits betont, etwas runder und handlicher.

Fehlentscheidungen erster und zweiter Art

Jede konkrete Entscheidung, ausgeführt nach den Regeln einer Teststrategie $\varphi(\mathbf{x})$, auf der Grundlage der Daten $\mathbf{x} = (x_1 \ldots x_n)$ und des Ausganges des Hilfsexperimentes, kann richtig oder falsch sein. Ist $\mathbf{H}_0$: $P_x \in \mathcal{P}_0$ richtig und entscheidet man auf $\mathbf{H}_0$ bzw. ist $\mathbf{H}_1$: $P_x \in \mathcal{P}_1$ richtig und entscheidet man auf $\mathbf{H}_1$, dann trifft die Entscheidung die Wirklichkeit und ist somit selbst richtig. Ist hingegen $\mathbf{H}_0$ richtig und entscheidet man auf $\mathbf{H}_1$ bzw. umgekehrt, dann liegt eine Fehlentscheidung vor. Ersichtlich gibt es zwei Möglichkeiten der Fehlentscheidung, die man, wegen ihrer durchaus unterschiedlichen Konsequenzen, deutlich unterscheidet:

1. Ist $\mathbf{H}_0$ richtig und man entscheidet auf $\mathbf{H}_1$, dann begeht man einen **Fehler erster Art**.
2. Ist $\mathbf{H}_1$ richtig und man entscheidet auf $\mathbf{H}_0$, dann begeht man einen **Fehler zweiter Art**.

Einen klareren Überblick über die Möglichkeiten der Entscheidung und ihre Beziehung zur Wirklichkeit liefert die folgende Matrix:

		Entscheidung fällt auf: $\mathbf{H}_0$	$\mathbf{H}_1$
Richtig ist:	$\mathbf{H}_0$	Entscheidung ist richtig	Fehler 1.Art
	$\mathbf{H}_1$	Fehler 2.Art	Entscheidung ist richtig

(13.1.3)

Es ist nützlich, an die allgemeinere Situation eines Entscheidungsproblems mit $k \geq 2$ Alternativen $\mathbf{H}_1 \ldots \mathbf{H}_k$ zu denken. In diesem Fall würde man die möglichen Typen von Fehlentscheidungen, nämlich: $\mathbf{H}_i$ ist richtig, aber die Entscheidung fällt auf $\mathbf{H}_j$, etwa mit F_{ij} für $i \neq j$ bezeichnen, und es gäbe ersichtlich $k(k-1)$ Fehlerarten mit übersichtlicher Darstellung in einer Matrix ähnlich (13.1.3).

Die Gütefunktion einer Teststrategie

Zur Beurteilung der Eigenschaften einer Teststrategie $\varphi(\mathbf{x})$ benützt man ihre Gütefunktion. Wir präzisieren zunächst die Ausgangssituation. Gegeben sind:

1. Das Modell: $P_x \in \mathcal{P}$ — parametrisch oder nichtparametrisch.
2. Die Hypothesen: $\mathbf{H}_0$: $P_x \in \mathcal{P}_0$ $\mathbf{H}_1$: $P_x \in \mathcal{P}_1$.
3. Die Teststrategie auf der Grundlage einer Stichprobe $\mathbf{x} = (x_1 \ldots x_n)$: $\varphi(\mathbf{x})$.

Die Wahrscheinlichkeit auf $\mathbf{H}_1$ zu entscheiden, wenn $P_x \in \mathcal{P}$ die richtige, den Beobachtungen zugrunde liegende Verteilung ist, hängt naturgemäß von dieser Verteilung P_x ab. Man gibt daher die

Definition 13.1.1 *Gütefunktion eines Tests*
Man nennt die Funktion:

$$G(P_x|\varphi) = P(\text{Der Test } \varphi \text{ entscheidet auf } \mathbf{H}_1|P_x) \quad \ldots P_x \in \mathcal{P}$$

die **Gütefunktion** *des Tests* $\varphi(\mathbf{x})$.

Die Gütefunktion $G(P_x|\varphi)$ gestattet es, alle Fragen nach Wahrscheinlichkeiten von falschen und richtigen Entscheidungen zu beantworten — übrigens könnte man ebensogut die Funktion $1-G(P_x|\varphi) = P(\text{Der Test } \varphi \text{ entscheidet auf } \mathbf{H}_0|P_x)$, die sogenannte **Operationscharakteristik** des Tests $\varphi(\mathbf{x})$, benützen.

Ist nämlich $P_x \in \mathcal{P}_0$, also $\mathbf{H}_0$ richtig, dann gibt $G(P_x|\varphi)$ die Wahrscheinlichkeit für einen Fehler 1.Art und $1 - G(P_x|\varphi)$ die Wahrscheinlichkeit für eine richtige Entscheidung an, ist hingegen $P_x \in \mathcal{P}_1$, dann ist $G(P_x|\varphi)$ die Wahrscheinlichkeit für eine richtige Entscheidung und $1 - G(P_x|\varphi)$ die Wahrscheinlichkeit für einen Fehler 2.Art. Die symbolische Skizze in Abb. 13.1.2, wo auf der Abszissenachse P_x aufgetragen ist (symbolisch deshalb, weil $\mathcal{P}$ ja i.a. keine 1-parametrische Verteilungsfamilie sein muß), veranschaulicht diese Verhältnisse.

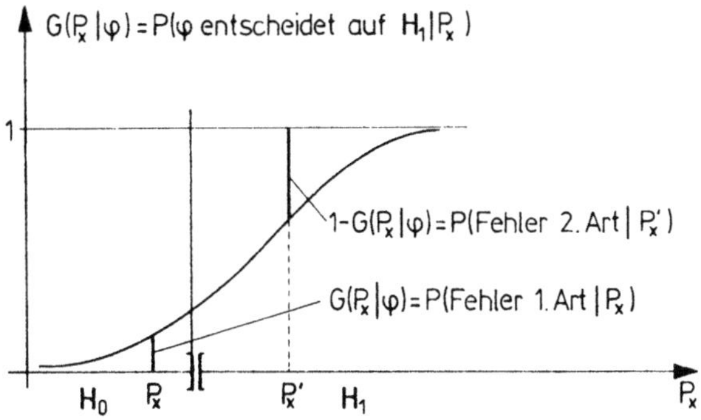

Abb. 13.1.2

Zur Berechnung der Gütefunktion zeigen wir den folgenden

Satz 13.1.1 *Berechnung der Gütefunktion eines Tests*
Es gilt:

$$G(P_x|\varphi) = E\big(\varphi(x_1 \dots x_n)|P_x\big).$$

Beweis: Ist φ ein nichtrandomisierter Test mit dem kritischen Bereich $A_1 \subset \subset \Omega_{\mathbf{x}}$, ist also $\varphi(\mathbf{x}) = I_{A_1}(\mathbf{x})$, die Indikatorfunktion von A_1, dann gilt offensichtlich:

$$G(P_x|\varphi) = P(\varphi \text{ entscheidet auf } \mathbf{H}_1|P_x) = P(\mathbf{x} \in A_1|P_x) = E\big(\varphi(\mathbf{x})|P_x\big).$$

Bei einem randomisierten Test ist $\varphi(\mathbf{x})$ als bedingte Wahrscheinlichkeit für eine Entscheidung auf $\mathbf{H}_1$, bei gegebener Beobachtung $\mathbf{x}$, zu interpretieren. Führen wir daher die 0-1-Variable z ein — $z = 0 \mathrel{\hat{=}}$ Entscheidung auf $\mathbf{H}_0$, $z = 1 \mathrel{\hat{=}}$ Entscheidung auf $\mathbf{H}_1$ —, dann ist die gemeinsame Dichte von $\mathbf{x}$ und z gegeben durch:

$$f_{\mathbf{x},z}(\mathbf{x}, z|P_x) = f_{\mathbf{x}}(\mathbf{x}|P_x)\varphi^z(\mathbf{x})\big(1 - \varphi(\mathbf{x})\big)^{1-z},$$

und die Variable z hat damit die Randdichte:

$$f_z(z|P_x) = \sum\!\!\!\!\!\!\int_{\mathbf{x}\in\Omega_{\mathbf{x}}} f_{\mathbf{x}}(\mathbf{x}|P_x)\varphi^z(\mathbf{x})\big(1 - \varphi(\mathbf{x})\big)^{1-z} =$$

$$= E\Big(\varphi^z(\mathbf{x})\big(1 - \varphi(\mathbf{x})\big)^{1-z} \,\Big|\, P_x; z\Big).$$

Für $z = 1$ erhalten wir daraus die Gütefunktion:

$$G(P_x|\varphi) = f_z(z = 1|P_x) = E(\varphi(\mathbf{x})|P_x). \quad \spadesuit$$

Beispiel 13.1.3 Befragungsmodell (Fortsetzung von Beispiel 13.1.1)

Wir betrachten das Modell $x \sim \mathbf{B}_{n,p}$ mit $p \in [0,1]$-unbekannt, das zur mathematischen Beschreibung einer einfachen Befragung geeignet ist, bei der n Personen aus einem (großen) Kollektiv zufällig ausgewählt und etwa nach ihrer Parteipräferenz befragt werden. p gibt den Wähleranteil einer interessierenden Partei in dem Grundkollektiv, x die Anzahl ihrer Wähler in der Stichprobe an. Als Hypothesen wählen wir:

$$\mathbf{H}_0\colon p \le p_0 \qquad \mathbf{H}_1\colon p > p_0$$

und als Test die naheliegende, nichtrandomisierte Entscheidungsregel:

$$\text{Ist } x > x_0, \text{ dann entscheide auf } \mathbf{H}_1,$$

$$\text{Ist } x \le x_0, \text{ dann entscheide auf } \mathbf{H}_0,$$

die in der Standardform die Gestalt hat:

$$\varphi_{n,x_0}(x) = \begin{cases} 1 \\ 0 \end{cases} \Longleftrightarrow x \begin{matrix} > \\ \le \end{matrix} x_0 .$$

Die Werte p_0 in den Hypothesen und x_0 in der Teststrategie lassen wir zunächst offen. Da das Modell eine 1-parametrische Verteilungsfamilie, parametrisiert mit $p \in [0,1]$, ist, schreiben wir naturgemäß die Gütefunktion als Funktion des Scharparameters p:

$$G(p|\varphi_{n,x_0}) = P(x > x_0|\mathbf{B}_{n,p}) = 1-F(x_0|\mathbf{B}_{n,p}) \approx 1-\Phi\Big(\frac{x_0 - np}{\sqrt{np(1-p)}}\Big). \quad (13.1.4)$$

Man beachte: n und x_0 sind fest, p ist die Variable; n bestimmt den Stichprobenumfang, x_0 den speziellen Test φ_{n,x_0}. Wir erhalten daher eine 2-parametrische Schar von Gütefunktionen.

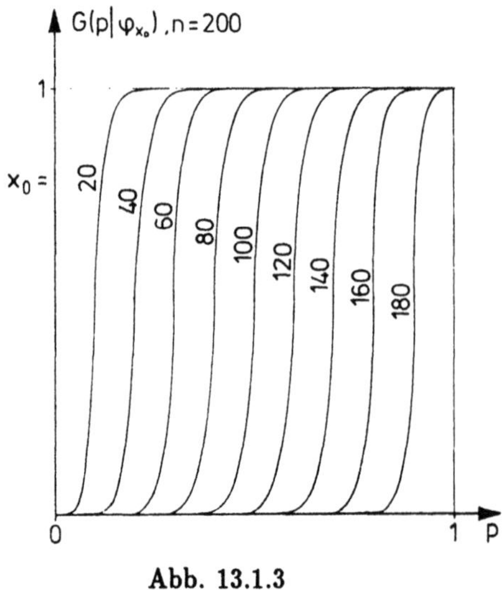

Abb. 13.1.3

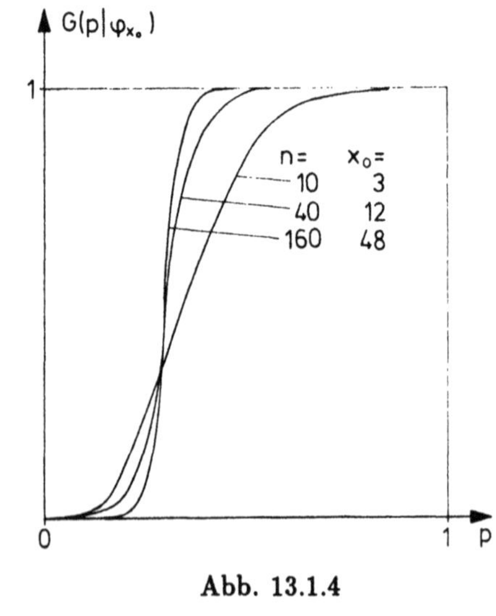

Abb. 13.1.4

Abb. 13.1.3 zeigt den Verlauf dieser Gütefunktionen für $n = 200$; $x_0 = 20, 40, \ldots, 180$ (das entspricht 10%, 20%, ...,90% von 200). Abb. 13.1.4 zeigt die Gütefunktionen für $n = 20, 40, 80, 160, 320, 640$; $x_0 = 6, 12, 24, 48, 96, 192$ (das heißt $x_0 = 0,3n$). Für kleine n arbeitet man mit einer Tabelle der Binomialverteilung, für große mit der Normalapproximation: $\mathbf{B}_{n,p} \approx \mathbf{N}(np; np(1-p))$, also: $F(x_0|\mathbf{B}_{n,p}) \approx \Phi((x_0 - np)/\sqrt{np(1-p)})$.

Für die Bestimmung der Gütefunktion ist offenbar die konkrete Bedeutung der Hypothesen $\mathbf{H}_0$ und $\mathbf{H}_1$ völlig belanglos. Es wird ja nur die Wahrscheinlichkeit berechnet, mit der die Entscheidung auf „1" fällt, was immer das bedeuten mag. Sollen allerdings aus der Gütefunktion die Wahrscheinlichkeiten für richtige bzw. falsche Entscheidungen, insbesondere für Fehler erster und zweiter Art abgelesen werden, dann ist die konkrete Bedeutung der Hypothesen $\mathbf{H}_0$ und $\mathbf{H}_1$ wichtig. Betrachten wir etwa die Hypothesensituation:

$$\mathbf{H}_0\colon\ p \leq 0,25 = p_0 \qquad \mathbf{H}_1\colon\ p > 0,25 = p_0,$$

und den Test φ_{n,x_0} für $n = 160$ und $x_0 = 48$:

$$\varphi_{160,48}(x) = \begin{cases} 1 \\ 0 \end{cases} \iff x \begin{matrix} > \\ \leq \end{matrix} 48.$$

Abb. 13.1.5 zeigt noch einmal die zugehörige Gütefunktion $G(p|\varphi_{160,48})$ aus der Schar der in Abb. 13.1.4 dargestellten Kurven.

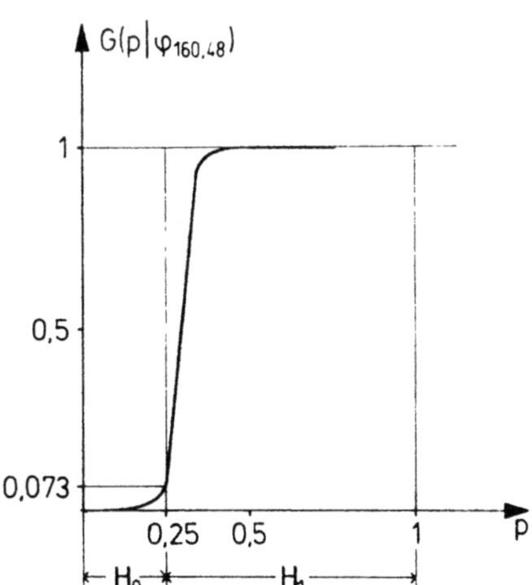

Abb. 13.1.5

Man erkennt: 1. Ist $p < 0,25$ — ist also die Nullhypothese $\mathbf{H}_0$:*„Der Wähleranteil p liegt unter 0,25"* richtig —, dann ist die Wahrscheinlichkeit, mit diesem Test auf $\mathbf{H}_1$: $p > 0,25$ — d.h. *„der Wähleranteil liegt über 0,25"* — zu entscheiden, höchstens $\alpha = 0,072$. Dieser Wert α ist die maximale Wahrscheinlichkeit für einen Fehler 1.Art und gibt damit die kleinste obere Schranke für die Wahrscheinlichkeit, einen Fehler 1.Art zu begehen, an, gleichgültig welcher Anteil $p \leq 0,25$ wirklich vorliegt.

2. Ist $p > 0,25$ — also $\mathbf{H}_1$ richtig —, dann gibt $1 - G(p|\varphi_{160,48})$ die Wahrscheinlichkeit, auf $\mathbf{H}_0$ zu entscheiden, und somit für einen Fehler 2.Art an. Die maximale Wahrscheinlichkeit dafür ist offensichtlich hier $1 - \alpha = 0,927$, denn wenn p nur sehr wenig über dem Grenzanteil $p_0 = 0,25$ liegt, ist $G(p|\varphi_{160,48})$ kaum größer als α.

Asymmetrie der Beweislast

Die deutliche Asymmetrie bei den Wahrscheinlichkeiten für Fehler 1. und 2.Art ist auffällig. Es ist ganz offensichtlich unmöglich, bei einem stetigen Verlauf der Gütefunktion — und für die Test-Strategien φ_{n,x_0} ist die Gütefunktion stetig in p — zugleich die maximalen Wahrscheinlichkeiten für Fehler 1.Art und für Fehler 2.Art klein zu machen, etwa beide unter ein vorgegebenes Niveau ϵ zu drücken.

Der allgemein akzeptierte Ausweg aus dieser Schwierigkeit ist der folgende: Man gibt eine obere Schranke α, für die Wahrscheinlichkeit einen Fehler 1.Art zu begehen, vor — das sogenannte **Fehler-** oder **Signifikanz-Niveau** des gewünschten Tests — und sucht nun, etwas vage gesprochen, den Test φ so zu bestimmen, daß unter dieser Nebenbedingung seine Gütefunktion möglichst steil verläuft, so daß die Wahrscheinlichkeiten für Fehler 2.Art so klein wie nur möglich werden. Dabei hat man noch den Stichprobenumfang als Variable zur Verfügung, und es leuchtet intuitiv ein, daß mit wachsendem n die Gütefunktion immer steiler verlaufen und damit eine Trennung zwischen $\mathbf{H}_0$ und $\mathbf{H}_1$ mit immer kleineren Fehlerwahrscheinlichkeiten möglich sein wird. In Abb. 13.1.4 erkennt man diese Tatsache deutlich. Für das (Fehler)-Niveau α wählt man, um die Größenordnung zu zeigen, Werte wie: $\alpha = 0,05; 0,025; 0,01$.

Wie ist nun das Testergebnis zu deuten? Beobachtet man die Daten $(x_1 \dots x_n)$ und der Test entscheidet auf $\mathbf{H}_1$, dann ist man subjektiv praktisch sicher, daß $\mathbf{H}_1$ auch wirklich richtig ist; wäre nämlich $\mathbf{H}_0$ richtig, dann wäre ein Fehler 1.Art passiert und dieser tritt doch nur mit einer verschwindend kleinen Wahrscheinlichkeit $\leq \alpha$ auf. Objektiv, d.h. im Sinne von Häufigkeiten interpretiert, kann man sagen, daß bei 100 Anwendungen des betrachteten Tests im Schnitt höchstens $\alpha \cdot 100$-mal irrtümlich auf $\mathbf{H}_1$ entschieden wird.

Entscheidet der Test hingegen auf $\mathbf{H}_0$, dann hat man in der Regel keinerlei Sicherheit, daß $\mathbf{H}_0$ auch wirklich richtig ist, denn wie wir ja in Abb. 13.1.5 sehen, ist die Wahrscheinlichkeit, etwa für $p = 0,26$ — $\mathbf{H}_1$ ist hier richtig — auf $\mathbf{H}_0$ zu entscheiden, fast $1 - \alpha$, also nahe an 1.

In diesem Fall lautet die Schlußfolgerung daher nicht: $\mathbf{H}_0$ *ist höchstwahrscheinlich richtig*, sondern: *Die Daten reichen nicht aus,* $\mathbf{H}_1$ *zu bestätigen*, oder: *Die Daten enthalten keinen* **signifikanten** *Hinweis auf* $\mathbf{H}_1$, und was derlei Formulierungen mehr sind. Unausgesprochen bleibt der Zusatz: *und daher bleiben wir bei der Annahme,* $\mathbf{H}_0$ *wäre richtig.*

Es spiegelt sich in dieser Formulierung die bereits an früherer Stelle angedeutete unsymmetrische Verteilung der Beweislast: $\mathbf{H}_1$ wird nur akzeptiert, wenn die Daten beweiskräftig sind, andernfalls bleibt man bei $\mathbf{H}_0$, auch ohne Beweis, freilich nicht behauptend $\mathbf{H}_0$ wäre richtig, sondern jederzeit bereit, bei veränderter, beweiskräftigerer Datensituation $\mathbf{H}_0$ zugunsten von $\mathbf{H}_1$ aufzugeben.

Diese Haltung bildet die Grundlage sowohl für vernünftiges und zweckmäßiges wie auch für unseriöses, ja kriminelles Verhalten. Alles hängt offenbar an der Zuordnung der Beweislast, und nicht immer ist die Situation so einfach wie in unserem Fall. Gerade die Wirtschafts- und Gesellschaftswissenschaften liefern eine Fülle von Beispielen, wo in unseriöser Weise Null- und Einshypothesen aufgestellt und damit Beweislastzuordnungen vorgenommen werden, mit allen daraus folgenden Konsequenzen.

Beispiel 13.1.4 Seriöse und unseriöse Hypothesenwahl

Ein fortschrittlicher Pädagoge meint, der Computer müsse im Unterricht möglichst frühzeitig und intensiv eingesetzt werden. Ältere Kollegen äußern sich skeptisch und warnen vor übertriebenen Erwartungen und negativen Begleiteffekten. Der progressive Pädagoge entgegnet, die Einwände seiner Kollegen wären durch nichts bewiesen und damit Vorurteile. Die älteren Kollegen verstummen — murren vielleicht noch etwas, der Hieb mit der Vorurteils-Keule hat ihnen die Sprache verschlagen, wie schon so vielen vor ihnen. Was ist hier geschehen? Die Behauptungen der Kontrahenten lauten explizit oder implizit:

A. Der frühzeitige und intensive Einsatz des Computers im Unterricht bringt entscheidende Vorteile (nämlich: ...) — Nachteile sind nicht oder nur in bedeutungslosem Umfang zu erwarten. Je früher der Computer eingesetzt wird, umso besser.

B. Der frühzeitige und intensive Einsatz des Computers im Unterricht bringt eher Nachteile (nämlich: ...) als Vorteile und das umso mehr, je früher er erfolgt.

Der fortschrittliche Pädagoge hat die Aussage **A.** zur Null- und die Aussage **B.** zur Einshypothese erklärt und damit seinen Gegnern die Beweislast zugeschoben. Seine konservativen Kollegen hingegen haben umgekehrt **B.** zur Null- und **A.** zur Einshypothese gewählt, so daß dem progressiven Neuerer die Beweislast zufiele. Dieser wiederum weist sie mit dem Vorurteilsargument von sich. Die anderen haben keine gleichwertige Waffe.

Es ist klar: der Beweis ist in jedem Fall schwer zu erbringen. Die Behauptungen beider Seiten betreffen Wirkungen, die unter Umständen erst nach Jahrzehnten feststellbar sind. Viel Zeit, sehr viel Geld und noch mehr Geduld müßten aufgebracht werden, um die notwendigen Daten zu sammeln, Dinge also, die rar sind — auch in der Computerbranche. Wer handelt nun seriös mit seiner Hypothesen- und Beweislastzuordnung und wer nicht?

Hier kann es nur eine Antwort geben: Wer die Neuerung vertritt, den trifft die Beweislast. Im anderen Fall wären der Scharlatanerie und Willkür Tür und Tor geöffnet. Jeder könnte kommen und irgendetwas als das Bessere anbieten (ein Waschmittel — eine Erziehungsmethode — ein Gesellschaftssystem), ohne den geringsten Beweis dafür, und die anderen müßten Tag und Nacht Beweise sammeln, um den behaupteten Unfug zu widerlegen. — Doch der Computer wird möglichst frühzeitig und intensiv im Schulunterricht eingesetzt, und dieses nicht nur, weil die Vorurteilsbeladenen den Gegenbeweis nicht erbringen können, nein, der Tatsache zum Trotz, daß dieser Beweis durch Beobachtung unserer Studenten längst erbracht ist.

Wieviele Beispiele ähnlicher Art könnte man angeben, täglich begegnen dem dafür hellsichtig gewordenen etliche. Das Aufstellen von Hypothesen und Gegenhypothesen, verbunden mit bewußter oder unbewußter Beweislastzuordnung, begleitet unser Leben und Argumentieren auf Schritt und Tritt. Der Leser sei aufgerufen, hierfür seine Sinne zu schärfen.

Einem Argument muß hier noch entgegengetreten werden, das immer wieder gegen die sogenannte *konservative Haltung* — d.h. die Überwälzung der Beweislast auf den Proponenten des Neuen — vorgebracht wird, dem Argument nämlich, diese Haltung verhindere den Fortschritt und habe soundsoviele Forscher- und Künstlerschicksale auf dem Gewissen. Wer die Geschichte der letzten 200 Jahre, desjenigen Zeitraumes also, der uns bei weitem die meisten Innovationen bescherte, im großen und insgesamt betrachtet, der kann nicht im Ernst behaupten, der Fortschritt wäre durch die zweifellos während dieser Zeit in allen Bereichen der Kultur überwiegend konservative Haltung der *Systemträger* ver-hindert worden. Be-hindert wurde der Fortschritt allerdings sicher durch die Hürden, die man ihm aufgerichtet hat, doch diese Hürden sind die notwendigen Filter, um das Brauchbare vom Unfug zu scheiden, und ihre Höhe ist nicht so sehr Ausdruck des Altersstarrsinns der Etablierten der Gesellschaft, als vielmehr eine Folge des Allzuvielen an Neuem, das oft recht leichtfertig als das Bessere angeboten wird, weit weniger um irgend etwas zu bessern, als um den eigenen Sack zu füllen. Und im Ernst gefragt: Wer wollte angesichts dessen, was uns der Fortschritt beschert hat, hoffen, daß er noch schneller liefe?

Nach diesem polemischen Abstecher kehren wir wieder in den sachlichen Alltag der Testtheorie zurück. Gleichgültig welche Position der Leser selbst vertritt, ob fortschrittlich oder konservativ, ist zu hoffen, daß er sich über die angesprochenen Fragen Gedanken gemacht hat und von nun an Null- und Einshypothesen nicht mehr so indifferent ansieht, wie das vielleicht einer tut, den an einem Test $\varphi(\mathbf{x})$ vor allem interessiert, ob er meßbar ist oder nicht.

Beispiel 13.1.3 Fortsetzung - Trennschärfe und Stichprobenumfang.

In Beispiel 13.1.3 folgt die Wahl der Hypothesenzuordnung: $\mathbf{H}_0$: $p \leq 0{,}25$ $\mathbf{H}_1$: $p >$ $> 0{,}25$ aus der Interessenlage desjenigen, der die Untersuchung durchführt oder in Auftrag gibt — etwa die Führungsspitze der betrachteten Partei, die sich anläßlich der bevorstehenden Wahl überlegt, ob sie Journalisten gegenüber die 25%-Marke als ihr Wahlziel darstellen soll, mit Rücktrittsangebot, falls es verfehlt wird. Erst wenn die Meinungsumfrage klar auf $\mathbf{H}_1$ entscheidet, wird man ein so kühnes Unternehmen wagen, andernfalls hält man besser den Mund. Die umgekehrte Hypothesenzuordnung: $\mathbf{H}'_0$: $p > 0{,}25$, $\mathbf{H}'_1$: $p \leq 0{,}25$ wäre hier der reinste Selbstmord, denn der die Untersuchung ausführende Statistiker würde in diesem Fall, so wie er es gelernt hat, einen Test konstruieren, der wieder sehr niedriges Niveau α für die Wahrscheinlichkeit, einen Fehler 1.Art zu begehen, hat, etwa den Test:

$$\varphi'_{160;30}(x) = 1 - \varphi_{160;30}(x) = \begin{cases} 1 \\ 0 \end{cases} \iff x \begin{matrix} \leq \\ > \end{matrix} 30,$$

dessen Gütefunktion:

$$G(p|\varphi'_{160;30}) = P(x \leq 30|\mathbf{B}_{160,p}) = F(30|\mathbf{B}_{160,p}) \approx \Phi(\frac{30-160p}{\sqrt{160p(1-p)}})$$

in Abb. 13.1.6 dargestellt ist. Offensichtlich wäre es ein Unding, aus einer Testentscheidung auf $\mathbf{H}'_0$ schließen zu wollen, der Wählerstimmenanteil p sei größer als 0,25.

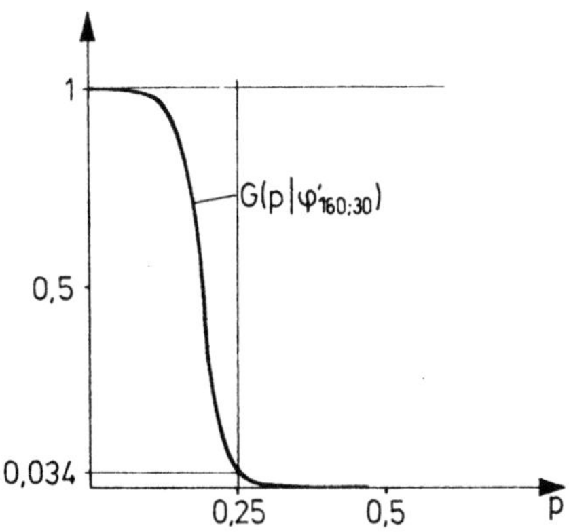

Abb. 13.1.6

Wer würde, allein dem gesunden Hausverstand folgend, z.B. bei einem Umfrageergebnis von $x = 32$ (das ist 20% Stimmenanteil in der Stichprobe vom Umfang $n = 160$) schließen wollen, daß $p > 0,25$ ist? Und doch entscheidet der Test $\varphi'_{160,30}$ in diesem Falle auf $\mathbf{H}'_0$: $p > 0,25$. Man kann eben daraus nichts folgern, als daß $\mathbf{H}'_1$: $p \leq 0,25$ mit diesen Daten zum gewählten Niveau α nicht erweisbar ist, und das, obwohl der beobachtete Stimmenanteil nur 20% beträgt! Aber auch der ursprüngliche Test $\varphi_{160;48}$, der für $x > 48$ auf $\mathbf{H}_1$: $p > 0,25$ entscheidet, würde bei $x = 32$ auf $\mathbf{H}_0$: $p \leq 0,25$ plädieren und wiederum nichts beweisen. Ein Stimmenanteil von 20% liegt eben, bei einem Stichprobenumfang von $n = 160$, zu nahe an $p_0 = 0,25$, als daß aus ihm signifikante Schlüsse gezogen werden könnten.

Die Erwähnung des Stichprobenumfanges gibt hier den erlösenden Hinweis. Wir haben eine 2-parametrische Schar von Tests φ_{n,x_0} und Gütefunktionen $G(p|\varphi_{n,x_0})$ zur Verfügung und können von der Gütefunktion des gesuchten Tests verlangen, daß sie für $p \leq p_0$ kleiner als α und für $p \geq p_1(> p_0)$ größer als $1-\beta$ sein soll, mit kleinen Werten α und β. Das ergibt 2 Bedingungsgleichungen für n und x_0 (in Normalapproximation):

$$G(p_0|\varphi_{n,x_0}) \approx 1 - \Phi(\frac{x_0 - np_0}{\sqrt{np_0(1-p_0)}}) = \alpha,$$

$$G(p_1|\varphi_{n,x_0}) \approx 1 - \Phi(\frac{x_0 - np_1}{\sqrt{np_1(1-p_1)}}) = 1 - \beta,$$

aus denen sofort die Beziehungen:

$$\frac{x_0 - np_0}{\sqrt{np_0(1-p_0)}} = u_{1-\alpha} \quad \text{und} \quad \frac{x_0 - np_1}{\sqrt{np_1(1-p_1)}} = u_\beta = -u_{1-\beta}$$

und hieraus wieder, nach kurzer Rechnung, die gesuchten Größen n, x_0 folgen:

$$n = \left(\frac{u_{1-\alpha}\sqrt{p_0(1-p_0)} + u_{1-\beta}\sqrt{p_1(1-p_1)}}{p_1 - p_0}\right)^2,$$

$$x_0 = np_0 + u_{1-\alpha}\sqrt{np_0(1-p_0)}.$$

Wählen wir etwa $p_0 = 0,25$, $p_1 = 0,27$ und $\alpha = \beta = 0,05$ mit $u_{1-\alpha} = u_{1-\beta} = = 1,645$, dann ergibt sich: $n = 5203$ und $x_0 = 1352$. Abb. 13.1.7 zeigt die zu dem Test $\varphi_{5203,1352}$ gehörige Gütefunktion.

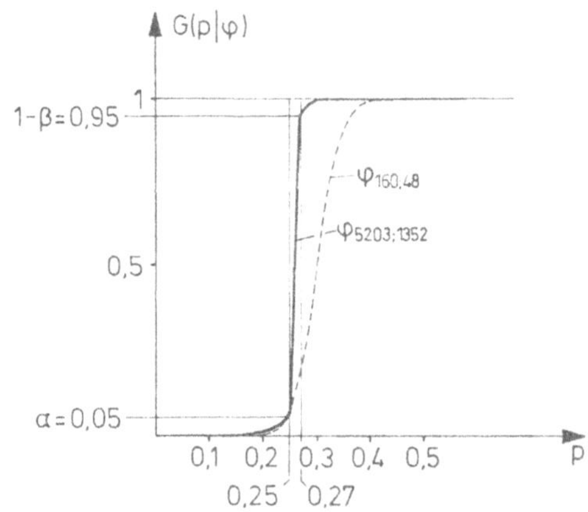

Abb. 13.1.7

Man erkennt: 1. Ist $p \leq 0,25 = p_0$, dann entscheidet der Test höchstens mit Wahrscheinlichkeit $\alpha = 0,05$ auf $\mathbf{H}_1$ — sein (Fehler-)Niveau (für einen Fehler 1.Art) ist also $\alpha = 0,05$.
2. Ist $p \geq 0,27$, dann entscheidet der Test mit Wahrscheinlichkeit $\geq 1 - \beta = 0,95$ auf $\mathbf{H}_1$, führt also, unter dieser Voraussetzung, nur mit einer Wahrscheinlichkeit $\leq$ $\leq \beta = 0,05$ zu einem Fehler 2.Art.
3. Lediglich in dem kleinen, zu $\mathbf{H}_1$ gehörigen p-Intervall (0,25; 0,27) kann ein Fehler 2.Art unter Umständen mit einer an $1 - \alpha$ reichenden Wahrscheinlichkeit eintreten.

Die maximale Wahrscheinlichkeit für einen Fehler 2.Art ist daher nach wie vor $1 - \alpha$ und eignet sich offensichtlich nicht zur Charakterisierung der Qualitäten dieses Tests. Wesentlich ist für den Anwender, daß der Test $\varphi_{5203,1352}$ für $p \geq 0,27$ mit Wahrscheinlichkeit $\geq 1 - \beta = 0,95$ richtig auf $\mathbf{H}_1$ entscheidet, das Zutreffen von $\mathbf{H}_1$ mithin bereits für $p \geq p_0 + 0,02$ fast sicher *entdeckt*, was etwa für den Test $\varphi_{160,48}$, dessen Gütefunktion in Abb. 13.1.7 ebenfalls eingezeichnet ist, absolut nicht zutrifft. Man nennt daher den Test $\varphi_{5203;1352}$ **trennschärfer** als den Test $\varphi_{160,48}$.

Obwohl es anschaulich nahe liegt, zu sagen: „Je steiler die Gütefunktion im Grenzbereich zwischen $\mathbf{H}_0$ und $\mathbf{H}_1$ verläuft, umso trennschärfer ist der Test", läßt sich doch, wenigstens für kleine Stichprobenumfänge, aus der Steilheit der Gütefunktion kein brauchbares Trennschärfemaß gewinnen. In konkreten Anwendungsfällen verfährt man ähnlich wie in unserem Beispiel und gibt zwei Werte α und $1 - \beta$ vor, welche die Gütefunktion an vorgeschriebenen Stellen annehmen soll. Freilich ist dieses Ziel beim Testen von Hypothesen, die sich auf mehrparametrische oder gar nichtparametrische Verteilungsfamilien beziehen, nur sehr selten in so idealer Form erreichbar.

Qualitätsmerkmale von Teststrategien

Motiviert durch die behandelten Beispiele führen wir nunmehr eine Reihe von Begriffen der Testtheorie ein, die zum Teil schon in diesen Beispielen erwähnt wurden. Dabei nehmen wir immer Bezug auf:

1. Ein Modell: $x \sim P_x \in \mathcal{P}$ — parametrisch oder nichtparametrisch.
2. Ein Paar alternativer Hypothesen: $\mathbf{H}_0$: $P_x \in \mathcal{P}_0$ $\mathbf{H}_1$: $P_x \in \mathcal{P}_1$.
3. Eine Teststrategie $\varphi(x_1 \dots x_n)$ auf der Grundlage einer Stichprobe vom Umfang n; $G(P_x|\varphi)$ bezeichnet die zugehörige Gütefunktion.

Definition 13.1.2 *Niveau eines Tests*
Man nennt: $\alpha = sup\{G(P_x|\varphi)\colon P_x \in \mathcal{P}_0\}$ — d.h. die kleinste obere Schranke für die Wahrscheinlichkeit, einen Fehler 1.Art zu begehen — das **Niveau** *des Tests φ.*

Abb. 13.1.8 erläutert diesen Begriff. Die Skizze ist so gezeichnet, daß die Gütefunktion ihr Maximum nicht gerade auf der Grenze zwischen $\mathbf{H}_0$ und $\mathbf{H}_1$ annimmt, was zwar in den Anwendungen meistens der Fall, aber keineswegs notwendig ist.

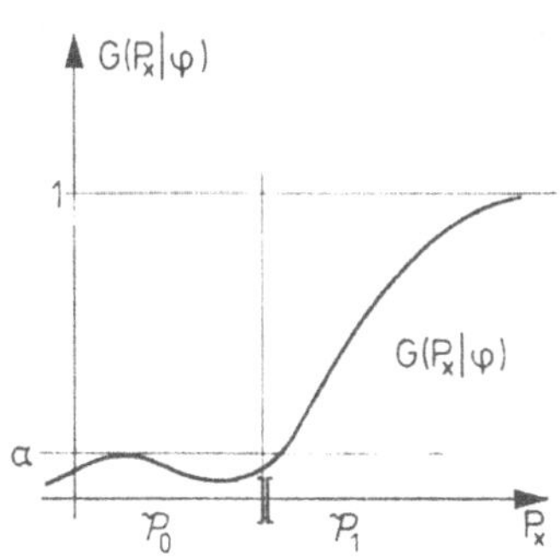

Abb. 13.1.8

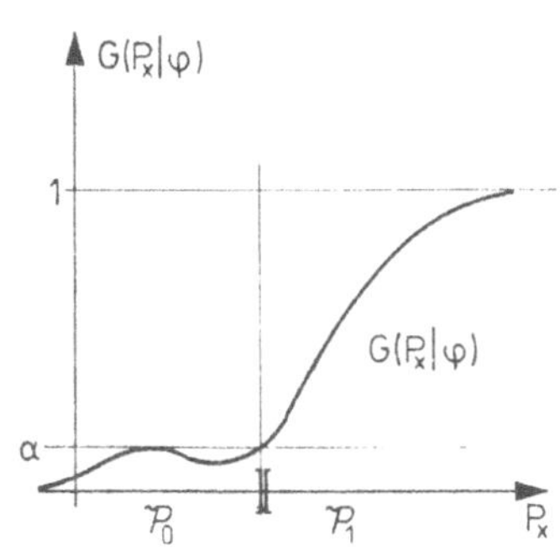

Abb. 13.1.9

In Abb. 13.1.8 nimmt die Gütefunktion $G(P_x|\varphi)$ für gewisse Verteilungen $P_x \in \mathcal{P}_1$ Werte $< \alpha$ an; der Test φ entscheidet für diese P_x mit geringerer Wahrscheinlichkeit auf die dann ja richtige Hypothese $\mathbf{H}_1$, als er dies für manche $P_x \in \mathcal{P}_0$ tut. Das ist sicher keine wünschenswerte Eigenschaft eines Tests. Man gibt daher die

Definition 13.1.3 *Unverfälschtheit eines Tests*
Der Niveau-α-Test φ heißt unverfälscht, falls $G(P_x|\varphi) \geq \alpha$ für alle $P_x \in \mathcal{P}_1$ gilt.

Die Gütefunktion in Abb. 13.1.9 gehört zu einem unverfälschten Niveau-α-Test. Es ist evident, daß etwa bei einer k-parametrischen Verteilungsfamilie $\mathcal{P} = (P_x(.|\vartheta): \vartheta = (\vartheta_1 \dots \vartheta_k) \in \Theta \subset \mathbf{R}^k)$ und in ϑ stetiger Gütefunktion $G(\vartheta|\varphi)$ diese bei einem unverfälschten Niveau-α-Test φ auf dem gemeinsamen Rand von Θ_0 und Θ_1, den die Hypothesen $\mathbf{H}_0$ und $\mathbf{H}_1$ charakterisierenden Parameterräumen, den Wert α annehmen muß. (Analoges trifft für den nichtparametrischen Fall zu, soferne $\mathcal{P}$ geeignet topologisiert und $G(P_x|\varphi)$ stetig ist).

Der Vergleich verschiedener Niveau-α-Tests führt auf die folgenden Begriffsbildungen:

Definition 13.1.4 *Vergleich von Niveau-α-Tests*

A. *Der Niveau-α-Test φ_1 heißt* **lokal schärfer** *an der Stelle $P_x^1 \in \mathcal{P}_1$ als der Niveau-α-Test φ_2, falls gilt:*

$$G(P_x^1|\varphi_1) \geq G(P_x^1|\varphi_2). \tag{13.1.5}$$

B. *Der Niveau-α-Test φ_1 heißt* **gleichmäßig (global) schärfer** *als der Niveau-α-Test φ_2, falls (13.1.5) für alle $P_x^1 \in \mathcal{P}_1$ richtig ist.*

C. *Ist der Niveau-α-Test φ^* lokal an der Stelle P_x^1 (bzw. gleichmäßig) schärfer als jeder andere Test φ aus einer Familie Φ zulässiger Niveau-α-Tests, dann nennt man φ^* einen lokal an der Stelle P_x^1 (bzw. gleichmäßig)* **schärfsten** *Niveau-α-Test aus der betrachteten Testfamilie Φ.*

Die Abbildungen 13.1.10 und 13.1.11 erläutern die Begriffe **A.** bzw. **B.**

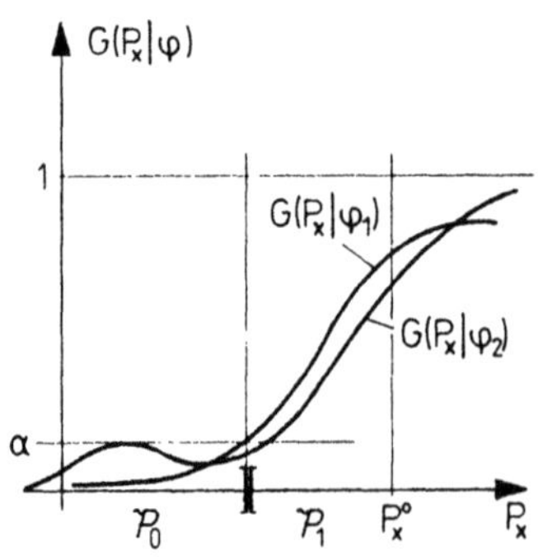

Abb. 13.1.10

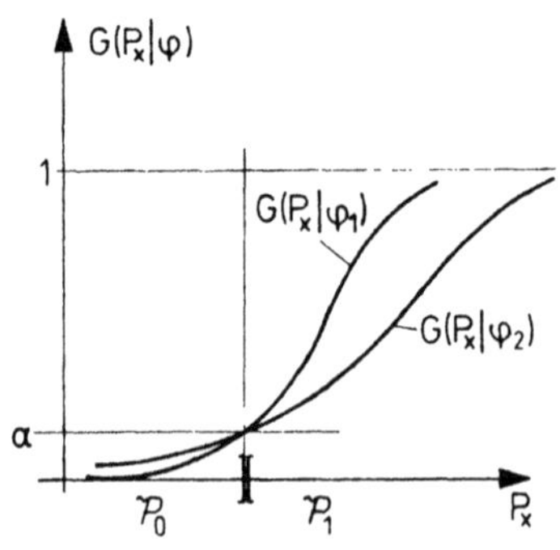

Abb. 13.1.11

Es liegt auf der Hand, daß man einem gleichmäßig schärferen Test φ_1 gegenüber dem gleichmäßig weniger trennscharfen Test φ_2 den Vorzug geben wird, soferne beide Tests zum gleichen Stichprobenumfang gehören, und daß man φ^* allen anderen Niveau-α-Tests aus Φ vorziehen wird. Es müssen allerdings hier die Hoffnungen etwas gedämpft werden: im allgemeinen gibt es keinen gleichmäßig schärfsten Test. Dennoch werden wir in einer Reihe für die Praxis wichtiger Sonderfälle solche konstruieren können.

Teststrategien enthalten immer den Stichprobenumfang n als Parameter. Wächst n, dann verlaufen die Gütefunktionen im Grenzbereich von $\mathcal{P}_0$ und $\mathcal{P}_1$ in der Regel immer steiler — die Tests werden immer trennschärfer und entscheiden mit immer größerer Wahrscheinlichkeit auf die jeweils richtige Hypothese, in der Grenze ($n \to \infty$) mit Wahrscheinlichkeit 1 auf $\mathbf{H}_0$ oder $\mathbf{H}_1$, wenn $P_x \in \mathcal{P}_0$ bzw. $P_x \in \mathcal{P}_1$ gilt. Selbstverständlich ist dieses asymptotische Verhalten freilich nicht, und man gibt daher die

Definition 13.1.5 *Konsistenz einer Testfolge*

Die Testfolge ($\varphi_n(x_1 \ldots x_n)$: $n = 1, 2, \ldots$) *heißt konsistent für die betrachteten Alternativen* $\mathbf{H}_0: P_x \in \mathcal{P}_0 \quad \mathbf{H}_1: P_x \in \mathcal{P}_1$, *falls gilt:*

$$\lim_{n\to\infty} G(P_x|\varphi_n) = \begin{cases} 0 \\ 1 \end{cases} \iff P_x \in \begin{matrix} \mathcal{P}_0, \\ \mathcal{P}_1. \end{matrix} \tag{13.1.6}$$

Abb. 13.1.12 zeigt eine Folge von Gütefunktionen, die für $n \to \infty$ gegen die *ideale* Gütefunktion $G(P_x) = I_{\mathcal{P}_1}(P_x)$ streben.

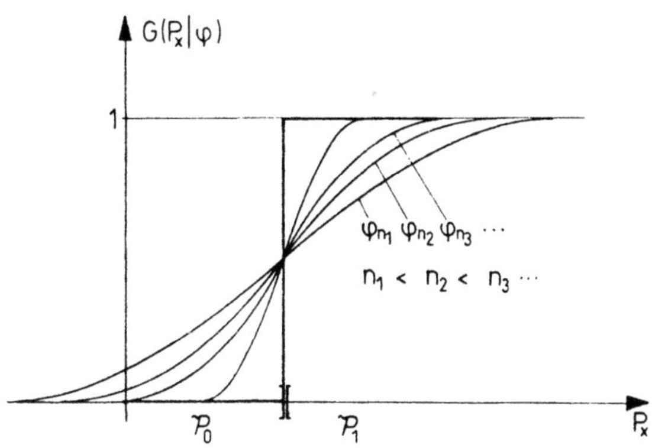

Abb. 13.1.12

Wir verzichten im Augenblick darauf, die in den Definitionen 13.1.2 bis 13.1.5 eingeführten Begriffsbildungen an Beispielen zu verdeutlichen — in den folgenden Abschnitten wird dazu reichlich Gelegenheit sein.

13.2 Das Lemma von Neyman und Pearson

Das einfachst-denkbare Testproblem erhält man, wenn die Menge $\mathcal{P}$ der für P_x zulässigen Verteilungen, das Modell also, nur zwei Elemente enthält: $\mathcal{P} = \{P_0, P_1\}$ und die Hypothesen lauten:

$$\mathbf{H}_0: P_x = P_0 \qquad \mathbf{H}_1: P_x = P_1 \tag{13.2.1}$$

Man nennt in diesem Fall beide Hypothesen **einfach. Zusammengesetzt** heißt dagegen eine Hypothese $\mathbf{H}_i$: $P_x \in \mathcal{P}_i$, falls $\mathcal{P}_i$ mehr als ein Element enthält.

Für die Konstruktion von Teststrategien bei realistischen Problemen, die praktisch immer zusammengesetzte Hypothesen enthalten, erweist sich das Studium des Testproblems (13.2.1) als grundlegend, und mit ihm wollen wir uns in diesem Abschnitt beschäftigen.

Vorausgesetzt sei, daß beide Verteilungen P_0, P_1 vom gleichen Typ (stetig oder diskret) und von der gleichen Dimension sind; mit $f(x|P_0)$ und $f(x|P_1)$ bezeichnen wir die zugehörigen Dichten. Wir stellen uns die Aufgabe, zunächst für eine Stichprobe vom Umfang $n = 1$, den oder die trennschärfsten Niveau-α-Tests für dieses Testproblem zu bestimmen. Wegen der Allgemeinheit der Dichten $f(x|P_i)$ ist es dann leicht, die gewonnenen Resultate auf Stichproben von beliebigem Umfang n zu übertragen.

Beschränken wir uns zunächst auf nichtrandomisierte Tests $\varphi(x) = I_{A_1}(x)$ mit dem kritischen Bereich A_1 (siehe Abb. 13.2.1) und der Entscheidungsregel:

$$x \in \begin{cases} A_1 \\ A_0 \ (= A_1^c) \end{cases} \Rightarrow \begin{array}{l} \mathbf{H}_1\colon\ P_x = P_1, \\ \mathbf{H}_0\colon\ P_x = P_0. \end{array}$$

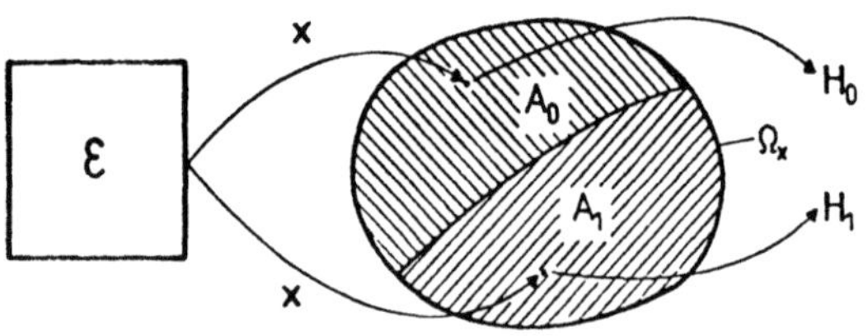

Abb. 13.2.1

Der kritische Bereich A_1 ist so zu bestimmen, daß $P_0(A_1) = \alpha$ und $P_1(A_1)$ unter dieser Nebenbedingung möglichst groß wird, denn $P_0(A_1) = \alpha$ ist das Niveau des Tests und $1 - P_1(A_1) = \beta$ seine Wahrscheinlichkeit für einen Fehler 2.Art und diese soll ja, unter der Bedingung: Niveau $= \alpha$, möglichst klein werden.

Ordnet man die Punkte des Stichprobenraumes Ω_x nach fallenden Werten des Dichtequotienten:

$$q(x) = f(x|P_1)/f(x|P_0), \tag{13.2.2}$$

dann liegt es auf der Hand, daß diejenigen Punkte $x \in \Omega_x$, für die $q(x)$ am größten ist, in A_1 aufgenommen, den relativ größten Beitrag zu $P_1(A_1)$ liefern, im Vergleich zu ihrem Beitrag zu $P_0(A_1)$. Man wird daher, fallenden Werten von $q(x)$ folgend, solange Punkte in A_1 aufnehmen, bis die Bedingung $P_0(A_1) = \alpha$ erfüllt ist. Es kann dabei allerdings der Fall eintreten, daß für ein geeignetes k die Menge $A_1^-(k) := \{x\colon\ q(x) > k\}$ eine P_0-Wahrscheinlichkeit $< \alpha$, die Menge $A_1^+(k) := \{x\colon\ q(x) \geq k\}$ aber bereits eine P_0-Wahrscheinlichkeit $> \alpha$ hat, so daß das exakte Niveau α auf diese Weise nicht realisierbar ist. Dieses Niveau wird allerdings erreicht, wenn man den Test auf der Menge $A_1^+(k) - A_1^-(k) = \{x\colon\ q(x) = k\}$ randomisiert und ihn insgesamt folgendermaßen definiert:

$$\varphi(x) = \begin{cases} 1 & \ldots x \in A_1^-(k) = \{x\colon\ q(x) > k\}, \\ \dfrac{\alpha - P_0\big(A_1^-(k)\big)}{P_0\big(A_1^+(k)\big) - P_0\big(A_1^-(k)\big)} & \ldots x \in A_1^+(k) - A_1^-(k) = \{x\colon\ q(x) = k\}, \\ 0 & \ldots x \in \big(A_1^+(k)\big)^c = \{x\colon\ q(x) < k\}, \end{cases} \tag{13.2.3}$$

soferne $P_0\big(A_1^-(k)\big) \le \alpha \le P_0\big(A_1^+(k)\big)$ ist. In der Tat haben wir damit bereits den oder besser gesagt: *einen* Niveau-α-Test mit maximaler Trennschärfe für unser Testproblem (13.2.1) gefunden. Eindeutig bestimmt ist er nämlich i.a. nicht, denn insbesondere die Randomisierung auf $\{x : q(x) = k\}$ kann man i.a. auf mannigfache Weise ausführen. Abb. 13.2.2 erläutert die Konstruktion von $\varphi(x)$ graphisch. Es ist ein symbolisches Koordinatensystem für die Hyperflächen $q(x) = \mathit{konst.}$ eingezeichnet — denn Hyperflächen werden es ja i.a. sein —, und es sind die Mengen $A_1^-(k)$, $\big(A_1^+(k)\big)^c$ und $A_1^+(k) - A_1^-(k)$ dargestellt.

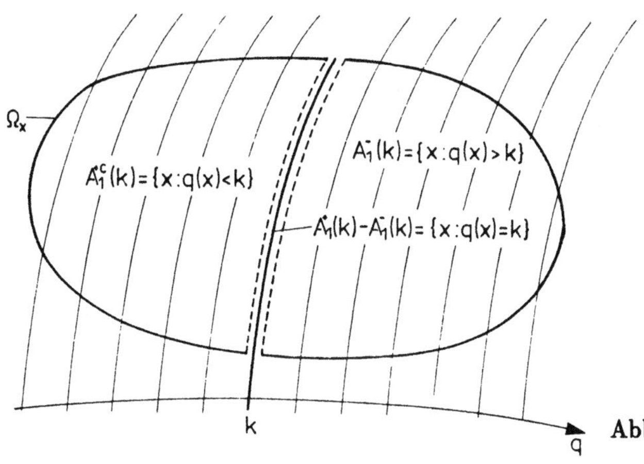

Abb. 13.2.2

Daß der in (13.2.3) definierte Test das exakte Niveau α besitzt, wenn k so bestimmt ist, daß $P_0\big(A_1^-(k)\big) \le \alpha \le P_0\big(A_1^+(k)\big)$ gilt, rechnet man unmittelbar nach:

$$E\big(\varphi(x)|P_0\big) = P_0\big(A_1^-(k)\big) + P_0\big(A_1^+(k) - A_1^-(k)\big)\frac{\alpha - P_0\big(A_1^-(k)\big)}{P_0\big(A_1^+(k)\big) - P_0\big(A_1^-(k)\big)} = \alpha. \tag{13.2.4}$$

Bevor wir die Optimalität dieses Tests nachweisen, geben wir zunächst die

Definition 13.2.1 *Familie der Neyman-Pearson-Tests*
Gegeben ist das einfache Testproblem: $\mathbf{H}_0$: $P_x = P_0$ $\mathbf{H}_1$: $P_x = P_1$ *mit dem Dichtequotienten* $q(x) = f(x|P_1)/f(x|P_0)$. *Man nennt die Gesamtheit der Teststrategien*

$$\varphi_{k,c}(x) = \begin{cases} 1 & \ldots x \in \{x\colon\ q(x) > k\} =: A_1^-(k), \\ c & \ldots x \in \{x\colon\ q(x) = k\} = A_1^+(k) - A_1^-(k),\ c \in [0,1], \\ 0 & \ldots x \in \{x\colon\ q(x) < k\} =: \left(A_1^+(k)\right)^c, \end{cases}$$

die Familie der **Neyman-Pearson-Tests** *(kurz: NP-Tests) für das betrachtete Testproblem.*

Daß man zu jedem $\alpha \in [0,1]$ k so bestimmen kann, daß $P_0\left(A_1^-(k)\right) \leq \alpha \leq$ $\leq P_0\left(A_1^+(k)\right)$ erfüllt ist, leuchtet sofort ein, wenn man sich vergegenwärtigt, daß gilt:

$$H(k) := P_0\left(A_1^-(k)\right) = P_0\left(q(x) > k\right) = 1 - P_0\left(q(x) \leq k\right) = 1 - F_q(k|P_0). \tag{13.2.5}$$

$F_q(.|P_0)$ ist die Verteilungsfunktion der Statistik $y = q(x)$ und mithin monoton steigend von 0 nach 1 mit allfälligen Sprungstellen für gewisse k-Werte. Entsprechend ist $H(k) = 1 - F_q(k|P_0)$ monoton fallend in k mit ebendenselben Sprungstellen. Abb. 13.2.3 zeigt $H(k)$ und drei typische Sonderfälle, die bei der Wahl von α auftreten können. Im Falle α_1 existiert ein eindeutig bestimmter Wert k_1 mit $H(k_1) = \alpha_1$, im Fall α_2 gilt für jeden Wert $k_2 \in [\underline{k}_2, \bar{k}_2]$ die Beziehung $H(k_2) = \alpha_2$ und im Fall α_3 gilt $H(k_3) \leq \alpha_3 \leq H(k_3-) = P_0\left(q(x) \geq k_3\right)$ — man beachte, daß $H(k)$ ebenso wie die Verteilungsfunktion $F_q(k|P_0)$ rechtsstetig ist.

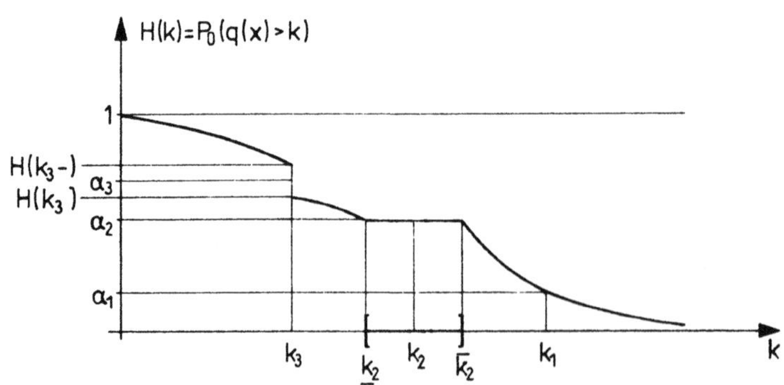

Abb. 13.2.3

In jedem Fall existiert somit zu beliebig gewähltem $\alpha \in [0,1]$ ein k mit: $H(k) = P_0\left(q(x) > k\right) \leq \alpha \leq P_0\left(q(x) \geq k\right) = H(k-)$. Setzt man dann auf $A_1^+(k) - A_1^-(k) = \{x\colon\ q(x) = k\}$ für die Konstante $c =$

$= \big(\alpha - P_0(A_1^-(k))\big)/\big(P_0(A_1^+(k)) - P_0(A_1^-(k))\big)$ wie in (13.2.3), dann hat der NP-Test $\varphi_{k,c}$ das exakte Niveau α (siehe (13.2.4)). Im Fall $P_0(A_1^+(k)) = P_0(A_1^-(k))$ wird der randomisierte Teil von $\varphi_{k,c}(x)$ natürlich bedeutungslos und man kann $c \in [0,1]$ beliebig wählen, wird aber naheliegenderweise $c = 0$ oder $c = 1$ setzen. Wir zeigen nun den

Satz 13.2.1 *Das Lemma von Neyman und Pearson*

Besitzt der NP-Test $\varphi_{k,c}(x)$ (siehe Definition 13.2.1) das Niveau α, und ist $\varphi(x)$ ein weiterer Niveau-α-Test, dann gilt: $E(\varphi_{k,c}(x)|P_1) \geq E(\varphi(x)|P_1)$, d.h. der Test $\varphi_{k,c}$ ist schärfer als $\varphi(x)$.

Beweis: Um $E(\varphi_{k,c}(x) - \varphi(x)|P_1) \geq 0$ zu zeigen, betrachten wir das Produkt:

$$p(x) = \big(\varphi_{k,c}(x) - \varphi(x)\big)\big(f(x|P_1) - kf(x|P_0)\big).$$

Es ist leicht zu sehen, daß $p(x) \geq 0$ auf ganz Ω_x gilt, denn (siehe Abb. 13.2.2):

1. Für $x \in A_1^-(k)$ ist $\varphi_{k,c}(x) = 1 \geq \varphi(x)$ und $q(x) = f(x|P_1)/f(x|P_0) > k$, also $f(x|P_1) > kf(x|P_0)$; beide Faktoren: $\big(\varphi_{k,c}(x) - \varphi(x)\big)$ und $\big(f(x|P_1) - kf(x|P_0)\big)$ sind mithin positiv.
2. Für $x \in A_1^+(k) - A_1^-(k) = \{x: f(x|P_1)/f(x|P_0) = k\}$ ist $f(x|P_1) - kf(x|P_0) = 0$.
3. Für $x \in \big(A_1^+(k)\big)^c$ ist $\varphi_{k,c}(x) = 0 \leq \varphi(x)$ und $q(x) = f(x|P_1)/f(x|P_0) < k$; beide Faktoren: $\big(\varphi_{k,c}(x) - \varphi(x)\big)$ und $\big(f(x|P_1) - kf(x|P_0)\big)$ sind daher negativ, und man hat wieder $p(x) \geq 0$.

Damit folgt zunächst (wir behandeln den diskreten und den stetigen Fall in einem):

$$\begin{aligned} 0 \leq & \sum\!\!\!\!\!\!\int_{\Omega_x} p(x) = \\ &= \sum\!\!\!\!\!\!\int_{\Omega_x} \big(\varphi_{k,c}(x) - \varphi(x)\big)f(x|P_1) - k\sum\!\!\!\!\!\!\int_{\Omega_x} \big(\varphi_{k,c}(x) - \varphi(x)\big)f(x|P_0) = \\ &= E\big(\varphi_{k,c}(x) - \varphi(x)|P_1\big) - kE\big(\varphi_{k,c}(x) - \varphi(x)|P_0\big) \end{aligned}$$

und hieraus, wegen $E\big(\varphi_{k,c}(x) - \varphi(x)|P_0\big) = E\big(\varphi_{k,c}(x)|P_0\big) - E\big(\varphi(x)|P_0\big) = \alpha - \alpha = 0$, die behauptete Ungleichung:

$$E\big(\varphi_{k,c}(x) - \varphi(x)|P_1\big) \geq 0. \quad \spadesuit$$

Die Risikofunktion

Wir betrachten nach wie vor das einfache Testproblem: $\mathbf{H}_0: P_x = P_0 \quad \mathbf{H}_1: P_x = P_1$ und die zugehörige Familie von Neyman-Pearson-Tests: $(\varphi_{k,c}\colon k \geq 0, c \in [0,1])$. Der Test $\varphi_{k,c}$ besitzt folgende Wahrscheinlichkeiten $\alpha(k,c)$ und $\beta(k,c)$ für Fehler 1. bzw. 2.Art:

$$\textbf{Fehler 1.Art:}\ \alpha(k,c) = E\big(\varphi_{k,c}(x)|P_0\big) = P_0\big(A_1^-(k)\big) + cP_0\big(A_1^+(k) - A_1^-(k)\big),$$

$$\begin{aligned}\textbf{Fehler 2.Art:}\ \beta(k,c) &= 1 - E\big(\varphi_{k,c}(x)|P_1\big) = \\ &= 1 - P_1\big(A_1^-(k)\big) - cP_1\big(A_1^+(k) - A_1^-(k)\big).\end{aligned} \tag{13.2.6}$$

Etwas anschaulicher sind die Formeln:

$$\begin{aligned}\alpha(k,c) &= P_0\big(q(x) > k\big) + cP_0\big(q(x) = k\big) = 1 - F_q(k|P_0) + cf_q^d(k|P_0),\\ \beta(k,c) &= P_1\big(q(x) \leq k\big) - cP_1\big(q(x) = k\big) = F_q(k|P_1) - cf_q^d(k|P_1),\end{aligned} \tag{13.2.7}$$

die $\alpha(k,c)$ und $\beta(k,c)$ mit den Verteilungsfunktionen und Dichten des Dichtequotienten $q(x) = f(x|P_1)/f(x|P_0)$ unter P_0 bzw. unter P_1 in Beziehung bringen. (Man beachte: $f_q^d(k|P_i) := F_q(k|P_i) - F_q(k - |P_i)$ bezeichnet die Dichte des diskreten Anteiles der Verteilung von q unter P_i.)

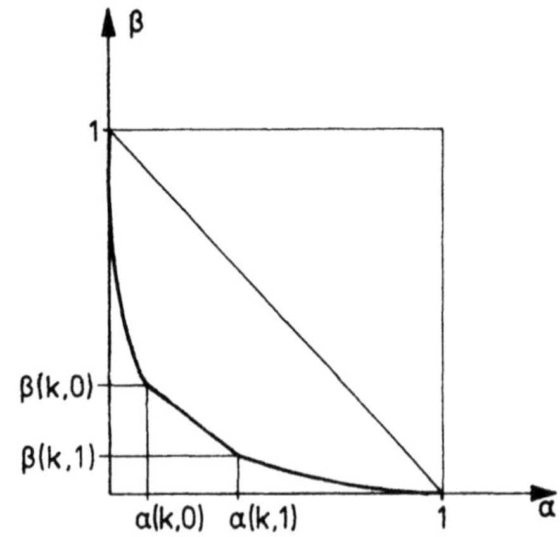

Abb. 13.2.4

Trägt man die Punkte $\big(\alpha(k,c),\beta(k,c)\big)$ für $k \geq 0$ und $0 \leq c \leq 1$ in ein (α,β)-Koordinatensystem ein, dann erhält man eine Kurve, ähnlich derjenigen, die in Abb. 13.2.4 dargestellt ist — $\Big(\big(\alpha(k,c),\beta(k,c)\big)\colon k \geq 0, 0 \leq c \leq 1\Big)$ ist eine Parameterdarstellung dieser Kurve. Daß es sich um eine Kurve und nicht um ein flächenhaftes Gebilde handelt, ist aus dem inhaltlichen Zusammenhang klar. Es leuchtet aber auch formal sofort ein, denn wenn man zunächst die Punktmenge $\Big(\big(\alpha(k,0),\beta(k,0)\big)\colon k \geq 0\Big)$ betrachtet, mit (vgl. (13.2.7)):

$$\alpha(k,0) = 1 - F_q(k|P_0), \quad \beta(k,0) = F_q(k|P_1),$$

dann hat man offensichtlich die Parameterdarstellung einer Kurve, die die Punkte $(\alpha,\beta) = (0,1)$ und $(\alpha,\beta) = (1,0)$ verbindet, die aber an den Sprungstellen von $F_q(.|P_0)$ und $F_q(.|P_1)$ — das sind die k-Stellen mit $kP_0\big(q(x) = k\big) = P_1\big(q(x) = k\big) > 0$ — unterbrochen ist. Diese Unterbrechungen werden mit Hilfe des Parameters $c \in [0,1]$ durch Geradenstücke überbrückt. Ist $P_0\big(q(x) = k\big) = P_1\big(q(x) = k\big) = 0$, dann hat c keine Bedeutung, die *Brücke* schrumpft auf einen Punkt zusammen. In Abb.13.2.4 ist ein derartiges Geradenstück gezeichnet. Wir geben die

Definition 13.2.2 *Die Risikofunktion eines einfachen Testproblems*

Die durch die Parameterdarstellung $\Big(\big(\alpha(k,c),\beta(k,c)\big)\colon\ k \geq 0, 0 \leq c \leq 1\Big)$ — $\alpha(k,c)$ *und* $\beta(k,c)$ *sind durch (13.2.6) und (13.2.7) gegeben — definierte Kurve in der* (α,β)*-Ebene nennt man die* **Risikofunktion** *des einfachen Testproblems:* $\mathbf{H}_0$: $P_x = P_0$ $\mathbf{H}_1$: $P_x = P_1$. *Symbol:* $r(P_0,P_1)$.

Wir zeigen, daß die Risikofunktion den in Abb. 13.2.4 gezeigten konvexen Verlauf hat und damit, abgesehen von einem allfälligen senkrechten Geradenstück links oben, wirklich als *Funktion* in der Form $\beta = \beta(\alpha)$ dargestellt werden kann. Der Name *Risikofunktion* erklärt sich daraus, daß man die Wahrscheinlichkeiten für Fehler 1. bzw. 2.Art auch als **Risiken** 1. bzw. 2.Art bezeichnet.

Satz 13.2.2 *Eigenschaften der Risikofunktion*

1. *Die Risikofunktion ist konvex.*

2. *Ist* $\varphi(x)$ *irgendein Test mit* $E(\varphi|P_0) = \alpha$ *und* $1 - E(\varphi|P_1) = \beta$, *dann liegt der Punkt* (α,β) *oberhalb der Risikofunktion.*

Beweis: Betrachten wir die Menge

$$R := \{(\alpha,\beta)\colon \alpha = E(\varphi|P_0); \beta = 1 - E(\varphi|P_1); \varphi \text{ beliebig}\}. \tag{13.2.8}$$

Man nennt R die **Risikomenge** des betrachteten Testproblems. Die Menge R ist konvex, und die Risikofunktion ist ihr unterer Rand.

Die Konvexität von R sieht man folgendermaßen: Sind φ_1, φ_2 zwei Tests mit den Risiken (α_1,β_1) und (α_2,β_2), dann ist auch die Konvexkombination $\varphi_\gamma = (1-\gamma)\varphi_1 + \gamma\varphi_2 \quad 0 \leq \gamma \leq 1$ ein Test, und φ_γ besitzt die Risiken $\big(\alpha(\gamma),\beta(\gamma)\big) = \big((1-\gamma)\alpha_1 + \gamma\alpha_2; (1-\gamma)\beta_1 + \gamma\beta_2\big)$. Mit anderen Worten: die Verbindungsgerade der Punkte (α_1,β_1) und (α_2,β_2) liegt ganz in R, R ist also konvex (vgl. Abb. 13.2.5).

Ist nun φ irgendein Test mit Risiken (α,β) und besitzt der NP-Test $\varphi_{k,c}$ die Risiken (α,β') — d.h. die Risiken 1.Art beider Teststrategien sind gleich —, dann gilt nach dem Lemma von Neyman-Pearson (Satz 13.2.1) notwendig $\beta' \leq \beta$; die Risikofunktion ist somit der untere Rand von R und die Punkte **1.** und **2.** sind bewiesen. ♠

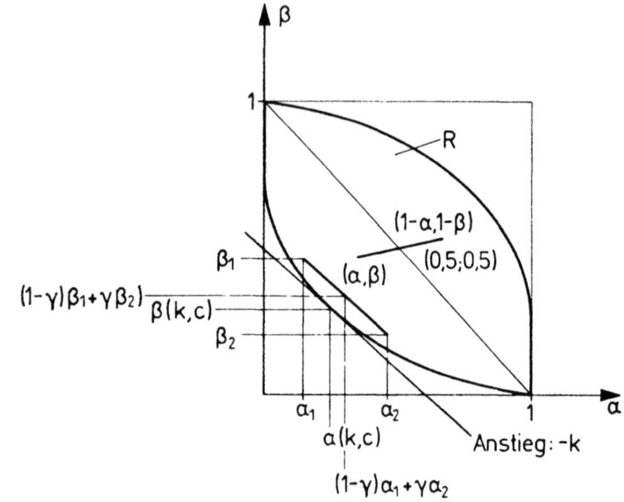

Abb. 13.2.5

Bemerkungen 1. Die Risikomenge R ist zum Punkt $(\alpha, \beta) = (1/2, 1/2)$ zentrisch symmetrisch, denn mit φ ist auch $\varphi' = 1 - \varphi$ ein Test mit Risiken $(\alpha', \beta') = (1 - \alpha, 1 - \beta)$, den an $(1/2, 1/2)$ gespiegelten Risiken (α, β) von φ. Der obere Rand von R ist folglich die Risikofunktion, am Punkt $(1/2, 1/2)$ gespiegelt (vgl. Abb. 13.2.5).

2. Die Gerade mit Anstieg $-k$ durch den allgemeinen Punkt $\big(\alpha(k,c), \beta(k,c)\big)$ der Risikofunktion ist eine Tangente an diese — in der Sprache der Konvexitätstheorie: eine **Stützgerade** an R (vgl. Abb. 13.2.5). Der einfache Beweis sei dem Leser zur Übung überlassen.

Abschließend sei festgestellt, daß die Risikofunktion eines einfachen Testproblems, obwohl sie die für die Praxis interessante Frage nach dem zu vorgegebenem Risiko 1.Art minimal möglichen Risiko 2.Art leicht zu beantworten gestattet, doch vorwiegend ein Hilfsmittel der Theorie ist.

NP-Tests für allgemeinen Stichprobenumfang

Haben wir bei unseren Betrachtungen bisher immer an eine Stichprobe vom Umfang $n = 1$ gedacht, so war diese Beschränkung doch nur eine scheinbare. Fassen wir nämlich die Verteilungen P_0 und P_1 als die Stichprobenverteilungen einer Stichprobe $\mathbf{x} = (x_1 \dots x_n)$ vom Umfang n auf, dann können alle Ergebnisse auf diese Situation übertragen werden — nirgends war ja vorausgesetzt worden, daß der Versuchsausgang x 1-dimensional sein sollte. Die Dichten $f(\mathbf{x}|P_0)$ bzw. $f(\mathbf{x}|P_1)$ haben jetzt die Form:

$$f(\mathbf{x}|P_i) = f(x_1 \dots x_n|P_i) = \prod_{j=1}^{n} f(x_j|P_i) \quad i = 0, 1,$$

der Dichtequotient $q(\mathbf{x})$ besitzt die Gestalt:

$$q(\mathbf{x}) = q(x_1 \dots x_n) = \frac{f(\mathbf{x}|P_1)}{f(\mathbf{x}|P_0)} = \prod_{j=1}^{n} \frac{f(x_j|P_1)}{f(x_j|P_0)},$$

und die Familie der zugehörigen NP-Tests ist gegeben durch:

$$\varphi_{k,c}(\mathbf{x}) = \varphi_{k,c}(x_1 \dots x_n) = \begin{cases} 1 \dots \mathbf{x} \in \{\mathbf{x}\colon\ q(\mathbf{x}) > k\} =: A_1^-(k), \\ c \dots \mathbf{x} \in \{\mathbf{x}\colon\ q(\mathbf{x}) = k\} = A_1^+(k) - A_1^-(k), \\ 0 \dots \mathbf{x} \in \{\mathbf{x}\colon\ q(\mathbf{x}) < k\} =: \big(A_1^+(k)\big)^c. \end{cases}$$

Schließlich ist $\Big(\big(\alpha(k,c),\beta(k,c)\big)\colon\ k \geq 0; 0 \leq c \leq 1\Big)$ mit $\alpha(k,c) = E\big(\varphi_{k,c}(\mathbf{x})|P_0\big)$ und $\beta(k,c) = 1 - E\big(\varphi_{k,c}(\mathbf{x})|P_1\big)$ die Parameterdarstellung der Risikofunktion zum Stichprobenumfang n. Es ist übrigens evident, daß die Risikofunktion zum Stichprobenumfang $n_2 > n_1$ unterhalb derjenigen zum Stichprobenumfang n_1 verläuft (vgl. Abb. 13.2.6); denn sind $\varphi_{k_1,c_1}(x_1 \dots x_{n_1})$ und $\varphi_{k_2,c_2}(x_1 \dots x_{n_2})$ die NP-Tests zum Niveau α, dann kann $\varphi_{k_1,c_1}(x_1 \dots x_{n_1})$ natürlich auch als Test zum Stichprobenumfang n_2 interpretiert werden, und sein Risiko 2.Art $\beta_{n_1}(\alpha)$ ist somit sicher nicht kleiner als $\beta_{n_2}(\alpha)$, das Risiko 2.Art des für n_2 optimalen Tests $\varphi_{k_2,c_2}(x_1 \dots x_{n_2})$.

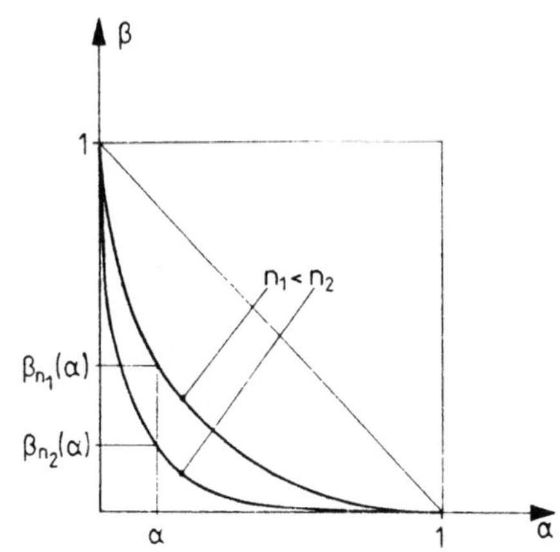

Abb. 13.2.6

Die Vermutung liegt nahe, daß für $n \to \infty$ und jedes $\alpha > 0$ die Folge $\big(\beta_n(\alpha)\colon\ n \geq 1\big)$ gegen Null strebt, soferne die beiden Verteilungen P_0 und P_1 nicht identisch sind. Wir werden diese Vermutung bald bestätigen, denn sie ist grundlegend, zeigt sie doch, daß in der von uns entwickelten Wahrscheinlichkeitstheorie verschiedene Verteilungen mit beliebig klein vorgebbarer Irrtumswahrscheinlichkeit unterscheidbar sind — eine Tatsache, die wir als Postulat über die Wirklichkeit, wo wir sie ja nicht beweisen können, schon mehrfach benützt haben.

Beispiel 13.2.1 $\mathbf{H}_0$: $P_x = \mathbf{B}_{1,p_0}$ $\mathbf{H}_1$: $P_x = \mathbf{B}_{1,p_1}$ ... Familie der NP-Tests

Sei $\mathcal{E}$ irgendein Zufallsexperiment, A ein Ereignis und $x = 1$ oder 0, je nachdem, ob A eintritt oder nicht. Die Indikatorvariable x ist nach $\mathbf{B}_{1,p}$ verteilt mit $p = P(A)$. Wir betrachten das Testproblem: $\mathbf{H}_0$: $P_x = \mathbf{B}_{1,p_0}$ $\mathbf{H}_1$: $P_x = \mathbf{B}_{1,p_1}$, das man auch einfacher in der Form schreibt: $\mathbf{H}_0{:}\, p = p_0$ $\mathbf{H}_1{:}\, p = p_1$ und stellen uns die Aufgabe, die Familie der NP-Tests zum Stichprobenumfang n und die zugehörigen Risikofunktionen zu bestimmen. Dabei nehmen wir ohne jede Einschränkung der Allgemeinheit $0 < p_0 < p_1 < 1$ an.

Die Einzelbeobachtung besitzt unter der Hypothese $\mathbf{H}_i$ die Dichte $f(x|\mathbf{B}_{1,p_i}) = p_i^x(1-p_i)^{1-x}$ für $i = 0,1$. Die gemeinsame Dichte der Stichprobenvariablen $\mathbf{x} = (x_1 \dots x_n)$ ist daher:

$$f(\mathbf{x}|\mathbf{B}_{1,p_i}) = \prod_{j=1}^{n} p_i^{x_j}(1-p_i)^{1-x_j} = p_i^{\sum x_j}(1-p_i)^{n-\sum x_j} \quad i = 0,1.$$

Daraus wieder folgt der Dichtequotient $q(\mathbf{x})$:

$$q(\mathbf{x}) = \frac{f(\mathbf{x}|\mathbf{B}_{1,p_1})}{f(\mathbf{x}|\mathbf{B}_{1,p_0})} = \left(\frac{1-p_1}{1-p_0}\right)^n \cdot \left(\frac{p_1(1-p_0)}{p_0(1-p_1)}\right)^{\sum x_j} = a \cdot b^{\sum x_j},$$

und man erkennt: Unter der Voraussetzung $0 < p_0 < p_1 < 1$ ist $b = p_1(1-p_0)/p_0(1-p_1) > 1$ und daher $q(\mathbf{x})$ eine streng monoton wachsende Funktion der Statistik $y = \sum_1^n x_j$. Diese Tatsache vereinfacht die Beschreibung der Mengen $\{\mathbf{x}{:}\ q(\mathbf{x}) \gtreqless k\}$ und damit auch die Beschreibung der NP-Tests $\varphi_{k,c}(\mathbf{x})$ erheblich, denn offenbar ist:

$$\{\mathbf{x}{:}\ q(\mathbf{x}) \gtreqless k\} = \{\mathbf{x}{:}\ y = \sum_{j=1}^{n} x_j \gtreqless k'\},$$

wobei die Größen k und k' durch die Beziehungen $k = a \cdot b^{k'}$ bzw. $k' = (lnk - lna)/lnb$ zusammenhängen. Da wir aber die ganze Familie der NP-Tests bestimmen wollen, ist dieser Zusammenhang belanglos, und wir parametrisieren die NP-Teststrategien statt mit (k,c) mit (k',c):

$$\varphi_{k',c}(x_1 \dots x_n) = \begin{cases} 1 & \\ c & \iff y = \sum_{j=1}^{n} x_j \gtreqless k' \\ 0 & \end{cases} \tag{13.2.9}$$

Diese Testfamilie hängt offenbar in keiner Weise von den Werten p_0, p_1 ab; lediglich die Bedingung $p_0 < p_1$ geht ein (setzt man $p_0 > p_1$ voraus, dann bedeutet das eine Vertauschung beider Hypothesen und man erhält die NP-Testfamilie $\varphi'_{k',c} := 1 - \varphi_{k',c}$). Diese Tatsache, die wir erst im nächsten Abschnitt in ihrer Bedeutung würdigen werden, ermöglicht die Bestimmung gleichmäßig schärfster Teststrategien für zusammengesetzte Hypothesen vom Typ: $\mathbf{H}_0$: $p \le p_0$ $\mathbf{H}_1$: $p > p_0$.

Die Statistik $y = \sum_1^n x_j$, mit der die Tests $\varphi_{k',c}$ beschrieben sind, besitzt unter $\mathbf{H}_i$ die Binomialverteilung $\mathbf{B}_{n,p_i}$ $i = 0, 1$, und damit erhalten wir die Risiken 1. und 2.Art (vgl. (13.2.6) und (13.2.7)):

$$\begin{aligned} \alpha(k',c) &= E(\varphi_{k',c}(\mathbf{x})|p_0) = P(y > k'|p_0) + cP(y = k'|p_0) = \\ &= 1 - F(k'|\mathbf{B}_{n,p_0}) + cf(k'|\mathbf{B}_{n,p_0}), \\ \beta(k',c) &= 1 - E(\varphi_{k',c}(\mathbf{x})|P_1) = P(y \le k'|p_1) - cP(y = k'|p_1) = \\ &= F(k'|\mathbf{B}_{n,p_1}) - cf(k'|\mathbf{B}_{n,p_1}), \end{aligned} \tag{13.2.10}$$

durch die die Risikofunktion für jede Wahl von $p_0 < p_1$ und n gegeben ist. Abb. 13.2.7 zeigt den Verlauf der Risikofunktionen für $p_0 = 0,2$; $p_1 = 0,3$ und $n = 5, 10, 100$.

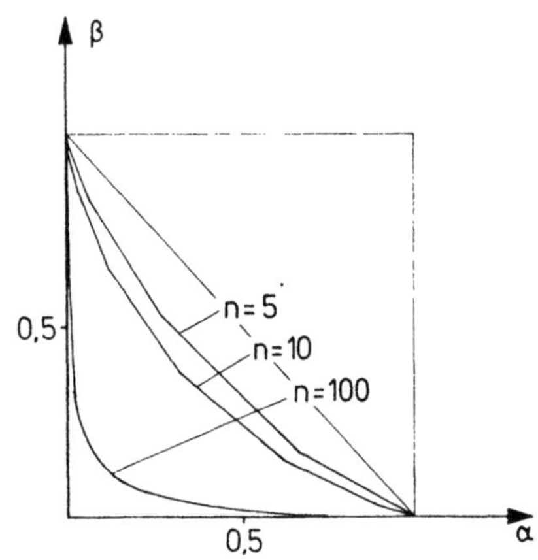

Abb. 13.2.7

k'	n=5		n=10	
	$\alpha(k',0)$	$\beta(k',0)$	$\alpha(k',0)$	$\beta(k',0)$
0	0,6723	0,1681	0,8926	0,0282
1	0,2627	0,5282	0,6242	0,1493
2	0,0579	0,8369	0,3222	0,3828
3	0,0067	0,9692	0,1209	0,6496
4	0,0003	0,9976	0,0328	0,8497
5	1,0000	1,0000	0,0064	0,9527
6			0,0009	0,9894
7			0,0001	0,9984
8			0,0000	0,9999
9			0,0000	1,0000
10			0,0000	1,0000

Tabelle 13.2.1

Tabelle 13.2.1 enthält die nach den Formeln (13.2.10) berechneten Punkte $\big(\alpha(k',0), \beta(k',0)\big)$, die, durch Geradenstücke verbunden, die Risikofunktionen ergeben. Für große n benutzt man die Normalapproximation:

$$\alpha(k',0) \approx 1 - \Phi(\frac{k' - np_0}{\sqrt{np_0(1-p_0)}}), \qquad \beta(k',0) \approx \Phi(\frac{k' - np_1}{\sqrt{np_1(1-p_1)}}), \quad (13.2.11)$$

mit deren Hilfe die Risikofunktion für $n = 100$ berechnet ist.

Es ist in diesem Beispiel leicht zu zeigen, daß für $n \to \infty$ und $\alpha(k',0) = \alpha$ die zugehörige Folge $\beta_n(\alpha)$, der Risiken 2.Art, gegen Null strebt. Zunächst folgt nämlich aus $\alpha(k',0) = 1 - \Phi((k' - np_0)/\sqrt{np_0(1-p_0)}) + o(n^0) = \alpha$:

$$k' = k'(n) = np_0 + u_{1-\alpha+o(n^0)}\sqrt{np_0(1-p_0)}$$

und damit, für $n \to \infty$ (man beachte: $\lim_{n\to\infty} o(n^0) = 0$):

$$\beta_n(\alpha) = \Phi\Big(-\sqrt{n}\frac{p_1 - p_0}{\sqrt{p_1(1-p_1)}} + u_{1-\alpha+o(n^0)}\sqrt{\frac{p_0(1-p_0)}{p_1(1-p_1)}}\Big) + o(n^0) \to 0.$$

Die beiden Verteilungen $\mathbf{B}_{1,p_0}$ und $\mathbf{B}_{1,p_1}$ sind also mit beliebig kleiner Irrtumswahrscheinlichkeit (beider Art) trennbar.

Trennbarkeit zweier Verteilungen

Wir benützen dieses Resultat, um die Trennbarkeit zweier beliebiger verschiedener Verteilungen P_0 und P_1 zu zeigen. Ist nämlich A ein Ereignis mit $p_0 = P_0(A) \neq P_1(A) = p_1$, und bezeichnen $r_n(P_0, P_1)$ und $r_n(\mathbf{B}_{1,p_0}, \mathbf{B}_{1,p_1})$ die Risikofunktionen zum Stichprobenumfang n für die Testprobleme $\mathbf{H}_0$: $P_x = P_0$ $\mathbf{H}_1$: $P_x = P_1$ bzw. $\mathbf{H}_0$: $P_{x'} = \mathbf{B}_{1,p_0}$ $\mathbf{H}_1$: $P_{x'} = \mathbf{B}_{1,p_1}$, dann liegt $r_n(P_0, P_1)$ unterhalb von $r_n(\mathbf{B}_{1,p_0}, \mathbf{B}_{1,p_1})$. Das ist evident, denn beschreibt man den Versuchsausgang durch die Indikatorvariable $x' = I_A(x)$, dann gilt $x' \sim \mathbf{B}_{1,p_i} \dots i = 0,1$, und der zugehörige Niveau-α-NP-Test ist als Funktion von $x'_1 \dots x'_n$ natürlich auch ein Test in den ursprünglichen Beobachtungen $x_1 \dots x_n$, als solcher aber sicher nicht schärfer als der Niveau-α-NP-Test zur Versuchsbeschreibung mit der Variablen x, die nach P_0 oder P_1 verteilt ist. Da die Risikofunktionen $r_n(\mathbf{B}_{1,p_0}, \mathbf{B}_{1,p_1})$ an jeder festen Stelle $\alpha > 0$ mit $n \to \infty$ gegen Null streben, trifft das daher notwendig auch auf $r_n(P_0, P_1)$ zu.

Der hier benützte Gedanke gestattet es übrigens sofort, den folgenden Satz zu formulieren:

Satz 13.2.3 *Die Risikofunktion bei vergröberter Versuchsbeschreibung*

Sei $\mathcal{E}$ ein Experiment mit Ausgang x, $\mathbf{H}_0$: $P_x = P_0$ $\mathbf{H}_1$: $P_x = P_1$ ein einfaches Testproblem und $r(P_0, P_1)$ die zugehörige Risikofunktion. Ist $y = s(x)$ eine neue (i.a. vergröberte) Versuchsbeschreibung, bezeichnen Q_0 und Q_1 die Bildwahrscheinlichkeiten von y für $x \sim P_0$ bzw. $x \sim P_1$, und ist $r(Q_0, Q_1)$ die Risikofunktion für das Testproblem $\mathbf{H}_0$: $P_y = Q_0$ $\mathbf{H}_1$: $P_y = Q_1$, dann liegt $r(Q_0, Q_1)$ stets über $r(P_0, P_1)$.

13.3 Verteilungsfamilien mit monotonen Dichtequotienten

Bei einer Reihe einparametrischer Verteilungsfamilien $\big(P_x(.|\vartheta)\colon\ \vartheta \in \Theta\big)$ sind die für das einfache Testproblem $\mathbf{H}_0\colon\ \vartheta = \vartheta_0\quad \mathbf{H}_1\colon\ \vartheta = \vartheta_1$ mit $\vartheta_0 < \vartheta_1$ bestimmten NP-Tests zugleich gleichmäßig schärfste Teststrategien für zusammengesetzte Hypothesen vom Typ $\mathbf{H}_0\colon \vartheta \leq \vartheta^*\quad \mathbf{H}_1\colon\ \vartheta > \vartheta^*$. Das liegt daran, daß in diesen Fällen die Familie der NP-Tests $(\varphi_{k,c})$ für $\mathbf{H}_0\colon\ \vartheta = \vartheta_0\quad \mathbf{H}_1\colon \vartheta = \vartheta_1$ von den konkreten Werten ϑ_0, ϑ_1 nicht abhängt und für alle einfachen Hypothesen mit $\vartheta_0 < \vartheta_1$ die gleiche ist. Diese Situation wiederum tritt ein, wenn der Dichtequotient $q(\mathbf{x}|\vartheta_0, \vartheta_1) = f(\mathbf{x}|\vartheta_1)/f(\mathbf{x}|\vartheta_0)$ für jedes Paar $\vartheta_0 < \vartheta_1$ eine monoton wachsende oder monoton fallende Funktion einer Statistik $t(\mathbf{x})$ ist, denn dann sind die NP-Tests $\varphi_{k,c}(\mathbf{x})$ von der Form:

$$\varphi_{k,c}(\mathbf{x}) = \begin{cases} 1 & > \qquad\qquad\qquad\qquad\qquad < \\ c & \Longleftrightarrow t(\mathbf{x}) = k' = k'(k) \quad \text{oder} \quad t(\mathbf{x}) = k' = k'(k) \\ 0 & < \qquad\qquad\qquad\qquad\qquad > \end{cases}$$

und hängen ersichtlich nicht von ϑ_0, ϑ_1 ab. Wir haben bereits in Beispiel 13.2.1, bei dem Testproblem $\mathbf{H}_0\colon\ P_x = \mathbf{B}_{1,p_0}\quad \mathbf{H}_1\colon\ P_x = \mathbf{B}_{1,p_1}$ solche Verhältnisse angetroffen. Ein weiteres Beispiel soll die Verhältnisse verdeutlichen.

Beispiel 13.3.1 $(\mathbf{P}_\mu\colon\ \mu \geq 0)$: eine Familie mit monotonen Dichtequotienten.

Wir betrachten die Familie $(\mathbf{P}_\mu\colon \mu \geq 0)$ und das einfache Testproblem $\mathbf{H}_0\colon\ \mu = \mu_0\quad \mathbf{H}_1\colon\ \mu = \mu_1$ für $\mu_0 < \mu_1$. Der Dichtequotient für eine Stichprobe $\mathbf{x} = (x_1 \dots x_n)$ lautet:

$$q(\mathbf{x}|\mu_0, \mu_1) = \prod_{j=1}^{n} \left(\frac{\mu_1^{x_j}}{x_j!} e^{-\mu_1} \Big/ \frac{\mu_0^{x_j}}{x_j!} e^{-\mu_0}\right) = \left(\frac{\mu_1}{\mu_0}\right)^{\sum_1^n x_j} \cdot e^{-n(\mu_1 - \mu_0)}$$

und ist für jedes Paar $\mu_0 < \mu_1$, wegen $\mu_1/\mu_0 > 1$, eine streng monoton wachsende Funktion der Statistik $t(\mathbf{x}) = \sum_1^n x_j$; folglich gilt:

$$\{\mathbf{x}\colon\ q(\mathbf{x}|\mu_0, \mu_1) \gtreqless k\} = \{\mathbf{x}\colon\ t(\mathbf{x}) \gtreqless k' = k'(k)\},$$

mit $k = \left(\frac{\mu_1}{\mu_0}\right)^{k'} \cdot e^{-n(\mu_1 - \mu_0)}$. Die Familie der NP-Tests, zweckmäßig nicht mit (k, c), sondern mit (k', c) parametrisiert, hat somit die Form:

$$\varphi_{k',c}(x_1 \dots x_n) = \begin{cases} 1 & > \\ c & \Longleftrightarrow \sum_{j=1}^{n} x_j = k' \\ 0 & < \end{cases} \qquad (13.3.1)$$

und hängt nicht von den Parameterwerten μ_0, μ_1, sondern allein von der Bedingung $\mu_0 < \mu_1$ ab — bei $\mu_0 > \mu_1$ wäre $\varphi'_{k',c}(\mathbf{x}) = 1 - \varphi_{k',c}(\mathbf{x})$ die Familie der NP-Tests.

Jeder Test $\varphi_{k',c}(\mathbf{x})$ ist, wie wir uns überlegen wollen, gleichmäßig schärfster Test für das zusammengesetzte Testproblem $\mathbf{H}_0$: $\mu \leq \mu^*$ $\mathbf{H}_1$: $\mu > \mu^*$ zum Niveau $\alpha = \alpha(\mu^*) = E(\varphi_{k',c}(\mathbf{x})|\mu^*)$. Um das einzusehen, betrachten wir die Gütefunktion von $\varphi_{k',c}(\mathbf{x})$ in bezug auf das Modell $(\mathbf{P}_\mu : \mu \geq 0)$. Wir können sie explizit angeben, werden aber von dieser Tatsache keinen Gebrauch machen. Es ist (man beachte: $\sum_{j=1}^n x_j \sim \mathbf{P}_{n\mu}$):

$$G(\mu|\varphi_{k',c}) = E(\varphi_{k',c}(\mathbf{x})|\mu) = P(\sum_{j=1}^{n} x_j > k'|\mu) + cP(\sum_{j=1}^{n} x_j = k'|\mu) =$$
$$= 1 - F(k'|\mathbf{P}_{n\mu}) + cf(k'|\mathbf{P}_{n\mu}). \tag{13.3.2}$$

Abb. 13.3.1 zeigt den Verlauf von $G(\mu|\varphi_{k',c})$ für $n = 10, k' = 5, c = 0$.

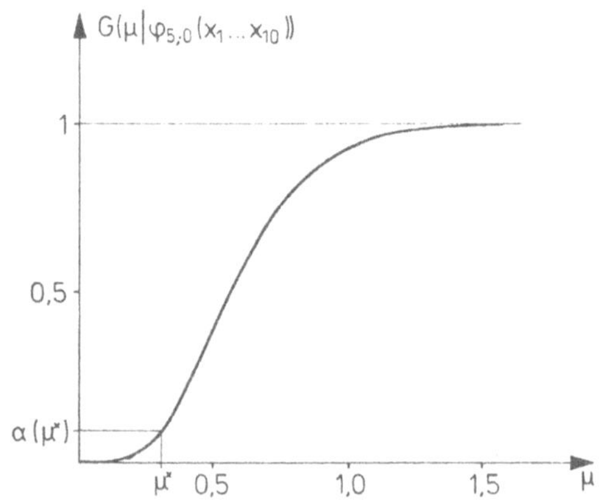

Abb. 13.3.1

Man erkennt: Die Gütefunktion wächst monoton mit μ. Das läßt sich zwar aus (13.3.2) und der Abhängigkeit der Poisson-Verteilung von μ leicht schließen, folgt aber doch aus prinzipielleren Erwägungen:

Der Test $\varphi_{k',c}(\mathbf{x})$ ist NP-Test für jedes einfache Testproblem $\mathbf{H}_0$: $\mu = \mu_0$ $\mathbf{H}_1$: $\mu = \mu_1$ mit $\mu_0 < \mu_1$, und zwar zum Niveau $\alpha = G(\mu_0|\varphi_{k',c})$. Da dieser Test die Wahrscheinlichkeit β für einen Fehler 2.Art minimiert, ist notwendig $\beta = 1 - G(\mu_1|\varphi_{k',c}) \leq 1 - \alpha$, denn für den *trivialen* Niveau-α-Test $\psi(\mathbf{x}) \equiv \alpha$ gilt ja bereits: $\beta = 1 - \alpha$, folglich muß für den besten Niveau-α-Test $\varphi_{k',c}(\mathbf{x})$ $\beta \leq 1 - \alpha$ sein. Das bedeutet aber: $G(\mu_1|\varphi_{k',c}) \geq G(\mu_0|\varphi_{k',c})$ — d.h. $G(\mu|\varphi_{k',c})$ wächst monoton mit μ.

Betrachten wir daher das zusammengesetzte Testproblem:

$$\mathbf{H}_0 : \mu \leq \mu^* \qquad \mathbf{H}_1 : \mu > \mu^* \tag{13.3.3}$$

für beliebiges μ^*, dann besitzt der Test $\varphi_{k',c}$ dafür das Niveau $\alpha(\mu^*) = G(\mu^*|\varphi_{k',c})$ (siehe auch Abb. 13.3.1). Ist nun $\psi(\mathbf{x})$ irgendein anderer Test zum Niveau $\alpha(\mu^*)$

für das Problem (13.3.3) mit der Gütefunktion $G(\mu|\psi)$, dann gilt: $G(\mu|\psi) \leq \alpha(\mu^*)$ für $\mu \leq \mu^*$ und $G(\mu|\psi) \leq G(\mu|\varphi_{k',c})$ für jedes $\mu > \mu^*$. Die letztere Tatsache folgt aus dem Umstand, daß $\varphi_{k',c}$ der schärfste Niveau-$\alpha(\mu^*)$-Test für jedes einfache Testproblem $\mathbf{H}_0$: $\mu = \mu^*$ $\mathbf{H}_1$: $\mu = \mu_1(> \mu^*)$ und damit notwendig mindestens ebenso trennscharf ist wie der Test ψ, für den $G(\mu^*|\psi) \leq \alpha$ gilt. $\varphi_{k',c}$ ist also in der Tat der gleichmäßig schärfste Niveau-$\alpha(\mu^*)$-Test für (13.3.3) (vgl. Definition 13.1.4).

Motiviert durch die Beispiele 13.2.1 und 13.3.1 geben wir die

Definition 13.3.1 *Verteilungsfamilien mit monotonen Dichtequotienten*
Die einparametrische Verteilungsfamilie $(P_x(.|\vartheta): \vartheta \in \Theta \subset \mathbf{R})$ *besitzt monotone Dichtequotienten* $q(x|\vartheta_0, \vartheta_1) = f(x|\vartheta_1)/f(x|\vartheta_0)$, *falls* $q(x|\vartheta_0, \vartheta_1)$ *für jede Wahl* $\vartheta_0 < \vartheta_1$ *eine monoton steigende oder fallende Funktion einer Statistik* $t(x)$ *ist:*

$$q(x|\vartheta_0, \vartheta_1) = h\big(t(x)|\vartheta_0, \vartheta_1\big).$$

Bemerkungen: 1. Um mögliche Mißverständnisse auszuschließen, sei ausdrücklich betont, daß verlangt wird, $h(t|\vartheta_0, \vartheta_1)$ möge in t entweder für jedes Paar $\vartheta_0 < \vartheta_1$ monoton steigend oder für jedes Paar $\vartheta_0 < \vartheta_1$ monoton fallend sein, nicht etwa für manche $\vartheta_0 < \vartheta_1$ steigend und für andere fallend!

2. Die Variable x kann beliebig vieldimensional sein.

Wichtig für die Anwendungen ist der folgende

Satz 13.3.1 *Dichtequotienten von Exponentialfamilien.*
Ist $\big(P_x(.|\vartheta)$: $\vartheta \in \Theta \subset \mathbf{R}\big)$ *eine 1-parametrische Exponentialfamilie mit Dichten* $f(x|\vartheta) = exp\big(c_0(\vartheta) + c_1(\vartheta)t(x) + h(x)\big)$ *und ist* $c_1(\vartheta)$ *monoton, dann besitzt die Familie der Stichprobenverteilungen von* $\mathbf{x} = (x_1 \dots x_n)$ *für jeden Stichprobenumfang* n *in* $T(\mathbf{x}) = \sum_{j=1}^n t(x_j)$ *monotone Dichtequotienten.*

Beweis: Die Dichte der Stichprobenverteilung von $\mathbf{x} = (x_1 \dots x_n)$ ist, mit $H(\mathbf{x}) = \sum_{j=1}^n h(x_j)$:

$$f(\mathbf{x}|\vartheta) = exp\big(nc_0(\vartheta) + c_1(\vartheta)T(\mathbf{x}) + H(\mathbf{x})\big).$$

Der Dichtequotient $q(\mathbf{x}|\vartheta_0, \vartheta_1) = f(\mathbf{x}|\vartheta_1)/f(\mathbf{x}|\vartheta_0)$ hat mithin die Form:

$$q(\mathbf{x}|\vartheta_0, \vartheta_1) = exp\big(n(c_0(\vartheta_1) - c_0(\vartheta_0)) + (c_1(\vartheta_1) - c_1(\vartheta_0))T(\mathbf{x})\big)$$

und ist ersichtlich in $T(\mathbf{x})$ monoton steigend oder fallend, je nachdem, ob $c_1(\vartheta)$ steigend oder fallend ist. ♠

Bemerkungen: 1. $c_1(\vartheta)$ ist in regulären Fällen immer streng monoton, andernfalls wäre, wenigstens bei stetigem $c_1(\vartheta)$, die Familie nicht eindeutig parametrisiert. Die Voraussetzung ist also keine wesentliche Einschränkung.

2. Man kann zeigen, daß diese Eigenschaft — nämlich monotone Dichtequotienten für jeden Stichprobenumfang n — im wesentlichen nur bei 1-parametrischen Exponentialfamilien vorliegt.

Die Konsequenzen für das Testen von Hypothesen zeigt der

Satz 13.3.2 *NP-Tests bei Familien mit monotonen Dichtequotienten*
Besitzt die Familie $\big(P_x(.|\vartheta): \vartheta \in \Theta \subset \mathbf{R}\big)$ *in* $t(x)$ *monotone Dichtequotienten, dann gelten die folgenden Aussagen:*

A. *Für jedes Paar* $\vartheta_0 < \vartheta_1$ *ist die Familie der NP-Tests für das Testproblem* $\mathbf{H}_0: \vartheta = \vartheta_0 \quad \mathbf{H}_1: \vartheta = \vartheta_1$ *gegeben durch:*

$$\varphi_{k,c}(x) = \begin{cases} 1 & > \qquad\qquad\quad < \\ c \iff t(x) = k \quad \text{oder} \quad t(x) = k, \\ 0 & < \qquad\qquad\quad > \end{cases}$$

je nachdem, ob $q(x|\vartheta_0, \vartheta_1) = f(x|\vartheta_1)/f(x|\vartheta_0)$ *in* $t(x)$ *monoton steigend oder fallend ist.*

B. *Jeder Test* $\varphi_{k,c}(x)$ *ist gleichmäßig schärfster Test für das zusammengesetzte Testproblem* $\mathbf{H}_0$: $\vartheta \leq \vartheta^*$ $\mathbf{H}_1$: $\vartheta > \vartheta^*$, ϑ^* *beliebig, zum Niveau* $\alpha(\vartheta^*) = E\big(\varphi_{k,c}(x)|\vartheta^*\big)$.

Beweis: Der Beweis folgt wörtlich den in Beispiel 13.3.1 ausgeführten Überlegungen. Dort war von der speziellen Gestalt der betrachteten Verteilungsfamilie keinerlei Gebrauch gemacht worden. Man zeigt zunächst **A.**, dann, wie in Beispiel 13.3.1, daß die Gütefunktion $G(\vartheta|\varphi_{k,c})$ monoton wächst, woraus das Niveau $\alpha(\vartheta^*) = G(\vartheta^*|\varphi_{k,c})$ von $\varphi_{k,c}$ für das zusammengesetzte Problem folgt, und begründet, wieder wörtlich wie in Beispiel 13.3.1, daß $\varphi_{k,c}$ schärfer als jeder andere Niveau-$\alpha(\vartheta^*)$-Test ψ ist. Der Leser sei ersucht, die Transkription des Beispiels auf den allgemeinen Fall selbständig auszuführen.♠

Beispiel 13.3.2 $\big(\mathbf{N}(\mu,1): \mu \in \mathbf{R}\big)$: eine Familie mit monotonen Dichtequotienten.
Sei $x \sim \mathbf{N}(\mu,1)$, bei unbekanntem μ. Die Varianz ist als bekannt angenommen und kann daher auf 1 normiert werden. Der Dichtequotient für eine Stichprobe $\mathbf{x} = (x_1 \ldots x_n)$ hat hier die Form:

$$q(\mathbf{x}|\mu_0,\mu_1) = \prod_{j=1}^{n} \frac{f(x_j|\mathbf{N}(\mu_1,1))}{f(x_j|\mathbf{N}(\mu_0,1))} = \prod_{j=1}^{n} \frac{exp(-(x_j-\mu_1)^2/2)}{exp(-(x_j-\mu_0)^2/2)} =$$

$$= exp\Big(-n\big(\frac{\mu_1^2}{2} - \frac{\mu_0^2}{2}\big) + (\mu_1-\mu_0)\sum_{j=1}^{n} x_j\Big)$$

und ist für $\mu_1 > \mu_0$ eine in $t(\mathbf{x}) = \sum_{j=1}^{n} x_j$ streng monoton wachsende Funktion. Die Familie der NP-Tests für das einfache Testproblem $\mathbf{H}_0$: $\mu = \mu_0$ $\mathbf{H}_1$: $\mu = \mu_1$ ist daher für jede Wahl der Parameter μ_0, μ_1 $(\mu_0 < \mu_1)$:

$$\varphi_{k,c}(x_1 \ldots x_n) = \begin{cases} 1 & \\ c & \iff t(x_1 \ldots x_n) = \sum_{j=1}^{n} x_j \begin{matrix} > \\ = \\ < \end{matrix} k. \\ 0 & \end{cases}$$

Jeder Test $\varphi_{k,c}$ ist gleichmäßig schärfster Test für das zusammengesetzte Testproblem $\mathbf{H}_0$: $\mu \leq \mu^*$ $\mathbf{H}_1$: $\mu > \mu^*$ zum Niveau $\alpha(\mu^*) = G(\mu^*|\varphi_{k,c})$. Die Gütefunktion $G(\mu|\varphi_{k,c})$ kann hier leicht angegeben werden. Die Teststatistik $t(\mathbf{x}) = \sum_{j=1}^{n} x_j$ ist für $x \sim \mathbf{N}(\mu, 1)$ nach $\mathbf{N}(n\mu, n)$ verteilt, und es gilt offenbar (wegen $P(\sum_{j=1}^{n} x_j = k|\mu) = 0$ ist c bedeutungslos, und wir schreiben ab nun: $\varphi_{k,c} = \varphi_k$):

$$G(\mu|\varphi_k) = P(\sum_{j=1}^{n} x_j > k) = 1 - F(k|\mathbf{N}(n\mu, n)) = 1 - \Phi(\frac{k - n\mu}{\sqrt{n}}) =$$
$$= \Phi((\mu - \frac{k}{n})\sqrt{n}).$$

Abb. 13.3.2 zeigt den Verlauf dieser Gütefunktionen — man beachte: k/n ist ein Verschiebungs- und $1/\sqrt{n}$ ein Skalenparameter für diese Kurvenschar; die gezeichnete Kurve ist daher für beliebiges k und n brauchbar.

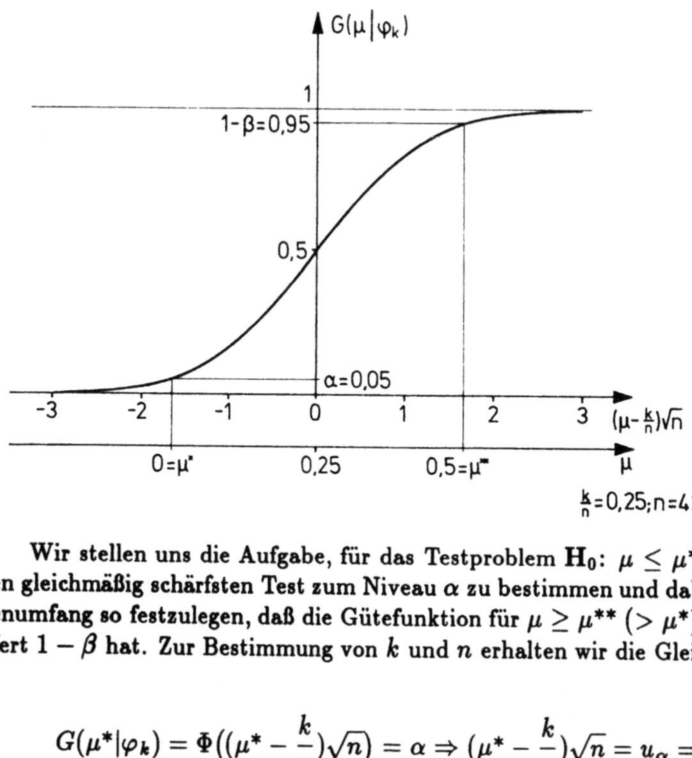

Abb. 13.3.2

Wir stellen uns die Aufgabe, für das Testproblem $\mathbf{H}_0$: $\mu \leq \mu^*$ $\mathbf{H}_1$: $\mu > \mu^*$ den gleichmäßig schärfsten Test zum Niveau α zu bestimmen und dabei den Stichprobenumfang so festzulegen, daß die Gütefunktion für $\mu \geq \mu^{**}$ $(> \mu^*)$ mindestens den Wert $1 - \beta$ hat. Zur Bestimmung von k und n erhalten wir die Gleichungen:

$$G(\mu^*|\varphi_k) = \Phi((\mu^* - \frac{k}{n})\sqrt{n}) = \alpha \Rightarrow (\mu^* - \frac{k}{n})\sqrt{n} = u_\alpha = -u_{1-\alpha},$$

$$G(\mu^{**}|\varphi_k) = \Phi\big((\mu^{**} - \frac{k}{n})\sqrt{n}\big) = 1 - \beta \Rightarrow (\mu^{**} - \frac{k}{n})\sqrt{n} = u_{1-\beta}$$

und daraus nach kurzer Rechnung:

$$n = \left(\frac{u_{1-\alpha} + u_{1-\beta}}{\mu^{**} - \mu^{*}}\right)^2, \quad k/n = \mu^* + u_{1-\alpha}/\sqrt{n}. \tag{13.3.4}$$

Der gesuchte Test lautet — naheliegenderweise mittels der Teststatistik $\bar{x} = t(\mathbf{x})/n = 1/n \cdot \sum_{j=1}^{n} x_j$ formuliert:

$$\varphi(x_1 \dots x_n) = \begin{cases} 1 \\ 0 \end{cases} \Longleftrightarrow \bar{x} = \frac{1}{n}\sum_{j=1}^{n} x_j \begin{matrix} > \\ \leq \end{matrix} \mu^* + \frac{u_{1-\alpha}}{\sqrt{n}}. \tag{13.3.5}$$

Zahlenbeispiel: Sei $\alpha = \beta = 0{,}05 \Rightarrow u_{1-\alpha} = u_{1-\beta} = 1{,}645$; $\mu^* = 0, \mu^{**} = 0{,}5 \Rightarrow \mu^{**} - \mu^* = 0{,}5$. Es folgt aus (13.3.4): $n \approx 43$, $k/n = 0{,}25$. Abb. 13.3.2 zeigt die zu diesen Werten von n und k gehörige Skalierung der Abszissenachse für die Gütefunktion.

13.4 Unverfälschte Tests für Hypothesen vom Typ: $\mathbf{H}_0$: $\vartheta = \vartheta_0$ $\quad \mathbf{H}_1$: $\vartheta \neq \vartheta_0$

Wir betrachten in diesem Abschnitt einparametrische Modelle $\big(P_x(.|\vartheta)\colon \vartheta \in \Theta \subset \mathbf{R}\big)$ und Hypothesen vom Typ $\mathbf{H}_0$: $\vartheta = \vartheta_0$ $\mathbf{H}_1$: $\vartheta \neq \vartheta_0$, wie sie sehr häufig in den Anwendungen auftreten. Die Nullhypothese ist hier einfach — ϑ_0 kann die Bedeutung eines Sollwertes oder des in der Vergangenheit beobachteten Wertes des betrachteten Parameters haben —, die Einshypothese besteht aus den beiden links und rechts von ϑ_0 gelegenen Teilen von Θ — man spricht daher von einer **zweiseitigen Alternative** im Gegensatz zu den **einseitigen Alternativen** $\mathbf{H}_0$: $\vartheta \leq \vartheta_0$ $\mathbf{H}_1$: $\vartheta > \vartheta_0$. Eine Entscheidung auf $\mathbf{H}_1$ bedeutet, daß der richtige ϑ-Wert deutlich oder signifikant von ϑ_0 verschieden ist, ein Verbleib bei $\mathbf{H}_0$, daß eine deutliche Verschiedenheit des Wertes ϑ von ϑ_0 nicht nachweisbar ist. Was der Ausdruck *deutlich* konkret bedeutet, kann erst an Hand der Gütefunktion des betrachteten Tests präzisiert werden.

Die Gütefunktion eines vernünftigen Tests φ für das zweiseitige Problem muß den in Abb. 13.4.1 gezeigten Verlauf haben; d.h. es muß insbesondere gelten: $G(\vartheta_0|\varphi) = \alpha$ und $G(\vartheta|\varphi) \geq \alpha$ für $\vartheta \neq \vartheta_0$, der Test soll also im Sinne der Definition 13.1.3 unverfälscht sein.

Es hat keinen Sinn, in der Menge aller Niveau-α-Tests einen gleichmäßig schärfsten Test zu suchen, denn ein Test, der für $\vartheta_1 > \vartheta_0$ maximale Trennschärfe hat — etwa bei einer Familie mit monotonen Dichtequotienten der Niveau-α-NP-Test für $\mathbf{H}_0$: $\vartheta = \vartheta_0$ $\mathbf{H}_1$: $\vartheta = \vartheta_1 (> \vartheta_0)$ — besitzt i.a. eine Gütefunktion, die für $\vartheta < \vartheta_0$ unter dem Niveau α liegt und für das zweiseitige Problem gänzlich ungeeignet ist (siehe die strichlierte Gütefunktion in Abb. 13.4.1). Ist umgekehrt der Test für $\vartheta < \vartheta_0$ optimal, dann ist er wiederum für $\vartheta > \vartheta_0$ unbrauchbar.

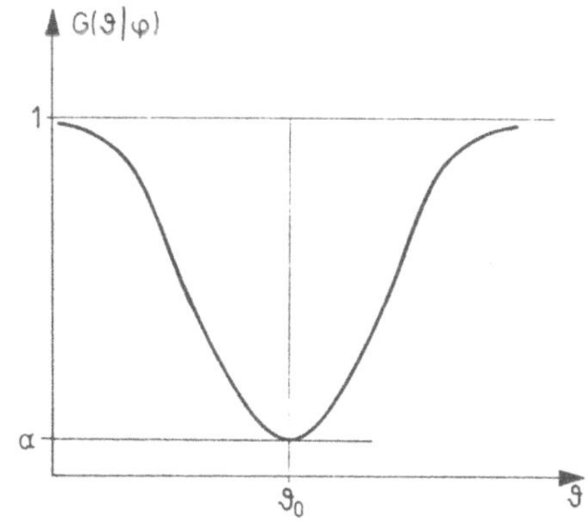

Abb. 13.4.1

Zu einem vernünftigen Ausgleich kommt man durch die Bedingung der Unverfälschtheit, und man wird versuchen, unter diesen Teststrategien eine optimale zu finden. Dabei ist es sicher nicht zielführend, die Gütefunktion für alle $\vartheta \neq \vartheta_0$ maximieren zu wollen — das läßt sich i.a. nicht erreichen —, sondern es liegt nahe, durch Betrachtung der Umgebung des Punktes ϑ_0 die Aufgabe auf ein lokales Problem zu reduzieren. Man wird an den zu bestimmenden Test φ folgende Bedingungen stellen:

$$\begin{aligned} &\mathbf{1.}\ G(\vartheta_0|\varphi) = \alpha, \\ &\mathbf{2.}\ G'(\vartheta_0|\varphi) = 0, \\ &\mathbf{3.}\ G''(\vartheta_0|\varphi) = Maximum. \end{aligned} \tag{13.4.1}$$

Die Bedingung **2.** garantiert wenigstens lokale Unverfälschtheit und die Bedingung **3.** erzwingt, daß die Gütefunktion in der nächsten Nähe von ϑ_0 möglichst rasch wächst (Taylor-Entwicklung!). Daß auf diesem Wege bei konkreten Modellen auch global brauchbare Tests konstruiert werden können, läßt sich vorläufig nur hoffen. Wir zeigen zunächst einen Satz, dessen Ähnlichkeit zu dem Lemma von Neyman-Pearson (Satz 13.2.1) unverkennbar ist.

Satz 13.4.1 *Lokal trennscharfe, unverfälschte Teststrategien*
Sei $f(x|\vartheta)$ die Dichte von $P_x(.|\vartheta)$. Erfüllt die Gütefunktion des Tests $\varphi_{k_0,k_1,c}$, gegeben durch:

$$\varphi_{k_0,k_1,c}(x) = \begin{cases} 1 & > \\ c & \Longleftrightarrow f''_\vartheta(x|\vartheta_0) = k_0 f(x|\vartheta_0) + k_1 f'_\vartheta(x|\vartheta_0) \\ 0 & < \end{cases} \tag{13.4.2}$$

die Bedingungen **1.** *und* **2.** *von (13.4.1), dann auch die Bedingung* **3.**.

Beweis: Wir setzen voraus, daß die im Verlauf des Beweises ausgeführten Rechnungen, insbesondere Differentiationen, zulässig sind. Ist $\varphi(x)$ irgendein Test mit der Gütefunktion $G(\vartheta|\varphi) = E(\varphi(x)|\vartheta)$, dann gilt:

$$G'(\vartheta|\varphi) = \int \varphi(x) f'_\vartheta(x|\vartheta) dx \quad \text{und} \quad G''(\vartheta|\varphi) = \int \varphi(x) f''_\vartheta(x|\vartheta) dx.$$

Seien nun die Konstanten k_0, k_1, c so gewählt, daß $G(\vartheta_0|\varphi_{k_0,k_1,c}) = \alpha$ und $G'(\vartheta_0|\varphi_{k_0,k_1,c}) = 0$ erfüllt ist, und sei ψ ein weiterer Test, für den ebenfalls die Beziehungen $G(\vartheta_0|\psi) = \alpha$ und $G'(\vartheta_0|\psi) = 0$ bestehen. Um $G''(\vartheta_0|\varphi_{k_0,k_1,c}) \geq$ $\geq G''(\vartheta_0|\psi)$ zu zeigen, betrachten wir das Produkt:

$$p(x) = \big(\varphi_{k_0,k_1,c}(x) - \psi(x)\big) \cdot \big(f''_\vartheta(x|\vartheta_0) - k_0 f(x|\vartheta_0) - k_1 f'_\vartheta(x|\vartheta_0)\big) = A \cdot B.$$

Es gilt stets $p(x) \geq 0$, denn für $x \in \{x\colon f''_\vartheta(x|\vartheta_0) > k_0 f(x|\vartheta_0) + k_1 f'_\vartheta(x|\vartheta_0)\}$ ist $\varphi_{k_0,k_1,c} = 1$, also $A \geq 0$ und $B \geq 0$. Für $x \in \{x\colon f''_\vartheta = k_0 f + k_1 f'_\vartheta\}$ ist $B = 0$ und für $x \in \{x\colon f''_\vartheta < k_0 f + k_1 f'_\vartheta\}$ ist $\varphi_{k_0,k_1,c} = 0$, also $A \leq 0$ und $B \leq 0$. Damit folgt wegen **1.** und **2.** für $\varphi_{k_0,k_1,c}$ und ψ:

$$0 \leq \int p(x) = G''(\vartheta_0|\varphi_{k_0,k_1,c}) - G''(\vartheta_0|\psi) - k_0\big(G(\vartheta_0|\varphi_{k_0,k_1,c}) - G(\vartheta_0|\psi)\big) -$$
$$- k_1\big(G'(\vartheta_0|\varphi_{k_0,k_1,c}) - G'(\vartheta_0|\psi)\big) = G''(\vartheta_0|\varphi_{k_0,k_1,c}) - G''(\vartheta_0|\psi),$$

also in der Tat Eigenschaft **3.** von (13.4.1).♠

Offen bleibt die Frage, ob die Konstanten k_0, k_1, c immer so bestimmt werden können, daß der Test $\varphi_{k_0,k_1,c}$ einerseits das vorgegebene Niveau α hat und andererseits die Gütefunktion an der Stelle ϑ_0 ein lokales Minimum besitzt. Wir behandeln diese Frage hier nicht allgemein. In hinreichend regulären Fällen, wie sie in den Anwendungen praktisch immer vorliegen, ist diese Bestimmung aber stets möglich.

Bevor wir indessen konkrete Anwendungsbeispiele betrachten, wollen wir noch eine spezielle Fassung von Satz 13.4.1 für einparametrische Exponentialfamilien herleiten. Ist die Dichte $f(x|\vartheta)$ von der Form: $f(x|\vartheta) = exp\big(c_0(\vartheta) +$ $+ c_1(\vartheta)t(x) + h(x)\big)$, dann gilt:

$$f'_\vartheta(x|\vartheta) = f(x|\vartheta)\big(c'_0(\vartheta) + c'_1(\vartheta)t(x)\big),$$
$$f''_\vartheta(x|\vartheta) = f(x|\vartheta)\Big[\big(c'_0(\vartheta) + c'_1(\vartheta)t(x)\big)^2 + \big(c''_0(\vartheta) + c''_1(\vartheta)t(x)\big)\Big].$$

Die Mengen $\{x\colon f''_\vartheta(x|\vartheta_0) \gtreqless k_0 f(x|\vartheta_0) + k_1 f'_\vartheta(x|\vartheta_0\}$ sind daher beschrieben durch die Bedingungen:

$$\{x\colon \big(c'_1(\vartheta_0)\big)^2 t^2(x) + \big(c''_1(\vartheta_0) + 2c'_0(\vartheta_0)c'_1(\vartheta_0) - k_1 c'_1(\vartheta_0)\big)t(x) +$$
$$+ \Big(c''_0(\vartheta_0) + \big(c'_0(\vartheta_0)\big)^2 - k_1 c'_0(\vartheta_0) - k_0\Big) \gtreqless 0\}$$

und sind damit letzten Endes, wegen $\left(c_1'(\vartheta_0)\right)^2 > 0$, von der Form:

$$\left\{x:\ t(x)\ \begin{array}{c}\notin\\=\\\in\end{array}\ \begin{array}{l}[T_1, T_2]\\ T_1 \text{ oder } T_2\\ (T_1, T_2)\end{array}\right\},$$

mit geeigneten, natürlich von k_0, k_1 abhängigen Konstanten T_1, T_2. Man wird aber selbstverständlich nicht mehr k_0 und k_1, sondern nunmehr T_1 und T_2 zur Parametrisierung der Tests benützen. Wir formulieren das Resultat für Teststrategien auf der Grundlage einer Stichprobe vom Umfang n.

Satz 13.4.2 *Lokal trennscharfe, unverfälschte Tests bei einparametrischen Exponentialfamilien*

Sei $\left(P_x(.|\vartheta)\colon \vartheta \in \Theta \subset \mathbf{R}\right)$ eine einparametrische Exponentialfamilie mit Dichten $f(x|\vartheta) = exp\left(c_0(\vartheta) + c_1(\vartheta)t(x) + h(x)\right)$ und sei $T(\mathbf{x}) = \sum_{j=1}^{n} t(x_j)$. Erfüllt die Gütefunktion des Tests

$$\varphi_{T_1,T_2,c}(\mathbf{x}) = \begin{cases} 1 & \\ c & \iff T(\mathbf{x}) \\ 0 & \end{cases} \begin{array}{l} \notin [T_1, T_2] \\ = T_1 \text{ oder } T_2 \\ \in (T_1, T_2) \end{array} \tag{13.4.3}$$

die Bedingungen **1.** *und* **2.** *von (13.4.1), dann auch die Bedingung* **3.**

Bemerkung: Es läßt sich zeigen, daß die Teststrategie $\varphi_{T_1,T_2,c}$, soferne T_1, T_2, c so bestimmt sind, daß **1.** und **2.** gelten — der Test also Niveau α hat, lokal unverfälscht und lokal trennscharf ist —, die letzteren beiden Eigenschaften auch global besitzt[5].

Beispiel 13.4.1 $x \sim \mathbf{N}(\mu, 1) \ldots$ $\mathbf{H}_0$: $\mu = \mu_0$ $\mathbf{H}_1$: $\mu \neq \mu_0$

Wegen $f\left(x|\mathbf{N}(\mu,1)\right) = exp\left(-(ln\sqrt{2\pi} + \mu^2/2) + \mu x - x^2/2\right)$ ist $t(x) = x$ und $T(\mathbf{x}) = T(x_1 \ldots x_n) = x_1 + \ldots + x_n$. Die Teststatistik $T(\mathbf{x})$ ist für $x \sim \mathbf{N}(\mu, 1)$ nach $\mathbf{N}(n\mu, n)$, insbesondere also stetig verteilt, so daß $P\left(T(\mathbf{x}) = T\right) = 0$ gilt und der Randomisierungsteil des Tests weggelassen werden kann. Der gesuchte Test ist folglich von der Form:

$$\varphi_{T_1,T_2}(\mathbf{x}) = \begin{cases} 1 \\ 0 \end{cases} \iff x_1 + \ldots + x_n \begin{array}{c}\notin\\ \in\end{array} [T_1, T_2].$$

Die Gütefunktion lautet:

$$\begin{aligned} G(\mu|\varphi_{T_1,T_2}) &= 1 - P(T_1 \le x_1 + \ldots + x_n \le T_2|\mu) = \\ &= 1 - \Phi\left((T_2 - n\mu)/\sqrt{n}\right) + \Phi\left((T_1 - n\mu)/\sqrt{n}\right), \end{aligned} \tag{13.4.4}$$

[5] Siehe LEHMANN, E.L.: Testing statistical hypotheses. J.Wiley, New York (1959).

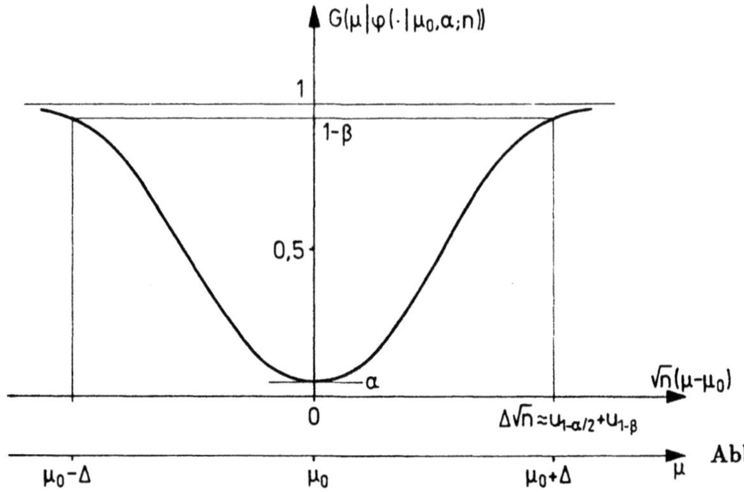

Abb. 13.4.2

und besitzt die Ableitung:

$$G'(\mu|\varphi_{T_1,T_2}) = \varphi\big((T_2 - n\mu)/\sqrt{n}\big)\sqrt{n} - \varphi\big((T_1 - n\mu)/\sqrt{n}\big)\sqrt{n}.$$

Wegen der Symmetrie der Dichte $\varphi(x)$ der $\mathbf{N}(0,1)$-Verteilung folgt aus der Bedingung $G'(\mu_0|\varphi_{T_1,T_2}) = 0$ sofort, daß die Punkte T_1, T_2 symmetrisch zu $n\mu_0$ liegen. Wir schreiben sie in der Form:

$$T_1 = n(\mu_0 - d), \qquad T_2 = n(\mu_0 + d) \tag{13.4.5}$$

und bestimmen d aus der Bedingung $G(\mu_0|\varphi_{T_1,T_2}) = \alpha$. Aus (13.4.4) ergibt sich zunächst mit den Werten T_1, T_2 aus (13.4.5):

$$G(\mu|\varphi_{T_1,T_2}) = \Phi\big(\sqrt{n}(\mu - \mu_0) - \sqrt{n}d\big) + \Phi\big(-\sqrt{n}(\mu - \mu_0) - \sqrt{n}d\big).$$

Somit ist $G(\mu_0|\varphi_{T_1,T_2}) = 2\Phi(-\sqrt{n}d) = \alpha$ und daher:

$$d = u_{1-\alpha/2}/\sqrt{n}. \tag{13.4.6}$$

Der gesuchte Test φ_{T_1,T_2}, den wir jetzt zweckmäßig mit dem Symbol $\varphi(\mathbf{x}|\mu_0, \alpha; n)$ bezeichnen, kann daher in der folgenden Form geschrieben werden:

$$\varphi(\mathbf{x}|\mu_0, \alpha; n) = \begin{cases} 1 \\ 0 \end{cases} \Longleftrightarrow |(x_1 + \ldots + x_n)/n - \mu_0| \begin{matrix} > \\ \leq \end{matrix} \frac{u_{1-\alpha/2}}{\sqrt{n}}. \tag{13.4.7}$$

Er besitzt die Gütefunktion:

$$G\big(\mu \,\big|\, \varphi(.|\mu_0, \alpha; n)\big) = \Phi\big(\sqrt{n}(\mu - \mu_0) - u_{1-\alpha/2}\big) + \Phi\big(-\sqrt{n}(\mu - \mu_0) - u_{1-\alpha/2}\big),$$

die in Abb. 13.4.2 mit für beliebige μ_0 und n gültiger Skalierung der Abszissenachse dargestellt ist.

Bestimmung des Stichprobenumfanges: Aus der Bedingung, daß der Test eine Abweichung des Mittels μ von μ_0 um Δ oder mehr mindestens mit der Wahrscheinlichkeit $1-\beta$ entdecken soll, gewinnt man eine Gleichung zur Bestimmung des dafür notwendigen Stichprobenumfanges. Zunächst folgt (siehe auch Abb. 13.4.2):

$$1-\beta = G\big(\mu_0 \pm \Delta \mid \varphi(.|\mu_0, \alpha; n)\big) = \Phi(\Delta\sqrt{n} - u_{1-\alpha/2}) + \Phi(-\Delta\sqrt{n} - u_{1-\alpha/2}),$$

daraus, wegen $\Phi(-\Delta\sqrt{n} - u_{1-\alpha/2}) \approx 0$, in vollkommen ausreichender Näherung: $\Delta\sqrt{n} - u_{1-\alpha/2} = u_{1-\beta}$ und schließlich:

$$n = \left(\frac{u_{1-\alpha/2} + u_{1-\beta}}{\Delta}\right)^2. \tag{13.4.8}$$

Zahlenbeispiel: Sei $\alpha = \beta = 0,05 \Rightarrow u_{1-\alpha/2} = 1,960$, $u_{1-\beta} = 1,645$. Soll etwa $\Delta = 0,2$ sein (d.h. richtig gelesen: $\Delta = 0,2 \cdot \sigma_0$, wenn σ_0 die als bekannt angenommene und mit 1 normierte Standardabweichung bezeichnet), dann ergibt sich: $n \approx 325$.

Beispiel 13.4.2 $x \sim \mathbf{P}_\mu \ldots$ Testen von: $\mathbf{H}_0$: $\mu = \mu_0$ $\mathbf{H}_1$: $\mu \neq \mu_o$.
Es liegt, wie wir wissen, eine einparametrische Exponentialfamilie vor. Die Dichten, dargestellt in der Standardform, lauten:

$$f(x|\mathbf{P}_\mu) = exp(-\mu + x ln\mu - ln x!),$$

d.h. es ist $t(x) = x$ und $T(\mathbf{x}) = T(x_1 \ldots x_n) = x_1 + \ldots + x_n$. Die Familie der Tests $\varphi_{T_1,T_2,c}$ ist daher gegeben durch:

$$\varphi_{T_1,T_2,c}(\mathbf{x}) = \begin{cases} 1 & \notin\ [T_1, T_2], \\ c \iff x_1 + \ldots + x_n = & T_1 \text{ oder } T_2, \\ 0 & \in\ (T_1, T_2). \end{cases}$$

Da die Statistik $T = x_1 + \ldots + x_n$ nach $\mathbf{P}_{n\mu}$ verteilt ist, folgt die Gütefunktion von $\varphi_{T_1,T_2,c}$ zu:

$$\begin{aligned} G(\mu|\varphi_{T_1,T_2,c}) &= P(T < T_1|\mu) + P(T > T_2|\mu) + cP(T = T_1 \text{ oder } T = T_2|\mu) = \\ &= F(T_1 - 1|\mathbf{P}_{n\mu}) + 1 - F(T_2|\mathbf{P}_{n\mu}) + cf(T_1|\mathbf{P}_{n\mu}) + cf(T_2|\mathbf{P}_{n\mu}). \end{aligned}$$

Die Konstanten T_1, T_2, c müßten nun so bestimmt werden, daß $G(\mu_0|\varphi_{T_1,T_2,c}) = \alpha$ und $G'(\mu_0|\varphi_{T_1,T_2,c}) = 0$ gilt. Das führt auf Bestimmungsgleichungen von für die Praxis — und schließlich handelt es sich ja um ein recht häufiges praktisches Problem — ganz unannehmbarer Komplexität. Man erhält eine absolut brauchbare Lösung, wenn man für T_1 und T_2 das $\alpha/2$ - bzw. $(1-\alpha/2)$ - Fraktil der $\mathbf{P}_{n\mu_0}$-Verteilung wählt und $c = 0$ setzt. Der entstehende Test φ_{T_1,T_2} ist dann zwar leicht verzerrt in der Umgebung des Punktes $\mu = \mu_0$, d.h. es ist $G'(\mu_0|\varphi_{T_1,T_2}) = \epsilon \neq 0$, doch spielt das für die Praxis keine Rolle.

Für große Werte $n\mu_0$ kann man obendrein noch mit der Normalapproximation $\mathbf{P}_{n\mu_0} \approx \mathbf{N}(n\mu_0, n\mu_0)$ arbeiten und erhält schließlich:

$$\begin{matrix} T_2 \\ T_1 \end{matrix} = n\mu_0 \begin{matrix} + \\ - \end{matrix} u_{1-\alpha/2}\sqrt{n\mu_0},$$

$$\varphi_{T_1,T_2}(\mathbf{x}) = \begin{cases} 1 \\ 0 \end{cases} \iff |x_1 + \ldots + x_n - n\mu_0| \begin{matrix} > \\ \leq \end{matrix} u_{1-\alpha/2}\sqrt{n\mu_0}.$$

Normalapproximation bei großem Stichprobenumfang

Die exakte Bestimmung der Konstanten T_1, T_2, c stößt i.a. auf große, jedenfalls für die Praxis zu große Schwierigkeiten. Man behilft sich mit Näherungslösungen, die für die Anwendungen vollauf genügen. Beherrscht man die Verteilung von $T = T(x_1 \ldots x_n) = t(x_1) + \ldots + t(x_n)$, dann wählt man, wie wir das bereits in Beispiel 13.4.2 getan haben, $c = 0$ und für T_1, T_2 das $\alpha/2$ - bzw. $(1-\alpha/2)$ - Fraktil von T unter der Nullhypothese $\vartheta = \vartheta_0$. Der entstehende Test ist dann zwar i.a. leicht verzerrt, doch nimmt man das gerne in Kauf.

Bei großen Stichprobenumfängen n — was *groß* ist hängt natürlich von der konkreten Verteilungsfamilie ab — kann man, da T eine Summe unabhängiger Summanden ist, die Verteilung von T mit der Normalverteilung $\mathbf{N}(n\mu_t(\vartheta_0), n\sigma_t^2(\vartheta_0))$ approximieren — $\mu_t(\vartheta_0)$ und $\sigma_t^2(\vartheta_0)$ bezeichnen natürlich Mittel und Varianz von $t = t(x)$ — und erhält für den gesuchten Niveau-α-Test, den wir mit $\varphi(\mathbf{x}|\vartheta_0, \alpha; n)$ bezeichnen wollen:

$$\varphi(\mathbf{x}|\vartheta_0, \alpha; n) = \begin{cases} 1 \\ 0 \end{cases} \iff \left| \frac{t(x_1) + \ldots + t(x_n)}{n} - \mu_t(\vartheta_0) \right| \begin{matrix} > \\ \leq \end{matrix} u_{1-\alpha/2}\frac{\sigma_t(\vartheta_0)}{\sqrt{n}}. \tag{13.4.9}$$

Man benötigt also nur $\mu_t(\vartheta_0)$ und $\sigma_t(\vartheta_0)$, zwei Größen, die sich meistens leicht bestimmen lassen. Auch die Berechnung des für eine gewünschte Trennschärfe notwendigen Stichprobenumfanges ist, wenigstens für große n, jetzt ganz einfach und man erhält nach kurzer Rechnung:

$$n \approx \left(\frac{u_{1-\alpha/2} + u_{1-\beta}}{\big(\mu_t(\vartheta_1) - \mu_t(\vartheta_0)\big)/\sigma_t(\vartheta_0)} \right)^2 \tag{13.4.10}$$

aus der Bedingung, daß der Test an der Stelle $\vartheta = \vartheta_1$ mit Wahrscheinlichkeit $1-\beta$ auf $\mathbf{H}_1$ entscheiden soll (vgl. (13.4.8)).

13.5 Der Likelihood-Quotienten-Test

Für viele zusammengesetzte Testprobleme lassen sich leistungsfähige und in manchen Fällen sogar optimale Teststrategien mit einer von Neyman und Pearson (1928, 1933) eingeführten Verallgemeinerung des bei einfachen Testaufgaben benützten Konstruktionsverfahrens, der sogenannten **Likelihood-Quotienten-Methode** gewinnen. Die so konstruierten Tests sind asymptotisch im wesentlichen unter den gleichen Bedingungen optimal, unter denen der Maximum-Likelihood-Schätzer für den Modellparameter ϑ asymptotisch normal verteilt ist. In vielen wichtigen Sonderfällen, insbesondere bei Testaufgaben, die die Normalverteilung betreffen, gewinnt man aber bereits für kleine Stichprobenumfänge optimale Strategien.

Sei $x \sim P_x(.|\vartheta)$ mit $\vartheta = (\vartheta_1 \ldots \vartheta_k) \in \Theta$ das betrachtete k-parametrische Modell und $\mathbf{H}_0$: $\vartheta \in \Theta_0$ $\mathbf{H}_1$: $\vartheta \in \Theta_1$ ein beliebiges Testproblem. Die Hypothesen Θ_0 und Θ_1 werden im allgemeinen zusammengesetzt sein; x soll bereits das Ergebnis einer Stichprobe vom Umfang n und $f(x|\vartheta)$ die Dichte von $P_x(.|\vartheta)$ bezeichnen.

In Kapitel 10 haben wir die Likelihood-Funktion $L(\vartheta|x)$ (siehe: Die Maximum-Likelihood-Methode) eingeführt. Es war:

$$L(\vartheta|x) := f(x|\vartheta) \quad \ldots \vartheta \in \Theta, x \ldots \text{fest},$$

d.h. wir halten die Beobachtung x fest und betrachten die Dichten $f(x|\vartheta)$ in ihrer Abhängigkeit vom Scharparameter ϑ. $L(\vartheta_0|x)$ kann, wie wir uns überlegt haben, als ein relatives Maß für die Plausibilität des Parameterwertes $\vartheta = \vartheta_0$ im Verhältnis zu $L(\vartheta_1|x)$, der Plausibilität für $\vartheta = \vartheta_1$, beides für die Beobachtung x, aufgefaßt werden — insbesondere vom Bayes'schen Standpunkt her gesehen, ist diese Interpretation einleuchtend.

Es liegt nun nahe, in Verallgemeinerung des bei der Konstruktion der Neyman-Pearson-Tests benutzten Verfahrens, die Suprema von $L(\vartheta|x)$, einmal für $\vartheta \in \Theta_0$ und das andere Mal für $\vartheta \in \Theta_1$ zu betrachten und auf $\mathbf{H}_1$ zu entscheiden, wenn das Verhältnis dieser beiden Suprema einen kritischen Wert k überschreitet. Das heißt, setzen wir:

$$\hat{L}(\Theta_i|x) := sup\{L(\vartheta|x)\colon\ \vartheta \in \Theta_i\} \quad i = 0, 1, \tag{13.5.1}$$

dann soll der Test lauten:

$$\varphi_k(x) = \begin{cases} 1 \\ 0 \end{cases} \iff q(x|\Theta_0, \Theta_1) = \frac{\hat{L}(\Theta_1|x)}{\hat{L}(\Theta_0|x)} \begin{matrix} > \\ \leq \end{matrix} k, \tag{13.5.2}$$

allenfalls randomisiert für $q(x|\Theta_0, \Theta_1) = k$. Der kritische Wert k ist so zu bestimmen, daß das Niveau von $\varphi_k(x)$, also $sup\{P_x(q(x|\Theta_0, \Theta_1) > k|\vartheta)\colon\ \vartheta \in \Theta_0\}$ den Wert α hat (oder bestmöglich approximiert).

In der Tat, für einfache Hypothesen $\Theta_0 = \{\vartheta_0\}$ und $\Theta_1 = \{\vartheta_1\}$ ist das genau die Konstruktionsmethode der NP-Tests, aber auch für zusammengesetzte Hypothesen leuchtet die *Philosophie* des Verfahrens absolut ein. Entscheidend ist natürlich letzten Endes, welche Eigenschaften die solcherart konstruierten Teststrategien besitzen, denn es kann uns im Grunde gleichgültig sein, auf welchem Wege wir nach Rom gelangen, wenn wir nur hinkommen, und wenn es ein angenehmer Weg ist, dann soll er uns umso lieber sein. Daß das Verfahren einen angenehmen Weg eröffnet, davon werden wir uns bald an Beispielen überzeugen, daß der Weg nach Rom, nämlich zu guten Teststrategien führt, werden wir zwar nicht beweisen, aber doch in einigen Sätzen formulieren.

Bildet man das Supremum von $L(\vartheta|x)$ über den ganzen Parameterraum Θ, also $\hat{L}(\Theta|x)$, dann ist natürlich $\hat{L}(\Theta|x) = max\{\hat{L}(\Theta_0|x), \hat{L}(\Theta_1|x)\}$ und daher gilt:

$$\frac{\hat{L}(\Theta|x)}{\hat{L}(\Theta_0|x)} = \begin{cases} 1 & \ldots \hat{L}(\Theta_1|x) \leq \hat{L}(\Theta_0|x), \\ \dfrac{\hat{L}(\Theta_1|x)}{\hat{L}(\Theta_0|x)} & \ldots \hat{L}(\Theta_1|x) > \hat{L}(\Theta_0|x), \end{cases}$$

oder kürzer:

$$\frac{\hat{L}(\Theta|x)}{\hat{L}(\Theta_0|x)} = max\left\{\frac{\hat{L}(\Theta_1|x)}{\hat{L}(\Theta_0|x)}, 1\right\}.$$

Für $k \geq 1$ sind daher die durch:

$$\varphi_k(x) = \begin{cases} 1 \\ 0 \end{cases} \Longleftrightarrow q(x|\Theta_0, \Theta) = \frac{\hat{L}(\Theta|x)}{\hat{L}(\Theta_0|x)} \begin{matrix} > \\ \leq \end{matrix} \; k \qquad (13.5.3)$$

definierten Teststrategien mit den durch (13.5.2) gegebenen identisch. Praktisch ist aber $\hat{L}(\Theta|x)$ bei den typischen Hypothesen der Anwendungsfälle leichter zu bestimmen als $\hat{L}(\Theta_1|x)$. Die Tests für $k < 1$ haben aber ohnehin keine Bedeutung. Man definiert daher die Familie der **Likelihood-Quotienten-Tests** (LQ-Tests) für das Testproblem $\mathbf{H}_0$: $\vartheta \in \Theta_0$ $\mathbf{H}_1$: $\vartheta \in \Theta_1$ üblicherweise durch (13.5.3).

Bevor wir Anwendungsbeispiele besprechen, soll noch auf einen Aspekt des Verfahrens hingewiesen werden. Bezeichnet $\hat{\vartheta}_{ML}(x|\Theta)$ den Maximum-Likelihood-Schätzer für ϑ bei dem Modell ($P_x(.|\vartheta)$: $\vartheta \in \Theta$) und entsprechend $\hat{\vartheta}_{ML}(x|\Theta_0)$ den ML-Schätzer für ϑ bei dem eingeschränkten Modell ($P_x(.|\vartheta)$: $\vartheta \in \Theta_0$) — d.h. bei dem Modell, das im Falle der Gültigkeit der Nullhypothese $\mathbf{H}_0$: $\vartheta \in \Theta_0$ zutrifft —, dann gilt nach Definition des ML-Schätzers:

$$\hat{L}(\Theta|x) = L(\hat{\vartheta}_{ML}(x|\Theta) \mid x) \quad \text{und} \quad \hat{L}(\Theta_0|x) = L(\hat{\vartheta}_{ML}(x|\Theta_0) \mid x).$$

Der Quotient $q(x|\Theta_0, \Theta) = \hat{L}(\Theta|x) \,/\, \hat{L}(\Theta_0|x)$ wird nun, in realistischen Fällen, umso größer sein, je weiter der Schätzer $\hat{\vartheta}_{ML}(x|\Theta)$ von der restringierten Parametermenge Θ_0 und damit von $\hat{\vartheta}_{ML}(\Theta_0|x)$ entfernt liegt (siehe Abb. 13.5.1). Auch so gesehen leuchtet der Grundgedanke des Verfahrens absolut ein.

In den folgenden Beispielen bestimmen wir LQ-Tests für einige wichtige Hypothesensituationen bei normal verteilten Daten. Z.B. werden wir annehmen, daß x nach $\mathbf{N}(\mu, \sigma^2)$ verteilt ist, mit $(\mu, \sigma^2) \in \mathbf{R} \times \mathbf{R}_+ = \Theta$ und die Testprobleme $\mathbf{H}_0$: $\mu = \mu_0$ $\mathbf{H}_1$: $\mu \neq \mu_0$ bzw. $\mathbf{H}_0$: $\sigma^2 = \sigma_0^2$ $\mathbf{H}_1$: $\sigma^2 \neq \sigma_0^2$ untersuchen. Die betrachteten Hypothesen betreffen immer nur einen der beiden unbekannten Parameter μ, σ^2 — der jeweils andere bleibt unspezifiziert, sowohl

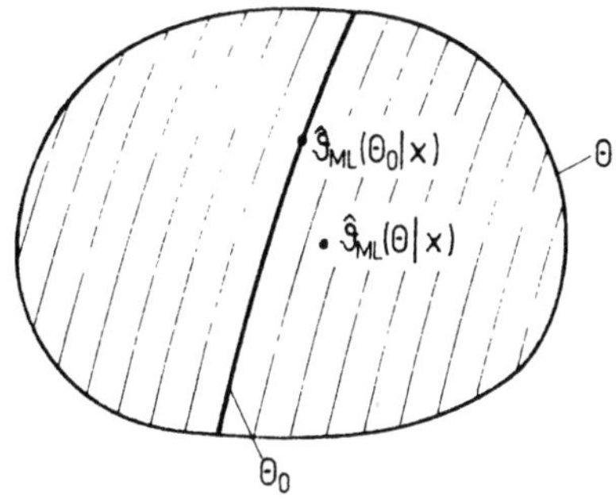

Abb. 13.5.1

bei $\mathbf{H}_0$ als auch bei $\mathbf{H}_1$. Dennoch kompliziert er das Problem erheblich, denn die Hypothesen $\mathbf{H}_0$: $\mu = \mu_0$ bzw. $\mathbf{H}_0$: $\sigma^2 = \sigma_0^2$ sind jetzt keineswegs einfach, sondern lauten ausführlich geschrieben:

$$\mathbf{H}_0\colon\ (\mu,\sigma^2) \in \{\mu_0\} \times \mathbf{R}_+ = \Theta_0 \quad \text{bzw.} \quad \mathbf{H}_0\colon\ (\mu,\sigma^2) \in \mathbf{R} \times \{\sigma_0^2\},$$

sind also zusammengesetzt. Die Gütefunktion eines Tests $\varphi(\mathbf{x})$ ist nunmehr eine Funktion von (μ,σ^2): $G(\mu,\sigma^2|\varphi) = E\big(\varphi(\mathbf{x})|\mathbf{N}(\mu,\sigma^2)\big)$ und als solche eine Fläche über der (μ,σ^2)-Ebene. Schon ihre graphische Darstellung ist erheblich unangenehmer als dies bei 1-parametrischen Modellen der Fall war.

Es ist daher verständlich, daß die Pioniere der Testtheorie solche Parameter, die zwar bei der Hypothesenformulierung nicht explizit auftreten, dennoch aber das Modell ganz wesentlich mitbestimmen und damit das Testproblem erheblich komplizieren, als **nuisance-Parameter** (d.h. lästige Parameter) bezeichnet haben. In der Tat ist auch die Optimalitätstheorie für Tests bei mehr- oder gar nichtparametrischen Modellen ungleich schwieriger als bei einparametrischen und übersteigt den Rahmen dieses Buches. Der an diesen Fragen interessierte Leser sei auf die Monographie von Lehmann hingewiesen.

Beispiel 13.5.1 $x \sim \mathbf{N}(\mu,\sigma^2)\ldots(\mu,\sigma^2) \in \mathbf{R} \times \mathbf{R}_+ = \Theta$
$\mathbf{H}_0$: $\mu = \mu_0$ $\mathbf{H}_1$: $\mu \neq \mu_0$; (vgl. Beispiel 13.4.1)

Die betrachtete Aufgabe ist eine der wichtigsten der angewandten Statistik. Es soll, einfach gesagt, überprüft werden, ob der Mittelwert einer normal-verteilten Grundgesamtheit von einem Sollwert μ_0 (erheblich) abweicht oder nicht. Die ebenfalls unbekannte Varianz σ^2 geht als nuisance-Parameter in das Problem ein. Wir bestimmen die Familie der LQ-Tests für den Stichprobenumfang n.

Zunächst haben wir in ausführlicher Darstellung:

$$\Theta = \mathbf{R} \times \mathbf{R}_+ \quad \text{und} \quad \Theta_0 = \{\mu_0\} \times \mathbf{R}_+$$

für die Parameterräume ohne Einschränkung bzw. unter der Hypothese $\mathbf{H}_0$. Die Likelihood-Funktion für eine Stichprobe $\mathbf{x} = (x_1 \ldots x_n)$ lautet:

$$L(\mu,\sigma^2|\mathbf{x}) = \prod_{j=1}^{n} L(\mu,\sigma^2|x_j) = \prod_{j=1}^{n} \frac{1}{\sqrt{2\pi\sigma^2}} exp(-\frac{(x_j-\mu)^2}{2\sigma^2}). \tag{13.5.4}$$

ML-Schätzer:

Die ML-Schätzer für μ und σ^2 unter dem Modell: $(\mu, \sigma^2) \in \mathbf{R} \times \mathbf{R}_+ = \Theta$ sind (siehe Beispiel 10.1.8):

$$\hat{\mu}_{ML}(\mathbf{x}|\Theta) = \frac{1}{n}(x_1 + \ldots + x_n) = \bar{x}, \quad \hat{\sigma}^2_{ML}(\mathbf{x}|\Theta) = \frac{1}{n}\sum_{j=1}^{n}(x_j - \bar{x})^2 = \frac{n-1}{n}s^2. \tag{13.5.5}$$

Unter dem durch $\mathbf{H}_0$ eingeschränkten Modell: $(\mu, \sigma^2) \in \{\mu_0\} \times \mathbf{R} = \Theta_0$ ist nur σ^2 zu schätzen, und es folgt nach der üblichen Rechnung $(dL(\mu_0, \sigma^2|\mathbf{x}) \;/\; d\sigma^2 = 0)$:

$$\hat{\sigma}^2_{ML}(\mathbf{x}|\Theta_0) = \frac{1}{n}\sum_{j=1}^{n}(x_j - \mu_0)^2 = \frac{1}{n}\sum_{j=1}^{n}(x_j - \bar{x})^2 + (\bar{x} - \mu_0)^2 = \frac{n-1}{n}s^2 + (\bar{x} - \mu_0)^2. \tag{13.5.6}$$

Likelihood-Quotient:

Setzt man (13.5.5) bzw. (13.5.6) in die Likelihood-Funktion (13.5.4) ein, dann ergibt sich:

$$\begin{aligned} \hat{L}(\Theta|\mathbf{x}) &= (2\pi\frac{n-1}{n}s^2)^{-n/2} \cdot e^{-n/2}, \\ \hat{L}(\Theta_0|\mathbf{x}) &= \Big(2\pi\big(\frac{n-1}{n}s^2 + (\bar{x} - \mu_0)^2\big)\Big)^{-n/2} \cdot e^{-n/2} \end{aligned} \tag{13.5.7}$$

und damit:

$$q(\mathbf{x}|\Theta_0, \Theta) = \frac{\hat{L}(\Theta|\mathbf{x})}{\hat{L}(\Theta_0|x)} = \Big(\frac{\frac{n-1}{n}s^2 + (\bar{x} - \mu_0)^2}{\frac{n-1}{n}s^2}\Big)^{n/2} = \Big(1 + \frac{1}{n-1}\big(\frac{\bar{x} - \mu_0}{s/\sqrt{n}}\big)^2\Big)^{n/2}.$$

Wir setzen in naheliegender Weise: $t(\mathbf{x}) = (\bar{x} - \mu_0)/(s/\sqrt{n})$ und gewinnen die Darstellung:

$$q(\mathbf{x}|\Theta_0, \Theta) = \big(1 + \frac{t^2(\mathbf{x})}{n-1}\big)^{n/2}. \tag{13.5.8}$$

LQ-Test:

Da $q(\ldots)$ eine monoton wachsende Funktion von t^2 ist, sind die Ereignisfamilien $(\{\mathbf{x}\colon\ q(\mathbf{x}|\Theta_0, \Theta) > k\}\colon\ k \geq 1)$ und $(\{\mathbf{x}\colon\ |t(\mathbf{x})| > k\}\colon\ k \geq 0)$ identisch, und wir erhalten die gesuchte Familie der LQ-Tests in der Form:

$$\varphi_k(\mathbf{x}) = \begin{cases} 1 \\ 0 \end{cases} \iff |t(\mathbf{x})| = \Big|\frac{\bar{x} - \mu_0}{s/\sqrt{n}}\Big| \begin{matrix} > \\ \leq \end{matrix} k \;\ldots k \geq 0. \tag{13.5.9}$$

Die Bestimmung von k, um ein vorgeschriebenes Niveau α zu erzielen, ist in diesem Fall besonders einfach, denn unter $\mathbf{H}_0$, d.h. für $\mu = \mu_0$, $\sigma^2 \ldots$ beliebig, ist die Statistik $t(\mathbf{x}) = (\bar{x} - \mu_0) \;/\; (s/\sqrt{n})$ nach Student mit $n-1$ Freiheitsgraden verteilt. Diese Tatsache ergibt sich sofort aus den in Satz 12.1.6 formulierten Verteilungsaussagen:

$$x \sim \mathbf{N}(\mu, \sigma^2) \Longrightarrow \left\{ \begin{array}{c} \bar{x} \sim \mathbf{N}(\mu, \sigma^2/n) \\ \dfrac{(n-1)s^2}{\sigma^2} \sim \chi^2_{n-1} \end{array} \right\} \ldots \text{ unabhängig}$$

und der Darstellung (siehe Definition 12.2.1 der **t**-Verteilung):

$$t(\mathbf{x}) = \frac{\bar{x} - \mu_0}{s/\sqrt{n}} = \underbrace{\frac{\bar{x} - \mu_0}{\sigma/\sqrt{n}}}_{\sim \mathbf{N}(0,1)} \Big/ \sqrt{\underbrace{\frac{(n-1)s^2}{\sigma^2}}_{\sim \chi^2_{n-1}} /(n-1)}.$$

Soll daher unter $\mathbf{H}_0$ gelten: $P(|t(\mathbf{x})| > k) = \alpha$, dann ist wegen der Symmetrie der t-Verteilung $k = t_{n-1;1-\alpha/2}$ zu setzen ($t_{n;p}$ bezeichnet wie üblich das p-Fraktil der t-Verteilung).

Ergebnis: Der Niveau-α-LQ-Test für $\mathbf{H}_0$: $\mu = \mu_0$ $\mathbf{H}_1$: $\mu \neq \mu_0$ lautet:

$$\varphi_{\alpha,n}(x_1 \ldots x_n) = \left\{ \begin{array}{l} 1 \\ 0 \end{array} \right. \Longleftrightarrow \left| \frac{\bar{x} - \mu_0}{s/\sqrt{n}} \right| \begin{array}{l} > \\ \leq \end{array} t_{n-1;1-\alpha/2}. \tag{13.5.10}$$

Gütefunktion:

Zur Untersuchung der Eigenschaften dieses Tests bestimmen wir seine Gütefunktion. Schreibt man die Teststatistik $t(\mathbf{x})$ in der Form:

$$t(\mathbf{x}) = \Big(\underbrace{\frac{\bar{x} - \mu}{\sigma/\sqrt{n}}}_{\sim \mathbf{N}(0,1)} + \frac{\mu - \mu_0}{\sigma/\sqrt{n}} \Big) \Big/ \sqrt{\underbrace{\frac{(n-1)s^2}{\sigma^2}}_{\sim \chi^2_{n-1}} \;/\; (n-1)},$$

dann erkennt man unmittelbar, daß $t = t(\mathbf{x})$ für $x \sim \mathbf{N}(\mu, \sigma^2)$ nach $\mathbf{t}_{n-1}\Big(\delta = \frac{\mu - \mu_0}{\sigma/\sqrt{n}}\Big)$, d.h. nichtzentral Student-verteilt ist mit dem Nichtzentralitätsparameter $\delta = \frac{\mu-\mu_0}{\sigma/\sqrt{n}}$ (siehe Definition 12.2.2). Die Gütefunktion $G(\mu, \sigma^2 | \varphi_{\alpha,n})$ ist daher:

$$\begin{aligned} G(\mu,\sigma^2 \mid \varphi_{\alpha,n}) &= P(|t(\mathbf{x})| > t_{n-1;1-\alpha/2} \mid \mu, \sigma^2) = \\ &= 1 - F\Big(t_{n-1;1-\alpha/2} \mid \mathbf{t}_{n-1}\big(\frac{\mu - \mu_0}{\sigma/\sqrt{n}}\big)\Big) + F\Big(-t_{n-1;1-\alpha/2} \mid \mathbf{t}_{n-1}\big(\frac{\mu - \mu_0}{\sigma/\sqrt{n}}\big)\Big), \end{aligned} \tag{13.5.11}$$

ausgedrückt durch die Verteilungsfunktion der Verteilung $\mathbf{t}_{n-1}\big(\frac{\mu-\mu_0}{\sigma/\sqrt{n}}\big)$. Es ist zweckmäßig, die Funktion

$$G^*(\delta|\alpha, n) = 1 - F\big(t_{n-1;1-\alpha/2} \mid \mathbf{t}_{n-1}(\delta)\big) + F\big(-t_{n-1;1-\alpha/2} \mid \mathbf{t}_{n-1}(\delta)\big) \tag{13.5.12}$$

einzuführen. Mit ihrer Hilfe gilt:

$$G(\mu,\sigma^2|\varphi_{\alpha,n}) = G^*\Big(\frac{\mu-\mu_0}{\sigma/\sqrt{n}}\,\Big|\,\alpha,n\Big) \tag{13.5.13}$$

Man erkennt: 1. Die Gütefunktion hängt von den Parametern μ,σ^2 nur über den Nichtzentralitätsparameter $\delta = \frac{\mu-\mu_0}{\sigma/\sqrt{n}}$ ab, ist also auf den Linien $\frac{\mu-\mu_0}{\sigma} = konst.$ selbst konstant.

2. Da für $t \sim \mathbf{t}_{n-1}(\delta)$ die Variable $-t$ nach $\mathbf{t}_{n-1}(-\delta)$ verteilt ist, sind die Wahrscheinlichkeiten $P(|t| > t_{n-1;1-\alpha/2})$ für $\pm\delta$ gleich. Die Funktion $G^*(\delta|\alpha,n)$ ist daher symmetrisch um $\delta = 0$, hat für $\delta = 0$ den Wert α und strebt für $|\delta| \to \infty$ gegen 1 (man beachte, daß $\mathbf{t}_{n-1}(\delta)$ mit wachsendem δ stochastisch wächst (vgl. (12.2.5)ff.)).

3. Da mit $n \to \infty$ die Verteilung $\mathbf{t}_{n-1}(\delta)$ im Sinne der schwachen Konvergenz gegen die Verteilung $\mathbf{N}(\delta,1)$ und $t_{n-1;1-\alpha/2}$ gegen $u_{1-\alpha/2}$, das $(1-\alpha/2)$-Fraktil der $\mathbf{N}(0,1)$, strebt, gilt asymptotisch:

$$\begin{aligned} G^*(\delta|\alpha,\infty) &= 1 - F(u_{1-\alpha/2}|\mathbf{N}(\delta,1)) + F(-u_{1-\alpha/2}|\mathbf{N}(\delta,1)) = \\ &= 2 - \Phi(u_{1-\alpha/2}-\delta) - \Phi(u_{1-\alpha/2}+\delta). \end{aligned} \tag{13.5.14}$$

Abb. 13.5.2 zeigt den Verlauf von $G^*(\delta|\alpha,n)$ für $\alpha = 0,05$ und $n = 16, 36, \infty$, sowie unterhalb der δ-Achse eine μ-Achse, skaliert in der Einheit $\sigma/\sqrt{n}$. Das Bild gibt damit einen vollständigen Überblick über den Verlauf der Gütefunktionen $G(\mu,\sigma^2|\varphi_{\alpha,n})$ und zeigt insbesondere, daß die Teststrategien $\varphi_{\alpha,n}$ unverfälscht sind.

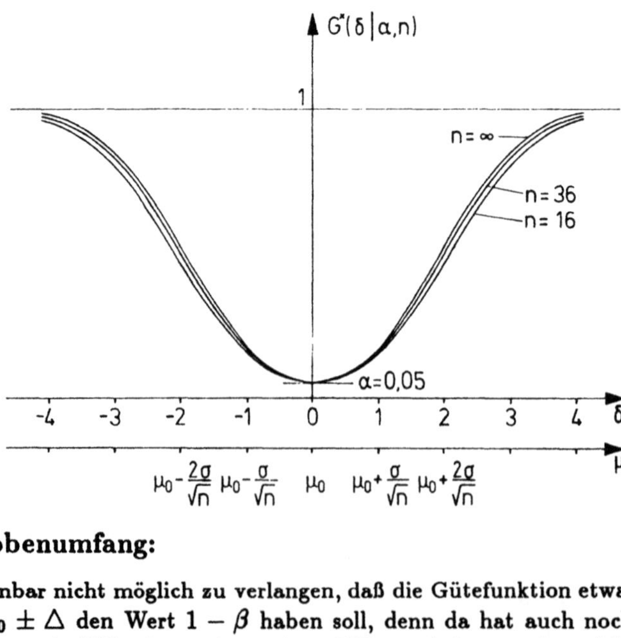

Abb. 13.5.2

Stichprobenumfang:

Es ist offenbar nicht möglich zu verlangen, daß die Gütefunktion etwa an den Stellen $\mu_{1,2} = \mu_0 \pm \Delta$ den Wert $1-\beta$ haben soll, denn da hat auch noch der nuisance-Parameter σ ein Wörtchen mitzureden. Wäre σ bekannt, dann könnte man diese Forderung erfüllen, denn es wäre dann n so zu bestimmen, daß $G^*(\delta|\alpha,n)$ an den

Stellen $\delta_{1,2} = \frac{\mu_{1,2}-\mu_0}{\sigma/\sqrt{n}} = \pm\frac{\Delta}{\sigma/\sqrt{n}}$ den Wert $1-\beta$ annimmt. Das führt zwar auf eine unangenehme Bestimmungsgleichung für n, die nur auf numerischem Wege mit Hilfe einer ausführlichen Tabelle der nichtzentralen t-Verteilung lösbar ist, begnügt man sich hingegen mit einer rohen Abschätzung für n — und mehr benötigt man nicht, soferne die Frage nach dem Stichprobenumfang im Bereiche der Anwendungen und nicht im Elfenbeinturm gestellt wird —, dann wird die Berechnung von n ganz einfach. Für großes n — etwa ab $n = 50$ — gilt nämlich $G^*(\delta|\alpha,n) \approx G^*(\delta|\alpha,\infty)$ (siehe Abb. 13.5.2) und es folgt aus (13.5.14):

$$G^*(\pm\frac{\Delta}{\sigma}\sqrt{n}|\alpha,\infty) = 2 - \Phi(u_{1-\alpha/2} - \frac{\Delta}{\sigma}\sqrt{n}) - \Phi(u_{1-\alpha/2} + \frac{\Delta}{\sigma}\sqrt{n}) = 1-\beta.$$

Bedenkt man weiters, daß $\Phi(u_{1-\alpha/2}+\frac{\Delta}{\sigma}\sqrt{n})$ bei realistischen Zahlenwerten praktisch 1 ist, dann bleibt:

$$1 - \Phi(u_{1-\alpha/2} - \frac{\Delta}{\sigma}\sqrt{n}) = 1-\beta \Longrightarrow \frac{\Delta}{\sigma}\sqrt{n} - u_{1-\alpha/2} = u_{1-\beta}$$

und somit abschließend:

$$n \approx \left(\frac{u_{1-\alpha/2} + u_{1-\beta}}{\Delta/\sigma}\right)^2.$$

Da σ indessen i.a. nicht bekannt ist, bleibt kein anderer Weg, als für σ eine a priori-Schätzung oder besser eine obere Schranke $\bar{\sigma}$ einzusetzen. Man hat dann einen realistischen Hinweis auf den benötigten Datenumfang.

Zahlenbeispiel: Niveau $\alpha = 0,05$; $\sigma \leq \bar{\sigma} = 0,1cm$ sei bekannt. Eine Abweichung des Mittels μ vom Wert μ_0 um 0,02 cm oder mehr, soll mit der Sicherheit $1-\beta =$ $= 0,90$ erkannt werden. Es folgt: $u_{1-\alpha/2} = 1,960$, $u_{1-\beta} = 1,282$, $\Delta/\bar{\sigma} = 0,2 \Rightarrow$ $n \approx 263$. Die obigen Approximationen sind bei diesem Stichprobenumfang absolut gerechtfertigt.

Bemerkung: Der Leser vergleiche die Ausführung dieses Beispiels mit derjenigen von Beispiel 13.4.1, wo $x \sim \mathbf{N}(\mu,1)$ $\mu \in \mathbf{R}$ als Modell angenommen und ebenfalls $\mathbf{H}_0$: $\mu = \mu_0$ $\mathbf{H}_1$: $\mu \neq \mu_0$ zu testen war.

Zusammenfassung der Ergebnisse:

$x \sim \mathbf{N}(\mu,\sigma^2)\ldots\mu,\sigma^2$ unbekannt. $\mathbf{H}_0$: $\mu = \mu_0$ $\mathbf{H}_1$: $\mu \neq \mu_0$.

LQ-Test zum Niveau α (sog. zweiseitiger t-Test):

$$\varphi_{\alpha,n}(x_1\ldots x_n) = \begin{cases}1\\0\end{cases} \Longleftrightarrow |t(x_1\ldots x_n)| = \left|\frac{\bar{x}-\mu_0}{s/\sqrt{n}}\right| \begin{matrix}>\\ \leq\end{matrix} t_{n-1;1-\alpha/2}.$$

Stichprobenumfang, wenn $|\mu-\mu_0| > \Delta$ bei näherungsweise bekanntem σ mit der Sicherheit $1-\beta$ erkannt werden soll:

$$n \approx \left(\frac{u_{1-\alpha/2} + u_{1-\beta}}{\Delta/\sigma}\right)^2.$$

Beispiel 13.5.2 $x \sim \mathbf{N}(\mu, \sigma^2) \ldots (\mu, \sigma^2) \in \mathbf{R} \times \mathbf{R}_+$. $\mathbf{H}_0$: $\mu \leq \mu_0$ $\mathbf{H}_1$: $\mu > \mu_0$

Wieder ist es unser Ziel, die Familie der LQ-Tests für diese nunmehr einseitige Testaufgabe zu bestimmen.

ML-Schätzer:

Die ML-Schätzer für μ und σ^2 für das Modell $(\mu, \sigma^2) \in \mathbf{R} \times \mathbf{R}_+ = \Theta$ sind wie im vorigen Beispiel:

$$\hat{\mu}_{ML}(\mathbf{x}|\Theta) = \bar{x} \quad \text{und} \quad \hat{\sigma}^2_{ML}(\mathbf{x}|\Theta) = \frac{1}{n}\sum_{j=1}^{n}(x_j - \bar{x})^2 = \frac{n-1}{n}s^2. \qquad (13.5.15)$$

Unter dem durch die Hypothese $\mathbf{H}_0$ eingeschränkten Modell $(\mu, \sigma^2) \in (-\infty, \mu_0] \times \mathbf{R}_+ = \Theta_0$ hingegen gilt:

$$\hat{\mu}_{ML}(\mathbf{x}|\Theta_0) = min\{\bar{x}, \mu_0\} \quad \text{und} \quad \hat{\sigma}^2_{ML}(\mathbf{x}|\Theta_0) = \frac{n-1}{n}s^2 + \left(\bar{x} - \hat{\mu}_{ML}(\mathbf{x}|\Theta_0)\right)^2. \qquad (13.5.16)$$

Das ist sofort zu sehen, wenn man zunächst bei festem $\mu = \mu_1$ das Maximum der Likelihood-Funktion $L(\mu_1, \sigma^2|\mathbf{x})$ bildet — es wird an der Stelle $\hat{\sigma}^2_{ML}(\mathbf{x}|\{\mu_1\} \times \mathbf{R}_+) = \frac{1}{n}\sum(x_j - \mu_1)^2 = \frac{n-1}{n}s^2 + (\bar{x} - \mu_1)^2$ angenommen und hat den Wert:

$$\hat{L}(\{\mu_1\} \times \mathbf{R}_+|\mathbf{x}) = \left(2\pi\left(\frac{n-1}{n}s^2 + (\bar{x} - \mu_1)^2\right)\right)^{-n/2} \cdot e^{-n/2}.$$

Anschließend maximiert man über $\mu_1 \leq \mu_0$. Dieses wiederum läuft auf die Bestimmung des Minimums von $(\bar{x} - \mu_1)^2$ unter der Bedingung $\mu_1 \leq \mu_0$ hinaus. Es folgt (siehe Abb. 13.5.3): $\hat{\mu}_1 = \hat{\mu}_{ML}(\mathbf{x}|\Theta_0) = min\{\bar{x}, \mu_0\}$, wie in (13.5.16) angegeben.

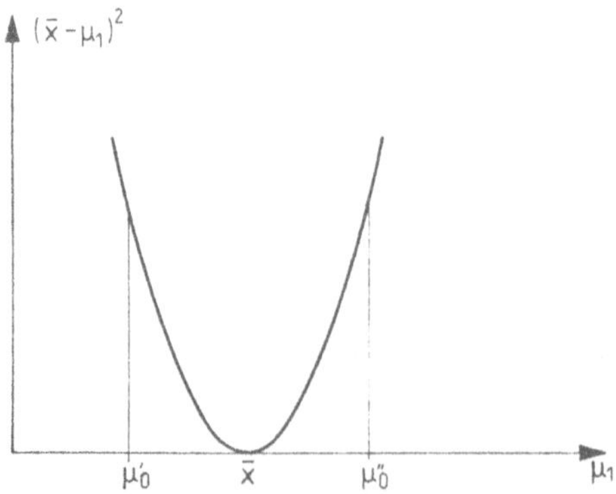

Abb. 13.5.3

Likelihood-Quotient:

Eingesetzt in $L(\mu, \sigma^2|\mathbf{x})$ (siehe (13.5.4)) erhalten wir die Maxima der Likelihood-Funktion:

$$\hat{L}(\Theta|\mathbf{x}) = (2\pi \frac{n-1}{n} s^2)^{-n/2} \cdot e^{-n/2},$$

$$\hat{L}(\Theta_0|\mathbf{x}) = \Big(2\pi(\frac{n-1}{n} s^2 + (\bar{x} - min\{\bar{x}, \mu_0\})^2)\Big)^{-n/2} \cdot e^{-n/2}$$

und damit den Likelihood-Quotienten:

$$q(\mathbf{x}|\Theta_0, \Theta) = \frac{\hat{L}(\Theta|\mathbf{x})}{\hat{L}(\Theta_0|\mathbf{x})} = \Big(\frac{\frac{n-1}{n}s^2 + (\bar{x} - min\{\bar{x}, \mu_0\})^2}{\frac{n-1}{n}s^2}\Big)^{n/2} =$$

$$= \begin{cases} \Big(1 + \frac{1}{n-1}(\frac{\bar{x} - \mu_0}{s/\sqrt{n}})^2\Big)^{n/2} = \big(1 + \frac{1}{n-1} t^2(\mathbf{x})\big)^{n/2} & \ldots\ \bar{x} > \mu_0, \\ 1 & \ldots\ \bar{x} \leq \mu_0, \end{cases}$$

wobei wieder die Statistik $t(\mathbf{x}) = (\bar{x} - \mu_0) \;/\; (s/\sqrt{n})$ eingeführt wurde.

LQ-Test:

Die Bedingung $q(\mathbf{x}|\Theta_0, \Theta) > k \ (\geq 1)$ ist offensichtlich gleichwertig mit der Bedingung $t(\mathbf{x}) > k'(\geq 0)$ (man beachte: $t(\mathbf{x}) \geq 0 \iff \bar{x} \geq \mu_0$), und daher hat die gesuchte Familie von LQ-Tests die Gestalt:

$$\varphi_{k,n}(\mathbf{x}) = \begin{cases} 1 \\ 0 \end{cases} \iff t(\mathbf{x}) = \frac{\bar{x} - \mu_0}{s/\sqrt{n}} \begin{matrix} > \\ \leq \end{matrix} k \quad \ldots k \geq 0.$$

Gütefunktion:

Zur Bestimmung der Gütefunktion dieses Tests können wir die Ergebnisse von Beispiel 13.5.1 vollinhaltlich übernehmen. Wieder ist für $x \sim \mathbf{N}(\mu, \sigma^2)$ die Statistik $t = t(\mathbf{x})$ nichtzentral nach $\mathbf{t}_{n-1}\big(\delta = (\mu - \mu_0) \;/\; (\sigma/\sqrt{n})\big)$ verteilt, und es folgt daher:

$$G(\mu, \sigma^2|\varphi_{k,n}) = P\big(t(\mathbf{x}) > k \;\big|\; \mu, \sigma^2\big) = 1 - F\Big(k \;\Big|\; \mathbf{t}_{n-1}(\frac{\mu - \mu_0}{\sigma/\sqrt{n}})\Big).$$

Da für $k = t_{n-1;1-\alpha}$ offenbar $G(\mu_0, \sigma^2|\varphi_{k,n}) = \alpha$ gilt, parametrisieren wir die Familie der LQ-Tests statt mit k besser mit α und setzen:

$$\varphi_{\alpha,n}(\mathbf{x}) = \begin{cases} 1 \\ 0 \end{cases} \iff t(\mathbf{x}) = \frac{\bar{x} - \mu_0}{s/\sqrt{n}} \begin{matrix} > \\ \leq \end{matrix} t_{n-1;1-\alpha}. \tag{13.5.17}$$

Um einen Überblick über den Verlauf der Gütefunktion zu bekommen, führen wir, ähnlich wie in Beispiel 13.5.1, die Funktion

$$G^*(\delta|\alpha,n) = 1 - F\big(t_{n-1;1-\alpha}|\mathbf{t}_{n-1}(\delta)\big)$$

ein. Es ist dann:

$$G(\mu,\sigma^2|\varphi_{\alpha,n}) = G^*\Big(\frac{\mu-\mu_0}{\sigma/\sqrt{n}}\;\Big|\;\alpha,n\Big). \qquad (13.5.18)$$

Man erkennt: 1. Die Gütefunktion hängt von den Parametern μ, σ^2 nur über den Nichtzentralitätsparameter $\delta = (\mu-\mu_0)\;/\;(\sigma/\sqrt{n})$ ab und ist daher auf den Geraden $(\mu-\mu_0)/\sigma = \textit{konst.}$ selbst konstant.

2. Da die Familie $(\mathbf{t}_{n-1}(\delta)\colon\ \delta \in \mathbf{R})$ mit wachsendem δ stochastisch wächst (siehe Abschnitt 12.2) wächst auch $G^*(\delta|\alpha,n)$ mit wachsendem δ monoton (siehe Abb. 13.5.4). Es ist somit $G(\mu,\sigma^2|\varphi_{\alpha,n}) \gtreqless \alpha$ für $\mu \gtreqless \mu_0$, d.h. der Test $\varphi_{\alpha,n}$ ist unverfälscht und besitzt das Niveau α.

3. Asymptotisch, für $n \to \infty$, gilt $\mathbf{t}_{n-1}(\delta) \to \mathbf{N}(\delta,1)$ im Sinne der schwachen Konvergenz und $t_{n-1;1-\alpha} \to u_{1-\alpha}$. Daher hat man:

$$G^*(\delta|\alpha,\infty) = 1 - F\big(u_{1-\alpha}|\mathbf{N}(\delta,1)\big) = \Phi(\delta - u_{1-\alpha}). \qquad (13.5.19)$$

Abb. 13.5.4 zeigt $G^*(\delta|\alpha,n)$ für $\alpha = 0{,}05$ und $n = 16, 36, \infty$ und unterhalb der δ-Achse eine μ-Achse in der Einheit $\sigma/\sqrt{n}$. Man erhält damit einen vollständigen Überblick über den Verlauf der Gütefunktionen $G(\mu,\sigma^2|\varphi_{\alpha,n})$.

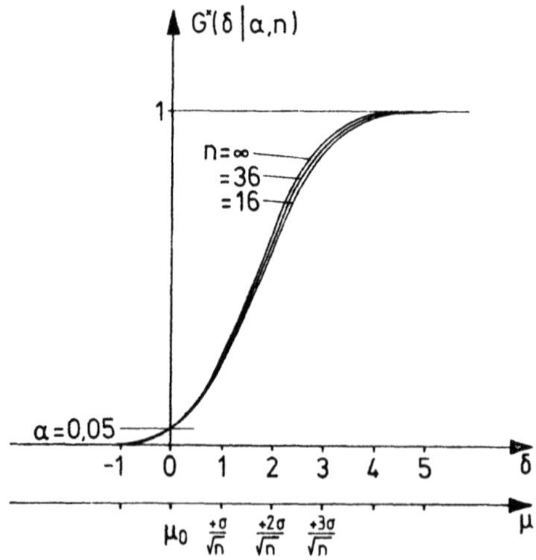

Abb. 13.5.4

Stichprobenumfang:

Auch hier ist es unrealistisch, bei unbekanntem σ^2 für ein $\mu_1 > \mu_0$ die Bedingung $G(\mu_1,\sigma^2|\varphi_{\alpha,n}) = 1-\beta$ zu stellen. Nehmen wir hingegen, wie in Beispiel 13.5.1, σ^2 zunächst als bekannt an, und rechnen wir asymptotisch (die exakte Rechnung mit Tabellen der nichtzentralen t-Verteilung ist für die Praxis zu aufwendig), dann folgt aus:

$$G(\mu_1, \sigma^2 \mid \varphi_{\alpha,n}) = G^*\left(\frac{\mu_1 - \mu_0}{\sigma/\sqrt{n}} \;\Big|\; \alpha, n\right) \approx \Phi\left(\frac{\mu_1 - \mu_0}{\sigma/\sqrt{n}} - u_{1-\alpha}\right) = 1 - \beta$$

zunächst: $(\mu_1 - \mu_0) \,/\, (\sigma/\sqrt{n}) - u_{1-\alpha} = u_{1-\beta}$ und damit:

$$n = \left(\frac{u_{1-\alpha} + u_{1-\beta}}{(\mu_1 - \mu_0)/\sigma}\right)^2. \tag{13.5.20}$$

Bei unbekanntem σ wird man einen a priori-Schätzwert $\hat{\sigma}$ bzw. eine obere Schranke $\bar{\sigma}$ benützen.

Zusammenfassung der Ergebnisse:

$x \sim \mathbf{N}(\mu, \sigma^2) \ldots \mu, \sigma^2$ unbekannt. $\mathbf{H}_0$: $\mu \le \mu_0$ $\mathbf{H}_1$: $\mu > \mu_0$.

LQ-Test zum Niveau α (sog. einseitiger t-Test):

$$\varphi_{\alpha,n}(\mathbf{x}) = \begin{cases} 1 \\ 0 \end{cases} \iff t(\mathbf{x}) = \frac{\bar{x} - \mu_0}{s/\sqrt{n}} \begin{matrix} > \\ \le \end{matrix} t_{n-1;1-\alpha}. \tag{13.5.21}$$

Stichprobenumfang, wenn $\mu \ge \mu_1$ ($> \mu_0$), bei näherungsweise bekanntem σ, mit der Sicherheit $1 - \beta$ erkannt werden soll:

$$n \approx \left(\frac{u_{1-\alpha} + u_{1-\beta}}{(\mu_1 - \mu_0)/\sigma}\right)^2. \tag{13.5.22}$$

Beispiel 13.5.3 $x \sim \mathbf{N}(\mu, \sigma^2) \ldots (\mu, \sigma^2) \in \mathbf{R} \times \mathbf{R}_+ = \Theta$
$\mathbf{H}_0$: $\sigma^2 = \sigma_0^2$ $\mathbf{H}_1$: $\sigma^2 \ne \sigma_0^2$

Auch dieses Testproblem, nämlich der Vergleich der Streuung einer Normalverteilung mit einem hypothetischen Wert σ_0^2, gehört zu den Grundaufgaben der angewandten Statistik. Nuisance-Parameter ist hier das Mittel μ. Wir bestimmen die Familie der LQ-Tests für eine Stichprobe $\mathbf{x} = (x_1 \ldots x_n)$.

ML-Schätzer:

Für $(\mu, \sigma^2) \in \mathbf{R} \times \mathbf{R}_+ = \Theta$ sind die ML-Schätzer für μ, σ^2 wie in den Beispielen 13.5.1 und 13.5.2:

$$\hat{\mu}_{ML}(\mathbf{x}|\Theta) = \bar{x} \qquad \hat{\sigma}^2_{ML}(\mathbf{x}|\Theta) = \frac{1}{n}\sum_{j=1}^{n}(x_j - \bar{x})^2 = \frac{n-1}{n}s^2.$$

Unter $\mathbf{H}_0$, d.h. für $(\mu, \sigma^2) \in \mathbf{R} \times \{\sigma_0^2\} = \Theta_0$ ist nur μ zu schätzen und es ist ebenfalls:

$$\hat{\mu}_{ML}(\mathbf{x}|\Theta_0) = \bar{x}.$$

Likelihood-Quotient:

Die Maxima der Likelihood-Funktion für die Modelle Θ bzw. Θ_0 und der Likelihood-Quotient folgen damit zu:

$$\hat{L}(\Theta|\mathbf{x}) = (2\pi\frac{n-1}{n}s^2)^{-n/2}e^{-n/2}, \quad \hat{L}(\Theta_0|\mathbf{x}) = (2\pi\sigma_0^2)^{-n/2}exp(-\frac{(n-1)s^2}{2\sigma_0^2}),$$

$$q(\mathbf{x}|\Theta_0,\Theta) = \Big(\frac{1}{n}\frac{(n-1)s^2}{\sigma_0^2}\Big)^{-n/2} exp\Big(\frac{(n-1)s^2}{2\sigma_0^2}\Big)e^{-n/2}.$$

LQ-Test:

Führen wir, in naheliegender Bezeichnung, die Statistik $\chi^2 = \chi^2(\mathbf{x}) = \frac{(n-1)s^2}{\sigma_0^2} = = \frac{1}{\sigma_0^2}\sum(x_j - \bar{x})^2$ ein, dann ist: $q(\mathbf{x}|\Theta_0,\Theta) = (\chi^2/n)^{-n/2}exp(\chi^2/2)e^{-n/2} =: =: q(\chi^2)$. Die Abhängigkeit dieser Funktion von χ^2 ($q(\chi^2)$ ist bis auf die Normierung der Reziprokwert der Dichte der Gammaverteilung $\Gamma(\frac{n}{2}+1,2)$) zeigt Abb.13.5.5. Die Bedingungen $q(\mathbf{x}|\Theta_0,\Theta) \gtrless k$ lassen sich daher durch $\chi^2(\mathbf{x})$ folgendermaßen ausdrücken:

$$q(\mathbf{x}|\Theta_0,\Theta) \underset{\leq}{>} k \iff \chi^2(\mathbf{x}) \underset{\in}{\notin} [\chi_1^2,\chi_2^2] \ldots \text{ mit } q(\chi_1^2) = q(\chi_2^2) = k. \qquad (13.5.23)$$

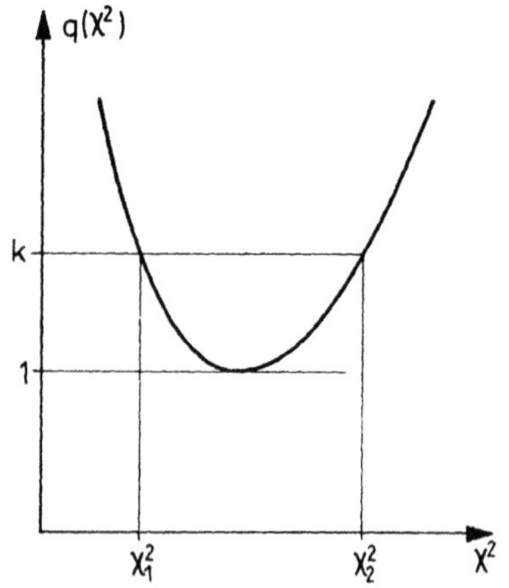

Abb. 13.5.5

Die Familie der LQ-Tests, die wir vorläufig mit den Größen χ_1^2, χ_2^2 parametrisieren, lautet daher:

$$\varphi(\mathbf{x}) = \begin{cases} 1 \\ 0 \end{cases} \iff \chi^2(\mathbf{x}) = \frac{(n-1)s^2}{\sigma_0^2} = \frac{1}{\sigma_0^2}\sum_{j=1}^{n}(x_j - \bar{x})^2 \underset{\in}{\notin} [\chi_1^2,\chi_2^2].$$

Gütefunktion:

Die Statistik $\chi^2(\mathbf{x}) = (n-1)s^2/\sigma_0^2$ ist unter $\mathbf{H}_0\colon \sigma^2 = \sigma_0^2$ nach $\boldsymbol{\chi}^2_{n-1}$ verteilt (Satz 12.1.6); für allgemeines σ^2 besitzt $\chi^2(\mathbf{x})\cdot\sigma_0^2/\sigma^2 = (n-1)s^2/\sigma^2$ die $\boldsymbol{\chi}^2_{n-1}$-Verteilung (beide Aussagen gelten unabhängig vom Wert des nuisance-Parameters μ). Folglich ist die Gütefunktion von $\varphi(\mathbf{x})$:

$$\begin{aligned} G(\mu,\sigma^2|\varphi) &= 1 - P\Big(\chi_1^2 \le \frac{(n-1)s^2}{\sigma_0^2} \le \chi_2^2 \mid \mu,\sigma^2\Big) = \\ &= 1 - P\Big(\chi_1^2\frac{\sigma_0^2}{\sigma^2} \le \frac{(n-1)s^2}{\sigma^2} \le \chi_2^2\frac{\sigma_0^2}{\sigma^2} \mid \mu,\sigma^2\Big) = \\ &= 1 - F\Big(\chi_2^2\frac{\sigma_0^2}{\sigma^2} \mid \boldsymbol{\chi}^2_{n-1}\Big) + F\Big(\chi_1^2\frac{\sigma_0^2}{\sigma^2} \mid \boldsymbol{\chi}^2_{n-1}\Big) = G(\sigma^2|\varphi), \end{aligned} \tag{13.5.24}$$

denn offenbar hängt die Gütefunktion nicht vom nuisance-Parameter μ, sondern allein von σ^2 ab. Abb. 13.5.6 zeigt den qualitativen Verlauf dieser Gütefunktion in Abhängigkeit von σ^2.

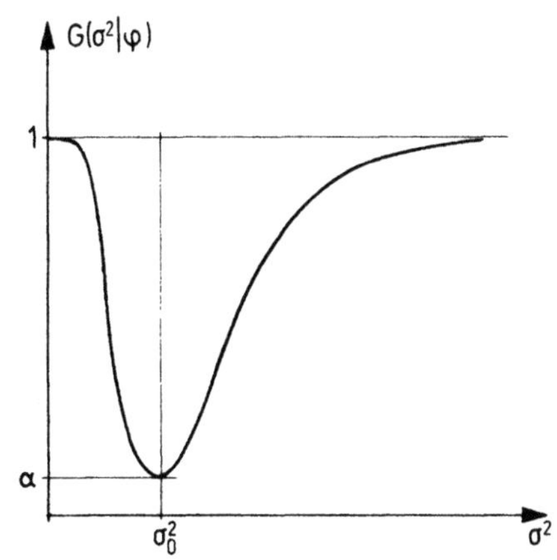

Abb. 13.5.6

Die Funktion strebt gegen 1 für $\sigma^2 \to 0$ und $\sigma^2 \to \infty$ und erreicht ihr Minimum in der Nähe von σ_0^2 — wo genau hängt von der Wahl von χ_1^2, χ_2^2 ab. Soll der Test φ unverfälscht zum Niveau α sein, dann gewinnt man für χ_1^2, χ_2^2 die Bedingungen:

$$G(\sigma_0^2|\varphi) = \alpha \quad \text{und} \quad G'_{\sigma^2}(\sigma_0^2|\varphi) = 0.$$

Die zweite Bedingung läuft, wie man leicht nachrechnet, auf die Gleichung $\chi_1 q(\chi_1^2) = \chi_2 q(\chi_2^2)$, also für große n praktisch auf die Gleichung $q(\chi_1^2) = q(\chi_2^2)$ hinaus (siehe (13.5.23)). Für die Praxis sind diese Bedingungen zu kompliziert, und man setzt:

$$\chi_1^2 = \chi^2_{n-1;\alpha/2} \qquad \chi_2^2 = \chi^2_{n-1;1-\alpha/2}. \tag{13.5.25}$$

Damit hat der Test das gewünschte Niveau α (siehe (13.5.24)) und ist nur ganz unbedeutend, in der Nähe von σ_0^2, verfälscht. Wir setzen daher endgültig:

$$\varphi_{\alpha,n}(\mathbf{x}) = \begin{cases} 1 \\ 0 \end{cases} \Longleftrightarrow \chi^2(\mathbf{x}) = \frac{(n-1)s^2}{\sigma_0^2} \begin{matrix} \notin \\ \in \end{matrix} \quad [\chi^2_{n-1;\alpha/2}, \chi^2_{n-1;1-\alpha/2}], \quad (13.5.26)$$

mit der allein von σ^2 abhängigen Gütefunktion:

$$G(\sigma^2|\varphi_{\alpha,n}) = 1 - F\big(\chi^2_{n-1;1-\alpha/2}\frac{\sigma_0^2}{\sigma^2} \mid \boldsymbol{\chi}^2_{n-1}\big) + F\big(\chi^2_{n-1;\alpha/2}\frac{\sigma_0^2}{\sigma^2} \mid \boldsymbol{\chi}^2_{n-1}\big). \quad (13.5.27)$$

Stichprobenumfang:

Da die Gütefunktion allein von σ^2 abhängt, kann ohne Rücksicht auf den nuisance-Parameter die Bedingung $G(\sigma_1^2|\varphi_{\alpha,n}) = 1-\beta$ gestellt werden — realistischerweise für ein $\sigma_1^2 > \sigma_0^2$. Daraus ergibt sich eine Gleichung für den Stichprobenumfang n, die man entweder numerisch, mit einer Tabelle der χ^2-Verteilung, oder einfacher, wenn der zu erwartende Stichprobenumfang groß ist $(n > 40)$, mittels Normalapproximation lösen kann.

Mit der Approximation $\boldsymbol{\chi}^2_{n-1} \approx \mathbf{N}(n-1, 2(n-1)) \approx \mathbf{N}(n, 2n)$ (siehe Abschnitt 12.1: Asymptotische Normalität der χ^2-Verteilung) und $\chi^2_{n-1;1-\alpha/2} \approx$ $\approx n + u_{1-\alpha/2}\sqrt{2n}$, $\chi^2_{n-1;\alpha/2} \approx n - u_{1-\alpha/2}\sqrt{2n}$ (siehe (12.1.5)) folgt zunächst aus (13.5.27):

$$G(\sigma_1^2|\varphi_{\alpha,n}) \approx 1 - \Phi\Big(\frac{(n + u_{1-\alpha/2}\sqrt{2n})\sigma_0^2/\sigma_1^2 - n}{\sqrt{2n}}\Big) +$$

$$+\Phi\Big(\frac{(n - u_{1-\alpha/2}\sqrt{2n})\sigma_0^2/\sigma_1^2 - n}{\sqrt{2n}}\Big) =$$

$$= \Phi\Big(\sqrt{\frac{n}{2}}(1 - \frac{\sigma_0^2}{\sigma_1^2}) - u_{1-\alpha/2}\frac{\sigma_0^2}{\sigma_1^2}\Big) + \Phi\Big(-\sqrt{\frac{n}{2}}(1 - \frac{\sigma_0^2}{\sigma_1^2}) - u_{1-\alpha/2}\frac{\sigma_0^2}{\sigma_1^2}\Big) = 1 - \beta.$$

Da für $\sigma_1^2 > \sigma_0^2$ der zweite Summand praktisch verschwindet, folgt daraus nach kurzer Rechnung:

$$n \approx 2\Big(\frac{u_{1-\beta}\sigma_1^2/\sigma_0^2 + u_{1-\alpha/2}}{\sigma_1^2/\sigma_0^2 - 1}\Big)^2.$$

Zahlenbeispiel: Sei $\alpha = \beta = 0{,}05$; $\sigma_1^2/\sigma_0^2 = 1{,}5$. Es folgt: $u_{1-\alpha/2} =$ $= 1{,}960$; $u_{1-\beta} = 1{,}645$ und damit: $n \approx 157$ — die Normalapproximation ist mithin voll gerechtfertigt.

Zusammenfassung der Ergebnisse

$x \sim \mathbf{N}(\mu, \sigma^2) \ldots \mu, \sigma^2$ unbekannt. $\mathbf{H}_0$: $\sigma^2 = \sigma_0^2$ $\mathbf{H}_1$: $\sigma^2 \neq \sigma_0^2$.

LQ-Test zum Niveau α:

$$\varphi_{\alpha,n}(x_1 \dots x_n) = \begin{cases} 1 \\ 0 \end{cases} \Longleftrightarrow \frac{(n-1)s^2}{\sigma_0^2} \begin{matrix} \notin \\ \in \end{matrix} [\chi^2_{n-1;\alpha/2}, \chi^2_{n-1;1-\alpha/2}].$$

Stichprobenumfang, wenn $\sigma^2 \geq \sigma_1^2$ ($> \sigma_0^2$) mit der Sicherheit $1 - \beta$ erkannt werden soll:

$$n \approx 2\Big(\frac{u_{1-\beta}\sigma_1^2/\sigma_0^2 + u_{1-\alpha/2}}{\sigma_1^2/\sigma_0^2 - 1}\Big)^2. \tag{13.5.28}$$

Beispiel 13.5.4 $x \sim \mathbf{N}(\mu, \sigma^2) \dots (\mu, \sigma^2) \in \mathbf{R} \times \mathbf{R}_+ = \Theta$.
$\mathbf{H}_0$: $\sigma^2 \leq \sigma_0^2$ $\mathbf{H}_1$: $\sigma^2 > \sigma_0^2$.

Die Bestimmung der LQ-Tests für diese nunmehr einseitige Testaufgabe folgt weitgehend den Ausführungen des vorigen Beispiels und sei dem Leser zur Übung überlassen. Wir formulieren nur die Ergebnisse:

Niveau-α-LQ-Test:

$$\varphi_{\alpha,n}(\mathbf{x} = (x_1 \dots x_n)) = \begin{cases} 1 \\ 0 \end{cases} \Longleftrightarrow \chi^2(\mathbf{x}) = \frac{(n-1)s^2}{\sigma_0^2} = \begin{matrix} > \\ \leq \end{matrix} \chi^2_{n;1-\alpha}. \tag{13.5.29}$$

Gütefunktion:

$$G(\sigma^2|\varphi_{\alpha,n}) = 1 - F\Big(\chi^2_{n-1;1-\alpha}\frac{\sigma_0^2}{\sigma^2} \;\Big|\; \chi^2_{n-1}\Big) \approx \Phi\Big(\sqrt{\frac{n}{2}}(1 - \frac{\sigma_0^2}{\sigma^2}) - u_{1-\alpha}\frac{\sigma_0^2}{\sigma^2}\Big). \tag{13.5.30}$$

Abb. 13.5.7 zeigt den Verlauf der Gütefunktion für $\alpha = 0,05$ und $n = 20, 100, 200$.

Stichprobenumfang:

Soll $\sigma^2 > \sigma_1^2$ ($> \sigma_0^2$) mit der Sicherheit $1 - \beta$ erkannt werden, dann muß der Stichprobenumfang mindestens sein:

$$n \approx 2\Big(\frac{u_{1-\beta}\sigma_1^2/\sigma_0^2 + u_{1-\alpha}}{\sigma_1^2/\sigma_0^2 - 1}\Big)^2. \tag{13.5.31}$$

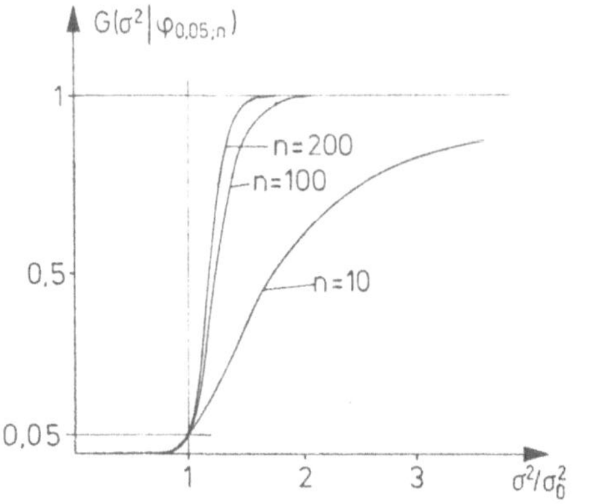

Abb. 13.5.7

Beispiel 13.5.5 Mittelwertvergleich zweier Normalverteilungen
Wir betrachten zwei normal-verteilte Zufallsgrößen. $x \sim \mathbf{N}(\mu_x, \sigma_x^2)$, $y \sim \mathbf{N}(\mu_y, \sigma_y^2)$ und die Testaufgaben: $\mathbf{H}_0$: $\mu_x = \mu_y$ $\mathbf{H}_1$: $\mu_x \neq \mu_y$; $\mathbf{H}_0$: $\mu_x \geq \mu_y$ $\mathbf{H}_1$: $\mu_x < \mu_y$.

Dieses Modell und die beiden Testprobleme sind ein erstes Beispiel für eine große Gruppe statistischer Aufgaben, wo zwei oder mehrere Verteilungen miteinander verglichen werden. x könnte etwa die Wirkung eines Medikamentes A und y die Wirkung eines anderen Präparates B sein — die durchschnittlichen Wirkungen μ_x bzw. μ_y sollen miteinander verglichen werden (vgl. auch Beispiel 13.1.2). Ob eine Modellierung der Verteilungen von x und y durch Normalverteilungen in diesem Fall angemessen ist, stellt ein eigenes Problem dar, das wir an dieser Stelle nicht behandeln.

Setzen wir $\mu_y - \mu_x = \triangle$ und parametrisieren wir das Modell statt mit $(\mu_x, \mu_y, \sigma_x^2, \sigma_y^2)$ mit $(\triangle, \mu_x, \sigma_x^2, \sigma_y^2)$, dann lauten die Testaufgaben:

$$\mathbf{H}_0\colon \triangle = 0 \quad \mathbf{H}_1\colon \triangle \neq 0 \quad \text{bzw.} \quad \mathbf{H}_0\colon \triangle \leq 0 \quad \mathbf{H}_1\colon \triangle > 0. \tag{13.5.32}$$

und die Größen $\mu_x, \sigma_x^2, \sigma_y^2$ erscheinen als nuisance-Parameter. In dieser allgemeinen Parametrisierung — d.h. insbesondere mit beliebig variierenden Varianzen σ_x^2, σ_y^2 — ist die Konstruktion von optimalen Teststrategien sehr schwierig und als **Behrens-Fisher-Problem** in der mathematischen Statistik berühmt geworden. Viel einfacher wird die Aufgabe, wenn man $\sigma_x^2 = \sigma_y^2 = \sigma^2$ voraussetzt — man spricht von **Varianzhomogenität** oder **Homoscedastizität** —, die gemeinsame Varianz σ^2 aber immer noch als unbekannt, d.h. in $\mathbf{R}_+$ frei variierend annimmt. Freilich darf man nicht übersehen, daß diese doch recht einschneidende Annahme das Modell unter Umständen sehr weit von der Wirklichkeit entfernt und damit unbrauchbar macht — wir werden uns im nächsten Beispiel mit dem Testen dieser Hypothese beschäftigen. Benützt man das Modell dennoch, ist große Reserve bei der Interpretation der Ergebnisse geboten.

Wir stellen uns die Aufgabe, für das Modell $x \sim \mathbf{N}(\mu, \sigma^2)$, $y \sim \mathbf{N}(\mu + \triangle, \sigma^2) \dots (\triangle, \mu, \sigma^2) \in \mathbf{R} \times \mathbf{R} \times \mathbf{R}_+ = \Theta$ und die beiden Testprobleme (13.5.32) die LQ-Teststrategien auf der Grundlage zweier Stichproben $\mathbf{x} = (x_1 \dots x_m)$ und $\mathbf{y} = (y_1 \dots y_n)$ zu bestimmen. Dabei behandeln wir das erste, zweiseitige Problem mit $\mathbf{H}_0$: $\triangle = 0$, d.h. mit dem restringierten Modell: $(\triangle, \mu, \sigma^2) \in \{0\} \times \mathbf{R} \times \mathbf{R}_+ =$

$= \Theta_0$, relativ ausführlich und überlassen es dem Leser zur Übung, die für das einseitige Problem angegebenen Resultate selbst herzuleiten. Man bestimmt zunächst die ML-Schätzer für $(\triangle, \mu, \sigma^2)$ und (μ, σ^2) unter Θ bzw. Θ_0 und erhält nach längerer, aber einfacher Rechnung:

Allgemeines Modell $(\triangle, \mu, \sigma^2) \in \mathbf{R} \times \mathbf{R} \times \mathbf{R}_+ = \Theta$:

$$\hat{\triangle}_{ML}(\mathbf{x},\mathbf{y}|\Theta) = \frac{1}{n}\sum_{j=1}^{n} y_j - \frac{1}{m}\sum_{j=1}^{m} x_j = \bar{y} - \bar{x}, \quad \hat{\mu}_{ML}(\mathbf{x}|\Theta) = \bar{x},$$

$$\hat{\sigma}^2_{ML}(\mathbf{x},\mathbf{y}|\Theta) = \frac{1}{m+n}\Big(\sum_{j=1}^{m}(x_j-\bar{x})^2 + \sum_{j=1}^{n}(y_j-\bar{y})^2\Big) = \frac{(m-1)s_x^2 + (n-1)s_y^2}{m+n},$$

$$\hat{L}(\Theta|\mathbf{x},\mathbf{y}) = \big(2\pi\hat{\sigma}^2_{ML}(\mathbf{x},\mathbf{y}|\Theta)\big)^{-\frac{m+n}{2}} \cdot e^{-\frac{m+n}{2}}.$$

Modell $\mathbf{H}_0$: $\triangle = 0 \ldots (\triangle, \mu, \sigma^2) \in \{0\} \times \mathbf{R} \times \mathbf{R}_+ = \Theta_0$:

$$\hat{\mu}_{ML}(\mathbf{x},\mathbf{y}|\Theta_0) = \frac{1}{m+n}\Big(\sum_{j=1}^{m} x_j + \sum_{j=1}^{n} y_j\Big) = \frac{m\bar{x}+n\bar{y}}{m+n},$$

$$\hat{\sigma}^2_{ML}(\mathbf{x},\mathbf{y}|\Theta_0) = \frac{1}{m+n}\Big(\sum_{j=1}^{m}\big(x_j-\hat{\mu}_{ML}(\mathbf{x},\mathbf{y}|\Theta_0)\big)^2 + \sum_{j=1}^{n}\big(y_j-\hat{\mu}_{ML}(\mathbf{x},\mathbf{y}|\Theta_0)\big)^2\Big) =$$

$$= \hat{\sigma}^2_{ML}(\mathbf{x},\mathbf{y}|\Theta) + \frac{mn}{(m+n)^2}(\bar{y}-\bar{x})^2.$$

$$\hat{L}(\Theta_0|\mathbf{x},\mathbf{y}) = \big(2\pi\hat{\sigma}^2_{ML}(\mathbf{x},\mathbf{y}|\Theta_0)\big)^{-\frac{m+n}{2}} \cdot e^{-\frac{m+n}{2}}.$$

Daraus ergibt sich der Likelihood-Quotient:

$$q(\mathbf{x},\mathbf{y}|\Theta_0,\Theta) = \frac{\hat{L}(\Theta|\mathbf{x},\mathbf{y})}{\hat{L}(\Theta_0|\mathbf{x},\mathbf{y})} = \Big(\frac{\hat{\sigma}^2_{ML}(\mathbf{x},\mathbf{y}|\Theta_0)}{\hat{\sigma}^2_{ML}(\mathbf{x},\mathbf{y}|\Theta)}\Big)^{\frac{m+n}{2}} =$$

$$= \Big(1 + \frac{mn}{m+n}\frac{(\bar{y}-\bar{x})^2}{(m-1)s_x^2+(n-1)s_y^2}\Big)^{\frac{m+n}{2}}$$

als monoton wachsende Funktion der Statistik

$$s^2(\mathbf{x},\mathbf{y}) = \frac{mn}{m+n}(\bar{y}-\bar{x})^2 \Big/ \big((m-1)s_x^2 + (n-1)s_y^2\big). \qquad (13.5.33)$$

Verteilung der Statistik $s(\mathbf{x},\mathbf{y})$:

Wegen Satz 12.1.6 gelten die folgenden Verteilungsaussagen:

$$\bar{x} \sim \mathbf{N}(\mu, \sigma^2/m), \qquad \bar{y} \sim \mathbf{N}(\mu+\triangle, \sigma^2/n),$$

$$\frac{(m-1)s_x^2}{\sigma^2} \sim \chi^2_{m-1}, \qquad \frac{(n-1)s_y^2}{\sigma^2} \sim \chi^2_{n-1},$$

und alle vier Statistiken sind unabhängig. Folglich haben wir:

$$\bar{y} - \bar{x} \sim \mathbf{N}(\Delta, \sigma^2(\frac{1}{m} + \frac{1}{n})), \quad \frac{(m-1)s_x^2 + (n-1)s_y^2}{\sigma^2} \sim \chi^2_{m+n-2},$$

und beide Statistiken sind unabhängig. Schreibt man daher $s(\mathbf{x}, \mathbf{y})$ in der Form:

$$s(\mathbf{x}, \mathbf{y}) = \frac{\sqrt{\frac{mn}{m+n}}(\bar{y} - \bar{x})}{\sqrt{(m-1)s_x^2 + (n-1)s_y^2}} = \frac{1}{\sqrt{m+n-2}} \frac{\frac{\bar{y}-\bar{x}-\Delta}{\sigma\sqrt{\frac{1}{m}+\frac{1}{n}}} + \frac{\Delta}{\sigma\sqrt{\frac{1}{m}+\frac{1}{n}}}}{\sqrt{\frac{(m-1)s_x^2+(n-1)s_y^2}{\sigma^2(m+n-2)}}},$$

und beachtet man die Definition 12.2.2 für die nichtzentrale t-Verteilung, dann erkennt man unmittelbar:

$$t(\mathbf{x}, \mathbf{y}) := \sqrt{m+n-2}\, s(\mathbf{x}, \mathbf{y}) =$$
$$= \sqrt{\frac{mn}{m+n}} \frac{\bar{y} - \bar{x}}{\sqrt{\frac{(m-1)s_x^2+(n-1)s_y^2}{m+n-2}}} \sim \mathbf{t}_{m+n-2}\Big(\frac{\Delta}{\sigma}\sqrt{\frac{mn}{m+n}}\Big). \qquad (13.5.34)$$

Für $\Delta = 0$ ist $t(\mathbf{x}, \mathbf{y})$ zentral nach $\mathbf{t}_{m+n-2}$ verteilt. Da der Likelihood-Quotient $q(\mathbf{x}, \mathbf{y}|\Theta_0, \Theta)$ natürlich auch in $t^2(\mathbf{x}, \mathbf{y})$ monoton wächst, erhalten wir schließlich den gesuchten

Niveau-α-LQ-Test für $\mathbf{H}_0$: $\Delta = 0$ $\quad\mathbf{H}_1$: $\Delta \neq 0$:

$$\varphi_{\alpha,m,n}(\mathbf{x}, \mathbf{y}) = \begin{cases} 1 \\ 0 \end{cases} \Longleftrightarrow |t(\mathbf{x}, \mathbf{y})| = \sqrt{\frac{mn}{m+n}} \frac{|\bar{y} - \bar{x}|}{\sqrt{\frac{(m-1)s_x^2+(n-1)s_y^2}{m+n-2}}} \begin{matrix} > \\ \leq \end{matrix} t_{m+n-2;1-\alpha/2}. \qquad (13.5.35)$$

Gütefunktion:

$$G(\Delta, \mu, \sigma^2|\varphi_{\alpha,m,n}) = P\big(|t(\mathbf{x}, \mathbf{y})| > t_{m+n-2;1-\alpha/2} \;\big|\; \Delta, \mu, \sigma^2\big) =$$
$$= 1 - F\Big(t_{m+n-2;1-\alpha/2} \;\Big|\; \mathbf{t}_{m+n-2}(\frac{\Delta}{\sigma}\sqrt{\frac{mn}{m+n}})\Big) +$$
$$+ F\big(-t_{m+n-2;1-\alpha/2} \;\big|\; \mathbf{t}_{m+n-2}(\frac{\Delta}{\sigma}\sqrt{\frac{mn}{m+n}})\big) \approx$$
$$\approx 2 - \Phi(u_{1-\alpha/2} - \frac{\Delta}{\sigma}\sqrt{\frac{mn}{m+n}}) - \Phi(u_{1-\alpha/2} + \frac{\Delta}{\sigma}\sqrt{\frac{mn}{m+n}}). \qquad (13.5.36)$$

Der Test ist unverfälscht.

Stichprobenumfang:

Soll $|\triangle| = |\mu_y - \mu_x| > \triangle_1$ bei der bekannten Varianz σ mit der Sicherheit $S \geq 1 - \beta$ erkannt werden, dann muß gelten:

$$\frac{mn}{m+n} \geq \left(\frac{u_{1-\alpha/2} + u_{1-\beta}}{\triangle_1/\sigma}\right)^2 \quad \text{bzw.} \quad m = n \geq 2\left(\frac{u_{1-\alpha/2} + u_{1-\beta}}{\triangle_1/\sigma}\right)^2 \tag{13.5.37}$$

(vgl. die Rechnungen in Beispiel 13.5.1).

Für das einseitige Testproblem $\mathbf{H}_0$: $\triangle \leq 0$ $\mathbf{H}_1$: $\triangle > 0$ erhält man folgende Ergebnisse:

Niveau-α-LQ-Test für $\mathbf{H}_0$: $\triangle \leq 0$ $\mathbf{H}_1$: $\triangle > 0$:

$$\varphi_{\alpha,m,n}(\mathbf{x},\mathbf{y}) = \begin{cases} 1 \\ 0 \end{cases} \Longleftrightarrow t(\mathbf{x},\mathbf{y}) = \sqrt{\frac{mn}{m+n}} \frac{\bar{y} - \bar{x}}{\sqrt{\frac{(m-1)s_x^2 + (n-1)s_y^2}{m+n-2}}} \begin{matrix} > \\ \leq \end{matrix} t_{m+n-2;1-\alpha}. \tag{13.5.38}$$

Gütefunktion:

$$G(\triangle,\mu,\sigma^2|\varphi_{\alpha,m,n}) = 1 - F\left(t_{m+n-2;1-\alpha} \,\middle|\, \mathbf{t}_{m+n-2}\left(\frac{\triangle}{\sigma}\sqrt{\frac{mn}{m+n}}\right)\right) \approx$$
$$\approx \Phi\left(\frac{\triangle}{\sigma}\sqrt{\frac{mn}{m+n}} - u_{1-\alpha}\right). \tag{13.5.39}$$

Stichprobenumfang:

Soll $\mu_y > \mu_x + \triangle_1$ mit der Sicherheit $1 - \beta$ erkannt werden, dann muß gelten:

$$\frac{mn}{m+n} \geq \left(\frac{u_{1-\alpha} + u_{1-\beta}}{\triangle_1/\sigma}\right)^2 \quad \text{bzw.} \quad m = n \geq 2\left(\frac{u_{1-\alpha} + u_{1-\beta}}{\triangle_1/\sigma}\right)^2. \tag{13.5.40}$$

Bemerkung: Die Testprobleme $\mathbf{H}_0$: $\triangle \underset{=}{\leq} \triangle_0$ $\mathbf{H}_1$: $\triangle \underset{\neq}{>} \triangle_0$ lassen sich leicht auf den betrachteten Sonderfall $\triangle_0 = 0$ reduzieren. Führt man nämlich die Variable $y' = y - \triangle_0$ ein und setzt man $\triangle' = \triangle - \triangle_0$, dann ist $\mu_y = \mu_x + \triangle$ gleichwertig mit $\mu_{y'} = \mu_x + \triangle'$. Das bedeutet, daß man in $\triangle'$ die Hypothesen $\mathbf{H}_0'$: $\triangle' \underset{=}{\leq} 0$ $\mathbf{H}_1'$: $\triangle' \underset{\neq}{>} 0$ zu testen und mit der Teststatistik

$$t'(\mathbf{x},\mathbf{y}) = t(x_1 \ldots x_m; y_1 - \triangle_0 \ldots y_n - \triangle_0) = \sqrt{\frac{mn}{m+n}} \frac{(\bar{y} - \bar{x}) - \triangle_0}{\sqrt{\frac{(m-1)s_x^2 - (n-1)s_y^2}{m+n-2}}} \tag{13.5.41}$$

zu arbeiten hat.

Beispiel 13.5.6 Varianzvergleich zweier Normalverteilungen ... F-Test

Es liegt wieder das Modell $x \sim \mathbf{N}(\mu_x, \sigma_x^2)$, $y \sim \mathbf{N}(\mu_y, \sigma_y^2)$ mit frei variierenden Parametern $(\mu_x, \mu_y, \sigma_x^2, \sigma_y^2)$ zugrunde. Diesmal sollen die Varianzen σ_x^2, σ_y^2 miteinander verglichen werden. Es ist daher naheliegend (σ_x, σ_y sind Skalenparameter!), den Quotienten $\sigma_y^2/\sigma_x^2 = \rho^2$ als Vergleichsmaß für die Varianzen einzuführen und das Modell mit $(\mu_x, \mu_y, \sigma_x^2, \rho^2) \in \mathbf{R}^2 \times \mathbf{R}_+^2 = \Theta$ zu parametrisieren.

Wir stellen uns die Aufgabe, die LQ-Teststrategien für die Probleme:

$$\mathbf{H}_0\colon\ \rho^2 = \rho_0^2 \quad \mathbf{H}_1\colon\ \rho^2 \neq \rho_0^2 \quad \text{und} \quad \mathbf{H}_0\colon\ \rho^2 \leq \rho_0^2 \quad \mathbf{H}_1\colon\ \rho^2 > \rho_0^2$$

auf der Grundlage der Daten: $\mathbf{x} = (x_1 \dots x_m), \mathbf{y} = (y_1 \dots y_n)$ zu bestimmen, wobei es offenbar, ähnlich wie im vorigen Beispiel, ausreicht, den Sonderfall $\rho_0^2 = 1$ zu behandeln, denn der allgemeine Fall kann darauf sofort durch die Transformation $y' = y/\rho_0$ zurückgeführt werden. Wieder behandeln wir das zweiseitige Problem ausführlicher und überlassen es dem Leser, die Formeln für den einseitigen Fall nachzuprüfen. Man erhält:

Allgemeines Modell $(\mu_x, \mu_y, \sigma_x^2, \rho^2) \in \mathbf{R}^2 \times \mathbf{R}_+^2 = \Theta$:

$$\hat{\mu}_{x,ML}(\mathbf{x}|\Theta) = \bar{x}, \quad \hat{\mu}_{y,ML}(\mathbf{y}|\Theta) = \bar{y},$$

$$\hat{\sigma}_{x,ML}^2(\mathbf{x}|\Theta) = \frac{m-1}{m}s_x^2,\ \hat{\sigma}_{y,ML}^2(\mathbf{y}|\Theta) = \frac{n-1}{n}s_y^2, \hat{\rho}_{ML}^2(\mathbf{x},\mathbf{y}|\Theta) = \frac{m(n-1)}{n(m-1)}\frac{s_y^2}{s_x^2},$$

$$\hat{L}(\Theta|\mathbf{x},\mathbf{y}) = (2\pi\frac{m-1}{m}s_x^2)^{-\frac{m}{2}}(2\pi\frac{n-1}{n}s_y^2)^{-\frac{n}{2}} \cdot e^{-\frac{m+n}{2}}.$$

Modell $\mathbf{H}_0$: $\rho^2 = 1 \dots (\mu_x, \mu_y, \sigma_x^2, \rho^2) \in \mathbf{R}^2 \times \mathbf{R}_+ \times \{1\} = \Theta_0$:

$$\hat{\mu}_{x,ML}(\mathbf{x}|\Theta_0) = \bar{x}, \quad \hat{\mu}_{y,ML}(\mathbf{y}|\Theta_0) = \bar{y},$$

$$\hat{\sigma}_{x,ML}^2(\mathbf{x},\mathbf{y}|\Theta_0) = \frac{(m-1)s_x^2 + (n-1)s_y^2}{m+n},$$

$$\hat{L}(\Theta_0|\mathbf{x},\mathbf{y}) = (2\pi\frac{(m-1)s_x^2 + (n-1)s_y^2}{m+n})^{-\frac{m+n}{2}} \cdot e^{-\frac{m+n}{2}}.$$

Mit der Abkürzung $z = (n-1)s_y^2 \ / \ (m-1)s_x^2$ folgt der

Likelihood-Quotient:

$$q(\mathbf{x},\mathbf{y} \mid \Theta_0,\Theta) = \frac{\hat{L}(\Theta|\mathbf{x},\mathbf{y})}{\hat{L}(\Theta_0|\mathbf{x},\mathbf{y})} = \frac{m^{m/2}n^{n/2}}{(m+n)^{(m+n)/2}}(1+z)^{m/2}(1+\frac{1}{z})^{n/2} =: q(z).$$

Abb. 13.5.8 zeigt den qualitativen Verlauf von $q(z)$. Man erkennt, daß die Bedingungen $q \gtrless k$ gleichwertig sind mit $z \notin_{\in} [z_1, z_2]$, falls $q(z_1) = q(z_2) = k$ erfüllt ist. Die LQ-Tests können daher durch die Statistik z ausgedrückt werden.

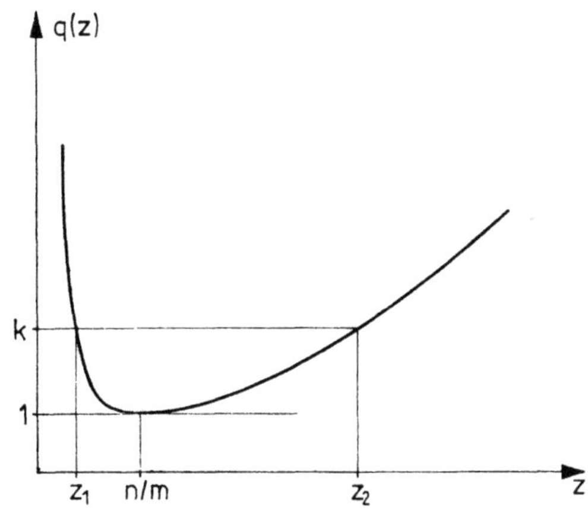

Abb. 13.5.8

Verteilung von $z = (n-1)s_y^2/(m-1)s_x^2$:

Wegen $(m-1)s_x^2/\sigma_x^2 \sim \chi^2_{m-1}$ und $(n-1)s_y^2/\sigma_y^2 \sim \chi^2_{n-1}$ (vgl. Satz 12.1.6) ist die Statistik

$$\frac{\frac{(n-1)s_y^2}{\sigma_y^2} \Big/ (n-1)}{\frac{(m-1)s_x^2}{\sigma_x^2} \Big/ (m-1)} = \frac{\sigma_x^2}{\sigma_y^2}\frac{s_y^2}{s_x^2} = \frac{1}{\rho^2}\frac{s_y^2}{s_x^2}$$

nach $\mathbf{F}(n-1, m-1)$ verteilt (vgl. Definition 12.3.1). Insbesondere besitzt daher für $\rho^2 = 1$ die Statistik $s_y^2/s_x^2 = \frac{m-1}{n-1}z$ die $\mathbf{F}(n-1, m-1)$-Verteilung.

Niveau-α-LQ-Test für $\mathbf{H}_0$: $\rho^2 = \sigma_y^2/\sigma_x^2 = 1$ $\quad \mathbf{H}_1: \rho^2 \neq 1$:

Da die durch Abb. 13.5.8 angedeutete Bestimmung der Konstanten z_1, z_2 aus der Bedingung $q(z_1) = q(z_2)$ einerseits und dem vorgeschriebenen Niveau α andererseits für die Praxis zu umständlich ist, setzt man:

$$\varphi_{\alpha,m,n}(\mathbf{x},\mathbf{y}) = \begin{cases} 1 \\ 0 \end{cases} \Longleftrightarrow \frac{s_y^2}{s_x^2} \begin{matrix} \notin \\ \in \end{matrix} \quad [F_{\alpha/2}(n-1,m-1), F_{1-\alpha/2}(n-1,m-1)]. \tag{13.5.42}$$

Dieser Test hat offenbar das Niveau α. Die geringfügige Verfälschung, die für $m \neq n$ in der Umgebung von $\rho^2 = 1$ eintritt, ist für die Praxis belanglos.

Gütefunktion:

Wegen $s_y^2/\rho^2 s_x^2 \sim \mathbf{F}(n-1, m-1)$ gilt:

$$\begin{aligned} &G(\mu_x, \mu_y, \sigma_x^2, \rho^2 | \varphi_{\alpha,m,n}) = \\ &= 1 - P\Big(\frac{1}{\rho^2} F_{\alpha/2}(n\text{-}1, m\text{-}1) \leq \frac{1}{\rho^2}\frac{s_y^2}{s_x^2} \leq \frac{1}{\rho^2} F_{1-\alpha/2}(n\text{-}1, m\text{-}1) \mid \mu_x, \mu_y, \sigma_x^2, \rho^2\Big) = \\ &= 1 - F\big(\frac{1}{\rho^2} F_{1-\alpha/2}(n\text{-}1, m\text{-}1) | \mathbf{F}(n\text{-}1, m\text{-}1)\big) + F\big(\frac{1}{\rho^2} F_{\alpha/2}(n\text{-}1, m\text{-}1) | \mathbf{F}(n\text{-}1, m\text{-}1)\big) = \\ &= G(\rho^2 | \varphi_{\alpha,m,n}), \end{aligned} \tag{13.5.43}$$

d.h. die Gütefunktion hängt von den nuisance-Parametern μ_x, μ_y, σ_x^2 nicht ab. Asymptotisch erhält man, wegen $\mathbf{F}(n, m) \approx \mathbf{N}(1, \frac{2(m+n)}{mn})$ und $F_p(n, m) \approx 1 + \sqrt{\frac{2(m+n)}{mn}} u_p$:

$$\begin{aligned} G(\rho^2 | \varphi_{\alpha,m,n}) \approx\; &\Phi\Big(\sqrt{\frac{mn}{2(m+n)}}(1 - \frac{1}{\rho^2}) - \frac{1}{\rho^2} u_{1-\alpha/2}\Big) + \\ &+ \Phi\Big(-\sqrt{\frac{mn}{2(m+n)}}(1 - \frac{1}{\rho^2}) - \frac{1}{\rho^2} u_{1-\alpha/2}\Big), \end{aligned} \tag{13.5.44}$$

woraus sich der für eine vorgegebene Trennschärfe notwendige Datenumfang approximativ bestimmen läßt. Abb. 13.5.9 zeigt den Verlauf der Gütefunktion für $\alpha = 0,05$ und $m = n = 10, 100, 1000$.

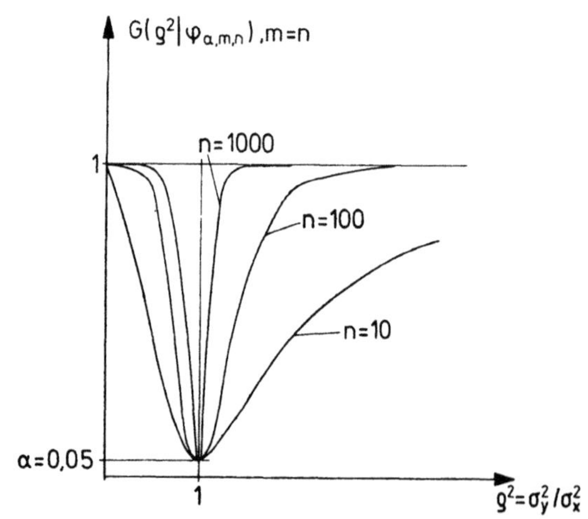

Abb. 13.5.9

Stichprobenumfang:

Soll $\rho^2 = \sigma_y^2/\sigma_x^2 > \rho_1^2$ (> 1) mit der Sicherheit $\geq 1-\beta$ erkannt werden, dann erhält man aus (13.5.44) (für $\rho^2 > 1$ kann der zweite, für $\rho^2 < 1$ der erste Ausdruck rechts vernachlässigt werden):

$$\frac{mn}{2(m+n)} \geq \left(\frac{\rho_1^2 u_{1-\beta} + u_{1-\alpha/2}}{\rho_1^2 - 1}\right)^2 \quad \text{bzw.:} \quad m = n \geq 4\left(\frac{\rho_1^2 u_{1-\beta} + u_{1-\alpha/2}}{\rho_1^2 - 1}\right)^2.$$

Bemerkung: Soll $\mathbf{H}_0$: $\rho^2 = \rho_0^2$ $\mathbf{H}_1$: $\rho^2 \neq \rho_0^2$ getestet werden, dann arbeitet man mit den transformierten Daten: $y' = y/\rho_0$ oder, was auf das Gleiche hinausläuft, mit der Teststatistik $s_y^2/\rho_0^2 s_x^2$.

Für das einseitige Problem $\mathbf{H}_0$: $\rho^2 = \sigma_y^2/\sigma_x^2 \leq 1$ $\mathbf{H}_1$: $\rho^2 > 1$ erhält man folgende Resultate, deren Herleitung wir dem Leser überlassen:

Daten: $\mathbf{x} = (x_1 \ldots x_m), \mathbf{y} = (y_1 \ldots y_n)$.

Niveau-α-LQ-Test für $\mathbf{H}_0$: $\rho^2 = \sigma_y^2/\sigma_x^2 \leq 1$ $\mathbf{H}_1$: $\rho^2 > 1$:

$$\varphi_{\alpha,m,n}(\mathbf{x},\mathbf{y}) = \begin{cases} 1 \\ 0 \end{cases} \iff \frac{s_y^2}{s_x^2} \begin{matrix} > \\ \leq \end{matrix} F_{1-\alpha}(n-1, m-1). \tag{13.5.45}$$

Gütefunktion:

$$\begin{aligned} G(\rho^2|\varphi_{\alpha,m,n}) &= 1 - F\Big(\frac{1}{\rho^2}F_{1-\alpha}(n-1,m-1)|\mathbf{F}(n-1,m-1)\Big) \approx \\ &\approx \Phi\Big(\sqrt{\frac{mn}{2(m+n)}}\Big(1-\frac{1}{\rho^2}\Big) - \frac{1}{\rho^2}u_{1-\alpha}\Big). \end{aligned} \tag{13.5.46}$$

Abb. 13.5.10 zeigt den Verlauf der Gütefunktion für $\alpha = 0{,}05$ und $m = n = = 10, 100, 1000$.

Stichprobenumfang:

Soll $\rho^2 = \sigma_y^2/\sigma_x^2 > \rho_1^2$ (> 1) mit der Sicherheit $\geq 1-\beta$ erkannt werden, dann muß gelten:

$$\frac{mn}{2(m+n)} \geq \left(\frac{\rho_1^2 u_{1-\beta} + u_{1-\alpha}}{\rho_1^2 - 1}\right)^2 \quad \text{bzw.:} \quad m = n \geq 4\left(\frac{\rho_1^2 u_{1-\beta} + u_{1-\alpha}}{\rho_1^2 - 1}\right)^2. \tag{13.5.47}$$

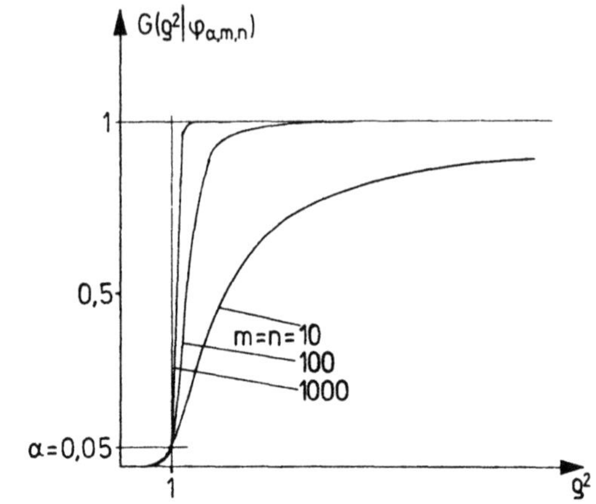

Abb. 13.5.10

Beispiel 13.5.7 Lineares Modell — lineare Hypothesen

In Beispiel 11.4.5 haben wir das lineare Modell $\mathbf{y} = (y_1 \dots y_n)' \sim \mathrm{N}(\mathbf{X}\boldsymbol{\beta}, \sigma^2\mathbf{I})\dots$ $\dots\boldsymbol{\beta} = (\beta_1 \dots \beta_k)' \in \mathbf{R}^k, \sigma^2 \in \mathbf{R}_+$ eingeführt und die ML-Schätzer für die Parameter $\boldsymbol{\beta}, \sigma^2$ bestimmt. Bei der praktischen Arbeit mit diesem Modell hat man häufig zu prüfen, ob einzelne Regressionsparameter β_i signifikant von Null verschieden sind oder ob Beziehungen zwischen diesen Parametern bestehen. Fast immer handelt es sich dabei um Hypothesen über $\boldsymbol{\beta}$, die in der Form eines linearen, homogenen Gleichungssystems der Art: $\mathbf{H}\boldsymbol{\beta} = \mathbf{o}$ formuliert werden können — man spricht daher von **linearen Hypothesen** über das Modell. Dabei ist $\mathbf{H}$ eine (l, k)-Matrix mit $l < k$ vom maximalen Rang: $Rang(\mathbf{H}) = l$. Wir betrachten somit die Hypothesen:

$$\mathbf{H}_0\colon \mathbf{H}\boldsymbol{\beta} = \mathbf{o} \quad \mathbf{H}_1\colon \mathbf{H}\boldsymbol{\beta} \neq \mathbf{o} \tag{13.5.48}$$

und stellen uns die Aufgabe, dafür den LQ-Test zum Niveau α zu bestimmen. Wir haben zunächst (vgl. (11.4.8) und (11.4.9)) die

ML-Schätzer im allgemeinen Modell $(\boldsymbol{\beta}, \sigma^2) \in \mathbf{R}^k \times \mathbf{R}_+ = \Theta$:

$$\hat{\boldsymbol{\beta}}_{ML}(\mathbf{y}|\Theta) = (\mathbf{X}'\mathbf{X})^{-1}\mathbf{X}'\mathbf{y}, \; \hat{\sigma}^2_{ML}(\mathbf{y}|\Theta) = \frac{1}{n}\mathbf{y}'(\mathbf{I} - \mathbf{X}(\mathbf{X}'\mathbf{X})^{-1}\mathbf{X}')\mathbf{y}. \tag{13.5.49}$$

und damit das Maximum der Likelihood-Funktion:

$$\hat{L}(\Theta|\mathbf{y}) = L(\hat{\boldsymbol{\beta}}_{ML}(\mathbf{y}|\Theta), \hat{\sigma}^2_{ML}(\mathbf{y}|\Theta) \mid \mathbf{y}) = \left(2\pi\hat{\sigma}^2_{ML}(\mathbf{y}|\Theta)\right)^{-n/2} e^{-n/2}. \tag{13.5.50}$$

ML-Schätzer im eingeschränkten Modell $\mathbf{H}_0 : \mathbf{H}\boldsymbol{\beta} = \mathbf{o}$:

Die Bedingung $\mathbf{H}\boldsymbol{\beta} = \mathbf{o}$ schränkt, wegen $Rang\ (\mathbf{H}) = l$, den Parametervektor $\boldsymbol{\beta}$ auf einen $(k - l)$-dimensionalen Teilraum des $\mathbf{R}^k$ ein. Stellen wir die allgemeine Lösung von $\mathbf{H}\boldsymbol{\beta} = \mathbf{o}$ in der Form $\boldsymbol{\beta} = \mathbf{C}\boldsymbol{\gamma}$ dar, mit einer geeigneten $(k, k - l)$-Matrix $\mathbf{C}$, deren linear unabhängige Spalten partikuläre Lösungen von $\mathbf{H}\boldsymbol{\beta} = \mathbf{o}$ sind — es gilt also: $Rang(\mathbf{C}) = k - l$ und $\mathbf{HC} = \mathbf{O}$ —, und dem neuen Parametervektor $\boldsymbol{\gamma} =$

$= (\gamma_1 \dots \gamma_{k-l})'$, dann haben wir unter der Hypothese $\mathbf{H}_0$: $\mathbf{H}\boldsymbol{\beta} = \mathbf{o}$ das Modell: $\mathbf{y} \sim$ $\sim \mathbf{N}(\mathbf{XC}\boldsymbol{\gamma}, \sigma^2\mathbf{I})$ und $(\boldsymbol{\gamma}, \sigma^2) \in \mathbf{R}^{k-l} \times \mathbf{R}_+ = \Theta_0$, also wieder ein lineares Modell mit der neuen Regressormatrix $\mathbf{XC}$ und den Regressionskonstanten $\boldsymbol{\gamma} = (\gamma_1 \dots \gamma_{k-l})'$. Es folgt daher:

$$\hat{\boldsymbol{\gamma}}_{ML}(\mathbf{y}|\Theta_0) = (\mathbf{C}'\mathbf{X}'\mathbf{XC})^{-1}\mathbf{C}'\mathbf{X}'\mathbf{y},$$
$$\hat{\sigma}^2_{ML}(\mathbf{y}|\Theta_0) = \frac{1}{n}\mathbf{y}'(\mathbf{I} - \mathbf{XC}(\mathbf{C}'\mathbf{X}'\mathbf{XC})^{-1}\mathbf{C}'\mathbf{X}')\mathbf{y}, \tag{13.5.51}$$

$$\hat{L}(\Theta_0|\mathbf{y}) = L(\hat{\boldsymbol{\gamma}}_{ML}(\mathbf{y}|\Theta_0), \hat{\sigma}^2_{ML}(\mathbf{y}|\Theta_0) \mid \mathbf{y}) = \left(2\pi\hat{\sigma}^2_{ML}(\mathbf{y}|\Theta_0)\right)^{-n/2} e^{-n/2}. \tag{13.5.52}$$

Aus (13.5.50) und (13.5.52) ergibt sich schließlich der

Likelihood-Quotient:

$$q(\mathbf{y}|\Theta_0, \Theta) = \frac{\hat{L}(\Theta|\mathbf{y})}{\hat{L}(\Theta_0|\mathbf{y})} = \left(\frac{\hat{\sigma}^2_{ML}(\mathbf{y}|\Theta_0)}{\hat{\sigma}^2_{ML}(\mathbf{y}|\Theta)}\right)^{n/2}. \tag{13.5.53}$$

Der gesuchte LQ-Test kann daher als Funktion des Quotienten $\hat{\sigma}^2_{ML}(\mathbf{y}|\Theta_0)$ / / $\hat{\sigma}^2_{ML}(\mathbf{y}|\Theta)$ geschrieben werden. Wir betrachten diesen Quotienten etwas genauer und führen dazu die folgenden Projektionsmatrizen ein:

$$\begin{aligned} &\mathbf{P_X} = \mathbf{X}(\mathbf{X}'\mathbf{X})^{-1}\mathbf{X}', \quad \mathbf{Q_X} = \mathbf{I} - \mathbf{P_X}, \\ &\mathbf{P_{XC}} = \mathbf{XC}(\mathbf{C}'\mathbf{X}'\mathbf{XC})^{-1}\mathbf{C}'\mathbf{X}', \quad \mathbf{Q_{XC}} = \mathbf{I} - \mathbf{P_{XC}}. \end{aligned} \tag{13.5.54}$$

$\mathbf{P_X}$ und $\mathbf{P_{XC}}$ projizieren auf die Spaltenräume von $\mathbf{X}$ bzw. $\mathbf{XC}$ und $\mathbf{Q_X}$ bzw. $\mathbf{Q_{XC}}$ auf die zugehörigen Orthogonalräume (siehe die Ausführungen im Anschluß an den Beweis von Satz 12.1.3). Damit gilt (vgl. (13.5.49) und (13.5.51)):

$$\hat{\sigma}^2_{ML}(\mathbf{y}|\Theta) = \frac{1}{n}\mathbf{y}'\mathbf{Q_X}\mathbf{y}, \quad \hat{\sigma}^2_{ML}(\mathbf{y}|\Theta_0) = \frac{1}{n}\mathbf{y}'\mathbf{Q_{XC}}\mathbf{y}$$

und somit:

$$\frac{\hat{\sigma}^2_{ML}(\mathbf{y}|\Theta_0)}{\hat{\sigma}^2_{ML}(\mathbf{y}|\Theta)} = \frac{\mathbf{y}'\mathbf{Q_{XC}}\mathbf{y}}{\mathbf{y}'\mathbf{Q_X}\mathbf{y}} = 1 + \frac{\mathbf{y}'(\mathbf{Q_{XC}} - \mathbf{Q_X})\mathbf{y}}{\mathbf{y}'\mathbf{Q_X}\mathbf{y}}. \tag{13.5.55}$$

LQ-Test:

Wir können daher den gesuchten Test in der folgenden Form ansetzen:

$$\varphi_\alpha(\mathbf{y}) = \begin{cases} 1 \\ 0 \end{cases} \iff \frac{\mathbf{y}'(\mathbf{Q_{XC}} - \mathbf{Q_X})\mathbf{y}}{\mathbf{y}'\mathbf{Q_X}\mathbf{y}} \begin{matrix} > \\ \leq \end{matrix} k(\alpha), \tag{13.5.56}$$

wobei der Wert der Konstanten $k(\alpha)$ noch zu bestimmen sein wird. Wir erledigen diese Aufgabe, indem wir gleich die Gütefunktion des obigen Tests berechnen. Man verifiziert zunächst sofort:

1. $\mathbf{Q_{XC}} - \mathbf{Q_X} = \mathbf{P_X} - \mathbf{P_{XC}}$ ist eine Projektionsmatrix (d.h. symmetrisch und idempotent).

2. $(\mathbf{Q_{XC}} - \mathbf{Q_X})\mathbf{Q_X} = \mathbf{O}$, d.h. $\mathbf{Q_X}$ und $\mathbf{Q_{XC}} - \mathbf{Q_X}$ sind orthogonal.
3. $Rang(\mathbf{Q_X}) = Rang(\mathbf{I} - \mathbf{P_X}) = Spur(\mathbf{I} - \mathbf{P_X}) = Spur(\mathbf{I}) - Spur(\mathbf{P_X}) = = n - Rang(\mathbf{X}) = n - k.$

   $Rang(\mathbf{Q_{XC}} - \mathbf{Q_X}) = Rang(\mathbf{P_X} - \mathbf{P_{XC}}) = Spur(\mathbf{P_X} - \mathbf{P_{XC}}) = = Spur(\mathbf{P_X}) - Spur(\mathbf{P_{XC}}) = Rang(\mathbf{X}) - Rang(\mathbf{XC}) = k - (k - l) = l.$

Nach dem verallgemeinerten Satz von Cochran (Satz 12.1.8) ist daher, wegen $\frac{1}{\sigma}\mathbf{y} \sim \sim \mathbf{N}(\frac{1}{\sigma}\mathbf{X}\boldsymbol{\beta}, \mathbf{I})$:

$$\left.\begin{array}{l} \frac{1}{\sigma^2}\mathbf{y}'(\mathbf{Q_{XC}} - \mathbf{Q_X})\mathbf{y} \sim \chi^2_l\left(\frac{1}{\sigma^2}\boldsymbol{\beta}'\mathbf{X}'(\mathbf{Q_{XC}} - \mathbf{Q_X})\mathbf{X}\boldsymbol{\beta}\right) \\ \frac{1}{\sigma^2}\mathbf{y}'\mathbf{Q_X}\mathbf{y} \sim \chi^2_{n-k}\left(\frac{1}{\sigma^2}\boldsymbol{\beta}'\mathbf{X}'\mathbf{Q_X}\mathbf{X}\boldsymbol{\beta}\right) \end{array}\right\} \ldots \text{ unabhängig.} \tag{13.5.57}$$

Der Nichtzentralitätsparameter der zweiten Statistik ist wegen $\mathbf{Q_X}\mathbf{X} = \mathbf{O}$ immer 0, d.h. $\frac{1}{\sigma^2}\mathbf{y}'\mathbf{Q_X}\mathbf{y}$ ist zentral nach χ^2_{n-k} verteilt. Der Nichtzentralitätsparameter der ersten Statistik hingegen besitzt den Wert $\delta^2 = \frac{1}{\sigma^2}\boldsymbol{\beta}'\mathbf{X}'\mathbf{Q_{XC}}\mathbf{X}\boldsymbol{\beta}$ und verschwindet nur für $\boldsymbol{\beta} = \mathbf{C}\boldsymbol{\gamma}$, also unter der Hypothese $\mathbf{H}_0$, denn es gilt: $\mathbf{Q_{XC}}\mathbf{XC} = \mathbf{O}$. Berücksichtigt man die Definition 12.3.2 der nichtzentralen F-Verteilung, dann folgt schließlich die Verteilungsaussage:

$$\frac{\mathbf{y}'(\mathbf{Q_{XC}} - \mathbf{Q_X})\mathbf{y}/l}{\mathbf{y}'\mathbf{Q_X}\mathbf{y}/(n-k)} \sim \mathbf{F}(l, n-k | \frac{1}{\sigma^2}\boldsymbol{\beta}'\mathbf{X}'\mathbf{Q_{XC}}\mathbf{X}\boldsymbol{\beta}). \tag{13.5.58}$$

Man beherrscht daher die Verteilung der Teststatistik für beliebige Parameter $\boldsymbol{\beta}, \sigma^2$; insbesondere ist sie unter $\mathbf{H}_0$ zentral nach $\mathbf{F}(l, n-k)$ verteilt, und der gesuchte LQ-Test zum Niveau α hat nunmehr endgültig die Form:

$$\varphi_\alpha(\mathbf{y}) = \begin{cases} 1 \\ 0 \end{cases} \Longleftrightarrow \frac{\mathbf{y}'(\mathbf{Q_{XC}} - \mathbf{Q_X})\mathbf{y}/l}{\mathbf{y}'\mathbf{Q_X}\mathbf{y}/(n-k)} \begin{array}{c} > \\ \leq \end{array} F_{1-\alpha}(l, n-k). \tag{13.5.59}$$

Seine **Gütefunktion** ist wegen (13.5.58) gegeben durch:

$$G(\delta^2(\boldsymbol{\beta}, \sigma^2) \mid \varphi_\alpha) = 1 - F\Big(F_{1-\alpha}(l, n-k) \,\Big|\, \mathbf{F}(l, n-k \mid \delta^2 = \frac{1}{\sigma^2}\boldsymbol{\beta}'\mathbf{X}'\mathbf{Q_{XC}}\mathbf{X}\boldsymbol{\beta})\Big) \tag{13.5.60}$$

und ist als Funktion des Nichtzentralitätsparameters $\delta^2 = \frac{1}{\sigma^2}\boldsymbol{\beta}'\mathbf{X}'\mathbf{Q_{XC}}\mathbf{X}\boldsymbol{\beta}$ eine monoton wachsende Funktion, da die Verteilungen $\mathbf{F}(l, n-k|\delta^2)$ im Sinne der stochastischen Ordnung monoton wachsen (siehe (12.3.6)). Der Test ist daher unverfälscht zum Niveau α. Abb. 13.5.11 zeigt den Verlauf der Gütefunktion in Abhängigkeit von δ^2, also von $G(\delta^2|\varphi_\alpha) = 1 - F\big(F_{1-\alpha}(l, n-k) \mid \mathbf{F}(l, n-k|\delta^2)\big)$ für $\alpha = 0{,}05$, $l = 4$ und $n - k = 10, 20, 40$[6].

Mit Hilfe dieser Gütefunktionsscharen lassen sich wieder Aussagen über den für eine gewünschte Trennschärfe notwendigen Datenumfang n gewinnen. Wir verfolgen dieses Problem indessen nicht weiter und verweisen den Leser auf die Fachliteratur über das Lineare Modell.

[6]Die Biometrika Tabellen von Pearson und Hartley Bd. II enthalten weitere Kurvenblätter (Table 30).

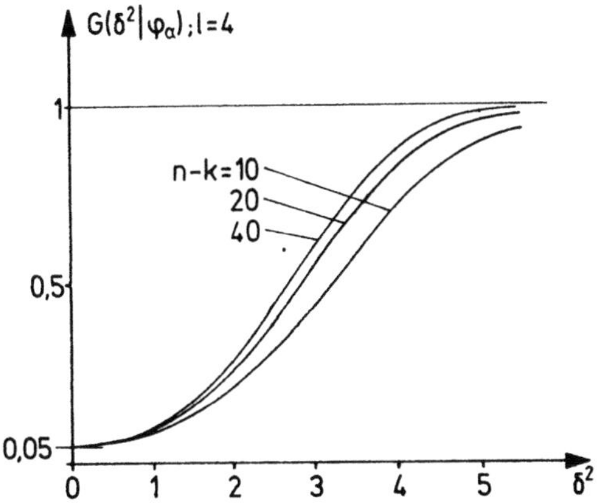

Abb. 13.5.11

Asymptotische Eigenschaften des Likelihood-Quotienten-Tests

Von den in den Beispielen 13.5.1 bis 13.5.7 für Modelle mit Normalverteilung hergeleiteten LQ-Tests läßt sich zeigen, daß sie in einem sehr umfassenden Sinn (nämlich innerhalb der Familie der unverfälschten, ähnlichen Tests) für beliebige Stichprobenumfänge optimal sind. Ein derart weitgehendes Resultat kann man für nicht-normale Modelle kaum erwarten. Immerhin besitzt man asymptotische Ergebnisse von bemerkenswerter Allgemeinheit. Da es nicht möglich ist, diese Sätze im Rahmen des vorliegenden Buches exakt zu beweisen und auch ihre strenge Formulierung zuviel theoretische Vorarbeit erfordern würde, begnügen wir uns mit einer etwas unscharfen Darstellung der Ergebnisse und verweisen den Leser zum genaueren Studium dieser Fragen etwa auf das Lehrbuch von Wilks[7].

Sei $\left(P_x(.|\vartheta)\colon \vartheta = (\vartheta_1 \ldots \vartheta_k) \in \Theta\right)$ ein k-parametrisches Modell. Der Parameterraum Θ sei ein k-dimensionales Intervall im $\mathbf{R}^k$ und $\Theta_0 \subset \Theta$ ein l $(< k)$-dimensionaler Schnitt von Θ (erzeugt durch eine l-dimensionale Hyperebene oder allgemeiner durch eine genügend glatte, l-dimensionale Fläche im $\mathbf{R}^k$). Wir betrachten das Testproblem:

$$\mathbf{H}_0\colon \vartheta \in \Theta_0 \qquad \mathbf{H}_1\colon \vartheta \notin \Theta_0 .$$

Es läßt sich nun zeigen, daß unter gewissen Regularitätsvoraussetzungen über die Verteilungsfamilie $(P_x(.|\vartheta)\colon \vartheta \in \Theta)$ — gemeinsamer Träger für alle Verteilungen der Familie, Differenzierbarkeit der Dichten nach ϑ etc. — folgende Aussagen gelten:

1. Die Statistik $lnq^2(\mathbf{x}|\Theta_0, \Theta) = 2ln(\hat{L}(\Theta|\mathbf{x})/\hat{L}(\Theta_0|\mathbf{x}))$ ist für $\vartheta \in \Theta_0$ asymptotisch nach χ^2_{k-l} verteilt.

[7] WILKS, S.: Mathematical statistics. J.Wiley, New York (1962).

2. Die Folge der Tests

$$\varphi_{\alpha,n}(\mathbf{x}_n) = \begin{cases} 1 \\ 0 \end{cases} \Longleftrightarrow lnq^2(\mathbf{x}_n|\Theta_0,\Theta) \quad \begin{matrix} > \\ \leq \end{matrix} \quad \chi^2_{k-l;1-\alpha} \tag{13.5.61}$$

ist konsistent, d.h.: $lim_n G(\vartheta|\varphi_{\alpha,n}) = 1$ für $\vartheta \in \Theta_0^c$.

3. Die Folge der Tests ($\varphi_{\alpha,n}$: $n \geq 1$) ist asymptotisch optimal (natürlich in einem noch zu präzisierenden Sinn).

Es ist eine lehrreiche Übung, die Aussage **1.** bei den Beispielen 13.5.1, 13.5.3, 13.5.5, 13.5.6 und 13.5.7 nachzuprüfen.

13.6 Der entscheidungstheoretische Ansatz

Zu Beginn dieses Kapitels wurde auf den grundsätzlichen Unterschied zwischen dem testtheoretischen und dem entscheidungstheoretischen Ansatz kurz hingewiesen. Wir wollen in diesem Abschnitt die von A. Wald vorgeschlagene Sicht des Entscheidungsproblems skizzieren.

Zur formalen Struktur der Aufgabenstellung: Gegeben ist ein Experiment $\mathcal{E}$, dessen Ausgang x eine Verteilung aus der k-parametrischen Familie $\big(P_x(.|\vartheta)$: $\vartheta = (\vartheta_1 \dots \vartheta_k) \in \Theta\big)$ besitzt. Weiters sei für den Parameter ϑ eine a priori-Verteilung P_ϑ mit Dichte f_ϑ bekannt — wir befinden uns also im Rahmen des Bayes'schen Ansatzes. Beobachtet wird eine Stichprobe $\mathbf{x} = (x_1 \dots x_n)$; der Parameter ϑ ist nicht beobachtbar.

Auf der Grundlage von $\mathbf{x}$ soll jetzt eine Entscheidung oder Handlung d ($d \hat{=}$ $\hat{=}$ decision) aus einer Menge D möglicher Entscheidungen oder Handlungen gesetzt werden. D heißt üblicherweise **Entscheidungsraum**, eine Funktion $d(\mathbf{x})$ von $\Omega_\mathbf{x}$ nach D **Entscheidungsfunktion.** D kann endlich oder unendlich sein — von besonderem Interesse ist der Sonderfall $D = \{d_0, d_1\}$ zweier möglicher Entscheidungen —, zunächst wollen wir aber über D keine speziellen Annahmen treffen.

Um die Konsequenzen einer Entscheidung zu bewerten, ist eine **Verlustfunktion** $v(\vartheta, d)$ gegeben. Sie gibt den Verlust an, der eintritt, wenn ϑ der richtige Parameter ist und die Entscheidung d getroffen wird. Wäre ϑ bekannt, dann würde man selbstverständlich so entscheiden, daß $v(\vartheta, d)$ minimal wird — eine mehr oder weniger komplizierte Extremwertaufgabe wäre zu lösen, statistisches Problem läge aber keines vor.

Da ϑ aber nicht beobachtbar ist, stellt sich die Aufgabe, eine Entscheidungsfunktion $d(\mathbf{x})$ zu finden derart, daß der erwartete Gesamtverlust — das **a priori-Risiko**:

$$V(d) = E\big(v(\vartheta, d(\mathbf{x}))\big) \tag{13.6.1}$$

minimal wird. Zu mitteln ist sowohl über $\mathbf{x}$ als auch über ϑ — beide Größen sind ja im Rahmen des Bayes'schen Ansatzes Zufallsvariable. Die Aufgabe, eine in diesem Sinne optimale, **bayes'sche** Entscheidungsfunktion $\hat{d}(\mathbf{x})$ zu finden, erscheint zunächst als Variationsproblem, denn ein Extremum ist zu erreichen durch Variation einer unbekannten Funktion. Es ist uns nicht neu, denn in der Tat, für $D = \Theta$ wird $\hat{d}(\mathbf{x})$ zum Bayes-Schätzer für ϑ (vgl. Kapitel 10: Die Bayes-Methode), und der dort beschriebene Lösungsweg führt auch hier zum Erfolg. Schreiben wir nämlich (13.6.1) in der Form:

$$V(d) = E\big(E(v(\vartheta, d(\mathbf{x}))|\mathbf{x})\big), \tag{13.6.2}$$

wo die innere, bedingte Erwartung mit der a posteriori-Verteilung von ϑ bei festem $\mathbf{x}$ zu bilden ist, und setzen wir für diese bedingte Erwartung, das **a posteriori-Risiko**:

$$V(d|\mathbf{x}) = E\big(v(\vartheta, d)|\mathbf{x}\big),$$

dann wird der Gesamtverlust offenbar minimal, wenn man $\hat{d}(\mathbf{x})$ so gewählt hat, daß für jedes $\mathbf{x}$ $\quad V(\hat{d}(\mathbf{x})|\mathbf{x})$ minimal ausfällt:

$$V\big(\hat{d}(\mathbf{x})|\mathbf{x}\big) = min_{d\in D} V(d|\mathbf{x}).$$

Damit hat man aber für jedes $\mathbf{x}$ ein Extremalproblem in der Variablen $d \in D$ zu lösen, und das ist eine vergleichsweise einfache Aufgabe, namentlich bei endlichem D. Wir betrachten einige Sonderfälle:

1. $\mathbf{D = \{d_1 \dots d_N\}}$: N-Entscheidungsprobleme

Es sind N Entscheidungen möglich. Die Verlustfunktion $v(\vartheta, d)$ spezialisieren wir folgendermaßen: für eine Zerlegung $\Theta_1 \dots \Theta_N$ des Parameterraumes Θ (d.h. $\Theta_i \cap \Theta_j = \emptyset$ für $i \neq j$ und $\Theta_1 \cup \dots \cup \Theta_N = \Theta$) sei:

$$v(\vartheta, d) = v_{ij} \quad \text{für} \quad \vartheta \in \Theta_i \text{ und } d = d_j; \quad i, j = 1 \dots N.$$

Damit folgt für das a posteriori-Risiko:

$$V(d_j|\mathbf{x}) = \sum_{i=1}^{N} v_{ij} P_\vartheta^{\mathbf{x}}(\Theta_i|\mathbf{x}) = \sum_{i=1}^{N} v_{ij} \frac{\int_{\Theta_i} f_\vartheta(\vartheta) f_{\mathbf{x}}^{\vartheta}(\mathbf{x}|\vartheta) d\vartheta}{f_{\mathbf{x}}(\mathbf{x})} \qquad j = 1 \dots N,$$

und $\hat{d}(\mathbf{x})$ ist jenes d_j, für das $V(d_j|\mathbf{x})$ minimal wird.

Das Problem reduziert sich also offenbar auf die Berechnung der N a posteriori-Wahrscheinlichkeiten $P_\vartheta^{\mathbf{x}}(\Theta_i|\mathbf{x})$ bei festem, beobachteten $\mathbf{x}$ — eine Aufgabe, die, wenn schon nicht geschlossen, so doch wenigstens durch numerische Integration stets lösbar ist, soferne freilich das Gesamtproblem diesen Aufwand rechtfertigt. Die Randdichte $f_{\mathbf{x}}(\mathbf{x})$ ergibt sich dabei automatisch mit:

$$f_{\mathbf{x}}(\mathbf{x}) = \int_{\Theta} f_{\vartheta}(\vartheta) f_{\mathbf{x}}^{\vartheta}(\mathbf{x}|\vartheta) d\vartheta = \sum_{i=1}^{N} \int_{\Theta_i} f_{\vartheta}(\vartheta) f_{\mathbf{x}}^{\vartheta}(\mathbf{x}|\vartheta) d\vartheta.$$

2. $\mathbf{D} = \{\mathbf{d}_0, \mathbf{d}_1\}$: 2-Entscheidungsprobleme für zusammengesetzte Alternativen

Wir spezialisieren die vorige Situation zum 2-Entscheidungsproblem mit $\Theta = \Theta_0 \cup \Theta_1$ $(\Theta_0 \cap \Theta_1 = \emptyset)$ und:

$$v(\vartheta, d) = \begin{cases} v_1 \ \ldots \vartheta \in \Theta_0, & d = d_1 \ \hat{=} \ \text{Fehler 1.Art}, \\ v_2 \ \ldots \vartheta \in \Theta_1, & d = d_0 \ \hat{=} \ \text{Fehler 2.Art}, \\ 0 \ \ldots \text{sonst}. \end{cases}$$

Die Aufgabe entspricht einem Testproblem mit den zusammengesetzten Hypothesen $\mathbf{H}_0$: $\vartheta \in \Theta_0$ $\mathbf{H}_1$: $\vartheta \in \Theta_1$. Für das a posteriori-Risiko $V(d|\mathbf{x})$ erhält man:

$$V(d|\mathbf{x}) = \begin{cases} v_1 P_{\vartheta}^{\mathbf{x}}(\Theta_0|\mathbf{x}) \ldots d = d_1, \\ v_2 P_{\vartheta}^{\mathbf{x}}(\Theta_1|\mathbf{x}) \ldots d = d_0, \end{cases}$$

und daraus die Bayes'sche Entscheidungsfunktion:

$$\hat{d}(\mathbf{x}) = \begin{cases} d_1 \\ d_0 \end{cases} \iff v_1 P_{\vartheta}^{\mathbf{x}}(\Theta_0|\mathbf{x}) \begin{matrix} < \\ \geq \end{matrix} v_2 P_{\vartheta}^{\mathbf{x}}(\Theta_1|\mathbf{x})$$

bzw.

$$\hat{d}(\mathbf{x}) = \begin{cases} d_1 \\ d_0 \end{cases} \iff \frac{P_{\vartheta}^{\mathbf{x}}(\Theta_1|\mathbf{x})}{P_{\vartheta}^{\mathbf{x}}(\Theta_0|\mathbf{x})} = \frac{\int_{\Theta_1} f_{\vartheta}(\vartheta) f_{\mathbf{x}}^{\vartheta}(\mathbf{x}|\vartheta) d\vartheta}{\int_{\Theta_0} f_{\vartheta}(\vartheta) f_{\mathbf{x}}^{\vartheta}(\mathbf{x}|\vartheta) d\vartheta} \begin{matrix} > \\ \leq \end{matrix} \frac{v_1}{v_2}. \tag{13.6.3}$$

3. $\mathbf{D} = \{\mathbf{d}_0, \mathbf{d}_1\}, \Theta = \{\vartheta_0, \vartheta_1\}$: 2-Entscheidungsprobleme für einfache Alternativen

Es liegt hier die Situation des einfachen Testproblems vor: das Modell enthält zwei mögliche Verteilungen und es gibt zwei Entscheidungen. Wir setzen für die a priori-Dichte von ϑ:

$$f_{\vartheta}(\vartheta_0) = p_0 \quad \text{und} \quad f_{\vartheta}(\vartheta_1) = p_1 = 1 - p_0$$

und erhalten:

$$\hat{d}(\mathbf{x}) = \begin{cases} d_1 \\ d_0 \end{cases} \iff \frac{P_{\vartheta}^{\mathbf{x}}(\vartheta_1|\mathbf{x})}{P_{\vartheta}^{\mathbf{x}}(\vartheta_0|\mathbf{x})} = \frac{p_1 f_{\mathbf{x}}^{\vartheta}(\mathbf{x}|\vartheta_1)}{p_0 f_{\mathbf{x}}^{\vartheta}(\mathbf{x}|\vartheta_0)} \begin{matrix} > \\ \leq \end{matrix} \frac{v_1}{v_2},$$

d.h. die Bayes'sche Entscheidungsfunktion ist nichts anderes als ein Neyman-Pearson-Test, nämlich:

$$\hat{d}(\mathbf{x}) = \begin{cases} d_1 \\ d_0 \end{cases} \Longleftrightarrow \quad \frac{f_{\mathbf{x}}^{\vartheta}(\mathbf{x}|\vartheta_1)}{f_{\mathbf{x}}^{\vartheta}(\mathbf{x}|\vartheta_0)} \quad \begin{matrix} > \\ \leq \end{matrix} \quad \frac{p_0}{p_1}\frac{v_1}{v_2},$$

wobei der kritische Wert für den Dichtequotienten aus der a priori-Verteilung (p_0, p_1) und der Bewertung v_1, v_2 für Fehler 1. bzw. 2.Art folgt.

4. $\mathbf{D} = \{\mathbf{d}_0, \mathbf{d}_1\}$: 2-Entscheidungsproblem bei Verteilungsfamilien mit monotonen Dichtequotienten

Sei $\big(P_x(.|\vartheta) : \vartheta \in \Theta \subset \mathbf{R}\big)$ eine 1-parametrische Verteilungsfamilie, die etwa für den Stichprobenumfang n, in $t(\mathbf{x}) = t(x_1 \ldots x_n)$ monoton wachsende Dichtequotienten besitzt. D.h. es gilt (vgl. Definition 13.3.1):

$$q(\mathbf{x}|\vartheta_0, \vartheta_1) = \frac{f(\mathbf{x}|\vartheta_1)}{f(\mathbf{x}|\vartheta_0)} = h\big(t(\mathbf{x})|\vartheta_0, \vartheta_1\big), \tag{13.6.4}$$

und die Funktion $h(t|\vartheta_0, \vartheta_1)$ ist für jedes Paar $\vartheta_0 < \vartheta_1$ in t monoton wachsend.

Wir betrachten das Testproblem: $\mathbf{H}_0$: $\vartheta \leq \vartheta^*$ $\mathbf{H}_1$: $\vartheta > \vartheta^*$ bzw. gleichwertig: $\mathbf{H}_0$: $\vartheta \in \Theta_0 = (-\infty, \vartheta^*] \cap \Theta$ $\mathbf{H}_1$: $\vartheta \in \Theta_1 = (\vartheta^*, \infty) \cap \Theta$ und behaupten, daß die Bayes'sche Entscheidungsfunktion $d(\mathbf{x})$ in diesem Fall von der Form ist:

$$\hat{d}(\mathbf{x}) = \begin{cases} d_1 \\ d_0 \end{cases} \Longleftrightarrow \; t(\mathbf{x}) \; \begin{matrix} > \\ \leq \end{matrix} \; k = k\Big(\frac{v_1}{v_2}, \vartheta^* | P_\vartheta\Big), \tag{13.6.5}$$

d.h. sie hat die gleiche Gestalt wie die gleichmäßig schärfsten Teststrategien für dieses Testproblem (siehe Satz 13.3.2). Der kritische Wert k ist hier allerdings nicht durch ein vorgegebenes Niveau α, sondern durch die relative Verlustbewertung v_1/v_2, den Grenzparameter ϑ^* und vor allem durch die a priori-Verteilung von ϑ bestimmt.

Um diese Behauptung einzusehen, schreiben wir die Dichten $f(\mathbf{x}|\vartheta)$ in der Form (siehe (13.6.4)):

$$f(\mathbf{x}|\vartheta) = f(\mathbf{x}|\vartheta^*) \cdot h\big(t(\mathbf{x})|\vartheta^*, \vartheta\big) \ldots \vartheta^* < \vartheta,$$
$$f(\mathbf{x}|\vartheta) = f(\mathbf{x}|\vartheta^*)/h\big(t(\mathbf{x})|\vartheta, \vartheta^*\big) \ldots \vartheta < \vartheta^*.$$

und setzen in (13.6.3) ein. Es folgt nach Kürzen von $f(\mathbf{x}|\vartheta^*)$:

$$\hat{d}(\mathbf{x}) = \begin{cases} d_1 \\ d_0 \end{cases} \Longleftrightarrow \quad \frac{\int_{\vartheta^*}^{\infty} f_\vartheta(\vartheta) h(t(\mathbf{x})|\vartheta^*, \vartheta) d\vartheta}{\int_{-\infty}^{\vartheta^*} f_\vartheta(\vartheta)/h(t(\mathbf{x})|\vartheta, \vartheta^*) d\vartheta} =: H\big(t(\mathbf{x})|\vartheta^*, P_\vartheta\big) \begin{matrix} > \\ \leq \end{matrix} \frac{v_1}{v_2}.$$

Die Funktion $H\big(t(\mathbf{x})|\vartheta^*, P_\vartheta\big)$ ist offensichtlich monoton wachsend in t, wenn das auf $h(t|\vartheta_0, \vartheta_1)$ für $\vartheta_0 < \vartheta_1$ zutrifft, und folglich besitzt $\hat{d}(\mathbf{x})$ in der Tat die in (13.6.5) angegebene Gestalt. Daß die Bestimmung des kritischen Wertes $k = k\Big(\frac{v_1}{v_2}, \vartheta^* | P_\vartheta\Big)$ i.a. kein Vergnügen ist, selbst wenn die a priori-Verteilung P_ϑ aufs freundlichste gewählt wird, soll uns ein abschließendes Beispiel zeigen.

Beispiel 13.6.1 $x \sim \mathbf{P}_\mu \ldots \mu \in \mathbf{R}_+$; $\mathbf{H}_0$: $\mu \leq \mu^*$ $\mathbf{H}_1$: $\mu > \mu^*$;
Bayes'sche Entscheidungsfunktion.

Die Dichte der Stichprobenvariablen $\mathbf{x} = (x_1 \ldots x_n)$:

$$f(\mathbf{x}|\mu) = \prod_{j=1}^{n} \frac{\mu^{x_j}}{x_j!} e^{-\mu} = \frac{1}{x_1! \cdots x_n!} \mu^{\sum_1^n x_j} e^{-n\mu}$$

ist als Funktion von μ, bei festem $\mathbf{x}$, bis auf die Normierung die Dichte einer Gamma-Verteilung. *Freundlich* werden die Verhältnisse daher, wenn man für die a priori-Verteilung von μ ebenfalls eine Gamma-Verteilung ansetzt, etwa: $\mu \sim \Gamma(\lambda, \mu_0)$. Die gemeinsame Dichte von $(\mu, \mathbf{x})$ ist dann:

$$f_\mu(\mu) f(\mathbf{x}|\mu) = \frac{\mu^{\lambda-1}}{\Gamma(\lambda)\mu_0^\lambda} e^{-\mu/\mu_0} \frac{\mu^{\sum_1^n x_j}}{x_1! \ldots x_n!} e^{-n\mu} = \frac{\mu^{\sum_1^n x_j + \lambda - 1}}{\Gamma(\lambda)\mu_0^\lambda x_1! \cdots x_n!} e^{-\mu(n+1/\mu_0)};$$

folglich ist μ a posteriori nach $\Gamma(\sum_1^n x_j + \lambda, \frac{\mu_0}{1+n\mu_0})$ verteilt. Nach (13.6.3) ist die Bayes'sche Entscheidungsfunktion $\hat{d}(\mathbf{x})$ daher gegeben durch:

$$\hat{d}(\mathbf{x}) = \begin{cases} d_1 \\ d_0 \end{cases} \iff \frac{P_\mu^{\mathbf{x}}(\mu > \mu^*|\mathbf{x})}{P_\mu^{\mathbf{x}}(\mu \leq \mu^*|\mathbf{x})} = \frac{1 - F(\mu^*|\Gamma(\sum_1^n x_j + \lambda, \frac{\mu_0}{1+n\mu_0}))}{F(\mu^*|\Gamma(\sum_1^n x_j + \lambda, \frac{\mu_0}{1+n\mu_0}))} \begin{matrix} > \\ \leq \end{matrix} \frac{v_1}{v_2}$$

Nimmt man an, daß λ ganzzahlig ist, dann vereinfacht sich die weitere Rechnung erheblich, wenn man den Zusammenhang zwischen den Verteilungsfunktionen der Poisson- und der Gamma-Verteilung benützt (siehe Satz 2.8.2). Es folgt zunächst:

$$\hat{d}(\mathbf{x}) = \begin{cases} d_1 \\ d_0 \end{cases} \iff \frac{F(\sum_1^n x_j + \lambda - 1 \mid \mathbf{P}_{\mu^*(1+n\mu_0)/\mu_0})}{1 - F(\sum_1^n x_j + \lambda - 1 \mid \mathbf{P}_{\mu^*(1+n\mu_0)/\mu_0})} \begin{matrix} > \\ \leq \end{matrix} \frac{v_1}{v_2} \iff$$

$$\iff F(\sum_1^n x_j + \lambda - 1 \mid \mathbf{P}_{\mu^*(1+n\mu_0)/\mu_0}) \begin{matrix} > \\ \leq \end{matrix} \frac{v_1/v_2}{1 + v_1/v_2}$$

und damit abschließend:

$$\hat{d}(\mathbf{x}) = \begin{cases} d_1 \\ d_0 \end{cases} \iff \sum_1^n x_j \begin{matrix} > \\ \leq \end{matrix} Fraktil(\frac{v_1/v_2}{1 + v_1/v_2} \mid \mathbf{P}_{\mu^*(1+n\mu_0)/\mu_0}) - \lambda + 1,$$

wobei in naheliegender, wenn auch wenig gebräuchlicher Notation $Fraktil(p|P)$ das p-Fraktil der Verteilung P bezeichnet.

Die Bayes'sche Entscheidungsfunktion hat folglich die Form: $\hat{d}(\mathbf{x}) = \begin{cases} 1 \\ 0 \end{cases} \iff t(\mathbf{x}) = \sum_1^n x_j \gtrless k$, und in der Tat besitzt ja die Familie der Verteilungen von $\mathbf{x} = (x_1 \ldots x_n)$ in $t(\mathbf{x}) = \sum_1^n x_j$ monoton wachsende Dichtequotienten (vgl. Beispiel

13.3.1). Die gleichmäßig schärftsten Niveau-α-Teststrategien für unser Testproblem sind — für jene α-Werte, für die exakte $(1-\alpha)$-Fraktile der $\mathbf{P}_{n\mu^*}$ existieren; (vgl. Beispiel 13.3.1):

$$\varphi(\mathbf{x}) = \begin{cases} 1 \\ 0 \end{cases} \iff t(\mathbf{x}) = \sum_1^n x_j \begin{matrix} > \\ \leq \end{matrix} \mathit{Fraktil}(1-\alpha \mid \mathbf{P}_{n\mu^*}).$$

Die Bayes'sche Entscheidungsfunktion $\hat{d}(\mathbf{x})$ hat daher, als Test $\varphi(\mathbf{x})$ interpretiert, das Niveau:

$$\alpha(\hat{d}) = 1 - F\left(\mathit{Fraktil}\left(\frac{v_1/v_2}{1+v_1/v_2} \mid \mathbf{P}_{\mu^*(1+n\mu_0)/\mu_0}\right) - \lambda + 1 \,\middle|\, \mathbf{P}_{n\mu^*}\right).$$

Zahlenbeispiel: Sei $\mu \sim \mathbf{\Gamma}(\lambda = 2, \mu_0 = 3)$ ... die a priori-Verteilung von μ, $\mu^* = 7, n = 10, v_1/v_2 = 10$. Es folgt:

1. $\mathit{Fraktil}(\underbrace{\frac{v_1/v_2}{1+v_1/v_2}}_{=0{,}9091} \mid \underbrace{\mathbf{P}_{\mu^*(1+n\mu_0)/\mu_0}}_{=\mathbf{P}_{72,33}}) - \lambda + 1 \approx$

$$\approx \mathit{Fraktil}(0{,}9091|\mathbf{N}(72{,}33; 72{,}33)) - 1 = 72{,}33 + u_{0,9091}\sqrt{72{,}33} - 1 = 82{,}68.$$

2. $\hat{d}(x_1 \dots x_{10}) = \begin{cases} 1 \\ 0 \end{cases} \iff \sum_1^{10} x_j \begin{matrix} > \\ \leq \end{matrix} 82{,}68.$

3. Niveau von $\varphi(\mathbf{x}) = \hat{d}(\mathbf{x})$: $\alpha = 1 - F(82{,}68|\mathbf{P}_{70}) \approx 1 - F(82{,}68|\mathbf{N}(70,70)) =$
$= 1 - \Phi(\underbrace{\frac{82{,}68-70}{\sqrt{70}}}_{=1{,}5155}) = 0{,}0648.$

14. Bereichschätzung

Berechnet ein Mathematiker die Wurzeln einer Gleichung, den Wert eines Integrals, die Lösung einer Differentialgleichung etc. auf numerischem Wege, dann gibt er nicht nur die bei seiner Rechnung für die gesuchten Größen gefundenen Zahlen an, sondern er ergänzt diese durch Genauigkeitsangaben. Z.B. im Falle der Gleichung sagt er nicht: „Die Lösung ist $x = 2,7314$", sondern etwa: „Die Lösung x liegt in dem Intervall $[2,7314 \pm 5 \cdot 10^{-5}]$". Derartige Abgrenzungen sind notwendig, denn schließlich ergibt jedes Verfahren irgendeine *Lösung*, von der man in der Regel aber nur eines mit Sicherheit sagen kann: daß sie mit der exakten Lösung nicht übereinstimmt.

Ähnlich liegen die Verhältnisse in der Statistik beim Schätzen von Modellparametern. Zwar liefert jeder Schätzer $\hat{\gamma}(x_1 \ldots x_n)$, gleichgültig wie er gebaut ist und wie groß oder klein die Stichprobe war, einen Schätzwert für den Parameter $\gamma = \gamma(P_x)$, doch nur eines ist praktisch gewiß: mit dem richtigen Parameterwert γ stimmt dieser Schätzwert nicht überein. Es liegt daher nahe, sich wie in der numerischen Mathematik Genauigkeitsangaben etwa von der Art: „Der unbekannte Parameter γ liegt in dem Intervall $[\hat{\gamma} \pm \triangle]$" zu wünschen. Der Parameter γ wäre dann nicht durch eine Zahl $\hat{\gamma}$ — einen Punkt auf der Zahlengeraden oder im $\mathbf{R}^k$ — geschätzt, sondern durch ein Intervall — allgemeiner durch einen Bereich im Parameterraum —, und man würde sinngemäß von einem **Bereichschätzer** für γ sprechen.

In der Tat ist es möglich, diesen Wunsch, wenn schon nicht in so idealer Form, so doch *im wesentlichen* zu erfüllen. Daß es nicht gelingen kann, zu einer willkürlich gewählten Schranke $\triangle$ den Stichprobenumfang n und einen Schätzer $\hat{\gamma}(x_1 \ldots x_n)$ so zu wählen, daß das aus den zufälligen Beobachtungen $x_1 \ldots x_n$ bestimmte und daher ebenfalls zufällige Intervall $[\hat{\gamma}(x_1 \ldots x_n) \pm \triangle]$ den unbekannten Parameterwert γ mit Sicherheit enthält, zeigt eine einfache qualitative Betrachtung.

Jeder vernünftige Schätzer $\hat{\gamma}(x_1 \ldots x_n)$ besitzt eine, von der richtigen Verteilung $P_x \in \mathcal{P}$ abhängige Stichprobenverteilung auf der Menge Γ aller möglichen γ-Werte: $\Gamma = \{\gamma = \gamma(P_x) : P_x \in \mathcal{P}\}$. Ist der Schätzer gut, dann ist diese Verteilung eng um den richtigen Wert $\gamma(P_x)$ konzentriert, doch sind immer auch mit positiver Wahrscheinlichkeit Schätzwerte $\hat{\gamma}(x_1 \ldots x_n)$ möglich, die außerhalb eines vorgegebenen Intervalls $[\gamma(P_x) \pm \triangle]$ liegen — wenigstens wenn $\triangle$ realistisch, also klein gewählt ist (vgl. Abb. 14.1). Diese Wahrscheinlichkeit wird zwar mit wachsendem Stichprobenumfang abnehmen, verschwinden wird sie aber auch für noch so großes n nicht. Mit eben dieser positiven Wahrscheinlichkeit enthält dann aber das Intervall $[\hat{\gamma}(x_1 \ldots x_n) \pm \triangle]$ den richtigen Wert

$\gamma = \gamma(P_x)$ nicht, so daß die Aussage: „Der richtige Parameterwert $\gamma(P_x)$ liegt in dem Intervall $[\hat{\gamma}(x_1 \dots x_n) \pm \Delta]$" nicht mit absoluter Sicherheit zutrifft, sondern mit gewisser, wenn auch kleiner Irrtumswahrscheinlichkeit falsch ist (vgl. Abb. 14.1).

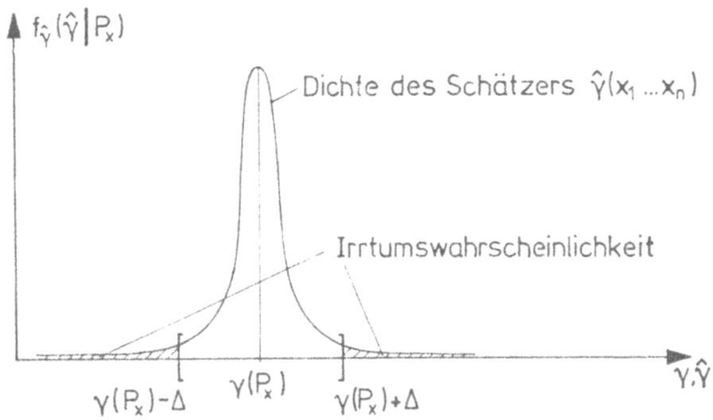

Abb. 14.1

Richtig muß daher die Aussage etwa folgendermaßen lauten: „Das von den zufälligen Beobachtungen $(x_1 \dots x_n)$ abhängige und daher selbst zufällige Schätzintervall $[\hat{\gamma}(x_1 \dots x_n) \pm \Delta]$ enthält den unbekannten, aber festen Parameterwert $\gamma(P_x)$ mit einer Sicherheitswahrscheinlichkeit $\geq 1-\alpha$ — die Möglichkeit, daß die Aussage: $[\hat{\gamma}(x_1 \dots x_n) \pm \Delta] \ni \gamma(P_x)$ falsch ist, muß mit einer Irrtumswahrscheinlichkeit $\leq \alpha$ eingeräumt werden."

Mehr kann man nicht verlangen, und man wird als Statistiker und Realist, der gelernt hat, mit dem Irrtum zu leben, damit auch zufrieden sein, soferne die Sicherheitswahrscheinlichkeit $1-\alpha$ groß und die Länge 2Δ des Schätzintervalls klein ist.

14.1 Konstruktion von Bereichschätzern

Eine Hilfsbetrachtung soll uns zum allgemeinen Begriff, ebenso wie zur allgemeinen Konstruktionsmethode eines Bereichschätzers führen. Nach unseren bisherigen Überlegungen läge es nahe, für ein Modell $P_x \in \mathcal{P}$ — parametrisch oder nichtparametrisch — und einen eindimensionalen Parameter $\gamma = \gamma(P_x)$ (z.B. den Mittelwert, die Varianz etc.) ein Schätzintervall auf folgendem Wege zu gewinnen (vgl. Abb. 14.1.1):

1. *Man wählt zu dem zunächst noch unbestimmten Stichprobenumfang* n *einen Punktschätzer* $\hat{\gamma}(x_1 \dots x_n) = \hat{\gamma}(\mathbf{x})$.
2. *Man wählt* Δ, *bestimmt die Wahrscheinlichkeiten:* $P\big(\gamma(P_x) - \Delta \leq \hat{\gamma}(\mathbf{x}) \leq$ $\leq \gamma(P_x) + \Delta | P_x\big) =: \pi(P_x|n, \Delta; \hat{\gamma})$ *und berechnet ihr Infimum:*

$$S = S(n, \Delta; \hat{\gamma}) = inf_{P_x \in \mathcal{P}} \pi(P_x|n, \Delta; \hat{\gamma}). \tag{14.1.1}$$

Dann überdeckt das Zufallsintervall $[\hat{\gamma}(\mathbf{x}) \pm \Delta]$ *den richtigen Parameter* $\gamma = \gamma(P_x)$ *mindestens mit der Sicherheitswahrscheinlichkeit* S.

Diese Aussage leuchtet unmittelbar ein, denn ist $P_x \in \mathcal{P}$ die richtige Verteilung der Daten $x_1 \dots x_n$, so fällt der Schätzer $\hat{\gamma}(\mathbf{x})$ mit Wahrscheinlichkeit $\pi(P_x|n, \Delta; \hat{\gamma})$ in das Intervall $[\gamma(P_x) \pm \Delta]$; genau dann überdeckt aber $[\hat{\gamma}(\mathbf{x}) \pm \Delta]$ den Punkt $\gamma(P_x)$ (vgl. Abb. 14.1.1).

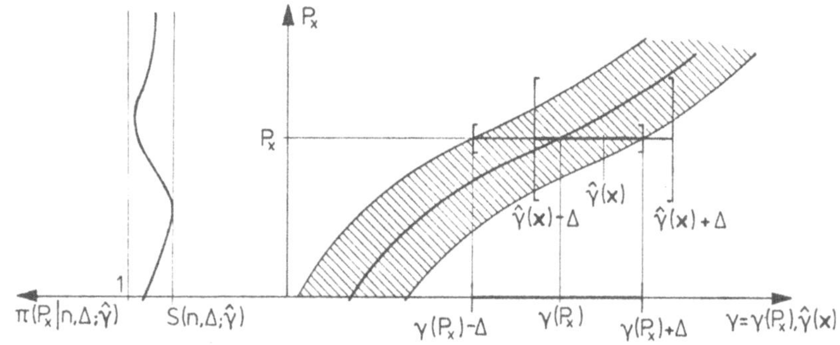

Abb. 14.1.1

Für beliebiges $P_x \in \mathcal{P}$ überdeckt daher $[\hat{\gamma}(\mathbf{x}) \pm \Delta]$ den richtigen Wert $\gamma(P_x)$ jedenfalls mindestens mit der Wahrscheinlichkeit $S = S(n, \Delta; \hat{\gamma})$. Anschließend folgt:

3. *Der Stichprobenumfang* n *ist so zu bestimmen, daß* $S(n, \Delta; \hat{\gamma}) \geq 1 - \alpha$ $(= 0{,}90; 0{,}95; 0{,}99 \dots)$ *ausfällt.*

Man erkennt auch unmittelbar, daß eine *bessere* Schätzfolge $\left(\hat{\gamma}_1(x_1 \dots x_n)\colon n = 1, 2, \dots\right)$ — im Sinne von $\pi(P_x|n, \Delta; \hat{\gamma}_1) \geq \pi(P_x|n, \Delta; \hat{\gamma})$ oder auch $S(n, \Delta; \hat{\gamma}_1) \geq S(n, \Delta; \hat{\gamma})$ — zu einem kleineren Stichprobenumfang führt.

Das beschriebene Verfahren erscheint bestechend einfach und einleuchtend; es wird daher — wie man wohl vermuten wird — einen Pferdefuß haben. In der Tat verhält es sich so. Den Pferdefuß bildet die Tatsache, daß bei den meisten Modellen $P_x \in \mathcal{P}$ das Infimum $S(n, \Delta; \hat{\gamma})$ für jede Wahl von n und Δ den Wert Null hat. Damit wird aber die Sicherheitswahrscheinlichkeit für die Aussage: $[\hat{\gamma}(\mathbf{x}) \pm \Delta] \ni \gamma(P_x)$ ebenfalls Null und das Verfahren wertlos. Der Grund dafür ist, daß bei realistischen Modellen die Genauigkeit jedes Schätzers $\hat{\gamma}(\mathbf{x})$ in Abhängigkeit von $P_x \in \mathcal{P}$ stark variiert und für extreme Lagen von P_x beliebig schlecht sein kann. Ein Beispiel soll das verdeutlichen.

Beispiel 14.1.1 $x \sim \mathbf{N}(\mu, \sigma^2) \dots (\mu, \sigma^2) \in \mathbf{R} \times \mathbf{R}_+$; **Bereichschätzung von** μ

Wir verfahren nach dem obigen Rezept und wählen als Punktschätzer für μ **naheliegenderweise das Probenmittel:** $\hat{\mu}(x_1 \dots x_n) = \bar{x}$. **Wegen** $\bar{x} \sim \mathbf{N}(\mu, \sigma^2/n)$ **gilt:**

$$\pi(\mu, \sigma^2|n, \Delta; \hat{\mu}) = P(\mu - \Delta \leq \bar{x} \leq \mu + \Delta|\mu, \sigma^2) =$$

$$= F(\mu + \Delta|\mathbf{N}(\mu, \frac{\sigma^2}{n})) - F(\mu - \Delta|\mathbf{N}(\mu, \frac{\sigma^2}{n})) = 2\Phi(\sqrt{n}\frac{\Delta}{\sigma}) - 1.$$

Man erkennt unmittelbar: für $\sigma \to \infty$ strebt $\pi(\mu, \sigma^2|n, \Delta; \hat{\mu})$ gegen Null, und zwar für jede Wahl von n und Δ. Es ist somit:

$$S = S(n, \Delta; \hat{\mu}) = inf_{\mu,\sigma^2}\pi(\mu, \sigma^2|n, \Delta; \hat{\mu}) = 0.$$

Der Grund für dieses Phänomen ist offensichtlich der Umstand, daß mit wachsendem σ auch der Schätzer $\hat{\mu} = \bar{x}$ immer stärker streut und daher μ — mit absolutem Maß und nicht in Relation zu σ gemessen — immer ungenauer schätzbar ist.

Anders wäre die Sachlage, hätte man die a priori-Information: $\sigma \leq \sigma_o$ zur Verfügung. In diesem Falle wäre:

$$S = S(n, \Delta; \hat{\mu}) = \pi(\mu, \sigma_o^2|n, \Delta; \hat{\mu}) = 2\Phi(\sqrt{n}\frac{\Delta}{\sigma_o}) - 1 > 0,$$

und die Bedingung $S(n, \Delta; \hat{\mu}) \geq 1 - \alpha$ ergäbe den Stichprobenumfang:

$$n = \left(u_{1-\alpha/2} \cdot \frac{\sigma_o}{\Delta}\right)^2, \qquad (14.1.2)$$

ab dem das Schätzintervall $[\bar{x} \pm \Delta]$ mindestens mit der Wahrscheinlichkeit $1 - \alpha$ den richtigen Mittelwert μ überdeckt.

Das Beispiel ist typisch: analoge Verhältnisse liegen immer dann vor, wenn die Varianz des Schätzers $\hat{\gamma}(x_1 \dots x_n)$ für $P_x \in \mathcal{P}$ nicht beschränkt bleibt.

Auch der an dieser Stelle naheliegende Gedanke, nicht Δ zu fixieren, sondern zunächst etwa die $\alpha/2$- und $1-\alpha/2$-Fraktilen von $\hat{\gamma}(\mathbf{x})$, also $\hat{\gamma}_{\alpha/2}(P_x)$ und $\hat{\gamma}_{1-\alpha/2}(P_x)$ in Abhängigkeit von $P_x \in \mathcal{P}$ zu bestimmen (vgl. Abb. 14.1.2) und daraus die halbe Intervallänge

$$\Delta = \Delta(\alpha, n; \hat{\gamma}) = sup_{P_x \in \mathcal{P}} max\{\hat{\gamma}_{1-\alpha/2}(P_x) - \gamma(P_x), \gamma(P_x) - \gamma_{\alpha/2}(P_x)\}$$

abzuleiten, ist in dieser Form nicht erfolgversprechend, denn hier wird, gleichgültig wie groß n und α gewählt sind, bei den meisten Modellen $\Delta = \infty$ ausfallen. Wir demonstrieren das an unserem Beispiel.

Beispiel 14.1.1 Fortsetzung: $x \sim \mathbf{N}(\mu, \sigma^2) \dots (\mu, \sigma^2) \in \mathbf{R} \times \mathbf{R}_+$
Bereichschätzung von μ

Wegen $\hat{\mu}(\mathbf{x}) = \bar{x} \sim \mathbf{N}(\mu, \sigma^2/n)$ ist $\hat{\mu}_{\alpha/2}(\mu, \sigma^2) = \mu - u_{1-\alpha/2} \cdot \sigma/\sqrt{n}$ und $\hat{\mu}_{1-\alpha/2}(\mu, \sigma^2) = \mu + u_{1-\alpha/2} \cdot \sigma/\sqrt{n}$ und damit für jedes n und α:

$$\Delta(\alpha, n; \hat{\mu}) = sup_{\mu,\sigma} u_{1-\alpha/2} \cdot \sigma/\sqrt{n} = \infty.$$

Kann man sich hingegen wieder auf die a priori-Information $\sigma \leq \sigma_o$ stützen, dann gilt:

$$\Delta(\alpha, n; \hat{\mu}) = u_{1-\alpha/2} \cdot \sigma_o/\sqrt{n} < \infty,$$

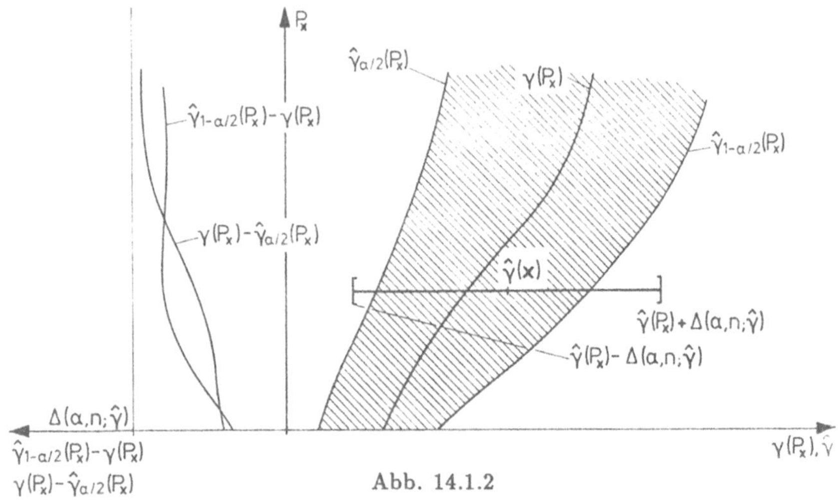

Abb. 14.1.2

und die Bedingung $\triangle(\alpha, n; \hat{\mu}) = \triangle$ führt auf den Stichprobenumfang

$$n = \left(u_{1-\alpha/2} \cdot \frac{\sigma_o}{\triangle}\right)^2,$$

d.h. exakt auf die Formel (14.1.2).

Eine Konstruktionsmethode für einparametrische Modelle

Obwohl auch diese Variante des ursprünglichen Gedankens offensichtlich nicht zum Erfolg führt, bringt uns dennoch eine kleine Modifikation der Methode ans Ziel.

Betrachten wir zunächst, um möglichst einfache Verhältnisse zu haben, eine 1-parametrische Verteilungsfamilie $\left(P_x(.|\vartheta)\colon\ \vartheta \in \Theta \subset \mathbf{R}\right)$ und einen Schätzer $\hat{\vartheta}(x_1 \ldots x_n)$ — mit $\hat{\vartheta}_{\alpha/2}(\vartheta)$ und $\hat{\vartheta}_{1-\alpha/2}(\vartheta)$ seien das $\alpha/2$- bzw. das $1-\alpha/2$-Fraktil von $\hat{\vartheta}$ in Abhängigkeit vom Scharparameter ϑ bezeichnet. In Abb. 14.1.3 sind diese Funktionen dargestellt.

Ist $\vartheta = \vartheta_0$ der richtige Parameterwert, dann fällt der Schätzer $\hat{\vartheta}(\mathbf{x})$ mit Wahrscheinlichkeit $1-\alpha$ in das Intervall $[\hat{\vartheta}_{\alpha/2}(\vartheta_0), \hat{\vartheta}_{1-\alpha/2}(\vartheta_0)]$. Dieses Intervall ist der waagrechte Schnitt der Geraden $\vartheta = \vartheta_0$ mit dem in Abb. 14.1.3 schraffierten Bereich K — die Menge K ist ja durch diese Schnitte definiert:

$$K = \{(\hat{\vartheta}, \vartheta)\colon\ \hat{\vartheta} \in [\hat{\vartheta}_{\alpha/2}(\vartheta), \hat{\vartheta}_{1-\alpha/2}(\vartheta)], \vartheta \in \Theta\}. \qquad (14.1.3)$$

Wir bezeichnen diese Schnitte wie üblich mit K_ϑ; es gilt daher:

$$K_\vartheta = \{\hat{\vartheta}\colon\ (\hat{\vartheta}, \vartheta) \in K\} = [\hat{\vartheta}_{\alpha/2}(\vartheta), \hat{\vartheta}_{1-\alpha/2}(\vartheta)].$$

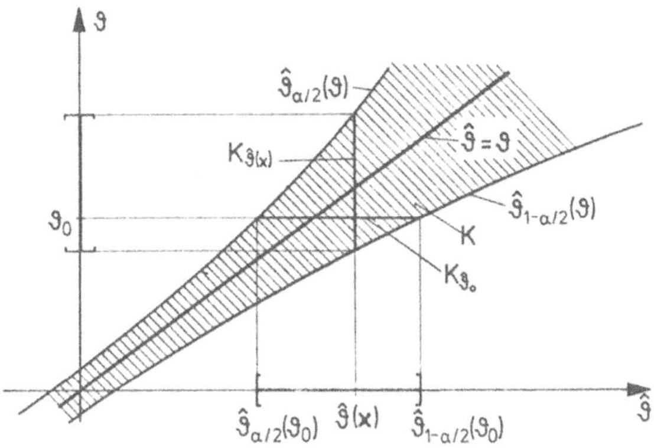

Abb. 14.1.3

Betrachten wir jetzt die senkrechten Schnitte $K_{\hat{\vartheta}} = \{\vartheta\colon (\hat{\vartheta}, \vartheta) \in K\}$. Diese Schnitte sind in der Abb. 14.1.3 ebenfalls Intervalle, weil für $\hat{\vartheta}_{\alpha/2}(\vartheta)$ und $\hat{\vartheta}_{1-\alpha/2}(\vartheta)$ monotone Funktionen angenommen wurden; in jedem Falle sind die Mengen $K_{\hat{\vartheta}}$ aber Teilbereiche des Parameterraumes Θ mit der merkwürdigen Eigenschaft, daß genau dann, wenn $\hat{\vartheta}$ in den waagrechten Schnitt K_ϑ fällt, der senkrechte Schnitt $K_{\hat{\vartheta}}$ den Punkt ϑ enthält; kurz es gilt die Äquivalenz (vgl. Abb. 14.1.3):

$$\hat{\vartheta} \in K_\vartheta \Longleftrightarrow \vartheta \in K_{\hat{\vartheta}} \quad \text{für alle} \quad \vartheta, \hat{\vartheta}. \tag{14.1.4}$$

Man vergegenwärtige sich diese Tatsache in der Abb. 14.1.3. Merkwürdig erscheint sie freilich nur im ersten Moment, denn schon nach kurzer Überlegung wird deutlich, daß es sich um eine Trivialität handelt. Beide Aussagen: $\hat{\vartheta} \in K_\vartheta$ und $\vartheta \in K_{\hat{\vartheta}}$ sind ja völlig gleichwertig mit der in $\hat{\vartheta}$ und ϑ symmetrischen Aussage $(\hat{\vartheta}, \vartheta) \in K$. Die Menge K kann dabei ganz beliebig gewählt sein — die Abb. 14.1.4 zeigt eine allgemeinere Wahl von K. Hier sind die Schnitte K_ϑ bzw. $K_{\hat{\vartheta}}$ i.a. keine Intervalle mehr, doch die Äquivalenz (14.1.4) gilt unverändert.

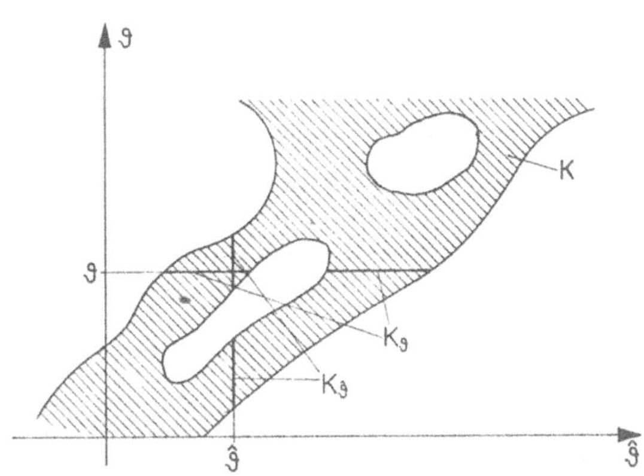

Abb. 14.1.4

Was bringt uns diese Betrachtung für die Aufgabe der Bereichschätzung von ϑ? Angenommen ϑ_0 ist der richtige Wert des Parameters ϑ. Dann fällt der Schätzer $\hat{\vartheta}(\mathbf{x})$ mit Wahrscheinlichkeit $1-\alpha$ in den waagrechten Schnitt $K_{\vartheta_0} = [\hat{\vartheta}_{\alpha/2}(\vartheta_0), \hat{\vartheta}_{1-\alpha/2}(\vartheta_0)]$ von K — in Formeln:

$$P(\hat{\vartheta}(\mathbf{x}) \in K_{\vartheta_0} = [\hat{\vartheta}_{\alpha/2}(\vartheta_0), \hat{\vartheta}_{1-\alpha/2}(\vartheta_0)] \mid \vartheta_0) = 1-\alpha.$$

Genau für $\hat{\vartheta}(\mathbf{x}) \in K_{\vartheta_0}$ gilt aber nach (14.1.4): $K_{\hat{\vartheta}(\mathbf{x})} \ni \vartheta_0$. D.h. der von den Beobachtungen $\mathbf{x} = (x_1 \ldots x_n)$ abhängige, zufällige senkrechte Schnitt $K_{\hat{\vartheta}(\mathbf{x})}$ von K überdeckt den (unbekannten) richtigen Parameterwert ϑ_0 mit der Wahrscheinlichkeit $1-\alpha$. Das Verfahren zur Bestimmung von $K_{\hat{\vartheta}(\mathbf{x})}$ leistet somit genau das Gewünschte: es liefert zu jeder Stichprobe $\mathbf{x}$ einen Bereich $K_{\hat{\vartheta}(\mathbf{x})} \subset \Theta$, der in $100 \cdot (1-\alpha)$ von 100 Fällen den richtigen Parameterwert ϑ_0 enthält — nur in $100 \cdot \alpha$-Fällen sucht man ihn dort vergebens.

Freilich, $K_{\hat{\vartheta}(\mathbf{x})}$ ist kein Intervall mit vorgegebener Länge, ja i.a. nicht einmal mehr ein Intervall — diese Konzession muß man in der allgemeinen Theorie machen. Bei den wichtigsten speziellen Verteilungsfamilien erhält man aber — das kann zur Beruhigung vorweggenommen werden — durchaus Bereichschätzer in Intervallform. Wir betrachten zwei Beispiele zur Veranschaulichung des Verfahrens.

Beispiel 14.1.2 $P(A) = p \in [0,1] \ldots$ Bereichschätzung von p

Zu einem gegebenen Experiment $\mathcal{E}$ und einem festen Ereignis A ist für die Wahrscheinlichkeit $P(A) = p$ ein Bereichschätzer zu konstruieren. Wir führen die Indikatorvariable x ein, mit x=1 oder 0, je nachdem, ob A oder A^c eintritt. $\hat{p}(x_1 \ldots x_n) = (x_1 + \ldots + x_n)/n$ schätzt dann, wie wir wissen, p erwartungstreu und varianzminimal (vgl. Beispiel 11.4.1), und wir benützen diesen Punktschätzer für unser Verfahren. Da $z = x_1 + \ldots + x_n$ nach $\mathbf{B}_{n,p}$ verteilt ist, bereitet es keine Schwierigkeiten — für kleine n aus einer Tabelle der Binomialverteilung, für große n mittels Normalapproximation —, die Fraktilen von z und damit von $\hat{p}(x_1 \ldots x_n)$ zu ermitteln. Da aber z und $\hat{p}$ diskrete Variable sind, existieren ihre Fraktilen z_γ bzw. $\hat{p}_\gamma$ nur für gewisse γ-Werte. Zu gegebenem α bestimmen wir daher statt $z_{\alpha/2}(p)$ und $z_{1-\alpha/2}(p)$ besser zwei Grenzen $z_u(p)$, $z_o(p)$ so, daß $P(z_u(p) \leq z \leq z_o(p) | p) \geq 1-\alpha$ gilt und $z_o(p) - z_u(p)$ so klein wie möglich ausfällt — für größere n sind $z_u(p)$ und $z_o(p)$ praktisch die Fraktilen $z_{\alpha/2}(p)$ bzw. $z_{1-\alpha/2}(p)$. Daraus ergeben sich dann die Grenzen $\hat{p}_u(p) = z_u(p)/n$ und $\hat{p}_o(p) = z_o(p)/n$, für die natürlich gilt: $P(\hat{p}_u(p) \leq \hat{p}(x_1 \ldots x_n) \leq \hat{p}_o(p) | p) \geq 1-\alpha$.

Abb. 14.1.5 zeigt den Verlauf der Funktionen $\hat{p}_u(p)$, $\hat{p}_o(p)$ in geglätteter Form — denn ganz genau besehen handelt es sich natürlich um Treppenfunktionen — für $\alpha = 0{,}05$ und n=20, 40, 100. Für $n \geq 100$ gilt übrigens bereits in sehr guter Näherung $\Big($man beachte $\hat{p}(\mathbf{x}) \stackrel{\cdot}{\sim} \mathbf{N}(p, p(1-p)/n)\Big)$:

$$\hat{p}_u(p) \approx \hat{p}_{\alpha/2}(p) \quad \approx p - u_{1-\alpha/2}\sqrt{p(1-p)/n},$$
$$\hat{p}_o(p) \approx \hat{p}_{1-\alpha/2}(p) \approx p + u_{1-\alpha/2}\sqrt{p(1-p)/n}.$$

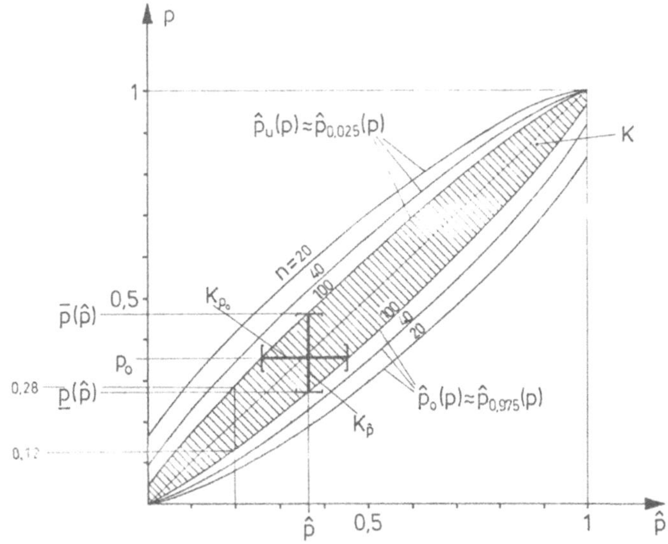

Abb. 14.1.5

Außerdem ist in Abb. 14.1.5 der Bereich $K = \{(\hat{p}, p) : \hat{p}_u(p) \leq \hat{p} \leq \hat{p}_o(p), p \in [0,1]\}$ für n=100 schraffiert dargestellt und die Schnitte K_{p_0} bzw. $K_{\hat{p}}$ sind für zwei Werte p_0 und $\hat{p}$ eingezeichnet.

Ist p_0 der richtige Parameterwert, dann fällt der Schätzer $\hat{p}(\mathbf{x})$ mit Wahrscheinlichkeit $\geq 1-\alpha$ in K_{p_0} und genau dann enthält $K_{\hat{p}(\mathbf{x})}$ wiederum p_0. Es ist folglich:

$$P(K_{\hat{p}(\mathbf{x})} \ni p_0 \mid p_0) \geq 1 - \alpha$$

(für große n gilt praktisch die Gleichung). Nomogramme, ähnlich demjenigen in Abb. 14.1.5, sind in praktisch jedem statistischen Tabellenwerk enthalten, und man benützt sie in der beschriebenen Weise zur Bestimmung von Bereichschätzern für p.

Zahlenbeispiel: Für $\alpha = 0,05$, $n = 100$ und $\hat{p} = 0,20$ liest man aus Abb. 14.1.5 ab: $K_{\hat{p}} = [\underline{p}, \overline{p}] = [0,12; 0,28]$.

Beispiel 14.1.3 $x \sim \mathbf{P}_\mu \ldots \mu \in \mathbf{R}_+$: Bereichschätzung von μ

Auf der Grundlage der Stichprobe $\mathbf{x} = (x_1 \ldots x_n)$ ist der Schätzer $\hat{\mu}(\mathbf{x}) = (x_1 + \ldots + x_n)/n$, wie wir wissen, erwartungstreu und varianzminimal (vgl. Beispiel 11.4.2). Die Statistik $y = x_1 + \ldots + x_n$ ist selbst wieder Poisson-verteilt mit Mittel $\nu = n\mu$. Es ist daher, wie sich gleich zeigen wird, zweckmäßig, das Verfahren zur Bestimmung eines Bereichschätzers für μ geringfügig zu modifizieren und ein Nomogramm zu entwerfen, in dem für $y \sim \mathbf{P}_\nu$ die (approximativen) Fraktilen $y_{\alpha/2}(\nu)$ und $y_{1-\alpha/2}(\nu)$ eingezeichnet sind, so wie das Abb. 14.1.6 für $\alpha = 0,05$ zeigt.

Ist nämlich $x \sim \mathbf{P}_{\mu_o}$ und damit $y = x_1 + \ldots + x_n \sim \mathbf{P}_{\nu_0 = n\mu_0}$, dann fällt die Beobachtung y mit Wahrscheinlichkeit ($\approx$) $1-\alpha$ in das Intervall $K_{\nu_0} = [y_{\alpha/2}(\nu_0), y_{1-\alpha/2}(\nu_0)]$ (vgl Abb. 14.1.6), und mithin überdeckt der senkrechte Schnitt $K_y = [\underline{\nu}(y), \bar{\nu}(y)]$ mit eben dieser Wahrscheinlichkeit ($\approx$) $1-\alpha$ den Punkt $\nu_0 = n\mu_0$. Das Intervall $[\underline{\mu}(y), \bar{\mu}(y)] = [\underline{\nu}(y)/n, \bar{\nu}(y)/n]$ ist folglich der gesuchte Bereichschätzer, denn es überdeckt μ_0 mit Wahrscheinlichkeit ($\approx$) $1-\alpha$.

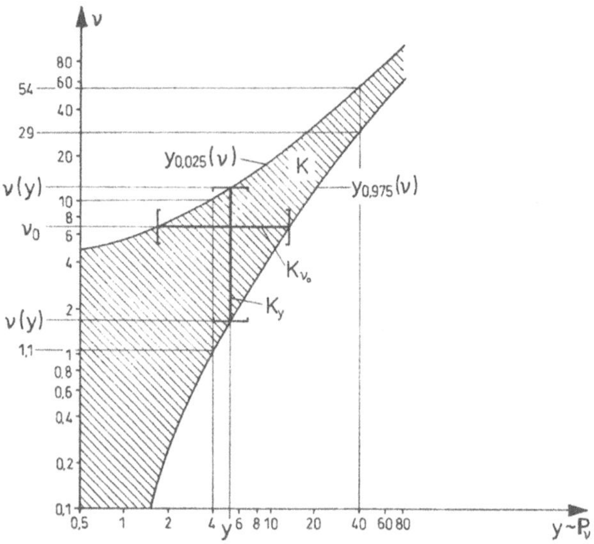

Abb. 14.1.6

Das Nomogramm in Abb. 14.1.6 ist offenbar für jeden Stichprobenumfang n brauchbar, was nicht der Fall wäre, würde man die Fraktilen des Schätzers $\hat{\mu}(\mathbf{x}) = (x_1 + \ldots + x_n)/n = y/n$ in ein Koordinatensystem eintragen. Man muß nur beachten, daß nicht das zunächst bestimmte Intervall $K_y = [\underline{\nu}(y), \bar{\nu}(y)]$, sondern $[\underline{\nu}(y)/n, \bar{\nu}(y)/n]$ der gesuchte Bereichschätzer für μ ist. Völlig falsch wäre es allerdings, würde man mit dem Wert y/n in das Nomogramm 14.1.6 hineingehen und $K_{y/n} = [\underline{\nu}(y/n), \bar{\nu}(y/n)]$ bestimmen. Ein Zahlenbeispiel soll das illustrieren.

Zahlenbeispiel: Sei $n = 10$, $\alpha = 0,05$ und $y = 40$ beobachtet. Es folgt: $K_{y=40} = [\underline{\nu}, \bar{\nu}] \approx [29, 54]$ und damit $[\underline{\mu}, \bar{\mu}] \approx [2,9; 5,4]$. Im Vergleich dazu ist $K_{y/10=4} \approx [1,1; 10]$ wesentlich größer und gänzlich unbrauchbar.

Bereichschätzer — der allgemeine Begriff

Nach diesen Vorbereitungen geben wir die formale Definition eines Bereichschätzers.

Definition 14.1.1 *Bereichschätzer*
Sei $x \sim P_x \in \mathcal{P}$ ein Modell (parametrisch oder nichtparametrisch), $\gamma = \gamma(P_x)$ ein i.a. mehrdimensionaler Verteilungsparameter und $\Gamma = \{\gamma = \gamma(P_x) : P_x \in \mathcal{P}\}$ der zugehörige Parameterraum. Man nennt eine Abbildung, die jeder Stichprobe $\mathbf{x} = (x_1 \ldots x_n) \in \Omega_\mathbf{x}$ einen Teilbereich aus Γ — bezeichnet mit $\overline{\underline{\gamma}}(\mathbf{x})$ — zuordnet, so daß gilt:

$$P_\mathbf{x}\big(\overline{\underline{\gamma}}(\mathbf{x}) \ni \gamma(P_x)\big) = 1 - \alpha \quad \text{für alle} \quad P_x \in \mathcal{P}, \tag{14.1.5}$$

einen **Bereichschätzer, Vertrauensbereich** *oder* **Konfidenzbereich** *für $\gamma = \gamma(P_x)$ zur* **Sicherheit** *(oder Vertrauenswahrscheinlichkeit) $S = 1 - \alpha$. Steht in (14.1.5) $\geq 1 - \alpha$, dann sagt man: der Bereichschätzer besitzt* **mindestens** *die Sicherheit $1 - \alpha$.*

Bemerkungen: 1. Die Bezeichnung $\underline{\overline{\gamma}}(\mathbf{x})$ deutet auf ein Intervall der Form $[\underline{\gamma}(\mathbf{x}), \overline{\gamma}(\mathbf{x})]$, wie man es bei 1-dimensionalen Parametern γ immer anstrebt — man spricht sinngemäß von einem **Vertrauens-** oder **Konfidenzintervall.** Im Rahmen der allgemeinen Theorie verstehen wir $\underline{\overline{\gamma}}(\mathbf{x})$ aber als beliebigen, von den Beobachtungen $\mathbf{x} = (x_1 \dots x_n)$ abhängigen Teilbereich von Γ.

2. Ist γ eindimensional und $\underline{\overline{\gamma}}(\mathbf{x})$ von der Form $(-\infty, \overline{\gamma}(x)]$ oder $[\underline{\gamma}(\mathbf{x}), \infty)$, gilt also:

$$P_{\mathbf{x}}\big(\gamma(P_x) \leq \overline{\gamma}(\mathbf{x})\big) = 1-\alpha \quad \text{bzw.} \quad P_{\mathbf{x}}\big(\underline{\gamma}(\mathbf{x}) \leq \gamma(P_x)\big) = 1-\alpha \quad \text{für alle } P_x \in \mathcal{P},$$

dann nennt man $\overline{\gamma}(\mathbf{x})$ eine **obere** und $\underline{\gamma}(\mathbf{x})$ eine **untere Vertrauens-** oder **Konfidenzschranke** für γ zur Sicherheit $1-\alpha$.

3. Erhält man bei einer konkreten n-maligen Durchführung des betrachteten Experimentes die Realisierungen $(\mathring{x}_1 \dots \mathring{x}_n) = \mathring{\mathbf{x}}$ und damit den konkreten Vertrauensbereich $\underline{\overline{\gamma}}(\mathring{\mathbf{x}})$ für γ, dann ist man subjektiv fast sicher, daß sich der unbekannte Parameterwert $\gamma = \gamma(P_x)$ in diesem Bereich befindet, denn objektiv — im Sinne von relativen Häufigkeiten — werden bei einer großen Anzahl solcher Stichproben die zugehörigen Bereiche $\underline{\overline{\gamma}}(\mathbf{x})$ in 100·(1-α)% der Fälle tatsächlich $\gamma(P_x)$ enthalten und nur in 100·α% der Fälle wird die Aussage $\gamma(P_x) \in \underline{\overline{\gamma}}(\mathbf{x})$ falsch sein. Jeder kann sich dann selbst überlegen, ob ihm diese Sicherheit genügt oder nicht.

Die allgemeine Konstruktionsmethode für Bereichschätzer

1. Bereichschätzer $\Longrightarrow$ Ereignisfamilie:

Um zu einer allgemein brauchbaren Konstruktionsmethode für Bereichschätzer $\underline{\overline{\gamma}}(\mathbf{x} = (x_1 \dots x_n))$ mit vorgegebener Sicherheit $S = 1-\alpha$ zu kommen, versuchen wir nicht, unser für einparametrische Modelle beschriebenes Verfahren zu verallgemeinern, sondern wir drehen den Spieß um, nehmen an, wir hätten bereits einen Bereichschätzer mit der gewünschten Eigenschaft, nämlich:

$$P_{\mathbf{x}}\big(\underline{\overline{\gamma}}(\mathbf{x}) \ni \gamma(P_x)\big) = 1-\alpha \quad \text{für alle} \quad P_x \in \mathcal{P} \tag{14.1.6}$$

und betrachten die Gesamtheit K aller Paare $(\mathbf{x}, \gamma)$ in $\Omega_{\mathbf{x}} \times \Gamma$, die definiert ist durch:

$$K := \{(\mathbf{x}, \gamma) : \mathbf{x} \in \Omega_{\mathbf{x}}, \gamma \in \underline{\overline{\gamma}}(\mathbf{x})\}. \tag{14.1.7}$$

Die Menge K wird offenbar durch ihre x-Schnitte $K_{\mathbf{x}} = \underline{\overline{\gamma}}(\mathbf{x})$ aufgebaut. Abb. 14.1.7 veranschaulicht die Definition von K. Man muß sich allerdings bewußt machen, daß diese Abbildung ein symbolisches Bild ist, denn sowohl $\mathbf{x}$ als auch γ sind im allgemeinen mehrdimensional.

Ist nun $\mathring{P}_x \in \mathcal{P}$ die den Beobachtungen $\mathbf{x} = (x_1 \dots x_n)$ zugrundeliegende Verteilung — folglich $\mathring{\gamma} = \gamma(\mathring{P}_x)$ der *richtige* Parameterwert — und bezeichnet $K_{\mathring{\gamma}} = \{\mathbf{x}\text{: } (\mathbf{x}, \mathring{\gamma}) \in K\}$ den γ-Schnitt von K an der Stelle $\mathring{\gamma}$ (siehe Abb. 14.1.7),

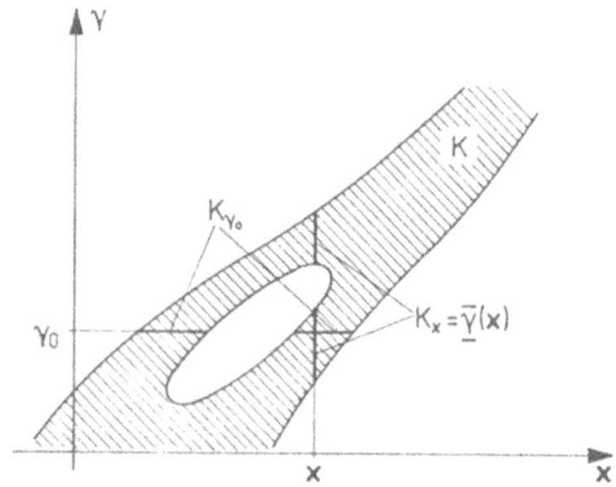

Abb. 14.1.7

dann wissen wir (vgl. (14.1.4)): $\mathring{\gamma}$ liegt in $K_{\mathbf{x}} = \underline{\overline{\gamma}}(\mathbf{x})$ genau dann, wenn $\mathbf{x}$ in $K_{\mathring{\gamma}}$ enthalten ist. In Formeln:

$$\mathring{\gamma} \in K_{\mathbf{x}} = \underline{\overline{\gamma}}(\mathbf{x}) \quad \Longleftrightarrow \quad \mathbf{x} \in K_{\mathring{\gamma}}. \tag{14.1.8}$$

Daraus aber folgt wegen $\mathring{P}_{\mathbf{x}}(\underline{\overline{\gamma}}(\mathbf{x}) \ni \mathring{\gamma}) = 1 - \alpha$ (vgl. 14.1.6) die Beziehung:

$$\mathring{P}_{\mathbf{x}}(\mathbf{x} \in K_{\mathring{\gamma}}) = 1 - \alpha. \tag{14.1.9}$$

Wir erhalten also zu jedem Parameterwert $\mathring{\gamma}$ ein Ereignis $K_{\mathring{\gamma}} \subset \Omega_{\mathbf{x}}$ mit der Wahrscheinlichkeit $1 - \alpha$ für alle Verteilungen $P_x \in \mathcal{P}$ mit: $\gamma(P_x) = \mathring{\gamma}$.

2. Ereignisfamilie $\Longrightarrow$ Bereichschätzer

Kehren wir jetzt die Reihenfolge um: Beginnen wir mit einer Ereignisfamilie $(K_\gamma \subset \Omega_{\mathbf{x}}\colon \gamma \in \Gamma)$, wo jedes Ereignis $K_{\mathring{\gamma}}$ die Wahrscheinlichkeit $1 - \alpha$ besitzt, für alle Verteilungen $P_x \in \mathcal{P}$, zu denen der Parameterwert $\mathring{\gamma}$ gehört:

$$P_{\mathbf{x}}(\mathbf{x} \in K_{\mathring{\gamma}}) = 1 - \alpha \quad \text{für alle } P_x \in \mathcal{P} \text{ mit } \gamma(P_x) = \mathring{\gamma},$$

und bauen wir mit dieser Familie die Menge K auf (Abb. 14.1.7 illustriert auch diese Konstruktion):

$$K = \{(\mathbf{x}, \gamma)\colon \mathbf{x} \in K_\gamma, \gamma \in \Gamma\}.$$

Dann bilden die $\mathbf{x}$-Schnitte von K — genauer: die Zuordnung $\mathbf{x} \to K_{\mathbf{x}} =:$ $=: \underline{\overline{\gamma}}(\mathbf{x})$ — einen Bereichschätzer für $\gamma = \gamma(P_x)$ zur Sicherheit $1 - \alpha$; das folgt unmittelbar aus der Äquivalenz (14.1.8).

Wir erkennen jetzt unser Verfahren für einparametrische Verteilungsfamilien in einer verallgemeinerten Form wieder. Wurden dort mit Hilfe eines Schätzers $\hat{\gamma}(\mathbf{x})$ Ereignisse K_γ im Stichprobenraum $\Omega_{\hat{\gamma}}$ mit der Wahrscheinlichkeit $P_{\mathbf{x}}(K_\gamma) = 1-\alpha$ definiert, mit ihnen die Menge $K = \{(\hat{\gamma}, \gamma) : \hat{\gamma} \in K_\gamma, \gamma \in \Gamma\}$

aufgebaut und anschließend als Bereichschätzer zur Sicherheit $1 - \alpha$ die $\hat{\gamma}$-Schnitte $K_{\hat{\gamma}(\mathbf{x})} =: \overline{\underline{\gamma}}(\hat{\gamma}(\mathbf{x}))$ von K gebildet, so arbeiten wir jetzt direkt im Stichprobenraum $\Omega_{\mathbf{x}}$ mit einer Ereignisfamilie $(K_\gamma \subset \Omega_{\mathbf{x}}\colon \gamma \in \Gamma)$ und haben damit, wie die obige Betrachtung zeigt, das allgemeinste Konstruktionsverfahren für einen Bereichschätzer $\overline{\underline{\gamma}}(\mathbf{x})$ zur Sicherheit $1 - \alpha$. Die Ereignisse $K_\gamma \subset \Omega_{\mathbf{x}}$ werden allerdings so gut wie immer mit Hilfe von Statistiken $t(\mathbf{x})$ oder $t(\mathbf{x}, \gamma)$, die freilich keineswegs in irgendeinem Sinn vernünftige Schätzer für $\gamma = \gamma(P_x)$ sein müssen, definiert.

Das Problem — gewissermaßen der wunde Punkt des Verfahrens — ist nämlich die Konstruktion der Ereignisse $K_\gamma \subset \Omega_{\mathbf{x}}$, denn diese müssen ja für alle Verteilungen P_x des Modells $\mathcal{P}$, zu denen der Parameterwert γ gehört, die feste Wahrscheinlichkeit $1 - \alpha$ haben. Bei mehrparametrischen oder gar nichtparametrischen Modellen werden das sehr viele Verteilungen sein, und die Bestimmung der Ereignisse K_γ ist, anders als bei einparametrischen Modellen, keineswegs trivial. Sie wird allerdings einfach, wenn man eine Statistik $t(\mathbf{x})$ oder allgemeiner $t(\mathbf{x}, \gamma)$ besitzt, deren Verteilung für alle P_x mit $\gamma(P_x) = \gamma$ dieselbe ist, denn dann kann man etwa $K_\gamma = \{\mathbf{x} : t(\mathbf{x}, \gamma) \le t_{1-\alpha}(\gamma)\}$ oder $K_\gamma = \{\mathbf{x} : t_{\alpha/2}(\gamma) \le t(\mathbf{x}, \gamma) \le t_{1-\alpha/2}(\gamma)\}$ setzen — $t_p(\gamma)$ bezeichnet natürlich das p-Fraktil der Verteilung von $t(\mathbf{x}, \gamma)$ in Abhängigkeit von γ — und erhält sofort die Bereichschätzer:

$$K_{\mathbf{x}} = \overline{\underline{\gamma}}(\mathbf{x}) = \{\gamma\colon\ t(\mathbf{x}, \gamma) \le t_{1-\alpha}(\gamma)\} \quad \text{bzw.}$$
$$K_{\mathbf{x}} = \overline{\underline{\gamma}}(\mathbf{x}) = \{\gamma\colon\ t_{\alpha/2}(\gamma) \le t(\mathbf{x}, \gamma) \le t_{1-\alpha/2}(\gamma)\}.$$

In der Tat geht man in der Praxis so gut wie immer nach dieser Methode vor. Wir zeigen das an einigen für die Anwendungen wichtigen Beispielen.

Beispiel 14.1.4 $x \sim \mathrm{N}(\mu, \sigma^2) \ldots$ Bereichschätzer für μ und σ^2

Es liegt ein 2-parametrisches Modell vor, und wir stellen uns die Aufgabe, für μ und für σ^2 Bereichschätzer — möglichst in Intervallform — zu konstruieren.

Bereichschätzer für μ:

Wir benötigen eine Statistik $t(\mathbf{x}, \mu)$, deren Verteilung bei festem μ für alle σ^2 dieselbe ist. Da μ und σ Lage- bzw. Skalenparameter der betrachteten Verteilungsfamilie sind, wird man sofort an die Statistik $t(\mathbf{x}, \mu) = \sqrt{n}(\overline{x} - \mu)/s$ denken, denn sie besitzt, wie wir uns bereits überlegt haben (siehe die Ausführungen am Beginn von Abschnitt 12.2), bei jeder Lage- und Skalenfamilie eine feste, allein von dieser Familie abhängige Verteilung; bei der Familie $(\mathrm{N}(\mu, \sigma^2))$ ist es die Student-Verteilung $\mathbf{t}_{n-1}$.

Im übrigen gibt es viele Statistiken mit analogen Verteilungseigenschaften. Eine ganze Schar davon bilden die Funktionen $(x_{(k)} - \mu)/(x_{(r)} - x_{(s)})$ — $x_{(1)} \ldots x_{(n)}$ sind die Ordnungsgrößen der Stichprobe $x_1 \ldots x_n$ —, die ebenfalls für jede Lage- und Skalenfamilie feste Verteilungen besitzen. Die Untersuchung der Frage, welche Statistik für unseren Zweck der Bereichschätzung von μ am günstigsten ist, verschieben wir auf die Abschnitte 14.2 und 14.3, wo wir uns mit Qualitätskriterien für Bereichschätzer beschäftigen werden. Das Ergebnis dieser Betrachtungen vorwegnehmend, wählen wir die oben bereits angegebene Statistik $t(\mathbf{x}, \mu) = \sqrt{n}(\overline{x} - \mu)/s$, deren Verteilung $\mathbf{t}_{n-1}$

nicht nur für festes μ und alle $\sigma^2 \in \mathbf{R}_+$, sondern für sämtliche Parameterkombinationen $(\mu, \sigma^2) \in \mathbf{R} \times \mathbf{R}_+$ dieselbe ist. Das wäre nicht notwendig, vereinfacht aber die Rechnungen erheblich.

Wir definieren nunmehr die Ereignisse $K_\mu \subset \Omega_{\mathbf{x}}$:

$$K_\mu := \{\mathbf{x} : t_{n-1;\alpha/2} \leq \sqrt{n}(\overline{x} - \mu)/s \leq t_{n-1;1-\alpha/2}\} \quad \text{für alle} \quad \mu \in \mathbf{R};$$

sie besitzen offensichtlich für jedes Paar (μ, σ^2) die Wahrscheinlichkeit $1 - \alpha$. Damit folgt $K = \{(\mathbf{x}, \mu) : \mathbf{x} \in K_\mu, \mu \in \mathbf{R}\}$:

$$K = \{(\mathbf{x}, \mu) : t_{n-1;\alpha/2} \leq \sqrt{n}(\overline{x} - \mu)/s \leq t_{n-1;1-\alpha/2}\}$$

und schließlich die $\mathbf{x}$-Schnitte von K (man beachte: $t_{n-1;\alpha/2} = -t_{n-1;1-\alpha/2}$):

$$\begin{aligned}\overline{\underline{\mu}}(\mathbf{x}) = K_{\mathbf{x}} &= \{\mu\colon\ (\mathbf{x}, \mu) \in K\} = \{\mu\colon\ t_{n-1;\alpha/2} \leq \sqrt{n}(\overline{x} - \mu)/s \leq t_{n-1;1-\alpha/2}\} = \\ &= \{\mu\colon\ \overline{x} - \frac{s}{\sqrt{n}} t_{n-1;1-\alpha/2} \leq \mu \leq \overline{x} + \frac{s}{\sqrt{n}} t_{n-1;1-\alpha/2}\} = \\ &= [\overline{x} \pm \frac{s}{\sqrt{n}} t_{n-1;1-\alpha/2}] = [\underline{\mu}(\mathbf{x}), \overline{\mu}(\mathbf{x})]. \end{aligned} \tag{14.1.10}$$

Damit sind wir am Ziel: wir haben einen Bereichschätzer für μ zur Sicherheit $1 - \alpha$ in Intervallform, also ein $(1 - \alpha)$-Konfidenzintervall.

Setzen wir K_μ an in der Form:

$$\begin{aligned} K_\mu &:= \{\mathbf{x} : \sqrt{n}(\overline{x} - \mu)/s \leq t_{n-1;1-\alpha}\} \quad \text{oder} \\ K_\mu &:= \{\mathbf{x} : -t_{n-1;1-\alpha} \leq \sqrt{n}(\overline{x} - \mu)/s\}, \end{aligned}$$

dann folgt:

$$K_{\mathbf{x}} = \{\mu : \sqrt{n}(\overline{x} - \mu)/s \leq t_{n-1;1-\alpha}\} = [\overline{x} - \tfrac{s}{\sqrt{n}} t_{n-1;1-\alpha}, \infty) = [\underline{\mu}(\mathbf{x}), \infty) \quad \text{bzw.}$$

$$K_{\mathbf{x}} = \{\mu : -t_{n-1;1-\alpha} \leq \sqrt{n}(\overline{x} - \mu)/s\} = (-\infty, \overline{x} + \tfrac{s}{\sqrt{n}} t_{n-1;1-\alpha}] = (-\infty, \overline{\mu}(\mathbf{x})], \tag{14.1.11}$$

d.h. $\overline{x} - \frac{s}{\sqrt{n}} t_{n-1;1-\alpha}$ und $\overline{x} + \frac{s}{\sqrt{n}} t_{n-1;1-\alpha}$ sind untere bzw. obere Vertrauensschranken für μ zur Sicherheit $1 - \alpha$.

Der Stichprobenumfang für vorgegebene Sicherheit und Genauigkeit:

Betrachten wir noch einmal das $(1 - \alpha)$-Konfidenzintervall $[\underline{\mu}(\mathbf{x}), \overline{\mu}(\mathbf{x})] = [\overline{x} \pm \pm \frac{s}{\sqrt{n}} t_{n-1;1-\alpha/2}]$. Seine Länge ist:

$$l = 2 \frac{s}{\sqrt{n}} t_{n-1;1-\alpha/2}.$$

Sie hängt von s ab und ist somit zufällig. Es liegt daher nahe, die **Genauigkeit** der Bereichschätzung von μ durch die mittlere Länge des Konfidenzintervalls $\overline{l} = \frac{2}{\sqrt{n}} t_{n-1;1-\alpha/2} E(s)$ zu messen. Für Zwecke der Abschätzung des benötigten

Stichprobenumfanges kann man unbedenklich $t_{n-1;1-\alpha/2} = u_{1-\alpha/2}$ und $E(s) = \sigma$ setzen, so daß gilt:

$$\bar{l} \approx 2\frac{\sigma}{\sqrt{n}}u_{1-\alpha/2}.$$

Eine Bedingung der Form $\bar{l} \leq 2\triangle$ läßt sich daher nur vorschreiben, wenn man σ näherungsweise kennt oder wenigstens eine obere Schranke σ_o für σ besitzt. In diesem Fall folgt aus $2\frac{\sigma_o}{\sqrt{n}}u_{1-\alpha/2} = 2\triangle$ (vgl. auch (14.1.2)):

$$n = \left(u_{1-\alpha/2} \cdot \frac{\sigma_o}{\triangle}\right)^2. \tag{14.1.12}$$

Zahlenbeispiel: μ soll im Mittel auf $\pm 0,02cm = \pm\triangle$ genau mit einer Sicherheit $S = 1 - \alpha = 0,95$ geschätzt werden; $\sigma \leq \sigma_o = 0,1cm$ sei bekannt. Der benötigte Stichprobenumfang ist: $n = 96$.

Bereichschätzer für σ^2:

Eine Statistik $t(\mathbf{x}, \sigma)$, die für alle Werte des nuisance-Parameters μ eine feste Verteilung besitzt, ist $(n-1)s^2/\sigma^2 = \frac{1}{\sigma^2}\sum_{j=1}^n (x_j - \bar{x})^2$. Sie ist nach χ^2_{n-1} verteilt (siehe Satz 12.1.6) und zwar sogar für alle Parameterkombinationen $(\mu, \sigma^2) \in \mathbf{R} \times \mathbf{R}_+$, wodurch sich wieder erhebliche Vereinfachungen ergeben. (Auch hier besitzt übrigens $(n-1)s^2/\sigma^2$ für jede Lage- und Skalenfamilie eine feste Verteilung. Man kann daher das Folgende praktisch ungeändert auf beliebige Lage- und Skalenfamilien übertragen). Es gibt aber selbstverständlich viele Statistiken mit dieser Eigenschaft — z.B. alle Funktionen $t(\mathbf{x}, \sigma)$ der Form $(x_{(k)} - x_{(l)})/\sigma$ —, und die Frage nach der am besten geeigneten Statistik führt wieder auf Optimalitätskriterien für Bereichschätzer. Wir gehen darauf in den Abschnitten 14.2. und 14.3 ein.

Der gesuchte Bereichschätzer für σ^2 ist jetzt rasch bestimmt. Wir definieren zunächst die Ereignisfamilie

$$K_{\sigma^2} := \{\mathbf{x} : \chi^2_{n-1;\alpha/2} \leq \frac{(n-1)s^2}{\sigma^2} \leq \chi^2_{n-1;1-\alpha/2}\} \quad \text{für alle } \sigma^2 > 0$$

— jedes K_{σ^2} hat für $x \sim \mathbf{N}(\mu, \sigma^2)$ die Wahrscheinlichkeit $1 - \alpha$ —, bilden damit die Menge:

$$K = \{(\mathbf{x}, \sigma^2) : \chi^2_{n-1;\alpha/2} \leq \frac{(n-1)s^2}{\sigma^2} \leq \chi^2_{n-1;1-\alpha/2}\}$$

und erhalten mit den $\mathbf{x}$-Schnitten $K_\mathbf{x}$ von K das gesuchte $(1-\alpha)$-Konfidenzintervall:

$$K_\mathbf{x} = \{\sigma^2 : (\mathbf{x}, \sigma^2) \in K\} = \{\sigma^2 : \chi^2_{n-1;\alpha/2} \leq \frac{(n-1)s^2}{\sigma^2} \leq \chi^2_{n-1;1-\alpha/2}\} =$$

$$= \{\sigma^2 : \frac{(n-1)s^2}{\chi^2_{n-1;1-\alpha/2}} \leq \sigma^2 \leq \frac{(n-1)s^2}{\chi^2_{n-1;\alpha/2}}\} = [\underline{\sigma}^2(\mathbf{x}), \overline{\sigma}^2(\mathbf{x})] = \underline{\overline{\sigma}}^2(\mathbf{x}). \tag{14.1.13}$$

Definiert man die Ereignisse K_{σ^2} in der Form:

$$K_{\sigma^2} := \{\mathbf{x} : \frac{(n-1)s^2}{\sigma^2} \le \chi^2_{n-1;1-\alpha}\} \quad \text{bzw.} \quad K_{\sigma^2} := \{\mathbf{x} : \chi^2_{n-1;\alpha} \le \frac{(n-1)s^2}{\sigma^2}\},$$

dann erhält man auf gleichem Wege:

$$\underline{\sigma}^2(\mathbf{x}) = \frac{(n-1)s^2}{\chi^2_{n-1;1-\alpha}} \quad \ldots \text{als untere Vertrauensschranke für } \sigma^2 \text{ zur Sicherheit } 1-\alpha,$$

$$\overline{\sigma}^2(\mathbf{x}) = \frac{(n-1)s^2}{\chi^2_{n-1;\alpha}} \quad \ldots \text{als obere Vertrauensschranke für } \sigma^2 \text{ zur Sicherheit } 1-\alpha. \tag{14.1.14}$$

Der Stichprobenumfang für vorgegebene Sicherheit und Genauigkeit:

Die mittlere Länge des Konfidenzintervalls (14.1.13) ist (man beachte: $E(s^2) = \sigma^2$):

$$\bar{l} = (n-1)\sigma^2 \cdot (\frac{1}{\chi^2_{n-1;\alpha/2}} - \frac{1}{\chi^2_{n-1;1-\alpha/2}}) \tag{14.1.15}$$

und hängt von dem unbekannten Wert σ^2 ab. Der benötigte Stichprobenumfang n kann daher nur dann abgeschätzt werden, wenn man entweder eine obere Schranke σ_o^2 für σ^2 kennt oder $\bar{l}$ in Bruchteilen von σ^2 angibt — etwa: $\bar{l}/\sigma^2 \le 2\delta$.

Da in realistischen Fällen immer relativ große Stichprobenumfänge zu erwarten sind und überdies nur grobe Abschätzungen für n interessieren, wird man mit Normalapproximation für die χ^2-Verteilung arbeiten. Es gilt: $\boldsymbol{\chi}^2_{n-1} \approx \boldsymbol{\chi}^2_n \approx \mathbf{N}(n, 2n)$ und damit $\chi^2_{n;p} \approx n + u_p\sqrt{2n}$ (vgl. (12.1.5)). Verlangt man $\bar{l}/\sigma^2 \le 2\delta$, dann folgt aus (14.1.15) für große n (man beachte: $n \gg u^2_{1-\alpha/2}$):

$$2\delta \ge (n-1)(\frac{1}{\chi^2_{n-1;\alpha/2}} - \frac{1}{\chi^2_{n-1;1-\alpha/2}}) \approx n(\frac{1}{n - u_{1-\alpha/2}\sqrt{2n}} - \frac{1}{n + u_{1-\alpha/2}\sqrt{2n}}) =$$

$$= \frac{2\sqrt{2n}u_{1-\alpha/2}}{n - 2u^2_{1-\alpha/2}} \approx \frac{2\sqrt{2}u_{1-\alpha/2}}{\sqrt{n}}$$

und damit

$$n \ge 2(\frac{u_{1-\alpha/2}}{\delta})^2. \tag{14.1.16}$$

Zahlenbeispiel: Die Varianz σ^2 ist (im Mittel) auf $\pm 10\%$ genau zur Sicherheit $S = 1 - \alpha = 0{,}95$ zu schätzen. Es ist $\delta = 0{,}1$; $u_{0,975} = 1{,}96$ und damit $n \approx 768$ — eine Größenordnung, die die obigen Näherungen voll rechtfertigt.

Beispiel 14.1.5 Bereichschätzung für Fraktile

Wir betrachten das nichtparametrische Modell $x \sim P_x \in \mathcal{P}$, wobei $\mathcal{P}$ die Gesamtheit aller stetigen Verteilungen auf $\mathbf{R}$ bezeichnet. Der Punktschätzer $\hat{\mu}(x_1 \ldots x_n) = \bar{x}$ von μ ist bei diesem allgemeinen Modell erwartungstreu und varianzminimal (vgl.

Beispiel 11.4.3). Es läge daher nahe, sich auch ein Konfidenzintervall $[\underline{\mu}(\mathbf{x}), \overline{\mu}(\mathbf{x})]$ zu wünschen, das mit der Sicherheit $1-\alpha$ den richtigen Mittelwert μ überdeckt, gleichgültig welche stetige Verteilung den Daten zugrunde liegt; indessen ist leicht einzusehen, daß ein derartiger Bereichschätzer für $\mu = \mu(P_x)$ nicht existiert.

Man schließt am besten indirekt. Wir skizzieren die Überlegung: Angenommen $[\underline{\mu}(\mathbf{x}), \overline{\mu}(\mathbf{x})]$ wäre das gewünschte Konfidenzintervall und $\overset{\circ}{P}_x$ wäre die den Daten zugrundeliegende Verteilung mit dem Mittel $\mu_0 = \mu(\overset{\circ}{P}_x)$. Modifiziert man die Verteilung $\overset{\circ}{P}_x$ im extremen Außenbereich, etwa für $|x| > A$, dann kann man erreichen, daß:

1. die Verteilungen der Statistiken $\underline{\mu}(\mathbf{x}), \overline{\mu}(\mathbf{x})$ praktisch ungeändert bleiben, jedoch
2. der Mittelwert μ_0' der modifizierten Verteilung $\overset{\circ}{P}{}'_x$ beliebig groß wird — beispielsweise größer als das $(1-\alpha)$-Fraktil der Statistik $\overline{\mu}(\mathbf{x})$.

Dann überdeckt aber das Zufallsintervall $[\underline{\mu}(\mathbf{x}), \overline{\mu}(\mathbf{x})]$ den Mittelwert μ_0' für $x \sim \sim \overset{\circ}{P}{}'_x$ mit verschwindend kleiner Wahrscheinlichkeit und nicht mit der Sicherheit $1 - -\alpha$. (Die Mathematiker wissen den tieferen Grund für diese Unmöglichkeit klarer zu benennen. Er liegt nämlich darin, daß das Mittel $\mu(P_x)$ kein stetiges Funktional auf der Menge der Wahrscheinlichkeitsverteilungen ist, soferne letztere im Sinne der schwachen Konvergenz topologisiert wird. Voilá!).

Genauso verhält es sich übrigens bei der Varianz und überhaupt bei allen Verteilungsmomenten: für sie alle gibt es keine Bereichschätzer mit verteilungsunabhängiger Sicherheit. Umso bemerkenswerter ist es daher, daß solche Bereichschätzer für die Fraktilen x_p, und damit insbesondere für den Median $x_{0,5}$, sehr wohl existieren und auch ganz leicht bestimmt werden können. Das ist einer der vielen Gründe, warum der Median als Lageparameter dem Mittel vorzuziehen ist.

Wir gehen nach der bewährten Methode vor und suchen eine Statistik $t(\mathbf{x}, x_p)$, die für alle Verteilungen $P_x \in \mathcal{P}$ mit festem p-Fraktil x_p eine ebenfalls feste Verteilung hat. Eine solche Statistik ist:

$$z = z(\mathbf{x}, x_p) = \text{„Anzahl der } x_1 \dots x_n \leq x_p\text{"} = \sum_{j=1}^{n} I_{(-\infty, x_p]}(x_j),$$

denn z besitzt sogar für alle $P_x \in \mathcal{P}$ die feste Verteilung $\mathbf{B}_{n,p}$, da doch jedes der unabhängigen x_j mit Wahrscheinlichkeit p kleiner oder gleich x_p ausfällt. Dieser Umstand vereinfacht die Rechnungen wieder erheblich. Sind die Zahlen k, l so gewählt, daß gilt:

$$P(k \leq z < l | z \sim \mathbf{B}_{n,p}) = 1 - \alpha$$

— da z diskret ist, sind natürlich nicht alle Werte $1-\alpha$ möglich, man kann aber bei größerem n jede gewünschte Sicherheit S vollkommen ausreichend approximieren —, dann definieren wir die Familie der Ereignisse $(K_{x_p}\colon\ x_p \in \mathbf{R})$:

$$K_{x_p} = \{\mathbf{x}\colon\ k \leq z(\mathbf{x}, x_p) < l\} \quad \text{für alle } x_p \in \mathbf{R},$$

bauen damit die Menge $K = \{(\mathbf{x}, x_p)\colon k \leq z(\mathbf{x}, x_p) < l\}$ auf und bilden anschließend die $\mathbf{x}$-Schnitte von K und damit den Bereichschätzer $\overline{\underline{x}}_p(\mathbf{x})$:

$$K_{\mathbf{x}} = \overline{\underline{x}}_p(\mathbf{x}) = \{x_p : k \leq z(\mathbf{x}, x_p) < l\} \quad \text{für alle } \mathbf{x} \in \Omega_{\mathbf{x}}.$$

Bezeichnet $(x_{(1)} \dots x_{(n)})$ die Ordnungsreihe der Daten $\mathbf{x} = (x_1 \dots x_n)$, dann gilt offenbar $k \leq z(\mathbf{x}, x_p) < l$ bei festem $\mathbf{x}$ genau dann, wenn $x_{(k)} \leq x_p < x_{(l)}$ ist. Wir haben daher das abschließende Resultat:

Bereichschätzer für das p-Fraktil einer stetigen Verteilung:

$\overline{\underline{x}}_p(x_1 \dots x_n) = [x_{(k)}, x_{(l)}]$ ... ist ein Konfidenzintervall für x_p zu der Sicherheit $S = P(k \leq z < l | z \sim \mathbf{B}_{n,p})$. Auf gleichem Wege zeigt man:

$\underline{x}_p(x_1 \dots x_n) = x_{(k)}$ und $\overline{x}_p(x_1 \dots x_n) = x_{(l)}$ sind untere bzw. obere Konfidenzschranken für x_p zur Sicherheit $S = P(k \leq z | z \sim \mathbf{B}_{n,p})$ bzw. $S = P(z < < l | z \sim \mathbf{B}_{n,p})$.

Zahlenbeispiel: Für den Median $x_{0,5}$ ist ein Konfidenzintervall zur Sicherheit $S \approx \approx 0,90 = 1 - \alpha$ auf der Grundlage einer Stichprobe vom Umfang $n = 100$ zu bestimmen. Wir wählen naheliegenderweise die Ordnungsgrößen $x_{(k)}$ und $x_{(l)}$ an symmetrischen Positionen in der Ordnungsreihe, d.h. wir setzen $l = n + 1 - k$, und bestimmen k so, daß $P(k \leq z < n + 1 - k | \mathbf{B}_{n;0,5}) \approx 0,90$ gilt. Mit der Normalapproximation $\mathbf{B}_{n;0,5} \approx \mathbf{N}(n/2, n/4)$ folgt:

$$\alpha/2 = P(z < k | z \sim \mathbf{B}_{n;0,5}) \approx \Phi\left(\frac{k - n/2}{\sqrt{n/4}}\right)$$

und daraus:

$$k \approx \frac{n}{2} - u_{1-\alpha/2}\sqrt{\frac{n}{4}}.$$

Für $n = 100; 1 - \alpha = 0,90$ ($u_{0,95} = 1,645$) ergibt sich: $k = 42$, $l = 59$; der gesuchte Bereichschätzer ist somit: $[x_{(42)}, x_{(59)}]$. Er enthält 59-41=18 der 100 Beobachtungen $x_1 \dots x_{100}$. Das ist ein bei unserem nichtparametrischen Modell brauchbares Genauigkeitsmaß für den Schätzer.

Stichprobenumfang

Allgemein ist der in $[x_{(k)}, x_{(n+1-k)}]$ enthaltene Anteil q der Beobachtungen:

$$q = \frac{n + 2 - 2k}{n} \approx 2u_{1-\alpha/2}\sqrt{\frac{n}{4}}/n = \frac{u_{1-\alpha/2}}{\sqrt{n}},$$

woraus sich zu vorgegebenem q der notwendige Stichprobenumfang ergibt:

$$n \approx \left(\frac{u_{1-\alpha/2}}{q}\right)^2$$

Soll etwa $q = 0,1$ gelten, dann muß für $1 - \alpha = 0,90$ der Stichprobenumfang $n \approx 270$ sein. Der Schätzer wäre: $[x_{(122)}, x_{(149)}]$; er enthält 28 $\hat{=}$ 10,37 % der Beobachtungen.

14.2 Zusammenhänge zwischen Bereichschätzung und Testen von Hypothesen

Die Aufgaben, Bereichschätzer für einen Verteilungsparameter $\gamma = \gamma(P_x)$ (beliebig vieldimensional!) zu konstruieren einerseits und Teststrategien für die Schar der Testprobleme ($\mathbf{H}_0$: $\gamma(P_x) = \gamma_0$ $\mathbf{H}_1$: $\gamma(P_x) \neq \gamma_0$: $\gamma_0 \in \Gamma$) zu entwickeln andererseits, hängen eng miteinander zusammen, ja sie sind äquivalent, denn aus jeder Lösung einer der beiden Aufgaben ergibt sich unmittelbar eine Lösung der anderen. Dieser Zusammenhang gestattet es auch, alle Begriffe, die zur Charakterisierung der Eigenschaften von Tests eingeführt wurden — insbesondere Unverfälschtheit, Konsistenz und Schärfevergleiche —, auf Bereichschätzer zu übertragen.

Um diesen Zusammenhang zu erkennen, vergegenwärtigen wir uns noch einmal das allgemeine Verfahren zur Konstruktion eines Bereichschätzers zur Sicherheit $1-\alpha$ für den Parameter $\gamma = \gamma(P_x)$ bei dem Modell $P_x \in \mathcal{P}$ (parametrisch oder nichtparametrisch) — eine Stichprobe $\mathbf{x} = (x_1 \dots x_n)$ vom Umfang n liegt zugrunde.

Man erhält den allgemeinsten Bereichschätzer $\overline{\underline{\gamma}}(\mathbf{x})$, wenn man zu jedem $\gamma \in \Gamma = \{\gamma = \gamma(P_x)\colon P_x \in \mathcal{P}\}$ ein Ereignis $K_\gamma \subset \Omega_\mathbf{x}$ angibt, das für alle Verteilungen $P_x \in \mathcal{P}$, zu denen der Parameterwert γ gehört, die Wahrscheinlichkeit $1-\alpha$ besitzt:

$$P_\mathbf{x}(K_\gamma) = 1 - \alpha \quad \text{für alle} \quad P_x \in \mathcal{P} \quad \text{mit } \gamma(P_x) = \gamma,$$

damit die Menge $K = \{(\mathbf{x},\gamma)\colon \mathbf{x} \in K_\gamma, \gamma \in \Gamma\} \subset \Omega_\mathbf{x} \times \Gamma$ aufbaut und schließlich die $\mathbf{x}$-Schnitte $K_\mathbf{x}$ dieser Menge K bildet:

$$\overline{\underline{\gamma}}(\mathbf{x}) = K_\mathbf{x} = \{\gamma\colon (\mathbf{x},\gamma) \in K\} = \{\gamma\colon \mathbf{x} \in K_\gamma\} \quad \text{für alle } \mathbf{x} \in \Omega_\mathbf{x}. \qquad (14.2.1)$$

Abb. 14.2.1 veranschaulicht diese Konstruktion noch einmal.

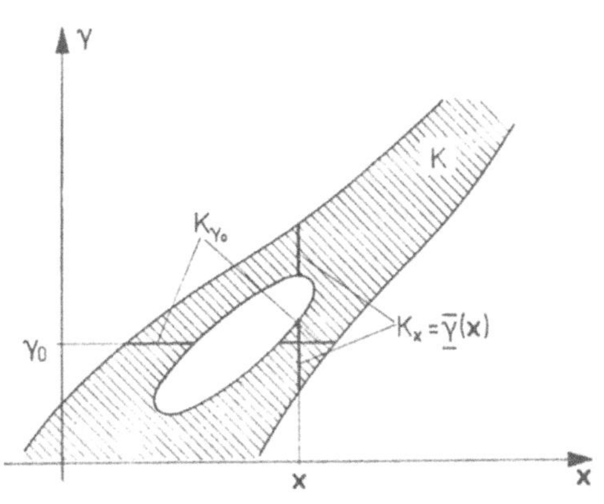

Abb. 14.2.1

Betrachten wir jetzt das Testproblem: $\mathbf{H}_0$: $\gamma(P_x) = \gamma_0$ $\mathbf{H}_1$: $\gamma(P_x) \neq \gamma_0$. Offensichtlich besitzt der Test

$$\varphi(\mathbf{x}|\gamma_0) = \begin{cases} 1 \\ 0 \end{cases} \iff \mathbf{x} \quad \begin{matrix} \in & K_{\gamma_0}^c =: A_1(\gamma_0), \\ \in & K_{\gamma_0} =: A_0(\gamma_0), \end{matrix}$$

das Niveau α, denn es ist ja nach Konstruktion der Ereignisse K_γ:

$$G(P_x \mid \varphi(.|\gamma_0)) = E\big(\varphi(\mathbf{x}|\gamma_0) \,\big|\, P_x\big) = P_{\mathbf{x}}(K_{\gamma_0}^c) = \alpha \text{ für alle } P_x \in \mathcal{P} \text{ mit } \gamma(P_x) = \gamma_0.$$

Das bedeutet: die Ereignisse K_{γ_0} können als die Annahmebereiche $A_0(\gamma_0)$ und ihre Komplemente $K_{\gamma_0}^c$ als die kritischen Bereiche $A_1(\gamma_0)$ einer Schar von Niveau-α-Tests $\varphi(\mathbf{x}|\gamma_0)$ für die Schar der Testaufgaben $\mathbf{H}_0$: $\gamma(P_x) = \gamma_0$ $\mathbf{H}_1$: $\gamma(P_x) \neq \gamma_0$ aufgefaßt werden. Die Gütefunktion des Tests $\varphi(\mathbf{x}|\gamma_0)$ ist für alle $P_x \in \mathcal{P}$ mit $\varphi(P_x) = \gamma_0$ konstant — man sagt dafür kurz: der Test $\varphi(\mathbf{x}|\gamma_0)$ ist auf $\{P_x \in \mathcal{P}\text{: } \gamma(P_x) = \gamma_0\}$ **ähnlich.** Wir wollen diese in der Testtheorie übliche Sprechweise übernehmen.

Ist andererseits $\big(\varphi(\mathbf{x}|\gamma_0)\text{: } \gamma_0 \in \Gamma\big)$ eine Familie von nicht-randomisierten Niveau-α-Tests für die Familie der Testprobleme ($\mathbf{H}_0$: $\gamma(P_x) = \gamma_0$ $\mathbf{H}_1$: $\gamma(P_x) \neq \gamma_0$: $\gamma_0 \in \Gamma$), die auf $\{P_x \in \mathcal{P}\text{: } \gamma(P_x) = \gamma_0\}$ ähnlich sind, dann gewinnt man aus den Annahmebereichen dieser Tests: $A_0(\gamma_0) =: K_{\gamma_0}$ auf dem oben beschriebenen Weg sofort einen Bereichschätzer $\underline{\overline{\gamma}}(\mathbf{x})$ zur Sicherheit $1-\alpha$ (vgl. 14.2.1):

$$\underline{\overline{\gamma}}(\mathbf{x}) = \{\gamma : \mathbf{x} \in K_\gamma = A_0(\gamma)\} = \{\gamma\text{: } \varphi(\mathbf{x}|\gamma) = 0\} \quad \text{für alle } \mathbf{x} \in \Omega_{\mathbf{x}}. \tag{14.2.2}$$

In Worten: *Wurde* $\mathbf{x} = (x_1 \ldots x_n)$ *beobachtet, dann umfaßt der Schätzbereich* $\underline{\overline{\gamma}}(\mathbf{x})$ *genau jene Parameterwerte* $\gamma_0 \in \Gamma$, *für die der zugehörige Test* $\varphi(\mathbf{x}|\gamma_0)$ *auf* $\mathbf{H}_0$: $\gamma(P_x) = \gamma_0$ *entscheidet.*

Kehren wir jetzt die Reihenfolge um und beginnen wir mit einem Bereichschätzer $\mathbf{x} \to \underline{\overline{\gamma}}(\mathbf{x})$ zur Sicherheit $1-\alpha$. Interpretieren wir die Schätzbereiche $\underline{\overline{\gamma}}(\mathbf{x})$ als $\mathbf{x}$-Schnitte $K_{\mathbf{x}}$ der Menge $K = \{(\mathbf{x},\gamma)\text{: } \mathbf{x} \in \Omega_{\mathbf{x}}, \gamma \in \underline{\overline{\gamma}}(\mathbf{x})\}$, dann erhalten wir als γ-Schnitte von K Ereignisse $K_{\gamma_0} = \{\mathbf{x}\text{: } (\mathbf{x},\gamma_0) \in K\} = \{\mathbf{x}\text{: } \gamma_0 \in \underline{\overline{\gamma}}(\mathbf{x})\}$, die für alle Verteilungen $P_x \in \mathcal{P}$ mit $\gamma(P_x) = \gamma_0$ die Wahrscheinlichkeit $1-\alpha$ besitzen (man beachte: $\gamma \in K_{\mathbf{x}} \iff \mathbf{x} \in K_\gamma$; vgl. die Ausführungen nach (14.1.6) und Abb. 14.2.1). Diese γ-Schnitte K_{γ_0} können daher aufgefaßt werden als Annahmebereiche von auf $\{P_x \in \mathcal{P}\text{: } \gamma(P_x) = \gamma_0\}$ ähnlichen Niveau-α-Teststrategien $\varphi(\mathbf{x}|\gamma_0)$ für die Testaufgaben $\mathbf{H}_0\text{:}\gamma(P_x) = \gamma_0$ $\mathbf{H}_1$: $\gamma(P_x) \neq \gamma_0 \ldots \gamma_0 \in \Gamma$:

$$\varphi(\mathbf{x}|\gamma_0) = \begin{cases} 1 \\ 0 \end{cases} \iff \mathbf{x} \begin{matrix} \in K_{\gamma_0}^c \\ \in K_{\gamma_0} \end{matrix} \iff \underline{\overline{\gamma}}(\mathbf{x}) \begin{matrix} \not\ni \\ \ni \end{matrix} \gamma_0. \tag{14.2.3}$$

In Worten: *Wurde* $\mathbf{x} = (x_1 \dots x_n)$ *beobachtet, dann entscheidet der Test* $\varphi(\mathbf{x}|\gamma_0)$ *genau dann auf* $\mathbf{H}_0$: $\gamma(P_x) = \gamma_0$, *wenn der Schätzbereich* $\underline{\overline{\gamma}}(\mathbf{x})$ *den hypothetischen* γ*-Wert* γ_0 *enthält.*

Damit ist der Kreis geschlossen:

1. Aus einer Familie von auf $\mathbf{H}_0$ ähnlichen Niveau-α-Teststrategien für die Testprobleme ($\mathbf{H}_0$: $\gamma(P_x) = \gamma_0$ $\mathbf{H}_1$: $\gamma(P_x) \neq \gamma_0 \dots \gamma_0 \in \Gamma$) erhält man einen Bereichschätzer zur Sicherheit $1 - \alpha$ für γ (siehe (14.2.2)).

2. Aus einem Bereichschätzer zur Sicherheit $1-\alpha$ für γ erhält man eine Familie von Niveau-α-Teststrategien für die genannten Testprobleme (siehe (14.2.3)).

3. Hintereinandergesetzt führen diese Konstruktionen — in der Reihenfolge **1.** – **2.** ebenso wie in der Reihenfolge **2.** – **1.** — wieder zum Ausgangspunkt zurück.

Am einfachsten und klarer als alle Formeln und Worte das tun können, zeigt Abb. 14.2.1 diese Zusammenhänge. Das Bild enthält die ganze lange Geschichte in nuce — es ist gewissermaßen *suffizient* zu ihrem Verständnis, und der Leser möge es so lange ansehen und im Geiste die obigen Konstruktionen **1.** und **2.** ausführen, bis er die Familie von Schätzbereichen ($\underline{\overline{\gamma}}(\mathbf{x}) = K_{\mathbf{x}}$: $\mathbf{x} \in \Omega_{\mathbf{x}}$) einerseits und die Testfamilie ($\varphi(\mathbf{x}|\gamma) = I_{K_\gamma^c}(\mathbf{x})$: $\gamma \in \Gamma$) andererseits als die zwei einander wechselseitig bestimmenden Seiten einer Medaille erkennt.

Wegen der Reziprozität dieses Zusammenhanges spricht man von **Dualität** zwischen der Bereichschätzung eines Parameters $\gamma(P_x)$ und dem Testen von Hypothesen von Typ $\mathbf{H}_0$: $\gamma(P_x) = \gamma_0$ $\mathbf{H}_1$: $\gamma(P_x) \neq \gamma_0$ und bezeichnet zusammengehörige Paare von Bereichschätzern einerseits und Testfamilien andererseits als zueinander **dual** — **Dualisierung** einer Seite liefert die jeweils andere. Diese duale Beziehung reicht jedoch viel tiefer, denn es besteht auch im begrifflichen eine weitgehende Dualität zwischen der Testtheorie und der Theorie der Bereichschätzung.

Qualitätskriterien für Bereichschätzer

Wir führen die Begriffe der Unverfälschtheit, der Trennschärfe und der Konsistenz für Bereichschätzer ein und zeigen, daß sie, in einem noch zu präzisierenden Sinn, den gleichnamigen Begriffen der Testtheorie dual entsprechen.

Salopp formuliert nennt man einen Bereichschätzer $\underline{\overline{\gamma}}(\mathbf{x})$ zur Sicherheit $1-\alpha$ dann unverfälscht, wenn $\underline{\overline{\gamma}}(\mathbf{x})$ den *richtigen* Parameterwert γ_0 zwar mit der Sicherheit $1 - \alpha$ überdeckt, jedes andere, *falsche* γ aber mit einer Wahrscheinlichkeit $\leq 1 - \alpha$. Der Bereichschätzer $\underline{\overline{\gamma}}_1(\mathbf{x})$ heißt trennschärfer als $\underline{\overline{\gamma}}_2(\mathbf{x})$ — beide zur Sicherheit $1 - \alpha$ — wenn $\underline{\overline{\gamma}}_1(\mathbf{x})$ jedes falsche γ mit geringerer Wahrscheinlichkeit überdeckt als $\underline{\overline{\gamma}}_2(\mathbf{x})$. Schließlich bezeichnet man eine Folge von Bereichschätzern ($\underline{\overline{\gamma}}_n(x_1 \dots x_n)$: $n \geq 1$) als konsistent, wenn die Folge ihrer Sicherheiten (S_n) gegen 1 und die Folge der Überdeckungswahrscheinlichkeiten für jedes falsche γ gegen 0 strebt.

Der Begriff der mittleren Länge eines Konfidenzintervalls als Genauigkeitsmaß ist zwar bei eindimensionalen Parametern γ naheliegend, er eignet sich aber wegen seiner geringen Verallgemeinerungsfähigkeit und schlechten mathematischen Handhabbarkeit für die allgemeine Theorie nicht. An seine Stelle treten Bedingungen von der Art, daß γ-Werte außerhalb einer vorgegebenen Umgebung $U(\gamma_o)$ — z.B.: für $d(\gamma, \gamma_0) > \Delta$ — nur mit einer kleinen Wahrscheinlichkeit $\leq \beta$ überdeckt werden sollen. Wir geben die präzisen Definitionen der einzelnen Begriffe.

Definition 14.2.1 *Unverfälschtheit von Bereichschätzern*
Ein Bereichschätzer $\overline{\underline{\gamma}}(\mathbf{x})$ für den Parameter $\gamma = \gamma(P_x)$ heißt **unverfälscht** *zur Sicherheit $S = 1 - \alpha$ (Gegenteil: $\overline{\underline{\gamma}}(\mathbf{x})$ ist* **verfälscht** *oder* **verzerrt***), wenn gilt:*

$$P_{\mathbf{x}}(\overline{\underline{\gamma}}(\mathbf{x}) \ni \gamma) \begin{array}{c} = \\ \leq \end{array} 1 - \alpha \quad \begin{array}{l} \ldots \text{für } \gamma = \gamma(P_x), \\ \ldots \text{sonst.} \end{array}$$

Definition 14.2.2 *Trennschärfe von Bereichschätzern*
Sind $\overline{\underline{\gamma}}_i(\mathbf{x})$ $i = 1, 2$ Bereichschätzer für $\gamma = \gamma(P_x)$ zur Sicherheit $1 - \alpha$ und gilt:

$$P_{\mathbf{x}}(\overline{\underline{\gamma}}_1(\mathbf{x}) \ni \gamma) \leq P_{\mathbf{x}}(\overline{\underline{\gamma}}_2(\mathbf{x}) \ni \gamma) \quad \text{für alle } P_x \in \mathcal{P} \text{ und } \gamma \in \Gamma,$$

dann heißt $\overline{\underline{\gamma}}_1(\mathbf{x})$ **trennschärfer** *als $\overline{\underline{\gamma}}_2(\mathbf{x})$.*

Definition 14.2.3 *Konsistenz einer Folge von Bereichschätzern*
Die Folge von Bereichschätzern $\left(\overline{\underline{\gamma}}_n(\mathbf{x}_n = (x_1 \ldots x_n)) \colon n \geq 1\right)$ für $\gamma = \gamma(P_x)$ heißt konsistent, wenn gilt

$$lim_{n \to \infty} P_{\mathbf{x}_n}(\overline{\underline{\gamma}}_n(\mathbf{x}_n) \ni \gamma) = \begin{cases} 1 & \ldots \text{für } \gamma = \gamma(P_x), \\ 0 & \ldots \text{sonst.} \end{cases}$$

Die Zusammenhänge zwischen den in den vorigen Definitionen für Bereichschätzer eingeführten Begriffen und den gleichnamigen Begriffen für die dualen Testfamilien klärt der folgende Satz.

Satz 14.2.1 *Eigenschaften dualer Bereichschätzer und Testfamilien*

1. *Der Bereichschätzer $\overline{\underline{\gamma}}(\mathbf{x})$ ist genau dann unverfälscht, wenn alle Teststrategien der dualen Testfamilie $(\varphi(\mathbf{x}|\gamma) \colon \gamma \in \Gamma)$ für die Schar der Testprobleme $(\mathbf{H}_0 \colon \gamma(P_x) = \gamma \quad \mathbf{H}_1 \colon \gamma(P_x) \neq \gamma \colon \gamma \in \Gamma)$ unverfälscht sind.*

2. *Der Bereichschätzer $\overline{\underline{\gamma}}_1(\mathbf{x})$ ist genau dann trennschärfer als $\overline{\underline{\gamma}}_2(\mathbf{x})$ — beide zur Sicherheit $1-\alpha$ —, wenn jeder Test $\varphi_1(\mathbf{x}|\gamma)$ der zu $\overline{\underline{\gamma}}_1(\mathbf{x})$ dualen Testfamilie, gleichmäßig trennschärfer ist als der entsprechende Test $\varphi_2(\mathbf{x}|\gamma)$ der zu $\overline{\underline{\gamma}}_2(\mathbf{x})$ dualen Testfamilie.*

3. *Die Folge von Bereichschätzern $(\overline{\underline{\gamma}}_n(\mathbf{x}_n) \colon n \geq 1)$ ist genau dann konsistent, wenn für jedes $\gamma \in \Gamma$ die Testfolgen $(\varphi_n(\mathbf{x}_n|\gamma) \colon n \geq 1)$ konsistent sind — $(\varphi_n(\mathbf{x}_n|\gamma) \colon \gamma \in \Gamma)$ ist die zu $\overline{\underline{\gamma}}_n(\mathbf{x}_n)$ duale Testfamilie.*

Beweis: Vergegenwärtigen wir uns noch einmal die durch (14.2.2) gegebene formale Gestalt des Zusammenhanges zwischen dualen Bereichschätzern und Testfamilien:

$$\underline{\overline{\gamma}}(\mathbf{x}) \ni \gamma \iff \varphi(\mathbf{x}|\gamma) = 0 \quad \text{für alle } \mathbf{x} \in \Omega_{\mathbf{x}} \text{ und } \gamma \in \Gamma.$$

Daraus folgt für Überdeckungswahrscheinlichkeiten einerseits und Gütefunktionen andererseits die Beziehung:

$$P_{\mathbf{x}}(\underline{\overline{\gamma}}(\mathbf{x}) \ni \gamma) = P_{\mathbf{x}}(\varphi(\mathbf{x}|\gamma) = 0) = 1 - G\big(P_x \,\big|\, \varphi(.|\gamma)\big) \text{ für alle } P_x \in \mathcal{P} \text{ und } \gamma \in \Gamma. \tag{14.2.4}$$

Die Behauptung **1.** ergibt sich daher sofort aus der Äquivalenz:

$$P_{\mathbf{x}}(\underline{\overline{\gamma}}(\mathbf{x}) \ni \gamma) \begin{array}{c} = \\ \le \end{array} 1-\alpha \quad \begin{array}{l} \ldots \gamma = \gamma(P_x), \\ \ldots \text{sonst}, \end{array} \iff G\big(P_x \,\big|\, \varphi(.|\gamma)\big) \begin{array}{c} = \\ \ge \end{array} \alpha \quad \begin{array}{l} \ldots \gamma = \gamma(P_x), \\ \ldots \text{sonst}, \end{array}$$

denn die linke Seite charakterisiert die Unverfälschtheit von $\underline{\overline{\gamma}}(\mathbf{x})$ und die rechte Seite diejenige aller Teststrategien $\varphi(\mathbf{x}|\gamma)$ der dualen Testfamilie.

Analog folgt **2.** aus der Äquivalenz:

$$P_{\mathbf{x}}(\underline{\overline{\gamma}}_1(\mathbf{x}) \ni \gamma) \le P_{\mathbf{x}}(\underline{\overline{\gamma}}_2(\mathbf{x}) \ni \gamma) \quad \text{für alle} \quad P_x,\ \gamma \iff$$

$$\iff G\big(P_x \,\big|\, \varphi_1(.|\gamma)\big) \ge G\big(P_x \,\big|\, \varphi_2(.|\gamma)\big) \ldots \quad \text{für alle} \quad P_x,\ \gamma$$

und schließlich **3.** aus:

$$P_{\mathbf{x}_n}(\underline{\overline{\gamma}}_n(\mathbf{x}_n) \ni \gamma) \to \begin{cases} 1 \ldots \gamma = \gamma(P_x) \\ 0 \ldots \text{sonst} \end{cases} \iff G\big(P_x \,\big|\, \varphi_n(.|\gamma)\big) \to \begin{cases} 0 \ldots \gamma = \gamma(P_x) \\ 1 \ldots \text{sonst}, \end{cases}$$

womit der Satz bewiesen ist. ♠

Bemerkung: Es liegt nahe, für Bereichschätzer $\underline{\overline{\gamma}}(\mathbf{x})$ die **Konfidenzfunktion**

$$K(\gamma|P_x) := P_{\mathbf{x}}(\underline{\overline{\gamma}}(\mathbf{x}) \ni \gamma) \quad \text{für } P_x \in \mathcal{P}, \gamma \in \Gamma \tag{14.2.5}$$

als duales Gegenstück zur Gütefunktion für Teststrategien einzuführen — sie gibt an, mit welcher Wahrscheinlichkeit bei festem $P_x \in \mathcal{P}$ der (richtige oder falsche) Wert $\gamma \in \Gamma$ von dem Bereichsschätzer $\underline{\overline{\gamma}}(\mathbf{x})$ überdeckt wird. Die Beziehung (14.2.4) nimmt dann — wenn man noch $G(P_x \mid \varphi(.|\gamma)) = G(P_x|\gamma)$ setzt — eine besonders einprägsame Form an:

$$K(\gamma|P_x) = 1 - G(P_x|\gamma). \tag{14.2.6}$$

Das Problem der Konstruktion optimaler Bereichschätzer wird durch Satz 14.2.1 mit der dualen Aufgabe der Bestimmung optimaler Testfamilien in Beziehung gesetzt, und wir können die Ergebnisse der Testtheorie zu seiner Lösung heranziehen. Ist insbesondere ($\varphi(\mathbf{x}|\gamma)$: $\gamma \in \Gamma$) eine Familie unverfälschter, trennschärfster Niveau-α-Teststrategien für die Familie der Testprobleme ($\mathbf{H}_0$: $\gamma(P_x) = \gamma$ $\mathbf{H}_1$: $\gamma(P_x) \neq \gamma \ldots \gamma \in \Gamma$), wie wir sie bereits für viele konkrete Modelle besitzen, dann ist auch der duale $(1-\alpha)$-Bereichschätzer im gleichen Sinne optimal.

14.3 Konfidenzintervalle und Konfidenzschranken

In den Anwendungen ist man bei der Schätzung 1-dimensionaler Parameter $\gamma = \gamma(P_x)$ ausschließlich an Bereichschätzern $\overline{\underline{\gamma}}(\mathbf{x})$ in Intervallform interessiert. Vor allem benötigt man oft einseitige Abschätzungen nach unten oder nach oben, d.h. letzten Endes Bereichschätzer der Form $[\underline{\gamma}(\mathbf{x}), \infty)$ bzw. $(-\infty, \overline{\gamma}(\mathbf{x})]$. Man nennt $\underline{\gamma}(\mathbf{x})$ und $\overline{\gamma}(\mathbf{x})$ untere bzw. obere Konfidenzschranken zur Sicherheit $S = 1 - \alpha$, wenn im ersten Fall $P_{\mathbf{x}}\big(\underline{\gamma}(\mathbf{x}) \leq \gamma(P_x)\big) = 1 - \alpha$ und im zweiten $P_{\mathbf{x}}\big(\gamma(P_x) \leq \overline{\gamma}(\mathbf{x})\big) = 1 - \alpha$ für alle $P_x \in \mathcal{P}$ erfüllt ist.

Konfidenzschranken

Für Konfidenzschranken muß man die Begriffe der Trennschärfe und der Konsistenz etwas anders fassen, als dies in den Definitionen 14.2.2 bzw. 14.2.3 für allgemeine Bereichschätzer geschehen ist.

Zunächst ist klar: Ein Bereichschätzer der Form $[\underline{\gamma}(\mathbf{x}), \infty)$ überdeckt immer auch *falsche* γ-Werte mit hoher Wahrscheinlichkeit, nämlich alle $\gamma > \gamma(P_x)$ mit Wahrscheinlichkeiten $\geq 1 - \alpha$; hingegen überdeckt er alle $\gamma < \gamma(P_x)$ mit Wahrscheinlichkeiten $\leq 1-\alpha$, denn er enthält ja den *richtigen* γ-Wert $\gamma = \gamma(P_x)$ genau mit der Sicherheit $1 - \alpha$. Da es aber auf die γ-Werte $> \gamma(P_x)$ nicht ankommt, ist eine untere — und ebenso eine obere — Konfidenzschranke in einem offensichtlichen Sinn immer unverfälscht.

Entsprechend wird man beim Vergleich der Trennschärfe bzw. beim Begriff der Konsistenz von Konfidenzschranken die Aufmerksamkeit nur auf die jeweils interessante Seite des richtigen γ-Wertes wenden.

Definition 14.3.1 *Trennschärfe und Konsistenz von Konfidenzschranken*

1. *Die untere Konfidenzschranke* $\underline{\gamma}_1(\mathbf{x})$ *ist trennschärfer als* $\underline{\gamma}_2(\mathbf{x})$ *— beide zur Sicherheit* $1 - \alpha$ *—, falls gilt:*

$$P_{\mathbf{x}}(\underline{\gamma}_1(\mathbf{x}) \leq \gamma) \leq P_{\mathbf{x}}(\underline{\gamma}_2(\mathbf{x}) \leq \gamma) \quad \text{für alle} \quad \gamma < \gamma(P_x), P_x \in \mathcal{P}.$$

2. *Die Folge der unteren Konfidenzschranken* ($\underline{\gamma}_n(\mathbf{x}_n)$: $n \geq 1$) *ist konsistent, soferne*

$$lim_{n\to\infty} P_{\mathbf{x}_n}(\underline{\gamma}_n(\mathbf{x}_n) \le \gamma) = \begin{cases} 1 \ldots \textit{für } \gamma = \gamma(P_x), P_x \in \mathcal{P}, \\ 0 \ldots \textit{für } \gamma < \gamma(P_x), P_x \in \mathcal{P}. \end{cases}$$

erfüllt ist. Für obere Konfidenzschranken lauten die Definitionen entsprechend.

Besitzt man für einen 1-dimensionalen Parameter $\gamma = \gamma(P_x)$ eine untere Konfidenzschranke $\underline{\gamma}(\mathbf{x})$ zur Sicherheit $1 - \alpha$, dann hat die duale Testfamilie die Form:

$$\varphi(\mathbf{x}|\gamma) = \begin{cases} 1 \\ 0 \end{cases} \iff \underline{\gamma}(\mathbf{x}) \begin{matrix} > \\ \le \end{matrix} \gamma \ldots \gamma \in \Gamma. \tag{14.3.1}$$

Diese Teststrategien eignen sich dazu, die einseitigen Hypothesen $\mathbf{H}_0$: $\gamma(P_x) \le$ $\le \gamma$ $\mathbf{H}_1$: $\gamma(P_x) > \gamma$ unverfälscht zum Fehlerniveau α zu testen, denn offensichtlich ist:

$$G\big(P_x \,\big|\, \varphi(.|\gamma)\big) = P_{\mathbf{x}}\big(\underline{\gamma}(\mathbf{x}) > \gamma\big) \begin{matrix} \ge \\ = \\ \le \end{matrix} \alpha \quad \ldots \text{für alle } P_x \text{ mit: } \gamma(P_x) \begin{matrix} > \\ = \\ < \end{matrix} \gamma.$$

Bemerkung: Für die zweiseitigen Probleme $\mathbf{H}_0$: $\gamma(P_x) = \gamma$ $\mathbf{H}_1$: $\gamma(P_x) \ne \gamma$ sind diese Teststrategien natürlich völlig ungeeignet. Man mache sich aber klar, daß für die Dualisierung die Kenntnis der Testprobleme, auf die die gewonnenen Teststrategien angewendet werden sollen, in keiner Weise erforderlich ist.

Die Teststrategie (14.3.1) entspricht vollkommen der Intuition: man wird die Hypothese $\mathbf{H}_1$: $\gamma(P_x) > \gamma_0$ als gesichert ansehen, wenn eine (sichere) **untere** Schranke $\underline{\gamma}$ für $\gamma(P_x)$ bekannt und diese größer als der hypothetische Wert γ_0 ist. Dahingegen beweist natürlich $\underline{\gamma} < \gamma_0$ gar nichts. Wollte man die Vermutung $\mathbf{H}_1'$: $\gamma(P_x) \le \gamma_0$ bestätigen, dann hätte man eine **obere** Schranke $\overline{\gamma}$ mit: $\overline{\gamma} < \gamma_0$ nötig; im Fall $\underline{\gamma} \le \gamma \le \overline{\gamma}$ kann keine der beiden Hypothesen bestätigt werden — wenigstens nicht mit diesen Daten und nicht zu dieser Sicherheit.

Geordnete Testfamilien

Die Familie der Teststrategien $(\varphi(\mathbf{x}|\gamma)$: $\gamma \in \Gamma)$ in (14.3.1) ist fallend geordnet in folgendem Sinn:

$$\varphi(\mathbf{x}|\gamma^*) \ge \varphi(\mathbf{x}|\gamma^{**}) \quad \ldots \text{für } \gamma^* < \gamma^{**} \text{ und alle } \mathbf{x} \in \Omega_{\mathbf{x}}. \tag{14.3.2}$$

In Worten: Wird $\mathbf{x} = (x_1 \ldots x_n)$ beobachtet und kann damit die Hypothese $\mathbf{H}_1^{**}: \gamma(P_x) > \gamma^{**}$ bestätigt werden — d.h. $\varphi(\mathbf{x}|\gamma^{**}) = 1$ —, dann ist auch die (schwächere) Hypothese $\mathbf{H}_1^*$: $\gamma(P_x) > \gamma^*$ gesichert — d.h. $\varphi(\mathbf{x}|\gamma^*) = 1$.

Das ist eine geradezu *natürliche* Eigenschaft einer vernünftigen Niveau-α-Testfamilie für die Familie der einseitigen Testprobleme $(\mathbf{H}_0: \gamma(P_x) \leq \gamma \;\; \mathbf{H}_1: \gamma(P_x) > \gamma: \gamma \in \Gamma)$ — freilich, selbstverständlich ist sie nicht, und es wird den Fachärzten für pathologische Stochastik ein leichtes sein, Fälle von Testfamilien anzugeben, auf die der Befund (14.3.2) nicht zutrifft.

Ist andererseits $(\varphi(\mathbf{x}|\gamma): \gamma \in \Gamma)$ eine im Sinne von (14.3.2) fallend geordnete Niveau-α-Testfamilie für die Familie der einseitigen Testprobleme $(\mathbf{H}_0: \gamma(P_x) \leq \leq \gamma \;\; \mathbf{H}_1: \gamma(P_x) > \gamma: \gamma \in \Gamma)$, dann liefert ihre Dualisierung einen Bereichschätzer der Form:

$$\overline{\underline{\gamma}}(\mathbf{x}) = \{\gamma: \varphi(\mathbf{x}|\gamma) = 0\} = \langle\underline{\gamma}(\mathbf{x}), \infty) \quad \ldots \mathbf{x} \in \Omega_{\mathbf{x}},$$

d.h. eine untere Konfidenzschranke zur Sicherheit $1 - \alpha$.

Solche geordnete Testfamilien ergeben sich beispielsweise, wenn $t = t(\mathbf{x})$ eine Statistik ist, deren Verteilung mit wachsendem γ im Sinne der stochastischen Ordnung wächst (siehe Definition 12.1.2): $\gamma_1 < \gamma_2 \Rightarrow t(\mathbf{x})|_{\gamma_1} \overset{st}{\prec} t(\mathbf{x})|_{\gamma_2}$ und die Testfamilie definiert wird durch:

$$\varphi(\mathbf{x}|\gamma) = \begin{cases} 1 \\ 0 \end{cases} \Longleftrightarrow t(\mathbf{x}) \underset{\leq}{>} t_{1-\alpha}(\gamma) \quad \ldots \gamma \in \Gamma, \mathbf{x} \in \Omega_x.$$

Denn in diesem Falle wachsen die Fraktilen $t_{1-\alpha}(\gamma)$ mit γ monoton und es folgt aus $\gamma^* < \gamma^{**}$: $t(\mathbf{x}) > t_{1-\alpha}(\gamma^{**}) \Rightarrow t(\mathbf{x}) > t_{1-\alpha}(\gamma^*)$, also (14.3.2).

Verteilungsfamilien mit monotonen Dichtequotienten

Bei einparametrischen Verteilungsfamilien mit in einer Statistik $t(\mathbf{x})$ monotonen Dichtequotienten $q(\mathbf{x}|\vartheta_0, \vartheta_1) = f(\mathbf{x}|\vartheta_1)/f(\mathbf{x}|\vartheta_0) = h(t(\mathbf{x})|\vartheta_0, \vartheta_1)$ (vgl. Definition 13.3.1) ist $t(\mathbf{x})$ mit steigendem ϑ im stochastischen Sinn steigend oder fallend, je nachdem, ob $h(t|\vartheta_0, \vartheta_1)$ für $\vartheta_0 < \vartheta_1$ in t steigend oder fallend ist.

Ist nämlich z.B. $q(\mathbf{x}|\vartheta_0, \vartheta_1)$ in $t(\mathbf{x})$ steigend, dann haben wir in Satz 13.3.2 gezeigt, daß jeder Test $\varphi_k(\mathbf{x})$ mit:

$$\varphi_k(\mathbf{x}) = \begin{cases} 1 \\ 0 \end{cases} \Longleftrightarrow t(\mathbf{x}) \underset{\leq}{>} k$$

eine in ϑ monoton wachsende Gütefunktion besitzt, d.h. $P_{\mathbf{x}}(t(\mathbf{x}) > k|\vartheta)$ wächst mit wachsendem ϑ. Das aber bedeutet nichts anderes, als daß $t = t(\mathbf{x})$ mit wachsendem ϑ stochastisch wächst.

Damit ist eine relativ allgemeine Situation charakterisiert, wo trennschärfste Teststrategien für einseitige Testaufgaben existieren, deren Dualisierung dann ebenfalls trennschärfste Konfidenzschranken ergeben. Denn man zeigt genauso leicht wie im Beweis von Satz 14.2.1 , daß trennschärfere Konfidenzschranken trennschärfere einseitige Testfamilien bzw. konsistente Folgen von Konfidenzschranken konsistente Folgen von einseitigen Testfamilien ergeben und umgekehrt — soferne die Testfamilien im Sinne von (14.3.2) fallend oder steigend geordnet sind und ihre Dualisierung daher auf Konfidenzschranken führt.

Konfidenzintervalle

Es liegt nahe, Konfidenzintervalle aus Konfidenzschranken aufzubauen. In der Tat: ist $\overline{\underline{\gamma}}(\mathbf{x}) = [\underline{\gamma}(\mathbf{x}), \overline{\gamma}(\mathbf{x})]$ ein Konfidenzintervall zur Sicherheit $1-\alpha$, dann sind $\underline{\gamma}(\mathbf{x})$ und $\overline{\gamma}(\mathbf{x})$ für sich untere bzw. obere Konfidenzschranken mit Sicherheiten $\geq 1-\alpha$. Besitzen umgekehrt die Schranken $\underline{\gamma}(\mathbf{x})$ und $\overline{\gamma}(\mathbf{x})$ die Sicherheiten $1-\alpha_u$ bzw. $1-\alpha_o$, dann ist $[\underline{\gamma}(\mathbf{x}), \overline{\gamma}(\mathbf{x})]$ ein Konfidenzintervall zu einer Sicherheit S mit: $1-\alpha_u-\alpha_o \leq S \leq 1-max\{\alpha_u, \alpha_o\}$, denn es gilt:

$$\begin{matrix}\{\underline{\gamma}(\mathbf{x}) > \gamma(P_x)\} \\ \{\overline{\gamma}(\mathbf{x}) < \gamma(P_x)\}\end{matrix} \subset \{[\underline{\gamma}(\mathbf{x}), \overline{\gamma}(\mathbf{x})] \not\ni \gamma(P_x)\} \subset \{\underline{\gamma}(\mathbf{x}) > \gamma(P_x)\} \cup \{\overline{\gamma}(\mathbf{x}) < \gamma(P-x)\}.$$

Die Dualisierung eines unverfälschten $(1-\alpha)$-Konfidenzintervalls $[\underline{\gamma}(\mathbf{x}), \overline{\gamma}(\mathbf{x})]$ liefert eine unverfälschte Testfamilie zum Niveau α für die Schar der zweiseitigen Testprobleme ($\mathbf{H}_0$: $\gamma(P_x) = \gamma$ $\mathbf{H}_1$: $\gamma(P_x) \neq \gamma$: $\gamma \in \Gamma$), nämlich:

$$\varphi(\mathbf{x}|\gamma) = \begin{cases} 1 \\ 0 \end{cases} \Longleftrightarrow [\underline{\gamma}(\mathbf{x}), \overline{\gamma}(\mathbf{x})] \begin{matrix} \not\ni \\ \ni \end{matrix} \gamma \quad \text{für alle } \mathbf{x} \in \Omega_{\mathbf{x}}, \gamma \in \Gamma.$$

Die Konfidenzschranken $\underline{\gamma}(\mathbf{x})$ und $\overline{\gamma}(\mathbf{x})$ allein ergeben dualisiert Testfamilien ($\varphi_u(\mathbf{x}|\gamma)$: $\gamma \in \Gamma$) und ($\varphi_o(\mathbf{x}|\gamma)$: $\gamma \in \Gamma$) für die Scharen von einseitigen Testaufgaben ($\mathbf{H}_0$: $\gamma(P_x) \leq \gamma$ $\mathbf{H}_1$: $\gamma(P_x) > \gamma$: $\gamma \in \Gamma$) bzw. ($\mathbf{H}_0$: $\gamma(P_x) \geq \gamma$ $\mathbf{H}_1$: $\gamma(P_x) < \gamma$: $\gamma \in \Gamma$) zu Niveaus $\leq \alpha$. Diese Testfamilien sind wieder fallend bzw. steigend geordnet (vgl. (14.3.2)):

$$\left.\begin{matrix} \varphi_u(\mathbf{x}|\gamma^*) \geq \varphi_u(\mathbf{x}|\gamma^{**}) \\ \varphi_o(\mathbf{x}|\gamma^*) \leq \varphi_o(\mathbf{x}|\gamma^{**}) \end{matrix}\right\} \ldots \text{für } \gamma^* < \gamma^{**}, \mathbf{x} \in \Omega_{\mathbf{x}}. \tag{14.3.3}$$

Sind umgekehrt ($\varphi_u(\mathbf{x}|\gamma)$: $\gamma \in \Gamma$) und ($\varphi_o(\mathbf{x}|\gamma)$: $\gamma \in \Gamma$) im Sinne von (14.3.3) geordnete Testfamilien zu den Niveaus α_u bzw. α_o für die obigen Scharen einseitiger Testprobleme, dann ist:

$$\varphi(\mathbf{x}|\gamma) = \begin{cases} 1 \\ 0 \end{cases} \Longleftrightarrow \varphi_u(\mathbf{x}|\gamma) \begin{matrix} oder \\ und \end{matrix} \varphi_o(\mathbf{x}|\gamma) = \begin{matrix} 1 \\ 0 \end{matrix} \quad \ldots \gamma \in \Gamma \tag{14.3.4}$$

— oder kürzer: $\varphi(\mathbf{x}|\gamma) = max\{\varphi_u(\mathbf{x}|\gamma), \varphi_o(\mathbf{x}|\gamma)\}$ — eine Testfamilie, für deren Gütefunktionen offensichtlich gilt:

$$\begin{aligned} max\{G(P_x|\varphi_u(.|\gamma)), G(P_x|\varphi_o(.|\gamma))\} \leq G(P_x|\varphi(.|\gamma)) \leq \\ \leq G(P_x|\varphi_u(.|\gamma)) + G(P_x|\varphi_o(.|\gamma)). \end{aligned} \tag{14.3.5}$$

Abb. 14.3.1 zeigt eine typische Situation dieser Art. Die Teststrategien $\varphi(\mathbf{x}|\gamma)$ eignen sich zum Testen der zweiseitigen Aufgaben $\mathbf{H}_0: \gamma(P_x) = \gamma$ $\mathbf{H}_1: \gamma(P_x) \neq \gamma$, besitzen Niveaus zwischen $max\{\alpha_u, \alpha_o\}$ und $\alpha_u + \alpha_o$ und sind zwar i.a. nicht streng, wohl aber nahezu unverfälscht (vgl. Abb. 14.3.1).

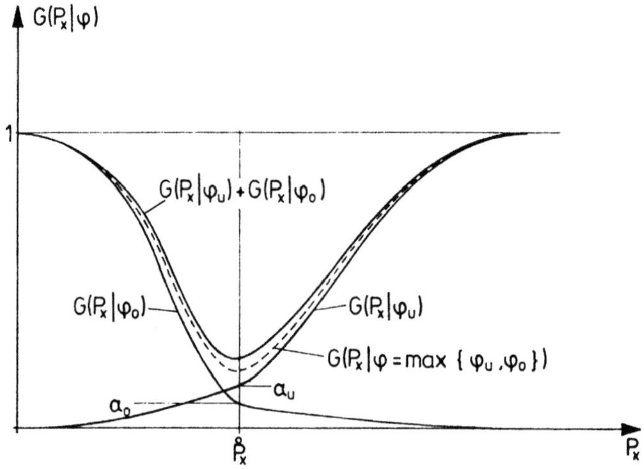

Abb. 14.3.1

Die Dualisierung der Testfamilie $(\varphi(\mathbf{x}|\gamma): \gamma \in \Gamma)$ ergibt, wegen (14.3.3):

$$\begin{aligned}\overline{\underline{\gamma}}(\mathbf{x}) &= \{\gamma: \varphi(\mathbf{x}|\gamma) = 0\} = \{\gamma: \varphi_u(\mathbf{x}|\gamma) = 0\} \cap \{\gamma: \varphi_o(\mathbf{x}|\gamma) = 0\} = \\ &= \langle \underline{\gamma}(\mathbf{x}), \infty) \cap (-\infty, \overline{\gamma}(\mathbf{x})\rangle = \langle \underline{\gamma}(\mathbf{x}), \overline{\gamma}(\mathbf{x})\rangle,\end{aligned}$$

also ein Konfidenzintervall zur Sicherheit S: $1-\alpha_u-\alpha_o \leq S \leq 1-max\{\alpha_u, \alpha_o\}$.

In zahlreichen praktisch wichtigen Fällen — insbesondere bei Verteilungsfamilien mit monotonen Dichtequotienten — erhält man im Sinne von (14.3.3) absteigend bzw. aufsteigend geordnete Testfamilien (φ_u) und (φ_o) wieder durch Teststatistiken $t(\mathbf{x})$, die im stochastischen Sinne mit wachsendem γ monoton wachsen oder fallen. Wächst $t(\mathbf{x})$ stochastisch mit wachsendem γ, dann lauten die Teststrategien:

$$\varphi_u(\mathbf{x}|\gamma) = \begin{cases} 1 \\ 0 \end{cases} \Longleftrightarrow t(\mathbf{x}) \begin{matrix} > \\ \leq \end{matrix} t_{1-\alpha_u}(\gamma),$$

$$\varphi_o(\mathbf{x}|\gamma) = \begin{cases} 1 \\ 0 \end{cases} \Longleftrightarrow t(\mathbf{x}) \begin{matrix} \leq \\ > \end{matrix} t_{\alpha_o}(\gamma),$$

$$\varphi(\mathbf{x}|\gamma) = max\{\varphi_u, \varphi_o\} = \begin{cases} 1 \\ 0 \end{cases} \Longleftrightarrow t(\mathbf{x}) \begin{matrix} \notin \\ \in \end{matrix} (t_{\alpha_o}(\gamma), t_{1-\alpha_u}(\gamma)].$$

Abb. 14.3.2 zeigt den (monoton wachsenden!) Verlauf der Fraktilen $t_{\alpha_o}(\gamma)$ und $t_{1-\alpha_u}(\gamma)$ und die Konstruktion des Konfidenzintervalls $[\underline{\gamma}(\mathbf{x}), \overline{\gamma}(\mathbf{x})]$, das in diesem Fall die exakte Sicherheit $S = 1 - \alpha_u - \alpha_o$ besitzt. Wir demonstrieren diese Zusammenhänge an einigen Beispielen.

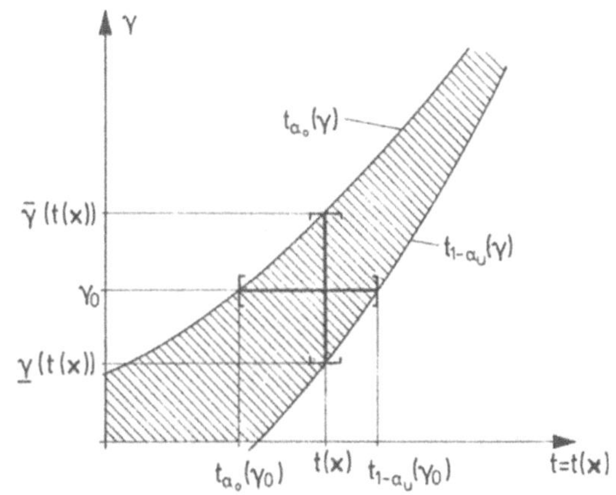

Abb. 14.3.2

Beispiel 14.3.1 $x \sim \mathrm{N}(\mu, \sigma^2)$ ... Bereichschätzer für μ und σ^2

Wir greifen noch einmal die im Beispiel 14.1.4 behandelte Aufgabe der Bereichschätzung von μ und σ^2 auf. Zwar haben wir dort bereits Konfidenzintervalle für beide Parameter konstruiert — und in der Tat handelt es sich schon um die optimalen Bereichschätzer —, doch erschien der jeweilige Ausgangspunkt dieser Konstruktion — das eine Mal die Statistik $\sqrt{n}(\overline{x} - \mu)/s$, das andere Mal die Statistik $(n-1)s^2/\sigma^2$ — weitgehend willkürlich, und wir konnten die erwähnte Optimalität nicht zeigen. Wir wollen daher diese Konfidenzintervalle durch Dualisierung der nach der Likelihood-Quotienten Methode gewonnenen Teststrategien für einseitige bzw. zweiseitige Testaufgaben über μ und σ^2 herleiten. Die LQ-Methode liefert ja (siehe Abschnitt 13.5: Asymptotische Eigenschaften der LQ-Tests) unter sehr allgemeinen Voraussetzungen asymptotisch-optimale und im Falle der Normalverteilung sogar für jeden Stichprobenumfang optimale Teststrategien, so daß auch die dualen Bereichschätzer optimal sind.

Bereichschätzer für μ: In den Beispielen 13.5.2 und 13.5.1 haben wir die Familien der Niveau-α-LQ-Tests für einseitige und zweiseitige Testaufgaben über μ — die Familien der einseitigen bzw. zweiseitigen t-Tests — bestimmt. Es war im einzelnen (in für die gegenwärtigen Zwecke adaptierter Bezeichnung; vgl. (13.5.21) und (13.5.10)):

$\mathbf{H}_0$: $\mu \leq \mu_0$ $\mathbf{H}_1$: $\mu > \mu_0$:

$$\varphi_u(\mathbf{x}|\mu_0) = \begin{cases} 1 \\ 0 \end{cases} \Longleftrightarrow \frac{\bar{x} - \mu_0}{s/\sqrt{n}} \begin{matrix} > \\ \leq \end{matrix} t_{n-1;1-\alpha},$$

$\mathbf{H}_0$: $\mu \geq \mu_0$ $\mathbf{H}_1$: $\mu < \mu_0$:

$$\varphi_o(\mathbf{x}|\mu_0) = \begin{cases} 1 \\ 0 \end{cases} \Longleftrightarrow \frac{\bar{x} - \mu_0}{s/\sqrt{n}} \begin{matrix} < \\ \geq \end{matrix} - t_{n-1;1-\alpha},$$

$\mathbf{H}_0$: $\mu = \mu_0$ $\mathbf{H}_1$: $\mu \neq \mu_0$:

$$\varphi(\mathbf{x}|\mu_0) = \begin{cases} 1 \\ 0 \end{cases} \Longleftrightarrow \left|\frac{\bar{x} - \mu_0}{s/\sqrt{n}}\right| \begin{matrix} > \\ \leq \end{matrix} t_{n-1;1-\alpha/2}.$$

Die Testfamilien $(\varphi_u(\mathbf{x}|\mu_0)\colon \mu_0 \in \mathbf{R})$ und $(\varphi_o(\mathbf{x}|\mu_0)\colon \mu_0 \in \mathbf{R})$ sind monoton fallend bzw. steigend geordnet:

$$\mu_0 < \mu_1 \Rightarrow \begin{cases} \varphi_u(\mathbf{x}|\mu_0) \geq \varphi_u(\mathbf{x}|\mu_1) \\ \varphi_o(\mathbf{x}|\mu_0) \leq \varphi_o(\mathbf{x}|\mu_1) \end{cases} \quad \ldots \text{für alle } \mathbf{x} \in \Omega_{\mathbf{x}}$$

und ergeben daher dualisiert untere bzw. obere Konfidenzschranken für μ zur Sicherheit $1 - \alpha$:

$$\begin{aligned} \{\mu_0\colon \varphi_u(\mathbf{x}|\mu_0) = 0\} &= \{\mu_0\colon \frac{\bar{x} - \mu_0}{s/\sqrt{n}} \leq t_{n-1;1-\alpha}\} = \\ &= [\bar{x} - \frac{s}{\sqrt{n}} t_{n-1;1-\alpha}, \infty) = [\underline{\mu}(\mathbf{x}), \infty), \\ \{\mu_0\colon \varphi_o(\mathbf{x}|\mu_0) = 0\} &= \{\mu_0\colon \frac{\bar{x} - \mu_0}{s/\sqrt{n}} \geq -t_{n-1;1-\alpha}\} = \\ &= (-\infty, \bar{x} + \frac{s}{\sqrt{n}} t_{n-1;1-\alpha}] = (-\infty, \bar{\mu}(\mathbf{x})]. \end{aligned}$$

Die Dualisierung der zweiseitigen Testfamilie $(\varphi(\mathbf{x}|\mu_0)\colon \mu_0 \in \mathbf{R})$ — es gilt: $\varphi(\mathbf{x}|\mu_0) = max\{\varphi_u(\mathbf{x}|\mu_0), \varphi_o(\mathbf{x}|\mu_0)\}$, soferne φ_u und φ_o zum Niveau $\alpha/2$ bestimmt werden — ergibt:

$$\begin{aligned} \{\mu_0\colon \varphi(\mathbf{x}|\mu_0) = 0\} &= \{\mu_0\colon \left|\frac{\bar{x} - \mu_0}{s/\sqrt{n}}\right| \leq t_{n-1;1-\alpha/2}\} = \\ &= [\bar{x} - \frac{s}{\sqrt{n}} t_{n-1;1-\alpha/2}, \bar{x} + \frac{s}{\sqrt{n}} t_{n-1,1-\alpha/2}] = [\underline{\mu}(\mathbf{x}), \bar{\mu}(\mathbf{x})]. \end{aligned}$$

Stichprobenumfang:

Anders als in Beispiel 14.1.4, wo wir den Stichprobenumfang n aus der Sicherheit $S = 1 - \alpha$ und einer Bedingung über die mittlere Länge des Konfidenzintervalls $\underline{\bar{\mu}}(\mathbf{x}) = [\underline{\mu}(\mathbf{x}), \bar{\mu}(\mathbf{x})]$ bestimmt haben, wollen wir jetzt n aus einer Bedingung für die Überdeckung *falscher* μ-Werte durch $\underline{\bar{\mu}}(\mathbf{x})$ herleiten.

Zu diesem Zweck berechnen wir zunächst die Konfidenzfunktion (siehe (14.2.5)):

$$K(\mu_0|\mu,\sigma^2) = P\big(\overline{\underline{\mu}}(\mathbf{x}) \ni \mu_0 \;\big|\; x \sim \mathrm{N}(\mu,\sigma^2)\big),$$

d.h. die Wahrscheinlichkeit, mit der $\overline{\underline{\mu}}(\mathbf{x})$ den Parameterwert μ_0 überdeckt, falls x nach $\mathrm{N}(\mu,\sigma^2)$ verteilt ist. Es gilt:

$$\begin{aligned} K(\mu_0|\mu,\sigma^2) &= P\big(\bar{x}-\frac{s}{\sqrt{n}}t_{n-1;1-\alpha/2} \le \mu_0 \le \bar{x}+\frac{s}{\sqrt{n}}t_{n-1;1-\alpha/2} \,\big|\, x\sim \mathrm{N}(\mu,\sigma^2)\big) = \\ &= P\big(-t_{n-1;1-\alpha/2} \le \frac{\bar{x}-\mu_0}{s/\sqrt{n}} \le t_{n-1;1-\alpha/2} \;\big|\; x \sim \mathrm{N}(\mu,\sigma^2)\big). \end{aligned}$$

Die Statistik $(\bar{x}-\mu_0) \big/ (s/\sqrt{n})$ ist für $x \sim \mathrm{N}(\mu,\sigma^2)$ nichtzentral nach $\mathbf{t}_{n-1}(\delta = (\mu-\mu_0)/(\sigma/\sqrt{n}))$ verteilt (siehe (13.5.10)ff.) und somit folgt:

$$\begin{aligned} &K(\mu_0|\mu,\sigma^2) = \\ &= F\Big(t_{n-1;1-\alpha/2} \;\Big|\; \mathbf{t}_{n-1}\Big(\frac{\mu-\mu_0}{\sigma/\sqrt{n}}\Big)\Big) - F\Big(-t_{n-1;1-\alpha/2} \;\Big|\; \mathbf{t}_{n-1}\Big(\frac{\mu-\mu_0}{\sigma/\sqrt{n}}\Big)\Big) \approx \\ &\approx \Phi\Big(u_{1-\alpha/2} - \frac{\mu-\mu_0}{\sigma/\sqrt{n}}\Big) - \Phi\Big(-u_{1-\alpha/2} - \frac{\mu-\mu_0}{\sigma/\sqrt{n}}\Big). \end{aligned}$$

Man verifiziere (14.2.6): $K(\mu_0|\mu,\sigma^2) = 1 - G(\mu,\sigma^2|\varphi(.|\mu_0))$ an Hand von (13.5.11) — man beachte: $\varphi_{\alpha,n}(\mathbf{x})$ in (13.5.11) ist identisch mit dem Test $\varphi(\mathbf{x}|\mu_0)$ hier. Abb. 14.3.3 zeigt den Verlauf von $K(\mu_0|\mu,\sigma^2)$ für große n.

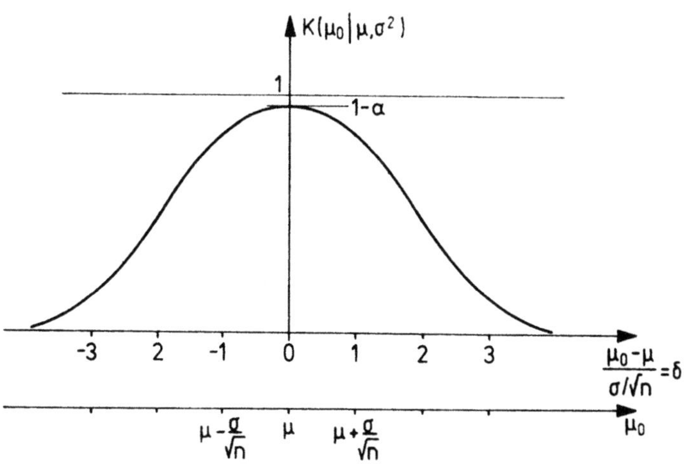

Abb. 14.3.3

Aus der Bedingung:

$$K(\mu_0|\mu,\sigma^2) \le \beta \quad \text{für} \quad |\mu_0-\mu| > \Delta$$

— d.h. $\overline{\mu}(\mathbf{x})$ soll μ_0-Werte, die sich vom richtigen Mittelwert μ um mehr als $\triangle$ unterscheiden, höchstens mit der Wahrscheinlichkeit β überdecken — folgt für bekanntes σ:

$$K(\mu \pm \triangle|\mu,\sigma^2) = \Phi\Big(u_{1-\alpha/2} + \frac{\triangle}{\sigma/\sqrt{n}}\Big) + \Phi\Big(u_{1-\alpha/2} - \frac{\triangle}{\sigma/\sqrt{n}}\Big) - 1 = \beta$$

und hieraus (man beachte: $\Phi\Big(u_{1-\alpha/2} + \frac{\triangle}{\sigma/\sqrt{n}}\Big) \approx 1$):

$$n = \Big(\frac{u_{1-\alpha/2} + u_{1-\beta}}{\triangle/\sigma}\Big)^2.$$

Man vergleiche diese Formel mit dem in Beispiel 13.5.1 hergeleiteten Stichprobenumfang für das duale Testproblem, wo $|\mu_0 - \mu| > \triangle$ mit Wahrscheinlichkeit $1-\beta$ erkannt werden sollte.

Völlig analoge Zusammenhänge erhält man für untere und obere Konfidenzschranken und die dualen einseitigen Testprobleme. Wir überlassen dies dem Leser zur Übung und geben abschließend eine

Zusammenfassung der Ergebnisse:

Für $x \sim \mathbf{N}(\mu,\sigma^2)\ldots(\mu,\sigma^2) \in \mathbf{R} \times \mathbf{R}_+$, $\mathbf{x} = (x_1 \ldots x_n)\ldots$ Stichprobe, ist:

$\underline{\mu}(\mathbf{x}) = \bar{x} - \frac{s}{\sqrt{n}} t_{n-1;1-\alpha}$ ... eine untere $(1-\alpha)$-Konfidenzschranke für μ,

$\overline{\mu}(\mathbf{x}) = \bar{x} + \frac{s}{\sqrt{n}} t_{n-1;1-\alpha}$ ... eine obere $(1-\alpha)$-Konfidenzschranke für μ,

$[\underline{\mu}(x), \overline{\mu}(x)] = [\bar{x} \pm \frac{s}{\sqrt{n}} t_{n-1;1-\alpha/2}]$ ... ein $(1-\alpha)$-Konfidenzintervall für μ.

Diese Konfidenzschranken und Intervalle sind mit den in Beispiel 14.1.4 gewonnenen identisch, doch können wir jetzt, gestützt auf die Ergebnisse der Testtheorie sagen, daß sie optimal sind.

Soll ein μ_0, das vom richtigen Mittelwert μ um mehr als $\triangle$ abweicht: $|\mu_0 - \mu| > \triangle$, höchstens mit der Wahrscheinlichkeit β von $\overline{\mu}(\mathbf{x})$ überdeckt werden, dann beträgt, bei näherungsweise bekanntem σ, der benötigte Stichprobenumfang:

$$n = \Big(\frac{u_{1-\alpha/2} + u_{1-\beta}}{\triangle/\sigma}\Big)^2.$$

Für einseitige Abschätzung von μ benötigt man unter sonst gleichen Bedingungen

$$n = \Big(\frac{u_{1-\alpha} + u_{1-\beta}}{\triangle/\sigma}\Big)^2$$

Beobachtungen (vgl. (13.5.22)).

Bereichschätzer für σ^2: Die Niveau-α-LQ-Tests für einseitige bzw. zweiseitige Testaufgaben über σ^2 sind (vgl. (13.5.29) und (13.5.26)):

$\mathbf{H}_0$: $\sigma^2 \leq \sigma_0^2$ $\mathbf{H}_1$: $\sigma^2 > \sigma_0^2$:

$$\varphi_u(\mathbf{x}|\sigma_0^2) = \begin{cases} 1 \\ 0 \end{cases} \iff \frac{(n-1)s^2}{\sigma_0^2} \begin{matrix} > \\ \leq \end{matrix} \chi^2_{n-1;1-\alpha},$$

$\mathbf{H}_0$: $\sigma^2 \geq \sigma_0^2$ $\mathbf{H}_1$: $\sigma^2 < \sigma_0^2$:

$$\varphi_o(\mathbf{x}|\sigma_0^2) = \begin{cases} 1 \\ 0 \end{cases} \iff \frac{(n-1)s^2}{\sigma_0^2} \begin{matrix} < \\ \geq \end{matrix} \chi^2_{n-1;\alpha},$$

$\mathbf{H}_0$: $\sigma^2 = \sigma_0^2$ $\mathbf{H}_1$: $\sigma^2 \neq \sigma_0^2$:

$$\varphi(\mathbf{x}|\sigma_0^2) = \begin{cases} 1 \\ 0 \end{cases} \iff \frac{(n-1)s^2}{\sigma_0^2} \begin{matrix} \notin \\ \in \end{matrix} [\chi^2_{n-1;\alpha/2}, \chi^2_{n-1;1-\alpha/2}].$$

Die Testfamilien (φ_u) und (φ_o) sind wieder monoton fallend bzw. steigend geordnet, und es gilt $\varphi = max\{\varphi_u, \varphi_o\}$, soferne φ_u und φ_o zum Niveau $\alpha/2$ bestimmt sind — die Dualisierung liefert daher Konfidenzschranken bzw. Intervalle für σ^2:

$$\{\sigma_0^2\colon \varphi_u(\mathbf{x}|\sigma_0^2) = 0\} = \{\sigma_0^2\colon \frac{(n-1)s^2}{\sigma_0^2} \leq \chi^2_{n-1;1-\alpha}\} =$$
$$= [\frac{(n-1)s^2}{\chi^2_{n-1;1-\alpha}}, \infty) = [\underline{\sigma}^2(\mathbf{x}), \infty),$$
$$\{\sigma_0^2\colon \varphi_o(\mathbf{x}|\sigma_0^2) = 0\} = \{\sigma_0^2\colon \frac{(n-1)s^2}{\sigma_0^2} \geq \chi^2_{n-1;\alpha}\} =$$
$$= (-\infty, \frac{(n-1)s^2}{\chi^2_{n-1;\alpha}}] = (-\infty, \overline{\sigma}^2(\mathbf{x})],$$
$$\{\sigma_0^2\colon \varphi(\mathbf{x}|\sigma_0^2) = 0\} = \{\sigma_0^2\colon \chi^2_{n-1;\alpha/2} \leq \frac{(n-1)s^2}{\sigma_0^2} \leq \chi^2_{n-1,1-\alpha/2}\} =$$
$$= [\frac{(n-1)s^2}{\chi^2_{n-1;1-\alpha/2}}, \frac{(n-1)s^2}{\chi^2_{n-1;\alpha/2}}] = [\underline{\sigma}^2(\mathbf{x}), \overline{\sigma}^2(\mathbf{x})].$$

Stichprobenumfang:

Wir behandeln das für die Anwendungen wichtigere Problem der Abschätzung von σ^2 nach oben und stellen uns die Aufgabe, n so zu bestimmen, daß $\overline{\sigma}^2(\mathbf{x})$ nur mit Wahrscheinlichkeit β größer als $\rho^2 \cdot \sigma^2 \ \ldots \rho^2 > 1$ ausfällt. D.h. der Bereichschätzer $(-\infty, \overline{\sigma}^2(\mathbf{x})]$ soll σ_0^2-Werte größer als $\rho^2 \cdot \sigma^2$ nur mit Wahrscheinlichkeit $\leq \beta$ überdecken. Die Konfidenzfunktion (siehe (14.2.5)) lautet:

$$
\begin{aligned}
K(\sigma_0^2|\mu,\sigma^2) &= P\Big((-\infty,\bar{\sigma}^2(\mathbf{x})] \ni \sigma_0^2 \;\Big|\; x \sim \mathrm{N}(\mu,\sigma^2)\Big) = \\
&= P\Big(\sigma_0^2 \le \frac{(n-1)s^2}{\chi^2_{n-1;\alpha}} \;\Big|\; x \sim \mathrm{N}(\mu,\sigma^2)\Big) = \\
&= P\Big(\frac{\sigma_0^2}{\sigma^2}\chi^2_{n-1;\alpha} \le \frac{(n-1)s^2}{\sigma^2} \;\Big|\; x \sim \mathrm{N}(\mu,\sigma^2)\Big) = \\
&= 1 - F\Big(\frac{\sigma_0^2}{\sigma^2}\chi^2_{n-1;\alpha} \;\Big|\; \chi^2_{n-1}\Big) \approx \\
&\approx 1 - \Phi\Big(\frac{\frac{\sigma_0^2}{\sigma^2}(n - u_{1-\alpha}\sqrt{2n}) - n}{\sqrt{2n}}\Big) = \Phi\Big(\sqrt{\frac{n}{2}}(1 - \frac{\sigma_0^2}{\sigma^2}) + \frac{\sigma_0^2}{\sigma^2}u_{1-\alpha}\Big).
\end{aligned}
$$

Bei der Normalapproximation wurde $\chi^2_{n-1} \approx \mathrm{N}(n,\sqrt{2n})$ und $\chi^2_{n-1;\alpha} \approx n - -u_{1-\alpha}\sqrt{2n}$ benutzt (siehe (12.1.5)). Die Konfidenzfunktion hängt von dem nuisance-Parameter μ nicht ab und hat den in Abb. 14.3.4 gezeigten Verlauf.

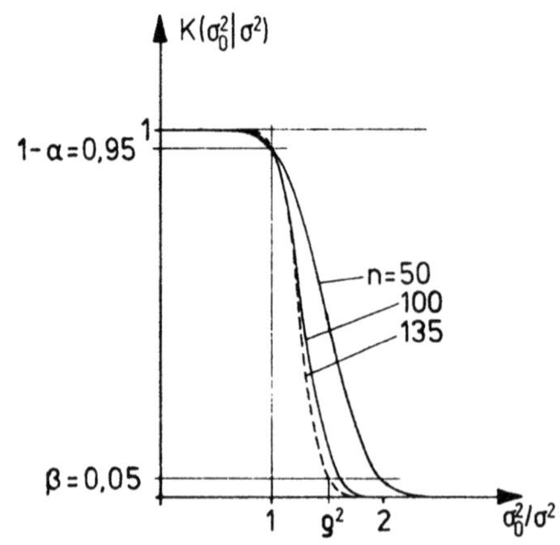

Abb. 14.3.4

Aus der Bedingung $K(\sigma_0^2|\sigma^2) \le \beta$ für $\sigma_0^2/\sigma^2 \ge \rho^2 > 1$ folgt schließlich der Stichprobenumfang:

$$
n = 2\Big(\frac{\rho^2 u_{1-\alpha} + u_{1-\beta}}{\rho^2 - 1}\Big)^2.
$$

Zahlenbeispiel: Für $1-\alpha = 1-\beta = 0,95 (\Rightarrow u_{0,95} = 1,645)$ und $\rho^2 = \sigma_0^2/\sigma^2 = = 1,5$ ist $n = 135$.

Zusammenfassung der Ergebnisse:

Für $x \sim \mathrm{N}(\mu,\sigma^2)\ldots(\mu,\sigma^2) \in \mathbf{R} \times \mathbf{R}_+$, Daten: $\mathbf{x} = (x_1 \ldots x_n)$ ist:

$\underline{\sigma}^2(\mathbf{x}) = \frac{(n-1)s^2}{\chi^2_{n-1;1-\alpha}}$ ... eine untere $(1-\alpha)$-Konfidenzschranke für σ^2,

$\overline{\sigma}^2(\mathbf{x}) = \frac{(n-1)s^2}{\chi^2_{n-1;\alpha}}$ ... eine obere $(1-\alpha)$-Konfidenzschranke für σ^2,

$\overline{\underline{\sigma}}^2(\mathbf{x}) = [\frac{(n-1)s^2}{\chi^2_{n-1;1-\alpha/2}}, \frac{(n-1)s^2}{\chi^2_{n-1;\alpha/2}}]$ ... ein $(1-\alpha)$-Konfidenzintervall für σ^2.

Diese Bereichschätzer sind optimal — abgesehen von einer geringfügigen, für die Praxis völlig belanglosen Verfälschung des Konfidenzintervalls —, weil die LQ-Tests, aus denen sie gewonnen wurden, ebenfalls optimal sind.

Soll $\bar{\sigma}^2(\mathbf{x})$ nur mit Wahrscheinlichkeit β größer als $\rho^2 \cdot \sigma^2 \quad (\rho > 1)$ sein, dann benötigt man

$$n = 2\Big(\frac{\rho^2 u_{1-\alpha} + u_{1-\beta}}{\rho^2 - 1}\Big)$$

Beobachtungen.

Beispiel 14.3.2 $x \sim \mathbf{N}(\mu, \sigma^2), y \sim \mathbf{N}(\mu + \triangle, \sigma^2)$ ... Bereichschätzer für $\triangle$

In Beispiel 13.5.5 haben wir für das obige Modell die Niveau-α-LQ-Tests für einseitige und zweiseitige Hypothesen über den Verschiebungsparameter $\triangle$ hergeleitet. Auf der Grundlage der Daten $\mathbf{x} = (x_1 \dots x_m), \mathbf{y} = (y_1 \dots y_n)$ und mit der Teststatistik (vgl. 13.5.41):

$$t(\mathbf{x}, \mathbf{y}|\triangle_0) = \sqrt{\frac{mn}{m+n}} \frac{(\bar{y} - \bar{x}) - \triangle_0}{\sqrt{\frac{(m-1)s_x^2 + (n-1)s_y^2}{m+n-2}}}$$

ergaben sich die Strategien (vgl. (13.5.38) und (13.5.35)):

$\mathbf{H}_0$: $\triangle \leq \triangle_0$ $\mathbf{H}_1$: $\triangle > \triangle_0$:

$$\varphi_u(\mathbf{x}, \mathbf{y}|\triangle_0) = \begin{cases} 1 \\ 0 \end{cases} \Longleftrightarrow t(\mathbf{x}, \mathbf{y}|\triangle_0) \begin{matrix} > \\ \leq \end{matrix} t_{m+n-2;1-\alpha},$$

$\mathbf{H}_0$: $\triangle \geq \triangle_0$ $\mathbf{H}_1$: $\triangle < \triangle_0$:

$$\varphi_o(\mathbf{x}, \mathbf{y}|\triangle_0) = \begin{cases} 1 \\ 0 \end{cases} \Longleftrightarrow t(\mathbf{x}, \mathbf{y}|\triangle_0) \begin{matrix} < \\ \geq \end{matrix} - t_{m+n-2;1-\alpha},$$

$\mathbf{H}_0$: $\triangle = \triangle_0$ $\mathbf{H}_1$: $\triangle \neq \triangle_0$:

$$\varphi(\mathbf{x}, \mathbf{y}|\triangle_0) = \begin{cases} 1 \\ 0 \end{cases} \Longleftrightarrow \Big| t(\mathbf{x}, \mathbf{y}|\triangle_0) \Big| \begin{matrix} > \\ \leq \end{matrix} t_{m+n-2;1-\alpha/2}.$$

Wieder sind die Testfamilien (φ_u) und (φ_o) in $\triangle$ monoton fallend bzw. steigend geordnet und es ist $\varphi = max\{\varphi_u, \varphi_o\}$, soferne φ_u und φ_o zum Niveau $\alpha/2$ bestimmt sind. Die Dualisierung liefert nach analoger Rechnung wie im ersten Teil des vorigen Beispiels die

Ergebnisse:

$x \sim \mathrm{N}(\mu, \sigma^2), y \sim \mathrm{N}(\mu + \Delta, \sigma^2)$; Daten: $\mathbf{x} = (x_1 \ldots x_m), \mathbf{y} = (y_1 \ldots y_n)$.

$$\begin{matrix}\overline{\Delta}(\mathbf{x},\mathbf{y})\\ \underline{\Delta}(\mathbf{x},\mathbf{y})\end{matrix} = (\bar{y} - \bar{x}) \pm \left(\sqrt{\frac{(m-1)s_x^2 + (n-1)s_y^2}{m+n-2}} \Big/ \sqrt{\frac{mn}{m+n}} \right) \cdot t_{m+n-2;1-\alpha}$$

sind untere bzw. obere $(1-\alpha)$-Konfidenzschranken für Δ; beide Schranken bilden ein Konfidenzintervall zur Sicherheit $1-2\alpha$. Die Optimalität dieser Bereichschätzer folgt wieder aus der Optimalität der dualen LQ-Teststrategien.

Aus der Bedingung, daß das Konfidenzintervall $[\underline{\Delta}(\mathbf{x},\mathbf{y}), \overline{\Delta}(\mathbf{x},\mathbf{y})]$ Δ-Werte mit $|\Delta| > \Delta_1$ nur mit Wahrscheinlichkeit $\leq \beta$ überdecken soll, ergibt sich auf analogem Wege wie in Beispiel 14.3.1 (für μ) für die Stichprobenumfänge m, n die Bedingung:

$$\frac{mn}{m+n} \geq \left(\frac{u_{1-\alpha/2} + u_{1-\beta}}{\Delta/\sigma}\right)^2 \quad \text{bzw.} \quad m = n \geq 2\left(\frac{u_{1-\alpha/2} + u_{1-\beta}}{\Delta/\sigma}\right)^2.$$

Die Varianz σ^2 muß dabei näherungsweise bekannt oder nach oben abgeschätzt sein.

Beispiel 14.3.3 Nichtparametrisches Lagemodell — Wilcoxon-Test

In Verallgemeinerung des im vorigen Beispiel behandelten Problems untersuchen wir jetzt ein

Nichtparametrisches Lagemodell: Die Verteilungen P_x und P_y der stetigen 1-dimensionalen Zufallsvariablen x und y gehören ein und derselben Lagefamilie an, sie sind daher um einen Betrag $\Delta := y_{0,5} - x_{0,5}$ gegeneinander verschoben. Anders als im Beispiel 14.3.2, wo ebenfalls diese Situation vorlag, aber zusätzlich die Verteilungsform bekannt war, wird hier keine a priori-Information über die Lagefamilie unterstellt. Es geht somit neben dem Verschiebungsparameter Δ eine unbekannte Funktion — etwa die Verteilungsfunktion eines Erzeugers der Lagefamilie — in die Datenmodellierung ein: das Modell ist nichtparametrisch und sicher wesentlich besser zur Abbildung realistischer Situationen geeignet (z.B. $x \mathrel{\hat{=}}$ Wirkung des Medikamentes A — $y \mathrel{\hat{=}}$ Wirkung des Medikamentes B), als dies mit normalverteilten Zufallsgrößen x und y möglich ist.

Wir stellen uns die Aufgabe, Punkt- und Bereichschätzer für Δ und Teststrategien für Hypothesen über Δ auf der Grundlage zweier Stichproben $\mathbf{x} = (x_1 \ldots x_m), \mathbf{y} = (y_1 \ldots y_n)$ zu bestimmen.

Punktschätzer für $\triangle$:

Es liegt auf der Hand, daß $\hat{\triangle}_1 = \bar{y} - \bar{x}$ ein erwartungstreuer Schätzer für $\triangle$ ist (soferne $E(x)$ existiert). Zwar ist $\hat{\triangle}_1$ eine Funktion der suffizienten Statistik $\big((x_{(1)} \dots x_{(m)}), (y_{(1)} \dots y_{(n)})\big)$, doch, da diese nicht vollständig ist (z.B. gilt für $m = n$: $E\big((y_{(i)} - x_{(i)}) - (y_{(j)} - x_{(j)})\big) \equiv 0$ für beliebige Lagefamilien und alle $\triangle \in \mathbf{R}$), kann man nichts über die Optimalität dieses Schätzers aussagen. Ein anderer naheliegender Punktschätzer wäre: $\hat{\triangle}_2 = \tilde{y} - \tilde{x}$ ($\tilde{x}$ und $\tilde{y}$ bezeichnen die Probenmediane von $\mathbf{x}$ bzw. $\mathbf{y}$). Er ist für $m = n$ ebenfalls erwartungstreu und es hängt von der zugrundeliegenden Lagefamilie ab, welcher dieser Schätzer kleinere Varianz besitzt. Wir verfolgen die Optimalitätsfrage nicht weiter — sie führt zu tief in die Theorie der nichtparametrischen Methoden hinein.

Der Wilcoxon-Mann-Withney-Test für Hypothesen über $\triangle$:

Für $\triangle = 0$ sind die Variablen x und y identisch verteilt, für $\triangle > 0$ ist y stochastisch größer, für $\triangle < 0$ stochastisch kleiner als x. Wir betrachten daher, dem Vorschlag von Wilcoxon (1945), Mann und Withney (1947) folgend, die Statistik:

$$w(\mathbf{x},\mathbf{y}) = \text{ Anzahl der Paare } (i,j) \text{ mit: } \quad x_i \leq y_j; \; i = 1 \dots m, j = 1 \dots n,$$

denn:

1. $w(\mathbf{x},\mathbf{y})$ wächst stochastisch mit wachsendem $\triangle$.
2. $w(\mathbf{x},\mathbf{y})$ besitzt für $\triangle = 0$ eine Verteilung, die allein von den Stichprobenumfängen m, n, nicht aber von der (für $\triangle = 0$ gemeinsamen!) Verteilung von x und y abhängt; wir nennen sie die **Wilcoxon-Verteilung** und bezeichnen sie mit dem Symbol $\mathbf{W}(m,n)$.

Punkt **1.** ist evident. Um **2.** einzusehen, beachte man zunächst, daß $w(\mathbf{x},\mathbf{y})$ bei streng monoton wachsenden Datentransformationen: $x'_i = t(x_i)$ und $y'_j = t(y_j)$ ungeändert bleibt.

Ist daher die gemeinsame Verteilungsfunktion $F(.)$ von x und y streng monoton, dann gilt: $w(\mathbf{x},\mathbf{y}) = w(F(x_1) \dots F(x_m), F(y_1) \dots F(y_n))$ und die Variablen $x'_i = F(x_i), y'_j = F(y_j)$ sind unabhängig nach $\mathbf{G}_{[0,1]}$ verteilt (siehe Abschnitt 2.12), so daß in diesem Fall $w(\mathbf{x},\mathbf{y})$ offenbar eine allein von (m,n), nicht aber von $F(.)$ abhängige Verteilung besitzt. Ist hingegen $F(.)$ nicht streng monoton, dann hat man zwar nur $w(\mathbf{x},\mathbf{y}) \leq w((F(x_i)),(F(y_j)))$, indessen gilt das $<$-Zeichen, wie man leicht einsieht, mit Wahrscheinlichkeit 0, so daß sich das gleiche Resultat ergibt.

Die Verteilung $\mathbf{W}(m,n)$ ist für kleine Stichprobenumfänge m,n tabelliert; für $m,n > 20$ kann man mit der Normalapproximation $\mathbf{W}(m,n) \approx \mathbf{N}(mn/2, mn(m+n+1)/12)$ arbeiten. Das p-Fraktil der Verteilung $\mathbf{W}(m,n)$ bezeichnen wir mit: $W_p(m,n)$.

Die Statistik $w(\mathbf{x},\mathbf{y})$ eignet sich wegen der Eigenschaften **1.** und **2.** zum Testen von Hypothesen über $\triangle$. Zunächst erhalten wir den **Wilcoxon-Mann-Withney-Test** für die Sonderfälle:

$$\mathbf{H}_0\colon \triangle \le 0 \quad \mathbf{H}_1\colon \triangle > 0: \quad \varphi_u(\mathbf{x},\mathbf{y}) = \begin{cases} 1 \\ 0 \end{cases} \Longleftrightarrow w(\mathbf{x},\mathbf{y}) \begin{matrix} > \\ \le \end{matrix} W_{1-\alpha}(m,n),$$

$$\mathbf{H}_0\colon \triangle \ge 0 \quad \mathbf{H}_1\colon \triangle < 0: \quad \varphi_o(\mathbf{x},\mathbf{y}) = \begin{cases} 1 \\ 0 \end{cases} \Longleftrightarrow w(\mathbf{x},\mathbf{y}) \begin{matrix} \le \\ > \end{matrix} W_{\alpha}(m,n),$$

$$\mathbf{H}_0\colon \triangle = 0 \quad \mathbf{H}_1\colon \triangle \ne 0: \quad \varphi(\mathbf{x},\mathbf{y}) = \begin{cases} 1 \\ 0 \end{cases} \Longleftrightarrow w(\mathbf{x},\mathbf{y}) \begin{matrix} \notin \\ \in \end{matrix}$$

$$\begin{matrix} \notin \\ \in \end{matrix} \quad (W_{\alpha/2}(m,n), W_{1-\alpha/2}(m,n)].$$

Alle Teststrategien besitzen offenbar das Niveau α; φ_u und φ_o sind wegen **1.** unverfälscht, bei φ folgt diese Eigenschaft aus der Symmetrie der Verteilung $\mathbf{W}(m,n)$ um ihren Erwartungswert $mn/2$.

Ist die Verteilung von y um $\triangle \ne 0$ gegenüber derjenigen von x verschoben, dann sind x und $y - \triangle$ identisch verteilt und es gilt: $w((x_i),(y_i - \triangle)) \sim \mathbf{W}(m,n)$. Wir gewinnen daher sofort die folgenden unverfälschten Niveau-α-Teststrategien:

$\mathbf{H}_0\colon \triangle \le \triangle_0 \quad \mathbf{H}_1\colon \triangle > \triangle_0$:

$$\varphi_u(\mathbf{x},\mathbf{y}|\triangle_0) = \begin{cases} 1 \\ 0 \end{cases} \Longleftrightarrow w((x_i),(y_i - \triangle_0)) \begin{matrix} > \\ \le \end{matrix} W_{1-\alpha}(m,n),$$

$\mathbf{H}_0\colon \triangle \ge \triangle_0 \quad \mathbf{H}_1\colon \triangle < \triangle_0$:

$$\varphi_o(\mathbf{x},\mathbf{y}|\triangle_0) = \begin{cases} 1 \\ 0 \end{cases} \Longleftrightarrow w((x_i),(y_i - \triangle_0)) \begin{matrix} \le \\ > \end{matrix} W_{\alpha}(m,n),$$

$\mathbf{H}_0\colon \triangle = \triangle_0 \quad \mathbf{H}_1\colon \triangle \ne \triangle_0$:

$$\varphi(\mathbf{x},\mathbf{y}|\triangle_0) = \begin{cases} 1 \\ 0 \end{cases} \Longleftrightarrow w((x_i),(y_i - \triangle_0)) \begin{matrix} \notin \\ \in \end{matrix} (W_{\alpha/2}(m,n), W_{1-\alpha/2}(m,n)].$$

Konfidenzschranken und Intervalle für $\triangle$:

Die Teststrategien $(\varphi_u(\mathbf{x},\mathbf{y}|\triangle_0)\colon \triangle_0 \in \mathbf{R})$ und $(\varphi_o(\mathbf{x},\mathbf{y}|\triangle_0)\colon \triangle_0 \in \mathbf{R})$ sind monoton fallend bzw. steigend geordnet:

$$\triangle_0 \le \triangle_1 \Rightarrow \begin{cases} \varphi_u(\mathbf{x},\mathbf{y}|\triangle_0) \ge \varphi_u(\mathbf{x},\mathbf{y}|\triangle_1), \\ \varphi_o(\mathbf{x},\mathbf{y}|\triangle_0) \le \varphi_o(\mathbf{x},\mathbf{y}|\triangle_1). \end{cases}$$

Das folgt sofort aus: $w((x_i),(y_i - \triangle_0)) \ge w((x_i),(y_i - \triangle_1))$ für $\triangle_0 < \triangle_1$. Ihre Dualisierung liefert daher untere bzw. obere Konfidenzschranken zur Sicherheit $1 - \alpha$ für $\triangle$:

$$\{\triangle\colon \varphi_u(\mathbf{x},\mathbf{y}|\triangle) = 0\} = \{\triangle\colon w((x_i),(y_i - \triangle)) \le W_{1-\alpha}(m,n)\} = \langle \underline{\triangle}(\mathbf{x},\mathbf{y}), \infty),$$

$$\{\triangle\colon \varphi_o(\mathbf{x},\mathbf{y}|\triangle) = 0\} = \{\triangle\colon w((x_i),(y_i - \triangle)) > W_{\alpha}(m,n)\} = (-\infty, \overline{\triangle}(\mathbf{x},\mathbf{y})\rangle.$$

d.h. es gilt für praktische Zwecke:

$$w((x_i),(y_i - \underline{\Delta})) = W_{1-\alpha}(m,n) \quad \text{und} \quad w((x_i),(y_i - \overline{\Delta})) = W_\alpha(m,n).$$

Bemerkung: Natürlich ist $w((x_i),(y_i - \Delta))$ eine Treppenfunktion in Δ und diese Gleichungen sind möglicherweise nicht streng erfüllbar, für realistische Stichprobenumfänge m, n ist dieser Umstand jedoch belanglos.

Mit $\langle\underline{\Delta}(\mathbf{x},\mathbf{y}),\overline{\Delta}(x,y)\rangle$, der Dualisierung des zweiseitigen Wilcoxon-Tests $\varphi = max\{\varphi_u, \varphi_o\}$, erhalten wir ein $(1-\alpha)$-Konfidenzintervall für Δ (soferne $\underline{\Delta}, \overline{\Delta}$ zur Sicherheit $1 - \alpha/2$ bestimmt wurden).

Graphische Bestimmung von $\underline{\Delta}(\mathbf{x}), \overline{\Delta}(\mathbf{x})$:

Trägt man in ein (x, y)-Koordinatensystem die $m \cdot n$ Punkte (x_i, y_j) $i = 1 \dots m, j = 1 \dots n$ ein, dann ist $w((x_i),(y_i - \Delta))$ die Anzahl derjenigen dieser Punkte, die auf oder über der Geraden $y = x + \Delta$ liegen, denn für diese Punkte gilt ja: $x_i \le y_j - \Delta$ und ihre Anzahl gibt w an. Man hat daher $\underline{\Delta}$ und $\overline{\Delta}$ so zu wählen, daß auf und über den Geraden $y = x + \underline{\Delta}$ und $y = x + \overline{\Delta}$ genau $W_{1-\alpha}(m,n)$ bzw. $W_\alpha(m,n)$ Punkte zu liegen kommen.

Zahlenbeispiel: Für $m = n = 8$ ist $W_{0,052=\alpha} = 16$ und $W_{0,948=1-\alpha} = 47$. Abb. 14.3.5 zeigt die Bestimmung von $\underline{\Delta}$ und $\overline{\Delta}$ für eine beobachtete Datensituation.

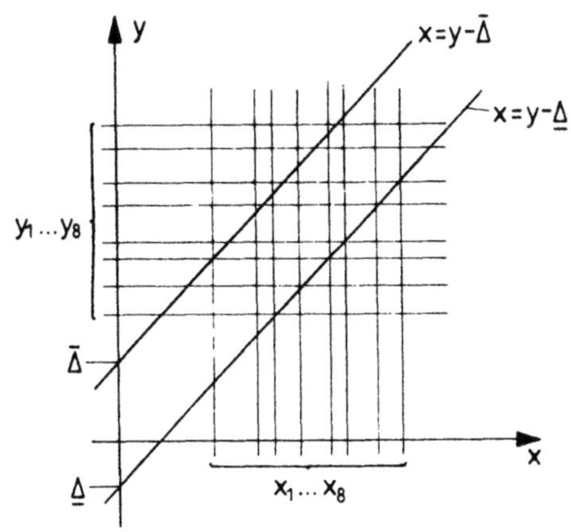

Abb. 14.3.5

14.4 Bayes'sche Konfidenzbereiche

Ähnlich wie die Aufgaben der Punktschätzung und der Konstruktion von Entscheidungsstrategien wird auch das Problem der Bereichschätzung im Rahmen des Bayes'schen Ansatzes in der Theorie sehr einfach. Sei $(P_x(.|\vartheta)$: $\vartheta = (\vartheta_1 \dots \vartheta_k) \in \Theta)$ ein k-parametrisches Modell und P_ϑ die a priori-Verteilung von ϑ. Besitzt man keine aktuellen Beobachtungen von x, sondern nur die in P_ϑ zusammengefaßte Information aus der Vergangenheit, dann kann man auf Grund der Kenntnis dieser a priori-Verteilung Teilbereiche $\underline{\overline{\vartheta}}$ des Parameterraumes Θ mit $P_\vartheta(\underline{\overline{\vartheta}}) = 1 - \alpha$ bestimmen. Das gleiche trifft zu für irgendeinen abgeleiteten Verteilungsparameter $\gamma = \gamma(\vartheta)$ mit Parameterraum $\Gamma = \{\gamma = \gamma(\vartheta): \vartheta \in \Theta\}$ und induzierter a priori-Verteilung P_γ. Ist etwa $\gamma = \gamma(\vartheta)$ 1-dimensional, dann besitzen die Intervalle $(\gamma_{\alpha/2}, \gamma_{1-\alpha/2}], (\gamma_\alpha, \infty), (-\infty, \gamma_{1-\alpha}]$ sämtlich die P_γ-Wahrscheinlichkeit $1 - \alpha$. Es sind das feste Teilbereiche von Γ, in die der unbekannte, im Rahmen des Bayes'schen Ansatzes aber zufällige Parameter γ mit Wahrscheinlichkeit $1 - \alpha$ fällt. Je nach der Aufgabenstellung kann man dabei den $(1 - \alpha)$-Teilbereich $\underline{\overline{\gamma}} \subset \Gamma$ zu optimieren suchen.

Hat man aktuelle Beobachtungen $\mathbf{x} = (x_1 \dots x_n)$ zur Verfügung, dann liegt es auf der Hand, daß man jetzt mit der a posteriori-Verteilung $P_\vartheta^{\mathbf{x}}$ bzw. $P_\gamma^{\mathbf{x}}$ nach dem gleichen Rezept verfahren wird. Man erhält dann von $\mathbf{x}$ abhängige Bereiche $\underline{\overline{\vartheta}}(\mathbf{x})$ und $\underline{\overline{\gamma}}(\mathbf{x})$, in die ϑ bzw. γ, unter der Bedingung, daß $\mathbf{x}$ beobachtet wurde, mit Wahrscheinlichkeit $1 - \alpha$ hineinfallen, für die also gilt:

$$P_\vartheta^{\mathbf{x}}(\vartheta \in \underline{\overline{\vartheta}}(\mathbf{x})|\mathbf{x}) = 1 - \alpha \quad \text{bzw.} \quad P_\gamma^{\mathbf{x}}(\gamma \in \underline{\overline{\gamma}}(\mathbf{x})|\mathbf{x}) = 1 - \alpha \quad \text{für alle } \mathbf{x} \in \Omega_{\mathbf{x}}.$$

Wieder kann man je nach Aufgabenstellung dabei versuchen, die Bereiche $\underline{\overline{\vartheta}}(\mathbf{x})$ bzw. $\underline{\overline{\gamma}}(\mathbf{x})$ in dem einen oder anderen Sinn zu optimieren (z.B. als Intervalle möglichst kleiner Länge zu bestimmen etc.).

Die Vorgangsweise ist bestechend einfach, und man kann schwerlich leugnen, daß der Bayes'sche Ansatz sich wieder einmal — wenigstens was die Theorie anbelangt — als sehr einladend darstellt.

Beispiel 14.4.1 $x \sim \mathbf{B}_{n,p} \dots$ Bayes-Bereichschätzer für p

Wir stützen uns auf die Ergebnisse von Beispiel 10.1.11. Dort war:

$p \sim \mathbf{B}(\alpha, \beta) \dots$ die a priori-Verteilung von p,

$p|\mathbf{x} \sim \mathbf{B}(\sum_1^m x_j + \alpha, mn - \sum_1^m x_j + \beta) \dots$ die a posteriori-Verteilung von p.

Wir bestimmen $\underline{p}(\mathbf{x})$ und $\overline{p}(\mathbf{x})$ als $\alpha/2$- bzw. $(1 - \alpha/2)$-Fraktil der a posteriori-Verteilung und erhalten, wenn wir den Zusammenhang zwischen Binomial- und Betaverteilung benützen (siehe Satz 2.9.1):

$$1 - F(\underline{\overline{p}}(\mathbf{x})|\mathbf{B}(\sum_1^m x_j + \alpha, mn - \sum_1^m x_j + \beta)) =$$

$$= F(\sum_1^m x_j + \alpha - 1|\mathbf{B}_{mn+\alpha+\beta-1, \underline{\overline{p}}(\mathbf{x})}) = \begin{cases} \alpha/2 \\ 1 - \alpha/2 \end{cases} .$$

Mit einem Nomogramm der $\alpha/2$- und $(1-\alpha/2)$-Fraktilen der Variablen $z/(mn + \alpha + \beta - 1)$, wenn z nach $\mathbf{B}_{mn+\alpha+\beta-1,p}$ verteilt ist, wie wir es in Beispiel 14.1.2

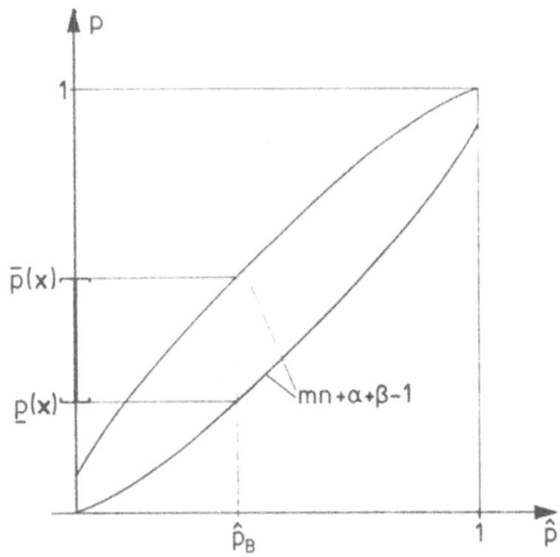

Abb. 14.4.1

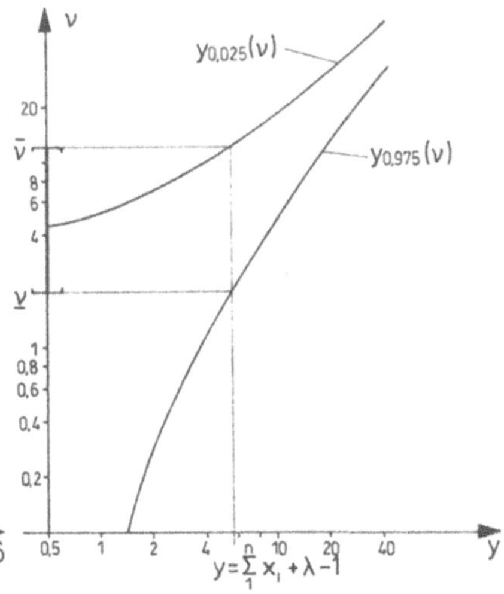

Abb. 14.4.2

eingeführt haben und wie es in Abb. 14.4.1 noch einmal dargestellt ist, bestimmt man folglich das Bayes-Konfidenzintervall, so wie in Abb. 14.4.1 gezeigt:

Man geht mit dem Bayes-Punkt-Schätzer für p: $\hat{p}_B = \left(\sum_1^m x_j + \alpha - 1\right)/(mn + +\alpha + \beta - 1)$ in das Nomogramm und bestimmt den Schnitt mit den $\alpha/2$- bzw. $(1-\alpha/2)$-Fraktilkurven zu dem *effektiven* Stichprobenumfang $N = mn + \alpha + \beta - 1$.

Zum Vergleich: bei nicht-bayes'scher Vorgangsweise geht man mit $\hat{p}_{ML} = = \sum_1^m x_j/mn$ in das Nomogramm und bestimmt $\underline{p}(\mathbf{x}), \overline{p}(\mathbf{x})$ als Schnitte mit den $\alpha/2$- und $(1-\alpha/2)$-Fraktillinien für $N = mn$. — Der Leser ist eingeladen, sich den Unterschied in den Ergebnissen für verschiedene Wertekombinationen von mn, α, β anzusehen.

Beispiel 14.4.2 $x \sim \mathbf{P}_\mu \ldots$ Bayes-Bereichschätzer für μ

Wir benützen die Ergebnisse von Beispiel 13.6.1. Es war dort:

$\mu \sim \mathbf{\Gamma}(\lambda, \mu_0) \ldots$ die a priori-Verteilung von μ,

$\mu|\mathbf{x} \sim \mathbf{\Gamma}(\sum_1^n x_j + \lambda, \mu_0/(1+n\mu_0)) \ldots$ die a posteriori-Verteilung von μ.

Wieder wählen wir für $\underline{\mu}(\mathbf{x})$ und $\overline{\mu}(\mathbf{x})$ das $\alpha/2$- bzw. $(1-\alpha/2)$-Fraktil der a posteriori-Verteilung von μ und erhalten unter Benützung des Zusammenhanges zwischen Gamma- und Poisson-Verteilung (siehe Satz 2.8.2):

$$1 - F(\overline{\underline{\mu}}(\mathbf{x})|\mathbf{\Gamma}(\sum_1^n x_j + \lambda, \mu_0/(1+n\mu_0)) =$$

$$= F(\sum_1^n x_j + \lambda - 1|\mathbf{P}_{\overline{\underline{\mu}}(\mathbf{x})\cdot(1+n\mu_0)/\mu_0})) = \begin{cases} \alpha/2, \\ 1-\alpha/2. \end{cases}$$

Mit einem Nomogramm, das die $\alpha/2$- und $(1-\alpha/2)$-Fraktile der Poisson-Verteilung $\mathbf{P}_\nu$ in Abhängigkeit von ν enthält (siehe Abb. 14.4.2; vgl. auch Beispiel

14.1.3 und Abb. 14.1.6), erhält man aus $y = \sum_1^n x_j + \lambda - 1$ zunächst $\overline{\nu}(\mathbf{x}) = \overline{\mu}(\mathbf{x}) \cdot (1 + n\mu_0)/\mu_0$ und daraus: $\underline{\overline{\mu}}(\mathbf{x}) = \underline{\overline{\nu}}(\mathbf{x}) \cdot \mu_0/(1 + n\mu_0)$.

Zum Vergleich: bei nicht-bayes'scher Bereichschätzung geht man mit $y = \sum_1^n x_j$ in das Nomogramm, bestimmt $\underline{\nu}$ und $\overline{\nu}$ und anschließend $\underline{\overline{\mu}} = \underline{\overline{\nu}}/n$ (siehe Beispiel 14.1.3).

Beispiel 14.4.3 $x \sim \mathrm{N}(\mu, \sigma_1^2)$, $\sigma_1^2 \ldots$ bekannt. Bayes-Bereichschätzer für μ.
Wir knüpfen an Beispiel 10.1.12 an. Dort war:

$\mu \sim \mathrm{N}(\mu_0, \sigma_0^2) \ldots$ die a priori-Verteilung von μ,

$\mu|\mathbf{x} \sim \mathrm{N}(\bar{x}\frac{n}{n+\sigma_1^2/\sigma_0^2} + \mu_0\frac{\sigma_1^2/\sigma_0^2}{n+\sigma_1^2/\sigma_0^2}, \frac{\sigma_1^2}{n+\sigma_1^2/\sigma_0^2}) \ldots$ die a posteriori-Verteilung von μ.

Das symmetrische Bayes-Konfidenzintervall für μ zur Sicherheit $1 - \alpha$ ist daher:

$$\underline{\overline{\mu}}(\mathbf{x}) = \bar{x}\frac{n}{n + \sigma_1^2/\sigma_0^2} + \mu_0\frac{\sigma_1^2/\sigma_0^2}{n + \sigma_1^2/\sigma_0^2} \pm \frac{\sigma_1}{\sqrt{n + \sigma_1^2/\sigma_0^2}} u_{1-\alpha/2}.$$

Bei nicht-bayes'scher Vorgangsweise erhält man zum Vergleich:

$$\underline{\overline{\mu}}(\mathbf{x}) = \bar{x} \pm \frac{\sigma_1}{\sqrt{n}} u_{1-\alpha/2}.$$

15. Modellanpassung

In Kapitel 9 wurde „die Prüfung, ob das benützte Modell der Wirklichkeit hinreichend angepaßt ist" als die erste Grundaufgabe der mathematischen Statistik bezeichnet. Mit ihr wollen wir uns im folgenden beschäftigen. Das methodische Hilfsmittel für diese Prüfung ist der statistische Test — deshalb wurde dieses Thema so lange zurückgestellt. Aus dem gleichen Grund werden wir in diesem Kapitel keine neuen Verfahren kennenlernen — ausgenommen einen Test mit relativ universeller Anwendbarkeit: den χ^2-Test —, sondern uns auf die Erörterung allgemeiner Gesichtspunkte beschränken.

15.1 Vom Supermodell Wahrscheinlichkeitstheorie zum plausiblen Modellansatz

Machen wir uns deutlich: jede (mathematische) Theorie ist ein Modell für eine Welt konkreter Wirklichkeiten. Durch Spezialisierung der freien Größen der Theorie — freie Parameter, freie Funktionen, freie Strukturen — entstehen spezielle Submodelle — Subtheorien, wenn man so will — zur Darstellung kleinerer Welten solcher Wirklichkeiten. Eine Theorie nennt man üblicherweise ein Modell dann, wenn es einen sehr umfassenden Kosmos von Wirklichkeiten sehr genau abzubilden in der Lage ist — so genau, daß man immer wieder der Versuchung erliegt, zu meinen, die Theorie wäre die von ihr abgebildete Wirklichkeit selbst. Es bedarf etlicher Fundamentalerlebnisse, bis man begreift, daß Theorie und Wirklichkeit immer zweierlei bleiben werden.

Auch die Wahrscheinlichkeitstheorie ist ein Modell. Ihr *Kernbaustein* ist das Zufallsexperiment — aufgefaßt als Black box — und dessen freie Bestimmungsstücke sind der Typ seines Ausganges x und dessen Verteilung P_x. Damit können sehr viele Wirklichkeiten sehr genau in die Welt der Formeln — die Mathematik — abgebildet werden. Abbild einer konkreten Wirklichkeit ist ein konkretes Zufallsexperiment mit hinsichtlich seines Typs genau spezifiziertem Ausgang x und ebenfalls präzise festgelegter Verteilung P_x — wenigstens ist das die in gewissem Sinne naive Grundvorstellung, die davon ausgeht, daß das Modell *Wahrscheinlichkeitstheorie* jede für sie relevante Wirklichkeit beliebig genau und damit eindeutig darzustellen in der Lage ist. Wir wollen uns ebenfalls auf den Boden dieser Überzeugung stellen, um nicht allzusehr ins Philosophische zu geraten.

Das Idealziel jeder statistischen Untersuchung ist die Bestimmung dieses, den konkreten Sachverhalt abbildenden Zufallsexperimentes, d.h. letzten Endes die Festlegung der den Versuchsausgang beschreibenden Variablen x und ihrer Verteilung P_x. Dieses Idealziel ist aber so gut wie immer zu hoch gesetzt, denn jeder konkrete Sachverhalt erscheint nur bei entfernter, oberflächlicher Betrachtung einfach und leicht darstellbar, bei genauerem Zusehen offenbaren sich selbst bei so simplen Versuchen, wie dem Werfen eines Würfels, ungeahnte Komplexitäten, und eine *genaue* Beschreibung aller Makro-Details dieses Versuches — um von seiner Mikro-Struktur zu schweigen — ist hoffnungslos.

Der methodische Weg, zwar etwas viel Prosaischeres zu tun, dennoch aber das Ideal nicht ganz zu lassen, ist der des **Modellansatzes.** Man schränkt das umfassende Modell „Zufallsexperiment mit strukturell unbestimmtem Ausgang x und unbestimmter Verteilung P_x" zunächst dadurch drastisch ein, daß man den Typus des Versuchsausganges x festlegt auf meistens sehr einfache Variablenstrukturen — z.B. 1-, 2- oder k-dimensionale Variable. Dieser Akt der **Strukturvereinfachung** ist alles andere als trivial und erfordert meistens, wenn er erfolgversprechend sein soll, die Mitarbeit des Fachmannes desjenigen Anwendungsgebietes, in das das zu untersuchende Problem fällt. Nur in sehr einfachen Fällen — etwa beim Würfeln — wird man auf diesen Fachmann — den Spieler — verzichten können.

Dieser Fachmann — auch die Fachfrau ist willkommen — sollte das Problem gut kennen, sollte wissen, auf welche Parameter und Variablen es ankommt, und sollte nicht zuletzt über eine Theorie der ursächlichen Zusammenhänge dieser Größen verfügen. Jener Zusammenhänge also, die sozusagen *übrig bleiben*, wenn man das Element des Zufalls von dem Problem abzieht. Freilich, man erwarte sich in dieser Hinsicht nicht zu viel, denn es sind gerade die Fachleute, die meistens ohne brauchbare Theorie in Händen, als ultima ratio, den Canossa-Gang zum Statistiker antreten, damit er aus ihren Datenbergen eine stimmige Aussage destilliere.

Häufig bleibt nur der Ausweg des **plausiblen Modellansatzes**, in den alle füglich *problemrelevanten* Einflußgrößen aufgenommen werden, wobei die Struktur ihrer Abhängigkeiten durch Einführen freier Parameter, Funktionen etc. so anpassungsfähig gehalten wird, daß man hoffen kann, den konkreten Sachverhalt mit diesem Modell, nach Spezialisierung seiner freien Bestimmungsstücke, brauchbar beschreiben zu können. Dabei wird man nie den mathematisch-technischen Aspekt aus den Augen verlieren dürfen, denn es gilt die Regel: je genauer ein Modell die Wirklichkeit abzubilden gestattet, umso schwieriger ist seine Mathematik. Der begreifliche Wunsch nach Einfachheit des Modells steht daher in einem Gegensatz zu der Notwendigkeit, die zu untersuchende Situation, in ihren für die Problemstellung wesentlichen Dimensionen, möglichst genau abzubilden. Ein Ausgleich zwischen diesen Gegensätzen muß in jedem Einzelfall gefunden werden. In der Praxis stellen allerdings die Opfer, die man der Einfachheit bringt, nicht selten die Relevanz der Ergebnisse in Frage.

15.2 Modelle ohne Struktur- und Verteilungshypothesen

In einem Versuch, etwas Ordnung und Überschaubarkeit in die Fülle statistischer Modelle zu bringen, betrachten wir zunächst jene einfachste Klasse von Modellen, die sich aus logischen — meistens kombinatorischen — Gründen ergeben oder aus einer Theorie, die dem zu untersuchenden Sachverhalt zugrunde liegt, folgen, in die also keine anderen Annahmen als gewisse einfache Idealisierungen — etwa von der Art, daß eine Stichprobe wirklich rein zufällig gezogen wird — einfließen. Wir betrachten ein Beispiel.

Beispiel 15.2.1 Befragung (siehe Beispiele 9.1.1 und 9.2.1)
Wir haben in den genannten Beispielen das Experiment der Befragung von n zufällig aus einer Grundgesamtheit vom Umfang N herausgegriffenen Personen nach ihrem Wahlverhalten behandelt und für die Verteilung der Anzahl x der XPÖ-Wähler in der Stichprobe folgende Modelle angegeben:

1. $x \sim \mathbf{H}_{N,A,n}$ $N, n \ldots$ bekannt; $A \in \{0 \ldots N\} \ldots$ unbekannt (A=Anzahl der XPÖ-Wähler in der Grundgesamtheit).

2. $x \sim \mathbf{B}_{n,p}$ $n \ldots$ bekannt; $p \in [0,1] \ldots$ unbekannt ($p = A/N$).

3. $x \sim \mathbf{N}(np, np(1-p))$ $n \ldots$ bekannt; $p \in [0,1] \ldots$ unbekannt ($p = A/N$).

Das betrachtete Problem ist sehr einfach und das Modell **1.** gewissermaßen zwingend — soferne freilich die Stichprobennahme eine rein zufällige ist und das reale Experiment damit den Idealbedingungen, die bei der Herleitung der hypergeometrischen Verteilung unterstellt wurden, weitestgehend entspricht. Die Verteilungsfamilie ($\mathbf{H}_{N,A,n}$: $A = 0 \ldots N$) entspringt keiner *plausiblen Annahme* sondern ist aus theoretischen — hier kombinatorischen — Gründen die angemessene. Die Modelle **2.** und **3.** folgen aus einfachen innermathematischen Tatsachen der Approximierbarkeit der hypergeometrischen durch die einfachere Binomial- bzw. Normalverteilung. Auch hier gehen keine Annahmen ein, denen gegenüber man Zweifel haben müßte.

Die schöne und einfache Situation dieses Beispiels hat man nicht oft. Keinerlei fragwürdige und erst zu überprüfende Annahmen fließen in die Modellbildung ein — freilich, der Experimentator, der die Befragung plant, hat die Stichprobe zufällig auszuwählen, der Interviewer hat seine Fragen so zu stellen, daß er die zutreffende Antwort erhält, usw. Es gibt also auch hier viele Gründe, weswegen das benützte Modell der Wirklichkeit nur wenig oder gar nicht entsprechen könnte. Dennoch dürfen wir dieses Beispiel als repräsentativ für jene (kleine) Gruppe von Problemstellungen ansehen, wo allein aus logischen oder zwingenden theoretischen Gründen, ohne irgendwelche Hypothesen, Annahmen oder Vorkenntnisse ein adäquates wahrscheinlichkeitstheoretisches Modell erstellt werden kann.

Ein anderes Beispiel dieser Art ist der radioaktive Zerfall — etwa die Zahl x der α-Teilchen, die in einem Zeitintervall der Länge T von einer strahlenden Substanz emittiert werden (vgl. Beispiel 2.5.2). In diesem Fall ist aus theoretischen Gründen klar, daß x in ausgezeichneter Näherung Poisson-verteilt ist, denn x ist die Anzahl der Realisierungen des Ereignisses A: *α-Teilchen im Zeitintervall* $[t, t+T]$ *emittiert* bei n (=Anzahl der strahlungsfähigen Atome) unabhängigen Wiederholungen des Experimentes: ***strahlungsfähiges Atom im Zeitintervall*** $[t, t+T]$ ***beobachtet.*** Besitzt daher das Ereignis A die Wahrscheinlichkeit p, dann ist x exakt nach $\mathbf{B}_{n,p}$ und daher — da p sehr klein und n sehr groß ist — in ausgezeichneter Näherung nach $\mathbf{P}_{\mu=np}$ verteilt.

Annahmen und Hypothesen gehen in dieses Modell nicht ein — allenfalls gewisse Idealisierungen über die Geometrie der Versuchsanordnung —, und es wird auch von den Beobachtungen in ausgezeichneter Weise bestätigt (vgl. Beispiel 2.5.2).

15.3 Modelle mit Verteilungsannahmen — der χ^2-Test

Als repräsentativ für eine zweite große Gruppe von statistischen Modellen betrachten wir das folgende Beispiel.

Beispiel 15.3.1 Lebensdauerexperiment (siehe Beispiele 9.1.2 und 9.2.2)

In den genannten Beispielen hatten wir für die Verteilung der Lebensdauer x von Glühbirnen einer bestimmten Sorte folgende Modelle betrachtet:

1. $x \sim \mathbf{N}(\mu, \sigma^2)$ $\quad \mu, \sigma^2 \ldots$ frei.

2. $x \sim \mathbf{Ex}_\mu = \mathbf{\Gamma}(1, \mu)$ $\quad \mu \ldots$ frei.

3. $x \sim \mathbf{Wb}(\alpha, \beta)$ $\quad \alpha, \beta \ldots$ frei.

4. $x \sim P$ $\quad P \ldots$ stetig auf $\mathbf{R}_+$ und frei.

Hier ist der Fachmann gefordert! Seine Aufgabe ist es, diese Annahmen zu begründen — sei es durch theoretische Argumente, sei es durch Vorlage von Daten aus der Vergangenheit.

Die Hoffnung, daß sich der Typus der Lebensdauerverteilung aus einer physikalischen Theorie vorhersagen ließe, wird meistens vergeblich sein. Es bleibt dann nur die Möglichkeit, auf statistischem Wege zu prüfen: „ob die vorhandenen Daten mit der Annahme, die Lebensdauer wäre normal-, exponential- oder Weibull-verteilt, verträglich sind." Wenn ja, wird man das betreffende Modell mit aller gebotenen Vorsicht akzeptieren und benützen — solange, bis man es besser weiß.

Das nichtparametrische Modell **4.** drückt den Mangel an verwertbaren Vorkenntnissen sowohl theoretischer als auch empirischer Art aus. Das Modell enthält keine fragwürdigen Annahmen, und man wird sich daher mit ihm wahrscheinlich wohler fühlen als mit einem der Modelle **1. 2.** oder **3.**. Mit Sicherheit weniger ausgeprägt ist allerdings das Wohlbefinden desjenigen, der eine statistische Untersuchung — etwa die Bestimmung des Medians $x_{0,5}$ der Lebensdauerverteilung — bezahlen muß, denn diese wird erheblich teurer werden, als dies auf der Grundlage eines der Modelle **1. 2.** oder **3.** der Fall wäre.

Die Modelle **1. 2. 3.** dieses Beispiels sind repräsentativ für jene große Klasse von Modellen, bei denen für den ein- oder mehrdimensionalen Ausgang

x eines Experimentes aus mehr oder weniger guten Gründen eine **Verteilungsannahme** der Art: $P_x \in (P_x(.|\vartheta)\colon\ \vartheta = (\vartheta_1 \dots \vartheta_k) \in \Theta)$ getroffen wird. Die Wahl der Verteilungsfamilie $(P_x(.|\vartheta))$ ergibt sich in den seltensten Fällen aus zwingenden theoretischen Argumenten; meistens hat man ihre Vertretbarkeit mit statistischen Methoden — sogenannten **Anpassungstests** — zu prüfen. Diese Teststrategien gestatten es, die Frage: „ob die beobachteten Daten mit der Annahme: $P_x \in (P_x(.|\vartheta)\colon\ \vartheta \in \Theta)$ verträglich sind" zu untersuchen. Die zu testenden Hypothesen lauten daher:

$$\mathbf{H}_0\colon\ P_x \in (P_x(.|\vartheta)\colon\ \vartheta \in \Theta) \quad \mathbf{H}_1\colon\ P_x \notin (P_x(.|\vartheta)\colon\ \vartheta \in \Theta) \tag{15.3.1}$$

— nicht etwa umgekehrt. D.h. mit solchen Testverfahren kann immer nur *bewiesen* werden, daß die Daten mit der Annahme $P_x \in (P_x(.|\vartheta)\colon\ \vartheta \in \Theta)$ **nicht** verträglich sind — im Falle einer Entscheidung auf $\mathbf{H}_0$ lautet der Schluß nur:

> die verfügbaren Daten widersprechen der Verteilungsannahme $P_x \in$ $\in (P_x(.|\vartheta)\colon\ \vartheta \in \Theta)$ nicht — und daher legen wir (mit aller gebotenen Vorsicht) den weiteren Untersuchungen diese Annahme zugrunde.

Von den vielen für spezielle Verteilungsfamilien $(P_x(.|\vartheta))$ entwickelten Prüfverfahren ist das am universellsten anwendbare:

Der χ^2-Test

Es liegt nahe, die Prüfung der Hypothesen (15.3.1) — wenigstens bei 1-dimensionalem x — auf einen Vergleich, der aus den beobachteten Daten $(x_1 \dots x_n) = \mathbf{x}$ resultierenden empirischen Verteilungsfunktion $F_n(x|\mathbf{x}) = 1/n \cdot \sum_{j=1}^{n} I_{(-\infty,x]}(x_j)$ (siehe Beispiel 3.4.1), mit den Verteilungsfunktionen $F(x|\vartheta)$ der Familie $(P_x(.|\vartheta)\colon\ \vartheta \in \Theta)$ zu stützen. Etwa könnte man den Abstand

$$D(\mathbf{x}|\vartheta) := sup_{x\in\mathbf{R}}|F_n(x|\mathbf{x}) - F(x|\vartheta)|$$

zunächst durch Variation von $\vartheta \in \Theta$ minimieren und dann $\mathbf{H}_0\colon\ P_x \in (P_x(.|\vartheta)\colon \vartheta \in \Theta)$ verwerfen, wenn der minimale Abstand:

$$D(\mathbf{x}) = min\{D(\mathbf{x}|\vartheta)\colon\ \vartheta \in \Theta\}$$

zu groß ausfällt.

Dieser Gedanke liegt dem berühmten Anpassungstest von Kolmogorov zugrunde. Er ist jedoch nur bei ganz einfachen Verteilungsfamilien — beispielsweise bei Lage- und Skalenfamilien — mathematisch durchzustehen, denn die Bestimmung auch nur der asymptotischen Verteilung von $D(\mathbf{x})$ bereitet außerordentliche Schwierigkeiten.

Viel einfacher ist die Durchführung eines von K. Pearson (1900) stammenden Gedankens, den wir im wesentlichen schon bei der Darstellung der Minimum-χ^2-Schätzmethode (siehe Abschnitt 10.1) kennengelernt haben. Ist dieses Schätzverfahren zwar vom Ansatz her bestechend einfach, aber in der Durchführung, wegen der komplizierten Bestimmungsgleichungen für den Schätzer, für die Praxis untauglich, so erweist sich der aus der gleichen Idee folgende χ^2-Test als leicht handhabbar und für alle (ausreichend regulären) Verteilungsfamilien $(P_x(.|\vartheta)\colon\ \vartheta \in \Theta)$ geeignet.

Wir beschreiben das Verfahren. Es sei die Zugehörigkeit der Verteilung P_x zu der k-parametrischen Familie $(P_x(.|\vartheta)\colon\ \vartheta = (\vartheta_1 \ldots \vartheta_k) \in \Theta)$ zu prüfen.

1. Man zerlegt den Stichprobenraum Ω_x in $l > k$ disjunkte Ereignisse $A_1 \ldots A_l$. Diese Zerlegung ist zunächst willkürlich; es ist auch völlig unerheblich, ob die Variable x ein- oder mehrdimensional, stetig oder diskret ist. Auf für die praktische Durchführung wesentliche Aspekte der Zerlegung gehen wir am Schluß dieses Abschnittes über den χ^2-Test ein.

2. Man ermittelt aus den Daten $(x_1 \ldots x_n) = \mathbf{x}$ die relativen Häufigkeiten $h_n(A_1) \ldots h_n(A_l)$ und bestimmt den (gewogenen) quadratischen Abstand dieser Häufigkeiten von den für den Parameterwert $\vartheta \in \Theta$ geltenden Wahrscheinlichkeiten $(p_1(\vartheta) \ldots p_l(\vartheta)) = (P_x(A_1|\vartheta) \ldots P_x(A_l|\vartheta))$ (vgl.: (10.1.1)):

$$\chi^2(\vartheta) = n \sum_{i=1}^{l} \frac{\left(p_i(\vartheta) - h_n(A_i)\right)^2}{p_i(\vartheta)}. \tag{15.3.2}$$

Falls die richtige Verteilung P_x tatsächlich der Familie $(P_x(.|\vartheta)\colon\ \vartheta \in \Theta)$ angehört — d.h. unter $\mathbf{H}_0$ in (15.3.1) —, gelten unter sehr allgemeinen Regularitätsvoraussetzungen an diese Verteilungsfamilie folgende

Asymptotische Verteilungsaussagen:

A. *Setzt man in (15.3.2) für ϑ den Minimum-χ^2-Schätzer $\hat{\vartheta}_{Min-\chi^2}(\mathbf{x})$ ein, d.h. bildet man:*

$$\chi^2(\mathbf{x}) := \chi^2(\hat{\vartheta}_{Min-\chi^2}(\mathbf{x})) = \inf_{\vartheta \in \Theta} \chi^2(\vartheta),$$

dann ist die Statistik $\chi^2(\mathbf{x})$ asymptotisch nach $\boldsymbol{\chi}^2_{l-k-1}$ verteilt.

B. *Diese Verteilungsaussage trifft auch zu, wenn man in (15.3.2) für ϑ den Maximum-Likelihood-Schätzer für die gruppierten Daten $\hat{\vartheta}_{ML_g}(\mathbf{x})$ einsetzt: $\chi^2(\mathbf{x}) = \chi^2(\hat{\vartheta}_{ML_g}(\mathbf{x}))$. Es ist das der ML-Schätzer für ϑ auf der Grundlage der (induzierten) Verteilungsfamilie der absoluten Häufigkeiten $(z_1 \ldots z_{l-1}) = (nh_n(A_1) \ldots nh_n(A_{l-1}))$ — d.i. die Familie der Multinomialverteilungen $(\mathbf{B}_{n,p_1(\vartheta)\ldots p_{l-1}(\vartheta)}\colon\ \vartheta \in \Theta)$ mit der Likelihood-Funktion.*

$$L(\vartheta|z_1 \ldots z_{l-1}) = \binom{n}{z_1 \ldots z_{l-1}} p_1(\vartheta)^{z_1} \cdots p_l(\vartheta)^{z_l} \quad \text{mit } z_l = n - z_1 - \ldots - z_{l-1}.$$

C. *Die Verteilungsaussage trifft zwar nicht exakt, für $l \gg k$ aber in für die Praxis ausreichender Näherung zu, wenn man in (15.3.2) für ϑ den ML-Schätzer*

$\hat{\vartheta}_{ML}(\mathbf{x})$, der auf der Grundlage der Beobachtungen $(x_1 \dots x_n)$ selbst, also vermittels der Likelihood-Funktion

$$L(\vartheta|x_1 \dots x_n) = \prod_{j=1}^{n} f(x_j|\vartheta)$$

bestimmt ist, einsetzt:[1] $\chi^2(\mathbf{x}) = \chi^2(\hat{\vartheta}_{ML}(\mathbf{x}))$.

Bemerkung: Für die Praxis hat nur **C.** Bedeutung, denn sowohl die Bestimmung von $\hat{\vartheta}_{Min-\chi^2}(\mathbf{x})$ als auch diejenige von $\hat{\vartheta}_{ML_g}(\mathbf{x})$ führt auf viel zu komplizierte Gleichungssysteme. Dagegen ist $\hat{\vartheta}_{ML}(\mathbf{x})$ in der Regel leicht zu bestimmen.

Wir gewinnen dann die folgende

Entscheidungsregel des χ^2-Tests:

$$\chi^2(\mathbf{x}) := \chi^2(\hat{\vartheta}_{ML}(\mathbf{x})) =$$

$$= n \sum_{i=1}^{l} \frac{\left(p_i(\hat{\vartheta}_{ML}(\mathbf{x})) - h_n(A_i)\right)^2}{p_i(\hat{\vartheta}_{ML}(\mathbf{x}))} \begin{matrix} > \\ \leq \end{matrix} \chi^2_{l-k-1;1-\alpha} \Rightarrow \begin{matrix} \mathbf{H}_1\colon\ P_x \notin (P_x(.|\vartheta)\colon\ \vartheta \in \Theta), \\ \mathbf{H}_0\colon\ P_x \in (P_x(.|\vartheta)\colon\ \vartheta \in \Theta). \end{matrix}$$

Der Test hat offensichtlich asymptotisch das Niveau α. Es bleibt allerdings zu überlegen, wie er sich unter $\mathbf{H}_1$ verhält. Wir führen dazu den durch die Zerlegung $A_1 \dots A_l$ erzeugten Parameterraum

$$\Pi := \{(p_1(\vartheta) \dots p_l(\vartheta))\colon\ \vartheta \in \Theta\}$$

ein. Π ist eine k-dimensionale Hyperfläche im $\mathbf{R}^l$ (genauer in dem Simplex $p_1 + \dots + p_l = 1$). Bezeichnet $\overset{\circ}{P}_x$ die richtige Verteilung von x und liegt der Vektor $(\overset{\circ}{p}_1 \dots \overset{\circ}{p}_l) = (\overset{\circ}{P}_x(A_1) \dots \overset{\circ}{P}_x(A_l))$ in Π, dann ist im Rahmen der durch die Zerlegung $A_1 \dots A_l$ erzeugten Diskretisierung nicht entscheidbar, ob $\overset{\circ}{P}_x$ zu der Familie $(P_x(.|\vartheta)\colon\ \vartheta \in \Theta)$ gehört oder nicht. Denn einerseits ist $(z_1 \dots z_{l-1}) = \left(nh_n(A_1) \dots nh_n(A_{l-1})\right)$ nach $\mathbf{B}_{n,\overset{\circ}{p}_1 \dots \overset{\circ}{p}_{l-1}}$ verteilt und andererseits gibt es ein $\vartheta_o \in \Theta$ mit $(p_1(\vartheta_o) \dots p_l(\vartheta_o)) = (\overset{\circ}{p}_1 \dots \overset{\circ}{p}_l)$, so daß für $x \sim P_x(.|\vartheta_o)$ die Häufigkeiten $(z_1 \dots z_{l-1})$ ebenfalls die Multinomialverteilung $\mathbf{B}_{n,\overset{\circ}{p}_1 \dots \overset{\circ}{p}_{l-1}}$ besitzen — andere Informationen über die Daten $(x_1 \dots x_n)$ als $(z_1 \dots z_l)$ bzw. $(h_n(A_1) \dots h_n(A_l))$ benützt der Test aber nicht.

Die Statistik $\chi^2(\mathbf{x})$ besitzt daher in diesem Fall, so als ob $\mathbf{H}_0$: $\overset{\circ}{P}_x \in (P_x(.|\vartheta)\colon\ \vartheta \in \Theta)$ richtig wäre, die asymptotische Verteilung χ^2_{l-k-1} und der Test entscheidet nur mit Wahrscheinlichkeit α auf $\mathbf{H}_1$. Mit anderen Worten: der χ^2-Test ist für solche Alternativen $\overset{\circ}{P}_x$ **nicht konsistent.**

---

[1] CHERNOFF, H. and E.L. LEHMANN: The use of the maximum likelihood estimates in χ^2-test for goodness of fit. Annals of Math. Statistics. 25, 579-586 (1954).

Liegt hingegen $(\mathring{p}_1 \dots \mathring{p}_l) = (\mathring{P}_x(A_1) \dots \mathring{P}_x(A_l))$ nicht in Π, dann ist leicht einzusehen, daß die Folge der Statistiken $(\chi^2(\mathbf{x}_n)$: $n = 1, 2, \dots)$ stochastisch gegen ∞ strebt — d.h. es gilt $lim_{n\to\infty} P_x(\chi^2(\mathbf{x}_n) > A) = 1$ für jedes A. Der χ^2-Test ist daher für solche Alternativen $\mathring{P}_x$ konsistent.

Wir skizzieren die Beweisführung. Abb. 15.3.1, der eine Zerlegung von Ω_x in 3 Ereignisse A_1, A_2, A_3 und eine 1-parametrische Verteilungsfamilie zugrundeliegt, veranschaulicht die Verhältnisse.

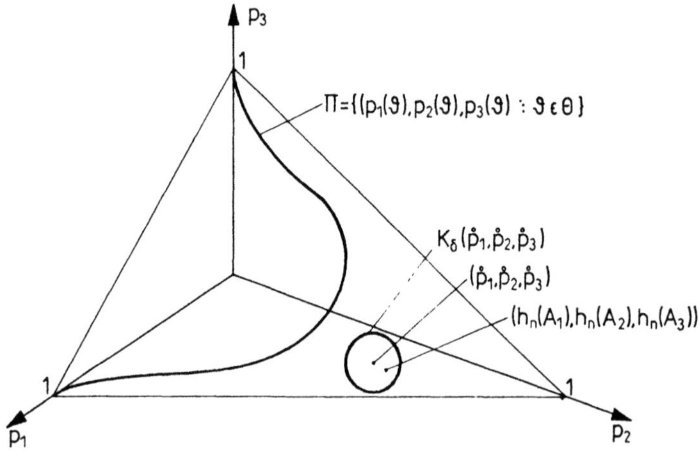

Abb. 15.3.1

Sei $K_\delta(\mathring{p}_1 \dots \mathring{p}_l)$ eine Kugel mit Radius δ um $(\mathring{p}_1 \dots \mathring{p}_l)$, deren Abstand von Π größer als Null ist, dann ist auch:

$$\chi^2_\delta := inf\{\sum_{i=1}^{l} \frac{(p_i - p_i')^2}{p_i} : (p_1 \dots p_l) \in \Pi, \quad (p_1' \dots p_l') \in K_\delta(\mathring{p}_1 \dots \mathring{p}_l)\} > 0.$$

Fallen nun die relativen Häufigkeiten $(h_n(A_1) \dots h_n(A_l))$ in die Kugel $K_\delta(\mathring{p}_1 \dots \mathring{p}_l)$ — das tritt, wegen des schwachen Gesetzes der großen Zahlen, für $n \to \infty$ mit gegen 1 strebender Wahrscheinlichkeit ein —, dann hat die Teststatistik $\chi^2(\mathbf{x})$ (wenigstens wenn man mit dem Min-χ^2-Schätzer arbeitet) einen Wert $> n\chi^2_\delta$, sie wächst also wie behauptet stochastisch über alle Grenzen, und der Test ist daher für $\mathring{P}_x$ konsistent.

Wahl der Zerlegung $(\mathbf{A}_1 \dots \mathbf{A}_l)$:

Die obige Überlegung zeigt auch: ist $(A_1' \dots A_{l'}')$ eine feinere Zerlegung von Ω_x als $(A_1 \dots A_l)$ — d.h. jedes A_i' ist Teilmenge eines A_j —, dann ist der χ^2-Test auf der Grundlage von $(A_1' \dots A_{l'}')$ für eine umfassendere Gesamtheit von Alternativen konsistent als auf der Grundlage von $(A_1 \dots A_l)$. Das ist ein Argument für die Wahl möglichst feiner Zerlegungen $(A_1 \dots A_l)$.

Ein zweites wesentliches Argument für diese Vorgangsweise bildet die Tatsache, daß nur für $l \gg k$ die Teststatistik $\chi^2(\mathbf{x})$ bei Benutzung des ML-Schätzers $\hat{\vartheta}_{ML}(\mathbf{x})$ in guter Näherung nach χ^2_{l-k-1} verteilt ist — für kleine Werte $l-k-1$ trifft das nicht zu (vgl. Punkt **C.** bei der Beschreibung der asymptotischen Verteilungsaussagen). Andererseits darf man in dieser Hinsicht nicht übertreiben, denn:

— Wählt man l zu groß im Vergleich zum Stichprobenumfang n, dann stimmt die tatsächliche Verteilung der Teststatistik $\chi^2(\mathbf{x})$ für dieses n noch nicht gut mit der Grenzverteilung überein.

— Für $l \to \infty$ und $n \to \infty$ wird das Verhalten des χ^2-Tests trivial, denn er entscheidet immer auf $\mathbf{H}_1$, da ja, realistisch gesehen, die richtige Verteilung $\mathring{P}_x$ so gut wie nie exakt eine Verteilung der hypothetischen Familie $(P_x(.|\vartheta)\colon \vartheta \in \Theta)$ ist und der Test bei unbeschränkter Verfeinerung der Zerlegung $(A_1 \ldots A_l)$ gegenüber allen Alternativen konsistent wird (sog. statistisches Paradoxon). Ebenfalls realistisch gesehen, strebt man ja eigentlich keine 100-prozentige Trennung der Hypothesen $\mathbf{H}_0\colon \mathring{P}_x \in (P_x(.|\vartheta)\colon \vartheta \in \Theta)$ und $\mathbf{H}_1\colon \mathring{P}_x \notin (P_x(.|\vartheta)\colon \vartheta \in \Theta)$ an, sondern will nur ein *wesentliches* Abweichen von der Nullhypothese aufdecken. Was im Einzelfall *wesentlich* ist und was nicht, verliert sich allerdings in der Praxis meistens im diffusen Licht des statistischen Alltags.

Sowohl durch theoretische Argumente gestützt als auch in der Praxis bewährt ist die folgende Vorgangsweise:

1. Man wählt für die Zerlegung $(A_1 \ldots A_l)$ l groß aber nicht größer als $n/5$.
2. Man wählt die Ereignisse $(A_1 \ldots A_l)$ **auf Grund von Vorinformationen und keinesfalls nach Ansehen der Daten** so, daß man

$$h_n(A_1) \approx h_n(A_2) \approx \ldots \approx h_n(A_l)$$

erwarten kann.

Der Fehler, die Zerlegung $(A_1 \ldots A_l)$ erst nach *Inspektion der Daten* zu wählen, wird häufig begangen — die Versuchung ist ja auch zu groß und nachweisen kann man ihn ohnehin kaum. Ein einfaches, zugegebenermaßen etwas künstliches Beispiel soll zeigen, daß man auf diese Weise nach Belieben eine Entscheidung auf $\mathbf{H}_0$ oder $\mathbf{H}_1$ *erzeugen* kann.

Beispiel 15.3.2 Wahl der Zerlegung $(A_1 \ldots A_l)$ in Abhängigkeit von den Daten

Sei x eine auf dem Intervall $[0,1]$ verteilte Zufallsgröße. Man will mit dem χ^2-Test prüfen, ob x nach $\mathbf{G}_{[0,1]}$ verteilt ist. An Daten stehen $n = 100$ Beobachtungen zur Verfügung. Wir wählen $l = 20$ und bestimmen $(A_1 \ldots A_{20})$ so, daß:

1. Jedes A_i genau 5 Beobachtungen enthält.
2. Die Gesamtlänge jedes Ereignisses A_i genau 1/20 beträgt.

Es stellt natürlich kein Problem dar, die Zerlegung $(A_1 \ldots A_{20})$ so zu bestimmen, daß sie diese Forderungen erfüllt — die A_i kann man als endliche Vereinigungen von

Intervallen ansetzen —, wenn auch, das sei durchaus eingeräumt, dabei keine sehr realistische Aufteilung des Intervalls $[0,1]$ entsteht.

Jedenfalls hat man dann sowohl $h_n(A_i) = 0,05$ als auch $p_i = P(A_i|\mathbf{G}_{[0,1]}) = = 0,05$ und damit $\chi^2(\mathbf{x}) = 0$ — der χ^2-Test entscheidet mithin auf $\mathbf{H}_0$: $P_x = \mathbf{G}_{[0,1]}$, gleichgültig wie P_x wirklich aussieht.

Wählt man andererseits $(A_1 \ldots A_{20})$ so, daß etwa A_1 alle 100 Beobachtungen enthält, aber sehr kleine Länge hat, dann wird die Teststatistik $\chi^2(\mathbf{x})$ sehr groß und der Test entscheidet auf $\mathbf{H}_1$.

Wenn auch in der Praxis die Wirkung einer Bestimmung der Zerlegung $(A_1 \ldots A_l)$ in Abhängigkeit von den Daten meistens nicht so schlimm ausfällt, so ist sie doch zumindestens unkalkulierbar und damit unbedingt zu vermeiden. Man hat bei realistischen Aufgaben immer Vorinfomation über die Verteilung P_x zur Verfügung und sollte sie nützen — man muß sich dazu ja nicht gleich auf den Bayes'schen Standpunkt stellen!

Beispiel 15.3.3 Prüfung auf Normalität mit dem χ^2-Test

Als realistisches Beispiel betrachten wir die Aufgabe, zu prüfen, ob die Variable x normal-verteilt ist, d.h. ob $P_x \in (\mathbf{N}(\mu,\sigma^2)\colon\ (\mu,\sigma^2) \in \mathbf{R} \times \mathbf{R}_+)$ gilt. Als Vorinformation seien approximative Angaben über μ und σ^2 bekannt, nämlich:

$$\mu \approx 3,7 = \mu_0, \quad \sigma \approx 1,2 = \sigma_0.$$

Die Prüfung soll auf der Grundlage von $n = 200$ Beobachtungen erfolgen — eine Zerlegung von $\Omega_x = \mathbf{R}$ in $l = 10$ Teilintervalle $(A_1 \ldots A_{10})$ wird als ausreichend angesehen. Wir wählen diese Teilintervalle so, daß sie unter der Verteilung $\mathbf{N}(\mu = = 3,7; \sigma^2 = 1,2^2)$ sämtlich die Wahrscheinlichkeit 0,10 besitzen:

$$A_i = (a_{i-1}, a_i] = (\mu_0 + \sigma_0 \cdot u_{(i-1)\cdot 0,1}, \mu_0 + \sigma_0 \cdot u_{i\cdot 0,1}] \quad \ldots i = 1,2 \ldots 10.$$

Aus den Daten $(x_1 \ldots x_{200})$ berechnet man zunächst die Schätzer: $\hat{\mu}_{ML} = \bar{x}$ und $\hat{\sigma}^2_{ML} = \frac{n-1}{n} \cdot s^2$ (natürlich ist auch $\hat{\sigma}^2 = s^2$ völlig unbedenklich) — es möge sich ergeben haben:

$$\hat{\mu} = \bar{x} = 3,94, \qquad \hat{\sigma} = 1,14.$$

Anschließend berechnet man die Wahrscheinlichkeiten $(\hat{p}_1 \ldots \hat{p}_{10})$ von $(A_1 \ldots A_{10})$ unter der Verteilung $\mathbf{N}(\hat{\mu}, \hat{\sigma}^2)$ und ermittelt schließlich aus den Daten die relativen Häufigkeiten $(h_n(A_1) \ldots h_n(A_{10}))$. Die tieferstehende Tabelle enthält alle diese Größen in übersichtlicher Anordnung.

i	$A_i = (a_{i-1}, a_i]$	$\hat{P}_i := \Phi(\frac{a_i - \hat{\mu}}{\hat{\sigma}})$	$\hat{p}_i = \hat{P}_i - \hat{P}_{i-1}$	$h_n(A_i)$
1	$-\infty < x \leq 2,16$	0,0592	0,0592	0,075
2	$2,16 < x \leq 2,69$	0,1365	0,0773	0,085
3	$2,69 < x \leq 3,07$	0,2226	0,0861	0,100
4	$3,07 < x \leq 3,40$	0,3179	0,0953	0,085
5	$3,40 < x \leq 3,70$	0,4166	0,0987	0,065
6	$3,70 < x \leq 4,00$	0,5209	0,1043	0,075
7	$4,00 < x \leq 4,33$	0,6339	0,1130	0,080
8	$4,33 < x \leq 4,71$	0,7503	0,1164	0,095
9	$4,71 < x \leq 5,24$	0,8730	0,1227	0,155
10	$5,24 < x < \infty$	1,0000	0,1270	0,185

Es ergibt sich für die Teststatistik:

$$\chi^2(\mathbf{x}) = 200 \cdot \sum_{i=1}^{10} \frac{(\hat{p}_i - h_n(A_i))^2}{\hat{p}_i} = 15,3282.$$

Aus einer Tabelle der χ^2-Verteilung entnimmt man:

$$F(15,3282 \mid \chi^2_{10-2-1=7}) \approx 0,9679 = 1 - \alpha.$$

Die Hypothese der Normalverteilung ist daher zu dem (sehr niedrigen) Niveau $\alpha = 0,0321$ zu verwerfen. Abb. 15.3.2 zeigt den Verlauf von $(\hat{p}_i\colon i = 1 \ldots 10)$ und $(h_n(A_i)\colon i = 1 \ldots 10)$.

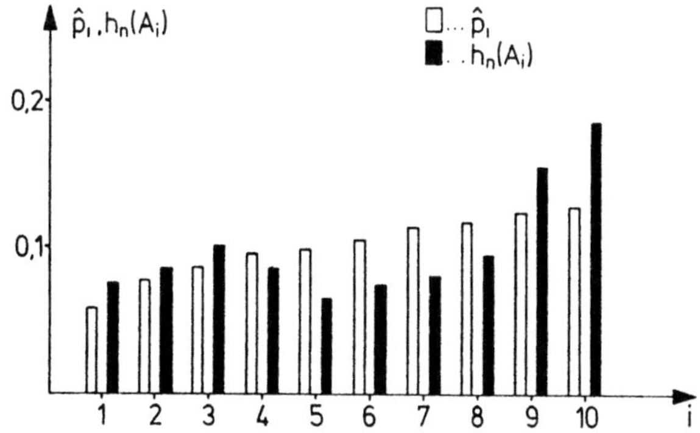

Abb. 15.3.2

15.4 Modelle mit Struktur- und Verteilungsannahmen

Für eine außerordentlich umfassende und den verschiedensten Anwendungssituationen anpaßbare Klasse von Modellen steht das folgende Beispiel.

Beispiel 15.4.1 Zusammenhang zwischen Körpergröße und Gewicht (siehe Beispiel 9.1.3)

Wir haben in Beispiel 9.1.3 für die Abhängigkeit des Gewichtes y von der Körpergröße x nach einigen sehr wirklichkeitsnahen, aber für die praktische Anwendung zu kompliziert gebauten Modellen auch das klassische Regressionsmodell (als Modell 6.) besprochen. Man kann es folgendermaßen beschreiben:

1. Die Verteilung von y gehört, bei festem x, zu einer als bekannt angenommenen Lage- und Skalenfamilie, die wir zweckmäßig in der Form $(P_y(.|\mu,\sigma^2)$: $\mu \in \in \mathbf{R}, \sigma^2 \in \mathbf{R}_+)$ schreiben.
2. Der Mittelwert μ hängt von x — der Körpergröße — ab: $\mu = \mu(x)$, die Varianz σ^2 ist für alle x die gleiche (=Annahme der Varianzhomogenität).
3. Für die Funktion $\mu(x)$ kommen zur weiteren Vereinfachung des Modells verschiedene Ansätze in Frage, z.B. Polynom-Ansätze:

$$\mu(x) = \beta_0 + \beta_1 x \qquad \ldots \text{linearer Ansatz,}$$

$$\mu(x) = \beta_0 + \beta_1 x + \beta_2 x^2 \qquad \ldots \text{quadratischer Ansatz,}$$

$$\cdots\cdots\cdots$$

$$\mu(x) = \sum_{j=0}^{k} \beta_j x^j \qquad \ldots \text{allgemeiner Polynom-Ansatz.}$$

Es bleiben dann letzten Endes die Parameter $\beta_0 \ldots \beta_k, \sigma^2$ als freie Bestimmungsstücke des Modells übrig — sie sind aus Daten $(y_1, x_1) \ldots (y_n, x_n)$ zu schätzen, bzw. über sie ausgesprochene Hypothesen sind zu testen.

Das Wesentliche dieses Beispiels wird erst deutlich, wenn man es in eine weit allgemeinere Kategorie von Modellen einordnet. Wir betrachten dazu ein Experiment mit dem ein- oder mehrdimensionalen Ausgang y, dessen Verteilung P_y von einer Reihe dem Experimentator bekannter Einflußgrößen $x_1 \ldots x_l$ abhängt — oder besser: abhängen *dürfte* — und treffen folgende Modellannahmen:

1. Verteilungsannahme: Die Verteilung von y gehört für jede Wahl der Einflußgrößen $x_1 \ldots x_l$ einer als bekannt angenommenen k-parametrischen Verteilungsfamilie $(P_y(.|\vartheta): \vartheta = (\vartheta_1 \ldots \vartheta_k) \in \Theta)$ an.

2. Strukturannahme: Die Abhängigkeit der Parameter $\vartheta_1 \ldots \vartheta_k$ von den Einflußgrößen $x_1 \ldots x_l$ hat eine bestimmte mathematische Form, in der einige freie Parameter $\beta_1, \beta_2, \ldots$ vorkommen; z.B. gilt:

$$\vartheta_i = \sum_{j=1}^{l} \beta_{ij} x_j \qquad i = 1 \ldots k$$

oder

$$\vartheta_i = exp(\sum_{j=1}^{l} \beta_{ij} x_j) \quad i = 1 \ldots k,$$

mit freien Parameter (β_{ij}: $i = 1 \ldots k, j = 1 \ldots l$). Allgemein schreiben wir:

$$\vartheta = \vartheta(x_1 \ldots x_l | \beta_1 \ldots \beta_r),$$

d.h. der Verteilungsparameter $\vartheta = (\vartheta_1 \ldots \vartheta_k)$ ist eine Funktion gewisser, von Versuch zu Versuch sich ändernder, bekannter Einflußgrößen $x_1 \ldots x_l$ und einer Reihe fester, unbekannter Größen $\beta_1 \ldots \beta_r$, die wir als **Strukturparameter** bezeichnen wollen.

Die Modellannahme **1.** nennen wir naheliegenderweise eine **Verteilungsannahme**, die Modellannahme **2.** eine **Strukturannahme**, denn letztere betrifft die Struktur der Abhängigkeit der Verteilungsparameter — die meistens eine sehr einfache Bedeutung wie Mittel, Varianz etc. haben — von den Einflußgrößen $x_1 \ldots x_l$ und den Strukturparametern $\beta_1 \ldots \beta_r$, ebenso wie die Wahl der Einflußgrößen selbst. Diese Abhängigkeit ist in der Regel der eigentlich interessante Zusammenhang, den man aufdecken und untersuchen möchte — die auch bei bekanntem $\vartheta = (\vartheta_1 \ldots \vartheta_k)$ noch verbleibende Variabilität von y faßt die Wirkungen aller im Modell nicht explizit erfaßten Einflußgrößen zusammen.

Das in Beispiel 15.4.1 erwähnte Regressionsmodell für das Körpergewicht y in Abhängigkeit von der Körpergröße x erhält man, wenn $(P_y(.|\vartheta_1, \vartheta_2))$ eine Lage- und Skalenfamilie von Verteilungen mit Mittelwert $\mu = \vartheta_1$ und Varianz $\sigma^2 = \vartheta_2$ ist und allein ϑ_1 von der Einflußgröße x abhängt.

Ebenfalls von dieser Bauart sind alle sogenannten **verallgemeinerten linearen Modelle** (generalized linear models) — eine sehr große Klasse von Modellen, die die Modelle der Regressionsrechnung, Varianzanalyse, Kovarianzanalyse, Probit- und Logitanalyse, der Analyse mehrdimensionaler Kontingenztafeln etc. mit umfaßt.

Da das oben eingeführte allgemeine Modell auf einer Verteilungsannahme und einer Strukturannahme beruht, ist es verständlich, daß die Prüfung, ob der benützte Modellansatz adäquat ist, ebenfalls in zwei Teile zerfällt:

1. Die Prüfung oder besser: die **Anpassung** der Modellstruktur (an die Wirklichkeit).

2. Die Prüfung der Verteilungsannahmen.

Diese beiden Teile sind nicht unabhängig voneinander und im allgemeinen führt erst eine längere Folge von Einzelschritten, in der Prüfungen vom Typ **1.** und solche vom Typ **2.** in wohlkoordinierter Weise aufeinanderfolgen, zum Ziel der optimalen Modellanpassung an das zu untersuchende Problem.

Strukturanpassung

Wir denken uns zunächst die Verteilungsfamilie $(P_y(.|\vartheta)$: $\vartheta = (\vartheta_1 \ldots \vartheta_k) \in \Theta)$ fixiert. Um das Modell mit der *richtigen* Struktur — d.h. Abhängigkeit $\vartheta =$

$= \vartheta(x_1 \dots x_l|\beta_1 \dots \beta_r)$ — zu finden, geht man nicht so vor, daß man verschiedene Ansätze $\vartheta = \vartheta(x_1 \dots x_l|\beta_1 \dots \beta_r)$ nach dem Prinzip: $\mathbf{H}_0$: *der Ansatz* $\vartheta = \vartheta(x_1 \dots x_l|\beta_1 \dots \beta_r)$ *ist richtig* $\mathbf{H}_1$: *der Ansatz* $\vartheta = \vartheta(x_1 \dots x_l|\beta_1 \dots \beta_r)$ *ist falsch* mit einem geeigneten statistischen Test prüft, denn diese Vorgangsweise wäre ein planloses Herumprobieren und würde nur mit Glück zum Erfolg führen.

Eine zielgerichtete, systematische Suchstrategie wird erst möglich, wenn man eine Familie nach wachsender Komplexität geordneter Strukturen betrachtet, die, mit einfachsten (erhofften) Abhängigkeiten $\vartheta = \vartheta(x_1 \dots x_l|\beta_1 \dots \beta_r)$ beginnend — z.B. $\vartheta = \vartheta_0 = konst.$ für alle Werte der Einflußgrößen $x_1 \dots x_l$ —, zu immer komplexeren Funktionen $\vartheta = \vartheta(x_1 \dots x_l|\beta_1 \dots \beta_r)$ mit immer mehr unbekannten Strukturparametern aufsteigt, um schließlich bei einem (befürchteten) **Über-** oder **Obermodell** zu enden, das alle nur denkbaren Abhängigkeiten in schlimmstmöglicher Komplexität enthält.

Im Falle unseres Regressionsmodells erhält man eine derartige, nach Komplexität geordnete Modellfamilie, wenn man zunächst die Lagefamilie $(P_y(.|\mu, \sigma^2))$ fixiert und dann alle Abhängigkeitsstrukturen der Form:

$$\mu = \mu(x) = \beta_0 + \beta_1 x + \dots + \beta_r x^r \quad \text{für } r = 0, 1, 2, \dots$$

mit unbestimmten Parametern β_j betrachtet. Das Modell $\mathbf{M}(\beta_0 \dots \beta_r; \sigma^2)$, mit den aufgelisteten freien Parametern, ist offenbar ein **Submodell** von $\mathbf{M}(\beta_0 \dots \beta_s; \sigma^2)$, falls $r < s$ ist, denn Spezialisierung einiger Parameter des zweiten Modells — nämlich: $\beta_{r+1} = \dots = \beta_s = 0$ — liefert das erstere.

Man betrachtet damit die Modellfamilie $(\mathbf{M}(\beta_0 \dots \beta_r; \sigma^2)$: $r = 0, 1 \dots m)$, wenn m die maximale Ordnung ist, die man bei einem derartigen Polynomansatz für vernünftig oder zweckmäßig hält. Diese Familie ist hinsichtlich ihrer Ordnungsstruktur besonders einfach, denn sie ist linear geordnet (naheliegenderweise benützen wir das Zeichen „$\subset$" für diese Ordnung):

$$\mathbf{M}(\beta_0; \sigma^2) \subset \mathbf{M}(\beta_0, \beta_1; \sigma^2) \subset \dots \subset \mathbf{M}(\beta_0 \dots \beta_m; \sigma^2).$$

So einfach liegen die Dinge nicht immer. Unterstellen wir etwa, daß das Körpergewicht y nicht nur von der Körpergröße x_1, sondern auch vom Alter x_2 abhängt und betrachten wir die Modellfamilie:

$$y|x_1, x_2 \sim P_y(.|\mu(x_1, x_2), \sigma^2) \text{ mit:}$$

$$\mu(x_1, x_2) = \beta_0 + \sum_{j=1}^{r_1} \beta_{1j} x_1^j + \sum_{j=1}^{r_2} \beta_{2j} x_2^j \quad \text{für } 0 \le r_1 \le m_1 \text{ und } 0 \le r_2 \le m_2,$$

d.h. einen additiven Polynomansatz in beiden Einflußgrößen x_1, x_2 — wir setzen zur Abkürzung: $\mathbf{M}(r_1, r_2)$ für das Modell mit den freien Parametern $(\beta_0; \beta_{11} \dots \beta_{1r_1}, \beta_{21} \dots \beta_{2r_2}; \sigma^2)$ —, dann hat die Modellfamilie $(\mathbf{M}(r_1, r_2)$: $0 \le$ $\le r_1 \le m_1, 0 \le r_2 \le m_2)$ beispielsweise für $m_1 = m_2 = 3$ die folgende Ordnungsstruktur:

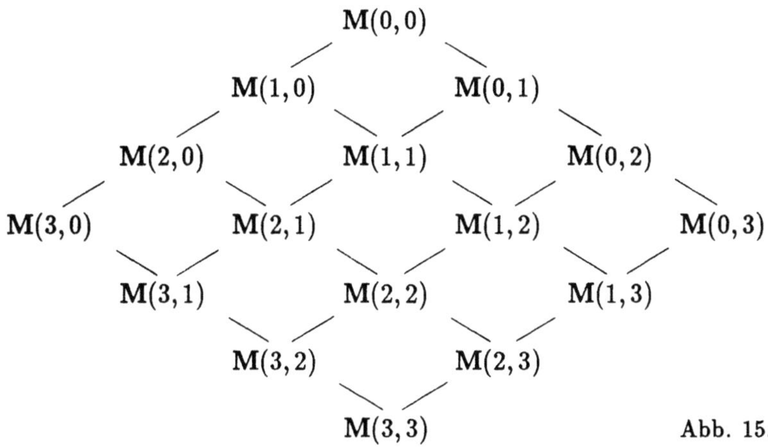

Abb. 15.4.1

wobei ein tieferstehendes Modell komplexer als ein höherstehendes ist, wenn es von diesem auf einem absteigenden Pfad erreicht werden kann. So ist etwa $\mathbf{M}(3,1)$ komplexer als $\mathbf{M}(1,0)$ aber nicht komplexer als $\mathbf{M}(1,2)$. Natürlich gilt allgemein $\mathbf{M}(r_1,r_2) \subset \mathbf{M}(s_1,s_2)$ genau für $r_1 \leq s_1$ und $r_2 \leq s_2$.

Relativ allgemeine Modellfamilien erhält man nach folgendem Schema (praktisch alle gängigen Modellfamilien der multivariaten Statistik lassen sich hier einordnen):

1. Man wählt einen plausiblen oder — besser — einen durch theoretische Argumente gestützten Ansatz für die Abhängigkeit des Verteilungsparameters $\vartheta = (\vartheta_1 \dots \vartheta_k)$ von den Einflußgrößen $x_1 \dots x_l$, der eine Reihe unbekannter Strukturparameter $\beta_1 \dots \beta_r$ enthält:

$$\vartheta = \vartheta(x_1 \dots x_l | \beta_1 \dots \beta_r).$$

Ein Beispiel — das beliebteste — ist der Polynomansatz, jede andere Funktion $\vartheta(x_1 \dots x_l | \beta_1 \dots \beta_r)$ ist aber im Prinzip denkbar. Der Ansatz soll so allgemein sein, daß er die *richtige* Abhängigkeit des Scharparameters ϑ von $x_1 \dots x_l$ (nach Spezialisierung der Strukturparameter $\beta_1 \dots \beta_r$) mit umfaßt. Der Vektor $\boldsymbol{\beta} = (\beta_1 \dots \beta_r)'$ variiert dabei in einem Parameterraum $\mathbf{B} \subset \mathbf{R}^r$, der das betrachtete Modell charakterisiert.

2. Man wählt eine Familie von paarweise verschiedenen Teilmengen ($\mathbf{B}_i \subset \subset \mathbf{B}$: $i \in I$). Durch die Einschränkungen $\boldsymbol{\beta} \in \mathbf{B}_i$ entsteht eine Schar von neuen Modellen, die wir mit $(\mathbf{M}(\mathbf{B}_i){:}\, i \in I)$ bezeichnen. I ist dabei in den Anwendungen immer endlich, und man kann $I = \{0, 1 \dots N\}$ setzen mit $\mathbf{B}_N = \mathbf{B}$. Ebenfalls typisch ist es, die Familie von Parameterräumen ($\mathbf{B}_i$: $i = 0 \dots N$) so zu wählen, daß sie genau ein minimales Element enthält — naheliegenderweise mit $\mathbf{B}_0$ bezeichnet —, so daß für alle i gilt: $\mathbf{B}_0 \subset \subset \mathbf{B}_i \subset \mathbf{B}_N$. $\mathbf{B}_0$ charakterisiert folglich das minimale, $\mathbf{B}_N$ das maximale

Modell, und man wird das Modell $\mathbf{M}(\mathbf{B}_j)$ **komplexer** oder **umfassender** nennen als das Modell $\mathbf{M}(\mathbf{B}_i)$, wenn $\mathbf{B}_i \subset \mathbf{B}_j$ ist. Gleichwertig ist die Ausdrucksweise: $\mathbf{M}(\mathbf{B}_i)$ ist ein **Submodell** von $\mathbf{M}(\mathbf{B}_j)$. Wir schreiben dann: $\mathbf{M}(\mathbf{B}_i) \subset \mathbf{M}(\mathbf{B}_j)$.

In den Anwendungen entstehen die Teilparameterräume $\mathbf{B}_i$ in der Regel durch **strukturelle Nebenbedingungen** der Art:

$$\left.\begin{array}{l} h_{i,1}(\beta_1 \ldots \beta_r) = 0 \\ \ldots\ldots\ldots\ldots\ldots\ldots \\ h_{i,j_i}(\beta_1 \ldots \beta_r) = 0 \end{array}\right\} i = 0, 1, \ldots, N-1.$$

Ein typisches Beispiel sind die linearen Nebenbedingungen $\mathbf{H}_i\boldsymbol{\beta} = \mathbf{o}$ bei linearen Modellfamilien (siehe Beispiel 13.5.7).

Derartige endliche, geordnete Modellfamilien mit einem minimalen und einem maximalen Element kann man durch einen Graphen veranschaulichen, dessen Knoten den Modellen $\mathbf{M}(\mathbf{B}_i)$ für $i \in I$ entsprechen und ebenso bezeichnet sein sollen. Die Knoten dieses Graphen — wir wollen ihn den **Strukturgraphen** der Modellfamilie nennen — sind zeilenweise angeordnet. In der Zeile 0 liegt nur $\mathbf{M}(\mathbf{B}_0)$. In der Zeile k liegen alle jene Knoten (Modelle) $\mathbf{M}(\mathbf{B}_j)$, für die es eine Kette der Länge $k+1$: $\mathbf{B}_0 \subset \mathbf{B}_{i_1} \subset \ldots \subset \mathbf{B}_{i_{k-1}} \subset \mathbf{B}_j$ mit $i_r \neq i_s$ gibt, für die eine längere derartige Kette aber nicht existiert. Wir nennen $\mathbf{M}(\mathbf{B}_j)$ in diesem Fall ein Modell der (Komplexitäts-)Stufe k innerhalb der betrachteten Modellfamilie. Die Ordnungsbeziehungen zwischen den Modellen $\mathbf{M}(\mathbf{B}_i)$ werden in dem Strukturgraphen so veranschaulicht, daß jeder Knoten $\mathbf{M}(\mathbf{B}_i)$ mit seinem unmittelbaren Nachfolger $\mathbf{M}(\mathbf{B}_j)$ verbunden wird. In der letzten Zeile liegt das maximale Element $\mathbf{M}(\mathbf{B}_N)$. Abb. 15.4.1 zeigt einen solchen Strukturgraphen, Abb. 15.4.2 gibt ein allgemeineres Beispiel.

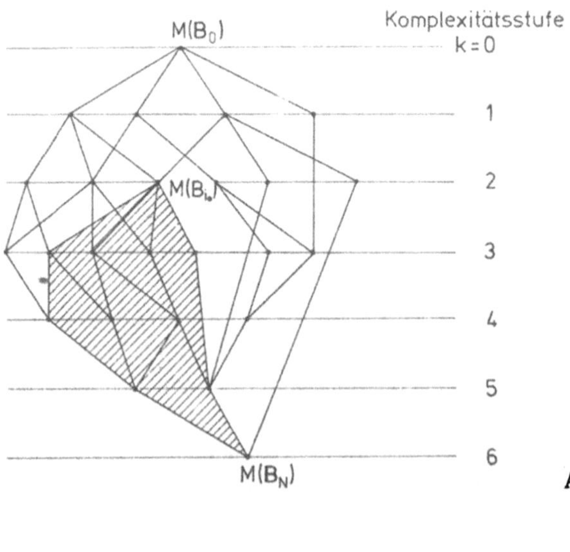

Abb. 15.4.2

Die Suche nach dem für die jeweilige Situation *richtigen* Modell ist — recht verstanden — eine Suche nach dem richtigen Modell niedrigster Komplexitätsstufe, denn ist $\mathbf{M}(\mathbf{B}_{i_0})$ *richtig*, dann natürlich auch jedes komplexere Modell $\mathbf{M}(\mathbf{B}_j) \supset \mathbf{M}(\mathbf{B}_{i_0})$. In Abb. 15.4.2 sind alle mit $\mathbf{M}(\mathbf{B}_{i_0})$ ebenfalls richtigen Modelle die Modelle (Knoten) $\mathbf{M}(\mathbf{B}_j)$ in dem schraffierten Bereich. Genauer gesagt sind es alle jene Modelle $\mathbf{M}(\mathbf{B}_j)$, die im Strukturgraphen mit $\mathbf{M}(\mathbf{B}_{i_0})$ in Richtung wachsender Komplexität verbindbar sind.

Es liegt vom Standpunkt der Anwendungen her gesehen auf der Hand, daß man immer an möglichst einfachen Modellen interessiert ist — aber auch die Theorie liefert für diesen Wunsch eine entscheidende Stütze, denn es stellt sich heraus, daß bei unnötig komplexen (überparametrisierten) Modellen Schätzungen der Strukturparameter und mit ihnen von Prognosefunktionen ungenauer werden, als dies bei Benützung des minimalen richtigen Modells der Fall ist.

Von den zahlreichen in der Literatur vorgeschlagenen systematischen Suchstrategien nach diesem minimalen richtigen Modell besprechen wir nur zwei Methoden: Die Methode der Rückwärtselimination und die Methode der Vorwärtsselektion.

Strukturanpassung durch Rückwärtselimination

Jede Suchstrategie ist eine Kette statistischer Tests für Aufgaben vom Typ:

$$\mathbf{H}_0\colon \boldsymbol{\beta} \subset \mathbf{B}_i \qquad \mathbf{H}_1\colon \boldsymbol{\beta} \in \mathbf{B}_j,$$

wobei immer $\mathbf{B}_i \subset \mathbf{B}_j$, also $\mathbf{M}(\mathbf{B}_i)$ das eingeschränkte und $\mathbf{M}(\mathbf{B}_j)$ das komplexere Modell ist.

Als Teststrategie bietet sich bei so allgemeiner Problemstellung vor allem der Likelihood-Quotienten-Test an (siehe Abschnitt 13.5). Zur Erinnerung und zur Festlegung der Notation:

Variablen:

y ... abhängige Variable (1- oder mehrdimensional),
$x_1 \dots x_l$ ... unabhängige (erklärende) Variablen.

Verteilungsannahme:

$y \sim P_y(.|\vartheta)$ ... $\vartheta = (\vartheta_1 \dots \vartheta_k) \in \Theta$ ... Verteilungsparameter,
... $f_y(.|\vartheta)$ ... Dichte von $P_y(.|\vartheta)$.

Strukturannahmen — Modelle $\mathbf{M}(\mathbf{B}_i)$:

$\mathbf{M}(\mathbf{B}_i)$: $\vartheta = \vartheta(x_1 \dots x_l|\beta_1 \dots \beta_r)$ ... $\boldsymbol{\beta} = (\beta_1 \dots \beta_r) \in \mathbf{B}_i$ ... Strukturparameter.

Daten:

$$\mathbf{y} = \begin{pmatrix} y_1 \\ \vdots \\ y_n \end{pmatrix}, \qquad \mathbf{X} = \begin{pmatrix} x_{11} \dots x_{1l} \\ \vdots \\ x_{n1} \dots x_{nl} \end{pmatrix}.$$

Likelihood-Funktion und ML-Schätzer:

$$L(\boldsymbol{\beta}|\mathbf{y}) = \prod_{j=1}^{n} f_y\big(y_j \mid \vartheta(x_{j1} \ldots x_{jl}|\boldsymbol{\beta})\big),$$

$\hat{\boldsymbol{\beta}}_{ML}(\mathbf{y}|\mathbf{B}_i)\ldots$ ML-Schätzer unter dem Modell $\mathbf{M}(\mathbf{B}_i)$,

$$\hat{L}(\mathbf{B}_i|\mathbf{y}) = L(\hat{\boldsymbol{\beta}}_{ML}(\mathbf{y}|\mathbf{B}_i) \mid \mathbf{y}) = sup\{L(\boldsymbol{\beta}|\mathbf{y}) \colon \boldsymbol{\beta} \in \mathbf{B}_i\}.$$

LQ-Test:

$q(\mathbf{y}|\mathbf{B}_i, \mathbf{B}_j) = \hat{L}(\mathbf{B}_j|\mathbf{y})/\hat{L}(\mathbf{B}_i|\mathbf{y}) \quad \ldots \mathbf{B}_i \subset \mathbf{B}_j \ldots$ Likelihood-Quotient,

$\varphi_\alpha(\mathbf{y}|i,j) = \varphi_\alpha(\mathbf{y}|\mathbf{B}_i, \mathbf{B}_j) = \{{}^1_0 \iff ln q^2(\mathbf{y}|\mathbf{B}_i, \mathbf{B}_j) \gtrless k_\alpha(i,j) \ldots$

... LQ-Test zum Niveau α.

Bemerkungen: 1. Das eigentliche Problem bei der Konstruktion dieser Teststrategien ist natürlich die Bestimmung der Suprema $\hat{L}(\mathbf{B}_i|\mathbf{y})$ für $i \in I$. Von Sonderfällen abgesehen (z.B. bei linearen Modellen; vgl. Beispiel 13.5.7) führen hier nur numerische Methoden zum Ziel.

2. Sind die Strukturparameterräume $\mathbf{B}_i$ hinreichend reguläre Hyperflächen der Dimension d_i und sind auch sonst sowohl die Verteilungsfamilie als auch die Modellstrukturen hinreichend regulär, dann gilt asymptotisch: (vgl. (13.5.61)):

$$k_\alpha(i,j) = \chi^2_{d_j - d_i, 1-\alpha} \qquad \text{für} \quad \mathbf{B}_i \subset \mathbf{B}_j. \tag{15.4.1}$$

Denkt man sich in jedem Knoten $\mathbf{M}(\mathbf{B}_i)$ des Strukturgraphen einen Stab der Höhe $\hat{L}(\mathbf{B}_i|\mathbf{y})$ aufgerichtet, dann entsteht ein (von $\mathbf{y}$ abhängiges und daher zufälliges) Gebirge. Alle Pfade, von seinem tiefsten, über $\mathbf{M}(\mathbf{B}_0)$ liegenden Punkt zu seinem höchsten, über $\mathbf{M}(\mathbf{B}_N)$ aufragenden Gipfel, längs Verbindungen im Strukturgraphen, sind monoton ansteigend. Dieses Vorstellungsbild eignet sich gut, die Logik der verschiedenen Suchstrategien zu erläutern.

Bezeichnet nämlich $\mathbf{M}(\mathbf{B}_i)$ ein richtiges Modell und ist $\mathbf{M}(\mathbf{B}_i) \subset \mathbf{M}(\mathbf{B}_j)$ — $\mathbf{M}(\mathbf{B}_j)$ also ebenfalls richtig, aber komplexer —, dann wird der *LQ*-Test $\varphi_\alpha(\mathbf{y}|i,j)$ höchstens mit Wahrscheinlichkeit α auf $\mathbf{H}_1$: $\boldsymbol{\beta} \in \mathbf{B}_j$ entscheiden, d.h. der *Anstieg* des Weges von $\mathbf{M}(\mathbf{B}_i)$ nach $\mathbf{M}(\mathbf{B}_j)$, gemessen mit dem Maß:

$$F(ln q^2(\mathbf{y}|\mathbf{B}_i, \mathbf{B}_j) = ln\hat{L}^2(\mathbf{B}_j|\mathbf{y}) - ln\hat{L}^2(\mathbf{B}_i|\mathbf{y}) \;\Big|\; \chi^2_{d_j - d_i}), \tag{15.4.2}$$

wird klein sein — nämlich $\leq 1 - \alpha$ — mit (asymptotischer) Wahrscheinlichkeit $1 - \alpha$. Ist hingegen $\mathbf{M}(\mathbf{B}_i)$ falsch, aber $\mathbf{M}(\mathbf{B}_j) \supset \mathbf{M}(\mathbf{B}_i)$ richtig, dann entscheidet der Test $\varphi_\alpha(\mathbf{y}|i,j)$ mit Wahrscheinlichkeit $> \alpha$ auf $\mathbf{H}_1 \colon \boldsymbol{\beta} \in \mathbf{B}_j$ — die Größe dieser Wahrscheinlichkeit hängt ab vom Stichprobenumfang und der *Nähe* des richtigen Modells zu $\mathbf{M}(\mathbf{B}_i)$. Jedenfalls ist der Anstieg des Weges von $\mathbf{M}(\mathbf{B}_i)$ nach $\mathbf{M}(\mathbf{B}_j)$ in diesem Falle mit Wahrscheinlichkeit $> \alpha$ größer als $1 - \alpha$.

Sei nun $\mathbf{M}(\mathbf{B}_{i_0})$ das minimale richtige Modell und $(\mathbf{M}(\mathbf{B}_j) \colon j \in J \subset I)$ die Teilfamilie der ebenfalls richtigen, aber komplexeren Modelle (vgl. Abb. 15.4.2, insbesondere den schraffierten Bereich). Das Gebirge wird dann über den Knoten dieser Teilfamilie eher flach verlaufen und ringsum nach $\mathbf{M}(\mathbf{B}_0)$ zu steil abfallen. $\mathbf{M}(\mathbf{B}_{i_0})$ ist der äußerste Punkt dieses flachen Hochplateaus in Richtung abnehmender Komplexität.

Es leuchtet daher ein, den Knoten (das Modell) $\mathbf{M}(\mathbf{B}_{i_0})$ in dem Strukturgraphen so zu suchen, daß man, von dem maximalen Modell $\mathbf{M}(\mathbf{B}_N)$ ausgehend, von Komplexitätsstufe zu Komplexitätsstufe auf möglichst flachem Wege absteigt, solange, bis jeder weiterführende Schritt steiler als $1-\alpha$ abfällt. Kurz man verfährt nach der folgenden Suchstrategie:

— **1. Schritt:** Man testet das maximale Modell $\mathbf{M}(\mathbf{B}_N)$ gegen alle von ihm in einem Schritt erreichbaren Submodelle $\mathbf{M}(\mathbf{B}_i)$ zum Niveau α. Entscheiden einzelne dieser Tests auf die jeweilige Nullhypothese $\mathbf{H}_0$: $\boldsymbol{\beta} \in \mathbf{B}_i$, dann geht man zu jenem Submodell $\mathbf{M}(\mathbf{B}_i)$ über, für das (15.4.2) am kleinsten ausfällt.

— **2. Schritt:** Man setzt dieses Submodell $\mathbf{M}(\mathbf{B}_i)$ an die Stelle von $\mathbf{M}(\mathbf{B}_N)$ und testet es wieder gegen alle seine, von ihm in einem Schritt erreichbaren Submodelle. Falls in einem oder mehreren Fällen die Entscheidung auf $\mathbf{H}_0$ fällt, geht man zu jenem Submodell über, wo (15.4.2) minimal ist.

.

.

.

— **Letzter Schritt:** Die Suche bricht ab, falls alle Tests zum Niveau α auf $\mathbf{H}_1$ entscheiden. Von dem letzten erreichten Submodell kann man mit hoher Wahrscheinlichkeit erwarten, daß es das minimale richtige Modell $\mathbf{M}(\mathbf{B}_{i_0})$ ist — falls freilich die Verteilungsannahmen stimmen und überhaupt eines der in Frage kommenden Modelle richtig ist.

Das Verfahren trägt den Namen **Rückwärtselimination**, da das Zurückgehen von komplexen zu einfachen Modellen in der Regel eine schrittweise Elimination (= ein Konstantsetzen) von Strukturparametern β_i bedeutet. Es ist natürlich keineswegs an die Benützung des Likelihood-Quotienten-Tests gebunden, sondern auf jede andere Strategie, die sich zum Testen der Hypothesen $\mathbf{H}_0: \boldsymbol{\beta} \in \mathbf{B}_i \quad \mathbf{H}_1: \boldsymbol{\beta} \in \mathbf{B}_j$ eignet, übertragbar.

Strukturanpassung durch Vorwärtsselektion

Bei dieser Suchstrategie beginnt man am anderen Ende des Strukturgraphen, nämlich bei dem einfachsten Modell $\mathbf{M}(\mathbf{B}_0)$ und steigt Schritt für Schritt auf möglichst steilem Wege (gemessen mit (15.4.2)) zu dem *Hochplateau* der richtigen Modelle an. Dieses wird man aber in der Regel nicht bei dem minimalen richtigen Modell $\mathbf{M}(\mathbf{B}_{i_0})$ erreichen, so daß noch ein Prozeß der Rückwärtselimination anzuschließen ist (man kann auch, um im Strukturgraphen nicht zu weit in Richtung überparametrisierter Modelle vorzustoßen, an jeden *Vorwärtsschritt* einen Schritt der Rückwärtselimination anfügen. Diese und ähnliche Varianten des Verfahrens sind in mannigfacher Form vorgeschlagen und erprobt worden). Im einzelnen sieht die Strategie folgendermaßen aus:

— **1. Schritt:** Man testet das minimale Modell $\mathbf{M}(\mathbf{B}_0)$ zum Niveau α gegen alle von ihm in einem Schritt der Komplexitätserhöhung erreichbaren Obermodelle $\mathbf{M}(\mathbf{B}_i)$. Falls einzelne dieser Tests auf die jeweilige Hypothese $\mathbf{H}_1$: $\boldsymbol{\beta} \in \mathbf{B}_i$ entscheiden, wählt man jenes Modell $\mathbf{M}(\mathbf{B}_i)$ aus, für das diese Entscheidung am signifikantesten ausfällt (d.h. (15.4.2) wird maximal).

— **2. Schritt:** Man setzt das ausgewählte Obermodell $\mathbf{M}(\mathbf{B}_i)$ an die Stelle von $\mathbf{M}(\mathbf{B}_0)$, testet es gegen alle seine in einem Schritt erreichbaren Obermodelle und wählt, falls einzelne dieser Tests auf $\mathbf{H}_1$ entscheiden, wieder jenes Modell aus, für das der Test die höchste Signifikanz besitzt.

.

.

.

— **Letzter Schritt:** Die Vorwärtsselektion bricht ab, falls keiner der Tests zum Niveau α auf $\mathbf{H}_1$ entscheidet. Das letzte ausgewählte Modell wird mit hoher Wahrscheinlichkeit ein richtiges sein — falls die Verteilungsannahme zutrifft und tatsächlich eines der zur Wahl zugelassenen Modelle richtig ist —, es kann jedoch nicht erwartet werden, daß damit bereits das **minimale** richtige Modell $\mathbf{M}(\mathbf{B}_{i_0})$ gefunden wurde. Man schließt daher noch einen Prozeß der Rückwärtselimination, wie er oben beschrieben wurde, an.

Die Methode der Vorwärtsselektion besitzt gegenüber der Rückwärtselimination zunächst den Vorteil, daß man, vom Einfachen zum Komplizierten aufsteigend, auch mit einfachen Rechnungen beginnt. Außerdem kann man mit einem gewissermaßen nach oben offenen Strukturgraphen arbeiten, d.h. es ist nicht notwendig, gleich zu Beginn das komplexeste Obermodell festzulegen und alle übrigen Modelle als dessen Submodelle aufzufassen, sondern man hat die Freiheit, im Verlaufe der Modellanpassung je nach Zweckmäßigkeit neue erklärende Variablen x_j und/oder komplexere Abhängigkeiten in das Modell aufzunehmen. Wie bereits erwähnt, wird auch oft jedem Schritt der Vorwärtsselektion ein Schritt der Rückwärtselimination angeschlossen — in der Regel zu unterschiedlichen Niveaus α_v und α_r. Man erreicht dadurch das Zielmodell meistens früher, ohne Umwege über unnötig komplexe Modellstrukturen und daher auch mit einfacheren Rechnungen.

Prüfung der Verteilungsannahmen — Residualanalyse

Wir haben bisher bei der Erörterung der verschiedenen Verfahren zur Strukturanpassung unterstellt, daß die Verteilungsannahme — die Annahme nämlich, die Verteilung von y gehöre für jede Wahl der Einflußgrößen $x_1, x_2, \ldots$ zu der Familie $(P_y(.|\vartheta)$: $\vartheta = (\vartheta_1 \ldots \vartheta_k) \in \Theta)$ — zutrifft. Diese *Annahme* — in den seltensten Fällen ist es mehr als dieses — bedarf ebenfalls der Überprüfung. Zwar kann man sie, wie alle Hypothesen über die Verteilungsform, nicht beweisen, man kann aber testen, ob die beobachteten Daten mit ihr verträglich sind oder nicht.

Betrachten wir etwa das bereits mehrfach zitierte Regressionsmodell für den Zusammenhang zwischen dem Körpergewicht y und der Körpergröße x:

$$y|x \sim P_y(.\mid \mu(x|\boldsymbol{\beta}),\sigma^2).$$

Trifft die Verteilungsannahme zu und sind sowohl der strukturelle Zusammenhang $\mu(x|\boldsymbol{\beta})$ als auch die gemeinsame Varianz σ^2 bekannt, dann hat die Variable

$$z = \frac{y - \mu(x|\boldsymbol{\beta})}{\sigma}$$

— das **standardisierte Residuum**, denn $y - \mu(x|\boldsymbol{\beta})$ ist der durch die erklärende Variable x nicht erklärte **Rest** der Variabilität von y — die Verteilung $P_y(.|\mu = 0, \sigma^2 = 1)$. Besitzt man für $\boldsymbol{\beta}$ und σ^2 gute Schätzer $\hat{\boldsymbol{\beta}}(\mathbf{y},\mathbf{x})$ und $\hat{\sigma}^2(\mathbf{y},\mathbf{x})$ aus einer großen Stichprobe $(\mathbf{y} = (y_1 \dots y_n), \mathbf{x} = (x_1 \dots x_n))$ — und nur auf der Grundlage umfangreichen Datenmaterials kann man Verteilungsannahmen überprüfen —, dann können die Größen

$$\hat{z}_i = \frac{y_i - \mu(x_i|\hat{\boldsymbol{\beta}}(\mathbf{y},\mathbf{x}))}{\hat{\sigma}(\mathbf{y},\mathbf{x})} \qquad i = 1 \dots n$$

— die sogenannten **studentisierten Residuen** — in guter Näherung als unabhängige Realisierungen einer $P_y(.|0,1)$-verteilten Zufallsgröße angesehen werden. Es liegt daher nahe, diese aus der Verteilungs- aber auch aus der Strukturannahme folgende Konsequenz beispielsweise mit dem χ^2-Test zu prüfen — *Ablehnung* gibt einen Hinweis, daß etwas bei den Voraussetzungen nicht stimmen dürfte, *Annahme* beruhigt, macht aber keineswegs sorglos, denn sie bedeutet wie immer keinerlei Beweis der Nullhypothese.

Der beschriebene Gedanke läßt sich leicht auf den Fall allgemeiner Modelle übertragen. Haben wir das Modell:

$$y|\mathbf{x} \sim P_y\Big(.\ \Big|\ \vartheta(\mathbf{x}|\boldsymbol{\beta})\Big) \quad \text{mit:} \quad \begin{cases} \vartheta = (\vartheta_1 \dots \vartheta_k) \\ \mathbf{x} = (x_1 \dots x_l) \\ \boldsymbol{\beta} = (\beta_1 \dots \beta_r) \end{cases},$$

und treffen sowohl die Verteilungsannahme als auch die Strukturannahme $\vartheta = = \vartheta(\mathbf{x}|\boldsymbol{\beta})$ zu, dann besitzt die Variable

$$z = F\Big(y\ \Big|\ P_y(.\mid \vartheta(\mathbf{x}|\boldsymbol{\beta}))\Big) =: z(y \mid \vartheta(\mathbf{x}|\boldsymbol{\beta}))$$

— das **uniformisierte Residuum**, wie man es nennen könnte — die Verteilung $\mathbf{G}_{[0,1]}$ (siehe Abschnitt 2.12). Bezeichnet $\hat{\boldsymbol{\beta}}(\mathbf{y},\mathbf{X})$ daher einen Schätzer für $\boldsymbol{\beta}$ auf der Grundlage der (umfangreichen) Daten $(\mathbf{y} = (y_1 \dots y_n), \mathbf{X} = (\mathbf{x}_1 \dots \mathbf{x}_n))$, dann kann man die Größen

$$\hat{z}_i = z\Big(y_i \mid \vartheta(\mathbf{x}_i|\hat{\boldsymbol{\beta}}(\mathbf{y},\mathbf{X}))\Big) \quad i = 1 \dots n$$

— in naheliegender Benennung: die **studentisierten uniformisierten Residuen** — in guter Näherung als unabhängige Realisierungen einer $\mathbf{G}_{[0,1]}$-verteilten Zufallsvariablen auffassen (soferne freilich die Verteilungs- und Strukturannahmen zutreffen), und es bietet sich an, diese Aussage etwa mit dem χ^2-Test zu überprüfen: Ablehnung weist auf die Notwendigkeit hin, die Verteilungs-

und/oder Strukturannahmen zu überdenken und zu ändern, Annahme bedeutet, daß die Daten — zum gewählten Niveau — keinen signifikanten Hinweis auf solche Notwendigkeiten enthalten.

Neben dem χ^2-Test, den wir nur exemplarisch erwähnen, benützt man viele, insbesondere graphische Methoden der Residualanalyse, um Hinweise auf die Richtung, in die das Modell zu ändern ist, zu erhalten. Der interessierte Leser muß hier auf die weiterführende Literatur über multivariate Verfahren der Statistik verwiesen werden.

Das eigentliche Ziel: ein den Daten und — notabene — dem Problem gut angepaßtes Modell zu bestimmen, kann in der Regel nur nach einer mehr oder weniger langen Folge von Einzelschritten der Strukturanpassung und der Überprüfung der Verteilungsannahmen erreicht werden. Dazu kommen Überlegungen zur Datengewinnung: die Versuchsplanung und nicht zuletzt, wenn auch oft recht stiefmütterlich behandelt, die Theoriebildung. Alles in allem also ein oft mühseliger Prozeß mit vielen aufwendigen Rechnungen.

Es ist klar, daß so umfangreiche Datenauswertungen nur mit modernen Hilfsmitteln der EDV zu bewältigen sind. Längst gibt es auch eine Fülle von Programmpaketen, mit deren Hilfe nicht nur Teilschritte dieser Rechnungen, sondern beispielsweise der ganze Prozeß der Vorwärtsselektion für die verschiedensten Modelle auf Knopfdruck erledigt werden können. Der Anwender gewinnt damit viele Freiheitsgrade und die Aufgabe der Modellentwicklung hat heute den Sisyphuscharakter, der ihr früher eigen war, verloren.

Doch soll dieses Kapitel und mit ihm das vorliegende Buch nicht schließen, ohne ein warnendes Wort über den Gebrauch fertiger Programmpakete. Je *benutzerfreundlicher* sie sind, umso mehr gleichen sie Mühlen, in die man oben Daten hineinkippt, um unten den *output* in Gestalt langer, in geheimnis- und bedeutungsvollem Fachchinesisch formulierter *printouts* herauszuziehen. Was die Mühle macht und warum sie es tut, wird mehr und mehr bedeutungslos, und der Benutzer, namentlich der in den Grundlagen nicht sonderlich sattelfeste, weil allzu früh am Busen des Computers gesäugte (vgl. Beispiel 13.1.4) vergißt, daß jedem Verfahren eine Theorie, Annahmen und Voraussetzungen zugrunde liegen. Er ist überwältigt von der Leichtigkeit der Anwendung der Programme und von der Sachlichkeit des Technolekts, in dem die Ausdrucke formuliert sind. Das Spiel mit dem Computer und das Produzieren solcher Ausdrucke wird zum Selbstzweck. Man sollte sich Programmpaketen gegenüber eine Lebensregel zu eigen machen:

Benütze ein Programmpaket nur dann, wenn du wenigstens im Prinzip die Aufgabe auch ohne dieses lösen könntest!

Dazu, statistische Aufgaben auch ohne Programmpakete lösen zu lernen, um auf dieser Grundlage solche Pakete sinnvoll benützen zu können, möge das vorliegende Buch dem Leser helfen.

Literatur

Zur Geschichte der Wahrscheinlichkeitstheorie und Statistik:

FREUDENTHAL, H. und H. G. STEINER: Aus der Geschichte der Wahrscheinlichkeitstheorie und der mathematischen Statistik. In: Grundzüge der Mathematik, Bd. IV (Herausgeber: Behnke, H., G. Bertram, R. Sauer), Vandenhoeck & Ruprecht, Göttingen (1966).

Weiterführende Lehrbücher der Wahrscheinlichkeitstheorie:

BAUER, H.: Wahrscheinlichkeitstheorie und Grundzüge der Maßtheorie. Walter de Gruyter, Berlin—New York (1978).

FELLER, W.: An introduction to probability and its applications, Vol. I–II. J. Wiley, New York (1968, 1971).

GNEDENKO, B. W. und A. N. KOLMOGOROV: Grenzverteilungen von Summen unabhängiger Zufallsgrößen. Akademie-Verlag, Berlin (1960).

LOÈVE, M.: Probability theory I, II. Springer, Berlin—Heidelberg—New York (1977).

NEVEU, J.: Mathematische Grundlagen der Wahrscheinlichkeitstheorie. R. Oldenbourg, München (1969).

PROHOROV, Yu. V. and Yu. A. ROZANOV: Probability theory. Springer, Berlin—Heidelberg—New York (1969).

RÉNYI, A.: Wahrscheinlichkeitsrechnung. VEB Deutscher Verlag der Wissenschaften, Berlin (1966).

Weiterführende Lehrbücher der mathematischen Statistik:

BOX, G. and G. TIAO: Bayesian inference in statistical analysis. Addison-Wesley (1973).

FAHRMEIR, L. und A. HAMERLE (Herausgeber): Multivariate statistische Verfahren. Walter de Gruyter, Berlin—New York (1984).

FERGUSON, Th.: Mathematical statistics, a decision-theoretic approach. Academic Press, New York (1967).

HÁJEK, J.: Nonparametric statistics. Holden-Day, San Francisco (1969).

KENDALL, M. G. and A. STUART: The advanced theory of statistics, Vol. I–III. Griffin & Co, London (1969, 1973, 1976).

LEHMANN, E. L.: Testing statistical hypotheses. J. Wiley, New York (1959).

LEHMANN, E. L.: Theory of point estimation. J. Wiley, New York (1983).

SCHMETTERER, L.: Einführung in die mathematische Statistik, 2. Aufl. Springer, Wien—New York (1966).

WILKS, S.: Mathematical statistics. J. Wiley, New York (1962).

WITTING, H.: Mathematische Statistik. Teubner, Stuttgart (1966).

WITTING, H. und G. NÖLLE: Angewandte mathematische Statistik. Teubner, Stuttgart (1970).

ZACKS, S.: The theory of statistical inference. J. Wiley, New York (1971).

Tabellen und Nachschlagewerke:

FISHER, R. A. and F. YATES: Statistical tables for biological, agricultural and medical research. Oliver and Boyd, London (1963).

GRAF, U., H. HENNING, K. STANGE und P. WILRICH: Formeln und Tabellen der mathematischen Statistik. Springer, Berlin—Heidelberg—New York—Tokyo (1987).

LINDLEY, D. V. and W. F. SCOTT: New Cambridge elementary statistical tables. Cambridge University Press (1984).

MÜLLER, H., P. NEUMANN und R. STORM: Tafeln der mathematischen Statistik. VEB Fachbuchverlag, Leipzig (1973).

PEARSON, E. S. and H. O. HARTLEY: Biometrika tables for statisticians, Vol. I–II. Cambridge University Press (1976, 1972).

Sachverzeichnis

GPSR Compliance

The European Union's (EU) General Product Safety Regulation (GPSR) is a set of rules that requires consumer products to be safe and our obligations to ensure this.

If you have any concerns about our products, you can contact us on ProductSafety@springernature.com

In case Publisher is established outside the EU, the EU authorized representative is:

Springer Nature Customer Service Center GmbH
Europaplatz 3
69115 Heidelberg, Germany

Batch number: 10584556

Printed by Printforce, the Netherlands